SV

16 3 2 13
5 10 11 8
9 6 7 12
4 15 14 1

ELEMENTE EINER GESCHICHTE DER WISSENSCHAFTEN

Von Michel Authier, Paul Benoît, Bernadette Bensaude-Vincent, Geof Bowker, Jean-Marc Drouin, Catherine Goldstein, Bruno Latour, Pierre Lévy, Françoise Micheau, Michel Serres, Isabelle Stengers und James Ritter · Übersetzt von Horst Brühmann

Herausgegeben von Michel Serres

Suhrkamp Verlag

Titel der Originalausgabe:
Éléments d'histoire des sciences

Erste Auflage 1994

Satz und Druck: Wagner GmbH, Nördlingen
Printed in Germany

… zweifellos werden wir niemals wissen,
woher *das Wissen* zu uns gelangt.
Der möglichen Quellen sind viele;
vielleicht entspringt es daraus, daß wir
sehen, hören oder beobachten;
sprechen, befürworten, widersprechen;
fälschen, nachahmen, begehren, hassen, lieben;
Furcht haben und uns verteidigen;
Wagnisse, Risiken, Wetten eingehen;
gemeinsam oder vereinzelt leben und arbeiten;
durch Besitz oder Können Macht ausüben wollen;
Schmerz stillen, Krankheiten behandeln
oder als Mörder und Krieger töten;
erstaunen angesichts des Todes;
beten bis zur Ekstase;
etwas herstellen mit eigener Hand,
die Erde gestalten oder zerstören …

… und es macht uns unruhig, daß wir nicht wissen,
welchem dieser Akte, dieser Worte, dieser Zustände
oder welchen anderen unbekannten Zielen
es zustrebt, jetzt, unwissentlich …

INHALT

Der Amur: ein Modell für den komplizierten Verlauf des breiten Stroms der Geschichte?

MICHEL SERRES

VORWORT

dessen Lektüre sich empfiehlt,
damit der Leser die Absicht der Autoren kennenlernt
und den Aufbau dieses Buches versteht

Die Geschichte der Naturwissenschaften erlebt heute, in Frankreich wie in anderen Ländern, eine auffällige Entwicklung und weckt zunehmendes Interesse. Der Grund dafür liegt zweifellos darin, daß wir in einer von Wissenschaft und Technik dominierten Welt leben und uns immer mehr nach ihrer Entstehung und ihrem rasanten Aufstieg in der jüngsten Vergangenheit fragen, manchmal auch nach ihrer Legitimität. Weder die Wechselfälle der politischen oder militärischen Verhältnisse noch die Ökonomie können jedoch – für sich genommen – hinreichend erklären, wie sich unsere heutigen Lebensweisen durchgesetzt haben; dazu bedarf es einer *Geschichte der Wissenschaften und Techniken.*
Ein merkwürdiges Paradox will nun aber, daß es in Frankreich für dieses Gebiet noch keinen Studiengang und noch kein Lehrangebot gibt, die mit denen der üblichen Disziplinen vergleichbar wären. Die Geschichte der Naturwissenschaften findet sich nur dort, wohin sie von Zufall und gutem Willen verschlagen wurde. Wir lehren unsere Geschichte meist ohne die der Wissenschaften, verkürzen die Philosophie im Unterricht um jede fachliche Argumentation, halten die schöne Literatur von ihrer wissenschaftlichen Nachbarschaft wunderbar isoliert, während wir umgekehrt die verschiedenen Disziplinen – vom Humus ihrer Geschichte abgelöst – lehren, wie wenn sie vom Himmel gefallen wären: kurz, unsere gesamte Lehre bleibt der wirklichen Welt, in der wir leben und in der sich Technik und Gesellschaft, unsere verrückten oder weisen Traditionen mit den nützlichen oder beunruhigenden Neuerungen widerstrebend vermischen, letztlich fremd. Wir beginnen gerade erst, eine Jurisprudenz und ein Recht zu entwerfen, die den Möglichkeiten von Chemie und Biologie angemessen sind.
Das vorliegende Buch möchte einen Beitrag zur Lösung der kulturellen Krise liefern, mit der wir zu kämpfen haben

und deren Ursache unter anderem in jener Fremdheit, jener Scheidung zweier Welten liegt, die manchmal in feindseligen, manchmal bewundernden Austausch miteinander treten: Haltungen, die beide gleich unangemessen sind. Ebenso möchte dieses Buch die Einrichtung eines normalen Unterrichts der Wissenschaftsgeschichte in der Sekundarstufe und in der universitären Lehre fördern.

Es wendet sich also an ein sehr großes Publikum: zunächst an den Gebildeten, der über die Welt, die ihn umgibt, Genaueres wissen möchte und dem nie gezeigt wird, in welchem Maße die naturwissenschaftliche und technische Dominante, deren Macht er in jedem Augenblick erfährt, ein aktives Element seiner Vergangenheit gewesen ist. Was heute als große Neuerung gilt, ist manchmal zwei Jahrtausende alt, und was als irrational erscheint, bereitet oft den Triumph der Vernunft vor. Erst wenn man diesen Blickwinkel einnimmt, gewinnt die gegenwärtige Welt Tiefe; erst dann wird sie uns vertraut.

Zweitens wendet sich das Buch an die Lehrenden und Studierenden aller Fächer, die ihre Spezialstudien in einen breiteren Rahmen und in den Kontext benachbarter Untersuchungsgebiete und Disziplinen stellen möchten.

Drittens möchte es die Historiker, Philosophen, Literaturwissenschaftler, Juristen sowie die Fachleute der Human- oder Sozialwissenschaften ansprechen, denen nicht selten eine ergänzende naturwissenschaftliche Bildung fehlt.

Schließlich richtet es sich an die Naturwissenschaftler selbst, die sich für die Vergangenheit ihres Fachs interessieren, das sich manchmal so rasch entwickelt, daß man für veraltet hält, was zwanzig Jahre alt ist: Gibt es unterhalb dieser in winzige Segmente zerschnittenen, allzu vergeßlichen Geschichte einen beständigen Strom oder Anschauungen mit weiterem Horizont? Wo und wie sind die Vorgänger der heutigen Forscher zu lesen und in ihrer eigenen Sprache zu verstehen?

Ebenso wie wir manchmal erstaunt sind, die gleichen Gesten oder ähnliche Verhaltensweisen bei jemandem zu entdecken, der Hunderte von Kilometern von uns entfernt lebt, während uns von unserem Nachbarn eine Kluft zu trennen scheint, wird es dem Leser Vergnügen bereiten, im Zweistromland vor mehr als zweitausend Jahren auf Praktiken zu stoßen, die zwar seltsam anmuten, aber doch denen seiner Zeitgenossen sehr nahe kommen, oder er wird ganz im Gegenteil die unendlichen Entfernungen entdekken, die ihn von der vorigen Generation trennen. So öffnet die Geschichte der Naturwissenschaften unsere engen Vorstellungen über unsere Disziplinen und unsere Zeit: sie begründet gewiß eine besondere Kultur. Die Scheidung zwischen zwei Welten und zwei Kulturen datiert zweifellos erst seit gestern, während wir sie für jahrtausendealt und irreversibel halten.

Die Geschichte der Naturwissenschaften vereint, sofern sie dazu in der Lage ist und in günstigen Fällen, mehrere Personengruppen: Gelehrte, die eigentlichen Spezialisten der verschiedenen Disziplinen; Historiker natürlich, die sich bestimmten Perioden verschrieben haben; aus den Sozial- oder Humanwissenschaften Soziologen, Ethnologen oder Anthropologen, sogar Psychologen, die sich leidenschaftlich dafür interessieren, wie Erfindungen zustande kommen; schließlich Philosophen, die von ihrem Metier her für solche Begegnungen geschult sind. Diese (offene) Liste wird glücklich ergänzt durch die Anwesenheit von Ingenieuren, den Virtuosen der Technik; Ärzten, den Praktikern am einzelnen Organismus; Ökonomen, Lehrern, Juristen und Journalisten, wobei letzteren die Aufgabe zufällt, das Wissen zu verbreiten und unter die Leute zu bringen. Alle haben sich einer Disziplin verschworen, die nach ihrer Einheit sucht. Ob diese Begegnungen stattfinden oder nicht – in jedem Fall setzen die daran (zumindest virtuell) Beteiligten die Geschichte der Wissenschaften einer ebenso eindrucksvollen wie bedauerlichen Zerreißprobe aus. Manchmal sucht man vergebens nach dem Zusammenhang, der einen Algebraiker, welcher sich leidenschaftlich um die Rekonstruktion der Platonschen Lehre in der Originalsprache bemüht, mit einem botanisierenden Naturforscher auf den Spuren der großen Reisenden, die in der Epoche der Aufklärung die Welt durchquerten, und diesen wiederum mit einem Experten auf dem Gebiet der Wissenschaftspolitik verbindet. Das vorliegende Buch verfolgt unter anderem das Ziel, diese Fragmente in einen Zusammenhang zu fügen.

Wie also wurde es geschrieben? Und vor allem von wem? Von einem uneinheitlichen Kollektiv. Unter seinen Autoren findet man einen theoretischen Physiker, der sich zu Hieroglyphen und Keilschrifttafeln hat bekehren lassen; einen Mathematiker, der beim Griechischen und Italienischen angelangt ist; eine philosophierende Chemikerin und eine

Chemie treibende Philosophin; einen Mediävisten, der sich der Technologie zugewandt hat; einen Naturhistoriker, der sich umgekehrt in die mittelalterliche Theologie gestürzt hat; eine Forscherin auf dem Gebiet der Zahlentheorie, die aufmerksam die Geschichte der fernöstlichen Mathematik verfolgt; einen Ingenieur, Geologen und Geophysiker; einen Soziologen, der als guter »Positivist« dennoch auf der Theorie beharrt; einen Spezialisten für Kommunikation und Computer – und so fort: Franzosen, Amerikaner, Australier ... Jeder trägt seinen Stein zu dem Gebäude bei, oft sogar darum besorgt, auch den Zement zu liefern. Wie ging das zu?
Dank der Großzügigkeit und Gastfreundschaft von Mme. Annette Gruner-Schlumberger konnte die Gruppe mehrere Wochen zusammen verbringen, um ihr Programm zu entwickeln und später dessen Ausführung zu kritisieren. Nach der Erstellung einer ersten Fassung wurde jeder Text von allen gelesen, zerpflückt und diskutiert; jeder Autor wurde ins Gebet genommen und unterzog sich freiwillig der Feuerprobe der Fragen aller. Und schrieb seinen Text wieder neu, um den Bitten der anderen nach Erläuterung zu genügen. Mit anderen Worten, ein Text, der etwa von Mathematik oder Geologie handelt, wurde gemeinsam beurteilt von einem Dutzend Personen, die ganz woanders her kommen und jedenfalls keine Spezialisten der Mathematik oder Geologie sind.
Zweitens hat jeder – in Anwesenheit aller anderen – seinen Text als Dozent vor studentischen Hörern vorgetragen, deren allgemeiner Wissensstand ungefähr auf dem Niveau des dritten oder vierten Semesters angesetzt werden darf. Am Ende der Vorlesungen brachten die Studenten ihre Einwände vor: manchmal harte, meistens zutreffende Kritik. Daraufhin wurden die Texte umgeschrieben, um diese Bemerkungen zu berücksichtigen, und im nächsten Jahr den Hörern des folgenden Studienjahrgangs vorgetragen, um die Klarheit der Darstellung abermals zu prüfen.
Im Leben und in der schriftlichen und mündlichen Arbeit hat die Gruppe also immer wieder die unvermeidlichen zentrifugalen Tendenzen erfahren, die für die wissenschaftlichen Disziplinen kennzeichnend sind, und hat sich redlich bemüht, sie zu vermindern. Ebenso war sie bestrebt, die Transparenz ihrer Arbeit zu erproben, um deren Verbreitung zu erleichtern. Natürlich hat es auch Spannungen gegeben zwischen denen, die an die Wissenschaft glauben,

denen, die an die Geschichte glauben, denen, die weder an diese noch an jene glauben, und schließlich denen, die beiden wenigstens etwas Kredit geben. Und wenn Kompetenz, guter Wille oder sogar Freundschaft nicht hinreichen, einem Wissen Kohärenz zu verleihen, das von Kameraden geteilt wird, so trug in unserem Falle dazu vielleicht die Überzeugung bei, daß die Geschichte der Naturwissenschaften an der Kultur unserer Zeit immer wesentlicheren Anteil hat, weil sie das positive Wissen – Skelett und zugleich Motor unserer Welt – in das lebendige, kollektive Abenteuer der Menschheit einbettet.

Doch die Hauptspannung in der Gruppe und ihrem Buch geht zweifellos weniger auf die Disparatheit der Fachgebiete als auf die allgemeine Vorstellung zurück, die jeder von uns von der Wissenschaft hegte. Daraus ergibt sich eine der wirklichen Besonderheiten des vorliegenden Buches: Jedes der Kapitel ist so abgefaßt, daß es sich nicht damit begnügt, zu erzählen, was in einem bestimmten Fachgebiet während eines bestimmten Zeitraums geschehen ist, wie sich zum Beispiel die Chemie im vorigen Jahrhundert und die Geometrie in der griechischen Antike entwickelt haben. Vielmehr trägt es selbst eine der Thesen vor, die von Wissenschaftshistorikern vertreten werden. So wird der Leser nicht von einer bestimmten Denkschule abhängig gemacht wie etwa dann, wenn er ein Buch kauft oder zu Rate zieht, das sich ganz und gar einer einzigen, uneingestandenen Tendenz verschrieben hat, sondern kann aus dem geöffneten Fächer derer, die ihm getreulich dargestellt werden, wählen.

Bei der Vorbereitung, bei der Niederschrift und erst recht jetzt bei seiner Veröffentlichung haben wir uns immer wieder die Grundsatzfrage gestellt: Wie ist die Geschichte der Naturwissenschaften zu konzipieren und zu schreiben? Muß man eine oder mehrere anerkennen? Wie wären sie darzustellen?

Erste Lösung und übliche Wahl: Die Gesamtheit der Wissenschaften und ihre Evolution sind im Gesamtverlauf der Geschichte darzustellen. Man beginnt bei den Chinesen oder den Babyloniern, gar bei Stonehenge, jener schriftlosen Konstruktion, und endet bei den jüngsten Nobelpreisen, nachdem man im Gang der Epochen die gesamte Enzyklopädie der bekannten exakten, experimentellen und Sozial-Wissenschaften nebst ihren Techniken durchlaufen hat – vom Zahlensystem oder der primitiven Astronomie bis zu den letzten Verfeinerungen der Wissenschaften des Tages, selbst der Humanwissenschaften, eingebettet in die jeweiligen geschichtlichen Bedingungen und Umstände. Hätten wir die Leitfäden und Einführungen, die bereits zahlreich auf dem Markt sind, um ein weiteres dieser Kompendien vermehrt, die das durchsichtige Wissen einer überwundenen Epoche wie hinter Glas auszustellen bestrebt sind, so wären wir einer Antwort auf jene Frage keinen Schritt näher gekommen. In einem Buch dieser Art finden sich gewiß einige wissenschaftliche Aussagen, manchmal sogar ein wenig Geschichte, aber noch keine Geschichte der Wissenschaften.

Von ihr müssen wir wie von einer autonomen Disziplin sprechen, mit ihren Teilungen und Spezialgebieten; einer Disziplin, die zwischen mehreren Stilen zögert, die von ihren spezifischen Problemen oftmals umgewälzt worden ist, deren Methoden auseinanderstreben, deren Schulen sich gegeneinander stellen. Sie erfüllt nicht die Funktion einer durchsichtigen Glasscheibe. Da die Gegenstände, mit denen sie sich beschäftigt, überreich an Information sind, kann es geschehen, daß sie die gewöhnliche Geschichte in Frage stellt und die vertrauten Vorstellungen, die man vielleicht über die Wissenschaften selber hegt, in Zweifel zieht.

Denn es gibt eine spontane Geschichte der Wissenschaften, wie Auguste Comte gesagt hätte: die Praxis einer Geschichte, die in den Wissenschaften zu wenig bewandert ist, und von Wissenschaften, die sich in der Geschichte sehr wenig auskennen. Was diese unreflektierte Spontaneität kennzeichnet, ist genau jener eherne Fortschritt des lückenlosen Wissens in einer umfassenden, homogenen und isotropen Zeit. Sieht man genauer hin, treten tausend Komplikationen auf: Der Übergang von einer Karte in großem Maßstab, die eine durch Felserosion zerklüftete Küste wiedergibt, zum Weg des Wanderers durch das Geröll ähnelt dem Übergang von einer stetigen Kurve zu den chaotischen und blinden Sprüngen, mit denen man sich suchend und auf Umwegen voranbewegt, wie es Forscher häufig tun. Ebenso bleibt keine Wissenschaft einheitlich, wiedererkennbar und kohärent, nicht einmal auf mittlere Sicht, für eine Dauer, die sich ihrerseits verzweigt und schwankt. Die Vernunft in der Geschichte des Wissens gleicht also einer Naivität.

Jene Spontaneität hält noch tausend andere Dinge für wahr: daß es genüge, die Reihe der Problemlösungen und der Experimente für Erfindungen zu erzählen; die Porträts jener Geistesgrößen zu zeichnen, die den Entdeckungen ihren Namen geben; in der Vergangenheit embryonale Spuren, Ahnungen, Samenkörner oder Grundmauern dessen zu erkennen, was heute Wirklichkeit geworden ist; die Einschnitte oder Revolutionen deutlich herauszustreichen, welche die irreversible Geburt einer Wissenschaft oder die großen Momente ihrer Transformationen zeitlich bestimmen; die Streitigkeiten, Debatten und Polemiken zu beschreiben, deren Feuer den Motor des Wissensfortschritts in Gang hält. Oder sie meint umgekehrt, man brauche nur das Kapitel der Wissenschaften dem Hauptbuch der Geschichte anzuhängen und den gesellschaftlichen, institutionellen, ökonomischen, kulturellen und politischen Rahmen der wissenschaftlichen Inhalte zu bestimmen ... Vor allem unterstellt sie eine rückwärtsgerichtete Bewegung des Wahren, welche die Erkenntnisse von heute in die Vergangenheit zurückprojiziert, und zwar so, daß die Geschichte zur unvermeidlichen und gleichsam programmierten Vorbereitung des aktuellen Wissens wird. Tatsächlich ist nichts schwieriger, als sich eine freie und fluktuierende Zeit vorzustellen, die noch nicht vollständig determiniert ist, in der die Forscher auf ihrer Suche im Grunde noch nicht eigentlich wissen, was sie suchen, während sie es unwissentlich bereits wissen.

Letztlich hat diese Spontaneität eine zweifache Wurzel: die selige, buchstäblich religiöse, wenn auch manchmal gerechtfertigte Bewunderung von allem, was sich wissenschaftlich gibt und ebendeshalb unberührbar bleibt, sowie eine symmetrische Verehrung der Geschichte. Selbst wenn sie als atheistisch oder emanzipiert gelten möchten, opfern unsere Zeitgenossen freiwillig an diesen beiden Altären oder beugen sich dieser doppelten Hierarchie. Niemand kann den Ernst, die Vernunft, die Errungenschaften, die Arbeit der Wissenschaften oder der Geschichte in Frage stellen, ohne sich sogleich dem Vorwurf ausgesetzt zu sehen, den Bereich des Rationalen zu verlassen. Geschichte und Wissenschaft sind zwei Tabus unserer Zeit. Daher wird die spontane Geschichte der Wissenschaften oft zu einer Heilsgeschichte oder, besser, zu einer heiliggesprochenen Geschichte: die Genies übernehmen darin die Rolle von Propheten, die Einschnitte erscheinen als Offenbarungen, die Polemiken oder Debatten dienen dem Ausschluß der Häretiker, die Kongresse ahmen Konzile nach, die Wissenschaft inkarniert sich allmählich in der Zeit, so wie einst der Geist.

Nun gehören die Autoren dieses Buches einer Generation an, die sich in ihrer wissenschaftlichen Ausbildung nicht auf einen Szientismus versteift hat; einer Generation, die mit dem steilen Aufstieg der Wissenschaft zugleich auch deren Probleme erfahren hat und sie deshalb gelassen, mit einem gewissen Agnostizismus, doch ohne Groll betrachtet. Für sie stellen die Naturwissenschaften weder das absolut Gute noch das radikal Böse dar, weder den Teufel noch den lieben Gott; sie bleiben für sie ein Wissen und eine Macht, nicht mehr und nicht weniger, ein Mittel. Ebenso bleibt die Geschichte eine Disziplin unter anderen, weder ein Dogma noch eine Hölle. Folglich beginnt die Geschichte der Wissenschaften, so wie einst die Lektüre heiliger Texte, mit einer Kritik. Sie erfordert eine kühne Anstrengung, um jene beiden Instanzen, jene beiden Statuen von ihrem epistemologischen Sockel herunterzuholen, auf den die Schmeichler sie gehoben hatten.

Wenn der Leser dieses Buch zu Ende gelesen hat, wird von den stereotypen Vorstellungen, die er im Geiste hegte, nicht viel übriggeblieben sein.

Es handelt sich also um ein echtes wissenschaftsgeschichtliches Werk, das die Geschichte der Wissenschaften als eine selbständige Disziplin mit ihren Wahlentscheidungen und Absichten, ihren Aufteilungen, ihrem eigenen Stil und ihren Methoden betrachtet und sie damit vollständiger, vollendeter darzustellen beansprucht, als es die falsche Transparenz einer vollständigen, enzyklopädischen Darstellung der Wissenschaften im Gesamtverlauf der Gesamtgeschichte jemals vermöchte.

Weit davon entfernt, eine geradlinige Abfolge stetigen Wissenserwerbs oder eine ebensolche Sequenz plötzlicher Einschnitte, Entdeckungen, Erfindungen oder Revolutionen zu zeichnen, die eine Vergangenheit plötzlich umwälzen und in Vergessenheit stürzen, eilt die Geschichte der Wissenschaften unbeständig durch ein vielfältiges und komplexes Netz von Wegen, Straßen, Bahnen, Spuren, die sich verflechten, verdichten, kreuzen, verknoten, überlagern, oft mehrfach verzweigen. Eine Vielzahl unterschiedlicher Zeitmaße, Disziplinen, Ideen von Wissenschaft, eine Mannigfaltigkeit von Gruppen, Institutionen, Kapitalien, Menschen, die sich einig sind oder bekämpfen, von Maschinen, Gegenständen, Prognosen und unvorhergesehenen Zufällen bilden zusammen ein schwankendes Gefüge, das die vielfältige Geschichte der Wissenschaften getreu darstellt.

Nichts ist einfacher und leichter als diese vermeintliche Komplexität: Man stelle sich eine Art Straßenkarte vor, auf der die verschiedenen Wege dargestellt sind, die ein Land durchziehen; schmale Wege und breite Magistralen verbinden darin auf hunderterlei Art Dörfer und Metropolen und führen zu unbekannten Ländern. Aber Vorsicht: vergessen wir nicht, die Karte von Zeit zu Zeit zu erneuern, um auf dem neuesten Stand zu bleiben, denn überall sind Bauarbeiten in Gang, die das Straßennetz und das Land verbessern, verändern, umwälzen. So kann die Karte veralten. Morgen wird man nicht mehr auf die gleiche Weise von hier nach dort gelangen. Man kann sogar verschiedene Karten mit verschiedenen Maßstäben, Straßen-, Eisenbahn-, Flußkarten, Karten der Meeres- und Luftwege, der telefonischen und elektronischen Verbindungen, der Satellitenbahnen und so weiter übereinanderlegen, um die Wahl des Transportmittels und der Zeit zu haben, die man aufwenden will, je nach den Mitteln, Zielen und Transportgütern.

Wenn man die Karten dieses Spiels, die wir in einer Schublade aufbewahren und die wir alle im Kopf haben, miteinander vergleicht, erkennt man sofort, daß das Wichtigste – das, was bei fast allen stabil bleibt und ihnen Ähnlichkeit verleiht – die Pole oder Gipfel sind, die Schnittpunkte, Netzknoten, Verkehrskreuze, die fast obligatorischen Engstellen, oftmals in der Nähe sehr alter Städte gelegen. Die Hauptstädte wachsen um eine Kathedrale oder einen sternförmigen Platz herum, an dem einige Straßen zusammen- und auseinanderlaufen, die sich rasch vielfach verzweigen werden; im übrigen haben sie sieben Bahnhöfe und vier Flughäfen, mehrere Kilometer Kais entlang einer Wasserstraße, strahlen Wellen in tausend Richtungen aus ... ermöglichen also Passagen in großer Zahl. Die Einzelheiten der Straßen-, See- oder Luftwege spielen jedoch auf den Karten kaum eine Rolle; sie werden darauf oft nicht einmal beschrieben. Das vorliegende Buch zeichnet genau diese Art Karte.

Übersetzung: Während die Wissenschaften sich aufschichten oder abblättern, in tausend Disziplinen getrennt oder vermengt, während sie sich unablässig verwandeln,

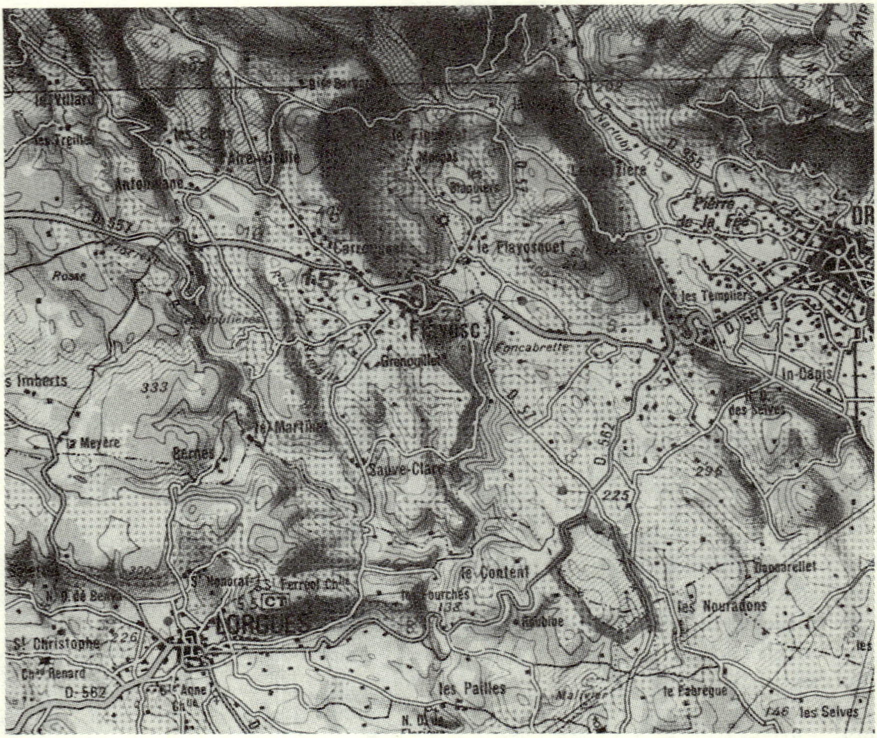

le Villard
D. 557
les Imberts
333
la Meyère
les Martins
Sauve-Claire
Foncabrette
le Flayosquet
D. 955
les Templiers
Pierre de la Fée
les Selves
D. 562
225
296
le Content
les Nouradons
LORGUES
St. Christophe
D. 562
les Pailles
le Fabreque
146

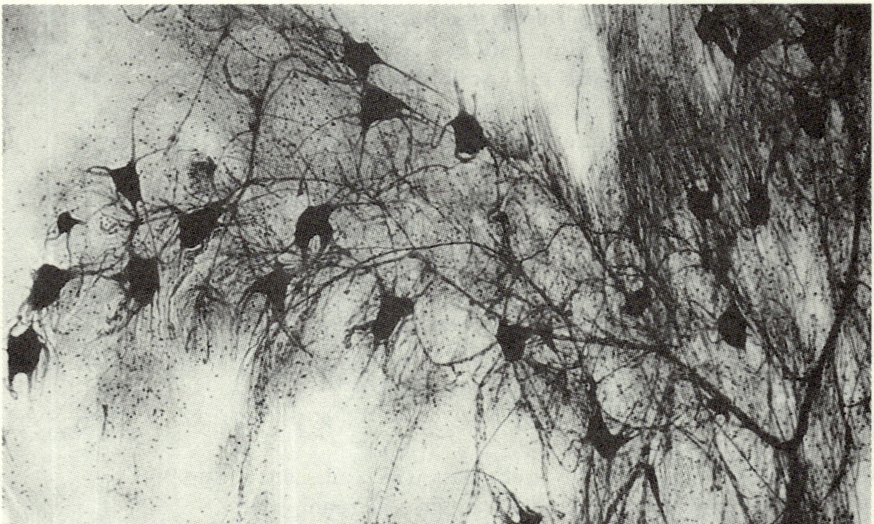

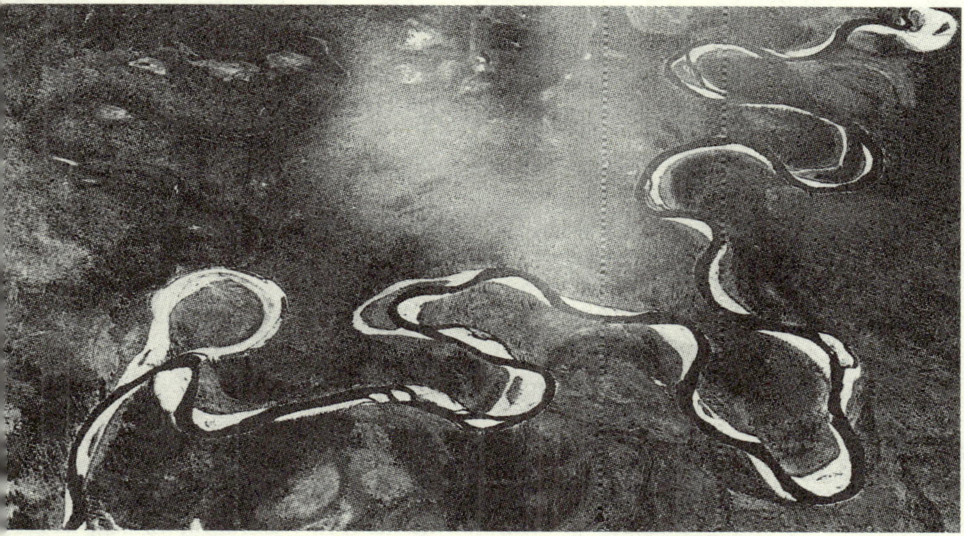

Der Strom der Geschichte
und das Wirken der Zeit.
Einige Modelle zu ihrem
Verständnis:
Straßennetz · Neuronennetz ·
Strom in Alaska mit
veränderlichem Flußbett ·
Autobahnknoten ·
Gedruckter Schaltkreis

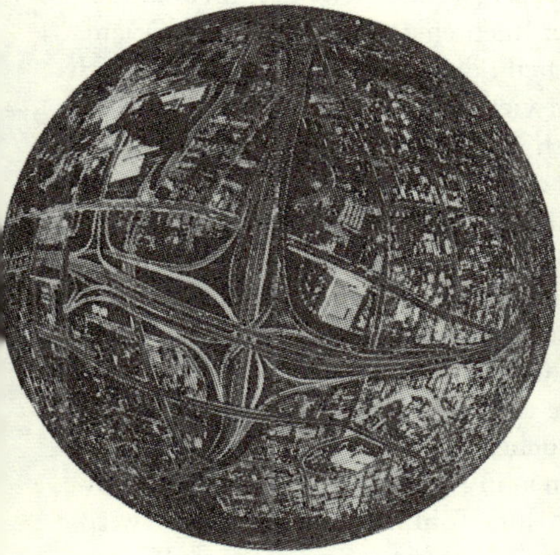

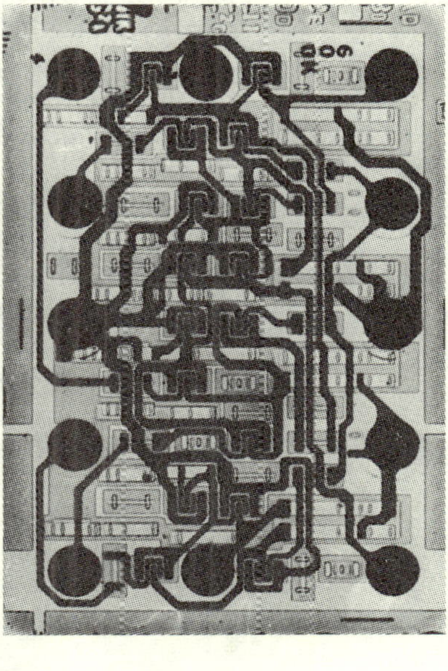

schwanken, unterschiedliche Zeiten hervorbringen, deren Fortgang oft unvorhersehbar ist, sind es gerade die Orte der Konvergenz und der Verzweigung, die relativ invariant bleiben in dieser unruhigen, wirren Geschichte; gerade an diesen Orten stellen sich die Probleme und werden die Entscheidungen getroffen – oder nicht getroffen. Welche Probleme? Welche Entscheidungen? Es sind die Knoten dieser verschiedenen Netze, die einigermaßen stabilen Kreuzungen, welche die Kapitel des Buches ausmachen.

Woher stammt die Wissenschaft? Wo und wann ist sie geboren? In Griechenland, in Ägypten, in grauer Vorzeit? Erste offene Frage, die des Auftauchens, also das erste Kapitel des Buches: Babylon im Jahre minus 1800. Muß man einen oder mehrere Ursprünge denken? Erste Verzweigung: Die Diskussion ist wichtig, sie hat jahrhundertelang Generationen von Historikern und Gelehrten in Gegensatz zueinander gebracht; die meisten votierten für die Griechen. Wir haben jene Entscheidung abgewandelt, haben sie bei der direkten Lektüre der Quellen um hundert Nuancen bereichert. Ja, der Leser mag staunen: im Augenblick des Anfangs, am Quellpunkt selbst eine Kreuzung einzeichnen, warum das? Aus dem genannten Grund, gewiß, im Herzen des Mittelmeeres oder im Zweistromland: Hellenen oder Ägypter? Aber auch um offen und ehrlich zu erklären, daß wir uns links halten werden, auf der Seite des Abendlandes, also wissentlich auf der Rechten die Geschichte des Orients vernachlässigen – das heißt die Wissenschaften, wie sie sich vor allem in China entwickelt haben. Damit ist kein Werturteil verbunden; doch um ihnen gerecht zu werden, bedürfte es einer ganz anderen Abhandlung. Im übrigen: Haben Sie schon jemals die Quelle eines Bachs gesehen, die nicht bereits ein Zusammenfluß wäre?
Unklar ist aber noch, was dort entstand: mit der Astronomie und der Medizin die Mathematik, *les mathématiques*. Aber warum dieser Plural im Französischen? Gibt es eine oder mehrere? Zweite offene Frage, zweite Verzweigung, zweites Kapitel des Buches, in dem die vergleichende Geschichte der Algorithmen in Hieroglyphenschrift auf Papyrus und in Keilschrift auf Tontafeln zu lesen sein wird. Woraus man auf mehrere Ursprünge und mehrere Wissenschaften schließen darf, bezogen auf die Kulturen, aus denen sie hervorgehen.
Doch nun bleibt noch der Abstraktionstyp zu bestimmen.

Griechenland rühmt sich, die reine Wissenschaft und den Beweis erfunden zu haben. Wie? Gibt es eine oder zwei griechische Mathematiken? Dritte Verzweigung und drittes Kapitel des Buches, aus dem man ersehen wird, wie die Geometrie auf hellenischem Boden aus älteren Algorithmen hervorgeht, aber auch, vor unseren Augen, aus neueren.

Abgesehen von einigen anonymen Schreibern, dem legendären Thales und dem eifrigen Euklid, fehlen jetzt noch Porträts in der Darstellung einer Disziplin, die Porträts traditionell so sehr geliebt hat. Lassen wir also Archimedes auftreten, den Ersten unter den Geistesriesen, wie ihn Plutarch und Polybios zeichnen. Welche Wissenschaft hat er betrieben? Zweifellos reine, jedoch nach dem Urteil eines strengen Platonikers angewandte; vor allem aber eine Wissenschaft, die geprägt ist von der Nähe zu dem Tyrannen seiner Stadt und von den Kriegsmaschinen, die sie verteidigen sollten. Vierte Verzweigung mit tragischer Bedeutung, damals schon und heute immer noch: Seit wann, wie und warum kollaboriert die reinste Wissenschaft mit Tod und Zerstörung oder, umgekehrt, mit der Rettung einer bedrohten Bevölkerung? Die entscheidende Frage, die dem Gelehrten und seinem Historiker zur Entscheidung vorgelegt wird, lautet: Wissen oder Macht, abgelöste Kontemplation oder entfesselte Gewalt? Das moralische Problem stammt, wie man sieht, nicht erst von gestern: Krieg oder Frieden in der Welt der Wissenschaften?

So wie die Karten nicht jede Einzelheit der Seeroute von Bordeaux nach Montevideo oder Boston angeben, sondern das Bild dieser Häfen zeichnen, der Punkte, von denen die Verkehrswege ausgehen und in denen sie wieder zusammenlaufen, so behandelt dieses Buch die Probleme und überläßt es dem Leser, anhand der Zeittafel, die am Ende des Werkes zu finden ist, den Weg zu wählen, der ihm beliebt. Schnellstraßen, langsame, kurze oder endlose Wege verbinden die Kreuzungen, das heißt die Zweifel, das Zögern, die großen Fragen der Geschichte der Wissenschaften, ihre eigentlichen Elemente.

Ist die Mathematik einmal auf die Bahn gebracht, von der Edmund Husserl sagte, sie könne nun nicht mehr verfehlt werden, so bleibt immer noch fraglich, ob über diesen langen Zeitraum hinweg auch nur ein Begriff seinen Sinn unverändert behalten hat. Handelt es sich immer um die gleiche Form oder die gleiche Definition? Stehen wir dank der Geometrie in unmittelbarer Verbindung mit der fernsten Vergangenheit? Die griechischen Götter und Göttinnen kennen wir kaum; doch wie steht es mit dem Satz des Pythagoras? Ist er nicht, unverändert seit über zweitausend Jahren, ein glänzendes Beispiel für Beständigkeit, vielleicht das einzige? Fünfte Verzweigung, neues Kapitel: Gegeben sei etwa die große Figur des Kreises; kann man entscheiden, ob es sich dabei mehrere Jahrtausende lang um ein und dieselbe Idee gehandelt hat? Ja? Nein?

So lange schon beziehen wir uns auf das babylonische, griechische oder ägyptische Erbe, daß wir am Ende nicht mehr auseinanderhalten können, was sie uns hinterlassen haben. Wir wußten, daß wir von ihren Quellen lange abgeschnitten waren und daß die arabischen Traditionen und Kulturen sie uns wieder zugänglich gemacht haben. Darf man in diesen also bloße Vermittler sehen? Gibt es eine arabische Wissenschaft? Tatsächlich hatten wir unseren Vater verloren, doch als wir ihn wiederfanden, waren es zwei. Wie wäre die Originalität des zweiten gerechterweise zu beschreiben, der uns und unseren Denkgewohnheiten so nahe ist wie der erste? Sechste Verzweigung und abermals Zusammenfluß mit einem Wasserlauf, der eine andere Strömung mitführt. Diese Vermischung ist von großer Bedeutung, da die Geschichte des Mittelmeeres – auf dessen Boden, wenn man so sagen darf, die Wissenschaften zuerst entstanden sind – unaufhörlich zwischen semitischen und indoeuropäischen Einflüssen oszilliert: unser Wissen versammelt sie beide. So schwillt die Geschichte der Wissenschaften durch mancherlei Zuflüsse an und trennt sich hin und wieder von anderen wie von vergessenen Nebenarmen. Man braucht sich nur an die entscheidenden Zusammenflüsse zu stellen, um die Dinge besser zu verstehen.

Alle Landkarten sind mit einem Register der Städte und Landschaften, der Kreuzungen des Netzes versehen. Es ist immer das gleiche Register oder fast das gleiche, egal was die Karte zeigt und von wann sie stammt. Das vorliegende Buch erstellt genau dieses Register. Es hält die Gipfelpunkte und die Verkehrsknoten fest, es beschreibt häufig wiederkehrende Probleme, die Unschlüssigkeit, die großen Fragestellungen der Geschichte der Wissenschaften, ihre Verzweigungen, mit einem Wort: ihre Elemente. Was die Wege angeht, sei der Leser noch einmal aufgefordert, sie in der Zeittafel nach Belieben selbst zu wählen. So werden die Naturhistoriker der Aufklärung auf ihren Forschungsreisen die natürlichen Arten, die Darwin später in eine zeitliche Reihenfolge bringen wird, im Raum verstreut suchen und finden. Wir haben die großen Probleme in einem Darstellungsraum verteilt beziehungsweise klassifiziert, aus dem analog eines Tages die der Wissenschaftsgeschichte eigene Zeitlichkeit hervorgehen wird.

Sind wir von unserer Idee der Wissenschaft als solcher denn so überzeugt, daß sie sich niemals ändert? Was macht eigentlich das Wesen einer Wissenschaft aus? Wir stoßen hier auf eine ganz unerwartete Verzweigung: Unsere Vorgänger, die einst unsere Lehrstühle innehatten und einen ähnlichen Unterricht abhielten, bezeichneten als Wissenschaft eine Disziplin, die ihnen als Königin galt, während sie uns seit der Aufklärung als Inbegriff von Unwissenheit und Finsternis erscheint. Alle bisher verfolgten Wege nehmen eine Wendung, je nachdem, ob man eine solche Entscheidung billigt oder ablehnt. Also noch einmal: Was ist eine Wissenschaft? Als die mittelalterliche Universität in Paris, Oxford und anderswo der Theologie diesen Ehrentitel beilegte, fanden Arithmetik und Algebra – von allen verkannt und von den Gelehrten verachtet – als bloße Rechentechnik beim Verrechnen, Tauschen und Feilschen auf den Straßen und den Messen Verwendung. Auf die Frage »Was ist Wissenschaft?« antwortet die Geschichte manchmal mit einer Gegenfrage: Wo ist sie zu finden? Auf den Gassen oder in den Klassen? Und welche Sprache spricht sie? Wer redet Kauderwelsch, wer spricht die gewöhnliche Sprache des Volkes? Was wird in diesen verschiedenen Idiomen Neues gesagt? Also zwei neue Verzweigungen, die siebte und achte.

Solche Entscheidungen, die in das Kartenbild eingehen, werden von einer Instanz getroffen oder nicht getroffen, die häufig die Rolle eines Tribunals spielt. Nur ein solcher Gerichtshof hat Entscheidungsmacht. Die griechischen Philosophenschulen, die Konzile der Kirche und die Kongresse der Universitäten funktionieren durchaus ähnlich und beanspruchen das Definitionsmonopol für Wörter, Wissen und Wahrheit. Es sind Tribunale, und sie haben die Macht der Kritik: die oberste Gewalt in der Geschichte der Wissenschaften. Hier zeichnen sich die Weichenstellungen ab, hier werden die Weichen gestellt.

Wenn eine Partei, die vor ein Tribunal gezogen ist oder geladen wurde, von einer solchen Instanz dann freigesprochen oder verurteilt wird, ändern sich zwei Dinge grundlegend: die Zeit und die Wahrheit. Eine mögliche, wahrscheinliche, diskutable Behauptung wird, sobald über sie entschieden ist, wahr oder falsch: deshalb grenzt der Augenblick, in dem die Geschworenen befinden, in dem das Urteil gefällt wird, ein Vorher und ein Nachher scharf voneinander ab. Die Gerichtsschreiber nehmen den Spruch zu den Akten. Was ist die Geschichte der Wissenschaft anderes als die individuelle oder soziale Zeit einer Klasse von Wahrheiten, die ordnungsgemäß zu den Akten genommen wurden? Manche werden sagen: sie ist, ganz allgemein gesagt, die Zeit des Wahren. Doch wie kann dieses Wahre auftauchen, sich transformieren, verschwinden, seinen Platz einem anderen überlassen?

Allgemeine Antwort: dank solcher Tribunale. Die menschlichen Gesellschaften sind selten auf andere Mittel verfallen, um ihre Geschichte, ihre eigene Umwelt und ihre eigentümliche Kultur selbst festzulegen und zu errichten. Sobald es Wissenschaften gibt, müssen sie solche Instanzen hinnehmen; doch allmählich gelingt es ihnen, sie zu bekämpfen, zu übernehmen, zu verwandeln, zu benutzen und zu beherrschen. Am Ende entscheiden die Wissenschaften über sich selbst.

Die Geschichte der Wissenschaften beschreibt jene Instanzen wiederum unter *ihrem* Blickwinkel: sie nimmt sie hin, bekämpft sie, paßt sich ihnen an und paßt sie sich an, verwandelt sie, bedient sich ihrer und beherrscht sie schließlich. Ist sie doch selbst ein Tribunal, das die von den Wissenschaften verkündeten Urteile immer wieder aufhebt, da sie inzwischen verjährt sind.

Abermals unsere Frage: Wie wäre also eine Geschichte der Wissenschaften zu schreiben beziehungsweise darzustellen? Antwort: durch die Organisation einer Kritik, durch die Einsetzung von Gerichtshöfen. Wenn die Weichen verrosten, werden die Abzweigungen unbefahrbar.

In der Vorrede zur zweiten Auflage der *Kritik der reinen Vernunft* läßt Immanuel Kant Thales, Stahl, Torricelli und Galilei als Erfinder oder Gründerheroen jener ersten Wahrheiten in Geometrie, Chemie oder Mechanik auftreten; Wahrheiten, die eine Zeit oder eine Geschichte in Gang setzen. In einer Disziplin nach der anderen vollziehen sich Revolutionen, die allmählich das unsichere Wissen in den sicheren Gang einer Wissenschaft bringen; zuerst die Mathematik, dann die Physik und so weiter. So legt Kopernikus, indem er Ruhendes und Bewegtes vertauscht, den

Grund für die wissenschaftliche Astronomie. Unversehens eröffnet die ganze Geschichte der Wissenschaften eine herrliche Vision, die sich dem Zeitalter der Aufklärung verdankt und der wir alle unsere Vorurteile verdanken; eine Vision, die freilich vor allem darauf zurückgeht, daß derselbe Kant eine Kritik begründet und einen Gerichtshof der Vernunft einsetzt. Sobald diese Instanz aufgerichtet ist, erscheinen eine Zeit und eine Wahrheit, eine Zeit des Wahren, ein Vorher und sein Nachher, eine Geschichte der Wissenschaften. Der Philosoph ahmt vortrefflich den Gründungsakt einer Disziplin nach und hält uns für so naiv, daß er uns als Tatsache glaubt vorführen zu können, was er als Richter hervorgebracht hat. So ist die Geschichte der Wissenschaften nur aus dem Blickwinkel jener universalen Vernunft möglich oder darstellbar, die den Gerichtshof einsetzt, den wir seit Jahrhunderten unbewußt geschaffen haben und mit dessen Autorität wir unsere Urteile verkünden.

Dieses kritische Buch der Pfade, die sich verzweigen, behält sorgsam die kontinuierliche Funktion der Weichenstellung im Blick, die bestimmte Tribunale erfüllen. Unermüdlich öffnet es die Akten abgeschlossener Fälle und geht tausendmal in Revision. Glücklicherweise sind die Entscheidungen in der Wissenschaft niemals endgültig: weshalb das empfindliche Netz zittert und schwankt. Die Zeit des Verstandes und seiner Macht plaziert Thales, Stahl oder andere bald auf diese, bald auf die andere Seite der Waage ...

Nehmen wir als erstes Beispiel »Die Galilei-Affären«. Das Kapitel zu diesem Thema kann als Symbol, als Modell unserer Bemühungen gelten: Weder beschreibt noch erzählt es den berühmt gewordenen Prozeß ein weiteres Mal, sondern berichtet davon in mehreren Durchgängen und, wenn man so sagen darf, mehrstimmig; man vernimmt darin nicht nur die Stimme der Denkfreiheit, die der störrischen Tatsachen gegen die Schrift, ja sogar die der Kirche – denn die Beweiskraft der Experimente strahlt keineswegs so hell, wie man meint –, sondern auch spezieller die Auseinandersetzungen einer neuen Wissenschaft mit dem überlieferten Wissen, die Debatten der mathematischen Physik, der rationalen Mechanik ... und darüber hinaus sogar die Beunruhigung der Autorin, die – wie sie einräumt – sich der Affäre Galilei aus der Distanz nähert, die den zweiten Hauptsatz der Thermodynamik von der Gleichheit zwischen Ursache und Wirkung (als Postulat der klassischen

Mechanik) trennt. Wie viele Prozesse, wie viele komplizierte Machenschaften überlagern sich in den Wogen, die eine solche Affäre schlägt? Wie viele Akteure, Einsätze, Historiker waren daran seit Anbeginn beteiligt und haben sich bis heute eingemischt? Hier liegt das eigentliche Interesse dieses Kapitels, nicht etwa in der Parteinahme für diesen oder jenen Akteur – was nur darauf hinausliefe, den Prozeß endlos zu wiederholen, wo es eher darauf ankäme, ihn zu verstehen. Die Autorin dieses Textes hat die Geschichten der Geschichte aufgezeichnet und dabei die externe Zeit der Ursachen und Konfrontationen und die interne Zeit der Dinge und Gleichungen miteinander verschränkt. An diese neunte Verzweigung schließen sich hundert mögliche und bewegliche Weichenstellungen an.

Die gleiche Verschränkung in dem Kapitel über Lavoisier, das an fünfzehnter Stelle rangiert, das aber gut hierher paßt, wiederum als Symbol und vollkommenes Modell unseres Unternehmens: Die Französische Revolution, die politische, mischt sich in die chemische Revolution ein, so wie sich in der Affäre Galilei religiöse, ideologische und im strengen Sinne wissenschaftliche Prozesse vermischten. Als Generalsteuerpächter unter dem *Ancien régime* entwickelt Lavoisier die gleichen Talente wie in der wissenschaftlichen Forschung; zum Tode verurteilt, wird er zum Opfer seiner politischen Gegner wie seiner eifersüchtigen Kollegen; im Grunde geht er – beim Messen und Abwiegen unter gewissenhafter und sorgfältiger Kontrolle – in der Wissenschaft nicht anders vor als in der Gesellschaft, aber auch in der Geschichte, wo er bestimmt, was Zukunft, was Gegenwart und was Vergangenheit ist: Die Waagen, die er benutzt, entscheiden wie ein objektiver Gerichtshof über chemische Wahrheiten, aber auch über die Zeit der Chemie. Man ersieht daraus, daß die verschiedenen Prozesse, von denen in diesem Buch die Rede ist, um Streitsachen [*causes*] ebenso wie um strittige Sachen [*choses*] geführt werden; sie betreffen die Kräfteverhältnisse zwischen verschiedenen streitenden Parteien ebenso wie die Verhältnisse in der Natur als solcher. Man kann daraus sogar eine zureichende Definition von Wissenschaft gewinnen: Sie ist jene Rechtsinstanz, bei der die Streitsachen und die umstrittenen Sachen manchmal so eng benachbart sind, daß sie sich decken, bei der also die Entscheidung in nächster Nähe zum Kollektiven und Objektiven fällt. Wie man weiß, geht das Wort *chose* etymologisch auf *cause* zurück[1]; die Geschichte, die

[1] Das ja nicht nur die juristische Streitsache, sondern auch die Ursache bezeichnet. *Anmerkung des Übersetzers*

vom zweiten Wort zum ersten geführt hat, ist von der Geschichte der Wissenschaften zweifellos nicht mehr zu trennen. Die Wissenschaftssprache sorgt auf wunderbare Weise dafür, daß die Performanz der Prozesse und die Objektivität der Experimente einander fast vollkommen überlagern.

Zehnte Figur der Verzweigung, wenn sie einen ihrer Arme kappt: Die jahrtausendealte griechische, arabische, lateinische und moderne Geschichte des Problems der Refraktion beispielsweise tappt in die Falle des cartesischen Zweifels. Descartes gab vor, alles selbst zu erfinden, während er in Wirklichkeit nur niemanden zitierte: eine Operation, die in den Wissenschaften und in der Philosophie klassisch werden sollte und von nicht wenigen praktiziert wurde, um Diebstahl an fremdem Genie zu verdecken. Vor mir nichts als Ignoranz und Vergessen der grundlegenden Fragen; endlich kam ich, um Denken, Entdecken und Erfinden zu erneuern; nach mir die Wissenschaft – oder die Philosophie. Das cartesische Ich gewinnt durch diesen Reklametrick gewiß an Größe, geht daraus aber moralisch geschwächt hervor. Eine Weichenstellung nötigt die Geschichte, eine bestimmte Richtung (vom Weichensteller zu seinen Nachfahren) zu nehmen und seine Vorgänger dem Vergessen anheimzugeben. Eine in gewisser Weise juristische, aber recht komplexe beziehungsweise ausgewogene Entscheidung: Ein politisches Tribunal tötet Lavoisier, doch sein wissenschaftliches Tribunal verfügt den geschichtlichen Tod der anderen Chemiker, die kaum etwas gegen seine Verurteilung unternahmen; eine religiöse Instanz verurteilt Galilei, doch er, als Opfer, verurteilt mit seinen Richtern zugleich seine Vorgänger. Wer entscheidet also – und worüber? Wer setzt den Einschnitt in Zeit und Wahrheit? Die Geschichte der Wissenschaften nimmt den Prozeß stets wieder auf, indem sie eine Art bewegliches Tribunal einsetzt, das die Entscheidungen offen, die Verzweigungen unentschieden läßt.

Was ist Wissenschaft? Wo hat sie ihren Ort? Und nun: Wer betreibt sie? Derjenige, der darüber befindet, gewiß; oder auch derjenige, der sie erfindet? Elfte Verzweigung, neue Weichenstellungen: Im Zeitalter der Klassik spielen aufgeklärte Liebhaber, *amateurs*, die über Reichtum und Muße verfügen, nicht weit von den Salons, mit Zahlen – so wie andere Roulette. Hundert Jahre später nehmen gelehrte Professoren an deutschen Universitäten die gleiche Disziplin wieder auf und machen daraus eine tiefe, fast metaphysische Theorie. Womit unbeschäftigte Adlige sich zu ihrer Zerstreuung beschäftigten, das macht die Akademie zum System. Wie verwandeln sich die Wissenschaften, wenn sich diejenigen ändern, die sie betreiben? Die Theoreme, einst Herausforderungen in gelehrter Korrespondenz, gehen in Lehrbücher oder Abhandlungen ein, auf die man Bezug nehmen muß. Alles ändert sich an dieser Kreuzung, selbst die Vorstellung von dem, was seriös oder grundlegend ist. Stadt oder Talar, *town or gown*, wie die Engländer sagen, mondäne Welt der Salons oder ernste Welt der Lehrstühle: beide haben ihre Wahrheit, sogar was die Zahlen angeht.

Müssen wir annehmen, daß sich beim Überschreiten einer Schwelle die Ideen wandeln? Ja oder nein? Ja und nein. Newton entdeckt die universelle Gravitation, die im astronomischen Größenbereich sofort einleuchtet; bei seiner detaillierten Erforschung chemischer Reaktionen jedoch verflüchtigt sie sich. Die Vorstellung einer Affinität ist gewiß lächerlich, hat aber die Suche nach der Kraft beflügelt, welche die Körper zueinander hinzieht oder voneinander abstößt. Wie konnte eine Idee, die obsolet schien, zur Entdeckung der umfassendsten Welterklärung führen, die es je in der Geschichte gegeben hat? Was heute belanglos erscheint, hat gestern das Blatt völlig gewendet und wird es, geben wir acht!, morgen vielleicht abermals wenden. Gestern wurde die Physik von der Chemie widerlegt, heute erscheint sie als deren Bestandteil. Doch morgen? Wie können wir sicher sein, daß das Wissen, das nur erlernt werden kann, jemals die Wissenschaft verstehen wird, die nur verstanden werden kann? Die zwölfte Verzweigung bleibt offen und die Weichenstellung ungewiß. Der Gerichtshof entscheidet bald hier, bald dort und folgt dabei heute längst vergessenen Zwängen: Streitsachen und umstrittene Sachen wechseln die Fronten, ändern sich.
Anderes Beispiel: Seit hundert Jahren denkt niemand die Zeit, ohne auf Darwin Bezug zu nehmen. Die Sterne, die Dinge, die Welt, auch die Geschichte und sogar die Wissenschaftsgeschichte – alles entwickelt sich nach dem Muster der Arten. Dreizehntes Kapitel, gigantischer Einschnitt? Ja und nein und eher nein. Denn im Jahrhundert vor Darwins Reise mit der *Beagle* zu den Galapagos-Inseln nahmen tausendundein Forscher die Welt in Augenschein[2],

[2] *Devisement*: ein Ausdruck von Jacques Cartier für das Bereisen und Erforschen der Länder und Meere.

durchmusterten die Bestände der Arten, die die Welt auf Lager hat, um sie zu erkennen und zu benennen: man braucht sie nur noch in eine Reihenfolge zu bringen, man muß den Plan der Klassifikationen nur anders anlegen. Nichts bereitet auf die Zeit besser vor als der Raum. Nichts bahnt der Evolution den Weg besser als eine Folge von Verzweigungen zwischen den Arten; die Geschichte der Wissenschaften könnte sich keine bessere Propädeutik wünschen als eine Serie kritischer Weichenstellungen zwischen Problemen und Entscheidungen. Über Problembeispiele nähern wir uns dem Problem der Geschichte der Wissenschaften selber.

Ebenso aber denkt seit zweihundert Jahren niemand die Zeit der Wissenschaften, ohne auf das Bezug zu nehmen, was während der Französischen Revolution geschah (aber nicht erkannt wurde), als die Gelehrten ganz einmütig die Macht ergriffen. Ein Astronom im Amt des Bürgermeisters von Paris, der Erfinder der Topologie an der Spitze des Wohlfahrtsausschusses: Die Gelehrten nehmen die Palais eher ein als das Volk und an seiner Stelle, bis schließlich ein Geometer, wenn auch kein bedeutender, den Kaisertitel erlangt. Adel und Klerus stürzen, die gesellschaftlichen Teilungen und Funktionen wandeln sich; schließlich bilden die Gelehrten eine Klasse oder einen Stand, ersetzen die Geistlichen und bauen eine neue Kirche auf. An dieser Schaltstelle, der vierzehnten, wird die Geschichte der Wissenschaften häufig zur neuen Geschichte eines erneuerten Klerus, der seinen Vorgänger freilich vergessen wird, obwohl er immer noch die gleichen rituellen Handlungen ausführt.

Vergessen oder Erinnern, noch dieselbe oder schon eine andere Verzweigung, die siebzehnte in diesem Buch. Nicht selten geschieht es, daß die Wissenschaft »an vorderster Spitze« mit großem Eklat einen Vorgänger wiederentdeckt, der – wie sie entschieden betont – im verborgenen geblieben oder dem Vergessen anheimgefallen sei. Richtig, falsch? Im allgemeinen beides. Vernachlässigt worden sind in Wirklichkeit ganz andere, die Wiederentdeckten waren selten tatsächlich verloren. Mendel jedenfalls kann nicht als ein solcher Unbekannter gelten. Ein Gerichtshof kann auch falsche Ungerechtigkeiten wiedergutmachen.

Wer vergißt? Wer erinnert sich? Nicht nur die Menschen oder die Institutionen. Sondern auch die Dinge, vor allem aber die Theorien. Die Erbsenkinder zeigen ihre Eltern mit oder auf ihren Organen an, das euklidische System hält die Erinnerung an die alten Werke der Geometrie wach. So auch Mendeleev: seine Tafel projiziert die vergangene Geschichte der Chemie. Bestimmt sie die Zukunft im voraus, oder faßt sie zusammen, was ihr vorausging? Beides, doch eher die zweite Möglichkeit unserer neunzehnten Verzweigung. Wir studieren oder bewundern seine Tafel aus anderen Gründen als denen, die gleichsam immanent für ihren Aufbau bestimmend waren. Die verschiedenen Wissenschaften weisen allenthalben solche Tafeln auf, in die sich die Erinnerung einschreibt: Quellen, aus denen die Geschichte der Wissenschaften reichlich schöpfen kann. Je weiter die Darstellung in diesem Buch fortschreitet, desto perfekter zeichnen die einzelnen Kapitel das ganze Spektrum der Disziplinen nach, als ob es, nach dem Vorbild der Wissenschaften selbst, seine eigene Erfahrung kapitalisieren könnte.

Ebenso wie Wissenschaft und Wissenschaftsgeschichte hat auch die Erde, hat auch der Fels ein Gedächtnis. Erst 4004 Jahre alt seien sie, wie die mythischen Texte sagen, seit jenem Montagmorgen, an dem Gott sie Punkt neun Uhr mit einem Wort schuf. Abrupt taucht an dieser Stelle eine Verzweigung auf, die sechzehnte: Nach Lyells Urteil ist die Erde ewig, uralt. Daran entzündet sich ein säkularer Streit über die Synchronisierung der Zeiten: der Zeit des Himmels, der Sterne, der Dinge und der Menschen, der Welt und ihrer Geschichte. Wiederum betreten wir das Gelände der Geologie wie das der Wissenschaftsgeschichte, da wir die jeweiligen Zeiten der einzelnen Wissenschaften mit ihren unterschiedlichen Entstehungspunkten und ihren unterschiedlichen Rhythmen der Erfindungen, der Brüche und des Vergessens noch nicht zu synchronisieren wissen, kurz: weil wir für die Zeit der hundert Verzweigungen, Weichenstellungen oder Urteile vor ebenso vielen Tribunalen noch über kein einheitliches Maß verfügen.

Warum? Wegen der Konflikte. Immer wieder diese Streitsachen [*causes*]. Fasse die Streitigkeiten ins Auge und achte darauf, wie die Dinge [*choses*] ihnen folgen, sich mit ihnen in direktem oder umgekehrtem Verhältnis verändern. Pasteur bekämpft Pouchet mit den Mikroben, die wiederum, mit Pasteur, die *generatio spontanea* bekämpfen. Vielleicht ist diese Verzweigung die radikalste, weil sie viel weiter reicht als die in der Wissenschaftsgeschichte geführte Auseinandersetzung zwischen interner Entwicklungslogik der wissenschaftlichen Inhalte und externen, ausschließlich sozialen Bedingungen. Sie hält nämlich beide Kontexte nicht etwa voneinander getrennt, sondern verknotet und vermengt sie. Dieses kanonische Kapitel kann abermals als Symbol und in diesem Punkt als Modell unserer Bemühung gelten, insofern es zeigt, wie auch die Wissenschaft Tribunale einsetzt, freilich in solch rationaler Transparenz, daß selbst leidenschaftliches Engagement dabei verhüllt bleibt. Die Kämpfe der Menschen und Institutionen verschwinden in einem Kolben mit gekrümmtem Hals. Hier, in der Versammlung, die Pasteur in der Sorbonne zusammenrief, um ein für allemal über die Heterogonie seines Gegners zu befinden, sind Streitsachen und umstrittene Sachen, wie es die romanischen Sprachen seit je wollten, nicht mehr zu trennen. Eine ausgesprochen moderne Verzweigung, die dennoch stabil ist, seit unsere Sprachen Sinn erzeugen. Pasteurs Mikroben verhalten sich *ceteris paribus*, als sonst gleiche Sachen, wie die Atome Joliots am Vorabend des letzten Weltkriegs; der Atomphysiker verhält sich *ceteris paribus*, als Protagonist einer sonst gleichen Streitsache, wie der Biologe; man gründet eine Atomenergiekommission wie einst das Institut Pasteur, und die Mikrophysik existiert so gut wie die Mikrobiologie. Der Autor der beiden Texte, die an achtzehnter und einundzwanzigster Stelle erscheinen, verknotet Konflikte und Interessen – das, was man gewöhnlich als Umstände bezeichnet – so eng miteinander, daß dieses immer festere Geflecht, dieser Knoten, diese Kreuzung auf merkwürdig überzeugende Weise den Dingen selbst zu ähneln beginnt, welche die Experimentalwissenschaft befragt und untersucht. Die Straßenkarte mit ihren Verzweigungen und veränderlichen Gabelungen zeigt die Arbeit der Menschen und Menschengruppen: gebahnte Wege, trassierte Straßen, komplexe Straßenbauwerke; aber diese Straßen folgen auch der Oberflächengestalt der Landschaft, und so werden die Karten allmählich zum Weltatlas. Plötzlich konvergiert das Gegebene der Dinge mit unseren Konstruktionen.

Doch wiederum: welche Wissenschaft, welche Gelehrten, wer, wo, wann? Und vor allem: *wie viele*? Schon seit langem gibt es nirgendwo so viele Wissenschaftler wie in der Industrie. Die Geschichte der Naturwissenschaften würde schlafwandeln, wenn sie sich ausschließlich an die Universitäten oder die offiziellen Forschungseinrichtungen hielte. Der Spalt zwischen Wissenschaft und Gesellschaft wird

Dominique Appia, Das Reich der Bahnhöfe, Acryl auf Leinwand. Angefertigt für die Ausstellung Das Zeitalter der Bahnhöfe im Centre national d'art et de culture Georges Pompidou (1979). Privatsammlung

durch die tausend Techniken überbrückt, die in den Unternehmen auf hochkomplexem Niveau entwickelt werden und beträchtlichen Mehrwert abwerfen. Neuer Zustrom, an zwanzigster Stelle, der nicht nur Menschen und Kapitalien heranführt, sondern darüber hinaus die Bedürfnisse, den Markt und die ganze moderne Wirtschaft ins Spiel bringt mit ihren Schwankungen, die noch flüchtiger und beweglicher sind als die Veränderungen des Netzes seit seinen ungewissen Anfängen. Hier passen sich Wissen und technisches Können in Echtzeit den unvorhergesehenen Erschütterungen der Konjunktur und der Nachfrage an. Die Beziehungen zwischen der Karte und der realen Welt werden raffinierter.

Keine Wissenschaft ohne Technik, ohne Maschinen, vor allem nicht ohne jene Maschinen, die Jacques-Louis Lyons Universalwerkzeuge nennt, da sie vom Werkzeug die Effizienz und vom Universellen die Wissenschaftlichkeit geerbt haben: die Computer. Jeder glaubt und hat tausend Gründe zu glauben, daß ihre Erfinder – von Leibniz und Pascal bis zu Turing und von Neumann – sie fertig im Kopf hatten, ehe sie darangingen, Prinzipien, Geräte und Programme zu entwickeln. Nein. Wer forscht, *weiß* nicht, sondern tastet sich vorwärts, bastelt, zögert, hält seine Entscheidungen in der Schwebe. Nein, er konstruiert den Rechner von übermorgen nicht dreißig Jahre vor seiner Realisierung, weil er ihn nicht voraussieht; während wir, die wir ihn kennen und fortan benutzen, leicht dem Fehlschluß erliegen, er habe ihn vorausgesehen. *In Wirklichkeit ist es mit ihm wie mit allen Akteuren dieses Buches – den individuellen und den kollektiven, den materiellen wie den intellektuellen: sie sind nur Darsteller seiner Verzweigungen und seines schwankenden Netzes.* Tatsächlich gelangt der Forscher auf beinahe wundersame Weise zu einem Ergebnis, das er nicht deutlich voraussah, auch wenn er es tastend suchte.

Wenn der Leser die Offenheit echter Forschung anerkennt, wenn er gelten läßt, daß die Suche echter Forscher – die suchen, also wissen, ohne zu wissen – vor dem Hintergrund von Unwissenheit abläuft, wird er das unverhoffte Erscheinen dieser vorhergesehenen, aber unvorhersehbaren Maschinen auf dem Markt verstehen. Und plötzlich wird ihm dabei die Vollständigkeit des vorliegenden Kartenwerks aufgehen, dieses festen und schwankenden, organisierten und zugleich offenen Buches der Netze und

Verzeichnisse, das genau so aufgebaut ist, daß es in den Fakten die Geschichte, die Geschichten der Wissenschaften, nachzeichnet und dabei alles miteinander verflicht: ihre Resultate und ihre Erfinder, ihre zugeflossenen und zusammengeflossenen Erbschaften, die harten Auseinandersetzungen zwischen ihren *pressure groups*, abwechslungsreiche und großartige Landschaften, in denen die *choses* von den *causes*, die Dinge der Welt von den Angelegenheiten der Menschen, kaum noch zu unterscheiden sind; ihre vorläufig endgültigen Entscheidungen, ihr Vergessen und ihre veränderlichen oder trügerischen Erinnerungen, ihre institutionelle Verfassung, ihre strenge rationale Bestimmtheit und ihre begeisternde Unwahrscheinlichkeit: unsere leidenschaftlichen Irrfahrten auf jenen Karten.

Um den Wechsel von den Wegstrecken zu den Kreuzungen spürbar werden zu lassen, die eine bestimmte Fahrtrichtung nach rechts oder links vorschreiben, vielleicht aber auch beide Richtungen sperren oder offenlassen, bin ich zunächst der Einfachheit halber dem gewöhnlichen Zeitablauf gefolgt, habe ihn jedoch manchmal absichtlich ein wenig verbogen: Vielleicht hat man erstaunt bemerkt, daß in diesem Vorwort die Ordinalzahlen nicht immer in ihrer Reihenfolge, der Kapitelfolge dieses Buches, erscheinen. Denn eben in der Verzögerung entwickelte die Rede einen neuen Gedanken, den der Erinnerung oder des Vergessens; oder wie Bergson gesagt hätte, verläuft die Bewegung des Wahren rückwärts: man muß, sagt er, die Französische Revolution hinter sich haben, damit die Erstürmung der Bastille, mit der sie begann, einen Sinn erhält beziehungsweise überhaupt in der Geschichte vorkommt; im Moment des Geschehens kommt diese Geschichte zu früh. Man glaubt, das Wahre komme mit dem Fluß der Zeit auf uns herab; aber es fließt auch stromaufwärts. Daher die Windung in der Ordnung der Zahlen.
Allgemeiner gesagt, hätte dieses Buch also auch einer anderen Gliederung folgen können. Eine thematische Klassifikation zum Beispiel hätte den offenen Fächer der Optionen und Thesen gewiß weiter ausgebreitet und ihre Spannungen besser entfaltet. Denn hier trifft die Geschichte der Wissenschaften auf ihren Historiker und seine mittelalterlichen Pergamente, ihren Archäologen mit seinen Schrifttafeln und Papyri, ihre Soziologen und deren Institutio-

nen, ihre Philosophen und deren Begriffe, ihre Anthropologen ... Doch um alles zu fassen, bot sich die schließlich gewählte Ordnung an, weil sie den Dingen selbst gerecht wird: Man könnte sagen, die Karte senkt sich langsam auf die Erde und verschmilzt mit dem, was sie darstellen will. Ein wirres, veränderliches Flußbett mit zahlreichen Zuflüssen und Nebenarmen, dessen Fluten sich wie von ungefähr an Hindernissen, Sperren, Dämmen oder Eisschollen brechen, sich in engen Schluchten, schmalen Rinnen oder durch Eisgang in reißende Gewässer verwandeln, ganz zu schweigen von den Turbulenzen, raschen, aber ziemlich gleichbleibenden Strömungen und Gegenströmungen, welche die Flußrichtung umkehren, von versickernden und toten Armen ... ließe sich ein besseres Modell der Mischung und *Perkolation*[3] denken, um den Gang der Geschichte und das Werk der Zeit zu verstehen?

Les Treilles, 1985-1988

[3] *Perkolation*: statistische Beschreibung von Systemen, die aus einer großen Anzahl von potentiell miteinander verbundenen Objekten bestehen. In einem solchen System kann eine Kommunikation auf Distanz zustande kommen – oder auch nicht.

Der Codex Ḫammurapi. *Das Basrelief dieser Stele zeigt den König Ḫammurapi in anbetender Haltung vor dem Sonnengott Šamaš, dem Gott des Gerechtigkeit. Die Zeit Ḫammurapis, der Anfang des achtzehnten Jahrhunderts vor Christus lebte und ein großes Reich gründete, zeichnete sich durch besondere intellektuelle Leistungen auf zahlreichen Gebieten aus – unter anderem in der Gesetzgebung. Diese Sammlung von mehr als zweihundert Gesetzen ist in gewisser Hinsicht ein typisches Beispiel für die »Tafeln« der babylonischen Wissenschaft. Sᵇ 8, altbabylonisch, Babylon (?); Louvre, Paris*

JAMES RITTER

BABYLON – 1800

In diesem Kapitel wird der Leser auf den Pfaden der Wahrsagekunst, der Medizin und der Mathematik den befremdlichen Praktiken einer babylonischen Vernunft begegnen

**Ninive,
18. April 672
vor Christus**

Asarhaddon (Aššur-aḫa-iddina), der große König, der mächtige König, der König der Allheit, der König des Landes Assyrien, hat Sorgen. Allmählich verlassen ihn seine Kräfte, doch möchte er um jeden Preis den bitteren Erbfolgekampf vermeiden, von dem Assyrien und sein Königshaus nun schon seit Generationen geschüttelt werden. Er hat daher beschlossen, das Reich zwischen seinen beiden Söhnen zu teilen. Der eine, Assurbanipal (Aššur-bāni-apli), wird ihm an der Spitze des assyrischen Reiches folgen; der andere, Šamaš-šumu-ukin[1], wird den jüngst erst eroberten Thron Babyloniens erben. Um den Plan zu einem guten Ende zu führen, kommt es darauf an, die hohen Beamten und Würdenträger des Reiches darüber zu informieren und sie so bald wie möglich einen Treueid schwören zu lassen, um sich ihrer Loyalität gegenüber den beiden Kronprinzen zu versichern. Ištar-šum-ereš, der oberste königliche Schreiber, wird mit dieser Aufgabe betraut.

Am 18. April berichtet dieser dem König von den Regelungen, die für die Eidesleistung einer besonderen Klasse von Beamten, der *ummânū* oder »Experten«, getroffen wurden.

> »An den König, meinen Herrn, dein Diener, Ištar-šum-ereš:
> Möge der König, mein Herr, gesund bleiben! Der Segen der Götter Nabû und Marduk sei mit dem König, meinem Herrn!
> Die *tupšarrū*, die *bārû*, die *āsipū*, die *asû* und die *dagilmiṣṣūrē*, die im Palast leben und in der Stadt (Ninive) wohnen, werden am 16. Nisannu dem Pakt beitreten.
> Sie werden den Schwur morgen leisten.«

Nicht den Königen und Kronprinzen gilt in diesem Kapitel unsere Aufmerksamkeit, sondern eher der kleinen Liste der Experten. Wer waren sie? Welche Rolle spielten sie in der mesopotamischen Gesellschaft? Sie waren in den Augen Asarhaddons anscheinend wichtige Leute, und offenbar

[1] Diakritische Zeichen in der bei den Assyriologen gebräuchlichen Transkription akkadischer Namen und Wörter und ihre Aussprache:
ḫ: »ch« wie in »Sache«
š: »sch« wie in »Schatten«
ṣ: »z« wie in »Blitz«
ṭ: emphatisches »t«.
Interpunktionszeichen, die in der Transkription der Originaltexte verwendet werden:
(...): Wortergänzung zum besseren Verständnis des Textes
[...]: Lücke im Text
<...>: vom Schreiber vergessenes Wort
...: unbekanntes Wort
.....: mehrere unbekannte Wörter.

bildeten sie eine eigene Gruppe, für deren Eid ein besonderer Tag festgesetzt werden mußte. Ihnen werden wir also nachforschen und dabei von Hinweisen auf den Tontafeln ausgehen, die uns diese blühende Kultur zwischen Euphrat und Tigris hinterlassen hat.

Um zu erfahren, wann und wo sie als Berufsgruppe auftauchen, müssen wir Ninive und das assyrische Reich, das damals in seinem Zenit stand, verlassen und dorthin zurückkehren, wo sie geschichtlich zum erstenmal als Gruppe auftraten – mehr als tausend Jahre zuvor und weiter südlich, im Lande Babylonien. In dieser »altbabylonischen« Zeit, wie die Assyriologen sagen, in den ersten vierhundert Jahren des zweiten Jahrtausends, können wir die Herausbildung eines Bereichs von Studien und Praktiken verfolgen, den die Mesopotamier selbst offenbar als einheitlich und in gewissem Sinne privilegiert wahrgenommen haben. Unsere Beweise dafür sind indirekt und spärlich, aber – wenn man sie zusammenhält – doch ergiebig genug, um die großen Linien eines besonderen intellektuellen Bereichs hervortreten zu lassen, vielleicht des ersten einer Art, die wir als »rational« zu bezeichnen versucht sind.

Wahrscheinlich ein Porträt des Königs Ḫammurapi. Altbabylonisch; Louvre, Paris

Übrigens wurden Assurbanipal und sein Bruder tatsächlich Könige, und wenigstens zum Teil müssen wir uns darüber freuen, denn der erste der beiden verbrachte viel Zeit damit, eine der größten und vollständigsten Bibliotheken des Altertums zusammenzutragen. Als der englische Archäologe Austin Henry Layard in der Mitte des neunzehnten Jahrhunderts die Überreste dieser Bibliothek in den Ruinen von Ninive entdeckte, war dies die Geburtsstunde der modernen Assyriologie. Unter Tausenden von Dokumenten fand sich neben dem Brief von Ištar-šum-ereš auch eine panegyrische Hymne auf Assurbanipal – von ihm selbst verfaßt –, in der er seinem Ehrgeiz Ausdruck gibt, ein Intellektueller vom gleichen Rang zu sein wie die *ummânū* an seinem oder seines Vaters Hof:

> »Marduk, der Weise unter den Göttern, verlieh mir ein weites Gehör und umfassenden Verstand als Gabe.
> Nabû, der Schreiber des Alls, machte mir das Verständnis seiner Weisheit zum Geschenke.
> Ninurta und Nergal gewährten (mir) die Kraft der Männlichkeit und unvergleichlichen Verstand.
> Von den großen Taten des weisen Adapa lernte ich das verborgene Geheimnis der gesamten Schreibkunst.

Die Vorzeichen des Himmels und der Erde weiß ich zu deuten,
ich nehme teil am Rat der Weisen;
Ich kann ›Wenn die Leber Spiegel des Himmels ist‹ mit geschickten Wahrsagern erörtern;
Ich verstehe es, schwierige Reziproke und Produkte zu finden,
die nicht leicht zugänglich sind (?);
Ich vermag kunstreiche Texte zu lesen, worin das Sumerische
dunkel, das Akkadische schwer zu deuten ist;
Ich verstehe es, Inschriftsteine aus der Zeit vor der Sintflut zu
entziffern...«

Babylon, 1800 vor Christus

In der ersten Hälfte des zweiten vorchristlichen Jahrtausends, in altbabylonischer Zeit, haben wir eine ganz andere Welt vor uns als jene, die wir gerade verlassen haben. Das Großreich, das die Sumerisch sprechenden (oder zumindest schreibenden) Könige der dritten Dynastie von Ur gegründet hatten, hält die Vorstellungen der Mesopotamier noch immer in seinem Bann – mehr als zweihundert Jahre, nachdem es von Wellen semitischer Völker hinweggefegt worden war, die von Westen kamen, um sich in dem Gebiet niederzulassen.
Doch diese Einwanderung bringt neues Leben an die Ufer von Euphrat und Tigris; und in dem Maße, wie unsere Schriftquellen wieder ergiebiger sprudeln, können wir die Entstehung einer neuen Symbiose verfolgen. Erneut treten zahlreiche Stadtstaaten auf, wie sie fast das ganze dritte Jahrtausend über die Hauptrolle gespielt haben. Doch nun dominiert die akkadische Sprache; das Sumerische ist zur Sprache der Liturgie und Gelehrsamkeit herabgesetzt worden und einer kleinen Gruppe vorbehalten, ein wenig wie im Abendland das mittelalterliche Latein. Die verschiedenen Stadtstaaten streiten miteinander um die Macht; manchmal trägt Larsa den Sieg davon, bei anderen Gelegenheiten Isin... Babylon aber, bis dahin nur ein kleines Nest, wird der große Sieger dieser kämpfenden Staaten sein, und zwar unter einer semitischen Dynastie aus dem Westen, die während der großen Wanderungen des zwanzigsten Jahrhunderts vor Christus begründet wurde.
Die Thronbesteigung Ḫammurapis um 1800 vor Christus bedeutet die Bildung eines neuen Zentralstaates von bis dahin unbekannter Größe, selbst wenn man die legendär gewordenen Reiche des dritten Jahrtausends zum Vergleich nimmt. Babylonien stellt ein riesiges befriedetes Gebiet dar, das von Anatolien im Norden bis zum arabisch-persischen

Golf im Süden reicht und von Syrien im Osten bis nach Elam im Osten.

Eine solche Einigung in mehrfacher Hinsicht – in politischer, sprachlicher und kultureller – setzt die Knüpfung eines neuen Netzes von Handelsbeziehungen und Truppenstationierungen voraus; und in diesem Augenblick finden wir in den Texten, über die wir verfügen, die ersten systematischen Hinweise auf verschiedene Gelehrten- und Expertengruppen. Auch wenn es Gründe für die Annahme gibt, daß sich diese Gruppen allmählich schon in der Periode von Ur III herausgebildet haben, können wir erst anhand der reichen Quellen, die uns Ḫammurapi und seine Zeitgenossen hinterlassen haben, das Wesen und die Rolle unserer Protagonisten richtig studieren. Um sie besser kennenzulernen, wollen wir sehen, was sich den Briefen der altbabylonischen Hofarchive über ihre beruflichen Tätigkeiten entnehmen läßt.

Die Experten

Betrachten wir also die in dem Brief von Ištar-šum-ereš erwähnten Experten (in der umgekehrten Reihenfolge ihrer Nennung), und suchen wir nach möglichen Entsprechungen zu ihnen im Reich Ḫammurapis und seiner Zeitgenossen.

Die zuletzt genannten, die *dagil-iṣṣūrē* oder »Vogelschauer«, sind am einfachsten zu behandeln. Es waren Spezialisten, welche die Zukunft aus dem Verhalten der Vögel voraussagten. Vor der neuassyrischen Zeit gibt es für ihre Existenz keinerlei Zeugnis. Es handelte sich also um einen neuen Zuständigkeitsbereich, der – wie übrigens auch die Astrologie – nicht vor dem ersten Jahrtausend begründet wurde. Nebenbei ersieht man daraus, daß während der ganzen mesopotamischen Geschichte immer wieder neue Spezialgebiete auftauchen. In der Epoche Ḫammurapis liegt diese Disziplin noch in weiter Ferne und kann daher unberücksichtigt bleiben.

Die *asû* und die *wāšipū* (altbabylonische Form von *āšipū*) wurden manchmal gesondert, manchmal zusammen in Verbindung mit Krankheit oder Verletzung genannt. Sie teilen sich den Bereich, den wir heute als »Medizin« bezeichnen. Während die modernen Assyriologen dazu neigen, unter der ersten Gruppe »Ärzte« und unter der zweiten »Beschwörungspriester« zu verstehen, verlief die Grenzlinie zwischen beiden für die Babylonier selbst keineswegs so klar wie für uns. Hier zum Beispiel ein Brief, der nach dem Fall Babylons (1595 vor Christus) geschrieben wurde, als die kassitischen Eroberer das Land in Kar-Dunyaš umgetauft hatten; in diesem Brief wendet sich der König der Hethiter an seinen Verbündeten, den kassitischen König von Babylonien:

> »Eine Botschaft von Ḫattušili, dem großen König, dem König des Landes von Ḫatti, deinem Bruder: an Kadašman-Enlil, den großen König, den König von Kar-Dunyaš, meinen Bruder:
> Es geht mir gut, meinem Palast, meiner Gattin, meinen Kindern, meinen Soldaten, meinen Pferden, meinen Wagen; wahrlich, alles, was in meinem Lande ist, befindet sich wohl! Möge sich bei dir alles wohl befinden, möge es deinem Palast, deinen Gattinnen, deinen Kindern, deinen Soldaten, deinen Pferden, deinen Wagen und allem, was in deinem Lande ist, gut ergehen ...
> Und noch etwas habe ich meinem Bruder zu sagen. Was den *asû(m)* betrifft, den mein Bruder hierhergesandt hat: er war bei den Leuten geschätzt und hat Heilungen vollbracht, doch eine Krankheit hat ihn niedergeworfen. Ich habe sehr für ihn gesorgt und habe *extispicia*[2] für ihn vornehmen lassen; doch als seine Zeit gekommen war, ist er gestorben. Jetzt wird einer meiner Boten die Diener des *asû(m)* (nach Babylon) bringen, und mein Bruder wird sie befragen können, und sie werden ihm von den Heilungen berichten, die der *asû(m)* häufig vollbracht hat. Ich hätte niemals daran gedacht, den *asû(m)* hierzubehalten; denn als man während der Regierung meines Bruders Muwatalli einen *asû(m)* und einen *āšipu(m)* (aus Babylon) empfing und man sie festhielt, war ich der erste, der sich mit ihm stritt: ›Warum willst du sie festhalten?‹ Und ich sagte ihm, es sei nicht unser Brauch, (diese Personen) festzuhalten. Und sollte ich jetzt etwa deinen *asû(m)* hierbehalten? Von allen bisherigen Experten, die hier empfangen wurden, ist nur der *āšipu(m)* tot ... Die Frau, mit der er vermählt war, stammt aus meiner eigenen Familie, und er war geachtet ... doch wenn er gesagt hätte: ›Ich will in das Land meiner Väter zurückkehren‹, hätte er gewiß ziehen können. Hätte ich etwa einen berühmten *asû(m)* Marduks festhalten sollen?«

Die Nähe zwischen beiden Berufen, die Bedeutung, die ihnen der König selbst beimißt, all das kommt in zahlreichen Quellen aus nachaltbabylonischer Zeit wiederholt zum Ausdruck und gilt zweifellos auch für unsere Epoche. Trotzdem sind wir über die Tätigkeiten des *wāšipum* in Babylonien viel weniger informiert als über die seines Kollegen, des *asûm*. Und auch über diesen stammt das meiste

[2] *Extispicium*: Eingeweideschau; Wahrsagung durch Untersuchung der Eingeweide von Opfertieren.

und reichhaltigste Material vornehmlich aus dem Königreich von Mâri, zusammengetragen in Briefen der königlichen Archive des Palastes, der um 1760 vor Christus von Ḫammurapi geplündert wurde.
Der *asûm* war Meister in seiner Kunst dank seiner Kenntnis der Heilmittel, die seine Pharmakopöe ausmachten. Es war also wichtig, zumindest für den Patienten, jedes Wissen auf diesem Gebiet so weit wie möglich zu verbreiten, wie der folgende Brief belegt, den Išme-Dagan, König von Assyrien, an seinen Bruder Yasmaḫ-Addu richtete, seinerzeit Vizekönig von Mâri:

> »An Yasmaḫ-Addu: sage ihm dies: so spricht Išme-Dagan, dein Bruder:
> Die Arzneien, mit denen dein *asûm* mich behandelt hat, sind ausgezeichnet.
> Wenn irgendeine Krankheit näßt, wird diese Arznei sie bald beherrschen. Nun aber dies, ich schicke dir Samsi-Addu-tukulti, den *asûm*, damit er sich rasch über diese Arznei unterrichte; schicke ihn mir dann zurück.«

Das ist freilich noch nicht alles. Eine Verbesserung der Pharmakopöe muß empirisch geprüft werden; daß die Erprobung neuer Heilmittel eine Kontrolle der Randbedingungen erfordert, die man testet, ist eine damals bereits wohlbekannte Tatsache. Kurze Zeit nach dem eben zitierten Brief, als der Thron von Mâri den Assyrern wieder von einer lokalen Dynastie entrissen worden war und Mâri unter der Herrschaft von Zimri-Lim stand, schrieb Dariš-libur, ein hoher Beamter, an seinen Herrscher:

> »Meinem Herrn sage dies: so spricht Dariš-libur, dein Diener:
> Über die Arzneien, die bei ›trockenem Fieber‹ anzuwenden sind, das Heilmittel des *asûm* von Mardaman und des *asûm* des Verwaltungsbüros, hat mir … in folgenden Worten geschrieben: ›Diese Arzneien, die von … kommen, habe ich mit meinem Siegel versehen.‹
> Daraufhin habe ich mich beeilt, diese beiden *asû* mit ihren Arzneien sowie Lagamal-abum rasch zu meinem Herrn zu senden. Nun hat (aber) mein Herr die Arznei gegen das ›trockene Fieber‹, das vom *asûm* des Verwaltungsbüros (stammt), bereits versucht. Ich selbst habe die Arznei gegen das ›trockene Fieber‹ versucht, das von dem *asûm* von Mardaman (stammt), und es ist ausgezeichnet. Mit Ḫammi-šagiš habe ich es gründlich geprüft, und es ist ausgezeichnet. … hat es getrunken, und es ist ausgezeichnet. Nun werden die … diese Arzneien vielleicht

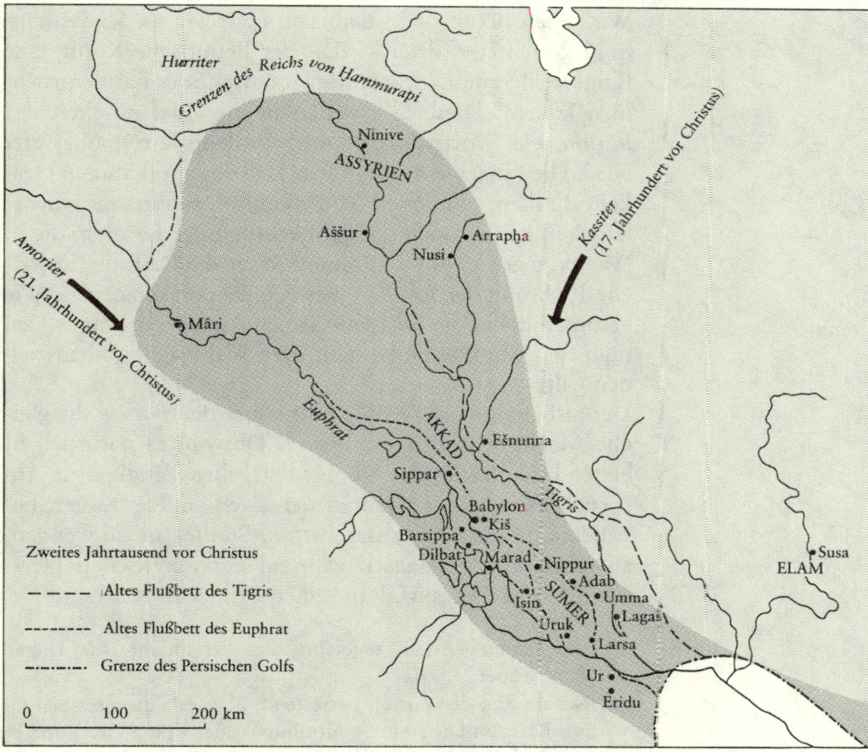

vermischen wollen, um davon zu trinken. Sie sollen diese Arzneien getrennt versuchen, so daß mein Herr diejenige trinke, die zu trinken ist!«

Mesopotamien zur Zeit Ḫammurapis

Der König hatte die Macht, den *asûm* an den Palast oder einen anderen Wohnort zu binden; in Mâri konnte das beispielsweise eine besondere Klasse von Städten sein, die *pattum* genannt wurden, wie aus dem folgenden Brief eines örtlichen Beamten, Yawi-ilâ, an König Zimri-Lim hervorgeht:

»Meinem Herrn sage dies: so spricht Yawi-ilâ, dein Diener:
..... [über eine andere Angelegenheit. Yawi-ilâ wohnt in einer *Pattum*-Stadt seines Herrn, und der *asûm* ist gestorben...]
Möge mein Herr es einem *asûm* gewähren, sich hier im ›Hause‹, in deiner Stadt, niederzulassen, damit er deine Diener heile...«

Wir sahen bereits – in dem von Ḫattušili an Kadašman-Enlil gerichteten Brief –, daß der hethitische König eine Eingeweideschau vorgenommen hatte (oder hatte vornehmen lassen). Diese fällt genau in die Zuständigkeit des *bārûm*, ein Wort, das oft mit ›Orakelpriester‹ übersetzt wird. Die Eingeweideschau war eine der anerkannten Orakeltechniken, mit denen die Zukunft vorausgesagt wurde; daneben gab es noch die Beobachtung der Formen, die in Wasser gegossenes Öl annimmt, oder die Prüfung, in welche Richtung der Rauch eines Räucherbeckens zieht. Wie gesagt, hier hat der *wāšipum* seinen Auftritt: er war es, den man rief, wenn es eine ungünstige Wahrsagung abzuwenden galt.
Der altbabylonische König hatte über den *bārûm* die gleiche Macht wie über den *asûm*. Obwohl es natürlich in erster Linie Sache des Königs war, ihre Tätigkeit in Anspruch zu nehmen, konnten sich auch andere Bürger, besonders die Bewohner der *Pattum*-Städte, an sie wenden; so schreibt Išme-Dagan während der assyrischen Herrschaft ein weiteres Mal an seinen Bruder in Mâri:

»An Yasmaḫ-Addu: sage ihm dies: so spricht Išme-Dagan, dein Bruder:
Naram-Sin, den *barûm* betreffend, über den du mir geschrieben hast. Im Distrikt von Šitullum ist der König Herr, und du weißt, daß dieser Distrikt eine *pattum* ist ... Möge jetzt der König einen *bārûm* in die Stadt Šitullum senden ... Die Stadt Šitullum ist eine *pattum*. Eine *pattum* ohne *bārûm* gibt es nicht ...«

Die Hauptaufgabe des *bārûm* bestand darin, in militärischen Angelegenheiten die Zukunft vorauszusagen. Jedes Heer verfügte über einen Wahrsager, und keine Schlacht wurde begonnen, ohne daß zuvor die Auguren befragt worden wären. Aus Babylon diesmal eine Anweisung eines Beamten an seinen Untergebenen in einer unruhigen Zeit:

»An Belšunu: so spricht Qurduša:
Möge der Gott Šamaš dir deine Gesundheit erhalten!
Wie du gewiß gehört hast, ist der Feldzug in Auflösung begriffen, und der Feind zieht im Lande umher. Ich habe Briefe an Ibni-Marduk, an Warad – ... und an dich selbst geschrieben. Nimm ein Lamm der Herde für den *bārûm* und hole ein Omen, ob das Vieh und die Herden zu mir kommen sollen; falls keine Attacke des Feindes und auch kein Angriff von Die-

ben zu erwarten ist, soll das Vieh dorthin gebracht werden, wo ich bin – andernfalls bringe es in die Stadt Kiš, damit es dem Feind nicht in die Hände fällt.
Im übrigen bringe alle verfügbare Gerste nach Kiš und schreibe mir einen vollständigen Bericht.«

Die Welt der Wahrsagung und selbst der militärischen Omina war sogar noch weiter spezialisiert, wie der folgende Tadel Zimri-Lims an seine Gattin, Königin Šibtu, beweist, von der wir wissen, daß sie die *barû* häufig konsultiert hat, aber offenbar auch selbst eine *bāriatum*[3] war:

[3] *Bāriatum* ist das Femininum von *bārûm*.

»An Šibtu: sage (ihr) dies: so spricht dein Herr:
... Zu dem, was du mir in folgenden Worten mitgeteilt hast: ›Ich bin spezialisiert (?) auf Schlachtenorakel.‹
Das hast du mir geschrieben. Du bist (also) spezialisiert (?) auf Schlachtenorakel, (aber) warum bist du nicht spezialisiert (?) auf Orakel für die Einnahme von Städten? Und (warum) hast du mir nicht lieber geschrieben: ›Die Stadt wird erobert werden‹ oder auch ›Diese Stadt wird nicht erobert werden‹?«

Daß das mesopotamische Volk einen klaren Unterschied machte zwischen den (ernsthaften) Tätigkeiten der Experten und den (eher zweifelhaften) Schwärmereien der Priester und der Frauen, läßt sich zahlreichen Briefen entnehmen, die von einem Mitglied der zweiten Kategorie geschrieben wurden, um von einem Traum, einer göttlichen Erleuchtung oder Besessenheit zu berichten, die mit einer Botschaft an den König verbunden waren. Diese Informationen wurden sorgfältig mitgeteilt in der Erwartung, daß ein *bārûm* der Sache gründlicher nachgehe, um ihre Richtigkeit zu überprüfen. So gibt Šibatum, möglicherweise eine Tochter Zimri-Lims, ihrem Vater Nachricht von einem Traum, den man ihr berichtet hat:

»Meinem Herrn sage dies: so spricht Šibatum, deine Dienerin:
..... Und zu der Frage ... in dem Traum erhob sich ein Beamter, um dies zu erklären: ›Das Mädchen ... Tagidnate möge gerufen werden.‹
So hat man mir gesagt. Jetzt möge mein Herr einen *bārûm* befragen lassen, und wenn der Traum (tatsächlich) gesehen wurde, möge mein Herr nach diesem Mädchen suchen (?) lassen und es rufen.«

Träume sind also eine wunderbare Sache, aber wenn man wissen will, ob die Nachricht (tatsächlich) »gesehen« wurde, ist es doch besser, einen wirklichen Experten zu befragen!

Am heikelsten ist paradoxerweise die Identifikation der ersten in dem Brief von Ištar-šum-ereš erwähnten Kategorie, die der *ṭupšarrū*. Das Wort bedeutet einfach »Schreiber«, aber worauf es sich hier genau beziehen soll, ist nicht klar. Als der Brief geschrieben wurde, benutzte man zum Beispiel den Ausdruck *ṭupšarrum* oft als Abkürzung für *ṭupšar enūma Anu Ellil* – »Schreiber des Buches *Enūma Anu Ellil*« –, das heißt Astrologe. Nun war aber die Astrologie, sosehr sie auch im neuassyrischen Reich blühte, eine Neuerung in der mesopotamischen Welt, die erst im ersten Jahrtausend eigenständig wurde: Als Asqudum, der ranghöchste *bārûm* von Mâri in altbabylonischer Zeit, eine Sonnenfinsternis beobachtete, war sein erster Gedanke, eine Eingeweideschau vorzunehmen, um zu erfahren, was dieses schlechte Vorzeichen genau bedeuten mochte. Danach hätte der *ṭupšarrum*, ganz wie der *dagil-iṣṣūrē*, in der altbabylonischen Welt nicht vorhanden sein dürfen.

Andererseits hat *ṭupšarrum* in allen Epochen auch eine wörtliche Bedeutung, die eines Experten, der sich für eine bestimmte Berufsausübung qualifiziert hat, der lesen, schreiben und speziell in unserem Falle vielleicht Berechnungen korrekt durchführen kann. Im Akkadischen gibt es kein Wort für »Mathematiker«, auch wenn die Schreiber, wie wir noch sehen werden, in Arithmetik Unterweisung erhalten hatten; es ist also möglich, daß die Schreiber, an die Ištar-šum-ereš denkt, eben genau Mathematiker waren.

Nachdem wir nun Einblick in die Alltagspraxis dieser Experten in altbabylonischer Zeit gewonnen haben, können wir uns mit der Zeit ihrer schulischen Ausbildung beschäftigen, in der sie zu *ṭupšarrū* wurden. Das wird uns helfen, unsere mageren Kenntnisse zu vervollständigen, die wir aus der offiziellen Korrespondenz zwischen den Mächtigen – soweit uns ihre Briefe erhalten sind – gewinnen konnten.

Schreibübung eines Schülers. Auf solchen linsenförmigen Täfelchen befinden sich häufig – wie hier – zwei vom Lehrer geschriebene Zeilen (oben), die dann vom Schüler kopiert werden (unten). In diesem Falle verfügt der junge Schreiberlehrling erst über Grundkenntnisse des Sumerischen. Die Schriftzeichen lauten: na Enlil-na-na.
AO 26350, altbabylonisch; Louvre, Paris

»Ein Haus mit Fundamenten wie der Himmel,
Ein Haus, das wie eine *Pisan*-Schale mit Leinen abgedeckt wurde,
Ein Haus, das wie eine Gans auf (solider) Grundlage steht.
Man geht mit geschlossenen Augen hinein,
Man kommt mit geöffneten Augen heraus.
Lösung: die Schule.«

Dieses Rätsel ist selbst eine Schulaufgabe im Rahmen des Pflichtfachs Sumerisch, das die Grundlage des altbabylonischen Lehrplans ausmachte. Wenn diese Beschreibung auch ein wenig nach Eigenlob klingt, so bleibt doch, daß die Erziehung – ganz wie heute – bei der Fabrikation einer Intelligenzija im Dienste der Macht den Eckstein bildete.

Aber wofür genau sollten die Augen des Schreiberlehrlings denn offen sein? Die Frage nach dem Lehrstoff des »Hauses der Tafeln« (*eduba* in Sumerisch oder *bīt-ṭuppī* auf Akkadisch) ist nicht leicht zu beantworten. Tatsächlich verfügen wir über drei Informationsquellen:

– die Übungstafeln der Studenten selbst, wobei am leichtesten die linsenförmigen Tafeln der Schulanfänger zu identifizieren sind. Oft enthalten sie Schreibübungen mit Keilschriftzeichen, einfache arithmetische Tabellen (Multiplikationen, Reziproke und so weiter) sowie einige elementare Schulaufsätze auf Sumerisch und stellen damit regelrecht das ABC (oder vielmehr das *tu-ta-ti*) des Schulunterrichts dar;

– die Königshymnen. Ein spätes Beispiel haben wir bereits mit der Hymne Assurbanipals kennengelernt. Die in altbabylonischer Zeit verbreiteten wurden in den Schulen immer wieder als Schreibübungen kopiert und geben uns Kenntnis von den Dingen, die der König – und gewiß nicht nur er – studierte, als er in die Schule ging[4];

– am erhellendsten sind schließlich die sogenannten *Eduba*-Texte. Dabei handelt es sich eigentlich um literarische Stilübungen in sumerischer Sprache, aber diesmal auf höherem Niveau und in Form eines Zwiegesprächs zwischen zwei Studenten oder zwischen einem Studenten und seinem Lehrer (oder Vater):

[4] Vgl. die Hymne Šulgis, S. 77.

»Die Aufstellung (der Tage), die ich in der Schule verbringe, sieht (so) aus: Meine Ferientage sind drei im Monat, die verschiedenen Feste sind drei Tage im Monat; damit sind es vierundzwanzig Tage im Monat, die ich in der Schule verbringe; die Zeit ist nicht lang.

An einem einzigen Tag hat der Lehrer viermal meinen Abschnitt gegeben.
Das Zählen (vergangener Tage), meine Kenntnis der Schreibkunst wird niemals verlorengehen; von nun an kann ich mich den Schreibtafeln, den Multiplikationen und Berechnungen widmen.
Die Schreibkunst, die Anordnung der Linien, Einschnitte vermeiden …
Mein Lehrer hat die schönen Worte verbessert.
Man muß die Gemeinschaft (der Kameraden) genießen!
Meine Schreibkunst beherrsche ich vollkommen, alles fällt mir leicht.
Mein Lehrer zeigt mir ein Zeichen, und ich füge weitere aus dem Gedächtnis hinzu.
Wenn ich bis zur vorgesehenen Zeit die Schule besucht haben werde, bin ich im Sumerischen, in der Schreibkunst, im Inhalt der Tafeln und in der Berechnung der Ergebnisse perfekt.
Ich kann Sumerisch sprechen!
Ich will Tafeln schreiben: die Tafel (der Maße) von 1 *gur* Gerste bis 600 *gur*, die Tafel (der Gewichte) von 1 Sekel bis 20 Silberminen; mit den Eheverträgen, mit denen man zu mir kommen kann, den Gesellschaftsverträgen; ich kann die geprüften Gewichte von einem Talent wählen; den Verkauf von Häusern, Feldern, Sklaven, die Kautionen in Silber, Pachtverträge über Felder, Verträge über die Pflege von Palmenhainen, …, sogar die Tafeln mit den Adoptionsverträgen: all das weiß ich zu schreiben.«

Abgesehen von der Betonung, die auf guten sumerischen Stil gelegt wird, fällt hier die Zusammenstellung der am Schluß erwähnten Gebiete auf: Maß- und Gewichtskunde, juristische Verträge und ökonomische Berechnungen.
Wenn wir nun die Hinweise zusammenstellen, die wir der Praxis der Experten und den Fächern, die in der altbabylonischen Schule studiert wurden, entnommen haben, können wir eine (vorläufige) Liste von drei Disziplinen aufstellen, die unter den Themen des babylonischen Geisteslebens offenbar eine bevorzugte Rolle gespielt haben: *Wahrsagung, Medizin und Mathematik.*
Doch die Informationen, die sich den bisher betrachteten Quellen entnehmen lassen, reichen nicht hin, ein wirklich klares Bild von den Beziehungen zwischen diesen Gebieten zu zeichnen. Um einen Schritt weiter zu gehen, müssen wir uns die Schultexte und Lehrbücher der Praktiker selbst ansehen. Sie weisen in ihrer grammatischen Struktur und ihrem inneren Aufbau zahlreiche formale Gemeinsamkeiten auf, die sie von anderen Texten – literarischen oder

religiösen beispielsweise – unterscheiden, und liefern uns all das Beweismaterial, das wir nun für die Beantwortung der Frage sammeln können, wie die Babylonier selbst diese Gebiete aufgefaßt haben.
Damit soll übrigens nicht gesagt sein, daß ihnen nicht auch andere Disziplinen mit gutem Recht hinzugefügt werden könnten: die *Gesetzgebungstexte* zum Beispiel scheinen viele formale Gemeinsamkeiten mit denen gehabt zu haben, die wir beschreiben wollen, und von einer späteren Periode an müßte unsere Liste um die *Astrologie* erweitert werden.
Bei der Untersuchung dieses Materials müssen wir uns vor der naheliegenden Tendenz hüten, in diese Texte unser eigenes Urteil über ihren Inhalt hineinzulesen. Denn wie immer man sie in Babylonien bewertet haben mag, steht doch zumindest eines außer Frage: daß diese Beurteilung nicht mit der unseren zusammenfällt! Es gibt in Mesopotamien keine »philosophischen« Texte, die uns die Denkweisen der Babylonier erläutern könnten. Die Plausibilität unserer Hypothese, daß diese Gegenstände für die Schreiber und Beamten der Epoche Ḫammurapis einen eigenständigen Reflexionsbereich darstellten, wird also hauptsächlich auf der Evidenz innerer formaler Beziehungen in den mesopotamischen Texten selbst beruhen müssen.

Wahrsagung

Für die Babylonier konnten die Götter schreiben und schrieben auch tatsächlich das, was die Zukunft bringt, mit Hilfe verschiedenster Zeichen auf alle möglichen Materialien. Solche Zeichen waren Muttermale auf der Haut, die Form der Organe von Opfertieren, Formen des Rauchs von Räucherbecken und so weiter. Hier lag, wie gesagt, die Domäne des *bārûm* – wörtlich: des »Sehers« –, der es verstand, solche Zeichen im Hinblick auf die Probleme zu deuten, die ihm von seinen Auftraggebern vorgelegt wurden. Diese »Kunst des *bārûm*«, die bei den modernen Assyriologen »Wahrsagung« heißt, ist eine erstaunliche Komponente des babylonischen Denkens während seiner gesamten Geschichte: Allein die altbabylonische Epoche hat uns mehr als hundert Texte dieser Art hinterlassen. Wir zitieren im folgenden den ersten Teil eines dieser Texte; er behandelt die Formen des Öls, das der *bārûm* mit Wasser vermischt hat, und ihre Bedeutung für den Ratsuchenden, sei es eine Privatperson oder eine staatliche Instanz:

»1. [Wenn] das Öl, ich habe es auf das Wasser gegossen und das Öl ist gesunken und (wieder) heraufgestiegen und hat dann sein Wasser umfaßt :: für den Feldzug: Aufkommen von Unheil; für den Kranken: Hand der Gottheit, die Hand ist schwe[r].

2. Wenn das Öl sich in zwei Teile gespalten hat :: für den Feldzug: die beiden Lager werden gegeneinander mars[chieren]; tue ich (es) für den Kranken: er wird sterben.

3. Wenn aus der Mitte des Öles ein Tropfen nach Sonnenaufgang hinausgekommen und stehengeblieben ist :: tue ich (es) für den Feldzug: ich werde Beute machen; für den Kranken: er wird genesen.

4. Wenn aus der Mitte des Öles zwei Tropfen herausgekommen sind und der eine groß, der andere klein war :: die Frau des Betreffenden wird einen Knaben gebären; für den Kranken: er wird genesen.

5. Wenn das Öl zerlaufen ist und den Becher ›angefüllt‹ hat :: der Kranke wird sterben; für den Feldzug: man wird das Heer schlagen.

6. Wenn das Öl sich nach Sonnenaufgang hin aufgelöst hat und drei (!) Tropfen herausgekommen sind :: Šamaš fordert von dem Betreffenden eine Sonnenscheibe für sein Leben.

7. Wenn das Öl sich nach Sonnenaufgang hin aufgelöst hat und vier Tropfen herausgekommen sind :: auf dem Betreffenden lastet eine alte Silber(schuld) an Šamaš.

8. Wenn das Öl sich nach Sonnenaufgang hin aufgelöst hat und fünf Tropfen herausgekommen sind :: auf dem Betreffenden lastet eine alte Silber(schuld) an Sîn.

9. Wenn das Öl sich nach Sonnenaufgang hin aufgelöst hat und sechs Tropfen herausgekommen sind :: Stellung der Berater der Dingir-maḫ für ....

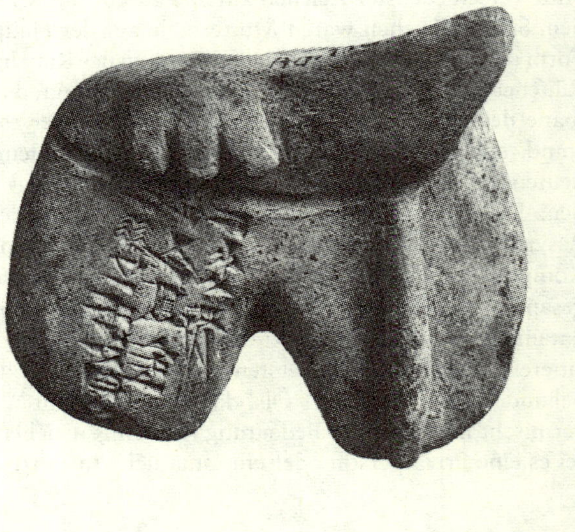

Modell einer Leber. Eines von zweiunddreißig Lebermodellen aus gebranntem Ton, die im Palast von Mâri gefunden wurden und wahrscheinlich bei der Unterweisung in Hepatoskopie – dem wichtigsten Teil der Kunst des bārûm *– eine Rolle gespielt haben. Das Modell veranschaulicht eine besondere Formung des Organs eines Opfertiers und trägt die Anfangszeile des Omens: »Wenn ein Fürst zur Ebene oder in die Berge aufgebrochen ist ...« AO 19837, altbabylonisch, Mâri; Louvre, Paris*

10. Wenn das Öl gesunken und dann nach meinen Oberschenkeln hin aufgestiegen ist :: Zugriff der Dingir-maḫ.
11. Wenn das Öl grün war :: Zugriff der Išḫara.
12. Wenn das Öl nach meinen Oberschenkeln hin eine Blase gebildet hat :: Stellung des Schutzgottes des Betreffenden.
13. Wenn das Öl nach links und rechts hinausging :: Stellung des Sîn und des Šamaš.
14. Wenn das Öl sich nach Sonnenaufgang hin aufgelöst hat und sieben Tropfen herausgekommen sind :: Stellung des Kūbu für ... .
15. Wenn das Öl sich nach Sonnenaufgang hin aufgelöst hat und zwei Tropfen nach rechts, zwei Tropfen nach links herausgekommen sind :: Stellung der Zwillingsgottheit.
16. Wenn das Öl, seine beiden Ausläufer sind nach rechts und nach links abgebrochen :: Die Frau des Betreffenden wird davongehen.
17. Wenn das Öl, seine Blase ist nach Sonnenaufgang hin aufgerissen :: der Kranke wird sterben.
18. Wenn das Öl sich in zwei Teile gespalten hat :: der Kranke wird sterben; für den Feldzug: das Heer wird nicht hierher zurückkehren.
19. Wenn das Öl sich nach Sonnenaufgang hin zerteilt hat :: der Kranke wird sterben.
20. Wenn das Öl die rechte Seite des Bechers erfaßt hat :: der Kranke wird genesen.
21. Wenn das Öl die linke Seite des Bechers erfaßt hat :: der Kranke wird sterben.
22. Wenn das Öl rot war :: es wird regnen.
23. Wenn das Öl nach Sonnenaufgang hin ein *nēkemtum* gebildet hat :: der Kranke wird genesen; für den Feldzug: mein Heer wird den Feind schlagen.
24. Wenn das Öl nach links hin ein *nēkemtum* gebildet hat :: der Kranke wird sterben; für die Waffe: der feindliche (Schutz-) Gott wird (mir) das Heer schlagen.
25. Wenn das Öl Schaum hervorgebracht hat :: der Kranke wird sterben.
26. Wenn das Öl sich in vier Teile gespalten hat :: mein Feind wird die Festungen meines Heeres besiegen.
27. Wenn das Öl nach Sonnenaufgang hin einen Tropfen herausgehen ließ und dieser dann den Rand des Öles erfaßt hat :: für den Kranken: er wird genesen; für den Feldzug: ich werde den Feind schlagen.
28. Wenn das Öl zu einem (Öl)film wurde :: der Kranke wird sterben; (wenn das Öl) bei meinem zweiten Gießen sich zusammengezogen hat :: mag er auch (schwer) krank sein, er bleibt am Leben.
29. Wenn das Öl sein Wasser mitgezogen hat :: der Bann der Unterwelt hält den Betreffenden gepackt.

30. Wenn das Öl bei meinem zweiten Gießen sein Wasser freigelassen hat :: der Bann der Unterwelt hält den Betreffenden ‹nicht› gepackt.
31. Wenn das Öl sich ausgedehnt und in der Mitte seines Wassers einen Stern gebildet hat :: Zugriff des Šamaš.«

Mehrere Bemerkungen sind hier angebracht. Zunächst ist der Text unter formalem Gesichtspunkt sehr streng: Fast alle Artikel beginnen mit der Standardphrase »Wenn das Öl...«, gefolgt von der Beschreibung einer möglichen Gestalt des Öls im Wasser. Die Formulierung des Anfangs jeder Inschrift ist so starr, daß sie selbst um den Preis einer Mißachtung der grammatikalischen Fügung des übrigen Satzes beibehalten wird, wie zum Beispiel in den Omina 16 und 17. Beachten wir auch, daß dieser Teil stets in einem Tempus der Vergangenheit geschrieben ist; er gibt einen Tatbestand an, stellt eine gegebene Situation dar. Darauf wiederum folgt eine Beschreibung der Zukunft, normalerweise eingeführt mit den Worten »für den Feldzug« oder »für den Kranken«, wenn – wie hier – die Bedeutung der Form des Öls für zwei unterschiedliche Arten von Fragestellern angegeben wird: je nachdem, ob der König oder der Beamte des Palastes den Ausgang der ständigen Schlachten erfahren möchte oder ob sich ein Individuum um den weiteren Verlauf seiner Krankheit sorgt.
Zweitens ist der Text auf mehreren Ebenen *systematisch*, zum Beispiel in der Reihenfolge, die bei der Aufstellung der Omina 3, 4, 6, 7, 8, 9 und 14 befolgt wird. Dort ist davon die Rede, daß sich das Öl nach Sonnenaufgang hin auflöst und daß dabei eine wachsende Zahl von Tröpfchen herauskommt (von eins bis sieben). Wenn diese Serie von den Omina 5 sowie 10 bis 13 unterbrochen wird, so streicht diese Abweichung von der strengen Ordnung den sonst erreichten hohen Organisationsgrad nur um so deutlicher heraus. Auch in der Verbindung zwischen den Formen des Öls und den künftigen Ereignissen läßt sich eine Struktur erahnen; 20: »Wenn das Öl die rechte Seite des Bechers erfaßt hat :: der Kranke wird genesen«; 21: »Wenn das Öl die linke Seite des Bechers erfaßt hat :: der Kranke wird sterben«; die rechte Seite ist positiv, die linke negativ konnotiert (vgl. auch 23 und 24). Oder man betrachte 29 und 30: »Wenn das Öl sein Wasser mitgezogen hat :: der Bann der Unterwelt hält den Betreffenden gepackt«; wenn dagegen das Öl »sein Wasser freigelassen hat :: der Bann der Unterwelt hält den Betreffenden ‹nicht› gepackt«; hier wird

mit einer Verbindung zwischen dem Mitziehen und dem Freilassen der Wassers und dem künftigen Schicksal des Patienten gespielt.

Ebenso traute man dem *bārûm* zu, die Vorzeichenbedeutung der allgemeinen äußeren Erscheinung oder der Handlungen seines Auftraggebers zu deuten. Wenn die Vorzeichen in diesem Fall (anders als bei den Texten über das Öl) auch nicht absichtlich »hervorgerufen« wurden – wenn es außer der Beobachtung einer »natürlichen Erscheinung« kein spezielles Verfahren zu befolgen und keine besondere Handlung auszuführen gibt –, weisen Art und Anordnung dieser Omina die gleichen Tendenzen auf wie in dem eben untersuchten Text. Ein Auszug aus einer dieser Quellen:

»1. Wenn der Betreffende einen anderen Menschen nicht erkennt, wenn er ihn anblickt :: dieser Mann ist in der Hand des Todes.

2. Wenn der Betreffende einen anderen Menschen aus (einer Entfernung zwischen) einer Elle und 30 *nindan* erkennt :: so wird sein persönlicher Gott immer mit ihm sein.

3. Wenn der Betreffende seinen Blick nicht fest auf einen Punkt richten kann, während er blickt :: der Geist dieses Mannes ist gestört.

4. Wenn der Betreffende, seine Augen bleiben starr, jedesmal wenn er blickt :: eine Störung seines Geistes wird ihm auferlegt werden.

5. Wenn der Betreffende, er schielt :: er wird an Konstriktion sterben.

6. Wenn der Betreffende, er hat einen geraden Blick: sein Gott wird zu seinem Glück immer mit ihm sein; er wird in der Wahrheit leben.

7. Wenn der Betreffende, er zuckt mit dem rechten Auge, wenn er blickt: er wird im Kummer leben.

8. Wenn der Betreffende, er zuckt mit dem linken Auge, wenn er blickt: er wird in der Tugend leben.

9. Wenn der Betreffende, er zuckt mit beiden Augen: sein Schädel ist verletzt worden; genau wie sein Schädel wird auch sein Geist sein.

10. Wenn der Betreffende, seine Augenbrauen bedecken seine Augen: seine Nahrung wird ihm von den Göttern gegeben.

11. Wenn der Betreffende, er hat keine Augenbrauen: diesem Mann ist nicht einmal ... gegeben.

12. Wenn der Betreffende, sein Haar ist rot wie gefärbte Wolle: dieser Mann wird ohne den Frieden des Geistes leben.

13. Wenn der Betreffende, sein Haar ist schwarz wie Asche: diesem Mann wird sein Gott Nahrung zu essen geben.

14. Wenn der Betreffende, sein Haar hat einen weißen Fleck, der die Form einer Flamme annimmt: dieser Mann wird in guter Gesundheit leben.
15. Wenn der Betreffende, seine Haut hat weiße Flecke und ist übersät mit ...: dieser Mann wurde von seinem Gott und von der Gemeinschaft der Menschen verstoßen.«

Wir bemerken hier das gleiche Bemühen, sämtliche Fälle abzudecken, den Gesamtbereich des Möglichen auszuschöpfen. Die Omina 7-9 beispielsweise zeigen die unterschiedlichen Konsequenzen eines Tics, je nachdem, ob er das rechte (schlimme Folgen), das linke (gutartige Folgen[5]) oder beide Augen affiziert. Das gleiche gilt für die Haarfarbe (Omina 12-15), wobei das Rot schlecht, das Schwarz gut und die Bedeutung des Weiß von bestimmten Einzelheiten abhängig ist.

[5] Vgl. dagegen das Omen 21 des vorhergehenden Orakeltextes.

Das Ziel dieser Systematizität – die in sämtlichen Texten auf allen Gebieten am Werke ist, die wir noch betrachten werden – liegt darin, den Bereich des Möglichen durch ein *Raster typischer Beispiele* abzudecken; ein Verfahren, das es dem Studierenden (und später dem praktizierenden *bārûm*) erlaubt, jedes neue Problem, jedes neue Vorzeichen in diesen Rahmen einzuordnen und seinen Sinn zu entziffern.
Der babylonische Weg zur Verallgemeinerung bestand nicht wie bei uns darin, eine Regel zu finden und zu formulieren, die sämtliche Fälle einschließt, sondern ausgehend von Modellen bekannter Ergebnisse zu *interpolieren*. Sehen wir zu, wie sich diese Methode in der Medizin und in der Mathematik anwenden läßt.

Medizin

Auch wenn die Menge der Quellen aus altbabylonischer Zeit auf dem Gebiet der Medizin nicht sonderlich groß ist – nur eine Handvoll medizinischer Texte ist uns aus dieser Epoche überliefert –, reicht sie doch aus, um deren *formale Struktur* vorzuführen, vor allem dann, wenn man diese Texte mit solchen aus späterer Zeit vergleicht.
Einem dieser altbabylonischen Texte kommt trotz seines ziemlich schlechten Erhaltungszustandes erhebliche Bedeutung zu; wir führen hier nur die beiden lesbarsten Artikel an:

»1. Wenn ein Kranker, sein Blick ist ängstlich, mehr als in Zeiten seiner Gesundheit, und sein Gesicht erscheint frisch: dieser Kranke wird nicht genesen.

Abdruck des zylindrischen Siegels eines Arztes. Diese Siegelzylinder, die auf frischen Tontafeln abgerollt wurden, dienten ihren Besitzern als »Unterschrift«. Auf dem hier abgebildeten, mit einer Sphinx geschmückten Siegel ist der folgende Text eingraviert: »Möge derjenige, der dieses [Siegel] aufgedrückt hat, durch den Spruch Sîns und Marduks, seiner Götter und Herren, sein Leben lang satt und zufrieden sein. Siegel von Makkur-Marduk, asû, *Sohn des Sîn-ašarēa,* asû.«
AO 4485, kassitisch oder neubabylonisch; Louvre, Paris

2. Wenn ein Kranker, seine Hände und Füße tun ihm weh (wörtlich: ›fressen ihn auf‹), und er hört überhaupt nicht auf zu schreien, und sein Körper ist überhaupt nicht heiß: (so ist es) ›die Hand der Hexerei‹.«

Die Ähnlichkeit mit den Orakeltexten, die wir eben betrachtet haben, liegt auf der Hand. Auch hier besteht jeder Artikel aus zwei Teilen, wobei der erste unveränderlich mit »Wenn ein Kranker ...« beginnt und mit der Beschreibung des Sachverhalts fortfährt, hier in Form einer Folge von medizinischen Symptomen; der zweite Teil ist eine Prognose, in der entweder unmittelbar oder aber mittelbar, nämlich durch Identifikation der Krankheit, ein künftiges Ereignis vorausgesagt wird. In diesem besonderen Fall läuft beides auf das gleiche hinaus: die erwähnte Krankheit verläuft, wie wir aus anderen Quellen wissen, tödlich. Die Zuordnung dieses Textes zum Gebiet der »Medizin« statt beispielsweise zu dem der »Weissagung« ist modern; man erkennt die Schwierigkeiten einer solchen Klassifikation deutlicher, wenn man ihn neben den letzten untersuchten Text des vorigen Abschnitts stellt: Was dieser Spaltung zugrunde liegt, ist eher unsere Vorstellung von dem, was als Kausalkette akzeptabel ist, als eine klare Unterscheidung in Darstellung oder Inhalt.
Dieses einzige, bruchstückhafte Beispiel erlaubt uns zwar nicht, über den in altbabylonischer Zeit erreichten Systematisierungsgrad zu urteilen. Wir können jedoch zumindest seine Weiterentwicklung an dem folgenden kurzen

Auszug aus der endgültigen, »kanonischen« Version (aus der neubabylonischen Epoche) studieren – sie nimmt vierzig aufeinanderfolgende Tafeln ein und war eines der Kleinodien der Bibliothek von Assurbanipal:

»Wenn seine rechte Gesäßhälfte rot ist: [.....]
Wenn seine linke Gesäßhälfte rot ist: seine Krankheit [wird sich] hinziehen.
Wenn seine Gesäßhälften rot sind: [es gibt keinen] Anfall (›Schlag‹).
Wenn seine rechte Gesäßhälfte gelb ist: seine Krankheit wird sich verändern.
Wenn seine linke Gesäßhälfte gelb ist: seine Krankheit wird schmerzhaft sein.
Wenn seine Gesäßhälften gelb sind: er wird ängstlich sein.
Wenn seine rechte Gesäßhälfte schwarz ist: seine Krankheit wird schmerzhaft sein.
Wenn seine linke Gesäßhälfte schwarz ist: er wird ängstlich sein.
Wenn seine Gesäßhälften schwarz sind: [.....]
Wenn seine rechte Gesäßhälfte faltig ist: er wird sich dahinschleppen, dann sterben.
[Wenn seine linke Gesäßhälfte faltig ist: .....]
Wenn seine Gesäßhälften faltig sind: er wird sterben.
[Wenn seine rechte Gesäßhälfte dunkel ist: .....]
Wenn seine linke Gesäßhälfte dunkel ist: seine Krankheit wird sich verändern.
[Wenn seine Gesäßhälften dunkel sind: .....]
Wenn seine rechte Gesäßhälfte entzündet ist: seine Krankheit wird sich verändern.
[Wenn seine linke Gesäßhälfte entzündet ist: .....]
Wenn seine Gesäßhälften entzündet sind: seine Krankheit wird sich verändern.
[Wenn seine rechte Gesäßhälfte eingefallen ist: .....]
Wenn seine linke Gesäßhälfte eingefallen ist: seine Krankheit wird lange dauern.
Wenn seine Gesäßhälften eingefallen sind: er wird ängstlich sein.
Wenn seine rechte Gesäßhälfte hervortritt: seine Krankheit wird sich ändern.
Wenn seine linke Gesäßhälfte hervortritt: seine Krankheit wird schmerzhaft sein.
Wenn seine Gesäßhälften hervortreten: er wird ängstlich sein.
Wenn seine rechte Gesäßhälfte erschlafft ist: seine Krankheit wird sich ändern.
Wenn seine linke Gesäßhälfte erschlafft ist: seine Krankheit wird Quelle von Angst sein (?).

Wenn seine Gesäßhälften erschlafft sind: er wird sterben.
Wenn sein Gesäß in gutem Zustand ist: er wird genesen.
Wenn sein Gesäß so sehr eingefallen ist, daß er den Ort nicht verlassen kann, an dem er sich befindet, noch Wasser lassen kann: er ist von hinten ›geschlagen‹ worden; er wird sterben.«

Der Strukturtyp, der hier erscheint, wiederholt sich im gesamten Text für jeden Teil des Körpers, vom Schädel bis zum Fußknöchel. Das Bestreben, alle nur möglichen Symptome für alle nur möglichen Körperteile unterzubringen, führt zu einem gewaltigen und umfassenden Raster, das die Symptome übrigens sogar manchmal auf unwahrscheinliche, ja unmögliche Weise vervielfacht. Dieser Durchgang durch die ganze Skala der Farben (Rot, Gelb, Schwarz), die ein Gesäß haben kann, die Berücksichtigung der Körperhaltung (hervortretend oder erschlafft) sowie die Einbeziehung der befallenen Stelle (je nachdem, ob nun die linke, die rechte oder beide Gesäßhälften betroffen sind), um zu differenzierten Prognosen zu gelangen, erfüllen ein doppeltes Ziel: nicht nur sollen sie dem Praktiker ein Netz liefern, dessen Schlingen eng genug sind, daß sich bei geeigneter Interpolation jedes tatsächlich beobachtete Symptom darin fängt; sondern sie sollen zudem durch die Systematik, mit der all diese Permutationen durchgespielt werden, stillschweigend einen gewissen Allgemeinheitsgrad erreichen. Unter sonst gleichen Umständen ist eine Affektion der rechten Gesäßhälfte weniger ernst als eine der linken; Gelb ist eine weniger bedenkliche Farbe als Rot, während Schwarz ziemlich gefährlich ist, und so weiter. Wie bei den Orakeln werden das Allgemeine und Abstrakte nicht ausgesprochen, sondern vorgeführt, und zwar auf die gleiche Weise.

Das Gebiet der Medizin weist jedoch auch eine *neue* Textsorte auf, wie sie der Weissagung offenbar mangelt – zumindest in den altbabylonischen Texten, die wir besitzen. Für unsere Periode verfügen wir über drei Texte dieser Art; hier eine Übersetzung der Vorderseite des besterhaltenen von ihnen:

»1. Wenn der Betreffende verhext ist: ..... die Niere eines Lamms, das noch nicht genug Gras (und) *erninum* gefressen hat, trocknest du, er wird essen und genesen.
2. Wenn der Betreffende Gelbsucht hat: tauchst du Süßholzwurzel in Milch, läßt sie die Nacht über unter den Sternen

stehen, verrührst sie in Öl, gibst ihm zu trinken, und er wird genesen.

3. Wenn der Betreffende, er hat Zahnweh (wörtlich: ›sein Zahn einen Wurm hat‹): zerstampfst du die Pflanze ›Seemannsexkrement‹; wenn sein Zahn auf der rechten Seite krank ist, träufelst du es auf seinen Zahn auf der linken Seite, und er wird genesen; wenn sein Zahn auf der linken Seite krank ist, träufelst du es auf seinen Zahn auf der rechten Seite, und er wird genesen.

4. Wenn der Betreffende mit einem Hautausschlag übersät ist: Malzmehl verrührst du langsam in Öl, trägst es auf, und er wird genesen; wenn er noch nicht geheilt ist, trägst du heiße *ṣimtum* auf, und er wird genesen; wenn er immer noch nicht geheilt ist, trägst du den heißen Rückstand auf, und er wird genesen.

5. Wenn der Betreffende, ein Skorpion hat ihn gebissen: die Exkremente eines Ochsen trägst du auf, und er wird genesen.

6. Wenn der Betreffende, seine Augen sind krank: Anemonen (?) zerreibst du, trägst sie auf, und er wird genesen.

7. Wenn der Betreffende das ›trockene Fieber‹ hat: [...] Asche, *isqūqum*-Mehl, *ammaštakal*-Pflanze [...] (und) einen alten Ziegel verrührst du in Sesamöl, er wird trinken und genesen.«

Tatsächlich handelt es sich um eine neue Textkategorie; natürlich ist auch hier von Krankheiten die Rede, von ihrer Behandlung und von Prognosen. Wie stets beginnt jeder Artikel mit einer sehr starren Formel – »Wenn der Betreffende ...« –, worauf eine Beschreibung der Symptome oder des Namens der Krankheit selbst folgt, wenn die Ursache bekannt ist (»Skorpionbiß«). Was nun folgt, ist dagegen neu und richtet sich unmittelbar an den Praktiker; aus diesem Grunde ist die verwendete Form die zweite Person Singular des unvollendeten Tempus (je nach Kontext mit Präsens oder Futur übersetzt). Dieser Teil sagt dem Experten, wie die Krankheit zu behandeln ist; er gibt, mit anderen Worten, die Lösung des Problems an. In den medizinischen Texten besteht diese »Lösung« gewöhnlich in einer Reihe von Anweisungen, die zu befolgen sind, einschließlich der Zubereitung und Anwendung von Arzneien und Heilpflanzen, das heißt in dem, was wir ein »Rezept« nennen könnten. Der Schluß besteht unveränderlich aus einer Prognose.

Wie zuvor bemüht sich der Text um Systematizität. Die Vollständigkeit der Darstellung als Ersatz ihrer Verallgemeinerung wird beispielsweise im dritten Artikel deutlich:

»Wenn sein Zahn auf der rechten Seite krank ist, träufelst du es auf seinen Zahn auf der linken Seite... wenn sein Zahn auf der linken Seite krank ist, träufelst du es auf seinen Zahn auf der rechten Seite...« Um das gleiche auszudrücken, würden wir eher sagen, das Heilmittel sei auf der dem kranken Zahn gegenüberliegenden Seite aufzutragen.

Vergeblich würden wir jedoch in diesem Text oder in anderen derselben Periode nach einer Systematik suchen, die eine Krankheit nach der anderen durchgeht. Schlägt sich eben darin der Entwicklungsstand der altbabylonischen Medizin nieder, oder ist es bloß ein Zufall, daß kein solcher Text ausgegraben wurde? Ich persönlich neige der zweiten Erklärung zu und möchte annehmen, daß wir es hier nur mit Selektionen, mit Auszügen und Kompilationen zu tun haben. In den Perioden, die der unseren folgen, finden wir neben Texten, die ausdrücklich als »Auszüge« bezeichnet werden, tatsächlich Quellen, die eine strenge und systematische Ordnung von Symptomen und Krankheiten aufweisen, wie dieses charakteristische Fragment belegt, das nur etwas über zweihundert Jahre jünger ist (ich habe die letzten Rezepte weggelassen, um die Organisationsstruktur besser zu verdeutlichen):

»1. Wenn der Betreffende an einem ›Schlag‹ auf die Backe leidet: (acht Arzneien) knetest du in ... und in Starkbier, kochst sie in einem kleinen Kupfertopf, verstreichst sie auf einem Verband und verbindest damit seinen Mund.

2. Wenn der Betreffende von einem ›Schlag‹ in die Mitte krank ist, so daß er nicht mehr gehen kann...: (vier Arzneien) trocknest, zerstößt, filterst du..., vermischst (sie) in einem kleinen Kupfertopf, verstreichst (sie) auf einer Haut, verbindest und läßt drei Tage...

3. Wenn der Betreffende an einem ›Todesschlag‹ leidet: ....

4. Wenn der Betreffende von einem ›Schlag‹ in die Seite krank ist: .....

5. Wenn der Betreffende von einem ›Schlag‹ auf den Fuß krank ist: .....«

Die Einführung dieser zweiten, deutlich anders strukturierten Textsorte, für welche die beiden zuletzt untersuchten Quellen typisch sind, erfordert eine geeignete Terminologie. Ich werde Texte der ersten Art als *Tabellen* und die der zweiten Art als *Verfahrenstexte* bezeichnen. Die Existenz dieser beiden Kategorien und ihre Beziehungen zueinander bilden gewissermaßen den Kern unserer These, daß es in Mesopotamien einen spezifischen Zugang zu bestimmten, von den Babyloniern herausgehobenen Wissensgebieten gibt.

Mathematik

Wir kennen mehrere hundert mathematische Texte aus altbabylonischer Zeit, die sich recht eindeutig auf unsere beiden Kategorien verteilen. Die erste und quantitativ bei weitem bedeutendere umfaßt Multiplikations-, Reziproken-, Quadratzahlen-, Quadratwurzel- und ähnliche Tabellen. Die Verfahrenstexte dagegen, von denen es etwa hundert gibt, stellen ein mathematisches Problem und geben in den meisten Fällen auch seine Lösung an. Aus diesen zuletzt genannten Texten wählen wir unser erstes Beispiel. Es handelt sich um einen altbabylonischen Text, der – als er vollständig war – vierundzwanzig Aufgaben enthielt, die auf der Tafel mit Lineallinien voneinander getrennt sind. Die erste Aufgabe lautet:

> »Eine Fläche und meine Quadratseite habe ich addiert; 45 gibt es.
> 1, die *wāṣitum*[6], setzt du. Die Hälfte von 1 schlägst du ab (:30). 30 multiplizierst du mit 30 (:15). 15 fügst du zu 45 hinzu, dann gibt es 1. Die Quadratwurzel (davon) ist 1. Die 30, die du (mit sich selbst) multipliziert hast, ziehst du von 1 ab (:30).
> 30 ist die Quadratseite.«

[6] Die Bedeutung des Wortes ist gegenwärtig umstritten.

Der Gegenstand der Aufgabe ist einfach: Gesucht wird die Seitenlänge eines Quadrats, von dem die Summe seiner Fläche und einer Seite gegeben ist (sämtliche Aufgaben dieser Tafel sind Variationen zu diesem Thema). Die Aufgabe zerfällt in zwei Teile, die sich nach Grammatik und Inhalt voneinander unterscheiden. Die Aufgabe selbst wird in der ersten Person Singular und in einer Vergangenheitsform (»habe ich addiert«) gestellt, während die Lösung in der zweiten Person Singular und im unvollendeten Tempus formuliert wird (im Deutschen im Präsens). Ebendeshalb setzen wir diese Aufgabentexte mit Verfahrenstexten gleich.
Um den eingeschlagenen Lösungsweg klarer zu erkennen, schreiben wir die einzelnen Schritte nach folgendem Schema um (und behalten dabei im Sinn, daß es sich um eine moderne Darstellung handelt):

Schritt	Rechnung
1	1
2	$\frac{1}{2}(1) = 0;30$
3	$0;30 \cdot 0;30 = 0;15$
4	$0;15 + 0;45 = 1$
5	$\sqrt{1} = 1$
6	$1 - 0;30 = 0;30$

Man erkennt also eine lineare Ordnung, in der jeder Schritt aus einer Operation besteht, die als Ausgangsmaterial die Ergebnisse der vorhergehenden Operationen und/oder die gegebenen Werte verwendet; wir bezeichnen dies heute als *Algorithmus*. So sollen wir die 1, von der wir ausgegangen sind (erster Schritt), in zwei teilen (zweiter Schritt), das Ergebnis mit sich selbst multiplizieren (dritter Schritt), dieses Ergebnis der zu Beginn gegebenen Größe addieren (vierter Schritt), die Quadratwurzel des Ergebnisses ziehen (fünfter Schritt) und vom Resultat das beim zweiten Schritt erhaltene Ergebnis subtrahieren (sechster Schritt).

Es ist hier nicht der angemessene Ort, in eine lange Erörterung über die technischen Einzelheiten der babylonischen Mathematik einzutreten – beispielsweise über das Sexagesimalsystem, das die scheinbar bizarren, aber völlig korrekten Werte der Ergebnisse jeder Operation erklärt.[7] Ich will hier nur darauf hinweisen, daß die Babylonier jede Operation unter Verwendung geeigneter *Tabellen* durchführten: Für die Multiplikation des dritten Schritts nahm man beispielsweise eine Multiplikations- oder Quadratzahltabelle zu Hilfe, und das Ziehen der Quadratwurzel (fünfter Schritt) – in diesem Falle sehr einfach – erforderte im Prinzip eine Quadratwurzeltabelle.[8]

Wegen der Besonderheit der Mathematik konnten die Babylonier bei der Entwicklung solcher Verfahren jedoch weiter gehen als auf dem Gebiet der Medizin. Wie dachte man sich die Anwendung des bei der Lösung eines besonderen Problems erworbenen Wissens? Wie sollte der babylonische Student vorgehen, wenn ihm eine neue Aufgabe gestellt wurde? Im Prinzip ging alles gut, wenn die neue Aufgabe vom gleichen Typ, nur mit anderen Zahlenwerten versehen war. Nehmen wir jedoch an, daß die Differenz und nicht die Summe der Fläche des Quadrats und seiner Seite gegeben wäre. Um genau diese Variante geht es bei der nächsten Aufgabe auf unserer Tafel (von nun an wird der Text in numerierte Verfahrensschritte zerlegt):

[7] Weitere Informationen darüber auf S. 94 f.

[8] Vgl. S. 69.

Tafel mit mathematischen Aufgaben. Ein Beispiel aus der Gruppe der mathematischen Verfahrenstexte. Diese Tafel ist auf beiden Seiten zweispaltig beschrieben und trägt eine Folge von vierundzwanzig Aufgaben, die durch waagrechte Striche voneinander getrennt sind. Jede Aufgabe zerfällt in zwei Teile: die Aufgabenstellung und einen Lösungsalgorithmus. Von dieser Tafel stammen die auf S. 62-67 besprochenen Aufgaben.
BM 13901, altbabylonisch, Larsa (?); British Museum, London

»Von einer Fläche habe ich meine Quadratseite subtrahiert: 14 30 gibt es.
1 Du setzt die 1, die *wāṣitum*.
2 Die Hälfte von 1 schlägst du ab (:30).
3 30 multiplizierst du mit 30 (:15).
4 15 fügst du zu 14 30 hinzu, dann gibt es 14 30 15.
5 Die Quadratwurzel (davon) ist 29 30.
6' Die 30, die du (mit sich selbst) multipliziert hast, fügst du den 29 30 hinzu (:30).
30 ist die Seite des Quadrats.«

Beachten wir, daß die beiden Texte von 1-5 genau die gleiche Form aufweisen (abgesehen natürlich von den verwendeten Zahlenwerten). An die Stelle des sechsten Schritts tritt in der zweiten Aufgabe 6' (eine Summe statt einer Differenz). In moderner Terminologie würden wir sagen, daß die Schritte 1-5 einen beiden Aufgaben gemeinsamen *Subalgorithmus* bilden, während sich in 6 und 6' die Aufgaben voneinander unterscheiden (Summe beziehungsweise Differenz der Quadratfläche und einer zu Anfang gegebenen Seite).
Wenden wir uns nun der dritten Aufgabe der Tafel zu.

»Das Drittel der Fläche habe ich subtrahiert und dann das Drittel der Quadratseite zur Fläche hinzugefügt: 20 gibt es.
1 Du setzt die 1, die *wāṣitum*.
2 Das Drittel von 1, der *wāṣitum*, (nämlich) 20, ziehst du (davon) ab (:40).
3 40 multiplizierst du mit 20: 13 20 schreibst du.
4 Die Hälfte von 20 schlägst du ab ... (:10).
5 10 multiplizierst du mit 10 (:1 40).
6 Die 1 40 fügst du den 13 20 hinzu: 15.
7 Die Quadratwurzel (davon) ist 30.
8 Die 10, die du (mit sich selbst) multipliziert hast, ziehst du von 30 ab (:20).
9 Sein Vierzigstel (:1 30).
10 Die 1 30 multiplizierst du mit 20 (:30).
30 ist die Seite des Quadrats.«

Gegeben ist also die Summe von zwei Dritteln der Fläche und einem Drittel der Seite eines Quadrats. Das Lösungsverfahren besteht darin, zunächst (1-3) die Größenordnung der numerischen Werte zu verändern und die Aufgabe damit in ein Problem vom gleichen Typus wie das zuerst untersuchte zu verwandeln. In der Tat läßt sich im

mittleren Teil (4-8) derjenige Algorithmus wiedererkennen, der bei der ersten Aufgabe formuliert worden war, um die Seite eines Quadrats zu erhalten, von dem die Summe der Fläche und einer Seite bekannt war. Nachdem die Lösung für das derart transformierte Problem gefunden ist, dient der letzte Teil (9-10) der Rückverwandlung in die ursprüngliche numerische Größenordnung und liefert somit die Antwort auf die Ausgangsfrage. Kurz, das Basisverfahren (mit seinen beiden Varianten), wie es in den ersten beiden Aufgaben vorgeführt wird, liefert die Grundlage für die Lösung von Problemen, die auf den ersten Blick komplizierter erscheinen mochten. Der Schüler hat gelernt zu *interpolieren*, indem er solche Subalgorithmen in seine Rechnung *einverleibt* oder eine geeignete Veränderung der Größenordnung der Zahlenwerte vornimmt. Dieses Vorgehen wird im weiteren Verlauf des Textes auf der Tafel ständig wiederholt, so daß die Aufgaben eine ganze Spanne von Möglichkeiten beschreiben, ausgehend von einem Quadrat, dann zwei oder drei Quadraten in bestimmten Relationen zueinander.
Wie reichhaltig der Text ist, läßt sich aus der folgenden einfachen Liste ersehen, die jeweils die ersten Zeilen der Aufgaben zusammenstellt, die auf dem Rest der Tafel behandelt werden (und erhalten sind):

I »Eine Fläche und meine Quadratseite habe ich addiert; 45 gibt es .....«

II »Von einer Fläche habe ich meine Quadratseite subtrahiert: 14 30 gibt es .....«

III »Das Drittel der Fläche habe ich subtrahiert, dann habe ich das Drittel der Quadratseite zur Fläche hinzugefügt: 20 gibt es .....«

.....

IX »Die Fläche meiner beiden Quadrate habe ich addiert: 21 40 gibt es. Eine Seite ging über die andere um 10 hinaus .....«

X »Die Fläche meiner beiden Seiten habe ich addiert: 21 15 gibt es. Eine Seite war gegenüber der anderen um ein Siebtel geringer .....«

XI »Die Fläche meiner beiden Quadrate habe ich addiert: 28 15 gibt es. Eine Seite ging über die andere Seite um ein Siebtel hinaus .....«

XII »Die Fläche meiner beiden Quadrate habe ich addiert: 21 40 gibt es. Meine Seiten habe ich multipliziert: 10 gibt es .....«

XIII »Die Fläche meiner beiden Quadrate habe ich addiert:

28 20 gibt es. Eine Seite war das Viertel der anderen Seite .....«

XIV »Die Fläche meiner beiden Quadrate habe ich addiert: 25 25 gibt es. Eine Seite war zwei Drittel der anderen und 5 *nindan*.«[9]

.....

XVI »Ein Drittel der Seite habe ich von der Fläche subtrahiert: 5 gibt es .....«

XVII »Die Fläche meiner drei Quadrate habe ich addiert: 10 12 45 gibt es. Eine Seite war das Siebtel der anderen Seite .....«

XVIII »Die Fläche meiner drei Quadrate habe ich addiert: 23 20 gibt es. Eine Seite ging über die andere um 10 hinaus .....«

XIX »Meine Seiten habe ich quadriert, dann die Fläche addiert. Soviel wie eine Seite über die andere Seite hinausging, habe ich quadriert. Ich habe es der Fläche hinzugefügt: 23 20 gibt es. Die Seiten habe ich addiert: 50 gibt es .....«

.....

XXIII »Die vier Seiten und die Fläche habe ich addiert: 41 40 gibt es .....«

XXIV »Die Fläche meiner drei Quadrate habe ich addiert: 29 10. Eine Seite war zwei Drittel einer Seite und 5 *nindan*.

(Die andere Seite war) die Hälfte einer Seite und 2 30 *nindan* .....«

[9] Zur Definition der Längeneinheit *nindan* vgl. S. 92.

Die systematische Anordnung ist auf den ersten Blick erkennbar. Einem Abschnitt, der ein einziges Quadrat behandelt (I-VIII?), folgt ein zweiter, bei dem es um zwei Quadrate geht (IX-XIV), und ein weiterer mit drei Quadraten (XVII-XVIII). Die scheinbare Inkonsequenz des Artikels XVI, dessen »natürlicher Ort« weiter oben hätte sein müssen, erklärt sich bei genauerem Zusehen aus der Art des Verfahrens, das bei der Lösung eingesetzt wurde und das ihn in die Nähe einer Aufgabe rückt, in der mehrere Quadrate vorkommen (ein anderes Beispiel ist Artikel XXII, der einen Lösungsalgorithmus verwendet, der sich von denen des ersten Teils erheblich unterscheidet).
Natürlich sind nicht alle mathematischen Verfahrenstexte derart systematisch geordnet. Viele von ihnen enthalten nur eine einzige Aufgabe, oder es geht, wenn sich auf den Tafeln mehrere Aufgaben befinden, um verschiedene Gegenstände. Doch selbst in diesem Fall folgen die Untergruppen von Problemen häufig demselben Darstellungsmuster wie der Text, den wir betrachtet haben.

Erneut können wir hier den Unterschied zwischen unserem Ansatz und dem babylonischen Vorgehen feststellen. Dort, wo wir Fragen – insbesondere mathematische Probleme – lösen, indem wir zunächst eine allgemeine Regel aufstellen und sie dann für verschiedene Einzelfälle spezifizieren, konnten die Mesopotamier das gleiche Ergebnis erzielen, indem sie ein Raster typischer Beispiele konstruierten und dann interpolierten, um neue Probleme zu lösen.

Die Rechnungen, um die man bei den algorithmischen Verfahren nicht herumkam, wurden unter Rückgriff auf Tabellen durchgeführt. Auch diese waren systematisch geordnet, wie das folgende Beispiel einer Multiplikationstabelle zeigt:

»30	mal 1	30
	mal 2	1
	mal 3	1 30
	mal 4	2
	mal 5	2 30
	mal 6	3
	mal 7	3 30
	mal 8	4
	mal 9	4 30
	mal 10	5
	mal 11	5 30
	mal 12	6
	mal 13	6 30
	mal 14	7
	mal 15	7 30
	mal 16	8
	mal 17	8 30
	mal 18	9
	mal 19	9 30
	mal 20	10
	mal 30	15
	mal 40	20
	mal 50	25«

Selbst dort, wo eine Systematisierung nicht unbedingt geboten gewesen wäre – zum Beispiel in den Tabellen der *igigubbû*, jener Konstanten, die zur Lösung mancher Probleme benötigt werden –, richtet sich die Reihenfolge der Darstellung nach dem in Frage stehenden Gegenstand: Flächen, Volumen von Tonhaufen, Ziegeln, Erdmassen, Mauern, Mieten und so weiter.[10] Wir sehen also, daß die Welt des altbabylonischen Wissens auch auf dem Gebiet der Mathematik aus Tabellen und Verfahrenstexten bestand.

[10] Zu einem Beispiel dieser Art siehe S. 97.

Quadratzahltafel. Diese Tafel führt, in der typischen Spaltenanordnung einer Tabelle, zunächst eine Zahl n *und dann ihre Wurzel auf:*
1: 1 ist die Wurzel
4: 2 ist die Wurzel
9: 3 ist die Wurzel ... usw.
Es handelt sich offenkundig um eine Tafel für den Schulunterricht; auf der Rückseite befindet sich eine literarische Schreibübung.
CBS 14233, altbabylonisch, Nippur; University Museum, Philadelphia

Die zuletzt genannten wandten sich unmittelbar an den Studenten (oder den Schreiber) und zeigten ihm, welche Schritte auszuführen waren, um einem bestimmten Algorithmus zu folgen. Jede Etappe dieses Algorithmus nahm implizit Bezug auf eine Tabelle, in der er die tatsächlichen numerischen Werte finden konnte, die er bei seiner Rechnung brauchte. Die Verfahrenstexte waren selbst systematisch geordnet, wobei diese Ordnung den Platz einnahm, den wir heute Formeln oder allgemeinen Regeln einräumen. In der Tat diente diese Systematisierung der Tabellen wie auch der Verfahrenstexte demselben Zweck: ein Raster zu liefern, mit dessen Hilfe sich die mathematische Welt – zumindest in einem operativen Sinne – fassen und begreifen ließ. Je vollständiger und erschöpfender dieses Raster ist, desto allgemeiner und wirksamer läßt sich eine solche Methode anwenden.

Die meisten Gesellschaften bevorzugen einen Wissensbereich, in dem sie ihre Umwelt ordnen und klassifizieren; auf welchen Bereich diese Wahl fällt, hängt ab von Zeit und Raum. Leider – müssen wir aus unserer Sicht beklagen – haben die Babylonier keinen Text hinterlassen, der uns in ihr Verständnis dieses Bereichs explizit einführte; reflexives, seiner selbst bewußtes Denken war kein Bestandteil ihrer Schriftkultur. Da uns ein solcher Text fehlt, waren wir gezwungen, ihre Sicht der Dinge zu rekonstruieren, und sind dabei zunächst von der sozialen Praxis, dann detaillierter von der formalen Struktur der Texte ausgegangen, die den Disziplinen angehören, welche diesen Bereich möglicherweise ausmachen.

Wir sind dabei vor allem zu dem Schluß gelangt, daß dieser Bereich im altbabylonischen Mesopotamien von zwei Textsorten strukturiert wurde, die sich an ihren stilistischen und grammatikalischen Besonderheiten, manchmal jedoch auch an ihrer räumlichen Organisation erkennen lassen: Zum einen handelt es sich um *Verfahrenstexte*, die den Verwender über die Mittel zur Lösung eines gegebenen Problems belehren; zum anderen um *Tabellen*, auf die jene Texte Bezug nehmen, insofern sie ihnen beispielsweise als Nachschlagetafel oder als Rechenhilfe dienen.

Die Leistung dieser beiden Textsorten bestand in der Schaffung eines Rasters, das den entsprechenden Teil der Welt »erschöpfend«, exhaustiv abdeckt. Auf diese Weise ließ sich – zumindest theoretisch – ein bestimmtes Problem entweder unmittelbar oder durch Interpolation in diesem Netz lokalisieren. Der allmählich wachsende Umfang und das zunehmende Raffinement dieser Texte lassen im übrigen erkennen, welchen Grad des Verständnisses und der Beherrschung systematischer Kompilationen die Babylonier erreicht hatten.

Mit dieser Analyse im Gepäck könnten wir nun darangehen, andere Texte zu untersuchen; die Astrologie wäre dafür, wie gesagt, ein geeigneter Kandidat. Auch wenn unser Thema nicht zu denen gehört, die den meisten Assyriologen in den Sinn kommen, wenn sie die hier betrachteten Disziplinen behandeln, könnte sich eine solche Analyse als fruchtbar erweisen. Es ist keine Zufall, wenn die »Kodizes« der mesopotamischen Gesetze, die wir besitzen, insbesondere der sehr umfangreiche *Codex Ḫammurapi*[11], sämtliche Merkmale von Tabellen haben. Die Gesetze beginnen mit einer Standarderöffnung – »Wenn der Betreffende.....« (in der Vergangenheitsform) – und enden mit einem »Rezept« (hier einer Strafe) im unvollendeten Tempus. Der gesamte Codex ist thematisch unterteilt: falsches Zeugnis, Diebstahl, Körperverletzung und so weiter. Jedes Vergehen wird mit Hilfe eines Koordinatensystems analysiert, dessen Parameter soziale Klasse, Geschlecht, Alter und Schwere des Schadens lauten. Die direkte Abkunft aus den Orakel- und medizinischen Tabellen springt ins Auge.

Doch diese Kategorie von Quellen läßt sich nicht endlos

[11] Vgl. S. 38.

ausdehnen, und der überwiegende Teil der Keilschrifttexte eignet sich nicht zu einer solchen Analyse. Weder die mythologische Dichtung auf der einen Seite noch die ökonomischen Texte auf der anderen sind auf diese Weise strukturiert.

Organisation und Klassifikation: diese beiden Verfahren haben uns, mehr als ihr eigentlicher Inhalt, bei der Auswahl der zu untersuchenden Disziplinen als Eckstein gedient. Auf diese Weise haben wir versucht, die Wörter »rational« oder »wissenschaftlich« zu vermeiden, um zugleich der Gefahr aus dem Wege zu gehen, ihre Qualitäten an unserem eigenen Verständnis zu messen. Dennoch geht es hier nicht etwa darum, ein relativistisches Glaubensbekenntnis abzulegen, wonach jede Strukturierung der Welt durch eine jeweilige Kultur jeder anderen gleichwertig wäre: Wir haben nicht eine Entwicklungsstufe dieser oder jener Wissenschaft zu verstehen versucht und auch nicht ihre Effizienz, ihre Beschränkungen, ihre Geltung und ihre Leistungen gewichten wollen. Vielmehr haben wir *Praktiken* der babylonischen Vernunft beschreiben und charakterisieren, ihre Kohärenz aufweisen und hervorheben wollen, daß auch die Ausübung von Wissen historischen Fragestellungen zugänglich ist. Die Babylonier des zweiten Jahrtausends haben nicht die gleichen Wahlentscheidungen getroffen wie wir – ihre Kriterien waren nicht dieselben –, doch ihre Wahlen sind, wie die unseren, Teil der Geschichte, der ihren *und* der unseren.

JAMES RITTER

JEDEM SEINE WAHRHEIT: DIE MATHEMATIKEN IN ÄGYPTEN UND MESOPOTAMIEN

In diesem Kapitel vergleichen ägyptische und babylonische Schüler ihre Hausaufgaben und stellen erstaunt fest: »Die« Mathematik gibt es nicht

Das Ansehen, das die Mathematik bei den Wissenschaftshistorikern genießt, ist durchaus ambivalent.
Für manche ist die Mathematik ein Fluß: ein träge dahinfließender Strom allmählicher, kumulativer Fortschritte. Jedes Individuum, jede Generation und jede Kultur tragen zu seiner Verbreiterung bei, lassen ihre Bäche in dasselbe breite Bett münden. Natürlich kann die Enge des Tals, das der Fluß durchquert, können Moränen der Unwissenheit oder steil aufragende gesellschaftlich-politische Hindernisse seinen Lauf abrupt umleiten oder sogar aufhalten. Doch bald findet die Disziplin ihren Elan wieder, die mächtige Strömung behauptet sich, und der Fluß vermag seinen Weg fortzusetzen.
Anderen dagegen erscheint die Mathematik allein als das Werk großer Männer, jener glänzenden Genies, die aus der unerschöpflichen Originalität und Tiefe ihres Denkens nach ihrem Bilde entworfen haben, was unbedeutendere Handwerker dann nur noch auszumalen brauchen. Es waren diese wenigen Erwählten, die mit ihren Wahlentscheidungen der ganzen Landschaft überhaupt erst ihr Aussehen gegeben haben, den höchsten Gipfeln wissenschaftlicher Leistungen ebenso wie den verlassenen Ebenen ...
In beiden Fällen spielt die Erforschung der *Ursprünge* des Gebiets keine besondere Rolle; während die erste Gruppe meint, ein winziges Rinnsal könne doch wohl kaum Kenntnisse von der Beschaffenheit des reißenden Stroms liefern, zu dem es dereinst werden wird, haben nach Ansicht der zweiten Gruppe die unbekannten, von keinem Dokument

Ägyptische und assyrische Schreiber. Mit der Entwicklung der ersten zentralisierten Kulturen im Niltal und im Zweistromland erhält die Schrift für die Produktion und Verteilung der Güter wesentliche Bedeutung. Entscheidend ist dabei die Rolle der Schreiber. Oben führt ein Schreiber eine Liste von Grabbeigaben; unten registrieren zwei Schreiber die Kriegsbeute eines assyrischen Königs, der eine in akkadischer Sprache auf einer Tontafel, der andere in Aramäisch auf einem Blatt.
Oben: Grab des Akhet-Hotep, Altes Reich, Ṣaqqāra; Louvre, Paris.
Unten: Wiedergabe einer (heute zerstörten) Wandmalerei. AO 25067 R, neuassyrisch, Til Barsip; Louvre, Paris

verzeichneten Genies, welche die Disziplin geschaffen haben, viel zu früh gelebt, als daß man über ihre Arbeit gültige Aussagen machen könnte. Und ebendeshalb werden die wenigen Historiker, die den frühesten Spuren der Mathematik nachgehen, von ihren Kollegen im allgemeinen als seltene, exotische Exemplare betrachtet, die mit unreifem, längst überwundenem Gestammel vorliebnehmen, das von den befugten Mathematikern und denen, die über sie forschen, mit gutem Recht vergessen worden ist.

Eine solche Einstellung ist gewiß trügerisch: von einer aufmerksamen Erforschung der Anfänge gibt es manches zu lernen; die Mathematik kann durch einen solchen Blick auf ihre Quellen Aufschlüsse über sich selbst gewinnen. Und ein solcher Blick wird erweisen, daß die beiden oben karikierten Haltungen beide am Wesentlichen vorbeigehen: Wenn es eine innere Dynamik gibt, die – übrigens nur zum Teil – für die Entwicklung der Mathematik verantwortlich ist, dann wirkt sie sich sehr konkret aus, und die berücksichtigten Techniken haben eher neue Probleme aufgeworfen als erledigt. Und wenn auch die von den Mathematikern getroffenen Wahlen gewiß zur Orientierung ihrer Disziplin beitragen, handelt es sich doch keineswegs um individuelle, »freie« Entscheidungen, sondern um kollektive, historisch determinierte Problematiken. Um ebendies zu verstehen, wollen wir die ersten direkten Zeugnisse einer mathematischen Tätigkeit, über die wir verfügen – die mathematischen Praktiken des alten Mesopotamiens und Ägyptens –, einmal genauer betrachten.

Lesen, schreiben, zählen …

Mathematik und Schrift stehen, das ist erst seit kurzem klar geworden, in einer symbiotischen Beziehung. Sie sind gleichzeitig entstanden, und ihre Schicksale waren stets eng miteinander verbunden, auch wenn sich die Schrift weitgehend von den Zwängen befreit hat, die ihr von der Mathematik auferlegt wurden. Wir sind so sehr gewohnt, die modernen Schriftsysteme als Reflexionen der *gesprochenen* Sprache zu betrachten, daß es heilsam sein mag, daran zu erinnern, daß dies ursprünglich nicht der Fall war.

Damit eine Gesellschaft eine Mathematik entwickeln kann, die über einfaches Rechnen hinausgeht, bedarf es irgendeines materiellen Trägers. Ohne Schrift engt die Begrenztheit des menschlichen Gedächtnisses den erreich-

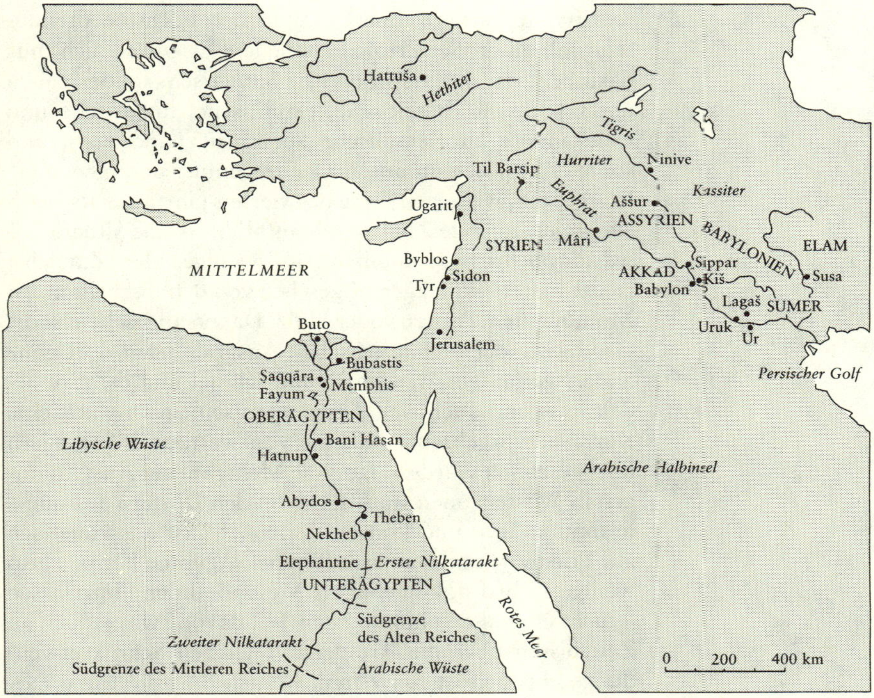

Ägypten und der Nahe Osten im zweiten Jahrtausend vor Christus

baren Grad numerischer Komplexität ein. Dieser Punkt ist seit langem wohlbekannt.

Dagegen haben wir erst später begriffen, daß auch das Umgekehrte gilt. Anders gesagt: materielle Bedürfnisse, insbesondere das Bedürfnis, *Spuren von Transaktionen* zu erhalten, sind von entscheidender Bedeutung dafür, daß eine Gesellschaft die Schrift entwickelt. Dieser Punkt ist erst verstanden worden, seit die archäologischen Entdekkungen der letzten Jahrzehnte es uns gestattet haben, die Entwicklung zweier Schriftsysteme – praktisch vom Nullpunkt an – zu verfolgen; das eine wurde seit der Mitte des vierten Jahrtausends vor unserer Zeitrechnung im Süden Mesopotamiens verwendet, das andere wenig später in der Gegend von Susa im Iran.

In beiden Gesellschaften dient als materieller Träger Ton, der praktisch unzerstörbar ist, und die ersten Dokumente sind *Berechnungen.* Was den ersten Schriftsystemen zur Entstehung verholfen hat, war also das Bedürfnis, das materielle Potential ihrer Gesellschaften zu messen, zu teilen und zu verteilen. Besonders dem ersten, das wir als »Keilschriftsystem« bezeichnen, war in den nächsten dreitausend Jahren großer Erfolg beschieden. Es wurde nicht nur dazu benutzt, das ursprüngliche Sumerisch, sondern auch die akkadische, hethitische, elamitische, hurritische und viele andere altorientalische Sprachen zu notieren, und sollte erst zu Beginn unserer Zeitrechnung untergehen.

In Ägypten, wo gegen Ende des vierten Jahrtausends rasch eine eigenständige Zivilisation aufblüht, ist die Situation – was das Schriftsystem anbetrifft – weniger klar. Zunächst ist der materielle Träger, abgesehen von den Inschriften auf Monumenten, Papyrus oder Holz. Davon abgesehen ist die Geschichte der archäologischen Ausgrabungen dort ganz anders verlaufen: Weil das Niltal schmal und dicht besiedelt ist – und auch weil Ägypten zu seinem Unglück eine Kunst hervorgebracht hat, die von westlichen Sammlern hochgeschätzt wurde –, fand die Mehrzahl der Ausgrabungen in Wüstenzonen statt, fern von den Dörfern aus ungebranntem Ton, und konzentrierte sich fast ausschließlich auf Friedhöfe und steinerne Tempel. Ägypten hat uns also weniger Schriftdokumente als Mesopotamien hinterlassen – nicht einmal den hundertsten Teil davon. Was jedoch an Zeugnissen über die Art der alltäglichen Schriftverwendung geblieben ist, zeigt freilich auch dort die frühe Existenz und die Bedeutung von ökonomischen Texten und Berechnungen. Die ersten Piktogramme haben ihr ursprüngliches Aussehen nur in den Steininschriften bewahrt und wurden schon von den Griechen »Hieroglyphen« getauft; sie haben sich zu der sogenannten »hieratischen« Kurrentschrift entwickelt, die auf den gewöhnlichen Dokumenten fast ausschließlich verwendet wird.

Vielleicht sollten wir noch präzisieren, daß es sich bei der ägyptischen Schrift ebenso wie bei der akkadischen Keilschrift – also den beiden Systemen, in denen alle Quellen geschrieben sind, die wir untersuchen werden – wesentlich um phonetische Schriftsysteme handelt. Im ersten repräsentiert jedes Zeichen einen oder mehrere Konsonanten (die Vokale wurden im Altägyptischen ebensowenig geschrieben wie im modernen Arabisch oder Hebräisch); im zweiten stellt jedes Zeichen eine Silbe dar.

Am Ende des dritten Jahrtausends hatten diese beiden Schriftsysteme offenbar eine feste Form gefunden. Die Zeichen und Zeichenkombinationen, die Wort- und Zahlbildung wurden auf Schulen gelehrt, die fast ausschließlich den Knaben aus den führenden sozialen Schichten vorbehalten waren. Aus beiden Zivilisationen verfügen wir über Beispiele von Schulaufgaben und pädagogischen Texten unterschiedlicher Art[1], darunter auch über mathematische Texte und Übungsaufgaben. Wir wissen außerdem, daß der Unterricht in Mathematik bereits sehr früh im Lehrplan vorgesehen war und gleichzeitig mit dem Schreiben und Lesen gelehrt wurde. Ganz wie heute galt die Mathematik als eines der »schwersten« Fächer.

1 Vgl. S. 49 f.

Um das Jahr 2000 vor Christus war Šulgi, einer der Könige der dritten Dynastie von Ur in Mesopotamien, der Held einer Hymne, die zum Mustertext aufstieg und in der ersten Hälfte des zweiten Jahrtausends als Schulübung benutzt wurde. In diesem Dokument rühmt sich Šulgi seiner schulischen Erfolge:

»Als ich ein Kind war und zur Schule ging,
Lernte ich auf den Tafeln von Sumer und Akkad die Kunst des Schreibers,
Unter den Jungen verstand es keiner so gut wie ich, eine Tafel zu schreiben .....
Ich kann perfekt subtrahieren und addieren, (bin darin geübt,) zu rechnen und Berechnungen auszuführen.
Der gerechte Nanibgal, (die Göttin) Nisaba
Haben mir großzügig Weisheit und Verstand gegeben.«

Über tausend Jahre später sollte der assyrische König Assurbanipal in einer seiner Hymnen fast die gleichen Worte gebrauchen.[2] Die gleichen Empfindungen finden wir auch in den ägyptischen Schultexten ausgedrückt. Einer davon, ein »Streit zwischen Schreibern« – ein in Mesopotamien wie in Ägypten sehr beliebtes literarisch-pädagogisches Genre –, stellt einen Schreiber vor, der einen Kollegen mit Sarkasmen überhäuft:

2 Vgl. S. 40 f.

»... Siehe, du kommst daher und füllst mich an mit deinem Amte. Ich werde dir dein prahlerisches Verhalten zeigen, wenn dir ein Auftrag vorgelegt wird. Ich zeige die Anmaßung, wenn du behauptest: ›Ich bin der Befehlsschreiber der Truppen.‹
Gibt man dir einen See zu graben (in Auftrag), dann kommst du zu mir, um die Rationen der Truppe zu erfragen.
Du sagst zu mir: ›Rechne es aus!‹, indem du dein Amt im Stich läßt. Deine Belehrung, es auszuführen, ist auf meinen Nacken gefallen .....
Ich will dir den Befehl deines Herrn erklären, denn du bist doch sein königlicher Schreiber.
Du wirst geleitet unter das Erscheinungsfenster wegen jeder glänzenden Leistung, wenn die Berge große Denkmäler her-

vorgespien haben für den Horus, Herrn Beider Länder. Siehe, du bist der versierte Schreiber, der an der Spitze der Truppen ist.
Eine Rampe von 730 Ellen (Länge) und 55 Ellen Breite soll gebaut werden, mit 120 Hohlräumen, ausgelegt mit Schilfrohr und Balken, mit einer Höhe von 60 Ellen an der Spitze, von 30 Ellen in der Mitte, mit einer Böschung von 15 Ellen, mit einem Fundament von 5 Ellen (Stärke). Beim Bautruppleiter wird nach dem Ziegelbedarf gefragt.
Die Schreiber sind allesamt versammelt, ohne daß es einen gäbe, der ihn wüßte. Sie vertrauen alle auf dich und sagen: ›Du bist ein erfahrener Schreiber, mein Freund, entscheide schnell für uns; siehe, dein Name ist hervorgetreten.‹ ..... Laß nicht zu, daß man über dich sagt: ›Es gibt da etwas, das er nicht kann.‹«

Zu Beginn des zweiten Jahrtausends hatten die beiden Kulturen ausgefeilte und effiziente Mathematiken entwickelt, die auf die Probleme der betreffenden Gesellschaft angewandt werden konnten und angewandt wurden. Da Ägypten und Mesopotamien damals in hohem Maße zentralisierte bürokratische Staaten mit einem entwickelten Binnen- und Außenhandel waren, kann man erwarten, daß die behandelten Probleme in beiden Kulturen einander ähnelten. In der Tat sind ihre Mathematiken von der Mehrzahl der Mathematikhistoriker allgemein als »praktisch« oder »empirisch« beurteilt worden. Und in gewissem Maße ist das auch wahr.
Was mit dieser Bemerkung jedoch stillschweigend unterstellt wird, bedarf einer ausführlicheren Analyse. Wissen-

Die beiden Speicher. Links ein verkleinertes ägytisches Modell aus gebranntem Ton, aus der Zeit des Mittleren Reiches; man erkennt den Hof mit dem Tor und die zylindrischen, oben offenen Silos. Rechts eine der seltenen Darstellungen eines Speichers aus dem Nahen Osten, aus dem vierten Jahrtausend vor Christus; der Abdruck eines elamitischen Siegelzylinders zeigt, wie ein Arbeiter ein Silo füllt.
Links: Ägyptisches Museum, Turin. Rechts: S^b 2027, Susa; Louvre, Paris

schaftshistoriker, die sich diese Terminologie zu eigen machen – und in ihren Reihen sind Schüler beider der oben genannten Schulen zu finden –, setzen faktisch voraus, daß nur eine, überall gleiche, nur mehr oder weniger entwickelte Mathematik existiert. Vergleiche zwischen der ägyptischen und der babylonischen Mathematik beschränken sich dann meistens auf die Frage: »Welche war besser?« Ein aufmerksamerer Blick auf die Mathematik dieser beiden Zivilisationen – sagen wir: in der ersten Hälfte des zweiten Jahrtausends – zeigt jedoch, daß es damals *zwei* Mathematiken gab; so daß sich selbst dort, wo »identische« Aufgaben gestellt werden, die verwendeten Lösungsmethoden erheblich voneinander unterscheiden. Und was noch wichtiger ist, diese Methodendifferenz hat entscheidende Auswirkungen auf die Entwicklung jener beiden Mathematiken. Das wiederum wird uns etwas Grundsätzliches über das Wesen dieser Disziplin lehren.

Die beiden Speicher

Die beiden Texte, die wir als erste untersuchen wollen, stammen beide aus dem zweiten Jahrtausend vor unserer Zeitrechnung.

Ägyptischer Text

»Beispiel zur Herstellung eines runden Speichers von 9 (und von) 10. 1/9 subtrahierst du von 9: 1. Bleibt: 8. 8 mulitiplizierst du mit 8: es ergibt 64. 64 multiplizierst du mit 10; es ergibt 640. Füge seine Hälfte hinzu; es ergibt 960. Seine Größe in *khar*. 1/20 nimmst du von 960: 48. Der Betrag in 100-Quadrupel *heqat;* Weizen: 48 *heqat*.

Form seines Verfahrens

1	8	1	64	1/10	96
2	16	\10	640	\1/20	48
4	32				
\8	64	\1/2	320		

Babylonischer Text

»Das Verfahren für einen ›Stamm‹. 5, eine Elle, ist sein Durchmesser. Welchen Wert hat er, in Getreidemaß? Bei deinem Vorgehen: soviel wie den Durchmesser setze die Höhe. 5 wandle um; 1 ergibt es. Verdreifache 5, den Durchmesser; 15 ergibt es. 15 ist der Umfang des ›Stamms‹. 15 quadriere; 3 45 ergibt es. 3 45 multipliziere mit 5, dem *igigubbûm* des Kreises; ›18 45 als Fläche‹ ergibt es. 18 45 multipliziere mit 1, der Höhe; ›18 45 als Volumen‹ ergibt es. 18 45 multipliziere mit 6, (dem *igigubbûm* des) Getreidemaß(es); 1 52 30 ergibt es. Der ›Stamm‹ enthält 1 *pānum*, 5 *sūtum*, 2 1/2 *qûm* Getreide. So ist das Verfahren.«

Noch vor jeder genaueren Analyse können wir einige Bemerkungen anbringen, die sich eher auf die Form als auf den Inhalt der Texte beziehen.
Zunächst einmal springt ins Auge, wie fremd uns diese Texte erscheinen. Wir finden darin nichts von einer mathematischen Symbolik – Gleichungen, Formeln und dergleichen –, wie sie die modernen Schriften charakterisiert. Es gibt nur Wörter und Zahlen sowie, im Falle Ägyptens, Markierungen (\). Beim Lesen finden wir uns jedoch in einer vertrauteren Welt wieder: Eine klar umrissene Aufgabe wird gestellt, die Berechnung des Rauminhalts eines zylindrischen Silos mit gegebenen Größen – auch wenn die Maßeinheiten oft schwer zu identifizieren sind. Der Definition des Problems folgt eine Lösung, die Schritt für Schritt vorgeführt wird und an deren Ende die Antwort gegeben wird.
Die formale Struktur beider Texte, des ägyptischen und des babylonischen, weist eine Reihe gemeinsamer Merkmale auf, die man auch in altchinesischen und altindischen mathematischen Texten wiederfinden kann. Diese Strukturmerkmale liegen in der Darstellungsweise; sie ist *rhetorisch*, insofern die Aufgaben in Worten ausgedrückt werden, häufig solchen aus der Alltagssprache, und nicht in Symbolen; *numerisch*, insofern die gegebenen Größen sowie die Ergebnisse konkrete Zahlen und nicht Abstraktionen sind; und *algorithmisch*, insofern eine spezifische Reihe von Schritten zur Lösung angegeben wird und nicht ein allgemeiner Beweis.
Man kann diese formalen Ähnlichkeiten noch weiter verfolgen: die Lösung – also der algorithmische Teil – jeder Aufgabe steht in der zweiten Person Singular (der Schreiberlehrling wird unmittelbar angesprochen) und entweder im Futur oder im Imperativ (die Lösung schlägt eine Folge von Schritten vor, die auszuführen sind und dann ein bestimmtes Resultat ergeben).
Aus dem Zusammenhang, in den diese Texte gehören, lassen sich weitere Vergleichspunkte erkennen. Beide sind einer Aufgabensammlung entnommen, die auf einem Papyrus beziehungsweise auf einer Tontafel zusammengestellt wurde. Diese Sammlungen wurden zweifellos als Schullehrbücher benutzt (alle unsere mathematischen Quellen, die ägyptischen wie auch die babylonischen, sind übrigens im Rahmen des Schulunterrichts entstanden). Wenn es im alten Nahen Osten irgend etwas gegeben haben sollte, das

unseren Forschungsberichten und wissenschaftlichen Vorträgen entsprach, so sind jedenfalls davon in anderen Texten weder direkte Spuren noch indirekte Hinweise geblieben.
Nachdem wir so die formalen und kontextuellen Ähnlichkeiten zwischen unseren beiden Texten herausgearbeitet haben, interessieren wir uns nun für die wesentlichen Unterschiede, die sie voneinander trennen.

Das ägyptische Problem
Die Aufgabe wird als »Beispiel« eingeführt – was im übrigen typisch ist. Wir haben es mit einem »runden« Speicher (das heißt mit kreisförmiger Grundfläche) zu tun, dessen Größen mit 9 und 10 angegeben werden. Wie in den alten Mathematiken üblich, werden die in den Aufgaben verwendeten metrischen Einheiten nur dann ausdrücklich angegeben, wenn sie von der Basiseinheit abweichen.
Das Standard-Längenmaß in Ägypten ist die »Elle« (etwa 52 Zentimeter); es geht also in diesem Text um einen Zylinder mit einem Durchmesser von 9 Ellen und einer Höhe von 10 Ellen. Auch wenn die Frage nicht explizit gestellt wird, lassen die Anweisungen keinen Zweifel, daß es um die Berechnung des Volumens geht, freilich nicht in »Kubik-Ellen« – ein Maß, das nur als Zwischenstufe innerhalb der Lösung eines Problems vorkommt –, sondern in einer »praktischen« Maßeinheit, in diesem Falle dem Hohlmaß für Getreide. Der dazu verwendete Algorithmus wird klarer, wenn wir die aufeinanderfolgenden Schritte in leicht symbolischer Form darstellen:

Schritt	Rechnung	Operation
		Volumenberechnung:
1	$1/9 \cdot 9 = 1$	Multiplikation
2	$9 - 1 = 8$	Subtraktion
3	$8 \cdot 8 = 64$	Multiplikation; Grundfläche in »Quadrat-Ellen«
4	$64 \cdot 10 = 640$	Multiplikation; Volumen in »Kubik-Ellen«
		Umrechnung in *khar*:
[5	$1/2 \cdot 640 = 320$	Multiplikation]
6	$640 + 320 = 960$	Addition; Volumen in *khar*
		Umrechnung in *heqat*:
7	$1/20 \cdot 960 = 48$	Multiplikation; Volumen in 100-Quadrupeln *heqat*

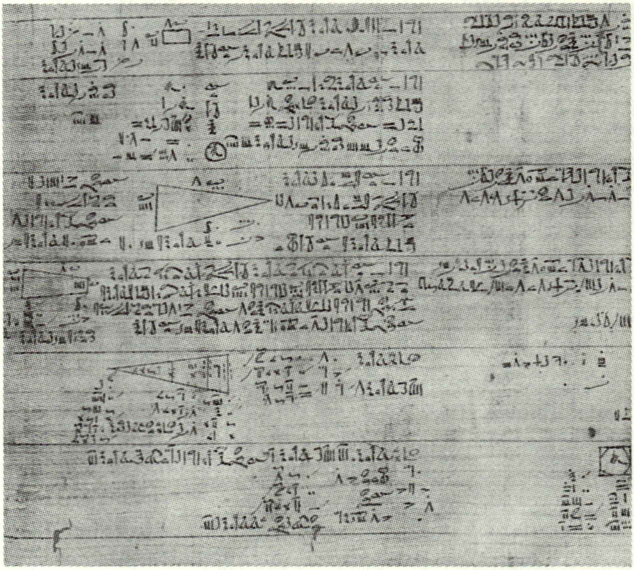

Ägyptische Mathematikaufgaben. Diese Seite aus dem Papyrus Rhind führt eine Reihe mathematischer Probleme auf, jedes mit Aufgabenstellung und Lösungsalgorithmus. Hier wird die Berechnung von Flächen verschiedener Form geübt. (Zu anderen Aufgaben, die von diesem Papyrus stammen, siehe S. 79 und 86 f.) BM 10057 und 10058; Kopie aus der Zweiten Zwischenzeit nach einem Original aus dem Mittleren Reich, Theben; British Museum, London

Wie man sieht, haben wir hier nur die ersten Zeilen der Aufgabe transkribiert. Die letzten sechs Zeilen, die unter dem Titel »Form seines Verfahrens« nur aus Zahlen bestehen, bilden den technischen Apparat, auf den wir noch zurückkommen werden. Die Lösung der Aufgabe besteht also aus sieben genau definierten Schritten (der fünfte wird im rhetorischen Teil zwar nicht eigens formuliert, doch um »seine Hälfte hinzufügen« zu können, muß man sie natürlich berechnet haben! Im numerischen Teil der Aufgabe ist diese fünfte Stufe übrigens explizit enthalten).

Woher stammen nun all die Zahlen, denen wir hier begegnen? Genau gesagt, aus drei Quellen. Es sind zunächst die *gegebenen Größen* des Aufgabentextes: 9, der Durchmesser des Zylinders, wird zweimal verwendet (erster und zweiter Schritt); 10, die Höhe, wird einmal benutzt (vierter Schritt). Die meisten übrigen Zahlen sind die *Ergebnisse* der verschiedenen Schritte des Algorithmus; zum Beispiel die 1, das Resultat des ersten Schritts, wird beim nächsten Schritt benutzt; die 8, das Resultat des zweiten Schritts, wird beim dritten verwendet, und so weiter; kurz, jeder Schritt geht normalerweise vom Resultat des unmittelbar vorhergehenden aus.

Schließlich bleiben noch einige Zahlen, die aus keiner dieser Quellen stammen: in unserem Fall das $1/9$ des ersten

Schritts, das $^1/_2$ des fünften Schritts und das $^1/_{20}$ des siebten. Dabei handelt es sich um *Konstanten* der ägyptischen mathematischen Theorie; um genau fixierte Zahlen, die gelernt (oder irgendwo abgelesen) werden müssen und die man jedesmal einsetzt, wenn man das jeweilige Problem lösen will. Das $^1/_9$ ist zum Beispiel der Bruch, mit dem ein Kreisdurchmesser zuallererst multipliziert werden muß, wenn die Fläche eines Kreises berechnet werden soll (hier der erste bis dritte Schritt). Ebenso sind $^1/_2$ und $^1/_{10}$ Konstanten, die zur Umrechnung von »Kubik-Ellen« in *khar* (fünfter und sechster Schritt) beziehungsweise von *khar* in Hekto-Quadrupel-*heqat* (siebter Schritt) benutzt werden.[3] Wir können unsere Bemerkungen zusammenfassen, indem wir unseren Algorithmus noch einmal in abstraktere Form bringen. In dieser Fassung werden die beiden gegebenen Anfangswerte als d_1 (9, Durchmesser des Zylinders) und d_2 (10, Höhe des Zylinders), die Resultate des *n*-ten Schritts durch *n* und die Konstanten durch ihre Zahlenwerte wiedergegeben.

[3] 1 *khar* = 48 Liter; 1 Hekto-Quadrupel-*heqat* = 960 Liter.

Schritt	Rechnung
1	$^1/_9 \cdot d_1$
2	$d_1 - \mathit{1}$
3	$\mathit{2} \cdot \mathit{2}$
4	$\mathit{3} \cdot d_2$
5	$^1/_2 \cdot \mathit{4}$
6	$\mathit{4} + \mathit{5}$
7	$^1/_{20} \cdot \mathit{6}$

Die Reihe numerischer Operationen, die unter dem Titel »Form seines Verfahrens« eingeführt werden, gibt die Rechenverfahren an, die von den Ägyptern benutzt wurden, um die für den Fortgang des Algorithmus erforderlichen Operationen auszuführen. Die Schritte werden im einzelnen dargestellt, mit Ausnahme des zweiten und des sechsten, die eine Subtraktion beziehungsweise eine Addition verlangen; bei diesen beiden Rechenarten begnügt man sich – wie übrigens in den meisten Fällen – mit der Angabe ihrer Resultate. Dagegen werden die drei anderen wichtigen Operationen, die in dieser Aufgabensammlung (dem Papyrus Rhind) vorkommen – Multiplikation, Division (die in unserer Aufgabe fehlt) und Inversion –, grundsätzlich erläutert. Sehen wir also zu, wie sie funktionieren.

Nehmen wir als erstes Beispiel die Multiplikation (8 · 8) beim dritten Schritt. Wie sie errechnet wird, ersehen wir aus den beiden linken Spalten nach dem Vermerk »Form seines Verfahrens«. Wie alle ägyptischen Kalküle ist auch dieses zweispaltig angeordnet, wobei die linke Spalte regelmäßig mit 1 beginnt, während die rechte mit dem Wert einsetzt, mit dem man operieren will, hier also mit 8.

Dritter Schritt

Rechnung		Technik
1	8	Initialisierung
2	16	Verdopplung
4	32	Verdopplung
\8	64	Verdopplung

Da die Operation eine Multiplikation mit 8 ist, besteht das Ziel darin, in der linken Spalte bis zur 8 fortzufahren, und zwar durch einfache, sukzessive wiederholte *Verdopplungen* beider Spalten gleichzeitig. Dreimal mußte dieser Vorgang wiederholt werden, um zur gewünschten Zahl zu gelangen. Die entsprechende Zeile wird dann mit einem Zeichen (\) markiert und das Endergebnis der Operation, 64, in der rechten Spalte abgelesen.

Natürlich ist dieser Fall besonders einfach. Hätte 8 etwa mit 12 multipliziert werden sollen, so hätte der Schreiber das Feld der 8 und das der 4 links mit einem Strich gekennzeichnet (denn $4 + 8 = 12$), und die Summe der entsprechenden Werte in der rechten Spalte hätte das gewünschte Ergebnis geliefert ($32 + 64 = 96$). Es ist nicht schwer zu zeigen, daß, wenn n und m beliebige ganze Zahlen sind, diese Technik zu ihrem Produkt führen wird, wenn man eine der Zahlen als Anfangswert der zweiten Spalte wählt und die Spalten genügend oft verdoppelt.

Wir sind so sehr daran gewöhnt, eine Operation bloß als einen einzigen Schritt zu betrachten, daß es vielleicht notwendig ist, zwischen *Operationen* und dem, was ich als *Techniken* bezeichnen werde, klar zu unterscheiden. Die ägyptischen Operationen, die unsere vertrauten vier Grundrechenarten und einige andere umfassen, erhalten dabei im Ägyptischen eine besondere Bezeichnung; n mit m multiplizieren heißt zum Beispiel: »von n aus rechnen, m mal« – wobei n und m stets konkrete Zahlen sind! Wie jedoch eine bestimmte Multiplikation tatsächlich ausgeführt wird, hängt ganz von der Art der zu multiplizierenden Zahlen ab: Bei den ganzen Zahlen besteht die Methode grundsätzlich – wie unser Beispiel zeigt – in der

Verdopplung. Wenn der Multiplikator keine ganze Zahl ist, können andere Techniken angewandt werden. Nehmen wir den fünften Schritt; dort soll 640 mit $^1/_2$ multipliziert werden; die Ausführung wird im Text erläutert und hat die Form:

Fünfter Schritt

Rechnung		Technik
[1	640	Initialisierung]
\\$^1/_2$	320	Halbierung

Die hier eingeführte Technik ist die der *Halbierung*, die Umkehrung der Verdopplung, die wir oben betrachtet haben. Um zu $^1/_4$, $^1/_8$, $^1/_{16}$... der Anfangszahl zu gelangen, kann diese Technik wiederholt werden. Anders jedoch als bei der Multiplikation ganzer Zahlen durch Verdopplung ist es *nicht* möglich, alle Brüche auf diese Weise zu erhalten: $^1/_7$ ist beispielsweise nicht in Brüche dieser Art zerlegbar. Noch andere Techniken kommen in unserer Aufgabe vor: die Multiplikation des vierten Schritts, bei dem 64 mit 10 multipliziert werden soll, wird auf folgende Weise durchgeführt:

Vierter Schritt

Rechnung		Technik
1	64	Initialisierung
\\10	640	Verzehnfachung

Natürlich hätte dieses Ergebnis auch durch eine Sukzession von Verdopplungen und Additionen (8 + 2 = 10) erzielt werden können: doch die Operation der *Verzehnfachung* ermöglicht natürlich eine Abkürzung des Verfahrens und ist in einem Dezimalsystem wie dem ägyptischen (und dem unseren!) auch einfach. Die umgekehrte Operation, das *Bilden des zehnten Teils*, kommt in unserer Aufgabe ebenfalls vor:

Siebter Schritt

Rechnung		Technik
[1	960	Initialisierung]
$^1/_{10}$	96	Zehntelbildung
$^1/_{20}$	48	Halbierung

Wir sehen hier, wie eine Kombination mehrerer Techniken, etwa Zehntelbildung und Halbierung, es dem Schreiber ermöglicht, zu Brüchen wie $^1/_{20}$ zu gelangen, die nicht *a priori* durch bloße Wiederholung der Halbierung zu erreichen

sind. Gewiß kommen bei den anderen Schritten des Algorithmus noch weitere Techniken vor; sie werden freilich im numerischen Teil dieser Aufgabe (»Form seines Verfahrens«) nicht explizit aufgeführt.
So entspricht jeder Schritt des Algorithmus dem, was wir eine *Operation* genannt haben. In jedem der obigen Beispiele entspricht jede Operation (Multiplikation) genau einer Zeile des Algorithmus. Dennoch kann diese Operation, so wie sie im kalkulatorischen Teil des Textes explizit aufgeführt wird, verschiedene *Techniken* erfordern: wir haben *Initialisierung*, *Verdopplung*, *Halbierung*, *Verzehnfachung* und *Zehntelbildung* unterschieden. Im weiteren Verlauf dieses Kapitels werden wir noch anderen begegnen.
Diese Techniken machen das Herz des mathematischen Systems der Ägypter aus. Sie gestatten es dem Schreiber, sämtliche arithmetischen Grundoperationen vorzunehmen, die zur Lösung numerischer Probleme erforderlich sind. Freilich muß er jedesmal die Techniken auswählen und zusammenstellen, die sich für die besonderen Zahlenwerte, die er zu behandeln hat, eignen. Die in der obigen Aufgabe verwendeten Zahlen, insbesondere die Wahl der 9 Ellen als Durchmesser, erlauben eine einfache Rechnung mit ganzen Zahlen; das pädagogische Ziel, das Erlernen des Algorithmus, kann so auf dem leichtesten Weg ohne rechnerische Schwierigkeiten erreicht werden.

Das zweite Silo

Das Gesamtbild ändert sich jedoch bei dem folgenden Problem auf demselben Papyrus Rhind. Auch diesmal haben wir einige Zeilen ergänzt – in diesem Fall die Initialisierung, die der Schreiber im Bemühen um eine möglichst knappe Darstellung fortgelassen hat.

»Ein runder Speicher von 10 (und) 10.
$^1/_9$ subtrahierst du von 10: 1 $^1/_9$. Bleibt: 8 $^2/_3$ $^1/_6$ $^1/_{18}$.
Die 8 $^2/_3$ $^1/_6$ $^1/_{18}$ multiplizierst du mit 8 $^2/_3$ $^1/_6$ $^1/_{18}$; es gibt 79 $^1/_{108}$ $^1/_{324}$.
Die 79 $^1/_{108}$ $^1/_{324}$ multiplizierst du mit 10; 790 $^1/_{18}$ $^1/_{27}$ $^1/_{54}$ ergibt es.
Füge ihm seine Hälfte hinzu; 1185 ergibt es. Multipliziere 1185 mit $^1/_{20}$: 59 $^1/_4$. Soviel wird hineingehen in 100-Quadrupel-*heqat*; Weizen: 59 $^1/_4$ 100-Quadrupel-*heqat*.«

»Form seines Verfahrens:

1	8	$\frac{2}{3}$	$\frac{1}{6}$	$\frac{1}{18}$		
2	17	$\frac{2}{3}$	$\frac{1}{9}$			
4	35	$\frac{1}{2}$	$\frac{1}{18}$			
$\backslash 8$	71	$\frac{1}{9}$				
$\backslash \frac{2}{3}$	5	$\frac{2}{3}$	$\frac{1}{6}$	$\frac{1}{18}$	$\frac{1}{27}$	
$\frac{1}{3}$	2	$\frac{2}{3}$	$\frac{1}{6}$	$\frac{1}{12}$	$\frac{1}{36}$	$\frac{1}{54}$
$\backslash \frac{1}{6}$	1	$\frac{1}{3}$	$\frac{1}{12}$	$\frac{1}{24}$	$\frac{1}{72}$	$\frac{1}{108}$
$\backslash \frac{1}{18}$		$\frac{1}{3}$	$\frac{1}{9}$	$\frac{1}{27}$	$\frac{1}{108}$	$\frac{1}{324}$
Summe	79	$\frac{1}{108}$	$\frac{1}{324}$			

1	79	$\frac{1}{108}$	$\frac{1}{324}$	
10	790	$\frac{1}{18}$	$\frac{1}{27}$	$\frac{1}{54}$

[1	790	$\frac{1}{18}$	$\frac{1}{27}$	$\frac{1}{54}$]
$\frac{1}{2}$	395	$\frac{1}{36}$	$\frac{1}{54}$	$\frac{1}{108}$
Summe	1185			

[1	1185]	
$\backslash \frac{1}{10}$	118	$\frac{1}{2}$
$\backslash \frac{1}{20}$	59	$\frac{1}{4}$«

Im Grunde ist das Problem das gleiche wie zuvor; es geht wieder einmal darum, den Rauminhalt eines zylindrischen Speichers zu berechnen (in einer Volumeneinheit für Getreide). Nur der Durchmesser hat sich verändert, aus 9 (Ellen) sind 10 (Ellen) geworden. Doch welcher Unterschied auf rechnerischer Ebene! Das Verfahren ist das gleiche wie vorhin; man subtrahiert vom Durchmesser $\frac{1}{9}$ ebendieses Durchmessers, erhebt das Ergebnis zum Quadrat, multipliziert es mit der Höhe und wandelt das Resultat in *khar* und dann in *heqat* um.

In der schematisierten Form, die wir weiter oben eingeführt haben, stellt sich der Algorithmus folgendermaßen dar:

Schritt	Rechnung	Operation
		Volumenberechnung:
1	$\frac{1}{9} \cdot 10 = 1\ \frac{1}{9}$	Multiplikation
2	$10 - 1\ \frac{1}{9} = 8\ \frac{2}{3}\ \frac{1}{6}\ \frac{1}{18}$	Subtraktion
3	$8\ \frac{2}{3}\ \frac{1}{6}\ \frac{1}{18} \cdot 8\ \frac{2}{3}\ \frac{1}{6}\ \frac{1}{18}$ $= 79\ \frac{1}{108}\ \frac{1}{324}$	Multiplikation; Grundfläche in »Quadrat-Ellen«
4	$79\ \frac{1}{108}\ \frac{1}{324} \cdot 10$ $= 790\ \frac{1}{18}\ \frac{1}{27}\ \frac{1}{54}$ (*sic!*)	Multiplikation; Volumen in »Kubik-Ellen«

Schritt	Rechnung	Operation
		Umrechnung in *khar*:
5	$\frac{1}{2} \cdot 790\ \frac{1}{18}\ \frac{1}{27}\ \frac{1}{54}$ $= 395\ \frac{1}{36}\ \frac{1}{54}\ \frac{1}{108}$	Multiplikation
6	$790\ \frac{1}{18}\ \frac{1}{27}\ \frac{1}{54}$ $+ 395\ \frac{1}{36}\ \frac{1}{54}\ \frac{1}{108}$ $= 1185$	Addition; Volumen in *khar*
		Umrechnung in *heqat*:
7	$\frac{1}{20} \cdot 1185 = 59\ \frac{1}{4}$	Multiplikation; Volumen in 100-Quadrupel-*heqat*

Der zweite Schritt des Algorithmus, die Subtraktion eines Neuntels des Durchmessers 10 vom Durchmesser 10, führt uns ins Herz der mathematischen Techniken der Ägypter: die Schreibung und die Behandlung der *Brüche*. Die Ägypter kennen, mit Ausnahme von $\frac{2}{3}$, keine anderen Brüche als »Stammbrüche«. Wo wir schreiben würden: $10 - 1\ \frac{1}{9} = 8\ \frac{8}{9}$, muß der Schreiber notieren: $8 + \frac{2}{3} + \frac{1}{6} + \frac{1}{18}$, übrigens nicht als Summe, sondern als bloße Aneinanderreihung. Die Zerlegung in Stammbrüche ist gewiß auf mehr als eine Weise möglich; bestimmte Wahlen sind jedoch in der ägyptischen Geschichte offenbar sehr früh getroffen worden, und die Schreiber haben sich in der Folgezeit streng daran gehalten. Eine Möglichkeit beispielsweise, die bei den Ägyptern nie erscheint, bestünde darin, für $\frac{8}{9}$ einen Rattenschwanz von acht $\frac{1}{9}$ zu schreiben; tatsächlich kommt aber ein und derselbe Stammbruch bei der Schreibung einer bestimmten Zahl nie zweimal vor. In dem Teil »Form seines Verfahrens« wird kein entsprechendes Verfahren explizit angegeben, so daß wir die Technik, mit

---

Die ägyptischen Stammbrüche

In Ägypten, aber auch in Mesopotamien gibt es keine allgemeinen Brüche, wie wir sie kennen. Es treten nur Stammbrüche auf (»soundsovielte Teile«), die wir als $\frac{1}{n}$ notieren würden, und ein besonderes Symbol für das, was wir als $\frac{2}{3}$ schreiben würden.
Die in Ägypten verwendete Notation gibt nur die Zahl *n* wieder, die wir (sprachlich falsch) als den »Nenner« des Stammbruchs bezeichnen. Das bedeutet, daß Beziehungen wie $\frac{2}{3} \cdot 3 = 2$ für die Ägypter keineswegs so »evident« sind wie für uns!
Alle Ergebnisse von Bruchrechnungen müssen in solchen Stammbrüchen ausgedrückt werden.

---

deren Hilfe die Subtraktion ausgeführt wird, aus Informationen an anderen Stellen der mathematischen Papyri rekonstruieren müssen.

Um zu sehen, welcher Unterschied [zwischen der ägyptischen Mathematik und der unseren] aus der Notwendigkeit erwächst, mit Stammbrüchen zu rechnen, wenden wir uns dem dritten Schritt zu, der Erhebung von 8 2/3 1/6 1/18 zum Quadrat. Die Durchführung dieser Operation wird im ersten Block der Rechnungen, die auf den Algorithmus folgen, detailliert vorgeführt. Sie weist folgende Struktur auf (ein fehlender Schritt wurde wiederhergestellt):

Rechnung							Technik
1	8	2/3	1/6	1/18			Initialisierung
2	17	2/3	1/9				Verdopplung
4	35	1/2	1/18				Verdopplung
\8	71	1/9					Verdopplung
\2/3	5	2/3	1/6	1/18	1/27		zwei Drittel
1/3	2	2/3	1/6	1/12	1/36	1/54	Halbierung
\1/6	1	1/3	1/12	1/24	1/72	1/108	Halbierung
[1/9		2/3	1/6	1/9	1/27	1/162	zwei Drittel]
\1/18		1/3	1/9	1/27	1/108	1/324	Halbierung
Gesamt	79	1/108	1/324				Summe

Die *Operation* ist zweifellos eine Multiplikation. Wir erkennen darin viele der *Techniken* wieder, denen wir bereits begegnet sind. Die *Halbierung* eines Stammbruchs beispielsweise ist einfach, da es genügt, den »Nenner« mit 2 zu multiplizieren. Dagegen kann die *Verdopplung* eines Bruchs Probleme bereiten, weil der kürzeste Weg – der darin besteht, den »Nenner« durch 2 zu teilen – nur beschritten werden kann, wenn dieser gerade ist. Wie also verdoppelt der Schreiber die ersten Zeilen? Zweimal 2/3 lassen sich ohne weiteres als 1 1/3 ausdrücken. Ebenso ist zweimal 1/6 einfach 1/3. Aber zweimal 1/9? Wie wäre das Ergebnis in der für einen Ägypter einzig annehmbaren Form, nämlich als Stammbruch, zu schreiben? Die in Ägypten (und, wie wir später sehen werden, auch in Babylon) gewählte Lösung besteht darin, für alle delikaten Teile der Mathematik *Tabellen* aufzustellen, anders gesagt: bestimmte Arten von Resultaten zur leichteren Auffindung tabellarisch anzuordnen. Der Papyrus Rhind besitzt selbst eine solche Tabelle, die praktisch seine ganze Vorderseite einnimmt und die das Doppelte »ungerader« Stammbrüche von 1/5 bis 1/101 angibt. Ein Fragment dieser selben

Tabelle finden wir auch auf einem Papyrus, der in Kahun gefunden wurde. Hier ein vereinfachter Auszug aus diesem zweiten Dokument:

»2 · 1/			
3	$^{2}/_{3}$		
5	$^{1}/_{3}$	$^{1}/_{15}$	
7	$^{1}/_{4}$	$^{1}/_{28}$	
9	$^{1}/_{6}$	$^{1}/_{18}$	
11	$^{1}/_{6}$	$^{1}/_{66}$	
13	$^{1}/_{8}$	$^{1}/_{52}$	$^{1}/_{104}$«

Wenn wir wissen, wie der Schreiber mit den Stammbrüchen zu rechnen pflegte – indem er einfach Tabellen zu Rate zog –, wissen wir damit freilich noch nicht, wie wiederum diese Tabellen hergestellt wurden. Spekulationen darüber hat es natürlich gegeben, doch wir wollen hier nicht in die langen Debatten eintreten, die sie immer noch auslösen. Es ist nur nützlich zu wissen, daß diese Tabellen während des ganzen Mittleren Reiches immer wieder kopiert wurden. In unserem Falle hat sich der Schreiber also auf das Tabellenfeld bezogen, das $2 \cdot {}^{1}/_{9}$ angibt, und hat als Ergebnis $^{1}/_{6}$ $^{1}/_{18}$ abgelesen. Das Doppelte der zweiten Zeile ist also 35 $^{1}/_{3}$ $^{1}/_{6}$ $^{1}/_{18}$. Doch damit begnügt sich der Schreiber nicht: er kennt (zum Beispiel aus einer anderen Tabelle!) die »bemerkenswerte Gleichheit« $^{1}/_{3}$ $^{1}/_{6}$ = $^{1}/_{2}$, so daß er die dritte Zeile vereinfachen konnte.

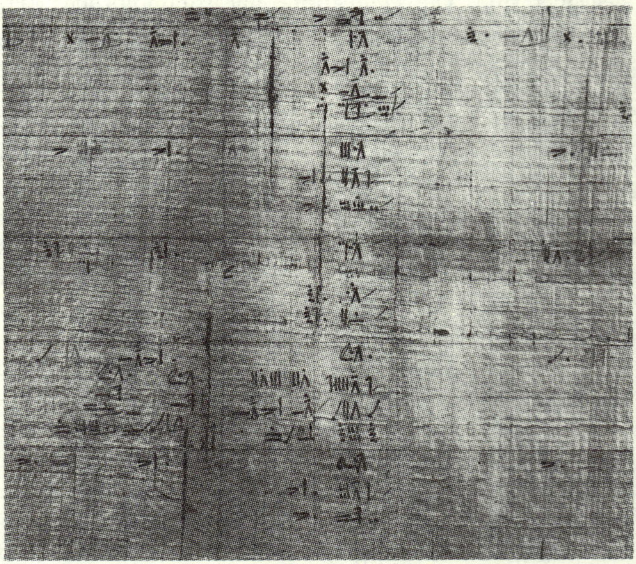

Ägyptische Mathematiktafel; Auszug aus der großen Tafel der Verdopplung der ungeraden Brüche vom Papyrus Rhind. Der abgebildete Teil behandelt die Brüche von $^{1}/_{29}$ bis $^{1}/_{39}$. Man beachte die tabellarische Anordnung, die sie deutlich von jenen Verfahren unterscheidet, die bei mathematischen Aufgaben verwendet werden (vgl. S. 82). BM 10057 und 10058; Kopie aus der Zweiten Zwischenzeit nach einem Original aus dem Mittleren Reich, Theben; British Museum, London

In der fünften Zeile erscheint eine neue Technik, die darin besteht, *zwei* Drittel einer Zahl zu bilden; sie wird niemals in einfachere Schritte zerlegt. Zwar wirft die Frage, $^2/_3$ einer ganzen Zahl zu finden, keine besonderen Probleme auf; anders jedoch bei $^2/_3$ eines Bruchs. In der fünften Zeile geht es darum, die $^2/_3$ der in der ersten Zeile geschriebenen Zahl zu finden, nämlich von 8 $^2/_3$ $^1/_6$ $^1/_{18}$ (das Ergebnis natürlich in Stammbrüchen!). $^2/_3$ von 8 ergeben ohne weiteres 5 $^1/_3$; doch was ist mit den Brüchen? Die Antwort lautet wie immer: »Sieh in der Tabelle nach!«

»$^2/_3$ von $^2/_3$:	$^1/_3$	$^1/_9$	
$^1/_3$ von $^2/_3$:	$^1/_6$	$^1/_{18}$	
$^2/_3$ von $^1/_3$:	$^1/_6$	$^1/_{18}$	
$^2/_3$ von $^1/_6$:	$^1/_{12}$	$^1/_{36}$	
$^2/_3$ von seinem $^1/_2$:	$^1/_3$		
$^1/_3$ von seinem $^1/_2$:	$^1/_6$		
$^1/_6$ von seinem $^1/_2$:	$^1/_{12}$		
$^1/_{12}$ von seinem $^1/_2$:	$^1/_{24}$		
$^1/_9$ seine $^2/_3$:	$^1/_{18}$	[$^1/_{54}$]	
[.....]			
$^1/_7$ seine $^2/_3$:	$^1/_{14}$	$^1/_{42}$	
$^1/_9$ seine $^1/_2$:	$^1/_{18}$		
$^1/_{11}$ (seine) $^2/_3$:	$^1/_{22}$	$^1/_{66}$	sein $^1/_3$: $^1/_{33}$
$^1/_{11}$ seine $^1/_2$:	$^1/_{22}$		sein $^1/_4$: $^1/_{44}$«

Ebenso verfährt man mit den anderen Zeilen, um das $^1/_6$ (siebte Zeile) und das $^1/_{18}$ (achte Zeile) der Anfangszahl zu finden, ehe die mit einer Markierung (\) versehenen Ergebnisse für die Schlußrechnung zusammengefaßt werden.

Mit anderen Worten, sobald die von den Ägyptern benutzten Techniken komplizierte Rechnungen erforderten, griffen die Schreiber auf fertige Tabellen zurück. Daraus folgt freilich nicht, daß so alle Probleme mit einem Schlag gelöst worden wären. Ein Blick auf den vierten Schritt, die Verzehnfachung des Quadrats von 8 $^2/_3$ $^1/_6$ $^1/_{18}$, belegt die Schwierigkeit, selbst unter Verwendung von Tabellen mit komplexen Brüchen umzugehen: der Schreiber hat den letzten Stammbruch $^1/_{81}$ ganz einfach fallenlassen!

Wir werden jetzt die Schreiber des Niltals verlassen und uns ihren mesopotamischen Zeitgenossen zuwenden. Wie behandelten sie ihre Version des Speicherproblems?

Das babylonische Problem

Ehe wir uns dem Verfahren des babylonischen Textes zuwenden, wollen wir festhalten, daß der Zylinderdurchmesser mit »5, (das heißt) eine Elle« angegeben wird.[4] Wir nehmen also an (mit Recht übrigens), daß diese »5«, wenn sie ohne Benennung erscheint, eine Länge darstellt, die in der Standard-Längeneinheit des mesopotamischen Maßsystems gemessen wurde. Diese Basiseinheit ist der *nindan*, der 12 Ellen entspricht (etwa 6,24 m). Woher also diese seltsame Behauptung, daß 5 *nindan* einer Elle entsprechen? Wir stehen hier vor dem ersten der zahlreichen Unterschiede zwischen den Mathematiken unserer beiden Kulturen. Während die Ägypter – ebenso wie wir – ihrer Arithmetik die »Zehn« zugrunde legten, verwandten die Babylonier in ihren mathematischen Texten (selten jedoch in ihren ökonomischen Texten) die »Sechzig« als Basis. Die »5« muß demnach als 0;5 = ⁵/₆₀ = ¹/₁₂ eines *nindan* gelesen werden, und das ist 1 Elle.

Schreiben wir nun den Algorithmus in einer modernisierten Form:

[4] Die Abbildung auf S. 64 gibt dem Leser ein Beispiel für eine babylonische Tafel mit mathematischen Aufgaben.

Schritt	Rechnung	Operation
		Volumenberechnung:
0	Höhe = Durchmesser	Konvention
1	0;5 · 12 = 1	Multiplikation; Umrechnung der *nindan* in Ellen
2	3 · 0;5 = 0;15	Multiplikation; Umfang
3	$0;15^2$ = 0;3.45	Quadrieren
4	0;3.45 · 0;5 = 0;0.18.45	Multiplikation; Grundfläche in Quadrat-*nindan*
5	0;0.18.45 · 1 = 0;0.18.45	Multiplikation; Volumen in *mūšarum*
		Umrechnung in Getreideeinheiten:
6	0;0.18.45 · 6.0.0 = 1.52;30	Multiplikation; Volumen in *pānum, sūtum, qûm*

Die ersten beiden Schritte des Algorithmus bestimmen die Höhe des Zylinders; 0 behauptet, daß diese Höhe gleich dem Durchmesser ist; 1 rechnet die Höhe (die ursprünglich, wie ja auch der Durchmesser, in *nindan* ausgedrückt wurde) in ein anderes Längenmaß um (nämlich in Ellen). Hier liegt ein zweiter Unterschied gegenüber Ägypten: Im Niltal werden die Volumina zunächst (wie in unserem System) in homogenen Einheiten berechnet (Elle mal Elle mal Elle) und dann, falls nötig, in Getreidemaße umgerechnet. Die babylonische Basiseinheit, der *nindan*, ist jedoch größer als die Elle; und wenngleich Länge und Breite bequem in dieser größeren Einheit ausgedrückt werden können, ist sie doch wenig praktisch für die Höhe oder Tiefe eines Bauwerks. Die Referenzeinheit für das Volumen ist daher das *mūšarum* (mit *nindan* mal *nindan* mal Elle als Dimensionen); daher das Bedürfnis, die Höhe des Zylinders in Ellen umzurechnen.

Die eigentliche Volumenberechnung ist Gegenstand der Schritte 2-5; wie im ägyptischen Fall beginnt man damit, die Grundfläche des Zylinders zu berechnen (hier in »Quadrat-*nindan*«), und multipliziert sie mit der Höhe (in Ellen), um das Volumen (in *mūšarum*) zu erhalten. Nach dem babylonischen Kalkül ist die Flächenberechnung freilich nicht direkt möglich, sondern verläuft über die Berechnung des Umfangs (zweiter Schritt), die Erhebung des Umfangs zum Quadrat (dritter Schritt) und dann die Multiplikation des Ergebnisses mit 0;5 (vierter Schritt).[5] Was folgt, ist nichts weiter als eine Umrechnung in das für Getreide gebräuchliche Hohlmaß (sechster Schritt). Die Multiplikation mit 6.0.0 ergibt die Zahl 1.52;30, der die Standard-Volumeneinheiten für Getreide unmittelbar zu entnehmen sind[6]: Die Sechziger-Spalte gibt die *pānum* (= 1), die Zehner-Spalte die *sūtum* (= 5) und die Einer-Spalte die *qûm* an (= 2;30 = 2 ³⁰/₆₀ = 2 ½).

Bei der Ausführung dieser Prozedur begegnen wir erneut den drei Klassen von Zahlen, denen wir beim ägyptischen Algorithmus begegnet sind: den *gegebenen Größen*, den *Resultaten* früherer Rechenschritte sowie den *Konstanten*. Anders als die Ägypter hatten die Babylonier eine besondere Bezeichnung für diese letzte Gruppe, nämlich *igigubbû* (Plural von *igigubbûm*). In unserem Beispiel werden zwei davon benutzt: die Konstante »des Kreises« (die 0;5 des vierten Schritts) und die »des Getreides« (die 6.0.0 des sechsten Schritts). Im übrigen ließen sich auch die 12 des ersten Schritts oder die 3 des zweiten Schritts als Konstante betrachten; sie wurden jedoch von den Babyloniern nicht als *igigubbû* bezeichnet, und tatsächlich erscheinen sie im

[5] Vgl. S. 68.

[6] 1 *pānum* = 60 Liter; 1 *sūtum* = 10 Liter; 1 *qûm* = 1 Liter.

Das mesopotamische Sexagesimalsystem

Die Wahl der »Sechzig« anstelle der »Zehn« als Grundlage des mesopotamischen Zahlensystems geht auf das metrische System der Sumerer zurück. Wie diese Zahlen zu lesen sind, ist leicht zu erklären.

In unserem dezimalen Stellensystem haben wir neun Ziffern (1, 2, 3 ... 9) sowie die Null. Der Wert, der einer Ziffer innerhalb einer Zahl zukommt, wird durch die Position bestimmt, deren jede eine bestimmte Zehnerpotenz darstellt; so läßt sich die Zahl 642 folgendermaßen zerlegen:

$$\begin{aligned} 642 &= 600 + 40 + 2 \\ &= 6 \cdot 100 + 4 \cdot 10 + 2 \cdot 1 \\ &= 6 \cdot 10^2 + 4 \cdot 10^1 + 2 \cdot 10^0 \end{aligned}$$

Im mesopotamischen Sexagesimalsystem (mit der Sechzig als Grundlage) gibt es 59 Ziffern (die Null erscheint allerdings erst im dritten Jahrhundert vor Christus). Die Zahl 642 bedeutet in diesem System also:

$$\begin{aligned} &6 \cdot 60^2 + 4 \cdot 60^1 + 2 \cdot 60^0 \\ &= 6 \cdot 3600 + 4 \cdot 60 + 2 \cdot 1 \\ &= 21\,600 + 240 + 2 \\ &= 21\,842 \end{aligned}$$

Da es 59 Ziffern gibt, begegnet man natürlich auch Zahlen der Form 32 26 mit der Bedeutung von $32 \cdot 60 + 26 \cdot 1 = 1946$ (in modernen Ziffern; die Babylonier benutzten andere!). Die heuti-

---

Text niemals als Zahlen. Der babylonische Student wurde ganz einfach aufgefordert, »*nindan* in Ellen umzurechnen« und »den Durchmesser zu verdreifachen«, um den Kreisumfang zu finden; anders gesagt, es sind Worte und keine Zahlen, die hier eingehen ... Diese Teile des Algorithmus – Verdreifachung, Umrechnung – werden hier als Operationen mit dem gleichen Status wie die Erhebung zum Quadrat betrachtet und nicht als analog zu den *igigubbû*. Im Vorübergehen bemerken wir, wie anachronistisch es wäre, von einem babylonischen – oder auch ägyptischen – Wert für die Zahl π zu reden.[7]

[7] Vgl. S. 238.

Wir können den babylonischen Algorithmus nun in die folgende abstraktere Form bringen; die Notationen sind die gleichen wie im ägyptischen Fall[8]; der Pfeil bezeichnet die Umrechung von *nindan* in Ellen, (3 ·) die Verdreifachung:

[8] Vgl. S. 83.

gen Assyriologen schreiben solche Ziffern 32.26 beziehungsweise 06.04.02, um Verwechslungen mit Dezimalzahlen zu vermeiden.
Diese Zahlendarstellung stimmt genau mit derjenigen überein, die wir heute beim Ablesen der Uhrzeit benutzen:

1 h 4 min 23 sec
= 1 · 3600 sec + 4 · 60 sec + 23 · 1 sec
= 3863 sec

Dezimalbrüche werden entsprechend den abnehmenden Zehnerpotenzen mit Komma geschrieben:

$3{,}54 = 3 \cdot 10^0 + 5 \cdot 10^{-1} + 4 \cdot 10^{-2}$
$= 3 + {}^5/_{10} + {}^4/_{100}$

Sexagesimalbrüche werden analog mit abnehmenden Sechzigerpotenzen geschrieben und von den heutigen Assyriologen mit einem Semikolon gekennzeichnet:

$0;30 = 0 \cdot 60^0 + 30 \cdot 60^{-1}$
$= {}^{30}/_{60}$
$= {}^1/_2$; oder:
$0;5 = 0 \cdot 60^0 + 5 \cdot 60^{-1}$
$= {}^5/_{60}$
$= {}^1/_{12}$

Brüche wurden auch in Form von Stammbrüchen dargestellt, die den ägyptischen Stammbrüchen weitgehend entsprachen.[9]

9 Vgl. S. 88.

Schritt	Rechnung
0	$d_1 = d_2$
1	$\rightarrow d_2$
2	(3 ·) *1*
3	2^2
4	*3* · 0;5
5	*4* · d_2
6	*5* · 6.0.0

Die einzigen *Operationen*, die hier außer den beiden oben erwähnten benutzt werden, sind Multiplikationen (vierter bis sechster Schritt) und die Erhebung zum Quadrat (dritter Schritt). Das babylonische Beispiel ist dem ägyptischen also sehr ähnlich; an die Stelle der Operation »Erhebung zum Quadrat«, die im Niltal zwar existiert, tritt dort allerdings häufig – wie in den von uns untersuchten Texten – die Formulierung »*n* mit *n* multiplizieren«. Ein weiterer wichtiger Unterschied zwischen den beiden Zivilisationen zeigt sich, wenn wir zu verstehen suchen, wie die Babylonier zu ihren numerischen Ergebnissen gelangten. Denn bei ihnen gibt es nichts, das den ägyptischen Kalkülen am Ende des Algorithmus entspräche, keine »Form des Verfahrens«. Welche *Techniken* wurden also in Mesopotamien verwandt, um eine bestimmte Operation durchzuführen?

Die Antwort lautet, daß der gesamte Bereich der Techniken in Babylon von *Tabellen* abgedeckt wird. Wir haben schon gesehen, wie der ägyptische Schreiber bei bestimmten Techniken des Rechnens mit Brüchen gelegentlich auf Tabellen zurückgriff. Zwischen Euphrat und Tigris dagegen beziehen sich die meisten Techniken (wenigstens im Prinzip) auf solche Tabellen: Multiplikationstabellen, Quadratzahltabellen, Quadratwurzeltabellen, Kubikzahltabellen, Kubikwurzeltabellen und so weiter. Hier eine typische Quadratzahltabelle, wie sie beim dritten Schritt des Algorithmus konsultiert werden mußte:

»1	1	1
2	2	4
3	3	9
4	4	16
5	5	25
6	6	36
7	7	49
8	8	1 04
9	9	1 21
10	10	1 40
11	11	2 01
12	12	2 24
13	13	2 49
14	14	3 16
15	15	3 45
16	16	4 16
17	17	4 49
18	18	5 24
19	19	6 01
20	20	6 40
30	30	15
40	40	26 40
50	50	41 40«

Auch die Konstanten, die *igigubbû*, wurden in Form von Tabellen gesammelt. Hier ein Beispiel:

»5	*igigubbûm*	des Kreises
7 30	*igigubbûm*	des ...
2 13 20	*igigubbûm*	des Korbes
1 40	*igigubbûm*	einer Ladung Erde
4 30	*igigubbûm*	einer Ladung Ziegel
7 12	*igigubbûm*	eines Ziegelhaufens
6	*igigubbûm*	der Mauer
5	*igigubbûm*	der Ziegel
6	*igigubbûm*	des Speichers
[...]	*igigubbûm*	des Rohrs
[...]	*igigubbûm*	...
4 [...] 8	*igigubbûm*	des Bootes
3 45	*igigubbûm*	der Lehmmauer
30	*igigubbûm*	einer Ladung quadratischer Ziegel
3	*igigubbûm*	einer Ladung von Halbziegeln
45	*igigubbûm*	des Weges«

Halten wir fest, daß die 5 hier als »*igigubbûm* des Kreises« bezeichnet wird und daß die 6 (für 6.0.0) das »*igigubbûm* des Getreidemaßes« ist, ganz wie in unserem Text. Addition und Subtraktion hielten die Babylonier (ebenso wie die Ägypter) für zu einfach, als daß es ihnen notwendig erschienen wäre, dafür Tabellen oder besondere Techniken aufzustellen.

In umgekehrter Richtung

Betrachten wir nun den letzten Teil eines anderen mathematischen Problems, das von derselben Tafel stammt und das wir in der dritten Spalte in symbolischer Schreibweise wiedergeben:

Babylonischer Text	Schritt	Rechnung	Technik
»Wenn ein *sila* der (Inhalt in) Getreide ist und 1 6 40 meine Tiefe, wieviel sind mein Durchmesser und mein Umfang?			
Rechne 1 6 40 um, 13 20 ergibt es.	*1*	→ 1.6.40 = 13.20	*nindan* → Ellen
Finde das Reziproke von 13 20, auf 4 30 beläuft es sich. Behalte es.	2	13.20^{-1} = 4.30	Kehrwert

Babylonischer Text	Schritt	Rechnung	Technik
Finde das Reziproke von 5, (dem *igigubbûm* des) Kreis(es), 12 ergibt es.	*3*	$0;5^{-1} = 12$	Kehrwert
Finde das Reziproke von 6 (dem *igigubbûm* des) Getreidemaß(es), 10 ergibt es.	*4*	$6.0.0^{-1} = 0;0.0.10$	Kehrwert
Multipliziere 10 mit 12, 2 ergibt es.	*5*	$0;0.0.10 \cdot 12 = 0;2$	Multiplikation
Multipliziere 2 mit 1 *sila*, dem (Inhalt in) Getreide, 2 ergibt es.	*6*	$0;2 \cdot 1 = 0;2$	Multiplikation
Multipliziere 2 mit 4 30, auf 9 beläuft es sich.	*7*	$0;2 \cdot 4.30 = 9$	Multiplikation
Berechne seine Wurzel, 3 ergibt sie. 3 ist der Umfang des Maßes – *qûm*.	*8*	$\sqrt{9} = 3$	Quadratwurzel
Nimm ein Drittel von 3, 1 als Durchmesser kommt heraus.	*9*	$(^1/_3 \cdot)\ 3 = 1$	Dritteln
So ist das Verfahren.«			

Wir erkennen in diesem Problem die (zumindest partielle) Umkehrung des vorhergehenden: Gegeben sind Fassungsvermögen (»in Getreide«) und Höhe eines zylindrischen Silos; zu berechnen sind Durchmesser und Umfang der kreisförmigen Grundfläche. Wir bemerken im Vorübergehen, daß immer dann, wenn ein Ergebnis zur weiteren Verwendung festgehalten werden soll (zum Beispiel das Resultat des zweiten Schritts, das erst im sechsten weiterverwendet wird), der Text dies mit einem besonderen Hinweis anzeigt (»behalte es!«).

Die Operationen sind das *Dritteln*, das Reziprok der Verdreifachung (neunter Schritt), das *Wurzelziehen* (achter Schritt) und die *Kehrwertbildung* (zweiter bis vierter Schritt). Wir werden nur auf diese letzte näher eingehen. Um klar zu erkennen, wie der Algorithmus abläuft, notieren wir ihn sogleich in unserer bekannten symbolischen Schreibweise:

Schritt	Rechnung
1	$\rightarrow d_1$
2	1^{-1}
3	$0;5^{-1}$
4	$6.0.0^{-1}$
5	$4 \cdot 3$
6	$5 \cdot d_2$
7	$6 \cdot 2$
8	$\sqrt{7}$
9	$(^1/_3 \cdot)\ 8$

Wir stellen fest, daß jede errechnete Kehrzahl anschließend in eine Multiplikation eingeht: das Resultat des zweiten Schritts wird beim siebten, die Ergebnisse des dritten und vierten Schritts werden beim fünften verwendet. Anders gesagt, die Inversion dient in Verbindung mit einer Multiplikation dazu, das zu leisten, was wir Division nennen ($n : m = {}^1/_m \cdot n$). Die funktionale Rolle der Division wird in Mesopotamien fast immer von der Kopplung dieser beiden Operationen übernommen. Wie wir uns schon denken können, werden die Kehrwerte mit Hilfe einer Tabelle gefunden, die etwa der folgenden entspricht (wir geben hier nur die Rückseite wieder):

»1 seine $^2/_3$	40
seine Hälfte	30
sein $^1/_3$	20
sein $^1/_4$	15
sein $^1/_5$	12
sein $^1/_6$	10
sein $^1/_8$	7 30
sein $^1/_9$	6 40
sein $^1/_{10}$	6
sein $^1/_{12}$	5
sein $^1/_{15}$	4
sein $^1/_{16}$	3 55
sein $^1/_{18}$	3 20
sein $^1/_{20}$	3«

Offenkundig gibt es »Löcher« in dieser Tabelle, Zahlen, für die kein Kehrwert in Form einer endlichen Sexagesimalzahl existiert (ebenso wie $^1/_3 = 0{,}33333\ldots$ keinen endlichen Dezimalwert hat). Zahlen wie 7, 11, 13, 14 werden also von den altbabylonischen Kehrwerttabellen einfach übergangen. Was die mathematischen Texte angeht, vermeiden sie entweder solche Zahlen in ihren Beispielen oder entwickeln zu ihrer Handhabung alternative Techniken. Man kann eine Multiplikationstabelle beispielsweise »rückwärts« lesen (11 hat keinen sexagesimalen Kehrwert, aber $12 \cdot 1/11$ läßt sich von der Tabelle der Multiplikation mit 11 aus berechnen). Hier ein weiteres Beispiel, bei dem es um die Division von 70 durch 7 geht:

> »Das Reziproke von 7 kann nicht gefunden werden.
> Was soll ich setzen, das mir 1.10 ergibt?
> Nimm 10.«

Die Berechnung der Quadrat- und Kubikwurzeln führt zu einer vergleichbaren Situation. Mit der Frage der Reziproken, die in den mathematischen Texten häufig und an entscheidender Stelle verwendet werden, gelangen wir zu einem Kernpunkt der babylonischen Mathematik. Auch wenn Tabellen zur Verfügung standen und später, in der Seleukidenzeit (Ende des ersten Jahrtausends vor Christus), die Zahl der von den Reziprokentabellen gelieferten Kehrwerte beträchtlich zugenommen hatte, galt der Umgang mit Reziproken stets als Quelle von Schwierigkeiten für den Schreiber, für den lernenden wie für den geübten.

Eine erste Bilanz

Welche *Unterschiede* sind nun zwischen den Techniken, die von der ägyptischen und der babylonischen Zivilisation entwickelt wurden, sichtbar geworden?
Schon bei der Behandlung desselben Problems, etwa der Berechnung eines Zylindervolumens[10], sind die benutzten *Operationen* nicht die gleichen. Der Kern des Problems besteht darin, die Grundfläche zu bestimmen. Die Ägypter verwenden einen Algorithmus, der darauf hinausläuft, den um $1/9$ verringerten Durchmesser des Schnitts zu quadrieren; die Babylonier berechnen dagegen zunächst den Umfang dieses Schnitts und multiplizieren dann sein Quadrat mit der Konstante $1/12$. Es bestehen also bereits auf der Ebene der verwendeten Operationen erhebliche Differenzen.
Der schwerwiegendste Unterschied tritt jedoch bei den *Techniken* auf. Wo die Ägypter die grundlegenden Techniken der Verdopplung, Halbierung, Verzehnfachung und Zehntelbildung, aber auch der »Inversion« und der Bildung der zwei Drittel einer Zahl verwenden, stützen sich die Babylonier auf Produkten-, Reziproken- und Wurzel-

[10] Siehe die beiden Texte auf S. 79.

tabellen. Selbst wenn es sich um dieselbe Operation handelt, eine Multiplikation beispielsweise, können die Methoden, mit deren Hilfe sie durchgeführt wird, völlig voneinander abweichen. Und was für unsere These noch wichtiger ist: dieser technische Unterschied hat eine erhebliche pädagogische und begriffliche Tragweite.

Da es bei jeder Technik einfache und komplizierte Rechnungen gibt, beinhaltet jede Wahl einer Technik unausgesprochen eine Entscheidung darüber, welche Art von Rechnungen schwierig auszuführen sein wird. Anders gesagt, Rechnungen sind nicht *von sich aus* leicht oder schwer, sondern erst im Verhältnis zu der gewählten Technik.

Im Falle Ägyptens haben wir gesehen, daß die verwendeten Techniken rasch zu Bruchzahlen führen, das heißt zu Stammbrüchen. Wie wir ebenfalls schon bemerkt haben, führt die Halbierung eines Stammbruchs zu einem anderen Stammbruch ($^1/_n \rightarrow {}^1/_{2n}$), ebenso wie die Verdopplung eines geraden Stammbruchs ($^1/_n \rightarrow {}^1/_{n/2}$); die Verdopplung eines ungeraden Stammbruchs ist jedoch keineswegs einfach, sowenig wie die Berechnung der zwei Drittel einer Zahl. Schließlich ist die Addition von Brüchen eine zentrale Schwierigkeit. Erinnern wir uns, daß die Lösungsmethode dieser Probleme darin bestand, *Tabellen* aufzustellen, so daß die schwierigen Berechnungen nur ein einziges Mal geleistet werden mußten und man anschließend nur nachzusehen brauchte, um das geforderte Resultat von dort zu übernehmen.

Bei den Babyloniern dagegen erlaubt die sofortige Umrechnung in Sexagesimalzahlen, solche Probleme zu vermeiden. Doch sofort tauchen andere auf! Die Verwendung von Sexagesimalzahlen ist nur dann nützlich, wenn die betreffende Zahl einen endlichen Ausdruck hat. Das bedeutet, daß die Techniken der Inversion oder des Wurzelziehens Probleme bereiten, weil sie rationale (zum Beispiel ganze) Sexagesimalzahlen in solche umzuwandeln drohen, die es nicht mehr sind. An dieser Stelle bekommt die Verwendung von Tabellen ihren vollen Sinn. Auch wenn die Technik der Multiplikation keine solchen Schwierigkeiten wie die eben angedeuteten bereitet, erleichtern Multiplikationstabellen die Arbeit in einer Welt auf Sechzigerbasis (in der die elementaren Multiplikationen von 2 mal 2 bis 59 mal 59 reichen!); die Reziprokentabellen dagegen sind mehr als nur eine Bequemlichkeit: sie sind unbedingt notwendig, damit die geltenden Techniken bei der Lösung praktischer Probleme wenigstens einigermaßen effizient sein können.

Fassen wir zusammen. Das unvermeidliche Auftreten von Wissensbereichen, in denen durch die unverrückbare Wahl bestimmter Techniken *spezifische Probleme* generiert wurden, brachte in diesen beiden Zivilisationen unabhängig voneinander Sammlungen von Lösungen in tabellarischer Form hervor. Schon die bloße Existenz solcher Tabellen in gewissen Bereichen begünstigt aber auch die Reflexion über die Natur der so katalogisierten Ergebnisse. Regelmäßigkeiten, Modelle und Relationen treten hier deutlicher hervor und drängen sich dem Benutzer gleichsam von selbst auf. Die Techniken sind nicht mehr nur Werkzeuge zur Lösung »externer« Probleme: jener Ansprüche etwa, die sich von der Produktion her an die betreffende Gesellschaft richten. Mit dem Erlernen der Tabellen, das der Anwendung dieser Techniken zugrunde liegt, zeichnen sich neue Probleme ab: und zwar diesmal solche, die dem »Inneren« der mathematischen Praxis selbst entstammen. Sie bezeichnen einen neuen Grad an Autonomie, ein neues Abstraktionsniveau in der Mathematik. Gewiß liegt hier wohl nicht die einzige Quelle einer solchen Autonomisierung; man darf annehmen, daß zum Beispiel pädagogische Bedürfnisse, das Einüben der Verwendung verschiedener, von der »Alltagspraxis« zunehmend abgeschnittener Techniken, am Ursprung zahlreicher Probleme stehen. Aber auch hier ist es wieder die Ausarbeitung der Techniken, welche die dynamische Entwicklung der Disziplin erzeugt.

Ein Schritt weiter ... auf ägyptischer Seite

Wir haben gesehen, wie bestimmte Rechenschritte – bei den Techniken der Verdopplung ungerader Stammbrüche sowie auf der Suche nach den zwei Dritteln eines Bruchs – den Ägyptern Probleme bereiteten und daß man deshalb in genau diesen Fällen auf *Tabellen* zurückgriff. Hier nun der Text neben der Zwei-Drittel-Tabelle auf dem Papyrus Rhind:

> »Bilde $^2/_3$ eines Bruchs.
> Wenn man zu dir sagt: ›Was sind die $^2/_3$ von $^1/_5$?‹:
> Du bildest sein Zweifaches und sein Sechsfaches. Das sind seine $^2/_3$.
> Sieh, auf die gleiche Weise tut man es für jeden vorkommenden Bruch.«

Dieser kleine Text ist unter allen uns bekannten Aufgaben der ägyptischen Mathematik einzigartig. Zwar beginnt er wie viele andere mit der Ankündigung, wovon er handelt: der Berechnung der zwei Drittel eines Bruchs. Worauf, wie üblich, das besondere Beispiel folgt, das untersucht wird: $^2/_3$ von $^1/_5$. Aber was dann kommt, fällt aus dem Rahmen. Der Text sagt: »Du bildest sein Zweifaches und sein Sechsfaches«; mit anderen Worten, der Student wird aufgefordert, den Nenner des zu Anfang gegebenen Stammbruchs mit 2 und dann unabhängig davon mit 6 zu multiplizieren. Die beiden Stammbrüche ergeben, miteinander addiert (das heißt hier: nebeneinander geschrieben), »seine $^2/_3$«. Wir würden heute sagen: $^2/_3 \cdot {}^1/_n = {}^1/_{(2n)} + {}^1/_{(6n)}$. Der konkrete Fall des $^1/_5$ ist dabei vollständig verschwunden! Was wir statt dessen erhalten, ist eine allgemeine Regel. Wie schwer es einem Ägypter in der Tat fällt, eine solche Regel niederzuschreiben, zeigt sich in der Unbeholfenheit der Formulierung, überhaupt in der Einführung eines Zahlenbeispiels, das in Wirklichkeit gar keine Rolle spielt. Der Schlußsatz »Sieh, auf die gleiche Weise tut man es für jeden vorkommenden Bruch« ist der übliche Schluß der mathematischen (oder medizinischen!) Verfahren: er soll grundsätzlich darauf hinweisen, daß derselbe Algorithmus auch für jedes andere Zahlenbeispiel verwendet werden könnte; doch hier scheint er durchaus überflüssig, da das Verfahren ja bereits in sehr allgemeiner Form dargelegt worden ist! All das kann als Beweis dafür dienen, daß es einem Ägypter zwar gewiß möglich war, einen solchen Allgemeinheitsgrad auszudrücken, daß dieser Grad an Allgemeinheit aber dennoch eine recht unbequem zu handhabende Neuerung darstellte. Der etwas lächerliche Versuch, diesen neuen Gedanken in die alte Form numerischer Algorithmen zu zwängen, zeigt genau, wie groß diese Schwierigkeit war. Tatsächlich bleibt dieses Beispiel das einzige unter den Texten, die wir besitzen; noch viel später, in den mathematischen Werken der hellenistischen Epoche und der Römerzeit, ist das Experiment offenbar nicht wiederholt worden.

Doch warum dieser Versuch? Und warum an dieser Stelle? Ich habe schon erwähnt, daß sich das Problem gleich im Anschluß an eine kleine Tabelle mit »Brüchen von Brüchen« befindet, wobei in der Mehrzahl der Fälle die zwei Drittel eines Stammbruchs berechnet werden: neben dem einfachen Fall von $^1/_2$ finden wir $^2/_3$ von $^1/_3$, von $^1/_6$, von $^1/_9$

und $^1/_7$. Ob diese Tabelle kopiert wurde oder ob ihre Werte errechnet wurden, kümmert uns nicht: die ägyptischen Techniken machten solche Tabellen notwendig, da die Berechnung der zwei Drittel einen Kernpunkt der ägyptischen Mathematik darstellt. Wäre es nicht vorstellbar, daß die Anfertigung und vor allem die ständige Verwendung dieser Tabellen Regelmäßigkeiten in ihrem Aufbau sichtbar werden ließen? Und daß man den Versuch gemacht hätte, diese Beobachtungen in der Sprache der algorithmischen Mathematik auszudrücken? Anders gesagt, die »Problemzone« der ägyptischen Mathematik hat, da sie mit der Anfertigung von Tabellen zusammenhing, die Möglichkeit und zugleich die Motivation für *begriffliche* Fortschritte geschaffen, von denen etwa dieser Text Zeugnis ablegt.

Ein Schritt weiter ... auf babylonischer Seite

Die Bestimmung der Reziproken ist eine der empfindlichsten »Problemzonen« der Babylonier. So ist es gerade die Ausarbeitung von Reziprokentabellen, die den Ausgangspunkt späterer Reflexionen und Arbeiten über dieses Thema bildet. Hier zum Beispiel eine altbabylonische Tafel und im Anschluß daran unsere symbolische Transkription:

»*Igibûm* ging über *igûm* um 7 hinaus. Welches sind *igûm* und *igibûm*? Du; die 7, um welche *igibûm* über *igûm* hinausging, teile in zwei: 3 30.
Multipliziere 3 30 mit 3 30: 12 15.
Den 12 15, die sich für dich ergeben haben, füge 1 [...] hinzu: 1 12 15.
Was ist die Wurzel von 1 12 15? 8 30.
Schreibe 8 30 und 8 30, sein Gleiches, auf.
Nimm 3 30, *takiltum*, vom einen weg und füge es dem anderen hinzu.
Das erste ist 12, das zweite 5.
Igibûm ist 12, *igûm* ist 5.«

Babylonischer Text

»Die *igibûm* ging
über die *igûm* um 7
hinaus. Welches
sind die *igûm* und
die *igibûm*?

Babylonischer Text	Schritt	Rechnung	Technik
Du; die 7, um welche die *igibûm* über die *igûm* hinausging, teile in zwei: 3 30.	*1*	$\frac{1}{2} \cdot 7 = 3.30$	Halbierung
Multipliziere 3 30 mit 3 30 : 12 15.	*2*	$3;30 \cdot 3;30 = 12;15$	Multiplikation
Den 12 15, die sich für dich ergeben haben, füge 1 [...] hinzu: 1 12 15.	*3*	$12;15 + 1.0 = 1.12;15$	Addition
Was ist die Wurzel von 1 12 15? 8 30.	*4*	$\sqrt{1.12;15} = 8;30$	Quadratwurzel
Schreibe 8 30 und 8 30, sein Gleiches, auf.	*5*	$8;30 \quad 8;30$	Gabelung
Nimm 3 30, die *takiltum*, vom einen weg und füge es dem anderen hinzu. Das erste ist 12, das zweite 5.	*6 und 7*	$8;30 - 3;30 = 5$ $8;30 + 3;30 = 12$	Subtraktion Addition
Die *igibûm* ist 12, die *igûm* ist 5.«			

Der Algorithmus führt uns einige *Operationen* vor, die uns noch nicht vertraut sind: die *Halbierung* beim ersten Schritt; die *Quadratwurzel* beim vierten und ganz besonders die *Gabelung* beim fünften, sechsten und siebten. Die zuletzt genannte Operation vollzieht sich auf der Strukturebene des Algorithmus. Sie macht es möglich, dasselbe Datum auf verschiedenen Etappen zu verwenden, und wird in babylonischen Algorithmen häufig in Anspruch genommen. Bedürften wir noch eines Beweises für den hochentwickelten Stand der mesopotamischen Algorithmen, so könnte uns dies davon überzeugen. Unser Argument zielt jedoch eigentlich auf etwas anderes.

Die gegebenen Größen scheinen auf den ersten Blick unvollständig: wir sollen zwei Zahlen finden, die *igûm* und

igibûm genannt werden und von denen wir nur die Differenz, 7, kennen. In Wirklichkeit gibt uns aber die Bezeichnung der Zahlen weitere Auskunft: *igûm* und *igibûm* sind die Namen der beiden Spalten einer Reziprokentabelle; mit anderen Worten, wir wissen, ebenso wie der babylonische Student, daß das Produkt unserer beiden Zahlen 1 ist. In der Tat scheint das ganze Problem unmittelbar aus der Betrachtung einer Tabelle hervorgegangen zu sein. Alles deutet auf diese Quelle hin, das Vokabular, das implizit gegebene Produkt: die Frage beruht auf den Beziehungen, die sich in einer Reziprokentabelle zeigen.
Dieser Typus mathematischer Probleme sollte nun in der einen oder anderen Verkleidung in Mesopotamien eine glänzende Zukunft erleben. Die Suche nach Zahlen, von denen das Produkt und die Summe (oder die Differenz) gegeben sind, ist geradezu ein klassischer Fall der mathematischen Ausbildung in Babylon. Häufig wird die Aufgabe so formuliert, daß quadratischen Flächen eine Seite hinzugefügt oder subtrahiert wird.[11] Gewöhnlich sehen die Historiker der Mathematik in solchen Aufgaben den Beweis für das Entstehen einer Algebra. Es ist gewiß richtig, daß beispielsweise die Addition von Flächen und Längen den Weg zu einem neuen, abstrakteren Verständnis der Zahlen weist und zeigt, daß sie sich von ihrer dimensionalen Einheitlichkeit lösen. Vor allem aber wird dabei klar, welche Bedeutung den (von vornherein zur Behandlung eines bestimmten Problems entwickelten) Techniken bei der Entdeckung neu zu erforschender Bahnen zukommt und, noch spezieller, welche Suggestionskraft die tabellarische Organisation besaß.

[11] Ein Beispiele findet sich auf S. 62.

Einige der Schlußfolgerungen, die wir aus dieser Diskussion der antiken Mathematiken ziehen können, haben vielleicht eine gewisse Tragweite für die Mathematik überhaupt. Der Vorteil, den die Betrachtung der primitivsten Epochen einer Wissenschaft bietet, liegt genau darin, daß die Verbindung von historischer und kultureller Entfernung uns häufig von manchen unserer Vorurteile befreit, insbesondere von jenem, daß die Wissenschaft nach dem Vorbild dessen, was sie *jetzt ist*, fundiert sein *müsse*. Die behandelten Probleme mögen in unseren Augen elementar erscheinen und ihre Untersuchung weniger befriedigend als die hypothetische Rekonstruktion der Art und Weise, wie die verwendeten Tabellen hergestellt wurden. Doch sowenig wie in der Mathematik gibt es in der Geschichte der Wissenschaften einen Königsweg; und wenn sich zum Beispiel ein bedeutender Anteil der mathematischen Aktivität darauf konzentrierte, Tabellen zu lesen und zu konsultieren, ist es vorrangig, die Rückwirkungen dieser Art Tätigkeit auf die Entwicklung des Gebiets im einzelnen zu erforschen. Ich möchte nichts weiter als einige Fährten legen, auf denen man zu einer Reflexion über diese Themen gelangt:

– Es gibt keine »innere Notwendigkeit« dafür, auf welche Weise ein bestimmtes mathematisches Problem gelöst wird. Die Lösungstechniken sind mit der Kultur verknüpft, in der sie auftauchen, und verschiedene Kulturen werden »dasselbe« Problem auf verschiedenen Wegen lösen, auch wenn die Endergebnisse natürlich einander ähneln mögen. Das soll übrigens nicht heißen, daß es keine Probleme gäbe, die mehreren Kulturen gemeinsam sind.

– Ebensowenig gibt es eine »gerade Linie«, die unweigerlich von den »praktischen« zu den abstrakten Problemen führte. Unterschiedliche Techniken können es nahelegen, in unterschiedlichen Richtungen zu forschen, und dabei können wiederum verschiedene Niveaus und andere Arten von Problemen und Ansätzen vorkommen, die sich weiter von den unmittelbaren Produktionsbedürfnissen der Gesellschaft entfernen. Unsere Beispiele aus dem alten Ägypten und Babylon weisen auch auf die Bedeutung hin, die den Praktiken des Übens und den Techniken des Lernens in dieser Hinsicht zukommt.

– Schließlich zeigt die Entwicklung der Mathematik an ihrem Beginn, daß das Verhältnis zwischen den materiellen Bedürfnissen einer Gesellschaft und der Natur der »sich selbst generierenden« mathematischen Forschung einer genaueren Analyse bedürfte. Wenn die antiken Mathematiken niemals »bloß« praktisch und empirisch waren, ist doch vielleicht ebenso wahr, daß die zeitgenössische Mathematik nicht »rein« abstrakt und spekulativ ist. Wenn es richtig ist, daß die Fortschritte auf dem Gebiet der Mathematik über die Fortentwicklung der Techniken verlaufen, muß man dann nicht annehmen, daß jedes mathematische Problem, das in einer bestimmten Gesellschaft auftaucht, letzten Endes an die Techniken gebunden ist, die ebendiese Gesellschaft erdacht hat? Und daß sich die Mathematiken, ebenso wie die Gesellschaften, nur solche Fragen stellen können, auf die es, zumindest potentiell, eine Antwort gibt?

MICHEL SERRES

GNOMON: DIE ANFÄNGE DER GEOMETRIE IN GRIECHENLAND

Vielleicht ging die griechische Geometrie aus der Astronomie und den Algorithmen hervor, wie sie im Zweistromland gebräuchlich waren?

Je weiter die Häfen auseinanderrücken – von Apollonia am Schwarzen Meer bis zum afrikanischen Kyrene, von Perge in Kleinasien bis zu den Ufern Siziliens oder Italiens –, desto enger scharen sich die Produzenten von Erkenntnissen um rivalisierende Schulen. Die Gesellschaft der Lehrenden und Gelehrten ist seit Anbeginn ein Abbild der übrigen Gesellschaft. So wie die Stadtstaaten sich an den Ufern des Meeres ausbreiten und einander trotzen, liefert zum Beispiel auch die kleine Polis der athenischen Akademie unter der Führung Platons einem Dutzend Sophisten – Hippias, Protagoras oder anderen – erbitterte Schlachten und schließt zeitweilige Bündnisse mit Fremden aus Kroton, Knidos, Lokroi, Elea: mit Pythagoras, Eudoxos, Timaios, Parmenides, Theodoros von Kyrene.

Vom griechischen Reich

Niemals errangen die Griechen die Einheit, weder in der Zeit, als Athen, Theben und Sparta auf dem Höhepunkt ihrer Macht standen, noch zu der Zeit, als die Großmächte aller vier Himmelsrichtungen – Meder und Perser, Makedonier, Karthager oder Römer – die Griechen mit Vernichtung bedrohten. Keine Liga hielt lange, da die Griechen, unermüdliche Rivalen an den Meeresufern, sich wie Alkibiades darauf beschränkten, von einem einheitlichen Reich zu träumen. Die Städte oder Kleinstaaten verachteten sich ebenso grimmig wie die Philosophen. Dennoch hellenisiert sich die Küste, die Ränder der drei Kontinente Asien, Afrika und Europa sprechen griechisch. Doch die gemeinsame Sprache des Seehandels geht unter, ebenso wie die

Die ägyptischen Pyramiden und ihr Schattenwurf. Luftbild der Pyramiden von Gise

kurzen Hegemonien, die Schulen, die kleinen Götter und das, was wir Ökonomie nennen, wieder verschwinden. Nichts von alledem bleibt. Diesen Niedergang nennt man Antike.

Doch zumindest vier Jahrhunderte lang, von Thales von Milet bis Euklid von Alexandria, haben die griechischen Denker – ohne es eigentlich zu wollen, als Bürger verschiedener Städte, Mitglieder verschiedener Schulen, Teilnehmer an konkurrierenden Ökonomien und Anhänger unterschiedlicher Religionen miteinander wetteifernd und durchaus streitlustig: Söhne der Erde gegen Freunde der Formen, Denker des Werdens gegen Denker des Ewigen – plötzlich und mit durchschlagendem Erfolg ein unsichtbares, einzigartiges Reich geschaffen, dessen unvergängliche Größe bis in unsere Tage reicht; ein Gebäude ohnegleichen in der Geschichte, dessen Baumeister uns auch heute noch, nach mehr als zweitausend Jahren, dazu bringen, bei der Arbeit die gleichen Gesten und Handlungen auszuführen wie sie, ohne es unter dem Vorwand, wir sprächen heute eine andere Sprache, aufzugeben, wenn auch unser Widerwille wächst. War sich die Menschheit sonst jemals so einig? Dieser Erfolg trägt den Namen Mathematik.

Raum

Auf engstem Raum liegen Samos, wo Pythagoras geboren wurde, das Milet des Thales und das Ephesos Heraklits beieinander – ganz zu schweigen von Patmos, jener Insel, auf die sich der hl. Johannes später zurückziehen wird: Wiege der Arithmetik, der Geometrie und der Physik, also auch dreier Definitionen des Logos: Zahl, Verhältnis oder Invariante – vom Logos als göttlichem Wort ganz zu schweigen.

Erweitert man nach und nach den Gesichtskreis, so trifft man auf andere Orte, die mathematisches Wissen oder Mathematiker hervorgebracht haben: die Insel Chios und die ganze kleinasiatische Küste von Knidos bis Kyzikos; Orte, von denen man sagt, daß dort auch die alphabetische Schrift, das Geld, das Münzwesen und die Eisenmetallurgie erfunden worden seien; nicht lange darauf erscheint im Süden der Monotheismus.

Wenn man den betrachteten Raum noch einmal vergrößert, so bildet das östliche Mittelmeer, wie unsere Karte es darstellt – Ionien, Ägypten, Griechenland, Italien, nicht zuletzt Palästina –, die Schnittfläche Asiens, Afrikas und Europas, wo dem Meer zugewandte Städte den Druck großer Reiche – des ägyptischen, medischen, persischen und bald auch des römischen – im Rücken spüren und im Seehandel zueinanderfinden. Aus diesem seit Urzeiten tätigen physischen und menschlichen Graben sind die Wissenschaft, unsere Religionen, die Geschichte und ein Großteil der Traditionen emporgestiegen, die uns noch heute vertraut sind. Und noch immer wird dort heftig gekämpft.

Zeit

Die fruchtbarste Periode reicht vom Ende des siebten Jahrhunderts bis zum Ende des dritten und noch ein wenig darüber hinaus, erstreckt sich mithin über mehr als dreihundert Jahre; also ebensoviel Zeit wie jene, die uns von Descartes trennt. In den folgenden Jahrhunderten erfinden Hipparchos, Ptolemaios und Diophantos die Trigonometrie, ein klassisches astronomisches Modell der Welt und die erste Algebra, doch gegen Ende des Jahrtausends, das von Thales bis Proklos reicht, verlangsamt sich die Bewegung erheblich.

Über das Wissen, das Euklid bereits vorliegt und das ihn vorbereitet, fehlen uns die direkten Quellen; wir rekonstruieren die Dinge aus Texten Platons und Aristoteles', aus den *Elementen* oder Schriften noch späterer Autoren (und zum Teil Kommentatoren) – wenn man ein paar einzelne Fragmente beiseite läßt. Unsere einzigen Zeugen sprechen also aus einer Distanz, die manchmal so groß ist wie jene, die uns von der Renaissance trennt. Daher die Anfälligkeit unserer Rekonstruktionen.

Von Ausnahmen abgesehen, bilden die produktiven Autoren Schulen. Ähnelten sie Forschungszentren, Lehranstalten, philosophischen Sekten, religiösen Gemeinschaften, Orden, Bruderschaften, *pressure groups*, politischen Parteien, Clubs oder Banden? Wir wissen es nicht. Aber ähnelt nicht jedes Kollektiv alldem mehr oder weniger, auch heute noch?

Die Schulen

Ende des siebten Jahrhunderts vor Christus:
1. Physiker von Milet: Thales, Anaximander, Anaximenes. Natur als Gegenstand von Wissenschaft.
2. Pythagoräer von Kroton: Pythagoras von Samos. Zahlen; Verdopplung des Quadrats; Arithmetik als Grundwissenschaft.

Ende des sechsten bis fünftes Jahrhundert vor Christus:
3. Schule von Elea: Xenophanes von Kolophon, Parmenides, Zenon, Melissos. Die Einheit.

Mitte des fünften Jahrhunderts vor Christus:
4. Schule von Chios: Oinopides, Hippokrates. Quadratur des Kreises; Verdopplung des Würfels; Dreiteilung des Winkels; erste Elemente.

Fünftes Jahrhundert vor Christus:
5. Sophisten und Megariker: Hippias von Elis, Eukleides von Megara. Quadratrix.

Fünftes und viertes Jahrhundert vor Christus:
6. Atomisten von Abdera: Leukippos, Demokrit. Erster infinitesimaler Algorithmus.

Tradition

Die Geschichtsschreibung verbietet es sich heute, wie noch Ernest Renan vom »Wunder« der Entstehung der Geometrie auf griechischem Boden zu sprechen. Während die heutigen Naturwissenschaftler die Existenz höchst seltener Ereignisse in bestimmten Disziplinen durchaus einräumen, begegnen den Historikern solche Ereignisse nicht mehr; sie finden in ihrem Fach nur noch Gesetze: als hätte die gleichmäßige Zeit das Lager gewechselt. Trotzdem ist die Entstehung des abstrakten Raumes ein ganz und gar unerwartetes Ereignis selbst in den Augen derer, die mit den ägyptischen oder mesopotamischen Kalkülen vertraut sind; doch als viel unwahrscheinlicher darf die Gründung jenes griechischen Reiches gelten, dem wir bis heute untertan sind: was der Umstand beweist, daß sie trotz ihrer

Viertes Jahrhundert vor Christus:
7. Schule von Athen: Platon, Speusippos. Polyeder.
Ihr angeschlossen: Theodoros von Kyrene, Theaitetos. Irrationale Zahlen.
8. Schule von Kyzikos: Eudoxos von Knidos (Ägypten, Tarent). Arithmetik; Kegelschnitte.
9. Peripatetiker: Aristoteles, Autolykos von Pitane, Eudemos. Enzyklopädie; Geschichte.

Ende des vierten Jahrhunderts vor Christus:
10. Schule von Alexandria: Euklid. Elemente.

Drittes Jahrhundert vor Christus:
Archimedes von Syrakus (287-212): Spirale; große Zahlen.
Eratosthenes von Kyrene (276-195): Geodäsie; Primzahlen.
Apollonios von Perge (262-180): Kegelschnitte.

Zweites Jahrhundert vor Christus:
Hipparchos von Alexandria: Trigonometrie.

Erstes und zweites Jahrhundert nach Christus:
Ptolemaios von Alexandria (90-168): Astronomisches System.

Ende des dritten Jahrhunderts nach Christus:
Pappos von Alexandria: Geometrie.

Viertes Jahrhundert nach Christus:
Diophantos von Alexandria: Arithmetik und »Algebra«.

Fünftes Jahrhundert nach Christus:
Schule von Athen wird von Proklos (412-485) geschlossen: Kommentator.

---

greifbaren und lebendigen Realität in keinem Geschichtsbuch verzeichnet ist.

Wir alle haben die Reise von Samos nach Milet in unserer Jugend wiederholt, vom Rechnen mit ganzen Zahlen zu den Kongruenzsätzen, und den Weg von Milet nach Chios oder Abdera, zur Berechnung des Kreises oder des Kegels und des Zylinders; und wenn wir hartnäckig genug waren, hat uns unsere Odyssee zu allen Häfen der Karte geführt und uns dabei die Zeit, die zur Konstruktion dieser idealen, transparenten Objekte nötig war, noch einmal vollständig durchleben lassen. Gibt es noch eine einzige Schule auf der Welt, die es unterließe, den Kindern dieselben Elemente in derselben Sprache beizubringen? Ob Perser, Spanier, Franzosen, Engländer und Tamilen, wir haben alle Griechisch gesprochen, haben Parallelogramm, Logarithmus und

Topologie gesagt. Diese Sprache in diesem System ist noch lebendig und eint uns. Nichts ist von jenen Städten geblieben, von Kyrene oder Perge, nichts von jenen Schulen, Elea oder Kroton, kein Tempel, keine Waffe, kein Handel, keine Werkstatt, und dennoch ist die Liste, die von den ganzen Zahlen zu den Kegelschnitten führt, kein bißchen gealtert, selbst wenn wir manchmal unter den Ausdrücken für Zahl oder Diagonale nicht mehr dasselbe verstehen wie die alten Griechen. Wer hätte mehr Grund, der Geschichte und ihrer Schwankungen zu spotten, als jene kleine Gruppe, der es in so kurzer Zeit gelang, diese historisch einzigartige, gegen alle Alterserscheinungen gefeite Liste aufzustellen? Wer konnte die Kämpfe mit größerer Berechtigung verachten als jene Gruppe unversöhnlicher Feinde, die eine gemeinsame Sprache schmiedete, die einzige, welche die Konflikte zu beheben versteht und niemals der Übersetzung bedarf? Alle Kulturalismen der Welt vermögen dieser Gemeinschaft oder der Allgemeingültigkeit dieser Lehre nichts anzuhaben. Wir sind von der Antike auf allen möglichen Wegen abgeschnitten; dank der Mathematik bleibt sie uns zeitgenössisch. Ohne jede Fremdheit, da wir an ihr nichts verkehrt machen können.

Hart und sanft

Kam Thales an den Fuß der Pyramiden, um die Bedingungen langer Dauer zu evaluieren? Was muß man tun, um zu bleiben? Kriege, das tödliche Spiel des Stärkeren, Tyranneien, Handel, Sklaverei, Werkzeuge, Produktion – all das geht einmal zu Ende und verschwindet irgendwann. Der Stärkste ist nie stark genug, um stets über die Zeit zu verfügen. Die gigantische Steinmasse verwittert oder wird vom Sandsturm verweht, und dennoch war das Grab des Cheops in jeder Hinsicht ein Superlativ: als strategische Entfaltung von Macht und Reichtum, als religiöses Monument und als Demonstration von Waffengewalt und Waffenglück. Bonaparte rechnete aus, daß die Bruchsteine ausreichen würden, ganz Frankreich mit einer hohen Mauer zu umgeben, und trotzdem erreicht ihr Volumen niemals die Dimension der Zeit. Welchem Reich wird das gelingen? Als Thales lebte, war der alte Pharao doppelt tot, fast vergessen. Das Härteste dauert nicht.

So wie andere Kulturen, um zu überleben, nicht den Sieger, sondern das Opfer gespielt haben, kehrt Thales das Spiel des Härtesten um: nur das Sanfteste bleibt. Alle Stoffe und

Die Pyramiden von Gise

Kräfte verbrauchen sich, doch was geschieht mit der reinen Form? Mit dem flüchtigsten, luftigsten, leichtesten, unaussprechlichsten Bild? Dessen schriftliche Realisierung keine Bedeutung hat, dessen Spur sogar verlorengehen kann, ohne daß der Sinn Schaden nähme; das dem Vergessen anheimfallen kann, ohne Folgen für die Geschichte? Die reine Form mag falsch gezeichnet werden, doch was macht das schon? Sie muß überhaupt nicht gezeichnet, überhaupt nicht schriftlich realisiert werden; auch das bleibt gleich. Ja, man kann ihre Quellen und Zeugnisse zerstören, ihre Denkmäler umstürzen, Fragmente von Manuskripten oder ganze Bibliotheken verbrennen, die Epoche, in der sie ans Licht getreten ist, fast vollkommen auslöschen – sie übersteht jede Vernichtung, bleibt invariant, sobald sie strenge Behandlung erfährt, und ist gegenwärtig noch in unserem Vergessen. Selbst ihr Begriff schwankt ohne großen Schaden: Wir verstehen unter Verhältnis [*raison*] oder selbst unter Ähnlichkeit nicht mehr dasselbe, und doch verändert sich nichts merklich. So daß von der Pyramide eine Verschiebung im Raum der Homothetiken oder Gleichsetzungen bleibt, ein Theorem, ebenso flüchtig und weich wie ein

Sonnenstrahl, dem sein Schatten stets folgt; und so erfüllt sie schließlich die Dimension der Zeit.

Indem er den Schatten des Grabes mit dem eines Pfahls oder seinem eigenen in Bezug setzt, behauptet Thales die Invarianz einer Form bei Variation der Größe.[1] Sein Theorem besagt also, daß Größen ins Unendliche ausgedehnt oder verringert werden können und ihr Verhältnis dennoch erhalten bleibt. Vom Kolossalen, der Pyramide, über das Geringe, den Pfahl oder Körper, zum beliebig Kleinen behauptet das Theorem *einen* Logos, *ein* identisches Verhältnis, die Invarianz ein und derselben Form, vom Riesenmodell zum Miniaturmodell und umgekehrt: Welche Geringschätzung plötzlich für die Höhe und die Kraft, welcher Respekt vor der Kleinheit, welche Auslöschung jeder Stufenleiter oder Hierarchie, die künftig lächerlich erscheinen müssen, da jede Stufe denselben Logos, dasselbe Verhältnis unverändert wiederholt!

Thales beweist die außerordentliche Hinfälligkeit der gewaltigsten Stoffmasse, die je von Menschenhand zugerichtet wurde, ebenso wie die Allmacht – gemessen an der vergehenden Zeit – eines bestimmten Programms: desjenigen des Logos selbst, sofern man ihn nicht mehr als Wort oder Rede, sondern als gleiches Verhältnis definiert (und damit sozusagen Ballast abwirft); oder noch sanfter, weil die Terme einander ausgleichen oder ausstreichen, so daß nur die reine und einfache Relation übrigbleibt. Von den gewaltigsten Monumenten der gewaltigsten Macht der Geschichte, wie gut sie auch erhalten sein mögen, behält Thales nur einen winzigen, sanften oder luftigen Rest. Selbst das Maß verschwindet in dem neuen Logos der Ähnlichkeit, in dem ein Verhältnis zwischen kleinen Dingen einem anderen zwischen großen gleichkommt. Ein Wunder: Aus Mitteln, die kaum mehr sind als nichts, entsteht das stabilste aller möglichen Reiche, das sich der Geschichte überhebt und keinen Niedergang kennt. Den Wert einer solchen Ökonomie beginnen wir eben erst richtig zu schätzen, dieses Füllhorn, das aus fast nichts unendlich viel spendet.

[1] Diogenes Laërtius: »Hieronymus sagt, daß Thales die Pyramiden an ihrem Schatten maß, nachdem er die Zeit beobachtet hatte, zu der unser eigener Schatten unserer Größe gleich ist.«
Plutarch: »Die Höhe einer Pyramide steht zur Länge ihres Schattens in genau demselben Verhältnis wie die Höhe eines beliebigen meßbaren aufrechten Gegenstands zur Länge seines Schattens zu einem bestimmten Zeitpunkt des Tages.«

Sonne und Erde

Begann das ganze Abenteuer mit der Astronomie? Wie stellte man in der Antike Beobachtungen an?

Der Zeiger der Sonnenuhr, des Gnomons, wirft Schatten auf den Boden oder die Projektionsfläche, je nach der

Gnomon: Zeiger oder Achse der Sonnenuhr. Erstes Jahrhundert nach Christus, Ägypten; Deutsches Museum, München

Position der Sterne und der Sonne im Jahresverlauf. Seit Anaximander, heißt es, vermochten die griechischen Physiker diesen Projektionen einige Himmelsereignisse abzulesen. Das Licht, das von oben über die Spitze der Nadel fällt, schreibt auf die Erde oder die Seite eine Zeichnung, welche die realen Formen und Orte des Universums nachbildet oder wiedergibt.

Da in jenen Zeiten niemand wirklich eine Uhr brauchte und die Stunden stark variierten, da Sommer- und Wintertage unbeschadet ihrer Länge oder Kürze unveränderlich in zwölf Abschnitte eingeteilt wurden, diente die Sonnenuhr kaum dazu, die Uhrzeit anzugeben, so daß man keinesfalls sagen kann, die modernen Uhren hätten ihre Nachfolge angetreten. Vielmehr war der Gnomon ein wissenschaftliches Forschungsinstrument; er lieferte ein Modell der Welt, gab die Länge der Schatten um die Mittagszeit an den längsten und kürzesten Tagen an und machte es damit zum Beispiel möglich, die Tagundnachtgleiche, die Sonnenwenden und den Breitengrad des Ortes zu bestimmen. Er war also mehr Observatorium als Uhr. Wir wissen strenggenommen nicht, warum die Achse Gnomon genannt wurde; doch es fällt auf, daß dieses Wort dasjenige bezeichnet, das versteht, entscheidet, richtet, interpretiert oder unterscheidet: das Lineal, das Erkenntnis möglich macht. Die Konstruktion der »Sonnenuhr« setzt das natürliche Spiel von Schatten und Licht in Szene, indem sie es mit dem Lineal, ihrem Erkenntnisapparat, auffängt.

Nach einer häufig zitierten Stelle bei Herodot scheint es, als hätten die Griechen den Gnomon und die Einteilung des Tages in zwölf Abschnitte von den Babyloniern geerbt. Ob sich nun deren Sexagesimalzählung der Einteilung des Jahres in dreihundertsechzig Tage verdankt oder umgekehrt diese Einteilung jener Zählung: wer wollte das entscheiden? Wie auch immer, jeder Winkel oder jedes Segment von dreißig Grad teilt den Himmel in Zonen, die im Griechischen *zodion* heißen – von *zoon* (Tier) und *odos* (Weg) –, die also nach der Gestalt eines Tieres oder sonstigen Lebewesens benannt sind; das entsprechende Adjektiv bezeichnet die Umlaufbahn oder den Weg, während das Substantiv die Zeichen des Tierkreises nennt. Der Himmel bevölkert sich Punkt für Punkt mit lebenden Formen.

Zurückgehen von den Schatten zum Licht, das sie hervorruft, und von diesem zur letzten, einzigen Lichtquelle: so lautet die Lehre Platons, wenn er vom Erkennen spricht. Es handelt sich dabei nicht um ein poetisches Bild, sondern um das alltägliche Tun der Astronomen, genau um ihre Methode, die aus der Länge und der Position der Spur oder dunklen Markierung tausend Lehren zieht. Die Astronomen verstanden es, unter diesem Gesichtspunkt ein Lineal zu entwickeln, das ebenso präzise ist wie die Schriftspur des Stilus. Das Schwarz der Tinte auf der weißen Seite reflektiert den alten Schatten, den die Sonne über den Zeiger des Gnomons wirft. Diese Spitze schreibt von ganz allein auf den Marmor oder den Sand, gleichsam als ob die Welt sich selbst erkennen würde.

Wer weiß? Wer erkennt? Niemals hat die Antike sich diese beiden Fragen gestellt. Welchen Platz muß der Kopf, muß das Auge in diesem Observatorium einnehmen? Den der Schattenfläche, der Lichtquelle, der Spitze des Stabes? Das sind moderne Probleme. Zum Beispiel setzt die Verwendung des Fernrohrs die Erfindung des Subjekts voraus, das sich auf der richtigen Seite plazieren muß, wenn es die Planeten betrachtet, beobachtet, berechnet, ordnet: im Altgriechischen existiert es nicht. In jener Zeit füllt sich die Welt von allein mit Erkenntnis, so wie man sagt, daß die Himmel den Ruhm Gottes singen. Für die griechische Kultur erkennt der Gnomon: er nimmt wahr, unterscheidet, fängt das Licht der Sonne auf, hinterläßt Spuren im Sand, als ob er ein leeres Blatt beschriebe, ja, er begreift. Im äußeren Raum und seinen lichten oder dunklen Ereignissen hat die Erkenntnis ihren Sitz, ebenso wie der ganze Körper; das Leben, das Schicksal und die Gruppe sind eingetaucht in den Raum oder die Welt, von der sie sich nicht unterscheiden. Die Welt wendet sich auf sich selbst an, reflektiert sich auf der Projektionsfläche der Sonnenuhr, und wir haben an diesem Ereignis nicht mehr und nicht weniger teil als ein Zeiger, da auch wir, aufrecht stehend, Schatten werfen oder, sitzend, als Schreiber mit dem Stilus in der Hand Spuren hinterlassen. Die Moderne beginnt, wenn dieser reale Raum der Welt als Bühne verstanden wird und diese Bühne unter den Anweisungen eines Regisseurs sich wie ein Handschuhfinger oder wie ein einfaches optisches Schema nach innen stülpt in die Utopie eines erkennenden, inneren, intimen Subjekts. Dieses schwarze Loch saugt die Welt in sich auf. Doch vor dieser Absorption bleibt die Welt als solche Sitz des Erkennens. Wir können diesen Satz nicht mehr verstehen – wir, die wir obendrein zerstören, was wir erkennen.

Von den Schatten zum Licht und von den reproduzierten oder projizierten Bildern zu ihrem Urbild zurückgehen – das ist die Lehre, welche die griechische Astronomie mit der platonischen Erkenntnistheorie teilt. Daß das Werkzeug, das diese Operation ermöglicht, in der Astronomie *gnomon* heißt, bestärkt uns darin, das aktive Zentrum des Wissens mit kühner Geste außerhalb von uns anzusiedeln.

Zudem bevölkert sich das Firmament mit lebendigen Formen, den Tierkreiszeichen. Wenn das Licht von der Sonne kommt, selbst wenn es des Nachts verschwindet, wer trägt dann auf dem Höhenweg des Zodiakus »Bildsäulen und andere steinerne und hölzerne Bilder von Tieren« auf dem Rücken, damit sie auf dem dunklen Hintergrund des Himmels in ungeheurer Größe ihre Schatten werfen? Die Platonsche Höhle beschreibt die Welt selbst. Wir werden nie wissen, ob Platon auf dem gestirnten Gewölbe über sich zuerst den Bären oder den Hund wahrgenommen hat, ehe er in seiner Philosophie den intelligiblen Himmel der Formen entwarf, die der Erkenntnis der Dinge vorausgehen oder sie bedingen; doch wir sehen mit Gewißheit, daß sich die Erscheinungen der Sternbilder auf Mengen von Punkten reduzieren. Nie hat jemand wirklich hier oder dort

Das Profil des Universums

Der Gnomon oder die Sonnenuhr dient weniger dazu, die Uhrzeit anzugeben, um die sich vom Altertum bis zu unseren Großeltern niemand kümmerte, als vielmehr dazu, ein geometrisches Modell des Universums zu konstruieren: Observatorium und kosmographisches Schema der Welt.

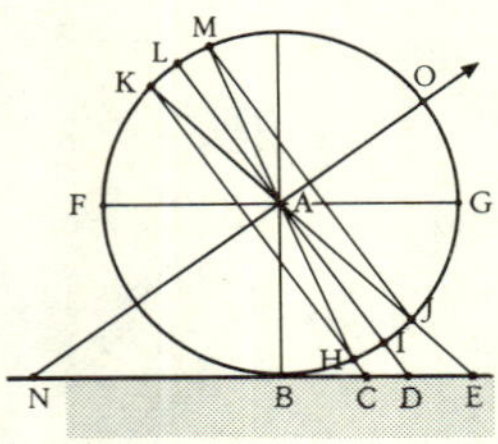

AB stellt den Zeiger des Gnomons dar; BC mißt den Schatten, den die Sonne am Tag der Sommersonnenwende mittags wirft, BE den Schatten bei Wintersonnenwende, BD den Schatten bei Tagundnachtgleiche. Die Geraden und der Kreis liegen dann auf der Ebene des Meridians und definieren ihn, die Linie FG stellt den Horizont dar und der Punkt A die im Mittelpunkt der Himmelssphäre schwebende Erde. Demnach bezeichnen die beiden Linien MJ und KH die Wendekreise, LI den Äquator und NO, rechtwinklig dazu, die Erdachse. Der Winkel ENO (= BAD) gibt exakt die geographische Breite des Ortes an und der Winkel DAE (= DAC) die Inklination der Ekliptik, geschätzt auf 24°, das heißt dasjenige Kreissegment, das von der Seite des regelmäßigen Fünfzehnecks geschnitten wird.

Die Menge dieser Kenntnisse, die von Anaximander bis zu Vitruv[2] und von Pytheas von Massilia[3] über Hipparchos bis zu Ptolemaios allmählich gesammelt wurden, reicht zum großen Teil sehr weit ins Altertum zurück. Thales schrieb zwei Bücher über die Äquinoktien und Solstitien; die Schätzung der Schiefe der Ekliptik auf 24° stammt zweifellos von Oinopides. Man muß das Schema als

[2] Römischer Architekt des ersten Jahrhunderts vor Christus.

[3] Griechischer Seefahrer und Geograph des vierten Jahrhunderts vor Christus.

Waage oder Widder gesehen, sondern ganz einfach ein Simplex; niemals ein kontinuierliches oder fließendes Bild, sondern nebeneinander eingeschlagene Nägel. Als ob die Sternbilder der pythagoreischen Theorie treu geblieben wären, der zufolge alle Dinge Zahlen sind. Doch von woher stammen jene Bildsäulen, die schimmernde Schatten auf den schwarzen Himmel werfen?

Maschine und Gedächtnis

Es fällt uns schwer, das Wort *gnomon* zu übersetzen, weil es um den bezeichneten Gegenstand Obertöne mitschwingen läßt und weil die Erkenntnis an der Spitze seiner Achse funkelt.

Wörtlich bedeutet es in scheinbar aktivischer Form: der Wahrnehmende, Bestimmende, bezeichnet dabei aber stets ein Objekt. In seinem Kommentar zur zweiten Definition des zweiten Buches von Euklid beschreibt Thomas L. Heath es als »a thing enabling something to be known,

Querschnitt der Welt lesen, so wie die griechischen Gelehrten sie sich vorstellten, aber auch als eine Summe der Geschichte ihrer Wissenschaft; seit dem fünften Jahrhundert hat jede Generation mindestens eine Linie hinzugezeichnet.

Um eine genauere Vorstellung davon zu gewinnen, was der Gnomon für die Griechen leistete, wollen wir eine Berechnung des Eratosthenes (276-195 vor Christus) betrachten. Eratosthenes stellt einen Gnomon bei Syene in Ägypten auf, einer Stadt, die – nicht weit vom ersten Nilfall entfernt – auf dem Wendekreis des Krebses liegt. An diesem Ort wirft der Schattenstab am Mittag des Tages der Sommersonnenwende keinen Schatten. Am selben Tag zur selben Stunde mißt er den Sonnenwinkel mit einem zweiten Gnomon, den er in Alexandria aufgestellt hat, einer Stadt, die – wie er meint – auf demselben Meridian liegt. Die beiden inneren Wechselwinkel auf der Abbildung sind gleich; nun ist aber der Winkel, den er gemessen hat, gleich dem fünfzigsten Teil eines Kreises; man braucht also nur die Entfernung von Alexandria nach Syene mit 50 zu multiplizieren, um den gesamten Erdumfang zu erhalten. Ein großartiges Ergebnis, mit minimalen Mitteln erzielt. Um die Messung zu verbessern, ermittelt Eratosthenes die Länge des Schattens, den der Gnomon wirft, nicht mehr auf einer Ebene, sondern auf einer Kugel oder vielleicht dem *polos*, von dem Herodot an der schon zitierten Stelle spricht.[4]

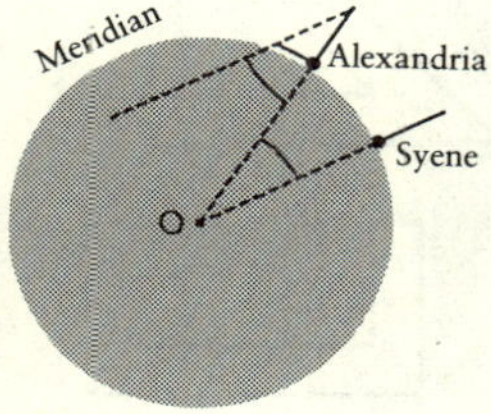

[4] *Polos*: Abschnitt einer Hohlkugel, in deren Höhlung der Schatten des Gnomons fällt.

observed or verified«: als Ding, das es einem anderen Ding erlaubt, gewußt, beobachtet oder bewiesen zu werden. Daß das »Ding« kurz nacheinander zweimal vorkommt, hat seinen Sinn: beide stehen in Beziehung zueinander, nur sie allein. In diesem Ding oder durch es, an der Stelle, die es einnimmt, zeigt die Welt die Erkenntnis.

Da sich die Achse des Schattenstabs senkrecht von seiner Ebene erhob, bezeichnete der Ausdruck »nach Art des Gnomons« in der Frühzeit der Griechen den rechten Winkel oder das Bleilot. Deshalb könnten wir das Wort fast mit Lineal oder Winkelmaß übersetzen, zumal Euklid an der genannten Stelle die Flächen der Ergänzungsparallelogramme eines gegebenen Parallelogramms als Gnomon bezeichnet, derart, daß ihre Addition oder Subtraktion sie untereinander ähnlich läßt. So weist ein Winkelmaß zwei ergänzende Rechtecke oder Quadrate zu einem gegebenen Quadrat oder Rechteck auf; in dem französischen Wort *équerre* scheint die Bedeutung der Extraktion des

Quadrats [*carré*] oder Gnomons [*cadran*] noch erhalten zu sein.

Noch einmal: Wie ist der Gnomon zu beschreiben? Als ein Objekt, ein Stift, der bei geeigneter Aufstellung erstaunliche Ergebnisse liefert, geographische Breite, Sonnenwende, Tagundnachtgleiche. Und zwar automatisch liefert. Das bedeutet, daß er von ganz allein funktioniert, ohne jeden menschlichen Eingriff, wie ein Automat, ohne bewegendes Subjekt: maschinelle Erkenntnis, da sie eine Bewegung auffängt, die der Sonne. Wir sagen hier lieber Maschine als Instrument, weil für uns das Werkzeug auf ein benutzendes Subjekt bezogen ist oder auf ein willentliches und zielgerichtetes Handeln, für das es konzipiert und angefertigt wurde. Dagegen bezieht sich die geistige Tätigkeit, die das griechische Wort *gnomon* bezeichnet, hier auf die Maschine, auf einen Gegenstand. Der Gnomon verwirklicht eine der ersten automatischen Erkenntnisse der Geschichte, die erste Apparatur, die Materielles und Logisches, Hardware und Programme vereint. Die Rolle des Subjekts, seine erkennende oder denkende Funktion haben hier nichts mit der Rolle oder Funktion gemein, die sie später im wissenschaftlichen Erkennen (wie wir bis heute sagen) annehmen werden.

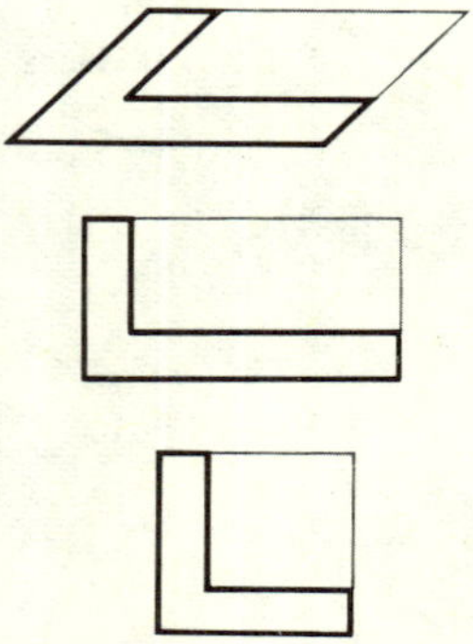

Gnomon beim Parallelogramm, beim Rechteck, beim Quadrat

Die Berechnung der geographischen Breite nach dem Schatten der Sonne bei Sonnenwende oder Tagundnachtgleiche – die erste mathematische Verbindung von Astronomie und Geographie – erlaubte andererseits Ptolemaios oder schon vor ihm Hipparchos die Aufstellung von Sehnentafeln, wie sie in der Antike hießen: langen Listen, die das Maß der Seiten rechtwinkliger Dreiecke mit dem ihrer Winkel in Relation setzten, Tabellen, in denen man die Anfänge der Trigonometrie sehen kann. Hier das Gedächtnis, dort der Gnomon: der Maschine entspricht die Tabelle, die Mnemotechnik verknüpft sich mit der automatischen Erkenntnis. Auch in der Wissenschaft der Babylonier existierten automatische Rechenverfahren und Tabellen mit Maßen. Anders und allgemeiner gesagt, algorithmisches Denken weist stets zwei Bestandteile auf, einen, den man maschinell nennen könnte, und einen anderen, den man mnemonisch nennen muß. Kapitalisierung oder Rekapitulation der Ergebnisse maschineller Verfahren oder Bedingungen ihrer Fortführung. Automat und Tabellen oder Wörterbücher. Hardware und Programme.

Anthyphairesis oder Euklidscher Algorithmus (Verfahren)

Größter gemeinsamer Teiler. Gegeben seien die Zahlen 20 und 12. Dividiert man die erste durch die zweite, bleiben 8; teilt man 12 durch 8, bleiben 4; und teilt man abermals 8 durch 4, geht die Division auf, und es bleibt kein Rest. Man sagt dann, daß 4 der größte gemeinsame Teiler von 20 und 12 ist.
Um ihn zu finden, haben wir die erste Zahl durch die zweite geteilt, die zweite durch den Rest ihrer Division, dann diesen durch den zweiten Rest, den dritten durch den zweiten und so fort, bis sich kein Rest mehr ergibt. Die letzte Zahl der Folge nennt man den größten gemeinsamen Teiler.
Euklid, Elemente. Die Anthyphairesis (»Wechselwegnahme«) besteht aus einer Subtraktion, bei der von zwei Größen jeweils die kleinere von der größeren abgezogen, dann die kleinere dem Rest gegenübergestellt wird und so weiter.
VII, 1: »Nimmt man bei Vorliegen zweier ungleicher Zahlen abwechselnd immer die kleinere von der größeren weg, so müssen, wenn niemals ein Rest die vorangehende Zahl genau mißt, bis die Einheit übrigbleibt, die ursprünglichen Zahlen gegeneinander prim sein.«
X, 2: »Mißt, wenn man unter zwei ungleichen Größen abwechselnd immer die kleinere von der größeren wegnimmt, der Rest niemals genau die vorhergehende Größe, so müssen die beiden Größen inkommensurabel sein.«

Musik (Tabelle oder Maschine)

Arpád Szabó beschreibt in den *Anfängen der griechischen Mathematik* die Euklid zugeschriebene *sectio canonis*.
Die ganze Saite wird aufgeteilt, um die Quarte oder die Quinte zu erzeugen. Man zieht dazu das kleine Segment vom großen ab und dann vom kleinen Segment den Rest. Diese Subtraktion ließ sich zweimal für die Quinte und dreimal für die Quarte durchführen ($^2/_3$ und $^3/_4$). Nachdem man so das kleinere Segment vom größeren abgezogen hatte, zog man den Rest vom kleineren ab, bis jeglicher Rest verschwand. – So entstand Szabó zufolge der Euklidsche Algorithmus.

Eine andere Vernunft?

All die Erkenntnis, die das Wort *gnomon* verspricht und die sich um seinen Stift anlagert, all dieses Gegenstands- und Tabellenwissen unterscheidet sich erheblich von demjenigen Wissen, das wir in der Mathematik im Umkreis von Beweis oder Deduktion, in der Physik, je nach den Kriterien für Strenge und Exaktheit, im Bereich des Experiments sowie schließlich beim individuellen oder kollektiven Subjekt anzusiedeln gewohnt sind. Hier gibt es einen anderen Logos, eine andere Episteme, kurz: eine andere Vernunft, die wir gern als algorithmische bezeichnen würden. Das algorithmische Denken, das bei den Ägyptern und Babyloniern seine Leistungsfähigkeit und Präsenz bewiesen hatte, koexistiert im alten Griechenland mit der neuen Geometrie, wenngleich unter ihrer Transparenz etwas verborgen; von der offiziellen, traditionellen hellenischen Mathematik versteckt, wird es viele Jahrhunderte lang fruchtbar überdauern, bis es in unserer Zeit eine im Verhältnis zu dem zuerst genannten Denken parallele Stellung gewinnen konnte.

Eine Astronomie ohne Auge

Wer in den modernen Wissenschaften ausgebildet worden ist, muß darüber erstaunen, daß es vor so langer Zeit eine Astronomie ohne Augen und ohne Blick wie die heutige gegeben hat. Wenn die Sonnenuhr fast nie als Uhr gedient hat, wenn wir sie eher als Observatorium zu betrachten haben, dann ist dieses Wort eigentlich schlecht gewählt, ein Anachronismus, der uns in die Irre führt. Der Gnomon geht ebensowenig dem Theodoliten voraus wie die Sonnenuhr der Uhr. Denn der griechische Astronom beobachtet nicht, wie es das klassische und das moderne Zeitalter taten, als Kuppeln um Fernrohre und Teleskope gebaut wurden. Der Akt des Sehens hat im Erkenntnisakt nicht den gleichen Ort und nimmt nicht den gleichen Platz ein.

Wir sind es gewohnt, Erkenntnis als Dublette von Empfindung und abstrakten Formen zu verstehen, und die Philosophen plappern gern wie Papageien, daß nichts im Verstande sei, was nicht zuvor in den Sinnen war. Das setzt ein Subjekt voraus, einen Körper und eine gründliche Ausbildung, welche mit Hilfe raffinierter Apparate das Sensorium schärft. Hier aber empfängt nur der Gnomon mit seiner Projektionsebene die Information, nicht das Auge. Der objektive Rezeptor mit seiner Achse und seinen Markierungen wird seinen Platz später dem empfindungsbegabten Körper überlassen, doch zunächst nimmt er ihn ein.

Wenn die griechischen Historiker oder Doxographen die Geschichte erzählen, wie Thales an den Fuß der Pyramiden kam, um deren Höhe zu messen, unterscheiden sie bezeichnenderweise nicht zwischen dem Schatten eines beliebigen Pflocks und dem eines Körpers: Ob es sich um ein gewaltiges Bauwerk, einen Stock oder um den handelt, den wir für den Beobachter halten würden, ist ohne Belang; ob Stein, Holz oder Fleisch, jedes sorgt auf seine Weise dafür, daß der Gnomon seine kanonische Rolle spielen kann, seine objektive Funktion: wahrzunehmen, zu unterscheiden. Wissenschaft ohne Subjekt, Wissenschaft, die ohne Sinnliches auskommt oder ihren Weg nicht über das Sinnliche nimmt. Man ersetze das Subjekt durch einen Stock, und nichts verändert sich; man baue ein steinernes Grabmal dort, wo das Subjekt als Leiche verwest, und das Wissen bleibt, unveränderlich.

Daß es dort etwas zu sehen gibt, Licht und Schatten und ihre Verteilung, ein ganzes sinnliches Schauspiel, wer wollte das bestreiten? Aber nichts davon läuft durch ein Subjekt als Träger von Vermögen, gefiltert oder ungefiltert durch eine Theorie; nichts davon mündet in die Konstruktion einer solchen. Im Sonnendiagramm gibt es eine Lichtquelle, Strahlen, eine Achse und Schrift auf dem Boden, aber keinen Platz für das Auge und keinen situierten Ort, den man Blickwinkel nennen könnte. Und trotzdem lugt die Theorie auch hier hervor. Die exakte oder annähernde, manchmal strenge Messung, die abstrakte Reduktion, der sachkundige Übergang vom Volumen zur Meridianebene, von dieser zur Linie und von dieser zum Punkt – das geometrische Weltmodell zeichnet sich hier ab, ohne daß dabei Organe, Funktionen oder Vermögen eingriffen. Die Welt gibt sich der Welt zu sehen, die sie sieht: darin liegt die Bedeutung des Wortes *theoria*. Besser gesagt: ein Ding – der Gnomon – schaltet sich in die Welt ein, damit diese auf sich selbst die Schrift lesen kann, die sie auf sich hinterläßt. Die Erkenntnis: eine Tasche oder Falte.

Der Gnomon ist im buchstäblichen Sinne intelligent, denn er verbindet Situationen, die unter Tausenden ausgewählt wurden; er unterscheidet also und begreift. Als passiver Rezeptor sieht er das Licht; aktiv schreibt er den Schattensaum auf das Blatt; als theoretisches Objekt zeigt er das Modell des Himmels. Damit wir Zugang zu dieser automatischen Wissenschaft, ja, dieser artifiziellen, künstlichen Intelligenz finden, deren Zeitgenossen wir heute wieder werden, müssen wir die philosophischen Vorurteile des modernen Zwischenspiels vergessen: den Menschen im Mittelpunkt der Welt, an der Stelle des Gnomons, das Subjekt im Mittelpunkt der Erkenntnis, als deren universeller Rezeptor und Motor; und dazu die imaginäre Rekonstruktion ebendieses Schauspiels im dunklen Inneren des Subjekts, in das noch nie jemand Eingang fand außer einigen Transzendentalphilosophen, denen der Goldene Zweig aus dem Mythos zu Gebote stand; dieses Schauspiels von Licht und Schatten, das die Philosophen zwischen einem realen Auge und dem Filter eines legendären Verstandes noch einmal inszenierten. Nichts einfacher im Grunde, als auf dieses komplizierte Vermögen zu verzichten, um unmittelbar auf dem Boden abzulesen, was die Sonne schreibt.

Der Gnomon ist kein Werkzeug, weder in dem Sinne eines Stocks in der Hand eines Affen, der auf diese Weise seine Reichweite vergrößert, noch im Sinne einer Lupe, die den anvisierten Gegenstand vergrößert und die Leistungen des Auges steigert. Das Artefakt ist nicht auf das Subjekt bezogen, wird nicht von ihm ausgerichtet, sondern bleibt Objekt unter Objekten, zwischen Sonne und Erdboden allein; ein Ding, das seine Intelligenz seinem Platz an einem einzigartigen Ort der Welt verdankt. Die Welt durchläuft dieses Ding, um sich auf sich zurückzubeugen. Durch den Gnomon denkt das Universum *auto kath'auto*, erkennt sich selbst durch sich selbst.

Die entstehende mathematische Idealität war in Griechenland nie auf ein denkendes Subjekt bezogen und wurde nie im Rahmen eines Idealismus gedacht. Das prägendste Denken blieb vielmehr der Realismus. Der Realismus der Idealitäten, also die Form als Ding oder das Ding als Form, zeigt sich am Fuß des Gnomons in jenem Schauspiel, in dem die Dinge Dinge sehen. Punkt, Gerade, Winkel, Fläche, Kreis, Dreieck, Quadrat ... entstehen dort als ideale Formen im Hell und Dunkel, mitten zwischen den Dingen selbst, in der wirklichen Welt, real wie Lichtstrahlen und Schattenfransen, doch vor allem wie ihre gemeinsamen Ränder.

Kanonische Tafeln oder Listen

Daß Zahlentafeln und ein Beobachtungsinstrument, mit dem sie gewonnen werden oder auf dem man sie wiederfindet, einander korrespondieren, kann einen Wissenschaftshistoriker nicht erstaunen, ist er es doch sozusagen gewohnt, daß eine Wissenschaft mit diesem Zustand beginnt: Das astronomische Fernrohr zeigt beispielsweise tausend Positionen ebenso vieler Sterne, und ein Register verzeichnet sie. Rechtzeitig, wenngleich spät, tritt dann eine umfassende Theorie auf, die diesen Zustand überwindet; so wischen die Keplerschen und Newtonschen Gesetze mit einem mathematischen Satz diesen Datenwust beiseite, weil man in diesen Satz nur bestimmte Zahlenwerte einsetzen muß, um augenblicklich ein bestimmtes lokales Detail wiederzufinden.

Die gleiche Hoffnung bewegte die Chemiker des vorigen Jahrhunderts. Das Experimentieren mit ihren Stoffen brachte sie dazu, Tafeln chemischer Elemente aufzustellen; und ebenso wie die Astronomen begannen sie von einem umfassenden allgemeinen Gesetz zu träumen, das ihre Tafeln schlagartig ausradieren würde. Dieses Nebeneinander von Listen, Tafeln oder Rubriken und einer einfachen oder komplizierten Apparatur scheint uns charakteristisch für eine vortheoretische Ära, in der die Gesetze noch im Schatten der Beobachtung stehen und die Induktion noch auf sich warten läßt.

Wenn wir in der Antike Sehnentafeln, welche die Werte eines Bogens oder Winkels von den Maßen der Seiten eines Dreiecks aus bestimmen, und jenes Beobachtungsinstrument, das bei den Griechen Gnomon hieß, nebeneinander existieren sehen, so haben wir dabei als historisches Muster jene Entwicklung im Sinn, die sich mit dem Auftreten Keplers oder Newtons an den alfonsinischen oder toledischen Sterntafeln vollzog.[5] Wir nehmen also die Gestalt eines Erfahrungswissens wahr, das ein Instrument mit Zahlentabellen verbindet, solange noch eine Theorie aussteht, deren vereinigende Kraft beide außer Gebrauch setzt. Nach diesem Schema deuten wir die antike Situation, und natürlich paßt sie sich ihm an. Hier der Gnomon: er geht dem Teleskop voraus; dort die Sehnentafeln: sie ähneln den toledischen Tafeln. Das Ganze stellt dann eine vormoderne Präastronomie dar, die auf die Trigonometrie wartet.

Eine andere Haltung nahmen wir freilich ein, als wir eine Maschine und ihr Gedächtnis, ein automatisches Instrument und Programme koexistieren sahen. Dieses Schema ist in gewisser Weise das gleiche und doch ein ganz anderes, weil wir hier nicht auf ein theoretisches Gesetz warten, das so umfassend wäre, daß es mit einem Federstrich alle unsere Programme und ihr Verhältnis zur »Hardware« zunichte machen würde. Es handelt sich um ein authentisches und ursprüngliches Wissen und nicht um ein Vor-Wissen oder einen dem Wissen vorausgehenden Zustand; es handelt sich um eine Erkenntnis und nicht um ihr unvollstän-

[5] Die Arbeit an den *alfonsinischen oder toledischen Sterntafeln* wurde auf Anordnung Alfons' X. (des Weisen) (1221-1284), König von Kastilien und Leon, begonnen und von einer Gruppe von Astronomen unter der Leitung von Isaac b. Saʿīd durchgeführt. Die Tafeln waren im Jahre 1252 vollendet und wurden bis ins sechzehnte Jahrhundert immer wieder nachgedruckt.

diges Funktionieren. Die griechische Astronomie liefert eher ein Beispiel für das zweite Modell als ein Paradigma für das erste.

Geometrie

Am Fuße der Pyramiden angekommen, beweist Thales (doch der Name tut nichts zur Sache) die Ähnlichkeit zweier Dreiecke, deren erstes von Cheops und seinem Schatten gebildet wird (doch das Grabmal, unter drei ähnlichen ausgewählt, tut sowenig zur Sache wie der Name des Pharaos, der hier ruht) und deren zweites aus einem dort eingerammten Pflock und seinem Schatten besteht. Eine Lesart erwähnt diesen Stab, während eine andere den Schatten nennt, den der stehende Geometer wirft. Was wäre vorzuziehen, der Körper oder der Pfahl? Die Winkel sind gleich und die Seiten proportional. Dieselbe *ratio* läßt die Pyramide und die beiden aufrecht stehenden Elemente einander entsprechen als identisches, doch in drei Sätzen sagbares Verhältnis.

Erstens (oder vielmehr letztlich) definiert sie die Homothetik, buchstäblich verstanden als ein und dieselbe Weise, da zu sein, sich zu setzen; als ein Raum von Ortsveränderungen, Verschiebungen mit oder ohne Rotationen. Das ist der streng wissenschaftliche Satz, den man von nun an aus der Geschichte, die von den Messungen des Thales während seiner Reise erzählt, herauslesen wird.

Zweitens (oder vielmehr an mittlerer Stelle) bringt sie die offenkundige Tatsache zum Ausdruck, daß jeder gerade, senkrechte Schaft, der sich über den Horizont erhebt, als Gnomon gelten kann: Der Augenblick des mittäglichen Sonnenstandes, auf den eine der Legenden Bezug nimmt, kennzeichnet die Hauptfunktion der Sonnenuhr, den Meridian zu fixieren und auf ihm die Solstitien und Äquinoktien, feierliche Momente, in denen der Schatten seine Extreme erreicht. Thales, heißt es, habe zwei Bücher über sie geschrieben. Diese Funktion erfüllt die Pyramide hier ebensogut wie ein eingerammter Pflock dort, der wiederum das gleiche leistet wie ein unbeweglicher, in die Betrachtung des apikalen Lichts[6] versunkener Passant: sie allesamt sind Gnomone. Und das Grab enthält einen Schacht, der *in absentia* auf den Stern gerichtet ist, der am Himmel nach Norden weist. Dieser mittlere Satz, welcher die Ähnlichkeit oder, im Wortsinn, Homothetik all dessen zum Ausdruck bringt, was einem solchen Observatorium als Stiel oder

[6] *Apex*: der Punkt des Himmels, auf den die Sonne zuzusteuern scheint.

Achse dienen kann, ist historisch zu nennen, weil er die Geschichte der ionischen Astronomie, ihrer ersten Weltmodelle sowie ihrer geometrischen Folgerungen erzählt. Zweifellos zieht die Äquivalenz der Gnomone mit veränderlicher Höhe die Homothetik der mit ihnen verbundenen Dreiecke nach sich, um eine identische und stabile Welt nach dem Satz der kanonischen Geometrie zu gewährleisten; zweifellos gehen die Geraden dieser Geometrie auf die Sonnenstrahlen beziehungsweise die blinden Schattenränder jener Gnomone zurück, so wie die Kreise der Umlaufbahnen und die dimensionslosen Punkte von den ungreifbaren Markierungen für die Solstitien oder für die Äquinoktien herstammen: Das griechische Wunder fällt vom Himmel, ist himmlischer Abkunft; die alte Frage nach dem Ursprung der Geometrie zerstreut sich im Helldunkel des Durchgangs der Sterne durch diese Achse, deren Name bereits anzeigt, daß sie erkennt.

Drittens jedoch (oder vielmehr zunächst und zuerst) macht es die in *Statues*[7] zögernd angestellte anthropologische Überlegung möglich, auch ohne gestirnten Himmel und vor aller Geometrie eine grundlegende Ähnlichkeit[8] widerspruchsfrei zu denken, die zwischen dem Grabmal und der Mumie des Pharaos, dem lebendigen, halb im Dunkel und halb im Licht aufrecht stehenden Körper und dem an dieser bestimmten Stelle aufgepflanzten Pflock besteht. Die Markierung des einzigartigen Ortes, des Daseins, durch den Tod und das, was nach ihm bleibt, die Kennzeichnung durch den Schaft und die Herme, die sich an den Grenzen erhebt: drei Statuen – in dem Sinne, den das erwähnte Buch diesem Wort verliehen hat –, drei exakt homothetische, das heißt als einander gleich gesetzte Begrenzungen. Mumien, lebende Körper, Hügelgrab, Obelisk oder Menhir, Stange oder Stock übernehmen die gleiche Funktion, eine Lagerstätte, Grabstätte, Wohnstätte oder Grenze und, o Wunder, dank der Sonne bald die genaue Breite dieses Ortes zu bezeichnen. Dieser Satz überschreitet die Grenzen der Geschichte und liegt dem Satz der Wissenschaft zugrunde, denn er sagt dasselbe in einer anderen Sprache. Der mittlere Satz der Astronomie sagt dasselbe in derselben metrischen, exakten, präzisen, quasi-formalen Sprache, und die Geometrie ist in ihm gleichsam embryonal schon enthalten. Der dritte oder erste Satz aber, der verborgenste und ursprünglichste, entdeckt drei Statuen in drei scheinbar unähnlichen Körpern, macht die strenge Homothetik – im

[7] Vgl. Michel Serres, *Statues*, Paris: Bourin 1987. *Anmerkung des Übersetzers*

[8] *Ähnlichkeit*: vergleiche das griechische Wort *episteme*, Wissenschaft, und das zur gleichen Familie gehörige Wort *epistema*, das den vertikal auf das Grab gesetzten Gedenkstein bezeichnet.

wörtlichen Sinne – dieser drei Zeugen des Ortes und des Todes, dieser drei Zeichen für Lagerstätten, sichtbar und spricht sie in einer so dunklen, primordialen Sprache aus, daß unsere gesamte Denkanstrengung seit dem Ursprung der Geometrie nicht dazu ausgereicht hat, sie hinter dem Licht der Theoreme wiederzufinden, sie zurückzuübersetzen oder zu entziffern. Dennoch entspringt diese blendende Helle jenem Dunkel, so wie die Statuen sich aus der Erde erheben, jener ersten und grundlegenden Erde, die das Wort Geometrie seit mehr als zweitausend Jahren unwissentlich wiederholt. Ebenso kehrt der vom Hochwasser des Nils überschwemmte Boden zum Chaos und zur ursprünglichen Finsternis zurück, aus der ihn die Messung befreit und dem Licht zurückgibt. Das Dunkel hindert nicht das Erscheinen des Hellen, doch stets verwehrt uns das Licht, die Dunkelheit je zu gewahren. Die Geometrie strahlt so hell, daß sie uns blendet und damit ihren schwarzen Hintergrund verbirgt.

Ja, sie fällt vom Himmel, stammt vom Himmel ab, dank der einfachen Geschichte der Astronomie ein leichter Fall, eine mühelose Kathode[9]; doch sie steigt auch von der Erde auf, Anabasis und Prozession, verläßt das Grab, die Höhle, in welcher der Schatten der Bildsäulen, der Statuen, tanzt und von den Toten aufersteht. Immer zu Gelächter und heiterem Spott aufgelegt, wissen die thrakischen Mägde der Fabel, daß der Sterngucker in den Brunnen fällt; wir erfahren von ihnen, daß der Boden unter den Füßen des Thales nachgibt, als wäre er unterhöhlt. Ja, die Geometrie trägt mit Recht den Namen ihrer Mutter, der Erde, auf der das, was vom Himmel fällt, gemessen wird. Mit Hilfe des Gnomons abgesteckt, bleibt sie als Grundlage, Gründung, Höhlung unterhalb der Wissenschaft im Schatten; hier ruht die Mumie, in deren schwarze Eingeweide der Pfahl eingerammt ist, aus dem das Wissen aufsteigt. *Episteme, epistema.*[10]

Der geometrische Satz entwickelt sich in der neuen, modernen Zeit des wissenschaftlichen Wissens; der astronomische Satz erzählt in der Zeit der Wissenschaftsgeschichte, die vor der Entstehung der Geometrie beginnt; der statuarische Satz spricht in der Zeit der Anthropologie oder der Gründungen, welche die beiden übrigen trägt.

[9] *Kathode* bedeutet im Griechischen wörtlich: Weg von oben nach unten, Abstieg. Umgekehrt bezeichnet *anabasis* wörtlich die Bewegung von unten nach oben, Aufstieg. Das Wort wurde für einen berühmten Kriegszug Kyros' des Jüngeren gebraucht, von dem Xenophon berichtet.

[10] Vgl. Anm. 8.

Euklid nennt Gnomon jenes knieförmige Komplement eines Quadrats, das die Zimmerleute gewöhnlich Winkelmaß [*équerre*] nennen; ein Fachausdruck, der die Restfläche zweier Quadrate mit einem »ausgekehlten« rechten Winkel in der Mitte sehr treffend beschreibt.[11] Wenn dieser rechte Winkel die Normale verläßt und spitz oder stumpf wird, bleibt das innere Parallelogramm dem äußeren, das durch Ergänzung des Gnomons entsteht, ähnlich. Der Gnomon ist also ein Band oder eine Krone um eine Form, die sich auf diese Weise beliebig oft reproduziert.

Man begreift die geometrische Arithmetik der Pythagoräer, wenn man weiß, daß sie das in ungeraden Zahlen ausgedrückte Komplement der Reihe der Quadratzahlen als Gnomon bezeichneten. Sie schrieben freilich nicht wie wir:

$$1^2 + 3 = 2^2$$
$$2^2 + 5 = 3^2$$
$$3^2 + 7 = 4^2$$
$$\dots$$
$$n^2 + (2n + 1) = (n + 1)^2$$
$$\dots,$$

sondern zeichneten eine Figur wie die folgende oder machten sich die Situation anhand eines Simplex oder der Sterne am Himmel anschaulich.

Diese Zeichnung gibt die Euklidsche Definition fast getreu wieder: Die ungeraden Zahlen bilden den Winkel um das innere Quadrat und erzeugen beliebig oft ein äußeres, das dem ersten offenkundig ähnlich ist. Biegt man den rechten Winkel des Schemas, so lassen sich Dreiecks-, Fünfecks- und überhaupt Polygonalzahlen erzeugen; Theon von Smyrna nennt sie gnomonische Zahlen. Wir gelangen über diese Verfahren zu Anordnungen, die das Pascalsche Dreieck ankündigen.

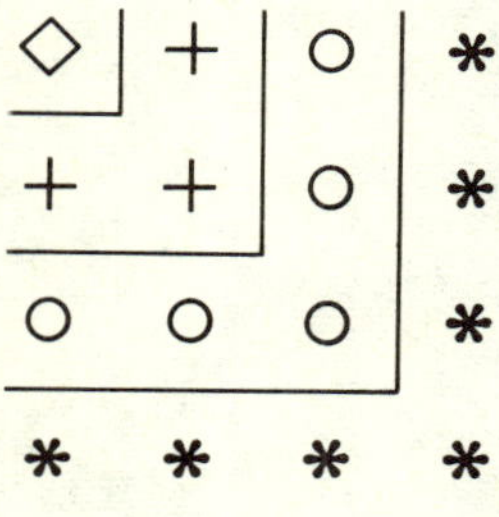

Zählt man die jeweils gleichen, knieförmig angeordneten Zeichen zusammen, so ergibt sich die ungerade Zahl, die man einer Quadratzahl addieren muß, um die nächste zu erhalten. Vgl. S. 145.

Der Gnomon, der Zeiger der Sonnenuhr, wird zum Winkelmaß: beides Instrumente oder Artefakte. Das erste zeichnet einige Stationen der Sonne in den Sand, die sich mit dem Lineal – *règle*, nach dem lateinischen *rectus* benannt, rechter Winkel, gerade Linie, wie das Winkelmaß – auf ein Blatt zeichnen lassen. Man wird die Geometrie als Wissenschaft definieren, in der nur Zirkel und Lineal erlaubt sind. Welcher Status, welcher Platz und welche Funktion kommt aber diesen Artefakten in einem vollkommen reinen Wissen zu? Zweitens können Winkel oder Gnomon, knieförmige Seitenstreifen, komplementäre Formen mit zwei Seiten, ein Quadrat oder Parallelogramm vergrößern,

[11] Vgl. S. 122.

1
1 1
1 2 1
1 3 3 1
1 4 6 4 1
1 5 10 10 5 1
etc...

Das Pascalsche Dreieck

verkleinern, beliebig reproduzieren, und zwar so, daß die Ähnlichkeit erhalten bleibt. Man kann die Geschichte des Thales in beide Richtungen wenden: Dem Sonnenstab verdankt er die Entdeckung der Homothetik; der Homothetik verdankt er die Möglichkeit, die Größe des Gnomons zu variieren und vom Miniaturmodell des Pfahls zur Riesenpyramide überzugehen. Schließlich erzeugt der Gnomon Zahlenfolgen. Wie wäre er zu definieren, wenn nicht als Gesetz der Serie? Addiere eine ungerade Zahl, bilde die Summe der ungeraden Zahlen, und schon erhält man die Folge der Quadratzahlen. Oder: Lege den Komplementärstreifen an ein Parallelogramm, und ein ähnliches erscheint. Der Gnomon definiert sich als Konstruktionsgesetz, als *Regel* einer Folge oder ihrer Erzeugung. Als automatische Regel, die von ganz allein abläuft und in aller Ruhe die Kette beziehungsweise jedes Kettenglied vorzeichnet, ohne daß wir eingreifen müßten. Diese Operation bedarf keines denkenden oder aktiven Subjekts, sowenig wie die Achse des Sonnenstabs, die auch ohne uns auf den Boden schreibt.

Wie jeder weiß, gibt es zwei Arten von Artefakten: solche, die von uns unabhängig sind, und solche, die von uns abhängen. Nur die ersten funktionieren ununterbrochen oder, besser gesagt, hören niemals auf, Artefakte zu sein. Beispiel: Mauer und Dach schützen uns ständig, selbst wenn wir schlafen, doch wenn wir Spaten und Schreibfeder fallen lassen, schlafen sie, sind unnütz und nichtig, intelligent nur in unseren ekstatischen Stunden. Die wahren Werkzeuge sind im Grunde nicht auf uns angewiesen; die übrigen ruhen zu oft, um auf jenen Titel wirklich Anspruch erheben zu können. Wenn also drei Automatismen einen und denselben Namen tragen, der das Erkennen ausdrückt – der automatische Pfahl, der sich der Sonne entgegenstreckt; der automatische Winkel oder Seitenstreifen, den man anlegt oder wegnimmt; und die automatische Operation, deren Iteration Zahlenreihen erzeugt –, so ist damit der Weg zur artifiziellen, künstlichen Intelligenz bezeichnet. Deren Wandlungen, deren Werden wir in diesen drei Stadien erkennen: zunächst Ding, Pfahl oder Achse, spekulatives Werkzeug; dann Lineal, das sich zur beliebigen Reproduktion von idealen Geraden, Winkeln, Polygonen eignet, die diesem Lineal extrahiert oder, besser gesagt, abstrahiert wurden; schließlich formale Operation mit Zahlen, automatische Regel, Algorithmus.

Perpendikel und Automat

»Nach dem Gnomon«, sagten die Alten, und das hieß: vertikal. Wir übersetzen: perpendikular, senkrecht, lotrecht, denn diese Wörter beziehen sich in unseren Sprachen und Praktiken auf das Senkblei oder Lot, jene Schnur, die bei den Griechen *stathme* hieß. Hier wird die Gerätschaft des Maurers mit einem Wort bezeichnet, dessen Wurzel Stabilität, Gleichgewicht bedeutet, ebenso wie die Wurzel des Wortes *episteme*, Wissenschaft. In diesem Gegenstand, diesem Artefakt, sind der statische Ursprung der Geometrie, den ich bei meiner Neulektüre der Euklidschen *Definitionen* in *Le Passage de Nord-Ouest* wiederentdeckt hatte[12], und ihre statuarische Gründung in bewundernswerter Kohärenz einander widerstreitend vereint: Epistemologie und Anthropologie, Linguistik und Geschichte. Nicht mehr nur Erde und Himmel, sondern Wissen und Ding. Dunkelheit und Licht, die idealsten, abstraktesten oder formalsten Aussagen verschwören sich in wunderbarer Weise mit ganz körperlich-menschlichen in diesem schlichten und einfachen Senkblei. Dieses Ding – das für die Mechanik stabil ist, eine schwere und dichte Masse aus Stein; eine aufrechte Statue, nach unten, zum Boden hin, zugespitzt; ein feines Lineal, das eine fast vollkommene Linie auf den Stein zeichnet, sofern man es mit flüssiger Farbe benetzt (wenn es also schreibt wie ein Gnomon) –, dieses Ding täuscht nie und funktioniert automatisch.

[12] Vgl. S. 161 f.

Nach dem Lot: perpendikular. Dieses Adverb, das wir unbesonnen verwenden, wäre neu zu bedenken oder abzuwägen. Wie? Gnomon, vertikal, bedeutet zugleich Intelligenz und Artefakt? Aber das Perpendikel doch auch! Gewiß hängt es wie die Schnur des Maurers herab und hat geradeso Gewicht wie sein Blei; gewiß hat es eine maximale Neigung, genauso wie die Aufhängung der Waagschalen, die an ein Pendel erinnert: doch es denkt. Das Wort *penser* [denken] hat denselben Ursprung wie *peser* [wiegen], *pendre* [hängen] oder *pente* [Neigung]. Wir mögen uns noch so bemühen, die harte, eigentliche Bedeutung mit dem sehr sanften, bildlichen Sinn zu verknüpfen, das Abwiegen, Abwägen, Erwägen, die Bestimmung des Feingehalts einer Münze oder eines Barrens mit der Goldwaage und die fast ängstliche, erwartungsvolle Unruhe: Bezugspunkt bleibt die Waage, das Pendel, stets das Senkblei oder *stathme*: ja, das Perpendikel denkt, besser gesagt: der Gnomon steht mit dem Erkennen in der gleichen Verbindung oder Bezie-

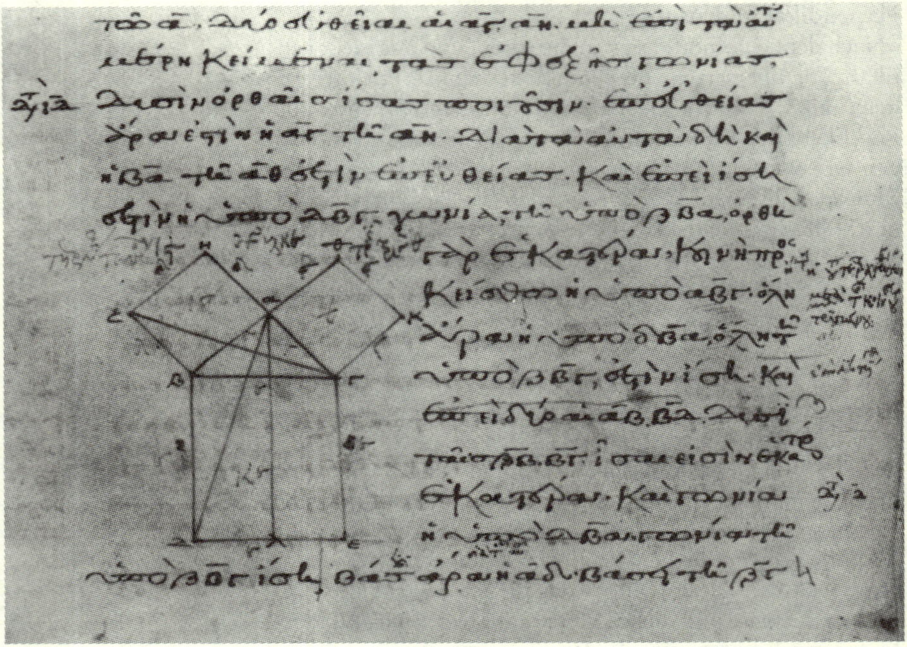

Euklid, Elemente, *Erstes Buch, Proposition 47. Der Satz des Pythagoras. Griechisches Manuskript 2344, zwölftes Jahrhundert; Bibliothèque nationale, Paris*

hung, im gleichen Verhältnis wie das Perpendikel mit dem Denken. Die künstliche Intelligenz stammt nicht von gestern. Seit Beginn der Naturwissenschaft gibt es Dinge oder Sachverhalte, welche die Geschichte unserer Sprachen mit geistigen Tätigkeiten verknüpft, so als ob diese Artefakte – Gnomon, Senkblei, Lineal, Zirkel oder Winkelmaß – als Subjekte des Denkens gelten könnten.

Damit soll nicht die pragmatistische Theorie vom Ursprung der reinen Wissenschaften wiederholt werden, der zufolge die Praxis stets dem Wissen vorausgeht und die von Menschenhand hergestellten Dinge das Geheimnis künftiger abstrakter Spekulationen in sich tragen, so als würden Abfolge und Systematik der Theoreme eine vorgängige und dunkle Geschichte von Handlungen und Gesten entfalten, nachahmen, sublimieren oder neu ordnen: zuerst die Fakten, dann ihre Rechtfertigung; unsere Vorfahren mit ihren geschickten, wenngleich groben Händen handelten, ohne zu wissen. Es wird uns nie gelingen, solche Urteile über die Vergangenheit zu widerlegen oder zu beweisen; sie sind falsch und wahr zugleich, wie jedes Gesetz der Geschichte; das Unheil hat dahin geführt, die Erziehung auf solche

Willkür zu gründen. Nichts wird jemals den Pragmatismus beweisen oder entkräften, diese Theorie von Professoren, die meinen, Erfinden bestünde darin, einen schriftlichen Text mit schwieliger Hand noch einmal exzellent abzuschreiben, oder Entdecken beschränkte sich auf Interpretieren. Nein, Theorie ist keineswegs immer bloß die Explikation dessen, was manuelle Arbeit impliziert. Manchmal ja, oft nein. Tausend Manipulationen führen nur den zum strengen Beweis, der ihn bereits gefunden hat. Doch was bedeutet das schon? Tiefschürfende Linguisten behaupten, das umgangssprachliche französische Wort *baratin* [Schwindel, Humbug] entstamme ebenfalls der Praxis oder dem griechischen Wort, das unserem Wort »tun« entspricht[13], da ja der Lieblingsdiskurs der Intellektuellen darin besteht, das Handeln zu verklären, vor dem sie zurückscheuen, zum Nachteil der Abstraktion, von der sie niemals lassen. Der Gipfel des Humbugs besteht darin, vom Handeln zu sprechen, während man bloß Abhandlungen schreibt. Punkt.

[13] Vergleiche *baratin* und das Verb *prattein*, »handeln«, »arbeiten«, von dem sich unsere »Praxis« herleitet.

Daß uns also unsere Sprachen in der Frage des Erkennens auf so primitive und einfache Artefakte wie das Lot oder den Gnomon zurückführen, zeigt nur, daß das menschliche Subjekt des Denkens aus einer jüngeren Epoche datiert: Die künstliche Intelligenz ist älter als die Intelligenz schlechthin, das heißt jenes Vermögen des Geistes, das sich – wie das Wort ausdrücklich anzeigt – auf eine Möglichkeit zu handeln beschränkt. Das *Ich denke* ist dreihundert Jahre alt, während der Gnomon seit mehr als drei Jahrtausenden sagt, daß er erkennt. Und ich finde es schwieriger, mir eine virtuelle Instanz im Individuum als transzendentale Bedingung geistiger Operationen vorzustellen, als die Schnur oder den Sonnenstab automatisch schreiben zu sehen.

Dieses letzte Adverb verwenden wir meist unüberlegt. Wir glauben, ein Automatismus laufe ab, ohne daß Wille oder Absicht daran teilnähmen. Nun verweist aber die ganze Wortfamilie, zu der dieses Wort gehört, auf eine indoeuropäische Wurzel, *men*, die sich allenthalben in geistigen Aktivitäten wiederfindet: Vehemenz, Dementia, Kommentar, *mention* [Erwähnung], *mensonge* [Lüge], *mémoire* [Gedächtnis], Monument, Monster, Demonstration, *montre* [Uhr], *monnaie* [Geld] fallen in die lateinische Teilmenge der Wörter, die aus dieser Wurzel hervorgegangen sind, während die Wörter Anamnese, Manie und Automat zur griechischen Verwandtschaft gehören. Wir sprechen ein

Ding, das ohne Verstand sein soll, mit einem Wort an, das ihn enthält. Man braucht in dieser Familie nur einige Verwandte zusammenzustellen, um hübsche Sinneffekte zu erzielen. Beispiel: Wie eine Uhr [*montre*] kommentiert und demonstriert der Automat dank seinem Gedächtnis [*mémoire*] und ahmt monströs mentale Akte nach; ein Satz, der kühne Überlegungen anzustellen scheint, vermeintlich riskante Antworten auf unsere Frage nach der künstlichen Intelligenz gibt ... während er sich für das geübte Auge und Ohr des Sprachhandwerkers auf die eintönige Wiederholung derselben Sinneinheit beschränkt, auf eine Art Tautologie oder besser Redundanz. Der Sonnenstab verdankt ihr zweifellos seinen Vergleich mit unseren Uhren. Unsere Sprachen wissen seit langem, daß die Automaten denken; zumindest sagten sie es, lange bevor die Griechen, die Araber, die Epochen der Moderne und der Klassik bewegliche Statuen errichteten, zum Schmuck, aber auch zur quälenden Beunruhigung der Zeitgenossen.

Kurz, der Automat unterhält zur Tätigkeit des Geistes die gleiche Beziehung wie der Gnomon zum Erkennen, wie das Perpendikel oder Pendel zum Denken oder wie *stathme*, das Senkblei, zur Episteme, die stabile Statue zur Epistemologie. Geradlinige Wissenschaft, Denken, Erkennen, Gedächtnis, mentale Akte, Demenz oder Manie ... die Philosophie, wie wir sie gelernt haben, bringt uns dazu, sie als mehr oder weniger gut funktionierende Vermögen um ein transzendentales Subjekt herum zu verteilen, Kästchen für Kästchen oder wie einen Kranz; die Sprache jedoch, die diese Philosophie seit einigen Jahrtausenden schreibt oder spricht, führt sie auf ihre Entstehungsorte zurück, die Achse des Sonnenstabs, den Winkel, die Schnur und die Waage ... als ob sie eine Intelligenz der Objekte beschriebe. Wenn es eine oder mehrere Regeln zur Anleitung des Geistes gibt und wenn die Sprache noch eine gewisse Redundanz bemerkt zwischen der Orientierung, der dieser Geist folgen soll, und dem Ding, das sie anzeigt, da *règle* [Regel, Lineal] und *direction* [Richtung] das lateinische Wort *rectus* wiederholen, das die gerade Linie bedeutet, so ahmt das Subjekt – in der Position des Dritten – eine objektive Form nur nach. Wohnt ihr der Geist bereits inne? Und warum sollten wir uns das erlesene Vergnügen versagen, die hochwissenschaftliche Etymologie von *poêle* [Ofen] ans Licht zu ziehen: das Wort kommt vom lateini-

schen *balnea pensilia* [hängende Bäder]. Was soll man in einem Ofen tun, wenn nicht sagen, daß ich denke?
Die Philosophien, die heute in den Schulklassen gelehrt werden, aus denen die Lektionen der Dinge verschwunden sind, und die das Subjekt in die Sprache stellen, nur damit die Schwadroneure einen vornehmen Status erlangen, bleiben bei dieser Rückkehr zu den Objekten der Welt furchtsam auf halbem Wege stehen, weil die Sprache in uns wohnt, in Mund, Kehle und Körpergesten, und außerhalb von uns, in den Bibliotheken und Semaphoren, Tonspuren und Radioempfängern: innen und außen, künstlich und natürlich, unentscheidbar. Das Subjekt schwankt dabei zwischen einem Quasi-Subjekt, von der Massenkultur bis zum individuellen Unbewußten, und einem Quasi-Objekt, von den Büchern bis zu den Codes: doch was bedeutet ein solcher Satz, in dem ein Wort, »Subjekt«, gleitet und zwischen eigentlichem Sinn und Widersinn seinen Platz nicht finden kann?
Die Sprache, von uns als einzelnen oder Gruppen, im alltäglichen Gebrauch oder in seltenen und stilisierten Erfahrungen verwendet, lehrt uns unmittelbar, daß sie sich verhält wie ein denkendes Artefakt: wir haben sie kollektiv im Verlauf einer langen Geschichte konstruiert und entdekken uns als ihr Konstrukt. Der Handwerker, der dieses Artefakt hergestellt hat, fühlt sich oft von ihm geführt. Mit anderen Worten, es gehört (wie das Geld) zur künstlichen Intelligenz.

Gnomom *bedeutet auch Winkelmaß und Lot. Diese Grabstele vom Grab eines römischen Baumeisters zeigt dessen Arbeitsinstrumente: Senkblei, Zirkel, Winkelmaß, Winkelmesser mit Lot und Lineal. Erstes Jahrhundert nach Christus; Museo Capitolino, Rom*

Materie und Form

Vertikaler Gnomon, knieförmiges Winkelmaß, Lineal, Zirkel, Perpendikel und Pendel: sie alle weisen eine konstante Form auf, die einer vertikalen oder, im Falle der Waage, horizontalen Gerade, einer Normalen oder eines Kreises, je nachdem. Form bedeutet Umriß, Gestalt, Ränder, Definition und Determination, ebensogut aber auch Organisationsprinzip des Gegenstandes. Der rechte Winkel beschreibt sowohl das Aussehen des Winkelmaßes wie sein konstitutives Skelett, seine Konstruktion. So kann die Form als Phänomen und als Wesen, als Erscheinung oder Wirklichkeit angesehen werden. Woraus der Schattenstab gefertigt ist, ob die Projektionsfläche aus Stein oder Marmor, der Zeiger aus Eisen oder Bronze besteht, bleibt gleichgültig, wenn nur die Achse sich senkrecht vom Boden erhebt. Die Information, die der Schattenstab zeigt und liefert, entspricht seiner Form und variiert mit ihr. Mit dieser ändert sich jene. Die Erkenntnis liegt in der Form. Erneut gleicht die Sprache Form und Information einander an. In der ersten liegt die zweite beschlossen.

Die Techniken von einst informierten die Materie: Der Töpfer modellierte den Lehm, um aus dem Kreis und seinen tangentialen Händen die Urne zu ziehen; der Maurer errichtete nach dem Plan des Architekten aus einem Haufen von Steinen das Haus; und der Schmied tat dem friedfertigen Metall im Feuer und mit dem Hammer gleich doppelt Gewalt an. Mit der Industrie kamen gegenüber dem Handwerk weitere Pläne hinzu, doch ihre Verwirklichung verlief in denselben Bahnen. Alles das haben wir geändert. Unsere heutigen Techniken gehen eher dahin, zunächst die komplexen, in den Dingen der Welt verstreuten Feinstrukturen zu erforschen oder wiederzuerkennen und eine davon auszuwählen oder mehrere davon zu vermischen, wenn sie unseren Absichten und den Zwängen der ins Auge gefaßten Fabrikation entsprechen: manchmal gehen sie ihnen sogar voraus. Gewiß, wir bauen noch Uhren aus Metall wie einst, doch bestimmte Kristalle, bestimmte Moleküle beziehungsweise Atome oder Isotope ergeben heute bessere, automatische und genaue Uhren, während ein anderes Kristall als Ventil oder Halbleiter funktioniert. Die völlig informierten Formen liegen in den Dingen selbst, man braucht sie dort nur aufzulesen; so kehren unsere Werke die alten Verfahren um, bei denen die Information einzig aus unseren geschickten Händen oder unserem kundigen Verstand hervorging. Der Idealismus entdeckte, wie Narziß, in der Welt nur sein eigenes Bild, das er ihr mit vielen Mühen aufprägte. Wissenschaft und Technik reduzierten das Wirkliche auf ihre Vorstellungen. Nun bergen aber der lockere Lehmboden, der unbehauene Stein, das Metall in seiner Gangart, an sich und von sich aus kristallin, gleich einem Füllhorn tausend Artefakte. Doch dieses Füllhorn wurde einst von der menschlichen Hand und dem menschlichen Willen verkannt und damit verschlossen. Unser Verstand, unsere ein wenig törichten, gewaltsamen und rohen Anstrengungen hatten die Tür der Schatzkammer versperrt, während die Welt insgeheim tausendmal mehr Wunder enthält als alle unsere Entscheidungen. Der Sinn, die Richtung, der Entwurf der Arbeit kehren sich um. An diesem Sonntag der Techniken erkennen wir zunächst, daß das Universum bereits viel geschmiedet hat: hier liegt die Quelle der Information.

Es gibt keine Materie im Universum. Sonst wären die physikalischen Wissenschaften in ihrer Entwicklung oder ihrer Geschichte irgendwann auf Grenzen gestoßen, wie sie die materialistische Metaphysik vorausgesagt und gezogen hatte. Doch diese verflüchtigt sich im selben Maße, wie jene voranschreiten und unaufhörlich neue Formen enthüllen, ohne jemals einer Materie zu begegnen, für die sie keinen Namen haben und von der sie nur die Masse anerkennen. Die Materie existiert nicht, man findet nur Formen, Atome zum Beispiel, bis hinunter zur kleinsten Partikel, mit oder ohne Masse, zahllose Formen sowie deren Melange, die – systematisch geordnet oder chaotisch lärmend – die unübersehbare Mannigfaltigkeit dieser Formen wie in einem Korb durchrüttelt und schüttelt. Es gibt nur Information, deren enormer Vorrat in der Welt sich zweifellos in einer sehr großen, mathematisch endlichen, doch physikalisch unendlichen Zahl ausdrücken läßt und ebendeshalb die Wissenschaft in einer offenen Geschichte hält. Noch das Gewicht codiert ein Kraftfeld, während irgendein Aggregat, Kolloid oder Organismus eine Teilmenge codierter Formen wiederum übercodiert. Nur Melange und Unordnung, Lärm und Chaos wecken den Anschein von Materie.

Intelligenz ist daher dem Universum immanent und zweifellos mit ihm deckungsgleich. Die Welt besitzt einen großen Vorrat an Formen. Unsere Intelligenz bildet da nicht etwa eine Ausnahme in einem schwarzen Umfeld, das pas-

siv darauf wartete, daß wir es informieren. Es existiert eine ungeheure objektive Intelligenz, von der die künstliche und die subjektive nur winzige Teilmengen darstellen. Erkennen besteht für uns darin, uns in eine Form zu bringen, die derjenigen, die wir erkennen, analog ist. Das Objekt, das wir konstruieren, schmieden wir analog zu bestimmten Dingen der Welt, die uns letztlich als Lotsen dienen. Als intelligentes Artefakt unterbricht der Gnomon den Strom des Sonnenlichts, und beide hinterlassen, ganz allein, eine Zeichnung auf der Erde, von der sich diese Statue erhebt, die objektive und partielle Information des Schattens, der als Teil der globalen Form der Welt spricht.
Die Geometrie schlummerte unter der Erde oder träumte im gleißenden Sonnenlicht: Der Gnomon der alten Griechen oder der Babylonier hat sie nach und nach geweckt, am Leitfaden singulärer Formen, die dem Schatten und dem Licht gemeinsam sind.

Menon

»*Menon*: Ja, Sokrates, aber meinst du dies so schlechthin, daß wir nicht lernen, sondern daß, was wir so nennen, nur ein Erinnern ist? Kannst du mich wohl belehren, daß sich dieses so verhält? *Sokrates*: Schon eben sagte ich, daß du schlau bist, Menon; auch jetzt fragst du, ob ich dich lehren kann, der ich doch behaupte, es gebe keine Belehrung, sondern nur Erinnerung, damit ich nur gleich mit mir selbst im Widerspruch erscheine. *Menon*: Nein wahrlich, Sokrates, nicht in solcher Absicht sagte ich es, sondern aus Gewohnheit. Wenn du mir also irgendwie zeigen kannst, daß es sich so verhält, wie du sagst, so tue es. *Sokrates*: Freilich ist dies nicht leicht, ich will es aber doch unternehmen, dir zuliebe. Rufe mir also von den vielen Dienern hier, welche dich begleiten, irgendeinen her, welchen du willst, damit ich es dir an diesem zeige. *Menon*: Sehr gern. Du da, komm her. *Sokrates*: Er ist doch ein Hellene und spricht hellenisch? *Menon*: Sehr gut; er ist im Hause aufgezogen. *Sokrates*: Merke also wohl auf, wie er dir erscheinen wird, ob, als erinnerte er sich oder als lernte er von mir. *Menon*: Das will ich tun.
Sokrates: Sage mir also, Knabe, weißt du wohl, daß ein Viereck eine solche Figur ist? *Knabe*: Das weiß ich. *Sokrates*: Gibt es also ein Viereck, welches alle diese Seiten, deren vier sind, gleich hat? *Knabe*: Allerdings. *Sokrates*: Hat es nicht auch diese beiden, welche durch die Mitte hindurchgehen, gleich? *Knabe*: Ja. *Sokrates*: Ein solcher Raum nun kann doch größer und kleiner sein. *Knabe*: Freilich. *Sokrates*: Wenn nun diese Seite zwei Fuß hätte und diese auch zwei; wieviel Fuß enthielte das Ganze? – Überlege es dir so: Wenn es hier zwei Fuß hätte, hier aber nur

einen, enthielte dann nicht der ganze Raum einmal zwei Fuß? *Knabe*: Ja. *Sokrates*: Da er nun aber auch hier zwei Fuß hat, wird er nicht von zweimal zwei Fuß? *Knabe*: Das wird er. *Sokrates*: Zweimal zwei Fuß ist er also. *Knabe*: Ja. *Sokrates*: Wieviel nun zweimal zwei Fuß sind, das rechne aus und sage es. *Knabe*: Vier, o Sokrates. *Sokrates*: Kann es nun nicht einen andern Raum geben, der das Doppelte von diesem wäre, sonst aber ein ebensolcher, in dem alle Seiten gleich sind, wie in diesem? *Knabe*: O ja. *Sokrates*: Wieviel Fuß muß er enthalten? *Knabe*: Acht Fuß. *Sokrates*: Gut! Nun versuche auch, mir zu sagen, wie groß jede Seite in diesem Viereck sein wird. Nämlich die des ersten ist von zwei Fuß; die aber jenes doppelten? *Knabe*: Offenbar, o Sokrates, zweimal so groß. *Sokrates*: Siehst du wohl, Menon, wie ich diesen nichts lehre, sondern alles nur frage? Und jetzt glaubt er zu wissen, wie groß die Seite ist, aus der das achtfüßige Viereck entstehen wird. Oder denkst du nicht, daß er es glaubt? *Menon*: Allerdings. *Sokrates*: Weiß er es aber wohl? *Menon*: Wohl nicht. *Sokrates*: Er glaubt aber doch, es entstehe aus der doppelten? *Menon*: Ja.

Sokrates: Sieh nun zu, wie er sich weiter so erinnern wird, wie man sich erinnern muß. – Du aber sage mir, aus der doppelten Seite, sagst du, entstehe das doppelte Viereck? Ich meine aber ein solches, nicht etwa eins, das hier lang ist, dort aber kurz; sondern es soll nach allen Seiten gleich sein, wie dieses hier, aber das Zwiefache von diesem, also achtfüßig. Sieh nun zu, ob du noch meinst, dies werde aus der zwiefachen Seite entstehen? *Knabe*: So meine ich. *Sokrates*: Wohl! Dies wird doch die zwiefache von dieser, wenn wir hier noch eine ebenso große hinzusetzen? *Knabe*: Allerdings. *Sokrates*: Und aus dieser, glaubst du, werde das achtfüßige Viereck entstehen, wenn wir vier solche nehmen? *Knabe*: Ja. *Sokrates*: So laß uns von ihr vier gleiche aufzeichnen. Nicht wahr also, dies wäre, was du für das achtfüßige hältst? *Knabe*: Allerdings. *Sokrates*: Sind nun nicht in ihm diese vier, deren jedes diesem vierfüßigen gleich ist? *Knabe*: Ja. *Sokrates*: Wie groß ist es also? Nicht viermal so groß? *Knabe*: Nicht anders. *Sokrates*: Ist nun das viermal so große das zwiefache? *Knabe*: Nein, beim Zeus. *Sokrates*: Sondern das wievielfache? *Knabe*: Das vierfache. *Sokrates*: Aus der zwiefachen Seite also entsteht uns nicht das zwiefache, sondern das vierfache Viereck. *Knabe*: Du hast recht. *Sokrates*: Denn von vier ist das Vierfache sechzehn. Nicht? *Knabe*: Ja. *Sokrates*: Das achtfüßige aber, von welcher Seite entsteht das? Nicht wahr, aus dieser entsteht das vierfache? *Knabe*: Das sage ich auch. *Sokrates*: Und das vierfüßige entsteht aus dieser halben? *Knabe*: Ja. *Sokrates*: Das achtfüßige aber, ist es nicht von diesem hier das zwiefache, von diesem aber die Hälfte? *Knabe*: Allerdings. *Sokrates*: Muß es also nicht aus einer größeren Seite entstehen als diese und aus einer kleineren als diese? Oder nicht? *Knabe*:

Ich wenigstens denke so. *Sokrates*: Schön! Denn immer nur, was du denkst, mußt du antworten. Und sage mir, hatte nicht diese zwei Fuß, diese aber vier? *Knabe*: Ja. *Sokrates*: Also muß des achtfüßigen Vierecks Seite größer sein als diese zweifüßige und kleiner als die vierfüßige? *Knabe*: Das muß sie. *Sokrates*: So versuche denn zu sagen, wie groß du meinst, daß sie sei. *Knabe*: Dreifüßig. *Sokrates*: Gut. Wenn sie dreifüßig sein soll, so wollen wir von diesem noch die Hälfte dazunehmen, so wird sie dreifüßig; denn dies sind zwei Fuß, und dies ist ein Fuß, und auf dieser Seite ebenso sind dies zwei, dies einer. Und dies wird nun das Viereck, welches du meinst. *Knabe*: Ja. *Sokrates*: Wenn es nun hier drei Fuß hat und hier auch drei Fuß: so wird das ganze Viereck von dreimal drei Fuß. *Knabe*: Offenbar. *Sokrates*: Dreimal drei aber, wieviel Fuß sind das? *Knabe*: Neun. *Sokrates*: Wieviel Fuß aber sollte das zweifache enthalten? *Knabe*: Acht. *Sokrates*: Auch nicht aus der dreifüßigen Seite also wird uns das achtfüßige Viereck. *Knabe*: Freilich nicht. *Sokrates*: Von welcher also, das versuche doch uns genau zu bestimmen; und wenn du es nicht durch Zählen willst, so zeige uns nur, von welcher. *Knabe*: Aber beim Zeus, Sokrates, ich weiß es nicht.

Sokrates: Siehst du wohl, Menon, wie weit er schon fortgeht im Erinnern? Denn zuerst wußte er zwar auch keineswegs, welches die Seite des achtfüßigen Vierecks ist, wie er es auch jetzt noch nicht weiß; allein er glaubte damals, es zu wissen, und antwortete dreist fort als ein Wissender und glaubte nicht, in Verlegenheit zu kommen. Nun aber glaubt er schon in Verlegenheit zu sein, und wie er es nicht weiß, so glaubt er es auch nicht zu wissen. *Menon*: Du hast recht. *Sokrates*: Steht es also nun nicht besser mit ihm in bezug auf die Sache, die er nicht wußte? *Menon*: Auch das dünkt mich. *Sokrates*: Indem wir ihn also in Verlegenheit brachten und zum Erstarren, wie der Zitterrochen, haben wir ihm dadurch etwa Schaden getan? *Menon*: Mich dünkt nicht. *Sokrates*: Vielmehr haben wir vorläufig etwas ausgerichtet, wie es scheint, damit er herausfinden kann, wie sich die Sache verhält. Denn jetzt möchte er es wohl gern suchen, da er es nicht weiß; damals aber glaubte er, ohne Schwierigkeit vor vielen oftmals gut zu reden über das zwiefache Viereck, daß es auch eine zwiefach so lange Seite haben müsse. *Menon*: So mag es wohl sein. *Sokrates*: Glaubst du nun, er würde sich vorher bemüht haben, das zu suchen oder zu lernen, was er nichtwissend glaubte zu wissen, ehe er, überzeugt, er wisse nicht, in Verwirrung geriet und sich nach dem Wissen sehnte? *Menon*: Nein, dünkt mich, Sokrates. *Sokrates*: Nutzen hat ihm also das Erstarren gebracht? *Menon*: So dünkt mich. *Sokrates*: Sieh nun aber auch zu, was er von dieser Verlegenheit aus mit mir suchend auch finden wird, indem ich ihn immer nur frage und niemals lehre. Und gib wohl acht, ob du mich je darauf betriffst, daß ich ihn belehre und ihm vortrage und nicht seine eigenen Gedanken nur ihm abfrage. Sage mir du, ist dies nicht unser vierfüßiges Viereck? Verstehst du? *Knabe*: Ja. *Sokrates*: Können wir nun nicht hier noch ein gleiches daran setzen? *Knabe*: Ja. *Sokrates*: Und auch dies dritte, das jedem von den beiden gleich ist? *Knabe*: Ja. *Sokrates*: Können wir nun nicht auch das noch hier in der Ecke ausfüllen? *Knabe*: Allerdings. *Sokrates*: Sind dies nun nicht vier gleiche Vierecke? *Knabe*: Ja. *Sokrates*: Wie nun? Das wievielfache ist wohl dies Ganze von diesen? *Knabe*: Das vierfache. *Sokrates*: Wir sollten aber ein zweifaches bekommen; oder erinnerst du dich nicht? *Knabe*: Allerdings. *Sokrates*: Schneidet nun nicht diese Linie, welche aus einem Winkel in den anderen geht, jedes von diesen Vierecken in zwei gleiche Teile? *Knabe*: Ja. *Sokrates*: Und werden nicht dieses vier gleiche Linien, welche dieses Viereck einschließen? *Knabe*: Allerdings. *Sokrates*: So betrachte nun, wie groß wohl dieses Viereck ist? *Knabe*: Das verstehe ich nicht. *Sokrates*: Hat nicht von diesen vieren von je einem jede Seite die Hälfte nach innen zu abgeschnitten? Oder nicht? *Knabe*: Ja. *Sokrates*: Wieviel solche sind nun in diesem? *Knabe*: Vier. *Sokrates*: Wieviel aber in diesem? *Knabe*: Zwei. *Sokrates*: Vier aber ist von zwei was doch? *Knabe*: Das Zweifache. *Sokrates*: Wievielfüßig ist also dieses? *Knabe*: Achtfüßig. *Sokrates*: Von welcher Linie? *Knabe*: Von dieser. *Sokrates*: Von der, welche aus einem Winkel in den anderen das vierfüßige schneidet? *Knabe*: Ja. *Sokrates*: Diese nun nennen die Gelehrten die Diagonale; so daß, wenn diese die Diagonale heißt, alsdann aus der Diagonale, wie du behauptest, das zwiefache Viereck entsteht. *Knabe*: Allerdings, Sokrates.«

Daß der Sklave, den Platon im *Menon* vorführt, von einer versunkenen Welt Zeugnis gibt, deren er sich in unserer Anwesenheit durch eine anamnetische Übung erinnert: man muß es wohl glauben und ebenso überzeugt davon sein, daß Sokrates und Platon mit gutem Grund an die erleuchteten Rhythmen der Dichter[14] erinnern, die sie zu jenen verlorenen Zeiten zurückführen. Doch müssen diese Welten und Zeiten, die im Verlauf der Demonstration wieder vor uns erstehen, noch präzise beschrieben werden. Wenn die Wissenschaftshistoriker auf das hier behandelte Problem der Verdopplung[15] des Quadrats zu sprechen kommen, forschen sie an dieser Stelle des *Menon* und an der beschriebenen geometrischen Figur nach Spuren oder Zeugnissen der griechischen Geometrie des fünften Jahrhunderts, die heute von allen außer ihnen vergessen ist, weil sich nur spärliche Fragmente davon erhalten haben, darunter dieses. Die Rekonstruktion des Schemas und der

14 An einer früheren Stelle des *Menon* (81 b-c) zitiert Sokrates ein Fragment Pindars über die Wiedergeburt der Seele. Pindar (518-438 vor Christus), Autor von Oden, Olympien, Pythien und dergleichen.

15 *Verdoppeln*: nicht etwa kopieren, um ein Doppel zu erhalten, sondern eine identische Form von doppelter Fläche konstruieren.

Beweis des Verhältnisses zwischen der Grundseite und der Diagonale des Quadrats erlauben es, verlorenes Wissen und eine vergangene Epoche wiederherzustellen: Arbeit der Wiedererinnerung. Nun nimmt die Geschichte der Wissenschaften im allgemeinen auf die Theorie, zu deren Gunsten Sokrates einen Unwissenden herbeiruft und ihm dieses Problem stellt, ebensowenig Bezug wie die Geschichte der Philosophie auf das Problem der Verdopplung des Quadrats, wenn sie die Lehre der Anamnesis behandelt. Und wenn nun die beiden Erinnerungen zusammenfielen? Widmen sich Sokrates und der Sklave nicht der gleichen Anstrengung wie wir, dem Ziel der Wiedergewinnung eines vergessenen Wissens? Welche Beziehungen lassen sich zwischen Wissenschaft und Gedächtnis definieren?

Gegeben sei ein Quadrat, dessen Fläche wir zu verdoppeln suchen: wieviel Fuß mißt die Seite des neuen Quadrats? Wie auch die Antwort lauten mag, wir müssen die beiden Seiten des alten verlängern. Wir entdecken den Gnomon wieder, die alte Form des knieförmigen Winkelmaßes, dessen ausgesparter Raum das ursprüngliche Quadrat sichtbar macht und das als Gerät aus Holz oder Eisen das jenem Quadrat angefügte Supplement verwirklicht. Die Verdopplung der gegebenen Fläche besteht darin, die Ergänzungsfläche zu konstruieren: das ist das Problem des Gnomons. Läßt es sich auf diese Weise lösen? Der kleine Sklave stellt es, mit Sokrates, wenigstens zu Beginn so dar: es besteht kein Zweifel, daß er sich von einer solchen Zeichnung täuschen läßt, da die richtige Lösung einsetzt, sobald er dieses Lösungsmuster aufgibt. Sein Irrtum kommt also daher, daß er zunächst die Frage des Gnomons stellt. Mit diesem Namen, sagt Heron von Alexandria, ist alles zu bezeichnen, was, zu einer Zahl oder Figur hinzugefügt, ein Ganzes ergibt, das dem ähnlich ist, dem es hinzugefügt wurde. Die Verdopplung stellt einen trivialen Sonderfall einer solchen Ähnlichkeit dar.

Nun kommt der Irrtum aber zweimal vor, und zweimal im Übermaß. Warum? Ausgehend von der zwei Fuß langen Grundseite AB, also einer Fläche von vier, verlängert der Sklave die erste auf das Doppelte, gibt ihr also vier Fuß, kommt auf eine Fläche von sechzehn, während man acht von ihm verlangt hat, das Doppelte von vier. Er kehrt also um und wählt eine Seite von drei Fuß für ein Quadrat von neun. Diese Schüsse übers Ziel hinaus erklären sich wiederum aus dem Problem des Gnomons. Dieses Wort bezeichnet die knieförmige Ergänzung, aber, wie gesagt, auch die pythagoreische Tafel, welche die vollkommenen Quadratzahlen, die ungeraden Zahlen und die Folge der ganzen Zahlen anzeigt: die ersten auf der Diagonale, die zuletzt genannten auf den Seiten. Die ungeraden Zahlen, auf dem verbleibenden Knie gelegen, bilden den Gnomon.

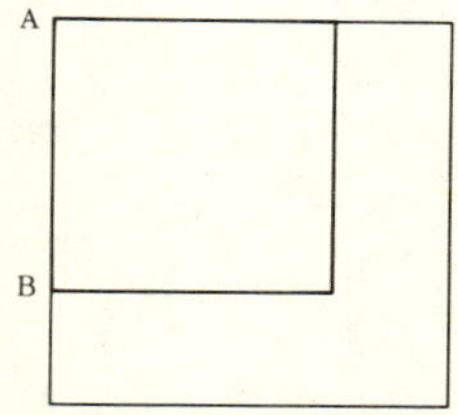

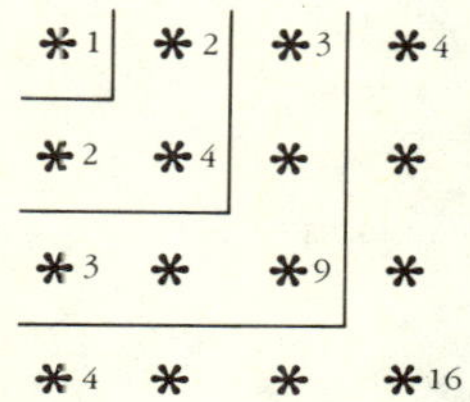

Der junge Unwissende springt nun von der Zwei zur Vier und steigt von der Vier wieder herab zur Drei: er folgt also den ganzzahligen Seiten des Quadrats im Sinne der geometrischen Algebra der alten Pythagoräer. Mit anderen Worten, der Gnomon geht ihm voraus.

Wiedererinnerungen

Er erinnert sich. Er erinnert sich zunächst an die Definitionsversuche im Verlauf des Dialogs: er hat sie hören müssen, in irgendeinem Winkel verborgen. Erinnern wir uns also, daß die Aufgabe – parallel zur Definition der Tugend – darin bestand, die Definition der Gestalt zu finden, und daß man übereinkam, zunächst die ersten beiden Ergebnisse zu verwerfen: die Gestalt ist weder Form noch Farbe; doch war man sich einig, daß sie die Grenze ist, an der ein fester Körper endet. Die Linie folgt dem Rand der Gestalt, so wie diese dem eines Körpers. Also täuscht sich der Sklave, weil er dem Rand folgt, dem Rand des von Sokrates gezeichneten Quadrats und dem des Zahlenschemas. Doch von der Linie zur Fläche und von ihr zum Volumen, das heißt von der Grenze zu der Varietät, die sie umgibt oder definiert, gilt die Folgerung nicht. Der Sklave täuscht sich, weil er sich der Definition durch die Grenze erinnert. Unmittelbare Erinnerung.

Er erinnert sich zweitens an den Zustand, in dem sich die griechische Geometrie vor der Entdeckung der Diagonale befand, eine vergessene Welt. Er erinnert sich der geometrischen Algebra der alten Pythagoräer, der Herrschaft der ganzen Zahlen. Von ihr ist die mathematische Welt Platons, des Theodoros, Theaitetos und Eudoxos vollständig abgeschnitten. Damals vertraute man auf den Gnomon, übertrug ihm die Aufgabe, zu erkennen. Der neuen Schule ist diese Erkenntnis verlorengegangen, sie ist ihr verächtlich geworden, im Grunde nur noch gut für Sklaven. Und der junge Mann kennt sie, spricht sie aus, stellt sie dar. Er kennt die Tafel des Gnomons. Wirklich? Wir, die wir den Dialog aus zwei Jahrtausenden Distanz hören und lesen, können bezeugen, daß er seine Multiplikationstabelle kennt, denn ohne Zögern antwortet er »vier« auf die Frage, wieviel zweimal zwei sind, und mühelos kann er bestätigen, daß viermal vier sechzehn und dreimal drei neun sind. Doch für Sokrates und seine Schule kommt dieses Tabellen- und Zahlenwissen dem Unwissen gleich. Seine Zahlen kennen heißt soviel wie nichts wissen. Doch wir lesen, daß der Sklave seine Tabelle hersagt. Was ist eigentlich eine Tabelle, wenn nicht ein Gedächtnis? Die am einfachsten wiederzufindende Erinnerung. Der Sklave folgt der Tafel und der Tabelle und dem Gnomon: er erinnert sich. Er ruft sich ein Wissen in Erinnerung, das der Platonismus versteckt und verachtet. Hinter der Geometrie, genauer gesagt: jener Geometrie, die ein doppeltes Quadrat durch die Diagonale des ursprünglichen einfachen Quadrats bestimmt, verbergen sich unterm Schleier des Vergessens die Arithmetik und die geometrische Algebra, deren sich jener erinnert, den man verachtet. Mit seinem Körper, mit seiner Sprache und vor allem mit seinem Stand bezeugt er, welcher Rang der alten Wissenschaft zufällt: sie gehört ins Reich der Unkenntnis und Sklaverei, in den Bereich des Konkreten gegenüber dem Abstrakten. Der Philosoph behält sich die Metasprache vor, in der dieses neue Verhältnis zwischen dem Reinen und dem Konkreten definiert wird, und kann deshalb künftig nach Belieben sein Urteil über das Wissen und seine Geschichte sprechen, indem er sich selbst zum Ursprung beider macht.

Doch auch Sokrates erinnert sich, wenn er sagt, daß er unwissend sei. Es bleibt wahr, daß er nicht weiß. Er zweifelt und sucht. Und fragt. Vor allem zerlegt er die großen rhapsodischen Sätze und die enzyklopädischen Fächer in Elemente und Brocken. Als Infanterist, als Fußgänger will er Schritt für Schritt vorgehen. Erst dies, dann das. Setzen wir zunächst dies außer Zweifel, ehe wir zu jenem übergehen, das wir auf die gleiche Weise prüfen werden. Teilen wir in zwei, bilden wir Dichotomien. Sokrates kennt nur diese Vorgehensweisen, diese vorsichtige und umsichtige Methode oder Gedankenentwicklung. Doch nehmen wir auch die göttliche Theorie ernst, die er Pindar verdankt: wie, wenn auch er selbst sich eines alten Wissens erinnerte? Sokrates erinnert sich der Schritt-für-Schritt-Verfahren des algorithmischen Denkens[16], er steht für sie ein mit seiner Person als jemand, der spricht und nicht schreibt. Seit das Denken im Zweistromland aus dem Dunkel der Zeiten trat, macht die bevorzugte Teilung durch zwei das Kopf-

[16] *Algorithmus*: entgegen dem Anschein kommt das Wort nicht aus dem Griechischen, sondern aus dem Arabischen und bedeutet: endliche Folge elementarer Operationen bei der schematischen Ausführung eines Kalküls oder bei der Lösung eines Problems.

rechnen einfacher. Der kleine Sklave und Sokrates gehen zusammen und im selben Schritt jener versunkenen Welt entgegen, deren Prosopopöien sie sind; der Herr, der alte Plauderer, befragt den Unwissenden, der weder lesen noch schreiben kann, nach den alten und exakten Verfahren, die diesem nicht unbekannt sind; nie verliert er das vorherige Kettenglied aus den Augen, wenn er zum folgenden übergeht; sofort kehrt er um, wenn er eines übersprungen hat – und geht nach dem unvermittelten Sprung von zwei nach vier zum dritten Feld zurück.

Das Spiel wird nicht zu zweit gespielt, sondern zu dritt; nicht Sokrates, Menon und der Sklave, da die beiden zuletzt genannten gegeneinander austauschbar sind, sondern Platon, Sokrates und der Unwissende. Die *paideia*, Erziehung und Geschichte, durchläuft drei Stadien, drei Stände: Philosophenkönig, Fußsoldat und Handwerker oder Akkersmann, nach der antiken Unterteilung. Platon denkt im Universum der Geometrie, des reinen Raums, der strengen Meßkunst, der beherrschten Irrationalität: daher die Diagonale, der mit dem Logos verbündete und verbundene Alogos; daher das Bild der königlichen Webkunst des Staatsmannes, mit dem der *Politikos* schließt. Der Sklave rechnet im Kopf mit ganzen Zahlen nach dem traditionellen Algorithmus, der verächtlichen Logistik der Händler und Handarbeiter, während Sokrates, auch wenn er noch im alten Stadium bleibt, indem er räsoniert, ohne zu schreiben, die neue Welt des Quadrats entdeckt mit ihrem Diagonalenkreuz als Emblem. Wie ein Bote stellt er die Verbindung zwischen diesen beiden Reichen her.

Platon beherrscht auch noch unsere Gedanken, von denen wir uns nicht lösen können, besser gesagt: wir fühlen uns in den von ihm konzipierten Gedanken heimisch, während der kleine Sklave bei den alten Pythagoräern, die noch den babylonischen Tabellen verhaftet waren, stehengeblieben ist; Sokrates weiß nichts, wie ein Kind, und schreibt nicht, wie ein Sklave; sie bleiben beide der alten Mode verhaftet, an die sie Platon (und uns) erinnern – jene frühe Zeit, die sich noch ganz den Methoden der Mündlichkeit und den Schritt-für-Schritt-Verfahren überläßt –; doch staunend erreichen sie plötzlich, Hand in Hand, eine neue abstrakte Welt.

Das algorithmische Denken fällt in Vergessenheit und bildet mit seinen Abzählreimen nur noch die Vorgeschichte der Wissenschaft. Der junge Sklave erinnert sich an den

Gnomon und seine Tafelgesetze, weil es wie ein Gedächtnis funktioniert, wie die Multiplikationstabelle. Zweifellos beschränkte sich das algorithmische, in Artefakten realisierbare Denken auf solche Gedächtnisse. Sagen wir nicht: artifizielle, künstliche Intelligenz, sondern lieber: artifizielles, künstliches Gedächtnis. Es gab eine Zeit, erinnern wir uns daran, da bedeutete Wissen möglicherweise nicht mehr als Erinnerung. Doch die neue Geometrie offenbart deren Lücken: es findet sich keine Zahl zwischen 3 und 4 auf den Seiten des Gnomons, sowenig wie zwischen 4, 9 und 16 auf der Diagonalen. Die Geometrie füllt seine Leerstellen aus, springt ein, wo der Gnomon versagt, annulliert ein Wissen, das an Erinnerung gebunden war. Sie erfindet eine andere Welt, die zwischen den Zahlen wimmelt und in der man sich leicht verzählt. Vorläufiges Ende des Kampfes, in dem sich Abstraktion und Gedächtnis, beide als Denkökonomien betrachtet, gegenüberstehen: hier gewinnt die erste dort, wo die zweite flieht. Doch obwohl das Gedächtnis in der griechischen Schlacht vernichtet wird, setzt es den Krieg fort: bei den Arabern im Mittelalter, bei den größten klassischen Mathematikern, Pascal etwa oder Leibniz – eher Architekten von Algorithmen denn von Geometrien –, schließlich in der Gegenwart: haben wir doch gelernt, auf beiden Ebenen denkökonomisch zu verfahren, das heißt zu sparen, zu gewinnen: dort, wo noch das Licht der platonischen Sonne leuchtet, in der reinen Mathematik, aber auch dort, wo die Erinnerung sogar die Geschwindigkeit dieses Lichtes in Dienst genommen hat. Objektive Sklaven arbeiten im Inneren der Computer: der ganze antike Dialog folgt Prozeduren, die sich ohne weiteres als Programme schreiben ließen.

Messung und Position

Im Verlauf des Dialogs zweigt die Diskussion plötzlich von der Arithmetik zur Geometrie ab: und wenn du es nicht durch Zählen willst, so zeige uns nur! Sokrates mogelt ganz offenkundig. Er hat nach der Seitenlänge gefragt. Der redliche Sklave antwortet: vier oder drei Fuß. Man verlangt von ihm eine Messung, er nennt eine Größe. Doch wenn die Diagonale als Grundseite des verdoppelten Quadrats in den Blick kommt, ist nur noch von Qualität die Rede: Auf welcher Linie läßt sich das doppelflächige Quadrat konstruieren? Auf dieser. Interrogativ- und Demonstrativpronomina zeigen, daß nun auf Quantifikation

verzichtet wurde und das, worauf gezeigt wird, nur noch qualifiziert werden soll. Niemand fragt den Fragesteller: welche Länge? Er fragt den Unwissenden nach einem Inhalt, aber niemand kümmert sich darum, ob er ihn selber kennt. Er hat die Seite zwar gefunden, aber er hat sie nicht gemessen. Sokrates ist unredlich: er weiß, daß er die genaue Länge nicht finden wird.
Beide Irrtümer unterliefen zudem bei der Messung der Quadratseite mittels ganzer Zahlen: Der Sklave zählt vier und kommt auf sechzehn, kehrt zu drei zurück und kommt auf neun. Der erste Versuch scheitert mit der geraden, der zweite mit der ungeraden Zahl, beide Schüsse gehen übers Ziel. Die gesuchte Zahl wird also weder die gerade noch die ungerade sein.

Benommenheit und Narkose

Sackgasse, Irritation: der Dialog setzt aus, und ein Intermezzo beginnt, in dem Sokrates den Menon an seinen Vergleich mit dem Zitterrochen erinnert. Die Metapher drückt den Widerspruch und die Verwirrung aus, in der sich der Gesprächspartner des Philosophen an dieser Stelle befindet. Doch wir verstehen selber nichts, ehe wir uns nicht an die Etymologie des Zitterrochens[17] erinnern: Dieser Fisch heißt so, weil er uns nicht in den Stupor, sondern in den Torpor versetzt.[18] Wer ihn berührt, dem schwinden die Sinne, der scheint einzuschlafen. Doch wir verstehen immer noch nichts, solange wir uns nicht daran erinnern, daß der Zitterrochen jenseits seiner lateinischen Etymologie im Griechischen den Namen *narké* trägt, der ihn mit der Narkose und unseren Narkotika in Verbindung bringt. Eine seltsame Pharmazeutik. Den Schlag bei der Berührung mit dem Tier betrachten wir heute als elektrochemisches Phänomen. Wir klären diese Erfahrung mit Hilfe mehrerer Wissenschaften, Elektrostatik, Biochemie, Neurologie, entfalten einen ganzen Fächer raffinierter Disziplinen. Unsere Pharmazeutik der Narkotika führt uns zum Zitterrochen zurück, als ob die Sprache in ihrer Geschichte denselben Weg gegangen wäre wie die Wissenschaft selbst, die seit wenigstens zwei Jahrhunderten Experimente mit diesem erstaunlichen Fisch anhäuft. Als ob es zwei parallele Wissenschaftsgeschichten gäbe: eine, die von den Manipulationen der Physiologie erzählt, und eine andere, die sich des lateinischen Torpedos und der griechischen Narkose, des narkotischen Schlafs und des seltsamen Torpors erinnert,

[17] *Zitterrochen*: lateinisch *torpedo*, französisch *torpille*. *Anmerkung des Übersetzers*
[18] *Stupor*: Körperliche und geistige Regungslosigkeit bei wachem Bewußtsein. *Torpor*: Benommenheit. *Anmerkung des Übersetzers*

in den uns die Entladung versetzt. Wir verstehen mit unserer Wissenschaft etwas, das die Elektrizität berührt, von der Platon kaum etwas wußte, doch Platon benennt ein Tier derart, daß wir etwas verstehen, das unsere Chemie berührt, unsere Pharmazie, aber auch die seine. Der Zitterrochen betäubt wie ein Narkotikum. Narziß läßt sich von seinem Bild, das ihm die stillen Gewässer einer Quelle zurückwerfen, völlig gefangennehmen, bis zur Selbstbetäubung fesseln. Der narkotisierte Narziß trägt den Namen des Fischs oder trägt dieses Tier in sich und versetzt sich selbst den tödlichen Schlag, wie ein *pharmakon*, das von allen Bezügen zu Gesellschaft und Umwelt getrennt wäre. Die Narkose verhält sich zum einzelnen Individuum ebenso wie das archaische Opfer, das die Griechen Pharmazeutik nannten, zum Kollektiv. Werden beim Spiel des Selbsterkennens die Iche [*les je*] das Selbst [*le moi*] töten, so wie eine entfesselte Menge dem *pharmakos* den Tod bringt?[19] Erkenne dich selbst! Gib dir den Todesstoß, narzißtisches Subjekt des Denkens! Subjektphilosophie, diese selbstmörderische Droge...

[19] *Phármakon*: heilkräftige oder verderbliche Droge. *Pharmakós*: Giftmischer, Hexer, Opfer eines Opferrituals.

Unser Wissen, das sich in einer Serie von Disziplinen entfaltet – Elektrizität, Chemie, Pharmazie, Neurologie, Psychopathologie –, schließt sich, wenn man seine Geschichte zurückverfolgt, wie man einen Fächer zusammenlegt, und unsere überkommene Sprache (eine andere haben wir nicht) verbindet uns mit der Vergangenheit wie ein schwarzer Strich. Unsere heutigen Gelehrten sind gern und mit Recht stolz darauf, einen biochemischen Ursprung des elektrischen Schlags entdeckt zu haben. Sicher. Aber die Sprache wußte das schon, seit langem. Manchmal braucht die Geschichte der Wissenschaften nichts weiter als ein gewisses Gedächtnis. Das künstliche Gedächtnis der Sprache.

Gerade und ungerade: apagogischer Beweis, reductio ad absurdum

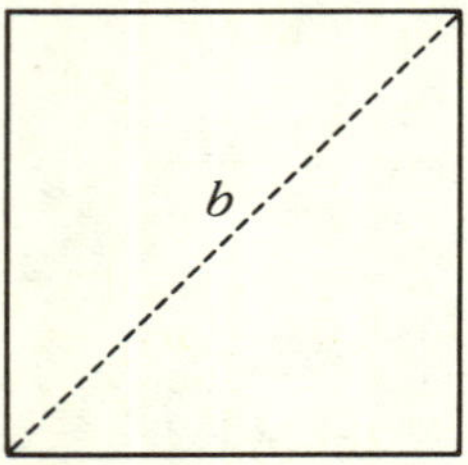

Gegeben sei ein Quadrat mit der Seitenlänge 1 und der Diagonale b. Nach dem Satz des Pythagoras wissen wir, daß $b^2 = 1^2 + 1^2 = 2$ oder $b = \sqrt{2}$. Da $1^2 = 1$ und $2^2 = 4$, muß b zwischen 1 und 2 liegen. Schreiben wir diesen Wert m/n und nehmen an, daß dieser »Bruch« auf seinen einfachsten Ausdruck gekürzt wurde. Dann ist $\sqrt{2} = m/n$, woraus wir erhalten: $m^2 = 2n^2$. Folglich ist m^2 gerade und also auch m. Erste Konsequenz: *n ist ungerade*.

Nun ist eine gerade Quadratzahl durch 4 teilbar, und dies ist auch bei m^2 der Fall. Demnach ist auch $2n^2$ durch 4 teilbar. Also ist n^2 gerade, und *n ist gerade*.
Folglich ist *n* gerade und ungerade, und das ist unmöglich. $\sqrt{2}$ läßt sich also nicht in der Form *m*/*n* darstellen. Man hat diesen ersten indirekten Beweis seit der Antike als apagogisch bezeichnet. Er bringt die primitive pythagoreische Arithmetik zum Scheitern, die nur ganze oder, strenggenommen, nur rationale Zahlen zuließ. Plötzlich weist der Raum Längen auf, die durch Zählen nicht zu bestimmen sind. Und wenn du es nicht durch Zählen willst, so zeige uns nur: diese Äußerung des Sokrates ist raffinierter und tiefer, als es scheint; sie gibt genau den Punkt der Verzweigung an.
Der apagogische Beweis zeigt, daß die Zahlen unmöglich machen, was der Raum offenbar möglich macht. Der Beweis des Sokrates im *Menon* besagt, daß der Raum möglich macht, was die Zahlen unmöglich machen. Und beide Beweise verlaufen über Gerade und Ungerade.
Der Dialog erinnert sich des apagogischen Beweises und verläuft, wenn ich so sagen darf, in die Gegenrichtung. Und der Zitterrochen versetzt mit Widerspruch oder Absurdität tödliche Schläge. Apagogisch bedeutet: vom rechten Weg abgekommen, abgelenkt oder verführt. Ich habe lieber von Verzweigung gesprochen. Verführt: vom Torpor gebannt.
Der Gnomon weist nur ganze Zahlen auf, gerade und ungerade; der kleine Sklave ist ihnen nachgegangen. Zeige jetzt, zähle nicht mehr, zeige die Diagonale! Hier ist sie: sie verläuft über 1, 4, 9, 16 ..., jene Zahlen, die wir künftig vollkommene Quadrate nennen. Nun zeige die Diagonale, die Grundseite eines Quadrats mit einer Fläche von acht Fuß! Sie fehlt. Nicht aufweisbar, nicht beweisbar.
Der Gnomon kennt nur vollkommene Quadratzahlen. Die vollkommene Wissenschaft des Logos weiß nichts von irrationalen Zahlen; als Wissenschaft des vollkommenen Logos ist sie archaisch und sehr unvollkommen. Die eigentliche, beweisende Mathematik entsteht folglich außerhalb des Logos, wenn sie sich von ihm entfernt und diese Entfernung streng zu messen versteht. Die Wissenschaft beginnt außerhalb der Sprache. Der Gnomon erkennt also nicht alles. Es ist möglich, nach Erkenntnissen zu fragen oder solche zu erfinden, die diesem Gedächtnis, welches das Erkennen schon in seinem Namen trägt, unbekannt

sind. Das ist der Schlag, den der Zitterrochen austeilt. Die Existenz von Erkenntnissen außerhalb des Gnomons rechtfertigt es, nach etwas zu suchen, was man nicht weiß – was das Erkennen selbst nicht kennt.
Torpedierung des Gnomons, der alten Praktiken, ihres Gedächtnisses; Torpedierung des Zählens durch den Raum, des Logos durch den Alogos, des Sagbaren durch das Unsagbare, der Sprache durch die Wissenschaft; Torpedierung des Artefakts, des sprachlichen und künstlichen Gedächtnisses, des algorithmischen Denkens.
Der Gnomon, einstmals Richter, Prüfer, Prüfstein, entscheidet nicht mehr, erkennt nicht mehr; unwissend wie ein junger Sklave, doppelt töricht. Welche Erleichterung! Es gibt Erkenntnisse außerhalb des Gedächtnisses.
Es gibt keinen Beweis vor den Griechen, vor dem apagogischen Beweis, vor der Geometrie, vor dem Irrationalen. Gewiß. Es gibt nur das Zählen. Und wenn du es nicht durch Zählen willst, so zeige uns nur: ein Satz, der einen Ursprung markiert. Zeige, weise, dann wirst du beweisen! Die Erfindung der Geometrie und des Beweises besteht darin, die Lücken des Gnomons auszufüllen, die Lücken der Erkenntnis, der künstlichen Intelligenz, des algorithmischen Denkens. Algorithmisches Denken beweist nicht. Es zählte nur.

Das Auftauchen der idealen Figuren

Wie angemessen und raffiniert es auch scheinen mag, die griechische Mathematik in ihren Anfängen mit Hilfe von Algorithmen zu rekonstruieren, bleibt doch, daß sie sich von diesem Unternehmen durch die Geometrie der Linien und der festen Körper, durch den abstrakten Raum beziehungsweise die idealen Objekte unterscheidet, gleichsam eine andere, unendlich ferne Welt.
Das algorithmische Denken beziehungsweise der praktische Umgang mit Algorithmen wirft Licht auf die Zahlen- und Meßtheorie, gibt Aufschluß über mancherlei tiefe Gedanken über die rationalen und die irrationalen Zahlen, die bei der Verdopplung des Quadrats oder des Würfels auftreten, unterstellt aber, beim Würfel wie beim Quadrat, Seiten ohne Dicke sowie starre, durchsichtige oder vollkommene Körper, wie es sie vor der griechischen Morgendämmerung nicht gab. Wir müssen jetzt das Auftauchen dieser Idealitäten verstehen.
Formal gesehen, muß sich das algorithmische Denken

nicht auf die Arithmetik beschränken, denn seine Schritt-für-Schritt-Verfahren bezeugen gleichbleibend die beabsichtigte und kontrollierte Sicherheit seines Vorgehens. Weder sein Ziel noch seine einzelnen Etappen sind beliebig. Durchaus vorstellbar wäre also eine Methode – im etymologischen Sinne eines vorgezeichneten Weges –, die sein Verfahren auf komplexere oder allgemeinere Regeln ausdehnt; Regeln, die es erlauben würden, ein in einem gegebenen Programm vorgesehenes Ziel (und nur dieses, unter Ausschluß von allen anderen) anzusteuern. Das algorithmische Verfahren erschiene damit als ein erstes, naives Muster dessen, woraus in der Folge ein formeller Beweis werden sollte. Der Abstand von einem Schritt-für-Schritt-Verfahren zu dem Verbot, keinen Schritt zu unternehmen, der nicht vorgesehen wäre, erscheint nicht unüberbrückbar. Anders gesagt, Theorie und Praxis des Beweises setzen einen Algorithmus voraus. Historisch geht dieser jenem voraus.

Zenon von Elea

Wiederum meine ich, daß die eleatische Schule entscheidend dazu hat beitragen müssen, den Graben zuzuschütten, der das Gebot der Strenge und den gewöhnlichen Raum der idealen Ausdehnung zu trennen scheint, in dem die neuen Objekte erscheinen.

Die Zenonischen Paradoxien[20] lassen ihre Inszenierung hinter ihrer Entstehung vergessen. Vielleicht führen sie uns endlos von der einen zur anderen? Der abgeschossene Pfeil, der dem Ziel entgegenfliegt, oder der rennende Achill, der sich abmüht, die Schildkröte einzuholen – wie der Hase in der Äsopischen Fabel, beide ohne Hoffnung auf Erfolg –, benutzen beide einen Weg, anders gesagt: eine Methode. Man beachte, mit welcher Präzision sich hier alle Elemente eines Algorithmus zusammenfinden: Weg oder Methode, um ein Ziel zu erreichen; einfache und praktische, zweckorientierte Anordnung; genaue Messung der durchlaufenen Wegstrecke; Zerlegung des Prozesses in Elemente; Schritt-für-Schritt-Vorgehen, wie man hier wohl mit gutem Recht sagen kann; Wiederholung, die in Figur und Form, Schauplatz und Zahl als nächste Geste die eben getane erneut ausführt; hohe Wahrscheinlichkeit, daß die Inszenierung auf eine Fabel zurückgeht. Man beachte weiter eine gewisse Nachahmung der Anthyphärese, der überkommenen algorithmischen Wechselwegnahme, die hier die Hälfte

[20] *Zenonische Paradoxien*: Der Reisende oder der sich bewegende Körper, der einen Punkt verläßt, um zu einem anderen zu gelangen, muß zunächst die Mitte der Strecke durchlaufen, die beide trennt; dann die Mitte der verbleibenden Strecke; und so weiter, bis ins unendliche. Folglich gelangt er nie ans Ziel.

vom Ganzen, dann die Hälfte vom Rest, dann wieder die Hälfte vom Rest wegnimmt und so weiter, als ob Achill oder der Pfeil eine Subtraktion vornähmen, wenn sie ihrem Ziel entgegeneilen. Man beachte schließlich, in der anderen Richtung der Zeit, wie wenig der infinitesimale Algorithmus, der erst noch entstehen wird – hundert Jahre später, von Abdera aus gesehen; vor zwei Jahrtausenden, aus dem Blickwinkel des klassischen Zeitalters –, gegenüber diesen Verfahren eigentlich Neues gebracht hat. Die gesamte Inszenierung also, ihre Ausgangsform, verrät ein algorithmisches Denken.

Achilles hetzt oder läuft, der Pfeil wird abgeschossen und fliegt, das ganze Rezept scheitert. Weder der Starläufer noch die Pfeilspitze gelangen an ihr Ziel. Ein Vorgehen, das seines Ergebnisses sicher ist, eine gute Meßvorschrift: aber zum ersten Mal klemmt es, blockiert, und zwar gerade wegen seines perfekten Funktionierens, an einem klaren und ausgezeichneten Beispiel. Die Wiederholung erzeugt nichts als Wiederholung; die Bewegung des Fußgängers, ein Schritt nach dem anderen, findet kein mögliches Ende. Man lacht über den kühnen Helden, das verächtliche Bild des bequemen Tieres; ihre Geschwindigkeit nützt ihnen nichts mehr. Auf kanonische Weise gibt Zenon der überkommenen Metrologie den Todesstoß: der jahrtausendealte Algorithmus des fruchtbaren Halbmonds geht in Elea unter.

Achilles oder der Pfeil eilen auf ihrer Bahn nicht mehr dem vorgeschriebenen Ziel zu; der Weg gabelt sich, folgt plötzlich einer ganz neuen Richtung. Laufend, fliegend versinken die beiden Vektoren in dem schmalen, freilich abgründigen Schlammloch der Strecke, dem Algorithmus zäh verhaftet, doch gemeinsam einem einzigen Punkt zustrebend, der an der Grenze aller tatsächlich durchlaufenen oder möglichen Punkte liegt als deren letztes Filtrat. Das heißt: man eliminiert oder subtrahiert alle Orte, die man durchläuft oder durchlaufen kann, scheidet all jene aus, die man erreicht oder erreichen kann, diskreditiert alle, an denen man bleibt oder wohnt, zugunsten eines einzigen, auf den man zugeht, ohne je bei ihm anzukommen. Hier sind bereits platonische Anklänge zu vernehmen. Das Verfahren, unterm Strich ganz einfach, unterscheidet diesen Punkt von allen anderen, teilt die Strecke mit einer einzigen Dichotomie, letztlich der zwischen allen Punkten und einem einzigen. Auf der einen Seite dieser Dichotomie kann man konkrete Orte aktuell oder zumindest virtuell sehen, berühren und mit Füßen treten, sich an ihnen aufhalten, sie erreichen, durchlaufen, von ihnen ausgehen; die Welt dieser Orte, der Weg zu ihnen bleibt dem Lauf oder Flug frei zugänglich. Auf der anderen Seite taucht ein Punkt auf, unberührbar, unüberschreitbar, unerreichbar, den Achilles niemals sehen wird, den die Spitze des Pfeils nie durchbohren wird, den niemand bewohnen wird. Er taucht auf aus dem ungeheuren Meer der anderen Punkte. Die meßbare Welt, wie weit man durch Approximation oder gar exakte Messung ihre Grenzen auch hinausschieben mag, stößt unmittelbar an eine andere, unendlich ferne, dimensionslose Welt, die zu erreichen die Metrik sich abmüht: abwesendes Loch auf der Zeichnung. Verfolge also in der Arena die Bahn des Helden oder den Flug des Vektors: niemals wirst du auf ihrem Weg den Ort markieren, dem alle zueilen: keiner kann ihn durch Schrift oder Zeichnung festhalten. Wenn du ihn in das Blatt oder in den Sand stichst, haben Achilles oder die Pfeilspitze ihn schon durchlaufen, also kann er es nicht sein. Du hältst den Stilus in der Hand, anders gesagt: den Pfeil selbst, den fliegenden Strich, mit dem du die Seite beschriftest, und er kann den Punkt, dem er ständig hinterherläuft, nicht schreiben. Die Wissenschaft wurde außerhalb der Sprache geboren, sie entsteht außerhalb der Schrift. Hier, am Ende dieses kurzen Weges, der dem längsten aller möglichen Wege gleich ist, liegt der erste intelligible, atopische Ort. Die geometrische Abstraktion wird zum Grenzwert der unendlichen Summe der algorithmischen Subtraktionen.

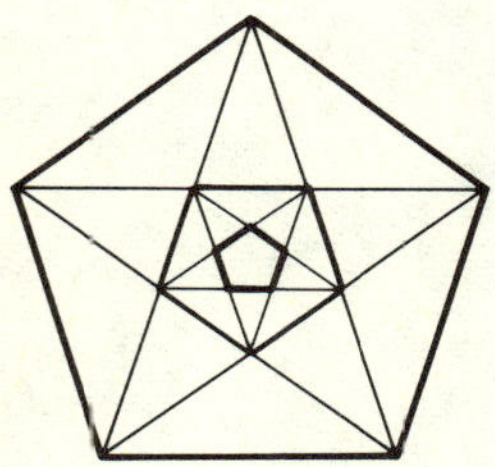

Zieht man die Diagonalen des Fünfecks, so erhält man ein Fünfeck, dessen Diagonalen ein weiteres Fünfeck erscheinen lassen – und so fort, bis ins unendliche.

Hier ist jemand, da, von bestimmtem Aussehen und Alter, höchst lebendig und individuiert, mit hundert charakteristischen Kennzeichen; um ihn zu denken, sagt Platon, muß man sich eine Idee des Menschen denken, den idealen Menschen in einer anderen, von der unseren völlig abgeschiedenen Welt. Jener lebendige Mensch hat teil an diesem idealen. Doch wie, gibt Aristoteles zurück, wären sie beide zusammen zu denken, das theoretische und das konkrete Ensemble, ohne die abstrakte Idee eines dritten zu bilden, an der sie teilhaben? Und wie wären wiederum diese drei zu denken, der Mensch dieser Welt, jener der ersten und jener der zweiten Theorie, ohne einen vierten, der ... und so bis ins unendliche fort. Dieses Argument des »dritten Menschen«, wie man es genannt hat, kritisiert oder zerstört nicht etwa den abstrakten intelligiblen Ort der Ideen oder der Formen, sondern trägt dazu bei, ihn zu beschreiben und zu fundieren, so wie die Zenonische Inszenierung endlos von der konkreten Darstellung oder der metrischen Vorschrift zu ihrer Nachbarschaft, zur Grenze der nicht darstellbaren Idealität führt, die sich weder zeichnen noch schriftlich wiedergeben läßt, völlig entleertes Überbleibsel endloser Subtraktionen von allem, was sinnlich wahrnehmbar wäre: von Punkten, an denen man sich aufgehalten hat oder an denen man sich aufhalten könnte, zum unsichtbaren und unerreichbaren Ziel. Das Abstrakte liegt auf dem Grund dieses Abgrunds, unendlich fern, doch unendlich nah.

Hier, höchst lebendig, der junge unwissende Sklave, der – vom sokratischen Zitterrochen gebannt – die Verdopplung des Quadrats beweist, indem er die irrationale Diagonale konstruiert. Platon behauptet, dieser Sklave erinnere sich einer vergessenen Welt, da er weiß, ohne gelernt zu haben. Lassen wir Aristoteles beiseite; stellen wir uns noch einmal den anderen Sklaven der anderen Welt vor, der gerade die Fläche eines anderen Quadrats berechnet; eine Szene, die auf ihrem Grunde, in dem erneuerten Quadrat, eine unendliche Implikation von Diagonalen, Seiten und sokratischen Quälgeistern enthält. Mit der Erfindung dieser Szene haben wir die Gesamtheit der mathematischen und philosophischen Fragen und Probleme vor Augen, die in die Klasse des »dritten Menschen« eingehen. An einer Figur, die sich unaufhörlich entfaltet oder verschachtelt, die sich von einer Welt zur nächsten nach rückwärts verjüngt und von immer wieder neuem Vergessen zu fehlenden Erinnerungen flieht, erhebt sich ein junger Sklave aus seiner Unwissenheit, berechnet, zählt, verdoppelt eine Länge, zieht einen Teil davon wieder ab, außerstande, allein zu jener Diagonale zu gelangen, die man ziehen und doch nicht ziehen kann, die da ist, aber irrational. Der Sklave denkt algorithmisch, der Herr vergißt nicht die Geometrie.

Die Definition des geometrisch Abstrakten – als Modell des theoretisch Abstrakten, das für Platon erforderlich ist, um denken, existieren oder wahrnehmen zu können – erscheint am Ende einer Methode oder eines unendlichen Weges, auf dem Achilles und der Pfeil uns vorangehen und uns führen, während sie die festgefahrenen Algorithmen irgendwo weit hinter sich lassen.

Verallgemeinerung
Die Argumentation Zenons wiederholt sich: Ehe man zum Ziel gelangt, ist die Mitte der Strecke zu durchlaufen, doch zuvor ist das erste Viertel zu überwinden, davor freilich noch das erste Achtel – und so fort, so daß Achilles seinen Lauf nicht einmal beginnen kann. Der erste Punkt bekommt also denselben Status wie der letzte. Die Paradoxie, die stets durch dieselben Schritt-für-Schritt-Verfahren entsteht, betrifft also den Punkt, der die Strecke halbiert, und dann jeden beliebigen Punkt: damit wird jede Strecke ideal.
Paradox muß man all diese Beweisführungen nennen, weil sich die Elemente, die dabei zutage treten, erheblich von der *opinio communis* entfernen.

Gegeben sei ein Quadrat mit der Seitenlänge 1 und seiner Diagonale $\sqrt{2}$.

Subtrahiert man die eine von der anderen, erhält man: $\sqrt{2}-1$.

Und wiederholt man die Subtraktion, ergibt sich: $1-(\sqrt{2}-1)$.

Nun ist das Verhältnis der Diagonale zur Grundseite $\frac{\sqrt{2}}{1}$

gleich dem Verhältnis zwischen den beiden Resten $\frac{1-(\sqrt{2}-1)}{\sqrt{2}-1}$,

was man verifizieren kann, indem man die Mittel- und Außenglieder multipliziert.

Also beginnt alles wieder von vorn, bis ins unendliche.

Suchen wir den Wert von $\sqrt{2}$, verglichen mit der Einheit.

$$\sqrt{2} = 1+(\sqrt{2}-1),\ \sqrt{2} = 1+\frac{1}{(\sqrt{2}+1)}.$$

Man braucht jetzt nur $\sqrt{2}$ durch ihren eigenen Wert zu ersetzen:

$$\sqrt{2} = 1+\frac{1}{1+\frac{1}{\sqrt{2}+1}+1} = 1+\frac{1}{2+\frac{1}{\sqrt{2}+1}},\quad \sqrt{2}=1+\frac{1}{2+\frac{1}{1+\frac{1}{\sqrt{2}+1}+1}} = 1+\frac{1}{2+\frac{1}{2+\frac{1}{\sqrt{2}+1}}},$$

und so fort:

$$\sqrt{2}=1+\frac{1}{2+\frac{1}{2+\frac{1}{2+\frac{1}{2\ldots}}}}$$

Theodoros? Theaitetos?

Elemente

Der Ausdruck *Elemente*, der den von Euklid (und vor ihm zweifellos von Hippokrates von Chios) verwendeten Titel ins Lateinische und in unsere modernen Sprachen übersetzt, geht ursprünglich auf die Buchstaben L, M, N zurück, so wie das Alphabet die ersten griechischen Buchstaben buchstabiert (alpha, beta) und das Solfeggio die Noten singt (sol, fa); denn der eigentliche Titel *Stoicheia* bedeutet nichts anderes als Buchstaben, verstanden als Elemente der Silbe oder des Wortes.

Doch ebenso wie die Elemente der geschriebenen Sprache bezeichnet dieser Ausdruck die Elemente der Welt, Wasser, Erde, wie bei Empedokles, der in diesem Zusammenhang den Ausdruck Rhizom[21] benutzt: Wurzel, radikaler Ursprung der Dinge; Elemente des Universums: Sterne, Planeten; Elemente der Grammatik: Nomina, Verben; Elemente der Logik, der Rhetorik, der Geometrie ... In dieser Liste oder Tabelle scheint keine Disziplin die Vormachtstellung beansprucht zu haben: weder setzen sich Sprache oder Wissenschaften gegenüber den Dingen durch, noch haben die Objekte selbst Priorität gegenüber ihren Zeichen. Der nächtliche Himmel breitet eine Menge von Punkten aus; die Atome, Punktelemente der Dinge, werden oft als unzerlegbare, zu kombinierende Buchstaben oder Zahlen dargestellt. Außerdem sagen Proklos wie Aristoteles von den Elementen der Geometrie, daß sie deren Grundstoff bilden, wie ja auch jeder mit ihnen beginnt, der Geometrie lehrt oder lernt: Fundamente oder Rudimente, je nachdem. Es scheint also nicht so, als hätten die Alten absolut letzte oder erste Elemente gesucht oder gedacht: es gibt überall welche, auf den jeweiligen Tafeln.

Das zugehörige Verb, *steichô*, bezeichnet die Aufstellung in einer Reihe, wie eine Armee, die eine Schlachtlinie einnimmt; so daß das Nomen der Linie, Kolonne, Marschordnung entspricht. Von dieser Wortfamilie sind heute nur noch einige Spezialausdrücke übriggeblieben: das Distichon, zwei untereinander gereihte Verse, ein Paar aus einem Hexameter und einem Pentameter; die Stichomythie, der von Vers zu Vers, gleichsam Schritt für Schritt erfolgende Wechsel von Rede und Gegenrede in der Tragödie. Die Prosodie[22], die solche Begriffe verwendet, zählt kurze und lange Silben, Daktylen, Trochäen, Anapäste, mit Punkten und Strichen, wie das Morsealphabet. Atom, Element: Punkt, Strich. Noch einmal: was ist ein Element? Diese Markierung, diese Spur, der Gedankenstrich, der

[21] *Ríza*: Wurzel. *Rízoma*: was verwurzelt ist; Wurzeln, Fundament, Element.

[22] *Prosodie*: Lehre von den Vokallängen, die vor allem in der griechischen und lateinischen Prosa für den Versbau bestimmend waren.

Luca Signorelli, Empedokles. *Der Körper des Philosophen scheint aus den vier Elementen – seinen Wurzeln – hervorzuragen.*
Fresko der Kapelle der Madonna des hl. Britius. Dom von Orvieto

Strich, überhaupt die Note, im Leibnizschen Sinne dieser Wörter. Und im Plural: eine Gesamtheit dieser Noten. Eine Gesamtheit, die gewöhnlich zu einer Tafel oder Tabelle von Punkten und Strichen gruppiert wird, in Zeilen und Spalten, wohlgeordnet. Auch die *Elemente* der Geometrie bestehen aus Punkten und Strichen; wir müssen nur lernen, wie man sie zieht.

Von allem werden Tafeln zusammengestellt, heute ebenso wie früher, Tafeln, die einander ähneln: von den Buchstaben der verschiedenen Alphabete, den Zahlen aller Zahlensysteme, von Axiomen, einfachen Körpern, Planeten, Himmelsflecken, Kräften und Korpuskeln, Wahrheitsfunktionen und Aminosäuren ... Unser Gedächtnis behält sie so leicht, daß sie von ganz allein Gedächtnisse bilden: objektive, künstliche, formale Gedächtnisse. Genau im selben Sinne wie die alten Gesetzestafeln. Was bezeichnet nun, alles in allem, der Begriff Elemente? Eine Tafel, die offen ist für alle vorstellbaren Tafeln; das Gedächtnis im allgemeinen: das, worauf ein Wissen ständig Bezug nimmt. So entwickeln die Euklidschen *Elemente* ein System im gewöhnlichen logischen Sinne, eines, das deduktiv vorgeht und fundiert ist, aber auch ein Gedächtnis im dreifachen Sinne von Geschichte (daher die Kommentare), Automat und Algorithmus.

Von diesem in sich zusammenhängenden Bedeutungsfeld hebt sich nun ein bemerkenswerter Sinn ab: *stoichéon* bedeutet die Nadel, die den Schatten auf die Sonnenuhr zeichnet; vielleicht den Gnomon, doch vor allem die geortete Spur, welche die Zeit festhält. Diese Stunde [*hora*], die von der Volksetymologie mit dem Horizont assoziiert wird, verstanden als Grenze, Markierung oder Zeichnung eines äußersten Randes, sieht sich hier an der Grenze von Hell und Dunkel. Die Zeit bestimmt sich als der gemeinsame Rand von Licht und Schatten, ein wahres Wunder an Tiefe. Hier die Einkerbung, der bronzene oder goldene Strich, der die Erinnerung eines flüchtigen Augenblicks festhält; hier die Abfolge dieser festgehaltenen Spuren, die Reihe der Elemente entlang der Linie unter dem Stilus, nach und nach den längsten und den kürzesten Tag, die Sonnenwenden und die Tagundnachtgleichen, die Schiefe der Ekliptik, die Erdachse und den Breitengrad des Ortes buchstabierend ... Reihe oder Tafel von Elementen für den Plan des Universums: noch ein künstliches Gedächtnis, eine in Stein geritzte Meßskala, Elemente einer Kosmologie im Umkreis des Gnomons und von ihm markiert. Hier zeichnet sich im semantischen Feld des Ausdrucks Element die Spur eines Ursprungs ab. Unter den verstreuten oder geordneten Strichen auf der Tafel glaubt man plötzlich zu lesen, wer sie gezogen oder gebahnt hat. Als ob sich auf dieser neuen Meßskala ein Licht, ein Schatten, ein Datum zeigte.

Statik

Gibt es ein Buch, über das im Laufe der Jahrhunderte mehr geschrieben worden wäre als über die Bücher Euklids, vor allem seinen Anfang, *Definitionen, Postulate und Axiome*, die Elemente der *Elemente*? Fast ebensoviel wie über die Bibel und manchmal in ähnlichen Begriffen, historischen und logischen. Und so wie ein Bibelkommentar manchmal selbst wieder zu einer Bibel wird, kam es auch vor, daß ein Kommentar zu den *Elementen* der Geometrie zu einer neuen Geometrie wurde. Oder zu einer Logik.

Eine ähnliche Beschreibung wie die vorstehende, die den Sinn der verwendeten Wörter analysiert, hatte mich früher zu der Auffassung gebracht, daß noch unterhalb der Aussage reiner und formaler Idealitäten, wie sie in der Rubrik *Definitionen* aufgezeichnet sind, ein statischer Sockel liegt. Die griechischen Ausdrücke, die wir mit Ebene und mit Trapez übersetzen, bedeuten zunächst die Tafel oder das, was auf gleicher Höhe ist. Auch die Verben weisen auf Ruhe und Gleichgewicht hin. Es sieht alles so aus, als ob die geometrisch wohldefinierte Liste, von einfacheren Stabilitäten ausgehend, insgeheim immer komplexere konstruierte, vom untersten Punkt zu Beginn bis zur wirbelnden Pirouette am Ende der Reihe. Die stabilen Ruhelagen werden durch immer neue Inklinationen gestört oder beendet, bis sie schrittweise zu raffinierteren Gleichgewichten zurückfinden.[23] Als versteckten sich hinter den ersten Ansätzen der Geometrie die Prolegomena einer Mechanik. Und als stimmte dieser statische Raum mit der griechischen Vokabel *episteme* überein, dem Wort für Wissenschaft, das noch die Spur einer stabilen Invarianz trägt.

An diesem Ursprung halte ich fest, und ich bekenne mich dazu um so mehr, als mit den Analysen von *Statues* diese positive Grundlage unterdessen abgelöst und verstärkt wurde durch eine anthropologische Grundlegung, die ganz ähnliche Inhalte in einer ganz anderen Sprache ausdrückt. Die *episteme* schuf die Statik, während sie selbst aus Statuen hervorging. Damit verknüpfe ich meine letzten beiden Bücher und zeige, daß die Geschichte der Wissenschaften normalerweise der Anthropologie der Wissenschaften folgt. Ein solcher Übergang war zu erwarten. Wie die *Statuen* langsam aus der Erde aufsteigen, so auch die *Definitionen* und die Geometrie, kurz: endlich versteht man ihren Namen.

Wer schreibt das elementare Zeichen, wer zieht den Strich?

[23] Das französische Wort für Unruhe (*inquiétude*, von *quies*, Ruhe) bezeichnet etymologisch einen Abstand zum Gleichgewicht (*équilibre*).

Die Sonne schreibt ihn auf die Erde, ein Ding beschriftet ein Ding; aufgerichtet wie eine Statue, die sich aus der Erde erhebt, beschriftet der Gnomon die Skala, hinterläßt ein Artefakt seine Spur auf einem anderen. Die *Elemente* scheinen schon im Titel ihren astronomischen Ursprung einzugestehen; die *Definitionen* lassen dann aus ihren Verben und ihren Nomina eine statische Wurzel erahnen – ich würde jetzt eher sagen: einen statuarischen Sockel.

Der Gnomon oder das Winkelmaß zerlegt sich in Lineal und Zirkel

Auch wenn die Alten nichts darüber sagen, machen es die *Postulate* möglich, die *Elemente* der Geometrie – im buchstäblichen Sinne ihre Striche – mit Lineal und Zirkel nachzuziehen: die endliche oder unbegrenzte gerade Linie, den Kreis, die Parallelen, den rechten Winkel. Was ihn betrifft, ist das Winkelmaß entbehrlich, da es genügt, mit Hilfe der beiden klassischen Werkzeuge einem Halbkreis ein rechtwinkliges Dreieck einzubeschreiben. Das Winkelmaß, ehemals Gnomon genannt, zerfällt also in seine beiden Bestandteile, die es erlauben, Striche oder Elemente zu zeichnen: Lineal und Zirkel enthalten und bewahren unveränderlich in ihrer Gestalt aus Holz, Bronze oder Marmor die Möglichkeit oder Fähigkeit, Striche, Spuren, Markierungen, Punkte, gerade Linien oder Kurven, reale oder verstandesmäßige Elemente der Geometrie zu konstruieren oder zu zeichnen.

Die *Definitionen* und *Postulate* konstruieren die Tafel oder Tabelle der Elemente oder Striche in jenem formalen, sprachlichen, reinen oder abstrakten Sinne, in dem diese Ausdrücke seither verstanden werden. Erst Zirkel und Lineal (oder ihre Summe, der Gnomon) machen jedoch die konkrete Tafel sichtbar. Sie enthalten oder implizieren gewissermaßen eine Unendlichkeit von Geraden, Kreisen, Punkten, rechten Winkeln, Parallelen und möglichen Figuren, weil sie es erlauben, alle diese Geraden, Kreise und Figuren zu konstruieren, zu zeichnen oder zu ziehen. Zirkel und Lineal bilden daher in der Tat das Gedächtnis, aus dem sich die Geraden, Kreise und Figuren entwickeln und aus dem man sie beliebig extrahieren, abstrahieren kann. Abstrahieren [*abstraire*]: einen Strich [*trait*] von der betreffenden Tafel ziehen. Der abstrakte Strich, der keine andere Dimension hat als seine eigene, ent-zieht sich dem Lineal aus Holz oder Marmor, in jeder Bedeutung: was heißt das anders, als daß dieses Element zuvor in ihm enthalten war? Warum entfaltet die Theorie der Abstraktion ihr Gepränge in einem imaginären Raum, der die Sinne, die groben, vom reinen Verstand trennt? Was sollen hier Empfindungen und Vermögen der Seele, wo es sich doch einfach darum handelt, mit Hilfe eines Lineals, eines Kanons, einer strengen Form Striche zu ziehen, die sich aus diesem künstlichen Gedächtnis wie aus einem unerschöpflichen Füllhorn ziehen lassen? Ja, das Verb abstrahieren hat diesen wahrhaft elementaren Sinn.

Erstaunlich wiederum, daß zur Interpretation solcher Dinge Seelen und Körper bemüht wurden. Wer schreibt eigentlich? Der Gnomon, aufgerichtet wie eine Statue. Anders gesagt: das Element. Was schreibt es? Striche, Linien, Punkte oder Kreise, das heißt Elemente. Wo befinden sich diese Elemente? Im Lineal und im Zirkel sowie in ihrer Resultante, im Winkelmaß, das heißt im Gnomon, anders gesagt, im Element. Das Element schreibt Elemente, die von Elementen abstrahiert wurden. Das ist der Anfang. Die Subjekte wie die Objekte der Disziplin beherrschen die künstliche Intelligenz oder das artifizielle Gedächtnis, von dem sie sich abstrahieren.

Das Artefakt, das im Titel als Nadel der Sonnenuhr und in den *Definitionen* als Statue im Gleichgewicht gegenwärtig ist, verläßt uns nicht, es beherrscht die *Postulate* und macht sie möglich. Die Euklidsche Geometrie als System oder Entwicklung einer Reihe von Theoremen, ausgehend von Anfangsvoraussetzungen, läßt sich somit als Automat betrachten. Und das soll nicht heißen, daß seine Leistungen begrenzt blieben.

Gleichheit, Gemeinschaft

Was muß jetzt gedacht werden, um eine Gemeinschaft zu bilden? Die Gleichheit. Daß keiner sich über den anderen erhebt und daß beim Tausch die Güter einander ausgleichen. Achtung: »dir [ist] entgangen, daß die geometrische Gleichheit soviel vermag unter Göttern und Menschen; du aber glaubst, alles komme an auf das Mehrhaben, weil du eben die Meßkunst vernachlässigst«, wettert Sokrates im *Gorgias* gegen Kallikles – einen ehrgeizigen jungen Mann, dynamisch, aufstiegsorientiert, gerade mit der Ausbildung fertig und von der Familie unabhängig geworden, machtgierig, selbstgefällig, konkurrent – und weist ihn auf die erstaunliche Äquivalenz von Geometrie und Gleichheit

hin. Keine Wissenschaft ohne Gleichheitszeichen. Keine Erkenntnis ohne diese Invarianz. Nun sind dieser Begriff und diese Operation aber auch gleichbedeutend mit Ordnung, Gerechtigkeit, Harmonie, sozialem Band. Die Gleichheit formt die Gemeinschaft. Wer die Invarianz wählt, votiert für die soziale Ordnung.
Der Ausdruck *Axiome* ist also von allen möglichen Übersetzungen der authentischen Überschrift die schlechteste; der Titel, unter dem Euklid die Gleichheit behandelt, lautet *koinai ennoiai* (*communes notiones*, gemeinsame Vorstellungen). Man muß schon blind an ein individuelles Subjekt des Denkens glauben, um zu meinen, es handele sich dabei um Vorstellungen, die jeder von Geburt an durch Vererbung, als angeborene Ausstattung, von Rechts wegen oder durch irgendein Wunder besäße oder innehätte. Man braucht nicht viel menschliche oder soziale Erfahrung, um ganz im Gegenteil zu wissen, daß Gleichheit (im Vergleich, zwischen Funktionen oder beim Tausch) von allem, was es auf der Welt gibt, die von den wenigsten geteilte Sache ist: und insofern die am wenigsten gemeinsame. Wer ihr zufällig begegnet, sollte dem Herrgott danken. Der Mensch ist leider nicht zu dem Gedanken fähig, daß er ein Mensch für den Menschen ist, und weiß nach dieser Wahrheit nicht zu handeln. Vielleicht darf man vom Menschen im allgemeinen sogar nur in diesem Satz reden.
Hingegen wird die Gleichheit zwingend, wenn man eine Gemeinschaft gründen will. Sie hat ihren Ursprung nicht im Einzelnen, sondern in diesem Projekt. Gemeinsam bedeutet dabei nicht etwa das Gebräuchliche oder Geläufige, den gemeinsamen Nenner, sondern das Allgemeine, Öffentliche. Alle Beschreibungen oder Implikationen der Gleichheit, ihre Attribute, Operationen und Eigenschaften sind für die Errichtung einer solchen Gemeinschaft unentbehrliche Vorstellungen. Daher der Titel *communes notiones*. Um diese *koiné* zu begreifen, muß man vom individuellen Subjekt des Denkens Abschied nehmen und den Gedanken eines kollektiven Subjekts fassen. Eines kollektiven Subjekts, das zumal die Forschergemeinschaft konstituiert und begründet, also diejenige Gemeinschaft, welche die normale oder elementare Wissenschaft entwickelt, indem sie an deren Ausgangspunkte Deduktionen knüpft und Beweise führt, und eben dadurch sich selbst entwickelt.

Erste Prinzipien

Alles in allem enthalten die Euklidschen Ausgangspunkte ihre eigene Anthropologie. Schon der Titel führt uns auf den Gnomon zurück und auf die Striche, welche die Sonne und der Zeiger des Instruments auf der ursprünglichen Erde hinterlassen, an die der Name der Geometrie erinnert. Von dieser Erde erheben sich, ausgelöst durch sukzessive Inklinationen, die Gleichgewichte oder Ruhelagen einer subtilen Statik, die von den *Definitionen* beschrieben wird, Statuen, die sich aus dem Boden erheben, aufrecht wie der Sonnenstab: die *episteme* beginnt. Die *Postulate* beschreiben, wozu der Gnomon dient, der Winkel, der hinter Lineal und Zirkel verschwindet, und wie er funktioniert; sie bezeichnen also, was die Striche oder Linien zieht, oder, besser gesagt, geben an, in welchen Gegenständen diese Linien oder Striche enthalten sind, denen sie extrahiert oder abstrahiert werden: künstliche Objekte für das Gedächtnis der Elemente und ihre Intelligenz; die Sprache selbst bringt uns dazu, die Striche [*traits*], die von diesen Artefakten gezogen oder konstruiert werden, abstrakt [*abstraits*] zu nennen, als ob sie ihnen entzogen, extrahiert [*s'extrayaient*] würden. Die *communes notiones* schließlich beschreiben die Denkvoraussetzungen für die Errichtung einer Gemeinschaft, jenes Ganzen, von dem jeder einzelne, kleiner als sie, nur ein Teil ist. Als Ergebnis entsteht also Objektives und Kollektives, aber bei völligem Fehlen eines Subjekts im modernen Sinne.

Es gibt also Transzendentales in den Ausgangspunkten Euklids, die auf die Anfänge der Geometrie verweisen beziehungsweise sie ausdrücken und wiederaufnehmen; es gibt dort Bedingendes, Fundamentales, eben Elementares. Doch liegt dies alles weder im Subjektiven noch im Bereich des Apriorischen, Formalen oder Reinen im Sinne von Descartes oder Kant. Es liegt vielmehr in der Welt (Sonne, Erde), in den Artefakten (Zeiger, Tafel, Zirkel, Lineal, Statue) und schließlich in der Gemeinschaft (einer falsch benannten, vom einzelnen Subjekt ausgehenden und also mißverstandenen Intersubjektivität). Wenn das Transzendentale den Idealitäten der geometrischen Konstruktion nur eine leere und sterile Abstraktion, ihren formalen Grundlagen nur subjektive Begründungen hinzufügt, unterscheidet es sich nicht im geringsten von einer Fabel, einem Märchen, einer oberflächlichen Verzierung. Falls und sobald es existiert – wenn seine Bedingungen nicht nur notwendig, sondern hinreichend geworden sind –, fällt es mit der Anthropologie zusammen: die Genese der *Elemente* macht sich dann real in den Dingen der Welt und der gesellschaftlichen Kultur bemerkbar.

Die besonderen (epistemologischen) Bedingungen der Wissenschaften liegen in den allgemeinen (gnoseologischen) Bedingungen der Erkenntnis[24], die wiederum in dunklen und bis heute verkannten anthropologischen Beziehungen zwischen dem Kollektiv und den Gegenständen der Welt, zwischen Kultur und Natur liegen. Schließt die Gruppe als solche unmittelbar an die Dinge an? Und wenn ja, wie?

[24] *Epistemologie*: spezielle Theorie der wissenschaftlichen Erkenntnis. *Gnoseologie*: allgemeine Theorie des Erkennens schlechthin.

Unsere philosophische Tradition dekretiert, daß allein das einzelne Subjekt das Objektive wahrnimmt, denkt und konstituiert. Das Kollektiv dagegen konstruiert nur sich selbst: unsere Beziehungen haben nur unsere Beziehungen zum Gegenstand. Je mehr wir uns miteinander beschäftigen, desto ferner leben wir von der Welt. Diese Aufteilung, die dem Einsamen die heldenhafte Rolle der Begegnung mit den Dingen im Schweigen der Kommunikation zuweist, entspricht zwar gewiß der gewöhnlichen und tragischen Erfahrung, welche die Menschen mit den großen Tatsachen ihrer Geschichte machen, wird aber nicht dem Umstand gerecht, daß die wissenschaftliche Praxis gegenüber diesen Tatsachen wirklich etwas Neues darstellt. Die gemeinsame Kontrolle und der Konsens der Gemeinschaft – im Sinne dieser Praxis – bilden das Subjekt der Wissenschaft. Sie denkt kollektiv. Das Subjekt dieses Denkens wird nur in ganz seltenen krisenhaften Momenten individuell: wenn die bedrohte Gruppe einen Ausgeschlossenen wieder aufnimmt und sich dabei einredet, sie habe ihn als Kundschafter vorausgeschickt, während sie ihn in Wirklichkeit verjagt hatte.

Man mag die paradoxe Tatsache für eine geschichtliche Kuriosität halten, daß im selben Moment, in dem sich die Wissenschaft als Gruppe, gar als Profession herausbildet, die sich den Dingen (der Natur, der Physik) selber widmet, gleichzeitig eine Philosophie des individuellen Erkenntnissubjekts auftritt – so als hätte die Philosophie ihre Ausnahmestellung unterstreichen wollen, indem sie hochmütig darüber hinwegging, was zum gemeinen Gesetz oder zur Vorschrift für die Gemeinschaft wurde. Trotzdem entscheidet einzig das Tribunal der Gelehrtenvereinigung, einzig die Kirche der einander kontrollierenden Experten, ob die

Erde sich dreht. Nicht der isolierte Held trifft die Entscheidung. Denn wenn nur dieses Subjekt allein so dächte, würde sich die Erde nicht drehen oder gäbe es keine Wissenschaft. Es sieht ganz so aus, als hätte die Galilei-Affäre den Erkenntnisphilosophen den Sinn verwirrt, als hätte ein Gründungsmythos der Geschichte oder der Hagiographie der Wissenschaften sie vergessen lassen, daß die Wissenschaft als Versammlung, als Tribunal und als Kirche denkt und auch so funktioniert, so daß sich die Wissenschaftsgeschichte – im einzelnen wie in den Gesetzen ihrer Gesamtentwicklung – in der Tat wie eine Reprise der Religionsgeschichte ausnimmt. Diese wird von Ketzern, jene von Neuerern vorangebracht, und beide werden fast immer verstoßen. In diesem Vergleich liegt nichts Paradoxes: die Religion liefert das erste Beispiel eines kollektiven Subjekts, das ein Objekt denkt, welches die Beziehungen der Gemeinschaft transzendiert.

Tatsächlich macht in der Wissenschaft die egalitäre Gruppe der Experten, die einander als solche anerkennen, das Subjekt der Erkenntnis aus, so als wäre die reziproke Anerkennung der auf diese Weise egalisierten Individuen die operationale Bedingung von Erkenntnis. Die Wissenschaft denkt als solche und bietet andererseits Garantien dafür, daß sie Objekte der Welt denkt, die ihre eigenen Beziehungen transzendieren. Das ist die Ausnahme, die gewiß nicht den einzelnen, sondern das Kollektiv angeht. Denn im allgemeinen verhält sich das Kollektiv, als wären ihm seine Beziehungen genug, als gäbe es keine Welt. Für seine Geschlossenheit existiert kein äußeres Objekt. Es ist definiert als die Gesamtheit seiner Beziehungen, und aus der Neudefinition jeder Beziehung zieht es die Nahrung, die es am Leben hält, wiederbelebt und erneuert. Der Idealismus, der versichert, die Welt entspreche unseren Vorstellungen, paßt gut zu gewissen schweren Geisteskrankheiten sowie – ausnahmslos – zu allen Gesellschaften, die ihre Beziehungen auf ihre Umwelt projizieren. Die Soziologen haben recht, wenn sie behaupten, Gruppen kennten nur ihre eigenen Gesetze: das gilt für Tierhorden wie für politische Tiere, kleine Marionetten, die sich immer nur in den Fäden verheddern, die sie miteinander verbinden. Die Bewegung einer solchen Marionette bringt die Erschütterungen ihrer sozialen Umgebung zum Ausdruck oder ist in gewisser, für sie bestimmender Hinsicht nur die Summe dieser Erschütterungen. Diese Spieluhr braucht weder Antriebsfeder noch Programm, da jede Bewegung als Resultat jener Summe sofort wieder in diese eingeht und zur Ursache einer nächsten Bewegung wird. Nichts geht über die Fäden hinaus, und der Soziologe hat stets recht, wenn er für seine Wissenschaft Autonomie beansprucht, da das Ganze in sich geschlossen ist und sich selbst erzeugt. Insgesamt entstehen dabei einige zeitliche Schwankungen, denen man manchmal den Namen Geschichte gibt.

Plötzlich erscheint in zwei Jahrtausenden, in dieser unabsehbaren und monotonen Zeit, ein paradoxes Kollegium, das sich ein bestimmtes, unabhängig von diesen Netzen, Fäden und Knoten existierendes Objekt der Welt vorlegt und es denkt – als ob es diese Netze, in die sich die Menschen verstricken, transzendierte. In dem Text von Lukrez aus der Frühzeit der Physik begleitet ein transzendenter Gott[25] das Chaos, die Welt und die Atome, ohne sich um sie zu kümmern. In dieser doppelten Behauptung liegt nichts Paradoxes: der abwesende Gott, dem die Beziehungen der Menschen gleichgültig sind, hat denselben Status wie die Wolke der Atome, insofern das Treiben jenes Einsamen wie dieser Mannigfaltigkeit auf ewig unabhängig bleibt von dem, was die Völker bewegt. Das natürliche Objekt nimmt die Stelle Gottes ein, kann mit ihm sogar an derselben Stelle koexistieren; entscheidend bleibt freilich, diesen Ort angemessen zu begreifen. Die Gelehrten glauben an die Existenz der Außenwelt, wie der Fromme an Gott glaubt: keiner von beiden kann seine Überzeugung beweisen, aber ohne sie kann er weder seinen Glauben noch seine Wissenschaft praktizieren. In der Galilei-Affäre dreht sich alles nur um diesen Ort. Ein Gericht tagt nur, um sein Gesetz zu diktieren, und spricht nur performativ, also für sich selbst: dieser Ort existiert nicht, vor Gericht geht es um Streitsachen zwischen Menschen [*causes*], nicht um Dinge [*choses*]. Wenn plötzlich einer aufsteht und verkündet, daß die Erde sich dreht, gibt es damit noch keine Wissenschaft, weil es jeden Tag vorkommt, daß in einer Gruppe sich einer anormal verhält. Doch wenn sich eine Kirche versammelt hat, ist dieser Ort schon vorbereitet. Nur ein kirchliches Tribunal konnte bei dieser Gelegenheit zögern: verurteilen, aber eine Möglichkeit offenlassen. Jemand in seiner Mitte steht auf und verkündet, daß die Erde sich dreht, und die Juristen reagieren, als hätten sie es mit einem Verzückten zu tun, der seine mystische Eingebung hinausschreit. Gewiß, damit gibt es noch keine Wissen-

[25] *Transzendent*: außerhalb der Welt und ohne Bezug zu ihr.

schaft, aber es öffnet sich eine Möglichkeit, es besteht eine Chance, daß die Teilnehmer der Versammlung ganz entgegen ihren Absichten sich zur astronomischen Revolution bekehren, sind sie doch daran gewöhnt, über Realgründe zu streiten, über Gründe für die *reale Gegenwart* [Christi in der Eucharistie], die zu ihren eigenen Beziehungen in keinerlei Verhältnis stehen. Ein gewöhnlicher Gerichtshof verfügt über keinen solchen Ort, verschanzt sich hinter den Streitsachen und kann daher nicht nachgeben; ein kirchliches Tribunal gibt nicht nach, kann aber nachgeben und wird nachgeben, da es für einen solchen Ort offen ist. Plötzlich existieren Dinge und nicht nur Streitsachen zwischen Menschen. Die Religion schließt sich ab in dem, was die Menschen miteinander verbindet, öffnet sich aber auf die unmittelbare Erfahrung Gottes hin: in ihr stehen sich Hochgelehrte und Mystiker gegenüber. Die Galilei-Affäre führt diesen kanonischen Kampf fort. Doch dabei kommt man auf die Idee, eine Expertenkommission zu schaffen, die sich mit den Dingen selbst zu beschäftigen hätte, ein neues Tribunal beim alten Tribunal: und das ist die Wissenschaft, die nicht performativ spricht und in der sich die gleiche Debatte fortsetzt. So daß es für uns, für das Kollektiv, für diese Gesellschaft ein Objekt oder Objekte gibt, deren ehernes Gesetz gewöhnlich dazu verpflichtet, sich so zu verhalten, als gäbe es sie nicht. Die Wissenschaft bildet eine paradoxe realistische Gruppe in einer normalerweise idealistischen Gemeinschaft. Durch dieses Wissen stehen wir, gemeinsam, in einem Verhältnis zu einem Ding, dessen Gesetze in keinem Verhältnis zu unseren Verhältnissen stehen. Bis heute gibt es, soweit ich sehe, keine Philosophie, die uns ein solches Ereignis zu denken gestattete, da uns die Tradition diktiert, ein Erkenntnisobjekt gebe es nur für ein individuelles Subjekt und ein Kollektiv sei zu objektiver Erkenntnis außerstande, da es kein anderes Objekt habe als seine Beziehungen. Eine Philosophie, welche dieses schwierige Ereignis zu denken gestattete, würde es gewiß nötig machen, jenen transzendenten Ort zu denken, an dem Gott und die Objekte der Welt, mystische Erfahrung und Erfahrungswissen koexistieren.

Man kann die tragische und fatale Tatsache gewiß nicht für eine historische Kuriosität halten, daß genau zu der Zeit, zu der sich der Tod Gottes ankündigt, die objektive Welt ihre Barrieren niederreißt, ihre Hindernisse abräumt, die grausame alte Notwendigkeit abschwächt, ihre Schlachten gegen unsere aggressiven und triumphierenden Techniken zu verlieren beginnt, sich erniedrigt hinter unsere Vorstellungen zurückzieht, kurz, in Agonie verfällt. Im Donner der Bombe hallt der Tod der Welt wider. Kaum ein halbes Jahrhundert nach dem Tod Gottes. Die beiden Transzendenzen verlassen fast gleichzeitig denselben Platz. Damit sind wir genötigt, eine Philosophie der Agonie der transzendentalen Objektivität zu schreiben.

Grundlagen

Die Mathematik legt die Grundlagen der Physik: ein ungenauer und vager Satz, da sie ebensogut auch alle anderen Naturwissenschaften fundiert. In diesem trivialen Sinne ist damit gemeint, daß die Physik erst dann zur Wissenschaft wird, wenn sie sich der mathematischen Sprache bedient. Gut. Aber ein Fundament reicht tiefer.

Liest man die Anfänge der Mathematik – die historischen Anfänge und die systematischen Präliminarien – auf ihre Elemente hin, sucht man also nach den Elementen der Euklidschen *Elemente*, so entdeckt man eine untergegangene Welt, an die wir keine Erinnerung mehr haben: eine Sonne und eine Erde, Schatten und Licht, die Markierung der Zeit im Raum; schwere und gewichtige Dinge, die sich langsam aus dem Boden erheben, gleichsam von den Toten auferstandene Statuen; Artefakte, Kanons, Lineale oder Schnüre, objektive Gedächtnisse, welche die Elemente oder Striche enthalten, die man aus ihnen zieht oder abstrahiert; die Konstitutionsbedingungen einer Gemeinschaft, eines Konsenses: ohne Gleichheit käme man niemals zu einem Einvernehmen über die Wahrheit. Alles in allem eine Welt und eine Gruppe.

Es existiert ein transzendentaler *nous*, der eine transzendentale Erde zum Gegenstand hat[26] – das sind die Bedingungen oder Grundlagen der Wissenschaft. Es sind die Grundlagen von wissenschaftlicher Erkenntnis überhaupt, der abstrakten wie der konkreten. So konkret, wie die Welt und die Dinge eben konkret sind. Die Geometrie fundiert also die Physik, weil sie bereits eine Physik ist, weil die Welt ihre transzendentale Bedingung ist, ebenso wie das Objekt, das unberührte ebenso wie das fabrizierte. Ebenso fundiert sie die Technik, weil sie bereits eine Technik ist. Auf der anderen Seite aber so abstrakt, wie man nur will, da sie ja Abstraktion erzeugt. Die reine Geometrie geht aus Kanon, Lineal oder Zirkel hervor, so wie die noch abstrakteren

[26] *Transzendental*: was sich auf die Bedingungen *a priori* von Erkenntnis bezieht.

und reineren Geometrien aus der euklidischen Geometrie und ihren Anfängen hervorgehen werden. Die Abstraktion nimmt einen stetigen Verlauf, der hier ganz einfach der Geschichte ähnelt. Jene entstammt dem Artefakt und diese dem, was aus ihm hervorgeht, und so fort; ein Fächer, der sich sanft entfaltet.

Physik

Warum aber haben die Griechen nicht die mathematische Physik erfunden? Weil es, so wird manchmal gesagt, Sklaven gab. Wer sich seiner Arme entledigt, verzichtet auf Werkzeuge und begnügt sich mit Kontemplation. Schön und gut. Aber glaubt man denn, daß in der Renaissance, als ebendiese Physik entstand, die Leibeigenen aus Italien, Holland und Frankreich verschwunden gewesen wären? Oder meint man, Dampfmaschine und Thermodynamik seien im letzten Jahrhundert aufgetreten, weil es zu dieser Zeit mit der Ausbeutung der Menschen durch jene, die sich nicht als ihre Mitmenschen betrachten, ein Ende gehabt habe?

Die Griechen, sagt man, zauderten vor dem physikalischen Gesetz, weil kleine Gottheiten den Raum durchstreiften, jede in ihrem Bereich: Wenn über jeden Baum eine Hamadryade wacht, wenn in jedem Brunnen eine Nymphe wohnt, die sich um die Verteilung des Wassers kümmert, wenn es im Meer von Sirenen und auf der Wiese von Faunen wimmelt, stellen sich tausend Singularitäten dem Übergang zur allgemeinen Regel entgegen. Man muß auf den Monotheismus warten, damit sich der ausgedehnte Raum plötzlich leert und keine Örtlichkeit die Homogenität des Universums mehr behindert. Ein Sein jenseits der seienden Dinge, das ist ein glattes Universale, das Naturwissenschaften und Technik möglich macht. Transparenz und Einheit räumen jede Singularität aus dem Weg. Die Verbindung einer Formel mit erfahrbaren Phänomenen setzt schließlich voraus, daß man das Dogma der Inkarnation akzeptiert hat. Vielleicht sind die Bedingungen religiöser oder metaphysischer Art viel entscheidender als ökonomische und soziale Gründe.

Aber der wichtigste Grund, weshalb die Griechen die Physik nicht erfunden haben, sind die Humanwissenschaften. Denn diese sind älter als die physikalischen Wissenschaften, bedingen sie und verhindern ihr Erscheinen. Dieser Konflikt, diesseits aller Fakultäten, beherrscht unser frühestes Wissen. Wir beschäftigen uns mit unseren eigenen Verhältnissen, bevor wir uns um die Welt bekümmern. Die Menschen waren zuerst Soziologen, und sie bedurften ihrer ganzen Geschichte, um sich zu Physikern zu machen. Umgekehrt ist die Geschichte der Prozeß des langsamen Einholens der Welt.

Wir haben die Religionen und Mythologien so lange in naturwissenschaftlichen Begriffen gedeutet – ein Widersinn, den die Moderne uns aufgedrängt hat –, daß wir noch heute fest davon überzeugt sind, unsere Vorfahren hätten ursprünglich Furcht vor dem Blitz, den Meteoren oder der Nacht, der Unfruchtbarkeit des Brachlandes gehabt. Nein, sie fürchteten den anderen, die Gruppe, ihre Feinde. Alle Mythologien und Religionen sind erstklassige Humanwissenschaften, unendlich präziser, wirksamer und sinnvoller als das, was wir heute mit diesem Namen bezeichnen. Um zur Welt und dann zur Physik zu gelangen, mußte erst dieser Schleier weggerissen werden, den sich die Kollektive selbst gesponnen hatten.

Ursprünglich dienten die Zahlen dazu, die Steuern, den Handel und die Gehälter zu beziffern: aus dem ganzen Zweistromland ist nicht eine Meßaufgabe überliefert, die der Natur gegolten hätte; es ist, als ob die Körper (noch) nicht fielen. Alle mathematischen Probleme quantifizieren vielmehr Sachverhalte, die im Rahmen menschlicher Beziehungen auftreten. Selbst die Vermessung der kultivierbaren Felder, deren Grenzsteine von der Nilüberschwemmung fortgerissen oder umgestürzt wurden, durch die Harpedonapten sucht die Streitigkeiten zwischen Nachbarn durch die staatliche Gewalt zu beenden und das Kataster, das heißt die Grundlage der Steuerveranlagung, wieder zu vervollständigen. Diese ursprüngliche Geometrie mißt nicht irgendwelches Land, sondern bilanziert eher Soll und Haben, und die konstanten Meßungenauigkeiten gehen stets in dieselbe Richtung: sie kommen den Interessen des Pharaos oder des Stärkeren entgegen.

Ein seltsames Ding voller Wasser: damit eröffnet Thales eine neue Ära. Die ionischen Physiker entdecken Objekte – Luft, Feuer, Erde –, die von unseren Willens- oder Machtverhältnissen gänzlich unabhängig sind, Dinge ohne menschliche Ursachen. Es existiert eine Welt außerhalb der geschlossenen Gesellschaften, in der die Dinge entstehen, Feuer, Wasser oder Atome, regellos und ohne ein Gesetz, das von einem König oder Gott erlassen worden wäre. Nie

Thales von Milet. Kupferstich, 1616; Bibliothèque nationale, Paris

hat man etwas von einem Gott der Schwere gehört. Wenn der Logos zur Proportion wird, löscht er kraft seines Verhältnisses die Münder, die ihn aussprechen, und die Ordnungen, die ihn zur Vorschrift machen, aus: wie wenn man einen Bruch auf den einfachsten Nenner bringt, so daß nur die Beziehungen der Welt zur Welt und die des Dings zu sich übrigbleiben. Der neue Logos wird zur Relation zwischen zwei alten Logoi oder Aussagen. Es existieren Objekte, deren Auftauchen und Entstehen nicht von uns abhängt und die sich ganz von selbst im Verhältnis zu anderen Objekten der Welt entwickeln. Der rationale Logos, in dem die Proportion oder das Verhältnis gleich zweifach erscheint, auf Griechisch und Lateinisch, spricht ohne menschlichen Mund, wie ein Gesetz außerhalb des Gesetzes, von dieser Transzendenz her. Bei den ältesten Physikern der ältesten Zeit ist das, was als bewußt atheistische Behauptung erscheint (und es im übrigen auch bleibt), gewiß ein Schritt aus Religion und Mythologie hinaus, wenngleich diese als solche die sozialen Verhältnisse zum Ausdruck bringen und rechtfertigen. Die Welt erscheint, entsteht, findet statt, geht ihren Gang außerhalb des Gemeinwesens, ohne es: kann in der antiken Polis etwas derart Apolitisches geduldet werden? Nein. Um ihm den Weg zu öffnen, bedarf es einer anderen Transzendenz, das heißt einer Religion, die danach strebt, sich dem Heiligen, den erdrückenden Zwängen der Gesellschaft, zu entziehen.

Cheops, der göttliche Pharao, der allmächtige Repräsentant des Gesellschaftskörpers, läßt seine Pyramide Stein für Stein vom Volk errichten, und Thales mißt sie, ohne daß die gefundene Proportion in irgendeiner Weise auf den König, seine Ordnung, sein Grab oder auf das politische Verhältnis des Einen zu den Vielen Bezug nähme. Der Logos der Proportion vertreibt den Logos des Diskurses; es existiert ein Gesetz oder eine Ordnung, der das soziale Gesetz oder die soziale Ordnung unbekannt ist – und die dem sozialen Gesetz oder der sozialen Ordnung unbekannt ist. So stirbt der Pharao ein zweites Mal. Was bleibt, ist der leere Polyeder, eine durchsichtige Form.

Das Unglück wollte und will, daß dieser Logos, der den Königen, den Gesellschaften und der Sprache unerträglich war, bei den Menschen wieder heimisch wird, sich in ihrem Mund und ihrem Willen zur Macht unwiderstehlich festsetzt: fast zwangsläufig eine Rückkehr zur Vorzeit, welche die Griechen erlebt oder erlitten haben, so wie wir sie erleiden. Der Logos der Proportion kehrt in den des Diskurses, in die Geschlossenheit des Sozialen zurück: ob irrational oder rational, im *Politikos* verwebt er die unterschiedlichen Gesinnungen, in der *Politeia* erzieht er die Wächter, und im *Gorgias* schlägt Sokrates den Kallikles mit dem Argument der allmächtigen geometrischen Gleichheit zwischen den Göttern und den Menschen. Er wird wieder Mathematik für Humanwissenschaften. Trotz oder wegen der Anstrengung des *Timaios* geht die epochale Erfindung einer von uns unabhängigen Objektwelt abermals im Kollektiv unter. Die Politik, die Humanwissenschaften und die Mythen haben das Erwachen der mathematischen Physik gemeinsam und einmütig verhindert.

»Die Weisen aber behaupten, o Kallikles, daß auch Himmel und Erde, Götter und Menschen nur durch Gemeinschaft bestehen bleiben und durch Freundschaft und Schicklichkeit und Besonnenheit und Gerechtigkeit, und betrachten deshalb, o Freund, die Welt als ein Ganzes und Geordnetes, nicht als Verwirrung und Zügellosigkeit. Du aber, wie mich dünkt, merkst hierauf nicht, wiewohl du so weise bist, sondern es ist dir entgangen, daß die geometrische Gleichheit soviel vermag unter Göttern und Menschen; du aber glaubst, alles komme an auf das Mehrhaben, weil du eben die Meßkunst vernachlässigst« (*Gorgias*).

MICHEL AUTHIER

ARCHIMEDES: DAS IDEALBILD DES GELEHRTEN

In diesem Kapitel werden wir sehen, daß die Geschichte der Wissenschaften keine neue Erfindung ist, daß in ihr manchmal erbauliche Geschichten gesponnen werden und wie Plutarch es anstellte, aus einem berühmten Mathematiker, Physiker und Techniker das vertrocknete Ideal des Gelehrten zu machen

Moskau 1980. Nachdem er sich für eine Verminderung der Waffen eingesetzt hat, an deren Entwicklung er selbst beteiligt war, wird Andrej Saharov, Lieblingskind der sowjetischen Kernphysik, Träger des Friedensnobelpreises, seiner Funktionen entbunden, seiner Ehrungen entkleidet und nach Gorki verbannt. Heute ist Saharov rehabilitiert.

Washington 1954. Nachdem er sich entschieden für die Einstellung der Forschungen über jene Waffen eingesetzt hat, die 1943-1945 unter seiner Leitung entwickelt wurden, verdächtigt man J. Robert Oppenheimer, den »Vater« des atomaren Siegs der Vereinigten Staaten über Japan, heimlicher Sympathien für den Kommunismus; man entzieht ihm den Vorsitz des Beratungsausschusses der Atomenergiekommission und zwingt ihn, sich auf die Lehrtätigkeit an der Universität zu beschränken. Heute ist Oppenheimer rehabilitiert.

Paris 1950. Nachdem er sich gegen die militärische Verwendung der Atomkraft gewandt hat, wird Frédéric Joliot-Curie, Träger des Nobelpreises für Chemie, verantwortlich für das erste Experiment mit künstlicher Radioaktivität [1934], das die Entwicklung und Herstellung atomarer Waffen erlauben sollte, seines Amtes als Hoher Kommissar der französischen Atomenergiekommission enthoben. Heute ist Joliot-Curie rehabilitiert.

Muß man also annehmen, daß – unabhängig von Ländern und Regierungsformen – die Beziehungen zwischen den Wissenschaftlern und der Macht stets problematisch sind? Ist jene Logik, die vom wissenschaftlichen Ehrgeiz über die

»Archimedes der Geometer«: Jede Epoche schafft sich ein »Genie« nach ihren Vorstellungen. Der griechische Mathematiker ist vergessen. Die Ähnlichkeit mit Leonardo dem Erfinder wird von der dargestellten Tätigkeit unterstrichen, mehr noch von der Physiognomie: man denke an die Selbstporträts des großen alternden Malers. Anonymer Stich, sechzehntes Jahrhundert; Bibliothèque nationale, Paris

Arkana von Erfolg, Schuld und persönlichem Kleinkrieg zu politischer Repression führt, wirklich etwas Neues? Wir werden versuchen, den kanonischen Bericht wiederzufinden, der den Grundstein für das Verhältnis zwischen Wissenschaft und Macht legt.
Man erzählt, daß dreizehnhundert Jahre vor unserer Zeitrechnung ein listiger Athener, Zeitgenosse der ägäischen Kultur, sich in die Dienste des kretischen Königs Minos begab. Er erfand einen monströsen Apparat, der es der Königin Pasiphae ermöglichte, von dem heiligen Stier eine Chimäre zu empfangen: den Minotauros, Symbol der Macht von Knossos über die anderen Städte der Gegend. Das Grauen war derart, daß der König von dem »Zauberlehrling« Dädalus eine Festung verlangte, um dieses Scheusal überwachen zu können; nämlich das Labyrinth. Entsetzt über die Tötung junger Athener, der seine Schöpfung diente, verrät Dädalus das Geheimnis des Bauwerks an Ariadne, die es ihrem Bruder Theseus weitergibt. Minos setzt daraufhin den Verräter in seine eigene Falle – und die Fortsetzung des Mythos stellt *ad nauseam* die einzelnen Episoden von Flucht, Verfolgung und Abrechnung zwischen dem Gelehrten und dem Monarchen dar.
Drei Jahrhunderte später wird Palamedes, nach der Legende der Erfinder der Zahlen, mit einer List den simulierten Wahnsinn des Odysseus zerstreuen und diesen somit zwingen, am Trojanischen Krieg teilzunehmen. Er wird nach einem Verratsprozeß gesteinigt, und zwar gerade von denen, die ihm den Sieg verdankten, indem er den König von Ithaka in ihr Lager zog.
Im Jahre 510 vor Christus hilft Pythagoras mit seinem Genie seiner Wahlheimatstadt Kroton, ihre Rivalin Sybaris zu vernichten. Er wird verbannt, ein Opfer seines Erfolges.
Man sieht, es gibt keinen glücklich ausgehenden Mythos über das Verhältnis zwischen Wissenschaft und Macht. Und trotzdem, obwohl er immer wieder gescheitert ist, hält sich der Glaube an eine Harmonie, während jede Generation zusehen muß, wie die Staatsräson einige Gelehrte in ihren Diensten opfert. Regelmäßig findet eine Rehabilitation statt; muß man also in diesem »Opfer« die Apotheose einer wissenschaftlichen Laufbahn sehen, der es der Gelehrte verdankt, nicht mehr nur ein Ruhmesblatt der Wissenschaft, sondern der Menschheit zu sein? Welches ist das Vorbild einer solchen Passion?

Ein exemplarischer Gelehrter

In seinem Kalender der Fortschritte der menschlichen Gattung im Anhang des *Katechismus der positiven Religion* gibt Auguste Comte dem vierten Monat, der dem Kult der antiken Wissenschaft gewidmet ist, den Namen des Archimedes (287-212 vor Christus).[1] Aus dem Bereich der exakten Wissenschaften ist er der einzige, dem solche Ehre widerfährt. Damit erhält der große Gelehrte aus Syrakus den Rang eines Homer, eines Moses oder Cäsar zugesprochen und übertrifft in der Wertschätzung des positivistischen Philosophen Newton, Kepler, Galilei und all die anderen.

In seinem berühmten Aphorismus über die drei Ordnungen führt Pascal nur zwei Personen an: Archimedes und Jesus Christus; jener erscheint in der Ordnung des Geistes, so wie dieser in der Ordnung der Liebe. Wenige Gelehrte haben solche Hochachtung genossen. Eine seiner Entdeckungen wurde sogar, als besondere Ehrung, in dichterische Form gebracht. Tatsächlich geben die scheußlichen Verse

> »Que j'aime à faire apprendre un nombre utile aux sages.
> Immortel Archimède artiste, ingénieur [...]«

mit der Buchstabenzahl jedes Wortes die Dezimalziffern der Zahl π an (*que* = 3, *j* = 1, *aime* = 4 usw.). Mit dieser Gedächtnisstütze hat der Pädagoge nicht nur ein mathematisches Ergebnis fixiert, sondern auch den Namen dessen festgehalten, der als erster die Voraussetzungen zur Messung des Kreises lieferte. In einer kleinen, wahrscheinlich unvollständig überlieferten Abhandlung über *Kreismessung* stellt Archimedes drei Lehrsätze auf, die für die Geschichte der Wissenschaften jeweils von besonderer Bedeutung waren, und liefert ihren Beweis.

Erster Lehrsatz: »Jeder Kreis ist einem rechtwinkligen Dreiecke inhaltsgleich, insofern der Radius gleich der einen der den rechten Winkel einschließenden Seiten, der Umfang aber gleich der Basis ist.«

Für uns, die wir von Kindesbeinen an gewohnt sind, die Formeln für den Kreis zu verwenden, mag diese Proposition tautologisch erscheinen. Da ihr Beweis überdies einfach ist, gehen viele Wissenschaftshistoriker darüber hinweg, ohne das wirklich Neue daran zu erkennen. Die damalige Wissenschaft hatte nicht erst auf Archimedes ge-

[1] Vgl. unten, S. 634.

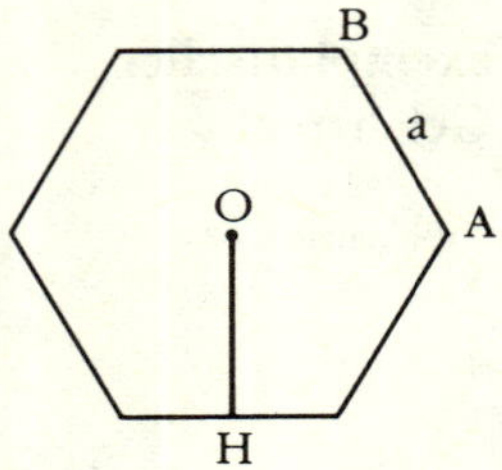

Die Fläche S eines regelmäßigen Vielecks ist gleich $\frac{1}{2}$ OH · P, wobei OH und P jeweils die Höhe und der Umfang des regelmäßigen Vielecks sind. Tatsächlich ist

$S = n \cdot \text{Fläche (OAB)} = n \cdot \frac{1}{2} (OH \cdot a)$
$\quad = \frac{1}{2} OH (n \cdot a) = \frac{1}{2} OH \cdot P$

P_I, P_E, P und S_I, S_E, S seien jeweils die Umfänge und die Flächen des inneren und äußeren Polygons und des Kreises. Man sieht dann sogleich:

$S_I < S < S_E$ und $P_I < P < P_E$;
weiterhin:
$Oh < R = OH$, also:
$\frac{1}{2} Oh \cdot P_I < \frac{1}{2} R \cdot P < \frac{1}{2} OH \cdot P_E$

Nach dem ersten Absatz ist nun aber
$\frac{1}{2} Oh \cdot P_I = S_I$ und
$\frac{1}{2} OH \cdot P_E = S_E$

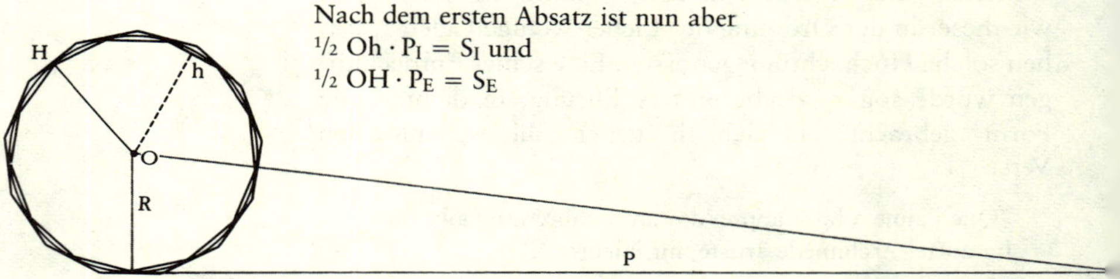

Wenn also die Flächen des Kreises und des Dreiecks mit der Höhe R und der Basis P verschieden wären, läge ihre Differenz stets zwischen S_I und S_E. Das aber ist absurd, da man die Differenz ihrer Fläche beliebig verkleinern kann, indem man die Zahl der Seiten des Polygons vervielfacht (nach Euklid, *Elemente*, XII, 2).

wartet, um Protokolle zur Berechnung der Fläche und des Umfangs eines Kreises vorzuschlagen. Ägypter wie Babylonier hatten dafür bereits leistungsfähige Algorithmen vorgelegt.[2]

Die Behauptung, die Archimedes hier aufstellt, impliziert die Verwandtschaft zwischen den Problemen der Quadratur und der Rektifikation des Kreises (das heißt dem Finden eines Quadrats, welches dieselbe Fläche hat wie ein gegebener Kreis, und dem Finden einer Strecke, welche dieselbe Länge hat wie der Umfang eines Kreises). Für uns heißt das – hüten wir uns vor Anachronismen! –, daß die Konstanten, die Fläche und Umfang eines Kreises zu berechnen erlauben, mit derselben Zahl verbunden sind (die

[2] Vgl. oben, S. 73-107.

seit dem siebzehnten Jahrhundert π genannt wird). Er führt diese Arbeit in seiner *Methodenlehre von den mechanischen Lehrsätzen* fort, wo er schreibt: »[...] wie ein Kreis einem Dreieck gleich ist, dessen Grundlinie die Kreisperipherie, die Höhe aber dem Radius des Kreises gleich, ebenso ist die Kugel einem Kegel gleich, dessen Grundfläche die Oberfläche der Kugel, die Höhe aber dem Radius der Kugel gleich«. Er führt somit implizit den Beweis, daß die Größe der Umfänge die der Kreisflächen, Kugeloberflächen und Kugelvolumina bestimmt.

Zweiter Lehrsatz: »Der Kreis hat zum Quadrate seines Durchmessers (nahezu) ein Verhältnis wie 11 zu 14.« Dieses Ergebnis mag banal erscheinen, doch man muß es aus dem Zusammenhang seiner Epoche verstehen, in der die Berechnung einer Kreisfläche auf die eines Quadrats zurückgeführt wurde. Ebenso verfuhren die Ägypter, Babylonier und Griechen vor ihm. Ihnen antwortet Archimedes im gleichen Stil, doch mit dem Beweis für die Wahrheit und größere Genauigkeit seiner Antwort. Wenn wir diese Behauptung häufig unterschätzen, so deshalb, weil sie nicht an uns gerichtet ist, sondern an die Vorgänger des Syrakuser Gelehrten, über die er hinausging.

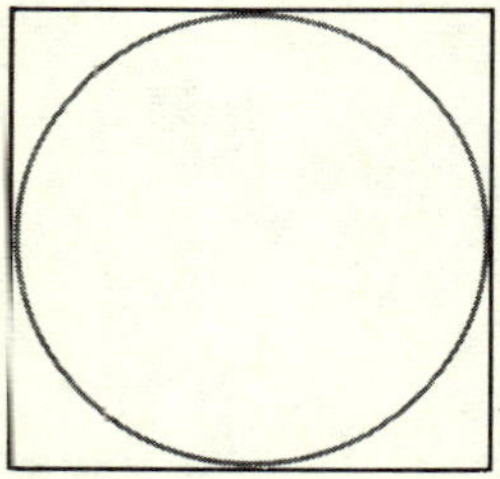

Wenn das Quadrat den Wert 14 hat, so hat der Kreis ungefähr den Wert 11. Um zu diesem Ergebnis zu gelangen, benutzt Archimedes sein Umfangskalkül, was ihn darin bestärkt, die Quadratur auf die Rektifikation zu reduzieren.

Dritter Lehrsatz: »Der Umfang eines jeden Kreises ist dreimal so groß als der Durchmesser und noch um etwas größer, nämlich um weniger als ein Siebentel, aber um mehr als zehn Einundsiebenzigstel des Durchmessers.«

Hier verlangt uns Archimedes Bewunderung ab für eine Reihe von Berechnungen, die noch heute jeden in Erstaunen versetzen, der das Notationssystem für Zahlen bei den Griechen kennt. Dieses Ergebnis hat in unseren Schulen zu den berühmten $^{22}/_{7}$ – als Annäherungswert für π bis auf ein Zweitausendfünfhundertstel – geführt. Nicholas Chuquet, ein französischer Mathematiker aus dem fünfzehnten Jahrhundert, soll dazu gesagt haben: »Das ist etwas, was durch keine Demonstration mehr zu beweisen ist«, nämlich das Genie des Archimedes. Seine Technik der Approximation an den Umfang besteht darin, den Kreis zwischen zwei Polygone zu zwängen, deren Seiten so lange vermehrt werden, wie es nötig ist, um die gewünschte Genauigkeit zu erreichen. Diese Technik wurde noch im siebzehnten Jahrhundert verwendet.

Indem er die Kubatur der Kugel, die Quadratur und die Rektifikation des Kreises auf dasselbe Problem zurückführte, indem er gegen die älteren Algorithmen sein Kalkül zur Berechnung der Kreisfläche durchsetzte und eine Methode der unerschöpflichen Approximation schuf, grub sich Archimedes für alle Zeiten als beherrschende Symbolfigur der Geometrie ins Gedächtnis der Menschheit ein. Trotzdem wird diese Leistung, die für den Ruhm der Größten genügen würde, in den Berichten der Historiker allgemein übergangen: bei Polybios, Titus Livius, Cicero, Silius Italicus, Plutarch und vielen anderen, die über den Mathematiker geschrieben haben.
So haben diese Schriftsteller, von denen die besten Geister des sechzehnten, siebzehnten, achtzehnten und sogar des neunzehnten Jahrhunderts zehrten und die den kulturellen Humus bildeten, in dem die abendländische Wissenschaft keimte, nicht den Versuch unternommen, von Archimedes ein getreues Bild zu liefern. Besonders anhand des Textes von Plutarch wollen wir daher zeigen, wie in diesen Berichten aus der griechischen und römischen Geschichte nicht das wahrheitsgetreue Bild eines Mannes, sondern eher die kanonische Figur des Gelehrten gezeichnet wurde.

Ein berühmter Historiker

»Die Geschichte der großen Männer ist wie ein Spiegel, den ich betrachte, um nach Möglichkeit zu versuchen, mein Leben zu ordnen und es dem Bilde ihrer Tugenden anzunähern«, schreibt Plutarch im *Leben des Timoleon*. Er wurde um das Jahr 50 unserer Zeitrechnung in Chaironeia als Sohn einer angesehenen Familie seines Dorfes geboren, unternahm in seinen Jugendjahren einige Reisen nach Rom, um dann endgültig in seine böotische Heimat zurückzukehren, wo er mit fast achtzig Jahren auch starb. Er wollte, nach seinen eigenen Worten, daß die Achtung und die Gewogenheit, die sich mit seinem Namen verbanden, auf sein Dorf und seine Landsleute zurückfielen. Zu seiner fruchtbaren literarischen Tätigkeit gehören zahlreiche Biographien – *bioi paralleloi*, denn es wird jeweils ein Grieche mit einem Römer verglichen –, umfangreiche ethische Abhandlungen und Essays verschiedener Art.
In seinem Handeln wie in seinen Schriften zeigt Plutarch eine beständige Sorge um Vortrefflichkeit als notwendige Grundlage der Bande zwischen den Menschen. Seine historischen, philosophischen und wissenschaftlichen Kennt-

nisse stehen im Dienste dieser Moral. Als Schüler eines platonischen Lehrers ist er überzeugt von der absoluten Realität der Ideenwelt und ihrem Primat gegenüber der Welt der Dinge. Eine solche Auffassung macht es verständlich, daß sich Plutarch aus einer Welt, die vom Pragmatismus beherrscht war und deren Ordnung durch die richterliche Gewalt aufrechterhalten wurde, zurückzog und sich vom Machtzentrum der *Pax Romana* fernhielt.
Auch wenn er selbst kein Wissenschaftler war, scheint er doch eine umfangreiche wissenschaftliche Bildung gehabt zu haben, der es an eigenständiger Erkenntnis durchaus nicht mangelte. Einen Beleg dafür liefert seine sehr erstaunliche kleine Abhandlung *Über das Gesicht, das auf der Mondfläche erscheint*, worin er neben der Beschreibung einiger kosmologischer Theorien zum Beispiel Vorstellungen über eine universelle Anziehung und die Theorie der Gezeiten entwickelt, die sich daraus ergäbe.
Seine Schriften, denen Montaigne, Montesquieu, Rousseau, Shakespeare und viele andere dramatische Sujets und Gedanken entnommen haben, sind nach dem Wort des Mathematikhistorikers Jean-Étienne Montucla zum Allgemeingut geworden, das »von Hand zu Hand« ging. Man kann also mit gutem Grund behaupten, daß nicht wenige Wissenschaftler der Zeit des Barock und der Klassik bei der Lektüre von Plutarchs Lebensbeschreibung des Generals Marcellus die zehn Seiten entdeckt haben, die Archimedes gewidmet sind. Über diesen stellte Pater Taquet 1654 fest: »Die ihn loben, sind zahlreicher als jene, die ihn lesen; und die ihn bewundern, sind zahlreicher als jene, die ihn verstehen.« Er machte damit deutlich, daß der Ruhm des Archimedes bei weitem den engen Kreis der Gelehrten sprengte.
Indem wir dem Bericht Plutarchs Schritt für Schritt folgen, werden wir verstehen, wie aus einem außergewöhnlichen Mathematiker die kanonische Gestalt des »genialen Gelehrten« werden konnte.

Syrakus und die übrige Welt

Im Verlauf der Wanderungen des achten Jahrhunderts ließen sich Dorer aus Korinth einige hundert Meter vor der ionischen Küste Siziliens auf einer Insel von einem halben Quadratkilometer Größe nieder. Sie nannten sie Ortygien, nach dem alten Namen von Delos, und stellten sie damit unter den Schutz des Apollon und der Artemis. Die Insel wurde mit Sizilien verbunden. Die fruchtbaren Ebenen und

der Handel machten die Stadt reich. Seit dem fünften Jahrhundert vor Christus, unter der Herrschaft der Tyrannen Hieron I. und Gelon, dehnte sie sich erheblich aus und wurde mit mehreren hunderttausend Einwohnern zu einer der wohlhabendsten Städte Griechenlands.
Drei Jahrhunderte lang nahm sie, meist völlig frei in der Wahl ihrer Geschicke, an allen großen Konflikten des Mittelmeerbeckens teil. Etrusker, Meder, Phöniker, Karthager, Athener, Lakedämonier, Makedonier, Römer, alle verbündeten sich mit Syrakus oder bekämpften es. Bündnisse und Belagerungen folgten einander, Zeiten des Königtums und der Tyrannis wechselten mit Zeiten der Demokratie ab. Trotz allem nahm der Reichtum der Stadt stetig zu; immer zahlreicher wurden die Tempel und Monumente, in denen sich die Kunstwerke häuften. Die Mäzene zogen die größten Geister der Antike an. Pythagoräer flüchteten vom Süden der italischen Halbinsel dorthin. Platon begrub in Syrakus die Träume seiner Staatsverfassung. Künstler und Gelehrte trugen mit ihren Talenten zur Ausstrahlung und Prosperität der Stadt bei.
Dank seiner Macht beherrschte Syrakus einen großen Teil der Ebenen Siziliens, deren Fruchtbarkeit legendär geblieben ist. Der Weizen wuchs dort im Überfluß, und die Rinder weideten dort in großer Zahl. »Messe mir, mein Freund, die Zahl der Rinder des Helios, die auf den Ebenen der thrinakischen Insel [Sizilien] weiden [...]«, schreibt Archimedes zu Beginn des berühmten *Rinderproblems*. Darin stellt er in Form eines Gedichts eine Aufgabe, die es Eratosthenes – dem Bibliothekar und Geographen von Alexandria, der den Erddurchmesser berechnet hatte und mit Archimedes in Briefwechsel stand – erlauben sollte, seine mathematischen Fähigkeiten zu beweisen. »Wenn du die Lösung gefunden hast [...], so wisse, daß man über dich urteilen wird, daß du zur Vollkommenheit in dieser Wissenschaft gelangt bist.« Wenn man der Studie eines Mathematikers aus dem vorigen Jahrhundert glauben darf, würde die Lösung in Dezimalschreibweise sechshundert Seiten mit Zahlen füllen. Darin kann man eine scherzhafte Darstellung des Reichtums der sizilischen Ebenen sehen. Einmal mehr ist damit aber auch die sagenhafte Rechenfähigkeit des Archimedes angesprochen; zumindest war er es gewohnt, bei schwierigen Fragen ein Problem, das er selbst nicht vollständig lösen konnte, einem der wenigen Mathematiker vorzulegen, die ihm helfen konnten. Es gab damals

Syrakus. Die Karte macht deutlich, welche für die damalige Zeit außerordentliche Größe die Stadt besaß (der römische passus *betrug 1,47 Meter und das hier verwendete* stadium *177,60 Meter). Man beachte die günstige topographische Lage der Stadt mit ihrem geschützten Hafen und den leicht zu verteidigenden Steilhängen.*
Veterum Syracusarum Typus, *anonymer Stich; Bibliothèque nationale, Paris*

nicht viele davon, und er hatte sie fast alle in seiner Jugend während eines Aufenthalts in Alexandria kennengelernt, das mit seiner berühmten Bibliothek, seinem Museum und seinen hervorragenden Gelehrten der wissenschaftliche Mittelpunkt war, in dem das griechische mit dem babylonischen, ägyptischen und jüdischen Denken zusammentraf.

Beim Lesen der Briefe von Archimedes, die mehrere seiner Abhandlungen eröffnen, begegnen wir der kleinen Welt der Mathematiker des dritten vorchristlichen Jahrhunderts, in der sich der wissenschaftliche Austausch trotz der Entfernung über Tausende von Kilometern behauptete. Vergessen wir nicht, wie beständig und verläßlich der Seeverkehr sein muß, um dem Meer die leichten Papyrusrollen des Wissens anvertrauen zu können. Man mag daran ermessen, wieviel schon damals die mathematische Arbeit des Syrakuser Gelehrten der Macht seiner Vaterstadt verdankt. Die Myriaden von Myriaden von Rindern überqueren, auf Papyrus geschrieben, die Meere in völliger Sicherheit dank der Tausende von Handwerkern, Kriegern und Bauern, die sich von den realen, auf den thrinakischen Ebenen weidenden Rindern ernähren. Plutarch wird uns vorführen, wie Archimedes sich mit der Leichtigkeit seiner Geisteskräfte bemühte, den schweren Massen der Welt den Tribut zu zollen, der ihnen gebührte.

Zu dem Zeitpunkt, mit dem der Bericht einsetzt, befindet sich Syrakus in der Krise. Nach vierundfünfzigjähriger Herrschaft ist König Hieron II. im Jahr zuvor gestorben, und ihm folgte sein Sohn Gelon, der ihn in den Regierungsgeschäften unterstützt hatte. Nach einer verhängnisvollen Allianz mit Karthago zu Beginn des Ersten Punischen Krieges hatten sich die Syrakuser im Jahre 263 vor Christus mit Rom verbündet und damit fast ein halbes Jahrhundert lang Frieden geschaffen. Siebenundvierzig Jahre später wechselt der Enkel Hierons II., Hieronymus, wieder auf die Seite Karthagos, dessen Armeen unter Hannibals Führung dabei sind, ganz Italien zu verwüsten; es ist der Zweite Punische Krieg.

Einige Monate später, mitten im Krieg gegen den einstigen Verbündeten und verbündet mit dem einstigen Feind, beraubt die Ermordung des jungen Herrschers das Königreich seines Königs. Die politischen Wirren erreichen ihren Höhepunkt, und damit eröffnet Plutarch den Bericht über die Belagerung von Syrakus, einer Stadt ohne politisches Oberhaupt. Sie verfügt zu ihrer Verteidigung über Befestigungen, mit denen sie während der vergangenen Jahrhunderte und Jahrzehnte umgeben worden ist, aber auch über jene erstaunlichen Kriegsmaschinen, die seit dem vierten Jahrhundert vor Christus in alle Ecken und Enden der Mittelmeerwelt, nach Karthago, Rom, Athen und Rhodos, exportiert worden sind und zum Wohlstand der Stadt beigetragen haben. Kontrolliert wird diese Macht von einem einzigen Mann: Archimedes. Der Gelehrte ist in die Enge getrieben, die Krise erreicht den Höhepunkt, was vermag er zu tun? Das ist das Problem, das sich Plutarch stellt.

Der Stadt Syrakus gegenüber die römische Macht, gewaltig, gut bewaffnet, gut ausgebildet. Eben hat sie die Nachbarstädte vernichtet, und an ihrer Spitze rückt Marcellus vor, voller Stolz auf seine *opima spolia*[3], wie Vergil sagt: »Ach! Wie dieser Sieger alle Helden der Erde überragt!« Trotz der großen Zahl der Stadtbewohner, der Massen von Soldaten, schrecklicher Maschinen, uneinnehmbarer Be-

[3] *Opima spolia*: die »reiche Beute«, die dem römischen Feldherrn zustand, der einen feindlichen Heerführer mit eigener Hand erschlagen hatte.

festigungsmauern sowie Dutzender von Trieren und Penteren[4] ist die Situation für Plutarch von geradezu kanonischer Einfachheit. In diesem Kampf zwischen der letzten großen freien Stadt Griechenlands und der römischen Macht steht der größte aller Heerführer dem größten aller Gelehrten gegenüber. Was wird geschehen?

[4] *Trieren, Penteren* (»Dreiruderer«, »Fünfruderer«): Kriegsschiffe mit drei beziehungsweise fünf übereinanderliegenden Ruderbänken.

Die Belagerung von Syrakus

Die Antwort liegt natürlich im Bereich der Ideen und nicht auf dem Gebiet der kriegerischen Beziehungen zwischen den Menschen. Das Reale ist in dieser Studie der Text von Plutarch; er organisiert das Imaginäre, nach dessen Grundlage wir suchen; es geht also nicht darum, eine hypothetische geschichtliche Wahrheit wiederherzustellen. Ich möchte vielmehr zu zeigen versuchen, wie der Autor seinen Bericht konstruiert hat. Wie die Verwendung seiner philosophischen und wissenschaftlichen Kenntnisse es ihm erlaubt, das erwünschte Bild von den Beziehungen zwischen reiner Wissenschaft und materiellen Kräften zu zeichnen. Wie er durch Gewichtung der verschiedene Episoden der Geschichte sowie der zahlreichen Facetten der Archimedischen Schöpfungen mit Hilfe von Verdrehungen, Verstärkungen und Abschwächungen fabrizieren konnte, was man künftig den Kanon des Gelehrten nennen sollte.
In dem sehr lebendigen Bericht Plutarchs wechseln spannende Episoden und bedeutungsschwere Exkurse über die Entwicklung der Wissenschaften sowie über die Erfindungen des Archimedes miteinander ab. Der folgende Kommentar zerlegt den Text nach diesem Rhythmus und wird uns nebenbei die Informationen liefern, die dazu beitragen, ihm das Unausgesprochene zu entlocken. Die wichtigsten Werke und Entdeckungen von Archimedes werden am Leitfaden der Anspielungen Plutarchs dargestellt.

Woraus zu ersehen ist, daß die Wissenschaftsgeschichte eine Voraussetzung der Schlachtengeschichte ist

Die Haltung Plutarchs erscheint sehr befremdlich: Während Marcellus auf dem Meer seine sechzig Fünfruderer zu dem kleinen Hafen in der Nähe der Stadtmauer von Achradina dirigiert, während zu Lande das gewaltige römische Heer sich der Befestigung von Epipolai nähert, lautet sein einziger Kommentar: »Aber das bedeutete nichts für Archimedes und für die Kriegsmaschinen des Archimedes.«

Dann kehrt er der Schlacht den Rücken und beginnt eine längere Abschweifung.

Über mehrere Schritte verläßt Plutarch das kriegerische Treiben und erhebt sich zu jener Sphäre, in der er seinen Helden ansiedelt. Er behauptet zunächst, daß die kriegerischen Erfindungen für den Gelehrten keine Bedeutung gehabt hätten, daß er sie nur als Zeitvertreib betrieben habe, um abstrakte Begriffe sinnfällig zu machen.

> »Mit diesen [Erfindungen] hatte der Mann sich indes gar nicht wie mit etwas ernsthafter Bemühung Würdigem befaßt, sondern sie waren zumeist nur als Nebenprodukte einer sich spielerisch betätigenden Mathematik entstanden, da früher einmal der König Hieron seinen Ehrgeiz darein gesetzt hatte, Archimedes zu bewegen, seine Wissenschaft in etwas aus dem Bezirk des Geistigen heraus dem Körperlichen zuzuwenden, die reine Theorie irgendwie mit dem Sinnfälligen zu verknüpfen und sie so praktisch brauchbar und der großen Menge einleuchtender zu machen.«

Dennoch ist die Trennlinie nicht so einfach zu ziehen. Selbst inmitten dieser abstrakten Welt stellte sich der Mathematik ein entscheidendes Problem, das gewisse Maschinen zu lösen vermochten. Doch die Vortrefflichkeit, die Platon an der Geometrie gerühmt hatte, verbot ihre Benutzung, zweifellos weil das Stoffliche kein Mittel sein kann, um zu den transzendenten Gesetzen der Mathematik zu gelangen.

> »Als sich aber Platon [...] entrüstete und sie [Archytas und Eudoxos, welche die Mathematik zu solchen Zwecken benutzten] heftig angriff, weil sie den Adel und die Reinheit der Mathematik zerstörten, wenn sie aus der unkörperlichen Sphäre des reinen Denkens ins Sinnliche hinabglitte und sich körperlicher Dinge zu bedienen begönne, die vieler niedrigen, handwerksmäßigen Verrichtungen bedürften, so wurde die Mechanik aus der Mathematik verbannt und von ihr abgetrennt, von der reinen Wissenschaft lange Zeit verschmäht, und war so zu einer bloßen militärischen Hilfswissenschaft geworden.«

Hier wird die berühmte Trennung zwischen »reiner«, abstrakter, intelligibler Wissenschaft und sinnlicher, instrumenteller, grober »Technik« wahrscheinlich zum ersten Mal in einem historischen Text ausgesprochen. Es ist die erste Artikulation eines Konflikts, der die Entwicklung der abendländischen Wissenschaft begleiten wird. Derart verdammt, fiel die Mechanik in das Gebiet des Kriegswesens und in die Zuständigkeit des Ingenieurs. Indem er diese Frage in den Vordergrund rückt, gelingt Plutarch im Verlauf weniger Zeilen der Übergang vom Schlachtenlärm zur Sphärenmusik. Er möchte uns davon überzeugen, daß, wer diese vernimmt, auch die Macht hat, jenen zu beherrschen. Ideen regieren die Welt!

Folgen wir seinem gewissermaßen epistemologischen Diskurs. Erstens sind technische Erfindungen nur Anwendungen der Geometrie. Die Theorie herrscht über die Praxis, das Abstrakte über das Konkrete, der Künstler über den Ingenieur. Wenn der Gelehrte sich mit materiellen Gegenständen befassen muß, so nur aus Verpflichtung gegenüber dem Monarchen und im Bestreben, die »große Menge« zu erziehen. Der Gelehrte muß auf seine soziale Verankerung Rücksicht nehmen; beachten wir im Vorübergehen seine Ausnahmestellung: der Monarch ist es, der ihn zu diesen Praktiken verpflichtet, ihn zu mechanischen Banalitäten »erniedrigt«.

Archimedes ist übrigens nicht der erste, der solche technischen Probleme aufgreift. Auch Archytas, der im vierten Jahrhundert vor Christus zehn Jahre lang Stratege von Tarent war, und sein Schüler Eudoxos, ein Astronom und Mathematiker, der manche der von Archimedes verwendeten Methoden erfunden hatte, beschäftigten sich damit.

> »Mit dieser hochgeliebten und vielgepriesenen Mechanik und Technik hatten sich nämlich zuerst Eudoxos und Archytas zu beschäftigen begonnen, indem sie die Mathematik interessant zu machen unternahmen und Probleme, die durch theoretische und zeichnerische Beweisführung nicht leicht lösbar waren, durch sinnfällige mechanische Apparaturen unterbauten, wie sie zum Beispiel beide das grundlegende Problem der Findung der zwei mittleren Proportionalen, das für viele zeichnerische Konstruktionen unerläßlich wichtig ist, durch mechanische Instrumente zur Lösung führten, indem sie, ausgehend von krummen Linien und Schnitten, nach deren Muster gewisse Mittelwertzeichner [Mesolabien] konstruierten.«

Hier enthüllt Plutarch seine mathematischen Kenntnisse. In der Tat geht es um eines der drei großen Probleme der griechischen Mathematik; die beiden anderen waren die Quadratur des Kreises (wir haben gesehen, wie sich Archimedes damit befaßte) und die Dreiteilung des Winkels (für die er mit dem achten Satz seiner *Lemmata* eine Lösung vorschlug, sofern man ihnen Echtheit zubilligt). Das dritte

große Problem, das uns interessiert, ist eine Verallgemeinerung der Verdopplung des Würfels, ein Spezialfall der Probleme, die mit der Vergrößerung des Volumens von Körpern zusammenhängen.
Eine Legende erzählt, daß die Bewohner von Delos die Mathematiker um ihre Meinung zu diesen Fragen ersuchen mußten, weil das Orakel des Apollontempels (eines der beiden Schutzgötter von Syrakus) ihnen befohlen hatte, die Größe des Altars zu verdoppeln. Eutokios, ein Mathematiker des sechsten Jahrhunderts nach Christus, zitiert in seinem Kommentar zu den Werken des Archimedes einen Brief des Eratosthenes an den ägyptischen König Ptolemaios. Nach dem Hinweis auf die Legende und einer raschen Darstellung der Versuche, welche die Mathematiker unternommen hatten, empfiehlt der Geograph die Verwendung seiner eigenen Entdeckung, einer bestimmten Art des Mesolabs, und bekräftigt: »Meine Erfindung mag auch jenen nützlich sein, welche die Katapulte und Ballisten vergrößern möchten, denn alles muß in Proportion vergrößert werden, wenn wir wollen, daß der Wurf vergrößert werde. Dies ist ohne die Findung der mittleren Proportionalen nicht zu erreichen.«
Die Anspielungen auf das Mesolab, auf Kurven und Schnitte zeigen, wie gut sich Plutarch selbst mit den scharfsinnigsten Lösungen auskannte. Er gibt jedoch keinerlei Hinweis auf die militärische Tragweite der mathematischen Entdeckung, obwohl auch Syrakus seinen Apollontempel, seine Wurfgeschütze und Katapulte besaß und ihm die Studien des Archimedes über das Problem der beiden mittleren Proportionalen nicht entgangen sein konnten. Tatsächlich unterstellt Archimedes in seiner Abhandlung *Über Kugel und Zylinder* dort, wo es darum geht, einen Kegel oder einen Zylinder zu konstruieren, der eineinhalbmal so groß wie ein gegebener Kegel oder Zylinder sein soll, das Problem als gelöst.
Brauchte Archimedes diese Kenntnisse für seine Kriegsmaschinen? Plutarch gibt uns darauf keine Antwort, denn er will den Gelehrten von Syrakus auf die »richtige« Seite der von Platon gezogenen Trennlinie stellen. Auf Archimedes fällt jedenfalls nicht der Schatten eines Verdachts, seine Wissenschaft leitet sich nicht von der Waffentechnik her – die Waffentechnik ist es, die sich von der Wissenschaft herleitet, weil der Fürst es so will. Der Gelehrte hat damit nichts zu tun; und um das besser zu beweisen, ver-

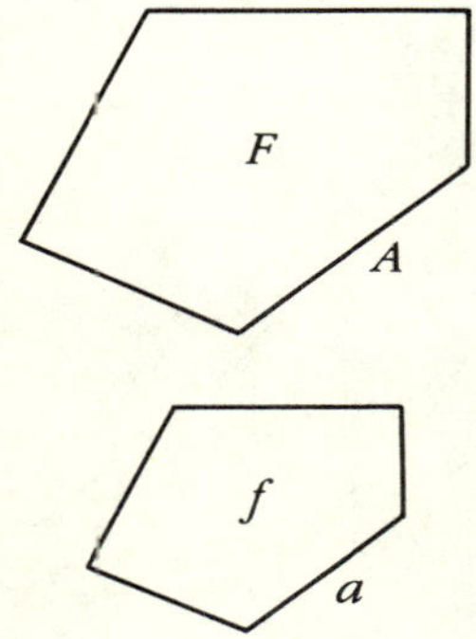

Das Mesolab

Erinnern wir zunächst daran, daß eine Figur *F* die doppelte Fläche einer Figur *f* hat, wenn jede Seite *A* gleich der Diagonale eines Quadrats mit der Seite *a* ist.
Für den Rauminhalt gibt es kein derart einfaches Verfahren. Manche Griechen, wie Eratosthenes, benutzten zur Verdopplung des Volumens eine Maschine namens *Mesolab.*

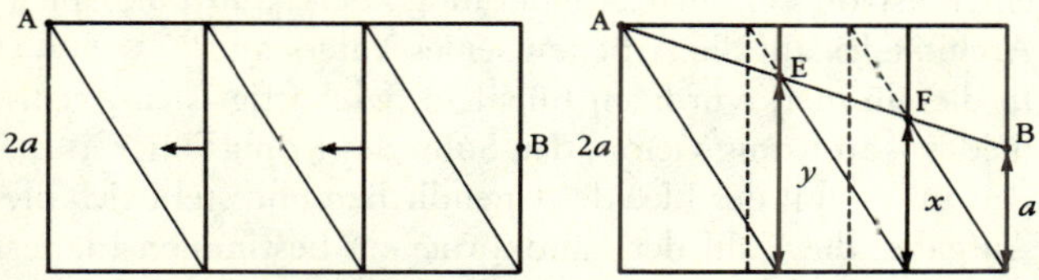

Es sei also die Seite *a* eines Körpers so zu vergrößern, daß man die Seite eines ähnlichen Körpers mit doppeltem Volumen erhält. Man nimmt dazu drei rechteckige Plättchen mit der Länge 2*a*, auf denen jeweils eine Diagonale gezogen ist. Dann schiebt man das mittlere Plättchen unter das linke und das rechte unter das mittlere, so daß die Punkte A, E, F und B auf einer Geraden liegen.
Man erhält somit:
$2a : y = y : x = x : a$, also $y^2 = 2ax$ und $x^2 = ay$;
also $x^4 = a^2y^2 = a^2 (2ax) = 2a^3x$; folglich $x^3 = 2a^3$.
Das Volumen des Körpers mit der Seite *x* ist also doppelt so groß wie das des Körpers mit der Seite *a*.

läßt Plutarch das Gebiet der Epistemologie und hält uns einen kleinen »wissenschaftssoziologischen« Vortrag.

Woraus man ersehen wird, wie der Gelehrte seit dem dritten Jahrhundert vor Christus dem König imponieren mußte

»So kam es, daß einmal Einstein an Präsident Roosevelt schrieb [...].« War das wirklich ein Lapsus? Beachten wir immerhin die Ehrlichkeit des »Soziologen« Plutarch, der, nachdem er behauptet hat, der König sei auf Archimedes zugegangen, nun den Annäherungsversuch des Gelehrten zugibt und seine unerhörte Prahlerei: »So kam es, daß einmal Archimedes an König Hieron, mit dem er verwandt und befreundet war, schrieb, [...] wenn er eine andere Erde zur Verfügung hätte, so würde er auf sie hinübergehen und von ihr aus unsere Erde in Bewegung setzen.« Weisen wir zunächst einmal auf die lückenlose Kenntnis hin, die Plutarch von seinem Protagonisten besaß (vielleicht kannte er die Archimedes-Biographie eines gewissen Herakleides, die heute verloren ist, aber im vierten Jahrhundert noch zugänglich war). Hinter der Anspielung auf den König als »Verwandten und Freund« und der auf die Erde, die er bewegen könne, steht die Gestalt des Phidias, des Vaters des Archimedes, der – wie es heißt – mit der königlichen Familie verwandt und Hofastronom war. Und eben in einer astronomischen Abhandlung, der *Sandzahl*, spielt Archimedes auf die Arbeiten seines Vaters an.

In diesem merkwürdigen Büchlein beschäftigt sich Archimedes – an König Gelon, den Sohn des Königs Hieron II., gewandt – mit der Idee des Unendlichen und stellt sich die Aufgabe, die Zahl der Sandkörner zu bestimmen (daher der Titel des Werkes), die erforderlich wären, um eine Kugel, so groß wie das Universum, zu füllen. Zur Lösung dieses Problems muß er zwei andere bewältigen. Erstens muß er die Ausmaße des Universums kennen. Archimedes führt bei dieser Gelegenheit das astronomische Wissen seiner Zeit vor, insbesondere das heliozentrische System des Aristarch[5], und beschreibt eine experimentelle Anordnung, die es erlaubt, den Durchmesser der Sonne zu ermitteln. Zweitens muß er ein geeignetes Ausdrucksmittel schaffen, um die gewaltige Zahl, die er sucht, überhaupt darstellen zu können. Denken wir daran, daß die Griechen mit ihrer Schreibweise nur Zahlen bis zu einer Myriade Myriaden (100 000 000) notieren konnten. Das System, das Archimedes bei dieser Gelegenheit vorschlägt, wird darüber weit hinausgehen.

[5] *Heliozentrisches System des Aristarch* (etwa 290 vor Christus): Nach diesem System dreht sich die Erde um sich selbst und beschreibt dabei eine Kreisbahn um die Sonne. Als erster großer Astronom der alexandrinischen Schule ist Aristarch von Samos ein Vorläufer von Kopernikus – mit siebzehn Jahrhunderten Vorsprung.

Nachdem er so den Königssohn zufriedengestellt und das Universum mit Sandkörnern, das heißt das Größte mit dem Kleinsten aufgewogen hat, bändelt Archimedes wieder mit dem Vater an und behauptet, das Leichteste könne das Schwerste erschüttern, ein einzelner Mensch könne diese Erde versetzen, eine winzige Kraft könne eine große Masse verrücken, er allein könne ein Schiff bewegen, das auf den Sand gesetzt wurde! Diese Annäherung ist nicht neu; gegen Ende des ersten Jahrhunderts unserer Zeitrechnung schrieb Silius Italicus, der Historiker des Zweiten Punischen Krieges: »Er hat die Sandkörner der Erde gezählt, er, der eine Galeere flottzumachen verstand durch die Hände einer Frau.«

Schauen wir dieser Glanzleistung zu: »[Er ließ] in einem königlichen Dreimaster, der mit vieler Mühe und von vielen Händen aufs Land gezogen worden war, eine starke

Bemannung Platz nehmen und ihn mit der üblichen Fracht beladen und zog ihn dann selbst, weitab sitzend, an sich heran, indem er ohne Hast, nur sacht mit der Hand am Ende eines Flaschenzuges zog, so daß das Schiff ruhig und ohne Schwanken auf ihn zukam, als führe es durch die See.« Anderen Historikern zufolge ließ er er ein riesiges Schiff, das auf der Werft von Syrakus für König Ptolemaios gebaut worden war, »bloß« zu Wasser. Aber wie es auch gewesen sein mag, die Heldentat war so eindrucksvoll, daß Archimedes (wie Proklos, der Euklid-Kommentator des fünften Jahrhunderts nach Christus, bemerkte) »von da an in allem glaubwürdig war, was er auch vorbringen mochte«.

Was in diesem Bericht offenbar zählt, ist die Einfachheit der Situation. Die Galeere (ein Bild der Welt, das Galilei in seinen Dialogen wiederaufnehmen wird) ist brechend voll; am Strand sind offenbar nur Archimedes und natürlich der König, der zusieht, wenn er nicht gar, wie Proklos behauptet, selbst an dem Manöver teilnimmt.

Glaubt man dem Philosophiehistoriker Émile Bréhier, so ist »der Platonismus Plutarchs mit einer heftigen Kritik an den großen nacharistotelischen Lehrgebäuden und zugleich einer entschiedenen Rückkehr zu den griechischen Traditionen verbunden«; in der Situation, die uns hier interessiert, müssen wir Charles Mugler, dem Historiker der griechischen Wissenschaft und Archimedes-Übersetzer, recht geben, wenn er meint, dieses Experiment im Hafen von Syrakus habe auf spektakuläre Weise eine der Grundlagen der Aristotelischen Mechanik zunichte gemacht.

Es geht also nicht allein um Wissenschaftspolitik, die es dem Gelehrten möglich macht, den König für seine Tätigkeiten zu interessieren. Sieht man näher hin, so zeigt sich hier das unentwirrbare Geflecht theoretischer und sozialer Probleme, das die Wissenschaft lösen soll. Aristoteles behauptet in seiner Physik, daß die Geschwindigkeit eines Gegenstands dem Verhältnis zwischen der ausgeübten Kraft und dem Widerstand gegen die Bewegung proportional ist. Nach herrschender Geschichtsschreibung mußte man auf Galilei warten, bis der Irrtum als solcher erkannt wurde (wobei es hier nichts zur Sache tut, daß mittelalterliche Mechaniker dem Pisaner auf diesem Wege vorangegangen sind). Bei Aristoteles selbst duldet dieses Gesetz eine Ausnahme, von der im zweiten Gesetz seiner Mechanik die Rede ist: »Wenn die Kraft schwach ist und der

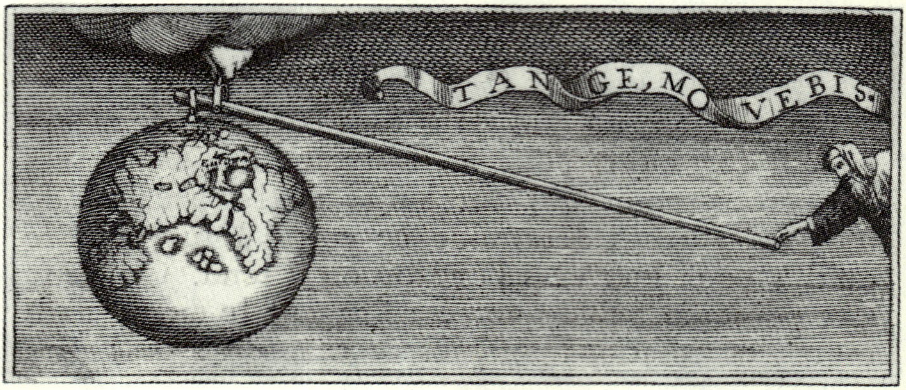

»Berühre, und du wirst sie bewegen!« Am Ende des siebzehnten Jahrhunderts, als die Erregung über Galileis »Und sie bewegt sich doch« noch kaum abgeklungen war, illustriert dieser Stich in vollkommener Weise die Funktion eines absoluten »Fixpunkts«. Die Welt und der Gelehrte befinden sich an den beiden Enden des »Hebels der Vernunft«, der von der Hand Gottes gehalten wird.
Anonymer Stich, Frontispiz in: P. Varignon, Projet d'une nouvelle mécanique, *1687; Bibliothèque nationale, Paris*

Widerstand groß, so ist die Geschwindigkeit null«, die Bewegung kommt nicht in Gang. Man kann nun die Verblüffung des Königs besser ermessen.
Dieser Lehrsatz des Aristoteles war allgemein anerkannt, zumal er dem gesunden Menschenverstand zu entsprechen schien; wer würde heutzutage spontan glauben, daß die Kraft eines einzigen Kindes ausreichen würde, ein in Ruhe befindliches schweres Gewicht in Bewegung zu setzen? Und doch geht es genau darum. In einer Zeit, in der sich die Aristotelische Wissenschaft auf den »gesunden Menschenverstand« stützte, mußte der Versuch des Archimedes als Wahnsinn erscheinen. Ebendeshalb fegte sein Gelingen alle Zweifel hinweg und flößte Respekt vor der »Macht der Wissenschaft« ein: da er nicht verrückt war, war er (und nur er allein) weise. Nach dem Text von Plutarch war dies sein großer Erfolg. Und nach einem Muster, das sich zweiundzwanzig Jahrhunderte später in Los Alamos wiederholen sollte[6], »bewog nun der König den Archimedes, ihm sowohl für die Abwehr wie zum Angriff Maschinen für jede Art von Belagerungskrieg zu bauen. Er selbst machte von ihnen zwar keinen Gebrauch [...].« Gutes Plädoyer für eine Politik der Abschreckung!
Vielleicht ist es an der Zeit, einen Zipfel des Schleiers zu heben, der die Grundlagen der Macht des Archimedes verhüllt. Natürlich liefert die Hebelmechanik, deren Theorie er in seinem Buch *Über das Gleichgewicht ebener Flächen* entwickelt hatte, den Beweis für die Möglichkeit, mit Hilfe von Balken, festen oder beweglichen Rollen und Schnecken ungeheure Massen zu bewegen. Doch die Erde ist keine einfache geometrische Figur. Ein neues Zahlensystem ge-

[6] Vgl. unten, S. 905.

stattet es zwar, in der Schrift über die *Sandzahl* und das *Rinderproblem* große Zahlen darzustellen; doch welche Dimension des Realen muß er verdecken, damit all diese theoretischen Möglichkeiten glaubwürdig werden? Adam Ferguson, der schottische Philosoph aus der Schule des »gesunden Menschenverstandes«, nahm im 18. Jahrhundert das »Versprechen« des Archimedes – »Gib mir einen Punkt, auf dem ich stehen kann, und ich werde die Erde bewegen« – beim Wort und rechnete nach, wieviel Zeit ein Mensch, der am Ende eines Hebels das Gegengewicht zur Erde bildet und sich mit der Geschwindigkeit einer Kanonenkugel bewegt, brauchen würde, um die Erde um einen Zoll zu verrücken. Als Ergebnis kam heraus: 44 963 540 000 000 Jahre! Damit wurde alles klar, und der Historiker Montucla hatte es bereits geahnt: Um die Übermacht zu nutzen, welche die Theorien des Archimedes zu bieten scheinen, braucht man Zeit, viel Zeit; Zeit, von der weder der Mathematiker noch sein Hagiograph sprechen. Hinter dem spektakulären Effekt, den die Verschleierung der Zeitdimension hervorruft, verschwindet diejenige Größe, die das eigentliche Äquivalent zu den großen Massen, den großen Quantitäten bildet. Allgemeiner gesprochen ist es diese Verschleierung, auf der die Macht der Abstraktion beruht und ohne die sich die Aristotelische Mechanik behauptet hätte.

Die Vorführung, von der uns Plutarch berichtet, macht aus Archimedes einen Gaukler. Genau diese Rolle muß der Wissenschaftler übernehmen, um der Macht zu imponieren. Unerwartet werden wir hier Zeugen eines Schauspiels, in dem es um das Verhältnis zwischen dem Geistigen und dem Zeitlichen geht, das Platon hundert Jahre früher in derselben Stadt unter den Tyrannen Dionysios und Dion zu meistern versucht hatte. Man weiß aus dem »Siebten Brief«, wie er gescheitert ist!

Archimedes dagegen kennt kein Scheitern. Für Plutarch hat die Wissenschaft so schlagende Beweiskraft, daß nichts sie in Zweifel ziehen könnte. Die Verteidigung der Stadt wurde dem Gelehrten anvertraut. Dazu sind einige historische Korrekturen nötig. Plutarch kann unmöglich Herodot nicht gekannt haben; also schweigt er absichtlich über die Befestigungsarbeiten, die unter Hieron I. begonnen worden waren. Ebenso kannte er seinen Thukydides; warum also verliert er kein Wort über die Verteidigungsmaßnahmen, die man bei der Belagerung der Stadt während der Peloponnesischen Kriege ergriffen hatte? Um seinen Helden noch größer erscheinen zu lassen, verschweigt der berühmte Historiker alle bisherigen Verteidigungsanstrengungen ebenso wie die traditionelle Rüstungsproduktion. Andere Historiker dagegen, wie Diodoros von Sizilien, hatten sich schon vor Plutarch über die Waffen jener Jahrhunderte geäußert. Die Wandeltürme zum Beispiel dienten, wie ihr griechischer Name *elepoles* bereits sagt, der Einnahme von Städten; dabei konnte es sich um riesige rollende Türme von 25 Metern Breite und 50 Metern Höhe handeln, die von fast dreitausend Männern bewegt werden mußten. Derselbe Autor berichtet, daß Demetrios, hundert Jahre vor Hieron II., zur Belagerung von Rhodos dreißigtausend Ingenieure und Arbeiter zur Herstellung der notwendigen Maschinen beschäftigt habe. Auch wenn diese Zahl übertrieben sein mag, verweist sie doch auf die erhebliche Bedeutung der damaligen Rüstungsindustrie, und wenn man die von Syrakus kennt, versteht man, was Archimedes dazu trieb, sich des königlichen Vertrauens zu versichern.

Auch wenn Plutarch eigentlich ein anderes Ziel verfolgte, kann man ihn besser einschätzen, wenn man den Finger auf das legt, was er uns nicht sagt. Stellen wir uns einen Augenblick lang vor, der Gelehrte habe die Militärtechnik um drei wirkliche Neuerungen bereichern können. Sie werden eine Zeitlang für die Sicherheit der Stadt gesorgt haben; doch warum sollte man später, schon wegen der Exporte, in den von den Römern herangerückten Maschinen nicht »Schwestern« der von Archimedes erdachen Apparate sehen? Seinen Ruhm würde das eher noch verstärken, da Syrakus sich in dieser dramatischen Lage wenigstens zugute halten konnte, »noch den Erfinder der Maschinen« zu haben.

Ungleichgewicht des Schreckens

Nachdem er seinen Helden so ins rechte Licht gesetzt hat, kehrt Plutarch zur Schlacht zurück. Als guter Moralist rückt er den Gemütszustand der beteiligten Truppen in den Vordergrund. Keine Verwundung, kein Tod wird beschrieben, und die Qualen der Leiber werden immer verhüllend angesprochen. Dagegen häufen sich Bemerkungen über die Angst: »bei den Syrakusiern [herrschten] Schrecken und angstvolles Schweigen«; »die Römer [waren] so verängstigt [...], daß sie [...] gleich schrien, [...] sich wandten

Verschiedene Arten von Hebeln, die bei Belagerungen verwendet wurden. Waffen und Kriegsmaschinen, *Stich in:* C. *Cantu,* Storia universale, *1838-1846; Bibliothèque nationale, Paris*

und davonliefen«; Marcellus »ließ [...] gleichzeitig von allen Seiten die Trompeten blasen und erregte so eine allgemeine Flucht [...]«. Was sich also unter den Steinwürfen und den durchschlagenden Pfeilschüssen wirklich verändert, sind der Schrecken, das Entsetzen, die Bestürzung, das Grauen. Für Plutarch spielt sich das Entscheidende in der Psyche der Kämpfer ab.

Vorläufig ist die Situation der Syrakuser, die von zwei Seiten gleichzeitig angegriffen werden, nicht gerade glänzend. Doch im weiteren werden wir sehen, wie die Gewalt der Maschinen des Archimedes die Furcht ins andere Lager treibt.

Bis jetzt hatte der Geist die Materie beherrscht; nun führt uns Plutarch vor, wie in Schlachten die brutal eingesetzte Gewalt der Materie die Gemüter zutiefst verstört. Die Kriegslage muß also als symmetrische Entsprechung zu der Situation verstanden werden, die uns oben beschrieben wurde. Der Abstand zwischen der Welt der Ideen und der Welt der Dinge ist immer noch deutlich; was sich umgekehrt hat, ist die Herrschaft der einen über die andere.

Der Kampf beginnt; wir finden uns in einer völlig mechanischen Welt wieder. Archimedes, der große Uhrmacher, läßt seine Apparate spielen, und bis zum Rückzug der Römer gibt es sonst keinen weiteren Akteur. Die schreckliche Maschinerie wird als völlig selbständig vorgehend beschrieben, sie folgt der Eigenlogik ihrer zerstörerischen Funktionen, ohne daß irgend jemand eingriffe. Ebendies bezeichnet man in der Polemologie[7] als fatale Logik einer Kettenreaktion. Kein Zweifel: das System des Archimedes ist, als Ganzes betrachtet, eine Höllenmaschine. Liest man zum Vergleich die Beschreibungen von Titus Livius oder

[7] *Polemologie*: Wissenschaft des Krieges.

Polybios, so begreift man besser, was das Besondere an dem Bericht des Historikers von Chaironeia ausmacht. Bei ihm handeln die Maschinen von ganz allein, während bei den beiden anderen die Menschen, insbesondere Archimedes und Marcellus, die verantwortlichen Akteure bleiben.

Dies macht deutlich, daß das Interesse unseres Autors erst in zweiter Linie ein historisches ist. Eine solche Beschreibung der Welt der bloßen Maschinen erlaubt es, die Welt der reinen Ideen um so prägnanter herauszuheben. Und die Vielfältigkeit der Mechanismen läßt uns die Komplexität der damaligen Techniken ahnen und erraten, wie geschickt Archimedes mit ihnen umzugehen wußte. Die Schlacht beginnt: »Als aber jetzt Archimedes seine Maschinen spielen ließ, da schlugen den Angreifern auf der Landseite Geschosse verschiedenster Art entgegen und Steine von gewaltiger Größe ...«, es sind die Truppen des Appius, die von Norden her die Mauern von Epipolai angreifen. Eine Sintflut von Steinen und Pfeilen klärt rasch die Lage. Beim Kampf von See her geht die Beschreibung mehr ins einzelne. Der Angriff der Flotte richtet sich auf die Mauern von Achradina, eines prächtigen Wohnviertels, wo Archimedes lebte, wenn man Polybios und Titus Livius glauben darf.[8]

[8] Mit der Karte auf S. 185. läßt sich die Schlacht leichter lokalisieren.

Man muß sich die Schiffe in unmittelbarer Nähe der Mauern vorstellen, um das Hinunterwerfen von Balken und vor allem die Wirkung jener »Eisernen Hände« besser zu verstehen, von denen uns Titus Livius eine sehr präzise Beschreibung hinterlassen hat:

> »Gegen diese [die Schiffe] ließ er durch einen über die Mauer hinausragenden Kran einen eisernen, an einer starken Kette befestigten Enterhaken hinab; so konnte er, wenn der Haken auf das Vorderteil traf, durch ein auf den Boden zurückschnellendes Bleigewicht den Bug emporreißen und das Schiff auf das Heck stellen. Dann wurde der Haken plötzlich losgelassen, und die Wellen schlugen so heftig zum gewaltigen Schrekken für die Matrosen an das Schiff, als ob es von einer Mauer herunterfiele ...«

Neben seiner Genauigkeit unterstreicht dieser Abschnitt die Bedeutung der Menschen bei der Handhabung der Waffen. Ganz anders dagegen in dem entsprechenden Abschnitt bei Plutarch:

»gegen die Schiffe [erhoben sich] über den Mauern plötzlich Kräne, die entweder schwere Lasten von oben auf sie niederfallen ließen und sie so in die Tiefe versenkten, oder sie mit eisernen Händen in Form von Kranichschnäbeln am Bug erfaßten, hochhoben und senkrecht, das Heck voran, ins Meer stürzten, oder sie mit starken Trossen, die innen angezogen und aufgerollt wurden, gegen die unter den Mauern emporragenden Mauern und Klippen schmetterten [...] Oft war es da ein schauriger Anblick, wenn ein Schiff, hoch aus der See emporgehoben, hin und her baumelte und dahing, bis [...] es leer gegen die Mauern prallte [...].«

Der Bericht von Titus Livius, der den von Polybios aufnimmt und präzisiert, läßt die Hebeltechnik, von der wir bereits sprachen, deutlich erkennbar werden. Mit diesem Instrument war Archimedes nicht nur imstande, Schiffe zu bewegen; wenn man Plutarch glauben darf, konnte er sie sogar fliegen lassen. Bemerken wir bei dieser Gelegenheit, daß die »schweren Lasten«, die auf die Schiffe hinunterstürzten, sehr wahrscheinlich jene Balken waren, die als Hebel gedient hatten, um sie emporzureißen. Im 16. Jahrhundert entwickelte der Mechaniker Simon Stevin, anknüpfend an die Studien des Archimedes, eine Theorie des Balkengleichgewichts.

Zur Entspannung wieder etwas Mathematik

Mit dem Hebel begegnen wir einer technischen Vorrichtung, die auf der Gleichheit zwischen einem Kräfte- und einem Längenverhältnis beruht und damit in einzigartiger Weise den zentralen Begriff der Proportion veranschaulicht, um den herum sich die griechische Mathematik entwickelt hat. Es nimmt uns also nicht wunder, daß der größte Mathematiker des Altertums mit diesem grundlegenden Begriff in Extremsituationen zu spielen versucht: denken wir an die Situation des unendlich Großen, in der Welten erbeben; an die Situation des unendlich Spektakulären, in der Könige zu beeindrucken sind; an die Situation des unendlich Chaotischen, in der Schlachten gewonnen werden müssen; an die Situation des unendlich Kleinen, der subtilsten Mathematik. Kein Zweifel, es ist derselbe Mann, der Schiffe zum Kentern bringt und die Fläche eines Parabelsegments mißt.

Diese Annäherung von Mechanik und Mathematik wird von Archimedes selbst in einer Abhandlung in seiner *Methodenlehre von den mechanischen Grundsätzen* vollzogen, in der er die Fläche eines Parabelsegments ermittelt. Seinem Freund Eratosthenes will er in dieser Schrift »eine eigentümliche Methode« auseinandersetzen, die es ermöglicht, »einige mathematische Fragen durch die Mechanik zu untersuchen«.

Die fragliche Methode ist der Beschreibung wert, und gewiß werden wir den Verteidiger von Syrakus besser verstehen, wenn wir ein wenig in sein mathematisches Universum eintauchen. Erinnern wir daran, daß eine Parabel eine geometrische Kurve ist, die sich ergibt, wenn ein gerader Kegel von einer Fläche geschnitten wird[9]; von solchen Kegelschnitten war bereits oben im Text von Plutarch über das Problem der beiden mittleren Proportionalen die Rede. Heutzutage ist die Parabel bekannter als die Flugbahn eines in die Höhe geworfenen und wieder zu Boden fallenden Gegenstands.

[9] Vgl. S. 259.

Was an dieser ›Erläuterung‹[10] vor allem auffällt, ist die Verschiedenheit der benutzten theoretischen Gebiete: die Theorie der Kegelschnitte, die damals an ihren Anfängen stand; die Theorie der Verhältnisse und Proportionen, der Schlußstein der griechischen Mathematik; die Theorien der Hebel und Schwerpunkte. Und dennoch schließt Archimedes: »Dies ist nun zwar nicht bewiesen durch das hier Gesagte; es deutet aber darauf hin, daß das Ergebnis richtig ist.« Ebendeshalb betrachtet er seine Methode als ›klärend‹ und liefert in seiner Abhandlung über *Die Quadratur der Parabel* zwei ›echt mathematische‹ Beweise nach.

[10] Vgl. S. 202 f.

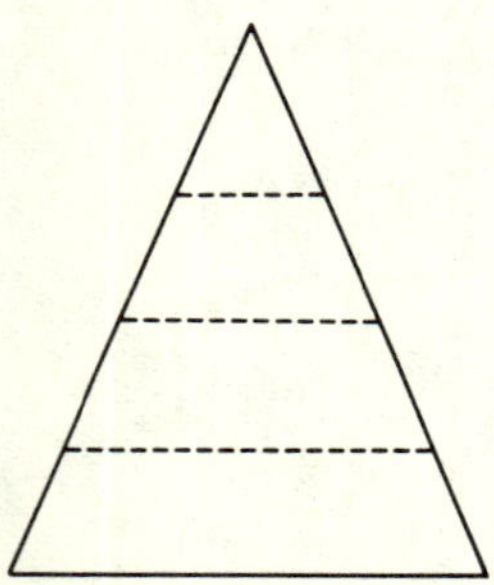

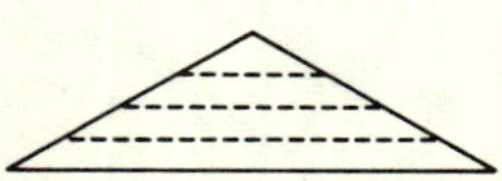

Um zu verstehen, welche Gefahren in einer »Methode« lauern, die darin besteht, eine Fläche als Summe von Segmenten zu betrachten, aus denen sie sich zusammensetzt, sollten wir festhalten, daß zwei Dreiecke mit derselben Grundseite sich jeweils aus unendlich vielen Segmenten parallel zur Grundseite zusammensetzen, die denen des anderen gleich sind, ohne daß die beiden Dreiecke die gleiche Fläche hätten. Man stößt hier auf das Zenonische Paradoxon der unendlichen Teilbarkeit.[11] Darüber hinaus scheinen hinter Begriffen wie Gewicht, Hebel, Gleichgewicht und Schwerpunkt die experimentellen Verfahren durch, die es erlauben, mit Hilfe materieller Plättchen sich eine Vorstellung von dem Ergebnis zu machen. So zeigt der Typus der Argumente, die in der *Methodenlehre* verwandt werden, wie dem Denken des Archimedes letztlich das Modell der Waage zugrunde liegt. Indem er eine Methode vorstellt,

[11] Vgl. S. 153 f.

die es gestattet, »einige mathematische Fragen durch die Mechanik zu untersuchen«, vollzieht er einen doppelten Bruch mit der mathematischen Orthodoxie, indem er zunächst eine materielle Dimension in die mathematischen Identitäten wiedereinführt und dann mit dem Tabu der unendlichen Teilbarkeit spielt. Insofern zeigt die *Methodenlehre* gewissermaßen im kleinen das Verhältnis des Archimedes zur Welt, wenn er dazu bereit ist, das Wesen der Mathematik in Maschinen zu verkörpern und die Endlichkeit des Kosmos mit Hilfe des kleinsten Elements zu ermitteln.

Aus dieser ›Erläuterung‹ und den Kommentaren, die Archimedes dazu gibt, wird erkennbar, welche Position er in dem Konflikt zwischen Atomismus und Elementenlehre einnahm, der das griechische Denken durchzog.[12] Zum einen nimmt Archimedes direkt Bezug auf Demokrit, dem man – wie er in der *Methodenlehre* sagt – in der Mathematik »einen nicht geringen Anteil zuerkennen muß« wegen seiner genialen Intuitionen, zum Beispiel seiner Art und Weise, den Rauminhalt eines Kegels zu berechnen. Zum anderen enthält das Problem der *Sandzahl* eine untergründige Kosmologie, insofern es vom kleinsten Materiekörnchen, eben dem Sandkorn, ausgeht, um das Maß der Welt zu ermitteln. Einen Hinweis gibt schließlich seine systematische Studie über das Spiel des *stomachion*, bei dem eine Menge elementargeometrisch geformter Teile durch Kombination eine Vielzahl von Figuren zu bilden gestattet. All dies deutet auf das Interesse hin, das er für die atomistischen Theorien hegte. Ein letztes Argument, wenngleich eines *a posteriori*: Wie Michel Serres gezeigt hat, liegt dem Lehrgedicht *De rerum natura* des Atomisten Lukrez der mathematische Korpus des Archimedes zugrunde.

Am erstaunlichsten jedoch ist, daß in der wissenschaftlichen Praxis des Archimedes diese beiden Theorien einander nicht entgegenstehen. Der Atomismus dient ihm als »Anleitung, [...] einige mathematische Fragen [...] zu untersuchen«, und besitzt insofern eine explorative Kraft, die der Lehre von den Elementen abgeht; während diese wiederum das philosophische Fundament der mathematischen Wahrheiten abgibt, die nach euklidischer Methode bewiesen sind.

Es ist kaum möglich, diese Abschweifung über die Parabel zu beenden, ohne die berühmten glühenden Spiegel zu erwähnen, mit denen Archimedes die Schiffe des Marcellus

12 *Atomismus*: kosmologische Theorie, die im fünften Jahrhundert vor Christus auftrat (Leukippos, Demokrit) und von Epikur im vierten Jahrhundert weiterentwickelt wurde. Ihr zufolge setzt sich das Universum aus diskreten, unendlich harten, unveränderlichen und ewigen Atomen zusammen. Die *Lehre von den Elementen*, die bereits im sechsten Jahrhundert vor Christus auftrat, nimmt dagegen an, der Urgrund der Dinge sei aus einem Element gemacht: aus Wasser (Thales, Anaximander), Luft (Anaximines), Feuer (Heraklit) oder aus der Verbindung mehrerer davon, Erde-Wasser-Luft-Feuer (Empedokles, Aristoteles).

Die Methodenlehre des Archimedes, angewandt auf die Parabelfläche

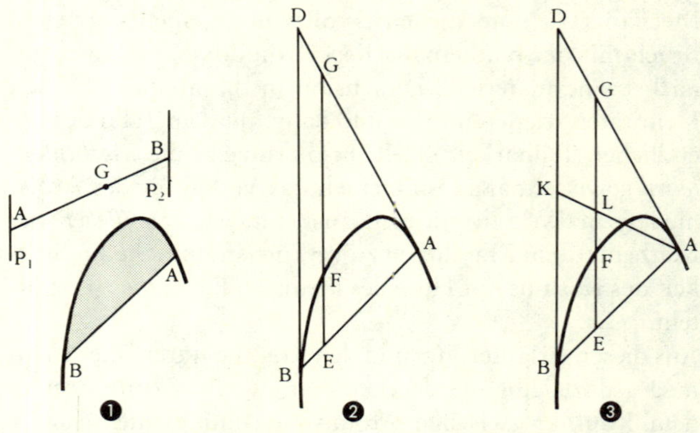

Der Grundgedanke, dem Archimedes als Praktiker der Mechanik folgte, bestand darin, die Gleichheit zwischen zwei Verhältnissen (a : b = c : d) als Analogie zum Gleichgewichtszustand eines Hebels zu betrachten, der mit den beiden Gewichten P_1 und P_2 belastet ist (Abbildung 1); so daß

$$GB : GA = P_2 : P_1$$

Um den Flächeninhalt eines Parabelsegments AB zu ermitteln, muß er also eine Figur finden, in der eine solche Proportion besteht.

Er findet diese Proportion in der obenstehenden geometrischen Figur, in der AD die Tangente zur Parabel AB ist und BD parallel zur Achse verläuft (Abbildung 2). Nimmt man nun EFG als Parallele zu BD, läßt sich aufgrund der spezifischen Eigenschaften der Parabel beweisen, daß

(1) $$BE : BA = EF : EG$$

Der Witz der »Methode« besteht darin, (1) als Gleichung zwischen einem Längenverhältnis BE : BA und einem Gewichtsverhältnis EF : EG zu betrachten, wobei sich die Fläche des Parabelsegments beziehungsweise des Dreiecks ABD aus der Gesamtheit aller möglichen Segmente EF beziehungsweise EG zusammensetzt.

Um nun die Analogie bis zu Ende zu treiben, konstruiert Archimedes einen abstrakten Hebel, dessen Gleichgewicht die Gleichung (1) erfüllt. Damit verwandelt sich das geometrische Problem in ein mechanisches.

Da die Mitten der Segmente EG alle auf der Mittellinie AK liegen, ist das »Gewicht« EG demnach in seinem Schwerpunkt L am Ende des Hebelarms KL aufgehängt (Abbildung 3). Außerdem sind BD und EG parallel, also:

(2) $$BE : BA = KL : KA \text{ und}$$

(1') $$KL : KA = EF : EG$$

Da KL der Hebelarm ist, der EG trägt, bedarf es eines Armes von

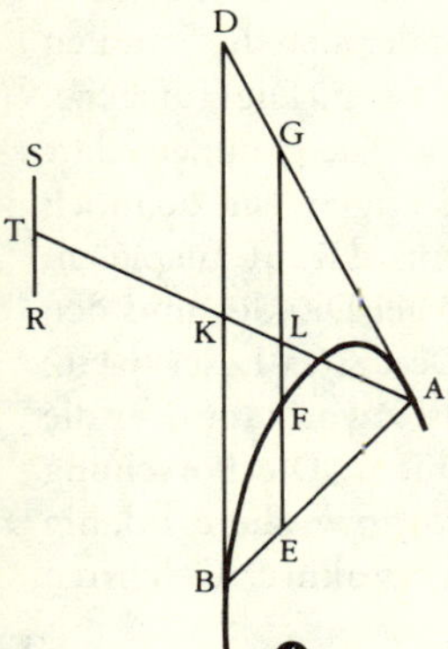

4

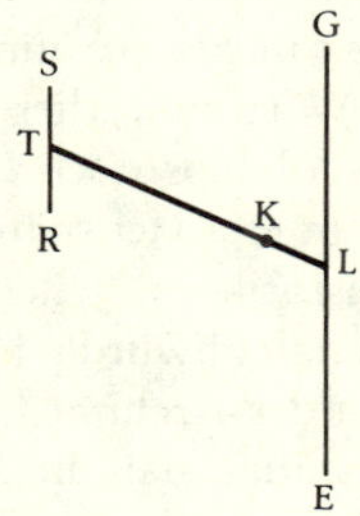

5

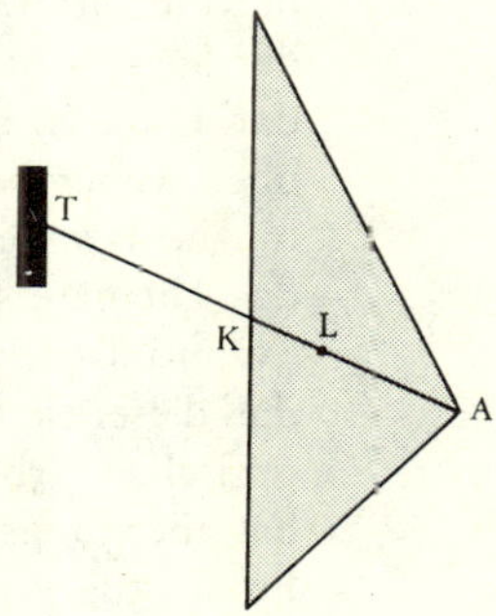

6

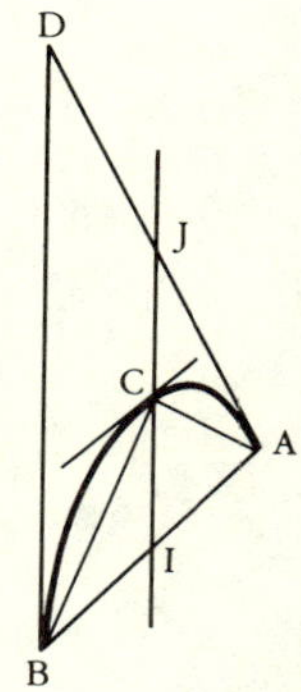

7

der Länge KA, um EF zu tragen. Deshalb konstruiert Archimedes, in Verlängerung von KL, eine Strecke

(3) $$KT = KA,$$

an deren Ende er das Gewicht

(4) $$RS = EF$$

aufhängt, und zwar so, daß T die Mitte (also der Schwerpunkt) von RS ist (Abbildung 4).

Mit Hilfe der vorigen Gleichungen läßt sich daraus ableiten:

$$RS : EG = KL : KT,$$

das heißt, das System Gewicht/Hebel befindet sich im Gleichgewicht um K (Abbildung 5).

Demnach stehen alle Segmente, aus denen sich das Dreieck zusammensetzt, an ihrer jeweiligen Stelle im Gleichgewicht mit allen Segmenten der Parabel, wenn man sie nach T versetzt. K ist dabei jeweils der Schwerpunkt.

K ist also der Schwerpunkt des Systems Dreieck/Parabel (in Gestalt der nach T versetzten Parabelsegmente).

Sei nun X der Schwerpunkt des Dreiecks, so daß KX = $1/3$ KA (vgl. *Über das Gleichgewicht ebener Flächen*); dann ist KX : KT = $1/3$.

In dieser Abhandlung zeigt Archimedes, daß das Verhältnis der Gewichte umgekehrt zu dem der Entfernungen zwischen den einzelnen Schwerpunkten (X und T) und dem allgemeinen Schwerpunkt (K) ist. Also (Abbildung 6):

$$\text{Parabel} : \text{Dreieck} = KX : KT = 1 : 3.$$

Wir haben gesehen, wie Archimedes findet, daß das Parabelsegment gleich einem Drittel des Dreiecks ABD ist. Tatsächlich drückt er sein Ergebnis so aus, daß ein Parabelsegment $4/3$ ist des Dreiecks ABC, das die gleiche Grundseite und die gleiche Höhe hat (Abbildung 7). Dies verdankt sich den Eigenschaften der Parabel, die zu zeigen erlauben, daß I die Mitte von AB und C die Mitte von IJ ist, so daß ABC gleich $1/4$ von ABD ist; womit der Beweis abgeschlossen ist.

in Brand gesteckt haben soll. Vor allem wenn man weiß, daß die Parabel diejenige Form ist, mit der sich die Strahlen der Sonne am besten konzentrieren lassen. Die Tatsache, daß Plutarch davon nichts erwähnt, würde genügen, darüber weiter kein Wort zu verlieren. Fügen wir dennoch hinzu, daß weder Polybios noch Livius darauf anspielen; das Thema erscheint erst viel später, bei Diokles und den byzantinischen Historikern. Jeder Descartes-Leser weiß, daß dieser sie für unglaubwürdig hielt. Zwar kannte er die optischen Arbeiten des Archimedes nicht. Die Forschung hat aber jüngst bestätigt, daß die *Katoptrik*, die bis dahin Euklid zugeschrieben wurde, auf den Syrakuser Gelehrten zurückgeht.

Nach Descartes stellten der Jesuitenpater Kircher und Buffon Experimente an, die es technisch möglich erscheinen ließen, die Schiffe des Marcellus aus der Entfernung in Brand zu stecken. Um mit dem Thema zu schließen, sei erwähnt, daß manche Renaissance-Autoren sogar die Hypothese vertreten haben, diese Brände, deren Existenz nicht gesichert ist, seien das Werk artilleristischer Kriegsmaschinen gewesen. Damit würde Archimedes zum Erfinder des Pulvers und der Kanone! Man borgt wahrhaftig immer nur den Reichen!

Wurde die Kriegsmaschine des Marcellus besiegt?

Gegenüber all jenen Maschinen, die Syrakus zur Verfügung hatte, spricht Plutarch nur von einer einzigen römischen Maschine. Er sagt uns nicht, woher sie stammt, doch er schreibt, sie sei von Marcellus »auf einer großen Plattform, bestehend aus acht Schiffen, aufgerichtet worden«. Was bedeutet diese einzige Sambyke im Text des Plutarch? Um diese Frage zu beantworten, müssen wir zu den Quellen des Historikers zurückgehen. Wir haben bereits gesehen, daß Diodoros von Sizilien von Maschinen sprach. Was Titus Livius angeht, so ist bei ihm von zahlreichen Maschinen die Rede, welche die Römer »unter außerordentlichen Anstrengungen« konstruierten:

> »Sie banden je zwei Fünfruderer zusammen, indem sie die Ruder auf der Innenseite entfernten, so daß Seite an Seite stieß, während sie sich mit den äußeren Ruderreihen wie ein einziges Schiff fortbewegen ließen; diese trugen in Stockwerken angelegte Türme und andere Maschinen, mit denen man Mauern einrennen konnte.«

Welche Freiheit sich die Illustratoren bei der Darstellung antiker Kriegsmaschinen herausgenommen haben! Man lese nur die Beschreibung bei Polybios nach und vergleiche.
Die Figur der Sambyke, die von Marcellus bei der Belagerung von Syrakus verwendet wurde. *Stich von A. Humblot, 18. Jahrhundert; Bibliothèque nationale, Paris*

Polybios, im allgemeinen knapp, hat uns eine ausführliche Beschreibung einer Sambyke hinterlassen:

> »[...] führten sie [auf dem Meer] auf acht Fünfruderern, die paarweise aneinander gebunden waren – die inneren Ruder waren entfernt, nur mit den äußeren wurden sie fortbewegt – die sogenannten Sambyken an die Mauer heran. Diese Maschinen sind folgendermaßen konstruiert. Eine Leiter, vier Fuß breit und so lang, daß sie gerade die Höhe der Mauer erreicht, auf beiden Seiten mit einem Geländer versehen, auf dem zum Schutz hohe Brustwehren angebracht sind, wird quer über die aneinanderstoßenden Wände der zusammengekoppelten Schiffe gelegt, so daß sie weit über die Schiffsschnäbel vorragt. Am oberen Teil der Masten sind Rollen mit Tauen befestigt. Wenn man sich nun der Stelle nähert, wo der Angriff stattfinden soll, dann zieht eine Mannschaft am Heck die Leiter mit den an ihrer Spitze angebundenen, über die Rollen laufenden Tauen hoch, während andere am Bug sie mit Stangen stützen, damit sie sicher in die Höhe kommt [...]. Wenn sie aufgerichtet ist, bilden das Schiff und die Leiter zusammen eine Figur, die dem Musikinstrument Sambyke [einer dreieckigen griechischen Harfe] ähnelt.«

Wer könnte beim Lesen dieses längeren Auszugs übersehen, daß sich die beschriebenen Techniken von Erfindungen herleiten, die gemeinhin Archimedes zugeschrieben werden? Wie sollte man da über die Leichtigkeit erstaunt sein, mit der es, Plutarch zufolge, den Maschinen des Archimedes gelingt, die einzige Sambyke des Marcellus außer Gefecht zu setzen? Alles sieht danach aus, als wären hier zwei unterschiedliche Waffengenerationen aufeinandergetroffen. Was die bei Plutarch beinahe wundersame Präzision der Schüsse angeht, so gibt Polybios, stets um Genauigkeit besorgt, dazu Erläuterungen, die in uns ein gewisses Echo hervorrufen:

> »Archimedes aber hatte Wurfmaschinen für jede Schußweite anfertigen lassen und bereitgestellt. Während sie nun heranfuhren, beschoß er sie aus der Ferne mit größeren Geschützen mit starker Federspannung [...] sobald sie aber so nahe waren, [...] setzte er kleinere, immer entsprechend der jeweiligen Entfernung, in Tätigkeit [...].«

Die stolze Macht der Römer hatte die Verteidiger von Syrakus zunächst in Schrecken versetzt. Doch vor der Wissenschaft des Archimedes mußten sich die römische Flotte und die römischen Truppen zurückziehen. Mutig kehrten sie bei Nacht zurück und versuchten aus nächster Nähe anzugreifen, um den Schüssen der Geschütze mit großer Schußweite zu entgehen. Aber Archimedes hatte an alles gedacht! Für diesen Fall hatte er kleine Wurfmaschinen in Bereitschaft, »Skorpione« oder *manubalista* genannt, die mehrfach schießen konnten.

Ein letztes Mal ist hervorzuheben, daß diese kleinen Wurfmaschinen gewissermaßen Miniaturmodelle der größeren waren. Für Plutarch, den Platonisten, duldet das Gesetz der Proportionen keine Ausnahme. Wer dessen Geheimnisse kennt, beherrscht die unterschiedlichsten Situationen. Während der ganzen Kämpfe haben die Kriegsmaschinen die Römer zerschmettert, durchbohrt, niedergeworfen, wenn sie näher kamen, und wir haben gesehen, wie sich die Proportionen ständig verringerten. Es ist also nicht erstaunlich, daß im letzten Stadium des Kampfes die Verteidung des Archimedes schließlich die Form einer unsichtbaren Hand annimmt, »so daß die Römer Menschen glichen, die mit Göttern kämpften, da sich unermeßliches Unheil aus dem Unsichtbaren über sie ergoß«.

Der Moralist kann schließen: Selbst im schrecklichsten Chaos der Materie, im größten Durcheinander der

Schlachten ist derjenige, der die Wahrheit besitzt, ein Gott gegenüber seinem Feind. Als alle Grade des Schreckens durchlaufen sind und die Situation sich der Lösung nähert, hat sich das Blatt gewendet, hat das Entsetzen das Lager gewechselt. Die Römer sind verängstigt, geraten in Panik, kaum daß sie ein Stück Tau über die Mauer sich vorstrekken sehen: der Kampf ist nicht mehr möglich. Marcellus muß seine Strategie erneuern und ein neues Manövrierfeld finden.

Plutarch berichtet, daß Marcellus nach der Belagerung von Syrakus vernichtende Siege in Megara und bei Akrillai davontrug. Am Wert des Feldherrn kann es also nicht liegen; Archimedes – und nur er – stellt ein besonderes Problem dar. Aber muß man das glauben, wenn man weiß, daß Syrakus in allen bisherigen Kriegen – und es waren zahlreiche – so gut wie uneinnehmbar blieb?

Im Verlauf des Berichts haben sich die Maschinen immer weiter verkleinert, bis sie schließlich unsichtbar geworden sind. Diese fortschreitende Verflüchtigung des Materiellen läßt absehen, daß sich das Gebiet verändert, auf dem Plutarch die Auseinandersetzung stattfinden läßt; worauf schon die Formulierung vom Kampf gegen die Götter hinweist. Mit der römischen Niederlage wandelt sich das Terrain, der Kampf findet nicht mehr in der materiellen Welt, sondern in einem logischen Universum statt. Marcellus, der Gefahr entronnen, ist der erste, der den neuen Ton anschlägt: beim Verlassen der Schlacht legt er die Waffen nieder und ergreift das Wort, um seine Maschinenbauer und Ingenieure »anzuschnauzen«. Das ist gewiß der Nullpunkt der Information; doch wie dem auch sei, wir haben damit die Schlacht verlassen und treten am tiefsten Punkt in den Streit der Ideen ein.

Kampf der Ideen

Es wäre schon seltsam, wenn Marcellus nach solchen Prüfungen nicht ein wenig redete. Zumindest meint das Plutarch, da sich kein Autor vor ihm darum gekümmert hat, die Entstehung der neuen Strategie des Feldherrn zu erklären. Marcellus ist also besiegt, verspottet seine Arbeiter und Ingenieure, sagt: »Wollen wir nicht den Kampf gegen diesen mathematischen Briareos einstellen, der mit unsern Schiffen wie mit Bechern aus dem Meere schöpft und unsere Sambyke mit Schimpf und Schande fortgeprügelt [wörtlich: ›als Nachtrunk von sich geschleudert‹] hat?« In

einer Anmerkung zur französischen Ausgabe erklärt der Übersetzer Flacelière die Anspielung, die sich hinter den »Bechern« und dem »Nachtrunk« verbirgt: Man muß dazu wissen, daß die Griechen bei Zechgelagen gelegentlich ein Spiel spielten, das darin bestand, den Inhalt eines Bechers Wein in vollem Schwung auf die Fläche einer großen, mit Wasser gefüllten Schale zu schleudern, auf der Erdklümpchen schwammen, die Schiffe darstellten – nur um möglichst viele davon zu versenken.
Die Gründe, die Plutarch veranlassen, dem Besiegten solche Reden in den Mund zu legen, sind klar. Nachdem Marcellus die »harte Realität« nicht hat bezwingen können, versucht er sie zu beherrschen, indem er sich ein abstraktes Bild von ihr macht. Da nun das Spiel die klassische Figur des Übergangs von konkreten zu idealen Beziehungen ist, meint Plutarch, der Feldherr habe sich auf dem Weg über dieses aquatische Bild, das damals wohl sehr geläufig war, seinen Gedanken überlassen.
Damit siedelt sich Marcellus in der gleichen Sphäre an wie sein Feind, dessen genaue Funktion für Syrakus er endlich erkennt. »Tatsächlich waren alle anderen Syrakusier nur die Glieder und Werkzeuge der Erfindungskraft des Archimedes und er die eine Seele...« Das ist die klassische Metapher vom Kopf und den Gliedern des gesellschaftlichen Körpers in der Vorstellungswelt der Römer. Sie ist die Grundlage zahlreicher Reden über die Legitimität der Macht. Wenn er die äußerste Abhängigkeit der Stadt von ihrem »Retter« erkennt – eine Abhängigkeit, die noch dadurch verstärkt wurde, daß die nicht-archimedischen Waffen unbenutzt blieben: »alle anderen Waffen [ruhten] ungenützt« –, sollte der römische Feldherr imstande sein, den schwachen Punkt seines einzigen Gegners zu finden.
Ich habe weiter oben auf den blinden Fleck hingewiesen, auf dem die außerordentliche Macht der Theorie über die Welt beruht. Diese verborgene Dimension bezieht Marcellus in sein Kalkül ein, um die Karten neu zu mischen: »so enthielt er sich jedes weiteren Kampfes und Angriffes und überließ die weitere Belagerung der Zeit«. Was sollte uns an dieser Strategie überraschen? Ist die Zeit nicht das »Unausgesprochene« des Archimedes? Und rechtfertigen ihre »Zwänge« nicht die Überlegenheit des Politikers über den Wissenschaftler und Philosophen? Marcellus verläßt also die Schlacht, um eine längere Belagerung ins Werk zu set-

zen. Plutarch nutzt das Schweigen der Waffen, um ein Porträt des Siegers zu zeichnen.

Das Porträt des Gelehrten

Der Mann, der Syrakus viele Male gerettet hat, wird durch den Zauber dieses Berichts zur kanonischen Gestalt aller künftigen Mathematiker. Nachdem er einen Kampf der Maschinen beschrieben hat, in dem menschliche Akteure fast überhaupt nicht vorkamen, verfällt Plutarch nun ins andere Extrem und betritt die erhabene Sphäre »einer schon nicht mehr menschlichen, sondern göttlichen Einsicht«; eine Sphäre, von der die meisten Menschen ausgeschlossen sind.

Indem er der Welt, in der sich Archimedes bewegt, übermenschlichen Status verleiht, bekräftigt der Historiker-Philosoph seine platonischen Überzeugungen. Er gesteht den Ideen Unabhängigkeit und Autonomie von der dinglichen Welt zu, während die Übermacht des Gelehrten die Herrschaft jener über diese beweist. So nutzt der angesehene Mann aus Chaironeia, der auf Ämter und Ehren des Reiches verzichtet hat, den Bericht über die Belagerung von Syrakus, um die Bedingungen des Kampfes zwischen Griechenland und Rom, zwischen Denken und Macht, festzulegen. Unter diesem Gesichtspunkt betrachtet, ist Syrakus eine Metapher für das Geistige, das über die banale Kontingenz der materiellen Dinge herrscht und gegen die Attacken der Welt unempfindlich ist, jedoch mit den materialisierten Wirkungen seiner intelligiblen Wahrheiten effektvoll Schläge austeilt.

Die These ist einfach: Die Kräfte des Geistes können sich vergegenständlichen und auf die Welt einwirken. Zurückgezogen in seinem kleinen griechischen Dorf lebend, wo Philipp von Makedonien vierhundert Jahre zuvor die letzten Hoffnungen auf eine politische Autonomie Griechenlands begrub, legt Plutarch noch immer nicht die Waffen nieder und verteidigt, den Stilus als Stilett in der Hand, die Vorherrschaft des griechischen Denkens über das römische Imperium. Aus diesem Kampf entsteht der Archetyp des abendländischen Wissenschaftlers.

Kein Klischee, das in diesen wenigen Zeilen ausgelassen worden wäre. Zunächst unterstreicht die Verachtung für »jegliche Wissenschaft, die es mit der praktischen Anwendung zu tun« hat – deutlich im Verhalten des Archimedes, der »sogar das Essen vergaß, jede Körperpflege unterließ« –, die Seelenruhe gegenüber der Banalität des Materiellen. Wie sollte man hier nicht an all die mehr oder weniger begründeten, von den Hagiographen kolportierten Legenden denken? Da habe einer drei Tage ununterbrochen gearbeitet, ohne sich aus seinem Sessel zu erheben; andere hätten vergessen, sich zu kleiden, niemals Strümpfe getragen, auf die Karosserie einer Postkutsche Lösungen geschrieben, die dann auf Reisen gingen, zwischen eng mit Formeln beschriebenen Blättern Reste niemals verzehrter Mahlzeiten zurückgelassen ... Ein dickes Buch würde kaum genügen, um all diese Anekdoten für Psychologen zu erzählen, die in gewisser Weise die Schablonen für das Verhalten von Wissenschaftlern festgelegt haben. Liest man zum Beispiel das Werk von Bell über *Les Grands Mathématiciens*, findet man – auf mehr als fünfhundert Seiten ausgewalzt, in jeder geschichtlichen Epoche wiederholt, in zwanzig verschiedene Länder versetzt, auf hundert verschiedenen Gesichtern erstarrt – die von Plutarch fixierten Züge des Mathematikers von Syrakus. In einem abgründigen Sinne könnte es scheinen, als trage jeder einzelne Gelehrte der Kohorte seinen besonderen Pinselstrich zum Gemälde des Vorbilds bei: dieser die Zerstreutheit, jener die Seelenruhe, andere die Fähigkeit zu Konzentration, Überredung, Hellsicht, wieder andere die Freude über die Entdeckung, den Respekt vor dem Genie und seiner unverschämten Mühelosigkeit, die Hartnäckigkeit bei Schwierigkeiten, die Eulenspiegelei der Scherzfragen – es gibt kein Element, das in dem von Plutarch gemalten Bild fehlte, bis zu dem fast göttlichen Antlitz des alternden Leonardo. In dem Glauben, sein Idol genau zu beschreiben, hat Plutarch über die Jahrhunderte hinweg Bruchstücke des Helden auf die Gestalt künftiger Gelehrter ›projiziert‹. Auf diesem Porträt tritt der Wille des Moralisten klar in Erscheinung. Er muß die Vergeistigung der Welt notwendig und unwiderstehlich machen, den Geist an die Spitze der Werthierarchie setzen. Dann die Ansprüche des Lebens schmähen, das Lob der Schönheit singen und ein Gebiet bestimmen, auf dem die beweisführende Wissenschaft von nichts übertroffen werden kann. Auf diesem höchsten Sockel wird das absolut Vortreffliche stehen: Archimedes und sein mathematisches Werk.

Das Wasser fließt von rechts nach links, treibt die eingetauchten Schaufeln G, E und C an und dreht somit die Schraube. Das Wasser dringt durch die Öffnung L in das Rohr ein, steigt darin nach oben – da sich der niedrigste Punkt, dem es zustrebt, mit der Drehung ständig verändert – und verläßt das Rohr durch die Öffnung K, wenn sie nach rechts gerichtet ist. Stich in: H. Cardanus, De subtilitate, *1560; Bibliothèque nationale, Paris*

»So stolz war übrigens der Sinn, so tief der Geist und so reich die Fülle der theoretischen Erkenntnisse, die Archimedes besaß, daß er es verschmäht hat, über dasjenige, was ihm den

> Namen und den Ruf einer schon nicht mehr menschlichen, sondern göttlichen Einsicht verschafft hat, irgendeine Aufzeichnung zu hinterlassen, sondern er sah die Beschäftigung mit der Mechanik und überhaupt jegliche Wissenschaft, die es mit der praktischen Anwendung zu tun hatte, für niedrig und gemein an und setzte seinen Ehrgeiz einzig an das, dem das Schöne und Hohe, unvermischt mit allem dem Zwange Unterworfenen, eigen ist, das nicht der Vereinigung mit den anderen Dingen zugänglich ist, aber den suchenden Geist zum Streit mit der Materie aufruft, wobei diese die Größe und die schöne Erscheinung, er die Präzision und die überragende Kraft liefert.«

Um seine Leser zu überzeugen, stellt sich Plutarch die Frage nach den möglichen Gründen für diesen fabelhaften Erfolg: »die einen [schreiben ihn] der hohen Begabung des Mannes zu, die anderen meinen, durch ein Übermaß von Fleiß...« Das ist die traditionelle Alternative, wie sie seit je angeboten wird, eine Debatte, die mit der Hugoschen Antwort »Fünf Prozent Genie, fünfundneunzig Prozent Fleiß« keineswegs erledigt war. Dagegen fehlt bei Plutarch jeder Hinweis auf die Möglichkeiten, die sich für Archimedes aus der freundschaftlichen Nähe zur Macht ergaben; auf die Erziehung durch einen Vater, der immerhin Astronom war; auf die Reisen nach Ägypten sowie auf die Arbeitsbedingungen und Lebensumstände des großen Gelehrten. Hatte er eine Frau, Kinder, Freunde, Bedienstete, Sklaven, Helfer, Räumlichkeiten? Wir werden es nie erfahren.

Genie oder Arbeit? Um die Waage zugunsten des ersten Begriffs ausschlagen zu lassen, benutzt Plutarch ein Verfahren, dem in wissenschaftshistorischen Werken stets Erfolg beschieden sein wird: Versuche doch, den Beweis zu finden; du wirst sehen, daß es dir allein nicht gelingt! Eine solche Aufforderung ist von durchschlagender Wirksamkeit: Will der Leser nicht als Idiot gelten, ist er gezwungen, dem Archimedes jenes ›klein bißchen mehr‹ zuzuschreiben, das man Genie nennt. Hier entfernt sich Plutarch von seinem Lehrmeister Platon, der im *Menon* einen Sklaven vorführt, der – einzig durch die Fragen des Sokrates angespornt – ein vergessenes Wissen wiederfindet.[13] Die Arbeit des Genies hat mit der Platonischen *anamnesis* nichts zu tun; hier geht es um die Suche nach einer verschütteten Erinnerung, dort aber um Schöpfung, Erfindung.

[13] Vgl. oben, S. 140-143.

Dieses Verfahren, das den Leser gewaltsam in den Bann des Mythos des Genies zieht, steht am Ursprung mancher schwierigen Beziehungen zwischen Wissenschaft und Gesellschaft. Dieses Spiel besteht darin, jemanden in ein früher gelöstes Problem zu stürzen, dabei aber alle Umstände vorzuenthalten, unter denen es gelöst wurde. Im schlimmsten Falle wurden so ganze Generationen von Individuen traumatisiert und über den Abgrund von Jahrhunderten hinweg zu Gehorsam und Ergebenheit verpflichtet oder aber zu jener schöngeistigen Verachtung einer Wissenschaft getrieben, von der sie sich ausgeschlossen fühlten.

Aber der Höhepunkt der Argumentation Plutarchs kommt erst noch: »Durch eigenes Suchen fände man wohl nicht den Beweis, aber während er einem gezeigt wird, hat man das Empfinden, als fände man ihn selber; ein so ebener und kurzer Weg führt zu dem zu Erweisenden.« Dies ist einer der verhängnisvollsten Gemeinplätze, an deren Last die Mathematik zu tragen hat. In jeder Epoche haben einige der besten Mathematiker (Pascal, Leibniz, Chuquet ...), einige der kompetentesten Spezialisten (Ver Eecke, Itard, Mugler ...) bei der Beschäftigung mit den Schriften des Archimedes deren äußerste Schwierigkeit anerkannt. Trotzdem sollte sich die beschwichtigende Version Plutarchs durchsetzen. Und die Mathematik sollte folglich als Urbild der lauteren Erkenntnis, als Paradies der kristallinen Wahrheiten erscheinen. All jene, die hinter den Beweisen ihrer Lehrer nicht die gleißende Klarheit der Evidenz erkennen, verbannen sich selbst aus diesem Reich, irren durch den finsteren Wald, fernab vom Lichte des Geistes. Wie man sieht, haben einige Zeilen, durch die Jahrhunderte hindurch von den Pädagogen und ihren Zöglingen wiedergekäut, ein Ideal geprägt, das den größten Teil der geistigen Energien auf die Wissenschaft gelenkt hat. Welcher große Gelehrte der vergangenen Jahrhunderte sah etwa nicht in Archimedes das Sinnbild der Vortrefflichkeit?

Folgen wir dem Historiker bei seiner Propagandaarbeit weiter, so zeigt er uns, daß ein solcher Ruhm es erlauben muß, den niedrigen materiellen Sorgen zu entgehen, denen der Ernährung und Körperpflege, und die Seelenruhe zu erreichen. Sieht man, wie der Gelehrte »geometrische Figuren auf die Kohlebecken malte und, wenn sein Körper gesalbt war, mit dem Finger Linien darauf zog«, so bekommt man die Wurzeln jenes Vorurteils zu fassen, das versichert, um Mathematik zu betreiben, bedürfe es keiner äußeren Mittel, allenfalls – nach der stereotypen Formulierung – »Papier und Bleistift«. Als Archimedes (man erinnere sich an den Beginn dieser Studie) an den König schrieb, handelte es sich darum, ihm materielle Dienste anzutragen. Jetzt geht es um Vortrefflichkeit, das heißt um Mathematik; kein Wort mehr von einem Bittgesuch: die Autonomie des Wissenschaftlers ist komplett.

Sollte es da nicht verwundern, daß der einzige äußere Druck, der in dieser Hagiographie auf den von allen Zwängen freien Gelehrten ausgeübt wird, mit dem Baden verbunden ist? Nur »mit Gewalt« sei er dazu gebracht worden, »sich zu salben und zu baden«, heißt es bei Plutarch. Dabei handelt es sich keineswegs um einen Scherz. Zwei Jahrhunderte früher hatte Vitruv geschrieben: »Eines Tages, als Archimedes sich zum Bade begab ...« Was will uns Plutarch zu verstehen geben, wenn er die Formulierungen seines Vorgängers nicht wiederaufnimmt, sondern Archimedes den Willen zur Körperpflege abspricht und die Episode, von der Vitruv spricht, mit Schweigen übergeht?

Erinnern wir uns, daß Archimedes auch »dazu bewegt« werden mußte, sich mit materiellen Problemen zu beschäftigen, die ihm der König stellte. Wenn Plutarch den Gelehrten ins Bad treibt, so weil er nicht anders kann, weil das eine grundlegende Episode ist, über die er nicht schweigen kann. Zumindest eine Anspielung ist nötig, selbst wenn sie den Helden nicht größer erscheinen läßt. Kehren wir also zu Vitruv zurück: »Eines Tages, als Archimedes sich zum Bade begab, bemerkte er zufällig, daß in dem Maße, wie er in das Bad eintauchte, das Wasser über den Rand floß. Diese Beobachtung ließ ihn die Erklärung finden, nach der er suchte; und es ergriff ihn solche Freude, daß er, ohne weiter zu zögern, das Bad verließ, völlig nackt zu seinem Haus lief und zu rufen begann, er habe gefunden, was er gesucht, indem er auf Griechisch sagte: Eurêka! Eurêka!«, das heißt: Ich hab's gefunden! Man stößt hier wieder auf die ursprüngliche Freude, die beseligte Trance, die sich mancher Wissenschaftler nach einer Entdeckung bemächtigt: der Verlust des Geistes scheint dann die vorherrschende Eigenschaft derer zu sein, die davon zuviel gehabt haben. Aber was hatte er eigentlich in jener Wanne zu tun?

Der König hatte eine Krone anfertigen lassen. Ohne es beweisen zu können, beschlich ihn der Verdacht, ein Teil des Goldes sei durch Silber ersetzt worden. Er ließ Archimedes rufen, um das Problem zu lösen – kein Problem, wenn man

Porträt des Forschers in seinem Labor. »Archimedes entdeckt als erster im Experiment mit dem Wasser die Entsprechung zwischen Gewicht und Volumen.« Kupferstich in: W. H. Ryff, [...] der architektur, *1547, Bibliothèque nationale, Paris*

Gewicht und Volumen der Krone kennt. Wir haben genug darüber gesagt, daß der Syrakuser Gelehrte Meister im Wiegen war. Freilich machte es die komplizierte Form der Krone schwer, ihren Rauminhalt zu bestimmen. Es galt, eine Methode dafür zu finden. Das Bad ist die experimentelle Anordnung dieser Entdeckung.

Da Masse und Rauminhalt des Wassers gleich sind, wird das Bad sozusagen eine Waage zur Volumenermittlung. In der Tat entspricht die Menge des verdrängten Wassers (das überläuft) dem Volumen des eingetauchten Gegenstands. Es ist seit je unbestritten, daß die Bestimmung des Volumens eines Festkörpers durch das einer Flüssigkeit der Abhandlung *Über schwimmende Körper* zugrunde liegt, in der sich Archimedes mit der Statik flüssiger Körper und den Bedingungen der Schwimmfähigkeit bestimmter Körper beschäftigt. Er wird damit allgemeines Ansehen gewinnen, indem er beweist, daß die Oberfläche jeder Flüssigkeit dieselbe Krümmung besitzt wie die der Erde, und dabei das berühmte Prinzip ausspricht, das seinen Namen trägt.

Nachdem er über die Zahlen, die das Universum berechenbar machen, ebenso Macht gewonnen hat wie über die festen Körper, die durch ihr Gewicht das Reale beherrschen, regiert der Gelehrte nun auch über die Flüssigkeiten, deren Gesetze er in seinem Bade entdeckt. Damit wird begreiflich, warum Archimedes den Schiffen vertraute, die seine wissenschaftlichen Botschaften über die Meere und durch die Jahrhunderte trugen. Doch das eigentlich Interessante der Episode mit der Krone liegt wahrscheinlich woanders.

Nirgendwo in seinem Text weist Plutarch auf das finanzielle Motiv hin, und dennoch wird bei der Plünderung der Stadt der ungeheure Reichtum der Stadt deutlich. Die Bestimmung einer Legierung ist, seit es Warengesellschaften gibt, ein Münzproblem. Syrakus hatte sein eigenes Geld, und selbst wenn die Methode des Archimedes unpraktikabel war, bleibt sie in der Theorie die sicherste Weise, den Metallgehalt einer Münze zuverlässig festzustellen. Die Episode ist unter diesem Gesichtspunkt zu betrachten.

Dem Verhältnis des Festen zum Flüssigen entspringt die Hauptquelle des Reichtums von Syrakus. Am Meer auf dem Fels erbaut, sendet die Stadt ihre soliden Schiffe auf die Wogen, schmilzt ihr Gold und Silber ein, um daraus Geld zu prägen. Die Episode mit der Krone will uns sagen: Die Krone des Königs und Archimedes, Symbole der Macht und des Geistes, liegen beide im Flüssigen. Der erste Grieche, der eine Dioptrik[14] erdacht hat, sieht sich über dem überlaufenden Wasser, entdeckt eine untergehende Krone, verzerrt überdies durch die Refraktion der Lichtstrahlen[15]; und versteht ...

Versteht, daß er der einzige ist, der sämtliche Formen der Macht kontrolliert, denn er allein weiß von der Falschheit der Krone und damit von der Fragwürdigkeit des königlichen Glanzes. Er hat endgültig alle Formen der Macht in der Hand. Mochte das Königtum zusammenbrechen, mochten die römischen Truppen sich wohl um die Stadtmauern scharen, mochte der beste Heerführer es mit den ausgeklügeltsten Strategien versuchen: Archimedes gelang es, »sich selbst und, soviel an ihm lag, die Stadt unbesiegt [zu] erhalten«.

14 *Dioptrik*: Lehre von der Brechung des Lichtes.

15 Vgl. unten, S. 445-485.

Widerlegung der Macht des Archimedes

Gegenüber dem, der mit seinem Geist Raum und Materie beherrscht, ist Marcellus ohnmächtig. Also setzt er auf die Zeit, organisiert die Belagerung und bricht zu anderen Eroberungen auf. Die Zeit verging, schreibt Plutarch. In der Tat waren es mehr als zwei Jahre. Man muß einen Augenblick bei dieser lakonischen Ellipse innehalten: Die Zeit verging ...

Und trotzdem, welche Leistung! Welch ausgezeichnete Organisation auf seiten der Römer, eine Stadt von fast 500 000 Einwohnern über zwei Jahre lang zu blockieren, einen Mauerring von ungefähr 180 Stadien, wenn man dem griechischen Geographen Strabon glauben darf, das heißt mehr als 30 Kilometern! Wie viele Männer mußten dafür eingesetzt werden? Und welcher Aufwand an Verwaltung war dazu nötig! Man mag im Schweigen des griechischen Historikers seinen Willen ermessen, die zutiefst eigenständige Leistung der römischen Republik zu ignorieren, nämlich die Erfindung eines militärischen Dispositivs, das es erlaubte, die Kontrolle eines Raumes oder einer Situation über einen beliebigen Zeitraum auszudehnen, dem Vergehen der Zeit und dem Anwachsen von Unordnung zu widerstehen. Plutarch übergeht die Einrichtung und das Einfrieren der Belagerung von Syrakus – eine Episode, die charakteristisch ist für das Genie der Römer –, denn auf die Vorherrschaft des griechischen Geistes darf kein Schatten fallen.

Masse, Logistik, Disziplin: für Plutarch darf nichts davon zählen, wenn es den Fall von Syrakus zu erklären gilt. Der Geist beherrscht die Materie. Damit die Römer den Sieg davontragen, müssen daher andere als jene materiellen Dimensionen benannt werden, in denen Archimedes dank seinem Wissen über unbeschränkte Macht verfügt. Die ganze Raffinesse des Philosophen wird darin liegen, uns diese Dimensionen zu zeigen und dabei zwangsläufig bestimmte Ereignisse zu verschleiern. Die drei Ursachen der Niederlage der Stadt sind die drei Feinde, mit denen es die Wissenschaft im gesamten Verlauf ihrer Entwicklung zu tun haben wird:

– die Zeit, denn indem sie die Situationen verändert, die Beständigkeiten erschüttert, die Gegenstände zersetzt, die Singularitäten vervielfacht und die Probleme verwandelt, hindert sie die Wissenschaft daran, ihre unwandelbaren Körper erscheinen zu lassen. Die Zeit ist der prinzipielle Feind. So sehr, daß die Wissenschaft (wie die Forschergemeinschaft sie versteht) erst mit der Erfindung der linearen, unwandelbaren, gleichgültigen, aller Turbulenzen entleerten Zeit geboren wird: zweifellos als Erbin der römischen Institution;

– das Falsche, die Lüge, jene Tücke, welche die Wahrneh-

mung der Dingwelt und ihre inneren Zusammenhänge verdreht. Das Falsche ist der normative Feind, denn er macht alle Aussagen einander gleich und verbietet damit die Unterscheidung zwischen den Behauptungen, die Bewährung der Praktiken und die Abgrenzung der einzelnen Wissensgebiete;
– die abergläubische Religion, welche die Menschen in ein System ohne Vernunft einhüllt, vom Geist nicht begründete Wahrheiten zuläßt und die Fähigkeit der Wissenschaft in Frage stellt, die Welt zu beherrschen. Die Religion ist der institutionelle Feind, der sich auf eine andere umfassende Prophezeiung beruft und so mit dem Anspruch der Wissenschaft konkurriert, der Geist der menschlichen Entwicklung selbst zu sein.
Diese drei Kräfte (Zeit, Falschheit und Religion) werden bei Plutarch zu Verbündeten des Marcellus, der Mitglied der römischen Priesterkaste der Auguren war und einen Tempel gegründet hatte. Nachdem nun *Zeit* vergangen ist, wird die Stadt während eines Festes zu Ehren der *Artemis* durch *Verrat* dem Feind ausgeliefert und besetzt. Somit hat die Schutzgöttin die Belagerten verraten, als sie sich den beiden anderen Feinden des Geistes ergaben: dem Trunk und dem Vergnügen. Ist es erstaunlich, daß die Göttin der Wälder und der Jagd, die dunkle Schwester Apolls, des Gottes des Lichtes und der Wahrheit, sich ›in den Dienst‹ Roms stellte, jener aus den Wäldern geborenen Stadt? So bedeutet das tragische Ende von Syrakus mehr als nur den Zusammenbruch eines Königreiches. Als erstes eroberten die Römer zwei Stadtviertel mit Namen Nea und Tyche. Das heißt, die Syrakuser verloren mit einem Schlag die Originalität und das Glück.
Mit diesem Fall inszeniert Plutarch eine gewaltige Niederlage, nämlich die Griechenlands im Kampf gegen Rom und, noch tiefer, die des griechischen Geistes im Kampf gegen die römische Macht. Letztlich ist es, geht man noch einen Abstraktionsschritt weiter, die Niederlage des inkarnierten Geistes im Kampf mit der instituierten Macht. Überdies wird Marcellus als der erste Römer dargestellt, der die Notwendigkeit begriffen habe, das griechische Erbe zu retten. Man versteht nun besser, warum der Feldherr, »als er von oben niederblickte und die Größe und Schönheit der Stadt überschaute, lange Zeit geweint haben [soll] aus Mitleid mit dem, was kommen mußte [...] und nur höchst ungern gab er dem Drängen nach und gestattete,

daß die Leute sich der beweglichen Habe und der Sklaven bemächtigten«. Wir wissen schon allzu gut, was dieses »höchst ungern« heißen soll: es ist stets das Zeichen des Gewichts der materiellen Notwendigkeiten gegenüber dem Willen des Geistes.

Das Bild, das Plutarch in dieser Passage von Marcellus malt, ist in allen Stücken seine eigene Erfindung. Denn in dem Vergleich, der den parallelen Lebensbeschreibungen von Pelopidas und Marcellus folgt, gesteht der Autor, daß sich Marcellus gegenüber eroberten Städten ausgesprochen unbarmherzig verhielt und »auch noch, nachdem er sie genommen hatte, Menschen hat hinschlachten lassen, [...] Pelopidas aber niemals nach dem Siege einen Menschen getötet oder Städte versklavt« habe. Dieser Widerspruch nur ein paar Seiten weiter ist ein zusätzlicher Beweis dafür, daß der Abschnitt über die Belagerung von Syrakus erst in zweiter Linie ein historischer Bericht ist.

Indem er den Sieger zum griechischsten der Römer werden läßt und die Niederlage als das Werk eines Verräters unter einer halben Million Einwohnern beschreibt, erzwingt der Ideenhistoriker den Sieg einer Logik der Unabwendbarkeit, wie sie dem griechischen Denken zutiefst eigen ist. Syrakus verliert trotz allem – und auf absurde Weise –, weil die Niederlage unvermeidlich war. Als Tochter der delischen Götter verlor Syrakus, weil die Göttin der Nacht Verrat übte und der Sonnengott untätig blieb (vielleicht erklärt sich so das Fehlen der Episode der Brennspiegel im Mythos des Plutarch).

Der Untergang der ›größten Stadt Griechenlands‹, für die Platon seinen *Staat* entwarf, war ihr seit Anbeginn beschieden. An dieser Wahrheit, von der uns Plutarch überzeugen möchte, ist gewiß nichts Historisches. Vielmehr versucht sie das grundlegende Problem zu lösen, wie sich die Wahrheiten des Geistes in der Welt instituieren können. Betrachtet man das beschränkte Universum des Römischen Reiches, in dem der Mann aus Chaironeia lebte, kann der Pessimismus, den er zeigt, nicht verwundern. ›Die Stadt des Geistes‹ ist nicht dauerhaft von dieser Welt; von selbst geht sie unter, verraten von dem, worauf sie baute. Diese schmerzliche Einsicht wird die Entwicklung der abendländischen Wissenschaft – jener vernünftigen Tochter der Verbindung von griechischem Geist und römischer Institution – niemals verlassen. Auf Dauer gibt es keine glückliche Instituierung der Wissenschaft.

»Denn auch den übrigen Teil der Stadt, der nach nicht langer Zeit durch Verrat genommen wurde, erzwangen die Soldaten sich ausplündern zu dürfen, bis auf die königlichen Schätze, die für die Staatskasse beschlagnahmt wurden.« Inmitten des ungeheuren Jubels, in dem er Mitleid und Erbarmen für die Besiegten zeigt, verlangte Marcellus Archimedes zu sehen. Doch an diesem unvergeßlichen Tag seines Ruhmes blieb sein Wunsch unerfüllt.
Mehrfache Tode sind das Privileg der ganz großen Heroen. Wie viele Berichte gibt es über den Tod von Odysseus, Äneas, Romulus! Welche Wahl soll man treffen zwischen all jenen Arten des Hinscheidens, der Apotheose, des kollektiven Mordes? Vom Sterben des Gelehrten von Syrakus jedenfalls gibt es mehrere anschauliche Geschichten, die immer und immer wieder erzählt werden. Es scheint, als verewigte die Vielzahl der Berichte den Tod und gäbe dem Geist so die Zeit, sich zu befreien. Plutarch erzählt uns:

Der Tod

> »[Archimedes] war gerade dabei, eine mathematische Figur zu betrachten, und mit Augen und Sinnen ganz in die Aufgabe vertieft, bemerkte er gar nicht den Einbruch der Römer und die Eroberung der Stadt. Als da plötzlich ein Soldat zu ihm trat und ihm befahl, zu Marcellus mitzukommen, wollte er das nicht, bevor er die Aufgabe gelöst und zum Beweise geführt hätte. Da wurde der Soldat wütend, zog sein Schwert und schlug ihn tot.«

Die Unwahrscheinlichkeit des Berichts – die Vertiefung in ein geometrisches Problem, während eine riesige Stadt erobert wird – sollte uns nicht ablenken. Diese kleine Szene unterstreicht mit wenigen Worten, welcher Abgrund die erhabene Welt des Geistes von der vulgären Welt der Waffen trennt. Der Geist ist anderswo: das ist die Behauptung, die Plutarch im Grunde aufstellen will. Da wir in diesem Text die Klischees herausarbeiten wollen, die von dem Bild nicht zu trennen sind, das man sich gemeinhin von der Mathematik macht, muß uns auffallen, daß eines davon offenkundig fehlt. Gute Mathematik, heißt es gewöhnlich, ist die Sache junger Genies; diese Vorstellung, offenbar im romantischen neunzehnten Jahrhundert entstanden, fehlt in unserem Text. Archimedes stirbt als alter Mann, er arbeitet ununterbrochen, und die Briefe, die seine Abhandlungen begleiten, lassen die These einer beständigen wissenschaftlichen Produktion glaubwürdig erscheinen. Beachten wir schließlich bei diesem ersten Tod den äußersten Gleichmut des Gelehrten. Eine mechanische Beschreibung des Todes: unglückliche, doch unvermeidliche Folge der Situation.

Die Exekution

> »Andere sagen, der Römer sei gleich mit gezücktem Schwert vor ihn getreten, um ihn zu töten, und Archimedes habe ihn, als er ihn sah, dringend gebeten, nur noch ein Weilchen zu warten, damit das Problem, dem er auf der Spur sei, nicht ungelöst und unabgeschlossen bliebe; aber der Soldat habe sich daran nicht geschert, sondern ihn niedergehauen.«

Auffallend ist das Erschütternde dieser Beschreibung. Man sollte sich nicht täuschen: es handelt sich hier um die Hinrichtung dessen, der durch seine Erfindungen die Eroberung der Stadt verzögert und dabei so viele Römer getötet hat. Es ist verständlich, daß der Soldat es damit eilig hatte, ihn zu töten. Welch grauenhaften Gegenschlag führt er jetzt gerade wieder im Schilde? Andererseits ist die Menschlichkeit der Beschreibung anrührend. Archimedes erscheint zum erstenmal als menschliches Wesen, gewiß voller Leidenschaft für seine Wissenschaft, aber doch als lebendiges Wesen; was dadurch unterstrichen wird, daß ihm der Soldat am Ende die Kehle durchschneidet. Einen Augenblick lang war der Mensch unter dem Wissenschaftler zu ahnen. Alles schwindet ...

Der Mord

> »Noch eine dritte Variante gibt es: als er astronomische Instrumente, Sonnenuhren, Globen und Quadranten, mit denen man die Größe der Sonne im Verhältnis zu ihrem Erscheinungsbilde mißt, habe zu Marcellus tragen wollen, seien ihm Soldaten begegnet, hätten geglaubt, er trage Gold in dem Kasten, und ihn getötet.«

Der soziale Realismus dieser Szene ist erstaunlich. Man findet diese Version bei keinem anderen Historiker, während die beiden anderen undeutlich auch bei Titus Livius oder Valerius Maximus vorkommen. Wir würden mehrere Seiten benötigen, um alle Anspielungen und Andeutungen herauszuarbeiten. Zum Beispiel werden die astronomischen Instrumente nicht zufällig angeführt; jedes von ihnen hat seinen Platz im Werk des Archimedes. So könnte sich unter den »Globen« jene »Kugel« befunden haben, von der Cicero in den *Gesprächen in Tuskulum* berichtet und an die »Archimedes die Bewegungen des Mondes, der Sonne,

Der Tod des Archimedes. Wahrscheinlich Kopie eines antiken Mosaiks, achtzehntes Jahrhundert; Städtische Galerie Liebieghaus, Frankfurt am Main

der fünf Planeten [...] bannte«: ein Beweis für seinen »göttlichen Geist«. Marcellus scheint sich dieser Kugel – Vorläuferin der Planetarien und der Automaten – als Beute bemächtigt zu haben; tatsächlich behauptet Cicero in seinem Buch *Vom Gemeinwesen*, er habe sie bei einem Freund eines Enkels von Marcellus gesehen:

> »[...] obwohl ich den Namen dieser Kugel oft wegen des Ruhmes des Archimedes gehört hatte, bewunderte ich ihren Anblick selber nicht so sehr [...]. Als aber Gallus den Sinn dieses Werkes überaus kundig auseinanderzusetzen begann, urteilte ich, daß mehr Geist in diesem Sizilianer gewesen sei, als daß Menschennatur ihn nach unseren Begriffen hätte hervorbringen können [...]. Als Gallus die Kugel in Bewegung setzte, geschah es, daß [...] auf der Kugel eben dieselbe Verfinsterung der Sonne eintrat und der Mond zu dem Zeitpunkt in die Grenze, die der Schatten der Erde bezeichnete, geriet, als die Sonne gegenüber stand [...].«

Widerstehen wir dem Charme der langen Beschreibungen Ciceros und kehren zu unserem Text zurück.
Der Archimedes, der in dieser dritten Version stirbt, ähnelt unbestreitbar demjenigen, den wir im gesamten Verlauf des Berichts verfolgt haben. Mit ihm vollendet sich die Konstruktion dieser kanonischen Gestalt des Gelehrten, die Plutarch während seiner ganzen Erzählung zu entwickeln bemüht war. Als er begriffen hat, daß Macht und Reichtum Syrakus verlassen haben, packt der Gelehrte seine Koffer und nimmt seine Geheimnisse mit. So wie jene deut-

schen Wissenschaftler, die zweiundzwanzig Jahrhunderte später ihr zerstörtes Land verlassen werden, um sich den Siegern anzuschließen, versucht Archimedes, ins Lager des Marcellus überzuwechseln. Plutarch empört sich darüber nicht; er scheint uns bereits zu sagen, daß die Wissenschaft kein anderes Vaterland hat als das der Sieger und des Reichtums. Der Tod des Gelehrten ist ein typischer Unfall, Folge der Ahnungslosigkeit von Ignoranten, die nicht dafür verantwortlich gemacht werden können, denn sie wissen nicht, was sie tun.

Lassen wir uns von der Rhetorik des Historikers nicht irreführen: diese drei Tode sind nur scheinbar voneinander verschieden. Nimmt man sie zusammen, so machen sie das ganze Drama auf einem Triptychon sichtbar, dessen einzelne Tafeln zeigen, wie der Geist dem Unverständnis entflieht, während der Körper Opfer der Rache wird und der Wissenschaftler als Überläufer an der Dummheit seiner neuen Verbündeten zugrunde geht. Die Komposition dieser mehrfachen Perspektiven verschmilzt die drei Gestalten zu einer einzigen Person; die Dreiheit von Geist, Körper und sozialem Individuum vereint sich zur Grundlegung des »Kanons des Gelehrten«, zur Hypostase des kanonischen Gelehrten. Mit der Vollendung des Ganzen können die einzelnen Teile verschwinden. Der Mensch, sein Geist und sein Werk verschmelzen in dieser neuen Menschenart.

Auf der Schwelle seiner Tür hockend, während der Abend hereinbricht, ritzt ein alter Mann Figuren in den Staub. Er denkt nach ... In Gedanken vertieft und stumm, ist sein Kopf noch voll von der Raserei und dem Triumph, die seine Maschinen hervorgerufen haben. In den Geraden, Kreisen und Kurven, mit denen er den Boden ehrt, sucht er das Vergessen, indem er die Erde durchstreicht. Die Göttin hat Verrat geübt, das Königtum ist gefallen, die Stadt ist zerstört, die Wissenschaft hat die Bitterkeit der Macht geschmeckt ... Trotzdem muß er sein Werk fortführen, seine Schmach tilgen, mit seiner ›Praxis‹ des Denkens eine neue Epoche einleiten, für alle Zeiten ...

Dann, in der Dämmerung, naht der Henker, der Mann hebt den Kopf, ›und das Blut des Archimedes entlarvte das Werk seiner Wissenschaft‹.

»Daß es jedenfalls Marcellus sehr nahe ging, daß er sich von dem Mörder des Mannes abwandte wie von einem Verfluchten, die Angehörigen aufsuchen ließ und ihnen Ehren erwies, darüber ist man sich einig.« Wahrscheinlich ordnete er das Begräbnis an. Der Gelehrte hatte »seine Freunde und Verwandten gebeten [...], nach seinem Tode ihm auf sein Grab den die Kugel einschließenden Zylinder zu setzen und darauf die Formel über das Verhältnis des umschließenden zu dem umschlossenenen Körper zu schreiben«. Marcellus entsprach dem Wunsch und eröffnete damit eine ganze Serie geometrischer Epitaphe. Gauß ließ viele Jahrhunderte später ein regelmäßiges Siebzehneck auf sein Grabmal meißeln, und Johann Bernoulli verzierte das seine mit einer archimedischen Spirale, die er selbst als logarithmische bezeichnete. Der deutsche Mathematiker hatte eine Jugenderinnerung gewählt[16], das Ergebnis seiner Forschungen in der Arithmetik, das tiefe Beziehungen zwischen Algebra und Geometrie freilegte; der Schweizer zog die Spirale vor, in der er ein Symbol der Wiedergeburt des Selben als Anderes sah.[17] Doch was sollte das Sinnbild auf dem Grabe des Archimedes bedeuten?

Hören wir ihn ein letztes Mal im ersten Buch der Abhandlung über *Kugel und Zylinder*. Nach vierunddreißig langen und schwierigen Paragraphen ein einfaches Korollar:

> »Nach dem soeben Bewiesenen ist klar, daß jeder Zylinder, dessen Grundkreisradius gleich dem Radius der Kugel, und dessen Höhe gleich dem Durchmesser der Kugel ist, $1\frac{1}{2}$mal so groß ist wie die Kugel, und daß auch die Gesamtoberfläche des Zylinders $1\frac{1}{2}$mal so groß ist wie die Oberfläche der Kugel.«

Worauf ein Beweis von wenigen Zeilen folgt, der aus den achtzig vorangehenden Seiten die Folgerungen zieht. So wird das Ergebnis, auf das die ganze Arbeit zuläuft, als Korollar bezeichnet. Diese Litotes sollte uns nicht täuschen; es ist eine typische Koketterie der Mathematiker, das Ergebnis eifriger Forschungen als schlichte Folgerung zu behandeln.

Es ist nur schwer nachzuvollziehen, was Archimedes an diesem Satz gefesselt haben mag; wagen wir dennoch den Versuch. Zunächst ist es die auf den ersten Blick erstaunliche Einfachheit des Verhältnisses selbst, zumal wenn man an das transzendente Verhältnis zwischen dem Kreis und dem ihn umschreibenden Würfel denkt. Faszinierend ist dann gewiß der Umstand, daß dieses Ergebnis – das sich in der *Methodenlehre*, von der oben die Rede war, bereits absehen ließ – es ermöglicht, das Problem der Kubatur der Kugel auf das der Quadratur ihres Großkreises, der

[16] Gauß hatte in jungen Jahren ein Kriterium für die Konstruierbarkeit regelmäßiger Vielecke mit Zirkel und Lineal gefunden und auf dieser Grundlage als erster ein reguläres Siebzehneck mit diesen Mitteln konstruiert. Siehe unten, S. 262 f. *Anmerkung des Übersetzers*

[17] Sein Grabspruch »Eadem mutata resurgo« bezieht sich auf die eigentümliche Symmetrie der logarithmischen Spirale. *Anmerkung des Übersetzers*

Grundfläche des Zylinders, zurückzuführen. Vielleicht das erstaunlichste aber ist schließlich jene unendlich unwahrscheinliche Feststellung, daß das Verhältnis der Rauminhalte und das Verhältnis der Flächen zweier Körper gleich sei. Es liegt darin ein so subtiles Gleichgewicht, daß einzig die mathematische Vernunft uns davon überzeugen kann. Damit sind einige Gründe genannt, weswegen das Ergebnis so beeindruckend wirkt.

Was die Figur selbst angeht, bündelt sich in ihr das gesamte Werk des Archimedes. Erforscht wird sie in der *Methodenlehre*, die auf Schritt und Tritt den Begriff des Hebels verwendet; und nach den Regeln der euklidischen Orthodoxie wird sie in einem weiteren Buch untersucht, in dem die Verhältnisse zwischen allen möglichen Figuren (Kegeln, Kegelstümpfen, Kugeln, Zylindern, Kugel- und Kreissegmenten) und dem Kreis bestimmt werden. Tatsächlich ist diese Figur ein Gedächtnis, in dem – freilich verborgen und erst von Archimedes entdeckt – eine ganze Formelsammlung gespeichert ist, welche die Berechnung der Rauminhalte, Flächen und Längen mit Hilfe einer Einheit ermöglicht, die mit der Einheit des Quadrats inkommensurabel ist: nämlich des Kreises mit dem Radius 1. Von dieser Kreiseinheit kann man sagen, daß sie die Archimedische Form unserer Zahl π darstellt.

Wir kämen zu gar keinem Ende, wollten wir aus diesem Hut all das hervorzaubern, was an die Werke des Archimedes gemahnt; Konoide, Sphäroide, Paraboloide (deren Rauminhalte und Schwerpunkte in der *Methodenlehre* und in dem Buch über *Konoide und Sphäroide* bestimmt werden) würden aus ihren Matrizenformen Kegel, Kugel und Zylinder hervortreten; schließlich könnten wir, in einer aufsteigenden Kreisbewegung, behutsam die berühmte Schraube herausarbeiten, die – schräg ins Wasser getaucht – nach dem Wort Montuclas zu einer »einzigartigen Maschine [wird], welche scheinbar gerade die Fallneigung des Gewichts dazu benutzt, ein Aufsteigen zu bewirken«. Eine wunderbare Technik, deren Spur auf dem Zylinder die einer Helix ist.

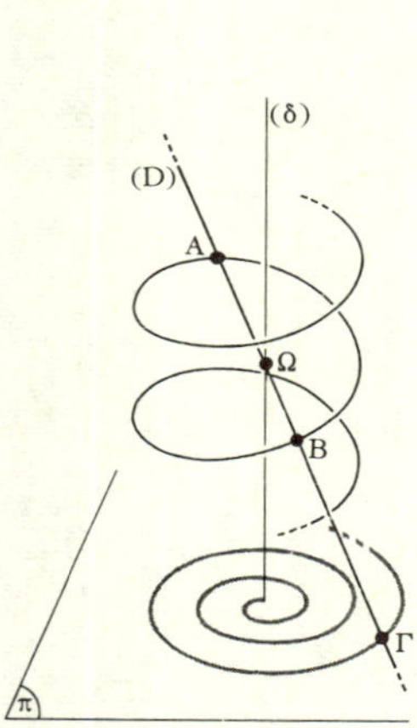

Betrachten wir dieses letzte Objekt näher, so könnten wir merken, daß alle Geraden D, die in zwei Punkten A und B auf der Helix liegen und deren Achse δ in Ω schneiden, in Γ eine Ebene π durchqueren, die rechtwinklig zu dieser Achse liegt. Die Figur, die eine solche Gerade auf diese Ebene zeichnet, ist eine archimedische Spirale. Die Verwandtschaft, die sich dabei zwischen der Konstruktion der (von den Ägyptern übernommenen) Schraube und der Spirale zeigt, könnte diese zum Gegenstand einer theoretischen Untersuchung jener werden lassen. Über die Spirale stellt Archimedes einige seiner schönsten Beweise auf: erste Bestimmung der Tangente an einer vom Kreis verschiedenen Kurve; Berechnung der Fläche jeder Windung, die sich abermals auf Kreisflächen zurückführen läßt.

Doch halten wir hier mit der unerschöpflichen Theorie der Archimedischen Werke inne; lassen wir Dornen und Gestrüpp sein Grabmal überwuchern, das von jenem römischen Feldherrn aufgerichtet wurde, der doch offenbar von Mathematik so wenig verstand und dennoch ihre tödlichsten Konsequenzen erfahren hatte.

Zwei Jahrhunderte sind vergangen. Ein Biograph, ein Architekt, ein Historiker haben sich des Mannes erinnert, der die sizilianische Metropole verteidigte. Wie eine Welle immer schwächer wird, je weiter sie sich ausbreitet, dehnte sich sein Ruhm über das ganze Mittelmeerbecken aus und verblaßte dabei an seinem Ausgangspunkt. Der Mann, der unter dem Hieb des Soldaten in den Staub gesunken war, wurde von seinen Mitbürgern vergessen. Sein Grab war »von allen Seiten umhegt und umkleidet von Dornen und Gestrüpp«, berichtet Cicero im fünften Buch der *Gespräche in Tuskulum*, wo er die Grabstätte wiederentdeckt haben will:

> »Ich aber sah, als ich alle mit meinem Blicke musterte – es gibt nämlich vor dem Tore nach Agrigent eine große Menge von Grabmälern –, eine kleine Säule ein wenig aus dem Gestrüpp hervorragen, auf der sich das Gebilde einer Kugel und eines Zylinders befand [...] Viele Leute wurden mit Haumessern hineingeschickt und reinigten die Stelle und legten sie frei [...] Es zeigte sich die Aufschrift.«

So ist trotz der langen Zeit die Spur nicht völlig verwischt; das »Emblem« des Archimedes führt den Rhetor zur Wiederentdeckung des Grabes. Deshalb wagt er den Schluß: »So hätte die angesehenste Stadt Griechenlands, einst aber sogar die gebildetste, das Grabmal ihres einzig scharfsinnigen Mitbürgers nicht gekannt, wenn sie nicht von einem Manne aus Arpinum [Cicero] belehrt worden wäre.« Das Grabmal, *monumentum*: gewiß muß man diesen Ausdruck in seiner weitesten Bedeutung verstehen und hinter der Maske Ciceronischer Bescheidenheit das Grab als Metonymie des monumentalen Werkes des Syrakuser Gelehrten

erkennen. Der Abschnitt, in dem diese wenigen Zeilen stehen, bestätigt offenkundig diese Annahme: Indem er das Glück der Männer des Geistes gegenüber dem Glück der Tyrannen preist, nimmt Cicero in eigentümlicher Weise die Plutarchsche Darstellung vorweg.
Noch über den Tod hinaus läßt uns der Bericht Ciceros ein weiteres Mal das Grundschema des Archimedischen Denkens erkennen: mit minimalem Aufwand maximale Wirkung zu erzielen. Am Grabe des Gelehrten erleben wir die »Übertragung« eines Archimedischen Experiments in den Bereich von Gesellschaft und Geschichte: Ein einfacher Mann aus Arpinum und niemand sonst entdeckt das Monument des gewaltigen Genies. Kein Zweifel, es ist die wahre Auferstehung dessen, der am Abend einer Niederlage in den Staub fiel, den Zirkel in der Hand. Cicero deutet es bereits an, wenn er das flüchtige Glück eines Tyrannen wie Dionysios mit dem unvergänglichen Glück eines Genies wie Platon vergleicht. Den Bericht von seiner Entdeckung in Syrakus leitet er ein mit den Worten: »Ex eadem urbe humilem homunculum a pulvere et radio excitabo, qui multis annis post fuit, Archimedem.« Was man so übersetzen könnte: »Aus derselben Stadt will ich ein bescheidenes Menschlein von seinem Sand und seinen Stäbchen [dem Zirkel des Geometers] weg beschwören, das viele Jahre später [als Dionysios] lebte, den Archimedes.« Wir sind gewarnt: der Leser wird, gebannt von der Zaubermacht Ciceronischer Beredsamkeit, einer wahren Palingenese beiwohnen; Archimedes wird sich aus seinem Staubkreis erheben, das emblematische Instrument des Wissens hoch erhoben in der Hand. So wird sich der Mann aus Chaironeia mit dem aus Arpinum das Verdienst teilen, aus der Asche und dem Vergessen denjenigen »aufgerichtet« zu haben, der dank ihrer Goldenen Legenden Jahrhunderte später zum makellosen Muster eines Wissenschaftlers werden wird.

Zweitausenddreihundert Jahre sind vergangen bis zu jenem Tag im Jahre 1988, als ein bescheidener Historiker nach Syrakus kam, um in seinem flimmernden Licht jene linden Lüfte zu atmen, die vom Untergang der Stadt und vom Tod des Gelehrten schon so lange wußten. Vor ihm verschwimmt das Meer mit dem Himmel, färbt die Kreidemuschel der Halbinsel von Ortygien azurblau. Um ihn herum summen die Fliegen auf den Reliefs der Müllkippe,

welche die Stadt beherrscht; hier und da widersteht ein steinerner Sockel der heranbrandenden Welle des Abfalls. Einige Schritt entfernt, nimmt der Träumer eine regelmäßige Form wahr, einen weißen Marmorblock, der dem Schmutz trotzt. Er nähert sich, bückt sich, um ihn zu befühlen, spürt, wie sein Herz bei der Berührung des glatten und kalten Steins heißer schlägt.
Die Säule liegt auf der nackten Erde; das Emblem an der Spitze ist immer noch zu erkennen: Kugel und Zylinder aus Stein. Er faßt die beiden Symbole, um die Säule aufzurichten. Angegriffen von jahrhundertelangem Regen, jahrzehntelangen Abgasen, jahrelanger Verrottung gibt der Marmor am Fuße der Kugel nach. Die Kugel bleibt in der Hand zurück ... Über das Malheur ein wenig verdutzt, legt er sie gedankenlos in die Höhlung des Steinzylinders, dann durchzuckt ihn der Blitz, und die Gewißheit zwingt sich auf ...
Allmählich bricht der Abend herein; die Gedanken des Historikers haben inzwischen klarere Konturen gewonnen; das schöne Bild, das Plutarch entworfen hat, zeigt sich plötzlich in einem ganz anderen Licht. Die Fremdheit zwischen dem Gelehrten und der Macht, zwischen Wissenschaft und Krieg: ist sie wirklich so groß? Wollte nicht Archimedes selbst unter diesem Symbol der Macht verscharrt werden? Und dann dieser Heerführer, der das Grabmal allein zum Ruhme der Mathematik hat aufrichten lassen: ist das wirklich glaubhaft? Ganz in Gedanken versunken, streicht der Mann sanft über den Stein ... An der Basis der Säule, dem Teil, der einst mit dem Sockel verbunden war, spürt die Hand Unebenheiten in gleichmäßigen Abständen, die eine eingemeißelte Inschrift vermuten lassen.
Ungeduldig, leichtsinnig, erregt legt er sich in den Unrat. Das Auge des Paläographen hat bereits den Namen Marcellus als Signatur erraten, weiter oben verbirgt sich ein lateinischer Satz zum Teil unter Mörtelresten ... Und in der Tiefe der Nacht führt der Mann die lange Arbeit des Steinmetzen fort und entdeckt einen Buchstaben nach dem anderen. Als alles beendet ist, haben seine Finger bereits lesen können ...

Qui tollis peccata scientiae

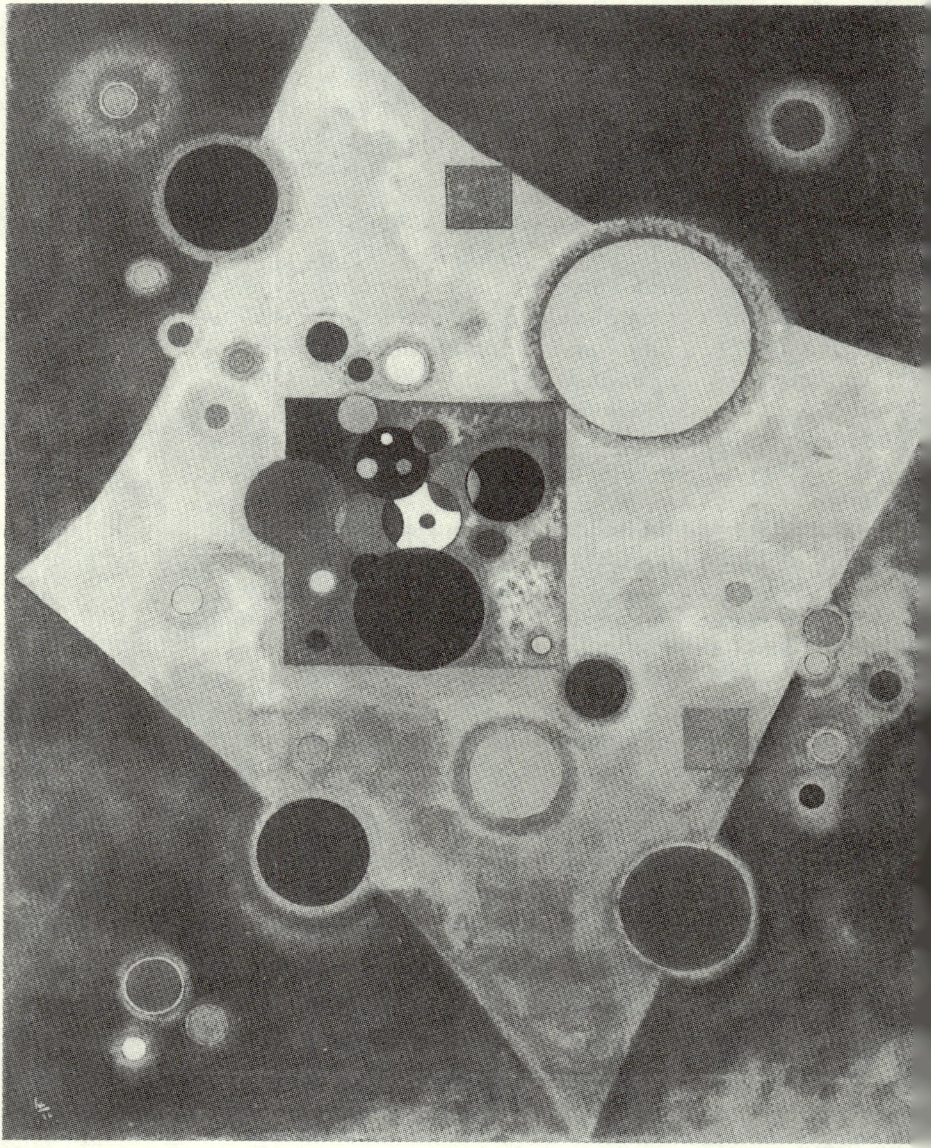

Schon immer hat der Kreis Maler und Dichter inspiriert. Als Linie oder Leinwandfläche, einzeln oder in Konstellation nimmt er im Werk Kandinskys einen wesentlichen Platz ein und verbirgt unter seiner trügerischen Einfachheit komplexe Implikationen. Ebenso komplex ist seine Rolle in der Geschichte der Mathematik …
Wassily Kandinsky, Accent en rose, *1926; Musée nationale d'art moderne, Centre Georges-Pompidou, Paris*

CATHERINE GOLDSTEIN

DAS EINE IST DAS ANDERE: EINE GESCHICHTE DES KREISES

Manche mathematische Probleme oder Gegenstände sind so alt, daß sie uns ganz natürlich erscheinen. In diesem Kapitel werden wir sehen, daß die Konzeption des Kreises – wie jede menschliche Schöpfung – in Wirklichkeit eng von ihrem historischen und kulturellen Kontext abhängt

Am Anfang war der Kreis. Überall.[1] In Vollmondnächten ist er hoch oben am Himmel aufgehängt; er trägt die Karren, dann die Wagen; sein steinernes Rund umgibt die Städte und schmückt die Vasen, deren Abdruck im Sand erneut einen Kreis ergibt. Konzentrieren Sie sich auf ihn, schließen Sie die Augen, öffnen Sie sie wieder, suchen Sie ihn: Sie werden ihn finden, noch in den »o« auf dieser Seite. Gewiß haben Sie noch den üblichen Reigen von Mathematikstunden im Kopf. – Und so geht es seit viertausend Jahren. Unentwegt.

Vor dreiundzwanzig Jahrhunderten schlug der Mathematiker Euklid in seinen *Elementen* folgende Definition vor: »Ein *Kreis* ist eine ebene, von einer einzigen Linie – die *Umfang* (*Bogen*) heißt – umfaßte Figur mit der Eigenschaft, daß alle von einem innerhalb der Figur gelegenen Punkte bis zur Linie – zum Umfang des Kreises – laufenden Strecken einander gleich sind; und *Mittelpunkt* des Kreises heißt dieser Punkt.« Dieser Definition entspricht die der modernen Wörterbücher fast Wort für Wort: »Kreis: in der Mathematik der geometrische Ort aller Punkte einer Ebene, die von einem festen Punkt M, dem Mittelpunkt des Kreises, die gleiche Entfernung r besitzen« (*Meyers Großes Universallexikon*).

Älter als die Schrift, ewig mit sich identisch, gilt der Kreis als einer jener geschichtslosen Gegenstände, denen sich die Mathematik – als Quell ewiger Wahrheiten, wie man uns

[1] »Es scheint, als befänden wir uns in einem *circulus vitiosus*, als wäre der Mensch dazu verdammt, nichts erkennen zu können« (Claude Bernard).

versichert – mit Vorliebe widmet. Astronomen, Philosophen, Architekten, Mystiker, Landmesser, Geographen oder Dichter hätten ihn studiert, gemessen, beschrieben, an ihm ihre Einbildungskraft geübt und ihre Polemiken entzündet, hätten aus ihm ihre Inspiration geschöpft und seien zu ihren Ergebnissen gelangt, ohne an diesem heiteren Bild Wesentliches zu verändern. Als einzigartige, wiedererkennbare Figur habe »der« Kreis in seinem Lauf durch Raum und Zeit bei den verschiedenen Disziplinen und Kulturen nur vorübergehend innegehalten, damit sie Licht auf einige seiner bisher verborgenen Eigenschaften werfen oder ungeahnte Verwendungen für ihn ersinnen konnten.

Und wenn es nun nicht so wäre? Wenn der Kreis das Gewebe der Welt und der Zeit aufdröselte und dabei seine Identität verlöre, wenn seine Rundungen dabei Druckstellen bekämen? Wenn er manchmal sogar kaum wiederzuerkennen wäre? Wenn er uns letztlich in vielerlei Gestalt, an vielerlei Orten begegnete, als Abkömmling einer langen Ahnenreihe, deren komplexe Verwandtschaftsbeziehungen geduldig entziffert werden müssen? Wenn der menschliche Blick ihn in jedem Augenblick nicht entdeckte, sondern schüfe und neu schüfe? Bei dem Versuch, das Gemeinsame all dessen zu bestimmen, was wir als »Spiel« bezeichnen, vergleicht Wittgenstein unsere Gewohnheit, so verschiedene Dinge unter einem Namen zu versammeln, mit dem Spinnen eines Fadens, bei dem wir »Faser an Faser drehen«: »Und die Stärke des Fadens liegt nicht darin, daß irgendeine Faser durch seine ganze Länge läuft, sondern darin, daß viele Fasern einander übergreifen.«

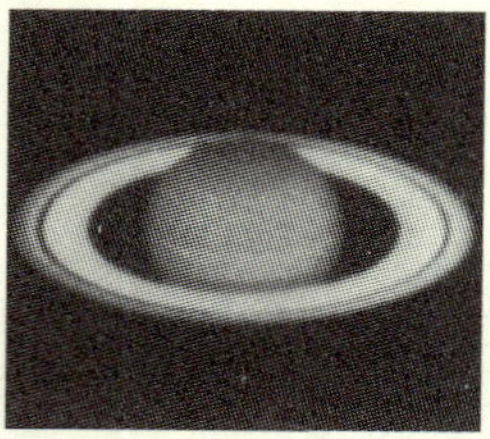

Betrachtet man den Planeten Saturn, wie könnte man daran zweifeln, daß es sich beim Kreis um ein absolut natürliches Objekt handelt? Und doch ...
Observatoire du pic du Midi

Gewiß wäre es unmöglich, all die Fasern dieses festen Fadens, den wir »Kreis« nennen, auseinanderzuzupfen. Ebensowenig kann es darum gehen, alle seine Erscheinungsformen erschöpfend zu behandeln. Vielmehr wollen wir einige der lebhaften Debatten verfolgen, die sich hinter seiner Standarddefinition verbergen, und die ungleichen Gegenstände herausarbeiten, die sie allzu glatt überdeckt. Wir hoffen einiges Fadengewirr aufzudröseln, einige Metamorphosen zu erhellen. Gewisse Mängel fallen ins Auge: Die chinesischen Gelehrten haben den Kreis mehr als zweitausend Jahre lang erforscht; von ihnen wird keine Rede sein. Die Eigenschaft des Kreises, die größte mögliche Fläche zu umfassen, die ein gegebener Umfang umschließen kann, wird von der Antike bis heute debattiert, verfeinert, verallgemeinert: ich werde nicht davon sprechen. Andere

Lücken sind vielleicht weniger kraß, doch es sind unzählige, und natürlich sind sie willkürlich. In diesen so fruchtbaren, so zivilisierten Landstrichen gibt es keine Oase, an der niemand vorbeikäme, sondern nur Etappen, deren Wahl dem Belieben des Reiseführers überlassen ist. Mehrere Zivilisationen außerhalb des Mittelmeerbeckens – Mesopotamien, Süd- oder Ostasien zum Beispiel – haben wissenschaftliche Werkzeuge und Problematiken erarbeitet und auf ein beachtliches Niveau gebracht; so habe ich als erste Station unserer Rundreise das indische Rad gewählt.

Erste Annäherungen an den Kreis

Von Indien nach Ägypten, 2000 bis 100 vor Christus

> »Was man wissen muß: Wer Rivalen hat, baue eine Feuerstätte in Form eines Wagenrads.«

Zwischen dem achten und dem vierten Jahrhundert vor unserer Zeitrechnung werden in Indien die *Šulvasūtra* (»Abhandlungen über die Meßschnur«) gesammelt, die innerhalb des vedischen Rituals die Regeln zur Errichtung und Ausrichtung der Opferaltäre (*vēdi*) und Feuerstätten (*agni*) kodifizieren. Ganz wie bei der Aussprache der *mantra* beruht die Wirksamkeit des Rituals auf der genauen Beachtung dieser Regeln; in diesen Abhandlungen werden daher, unter anderem, Techniken entwickelt und verbunden, die wir je nachdem als architektonische, geometrische oder als Rechentechniken bezeichnen würden. Die Grundform dieser Bauwerke – aus Ziegelsteinen von festgelegter Größe – ist ein Viereck, im allgemeinen ein Quadrat, aus dem die genauen Formen und Proportionen erzeugt werden, die der Kult je nach dem angestrebten Ziel fordert:

> »Was man wissen muß: Wer den Wunsch hat, in den Himmel einzukehren, errichte ein *agni* in Form eines Falken. Es hat gebogene Schwingen und einen ausgebreiteten Schwanz [...] Wer Rivalen hat, baue ein *agni* in Form eines Wagenrads.«

Es folgen die Einzelheiten, die bei der Herstellung, angefangen mit den Ziegelsteinen, zu beachten sind: lange, umständliche Bruchrechnungen. Das wesentliche Instrument dabei ist die Meßschnur (*šulva* oder *rajju*) aus Hanf oder Bambus: sollten damit Kreise gezogen werden? Und welche?

Die Frage ist nicht ohne weiteres zu beantworten. Von diesen Texten sind uns mehrere Fassungen überliefert (die wichtigsten stammen von Apastamba, Baudhāyana, Kātyāyana und Manu), häufig zusammen mit jüngeren Kommentaren. In Sanskritversen verfaßt, manchmal in elliptischer Formulierung, in einen Kontext mündlicher Überlieferung eingepaßt, in dem Mnemotechniken eine wesentliche Rolle spielen, verwenden sie – je nach den Erfordernissen der Metrik – mehrere Synonyme nebeneinander; so dienen etwa *vṛtta*, *maṇḍala* (ganz allgemein zur Darstellung einer Figur), *parimaṇḍala* (runde Figur) und *rathacakracit* (Wagenrad) gleichermaßen zur Bezeichnung runder Gegenstände. Andererseits werden bei diesen Konstruktionen als Hilfslinien auch Kreisbögen gezogen, die keinen bestimmten Namen tragen, sondern mit einem Verb bezeichnet werden (»rund ziehen«). Solche Linien können mehr oder weniger vollständig sein; als Zirkel dienen ein Pflock und eine Schnur (oder ein Stück Bambus). Ein Quadrat mit der Seitenlänge von 1 *puruṣa* wird beispielsweise bei Apastamba folgendermaßen konstruiert:

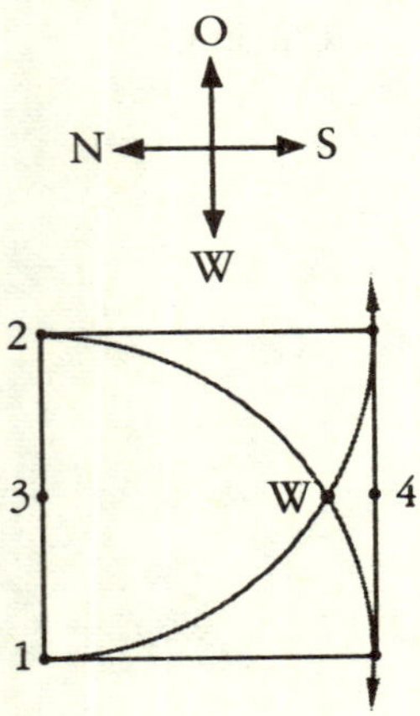

»Man mißt [das *agni*] nach der Größe eines Mannes [der das Opfer bringt]. Man mißt mit einem Bambusschaft. Das muß man dabei wissen: In einem Abstand, der so groß ist wie der Opfernde mit erhobenen Armen, macht man zwei Löcher in den Bambus und ein drittes in die Mitte. Nachdem man den Bambus entlang der *pṛṣṭyā* [der Ost-West-Linie des Altars], westlich der Löcher der Opferpfähle, gelegt und Pflöcke in die Löcher gesteckt hat,

muß man, nachdem man den Pflock auf der Westseite wieder gelöst hat, den Bambus vom Ende [1] aus im Bogen nach Südosten ziehen. Nachdem man ihn dann im Osten gelöst und im Westen befestigt hat, muß man ihn vom Ende [2] aus im Bogen nach Südwest ziehen.

Nun löst man den Bambus und befestigt das Loch am Ende des Bambus mit dem mittleren Pfahl [3], legt den Bambus im Süden auf den Schnittpunkt der Linien [O] und befestigt einen Pfahl im Loch am Ende [4].

Dann befestigt man dort das mittlere Loch des Bambus, richtet die anderen Löcher auf die Endpunkte der Linien und treibt Pfähle durch die Löcher.

Das ist das Quadrat von 1 *puruṣa*.«

Wie man sieht, handelt es sich um die minutiöse Beschreibung eines operativen Verfahrens, einer Manipulation. Am besten vergegenwärtigt man sich den Text vielleicht, indem man sich Pfähle und einen Bambusstab (oder Stecknadeln und ein Streichholz!) beschafft und *mit der Hand* die vorgeführte Konstruktion nachvollzieht. Ziel der Konstruktion ist es, andere Bauwerke herzustellen; die Texte erläutern also, wie sich dieses Quadrat in andere Figuren mit der gleichen, vom Ritus vorgegebenen Fläche verwandeln läßt oder wie sich entsprechend andere Figuren in Quadrate verwandeln lassen. »Wenn du deine Rivalen beseitigen willst, mußt du ein *rathacakracit* bauen«: die Frage des Warum, insbesondere die religiöse oder konkrete Bedeutung des Rades, geht in den vedischen Texten unter; auf die Frage des Wie, die uns hier interessiert, gibt es mehrere Antworten; hier die von Apastamba:

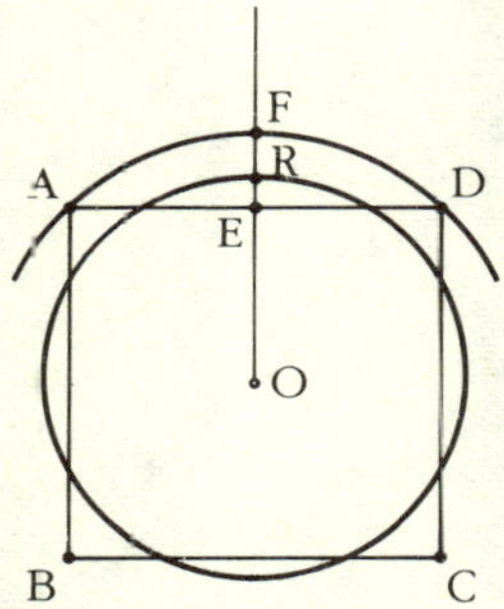

> »Will man ein Quadrat in einen Kreis umformen, spannt man [eine Schnur] von der Mitte [des Quadrats] in eine Ecke; man dreht sie nach der Seite und beschreibt einen Kreis mit einem überstehenden Drittel; das ergibt den geforderten Kreis, [mit dem] soviel gegeben ist wie verloren.
> Will man einen Kreis in ein Quadrat verwandeln, teilt man den Durchmesser in fünfzehn Teile und nimmt zwei fort; dreizehn bleiben. Das ergibt das geforderte Quadrat.«

Dank späterer Kommentare, die übrigens manchmal Beweise für die vorgeschlagenen Konstruktionen enthalten, läßt sich das im Text angedeutete Verfahren erhellen: Das zweite besteht darin, ein Quadrat herzustellen, dessen Seitenlänge dreizehn Fünfzehntel des Durchmessers des Ausgangskreises beträgt; das erste läßt sich an folgendem Schema erläutern (wobei OR der Radius des gesuchten Kreises ist und die Strecke FR zwei Drittel der Strecke FE beträgt).
Es fällt auf, daß diese Verwandlungen weder der Art ihres Vorgehens noch ihren Ergebnissen nach umkehrbar sind: Der Kreis, den man erhält, wenn man – der ersten Konstruktion gemäß – ein Quadrat umformt, das seinerseits – entsprechend der zweiten – aus einem Kreis hergestellt wurde, weicht von diesem letzten deutlich ab (das heißt mehr, als es die Genauigkeit der übrigen Rechnungen des Textes erwarten ließe). Eine andere Version, die des Baudhāyana, schlägt ein komplizierteres Umformungsverfahren vor, das unserem Wunsch nach reziproken Umformungen besser genügen könnte; freilich sind die mathematischen, religiösen und technologischen Ursprünge dieser Präferenzen keineswegs klar. Dennoch ist ihre Erörterung nicht bloß unfruchtbare Nörgelei. An anderer Stelle dieses Buches[2] würde gezeigt, wie zwei gleichzeitig bestehende Zivi-

[2] Vgl. S. 73-107.

lisationen, die sogar älter sind als das vedische Indien, nämlich die mesopotamische und die ägyptische, sich zu ihrer Zeit für unsere Lieblingsfigur interessiert haben: Die auf dem Papyrus Rhind gezeichneten, in die babylonischen Tontafeln eingeritzten Kreise sind nur Illustrationen der zugehörigen Verfahren und eröffnen, ebensowenig wie im Indien der *Šulvasūtra*, keinerlei Wege zu einer theoretischen Erforschung des Kreises als solchen; in allen drei Fällen liegen die Interessen anderswo. Doch schon zeigen sich Unterschiede. Das Grundproblem, auf das die Texte des Vorderen Orients zu antworten suchen, ist das der Flächenberechnung des Kreises: Die Ägypter wählen, ausgehend vom Durchmesser, den direkten Weg; die Babylonier nähern sich ihm über die Berechnung des Umfangs (während übrigens die ausdrückliche Berechnung des Kreisumfangs in den wenigen ägyptischen Papyri, die uns erhalten sind, nicht vorkommt). Was den Text von Apastamba betrifft, so geht es ihm nur darum, unter Erhaltung der Fläche – das heißt konkret: mit denselben Grundziegeln – aus einem Quadrat einen Kreis zu konstruieren. Natürlich können wir daraus potentielle Flächenberechnungen eines Kreises mit gegebenem Durchmesser ableiten und sehen, daß die beiden Verfahren von Apastamba zwei verschiedene Werte ergeben; entscheidend ist jedoch die Erkenntnis, daß diese Frage die Verwender der *Šulvasūtra* nicht zu kümmern scheint. So gibt die Behandlung des Kreises, auch wenn sie noch so vage bleibt, dennoch Auskunft darüber, wieviel Bedeutung den Dingen beigelegt wird, die mit ihm in Verbindung gebracht werden können: anspruchsvolle Vorschriften für die rituelle Architektur oder ökonomische Berechnungen zum Brunnenbau. Denkt man an die architektonischen oder religiösen Zeugnisse, über die wir verfügen, so ist es wenig wahrscheinlich, daß den *Šulvasūtra* vergleichbare Texte in Mesopotamien hätten verfaßt werden können. Man möchte wohl annehmen, daß im vedischen Indien Flächenberechnungen ausgeführt wurden; nichts ist allerdings fraglicher als eine direkte Verbindung zu jenen Kalkülen, die man aus den *Šulvasūtra* ableiten könnte. Im Jahre 325 vor Christus versucht Alexander der Große Indien zu erobern; zu dieser Zeit werden die Kontakte mit der griechischen Wissenschaft häufiger, bleiben freilich wie immer sehr vereinzelt. Doch damals ist der vedische Einfluß bereits geschwunden und mit ihm die Bedeutung ritueller Bauten; der Jainismus – gleichzeitig mit

In der jainistischen Kosmographie hat die Mittelwelt (madhyaloka) *die Form einer Scheibe, auf der sich eine Reihe konzentrischer Ringe erhebt, die abwechselnd Ozeane und Kontinente darstellen. Dieses Basrelief aus dem Tempel von Ramakpur aus dem siebzehnten Jahrhundert zeigt den Nandišvaradvīpa, den Kontinent des Jubels mit seinen zweiundfünfzig Heiligtümern.*

dem Buddhismus im sechsten Jahrhundert vor Christus entstanden – entwickelt eine Kosmographie auf der Grundlage des Kreises. Man nimmt an, daß sich Sonne und Mond auf konzentrischen Bahnen in parallelen Ebenen zur Erde bewegen; Mittelpunkt der Erde ist der Berg Meru. Die Kreismessung wird zwischen dem zweiten Jahrhundert vor und dem zweiten Jahrhundert nach unserer Zeitrechnung im Bereich von Religion und Astronomie zu einem wesentlichen Bestandteil der mathematischen Literatur des Jainismus. Da es keine Gründe für die Annahme gibt, daß zu dieser Zeit die *Šulvasūtra* und ihr Inhalt unbekannt gewesen wären, muß man Erklärungen für den Stilwandel anderswo suchen: etwa in einem späten Einfluß der babylonischen Astronomie, die – über die Griechen vermittelt – um so bereitwilliger aufgenommen wird, als ihre Themen näherzuliegen scheinen. Die geometrischen Manipulationen werden von reinen Rechenverfahren nachhaltig verdrängt, die peinliche Genauigkeit wird aufgegeben: denn so paradox es uns scheinen mag, die Ansprüche an die Erkenntnis der Himmelsbewegungen sind in dieser Hinsicht offenbar geringer als die Forderungen, die der Ritus stellt.

Formeln (in der Gestalt sprachlich ausformulierter Sätze) geben manchmal nur annähernd genaue Beziehungen zwischen Schnur, Bogen, Abstand zum Mittelpunkt, Durchmesser an und drücken die Fläche eines Kreises als Produkt seines Umfangs mit dem Viertel seines Durchmessers aus; der Umfang selbst wird als Produkt des Durchmessers mit $\sqrt{10}$ berechnet; es wird auf andere Traditionen hingewiesen, die 3 anstelle von $\sqrt{10}$ verwenden. Ob nun dieser Wert 3 einer Transkription des babylonischen Wertes in indischen Ziffern oder einer älteren, eigenen metrologischen Tradition Indiens entstammt – bemerkenswert ist, daß die präziseren Werte, die unser allzu gelehrter Blick den *Śulvasūtra* entnehmen könnte, nicht erwähnt werden.[3]

[3] Vgl. die Tabelle zur Metrologie des Kreises, S. 238-240.

Vorsicht ist also stets geboten, wenn wir auf Gebiete vordringen, auf denen unsere modernen Erkenntnisse – mögen sie uns auch noch so *natürlich* erscheinen – die Besonderheiten unterschiedlicher Methoden gefährlich einebnen, die Abweichungen verschwinden lassen oder auf bloße Varianten oder Blindheiten zurückführen. Drei verschiedene Zivilisationen (vier, wenn man die vedische und die jainistische Kultur unterscheidet) konstruieren runde Objekte, die nicht immer einen bestimmten Namen tragen, nicht immer in denselben Zusammenhängen auftreten, nicht derselben Behandlung unterzogen werden und zu keineswegs identischen Rechnungen führen. Schon aus diesen Texten wird eine Vielfalt von Themen sichtbar, die unsere Suche nach *dem* Kreis zu einem Kranz flechten wird: metrologische Fragen, die mit der Berechnung seiner Fläche und seines Umfangs zusammenhängen und die bald von der quälenden Frage seiner Quadratur überlagert werden; morphologische Fragen, die seine unmittelbare Gestalt betreffen (in welchen graphischen, sprachlichen Formen tritt der Kreis auf?) oder seine Metamorphosen (mit welchen anderen Figuren wird der Kreis verglichen? Welche werden mit ihm verglichen? Welche technischen Verfahren werden bei diesen Umformungen eingesetzt, in welchen kulturellen Kontext fügen sie sich ein?); schließlich noch allgemeinere Fragen nach seinem Ort (in welchen Textsorten wird er erforscht, und warum? In welchen Klassifikationen kommt er vor?). Der folgende Abschnitt gibt auf einige dieser Fragen weitere Antworten. Doch es werden auch neue Fragen auftauchen, die unsere bei der Beschäftigung mit exotischeren Texten wieder entflammte Neugier demjenigen Werk stellen wird, das in unserem Bildungssystem zum Archetyp aller Mathematik erstarrt ist: ich meine die *Elemente* Euklids.

Der Kreis wird definiert

Von Athen nach Alexandria, fünftes Jahrhundert vor Christus bis zweites Jahrhundert nach Christus

Warum schon wieder Euklid? Zum großen Teil deshalb, weil wir kaum eine andere Wahl haben: es steht uns kein älterer vollständiger Text zur Verfügung. Zwar beziehen sich die Philosophen des vierten Jahrhunderts vor Christus (darunter Platon und Aristoteles), aber auch spätere Kommentatoren (wie Proklos oder Simplicius) auf Mathematiker, die seit dem sechsten Jahrhundert vor Christus in Griechenland aufgetreten sind, und erwähnen eine seit dem fünften Jahrhundert bestehende Tradition von *Elementen*, deren Darstellungsweise einer autonomen deduktiven Logik gehorcht. Von ihnen sind jedoch nur Fragmente und Andeutungen geblieben, deren Vertrauenswürdigkeit oft schwer einzuschätzen ist. Der andere Grund, der mit dem ersten vermutlich zusammenhängt, ist das Renommee des Euklidschen Textes bis in unsere Zeit und seine historische Wirkung, und zwar sowohl als formales Modell wie auch als Schatz grundlegender Erkenntnisse und Probleme. Was sagt er uns über den Kreis, dieser Mathematiker (oder diese Gruppe von Mathematikern?), der (oder die) zu Beginn der hellenistischen Zeit, gegen 300 vor Christus, sehr wahrscheinlich in Alexandria wirkte?

Das erste Buch beginnt mit dreiundzwanzig Definitionen; die des Kreises, die fünfzehnte, kommt nach denen des Punktes, der Linie, der Strecke, der Fläche und der Winkel; die daran anschließenden Definitionen stehen mit dem Kreis in Zusammenhang:

> »15. Ein *Kreis* ist eine ebene, von einer einzigen Linie – die *Umfang (Bogen)* heißt – umfaßte Figur mit der Eigenschaft, daß alle von einem innerhalb der Figur gelegenen Punkte bis zur Linie – zum Umfang des Kreises – laufenden Strecken einander gleich sind;
> 16. Und *Mittelpunkt* des Kreises heißt dieser Punkt.
> 17. Ein *Durchmesser* des Kreises ist jede durch den Mittelpunkt gezogene, auf beiden Seiten vom Kreisumfang begrenzte Strecke; eine solche hat auch die Eigenschaft, den Kreis zu halbieren.
> 18. Ein *Halbkreis* ist die vom Durchmesser und dem durch ihn abgeschnittenen Bogen umfaßte Figur;
> und Mittelpunkt ist beim Halbkreise derselbe Punkt wie beim Kreise.«

Die Kreismessung

Einige Methoden und Ergebnisse aus mehreren Zivilisationen zur Berechnung der Fläche eines Kreises. Zusätzlich werden (in Kursivschrift) einige nicht-metrologische Resultate angegeben, die in unserem Zusammenhang jedoch von Bedeutung sind.

Quelle	Problem	Verfahren und Resultat (modernisiert)	Kommentar
Papyrus Rhind, Ägypten, Anfang des 2. Jahrtausends vor Christus	Berechnung eines runden Feldes	(Durchmesser $-\frac{1}{9}$ des Durchmessers)^2	Rein numerisches Verfahren; kein besonderer Name für einen Kreis; keine Berechnung des Umfangs
Paläobabylonische Tafel, Mesopotamien, Anfang des 2. Jahrtausends vor Christus	Berechnung runder Flächen	(3 · Durchmesser)$^2 \cdot \frac{1}{12}$	Rein numerisches Verfahren; Vorgehen über die Berechnung des Umfangs; das $\frac{1}{12}$ wird als Konstante des Kreises behandelt
Šulvasūtra *von Apastamba, Indien, 1. Jahrtausend vor Christus*	*Umwandlung eines Kreises in ein Quadrat* *Umwandlung eines Quadrats in einen Kreis*		*Die Fläche des Quadrats, das man erhält, ist ungefähr 3,004mal so groß wie das Quadrat des Halbmessers des Kreises; die Fläche des Kreises, den man erhält, ist ungefähr 3,088mal so groß wie das Quadrat seines Halbmessers*
Jyotiṣkaraṇḍaka, jainistischer Text, Indien, 2. Jahrhundert vor Christus bis 2. Jahrhundert nach Christus	Formeln zum Kreis	Umfang: $\sqrt{10}$ · Durchmesser	Daneben existieren weitere Formeln
Aryabhaṭa, Indien, 6. Jahrhundert nach Christus	Umfang eines Kreises	Der angenäherte Wert des Umfangs zu einem Durch-	Das Verhältnis ist also 3,1416 (!); die Fläche berechnet sich

		messer von 20 000 ist 68 832	wie in dem jainistischen Text; Approximationsmethode mit Hilfe von Polygonen
Neun Kapitel der mathematischen Kunst, China, 1. Jahrhundert nach Christus (?)	Feldmessung	Fläche des Kreises: $\frac{1}{2}$ Umfang $\cdot$ $\frac{1}{2}$ Durchmesser oder $\frac{3}{4}$ (Durchmesser)^2 (*) oder auch $\frac{11}{12}$ (Umfang)^2	Zahlreiche spätere Kommentatoren (unter anderem Lui Hui im 3. Jahrhundert nach Christus) bringen Korrekturen an und liefern genauere Werte, oft mit Hilfe von Polygonen; im 5. Jahrhundert nach Christus gibt Zu Chongzhi ein Verhältnis von 3,141592614 für (*) an.
Euklid, Alexandria, 300 vor Christus	*Das Verhältnis der Flächen der Kreise zum Quadrat ihrer Durchmesser ist konstant*		*Natürlich keine numerischen Werte*
Archimedes, *Kreismessung*, Alexandria, 3. Jahrhundert vor Christus	Kreismessung	Die Fläche ist gleich der eines Dreiecks, dessen Grundseite der Halbmesser und dessen Höhe gleich dem Umfang ist; das Verhältnis des Umfangs zum Durchmesser wird als Größe zwischen $3 + \frac{1}{7}$ und $3 + \frac{10}{71}$ genommen	Erstmals Beweise zu diesen Punkten angeführt; Methode der Approximation über Polygone
François Viète, Frankreich, 16. Jahrhundert	Berechnung des Verhältnisses der Fläche eines Kreises zum Quadrat des Halbmessers	Angenäherter Wert auf neun exakte Dezimalstellen: 3,141592653	Die Dezimalzählung ist verfügbar; Polygon mit 393 216 Seiten (die Methode des Textes, die eine unendliche Reihe liefert, ist weniger effizient)

Ludolph van Ceulen, Deutschland, 16. Jahrhundert	Berechnung des Verhältnisses der Fläche eines Kreises zum Quadrat seines Halbmessers	Angenäherter Wert, korrekt auf 35 Dezimalstellen	Ein Rekord der Polygon-Methode!
Seit dem 18. Jahrhundert	Fläche eines Kreises	Kreisfläche: $F = \pi r^2$	Der Wert für π wird mit analytischen Methoden bestimmt; man kennt heute mehrere tausend Dezimalstellen!

Es folgen die Definitionen der geradlinigen (von Strecken begrenzten) Figuren, der verschiedenen Dreiecke und Vierecke sowie die der Parallelen. Dann kommen, von den Definitionen klar gesondert, fünf *Forderungen* (oder *Postulate*, sofern man diesem Wort keine technische Bedeutung beilegt, die anachronistisch wäre) sowie die *notiones communes* (oder *Axiome*). Uns beschäftigt nur eine dieser Forderungen, die den Benutzer der *Elemente* berechtigt, Kreise mit beliebigem Radius und Mittelpunkt zu zeichnen:

»Gefordert soll sein: [...] Daß man mit jedem Mittelpunkt und Abstand den Kreis zeichnen kann.«

Erst im dritten Buch ist in den Propositionen vom Kreis dann die Rede; Euklid interessiert sich vor allem für geradlinige Figuren und ihre Quadratur, das heißt hier: für die Mittel, zu einer gegebenen Figur ein (flächen-) gleiches Quadrat geometrisch zu konstruieren. Innerhalb bestimmter Beweise ist dagegen schon vorher von Kreisen die Rede; als Beispiel sei die erste Proposition des ersten Buches angeführt:

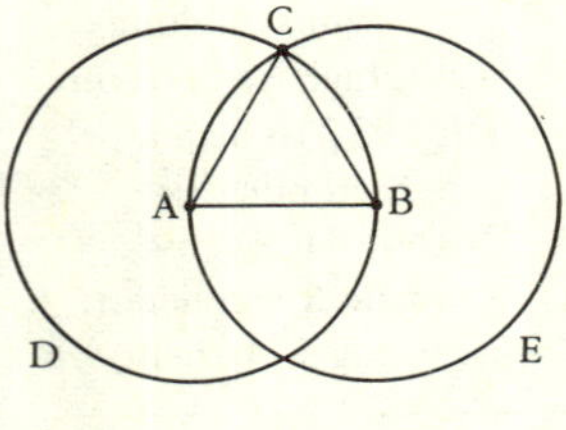

»*Über einer gegebenen Strecke ist ein gleichseitiges Dreieck zu errichten.*

Die gegebene Strecke sei AB. Man soll über der Strecke AB ein gleichseitiges Dreieck errichten. Mit A als Mittelpunkt und AB als Abstand zeichne man den Kreis BCD, ebenso mit B als Mittelpunkt und BA als Abstand den Kreis ACE; ferner ziehe man vom Punkte C, in dem die Kreise einander schneiden, nach den Punkten A, B die Strecken CA, CB. Da Punkt A Mittelpunkt des Kreises CDB ist, ist AC = AB; ebenso ist, da Punkt B Mittelpunkt des Kreises CAE ist, BC = BA. Wie oben bewiesen, ist auch CA = AB; also sind CA und CB beide = AB. Was aber demselben gleich ist, ist auch einander gleich; also ist auch CA = CB; also sind CA, AB, BC alle drei einander gleich. Also ist das Dreieck ABC gleichseitig; und es ist über der gegebenen Strecke AB errichtet – dies hatte man ausführen sollen.«

Diese Konstruktion wird später dazu verwendet, rechtwinklig zu einer Geraden von einem gegebenem Punkt aus eine gerade Linie zu ziehen, also ein Quadrat mit gegebener Seitenlänge herzustellen (§§ 11 und 46); selbst wenn das gleichseitige Dreieck in den *Šulvasūtra* nicht explizit erscheint, regt die Analogie der Konstruktionen zu einem Vergleich zwischen den beiden Texten an: die gleiche Art von Fragen, die gleichen Einschränkungen. Denn die *Postulate* erlauben nur Geraden und Kreise zu ziehen, also nur die Verwendung von »Zirkel und Lineal« (wie wir sagen würden) oder von Bambus, Schnur und Pflock (wie es bei Apastamba hieße).

Und doch, wo wäre der kulturelle Abgrund, der Apastamba von Euklid trennt, deutlicher zu bemerken als hier, am Anfang der *Elemente*? Der indische Opfernde, der mit erhobenem Arm Maß nimmt für die Größe des Altars, den er errichten wird, weist uns bei Euklid auf ein Verschwinden hin, auf das Verschwinden der äußeren Welt im Text. Die ägyptischen Papyri, die babylonischen Tontafeln, die sonst so knapp und wortkarg gehalten sind, erwähnen häufig Getreidespeicher, Brunnen und Städte, geben einem ausdrücklich genannten Gesprächspartner das Verfahren an, dem er folgen soll; wie künstlich diese konkreten Einzelheiten auch sein mögen (ähnlich den ewig undichten Badewannen, die einer älteren Pädagogik lieb und teuer waren), stellen sie Schüler und Lehrer vor ein Alltagsproblem; sehen wir genauer zu, wie es hier bewältigt wurde.

Der erste, keineswegs harmlose Unterschied betrifft das Wort *Kreis*: es wird systematisch verwendet, auch in Hilfskonstruktionen wie der oben beschriebenen, wo das Sanskrit sich mit einem Verb begnügt hätte. Bei Euklid dagegen ist ein Kreis eine *ebene* Figur und nicht bloß eine Linie; er muß vollständig gezogen werden, ehe man ihn verwenden kann.[4] Mehr noch: Bambus, Pflock und auch der Zirkel verschwinden, sobald das Bild gezeichnet ist; das Postulat, daß man mit jedem Mittelpunkt und Abstand einen Kreis zeichnen kann, sagt nicht, womit. Was die sprachliche

[4] Aufschlußreich ist in dieser Hinsicht ein Vergleich zwischen den beiden Zeichnungen auf S. 232 und S. 240.

Form angeht, ignoriert sie mögliche Denkfehler der Studenten, nimmt die Existenz von Studenten überhaupt nicht zur Kenntnis: wer zieht eigentlich den Kreis?
Die Konstruktionen nehmen einen wichtigen Platz in den *Elementen* ein. Wie alle Propositionen gehen sie – auch dies ein wichtiger Unterschied gegenüber den *Šulvasūtra* – mit Beweisen einher, die für sie nachträglich bürgen sollen. Gegenüber wem? Der ideale griechische Mathematiker ist nicht so isoliert und so kontemplativ, wie man vielleicht geglaubt hat: er erregt sich, konstruiert, rechtfertigt sich ...
Es ist also weder auf ein Wunder noch auf innere Notwendigkeit zurückzuführen, wenn eine vermeintlich natürliche Entwicklung den Kreis schließlich aus seiner materiellen Schlacke herausgelöst hat, wenn das konkrete Universum des Alltags verschwunden ist: es wird bewußt auf Abstand gehalten, in Definitionen eingesperrt, die es beschreiben; es wird an genau bezeichneten Orten (den *Postulaten*) fixiert und in Formen gebracht, die seine Uneindeutigkeiten in Schranken halten und seine praktische Verwendung schärfer fassen. Aus dieser Anstrengung wird der euklidische Kreis geboren, der sich in einer Figur niederschlägt, bis auf das Werkzeug, das ihn bis dahin zeichnete. Welche Rolle bei diesem Prozeß einer bestimmten Konzeption des Erziehungssystems und der Mathematik zukommt, der Existenz eines professionellen Milieus, einem besonderen Temperament oder den Warnschüssen der Philosophen, ist ein anderes Thema, auf dessen Verknüpfung mit dem unseren ich hier nur hinweisen möchte.[5]

[5] Vgl. S. 487-525.

Im weiteren Verlauf der *Elemente* erscheint der Kreis dann auch als eigener Untersuchungsgegenstand: Das Dritte Buch erforscht seine inneren Eigenschaften (Konstruktion des Mittelpunkts; Vergleich von Winkeln im Kreissegment); das Vierte Buch beschäftigt sich damit, wie geradlinige Figuren dem Kreis einbeschrieben und umbeschrieben werden können (vor allem regelmäßige Vielecke, darunter das Fünfzehneck). Einige Propositionen, die sich auf den Kreis beziehen, tauchen verstreut auch in anderen Büchern auf, zum Beispiel denen, die den Verhältnissen beziehungsweise den Flächen gewidmet sind:

> XII, 1: »Ähnliche Vielecke in Kreisen verhalten sich zueinander wie die Quadrate über den Durchmessern.«
> XII, 2: »Kreise verhalten sich zueinander wie die Quadrate über den Durchmessern.«

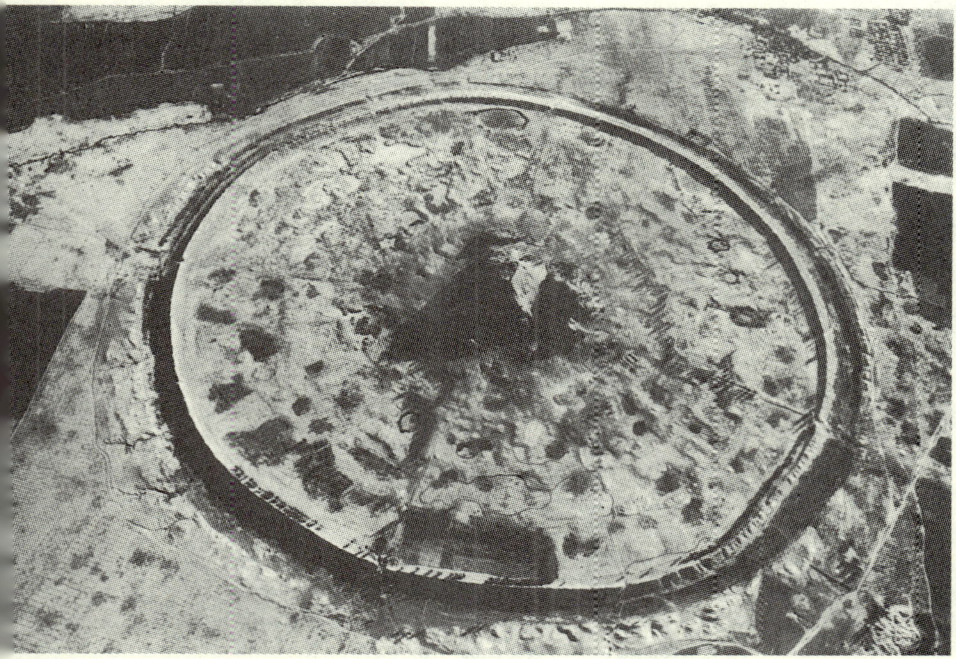

Zwar geht also die Definition des Kreises derjenigen der geradlinigen Figuren voraus; seine Untersuchung kommt aber erst danach. Zunächst werden seine Beziehungen zur Geraden und zu anderen Kreisen dargelegt (Winkel, Kreissegmente und -sektoren), dann zu Vielecken, geordnet nach der zunehmenden Anzahl der Seiten. Wir finden in diesen Einteilungen die Spur seiner zwiespältigen Definition und seines doppelten Status: Dasselbe Wort soll die Hilfslinie bezeichnen, die sich in allen Konstruktionen mit der Geraden verbindet, und die ebene Figur, deren Behandlung aufgeschoben wird, bis die Eigenschaften jener anderen Figuren dargelegt worden sind, die dazu dienen, mit Hilfe des Exhaustionsverfahrens die Eigenschaften des Kreises zu demonstrieren: man nähert sich einem Kreis über einbeschriebene und/oder umbeschriebene Vielecke mit wachsender Anzahl von Seiten.[6]

Während Euklid in diesem Zusammenhang einem Kreis ein Quadrat einbeschreibt, einem Kreis ein Quadrat umbeschreibt, einem Quadrat einen Kreis einbeschreibt und einem Quadrat einen Kreis umbeschreibt (IV, 6-9), ist bei ihm niemals die Rede davon, einen Kreis zu *quadrieren*,

Dido, behauptet die Legende, gründete Karthago auf einer Fläche, die sich von einer Ochsenhaut umspannen ließ: sie zerschnitt die Haut in feinste Riemen und bildete daraus einen Kreis. Ob Mythos oder Wirklichkeit, die kreisförmige Anlage von Städten war im Orient verbreitet. Hier eine Aufnahme von Darabgird (»Darab, die runde«), sassanidische oder parthische Stadtgründung im Iran

[6] So beim Beweis der Proposition XII, 2; vgl. oben, S. 180.

das heißt zu einem gegebenen Kreis ein (der Fläche nach) gleiches Quadrat zu konstruieren, wie er es bei den geradlinigen Figuren tat. Das hätte für ihn nur dann Sinn gehabt, wenn er dieses Quadrat »mit Zirkel und Lineal«, mit Geraden und Kreisen hätte konstruieren können, und wir wissen heute, daß dies nicht möglich ist. Bambus oder Lineal, Schnur und Pflock oder Zirkel: es fällt auf, daß fast identische rudimentäre Werkzeuge unabhängig voneinander (wie man annehmen darf, solange keinerlei Beweis für das Gegenteil vorliegt) in sehr verschiedenen Zivilisationen aufgetreten sind und in ihnen dauerhafte Spuren hinterlassen haben. Warum Euklid sich auf Konstruktionen beschränkt, die nur gerade Linien und Kreise verwenden, ist nicht deutlich: Handelt es sich um eine respektvolle Verbeugung vor der hergebrachten, ehrwürdigen Verwendung dieser Instrumente, etwa in der Astronomie? Wollte Euklid zeigen, daß sich alle Bewegungen auf eine Zusammensetzung zweier Bewegungsarten zurückführen lassen – der geradlinigen und der kreisförmigen, die damals als elementar galten? Oder äußert sich darin nur ein Mißtrauen gegenüber der theoretischen und technischen Ungenauigkeit der anderen Instrumente? Viele Erklärungen sind vorgeschlagen worden, ohne daß sich bei der gegenwärtigen Beweislage wirklich eine Entscheidung treffen ließe. Jedenfalls ist der Euklidische Text einflußreich genug, um für Jahrhunderte diese Verpflichtung verbindlich zu machen oder zumindest die Aufmerksamkeit seiner Nachfolger auf seine Forderungen zu lenken. Hier rückt die didaktische Seite der *Elemente* ins volle Licht; sie besteht darin, einem bereits ausgearbeiteten Wissen eine gültige Darstellung, eine neue Anordnung beziehungsweise den letzten Schliff zu geben, ohne dabei anderen laufenden Forschungen unbedingt gerecht zu werden. Die von Aristoteles erwähnten Versuche einer Quadrierung des Kreises, der Erfolg des Mathematikers Hippokrates von Chios, durch Kreisbögen begrenzte, mondsichelförmige Gebilde (»hippokratische Möndchen«) zu quadrieren, die Verwendung anderer Instrumente als Zirkel und Lineal, also anderer Linien als Gerade und Kreis (etwa die Spirale), geben Hinweise darauf, welcher Eifer und wieviel Einbildungskraft immerhin auf die Lösung der Frage verwandt wurden. Sie beschäftigte nicht nur die Mathematiker. In den *Vögeln*, im Jahre 414 vor Christus in Athen uraufgeführt, bringt Aristophanes unser Thema sogar auf die Bühne:

GEOMETER [...] Nun lege ich
Hier oberhalb den krummen Maßstab an,
Setze den Zirkel ein – verstehst du?
RATEFREUND Nichts versteh' ich!
GEOMETER *fortfahrend*
Lege sodann den geraden Maßstab an, nehme das Maß,
So, daß ich dir den Kreis derart quadriere [...].

Sollen wir darin einen schlagenden Beweis für die damalige Popularität der Quadratur des Kreises sehen? Wahrscheinlicher ist, daß sich der Spott auf neue architektonische Ideen richtete: die hellenischen Städte wurden nicht mehr, wie von alters her üblich, rund oder abgerundet angelegt, sondern viereckig gebaut. Dieser konkrete Streitfall flicht unserem Thema einen urbanistischen Faden ein: wird es dadurch für uns nicht noch viel anschaulicher?

Der Geometer läßt im Vorübergehen ein Wort fallen, das wir fast vergessen hätten: *Maß*. Wenn man den Kreis schon nicht geometrisch quadrieren kann, konnten die Griechen nicht wenigstens seine Fläche messen? Archimedes schlägt in seiner Abhandlung über *Kreismessung* eine Antwort vor, die um so interessanter ist, als sie mehrere, für mein Thema wesentliche Fäden miteinander verknüpft. So sagt Eutokios von Askalon, Verfasser eines *Kommentars über die Abhandlungen des Archimedes* im fünften Jahrhundert nach Christus: »Archimedes will beweisen, welcher geradlinigen Fläche der Kreis gleich ist, ein Problem, das berühmte Philosophen schon lange vor ihm zu lösen versucht hatten [...]« Archimedes kann in der Tat zeigen[7], daß jeder Kreis einem rechtwinkligen Dreieck entspricht, in dem eine Seite des rechten Winkels gleich dem Halbmesser und die Grundseite gleich dem Umfang des Kreises ist; das Ergebnis geht in die reinste euklidische Tradition ein und stützt sich übrigens auf die Proposition XII, 2 über die Fläche des Kreises; tatsächlich handelt es sich um den ersten überlieferten Beweis für einen Zusammenhang zwischen Halbmesser, Umfang und Fläche des Kreises. Trotzdem wird die Frage der Quadratur damit nicht gelöst, da die Grundseite des Dreiecks – das heißt eine dem Kreisumfang gleiche Strecke – nicht ausschließlich mit Kreisen und Geraden konstruiert wurde. Vielleicht ließ sich Archimedes von dieser euklidischen Strömung dazu anregen, den Kreis einer rechtwinkligen Figur einzubeschreiben, und hätte sie auch 96 Seiten; und genau diesen Weg verfolgt er denn auch. In den *Elementen* gab es keine explizite Rechnung; Archime-

[7] Vgl. oben, S. 180.

des dagegen zeigt, daß das Verhältnis des Kreisdurchmessers zum Umfang des sechsundneunzigseitigen Polygons größer ist als das Verhältnis von 4673½ zu 14 688 (in modernen Ziffern). Wer einmal gesehen hat, wie die Griechen ihre Zahlen schrieben und mit ihnen rechneten, wird dieses Ergebnis als beeindruckende Leistung anerkennen; es beruht auf angenäherten Bruchzahlen für bestimmte Wurzeln, zum Beispiel dem Näherungswert $^{265}/_{153}$ für $\sqrt{3}$, wobei es sich um das Verhältnis der Seite eines Zwölfecks, das einem Kreis einbeschrieben wurde, zum Radius dieses Kreises handelt. Das weitere Vorgehen stützt sich auf sukzessive Verdopplungen. Archimedes leitet daraus unter anderem ab, daß die Fläche eines Kreises zum Quadrat seines Durchmessers annähernd im Verhältnis von 11 zu 14 steht.
Spur einer anderen, logistischen Strömung, der verbreiteteren vielleicht, denn schließlich mußte man leben, also Entfernungen messen und Brunnen bauen, so daß Eutokios hinzufügen konnte: »Dieses Buch ist notwendig für die Bedürfnisse des Lebens, da es beweist, daß der Umfang des Kreises gleich dem Dreifachen seines Durchmessers ist, vermehrt um ein Segment zwischen zehn Einundsiebzigsteln und einem Siebtel des Durchmessers.«
Probleme, die den Philosophen am Herzen liegen, oder Bedürfnisse des Lebens? Die Grenze ist unscharf, bei Archimedes nicht weniger als bei Aristophanes. Platon möchte sie exakt bestimmen – aber will er damit ein verselbständigtes Interesse beschreiben oder ein Vorbild aufrichten, dem nachzufolgen wäre? Wir haben nur kümmerliche Brocken, die von den Kommentatoren der logistischen Tradition vor Archimedes bearbeitet wurden, und es ist nicht leicht zu entscheiden, zu welcher dieser Strömungen (vielleicht gar beiden?) Archytas oder Thales gehören. Erst seit hellenistischer Zeit werden die Spuren in den Schulbüchern und den praktisch orientierten Texten deutlicher. Die bedeutendsten stützen sich auf theoretische Ergebnisse des archimedischen Typs oder haben sie im Gefolge: Heron von Alexandria (erstes Jahrhundert nach Christus) zum Beispiel verfaßte neben *Definitionen* nach euklidischem Vorbild Abhandlungen über *Pneumatik* und Körpermessung, etwa die Bücher über *Metrik*, in denen geometrische Beweise und numerische Annäherungen bei der Flächenberechnung einander abwechseln; für den Kreis benutzt er die Resultate des Archimedes. Wie Ptolemaios (zweites Jahrhundert nach Christus), der in seiner *Mathematischen*

Syntaxis[8] die Sehnen von Kreissegmenten berechnete, verkörpern auch die Astronomen meist eine uneinheitliche Tradition, die dem Kreis einen wichtigen Platz einräumt. Nach der komplexen Theorie der Epizyklen, die von den alexandrinischen Gelehrten – von Apollonios bis Ptolemaios – entwickelt und ausgearbeitet wurde, beschreiben die Planeten Kreisbahnen um Punkte, die sich ihrerseits kreisförmig um die Erde bewegen. Aus diesem Beispiel und dem weiter oben besprochenen der jainistischen Kosmologie sollte man nicht vorschnell auf eine notwendige Verbindung zwischen Kreis und Himmel schließen: Die babylonische Astronomie, die zu sehr präzisen Beobachtungen gelangt ist, hat ihre Entdeckungen nicht nach einem geometrischen Schema geordnet, und der Kreis kommt in ihr nicht vor.

In der griechischen Welt hat er sich dagegen durchgesetzt: Als Metapher der Ewigkeit oder der Welt bei den Philosophen, als Form der Himmelskörper in den kosmologischen Theorien, als Grundprinzip des Hebels und des Gleichgewichts in den *Mechaniken* des dritten oder zweiten Jahrhunderts vor Christus – Werken, die lange zu Unrecht dem Aristoteles zugeschrieben wurden –, ist der Kreis jener Fluchtpunkt, auf den unzählige Wege zulaufen: Wort oder Bild, Linie oder Fläche (die Euklid entschlossen einander gleichgesetzt hatte), unvermeidliches Emblem einer ganzen Kultur: »Und die Stärke des Fadens liegt nicht darin, daß irgend eine Faser durch seine ganze Länge läuft, sondern darin, daß viele Fasern einander übergreifen.«

[8] In der mittelalterlichen Welt als *Almagest* bekannt.

Der Faden wird dünner

Das mittelalterliche Europa, fünftes bis fünfzehntes Jahrhundert

Wir befinden uns im Jahre 1484. Ein Baccalaureus der Medizin, der es in Lyon zum *maître d'algorisme* gebracht hat, schreibt »eine kleine Abhandlung der praktischen Geometrie, darin beschrieben ist, wie Dinge jeglicher Art zu messen sind«. Wir überspringen tausend Jahre, springen über das ganze Mittelmeerbecken und noch weiter, vom Nildelta an die Ufer der Rhône. Wie schon im Falle Ägyptens und Mesopotamiens werden wir zu bestimmen haben, wieviel von dem, was wir nun beschreiben werden, auf lokale, unabhängige Entwicklungen zurückgeht und wieviel auf die Überlieferung, das heißt die geduldige Arbeit des Abschreibens von Abschriften.

Die Römer haben für die griechische Mathematik kaum Interesse gezeigt; die Spuren des lateinischen Erbes sind vor

Und wenn Gott nun selbst Geometer wäre? Als höchster Architekt zeichnet Christus hier mit dem Zirkel die bis dahin formlose Himmelssphäre.
Der Architekt des Universums, *Miniatur aus einem* Alten Testament, *Mitte des dreizehnten Jahrhunderts, Frankreich; Österreichische Nationalbibliothek, Wien*

allem in den Traktaten der Landmesser zu suchen. Kompilationen wie die *Ars gromatica* (von *groma*, Feldmessung) sammeln die brauchbarsten Ergebnisse der Griechen, wobei die gesuchten Relationen in rhetorische Form gekleidet und mit Zahlenbeispielen illustriert werden; die Fläche des Kreises erhält darin den Wert von $^{11}/_{14}$ des Quadrats seines Durchmessers, wie in den Texten Herons. Von dem Faden der eigentlichen euklidischen Tradition gelangen zunächst nur abgerissene Stücke ins mittelalterliche Europa, etwa einzelne Bücher der *Elemente* in der Übersetzung von Boethius aus dem fünften Jahrhundert, einige Andeutungen in den Texten der Kirchenväter und der Aristoteles-Kommentatoren. Europa ist kaum darauf vorbereitet, mehr aufzunehmen: Auch wenn sich die – vornehmlich klassische – Bildung allmählich ausbreitet und die Arithmetik ernsthaft gelehrt wird, bleibt die Geometrie unbekannt[9]; ein Beispiel aus dem elften Jahrhundert, das der Historiker

[9] Eine andere mittelalterliche Sicht des Kreises: »Der Kreis ist die vollkommene Gestalt der Einheit und der Einfachheit. Schon oben wurde gezeigt, daß das Dreieck ein Kreis ist; so ist die Dreieinigkeit Einheit. Doch diese Einheit ist unendlich, wie der unendliche Kreis« (Nikolaus von Kues).

Paul Tannery analysiert hat, mag die Situation veranschaulichen.

Ein Scholaster[10] aus Lüttich, Francon, begegnet dem Problem der Quadratur des Kreises in einer logischen Abhandlung; er betrachtet den genannten, von den Landmessern verwendeten Wert als exakte Formel. Nun läßt sich ohne weiteres ein *Rechteck* konstruieren, dessen Fläche elf Vierzehntel des Quadrats eines Kreisdurchmessers beträgt. Die ganze Frage läuft also für ihn darauf hinaus, dieses Rechteck in ein Quadrat zu verwandeln, und er quält sich damit lange herum ... Was die »Formel der Landmesser« angeht, stellt er sich vor – und er ist keineswegs der einzige –, sie sei durch minutiöses Zerschneiden eines Stücks Pergament zustande gekommen! Wie dieses Beispiel vor Augen führt, sind die von der griechischen Mathematik gestellten Probleme keineswegs natürlich; sie gewinnen ihren Sinn erst im Rahmen der stillschweigend vorausgesetzten Kultur, aus der sie hervorgegangen sind. Mittelalterliche Briefwechsel, die andere Ausdrücke für die Fläche des Kreises vorschlagen, zeigen im übrigen, daß die Ergebnisse der technischen Werke durchaus nicht allen Gebildeten bekannt sind oder daß zumindest die theoretischen Gründe ihrer Gültigkeit nicht ohne weiteres eingesehen werden.

Die Situation ändert sich erst, als an diese lateinische Traditionslinie andere Fasern anknüpfen; der in Alexandria verlassene Pfad hat inzwischen, den Spuren der Heronischen Werke und der Ptolemäischen Tafeln folgend, die islamische Welt durchquert; von den Einzelheiten dieser abenteuerlichen Reise wird an anderer Stelle berichtet.[11] Wir brauchen davon vorläufig nur soviel festhalten, daß sich die Trigonometrie dort herausbildet und präzisiert, wo griechische, indische und arabische Texte zusammenfließen.[12] Das Werk Euklids dient dabei als Quelle geometrischer Wahrheiten, aus der Astronomie, Optik und Metrologie unbekümmert schöpfen. Ebenso werden deutlichere Spuren einer Öffentlichkeit sichtbar, welche diese mathematischen Arbeiten konsumiert: Neben *Kommentaren zu Euklid* schreibt Abū l-Wafā' im neunten Jahrhundert ein Traktat *Über das, was von den geometrischen Konstruktionen für die Handwerker notwendig ist*. In dem Maße, wie die griechischen oder arabischen Werke ins Lateinische übersetzt werden, nimmt das Abendland im Zuge vermehrter Handelsbeziehungen und wissenschaftlicher Kontakte

[10] *Scholaster*: Leiter einer Domschule.

[11] Vgl. S. 269-313.

[12] Die *Trigonometrie* erlaubt es, die Verhältnisse der Seiten eines Dreiecks als Funktionen seiner Winkel zu bestimmen und umgekehrt. Diese Funktionen (Sinus, Cosinus, Tangens ...) werden trigonometrische oder Kreisfunktionen genannt.

[13] Vgl. S. 289.

diese Arbeiten auf. Einer der bedeutendsten dieser Kreise, die nach längerer Reise durch die arabische Kultur nach Europa zurückgekehrt sind, ist vielleicht das Astrolab[13], das – als Meßinstrument und stereographisches Projektionssystem zugleich – zur Berechnung der Himmelsbewegungen diente und, gestützt auf Ptolemäische Beschreibungen, von arabischen Wissenschaftlern konstruiert wurde. Die Verwendung dieses Instruments und vergleichbarer Instrumente breitet sich in Europa parallel zur Aufnahme der älteren astronomischen Werke aus; es entstehen Traktate, welche die Funktionsweise dieser Apparate lehren und dabei die geometrischen Resultate vermitteln, die zu ihrem Verständnis erforderlich sind. Zögernd, doch dann immer häufiger tauchen wieder geometrische Beweise auf: Die *Practica geometriae* von Leonardo da Pisa (Fibonacci) um 1220, der *Traité du planisphère* von Jordanus von Nemore aus dem dreizehnten Jahrhundert, die *Practica geometriae* von Dominicus de Clavasio von 1346 und viele andere stecken diesen Weg ab, geben einer alten Tradition neuen Atem. Auch ein Baccaleureus der Medizin namens Nicolas Chuquet, der es in Lyon zum *maître d'algorisme* gebracht hat, schreibt im Jahre 1484 eine praktische Geometrie. Sein Werk war nicht das einflußreichste; dennoch ist es für das Ende des fünfzehnten Jahrhunderts repräsentativ.

»Hier beginnt eine kleine Abhandlung der praktischen Geometrie, darin beschrieben ist, wie Dinge jeglicher Art zu messen sind; von denen einige mit einer Dimension, andere mit zwei Dimensionen und die übrigen mit drei Dimensionen [...]
Die gerade Linie kann auf zweierlei Art gemessen werden: auf die eine natürlich mit Klafter oder Fuß oder mit einem anderen Maß, einen nach dem anderen; die andere Weise, dieselbe zu messen, gebraucht den Quadranten oder die Scheibe des Astrolabs, wie hiernach oder im Traktat über Höhenmessung hervorgeht. Die kreisförmige Linie wird derart gemessen, wie sogleich bei der Messung der kreisförmigen Flächen gesagt wird. Die übrigen krummen Linien werden, soweit dies möglich ist, auf die gerade Linie oder auf die Kreislinie zurückgeführt.«

Damit ist gleich zu Beginn ein bestimmter Ton angeschlagen: Chuquet schreibt nicht auf Lateinisch, sondern auf Französisch, nicht für die Kleriker der Universität, sondern für die Kaufleute, deren mathematische Bildung auf dem Rechnen und dem praktischen Umgang mit dem Abakus beruht. Daher der Titel, der über dem ersten Teil des Werkes steht: »Wie sich die Wissenschaft der Zahlen auf die Maße der Geometrie anwenden läßt«; daher der Stil, der die Abhandlung inspiriert, daher die delikate Mischung aus theoretischen Überlegungen und technischen Beschreibungen.

Im Abschnitt über die »Ausmessung der Flächen« wird der Kreis vor den geradlinigen Figuren dargestellt, eine eher seltene Anordnung in den mittelalterlichen Werken über praktische Geometrie, die sich häufig an die zunehmende Anzahl der Seiten regelmäßiger Vielecke halten, mit dem Kreis als letzter Figur. Bei Euklid verrät der Platz, den der Kreis einnimmt, seine doppelte Funktion als Hilfslinie und als eigens untersuchte Fläche. Diese Unterscheidung gilt hier nicht, wo Chuquet Linie und sogar Zirkel frei verwendet; die gewählte Anordnung gehorcht offenbar eher dem Respekt vor der Tradition als einer inneren Notwendigkeit des Textes (und soll wohl die Kenntnis dieser Tradition zum Ausdruck bringen): Verrät der Rechenmeister den Baccalaureus? Kaum.

»Um [kreisförmige Flächen] zu messen, muß man wissen, daß es in einem Kreis drei Begriffe gibt, nämlich Mittelpunkt, Umfang und Durchmesser; Mittelpunkt ist der mittlere Punkt, der von allen Teilen des Umfangs gleich weit entfernt ist; Umfang ist die kreisförmige Linie, welche das Äußerste der Kreisfigur umschließt; Durchmesser ist die gerade Linie, die durch den Mittelpunkt verläuft und den Kreis in zwei gleiche Teile teilt.«

Das Ganze wird mit einer Zeichnung erläutert; es handelt sich hier weniger darum, einen Kreis zu definieren, als vielmehr einige nützliche Begriffe einzuführen.

»Um alle Kreisfiguren zu messen und auf das wahre Quadrat zu reduzieren, so wie es uns von den Alten hinterlassen wurde, gibt es mehrere Weisen, von denen eine die folgende ist: Multipliziere den Umfang mit sich, und von der Multiplikation nimm $^7/_{88}$, und das wird es sein; Beispiel: gesetzt, der Umfang betrage 22 Fuß; multipliziere also 22 mit 22; die Multiplikation ergibt 484, die du noch mit 7 multiplizieren mußt; dann teile durch 88, und man wird 38 Quadratfuß und $^1/_2$ finden, und soviel enthält diese Figur.«

Was hier vorgeschlagen wird, ist also die Berechnung der Fläche des Kreises von seinem Umfang aus; die erwähnten

»anderen Weisen« gehen vom Durchmesser, vom Umfang und vom Durchmesser sowie von der Hälfte des Umfangs und der Hälfte des Durchmessers aus. Die Darstellung ist jedesmal die gleiche; eine allgemeine Regel wird mit einem Beispiel versehen, gewöhnlich 7 für den Durchmesser und 22 für den Umfang, was die numerische Rechnung vereinfacht. Ich habe bereits angedeutet, auf welchen Wegen der Schatz, der uns »von den Alten hinterlassen« wurde, nach Europa zurückgekehrt ist, oft unter Verlust seiner theoretischen Subtilitäten; einzig die metrologische Seite blieb erhalten. Und Chuquet fügt hinzu: »Indessen muß man wissen, daß all diese hiervor aufgestellten Regeln der Kreisfigur auf Mutmaßung beruhen und der Wahrheit sehr nahekommen; sie wurden von den Alten benutzt, und auch die Modernen benutzen sie noch, in Ermangelung besserer Regeln, wenngleich die Quadratur des Kreises eine Wissenschaft ist, die noch nicht gefunden wurde.«

»In Ermangelung besserer Regeln«? Seit der Einführung der Dezimalschrift der Zahlen haben die islamische Wissenschaft und die abendländischen Gelehrten, die (wie Fibonacci) mit ihr Umgang pflegten, die Berechnungen des Archimedes verbessert, indem sie dessen Methode weiterverfolgten, sich dem Kreis über Vielecke mit einer immer größeren Anzahl von Seiten zu nähern; doch die Verbindungen sind noch nicht gefestigt, möglicherweise sind diese komplizierten Berechnungen in die metrologische Tradition noch nicht eingegangen. Vor allem aber darf man nicht vergessen, daß die ins Auge gefaßte Leserschaft mit der Arithmetik besser vertraut war als mit Demonstrationen *more geometrico*, welche die Lyoner Kaufleute kaum beeindruckt, geschweige denn überzeugt hätten ... Dagegen zeigen sich ungeheure Fortschritte in der Rechentechnik; Quadrat- oder Kubikwurzeln werden ohne besondere Erläuterung gezogen, und der Autor schwelgt nach Herzenslust in der Bruchrechnung, gleichsam um die geistige Virtuosität dessen zu beweisen, der sie ausführt. Die spielerische Übung, bei der Raffinesse und Gewandtheit im Vordergrund stehen, verdoppelt also das für den Maurer und den Erdarbeiter nützliche Ergebnis. Doch die Wissenschaft der Zahlen erscheint nicht nur in solchen Verkleidungen, sondern trägt auch dazu bei, klassische Probleme wie das Einbeschreiben geradliniger Figuren in einen Kreis neu zu lesen. Das spezifische Merkmal der griechischen Geometrie – die Konstruktion »mit Zirkel und Lineal«, mit Geraden und Kreisen – ist verschwunden; bei Chuquet ist beispielsweise die Seitenlänge der Figur, die er einem Kreis einbeschreiben will, von vornherein gegeben; der Durchmesser des Kreises wird *numerisch* gesucht. Zu diesem Zweck wählt Chuquet eine besondere Linie als Unbekannte, deren Länge zu bestimmen ist, und bringt sämtliche geometrischen Relationen der Figur, bezogen auf diese Linie, in algebraische Form, genauer gesagt: in *die* algebraische Form, die er in seinem *Triparty en la science des nombres* (1484) selbst entwickelt hat.

Nicolas Chuquet (1484):
Wie man ein regelmäßiges Fünfeck einem Kreis einbeschreibt

Man will einem Kreis ein regelmäßiges Fünfeck mit der Seite *ae* = 4 einbeschreiben: wie groß muß der Durchmesser des Kreises sein?

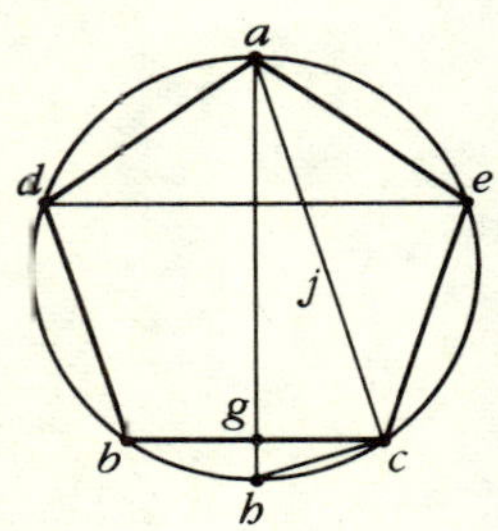

Chuquet berechnet zuerst *de*:
$de \cdot bc + db \cdot ce = dc \cdot be = de^2$;
setzt man *de* als x (1^1 in der Notation Chuquets), erhält man:
$4x + 16 = x^2$ (oder $4^1\bar{p}\ 16 = 1^2$); also: $x = 2 + \sqrt{20}$.
Dann errechnet man *ag*, denn $ag^2 = ac^2 - gc^2$; also

$$ag = \sqrt{20 + \sqrt{320}};$$

weiterhin *gh*, denn $gh \cdot ag = bg \cdot gc$;
und *hc*, denn $hc^2 = gh^2 + gc^2$.
Schließlich erhält man den Durchmesser *ah* durch $ah^2 = ac^2 + ch^2$; also

$$ah = \sqrt{32 + \sqrt{204 + 4/5}}.$$

Man beachte die Vermengung algebraischer Berechnungen und geometrischer Resultate, des Satzes des »Pythagoras« beziehungsweise der Relation des »Ptolemaios« zwischen den Seiten und Durchmessern eines Vierecks, das einem Kreis einbeschrieben ist.

Gegen Ende des fünfzehnten Jahrhunderts scheint sich der Kreis also stabilisiert zu haben: die euklidischen Wahrheiten sind als operationale Eigenschaften in die Praxis der Metrologie, Architektur und Astronomie eingegangen. Doch ein anderes, algebraisches Verfahren, das in der arabischen Welt entstanden ist und ins Abendland gelangt, wo es auf viel fruchtbareren Boden fällt als die euklidische Tradition, beginnt die alten Themen zu erneuern. Noch handelt es sich nur darum, die gleichen Gegenstände mit neuen Augen zu betrachten. Trotzdem ordnen die Kreise Chuquets, ob sie nun ein Gebäude schmücken oder als Vorwand für ein Rechenspiel dienen, nicht mehr den Raum ...

Es steht mehr auf dem Spiel als ein Spiel

Sechzehntes und siebzehntes Jahrhundert

Die Übersetzungen griechischer und arabischer Werke überschwemmen das Abendland freilich immer noch: Begleitet von Kommentaren, ergänzt beziehungsweise hypothetisch wiederhergestellt aus Informationsbrocken, die von den antiken Kompilatoren hinterlassen wurden, machen sie das Erbe des Altertums einem immer gelehrteren Publikum verfügbar, einer immer besser organisierten Öffentlichkeit mit ihren Korrespondentennetzen, ihrem Bücheraustausch und ihren Debattierveranstaltungen.[14] In diesem neuen Umfeld müssen wir die Spuren des Kreises verfolgen. Um das Verhältnis der Fläche eines Kreises zum Quadrat seines Durchmessers zu bestimmen oder zu berechnen, näherten sich die Alexandriner dem Kreis über Polygone mit genügend vielen Seiten, so daß die verbleibende Fläche immer kleiner wurde; sie leiteten also aus den Eigenschaften geradliniger, von Vielecken begrenzter Flächen die Eigenschaften des Kreises ab. Ich habe bereits erwähnt, daß die Berechnungen während des Mittelalters dank der Fortschritte des Dezimalsystems verbessert werden konnten. Im folgenden Jahrhundert scheint der rekordträchtige »Wettlauf nach Dezimalen«, wie man ihn getauft hat, das Bedürfnis nach metrologischer Präzision allmählich in den Hintergrund gedrängt zu haben: 15 Dezimalstellen bei Adrien Romain (1561-1615), 35 bei Ludolph van Ceulen im Jahre 1609 – was hat das noch mit den »Bedürfnissen des Lebens« zu tun?

[14] Vgl. S. 493 f.

Die Begeisterung für das bloße Rechnen geht mit einer fortschreitenden Vernachlässigung der euklidischen Vorsicht einher und wirft auf diese ein Licht: Der Beweis der Proposition XII, 2 der *Elemente* benutzt eine umständliche Argumentation, um die Untersuchung des Kreises auf die Erforschung polygonaler Figuren zurückzuführen; im Jahre 1615 setzt Johannes Kepler den Kreis ganz einfach »einer vieleckigen Figur mit einer unendlichen Anzahl von Seiten« und seine Fläche einer Unendlichkeit von Dreiekken gleich. In seinen *Discorsi e dimostrazioni matematiche intorno a due nove scienze* beschäftigt sich Galilei mit klassischen Fragen zum simultanen Abrollen zweier konzentrischer Kreise und untersucht zu diesem Zweck zunächst den

Fall konzentrischer Sechsecke und dann ebensolcher Polygone, denn – so sagt er – »Kreise [sind] Polygone mit unendlich vielen Seiten«. Natürlich läßt Euklid, wenn er die Figur des Kreises nach allen anderen behandelt, implizit eine ganz ähnliche Sicht erkennen; doch explizit sagt er etwas ganz anderes und bemüht sich, jeden voreiligen Schluß zu vermeiden. Da durch den algebraischen Kalkül das Rechnen bequemer wurde, bereitete der Übergang vom Endlichen zum Unendlichen gegen Ende der Renaissance kaum noch Umstände; lang ist die Reihe der Werke, welche die Kreisfläche mittels einer unendlichen Zahl von Termen zum Ausdruck bringen.

François Viète (1593):
Der Ausdruck für die Fläche eines Kreises mit dem Radius 1

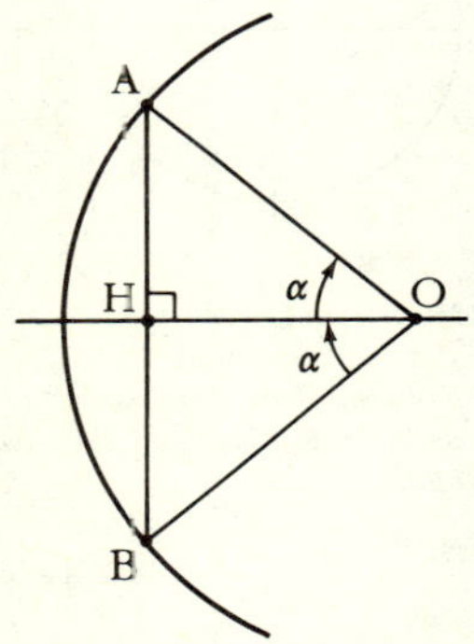

Die Fläche des Dreiecks OAB ist das Produkt der Längen OH · HA; die Fläche eines Polygons mit n Seiten ist also $n \sin \alpha \cos \alpha$; die Fläche des Polygons mit $2n$ Seiten ist demnach $2n \sin \alpha/2 \cos \alpha/2$. Dabei werden Formeln zur Verdopplung der Kreislinien verwendet:
$\sin \alpha = 2 \sin \alpha/2 \cos \alpha/2$ und
$\cos \alpha = 2 \cos^2 \alpha/2 - 1$.
Das Verhältnis der Flächen von Polygonen mit n und $2n$ Seiten ist also $\cos \alpha$. Bei Iteration des Verfahrens findet man, daß das Verhältnis der Fläche des Polygons mit n Seiten zur Fläche des Kreises (eines Vielecks mit unendlich vielen Seiten) gleich $\cos \alpha \cos \alpha/2 \cos \alpha/4 \cos \alpha/8 \ldots$ ist. Viète wählt als Ausgangspunkt seiner Rechnung ein Quadrat (also $n = 4$ und $\alpha = \pi/8$) mit der Fläche 2; für das Verhältnis der Fläche 2 zur Kreisfläche mit dem Radius 1 behauptet er also:

$$\sqrt{\tfrac{1}{2}} \cdot \sqrt{\tfrac{1}{2} + \tfrac{1}{2}\sqrt{\tfrac{1}{2}}} \cdot \sqrt{\tfrac{1}{2} + \tfrac{1}{2}\sqrt{\tfrac{1}{2} + \tfrac{1}{2}\sqrt{\tfrac{1}{2}}}} \cdot \sqrt{\ldots}, \quad \text{da } \cos \tfrac{\pi}{4} = \sqrt{\tfrac{1}{2}}.$$

Im Laufe der folgenden Jahrzehnte kommt es zu zahlreichen Weiterentwicklungen dieser Art mit Hilfe unterschiedlicher Methoden, die immer weniger von der Geometrie ausgehen; längst liegt der Ehrgeiz nicht mehr allgemein darin, mehr (und rascher) Dezimalstellen zu liefern, als es nach archimedischem Verfahren möglich wäre. Künftig machen sich andere Bestrebungen bemerkbar als die nach rein numerischer Ausbeute, Bestrebungen, die denselben Quellen entspringen können, vielleicht sogar dieselben Probleme bearbeiten, aber andere Ziele verfolgen: François Viète beispielsweise will die wahren Methoden der Forschung wiederentdecken, die *Analyse* der Probleme, die von der synthetisch verfahrenden euklidischen Darstellungsweise verdeckt worden sei; im Kielwasser solcher Werke entwickelt sich ein Zweig der Mathematik, die Analysis, die über ein privilegiertes Werkzeug – die Algebra – verfügt, während der strahlende Glanz, von dem die Geometrie aus klassischer Zeit noch umgeben ist, allmählich verblaßt. Das unter den Bedingungen einer neuen Epoche beschworene griechische Erbe wird revidiert und der *ratio der Zahlen* unterworfen.

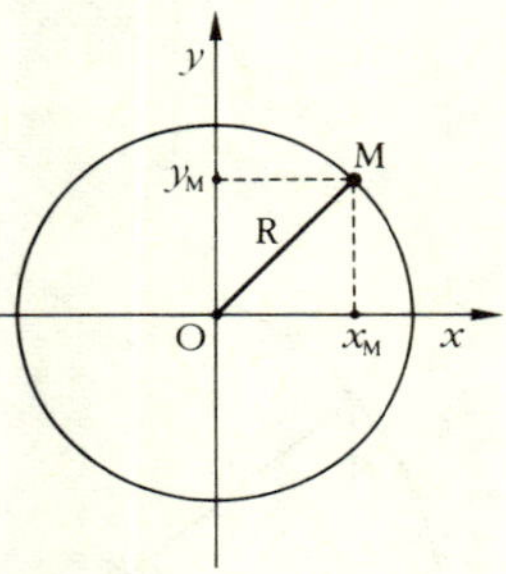

Nach Pythagoras ist $x_M^2 + y_M^2 = R^2$, *wenn* M *den Kreis mit dem Mittelpunkt* O *und dem Radius* R *durchläuft.*

»Alle Probleme der Geometrie lassen sich leicht auf Ausdrücke zurückführen, dergestalt, daß man danach nur noch die Länge einiger gerader Linien zu kennen braucht, um sie zu konstruieren.

Und wie die ganze Arithmetik nur aus vier oder fünf Operationen besteht, nämlich Addition, Subtraktion, Multiplikation, Division und Wurzelziehen, welches letztere man als eine Art der Division nehmen kann; so hat man auch in der Geometrie, was die gesuchten Geraden angeht, um zu ihrer Erkenntnis zu gelangen, nichts anderes zu tun, als ihnen andere hinzuzufügen oder wegzunehmen; so daß man, wenn man eine hat, die ich die Einheit nennen werde, um sie leichter auf die Zahlen beziehen zu können, und die gewöhnlich nach Belieben genommen werden kann, und wenn man dann noch zwei andere hat, eine vierte findet, die für die eine der beiden das ist, was die andere für die Einheit ist; welches dasselbe ist wie die Multiplikation. Und ich scheue mich nicht, diese Ausdrücke der Arithmetik in die Geometrie einzuführen, um mich besser verständlich zu machen. [...]

Doch oft braucht man diese Linien gar nicht auf dem Papier zu ziehen, und es genügt, sie mit einigen Buchstaben zu bezeichnen, jeden für eine einzige. So nenne ich, um der Strecke BD die Strecke GH hinzuzufügen, die eine *a*, die andere *b* und schreibe $a + b$ ...«

Die Geometrie, die Descartes' *Discours de la méthode* begleitet, ist also gar nicht so neu, weder in ihren Methoden noch in ihrer Systematisierung.

»Über die ebenen Probleme.

Wenn [eine Frage] mit Hilfe der gewöhnlichen Geometrie, das heißt durch alleinige Benutzung gerader Linien und Kreise, die in einer und derselben Ebene gezogen werden, gelöst werden kann, so verbleibt nach Reduktion der letzten Gleichung höchstens ein unbekanntes Quadrat gleich gesetzt dem, was sich aus der Addition oder Subtraktion seiner mit einer bekannten Größe multiplizierten Wurzel und einer ebenfalls bekannten Größe ergibt [...] zum Beispiel: $z^2 = az + b^2$.«

Erster Schritt: Jede Konstruktion mit Zirkel und Lineal (Descartes, der seine Klassiker gelesen hat, spricht freilich von »geraden Linien und Kreisen«) liefert höchstens eine Gleichung zweiten Grades; ein Punkt kann also im Rahmen der *gewöhnlichen Geometrie* mit Hilfe einer Kaskade derartiger Gleichungen konstruiert werden, und es wird künftig nur noch darum gehen, diese Gleichungen als solche zu untersuchen.

> »Über die Art, alle krummen Linien in gewisse Gattungen zu sondern [...].
> [...] um alle [krummen Linien], die in der Natur überhaupt vorkommen, zusammenzufassen und sie der Reihe nach in gewisse Gattungen sondern zu können, ist es am besten, wenn man hervorhebt, daß zwischen allen Punkten der als geometrisch zu bezeichnenden Linien, das heißt also derjenigen, die ein genaues und scharfes Maß zulassen, und allen Punkten einer geraden Linie notwendig eine Beziehung bestehen muß, die vollständig durch eine und nur eine Gleichung dargestellt werden kann, und daß die krumme Linie der ersten und einfachsten Gattung zuzuzählen ist, wenn diese Gleichung nur das Rechteck aus zwei unbestimmten Größen oder das Quadrat einer derselben enthält (zu dieser ersten Gattung gehören nur der Kreis, die Parabel, Hyperbel und Ellipse).«

Zweiter Schritt: Die Kurve selbst kann mit Hilfe einer Gleichung zweiten Grades für den Kreis vollständig beschrieben werden. Der geometrische Anker verschwindet; die Eigenschaften der Kurve werden endgültig nur noch mit dieser Gleichung beschrieben und berechnet. Der Kreis ist nichts weiter als eine kreisförmige Linie, während sich die *Elemente* ja bemüht hatten, einzig und allein von der *Fläche* des Kreises zu sprechen; das algebraische Werkzeug und seine Verwender rücken das in den Vordergrund, was diesem Instrument zugänglich ist, nämlich die mit Hilfe einer Gleichung bestimmbare Linie. Andererseits legt diese Form selbst andere Kategorien frei, als es geometrische Untersuchungen tun. Proklos unterschied in seiner Klassifikation die ebenen Linien (Geraden und Kreisumfänge) von Linien von Körpern (Kegelschnitten, die man erhält, wenn man einen Kegel mit einer Ebene schneidet): damit bringt die algebraische Klassifikation ihrerseits den Kreis in die Nähe der Kegelschnitte, deren Gleichungen derselben *Gattung* zugehören.

Die Kreisfläche ist ein Vieleck mit unendlich vielen Seiten, die Kreislinie ist eine Gleichung. Die Spannung, die beides in der Euklidschen Definition zusammenhielt, wirkt nicht mehr, selbst wenn aus Gewohnheit für beides dasselbe Wort beibehalten wird. In dem Maße, wie sich einzelne Fasern ablösen und an anderer Stelle wieder mit dem Faden verbinden, läßt die Spannung entsprechend nach: Metrologie und Kalküle hatten sich bereits abgelöst; nach vielen Versuchen, seine theoretischen Modelle mit den sehr präzisen astronomischen Beobachtungen Tycho Brahes in Einklang zu bringen, behauptet Kepler, daß die Bahn eines Planeten einer Ellipse folgt: der Kreis beherrscht den Himmel nicht mehr; Galilei untersucht den Fall der Körper und beschreibt ihn mit Hilfe von Parabeln: die Kreislinie ist nicht mehr die einzige Alternative zur geraden Linie, um eine nicht geradlinige Bewegung zu erklären. Vor allem aber wird der Kreis – jenes geometrische Muster, dessen Spuren das geübte Auge bisher überall entdeckte – in einer parallelen Entwicklung aus dem Blick verbannt.

Der Augenschein trügt

Sechzehntes und siebzehntes Jahrhundert

In der Renaissance widmeten sich zahlreiche Werke der Perspektive. Anfangs wird sie als Entartung einer Form zu einer anderen betrachtet, als Verzerrung, deren Regeln genauer gefaßt werden müssen. Nicht nur die Malerei interessiert sich brennend für diese Regeln, sondern auch die Kartographie, deren Beherrschung durch die Reisen und Expeditionen immer gebieterischer erfordert wird: Die arithmetischen Abhandlungen für Kaufleute haben ihr Gegenstück in den Werken von Filippo Brunelleschi, Piero della Francesca, Leon Battista Alberti, Albrecht Dürer oder Leonardo da Vinci. Euklid kommt in seiner *Optik* nicht auf den Gedanken, einen von der Seite gesehenen Kreis »mit ungleichen Durchmessern« mit einer Ellipse gleichzusetzen: wie die Maler uns gelehrt haben, wird das, was wir sehen, von dem, was wir wissen, sehr oft umgeformt; unser Wissen verschafft uns den Zugang zu den Dingen und prägt unsere Anschauung. Oft wird zu Beginn solcher Abhandlungen an die Notwendigkeit erinnert, drei Dimensionen auf zweien darzustellen, und im siebzehnten Jahrhundert rückt das *Auge*, der Projektionspunkt, allmählich in die Ebene der Zeichnung.

Im Jahre 1639 läßt Girard Desargues, ein Baumeister und Ingenieur, der mit den griechischen Abhandlungen (vor allem den *Kegelschnitten* des Apollonius) vertraut ist und an wissenschaftlichen Begegnungen teilnimmt, in fünfzig

Exemplaren ein Buch drucken, das sich in sein Projekt einer Universalmethode zur Vereinheitlichung der graphischen Techniken einreiht: seinen »Entwurf betreffend die Ereignisse, die beim Zusammentreffen des Kegels mit einer Ebene eintreten [...].« Die erforderlichen *termini technici* werden mit Hilfe blumiger Metaphern ausgedrückt, möglicherweise in dem angestrengten Bemühen, die mathematische Sprache von ihren Ungenauigkeiten zu befreien; doch dieser verwirrende Stil und die beschränkte Verbreitung sind der Aufnahme des Buches im Milieu der Praktiker nicht gerade förderlich. Interesse wecken die Arbeiten Desargues' nur bei Mathematikern wie Pascal oder Philippe de La Hire sowie bei dem Kupferstecher Abraham Bosse, der sich die Verteidigung der Ideen des Meisters zur Aufgabe gemacht hat. Der Grundgedanke besteht darin, daß die Kegelschnitte (er spricht von »Rollschnitten«), »die nach der Weise gebildet sind, wie man einen Kreiskegel schneidet, an den Eigenschaften des Kreises teilhaben müssen«. Es soll nicht mehr untersucht werden, wie die Dinge sich durch Projektion verändern; es sollen vielmehr die Eigenschaften herausgearbeitet werden, die invariant bleiben; bei geeigneter Projektion lassen sich alle Kegelschnitte auf den Kreis zurückführen, so daß die gesonderte Untersuchung jeder Kegelschnittart durch eine allgemeine Theorie ersetzt werden kann, die von den Eigenschaften allein des Kreises – die oft leichter zu beweisen sind – ihre Analoga für jeden Kegelschnitt herleitet. Wird damit dem Kreis eine Kraft der Vereinheitlichung zugesprochen, die er nicht mehr besaß? Nicht ganz. Hier geht es nicht mehr darum, eine Figur mit ihren Besonderheiten zu charakterisieren; vielmehr verschiebt sich der Akzent darauf, von den Merkmalen der Figur diejenigen festzuhalten, die einer größeren Objektklasse gemeinsam sind, Merkmale, die auf diese Weise zugänglich und begreifbar werden. Der entscheidende Faden ist nicht mehr der Kreis, sondern das, was es dem Kreis ermöglicht, sämtliche Kegelschnitte zu generieren.

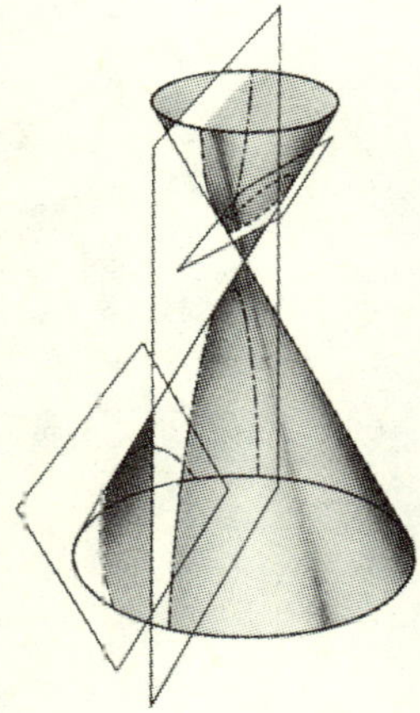

—— Kreis
-------- Ellipse
-·—— Parabel
--—-- Hyperbelast

Interessant an der gezeichneten Kreisfigur sind vor allem ihre Transformationen, ihre Schatten. Ja, selbst die Vorstellungen, die wir im Kopf haben, wenn sich unser Blick auf die Dinge richtet, geraten nun in Bewegung; ein Kreis, von der Seite gesehen, ist künftig eine Ellipse, kein deformierter Kreis mehr. War es der Geograph, der Maler, der Astronom oder der Mathematiker, der diesen Weg gebahnt hat?

Das ist kaum zu entscheiden, denn die Bewegung verbreitert sich mit jedem neuen Erfolg: der Kreis ist ein Kegelschnitt, und es fällt schwer, nicht zu glauben, so sei es immer gewesen. Vielleicht kann uns die Erinnerung an verlorene und wiedergefundene Fasern im Verlauf unserer Untersuchung davon überzeugen, daß an einer solchen Annäherung wie der zwischen Kreis und Kegelschnitt nichts zwangsläufig oder natürlich ist; sie wird gewiß noch erstaunlicher, wenn wir die Widerstände derer bedenken, die – wie ich angedeutet habe – zu diesem Perspektivenwechsel beigetragen haben: Kepler geriet auf lange Irrwege, weil er den Kreis als Bewegungsform der Gestirne durch *Ovale* statt durch Ellipsen glaubte ersetzen zu müssen; und was Galilei betrifft, so nahm auch er in seinen kosmologischen Arbeiten weiterhin kreisförmige Bahnen an ...

Einige Fäden gehen verloren

Achtzehntes Jahrhundert

Der Erfolg der analytisch-algebraischen Perspektive in der Mathematik – von den Cartesianern zielstrebig verfolgt – führt dazu, daß Zeichnungen immer entbehrlicher werden, da es nun darum geht, die Leistungsfähigkeit der Mathematik auf Präzision und auf die mechanische Sicherheit der Kalküle zu gründen. Damit erscheinen die mit der Quadratur des Kreises verbundenen Fragen abermals in neuem Licht; von nun an werden die Kurven nach der Art ihrer Gleichung klassifiziert, so daß die restriktive Verwendung von Zirkel und Lineal für die Umformungen des Kreises in ein Quadrat kaum noch Sinn hat; die neuen Techniken der Differential- und Integralrechnung[15] erlauben es zu *quadrieren*, das heißt jetzt: Flächen, die von verschiedenen Kurven umschlossen sind, ausgehend von ihrer Gleichung zu berechnen. Der Historiker Jean Étienne Montucla, der 1754 eine *Histoire des recherches sur la quadrature du cercle* schreibt, gibt zweifellos die geläufige Auffassung wieder, wenn er resümiert:

> »Aus welchem Grund betrachten wir eigentlich den Kreis als einfacher als die übrigen Figuren? [Er ist] bloß ein Sonderfall der Ellipse [...]. Die Gleichheit der Durchmesser beeinflußt mitnichten die Verhältnisse seiner Ordinaten zu seinen Abszissen, noch das der Polygone, die ihm einbeschrieben oder umbeschrieben sind und die ihn begrenzen. Die Kurven (wie die Parabel), bei denen diese Verhältnisse einfacher sind, obgleich sie unserem Auge weniger regelmäßig erscheinen, sind quadrierbar [...].«

[15] Die *Differentialrechnung* untersucht lokale, unendlich kleine Variationen von Funktionen. Die *Integralrechnung* stellt sich umgekehrt die Aufgabe, von den lokalen Variationen aus die zugehörigen Funktionen zu finden.
Eine (unendliche) *Reihe* ist eine Folge von Zahlen oder mathematischen Ausdrücken, deren Summe man betrachtet. Eine Funktion läßt sich als Reihe (das heißt analytisch) darstellen, wenn man sie als (unendliche) Summe von Potenzen der Variable schreiben kann, wie zum Beispiel die Sinusfunktion:

$$\sin x = x \quad \frac{x^3}{2\times 3} + \frac{x^5}{2\times 3\times 4\times 5} - \frac{x^7}{2\times 3\times 4\times 5\times 6\times 7} + \cdots$$

Das Interesse richtet sich nun also auf die Bestimmung des Verhältnisses der Fläche des Kreises zum Quadrat seines Radius, ein Verhältnis, das zugleich dasjenige des Umfangs zum Durchmesser ist: jetzt endlich erhält diese Relation einen Namen, $\pi = 3{,}14159\ldots$ Gemessen an den Jahrtausenden, auf welche die wechselvolle Geschichte des Kreises zurückblickt, ist die berühmteste Zahl der Mathematikgeschichte also noch jung; ihre Berechnung zweigt ab von meinem Bericht und folgt anderen, unabhängigen Fäden; ihre Bestimmung hat mehr mit den unendlichen Reihen der Cosinus-, Sinus- und Tangensfunktion zu tun, neuerdings auch mit der Entwicklung der Computer. Die Metrologie hält sich an die Formel $F = \pi r^2$ – und verfügt über mehr Dezimalstellen für π, als sie jemals verwenden kann! Wegen der Eigenschaften, die der Zahl π zukommen, deckt sich ihr Weg dennoch ein Stück weit mit unserem. Im Jahre 1766 beweist der Mathematiker Jean Henri Lambert, daß π keine rationale Zahl ist. Noch immer werden zahlreiche (falsche) Lösungen für die Quadratur des Kreises vorgeschlagen, doch im Jahre 1775 entscheidet die französische Akademie der Wissenschaften, solche Vorschläge nicht mehr zu prüfen: eine Profession ist entstanden, die die wissenschaftliche Praxis normalisiert und festlegt, welche Probleme sie als die ihren anerkennt und welche Methoden zu deren Lösung als gültig zu betrachten sind. Künftig wird es darum gehen, die Unmöglichkeit der Quadratur »mit Zirkel und Lineal« zu beweisen, genauer gesagt: die Unmöglichkeit, π als Lösung einer Reihe von Gleichungen höchstens zweiten Grades zu erhalten.[16] Und natürlich sind es viel eher die Lösungen dieser Gleichungen beziehungsweise die Eigenschaften ihrer Lösungen, denen der Eifer der Spezialisten gilt. Erst 1882 wird Ferdinand von Lindemann – gestützt auf die Arbeiten von Charles Hermite – beweisen, daß π nicht die Lösung einer algebraischen Gleichung sein kann: die Suche nach der unmöglichen Quadratur endet schließlich im (beinahe) völligen Fehlen der Kreisfigur ... Beinahe; denn die neuen Techniken der Differentialrechnung und der Entwicklung unendlicher Reihen können mit den Problemen kaum Schritt halten, die durch ihr fast anarchisches Wuchern und ihre anfänglichen Erfolge eher noch zahlreicher geworden sind: Sind die Lösungen der Gleichungen wirklich Zahlen? Haben diese unendlichen Reihen überhaupt einen Sinn? Die traditionelle Geometrie bietet während des gesamten achtzehnten Jahrhunderts ein

[16] Eine wissenschaftliche Metapher: »So wirst du für mich, der im Kreise gehn muß wie [des Zirkels] anderer Ast, / Mein Fixpunkt sein, meinen Rundgang vollenden und mich führen, woher ich kam« (John Donne, achtzehntes Jahrhundert).

verwirrendes Bild, was ihre Vorstellungen von gesicherter Wahrheit angeht. 1798 erscheint das Buch von Lorenzo Mascheroni, *La Géométrie du compas*, »welche, allein mit dem Zirkel und ohne Zuhilfenahme des Lineals, den Ort der Punkte bestimmt«. Der Verfasser bemerkt darin, er habe zu den Ursprüngen der Geometrie zurückkehren wollen, um zu sehen, ob es nicht möglich sei, sie weiter zu vereinfachen. Ermutigt dazu hätten ihn zeitgenössische Werke der Astronomie, für die der Zirkel, seiner größeren Genauigkeit wegen, ein wertvolles Hilfsmittel sei. Bis zum Ende des neunzehnten Jahrhunderts und selbst darüber hinaus erscheinen noch Hunderte von Artikeln mit neuen Erkenntnissen über den Kreis: Jeder neu entstehende Zweig oder Bereich der Mathematik, all die verschiedenen Schulen, Standpunkte und Zielsetzungen eignen sich davon an, was sie gebrauchen können, oder formen es nach eigenem Bedarf um. Als vertrauter, im Schulunterricht behandelter Wissensgegenstand bleibt der Kreis eine Art Testfall, liefert leicht verfügbare Modelle oder Gegenbeispiele und bleibt in der Mathematik präsent, weil die Probleme weiterbestehen, die mit ihm zusammenhängen und die erst später eine Lösung finden werden – im Fahrwasser anderer Ströme, mit anderen Fasern verzwirnt, so wie im Falle der Quadratur. Zwei Beispiele von vielen mögen meine Behauptung veranschaulichen.

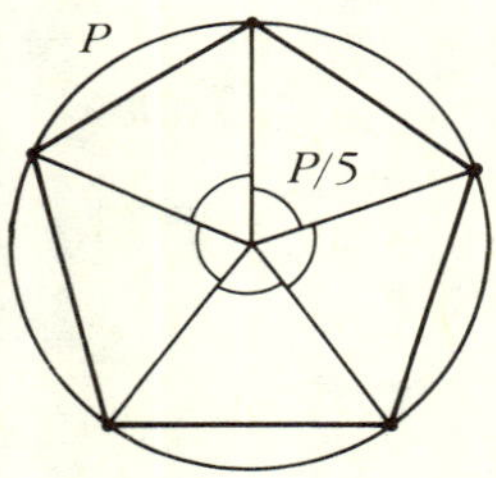

Der Kreis verweht in alle Winde

Neunzehntes Jahrhundert

Das erste Beispiel ist den *Disquisitiones arithmeticae* entnommen, die Carl Friedrich Gauß im Jahre 1801 veröffentlicht. Diese Arbeit über ganze Zahlen und Gleichungen mit ganzzahligen Koeffizienten enthält ein Kapitel über »diejenigen Gleichungen, von denen die Teilung des Kreises abhängt«. Gauß hebt zunächst die Bedeutung der Kreisfunktionen in allen Zweigen der Mathematik hervor und interessiert sich dann für das alte Problem, wie dem Kreis »mit Zirkel und Lineal« reguläre Polygone einbeschrieben werden können. Euklid hatte bereits den Fall des Fünfzehnecks behandelt, doch das siebzehnseitige Polygon widerstand den Forschern bis ins neunzehnte Jahrhundert. Gauß präzisiert das Problem folgendermaßen: »Bezeichnet man die Peripherie des Kreises oder vier rechte Winkel mit *P* [...] [Wir] werden [...] an dieser Stelle unsere Untersuchung auf denjenigen Fall beschränken, wo der Kreis in Teile geteilt werden soll, deren Anzahl eine (ungerade)

Wiederum rund, dieses »Haus der Feldhüter«. Entwurf von Claude Nicolas Ledoux, Architekt des Königs, der zur Inkarnation des revolutionären Architekten werden sollte. Stich von van Maille, Ende des achtzehnten Jahrhunderts; Bibliothèque nationale, Paris

Der Pavillon der Ruhe wird als dynamische Symbiose der architektonischen Form und des Gartens verstanden. Öffnet der Kreis nicht noch immer unsere menschlichen Räume zur Schöpfung hin, indem er die äußere Welt in unsere Imagination einbezieht? Pavillon der Ruhe, sechzehntes Jahrhundert; Garten des Demütigen Verwalters, Suzhou, China

Primzahl ist [...].« Um dem Kreis ein regelmäßiges Vieleck mit p Seiten einzubeschreiben, sind p Punkte auf dem Umfang regelmäßig abzutragen, ist also P in p Teile zu teilen; was man auch so formulieren könnte, daß der Winkel im Mittelpunkt (von 360° oder *vier rechten Winkeln*) in p Teile zu teilen sei. Die Ecken des Polygons entsprechen den Winkeln P/p, $2P/p$, ..., $(p-1)P/p$, zu denen Gauß dann die Kreisfunktionen liefert. Er zeigt, daß sie Gleichungen des $(p-1)$ten Grades erfüllen, die er im einzelnen untersucht. Sofern $p-1$ nur durch 2 und Potenzen von 2 teilbar ist, lassen sich die Lösungen mit Hilfe einer Kaskade von Gleichungen zweiten Grades finden, also geometrisch »mit Zirkel und Lineal« konstruieren. Dies ist beim Siebzehneck der Fall, da $17 - 1 = 16 = 2 \cdot 2 \cdot 2 \cdot 2$, nicht dagegen beim Neunzehneck, da $19 - 1 = 18 = 2 \cdot 3 \cdot 3$.

Das Vorgehen ist exemplarisch: ein klassisches Problem wird algebraisch formuliert und gelöst, und von der Definition des Kreises (*vier rechte Winkel*) bleibt nur so viel, wie für die Rechnung relevant ist. Tatsächlich erscheint der Kreis nur in Gestalt der Kreisfunktionen. Bei der Betrachtung der Gleichungen wiederum liegt der Akzent auf den Beziehungen zwischen den verschiedenen Lösungen, geometrisch durchsichtigen Relationen (die Ecken eines regelmäßigen Polygons ersetzen einander durch Rotation), die hier jedoch in algebraische Form gebracht werden. Exemplarisch ist aber auch der Einsatz: durch die Lösung dieses Problems wurde Gauß berühmt; nur ein einziger Faden verbindet ihn noch mit dem Kreis. Die Leistungsfähigkeit dieser Lösungsmethode verdankt sich einer allgemeinen Theorie, deren Ursprung woanders zu suchen ist.

Als zweites habe ich das Beispiel Gaspard Monges gewählt. Er wird beauftragt, die beschreibende Geometrie in den Lehrplänen der *École normale* des Jahres III zu verankern. Dazu muß er die theoretischen Grundlagen der graphischen Verfahren bestimmen, die für das Steinschneiden, beim perspektivischen Zeichnen, bei der Aufnahme von Festungsanlagen von Nutzen sind, kurz: er soll den alten Traum von Desargues verwirklichen. Doch Monges Publikum besteht nicht mehr aus zögernden Praktikern oder überzeugten Freunden; jetzt sind Studenten auszubilden, und damit eröffnet sich die Möglichkeit, ihnen einen anderen Zugang zu den Gegenständen wiederum als den *natürlichen* einzuprägen. 1822 veröffentlicht der Geometer Jean-Victor Poncelet einen *Traité des propriétés projectives des figures*, der – angeregt von den Vorlesungen Monges und Lazare Carnots – die Ideen Desargues' verallgemeinert: er hebt die Eigenschaften hervor, die »durch die Wirkung der Projektion unzerstörbar bleiben«. So werden die von Entfernungen und Winkeln abhängigen metrischen Eigenschaften, die sich verändern, sorgfältig von den projektiven Eigenschaften unterschieden, die erhalten bleiben: Beim projektiven Übergang vom Kreis zum Kegelschnitt geht die Gleichheit des Radius – als metrische Eigenschaft – verloren.

Doch Poncelet möchte die reine Geometrie auch von den Beschränkungen befreien, die ihr das Studium der verschiedenen Fälle einer Figur aufzwingt; es geht ihm darum, der Geometrie die gleiche vereinheitlichende Kraft zu geben, mit der die Analysis aufzutreten vermochte. Hinsichtlich ihrer Gleichung sind Kreise und Ellipsen miteinander vergleichbar; während sich beliebige Ellipsen jedoch in vier Punkten schneiden, können zwei Kreise höchstens zwei Schnittpunkte haben. Desargues war bereits auf ähnliche Probleme gestoßen: Um die verschiedenen Projektionsarten (Zentral- und Parallelprojektion) einheitlich behandeln zu können, hatte er einen »Punkt im Unendlichen« eingeführt, in dem die parallelen Strahlen zusammentreffen – so daß sich eine Parallelprojektion als Zentralprojektion betrachten läßt, deren Zentrum ins Unendliche verschoben ist. Ähnlich führt Poncelet »Kreispunkte« ein, fiktive Punkte, in denen sich, der Annahme zufolge, alle Kreise der Ebene treffen sollen; so daß sich zwei Kreise in diesen beiden Punkten zusätzlich zu ihren beiden gewöhnlichen Schnittpunkten schneiden. Der Kreis Poncelets, bei dem es

um andere Dinge geht, nimmt andere Punkte auf als derjenige Euklids.
Um diese Entwicklung zu vollenden, muß er nur noch von jeder Beziehung zu metrischen Begriffen gelöst werden. Doch was wird dann aus dem Kreis? Daß sich die Frage stellt, zeigt nur, daß es noch nicht vorstellbar ist, Geometrie ohne ihre vertrauten Gegenstände zu treiben, wären diese auch im Verhältnis zum euklidischen Korpus deformiert oder abgewandelt. Ob jedoch die Form des Objekts annehmbar ist, hängt von dem Gebiet ab, dem es zugehört. Es geht darum, die Leistungsfähigkeit eines Ansatzes nachzuweisen und ihn zu radikalisieren, also darum, dem Kreis eine Definition zu geben, in der weder Abstände noch Längenmaße vorkommen; erst dann wird sich die Beziehung mühelos ausdrücken lassen, die ihn *via* Projektion mit den Kegelschnitten verbindet.
Kann man noch sagen, der Kreis wäre – hin und her gerissen zwischen den Strömungen der Mathematik des neunzehnten Jahrhunderts – ubiquitär? Eher müßte man sagen: er ist nirgends, er dient jedem auf jede beliebige Weise. Die Fasern, aus denen er bestand, haben sich gelockert, verbinden sich mit anderen Fäden; das Gewebe ist nicht mehr so dicht. Wie anfällig seine Position ist, können wir ermessen, wenn wir ihn dort betrachten, wo er ein entscheidendes, sogar »strategisches« Objekt ist: in der reinen Geometrie. Im Jahre 1872 entwirft der Mathematiker Felix Klein beim Antritt seiner Professur an der Universität Erlangen ein neues Programm für die geometrische Forschung. Die oben angeführten Beispiele unterstreichen die wachsende Rolle von Transformationen in der Mathematik[17], die die Wurzeln einer Gleichung durch Ausdrücke ersetzen, welche die metrischen Eigenschaften erhalten beziehungsweise nicht erhalten. Nach Klein sind die Transformationen das Entscheidende der Geometrie: »Streifen wir jetzt das mathematisch unwesentliche sinnliche Bild ab«, so sind »die geometrischen Eigenschaften [...] durch ihre Unveränderlichkeit gegenüber den Transformationen [...] charakterisiert«. Läßt man mehr Transformationen zu, bleibt nur ein Teil der Eigenschaften erhalten; läßt man Projektionen zu, müssen die metrischen Eigenschaften aufgegeben werden. Fordert man umgekehrt von den Transformationen, daß sie die oben definierten Kreispunkte festlegen, bewahren sie automatisch die metrischen Eigenschaften und unterscheiden den Kreis von den anderen Kegelschnitten. Künf-

[17] *Transformation*: Umformung einer geometrischen Figur oder eines algebraischen Ausdrucks in eine andere Figur oder einen anderen Ausdruck. Eine Projektion, eine Symmetrie oder eine Permutation sind Beispiele für Transformationen.

tig werden die Figuren nach den Transformationen klassifiziert, die sie ersetzen oder erhalten. Eine der auffälligsten Veränderungen, die sich aus dieser Betrachtungsweise ergeben, ist die Ersetzung von Geraden und Kreisen durch Inversion; ja, im neunzehnten Jahrhundert werden sogar komplizierte Systeme konstruiert, welche die Bahn eines Kreises in die einer Geraden umformen. Während die Quadratur des Kreises mit Zirkel und Lineal unmöglich ist, läßt sich die Kreisbewegung in eine geradlinige transformieren – wie man sieht, haben die Mathematiker des neunzehnten Jahrhunderts vom Kreis ganz andere Antworten erhalten als die Alexandriner.

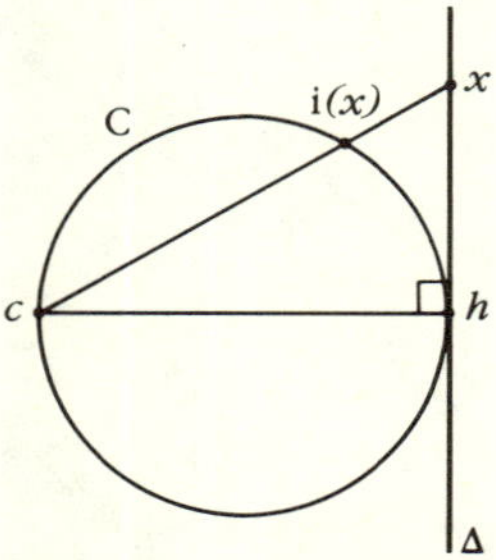

Die Transformation $x \rightarrow i(x)$ *läßt die Gerade* Δ *in den Kreis C übergehen. Der Punkt* h *ist das Transformat seiner selbst.*

Lupe oder Astrolab, Ellipse oder Gerade – der Kreis hat nicht die träge Transparenz eines Naturgegenstands; vielmehr mußte der Blick oder das Wort, das ihn schuf, bei den Priestern, den Mathematikern, den Malern erborgt werden. Es mag bequem erscheinen, die heterogenen, zum Teil verworrenen Fäden, deren Risse, deren Verflechtungen wir verfolgt haben, wieder zu einer eindeutigen Entität zu verbinden. Manchmal haben jedoch die Realitäten, die hinter diesen vielfältigen, ja sogar widersprüchlichen Definitionen erscheinen, nichts miteinander gemein, da sie aus verschiedenen Fasern entstanden sind, die von Architekten, Dichtern und Geometern gesponnen wurden. Jene, die uns – so gut es ging – auf unserem Wege begleitet hat, erschöpft gewiß nicht sämtliche Bilder des Kreises, doch wird sie künftig hilfreicher sein als die präzise Spur eines uralten Trugbilds.

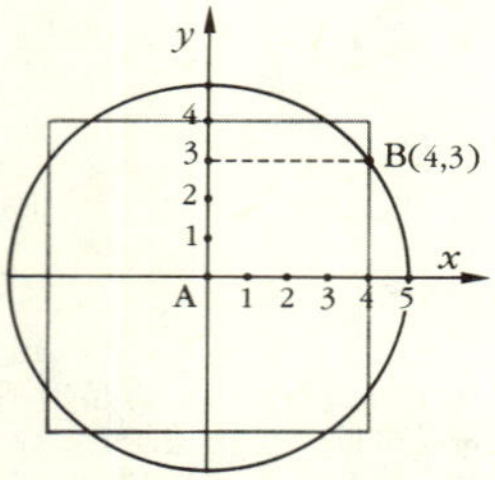

Wie ein »Kreis« zum Quadrat werden kann: Die Entfernung von A nach B läßt sich als $\sqrt{x^2} + y^2$ *bestimmen; der »Kreis« mit dem Mittelpunkt A und dem Radius AB ist also eine echte Kreisfigur mit dem Radius 5. Doch läßt sich dieser Abstand auch als der größere der beiden Werte* $(\sqrt{x^2}, \sqrt{y^2})$ *bestimmen. Für diese zweite, mathematisch ebenso legitime Entfernung ist der »Kreis« mit dem Mittelpunkt A und dem Radius AB also ein Quadrat.*

Als David Hilbert 1899 seine *Grundlagen der Geometrie* veröffentlicht, verzichtet er ausdrücklich darauf, *Gerade* oder *Punkt* zu definieren; sie mögen sein, was sie wollen, wenn für sie nur die Regeln gelten, die ihre Beziehungen zueinander festlegen. Diese Regeln werden bei Hilbert sorgfältig formuliert, etwa: »Auf einer *Geraden* gibt es stets wenigstens zwei *Punkte.*« Was ist dann ein Kreis? »Wenn *M* ein beliebiger Punkt in einer Ebene α ist, so heißt die Gesamtheit aller Punkte *A*, für welche die Strecken *MA* einander kongruent sind, ein *Kreis.*« Aus der Distanz von zweitausend Jahren betrachtet, muß man die Hilbertschen Definitionen gerade in den Lücken und Leerstellen der Euklidischen entziffern: Ausdrücke wie *gleich* (Hilbert sagt *kongruent*) oder *schneiden*, die Euklid nicht definiert hatte, werden jetzt definiert. Der Akzent liegt nicht mehr auf der Beschreibung der Dinge (Punkt, Gerade oder Ebene), sondern – in der Nachfolge des »Erlanger Programms« – auf den Beziehungen zwischen ihnen (*liegt auf*, *ist kongruent mit*, *liegt zwischen*). Vor allem der Begriff des Abstands muß präzisiert werden: der Kreis, einst »Gesamtheit der Punkte mit gleichem Abstand zu einem Mittelpunkt«, ist jetzt nur noch das, was es ihm erlaubt, ganz nach Belieben rund oder quadratisch zu sein, arbre ou pire ...[18]

18 Vor allem Guy Mazars, Edwige Regenwetter und Bernard Vitrac haben bei der Abfassung dieses Beitrags wertvolle Hilfe geleistet; ich möchte ihnen an dieser Stelle meinen Dank aussprechen.

Einige moderne Bilder des Kreises

Der Kreis als Gleichung ist die Gesamtheit der Lösungen von $x^2 + y^2 = R^2$ bei geeigneter Wahl von Koordinaten. Ist $R = 0$, erhält man nichts weiter als einen Punkt; läßt man für x und y nur ganze Zahlen zu, erhält man, je nach den Werten von R, mehrere verschiedene Fälle. Und dehnt man die möglichen Zahlen bis zu komplexen Zahlen $a + b\sqrt{-1}$ aus[19], besteht kein Unterschied mehr zwischen $x^2 + y^2 = R^2$ und $x^2 - y^2 = x^2 + (\sqrt{-1}\,y)^2 = R^2$: zu den *Kreisen* gehören damit auch die *Hyperbeln*.

In der Topologie interessiert man sich fast nur für Gegenstände mit kontinuierlicher Verformung; eine Kreisfläche oder eine Scheibe ist unter diesem Gesichtspunkt identisch mit jeder beliebigen ebenen Fläche *ohne Löcher*. Die Kreislinie ist dann identisch mit einer geschlossenen Linie gleich welcher Form.

Es ist zu bemerken, daß der Krümmungsradius des Kreises konstant ist; der Kreis teilt diese Eigenschaft mit der Geraden und der Helix.

Eines der Modelle der nichteuklidischen Geometrie ist die Kugel: Bei diesem Modell sind die *Geraden* – als *geodätische Linien*, das heißt als kürzeste Verbindung zwischen zwei Punkten – identisch mit den Großkreisen der Kugel.

---

19 Vgl. S. 511 f.

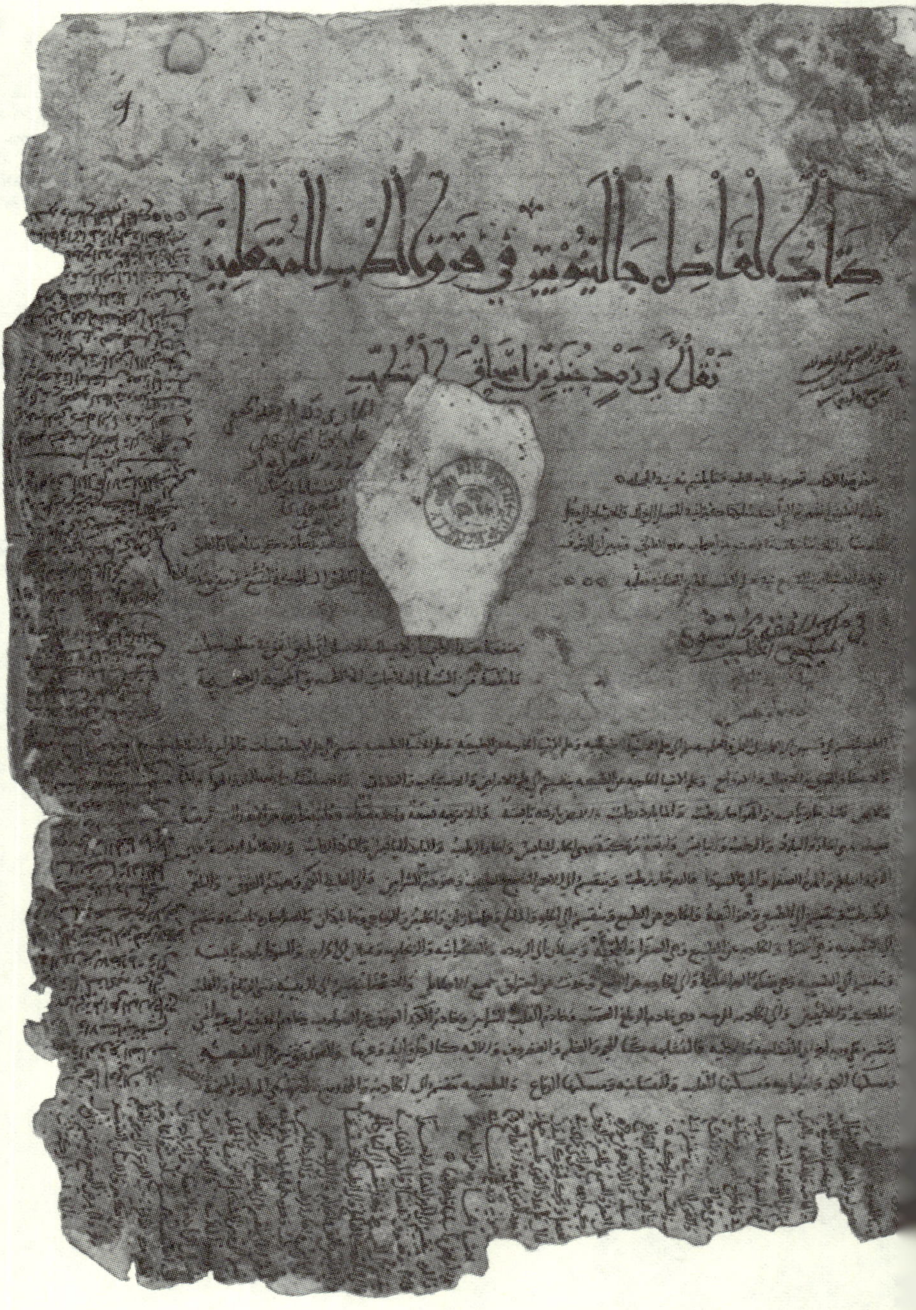
كتاب الفاضل جالينوس في فرق الطب للمتعلمين
نقل ابي زيد حنين بن اسحق المتطبب

PAUL BENOÎT
UND FRANÇOISE MICHEAU

DIE ARABER ALS VERMITTLER?

Die zehn Jahrhunderte des arabischen und lateinischen Mittelalters haben beim Auftauchen der europäischen Wissenschaft eine wesentliche, allzu lange verleugnete Rolle gespielt. In diesem Kapitel werden wir die Wege und Umwege verfolgen, auf denen die griechische Wissenschaft über die arabischen Vermittler ins Abendland gelangte. Und wir werden uns nach dem spezifischen Beitrag der arabischen Wissenschaft fragen

Am 29. März 1883 erklärte Ernest Renan in einem Vortrag an der Sorbonne zum Thema »Islam und Wissenschaft«:

> »Daher ist jener große philosophische Komplex, den wir arabisch zu nennen pflegen, weil er auf arabisch geschrieben wurde, in Wahrheit griechisch-sassanidisch. Genauer müßte man sagen: griechisch; denn aus Griechenland kam das eigentlich fruchtbare Element von allem [...] Griechenland war die einzige Quelle des Wissens und echten Denkens [...].«

So löste Renan vor hundert Jahren, auf dem Gipfel seines Ruhmes und seines Ansehens, das Problem der Ursprünge, genauer gesagt: der Einflüsse und Filiationen, die das Auftreten jener europäischen Wissenschaft ermöglicht haben, aus der die heutige, weltumspannende Wissenschaft hervorgegangen ist. Alles sollte aus Griechenland stammen, Arabien sei nur Vermittler gewesen. Man könnte die Behauptung Renans als wunderliche Blüte antisemitischer Vorurteile *ad acta* legen, würden nicht die gleichen Ideen – wenn auch weniger deutlich – auch in den Äußerungen von Wissenschaftshistorikern anklingen, die uns näherstehen und die von ihrem Antirassismus viel Aufhebens machen. In einer solchen Position äußert sich nicht nur der kulturelle Eurozentrismus der abendländischen Historiker, sondern auch die entschiedene Überzeugung vieler von ihnen, daß es nur eine einzige Wissenschaft gibt, die klassische,

Avicenna liest eine Galen-Übersetzung aus dem neunten Jahrhundert: die Araber als Vermittler? Auf dieser Titelseite eines arabischen Manuskripts lautet die erste Zeile: »Buch des berühmten Galen über die medizinischen Sekten zum Gebrauch der Studenten«; die zweite Zeile: »Übersetzung von Abū Saʿīd Ḥunain b. Isḥāq dem Arzt«; am rechten Rand ist zu lesen: »In Besitz des demütigen Ḥusain b. ʿAbdallah Ibn Sīnā [Avicenna] gelangt im Jahre 407 [1016].« Arabisches Manuskript 2859, fol. 1; Bibliothèque nationale, Paris

wahre und positive. Auch wenn dieser Standpunkt heute zumal von außereuropäischen Wissenschaftshistorikern angefochten wird, wird er noch immer von vielen geteilt. Doch hält er den geschichtlichen Tatsachen stand?
Will man die Behauptung Renans nicht unbesehen übernehmen, so drängt sich eine Reihe von Fragen zu den Ursprüngen der europäischen Wissenschaft auf. Für die Zeitspanne, die von Galilei (beziehungsweise Kopernikus) bis in die Gegenwart reicht, haben wir ein relativ kohärentes Bild der Wissenschaftsgeschichte, mit Entwicklungen, Filiationen und Brüchen. Auch können wir heute die Wege verfolgen, die von der Wissenschaft des klassischen Altertums zu der Wissenschaft des ausgehenden Mittelalters bestehen, wenngleich auf diesem Gebiet noch beträchtliche Arbeit zu leisten ist. Bleiben die Faktoren zu bestimmen, die es dem christlichen Europa gestattet haben, zwischen dem dreizehnten und fünfzehnten Jahrhundert seine eigene Wissenschaft zu begründen. Einer dieser Faktoren war die Assimilation des antiken Erbes. Doch auf welchem Wege ist diese griechische Erbschaft ins Abendland gelangt? Zu welchem Zeitpunkt? In welcher Form? Hat es bei dieser Übertragung keine Abwandlungen erfahren? War dieses griechische Erbe das einzige, das die europäische Wissenschaft bei ihrer Geburt angetreten hat?
Wer eine Antwort auf diese Fragen versuchen will, braucht Daten, um ein zeitlich und räumlich bestimmtes historisches Thema behandeln zu können: das Auftauchen einer europäischen Wissenschaft. Dabei wird jedoch auch ein allgemeineres Problem angeschnitten: das der Übertragung wissenschaftlichen Wissens.
All diese Fragen werden hier nur begrenzte, unzulängliche Antworten finden, die den Wissensdurst des Lesers nicht stillen werden. Die Ungewißheiten sind hier zahlreicher noch als sonst in diesem Buch. Denn Wissenschaftsgeschichte ist zunächst einmal Geschichte; sie gründet auf Gelehrsamkeit, auf der Erstellung von Texten, auf dem Nachweis von Tatsachen sowie auf einer Chronologie. In unserem Bereich fehlen jedoch diese Grundlagen. Nicht nur, weil die Quellen spärlich sind; es mangelt auch an Forschern, Historikern und Sprachwissenschaftlern. Viele Manuskripte liegen noch unbearbeitet in den Bibliotheken und Archiven des Nahen und Mittleren Ostens, Indiens, Westeuropas und der Vereinigten Staaten, doch fehlen die Mittel, sie zu erschließen. Mangelnde Sprachkenntnis und

Ausbildung, politische Zwänge, fehlende oder unzulängliche Finanzierung, aber auch das geringe Interesse allzu vieler Spezialisten des alten Orients an den Naturwissenschaften stehen einer solchen Arbeit entgegen. Nehmen wir nur Syrien als Beispiel: die theologische und hagiographische Literatur wird übersetzt und erforscht, die naturwissenschaftlichen Texte bleiben unbekannt. All diese Faktoren zusammen erschweren die Erarbeitung einer Geschichte der Weitergabe der naturwissenschaftlichen Bildung im Mittelalter. Die Geschichte, die wir hier vorstellen, ist eine vorläufige.

Wie sah die griechische Wissenschaft im fünften Jahrhundert aus?

Wie sah die griechische Wissenschaft aus, als im fünften Jahrhundert nach Christus das Weströmische Reich unterging? Sicherlich ist es gewagt, im Hinblick auf diese Epoche überhaupt von griechischer Wissenschaft zu sprechen. Zwischen Thales und der Schule von Milet des siebten und sechsten vorchristlichen Jahrhunderts und Diophantos von Alexandria, der wahrscheinlich im vierten Jahrhundert nach Christus lebte, erstreckt sich fast ein Jahrtausend. Das Umfeld, in dem die griechische Wissenschaft erblüht, zeigt nicht weniger Gestalten und Schattierungen als sie selbst. Ursprünglich in Stadtstaaten entstanden, die sorgsam auf ihre Unabhängigkeit bedacht waren, entwickelt sie sich in großen Reichen, deren Bevölkerung nur zu geringem Teil griechisch war; anfangs in unbeschwerter Koexistenz neben einem heiteren Polytheismus, lernt sie in den letzten Jahrhunderten Monotheismen mit totalitären Neigungen kennen. Im Jahre 529 schließt Kaiser Justinian die Schule von Athen wegen Heidentums. Trotzdem besitzt die griechische Wissenschaft noch immer eine gewisse Einheit. Die Einheit der Sprache vor allem, denn das Griechische hat sich über Hellas und Kleinasien hinaus verbreitet und vermittelt eine Tradition, deren Werke geachtet sind: Aristoteles und Euklid, Ptolemaios und Hippokrates.
Im Westen schrumpft die Kenntnis der Wissenschaften schon vor dem Untergang des Römischen Reiches. Mit der Schwächung der Machtzentren, dem Niedergang der Städte und dem Rückzug aufs Land werden die Schulen geschlossen, schwindet die klassische Bildung, nimmt der Gebrauch des Griechischen ab. Dennoch lehnt das Christentum die griechische Wissenschaft nicht systematisch ab, sondern beschränkt ihre Verwendung. Der heilige

Augustinus, dessen Denken wie kein zweites das Mittelalter bis zum dreizehnten Jahrhundert geprägt hat, legt Nachdruck darauf, daß für den Zugang zur christlichen Wissenschaft, das heißt zum Verständnis von Gottes Wort, eine elementare Bildung unerläßlich ist, wie sie der Rhetor den Söhnen der Aristokratie des spätrömischen Reiches vermittelt. Die Abhandlung des Martianus Capella, *De nuptiis Mercurii et philologiae*, die das ganze Mittelalter hindurch gelesen wird, beschreibt diesen Unterricht. Er behandelt die sieben »freien Künste«, die sich in *trivium* und *quadrivium* unterteilen. Das *trivium* als Propädeutik zu der Kunst, Texte richtig zu lesen und zu interpretieren, setzt sich aus Grammatik, Rhetorik und Logik zusammen, während das im strengeren Sinne wissenschaftliche *quadrivium* Arithmetik, Geometrie, Musik und Astronomie umfaßt. Die Begriffe sollten uns nicht täuschen: Arithmetik ist keine Praxis der Rechnens wie in den heutigen Schulen, sondern eine spekulative Wissenschaft der Zahlen und ihrer Natur, angefangen mit Gerade und Ungerade. Und auch die Musik zielt nicht auf die Beherrschung eines Instruments, sondern ist die Wissenschaft der Harmonien. Zu Beginn des sechsten Jahrhunderts gibt Boethius eine Übersicht über das, was damals in Rom an Wissenschaft geblieben ist. Obwohl er dem römischen Hochadel entstammt, bekleidet er höchste Ämter unter dem Ostgotenkönig Theoderich dem Großen. Boethius ist noch mit dem Griechischen vertraut, er übersetzt die *Kategorien* und die *Lehre vom Satz* des Aristoteles. Daneben hat er eine Arithmetik und eine Geometrie hinterlassen, die zeigen, daß Euklid und Ptolemaios nicht völlig vergessen waren, wenngleich das Ganze auf einem sehr einfachen Niveau bleibt. Wie beschränkt es auch sei, kommt dem Werk von Boethius wesentliche Bedeutung zu; bis zum zwölften Jahrhundert stellt es den wichtigsten Zugang zur griechischen Wissenschaft dar. Die erhaltenen Überreste sind kläglich, bedenkt man die Größe des einstigen Bauwerks; für den Menschen des Mittelalters bezeugen sie nichtsdestoweniger die Existenz einer wahren Wissenschaft, die die Alten besessen hatten. Cassiodor, der Schüler von Boethius, führt die Werke seines Vorgängers fort und bestätigt die Einteilung der *artes liberales* in den *Institutiones*, die er für die Mönche des von ihm gegründeten Klosters schreibt. Die *Etymologiae* des Isidor, Bischof von Sevilla (560-636), versammeln unter dem Mantel der Philologie das Wissen seiner Zeit, vor allem das naturwissenschaftliche. Auch wenn sich diese Kompilation in unseren Augen dürftig ausnimmt, erlebte sie während der ersten Jahrhunderte des Mittelalters großen Erfolg.

In der Zeit der Völkerwanderung bleibt vom wissenschaftliche Leben des Abendlands also kaum etwas übrig. Das Wesentliche des griechischen Erbes ist in Vergessenheit geraten, verschwunden aus der Erinnerung von Völkern, die es nicht anzutreten vermochten. Die Übersetzungen von Boethius bleiben folgenlos, werden jedoch während des ganzen Mittelalters kopiert und abermals kopiert. Dem Verfall der Wissenschaft entspricht der Niedergang der Städte. Der Westen erlebt in dieser Zeit einen tiefgreifenden Wandel. Es erscheint eine agrarische Welt, in der die Kultur sich in die Klöster flüchtet, wo man die literarische und religiöse Gelehrsamkeit pflegt, nicht mehr das wissenschaftliche Wissen. An Wissenschaftlern hat das frühe Mittelalter keinen Bedarf.

Im Westen ist das Römische Reich untergegangen, im Osten hält es sich. Der Staat überlebt in einer immer noch städtischen Welt, in der das Griechische als offizielle Sprache der städtischen Eliten gesprochen wird und in der die Schulen überdauern: all dies unterscheidet sie vom Abendland. Doch neben dem Griechischen steigen andere Sprachen zu Bildungssprachen auf, zumal das Syrische, eine semitische Sprache. Das Griechische bleibt jedoch allen Gelehrten vertraut. Denn trotz der lückenhaften Quellen, trotz der unzulänglichen Forschung bemerkt man eine gewisse wissenschaftliche Aktivität. Im vierten Jahrhundert – das ist die wahrscheinlichste Datierung – verfaßt Pappos von Alexandria eine *Synagogē*, eine umfangreiche Sammlung des mathematischen Wissens, aus der das Mittelalter einen wichtigen Teil des griechischen Erbes schöpfen wird. Im folgenden Jahrhundert strömen Studenten aus dem gesamten Nahen Osten nach Alexandria, um dort Unterweisung in Recht, Medizin, Mathematik und Philosophie zu erhalten. Einige Gestalten von Gelehrten treten hervor: die Mathematikerin Hypatia, die bei Unruhen im Jahre 415 ermordet wird; Johannes Philoponos, der – zum Christentum konvertiert – eine Abhandlung gegen die Heiden, Aristoteles-Kommentare sowie optische und mathematische Werke schreibt; oder schließlich Paulus von Aegina, der eine aus den Schriften Galens kompilierte medizinische *Pragmatie* in sieben Büchern verfaßt. Ebenfalls im fünften

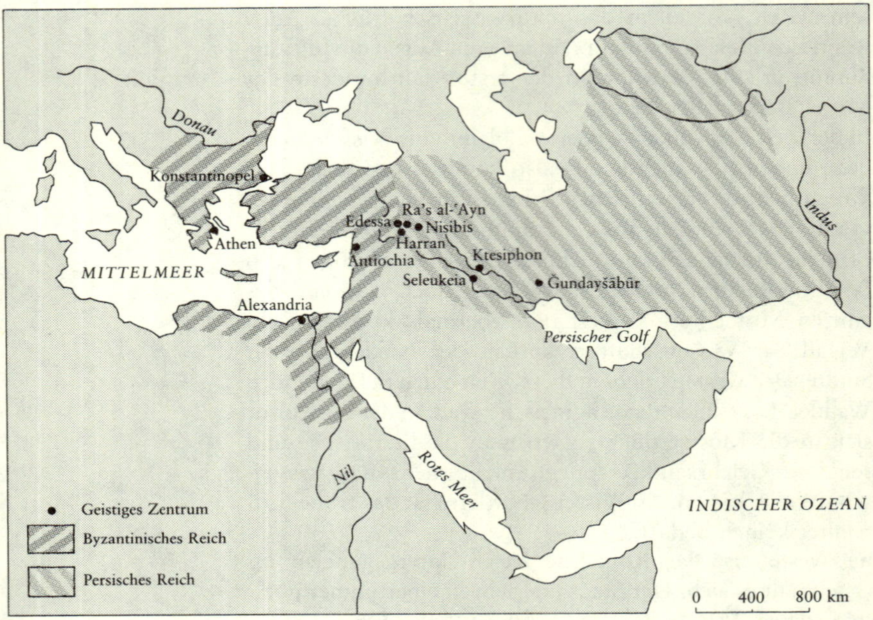

Der Nahe Osten am Vorabend der arabischen Eroberungen (ca. 630)

Jahrhundert kommentiert Proklos in Athen den Euklid. So führt das wissenschaftliche Leben in den großen Metropolen des Ostreiches – in Athen, der Hauptstadt Konstantinopel, Alexandria in Afrika, Antiochia in Asien – ein wenig beachtetes, gewiß bescheidenes, auf Kommentare und Kompilationen beschränktes Schattendasein fort.
An den östlichen Grenzen des Reiches, in Städten wie Edessa, Harran, Ra's al-ʿAyn, die – an den Verbindungswegen zwischen dem Persischen Golf und Kleinasien gelegen – der semitischen Kultur zugehören, entwickelt sich ein geistiges Leben. Dort werden Übersetzer tätig; Sergius, Arzt und jakobitischer Priester, der seine Ausbildung in Alexandria erhalten hat, arbeitet in Ra's al-ʿAyn, wo er eine Vielzahl von Werken aus dem Griechischen ins Syrische überträgt; er stirbt 536 in Konstantinopel. In Edessa entwickelt sich im fünften Jahrhundert eine »Schule der Perser«; dort werden Aristoteles und seine Kommentatoren von Probus, Cumas und Bischof Ibas ins Syrische übersetzt. Doch der Kaiser von Konstantinopel, ungehalten über die nestorianischen Tendenzen dieser Schule, sollte ihre Schließung anordnen. Über die Gelehrsamkeit in Harran gibt es nur wenige Quellen; dort scheint man sich

vornehmlich der platonischen Philosophie zugewandt zu haben. Doch die Vitalität dieses Zentrums des Hellenismus sollte sich erhalten; Ṯābit b. Qurra, ein großer arabischer Astronom und Mathematiker des neunten Jahrhunderts, stammt aus Harran.

Das persische Sassanidenreich, der Gegenpol zur griechisch-römischen Welt, umfaßt Gebiete alter Kulturen, das Hochland von Iran und vor allem Mesopotamien. Durch die Eroberungen Alexanders wurden sie eine Zeitlang griechisch oder, um die Sprache der Historiker zu verwenden, hellenistisch. Auch hier reißen unsere Kenntnisse immer wieder ab; von der persischen Wissenschaft und dem, was sie aus verschiedenen Traditionen schöpft, wissen wir noch sehr wenig. Jedenfalls gibt es ein Milieu von Gelehrten. Die aus Edessa nach der Schließung der dortigen Schule im Jahre 489 vertriebenen Nestorianer, die im Jahre 529 aus Athen verjagten *Philosophen* finden im Sassanidenreich Zuflucht. Unter der Herrschaft des Königs Ḫosraw I. (531-578) erlebt die an den Ufern des Tigris gelegene Hauptstadt Ktesiphon strahlendes geistiges Leben; am Hofe drängen sich Literaten, Gelehrte und Astrologen. Der Stadt Nisibis, im oberen Mesopotamien gelegen, kommt das Exil der Lehrenden und Studenten aus Edessa zugute; zu Beginn des sechsten Jahrhunderts, am Vorabend der arabischen Eroberung, zählt die Stadt mehr als dreihundert Studenten. Ǧundayašābūr (Gondeschapur), eine Gründung Šābūrs I. im Südosten des Irans, verdankt seine Bedeutung als wissenschaftliches Zentrum den nestorianischen Gelehrten, die Übersetzungen ins Syrische, unter anderem die von Sergius aus Ra's al-ʿAyn, mitgebracht haben; nach dem Vorbild Alexandrias und Antiochias regen sie die Gründung einer medizinischen Schule und eines Hospitals an; die Stadt wird ein sehr bedeutendes Zentrum, das bis ins zehnte Jahrhundert aktiv bleibt und wo griechisches Erbe, indische wissenschaftliche Traditionen und semitische Kultur zusammenfließen. Denn Persien nimmt nicht nur Griechen auf; zur Zeit Ḫosraws unterliegt es ebenso dem Einfluß der indischen Zivilisation; die literarischen Kontakte sind uns besser bekannt als die Übertragung astronomischer oder medizinischer Traditionen. Jedenfalls sendet Ḫosraw seinen Leibarzt Burzoe nach Indien, um Manuskripte zu kopieren, und ordnet die Revision der großen astronomischen Tafeln nach den Daten sanskritischer Abhandlungen an.

Durch die Eroberungen Alexanders, der bis zum Indus vorgestoßen war, waren Verbindungen zwischen der griechisch-persischen Welt und Indien entstanden. Im zweiten Jahrhundert nach Christus entwickelt sich in Baktrien, an der Grenze zwischen Indien und Persien, eine noch stark unter griechischem Einfluß stehende Zivilisation. Unter dem Gupta-Reich – vom dritten bis zum sechsten Jahrhundert – erlebt Indien eine besonders glückliche Periode. Es ist hier nicht der Ort, die indische Wissenschaft darzustellen; wir können nur einige Merkmale angeben. In der Medizin macht sich griechischer Einfluß in der Kunst der Diagnostik bemerkbar; in der Astronomie zeigt er sich in der allmählichen Ersetzung des traditionellen Weltbildes durch das ptolemäische System.[1] Dafür glänzen die Inder in der Himmelsbeschreibung. Sie benutzen für ihre Messungen die Sinusfunktion; die erste bekannte Sinustafel ist indisch und stammt aus dem fünften Jahrhundert, während die Griechen Sehnentafeln benutzten.[2] Eine solche Astronomie begünstigt das Entstehen der Trigonometrie. Die Inder sind Rechenkünstler; unter dem Begriff *ganita* (»Rechnen«) fassen sie zusammen, was wir als Arithmetik und Algebra bezeichnen würden. Zu Beginn des sechsten Jahrhunderts verwendet Āryabhaṭa das Dezimalsystem, aus dem sich die *arabischen Ziffern* entwickeln werden. Er verfaßt eine Abhandlung über die Grundrechenarten, beginnt mit Addition, Subtraktion, Multiplikation und Division, geht dann über zum Quadrieren und Wurzelziehen und endet mit der dritten Potenz und der ihrer Wurzel. Doch er versteht auch Gleichungen zweiten Grades zu lösen und schreibt über unbestimmte Gleichungen. Im folgenden Jahrhundert verwendet Brahmagupta Buchstaben zur Bezeichnung von Unbekannten in Gleichungen und rechnet mit negativen Zahlen.

Im siebten Jahrhundert bringt das griechische wissenschaftliche Denken trotz seiner weiten Verbreitung keine eigenständigen Werke mehr hervor; seit langem schon sieht es sich anderen Traditionen, anderen Kulturen und anderen Wissenschaften gegenüber.

[1] Vgl. unten, S. 400.

[2] Vgl. oben, S. 122.

Die arabischen Eroberungen und die Grundlagen der Entwicklung der Wissenschaften

Dies sind die Bedingungen, unter denen die Araber in die Geschichte eintreten. Die arabischen Eroberungszüge, ein gewaltsamer, unerwarteter Aufbruch, versetzen den Historiker noch heute in Erstaunen; binnen weniger Jahrzehnte zerstört ein bis dahin verkanntes Volk die Reiche, die den Mittleren Osten bis dahin beherrschten, und verbreitet eine neue Religion bis nach Indien. Es gehört hier nicht zu unserem Thema, die Ausbreitung des Islams zu erklären; wichtig ist für uns jedoch, deren Hauptphasen festzuhalten und herauszuarbeiten, welche Bedeutung sie für das wissenschaftliche Leben hatten.

Bis zum Tode des Propheten Muḥammad im Jahre 632 hat der Islam den Westen der arabischen Halbinsel unter seiner Herrschaft vereint. Die folgenden Jahre erleben in rascher Folge glänzende Siege: 635 fällt Damaskus in die Hände der Muslime, 637 Jerusalem; damit beherrschen sie ganz Syrien und Palästina. Gleichzeitig stoßen sie nach Nordosten vor, nehmen 637 Ktesiphon, die Hauptstadt des Perserreiches; ganz Mesopotamien wird erobert. Die arabische Expansion erstreckt sich bis nach Armenien und erreicht das Hochland von Irak und Iran. An einer dritten Front wird Ägypten zwischen 639 und 646 erobert. In weniger als fünfzehn Jahren verschwindet das Sassanidenreich; das Byzantinische Reich überlebt, jedoch erheblich geschwächt. Seit dieser Zeit befinden sich alle großen geistigen Zentren des Mittleren Ostens, Zentren mit einer großen wissenschaftlichen Tradition, in der Hand eines Volkes, das keine Wissenschaft kannte.

Nach kurzem Atemholen kommt die Expansion auf Betreiben der Omaiyaden-Kalifen erneut in Gang. Ein Vorstoß nach Westen führt die Araber nach Nordafrika, wo sie im Jahre 670 al-Quayrwān (Kairuan) gründen, das zu einem großen geistigen Zentrum des Islams werden wird. Nachdem ihre Herrschaft im Maghreb gefestigt ist, überschreiten sie 711 die Meerenge von Gibraltar, erobern Spanien und unternehmen zahlreiche Streifzüge nach Gallien. Ein äußerster Vorstoß wird 732 bei Tours und Poitiers von der fränkischen Reiterei zurückgeschlagen. Vorstöße aber auch islamische Herrschaft erstreckt sich bis nach Sogdien und Transoxanien, an den Grenzen Zentralasiens. Der Islam erreicht Indien, bleibt jedoch an seinen Toren stehen. Damit werden direkte Berührungen mit der indischen Wissenschaft möglich.

Wie in vielen anderen Fällen respektieren die Eroberer die vorgefundenen Bedingungen. Daß die Muslime die Bibliothek von Alexandria in Brand gesteckt hätten, ist ein Mythos, der zerstört werden sollte. In ihrer Anfangszeit hat die Eroberung die Bedingungen des wissenschaftlichen Lebens kaum verändert; sie macht den Arabern jedoch die griechischen Texte zugänglich, da die bedeutendsten Bibliotheken der griechisch-römischen Welt nunmehr in ihrer Hand sind. Die Arbeit der Übersetzer wird auf breiterer Grundlage fortgeführt. Noch gegen Ende des achten Jahrhunderts überträgt Theophil von Edessa die Werke des Aristoteles aus dem Griechischen ins Syrische, ebenso wie sein Zeitgenosse Yaḥyā b. al-Batriq. Hiob von Edessa, zu Beginn des folgenden Jahrhunderts Arzt am Hofe des Kalifen al-Ma'mūn, verdankt sein Ansehen seinen Übersetzungen von Werken Galens ins Syrische sowie seiner großen Enzyklopädie der Naturwissenschaften. Alle diese Gelehrten sind Christen. Im Laufe der Jahrzehnte, vor allem seit dem achten Jahrhundert, treten entscheidende Wandlungen ein. Das Arabische behauptet sich als Kultur- und Amtssprache. Die Herrschaft ʿAbdalmaliks (685-705) bezeichnet eine Wende; auf Befehl dieses Herrschers wird das Arabische zur obersten Verwaltungs- und Kanzleisprache im Kalifat und verdrängt damit das Griechische, das Pehlewi und das Syrische. Das (später klassisch genannte) Arabisch breitet sich aus; in allen islamisch beherrschten Ländern sprechen, denken und schreiben die islamischen, jüdischen oder christlichen Gelehrten arabisch. Zwei der größten Namen der Wissenschaft der islamischen Länder, al-Bīrūnī und Ibn Sīnā (Avicenna), sind Perser; ihr wissenschaftliches Werk ist in Arabisch geschrieben. Es entsteht eine geistige und wissenschaftliche Gemeinschaft, ermutigt von einer wissensbegierigen Gesellschaft, getragen von mäzenatischen Herrschern.

Die Nachfolge des Propheten ist schwierig, Konflikte brechen auf, die Hauptstadt wird von Medina nach Damaskus verlegt. Die Machtergreifung der Abbasiden im Jahre 750 – die dem Willen entspricht, ein Reich zu errichten, das nicht mehr nur arabisch, sondern muslimisch ist und Gläubigen verschiedenster Herkunft Raum bietet – führt 762 zur Gründung einer neuen Hauptstadt, Baġdād, durch den Kalifen al-Manṣūr. Dorthin zieht er die Gelehrten, begierig, sich ihrer Dienste zu versichern und seiner neuen Herrschaft einen Nimbus zu verschaffen. Von Verdauungsstörungen geplagt, läßt er nach Jurjis schicken, einem berühmten Arzt in Ǧundayašābūr, und versucht nach dem Erfolg der Behandlung, ihn an seinem Hofe zu halten. So lassen sich in Baġdād Männer der Wissenschaft nieder, die ihre Bücher, ihr Wissen, ihre Erfahrungen mitbringen. Die großen abbasidischen Kalifen, die auf al-Manṣūr folgen, setzen diese Politik fort; so ist es ein Nachkomme von Jurjis, der zu Beginn des achten Jahrhunderts – nach dem Vorbild von Ǧundayašābūr – das erste Hospital gründet, das diesen Namen verdient.

Al-Ma'mūn, der von 813-833 regiert, ist das Muster dieser aufgeklärten Fürsten, Freunde der Literatur und der Wissenschaften. Wenn er das »Haus der Weisheit« nicht gar selbst gegründet hat, so hat er zu dessen Tätigkeit zumindest wesentliche Anstöße gegeben. In dieser riesigen Bibliothek arbeiten und versammeln sich Astronomen, Mathematiker, Denker, Gebildete, Übersetzer. Ihre Arbeiten werden vom Kalifen angeregt und finanziell unterstützt. In dieser Zeit vermehren sich die Bestände an Werken griechischer Naturwissenschaft und Philosophie; sie gelangen aus dem Byzantinischen Reich hierher, werden aber auch überall sonst in den Bibliotheken des Nahen Ostens gesammelt; Übersetzungen und Kopien machen sie der gebildeten Elite verfügbar. Das Papier, ursprünglich aus China stammend, wird in Bagdad gegen Ende des achten Jahrhunderts eingeführt. Da dieses Material fester ist als Papyrus und nicht so teuer wie Pergament, wird die Entwicklung eines regelrechten Buchmarkts möglich. Ebenso fördert der Kalif al-Ma'mūn die ersten großen Arbeiten der Himmelsbeobachtung; er ruft Gelehrte zusammen und beauftragt sie, die Daten des Ptolemäischen *Almagest* zu überprüfen, was zur Erstellung neuer Sterntafeln führt. Dabei steht die Politik al-Ma'mūns keineswegs vereinzelt da; sie wird von anderen Kalifen, Wesiren, Emiren und Sultanen als vorbildlich betrachtet und fortgeführt.

Mit dem achten Jahrhundert werden die ersten Anzeichen einer Zersplitterung des von den Omaiyaden und Abbasiden geschaffenen Reiches sichtbar; die regionalen Oberhäupter, die Emire, die von Heerführern zu Inhabern der politischen Macht wurden, die Kalifen von Kairo und Cordoba behaupten sich gegenüber den Abbasiden. Ihre Hauptstädte versuchen mit Baġdād zu wetteifern, das eine Zeitlang den Anspruch erheben konnte, das Monopol des geistigen und kulturellen Lebens innezuhaben. Man kann die großen Phasen der Geschichte des Islams verfolgen, indem man die Männer der Wissenschaft auf einer Karte verteilt: In der Blütezeit des abbasidischen Kalifats (zwischen dem achten und zehnten Jahrhundert) ist Baġdād der Magnet, dem die meisten Gelehrten zustreben. Danach übernehmen andere Städte diese Rolle: im Westen Kairo und Cordoba, die Hauptstädte der rivalisierenden Kalifate; im Osten die persischen Metropolen, in denen sich im zehnten und elften Jahrhundert iranische oder türkische Fürstentümer bilden. Mit der Eroberung Baġdāds durch die seldschukischen Türken im Jahre 1055 verblaßt die Rolle des Iraks. Im dreizehnten und vierzehnten Jahrhundert sichern die lokalen Dynastien der (von Ṣalāḥaddīn begründeten) Aiyubiden und der Mamluken die Macht Syriens und Ägyptens zunächst gegen die Kreuzfahrer, später gegen die Mongolen. Während des ganzen Mittelalters fehlt Arabien auf der geschichtlichen Bühne, während Andalusien – die entlegenste Provinz – als Brückenkopf zur christlichen Welt eine besondere wirtschaftliche und kulturelle Blütezeit erlebt. Als Baġdād den Zenit seiner Bedeutung überschritten hat, kommt die wissenschaftliche Aktivität keineswegs zum Erliegen. Die Zersplitterung des Reiches und der Aufschwung regionaler Metropolen begünstigen die räumliche Diffusion der Kultur.

Astronomen, Mediziner, Mathematiker und Philosophen leben häufig am Hofe eines Fürsten, sind daher von seinem Wohlwollen und seiner Großzügigkeit abhängig. Avicennas gesamte Karriere verläuft zwischen den großen iranischen Höfen des zehnten und elften Jahrhunderts: Buhara, Iṣfahān, Samarkand, Hamadan, Ray. Wegen seiner medizinischen und politischen Ratschläge wird der Gelehrte sehr geschätzt; begehrt und gesucht, von seinen Feinden verfolgt, stets in die jüngsten politischen Intrigen verwickelt, erlebt er Widrigkeiten aller Art, doch auch lange Zeiten der Sicherheit und ruhigen Arbeit bei mäzenatischen Fürsten in Ray und in Hamadan, wo er 1037 stirbt.

Denn die geistige Bewegung hängt unmittelbar oder mittelbar von der Gunst des Fürsten ab. Wissenschaft kostet immer etwas. Es könnte keine Bibliothek gegründet, kein Hospital gebaut, keine Übersetzung in Angriff genommen, keine Beobachtungsreihe durchgeführt werden ohne die Finanzierung durch einen Auftraggeber: Souverän, Wesir, Notabeln, einen mächtigen Höfling oder Emir. In gewissem Sinne ist das Mäzenat die wichtigste wissenschaftliche

Al-Ḥarīrī, ein Schriftsteller des frühen zwölften Jahrhunderts, ist durch seine Erzählung von den Abenteuern eines zynischen und schalkhaften Bohemiens berühmt geworden. Hier führt der Autor seinen Helden in die öffentliche Bibliothek von Ḥulwān bei Baġdād. Die Bücher werden liegend in Mauernischen aufbewahrt. Im Vordergrund folgen sechs Studenten einem Vortrag; einer von ihnen liest aus einem Werk, das der ganz rechts sitzende Professor kommentiert.
Die Bücher speichern, der Unterricht verbreitet das Wissen. Die Bibliotheken, von denen es in der arabischen Welt so viele gab, haben bei der Erhaltung und Vermittlung des Wissens eine wesentliche Rolle gespielt.
Miniatur von al-Wasīṭī für die Sitzungen *al-Ḥarīrīs, Schule von Baġdād, 1237, arabisches Manuskript 5847, fol. 5 v°; Bibiothèque nationale, Paris*

Einrichtung der arabischen Welt des Mittelalters. Daß sich die Fürsten zur Wissenschaft hingezogen fühlen, ist freilich keine flüchtige Begeisterung aus mehr oder weniger dunklen Motiven, sondern entspricht einer wohlüberlegten politischen Zielsetzung: nämlich der, ihr Ansehen und ihre Macht zu vermehren, indem sie dem Islam die Mittel verschaffen, sich auf das Niveau der militärisch besiegten Zivilisationen zu erheben, es gar zu überschreiten und die Entstehung einer wissenschaftlichen Kultur zu ermöglichen, die sich zur Höhe der griechischen, syrischen und indischen Wissenschaften aufzuschwingen vermag.
So hat sich eine Wissenschaft entwickelt, die gewöhnlich als arabische bezeichnet wird. Dieser Ausdruck mag unangebracht erscheinen, denn unter den Männern, die sie betrieben haben, waren sehr viele keine Araber. Doch von islamischer Wissenschaft zu sprechen wäre sehr mißverständlich, da dieser Ausdruck der wissenschaftlichen Tätigkeit eine religiöse Konnotation beilegt, die sie nicht hat, und da die Gelehrten nicht nur Muslime, sondern auch Christen und Juden sind. Der gemeinsame Zug, der diesen wissenschaftlichen Aktivitäten eine äußere Einheit verleiht, ist die Sprache. Als wichtigster einheitsstiftender Faktor kann sie mit Recht dazu dienen, die Wissenschaft der islamischen Länder im Mittelalter zu kennzeichnen; sie ist das

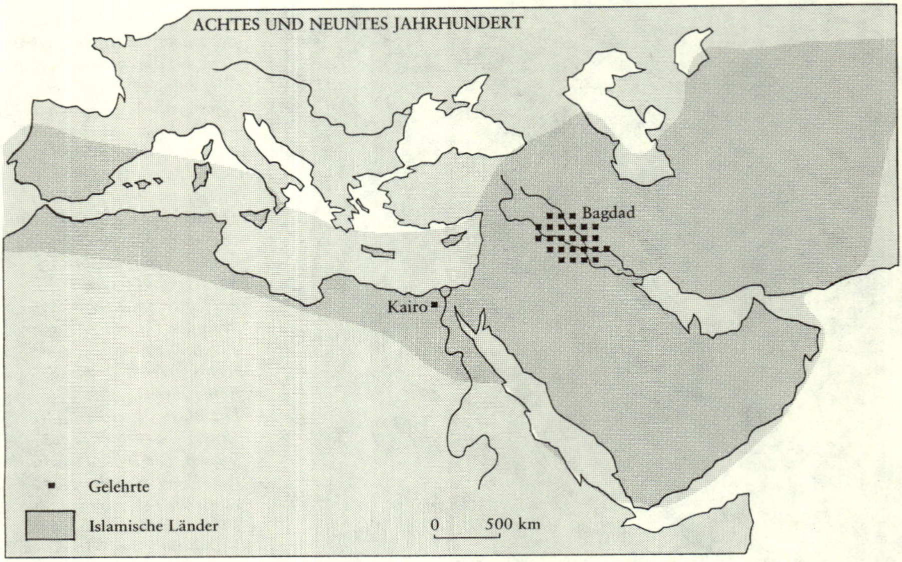

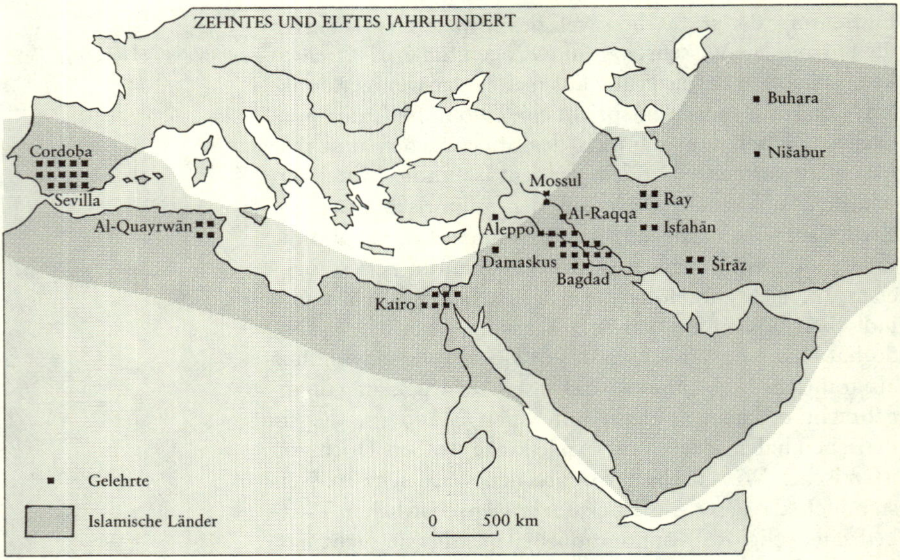

Die Gelehrten des mittelalterlichen Islams, räumlich und zeitlich verteilt. Berücksichtigt wurden Gelehrte, die im Dictionary of Scientific Biographies *beziehungsweise in der* Encyclopédie de l'Islam *mit einem Eintrag verzeichnet sind.*

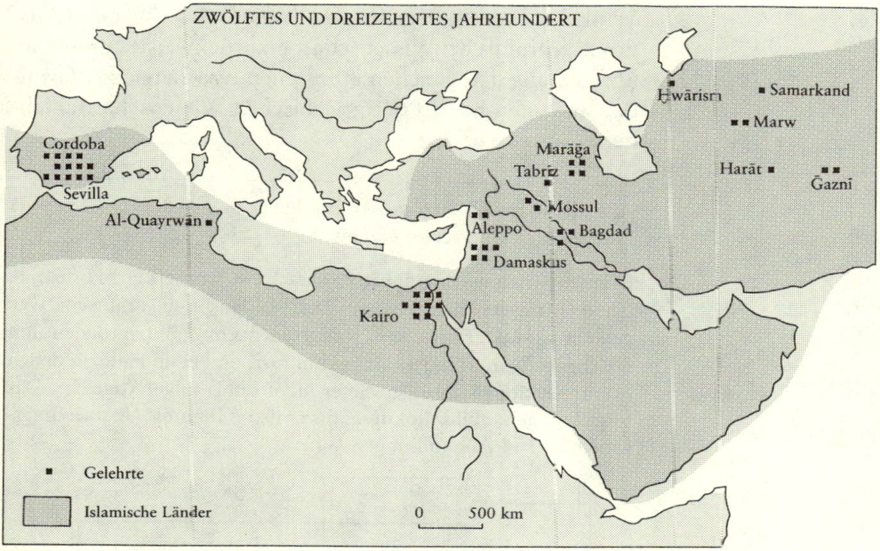
ZWÖLFTES UND DREIZEHNTES JAHRHUNDERT
Cordoba
Sevilla
Al-Quayrwān
Ḫwārism
Samarkand
Marw
Marāġa
Tabriz
Harāt
Ġaznī
Mossul
Aleppo
Bagdad
Damaskus
Kairo
Gelehrte
Islamische Länder
0 500 km

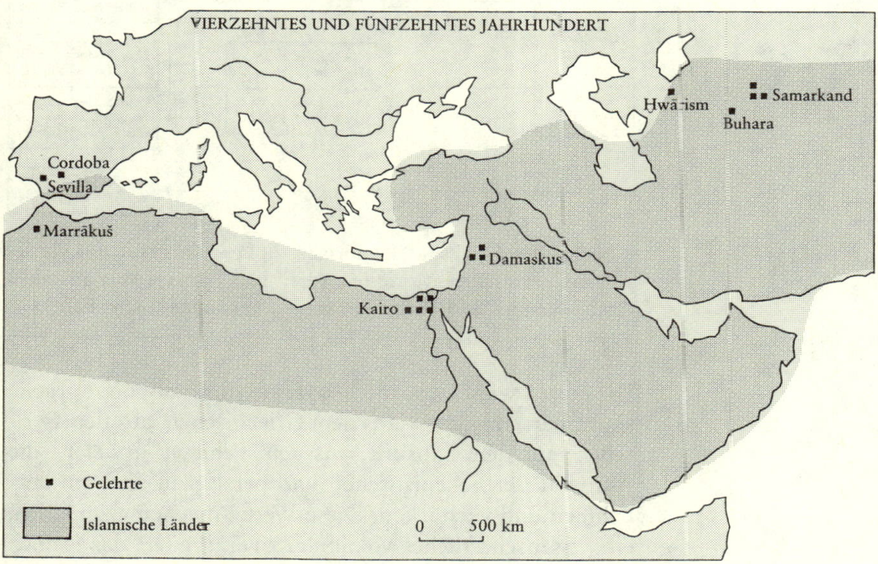
VIERZEHNTES UND FÜNFZEHNTES JAHRHUNDERT
Ḫwārism
Samarkand
Buhara
Cordoba
Sevilla
Marrākuš
Damaskus
Kairo
Gelehrte
Islamische Länder
0 500 km

Vehikel der Ideen, Begriffe und Erkenntnisse. Wer den Ausdruck »arabische Wissenschaft« zurückweist, müßte im übrigen aus den gleichen ethnischen und religiösen Gründen auch den Begriff der griechischen Wissenschaft ablehnen.

Aus dem Griechischen ins Arabische:
Ḥunain, der Übersetzer Galens

In einem Brief aus dem Jahre 856 nach Christus erklärt Ḥunain b. Isḥāq, auf welchen Wegen 129 Texte Galens in die arabische Welt gelangt sind. Darunter sind jedoch sechzehn Fälle, in denen ihm überhaupt kein Manuskript bekannt ist, und neun Fälle, in denen er nur Versionen anführt, die er nicht selbst angefertigt hat. Das folgende Schaubild dokumentiert also Ḥunains Übersetzungsarbeit an 104 Abhandlungen Galens.

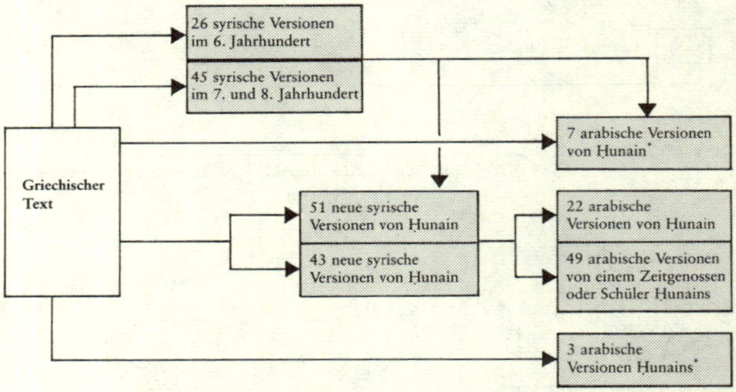

* Nicht aufgeführt sind die übrigen, zu Lebzeiten Ḥunains vorliegenden arabischen Versionen (drei Fälle) sowie die aus dem Arabischen ins Syrische übertragenen Versionen (sechs Fälle).

Die ersten wissenschaftlichen Texte in arabischer Sprache sind Übersetzungen – aus dem Griechischen, aus dem Syrischen, aus dem Sanskrit, aus dem Pehlewi –, welche die Aktivität der hellenistischen und persischen Zentren aufnehmen und verstärken. Diese Werke machen es möglich, ein wissenschaftliches Vokabular zu erarbeiten, das es noch nicht gab, solange das Arabische die Sprache der präislamischen Beduinen war, eine Sprache, die durch den Koran zur Sprache der Offenbarung wurde. Ein Beispiel: Das griechische Wort *épilepsía* für Epilepsie wird zunächst einfach ins Syrische transkribiert und dann vom Syrischen ins Arabische: *ibīlimsiyā* (da das *p* in den semitischen Alphabeten fehlt, wird es durch *b* ersetzt). Eine arabische Abhandlung aus dem neunten Jahrhundert betitelt eines ihrer Kapitel: »*Fī ibīlimsiyā*, das ist *al-sar'*«. Dieses letzte Wort ist von einem arabischen Verb abgeleitet, das soviel bedeutet wie »jemanden zu Boden strecken«. Einige Jahrzehnte später ist das aus dem Griechischen transliterierte Wort ungebräuchlich geworden; das authentische arabische Wort genügt und wird künftig ausschließlich verwandt; es ist von nun an Bestandteil einer einheitlichen und allen vertrauten Terminologie.

In der Kette, die vom Griechischen zum Arabischen führt, ist das Syrische ein wesentliches Glied. Tatsächlich sind die meisten Übersetzer Christen, die sich gewöhnlich des Griechischen und Syrischen – der damaligen Bildungssprachen – bedienen und ein wenig verächtlich auf das Arabische hinabblicken, an dem sie das Fehlen eines angemessenen Wortschatzes bemängeln. Das Arabische verwenden sie nur, wenn ihre Auftraggeber, muslimische Gelehrte oder Notabeln, es von ihnen fordern, und später, wenn das Arabische allen aufgezwungen wird. Einer dieser Übersetzer ist Ḥunain b. Isḥāq; seine Tätigkeit ist exemplarisch für die Bedingungen der Übertragung der antiken Wissenschaft in die Länder des Islams. Geboren im Jahre 808 in einer christlich-nestorianischen Familie in al-Hira (am unteren Euphrat), wächst er zweisprachig auf; das Arabische ist die Sprache, die in seinem Geburtsort gesprochen wird, das Syrische ist seine Muttersprache. Wie so viele andere zieht es ihn in die Abbasiden-Hauptstadt, wo er Medizin studiert; daraufhin lernt er Griechisch, möglicherweise in Alexandria. Wieder in Baġdād, arbeitet er als Arzt und Übersetzer. Wir verdanken ihm mehrere medizinische Abhandlungen und eine beeindruckende Zahl von Übersetzungen – Werke von Platon und Aristoteles, Hippokrates, Ptolemaios, Porphyrios, Rufus von Ephesos, Paulus von Aegina und Galen. Während eines Gefängnisaufenthalts im Jahre 856 verfaßt er eine kleine Schrift, in welcher er berichtet, wie er einhundertneunundzwanzig Abhandlungen Galens übersetzt hat. Er kennt und kritisiert die älteren Übersetzungen, denn einen großen Teil davon arbeitet er um; er besitzt eine Vorliebe für das Syrische, da er fast niemals direkt ins Arabische übersetzt, sondern es oft einem seiner Schüler überläßt, den Text aus dem Syrischen ins Arabische zu bringen. Die Arbeit Ḥunains und seiner Nacheiferer hat den Arabern die antike Wissenschaft er-

schlossen; von nun an sind ihnen auf den Gebieten der Philosophie und der Logik, der Medizin, Astronomie, Mathematik, Botanik und Mechanik die großen griechischen Werke zugänglich.
Übersetzungen also aus dem Griechischen ins Arabische. Doch auch aus dem Sanskrit und dem Pehlewi ins Arabische. Diese Entwicklung ist weniger bekannt, gewiß auch weniger umfangreich, darf aber nicht übersehen werden. Eine der bedeutendsten astronomischen Abhandlungen der indischen Tradition, das *Mahasiddhanta*, wird in den siebziger Jahren des achten Jahrhunderts auf Anregung des Kalifen al-Manṣūr aus dem Sanskrit übersetzt; neben anderen indisch-persischen Werken liegt es einer Strömung der arabischen Astronomie zugrunde, die sich lange in Andalusien hält.

Originalität und Erbe

Die Araber haben ein Bewußtsein von der Originalität ihrer Wissenschaft und von der Erbschaft, die sie antrat. Im elften Jahrhundert hebt Sa'īd al-Andalūsī in Spanien in seinem Buch über die Kategorien der Völker diejenigen hervor, welche die Wissenschaften gepflegt haben. Er kennt acht solcher Völker: die Inder, die Perser, die Chaldäer, die Griechen, die Byzantiner, die Ägypter, die Araber und die Juden. In der zweiten Hälfte des neunten Jahrhunderts erklärt ar-Rāzī (Rhazes), der als hervorragender islamischer Arzt, Physiker und Alchimist mehr als fünfzig Werke verfaßt hat, daß wissenschaftlicher Fortschritt nur möglich ist, wenn man den Spuren der Alten folgt, da »der Letzte jeweils aus dem erworbenen Wissen seiner Vorgänger schöpft und diesen Schatz durch eigenes Studium vermehrt«. Ar-Rāzī rückt die Wissenschaft damit in eine historische Perspektive. Für ihn steht das Bewußtsein eines Erbes der Behauptung einer zeitgenössischen Wissenschaft nicht im mindesten entgegen.
Welches sind die großen Züge dieser Wissenschaft? Was verdankt sie den Zivilisationen, die ihr vorangegangen sind? Was an ihr ist eigenständig? Welche Rolle spielt sie bei der Entfaltung und Übertragung von Wissen? Ihre Originalität, der Anteil des Neuen und Schöpferischen bei den Gelehrten der islamischen Länder, wandelt sich mit der Zeit. In den ersten Jahrhunderten, der Epoche der großen Übersetzungen, handelt es sich um ein Wissen, das die arabische Wissenschaft von den Zivilisationen der eroberten

Länder oder benachbarter Gebiete aufnimmt und aufsaugt. Man muß bis zum neunten Jahrhundert warten, auf al-Ḫwārizmī, den Mathematiker und Astronomen, und al-Kindī, den Philosophen und Geometer, bis sich eine wirklich arabische Wissenschaft entwickelt. Alle Wissenschaftszweige – Physik, Astronomie, Medizin, Mathematik – besitzen gemeinsame Merkmale, die sich aus dem politischen und ökonomischen Kontext, der kulturellen Umgebung, den wissenschaftlichen Institutionen erklären lassen; doch schöpfen sie aus verschiedenen Quellen und entwikkeln sich nach eigenen Methoden. An die Stelle einer Betrachtung der arabischen Wissenschaft muß eine Untersuchung der großen Sektoren der Wissenschaft treten.

Physik

Die Physik, auf der schon die Werke der Vorsokratiker gründen und der bei Aristoteles wesentliche Bedeutung zukommt, spielt in der ganzen griechischen Wissenschaft bis Archimedes und darüber hinaus eine maßgebliche Rolle. Die Araber bezeichnen sie als »Wissenschaft der natürlichen Dinge« und führen sie in eigener Regie fort. So interessieren sich die Aristoteles-Kommentatoren für Physik, und die arabischen Naturforscher teilen seine Auffassung, daß die Welt aus vier »Elementen« zusammengesetzt sei: Feuer, Luft, Wasser und Erde; doch diese den Griechen verpflichtete Physik führt nicht zu besonderen Entwicklungen, die den Aufbau des Universums beträfen. Dagegen nehmen bestimmte Disziplinen, die wir der Physik zurechnen – die Optik[3], die Statik oder Wissenschaft der Gleichgewichte –, in den islamischen Ländern einen wichtigen Platz ein. Eher praktisch orientiert, enger mit der Wirklichkeit des ökonomischen und sozialen Kontexts verbunden, öffnen sie neue Bahnen, ohne das Denkmal des Aristoteles in Frage zu stellen.

[3] Vgl. S. 455-458.

Astronomie

Es ist ein Exemplar der lateinischen Übersetzung einer arabischen Ptolemaios-Übersetzung überliefert, das Annotationen von der Hand des Kopernikus enthält. Dieses schöne Beispiel zeigt, welche Stellung den Arabern als Vermittlern zwischen der griechischen Wissenschaft und der Wissenschaft des Abendlandes zukommt. Selbst die im Okzident übliche Bezeichnung *Almagest* für die *Große Syntaxis* des Ptolemaios kommt aus dem Arabischen. Dennoch

kennt die islamische Welt noch eine andere Astronomie als die von Griechen stammende. Die erste arabische Astronomie hat sich zunächst aus indischen und persischen, später mesopotamischen Quellen entwickelt. Die *Tafeln des Sindhind*, um 830 von al-Ḫwārizmī verfaßt, ist nach indischem Muster konzipiert, das sich insbesondere dort bemerkbar macht, wo er die Positionen der Planeten berechnet. Der *Almagest* wird Anfang des neunten Jahrhunderts ins Arabische übersetzt; seit dieser Zeit beherrscht das Werk des alexandrinischen Gelehrten die Geschichte der Astronomie. Fast alle von den Arabern entwickelten Deutungen und Modelle gehen von Ptolemaios aus, dessen Weltbild sich ebenso durchsetzt, wie es sich in der hellenistischen Welt durchgesetzt hat. Mit Hilfe einer komplexen Kombination von Kreisbewegungen gibt es die Sternbewegungen mit erheblich größerer Genauigkeit wieder als alle bisherigen Modelle. Die Zurückführung auf gleichmäßige, daher vollkommene Kreisbewegungen (wie sie in der supralunaren Welt allein vorstellbar sind) erlaubt es, die Astronomie in die herrschende aristotelische Kosmologie und Physik einzuordnen. Ebendiese Notwendigkeit aber, Planetenbahnen durch Kreisbewegungen wiederzugeben, obgleich sie keine sind, brachte Ptolemaios zu einem System, dessen Vereinbarkeit mit der Physik fraglich war und seit hellenistischer Zeit auch in Frage gestellt wurde. In der zweiten Hälfte des neunten Jahrhunderts kommentiert, berichtigt und ergänzt al-Battānī (Albatenus) den *Almagest* nach Maßgabe neuer Beobachtungen; er ist der erste der großen arabischen Gelehrten, die den Ptolemaios fortführen. Das Werk des alexandrinischen Astronomen als deskriptiv-mathematisches Modell wird aber auch kritisiert, vor allem im Namen einer Rückkehr zu den Prinzipien des Aristoteles. Alle diese Einwände fließen in die Arbeiten der Schule von Marāǧe im dreizehnten Jahrhundert ein. Insbesondere von den Schriften Naṣīraddīn aṭ-Ṭūsīs sollte dann die kopernikanische Planetenauffassung ausgehen.
Umgekehrt verfügen die arabischen Astronomen über Rechen- und Beobachtungsinstrumente, die denen der Griechen überlegen sind. Aus dem indischen Erbe schöpfend, verwenden sie das Dezimalsystem und entwickeln die Trigonometrie; sie konstruieren bedeutende Sternwarten; ihre Sterntafeln – man hat über hundert gezählt –, die denen ihrer Vorgänger beträchtlich überlegen sind, finden auch im Abendland Verbreitung und werden an Präzision nur

Dieses Astrolab aus dem neunten Jahrhundert wurde von Aḥmad b. Ḫalaf im Irak angefertigt. Es gehörte dem Sohn des Kalifen al-Muqtafī (902-908). Man erkennt auf der unteren Scheibe die Linien, welche die Projektion der Erde über dem Ort der Verwendung des Instruments darstellen; die darüberliegende Spinne gibt mit den Spitzen ihrer Streben jeweils die Position eines Fixsterns an.
Bibiothèque nationale, Paris

von denen Tycho Brahes in der zweiten Hälfte des sechzehnten Jahrhunderts übertroffen. Dennoch bleibt der ptolemäische Einfluß noch in den Kontroversen, die er auslöst, bedeutsam. Von den Griechen hat die arabische Astronomie kosmologische Vorstellungen sowie ein mathematisches Modell ererbt, das von den Erscheinungen wirksam Rechenschaft gibt. Sie hat zahlreiche Fragen aufgegriffen, die in der hellenistischen Welt gestellt wurden, und darauf eigenständige und neue Antworten gefunden, indem sie sich auf neue Rechen- und Beobachtungsverfahren stützte.

Warum gelangen astronomische Beobachtungen zu solcher Blüte? Wissenschaftliche Neugier spielt dabei eine Rolle, gewiß; doch steht diese Neugier in Verbindung mit sozialen

Die Sternwarten des mittelalterlichen Islams

Die Werke der arabischen Astronomen stützen sich ebensosehr auf Beobachtungen wie auf theoretische Modelle und die Rechenkunst. Sie sind daher von der Herstellung äußerst präziser Kupferinstrumente sowie vom Bau von Observatorien abhängig. Bei aufmerksamer Betrachtung sind dabei zwei verschiedene Perioden zu unterscheiden.

Bis zum elften Jahrhundert werden astronomische Beobachtungen – unter dem Patronat der Fürsten von Baġdād, Šīrāz, Iṣfahān, Kairo – von einfachen Beobachtungsposten aus unternommen, die jeweils für zeitlich begrenzte Aufgaben eingerichtet wurden. So rief der Kalif al-Ma'mūn die größten Gelehrten seiner Zeit zusammen, um von ihnen die Daten des Ptolemäischen *Almagest* überprüfen zu lassen. Sie stellten ihre Meßinstrumente gleichzeitig im nördlichen Viertel von Baġdād und auf dem Hügel auf, der Damaskus beherrscht. Der Tod des Kalifen im Jahre 833 hinderte sie daran, alle vorgesehenen Messungen durchzuführen.

Erst in den letzten Jahrhunderten des Mittelalters werden wirkliche Sternwarten errichtet, die lange Jahre benutzt werden. Diese (allerdings nur wenigen) Einrichtungen verdanken ihren Nimbus dem Prunk der Gebäude und dem Ansehen der Gelehrten, die darin tätig sind. In Marāġe, einer Stadt in Aserbaidschan, läßt der Enkel von Činggis Khan ein Observatorium errichten, das mit einer reichen Bibliothek und Instrumenten von großer technischer Perfektion ausgestattet ist: Armillarsphäre, Quadranten verschiedener Arten, parallaktischen Linealen, Sextant, Himmelsglobus, Astrolab, Sonnenuhren usw. Dieses große wissenschaftliche Zentrum zog in der zweiten Hälfte des dreizehnten Jahrhunderts

---

und kulturellen Tatsachen. Die astronomischen Messungen sind für die Ausübung der islamischen Religion unentbehrlich. Der Kult verlangt die Kenntnis der Zeiten von Sonnenaufgang und -untergang; der islamische Kalender, der sich an den Mondphasen orientiert, setzt voraus, daß man Anfang und Ende der Monate berechnen kann, insbesondere des Ramadan. Das Erscheinen der Mondsichel, das den Beginn des Monats bezeichnet, wirft ein praktisches Problem auf, dem Ṯābit b. Qurra eine wissenschaftliche Abhandlung widmet, in der Astronomie, Physik und Optik ineinanderspielen. Die Moscheen müssen nach Mekka hin ausgerichtet werden. All dies führt dazu, daß immer mehr und immer genauere Beobachtungen angestellt werden. Der Islam hat sich überwiegend in Gebieten entwickelt, wo irgendwann einmal Sternkulte betrieben

zahlreiche Gelehrte und Studenten an, so daß man auf den Gebieten der Astronomie und Mathematik von einer »Schule von Marāġe« sprechen konnte, deren berühmtester Vertreter Naṣīraddīn aṭ-Ṭūsī war. Heute ist von diesem berühmten Bauwerk nur noch eine Grundmauer vorhanden. Dafür war das Observatorium von Samarkand, das Mitte des fünfzehnten Jahrhunderts vom Enkel Tīmūr-i langs – unseres Tamerlan – gegründet wurde, Gegenstand mehrerer Ausgrabungen. Eindrucksvolle Überreste wurden restauriert: das Fragment eines Gnomons mit einem Radius von vierzig Metern, der zur Bestimmung der Höhe der Sonne nach der Länge des Schattens benutzt wurde; ein riesiges, mehr als dreißig Meter hohes zylinderförmiges Bauwerk, zweifellos überwölbt von einer an der Spitze durchbrochenen Kuppel, um die Sonnenstrahlen durchzulassen; prächtige Verzierungen aus emaillierten Fliesen.

Doch die Schriftquellen sind spärlich, die archäologischen Überreste schwer zu deuten, und es fehlt an monographischen Untersuchungen, so daß Organisation und Arbeitsweise dieser Einrichtungen im dunkeln bleiben. Jedenfalls waren es echte wissenschaftliche Institutionen, die für die Entwicklung der exakten Wissenschaften im Islam eine entscheidende Rolle gespielt haben: bei der Aufstellung immer wieder revidierter Sterntafeln, als Ausbildungstätte der Studenten, als Anziehungspunkt für Gelehrte sowie bei der Finanzierung von Beobachtungsreihen. Sie übten einen gewissen Einfluß auf vergleichbare Einrichtungen Istanbuls und des mugalischen Indiens aus sowie – durchaus nicht mehr umstritten – auf die Laboratorien Tycho Brahes.

wurden, wie die mesopotamischen Zikkurats oder der Artemis-Tempel von Ephesos bezeugen. Die Astrologie, Erbin der hellenistischen wie der orientalischen Welt, erlebt große Erfolge. Auch dafür muß man imstande sein, die Planetenbewegungen, ihr Verhältnis zueinander und zur Sonne vorherzusagen. So erscheint der Islam als eine Welt der Beobachtung, vom einfachen Quadranten bis zum fürstlichen Observatorium; die Zahl der uns heute bekannten Abhandlungen über das Astrolab und andere Instrumente liefert die Bestätigung dafür. Der Apparat dient nicht der Beobachtung, sondern der Interpretation des Himmels; seine Herstellung verlangt eine solide Kenntnis der Himmelskarte und der scheinbaren Sternbewegungen. Das Astrolabium besteht aus einer kreisförmigen Fläche, auf der eine drehbare Scheibe mit großen Aussparungen

Der Inschrift auf der Außenseite zufolge wurde diese bronzene, mit Silberintarsien versehene Arzneischale nach einem Modell kopiert, das in der Schatzkammer des Kalifen al-Ma'mūn aufbewahrt wurde. Mit den darin zubereiteten Drogen wurden Vergiftungen, Bisse von Schlangen und Skorpionen, Koliken, Fieber und andere Übel behandelt. Auf der Innenseite sind – ineinander verschlungen – prophylaktische Formeln, Koransuren und astrologische Symbole eingraviert: ein Beleg für die komplexen Verbindungen zwischen Medizin, Religion und Magie.
Syrien, dreizehntes oder vierzehntes Jahrhundert; Louvre, Paris

angebracht ist, die Spinne. Auf der Platine ist eine stereographische Projektion der Erdkugel eingraviert; die Spinne ist eine Himmelskarte, auf der die Positionen der wichtigsten Fixsterne, darunter auch der Sonne, angegeben sind. So lassen sich mit dem Astrolab das Azimut, die Stunde des Sonnenaufgangs und Sonnenuntergangs, die Position der Sterne über dem Horizont und zahlreiche andere, für die Astronomie unentbehrliche Daten bestimmen.

Alchimie

Im zwanzigsten Jahrhundert verläuft zwischen Astronomie und Astrologie, Alchimie und Chemie eine Kluft, nämlich die zwischen Wissenschaft und Scharlatanerie. Dem mittelalterlichen Menschen sind solche Unterscheidungen fremd, im Orient wie im Okzident. Alle zeitgenössischen Klassifikationen des Wissens zählen die Chemie oder Alchimie – im Arabischen gibt es nur ein Wort dafür – mit demselben Recht zu den Naturwissenschaften wie die Medizin. So wie Ptolemaios das entscheidende Modell liefert, von dem aus die arabische Astronomie ihre eigenen Auffassungen entwickelt, dienen Weltbild und Materieverständnis der Griechen, zumal des Aristoteles, als theoretischer Rahmen für die arabische Chemie und Medizin.

Die sublunare Welt des Werdens und Vergehens, die der unwandelbaren Welt der Fixsterne gegenübersteht, setzt sich aus Feuer, Luft, Wasser und Erde zusammen, die aus »Qualitäten« oder, nach Aristoteles, »Elementen« hervorgehen, nämlich dem Warmen und dem Kalten, dem Feuchten und dem Trockenen. Aus der Kombination dieser Elementarkörper entstehen sämtliche Körper, die in der Natur vorkommen. Die natürlichen Körper lassen sich umwandeln. Damit sind die theoretischen Grundlagen einer Chemie gegeben. Bereits in der griechischen Welt stand die Aristotelische Theorie einer anderen Tradition gegenüber, die wir heute als alchimistisch bezeichnen. Ihre Ursprünge hat man in Ägypten oder Mesopotamien gesucht, auch in China; wahrscheinlich ist an allen diesen Hypothesen etwas Wahres, da die Menschen stets davon geträumt haben, mit Mitteln, die von der Magie bis zum Experiment reichen, Macht über die Materie zu gewinnen. Die alchimistische Tradition hat sich aus vielen Quellen speisen können; den wichtigsten Zufluß jedoch stellen offenbar alexandrinische Alchimisten dar, die bereits einen Teil der Ideen des Aristoteles aufgenommen hatten.
Ǧābir b. Ḥaiyān (Geber) gilt als Verfasser einer Kompilation aus dem frühen zehnten Jahrhundert, die eine neue Konzeption der Alchimie enthält. Von den Griechen übernimmt der Autor eine Physik der Elemente; er glaubt an die Möglichkeit einer Transmutation (Veredelung) der Metalle, gibt jedoch eine eigene Klassifikation der Mineralien, die sich in drei große Klassen unterteilen: Geister (»Substanzen, die sich verflüchtigen«), Metalle (»schmelzbare Substanzen, die sich behämmern lassen«) und Körper (»Substanzen, schmelzbar oder nicht, die sich nicht behämmern lassen und zu Pulver werden«). Fünf Geister gibt es: Schwefel, Arsen, Quecksilber, Ammoniak und Kampfer, aus denen alle mineralischen Körper zusammengesetzt sind. Die Metalle bestehen aus Schwefel und Quecksilber. In einer der wichtigsten Sammlungen des Korpus, dem *Buch der Waagen*, bestimmt Ǧābir die Prinzipien der Kunst: als Reduktion aller Naturphänomene auf Gesetze von Quantität und Maß. Seine Alchimie schneidet sich von der Welt nicht ab; er sucht wie ein heutiger Chemiker nach Anwendungen in der Metallurgie, der Arzneikunde und der Herstellung von Farben. In diesen uns fremden Begriffsrahmen eingebettet, bleibt die mittelalterliche Chemie der Araber fast undurchdringlich und nahezu unbekannt.

Die Elemente bei Aristoteles und in der arabischen Wissenschaft

»Da es vier Ureigenschaften gibt und diese sechs Verbindungen eingehen können, wobei aber die Gegensätze sich nicht paaren lassen – warm und kalt kann sich ja nicht am gleichen Gegenstand finden, ebensowenig trocken und feucht –, so wird es ersichtlich nur vier Verbindungen geben, warm und trocken, warm und feucht, kalt und feucht, kalt und trocken. Und dies läßt sich sehr sinnvoll verknüpfen mit den vier einfachen Körpern unserer Erfahrung, Feuer und Luft und Wasser und Erde. Feuer ist ja warm und trocken, Luft warm und feucht (eine Art Dampf ist ja die Luft), Wasser kalt und feucht, Erde kalt und trocken.«
Aristoteles, *Vom Werden und Vergehen* (4. Jahrhundert vor Christus)

»Den Anhängern der beiden Lehren antworte ich, daß Aristoteles sie bereits überwunden hatte in der Abhandlung mit dem Titel *Logik*, welche eines seiner wunderbarsten Werke ist; er hat sie in vier Bücher aufgeteilt: *Kategorien*, *Von der Bedeutung*, *Analytik* und *Topik*. Er hatte ihr eine Einleitung vorausgeschickt, und er hatte mit diesem Werk als erster eine Abhandlung von den Beweisen geliefert; bei keinem Philosophen vor ihm ist ein solcher Gegenstand zu finden. So verneigen sich die Philosophen in Bewunderung vor Aristoteles, der diese Wissenschaft geschaffen hat. [...] Was die beiden leuchtenden Körper, Sonne und Mond, anbetrifft, so ließ Gott, nachdem er alle Dinge aus den vier Elementen geschaffen hatte – dem Feuer, dem Wasser, der Luft und der Erde –, aus den alten Welten die vier Qualitäten hervorgehen: die Wärme, die Kälte, die Feuchtigkeit und die Trockenheit. Die Verbindung dieser Elemente brachte das Feuer hervor, welches die Wärme und die Trockenheit enthält; das Wasser, welches die Kälte und die Feuchtigkeit hat; die Luft, welche die Wärme und die Feuchtigkeit hat; die Erde, welche die Kälte und die Trockenheit hat. Mit Hilfe dieser Elemente hat Gott die obere und die untere Welt geschaffen. Wenn zwischen ihren Naturen ein Gleichgewicht besteht, trotzen die Dinge der Zeit, ohne von den beiden leuchtenden Körpern verzehrt noch vom stehenden Wasser rostig zu werden; so das Gold, das die Natur geschmolzen und in allen seinen Teilen gereinigt hat, ohne Drogen, Analysen oder Veredelung.«
Ǧābir b. Ḥaiyān, *Das Buch der Waagen* (10. Jahrhundert)

Medizin

Der Dualismus von Theorie und Praxis findet sich auch in der arabischen Medizin. Ihre theoretischen Grundlagen zehren vom Erbe der Griechen, von Aristoteles, doch auch und vor allem von Hippokrates und Galen. Von Hippokrates übernimmt die arabische Medizin die Theorie der Säfte. Das Feuer, Produkt der Wärme und der Trockenheit, liefert die Galle, die sich in der Gallenblase befindet. Das Blut kommt aus der Luft, der Kombination von Wärme und Feuchtigkeit, und sitzt in der Leber. Das Phlegma geht aus dem Wasser hervor, welches Kälte und Feuchtigkeit ist, und sitzt in den Lungen. Die schwarze Galle entstammt der Erde, also der Kälte und der Trockenheit, und hat ihren Ort in der Milz. Die Gesundheit hängt vom Gleichgewicht zwischen diesen Säften ab, einem Gleichgewicht, das bei jedem einzelnen verschieden ist. Die Heilung setzt also eine genaue Diagnose voraus, die das Ungleichgewicht feststellt, und ist das Ergebnis einer Behandlung, welche die Person des Kranken, sein Temperament, seine Ernährungsgewohnheiten und seine früheren Krankheiten berücksichtigt. Von dieser allgegenwärtigen Theorie abgesehen, haben die Araber freilich auch aus anderen Quellen geschöpft. Im Kontakt mit Indien erweitern die islamischen Ärzte ihre Pharmakopöe. Ar-Rāzī legt in seiner medizinischen Enzyklopädie (dem »Buch, das alles enthält«) zu jeder einzelnen Krankheit die Auffassungen der Griechen, Syrer, Inder, Perser und Araber dar, denen er eigene kritische Bemerkungen und Beobachtungen anfügt. Es handelt sich hier nicht mehr bloß um Theorie: Ar-Rāzī leitet auch das Hospital von Baġdād. Von einem vielschichtigen Erbe ausgehend, entwickeln die arabischen Ärzte eine Medizin

---

Die Theorie der Säfte in der arabischen Medizin

»Der erste Saft ist die Galle. Sie stammt aus dem Feuer, dem Produkt der Wärme und der Trockenheit. Die Galle sitzt im menschlichen Körper, nahe bei der Leber, in der Gallenblase. Der zweite Saft ist das Blut. Es stammt aus der Luft, die aus der Verbindung der Wärme mit der Feuchtigkeit hervorgeht. Sein Sitz beim Menschen ist die Leber. Der dritte Saft, der Schleim (auch Phlegma oder Lymphe), stammt aus dem Wasser, das aus der Verbindung der Kälte und der Feuchtigkeit entstanden ist. Er sitzt in den Lungen. Der vierte Saft, die schwarze Galle, stammt von der Erde her, die eine Verbindung der Kälte und der Trockenheit ist. Sie hat ihren Ort in der Milz. Diese vier Säfte bilden die Stoffe des Körpers; sie bestimmen seinen Zustand der Gesundheit oder Krankheit.«

as-Suyūṭī, *Buch der Barmherzigkeit in der Kunst, Krankheiten zu heilen*

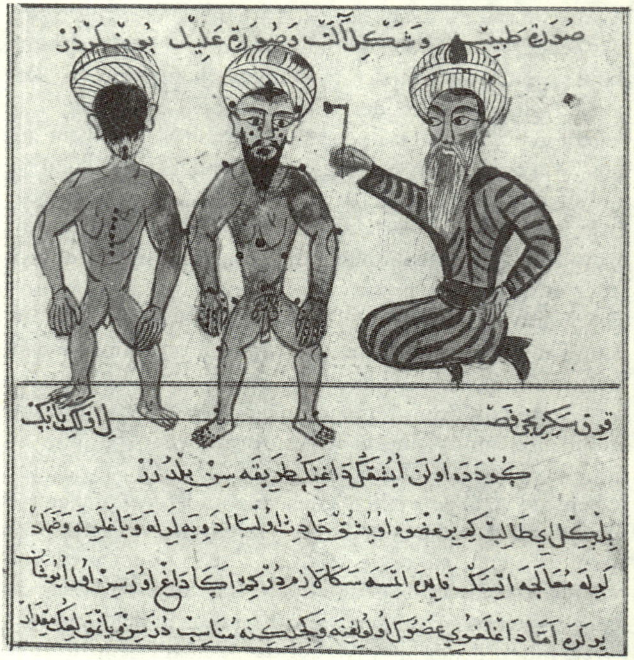

Behandlung eines Leprakranken. Šarafaddīn, Chirurg am Hospital von Amasya in Kleinasien, überreicht im Jahre 1466 Mehmet II. dem Eroberer seinen Traktat der Chirurgie, *die türkische Übersetzung des Werkes eines andalusischen Arztes aus dem elften Jahrhundert, az-Zahrāwī. Die Behandlung durch Kauterisation, die sich aus der griechischen Tradition herleitet, wird bei zahlreichen Affektionen empfohlen. Während die Lepra vom lepromatösen Typ gewöhnlich – wie die Abbildung zeigt – mit Kauterisationen an zahlreichen Stellen des Körpers behandelt wird, beschränkt sich az-Zahrāwī dabei auf die Milz und den Schädel (linker Patient). Erbschaft und Eigenheit einer Medizin von Praktikern.*
Türkisches Manuskript 693, fol. 46 v°, Bibliothèque nationale, Paris

der Praktiker und Beobachter. Ar-Rāzīs sehr genaue Beschreibung der Pocken und Masern, die Entdeckung des kleinen Blutkreislaufs durch den Ägypter Ibn an-Nafīs gegen Ende des dreizehnten Jahrhunderts, die beständigen Fortschritte in der Anatomie und der Physiologie des Sehens sind das Ergebnis einer vor allem auf Beobachtung und Praxis gegründeten Reflexion. Ibn Sīnā, von dem auch ein großer Aristoteles-Kommentar stammt, legt im zehnten Jahrhundert mit seinem *Kanon der Medizin*[4] eine der Grundlagen des medizinischen Wissens in den islamischen Ländern, aber auch an den Universitäten des christlichen Abendlands.

[4] *Kanon der Medizin*: enzyklopädische Kompilation, die sich eine umfassende, vollständige, methodische Synthese des griechisch-arabischen medizinischen Wissens als Ziel setzte. Ihre Berühmtheit verdankt sie ihrem strengen Aufbau, der Größe ihres theoretischen Ertrags sowie ihren Rationalitätsansprüchen.

Geometrie

Die Geometrie gilt als die Wissenschaft des klassischen Griechenland schlechthin: »Niemand tritt hier ein, der nicht Geometer ist«, heißt es traditionell von der platonischen Akademie. In hellenistischer Zeit – der Epoche, in der Euklid und Apollonius von Perge gelebt haben – hat die Geometrie beträchtliche Weiterentwicklungen erlebt. Viele arabische Mathematiker kommentieren die Bücher ihrer

Vorgänger und geben deren Lehren weiter. Dabei fehlt es ihnen an bestimmten Punkten durchaus nicht an Originalität. So wird etwa im Rahmen sehr fruchtbarer algebraischer Arbeiten das Rechnen in die Geometrie eingeführt. Dadurch wird es möglich, einen bis auf die sechzehnte Dezimale genauen Wert für die Zahl π anzugeben. Die Untersuchung der Parallelen, die bereits die Aufmerksamkeit der hellenistischen Nachfolger Euklids auf sich gezogen hatten, kennzeichnet die arabische Geometrie seit dem neunten Jahrhundert. ʿUmar al-Ḫaiyāmī widmet ihr einen Teil seiner Arbeiten und beeinflußt die Euklid-Abhandlung von Naṣīraddīn aṭ-Ṭūsī. Keiner von beiden erhebt den Anspruch, das Euklidsche Postulat in Zweifel zu stellen, doch ihre Forschungen bahnen den Weg dazu. Auch wenn die griechische Geometrie an bestimmten Punkten umstritten ist, halten sich die Einwände an den von den Alten bestimmten Rahmen.

Wissenschaften des Rechnens

Die Wissenschaften des Rechnens, die wir als Algebra, Arithmetik und Trigonometrie bezeichnen, verdanken Griechenland viel weniger und dem Orient um so mehr. Als Wissenschaften der Praxis und des Konkreten haben sie sich sehr früh außerhalb der griechischen Tradition entwikkelt – man will wissen, wie die Fläche eines Feldes zu ermitteln, eine Erbschaft zu verteilen oder ihr Ertrag zu veranschlagen ist. Im neunten Jahrhundert schreibt al-Ḫwārizmī auf der Grundlage des Dezimalsystems nach indischem Muster eine »Arithmetik«, wie man dieses Werk gewöhnlich nennt. Mit diesem Buch – und wohl noch über andere Schriften und weitere Kontakte – breitet sich das indische Zahlensystem in der arabischen Welt aus, erreicht von dort das Abendland und schließlich die ganze Welt. Die Praxis nimmt in der Abhandlung al-Ḫwārizmīs großen Raum ein. Neben dieser Arithmetik hinterläßt er mehrere andere Werke, darunter die Abhandlung *Al-ǧabr wa l-muqābala*, deren Ruhm viele Jahrhunderte überdauert. Eine neue Disziplin, die das Rechnen mit Unbekannten behandelt, tritt hier zum ersten Mal unter ihrem Namen auf: die Bezeichnung »Algebra« geht auf den Titel dieser Abhandlung zurück. Zwar bleibt die algebraische Technik sehr einfach; der Rückgriff auf geometrische Figuren bei der Lösung verhindert die Konzeption negativer Wurzeln. Vor allem aber gibt es keinen algebraischen Symbolismus; alles wird wortsprachlich ausgedrückt oder durch Figuren wiedergegeben. Die Systematisierung der Argumentation und die Umformung der einzelnen Gleichungen in eine Reihe kanonischer Gleichungen, mit deren Hilfe die Lösung gefunden wird, bahnen dennoch den Weg zu einer Algebra, die den Griechen nichts mehr schuldet. Das Werk al-Ḫwarizmīs steht in einer Tradition des algebraischen Rechnens, deren Vorläufer sich bis auf die mesopotamischen Zivilisationen zurückverfolgen lassen. Die Art des Rechnens zur Auflösung von Gleichungen zweiten Grades legt auch Vergleiche mit Indien nahe.

Doch die Erforschung der Quellen al-Ḫwārizmīs ist noch keineswegs abgeschlossen. Mit dieser markanten Persönlichkeit in der Geschichte der Rechenkunst setzt ein beständiger, nach ihrem Tod immer breiter werdender Strom mathematischer Untersuchungen ein.

Also eine den Griechen nachgeahmte Geometrie auf der einen Seite und eine eigenständige, auf den Leistungen des Orients errichtete Wissenschaft des Rechnens auf der anderen? Eine solche Behauptung wäre noch zu einfach. Roshdi Rashed meint in seinen *Recherches sur l'histoire des mathématiques arabes*, daß nach al-Ḫwārizmī die Algebra in zwei Richtungen auseinanderläuft: eine geometrische und eine arithmetische. Al-Ḫaiyāmis Untersuchungen der Gleichungen dritten Grades gründen auf einer geometrischen Konzeption; doch in seiner Algebra dienen die Figuren nur als Hilfsmittel, und er betrachtet die Lösungen der Gleichungen als Schnittpunkt von Kurven. Nach Rāšid Rušdī war die »Arithmetisierung der Algebra« ein entscheidender Schritt. Darunter versteht er »die Übertragung und Ausdehnung von Operationen der elementaren Arithmetik, von Algorithmen wie der euklidischen Division oder dem Wurzelziehen, auf algebraische Ausdrücke, insbesondere auf Polynome«. Auch wenn diese Auffassung von einigen Spezialisten entschieden abgelehnt wird: das Werk al-Karağīs an der Wende zum elften Jahrhundert enthält jedenfalls eine knappe Darstellung der Theorie des algebraischen Rechnens, die genau dadurch gekennzeichnet ist, daß die arithmetischen Operationen auf Polynome ausgedehnt werden. Er stützt sich auf die von al-Ḫwārizmīs Nachfolgern fortgeführte Algebra und zugleich auf die Übersetzung der *Arithmetik* des Diophantos, welcher er viele seiner Probleme verdankt. Und sein Erbe as-Samau'al behauptet ohne Zögern, man müsse »auf die Unbekannten sämtliche arithmetischen Instrumente anwenden, wie der Arithmetiker es mit den Bekannten tut«. Das angedeutete Modell verdeckt allzu leicht die erheblichen Lücken, die noch immer bestehen und es so schwierig machen, die besonderen Züge der arabischen Wissenschaft herauszuarbeiten: was sie von früheren Kulturen übernommen und was sie selbst entwickelt hat. Es scheint jedoch, daß die griechische Welt – das klassische Griechenland und die hellenistische Welt – den Arabern die entscheidenden Grundlagen ihres wissenschaftlichen Lebens geliefert hat. An erster Stelle ein Weltbild. Den Werken von Aristoteles und Ptolemaios konnten die islamischen Gelehrten die Vorstellung eines Universums entnehmen, das in eine sublunare Sphäre des Werdens und Vergehens und in eine unveränderliche Welt der Fixsterne geteilt ist. Von Aristoteles erhielten sie zudem eine Logik, insbesondere eine Methode des Schließens: aus Griechenland stammt die Abstraktion.

Die indischen und iranischen Einflüsse, die auf die mesopotamische Welt zurückgehenden Traditionen, die im Mittleren Osten einander überlagern, sind viel schwieriger zu erkennen, zu bestimmen, zu klassifizieren. Dennoch werden sie sichtbar, vor allem dort, wo die Araber außerordentlich viel geleistet haben: auf dem Gebiet der Rechenkunst. Stammen die Vorbilder der von al-Ḫwārizmī verwendeten Algorithmen aus Mesopotamien oder Indien, kann man sie gar mit einer noch umfassenderen Gesamtheit von Traditionen der Rechenkunst in Verbindung bringen? Auch wenn die griechische, vor allem die hellenistische Wissenschaft sich oft mehr um Praxis gekümmert hat, als man gewöhnlich zugibt, hat die arabische Wissenschaft aus offenkundig pragmatischeren, mehr auf Nutzen und Berechnung abgestellten Traditionen geschöpft. Wohl von diesen unterschiedlichen Grundlagen ausgehend, haben die Araber die Beobachtungswissenschaften – Astronomie, Medizin, Naturwissenschaften und Chemie – entwickelt. Vielfältige, komplexe und noch unzureichend bestimmte Einflüsse waren es also, denen die arabische Wissenschaft einen Teil ihrer Besonderheiten verdankt.

Das »Kitāb al-muqtaṣar fī ḥisāb al-ǧabr wa l-muqābalȧ« des al-Ḫwārizmī

Das »Kleine Buch über das Rechnen der Zurückführung und Vergleichung« wurde in der ersten Hälfte des neunten Jahrhunderts von Muḥammad b. Mūsā al-Ḫwārizmī geschrieben. Von seinem Leben ist wenig bekannt; er stammte aus Choresmien in Zentralasien, wirkte in Baǧdād und verfaßte ein astronomisches Tafelwerk. Seine Arithmetik, die im zwölften Jahrhundert von Robert von Chester und Adelard von Bath ins Lateinische übersetzt wurde, trug weitgehend dazu bei, die sogenannten arabischen Ziffern und die Rechentechniken, die damit möglich sind, im christlichen Abendland bekannt zu machen. Er war der erste, der eine Abhandlung mit dem Titel »Algebra« schrieb.

In seiner Einleitung nennt al-Ḫwārizmī die Gründe, die ihn bewogen haben, das Buch zu schreiben:
»Der Imam und Emir der Gläubigen al-Ma'mūn [...] hat mich gedrängt, ein knappes Werk über das Rechnen *al-ǧabr* und *al-muqābala* zu schreiben, begrenzt auf die Kunst des bequemen Rechnens, an der großes Interesse besteht, weil die Leute ihrer ständig bedürfen bei den Teilungen ihrer Erbschaften und Testamente, bei gesetzlichen Vorschriften, Handelsgeschäften und allen Dingen, die sie miteinander betreiben, insbesondere bei der Ausmessung von Ländereien, beim Graben von Kanälen, bei der geometrischen Berechnung und ähnlichen Dingen.«
Die Ausdrücke *al-ǧabr* und *al-muqābala* bedeuten Reduktion beziehungsweise Vergleich; sie definieren die vom Autor verwendete Methode. Es handelt sich darum, eine Gleichung zunächst auf einen bekannten und einer Lösung zugänglichen Typus zurückzuführen. Al-Ḫwārizmī gibt sechs Gleichungstypen oder kanonische Gleichungen an, die sich folgendermaßen in heutige Termini übersetzen lassen:

$$\mathrm{ax}^2 = \mathrm{bx}$$
$$\mathrm{ax}^2 = \mathrm{c}$$
$$\mathrm{bx} = \mathrm{c}$$
$$\mathrm{ax}^2 + \mathrm{bx} = \mathrm{c}$$
$$\mathrm{ax}^2 + \mathrm{c} = \mathrm{bx}$$
$$\mathrm{bx} + \mathrm{c} = \mathrm{ax}$$

Um zu diesen Gleichungstypen zu gelangen, die sämtlich nur positive Zahlen enthalten, müssen die Terme der Gleichung zunächst durch *al-ǧabr* in ein passendes Gleichgewicht gebracht werden; so wird eine Gleichung, die wir $2x^2 + 100 - 20x = 58$ schreiben würden, durch *al-ǧabr* in $2x^2 + 100 = 58 + 20x$ umgeformt und durch *al-muqābala*, das heißt durch Vereinfachung, in $x^2 + 21 = 10x$ verwandelt.

Die Lösung der Gleichungen wird mit Hilfe von Algorithmen erreicht, denen ein geometrischer Beweis zugrunde liegt. Um den Wert des Algorithmus zu finden, der eine Gleichung vom Typ $x^2 + bx = c$ zu lösen gestattet, wird folgendes Beispiel verwendet: »Das Quadrat und zehn Wurzeln seien 39 Einheiten gleich«, das heißt in Worten: das Quadrat der Unbekannten plus zehnmal die Unbekannte gleich 39; in der Sprache der heutigen Mathematik: $x^2 + 10x = 39$. Es handelt sich also um die vierte kanonische Gleichung.

»Die Regel lautet, daß du die Wurzeln in zwei Hälften teilst, hier erhält man fünf, die du mit sich selbst multiplizierst, man bekommt 25, die du den 39 hinzufügst, und man erhält 64. Du ziehst die Wurzel, welche 8 ist, nimmst davon die Hälfte der Zahl der Wurzeln weg, also 5; es kommt 3 heraus, und das ist die Wurzel des Quadrats, das du suchst, das Quadrat ist 9.« Diesen Algorithmus würden wir in folgender Form ausdrücken:

$$x = \sqrt{\left(\frac{b}{2}\right)^2 + c} - \frac{b}{2}.$$

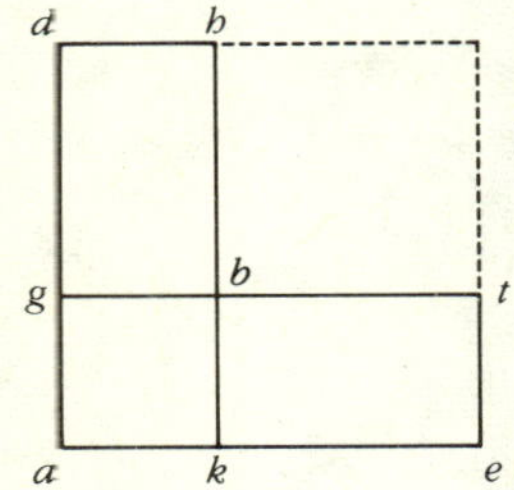

Den Beweis liefert al-Ḫwārizmī folgendermaßen: Gegeben sei ein Quadrat AKBG, welches das Quadrat der Unbekannten darstellt, dessen Seitenlänge also die Unbekannte ist. Zwei senkrecht zueinander stehende Seiten des Quadrats werden nun um die Hälfte von 10, also 5, verlängert. Über den Seiten des Quadrats lassen sich also zwei Rechtecke konstruieren (GBHD und KETB), deren eine Seite gleich der Unbekannten und deren andere Seite 5 ist. Die gesamte Fläche der beiden Rechtecke ist also zehnmal die Unbekannte, und die Fläche der Figur, die aus dem zu Beginn gegebenen Quadrat und den beiden Rechtecken besteht, beträgt 39, da sie dem Wert des Quadrats der Unbekannten und dem Zehnfachen der Unbekannten entspricht. Wenn man nun diese Figur so ergänzt, daß sich daraus ein Quadrat ergibt, indem man ein Quadrat mit der Seitenlänge 5 hinzufügt, so wird die Fläche dieses letzteren 5^2 betragen, also 25, die zu den 39 hinzukommen. Die Seite des großen Quadrats AECD ist dann gleich $\sqrt{64}$, also 8. Um die Unbekannte zu finden, muß man von diesen 8 jetzt nur noch 5 subtrahieren; es bleiben 3. Der Algorithmus, der die Lösung zu finden erlaubt, läßt sich also in moderner Schreibweise folgendermaßen ausdrücken:

$$x = \sqrt{\left(\frac{b}{2}\right)^2 + c} - \frac{b}{2}.$$

Eine solche Lösung schließt ein, daß die Wurzel positiv ist. Die Algorithmen, die zur Lösung der anderen kanonischen Gleichungen führen, werden mit Methoden des gleichen Typs bewiesen.

Wege ins lateinische Abendland

Als die arabische Wissenschaft, die Wissenschaft der islamischen Länder, ihren Zenit erreicht – wie steht es zu dieser Zeit mit der Wissenschaft des christlichen Abendlandes? Sie vegetiert dahin und erlebt, Guy Beaujouan zufolge, ihren Aufschwung erst im letzten Viertel des dreizehnten Jahrhunderts. Doch der Wunsch nach Erkenntnissen macht sich schon vorher bemerkbar. Ehe er eigene wissenschaftliche Entwicklungen hervorzubringen vermochte, hat sich der Okzident dem Wissen zugewandt, das aus dem Orient kam.

Die ersten Kontakte zwischen der arabischen Wissenschaft und der westlichen Welt sind marginal. Denn Randphänomene sind es in der Tat, Berührungen an den äußersten Grenzen von Islam und Christenheit, an denen auch nur sehr kleine Gruppen beteiligt waren. Viele historische Fakten sind bis heute unbekannt und werden es trotz der Anstrengungen, die in Zukunft vielleicht noch unternommen werden, mangels ausreichender Quellen auch bleiben. Das zehnte Jahrhundert, in dem sich die großen Strukturen des künftigen Europas herausbilden, ist das am wenigsten bekannte unserer Geschichte, dasjenige, aus dem die wenigsten Schriften überliefert sind. Aus dem Dunkel treten dennoch einige Ereignisse und Gestalten hervor, an deren Spuren wir uns heften müssen, wenn wir die Geschichte verfolgen wollen. Die Werke des Gerbert von Aurillac beweisen, daß bereits seit der zweiten Hälfte des zehnten Jahrhunderts die arabische Wissenschaft ins Abendland eindringt. Gerbert, um 940-950 geboren, ist zuerst Mönch, dann Domscholaster (Leiter der bischöflichen Schule) von Reims, darauf Erzbischof dieser Stadt; 999 wird er unter dem Namen Silvester II. zum Papst gewählt. Er hält sich in Spanien auf, zumindest in Katalonien, knüpft dort Kontakte und pflegt briefliche Verbindungen nach dort. Auch wenn die Autorschaft des mathematischen Werkes, das ihm zugeschrieben wird, fraglich ist, zeigen seine Briefe, daß er von seinen Korrespondenten Bücher angefordert hat, darunter eines mit dem bedeutsamen Titel *De multiplicatione et divisione*. Zur gleichen Zeit erscheinen »arabische« Ziffern in lateinischen Manuskripten. Das älteste bekannte und datierte wurde 976 in einem nordspanischen Kloster kopiert. Mit dem Beginn des elften Jahrhunderts werden die Belege zahlreicher, vor allem in den Exemplaren der *Geometrie* des Boethius. Erste Zeichen eines Einflusses der arabischen Wissenschaft? Wahrscheinlich; auch

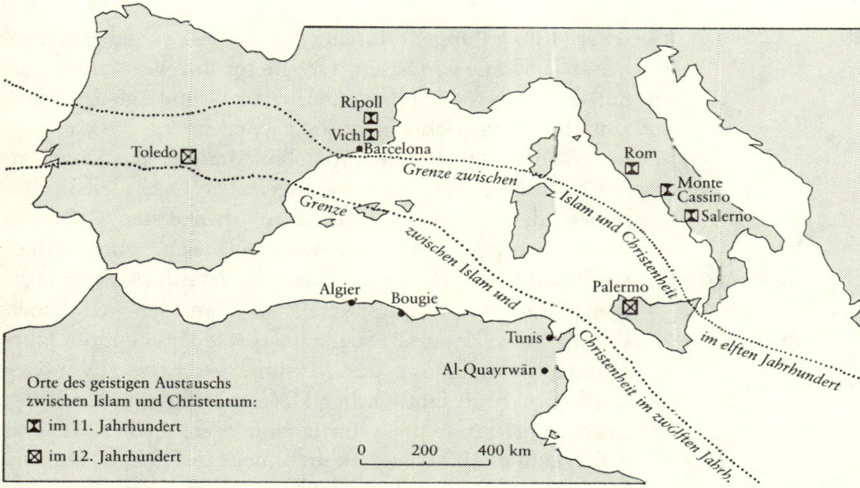

Die Orte der intellektuellen Fühlungnahme zwischen Islam und Christenheit im westlichen Mittelmeerraum

andere Tatsachen sprechen dafür. Gegen Ende des zehnten und zu Beginn des elften Jahrhunderts werden Astrolabien erwähnt, die bis dahin im Abendland unbekannt waren; Gerbert soll eines aus Spanien mitgebracht haben.

Spanien ist zweifellos die wichtigste, wenngleich nicht die einzige Route, auf der die arabische Wissenschaft ins Abendland gelangt. So heißt es, die medizinische Schule von Salerno (bei Neapel) sei von vier Professoren gegründet worden, einem Griechen, einem Lateiner, einem Juden und einem Araber, die jeweils in ihrer Muttersprache gelehrt hätten. Die Legende hält den Tatsachen nicht stand, ist aber bezeichnend. Unteritalien, von vielfachen Einflüssen geprägt, nimmt im Zentrum des Mittelmeeres eine Schlüsselstellung ein. In den ersten medizinischen Werken, die aus der Schule von Salerno hervorgegangen sind, ist der arabische Einfluß noch kaum wahrnehmbar. Doch alles ändert sich mit Constantinus Africanus aus Tunis, der ein abenteuerliches Leben geführt haben soll – als Orientreisender, beneideter Gelehrter, Kaufmann im Mittelmeerhandel –, ehe er mit zahlreichen Manuskripten im Gepäck nach Italien kam. Er konvertiert zum Christentum und tritt ins Kloster von Monte Cassino ein. So ungewiß seine Lebensgeschichte auch sein mag, er ist mit Sicherheit einer der fruchtbarsten Übersetzer. Er hinterläßt ein umfangreiches Werk, das zwischen 1065 und 1085 entstanden ist und das, wie sich bei genauerer Untersuchung gezeigt hat, im wesentlichen aus Übersetzungen griechischer und arabischer Abhandlungen besteht, die in Kairuan gelehrt wurden. Die Schule von Salerno sorgte für ihre Verbreitung, so daß diese Texte für Jahrhunderte zur Grundlage des medizinischen Unterrichts in Europa wurden.

Im zwölften Jahrhundert folgt auf diese ersten Kontakte die Zeit der großen Übersetzungen. Die Orte bleiben dieselben: der lateinische Orient, aus dem ersten Kreuzzug hervorgegangen, hat praktisch keine Spur von wissenschaftlichen Kontakten zwischen Kreuzfahrern und Muslimen hinterlassen; alles spielt sich an den westlichen Rändern des Islams ab. Sizilien, das seit dem neunten Jahrhundert in der Hand der Muslime ist, hatte zuvor vier Jahrhunderte byzantinischer Herrschaft erlebt. Nach der Eroberung durch die Normannen (zwischen 1061 und 1091) geht es 1094 in die Besitztümer Friedrichs II. ein. Die Insel wird zu einer Drehscheibe für Menschen, Produkte und Ideen der lateinischen, arabischen und griechischen Welt. Neben den Übersetzungen vorwiegend aus dem Arabischen ins Lateinische werden Texte auch direkt aus dem Griechischen übertragen. In Spanien bleibt Katalonien ein Brennpunkt des Austauschs, doch seit der Reconquista entwickeln sich andere Zentren. So erlebt Toledo bald nach seiner Eroberung durch die Christen im Jahre 1085 auf Veranlassung des Bischofs Raimundus eine sehr bedeutsame Übersetzungstätigkeit. Es arbeiten dort Mozaraber – der Sprache nach Spanier, der Kultur nach Araber –, konvertierte und nichtkonvertierte Juden, Fremde, die aus ganz Europa kommen, um dort zu studieren. Am fruchtbarsten ist der Italiener Gerhard von Cremona, der in Toledo mehr als achtzig Werke aus den meisten wissenschaftlichen Disziplinen übersetzt. Entscheidend ist die Rolle der Juden. Wenige Christen beherrschen das Arabische, daher der Rückgriff auf einen Vermittler, oft einen Juden; die Übersetzung hat also in zwei Phasen stattgefunden, ist das Werk zweier Männer: der erste überträgt aus dem Arabischen in eine Vulgärsprache, der zweite erstellt den lateinischen Text. Die Juden – bestrebt, ihren eigenen Gemeinden zu nutzen – übersetzen und schreiben hebräisch; manche ihrer Werke werden ins Lateinische zurückübersetzt. Während des zwölften Jahrhunderts schreitet die Übersetzungsarbeit rasch voran. Manche Texte werden mehrfach übertragen: so die *Elemente* Euklids von Adelard von Bath, Hermann von Carinthia und Gerhard von Cremona; der *Almagest* des Ptolemaios von Gerhard von

Cremona und Eugen von Palermo. Die *Arithmetik* al-Ḫwarizmīs, übersetzt von Adelard von Bath, erfährt mehrere Bearbeitungen: die *Alghoarismi de arismetrice* von Juan von Sevilla, den *Algorismus* des Johannes von Sacro Bosco und schließlich das sehr verbreitete *Carmen de algorismo* des Alexander von Villa Dei, in Versen verfaßt, um es leichter zu behalten. Während sich die Begegnungen zwischen dem Abendland und der Wissenschaft der islamischen Länder vorzugsweise an den Rändern der christlichen Welt abspielen, deutet die Herkunft der genannten Übersetzer darauf hin, daß die Bewegung der Übersetzung und Bearbeitung Intellektuelle aus ganz Westeuropa erfaßt hat. Eine wichtige, in manchen Fällen sogar systematische Anstrengung, die sich von den beengten Verhältnissen früherer Jahrhunderte deutlich abhebt.

Ein Übersetzer an der Arbeit. Der Weg der Übertragung ins Abendland verläuft oft über Italien.
Lateinisches Manuskript 6912, ca. 1279-1282, Neapel; Bibliothèque nationale, Paris

Die Abgesandten des Königs begeben sich zum Emir von Tunis und erbitten von ihm ein Exemplar der großen medizinischen Abhandlung ar-Rāzīs: Das Buch, das alles enthält.

Die Abgesandten überreichen das arabische Exemplar Karl von Anjou, dem König von Sizilien (1266-1285), der eine Übersetzung anordnet.

Sein Dolmetscher, der Jude Farağ, arbeitet an der Übersetzung. Das arabische Exemplar liegt dabei auf einem Lesepult. In der oberen Hälfte der Initiale (es handelt sich um ein E) übergibt er sein Werk dem König.

Am Ende des zwölften Jahrhunderts hat sich das Abendland einen sehr bedeutenden Teil der griechisch-arabischen Philosophie und Wissenschaft angeeignet: die Hauptwerke des Aristoteles mit ihren zahllosen Kommentatoren, die *Elemente* Euklids, die *Kegelschnitte* des Apollonius, den *Almagest* – aus dem Arabischen, aber auch aus dem Griechischen übersetzt –, Hippokrates und Galen sowie al-Ḫwārizmī, Ibn al-Haiṯam (Alhazen), Ǧābir b. Ḥaiyān (Geber), Ibn Sīnā (Avicenna) und Ibn Rušd (Averroës). Trotz der beachtlichen Anzahl dieser

Die »Elemente« auf dem Weg nach Westen oder Euklid in Parallele

Wie sind die euklidischen *Elemente*, der Ausgangspunkt der Geschichte der europäischen Mathematik, ins Abendland gelangt? Die Geschichte dieser Übertragung reicht sehr weit zurück. Kein Manuskript hat sich erhalten, das bald nach der Abfassung des Werkes entstanden wäre. Man weiß nicht, wer Euklid ist; manchen gilt er als Individuum, für andere sind die *Elemente* die Schrift einer Schule. Der ursprüngliche Text soll vom Ende des vierten oder Beginn des dritten vorchristlichen Jahrhunderts stammen. Der erste bekannte Kommentator ist Heron von Alexandria zweihundert Jahre später, doch es scheint sicher, daß Apollonius von Perge Euklid kannte. Die Grundtexte der euklidischen Tradition stammen aus spätlateinischer Zeit. Die Kommentare von Pappos (etwa 300-350 nach Christus tätig) und Proklos (410-485) umrahmen die Ausgabe Theons von Alexandria, der in der zweiten Hälfte des vierten Jahrhunderts schrieb. Der Text Theons, die »theonische« Fassung, diente bis ins neunzehnte Jahrhundert den wichtigsten Editionen als Grundlage.
Sehr früh kamen die *Elemente* in die Hand der Araber. Sie machten daraus eine Staatsaktion, da der Kalif al-Manṣūr (754-775) vom byzantinischen Kaiser eine griechische Fassung erhielt. Einige Jahrzehnte später, unter der Herrschaft Hārūn ar-Rašīds (786-809), fertigte al-Ḥaǧǧaǧ die erste Übersetzung an, ausgehend von einer syrischen Fassung, von der er auf Ersuchen des Kalifen al-Ma'mūn (813-833) eine gekürzte Bearbeitung zum Schulgebrauch herstellte. So ist es vor allem dem Eingreifen der Herrscher zu verdanken, daß die arabische Welt seit dem ersten Drittel des neunten Jahrhunderts im Besitz einer Fassung der *Elemente* war. Der Text erschien offenbar unzulänglich, da Isḥāq b. Ḥunain, der Sohn des großen Übersetzers Ḥunain b. Isḥāq, sich mit einem Mathematiker zusammentat, Ṯābit b. Qurra, um eine neue, dem griechischen Text nähere Version herzustellen. Die arabische Welt brachte eine beträchtliche Zahl von Werken hervor, die sich mit den euklidischen *Elementen* befassen: Übersetzungen, aber auch Zusammenfassungen wie jene, die Avicenna in sein *Kitab aš-Šifā'* aufnahm, sowie Kommentare; die bekanntesten stammen aus dem dreizehnten Jahrhundert, von Naṣīraddīn aṭ-Ṭūsī und al-Maġribī.
Gleichzeitig hatte sich die Spur Euklids im Westen nicht völlig verloren. Die Autoren der Spätantike zitierten ihn: Martianus Capella, Cassiodor, eine Sammlung zum Gebrauch der Landmesser, vor allem aber Boethius. Diese Tradition ist nicht abgerissen; eine Übersetzung des Adelard von Bath aus dem Arabischen enthält Merkmale des Euklid von Boethius. Ein italienisches Manuskript aus dem zehnten Jahrhundert enthält ein Fragment einer anson-

sten unbekannten Übersetzung der *Elemente*. Seine Unzulänglichkeit und die Unkenntnis des Verfassers erklären vielleicht, warum es unbekannt blieb; doch eine andere, sehr genaue, sehr wörtliche Übersetzung eines theonischen Manuskripts – um 1160 in Salerno entstanden – scheint kaum weiter verbreitet gewesen zu sein.

Die Übersetzungen, denen es zu verdanken ist, daß sich die *Elemente* im Abendland durchgesetzt haben, stammen von den Arabern. Beide Traditionen finden wieder zusammen: Gerhard steht in der Linie des Textes von Isḥāq und Ṯābit, also jenes arabischen Textes, der dem griechischen Original am nächsten kommt. Die drei weniger textgetreuen Übersetzungen und Bearbeitungen des Adelard von Bath, die von al-Ḥaǧǧaǧ ausgingen, waren viel einflußreicher. Die zweite Fassung, ein gekürzter Kommentar, hatte beträchtlichen Erfolg. Die Arbeiten Adelards dienten wiederum als Ausgangspunkt für die Werke von Campanus von Novara, der in den Jahren nach 1250 seine eigene Version der *Elemente* lieferte.

Adelard und Campanus lagen allen späteren Fassungen zugrunde. 1482 wurden die *Elemente* erstmals in Venedig gedruckt, und zwar in der Version von Campanus. Erst im Jahre 1505 erschien eine neue Übersetzung aus dem Griechischen von Bartolomeo Zamberti im Druck, und erst 1533 wurde in Basel der griechische Text gedruckt. Dennoch blieb die Übersetzung von Campanus die gültige, bis Federico Commandino 1572 eine lateinische Übersetzung aus dem Griechischen veröffentlichte, die bis ins neunzehnte Jahrhundert verbindlich war.

Die Geschichte der *Elemente* erlaubt es, unsere Darstellung genauer und nuancierter zu fassen. Entscheidend war der Einfluß der Herrscher. Die zahlreichen Übersetzungen, die in Bagdad angefertigt wurden, ließen erst mehrere Jahrhunderte später eigenständige Werke entstehen. Die wichtigsten stammen von einem Perser, Naṣīraddīn aṭ-Ṭūsī, und einem Maghrebiner, al-Maġribī. Gewiß waren die *Elemente* niemals ganz vergessen; doch trotz der Übersetzungen aus dem Griechischen, die in Unteritalien erstellt wurden, hat die arabische Wissenschaft bei der Vermittlung Euklids ins Abendland die entscheidende Rolle gespielt. Erst in der zweiten Hälfte des sechzehnten Jahrhunderts wurde die arabisch-lateinische Tradition durch eine neue Fassung aus dem Griechischen verdrängt. Zu der Zeit, als Gerhard von Cremona und Adelard von Bath die arabischen Übersetzungen übertrugen, war das Werk Euklids für die Mathematiker der islamischen Länder kein totes Werk, die großen Kommentatoren aṭ-Ṭūsī und al-Maġribī waren noch nicht geboren. Zwischen zwei Modellen, einem lebendigen und einem toten, hat das Abendland das Leben gewählt.

Schriften sollten wir die Lücken nicht aus dem Blick verlieren; manche Werke bleiben im Abendland unbekannt, zum Teil noch jahrhundertelang. Diophantes, den Arabern durchaus geläufig, wird zum erstenmal 1572 von Bombelli in seiner *Algebra* zitiert und vier Jahre später übersetzt; Wallis entdeckt Naṣīraddīn aṭ-Ṭūsī erst im siebzehnten Jahrhundert wieder, und man muß auf das Jahr 1851 warten, bis die *Algebra* al-Ḫaiyāmis in Europa zugänglich wird.

Zum größten Teil unbekannt bleibt auch das lateinisch geschriebene Werk eines in arabischer Mathematik bewanderten Italieners. Leonardo Fibonacci, genannt Leonardo da Pisa, darf als größter Mathematiker des europäischen Mittelalters gelten. Als Sohn eines Offiziers der Republik Pisa, um 1192 Bevollmächtigter der Kolonie von Bougie, erhält er eine Ausbildung bei einem »bewundernswürdigen Meister«, wie er selbst sagt. Als Kaufmann betreibt er seine Geschäfte in Ägypten, Syrien, Griechenland, Sizilien und in der Provence; von diesen Reisen bringt er zahlreiche Manuskripte mit. 1202 kehrt er nach Pisa zurück und beginnt zu schreiben. Sein *Liber abbaci* (»Traktat über das Rechenbrett«) findet weite Verbreitung. Dieses Buch, eine Abhandlung zur Arithmetik nach arabischem Muster, die den ganzen wissenschaftlichen Ertrag al-Ḫwārizmīs enthält, gliedert sich in fünfzehn Kapitel, vom Zählen mit arabischen Ziffern bis zu algebraischen und geometrischen Problemen; doch der Hauptteil beschäftigt sich mit Rechentechniken und ihrer kaufmännischen Verwendung. Im ausgehenden Mittelalter sollte der *Liber abbaci* zu einer der wichtigsten Quellen der europäischen Handelsmathematik werden.[5] Ebenso weite Verbreitung findet seine *Practica geometriae*. Die übrigen Werke Fibonaccis bleiben im Westen jedoch so gut wie unbekannt, bis der Fürst Baldassare Boncompagni sie in den fünfziger Jahren des neunzehnten Jahrhunderts wieder ausgräbt. Von Pisa aus unterhält Leonardo enge Beziehungen zum Hof Friedrichs II. in Sizilien. Zwei der Probleme, für die im *Flos Leonardi* eine Lösung geboten wird, waren ihm von Johannes von Palermo in Gegenwart des Kaisers gestellt worden, und auch das *Buch der Quadrate* antwortet auf eine solche Herausforderung: Gesucht wird eine Quadratzahl, die, um 5 vermehrt oder vermindert, eine vollkommene Quadratzahl ergibt. Die Verbindungen zur arabischen Mathematik – über die Ausbildung des Verfassers, über das Milieu, in

[5] Vgl. S. 386 f.

dem er in Palermo verkehrt, über die Probleme, denen er sich zuwendet – scheinen gesichert. Dennoch blieb das Werk Fibonaccis, vermutlich weil es allzu gelehrt war, seinen Zeitgenossen größtenteils unbekannt.

Der arabische Weg ist nicht der einzige, der zum griechischen Denken hinführt. In Unteritalien hatte sich die griechische Sprache niemals völlig verloren, und bestimmte Werke sind ohne arabische Vermittlung direkt in den Westen gelangt. Ein Teil der Schriften des Aristoteles ist dank Boethius in den lateinischen Ländern stets präsent geblieben; mehrere kleinere Werke Euklids gehen auf Bearbeitungen des griechischen Textes zurück. Doch mißt man diese Tradition an der Zahl der Manuskripte und Kommentare, die daraus hervorgegangen sind, so hatte sie niemals eine Bedeutung, die dem griechisch-arabischen Weg gleichkäme.

Vom dreizehnten Jahrhundert an mehren sich die direkten Übersetzungen, zweifellos in dem Bemühen um genauere Wiedergabe. Wilhelm von Moerbeke (um 1215 bis um 1286), dessen Arbeit von diesen strengeren Maßstäben Zeugnis ablegt, liefert eine lateinische Fassung der Hauptwerke des Aristoteles und übersetzt auch Archimedes, Heron von Alexandria und Galen. Bezeichnenderweise entstehen diese neuen Ansprüche an die Werktreue einer Übersetzung in einer Zeit, in der die abendländische Wissenschaft ihren Aufschwung erlebt, nachdem sie sich das Wesentliche des griechisch-arabischen Beitrags angeeignet hat – Übersetzungen, Kommentare und Werke von Gelehrten aus den islamischen Ländern.

Freilich vermag das Abendland nicht alles aufzunehmen, was ihm die islamische Welt an Wissenschaft bietet. Warum? Gerade zu der Zeit, in der die Übersetzungen sich mehren, erlebt Europa nach Jahrhunderten der Stagnation eine außergewöhnliche Expansion. Deren erstes Zeichen ist die Vermehrung der Menschen. Dem demographischen Wachstum entsprechen vergrößerte Anbauflächen; durch Rodung von Wäldern und Trockenlegung von Sümpfen können mehr Böden genutzt werden.

Diese räumliche Expansion basiert auf einem technischen Wandel, der – auch wenn er mit der Entwicklung der Wissenschaften nicht unmittelbar in Verbindung steht – die Produktionsmittel vollständig verändert. Der Pflug mit asymmetrischer Pflugschar ersetzt den Schwingpflug; von nun an können Luft und Wasser leichter in die gewendete

Erde eindringen, schwere Böden lassen sich einfacher bearbeiten, und die Erträge steigen. Mit der Einführung des Kummets, das eine rationellere Nutzung der Pferdekraft erlaubt, und der Vermehrung der Wassermühlen erscheinen Innovationen auch im Bereich der Energie. Die Wasserkraft wird zum Mahlen des Korns und zu vielen anderen Zwekken eingesetzt, vor allem zum Betrieb der Hammerwerke, in denen die Luppen aus den Reduktionsöfen von der restlichen Schlacke befreit werden. Gerade diese Anwendung der Wasserkraft bei der Eisenherstellung ist eine wesentliche, allzuoft übersehene Neuerung, da sie die Produktion des Metalls, das zum Schmieden von Pflugscharen, Mühlen und Waffen dient, auf ganz neue Grundlagen stellt.
Aber auch territorial dehnt sich das Abendland aus und kommt dadurch mit den Ländern des Islams in Berührung. Das spektakuläre Scheitern der fernen Kreuzzüge bedeutet wenig im Vergleich zu der Expansion des christlichen Abendlands an seinen Grenzen. Im Osten weichen die heidnischen Slawen dem germanischen Druck und öffnen so neue Siedlungsgebiete. Im Süden erreichen Normannen, Söhne adliger Familien, die in der Normandie ansässig wurden, zu Beginn des elften Jahrhunderts Unteritalien. Sie verjagen dort die Byzantiner, deren letzte Festung Bari im Jahre 1071 fällt. Binnen dreißig Jahren gelingt es ihnen, die Sarazenen aus Sizilien zu vertreiben. So entsteht das normannische Königreich Sizilien, dessen Erbe Friedrich II. wird.
Auch in Spanien reichen die Anfänge der Reconquista bis ins elfte Jahrhundert zurück. Die entscheidenden Phasen dieses säkularen Unternehmens, das mehrere Anläufe erfordert und mehrmals vorläufig scheitert, sind auf das zwölfte und dreizehnte Jahrhundert zu datieren. 1085 fällt Toledo, die alte Hauptstadt des Westgotenreichs, in die Hand Alfons' VI. von Kastilien, und 1212 werden die Almohaden bei Las Navas de Tolosa von einer Reiterarmee aus allen Königreichen des damaligen Spanien sowie Kreuzfahrern aus der gesamten abendländischen Christenheit vernichtet. Ein entscheidender Sieg, der den iberischen Islam auf das kleine Königreich Granada zurückwirft. In Spanien wie in Sizilien sehen sich die Christen Zivilisationen gegenüber, deren geistiges und wissenschaftliches Niveau dem ihnen bekannten weit überlegen ist. An diesen Schnittpunkten von Kulturen findet das Abendland die wissenschaftlichen Schätze, die ihm fehlen.

Wachstum in der Landwirtschaft, Vermehrung der Bevölkerung, Zugang zu anderen Welten: all dies begünstigt im Abendland die Entwicklung der Städte. Neue, weitläufigere Mauern umgeben die Städte, Kathedralen werden errichtet, neue Pfarreien gegründet: all dies Zeichen des Aufschwungs. Die Menschen, die sich in den Städten sammeln, haben neue Bedürfnisse. In Reims, in Chartres, in Laon entwickeln sich Domschulen. In Paris erteilen die Kanoniker von Saint-Victor und die Mönche von Sainte-Geneviève Unterricht neben dem der Kanoniker von Notre-Dame. Das erneuerte Papsttum fördert das Weltwissen der Geistlichen; im Jahre 1079 schreibt Gregor VII. allen Bischöfen vor, die *artes liberales* unterrichten zu lassen; ein Jahrhundert später (1179) verlangt das dritte Laterankonzil, daß zu jeder Kathedrale eine Schule gehören müsse, der ein bestimmter Geistlicher als Scholaster vorstehen solle.

Doch worauf sollte dieses Wissen bauen? Die Erinnerung an die antike Wissenschaft besteht fort; sie ist in den Schulen des zwölften Jahrhunderts gegenwärtig. Aber ganze Wissensbereiche bleiben verstellt. Die Physik von Chartres gründet auf dem Platonischen *Timaios*, die Pariser Logik auf einem begrenzten Ausschnitt des Aristotelischen *Organon* und seiner Kommentatoren.[6] Gegenüber den monumentalen Summen etwa des Aristoteles oder der großen arabischen Denker mangelt es den Werken der Meister des zwölften Jahrhunderts an Konsistenz. Die Erklärung der Welt findet sich anderswo, verlockend, doch auch bedrohlich, denn sie wird von Ungläubigen oder Heiden vorgebracht.

Der Wissenshunger ist in diesem triumphierenden Okzident des zwölften Jahrhunderts nicht weniger stark als im siegesgewissen Islam des siebten und achten. Das Abendland bedarf weder einer Religion (das Christentum beherrscht sein geistiges Leben) noch einer Literatur (es ist dabei, sich eine zu schaffen), noch juristischer Autoritäten (es findet sie im römischen Recht). Es braucht eine Erklärung des Kosmos, eine Physik, eine Astronomie, eine Mathematik – Schätze, welche die Araber besitzen.

Vom zehnten bis zum dreizehnten Jahrhundert dienen die Araber als Vermittler zwischen der griechischen Wissenschaft und dem Abendland. Über sie verläuft die erste Welle im zehnten und elften Jahrhundert; über sie nehmen auch die meisten Texte ihren Weg, die im zwölften Jahr-

[6] Zum *Organon* des Aristoteles siehe unten, S. 330.

hundert den Grundstein für die geistige Erneuerung des Westens bilden. Diese Übermittlung betrifft sämtliche Disziplinen, Mathematik und Physik, Astronomie und Medizin, Chemie und Optik. Der Anteil der direkten Weitergabe vom Griechischen ins Lateinische bleibt sehr gering, auch wenn es den Lateinern später nützlich scheint, auf den Originaltext zurückzugreifen.

Durch Übersetzungen und direkte Kontakte gelangen dem Abendland aber auch Wissenschaften zur Kenntnis, die nicht aus der griechischen Welt stammen. Außer den arabischen Fassungen griechischer Bücher sind auch die Schriften arabischer Gelehrter übersetzt worden. Sie kommentieren oder ergänzen Werke des klassischen Altertums, enthalten jedoch auch völlig neue, vom griechischen Wissen verschiedene Kenntnisse. Dies gilt insbesondere für die Rechenkunst: Dezimalsystem, Trigonometrie, algebraische Verfahren. Sollte man daraus auf die Existenz einer mediterranen Wissenschaft schließen? Das wäre zuwenig – denn die Araber haben über ihre Schriften Kenntnisse weitergegeben, die aus dem Fernen Osten stammen, aus Indien vor allem. Der arabische Vermittler erweist sich daher als ein Makler, der mehrere Klienten zusammenführt, jedenfalls mehr als zwei. Doch er begnügt sich nicht mit dieser Rolle. Mit den Mitteln seiner eigenen Zivilisation verändert, verbessert und verwandelt er diese erworbenen Schätze, schöpft Neues aus ihnen. Die Wissenschaft, die das Abendland von den Arabern empfangen hat, besitzt eine eigene Identität, eine profunde Eigenständigkeit gegenüber den Anstößen Griechenlands oder Indiens, ebenso wie sich die spätere Wissenschaft des europäischen Mittelalters wiederum von ihr unterscheidet.

Zwar sind die Lücken zu groß, um die Verbindungen der östlichen Wissenschaften zum Islam studieren zu können. Doch die Weitergabe der griechischen Kultur an die arabische Welt und der arabischen Welt an den Westen sind einen Vergleich wert. Sie ähneln mitnichten der heutigen Übertragung der europäischen Wissenschaft auf den ganzen Erdball. Geschwächte Reiche geben ihr Wissen an siegesgewisse, siegreiche Zivilisationen ab. Die Araber haben sich gerade eines Großteils der damals bekannten Welt bemächtigt, als sie sich zu Herren des antiken Wissens machten; im zwölften Jahrhundert ist es das westliche Europa, das sein Gebiet erweitert und sich auf Kosten seiner Nachbarn ausdehnt. Außerdem muß man beachten, daß eine antike Wissenschaft, die eher auf der Stelle tritt als Neues entdeckt, einer arabischen Wissenschaft gegenübersteht, die selbst zu der Zeit noch fruchtbar ist, als das Abendland von ihr zehrt. Hier wird kein Wissen aufgezwungen, sondern begierig aufgesogen; so als ob Zivilisationen, denen es an wissenschaftlichen Grundlagen mangelt, aufgrund ihrer eigenen Dynamik dahin kämen, diese Basis anderswo zu suchen, um ihre Mängel wettzumachen. Ehe die ererbte Wissenschaft in »Besitz« genommen werden kann, muß sie freilich erst einmal »erworben«, das heißt verstanden werden. Mehrere Jahrhunderte waren nötig, bis der Islam wie auch das christliche Europa aus den zugefallenen Schätzen ihre eigene Wissenschaft errichten konnten.

Übertragungen, gewiß; jedoch komplexere, als man dachte. Die Araber waren viel mehr als nur Vermittler. Sie haben nicht bloß das Staffelholz übergeben. Ihre Wissenschaft ist vielmehr als Epoche in der Geschichte der euroasiatischen Wissenschaft zu betrachten.

PAUL BENOÎT

DIE THEOLOGIE IM DREIZEHNTEN JAHRHUNDERT: EINE WISSENSCHAFT, DIE ANDERS IST ALS ALLE ANDEREN

In diesem Kapitel werden wir sehen, wie die Theologie dank Aristoteles den Status einer Wissenschaft erlangte – und wie sie ihn in dem Augenblick wieder verlor, als im mittelalterlichen Europa eine neue Wissenschaft geboren wurde. Woran man sieht, daß die Definition einer Wissenschaft etwas Veränderliches ist

Utrum sacra doctrina sit scientia? Ist die Theologie eine Wissenschaft? Für viele Menschen des zwanzigsten Jahrhunderts klingt eine solche Frage seltsam, und doch stellte sie Thomas von Aquin auf den ersten Seiten seines Hauptwerks, der *Summa theologica*. Er antwortete bejahend, stellte die Theologie an die Spitze der Erkenntnishierarchie und gründete sein Vorgehen auf diese privilegierte Stellung. Wie war es möglich, daß die Theologie im dreizehnten Jahrhundert als Wissenschaft, und zwar als dominierende Wissenschaft, gelten konnte? Wie erklärt es sich, daß sie, nachdem sie diesen Status einmal erlangt hatte, später nicht mehr als solche galt, während die Entwicklung des Wissens im allgemeinen doch als Erweiterung seines Gebiets durch neu auftauchende Disziplinen betrachtet wird? Kurz, kann man angeben, was einer intellektuellen Disziplin in einer bestimmten Epoche den Titel einer Wissenschaft verleiht? Der Begriff hat sich mit den Epochen gewandelt, der Ausdruck hat sich auf ganz verschiedene Dinge bezogen und mehr oder weniger präzise Bedeutungen angenommen: seine Definition war stets schwierig. In einem Text über die Theologie des dreizehnten Jahrhunderts kann man natürlich nicht die heutige Elle an die

Der Beau Dieu d'Amiens. *Diese Darstellung Christi am Mittelpfosten des Portals der Kathedrale von Amiens weist die ikonographischen Merkmale auf, die das Mittelalter dem Lehrenden beilegte: zwei Finger der rechten Hand erhoben, in der linken Hand die Schrift. In dieser neuen Darstellung ist Gott nicht mehr nur ein gerechter Gott.*
Hauptportal der Kathedrale von Amiens, Westseite

Wissenschaft anlegen; vielmehr geht es um den Versuch, die unterschiedlichen Konzeptionen von Wissenschaft zu bestimmen, welche die Menschen im Mittelalter besaßen.
Zug um Zug haben Soziologie, Psychologie, Linguistik und Literaturkritik den Anspruch auf Wissenschaftlichkeit erhoben – und ihm Geltung verschafft. Die »Humanwissenschaften« haben sich unter dem Dach der Philosophischen Fakultät neben den Philologien eine institutionell anerkannte Stellung erobert. Die Entwicklung ist unumkehrbar – oder wäre es vorstellbar, daß eine Disziplin ihren Status als Wissenschaft wieder verliert? Welches sind die epistemologischen, aber auch politischen, sozialen und institutionellen Kriterien, die erfüllt sein müssen, damit eine Wissenschaft als solche angesehen werden kann? Die Geschichte der mittelalterlichen Theologie bietet dem Forscher den Musterfall einer Disziplin, die ihre Wissenschaftlichkeit durchgesetzt, dann aber praktisch aufgegeben hat. Was die Menschen des Mittelalters unter Wissenschaft verstanden – als das christliche Abendland sich einen beträchtlichen Teil des griechischen und arabischen Erbes angeeignet hatte und dabei war, neue Strukturen auszubilden –, können wir uns vielleicht am ehesten vor Augen führen, indem wir betrachten, wie Thomas von Aquin (1224-1274) und seine Zeitgenossen die Frage nach der Wissenschaftlichkeit der Theologie gestellt haben. Das dreizehnte Jahrhundert, das Jahrhundert Ludwigs des Heiligen und der französischen Vormacht, ist auch die Zeit des Triumphes des Papsttums über das Reich, der Entfaltung der päpstlichen Monarchie und der Gründung der Bettelorden; es ist das Jahrhundert der aufblühenden Städte, die Zeit der Kathedralen, Dantes und des Rosenromans.
In den dunklen Zeiten des zehnten und elften Jahrhunderts, als das wirtschaftliche und demographische Wachstum Europas einsetzt, ist Kultur eine Sache des Klerus, der Kirchenleute; sie hat sich in die Welt der Klöster und Klausuren geflüchtet. In einer Religion des Buches mußte ein Geistlicher wenigstens lesen und schreiben können. Das Abendland des zehnten und elften Jahrhunderts hatte das Schreiben großenteils verlernt, und wer zu Beginn des zwölften Jahrhunderts lesen und schreiben konnte, war in manchen Gegenden fast schon ein Gelehrter. Daraus erklärt sich die enorme Bedeutung, die der korrekten Sprache, der Grammatik als erstem Wissensgebiet beigelegt

wurde: Noch 1231 ordnet der Papst an, daß an der Pariser Universität Priscianus, der lateinische Grammatiker *par excellence*, gelehrt werde. Daraus erklärt sich auch die Verehrung der antiken Kultur, des Goldenen Zeitalters eines verlorenen Wissens; die Manuskripte werden respektvoll aufbewahrt und ein ums andere Mal kopiert.

Theologie: das Wort und die Sache

Zuerst erscheint der Ausdruck bei Platon (*Politeia* II, 379; in der Übersetzung von Schleiermacher »Götterlehre«) in dem allgemeinen Sinne von Geschichten über die Götter, seien sie erlogen und unmoralisch wie jene, welche die Mythologie erzählt, seien sie vernünftig und erbaulich wie jene, die Platon den Priestern vorschreiben möchte. Aristoteles benutzt den Ausdruck in der *Meteorologie* (II, 1), um die Mythologie zu bezeichnen.
Bei den Kirchenvätern in der Spätantike nimmt der Begriff »Theologie« nur einen unauffälligen Platz ein. So stellt Augustinus seine Konzeption dessen, was wir seine »Theologie« nennen würden, unter den Titel *De doctrina christiana*; doch der Begriff selbst fällt in diesem Zusammenhang nicht. Andererseits spricht er im *Gottesstaat* von Theologie, wo es um die Auffassungen der Platoniker oder sogar um heidnische Mythologien geht. Erst bei Abaelard tritt eine Bedeutung auf, die dem heutigen Sinn nahekommt. Im Laufe des zwölften und dreizehnten Jahrhunderts ordnet sich die Theologie in die Klassifikation der Disziplinen ein und spaltet sich dabei: Die natürliche Theologie, die sich mehr oder weniger mit der Metaphysik deckt, behandelt Gott, wie er durch bloße Anwendung der Vernunft gewußt werden kann; die offenbarte Theologie dagegen erläutert die Glaubensartikel. Um letztere zu bezeichnen, verwenden die Autoren des dreizehnten Jahrhunderts, ebenso wie Thomas von Aquin selbst, lieber den Ausdruck *sacra doctrina* und behalten den Begriff Theologie der Theologie der Philosophen vor. Erst am Ende dieses Jahrhunderts und im folgenden setzt sich das Wort »Theologie« in seinem heutigen Sinne durch.

Die Schulen im zwölften Jahrhundert

Doch die Situation wandelt sich rasch. Während sich im elften Jahrhundert Abhandlungen über die Sprache, ihre Exaktheit und Bedeutung häufen, sind das zwölfte und dreizehnte die Jahrhunderte der Dialektik und der Logik der Sprache. Die großen Veränderungen ereignen sich nicht in den Klöstern, sondern in den Städten. Das zwölfte Jahrhundert erlebt einen städtischen Aufschwung ohnegleichen, der im dreizehnten seinen Höhepunkt erreicht. Der

Ausstrahlung der bischöflichen Schulen von Laon, Reims oder Chartres, die ihre Blüte in der ersten Hälfte des zwölften Jahrhunderts erlebten, folgt die Vormachtstellung von Paris. Unter der Herrschaft von Philipp August wird Paris, die Stadt der Kapetinger, zur Residenz des Königs und seiner Bedienung, zur Kapitale. Durch die Ausdehnung des Reiches und seiner Monarchie entwickelt die Stadt eine Dynamik, die im zwölften Jahrhundert Lehrer und Studenten anzieht. Es studieren oder lehren in Paris Engländer wie Johannes von Salisbury, Italiener wie Petrus Lombardus, aber auch Deutsche und Skandinavier. Die Schulen der Klöster oder Ordenskapitel, von Saint-Geneviève und Saint-Victor, die ihren Glanz in der ersten Jahrhunderthälfte entfalten, weichen einem anderen Typus der Lehre. Die Domschule, das »Kloster Notre-Dame«, das heißt die Wohnstätte der Kanoniker an der Kathedrale, wird zum entscheidenden Zentrum vor allem der theologischen Studien. In welcher Weise der Bischof und das Kapitel den Unterricht überwachen, ist uns, was das zwölfte Jahrhundert betrifft, weitgehend unbekannt. Die Ausbreitung der Schulen führt dazu, daß die Lehrer auf den Brücken dozieren, welche die Stadt mit dem linken Seineufer verbinden, dann auf dem linken Ufer selbst, in den Weinbergen. Ein Mittel, der übervölkerten Stadt zu entkommen; ein Mittel aber auch, sich den Zwängen der Hierarchie zu entziehen.

Um seine Meinungen außerhalb der Gerichtsbarkeit des Bischofs von Paris äußern zu können, lehrt Petrus Abaelard (1079-1142) eine Zeitlang auf dem Gelände der Abtei von Sainte-Geneviève. Mit diesem Gelehrten aus niederem bretonischen Adel, der – ebenso scheu wie ungestüm – nicht zuletzt wegen der Kalamitäten seiner Liebe berühmt wurde, kündigt sich eine neue Zeit an. Als bezahlter Intellektueller lebt er von seinem Unterricht, nimmt er Geld von seinen Schülern. Sein Werk, das eines meisterhaften Dialektikers, scheint eine entscheidende Rolle vor der Ankunft des neuen Aristoteles gespielt zu haben. Er unterzieht die Texte, die er studiert, der strengen Prüfung der formalen Logik und wendet diese Methode auch auf die Heilige Schrift an. Kein anderer Lehrer gegen Ende des zwölften Jahrhunderts erreicht das Ansehen Abaelards, doch die Schulen entwickeln sich. Gelehrt werden vornehmlich die sieben freien Künste, die sich nach einer Tradition, die auf die Antike zurückgeht, in *trivium* und *quadrivium* gliedern.[1] In der Tat werden die wissenschaftlichen Disziplinen – im heutigen Verständnis – vernachlässigt zugunsten des Studiums der Sprache (Grammatik, Rhetorik, Dialektik), gekrönt durch die Beschäftigung mit den damals bekannten Texten der Aristotelischen Logik. Diese Grundausbildung öffnet den Weg zu den höheren Studien, darunter der Theologie. Die reiche und komplexe Theologie des zwölften Jahrhunderts sucht vor allem die Elemente der Offenbarung zu bestimmen und durch die Schriften und Lehren der Kirchenväter zu erhellen. Es geht mehr um eine Anordnung und Organisation von Elementen der Heiligen Schrift als um eine doktrinäre Synthese. Der Kommentar, die Rede über den heiligen Text, führt dazu, die Fragen herauszustellen, die er aufwirft, sie darzulegen und möglichst zu ordnen. Es ist die Zeit der Sammlungen von Aussprüchen und der ersten Summen. Ihr Auftreten signalisiert eine geistige Aktivität, die in Paris in den letzten Jahren des zwölften Jahrhunderts aufblüht.

[1] Vgl. S. 272.

Die Universität

In dieser Zeit der Gärung erscheint die Universität. *Universitas*, Zusammenschluß, Einheit, Gemeinschaft: der Ausdruck ist dem Mittelalter zur Bezeichnung verschiedener Vereinigungen durchaus vertraut. In Paris versammelt die *Universitas magistrorum et scolarium* – neben Bologna die älteste der europäischen Universitäten – Lehrende und Lernende, Gelehrte und künftige Gelehrte. Sie ist der Zusammenschluß einer Profession, ein Metier, so wie sich in den mittelalterlichen Städten die Handwerker – die »Arbeiter ihrer Hände«, nach der Formulierung von Rutebeuf – zu Zünften zusammenschließen. Ein neuer städtischer Verband, der sich, wie so oft bei Gemeinschaften, behauptet, indem er sich anderen entgegensetzt.
Das genaue Gründungsdatum der Universität von Paris ist nicht bekannt; die jüngsten Arbeiten legen es auf die Jahre zwischen 1170 und 1180. Zu dieser Zeit handelt es sich noch nicht um eine organisierte Institution, sondern um eine informelle, von den Machtinstanzen nicht anerkannte, von der Stadt als Fremdkörper behandelte Vereinigung. Im Jahre 1200 werden nach einer Schlägerei fünf Studenten von Sergeanten des *prévôt* von Paris, des Vertreters der königlichen Macht in der Stadt, getötet. Sehr rasch mißbilligt der König dessen Verhalten; er bestraft ihn und räumt den Scholaren ein Privileg ein, das die Mitglieder der Universi-

tät der Gerichtsbarkeit des *prévôt* entzieht. Künftig sollen sie nur noch der kirchlichen, das heißt der bischöflichen Macht unterstehen. Damit gewährt der König den Schulen Unabhängigkeit von seiner eigenen Macht, aber auch von der einer Stadt, zu der die Beziehungen nicht selten gespannt waren.

Die »Zunft« organisiert sich. Der Bischof von Paris und der Kanzler des Kapitels von Notre-Dame werden die Hauptgegner der Universität. Nach den Beschlüssen des dritten Laterankonzils (1179) haben sie das Recht, die *licentia docendi* zu verleihen, was ihnen die Möglichkeit gibt, den Unterricht zu kontrollieren. Gegen dieses Monopol auf die Verleihung akademischer Grade wollen die Lehrer ihre eigene Autorität durchsetzen. Von dem Ablauf des Konflikts wissen wir wenig, aber die Ergebnisse machen den Sieg der Universität deutlich. In den Jahren 1212/13 wird der Kanzler gezwungen, den von den Lehrern als geeignet betrachteten Kandidaten die Lehrbefugnis zu verleihen. 1215 gibt der päpstliche Legat Robert de Courçon der Universität Statuten. Die letzte große Krise, bei der die Freiheiten der Universität auf dem Spiel stehen, kommt 1229 zum Ausbruch. Ausgangspunkt ist wiederum eine Schlägerei und der Mord an Studenten bei Auseinandersetzungen mit den Sergeanten des Königs. Auf die Gewalt der Staatsmacht reagiert die Universität mit Streik und zerstreut sich in alle Winde. Lehrer und Schüler verlassen Paris, um sich in Orléans, Oxford, Toulouse und in den Städten Nordfrankreichs niederzulassen. Eine solche Reaktion ist nicht bloß mit dem Willen zu erklären, den Tod unglücklicher Studenten wiedergutzumachen. Die Intervention von Papst Gregor IX., Beweis für die Wichtigkeit der Sache, setzt dem Konflikt ein Ende. Eine päpstliche Bulle, die Bulle *Parens scientiarum*, bestätigt den Sieg der Universität und bedeutet die Rückkehr nach Paris. Der Inhalt der Bulle zeigt, worum es dabei ging. Die verliehenen Privilegien von 1212/13 und aus den folgenden Jahren werden bekräftigt. Die Universität wird autonom, sie verleiht die akademischen Grade und regelt die Aufnahme selbständig. Sie darf sich ihre eigenen Statuten geben und wählt ihre Vertreter. Diese Privilegien, denen noch andere (juristische und fiskalische) hinzuzufügen wären, haben nichts Außergewöhnliches. Auch die Handwerkszünfte besitzen das Recht, den Meistertitel zu verleihen, wählen ihre Standesvertreter, die über die Einhaltung der Regularien wa-

Siegel der Universität von Paris aus dem Jahre 1292. Das Siegel dokumentiert ihren Status als juristische Person, also ihre Unabhängigkeit.
Archives nationales, Paris

chen; und die Statuten werden zwar von der Obrigkeit erlassen, aber doch häufig von den Zünften selbst verfaßt. *Ein* großer Unterschied besteht jedoch zwischen den Handwerksberufen und der Universität. Ihre Mitglieder sind ausschließlich Geistliche, Männer der Kirche. Selbst wenn die meisten von ihnen die höheren Weihen nicht empfangen haben, manche nicht einmal die niederen, sind alle – zumindest für die Dauer ihrer Studien – einer Gerichtsbarkeit der Kirche unterworfen. Der Stand der Geistlichkeit gibt der Universität große Unabhängigkeit gegenüber der weltlichen Macht sowie Garantien gegenüber einer städtischen Bevölkerung, in die sie sich nicht ohne weiteres einfügt. Der Kampf gegen den Bischof und den Kanzler entfernt die Universität nicht von der Kirche, sondern unterwirft sie der Macht des Papstes, einer fernen und wohlwollenden Macht.

Als Teil der Herausbildung berufsständischer Organisationsformen stellt die Universität für den Historiker eine Herausforderung dar. Wie konnte eine Handvoll Intellektueller ohne Statuten, ohne organisierte Macht, auf keinerlei ökonomische Macht gestützt, mit der Selbstherrlichkeit des mächtigen Bischofs von Paris und des Kapitels von Notre-Dame fertig werden? Wie konnte sie gegenüber

Drei Jahrhunderte Universitätsgründungen

An der Wende vom zwölften zum dreizehnten Jahrhundert entwickeln Lehrer und Studenten in verschiedenen Gegenden Westeuropas allmählich Organisationsformen der Lehre. Ein genaues Datum läßt sich für die ersten Universitätsgründungen nicht angeben, da die offiziellen Texte nur eine bereits lebendige Realität sanktionieren. Vom zwölften Jahrhundert an schließen sich in Bologna die Studenten der Rechte, die oft schon im Beruf stehen, zusammen und geben dem, was sich zu ihrer Universität entwikkeln wird, seine eigentümlichen Züge: Unterricht in römischem und kanonischem Recht; Selbstverwaltung der Studenten. In Paris, Oxford und Valencia werden zu Beginn des dreizehnten Jahrhunderts unter dem Druck der Lehrenden und Lernenden die entsprechenden Strukturen geschaffen.
Diesen spontanen Gründungen, oft aus dem Kampf gegen die lokalen Autoritäten hervorgegangen, folgen solche, die von der Macht gewollt werden. Im Jahre 1224 entsteht die Universität von Neapel nach dem Willen Friedrichs II., der für seine Staaten Beamte braucht, während die Universität von Toulouse 1229 vom Papst eingerichtet wird mit der Aufgabe, geeignete Leute und Argumente zu liefern, um die von den Katharern heimgesuchten Landstriche zum katholischen Glauben zurückzuführen. Ab 1350 vermehrt sich die Zahl der Universitäten rasch. Nicht nur, weil sie für das Prestige des Fürsten notwendig sind, sondern auch, weil sie die Ausbildung eines gebildeten Personals gewährleisten, das imstande ist, das Räderwerk des entstehenden Staates in Gang zu halten. Nach drei Jahrhunderten zählt man in Europa mehr als fünfzig Universitäten, von Uppsala bis Valencia, von Coimbra bis Krakau. Die Vorherrschaft von Paris über die Theologie und sogar über die freien Künste sowie die von Bologna über die Rechte sind verschwunden. Nationale Universitäten haben die Nachfolge der Wissenszentren der Christenheit angetreten.

---

einer aufsteigenden königlichen Macht in einer Stadt, die zur Hauptstadt des Reiches wurde, ihre Autonomie behaupten? Mehrere Faktoren spielen herein, die diesen Sachverhalt erklären. Zunächst die unablässig gewachsene Zahl der Studenten und ihrer Lehrer, ein Zeichen für das Renommee von Paris, aber auch für das Bedürfnis nach Wissen in einem Land, das sich zu dieser Zeit in vollem Aufschwung befindet. Genauer betrachtet: die Universität von Paris hatte die Unterstützung des Königs von Frankreich gewonnen; indem sie Intellektuelle ausbildete, bereitete sie die Funktionäre des entstehenden Staates auf ihre Aufgaben vor. Es besteht ein direkter Zusammenhang zwischen der Entwicklung eines Wissens und der Entstehung einer Verwaltung, selbst wenn diese sich – mit den Augen eines heutigen Menschen betrachtet – sehr bescheiden ausnimmt. Und wenn Innozenz III. und Gregor IX. in diese Entwicklung wesentlich eingegriffen haben, so deshalb, weil es sich um Päpste handelte, die die weltliche Herrschaft des Papsttums stärken wollten und deshalb der Kirche eine effizientere Verwaltung, Finanzen und eine Justiz gaben, die sich über die gesamte Christenheit erstreckte.

Die Epoche der Universitätsgründungen ist die Zeit des Übergangs von den Kreuzzügen zur Lehre. Die Kirche besinnt sich auf Predigt und Unterweisung; »Le Beau Dieu«, am Mittelpfosten des Hauptportals der Kathedrale von Amiens, stellt Christus als Lehrer dar. Man will wissen, wie man Ungläubige bekehrt, wie Häretiker, denen es an Argumenten nicht fehlt, zu bezwingen sind und wie sich die Bewohner der Städte auf den rechten Weg zurückführen lassen. Während die zentralistische Machtfülle des monarchischen Papsttums ihren Gipfel erreicht, sucht die Kirche den christlichen Glauben zu entwickeln und zugleich all die neuen Kräfte, die gesamte Wachstumsdynamik des europäischen Abendlands zu kontrollieren. Es ist dieses Ziel, das der Papst mit der Schaffung der Bettelorden (Franziskaner und Dominikaner) ebenso verfolgt wie mit seiner Unterstützung der entstehenden Universitäten: auch die päpstliche Wissenschaftspolitik gehört in diesen Rahmen. Der Ausdruck mag anachronistisch erscheinen. Und doch behauptet Gregor IX. in der Bulle *Parens scientiarum* die Wissenschaftlichkeit der geistlichen Studien:

> »Paris, die Mutter der Wissenschaften [...] Hier wird das Eisen der Erde entrissen, denn wie die moralische Kraft der irdischen Unbeständigkeit Halt gibt, bereitet man den Soldaten Christi aus jenem Eisen die Rüstung des Glaubens, das Schwert des Geistes und die übrigen Waffen, mächtig gegen eherne Mächte.«

Für den Papst ist die Wissenschaft von den göttlichen Dingen die Wissenschaft *par excellence*; diesen Status hat sie keineswegs umsonst: sie soll die Größe Gottes preisen und den Kampf gegen die Mächte des Bösen vorbereiten. Der politische Wille der päpstlichen Macht läßt die Theologie zur Wissenschaft werden: gewiß keine zureichende, aber die entscheidende Bedingung dafür, daß sie als solche auf-

Die Bettelorden und die Universität

Zu Beginn des dreizehnten Jahrhunderts tauchen im Abendland neue religiöse Orden auf: Franziskaner und Dominikaner, gemeinhin unter dem Namen Bettelorden bekannt. Wenngleich unter sehr verschiedenen Bedingungen entstanden, entsprechen sie beide einem Bedürfnis nach Erneuerung der Kirche in einer sich wandelnden Welt, der die traditionelle monarchische Hierarchie nicht mehr genügen konnte. Gleich den Aposteln müssen die Bettler in Armut leben, dürfen nichts besitzen, weder persönlich noch als Gemeinschaft; das unterscheidet sie von den Mönchsorden. Als Ordensmitglieder, Regulare, einer Ordensregel unterworfen, leben sie dennoch in Berührung mit der Welt, mit ihrer Zeit, der sie ein Beispiel geben und die sie zur Umkehr bewegen sollen. Als Prediger und Missionare brauchten sie eine gute intellektuelle Ausbildung.

Die Dominikaner richten sich 1217 in Paris ein, die Franziskaner 1219. Sehr bald nehmen die Brüder am Unterricht der weltlichen Lehrer teil. Sie erhalten Universitätsgrade; 1229 wird der Dominikaner Roland von Cremona Rektor. Weltliche Lehrer treten bei den Ordensbrüdern ein: 1230 Johannes von Saint-Gilles bei den Dominikanern, 1231 Alexander von Hales bei den Franziskanern.

---

gefaßt wird. Und es ist die Universität als Ausfluß der päpstlichen Macht, die ihr diesen Status verleihen kann. Der Gedanke, daß eine Gemeinschaft aus einer Wissenschaft hervorgeht, hängt weitgehend von deren institutioneller Anerkennung ab.

Die Universität von Paris und die anderen Universitäten entwickeln im Laufe des dreizehnten Jahrhunderts ihre Organisationsformen oft nach ähnlichen Mustern. Eine Fakultät der freien Künste eröffnet gleichsam als Propädeutik den Weg zu den drei höheren Fakultäten: Medizin, Recht und Theologie. In Paris lehrt die juristische Fakultät nur kanonisches Recht, das Recht der Kirche, während das Zivilrecht der Universität von Orléans zufällt. Dafür strahlt die theologische Fakultät über die gesamte abendländische Christenheit aus. Mag die pontifikale Macht ihren Sitz auch in Rom haben: was kirchliche Lehre ist, wird in Paris bestimmt, »der vornehmsten Stadt aller Gelehrsamkeit«, in der alle großen Theologen des Jahrhunderts gewirkt haben. Doch ist Paris auch, Albertus Magnus zufolge, die »Stadt der Philosophen« oder, wie ein Dominikaner am Ende des dreizehnten Jahrhunderts sagt, »das neue

Um 1240 besaßen die Dominikaner zwei von zwölf Lehrstühlen für Theologie, die Franziskaner mit Gewißheit einen, sehr wahrscheinlich zwei. Der Erfolg der Bettelorden an der Universität, ihre Abhängigkeit vom Papsttum, die Ernennung zum Magister durch den Orden: all das mußte die weltlichen Gelehrten und Studenten gegen die Dominikaner und Franziskaner aufbringen. In den fünfziger Jahren bricht der Streit offen aus; ein Konflikt, an dem sich die berühmtesten Ordensmitglieder unter den Magistern beteiligen, Thomas von Aquin auf der Seite des Predigerordens, Bonaventura bei den Minoriten. Der Papst entscheidet schließlich zugunsten der Bettler.
In der europäischen Geistesgeschichte des dreizehnten Jahrhunderts nehmen die Bettelorden einen wesentlichen Platz ein. Sie prägen die Geschichte der Pariser Theologie und Philosophie. Die Dominikaner vertreten mit Albertus Magnus und Thomas von Aquin die gemäßigte aristotelische Strömung, die Franziskaner mit Bonaventura die augustinische Tradition. Auch in Oxford neigen die Franziskaner, besonders Robert Grosseteste und Roger Bacon, einem augustinischen Platonismus zu und begründen eine eher mathematische, vornehmlich an der Optik orientierte Wissenschaftstradition.

Athen«. Auch die Fakultät der Künste genießt außerordentliches Renommee.

Die Studenten beginnen in sehr jungen Jahren, zwischen zwölf und vierzehn Jahren manchmal, besuchen sechs bis acht Jahre lang die Artistenfakultät und erwerben dort akademische Grade. Sind sie einmal Bakkalaureus, können sie die *licencia docendi* erhalten, die Lehrbefugnis, und schließlich Magister werden, wofür ein Mindestalter von zwanzig Jahren vorausgesetzt wird. Die theologischen Studien dauern erheblich länger; man braucht fünfzehn Jahre, um die Doktorwürde zu erhalten; wer also das Studium vollständig absolviert, ist schließlich fünfunddreißig Jahre alt. Theologie ist eine Sache von Spezialisten, deren Aufgabe es ist, dieses besondere Wissen zu begründen und zu vermitteln. Nach Aristoteles ist es nun aber ein Wesenszug einer Wissenschaft, gelehrt werden zu können. Damit erfüllt sie ein weiteres Kriterium, dem eine Wissenschaft genügen muß. Da sie die Spitze der Wissenshierarchie und den Endpunkt des Studiengangs bildet, wird sie für viele zur Wissenschaft.

Die Karriere von Bruder Thomas, Doctor communis

Thomas von Aquin wird Anfang des Jahres 1225 oder Ende 1224 in der Festung Roccasicca bei Neapel geboren und entstammt einem Geschlecht von Feudalherren. Als jüngster Sohn von Landulf von Aquino wird er als Oblate ab 1230 in der benachbarten großen Abtei von Montecassino erzogen, der Wiege des Benediktinerordens. Politische Konflikte veranlassen Thomas, 1239 die Abtei zu verlassen, theoretisch für einige Zeit, in Wirklichkeit für immer. Er wird nach Neapel gesandt, wo er Universitätsstudien beginnt, und verbringt dort fünf Jahre. Gegen den heftigen Widerstand seiner Familie, die nicht davor zurückschreckt, ihn seiner Freiheit zu berauben, tritt er 1244 in den Predigerorden ein. 1245 gelangt er nach Paris und führt seine theologischen Studien weiter, insbesondere unter der Leitung von Albertus Magnus. Er folgt seinem Lehrer, der 1248 nach Köln geschickt wird, und übernimmt die Leitung des vom Orden geschaffenen *studium generale*. Thomas bleibt dort bis 1252 und kehrt dann nach Paris zurück, um sich auf die Magisterprüfung vorzubereiten, während er bereits selbst unterrichtet. Er kommentiert die Bibel sowie die *Sentenzen* des Petrus Lombardus und erhält 1256 die Magisterwürde, lehrt dort als *magister regens* bis 1259, als ihn der Papst an die Kurie beruft, wo er bis Ende 1268 als Lehrer tätig ist. Sein Aufenthalt in Italien ist besonders fruchtbar: er beginnt mit der

Die Scholastik

Die Theologie gewinnt den Rang einer Wissenschaft nicht zuletzt durch ihre Sprache und ihre Methoden. Die Mitglieder der Universität lesen, schreiben und denken – zumindest in ihrem Beruf – auf lateinisch, in einer Welt, in der die Volkssprache bereits Bürgerrecht erlangt hat. Im Alltag wird französisch gesprochen, auf französisch drücken sich die Dichter, die Romanciers, die Moralisten und die Historiker aus. Die Renaissance des Theaters findet in der Sprache des Volkes statt. Das Jahrhundert Thomas von Aquins ist auch das von Rutebeuf, Joinville und des Rosenromans. Das Lateinische wird zur Schulsprache, jenes scholastische Latein, das nützlich, technisch, zur Formulierung eines wissenschaftlichen Diskurses geeignet, also vor allem präzise sein muß. Man muß die eigentliche Bedeutung des Wortes bestimmen; ohne Rücksicht auf literarische Eleganz dienen immer wieder dieselben Formeln dazu, die verschiedenen Teile des Diskurses einzuleiten. Das *sed contra* kündigt im allgemeinen den dritten Teil einer Frage an, die von einem *utrum* eröffnet wurde. Das scholastische La-

Abfassung der *Summa theologica*, schreibt Kommentare zu verschiedenen Werken von Aristoteles und einen Teil seiner Bibelkommentare.

Als er 1268 nach Paris zurückkehrt, wo er seinen theologischen Lehrstuhl erhält, genießt er bereits hohes Ansehen in der Welt der Schulen. Er wird von seinem Orden genau in dem Moment berufen, als die Universität eine schwere Krise durchmacht, die durch eine abweichende Deutung der Ideen des Aristoteles beziehungsweise ihre radikale Ablehnung ausgelöst wird. Seine Tätigkeit in den drei Jahren von 1269 bis 1272 ist beeindruckend: Er kämpft an zwei Fronten gleichzeitig, gegen die radikalen Aristoteliker und gegen die konservative Strömung, die dem Denken des griechischen Philosophen feindlich gesinnt ist. Er beendet zu dieser Zeit seine *Summa theologica*, veröffentlicht verschiedene Aristoteles- und Bibel-Kommentare sowie andere Werke, darunter *De unitate intellectus contra averroistas parisienses*. 1272 bricht er erneut nach Italien auf, um die theologische Fakultät der Universität Neapel zu leiten.

Er stirbt auf dem Weg zum Konzil von Lyon am 7. März 1274. Seine Ideen, die im Jahre 1277 zum Teil verdammt werden, gewinnen rasch wieder hervorragende Bedeutung. 1323 wird er heiliggesprochen.

---

tein wurde von den Artisten ebenso entwickelt wie von den Theologen; es ist eine monotone Wissenssprache, eher dazu geeignet, zu beweisen, als Gefühle zu wecken, doch im dreizehnten Jahrhundert nach allgemeinem Verständnis ein höchst geeignetes Instrument. Es ist keineswegs eine tote Sprache, die an antiken Vorbildern klebt, sondern die Sprache der Übersetzer, denen Äquivalente für griechische oder arabische Ausdrücke fehlen, die Sprache von Wortschöpfern, deren Universum weit von demjenigen Ciceros entfernt ist, eine Sprache, die ihr Vokabular erweitern muß. Als Instrument einer Wissenschaft, die auf Textanalyse gründet, ist das scholastische Latein die Wissenschaftssprache des dreizehnten Jahrhunderts.

In einer tief vom christlichen Glauben geprägten Welt, in der die Quelle aller religiösen Wahrheit einem Buch, der Bibel, entspringt, in einer Welt, in der die Wissenschaft Erbin einer glänzenden und verehrten Vergangenheit ist, erscheint es verständlich, daß das wichtigste wissenschaftliche Verfahren auf dem Studium der *auctoritates* gründet: ein schwer zu übersetzender Begriff, den man mit

Theologievorlesung in Paris. Der Magister liest, das heißt, er kommentiert den Manuskripttext, den er vor sich hat. Die Studenten folgen dem Text in ihren eigenen Exemplaren. Die Miniatur stammt aus dem fünfzehnten Jahrhundert, macht aber deutlich, was für das dreizehnte nicht minder gilt: den Vorrang des Schriftlichen. Aus: N. de Lyre, Postilles, *fünfzehntes Jahrhundert; Bibliothèque municipale, Troyes*

»Autoritäten« und »Autoren« wiedergeben kann. Die *auctoritas* ist ein Werk, das als Referenz dient, aus dem man Zitate anführt, das man kommentiert. Denn die Kommentare werden immer zahlreicher, sie beziehen sich auf die Bibel, auf die Werke des Aristoteles, der Kirchenväter und des Ptolemaios; ja, selbst auf die Werke des Petrus Lombardus – eines Pariser Magisters aus dem zwölften Jahrhundert, der ein *Buch der Sentenzen* verfaßt hat, ehe er Bischof von Paris wurde – und des Johannes von Sacro Bosco, der gewiß der berühmteste Mathematiker und Astronom im Europa des dreizehnten Jahrhunderts war. Das Mittelalter hat sich seine eigenen Autoritäten geschaffen. Die neuen Werke, Traktate oder Summen, sind ihrerseits voller Referenzen, die als Argumentationsgrundlage dienen.

Das Studium der Texte gilt den Scholastikern als Grundlage von Wissen und Wissenschaft. Dieselben Methoden wurden ebensowohl auf die Bibel wie auf profane Werke angewandt. Thomas von Aquin hat über die physikalischen Werke des Aristoteles – *Physik*, *Über den Himmel*, *Vom Werden und Vergehen* – ebenso Kommentare verfaßt wie über die Bibel. Marie Dominique Chenu vermerkt in ihrer *Introduction à l'étude de saint Thomas d'Aquin*, daß Thomas in den ersten zwölf Fragen der *Summa theologica*

Die Scholastik

Die in den Schulen verwendeten Methoden des Unterrichts und der Darstellung, die Scholastik, beginnen mit der Lektüre, der *lectio*. Dieser Begriff hat dabei eine genaue technische Bedeutung. Der Lehrende, der ein einfacher Bakkalaureus sein kann, liest den Text vor und kommentiert ihn dabei.
Bei dieser Lektüre werden drei Ebenen der Interpretation unterschieden. Bei der Interpretation nach dem Buchstaben (*littera*) geht es zunächst nur darum, die Wörter und Sätze zu explizieren; die Interpretation nach dem Sinn (*sensus*) forscht nach der Bedeutung des Textes, übersetzt ihn notfalls in eine den Schülern vertrautere Sprache, während auf der dritten Ebene der tiefe Sinn herausgearbeitet und mit der Lehre (*sententia*) die eigentliche Exegese erreicht wird. Aus dem ersten, für die Scholastik unentbehrlichen Stadium ergibt sich die Frage (*quaestio*); sie geht aus den Schwierigkeiten hervor, denen man im Text begegnet, und dient im weiteren als Rahmen, als Methode zur Exposition des betreffenden Gegenstands. Nicht daß man wirklich Zweifel hegte; doch das Vorgehen erleichtert die Entwicklung einer Argumentation. Aus der Frage kann ein Disput (*disputatio*) werden, eine seltener praktizierte Übung, in deren Verlauf der Lehrer – stets ein Doktor – die Debatte mit einer kurzen Darlegung eröffnet; zur Erörterung der Lehrsätze kommen daraufhin die übrigen Magister zu Wort, dann die Bakkalaurei und schließlich die Studenten. Der Bakkalaureus des Magisters, der die Debatte eröffnet hat, muß auf die Fragen respondieren, während der Magister schweigt. Auf diese Sitzung folgt am nächsten Tag eine zweite, die »magistrale Determination«, in welcher der Magister die Einwände aufnimmt, klassifiziert und seine eigenen Schlußfolgerungen zieht.

einhundertsechzig Zitate verwendet: fünfundfünfzig von Aristoteles, vierundvierzig von Augustinus, fünfundzwanzig von Dionysius, dreiundzwanzig von den lateinischen, vier von den griechischen Kirchenvätern und neun von profanen Autoren.

Ein solches intellektuelles Vorgehen ist verständlich in einer Zivilisation ohne eigene wissenschaftliche Kultur, in der sich zwei auf das Buch gegründete Traditionen überschneiden. Die höchste Autorität bleibt stets die Bibel, das Wort Gottes, das man verstehen, erläutern können muß; der heilige Augustinus selbst erkannte die Notwendigkeit an, auf die klassische Kultur zurückzugreifen, um Zugang zur Heiligen Schrift zu finden. Das skripturale Erbe der Kirchenväter begegnet einer anderen Tradition, die sich nicht minder am Buch orientiert.

Aristoteles

Wie einen Schock erlebt das christliche Abendland im zwölften Jahrhundert den jähen Einbruch der antiken und arabischen Wissenschaft. Plötzlich steht eine gewaltige Menge neuer Erkenntnisse zur Verfügung, weitgehend in der Form von Kommentaren. Die »Flut des Aristotelismus« fällt in die Zeit der Universitätsgründungen. Zu Beginn des dreizehnten Jahrhunderts besitzt Europa die Hauptschriften des großen Philosophen. Zunächst die Werke der Logik; zur *logica vetus* kommen die übrigen Bücher des *Organon* hinzu: die erste und zweite *Analytik*, die *Topik* und die *Sophistischen Widerlegungen*. Dann die physikalischen Bücher: die *Physik*, *Vom Werden und Vergehen*, *Über den Himmel*, die *Meteorologie* und die *Parva naturalia*. Wichtige Teile der *Metaphysik* und der *Nikomachischen Ethik* sind ebenfalls schon übertragen. Die Arbeit an den Übersetzungen geht während des ganzen dreizehnten Jahrhunderts weiter. Aristoteles kommt nicht allein, sondern mit seinen griechischen, jüdischen oder arabischen Kommentatoren im Gefolge; die *Isagogē* des Porphyrios, die Werke al-Fārābīs sowie die von Avicenna und Averroës werden übersetzt.

Unter all den griechischen oder arabischen Werken, die das Abendland überfluten, kommt denen des Aristoteles ein besonderer Platz zu. Sie liefern ein zusammenhängendes, auf einer wissenschaftlichen Methode gründendes System der Welterklärung. Ausgangspunkt dieser Methode ist das *Organon*.[2] Der Abstand zwischen den Werken, die Europa bis dahin kannte, und dem Monument der Aristotelischen Schriften ist ungeheuer. Einem Denken, das sich – wie das abendländische Denken dieser Zeit – in voller Gärung befindet, muß die Entdeckung des Aristoteles eine Offenbarung bedeuten. Eine wissenschaftliche, doch auch eine philosophische Offenbarung, die das Problem der Beziehungen zwischen Vernunft und Glauben in völlig neuer Weise stellt und neue Spannungen weckt. Die physikalischen Bücher des Aristoteles, die *libri naturales*, behaupten im Prinzip die Ewigkeit eines ungeschaffenen Universums, das sich von der Welt der Christen radikal unterscheidet.

Insbesondere die jungen Magister der Artistenfakultät, die sich häufig in Gegensatz zu den Theologen stellen, geraten in eine Schwärmerei, die zu eigentümlichen Konflikten der Universitäten führt.

[2] *Organon* bedeutet griechisch »Werkzeug«, »Organ«. Unter dieser Bezeichnung werden seit dem elften Jahrhundert die fünf logischen Abhandlungen des Aristoteles – die *Kategorien*, die *Hermeneutik* (»Lehre vom Satz«), die beiden *Analytiken* (»Lehre vom Schluß« und »Lehre vom Beweis«), die *Topik* und die *Sophistischen Widerlegungen* – von seinen Herausgebern zusammengefaßt.

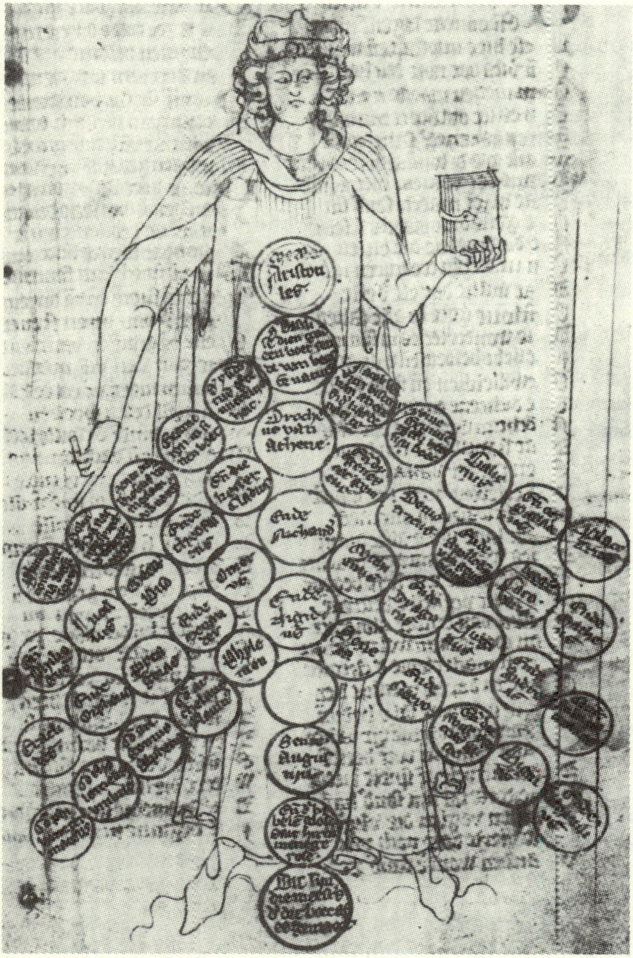

Aristoteles. Mit der Mütze der Philosophen, einem Buch in der Hand, durch den erhobenen Zeigefinger als Lehrer kenntlich, steht er an der Spitze der Wissenspyramide; sein Name ist im obersten Kreis zu lesen. Die Darstellung aus einem Werk des flämischen Historikers und Polygraphen Jakob van Maerlant gibt die Vorstellung wieder, die viele Gebildete der damaligen Zeit von Aristoteles hatten.
Aus: J. van Maerlant, Der Naturen bloeme, *Anfang des vierzehnten Jahrhunderts; Bibliothèque royale Albert Ier, Brüssel*

Über die Aufnahme, die Aristoteles in den ersten Jahrzehnten des dreizehnten Jahrhunderts in Paris findet, gibt es wenig Dokumente. Die Magister der *artes liberales* haben viel weniger Schriften hinterlassen als die Theologen; sie sind jünger, stehen in einer Übergangssituation, ihre Veranstaltungen führen offenbar seltener zu Veröffentlichungen. Am besten läßt sich der Schub der aristotelischen Philosophie in der Pariser Universität aus den Erklärungen und Diskursen ihrer Gegner erahnen. 1210 untersagt ein in Paris abgehaltenes Provinzialkonzil, »die physikalischen Bücher des Aristoteles oder ihre Kommentare zu lesen«. Fast die gleichen Formulierungen finden sich in den Statuten von Robert de Courçon (1215). Lesen bedeutet im technischen Sinne des Wortes: lehren. Nur die Verwendung der Texte im Unterricht wird verdammt; zur Stützung von Argumenten in den Schriften von Mitgliedern der Universität dürfen sie jedoch herangezogen werden. Grund dieses Vorgehens war offenbar die Gefahr, die von den physikalischen und metaphysischen Werken des griechischen Philosophen sowie seiner arabischen Kommentatoren ausging.

Die vier Ursachen bei Aristoteles

Das Werk des Aristoteles stellt eine wahre philosophische Enzyklopädie dar, die sämtliche Gebiete der Erkenntnis berührt: Moral, Politik, Poetik, Logik, Naturgeschichte, Physik und Metaphysik. Eines der vorherrschenden Themen ist dabei die Theologie der vier Ursachen. So treten beim Werden eines Gegenstandes zusammen:

– die *causa materialis*, das Material;
– die *causa efficiens*, der Arbeiter oder Handwerker, der auf dieses Material einwirkt;
– die *causa formalis*, die Form, die der Gegenstand erhält;
– die *causa finalis*, der Verwendungszweck, für den der Gegenstand vorgesehen ist.

Diese vier Ursachen finden sich in den Naturprozessen wieder: die Substanzen, die aus Materie und Form bestehen, sind Veränderungen jeder Art unterworfen. Die Himmelskörper dagegen unterliegen keinen Veränderungen, sondern vollziehen eine regelmäßige Kreisbewegung. Jenseits davon, am Rande der Welt, verharrt die Erste Ursache, der Unbewegte Beweger, Gott, unwandelbar und ewig.

Es war die Abwehrmaßnahme einer bestimmten Tradition des Studiums heiliger Texte, eine Maßnahme, welche die Größe der Bedrohung verdeutlicht, die mit dem Auftreten einer neuen Philosophie und einer neuen Wissenschaft verbunden war. In der unsterblichen und ungeschaffenen Welt des Aristoteles ist Gott der Erste Beweger, die letzte Ursache aller Bewegungen und aller Veränderungen; nichts deutet darauf hin, daß er sich für die Menschen interessiert, nichts legt den Gedanken einer väterlichen Beziehung nahe. Soweit wir heute wissen, wurden die zahlreichen Verbote befolgt. Bis in die vierziger Jahre konnten die Studenten der Pariser Artistenfakultät nur das *Organon* und die ersten drei Bücher der *Nikomachischen Ethik* lesen. Paris ist allerdings ein Sonderfall; hier dauerte es länger als anderswo, die Unnachgiebigkeit der Machtinstanzen zu überwinden: vielleicht weil die intellektuelle Aktivität hier besonders stark war; sicherlich aber weil die theologische Fakultät als Hüterin der Lehre hier besonderes Gewicht besaß. In Toulouse, wo der Papst bald nach dem Kreuzzug gegen die Albigenser eine Universität gegründet hatte, »um das Land von der ketzerischen Verderbnis zu reinigen«, erklärt ein Büchlein, das die neue Einrichtung anpreist: »Die in Paris verbotenen Werke der Naturphilosophie werden hier gelesen, und jeder, der die Geheimnisse der Natur studieren will, wird ihre Lesung verfolgen können.« Propagandazirkular oder Versuchsballon? Die Frage ist umstritten; doch wie dem auch sei, der Text behauptet eindeutig, daß die in Paris verbotenen Werke anderswo Lehrstoff waren. Von Oxford aus betrachtet, erscheint die Sache weniger unerhört; dort wurden die *libri naturales* seit Anfang des Jahrhunderts in völliger Übereinstimmung mit der Hierarchie von den Magistern kommentiert.

Das früheste Zeugnis für die Aufnahme des neuen Aristoteles in den Unterricht der Pariser Artistenfakultät stammt von einem jungen Gelehrten aus Oxford, Roger Bacon, der um 1240 in Paris den Titel des *magister artium* erwirbt. Er lehrt hier bis etwa 1245 und kommentiert verschiedene, bisher verbotene Werke des Philosophen, darunter die *Physik* und die Abhandlung *Vom Werden und Vergehen*. Der Aufenthalt Roger Bacons in Paris überschneidet sich mit dem des deutschen Dominikaners Albertus Magnus, des späteren *Doctor universalis*, der hierher gekommen ist, um seine theologischen Grade zu erwerben. Von 1240 bis 1242 lehrt er bereits als Bakkalaureus, von 1242 bis 1248 steigt er zu einem der dominikanischen *magistri regentes* auf. Sein großes Kommentarwerk zu Aristoteles entsteht erst später, doch macht er auch schon in seinen theologischen Werken ausgiebig Gebrauch von den verbotenen physikalischen Büchern. Albertus ist kein Einzelfall unter den Theologen. Für eine solche Wendung muß es Gründe geben. Die Feindseligkeit der Theologen schwindet im Laufe der Jahrzehnte; nach der Ablehnung eines Werkes, das an anderen Orten jedem zugänglich ist, wird es notwendig, Kompromisse zu schließen – oder einfach der Anziehungskraft eines außergewöhnlichen Denkens nachzugeben.

Die Theologie als Wissenschaft

Um die Mitte des dreizehnten Jahrhunderts, als sich das nun fast komplette Werk von Aristoteles durchzusetzen beginnt, beherrscht die Theologie die Strukturen der Pariser Universität; sie steht an der Spitze des wissenschaftlichen Studiengangs und hat ihren festen Platz in den Klassifikationen der Wissenschaften, einem Genre, das im zwölften und dreizehnten Jahrhundert seine Blüte erlebt. Es wird nötig, Ordnung in die Masse der Erkenntnisse zu bringen.

Beispiele dafür, von Aristoteles oder al-Fārābī, finden die abendländischen Christen in den Übersetzungen. Eine auf die Spätantike zurückgehende Tradition ist noch lebendig; Boethius (um 480-524) hatte eine Einteilung der Wissenschaften vorgeschlagen, die lange Zeit Vorbild bleiben sollte. Auch er stellte die Theologie bereits an die Spitze der Erkenntnisse. In Paris legt Hugo von Sankt Viktor in der ersten Hälfte des zwölften Jahrhunderts in seinem *Didascalicon* eine Klassifikation vor; für ihn »teilt sich die Philosophie in einen theoretischen, praktischen, mechanischen und logischen Zweig, und diese vier umfassen die gesamte wissenschaftliche Erkenntnis«. Den höchsten Punkt des theoretischen Wissens nimmt die Theologie ein. Um 1150 gibt Dominicus Gundissalinus, Archidiakon von Segovia, in seiner Schrift *De divisione philosophiae* eine Einteilung der Wissenschaften, die gleichzeitig das Erbe des griechischen Denkens und der arabischen Klassifikationen antritt. Die Theologie wird darin an die Spitze gerückt, doch vom menschlichen Wissen klar unterschieden. Die letzte der mittelalterlichen Abhandlungen zu diesem Thema stammt von Robert Kilwardby, *De origine scientiarum*. Dieser englische Dominikaner, *magister artium* in Paris um 1250, schrieb für die Ausbildung der Studenten seines Ordens; ebenso wie seine Vorgänger stellt er die Wissenschaft von Gott an die Spitze.

In keiner dieser Einteilungen wird der Begriff der Wissenschaft geklärt, sowenig wie der der Theologie. Das wissenschaftliche Wissen, das Hugo von Sankt Viktor als Ganzes erfassen will, schließt die Fabrikation von Waffen und die Theaterkünste ein; Kilwardby rechnet die Koch- und Baukunst hinzu. Es handelt sich weniger um eine Einteilung der Wissenschaften als um ein methodisches Inventar menschlicher Wissensformen. Die Theologie läßt sich ohne Schwierigkeit zu den Wissenschaften zählen; später sollten jedoch strengere Maßstäbe angelegt werden. Der Begriff der Wissenschaft wird präzisiert und die Stellung der Theologie in Frage gestellt.

Thomas von Aquin

Die Theologie besitzt Merkmale einer Disziplin wissenschaftlichen Charakters, doch ist sie eine Wissenschaft? Als Bruder Thomas von Aquin im Jahre 1245, gerade zwanzig Jahre alt, in der Abtei Saint-Jacques in Paris eintrifft, um dort seine Studien fortzusetzen, steht die Frage auf der Tagesordnung. Und dabei geht es nicht nur um den rechten Status der Theologie, sondern um die Definition von Wissenschaft schlechthin; ein Problem, das im christlichen Abendland bis dahin offenbar noch nicht behandelt worden war. Alexander von Hales, der 1231 Franziskaner geworden war, hatte seinen Standpunkt deutlich gemacht: die Theologie ist keine Wissenschaft.

> »Es ist zu bemerken, daß es eine Wissenschaft der Ursache und eine Wissenschaft des Verursachten gibt. Nun hat aber die Wissenschaft der Ursache ihren Zweck allein in sich selbst, während die Wissenschaft des Verursachten nicht aus sich selbst existiert, da die verursachten Dinge sich auf die Ursache der Ursachen beziehen und von ihr abhängen. Daher kommt es, daß die Theologie, welche die Wissenschaft von Gott ist und als Gegenstand die Ursache der Ursachen hat, nur sich selbst befohlen ist und daß folglich der Begriff der Wissenschaft nur der Wissenschaft der verursachten Dinge wirklich angemessen ist, während für die Wissenschaft der Ursache der Ursachen der Begriff der Weisheit vorbehalten ist. Deshalb hat Aristoteles selbst bekräftigt, daß die erste Philosophie, welche nur sich selbst befohlen ist und die Ursache der Ursachen behandelt, Weisheit genannt werden muß. Aus dem gleichen Grunde verdient die Lehre der Theologie, die über alle Wissenschaften hinausgeht, den nämlichen Titel.«

Der franziskanische Gelehrte hatte die Autorität des Aristoteles dazu benutzt, der Theologie den Status einer Wissenschaft abzusprechen, und war deshalb zu dem Schluß gelangt, den Begriff der Wissenschaft, insofern sie der Weisheit entgegengesetzt ist, einzugrenzen. Thomas beruft sich auf dieselbe Autorität, stellt aber genau die umgekehrte Behauptung auf; für den dominikanischen Gelehrten ist die Theologie eine Wissenschaft.

Er setzt dreimal an, um seine Argumentation zu entwickeln: in seinem Frühwerk, seinem Kommentar zu den *Sentenzen* des Petrus Lombardus – der Grundlage seiner

SANCTVS THOMAS
VERE HIC
EST LVMĒ
ECCLESIE
HIC ADINVENI

Lehrvorträge als Bakkalaureus zwischen 1254 und 1256 – sowie in dem Kommentar über die Schrift *De trinitate* von Boethius, der ebenfalls 1256 entstand. Die Positionen des jungen Magisters sind dieselben wie die des Doktors auf dem Gipfel seiner Autorität. Die ersten Artikel der ersten Frage der *Summa theologica* nehmen den Beweis wieder auf. Auch wenn die Argumente in den Kommentaren zu *De trinitate* ausführlicher entwickelt werden, halten wir uns hier an den Text der *Summa*, deren erster Teil zwischen 1266 und 1268 verfaßt wurde, denn er stellt den definitiven Stand von Thomas' Überlegungen dar und ist am weitesten verbreitet.

Schon bei seinen Vorgängern gliedert sich die Wissenschaft von göttlichen Dingen in zwei Teile. Den ersten würde man heute als »natürliche Theologie« bezeichnen; sie zählt – als Erbschaft des griechischen Denkens – zur Philosophie und erhebt sich mit Hilfe der Vernunft von den wahrnehmbaren Wirkungen zu den göttlichen Ursachen. Ein Beispiel dafür liefert die Aristotelische Metaphysik. Den zweiten Teil bildet die *sacra doctrina*, wie man damals sagte: eine neue Disziplin, die sich – wie die *Summa theologica* selbst beweist – auf die Grundlage der natürlichen Theologie stützen kann, deren Eigentümlichkeit aber darin besteht, von Glaubensartikeln ausgehend zu argumentieren, die als Axiome behandelt werden. Diese Spaltung hat zwei epistemologische Konsequenzen. Um die Existenz zweier Wissenschaften zu rechtfertigen, die denselben Gegenstand behandeln, in diesem Falle Gott, macht Thomas von Aquin deutlich, daß sich die einzelnen Wissenschaften nicht so sehr durch ihren Gegenstand als durch ihre Prinzipien voneinander unterscheiden. Der Astronom (*astrologus* im Text des Aquinaten) und der Physiker (*naturalis*) beweisen beide, daß die Erde rund ist; der erste mit Hilfe der Mathematik, der andere mit Argumenten, die aus der Natur des betreffenden Gegenstandes gewonnen werden.

Ist dieser Punkt erreicht, muß nur noch bewiesen werden, daß die Theologie, die *sacra doctrina*, eine Wissenschaft ist. Um den paradoxen Status einer wissenschaftlichen Disziplin zu klären, deren Prinzipien geoffenbart wurden, entwickelt Thomas von Aquin seine These. Für ihn versteht es sich von selbst, daß die auf Offenbarung gegründete Theologie ausgehend von Glaubensartikeln, die als Prinzipien behandelt werden, definiert, argumentiert, Schlüsse zieht und beweist; daher steht ihr wissenschaftlicher Charakter,

Der Triumph des heiligen Thomas von Aquin, *Gemälde des Florentiners Benozzo Gozzoli aus dem fünfzehnten Jahrhundert für die Kathedrale von Pisa. Der dominikanische Magister, sitzend dargestellt, ist umgeben von Aristoteles zu seiner Rechten und Platon zu seiner Linken: Zeichen des antiken Erbes und der Überlegenheit der christlichen Theologie. Louvre, Paris*

nach aristotelischem Wissenschaftsverständnis, gar nicht in Zweifel. Die Schwierigkeit zeigt sich erst bei der Frage nach dem Status dieser Prinzipien; die Theologie selbst ist nicht in der Lage, sie zu begründen, sonst unterschiede sie sich in nichts von der Philosophie, die der menschlichen Vernunft zugänglich ist, und die Offenbarung wäre überflüssig. Die Prinzipien sind aber auch nicht von sich aus einsichtig, sonst würde sie jeder annehmen. Die Lösung läuft darauf hinaus, diese Prinzipien, das heißt die Glaubensartikel, als in einer höheren Wissenschaft fundiert zu betrachten, der Wissenschaft der Seligen. So ist die *visio beatifica* – die unmittelbare Anschauung der Seligen von Gott, gleichsam die intellektualistische Version des Paradieses – nicht nur letztes Ziel der theologischen Spekulation, sondern auch deren epistemologisches Fundament. Thomas von Aquin erläutert seine Position mit Hilfe einer bezeichnenden Analogie: das Verhältnis zwischen geoffenbarter Theologie und Wissenschaft der Seligen entspricht dem zwischen Musik und Arithmetik; die Musik beweist ihre Prinzipien nicht, die ihr von der Mathematik geliefert werden.

So muß die *sacra doctrina* für ihre Grundsätze keine Argumente vorlegen, da es sich um Glaubensdinge handelt; dagegen liefert sie Beweisgründe für andere Wahrheiten, die aus ihnen folgen: »Die anderen Wissenschaften haben den Beweis nicht etwa dafür notwendig, um ihre Prinzipien zu rechtfertigen, sondern höchstens, um aus den Prinzipien auf dem Wege des Beweisens ihre Schlußfolgerungen abzuleiten; so bedarf auch diese Lehre der Beweise nicht, um ihre Prinzipien, die Glaubensartikel, zu begründen; sie geht vielmehr so vor, daß sie aus ihren Prinzipien irgendeine neue Wahrheit ableitet, wie z. B. der Apostel aus der Tatsache der Auferstehung Christi die allgemeine Auferstehung beweist« (Thomas von Aquin, *Summa theologica*, q. 1, 8).

Diese als Subalternation bezeichnete Lösung bezieht die Theologie in das Aristotelische Wissenschaftskorpus ein und rechtfertigt zugleich ihren Offenbarungscharakter. Thomas von Aquin unternimmt es, aus einigen Zeilen von Aristoteles eine ganze Theorie zu entwickeln, die mit Hilfe der Subalternation den Status der Wissenschaften bestimmt. Eine glänzende Lösung, die freilich auf schwachen Füßen steht: Jeder Wandel der intellektuellen Landschaft – auf dem Gebiet der Theologie, der Epistemologie (also der

Philosophie) oder der Wissenschaften – kann sie in Frage stellen.

Die thomistischen Theologen der ersten Generation, die unmittelbaren Schüler des *Doctor angelicus*[3], sind seiner Doktrin treu gefolgt, außer in einem Punkt. Für sie war die Theologie keine Wissenschaft im exakten Sinne des Wortes. Wie ist diese Wendung zu erklären, diese Preisgabe des Denkens des Meisters in einem Punkt, auf den er soviel Mühe verwandt hatte? Es fehlen grundlegende Untersuchungen, um darauf eine wirklich befriedigende Antwort geben zu können. Zu viele Dinge sind noch immer unbekannt, zu viele Texte nicht ediert, zu viele Quellen unerforscht. Nur die wahrscheinlichsten Elemente einer Erklärung lassen sich angeben.

[3] Für die großen Gelehrten des Mittelalters waren folgende Beinamen gebräuchlich: Albertus Magnus wurde *Doctor universalis* genannt, Bonaventura *Doctor seraphicus*, Roger Bacon *Doctor admirabilis*. Thomas von Aquin, der zunächst den Titel *Doctor communis* erhielt, weil die Bedeutung seines Denkens allgemein anerkannt worden war, bekam später den erhabeneren Beinamen *Doctor angelicus*.

Utrum sacra doctrina sit scientia?
Ist die Theologie eine Wissenschaft?

Thomas von Aquin führt eine Reihe von Argumenten *pro* und *contra* auf und antwortet dann:

»Die hl. Lehre ist eine Wissenschaft. Aber es gibt eine doppelte Art von Wissenschaft. Die eine stützt sich auf Prinzipien, die durch das natürliche Licht des Verstandes einsichtig sind, wie z. B. die Arithmetik, die Geometrie u. a.; eine zweite Art auf Prinzipien, die durch das Licht einer höheren, übergeordneten Wissenschaft einsichtig werden. So gründet z. B. die Lehre von der Perspektive in Prinzipien, die durch die Geometrie, die Musik in solchen, die durch die Arithmetik einsichtig sind. Und zu dieser zweiten Art von Wissenschaft zählt die hl. Lehre, weil sie sich auf Prinzipien stützt, die durch das Licht einer höheren Wissenschaft erkannt werden, nämlich der Wissenschaft Gottes und der Seligen. Wie sich also die Musik auf die Prinzipien verläßt, die ihr von der Arithmetik vermittelt werden, so nimmt die hl. Lehre die Prinzipien gläubig an, die ihr von Gott geoffenbart sind« (Thomas von Aquin, *Summa theologica*, q. 1, 2).

Zunächst einmal die Unschärfen im Denken von Thomas von Aquin. Der Status der Theologie beruhte in erster Linie darauf, daß sie ihre Prinzipien einer höheren Erkenntnis, der Wissenschaft der Seligen, das heißt der Offenbarung entnahm. Wenn nun aber – wie jedermann zugibt – die Theologie ihre Prinzipien von der Wissenschaft der Seligen übernimmt, so leiten sich ihre Prinzipien nicht daraus ab: es sind dieselben. Es besteht also strenggenommen gar keine Subalternation. Dieser feine Riß in der Argumentation von Thomas von Aquin ist von Bedeutung; er kann erklären, warum sie keine Anhänger fand; er erklärt freilich nicht den Zeitpunkt, zu dem seine Position aufgegeben wurde.

Die Verurteilung von 1277

Zu der inneren Schwäche im Denken des Meisters kommen äußere Elemente hinzu. Im März 1277 verurteilte der Bischof von Paris, Étienne Tempier, in einem Dekret zweihundertneunzehn philosophische und theologische Lehrsätze, »abstoßende Irrtümer, die einige Studenten der Artistenfakultät in den Schulen zu behandeln und zu diskutieren sich nicht scheuen«. Die Anhänger der bekämpften Lehren hatten – bei Strafe der Exkommunikation – eine Woche Zeit, um ihre Irrtümer anzuerkennen und aufzugeben. Das eilig aufgesetzte Dokument nannte Lehrsätze aller Art, ohne sich um irgendeine Ordnung zu bemühen, ließ jedoch bei allem Durcheinander eine heftige Attacke gegen den Aristotelismus erkennen, der sich seit der Jahrhundertmitte weit verbreitet hatte. Auf die Periode der Verdammung der physikalischen Bücher war der Triumph eines christianisierten Aristotelismus gefolgt. Gestützt auf das Werk von Thomas von Aquin, fügten manche Autoren eine biblische Sicht des Menschen und des Heils in eine aristotelische Konzeption der materiellen Welt ein. In den sechziger Jahren des dreizehnten Jahrhunderts trat in der Artistenfakultät ein radikalerer Aristotelismus hervor, dessen Hauptvertreter der sehr bemerkenswerte Siger von Brabant war. Welchen Einfluß die Kommentare Avicennas auf den heterodoxen Aristotelismus der Lateiner genommen haben, ist umstritten. Ausgehend von einer im technischen Sinne sehr genauen Aristoteles-Lektüre, konstatieren bestimmte Gelehrte der Artistenfakultät Widersprüche zwischen der philosophischen Wahrheit und der Wahrheit der Offenbarung. Selbst wenn die Wahrheit nach Siger dem Menschen wegen der Begrenztheit seines Geistes verwehrt ist und im Falle eines Widerstreits zwischen der von der Vernunft erblickten und der geoffenbarten Wahrheit die Offenbarung stets den Sieg davonträgt, werden die Gefahren für den Glauben sehr rasch deutlich. Die umstrittensten Themen betrafen die Ewigkeit der Welt und vor allem die Individualität der menschlichen Seele. Thomas von Aquin griff die Standpunkte der Heterodoxen in seinen Abhandlungen über die Einheit des Intellekts und über die Ewig-

keit der Welt heftig an. Die Bedrohung erweckte die antiaristotelische Partei zu neuem Leben, und das Dekret von Étienne Tempier richtete sich gegen alle Aristoteles-Anhänger, die Gemäßigten wie die Radikalen. Betroffen waren auch Positionen von Thomas von Aquin, der auf den Tag genau drei Jahre vor der Bekanntmachung des Dekrets gestorben war. Keiner der verurteilten Artikel versuchte zu klären, ob die Theologie eine Wissenschaft war, doch die Verdammung des Aristotelismus war ein Schlag gegen die Glaubwürdigkeit des von Thomas errichteten Systems. Um es zu verteidigen, war es erforderlich, sich nur auf festem Grund zu bewegen. Vor allem die Verurteilung durch die bischöfliche Autorität bezeichnete einen Bruch; institutionell hatte die Theologie ihren Platz nicht mehr neben den übrigen Wissenschaften des aristotelischen Korpus.
Das Ereignis ordnet sich in einen älteren Konflikt ein, folgt auf andere Verurteilungen, doch ist es nicht nur seiner Schroffheit wegen besonders im Gedächtnis geblieben. Der Physiker und streng katholische Wissenschaftshistoriker Pierre Duhem machte diese Verurteilung zum Geburtsakt der modernen Wissenschaft, zu jenem Schritt, der die Bande zwischen Wissenschaft und Theologie endgültig zerriß und beide voneinander befreite. Die Kirche setzte damit eine Bewegung in Gang, die – ausgehend vom mittelalterlichen Denken – zur klassischen und zeitgenössischen Wissenschaft führen sollte. Das Argument Duhems ist bestechend, doch zwingend wäre es nur, wenn man zeigen könnte, daß die abendländische Wissenschaft unmittelbar nach der Verurteilung von 1277 entstanden ist.

Die »andere« Wissenschaft

In den Jahren zwischen 1250 und 1275, als der Thomismus im Zenit steht, während sich gleichzeitig jene Entwicklung vollzieht, die zu Étienne Tempiers Verurteilung des Aristotelismus führt, gibt sich das abendländische Europa eine Wissenschaft. Nach einer Zeit der Aufnahme und Übernahme der griechisch-arabischen Modelle macht sich nun an ganz verschiedenen Orten und unter sehr unterschiedlichen Bedingungen ein eigenständiges wissenschaftliches Denken bemerkbar. Von 1254 bis 1270 verfaßt Albertus Magnus ein gigantisches Werk, das ihm den Titel *Doctor universalis* eintragen sollte. Er gründet es auf einen Kommentar des Aristoteles, dessen gesamtes Wissen er den Christen zugänglich machen will. Doch anstelle buchsta-

Pierre Duhem und die Geburt der modernen Wissenschaft

Pierre Duhem (1861-1916), französischer Physiker und Chemiker, prägte auf den Gebieten der Thermodynamik, Chemie, Physik und Hydrodynamik die Wissenschaft seiner Zeit. Er lehrte an den Universitäten Rennes, Lille und Bordeaux. Die Unversöhnlichkeit seiner Positionen, seine Konflikte mit Marcellin Berthelot hielten ihn von der Hauptstadt fern. Heute ist Duhem eher wegen seines historischen und philosophischen Werkes bekannt als wegen seiner physikalischen und chemischen Arbeiten. Sein Hauptwerk *Système du monde* stellt in zehn umfangreichen Bänden die Geschichte der kosmologischen Lehren von Platon bis Kopernikus dar und gilt auch heute noch als Standardwerk, sosehr es von der Ideologie seines Verfassers durchsetzt ist. Klerikal, nationalistisch und konservativ eingestellt, wendet Duhem gegen den damals herrschenden Szientismus eine Art christlichen Positivismus. Ihm zufolge können wissenschaftliche Theorien keinen Anspruch auf absolute Wahrheit erheben, sondern müssen ihren Ehrgeiz darauf beschränken, ein rationales Bild zu liefern, das es erlaubt, von den Phänomenen Rechenschaft zu geben. Durch die Begrenzung des realistischen Anspruchs der Wissenschaft und das Verbot, die Schöpfungsmacht Gottes einzuschränken, habe die christliche Metaphysik den Aufschwung der echten wissenschaftlichen Methode ermöglicht. Die Interventionen der kirchlichen

bengetreuer Kommentare, wie sie Thomas von Aquin liefern wird, paraphrasiert er den Text des Philosophen und fügt Bemerkungen anderer Kommentatoren ebenso ein wie die Ergebnisse eigener Beobachtungen. Sein eigenständiges wissenschaftliches Werk ist das eines Naturforschers und großen Beobachters. Ausgehend von einer apokryphen, Aristoteles zugeschriebenen Abhandlung, verfaßt er einen Traktat *De vegetabilibus et plantis*, worin er die Pflanzen zu klassifizieren und ihre Physiologie zu verstehen versucht, zugleich aber praktische Ratschläge zur Weinverarbeitung oder zur Aufbewahrung des Stalldungs erteilt. Seine Abhandlung *De animalibus* beginnt mit einem Aristoteles-Kommentar, entwickelt dann aber sehr viel persönlichere Auffassungen. Er führt Sektionen am Auge des Maulwurfs oder am Skorpion aus, dessen Nervensystem er studiert, und vergleicht die Eier der Fische mit denen der Vögel.

Albert ist einer der großen Theologen des dreizehnten Jahrhunderts. Er lehrte in Paris, doch im Unterschied zu den Entwicklungen in der Theologie ist Paris auf wissenschaft-

Autoritäten, die gewöhnlich als Äußerungen von Obskurantismus dargestellt werden, erscheinen in der Geschichtsschreibung Duhems als recht paradoxer Ausdruck einer positivistischen Hellsicht.
So schreibt er zu der Verurteilung von 1277:
»Wenn wir der Geburt der modernen Wissenschaft ein Datum zuordnen müßten, so würden wir ohne Zögern das Jahr 1277 angeben. Als Verurteilung des griechischen Nezessitarismus verstanden, wird diese Verurteilung zahlreiche Theologen dazu bringen, wissenschaftliche oder philosophische Positionen aufgrund der Allmacht Gottes *für möglich* zu halten, die traditionell als unmöglich galten, da sie dem Wesen der Dinge nicht entsprachen. Die theologische Vorstellung eines mit unendlicher Macht versehenen Gottes hat neue geistige Erfahrungen gestattet und dadurch die Geister aus dem endlichen Rahmen befreit, in den das Universum vom griechischen Denken gezwängt worden war«, schreibt Pierre Duhem in seinen *Études sur Léonard de Vinci*.
Wenn auch die Auffassungen Duhems auf Ablehnung gestoßen sind und heute in dieser Form nicht mehr anerkannt werden, haben sie nachhaltig auf die Bedeutung der mittelalterlichen Wissenschaft hingewiesen und die Frage nach den Ursprüngen der modernen Wissenschaft in neuer Formulierung gestellt.

---

lichem Gebiet nicht der Mittelpunkt der Welt. Die Franziskaner von Oxford, die Aristoteles ablehnten, vertrauten auf das Experiment. Der berühmteste von allen, Roger Bacon, erklärte, daß »das rationale Argument nichts beweist; alles hängt von der Erfahrung ab«.
Doch genau besehen ist sein Werk weniger originell, als die Legende glauben macht. Er hegte eine tiefe Bewunderung für einen gewissen Pierre de Maricourt, den er für einen der beiden größten Mathematiker seiner Zeit hielt. Außer dieser Eloge wissen wir vom Leben Pierre de Maricourts nichts als das, was er einem der beiden Texte, die von ihm bekannt sind, anvertraut hat: der *Epistola de magnete*; der andere ist nur unvollständig ediert, es handelt sich um eine Abhandlung über das Astrolab. Pierre de Maricourt schreibt seine Epistel 1269 unter den Mauern von Lucera, das von Karl von Anjou, dem Bruder Ludwigs des Heiligen, belagert wird. Viele betrachten ihn als einen Kriegsingenieur im Dienste des Fürsten, als einen jener *ingeniatores*, wie es sie damals in allen großen Armeen gab. Die Hypothese ist einleuchtend, wir finden seine Spur nir-

Roger Bacon (um 1216 – um 1292)

Roger Bacon beginnt seine Studien in Oxford, wo er den Grad des *magister artium* erwirbt, und geht dann nach Paris, um dort zu lehren. 1247 kehrt er nach Oxford zurück und tritt 1257 in den Franziskanerorden ein. Sein wissenschaftliches Werk ist wie das seines Lehrers Robert Grosseteste im wesentlichen der Optik gewidmet; doch seine Bekanntheit verdankt Bacon vor allem seinen Erklärungen zur Wissenschaft. Darin weist er der Erfahrung einen hervorragenden Platz zu und behauptet, der Mensch könne Maschinen konstruieren, die auf der Erde, auf dem Wasser und sogar in den Lüften von ganz allein gehen. Er glaubt, daß dieses gesamte menschliche Wissen in den Dienst der Kirche gestellt werden müsse, um den Gottlosen und den Antichrist, dessen Ankunft bald zu erwarten sei, zu besiegen. In der Tat ist das Denken Bacons viel weniger neu, als manche seiner Formulierungen nahezulegen scheinen. Seine Auffassung der Erfahrung ist nicht die der heutigen Wissenschaft. Die Maschinen, die er ankündigt, haben (außer der Flugmaschine) seiner Meinung nach alle bereits existiert und existieren gewiß auch zu seiner Zeit an Orten, die er nicht kennt. Sosehr er für Neuerungen offen ist, bleibt er seiner Epoche tief verhaftet; er ist nicht das visionäre Genie, das manche in ihm erblicken wollten.

---

gendwo in der Welt der Universitäten wieder. *De magnete* ist ein schmales Werk, das im Druck kaum fünfzig Seiten ausmacht, doch seine Bedeutung bemißt sich nicht nach seinem Umfang. Erste Eigentümlichkeit: es fehlen die Bezugnahmen auf die *auctoritates*. Und das hat seinen Grund, denn der Diskurs Pierre de Maricourts stützt sich wesentlich auf Beobachtung und Erfahrung; aber nicht auf Erfahrung im aristotelischen Sinne – die Bestätigung einer Tatsache durch ihre in der Natur beobachtete Reproduktion –, sondern auf wissenschaftliche, das heißt bewußt hervorgerufene und wiederholte Erfahrung. Das Durchbrechen eines Magneten in der Absicht, die Position der Pole der beiden Fragmente zu betrachten, ist eine experimentelle Operation. Ein neues Verfahren, das am Rande der Universität aufgetreten ist.

Tiefgreifende Wandlungen geschehen auch auf dem Gebiet der Optik. Der Schlesier Witelo (um 1220 – um 1275), der in Paris und Padua studierte, scheint vor allem in Italien und natürlich in Böhmen gearbeitet zu haben. Er kennt die antiken und arabischen Werke genau und unternimmt Experimente. So konstruiert er eigene Parabolspiegel und

Die Optik Roger Bacons. Mit Hilfe geometrischer Schemata gibt Roger Bacon die verschiedenen Medien wieder, die das Licht im Auge durchläuft, um auf diese Weise die Krümmung der Brechungsmedien, das heißt die Orte angeben zu können, an denen das Licht dem Phänomen der Refraktion unterliegt (vgl. S. 445-485).
Zeichnungen aus: R. Bacon, Opus majus, *dreizehntes Jahrhundert; British Library, London*

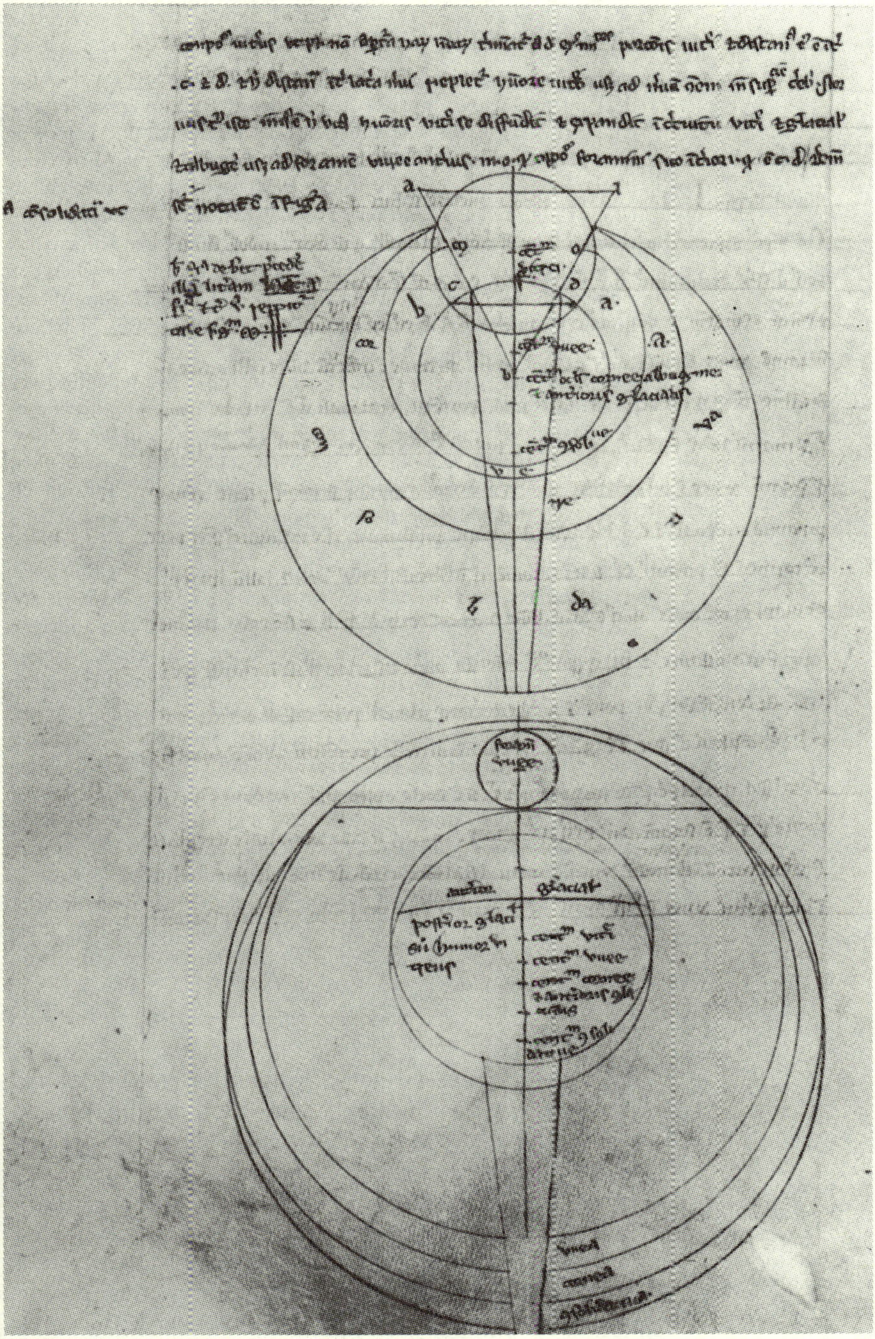

Pierre de Maricourt: »De magnete« (1269)

»Wie schon gesagt wurde, zieht der Nordteil des Steines also den des Südens an und umgekehrt. Bei dieser Anziehung ist der mit einer größeren Kraft (begabte Stein) der tätige Teil und jener mit einer schwächeren Kraft der erleidende. Nun aber meine ich, daß die Ursache dessen sich auf folgende Weise darstellt: Tatsächlich ist der tätige Teil nicht nur bestrebt, sich den erleidenden anzugleichen, sondern mit ihm eins zu werden, so daß aus dem tätigen und dem erleidenden Teil ein Gegenstand hervorgeht, welcher der Zahl nach ein einziger ist. Und du kannst die Erfahrung dieser Eigenschaft des wundersamen Steines auf folgende Weise machen: Nimm einen (einzigen) Stein, den du durch die Strecke AD darstellst, auf der A der Norden, D der Süden ist; und teile ihn (den Stein) in zwei Teile, derart, daß zwei Steine aus jenem hervorgehen. Dann legst du den mit A gekennzeichneten Stein ins Wasser, so daß er (darin) schwimmt; du wirst sehen, daß A sich nach Norden dreht wie zuvor (ehe der Stein geteilt wurde). Tatsächlich nimmt der Bruch die Eigenschaften der Teile des Steines nicht fort, wenn dieser homogen ist; und so muß es sein, daß der Teil dieses Steines, der an der Bruchfläche selbst liegt und den wir B nennen werden, meridional ist. Also wird dieser Stein, von dem wir soeben gesprochen haben, durch AB dargestellt. Was den anderen, mit D gekennzeichneten Stein angeht, so wirst du sehen, wenn er aufs Wasser gelegt wird, daß D wie zuvor Südpol sein wird, weil er sich nach Süden wendet, wenn er (der Stein) aufs Wasser gelegt wird. Der entgegengesetzte Teil, auf der Seite der Bruchfläche, wird septentrional sein, wir werden ihn mit C bezeichnen; dieser Stein wird also (dargestellt durch) CD. (Angenommen,) der erste Stein AB ist der tätige und CD der erleidende Teil, so wirst du sehen, daß von den beiden Teilen der beiden Steine, die vor der Trennung in kontinuierlicher Weise in einem einzigen Stein existierten, nach der Trennung der eine sich als septentrional und der andere als meridional erweist. So daß, wenn die beiden Teile abermals einander genähert werden, einer den anderen anzieht, bis sie sich an dem Punkt BC, wo der Bruch war, wieder vereinigen.«

---

entwickelt, ausgehend von Schriften des Ptolemaios und Ibn al-Haiṯams, eine Methode, die es ihm erlaubt, den Brechungswinkel[4] des Lichtstrahls zwischen Luft, Wasser und Glas zu messen und dabei den Einfallswinkel variieren zu lassen. Und er bemüht sich, dafür einen mathematischen Ausdruck zu finden.

In dieser Zeit ist auch der *Liber Jordani de ratione ponderis* entstanden, in dem die Arbeiten fortgeführt werden, die Jordanus von Nemore in der ersten Jahrhunderthälfte unter-

[4] Vgl. S. 462.

nommen hatte. Er interessiert sich vor allem für den Winkelhebel und die schiefe Ebene. Die mittelalterliche Statik ist geboren. Diese Arbeiten aus der Mitte des dreizehnten Jahrhunderts sollten noch die Mechaniker des sechzehnten beeinflussen, insbesondere Simon Stevin (1548-1620).
Eine weitere Neuerung liefert die *Theoria planetarum* des Campanus von Novara. Von diesem Italiener ist nur so viel bekannt, daß er sein Werk zwischen 1250 und 1275 geschrieben hat, wahrscheinlich im Umkreis des päpstlichen Hofes. Im Unterschied zu älteren Abhandlungen über die Himmelskugel, die oft nur sehr vereinfachte Darstellungen des ptolemäischen Systems boten, ist sein Werk das erste, welches das System des alexandrinischen Astronomen im Detail entwickelt und in einzelnen Punkten, etwa der Berechnungsweise der Entfernungen zwischen den Planeten, den *Almagest* sogar hinter sich läßt. Campanus von Novara entwirft, wiederum als erster, ein Äquatorialmodell, einen komplexen Apparat, der die Planeten- und Sternbewegungen nach der ptolemäischen Theorie wiedergeben soll. Die Kenntnis der Position der Sterne am Himmelsgewölbe war für den Astrologen unerläßlich; das Äquatorial bot dafür eine Lösung, die Sterntafeln waren eine andere. Die Fortschritt der beobachtenden Astronomie erlaubten es, neue aufzustellen.
Diese Beispiele zeigen das Auftauchen einer neuen Wissenschaft. Sie nimmt noch sehr häufig Bezug auf die Alten; manche der Abhandlungen, etwa die von Albertus Magnus, sind noch voller Zitate antiker Autoren; andere, wie Pierre de Maricourt, ignorieren sie bereits. Doch durch Beobachtung und Experiment sowie durch den Rückgriff auf die Mathematik übertreffen sie die Ergebnisse der Griechen und Araber. Die Wissenschaft begnügt sich nicht mehr mit Kommentaren oder Zusammenfassungen des überkommenen Erbes. Gewiß, die Sprache bleibt das Lateinische, und die Ehrfurcht vor Aristoteles schwindet noch keineswegs. Doch das Umfeld verändert sich; der Argumentation, die sich auf die *auctores* stützt, folgt die Beweisführung anhand von Daten, die der Wissenschaftler selbst gewinnt.

Der Versuch Thomas von Aquins, der die Theologie als Wissenschaft begründen wollte, endet also mit einem Fehlschlag. Während sein theologisches und philosophisches Werk nach den Ereignissen von 1277 weitgehend rehabilitiert wurde, da der dominikanische Gelehrte 1323 heiliggesprochen wurde, blieb sein Diskurs über die Wissenschaftlichkeit der Theologie ohne Nachfolge. Als Sonderfall einer Disziplin, die ihre Grundannahmen aus dem Glauben schöpft, braucht die Theologie nicht Teil einer Wissenschaft zu sein, die auf Beobachtung und Vernunft gründet. Alexander von Hales erlebt einen posthumen Sieg. Die epistemologischen Grundlagen der Position von Thomas von Aquin waren in sich zu schwach, um den Angriffen trotzen zu können, die seine Gegner gegen sein gesamtes Gedankensystem richteten. Zum anderen beruhte sein Wissenschaftsverständnis allzusehr auf der scholastischen, am Buch orientierten Konzeption des Wissens, die sich von der nun aufkommenden Wissenschaft in Frage gestellt sah.

Wichtiger noch als die Suche nach den Gründen dieses Scheiterns – Gründen, die uns auf der Hand zu liegen scheinen – wäre die Frage, warum ein so herausragender Geist wie der Thomas von Aquins alles getan hat, um die Theologie als Wissenschaft zu fundieren. Er hat sich darüber nie geäußert. Wahrscheinlich entsprach er damit einem Bedürfnis, dem organisierten wissenschaftlichen Wissen des Aristoteles und seiner Kommentatoren ein ebenso organisiertes Wissen entgegenzusetzen, das nicht weniger wissenschaftlich als das Wissen seines Vorbilds, aber wahrer sein sollte, da es auf dem Wort Gottes beruhte. Nun scheint die Sache nicht von vornherein aussichtslos, solange die Wissenschaft auf einem Diskurs beruht, sich nach dem scholastischen Modell definiert, einem Modell, das für Thomas von Aquin sozusagen Alltag war. Gelehrter sein hieß, über die Bibel ebenso wie über Aristoteles nachzudenken: beidemal wurde dieselbe wissenschaftliche Sprache verwandt.

Nun aber traf sich der Wille des Gelehrten mit dem der kirchlichen Autorität, aus der Theologie eine Wissenschaft zu machen, etwas, das man lehren könnte, das beweisbar wäre. Aus der Theologie eine Wissenschaft zu machen bedeutete, sich ein Mittel zu verschaffen, das unweigerlich zur Bekehrung der Ketzer und der Ungläubigen führt. Die Position der Kirche, besonders des Papstes, aber auch vieler Kleriker, beruhte auf einer Uneindeutigkeit des Vokabulars, auf einer fehlenden Definition des Wissenschaftsbegriffs, wie die verschiedenen »Klassifikationen der Wissenschaften« zeigen.

Um die Theologie als Wissenschaft zu begründen, war Thomas von Aquin selbst genötigt, dem Begriff der Wissenschaft eine viel strengere Bedeutung zu geben; er definiert sie im Verhältnis zu ihrem Gegenstand und ihren Methoden sowie in ihren Beziehungen zu den übrigen Wissenschaften. Ebendadurch verleiht er der Theologie einen besonderen Status, um sie von den anderen Disziplinen und der Philosophie zu unterscheiden. Er trägt dazu bei, die Wissenschaft zu definieren, und zwar genau in dem Augenblick, in dem sie im Abendland erscheint.
Doch dieser Definition stehen zwei Hindernisse entgegen. Das erste rührt daher, daß diese Definition allzu aristotelisch, also gefährlich ist, was die Kehrtwendung der kirchlichen Autoritäten erklärt. Die wissenschaftliche und die geoffenbarte Wahrheit drohen miteinander zu kollidieren, so daß eine Trennung beider notwendig wird. Das zweite Hindernis zeigt sich, sobald der Wissenschaft des dominikanischen Theologen die Prämissen einer anderen Wissenschaft gegenübertreten, die auf Beobachtung und Experiment gründet und die epistemologischen Schwächen der thomistischen Argumentation deutlich macht.[5]

5 Zu besonderem Dank bin ich Jean-Marc Drouin verpflichtet, der bei der Vorbereitung und Abfassung dieses Textes große Hilfe geleistet hat.

Marchandise se doit loyaumen
maintenir sans fraude & s
usure car autrement ce ne
marchandise mes est decepcion faulc
mauvaise dont il est dit en exode ou
chapitre que nul ne doibt opprim
prouchain par usure. Pareille sen

PAUL BENOÎT

RECHNEN, ALGEBRA UND WARENHANDEL

In diesem Kapitel werden wir sehen, wie am Ende des Mittelalters die Mathematiker den Kaufmannssöhnen von Florenz und anderswo das Rechnen beibrachten. Welche Techniken sie in der Algebra verwandten. Und was sich daraus ergab

Die Wissenschaft der Griechen war die Geometrie. Ihre Physik führte Beweise, deduzierte, aber rechnete kaum. Heute ist das Rechnen unentbehrliche Grundlage nicht nur aller Naturwissenschaft und Technik, sondern auch der ökonomischen Aktivität. Im Zeitalter der Informatik ist dies gewiß eine Binsenweisheit; doch der Wille, die Welt in Gleichungen zu bringen, enstammt viel älteren Zeiten. Allerdings mußte man dazu Gleichungen lösen und zuvor erst einmal aufstellen können. Es läßt sich trefflich über den Wert des Rechnens bei den Griechen und eventuelle Vorläufer des Werkes von Diophant streiten; man kann zeigen, daß Archimedes und die Mechaniker von Alexandria Berechnungen anstellten; und doch steht außer Zweifel, daß der algebraische Kalkül sich erst im ausgehenden Mittelalter und zu Beginn der Neuzeit im christlichen Europa entwickelt hat. Nach weithin geteilter Auffassung entsteht die Algebra im europäischen Abendland mit François Viète, dem ersten, wie es heißt, der zur Bezeichnung der Unbekannten Buchstaben verwandt habe. Viète sei im sechzehnten Jahrhundert zu diesen Ergebnissen nur dank der Wiederentdeckung des Werkes von Diophant gelangt. Aber liegen die Dinge so einfach? Kann man einen Gelehrten zum Vater der Algebra erklären, weil sein Symbolismus als Vorbild gedient hat? Vor Viète haben andere versucht, algebraische Größen durch Symbole auszudrücken: Geronimo Cardano, Raffaele Bombelli oder Nicolas Chuquet. Der Fall Chuquets, eines französischen Mathematikers, der in der zweiten Hälfte des fünfzehnten Jahrhunderts lebte, führt uns in eine Welt, die von derjenigen Viètes sehr verschieden ist. Chuquet schrieb sein Werk auf französisch

Butike eines Kaufmanns im fünfzehnten Jahrhundert. Eine Person höheren Standes, in einem Gewand mit Hermelinkragen, feilscht mit dem Händler: verkaufen will gelernt sein. Auf dem Tisch sind Juwelen ausgebreitet, daneben eine Schachtel mit Gewichten, die zum Wiegen benötigt werden: wiegen will gelernt sein, man muß gut rechnen können. Miniatur aus dem Manuskript von J. Le Grant, Le Livre de bonnes mœurs, *Bibliothèque du musée Condé, Chantilly*

und nicht auf lateinisch, in der Gelehrtensprache des Mittelalters und der Klassik; vor allem aber zählte er zu den Mathematikprofessoren, die am Ende des Mittelalters versuchten, einen Teil ihrer Wissenschaft den Kaufmannssöhnen einzutrichtern. Chuquet ist kein Einzelfall. In Italien, besonders in Florenz und Venedig, haben Mathematiker wie er gelebt, gearbeitet und Werke hervorgebracht, die in der Geschichte des arithmetischen und algebraischen Rechnens zweifellos ihre Spuren hinterlassen werden. Hinterlassen *werden*, denn diese Geschichte wird eben erst geschrieben, von italienischen und deutschen, amerikanischen, englischen und französischen Gelehrten. Eine undankbare Aufgabe; die Texte sind zahlreich, einander oft sehr nahe; die meisten sind Manuskripte, oftmals schlecht geschrieben. Das Denken bestimmter Autoren erscheint manchmal konfus, häufig voller Fehler. Neben einem Chuquet oder einem Benedetto von Florenz gibt es viele anonyme Schriftsteller mit Werken ohne jede Originalität, die dennoch Anzeichen einer Entwicklung enthalten können. Die Versuch einer historischen Darstellung, der hier unternommen wird, präsentiert keine großen Gelehrten von unantastbarem Ruf, sondern ist eher die Darstellung eines wissenschaftlichen Milieus. Statt nach den Ursprüngen der Algebra im europäischen Abendland zu suchen, geht es hier um die Bedingungen, unter denen sich die Wissenschaften des Rechnens entwickeln konnten: zu einer bestimmten Zeit – in den letzten Jahrhunderten des Mittelalters – und in einem bestimmten Milieu, nämlich in der Umgebung der Kaufleute, die Großhandel betrieben. Und es geht darum, die gewonnenen Ergebnisse in einen allgemeineren Rahmen zu stellen, den Rahmen einer Geschichte des Rechnens in der mediterranen Welt. Selbst wenn die Schlüsse, die wir ziehen werden, lückenhaft bleiben, können sie vielleicht dazu beitragen, das Problem der Beziehungen zwischen wissenschaftlicher und sozioökonomischer Entwicklung in etwas klareren Begriffen zu formulieren.

Der Handel im Mittelmeerraum

Das Wachstum des mittelalterlichen Europas, die Steigerung der landwirtschaftlichen Produktion, der Aufschwung der Städte und die Verbreitung des Geldes gehen einher mit einer Handelsexpansion auf allen Ebenen. Mit der rasch wachsenden Zahl lokaler Märkte knüpft sich ein internationales Netz. Handelspartner Westeuropas sind

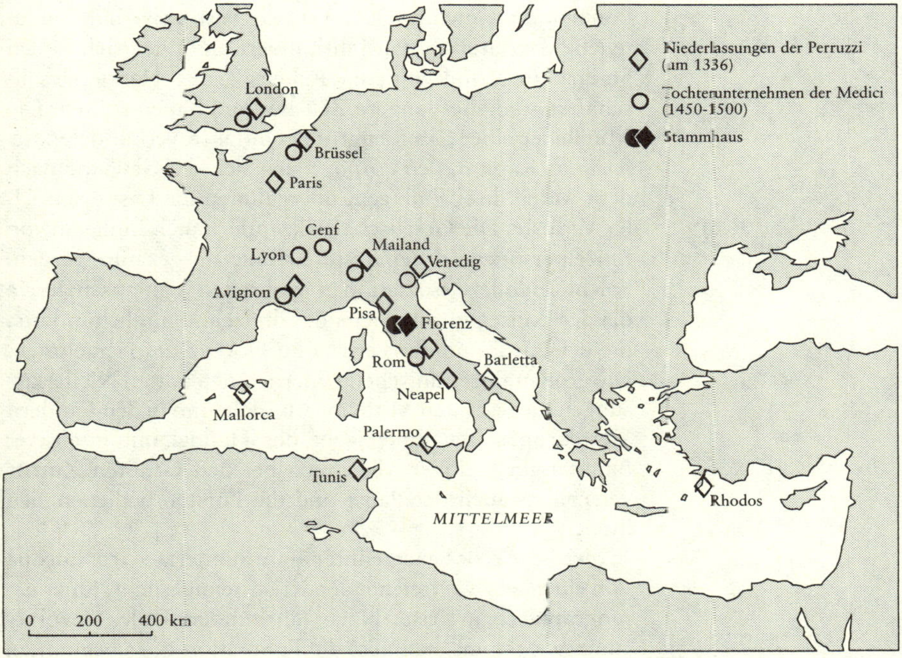

Niederlassungen der großen italienischen Handelskompanien im vierzehnten und fünfzehnten Jahrhundert

vor allem der byzantinische und der islamische Orient. Europa exportiert seine Tuche, seine Metalle, sein Silber und importiert Luxusprodukte, etwa Seide oder Gewürze aus dem Fernen Osten, oder bestimmte Rohstoffe, auf die seine Textilindustrie angewiesen ist, etwa den Alaun[1], ein Beizmittel, das zur Vorbereitung der Färbung von Tuchen unentbehrlich ist, oder Farbstoffe. Das christliche Abendland tauscht auch mit dem islamischen Westen; der Weizen Nordafrikas oder Siziliens, Wolle, Leder oder Korallen aus dem Maghreb, Tuche aus Italien oder Katalonien, Gold oder Spezereien aus Afrika und europäisches Silber beleben den Handelsverkehr. Italien nimmt wegen seiner geographischen Lage und seiner Traditionen eine Vorzugsstellung im Fernhandel ein, dem der Reichtum der großen Städte zugrunde liegt: Venedig, Genua, Pisa, Florenz.
Vom zwölften Jahrhundert an entwickeln sich in Venedig oder Genua Organisationsformen, die den Handel über das Mittelmeer erleichtern sollen. Ein Kapitalist stellt einem umherziehenden Händler Gelder zur Verfügung, der Händler steuert seine Arbeit und manchmal einen Teil des Kapitals bei. Und schon kommt es darauf an, zählen zu

[1] *Alaun*: Doppelsulfat, das als Beizmittel in der Textilindustrie verwandt wurde. Die Farbe konnte auf den Stoffen oder dem Faden erst haften, nachdem diese mit Alaun behandelt worden waren. Im Mittelalter war der Alaun wegen seiner Bedeutung für die Textilindustrie eine sehr wichtige Handelsware.

können, die Gewinne oder Verluste vertragsgemäß aufzuteilen. Vom dreizehnten Jahrhundert an bilden sich in den Städten im Landesinneren Italiens große Handelsgesellschaften, die über längere Zeit Bestand haben sollten. Die Mitglieder einer Familiengruppe und ihre Verbündeten liefern das Kapital, den *corpo*, teilen sich die Gewinne nach dem Anteil ihrer Einlagen, übernehmen die Last eventueller Verluste. Die Gesellschaft akzeptiert auch Einlagen von Einzelpersonen, denen feste Erträge ausgezahlt werden. Solche Handelsassoziationen verbreiten sich rasch: etwa die der Bonsegnori im Siena des dreizehnten Jahrhunderts, die der Bardi und der Peruzzi im Florenz des vierzehnten. Die großen florentinischen Unternehmen hatten Niederlassungen im gesamten Mittelmeerbecken und in den Ländern Westeuropas. Bei ihnen geht der Handel mit intensiver Banktätigkeit einher, die ihnen bei den Größten Zutritt verschafft: auch der Papst und die Fürsten bedienen sich ihrer.

In der Mitte des vierzehnten Jahrhunderts wird Europa von einer sehr weitreichenden Krise heimgesucht. Einer demographischen Krise: Nach Jahrhunderten des Bevölkerungswachstums stagniert die Population oder beginnt zu sinken, als die Schwarze Pest wütet (1348). Den plausibelsten Schätzungen zufolge verliert Europa in hundert Jahren etwa die Hälfte seiner Bevölkerung. Dieser Sturz steht im Zusammenhang mit einer wirtschaftlichen Depression und politischen Konflikten. Die Produktion und die Preise brechen in dem Augenblick zusammen, in dem Kriege – vor allem der Hundertjährige Krieg – den Kontinent verwüsten. Das Phänomen hat viele Aspekte. Schon bevor die Pest Florenz erreicht hatte, waren die Bardi und die Peruzzi in Florenz bankrott gegangen, weil Fürsten wie der König von England die ihnen gewährten Darlehen nicht zurückzahlen konnten. In der zweiten Hälfte des fünfzehnten Jahrhunderts reorganisiert sich der Handel, entwickelt neue Strukturen. Die Gesellschaften mit Niederlassungen weichen Kompanien mit Tochtergesellschaften; das heißt, ein und dieselbe Kapitalistengruppe, eine Familiengruppe wie zuvor, kontrolliert – heute würde man sagen: als Holding – juristisch voneinander unabhängige Gesellschaften. Das System ist geschmeidiger; ein lokaler Niedergang führt nicht mehr zum Bankrott des Ganzen. Cosimo de' Medici (1389-1464) hat sein Imperium aus Handelsgesellschaften und Manufakturen nach diesem Muster errichtet.

Der Umfang der Handelsbeziehungen erforderte Schriftverkehr und Buchführung; die Kapitalsummen, die dabei eingesetzt wurden, mußten versichert werden. In den letzten Jahrhunderten des Mittelalters entstand die »doppelte Buchführung«[2], und die Zahl der abgeschlossenen Versicherungskontrakte wuchs sprunghaft. Ebenso wurden Zahlungsmittel benötigt; so sind die großen italienischen Handelsgesellschaften zugleich Banken; sie entwickeln den Wechselbrief, einen kurzen Text, in dem sich jemand verpflichtet, zu einem späteren Zeitpunkt, an einem anderen Ort und in einer anderen Währung eine vorgestreckte Summe zurückzuzahlen. Es handelt sich also um ein Instrument, das Kredit, Geldtransfer und Geldumtausch in sich vereint.

[2] Die *doppelte Buchführung* ermittelt den Erfolg einmal durch Bestandsvergleich (Bilanz), zum anderen durch eine eigenständige Aufwands- und Ertragsrechnung. Jeder Geschäftsvorfall hat dabei zwei wertgleiche Buchungen (Soll- und Habenbuchung) zur Folge. Die doppelte Buchführung umfaßt somit zwei Kontenreihen, die Bestandskonten (Vermögens- und Kapitalwerte) und die Erfolgskonten (Aufwand und Ertrag).

Ein Wechselbrief

»Im Namen Gottes, den 18. Dezember 1399. Zahlen Sie auf Vorlage dieses Briefes in der üblichen Frist an Brunacio di Guido & Co. in Barcelona CCCCLXXII *livres* X *sous* dortiger Währung, welche 472 *livres* 10 *sous*, entsprechend 900 *écus* zu 10 *sous* und 6 *deniers* für jeden *écu*, mir hier von Ricardo degl'Alberti & Co. ausbezahlt worden sind. Bezahlen Sie die Summe in guter und angemessener Form und setzen Sie den Betrag auf mein Konto. Gott behüte Euch. Guglielmo Barbieri. Seid gegrüßt aus Brügge« (nach Le Goff 1986).
Die übliche Frist der Vorlage eines Wechselbriefs von einem Handelsplatz zum anderen betrug im fünfzehnten Jahrhundert von Brügge nach Barcelona dreißig Tage. Ein solcher Wechselbrief erfüllte Geldumtausch-, Transfer- und Kreditfunktionen. Gegen Ende des Mittelalters wurde er zu einem wesentlichen Instrument des italienischen Handels.

Feilschen will gelernt sein

»Nicht zu bequem sein, alles aufzuschreiben!« Diese Mahnung eines anonymen Florentiner Kaufmanns aus dem vierzehnten Jahrhundert liegt nahe. Die Arbeit des Händlers ging schriftlich vor sich. Das Schreiben, sei es von Buchstaben oder Zahlen, war jedoch ein Handwerk, das man erlernen mußte. Wir können heute in groben Zügen verfolgen, wie in Pisa, Venedig, Genua und vor allem Florenz die Ausbildung der künftigen Kaufleute verlief. Etwa vom siebten Lebensjahr an gingen die Kinder zwei oder drei Jahre lang in eine Grundschule, wo sie Lesen, Schrei-

ben und die Anfangsgründe der Grammatik erlernten. Donato Velluti, ein Florentiner aus dem vierzehnten Jahrhundert, sagte von seinem Sohn: »Nachdem er binnen kurzer Frist lesen lernte, wurde er ein guter Grammatiker [...] und besuchte danach den *abbaco*«, das heißt die Rechenschule. Seiner ursprünglichen Bedeutung nach war der Abakus ein Brett, auf dem Marken hin- und hergeschoben wurden, um Rechenoperationen auszuführen; später bezeichnete man damit das Rechnen schlechthin. Außer Arithmetik unterrichteten die Lehrer damals, »was für den Handel nützlich ist«. Dieser Unterricht wurde von Erziehern oder Hauslehrern gegeben, die nur wenige Schüler ausbildeten. So erscheint Nicolas Chuquet, ehe er als »Algorist« bezeichnet wurde, in den Steuerakten von Lyon als »Schreiber«, worunter man dort die Lehrer der Kinder reicher Kaufleute und Patrizier verstand. Luca Pacioli (um 1445 bis um 1517), Verfasser einer berühmten *Summa arithmetica*, die 1494 in Venedig gedruckt wurde, begann seine Laufbahn als Hauslehrer der Kinder eines reichen venezianischen Kaufmanns, Antonio Rompiani. In den italienischen Städten gingen die künftigen Kaufleute jedoch fast alle zur Schule. Wie der Chronist Giovani Vilani berichtet, lag 1338 in Florenz »die Zahl der Kinder, die in den sechs Schulen Abakus und Algorithmus lernen, zwischen tausend und zwölfhundert«. Das sind beeindruckende Zahlen für eine Stadt von weniger als hunderttausend Einwohnern, untypisch vielleicht wegen der Bedeutung von Florenz als Stadt der Kaufleute und als geistiges Zentrum. Doch 1345 gab es auch in Lucca öffentliche Abakus-Schulen; in Mailand sandten 1452 siebenunddreißig Geschäftsleute eine Bittschrift an den Herzog, er möge für den Unterricht in Buchführung für ihre Kinder aufkommen; in Genua ist es die *Arte della lana*, die Zunft der Wolltuchproduzenten und -kaufleute, die 1486 eine Schule eröffnet.

Florenz im vierzehnten Jahrhundert. Die Stadt ist von Mauern umgürtet. Die Häuser wachsen in die Höhe, ein Zeichen der Bevölkerungsdichte. Viele Gebäude sind aus Stein, ein Zeichen des Reichtums. Der heutige Dom ist noch nicht erbaut, doch man erkennt das Baptisterium, rechts neben dem Tor der Umfassungsmauer. Detail des Freskos Madonna della misericordia, *Schule von Florenz, vierzehntes Jahrhundert; Loggia del Bigallo, Florenz*

Die Florentiner Schulen sind die bekanntesten, zweifellos wegen der Bedeutung der Stadt, aber auch deshalb, weil der Unterricht der Mathematiker dort einen besonderen Rang hatte. Selbst die Venezianer mußten – als Konkurrenten von Florenz häufig dessen Feinde – der toskanischen Stadt eine Überlegenheit in dieser Sache einräumen. In Florenz waren die *botteghe dell'abbaco* (wörtlich: »Rechenwerkstätten«) offenbar durchgängig private Einrichtungen. Meister Paolo dell'Abbaco jedenfalls ist Mitte des vierzehnten Jahrhunderts Besitzer der seinen; er vermacht sie einem Kollegen und Freund. Das Erbe umfaßt die Räumlichkeiten und sämtliches Unterrichtsmaterial. Besser als jede andere Quelle wirft sein Testament Licht auf die Lebensumstände eines Florentiner Mathematikers im vierzehnten Jahrhundert. Das Testament aus dem Jahre 1367, wohl kurz vor dem Tode des Erblassers verfaßt, zeigt uns einen wohlhabenden Mann, Besitzer zweier Häuser in der Stadt und eines Landhauses, mit einem Kapital von 1000 *florins* – in einer Epoche, in der ein Bediensteter jährlich 10 *florins* einnahm, ein Maurermeister 40 und ein Notar ungefähr 300. Ein beachtliches Vermögen. Unter seinen Testamentsvollstreckern befinden sich ein Abakus-Lehrer, doch auch ein reicher Seidenhändler. Was die Einkünfte seiner Kollegen angeht, läßt sich den Dokumenten entnehmen, daß Paolo keine Ausnahme ist. Gewiß sind die angesehenen Abakus-Lehrer weniger begütert als die großen

Kaufleute, mit denen sie verkehren; dennoch verfügen sie über höhere Einnahmen als die Handwerker, weshalb sie innerhalb der Mittelklasse zu den Reichsten gehören. Andere dagegen haben einen niedrigeren Lebensstandard; sie erscheinen in Baukostenaufstellungen als diejenigen, die den Umfang der geleisteten Arbeit und der benötigten Materialien berechnen. Ihr bescheidenes Salär verbessert ihre Einkünfte aus den Unterrichtsstunden. Ein Vertrag aus dem Jahre 1517 nennt uns die Bedingungen, unter denen ein junger Lehrer von einem angeseheneren Meister, Francesco Galigai, als Adjunktus eingestellt wurde; die Lebensverhältnisse des Anfängers erweisen sich als ausgesprochen dürftig; das Mindestgehalt, das ihm zugesichert wird, entspricht dem eines Handlangers. In Florenz gibt es eine Gruppe von Professoren, freiberuflichen Mathematikern, die von ihrer Kunst, genauer gesagt: vom Rechnen, leben. Sie sind unter den Bürgern anerkannt und geachtet. Als gegen Ende des fünfzehnten Jahrhunderts ein Florentiner, Luca Landucci, »die vornehmsten und wertvollsten« Männer seiner Stadt aufzählt, nennt er außer Cosimo de' Medici, sieben Künstlern und zwei Bischöfen auch zwei Rechenmeister.

Die Lehrbücher

Anhand der Lehrbücher können wir uns eine Vorstellung von dem Unterricht machen, der in diesen Schulen erteilt wurde. In den Jahren nach 1340 schreibt Paolo dell'Abbaco in Florenz eine Arithmetik zum Gebrauch der Kaufleute. Immer mehr Werke dieser Art erscheinen in Italien, zumal in Florenz und Venedig. Der Buchdruck greift nach solcher Literatur; das erste Lehrbuch für kaufmännisches Rechnen wird 1478 in Treviso gedruckt, ein anderes drei Jahre später in Florenz. Manche erleben einen großen Erfolg; die *Nobel opera de arithmetica* des Venezianers Piero Borghi wird zwischen 1484 und 1577 sechzehnmal aufgelegt. Die *Summa de arithmetica, geometria, proportioni et proportionalita* von Luca Pacioli, ein umfangreiches Werk, das unter anderem eine Arithmetik für Kaufleute enthält, wird 1494 in Venedig gedruckt. Die erste deutsche Rechenlehre für Kaufleute verläßt die Druckerpresse 1482 in Bamberg, einige Jahre vor dem Werk des berühmtesten deutschen Rechenmeisters Johannes Widmann. In Nizza veröffentlicht Francès Pellos das *Compendion de l'Abaco*, in der Mundart der Stadt geschrieben; das Werk stammt

von 1497. Francesco Sanct Climent läßt seine praktische Arithmetik 1482 in katalanischer Sprache drucken. Bekannt ist auch ein provenzalisches Manuskript aus der Mitte des fünfzehnten Jahrhunderts. Wohl hat Italien die meisten und bekanntesten Werke dieser Gattung hervorgebracht, doch die Bewegung überspringt die Grenzen der Halbinsel und sogar des mediterranen Europa.
Nach dem heutigen Stand der Forschung zählen fünf französische Manuskripte zu dieser Tradition; sie stammen aus der zweiten Hälfte des fünfzehnten Jahrhunderts. *Le Kadran aux marchans* wurde 1485 von Jehan Certain verfaßt, nachdem im Jahr zuvor Nicolas Chuquet sein *Triparty en la science des nombres* beendet hatte, dessen erster Teil den Titel trägt: »Wie die Wissenschaft der Zahlen dem Handel mit Waren dienen kann«.

Vom Nutzen der Mathematik für Kaufleute nach »Le Kadran aux marchans« von Jehan Certain (1485)

»Und ich werde meine Abhandlung mit einer Sonnenuhr vergleichen und will sie daher Sonnenuhr für Kaufleute nennen; denn ebenso wie die Sonnenuhr Führer, Wegweiser und Weg für jeglicher Art Leute ist, um die Beschränkung der Zeit und des Tages zu erkennen. So möge dieser kleine Traktat allen Kaufleuten als Führer, Unterricht und Erklärung dienen, wie richtig zu rechnen sei, um beim Verkaufen und Kaufen das Rechte zu nehmen und zu geben jedem nach seinem gesetzlichen Recht.«
»... wird dieser zweite Teil von Gewichten, Maßen, Kompanien, Wechseln und anderen Verträgen sprechen und daher jedem vonnöten sein, der sich des Handels bedienen will ...«

Alle diese Werke sind in der Volkssprache geschrieben und nicht mehr, wie damals noch immer der größte Teil der wissenschaftlichen Literatur, auf lateinisch. Diese entscheidende Tatsache zeigt, daß sich Abhandlungen solcher Art an ein anderes Publikum wenden, nicht an das der Universität oder des entstehenden Humanismus, sondern an Leser, für die Wissen nicht mehr deckungsgleich ist mit der ererbten Kultur der Antike. Die Sprache, die diese Werke verwenden, ein Konglomerat aus Volks- und Gelehrtensprache, ist noch nicht fixiert; die Termini wechseln von einem Lehrbuch zum anderen: Zeichen für die Jugend einer Disziplin, die ihr Vokabular noch nicht festgelegt hat.

Der Abakus

Das Mittelalter kannte mehrere Arten des Abakus, das heißt von Tafeln oder einrollbaren Tüchern zur Durchführung von Rechenoperationen; in abgewandelter Form ist er noch heute in Rußland, Japan und China gebräuchlich. Am verbreitetsten ist der Abakus in Gestalt eines Bretts, auf dem die Zehnerpotenzen (Einer, Zehner, Hunderter usw.) als Linien dargestellt sind. Auf diese Linien legt man Rechensteine oder Rechenpfennige, deren Wert von ihrer Position abhängt (drei auf der Einer-Linie bedeuten 3, fünf auf der Tausender-Linie bedeuten 5000). Außerdem kann man die Rechenpfennige noch zwischen den Linien plazieren (so daß sie zwischen Einer- und Zehner-Linie den Wert 5, zwischen Zehner- und Hunderter-Linie den Wert 50, zwischen Hunderter- und Tausender-Linie den Wert 500 usw. annehmen). Das Kreuz zeigt die Tausender-Linie an. Die Zahl 5807 sieht also folgendermaßen aus:

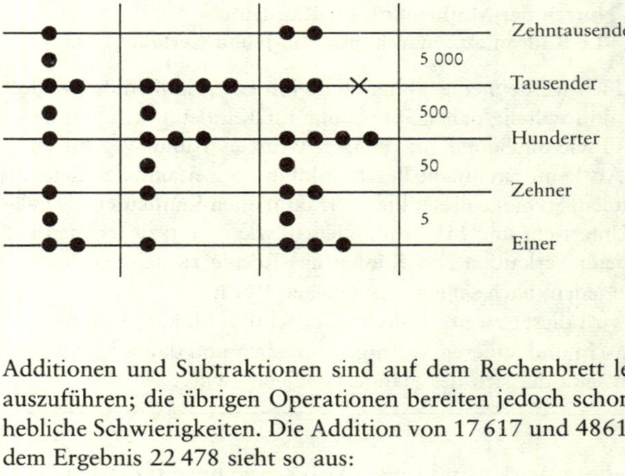

Additionen und Subtraktionen sind auf dem Rechenbrett leicht auszuführen; die übrigen Operationen bereiten jedoch schon erhebliche Schwierigkeiten. Die Addition von 17 617 und 4861 mit dem Ergebnis 22 478 sieht so aus:

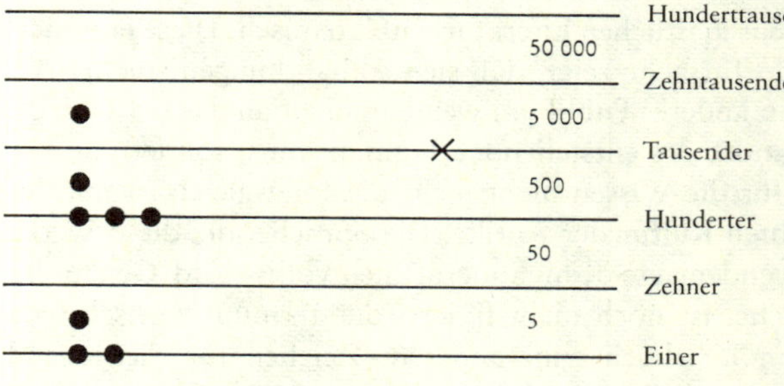

Es sind Schriften in praktischer Absicht. Chuquet wollte die Wissenschaft der Zahlen auf den Handel anwenden, und Jehan Certain wünschte sich, daß sein Buch »allen Kaufleuten als Führer, Unterricht und Erklärung dienen [möge], wie richtig zu rechnen sei«. Borghi wiederum schrieb sein Werk für »die jungen Leute, deren Bestimmung der Warenhandel ist«. Die Sorge um eine praktische Pädagogik wird in den meisten der Abhandlungen betont.

Ein neues Rechnen

Noch ein gemeinsames Merkmal, eine weitere Neuheit: alle rechnen schriftlich, auf Papier. Die Methode begann sich gerade in bestimmten Kreisen durchzusetzen, nicht nur bei den Kaufleuten, sondern auch bei den Astronomen. Da es so gut wie unmöglich war, mit römischen Zahlen Rechenoperationen durchzuführen, war es jahrhundertelang notwendig, auf Abakus und Rechensteine zurückzugreifen. Die fürstlichen Schatzkammern verwenden dieses Verfahren der Buchführung noch in der Renaissance. Schon das Erscheinen der arabischen Ziffern[3] hatte zu merklichen Veränderungen geführt; die Operation wurde hingeschrieben, allerdings noch auf Wachs, in Sand oder Staub; die Zwischenergebnisse wurden jeweils wieder gelöscht, es wurden keine Zahlen »behalten«. Mit der Verbreitung des Papiers im Abendland steht jedoch ein viel billigeres Schreibmaterial als das Pergament zur Verfügung; die veränderten materiellen Bedingungen führen zu ganz neuen Rechentechniken. Die Zahlen werden hingeschrieben, Zwischenergebnisse festgehalten; neue Formen der praktischen Durchführung der Rechenoperationen werden möglich.

[3] Vgl. S. 297.

Der gemeinsame Stamm

Die Abhandlungen beginnen mit einer Arithmetik, die sich – mit Ausnahme des Werkes von Nicolas Chuquet – sogleich mit kaufmännischen Problemen beschäftigt. Bis auf einige Einzelheiten folgt ihr Aufbau dem gleichen Muster. Der *Kadran aux marchans* zum Beispiel zerfällt in vier Teile. Der erste beginnt mit dem System der arabischen Ziffern, geht dann über zu Addition, Subtraktion und ihren Proben, zu Multiplikation, Division, Siebener- und Neunerprobe. Sodann beschäftigt sich das Werk mit Brüchen, das heißt mit Gleichnamigmachen, Addition, Subtraktion, Multiplikation und Division »gebrochener Zahlen«; vom Kürzen ist erst am Ende des Kapitels die Rede. Darauf beginnt der zweite Teil, der sich nach den Worten des Verfassers mit »Gewichten, Maßen, Kompanien und Wechseln« beschäftigt, also praktischen Bestrebungen nachgeht und die Regeldetri nebst ihren Anwendungen behandelt. Die Kapiteleinteilung folgt praktischen und nicht mathematischen Kriterien. Der Verfasser gelangt zu komplexeren Problemen der Dreisatzrechnung und interessiert sich dann, wenngleich nur im Vorübergehen, für die Probleme des einfachen und doppelten »falschen Ansatzes« sowie der Methode der »Doppelgleichung«[4], ehe er, noch summarischer, mit den arithmetischen Reihen schließt. »Von den Dingen, die mit Münzen, Gold und Silber zusammenhängen«, handelt der dritte Teil, womit das ökonomische Motiv unübersehbar wird. Dieser Teil umfaßt die Verfahren, die ein Kaufmann beherrschen muß, um durch Kalkulation all die Probleme zu regeln, die sich ihm im Umgang mit Geld und Edelmetallen stellen. Der letzte Teil, der in anderen Werken keine Entsprechung findet, hat eindeutig technischen Charakter. Unter dem Titel »Legierungen und Versuche« geht es dort um Verfahren zur Raffination von Edelmetallen, ein Thema, das außerhalb unserer Geschichte liegt.

Die Gliederung Borghis weist viele Ähnlichkeiten mit der von Jehan Certain auf; das Zahlensystem, die vier Grundoperationen der Arithmetik, Brüche, Regeldetri, Legierungen der Metalle, *de ligar metalli.* Das Buch schließt mit einer Reihe von Aufgaben, von denen einige kaufmännischen Bezug haben. In eine andere Tradition gehört das Beispiel der Schlange, die sich während des Tages einen Turm emporarbeitet, dabei eine gewisse Distanz überwindet, jedoch nachts, während sie schläft, eine geringe Strecke wieder zurückrutscht; die Frage lautet, nach wie vielen Tagen sie die Turmspitze erreicht haben wird. Nur ein paar wenige Unterschiede gibt es in der Darstellung: Multiplikation und Division werden vor Addition und Subtraktion behandelt, die Abschnitte über die Methoden des falschen Ansatzes und der Doppelgleichung fehlen bei Borghi ebenso wie das technische Schlußkapitel.

Die Ähnlichkeiten überwiegen jedoch und finden sich in allen Abhandlungen wieder. Je nach ihrer Ausbildung, ihrem Milieu und ihren eigenen Interessen bauen die Autoren ihre Bücher auf und lassen dabei den Bestand an mathema-

[4] Die Methode des »falschen Ansatzes« [*fausse position*] erlaubt es, eine gewisse Anzahl von Problemen ohne Verwendung einer algebraischen Symbolik zu lösen. Die Methode besteht darin, eine Unbekannte von ein oder zwei willkürlich gesetzten Lösungen aus zu bestimmen. Die Rechnungen, die zur Lösung führen, sind nicht einfach und für Irrtümer anfällig. Heute hat man die Methode des »falschen Ansatzes« aufgegeben und sie durch algebraische Gleichungen ersetzt. – Die Methode der Doppelgleichung [*par apposition et remotion*, »durch Hinzufügen und Wegnehmen«] ist ein von vielen Autoren selbst kaum begriffenes Rechenverfahren, mit dem man für zwei Gleichungen mit drei Unbekannten vollständige Lösungen finden kann.

tischem Wissen, der sich auf entsprechende Vorgänge im Handel bezieht, nahezu unverändert. Dieser Wissensbestand bildet einen gemeinsamen Stamm von Kenntnissen, ohne die der künftige Kaufmann nicht auskommen wird.

Die Operationen

Das dezimale Stellensystem[5] gibt manchmal Anlaß zu einer kurzen Abhandlung über die unterschiedlichen Schreibweisen von Zahlen, ist aber kein Thema längerer Erörterungen, sondern wird offenbar als bekannt vorausgesetzt. Ebenso verhält es sich mit Addition und Subtraktion; beide Operationen werden fast genauso wie heute hingeschrieben und gelöst. Die Beispiele beziehen sich im wesentlichen auf kompliziertere Geldtransaktionen. Dezimalzahlen (mit Komma) sind unbekannt, und die gebräuchlichen Währungseinheiten werden unterschiedlich unterteilt. Nach vorherrschender Zählweise hat ein *livre* zwanzig *sous* und ein *sou* zwölf *deniers*. Die schlichte Addition zweier Summen erfordert also, zumindest theoretisch, die Verwendung von Division und Subtraktion. Die Probe auf die Addition ist die Subtraktion und umgekehrt.

Gelegentlich fällt es den Autoren schwer, die Multiplikation zu definieren, doch die Ausführung bereitet ihnen keine Mühe. Mehrere Arten der Multiplikation bestehen nebeneinander und tragen, je nach Manuskript, verschiedene Namen. Man kann über Kreuz multiplizieren, ein Verfahren, bei dem man eine beträchtliche Anzahl von Zwischenergebnissen im Sinn behalten muß und das deswegen sehr fehleranfällig ist; man kann mittels *gelosia* oder *carrat* multiplizieren und dabei die Zwischenresultate in ein Gitter eintragen, ohne Zahlen im Gedächtnis behalten und wieder einfügen zu müssen; schließlich gibt es eine Technik, die unserer heutigen sehr ähnelt. Weitere Methoden existieren; die italienischen Rechenmeister hatten viel Phantasie.

Die Multiplikation über Kreuz erscheint veraltet, überkommen aus einer Zeit, in der man in den Sand schrieb und die Zwischenergebnisse tilgte. An der schwierigsten aller Operationen, der Division, zeigt sich das Mal der Vergangenheit noch deutlicher. Lange Zeit – in Italien bis in die sechziger Jahre des fünfzehnten Jahrhunderts, in Frankreich bis zum Jahre 1485 – ging man dabei sukzessive vor, strich durch, was dividiert war, und hielt die Reste fest; ein Verfahren, das Jehan Certain in seinem *Kadran aux mar-*

[5] In unserem dezimalen Zahlensystem mit seinen »arabischen« Zahlzeichen hat jede Ziffer außer ihrem Eigenwert einen Stellenwert, der von ihrer Stellung innerhalb einer Zahl abhängt; diese Stellenwerte nehmen von rechts nach links jeweils um den Faktor Zehn zu: Einer, Zehner, Hunderter, Tausender und so weiter.

chans als »Teilen nach der Galeere« bezeichnet. Statt die Zwischenergebnisse – wie einst die Schrift im Sand – auszulöschen, streicht sie der Rechner durch.

Die neue Form der Division, die – gleich unserer heutigen – die Ergebnisse der aufeinanderfolgenden Subtraktionen festhält, verändert die Praxis dieser Rechenoperation vollständig. Sie ist klarer, daher sicherer, und läßt erheblich weniger Raum für Irrtümer. Die Verifikation der Multiplikationen und Divisionen geschieht durch Neuner- und Siebenerprobe.

Multiplikation

Um die Multiplikation 578 · 76 528 durchzuführen, werden Multiplikand und Multiplikator an den oberen beziehungsweise rechten Rand eines Gitters geschrieben (Abbildung links). Anschließend wird nacheinander jede Ziffer der einen Zahl mit jeder Ziffer der anderen multipliziert (Abbildung rechts). Das Ergebnis wird jeweils in das Kästchen eingetragen, in dem sich die (senkrechte) Spalte der einen Ziffer mit der (waagrechten) Zeile der anderen kreuzt. Da keine Zahlen zu behalten sind, können die Operationen in beliebiger Reihenfolge ausgeführt werden. Das Ergebnis erhält man, indem man die Ziffern in den Diagonalen addiert. Es lautet 44 268 442.

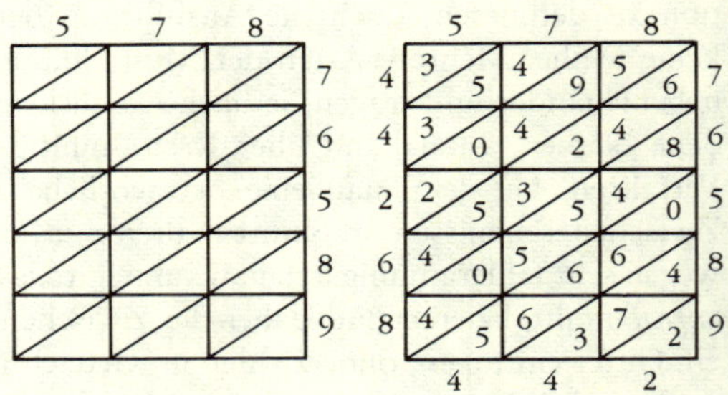

Division nach alter Art

Es soll 4539 durch 34 geteilt werden. Division nach alter Art, bei der die Zwischenergebnisse durchgestrichen werden:

	Rest 17
	11
	22
	1117
geteilte Zahl	4539
Zahl, die aus der Teilung hervorgeht .	133
der Teiler	3444
	33 heraus kommt 34 1/2

Die Operation läßt sich folgendermaßen zerlegen:	11 ~~4~~~~5~~39 1 ~~3~~~~4~~,	nämlich 45–34 = 11
Man teilt also 113 durch 34	1 ~~2~~ ~~1~~~~1~~1 ~~4~~~~5~~39 13 ~~3~~~~4~~~~4~~ ~~3~~,	also $3 \cdot 3 = 9$; geborgt von 11, bleiben 2, die 23 ergeben; dann: $3 \cdot 4 = 12$; geborgt von 23, bleiben 11
Die Operation endet mit dem gleichen Verfahren	~~1~~1 ~~2~~~~2~~ ~~1~~~~1~~~~1~~7 ~~4~~~~5~~~~3~~~~9~~ 133 ~~3~~~~4~~~~4~~4 ~~3~~3	

Französisches Manuskript 2050, Bibliothèque nationale, um 1460. Die Operation ist nicht sehr schwierig, doch kann ihre Durchführung leicht zu Fehlern führen; sie benötigt auch viel Platz, sobald Dividend und Divisor aus größeren Zahlen bestehen. Häufig wird diese Technik als »Galeere« bezeichnet, da ihre Form an ein Schiff erinnert.

Division nach neuer Art

»Man will 6753 *livres* auf 12 Personen verteilen...

6753 0562 12	67 60 75 72 33 24 9

Man erhält als Resultat 562 $^{9}/_{12}$ oder 562 $^{3}/_{4}$.«

Nach *Le Kadran des marchans* von 1485. Von der heute in französischen [und deutschen] Schulen verwendeten Methode unterscheidet sich diese einzig durch die Art der Anordnung und durch das Fehlen der Dezimalen. In den angelsächsischen Ländern wird diese Schreibweise auch heute noch benutzt.

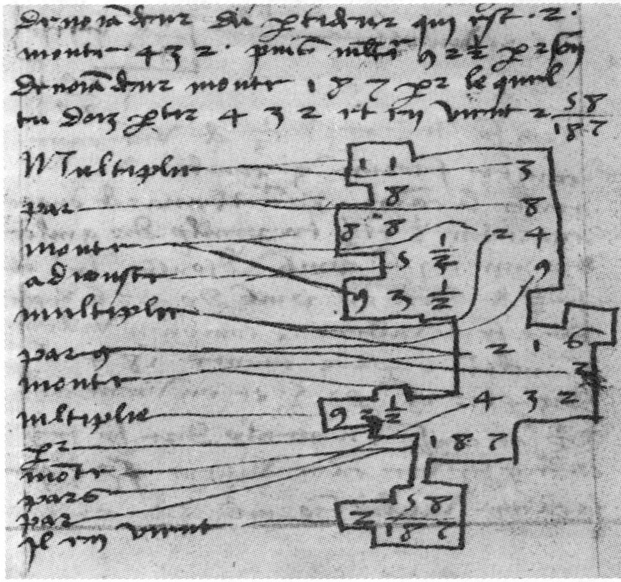

Umständlichkeit der Rechnungen mit Brüchen. Die Aufgabe besteht darin, mit Hilfe des Dreisatzes den Wert von 3 canes *eines Tuchs zu bestimmen, wenn bekannt ist, daß 11* canes $5\,{}^{1}/_{2}$ pans *9* florins *wert sind. Schon die schriftliche Darstellung der Operation birgt zahlreiche Fehlerquellen in sich. Französisches Manuskript 2050, fol. 67, um 1460; Bibliothèque nationale, Paris*

Die Brüche

Von den Operationen mit ganzen Zahlen gehen die Autoren zu den Brüchen über (*rotti* in den italienischen Texten, *nombres routz* oder *nombres rompus* in den französischen). Mit Brüchen sind die Autoren wohlvertraut, auch wenn sich ihre Definition als delikat erweist. Das Gleichnamigmachen ist ihnen ebenso geläufig wie das Kürzen. Addition, Subtraktion und Multiplikation von Brüchen scheinen kaum Schwierigkeiten zu bereiten; die Division bleibt dagegen lange Zeit Quelle von Fehlern. Ende des fünfzehnten Jahrhunderts weiß ein guter Rechner wie Jehan Certain noch nicht, daß man durch einen Bruch dividieren kann, indem man mit seinem Kehrwert multipliziert, während mehrere seiner Zeitgenossen dieses Verfahren bereits praktizieren.

Die Regeldetri

Mit Ausnahme der Division, insbesondere der Division von Brüchen, beherrschen die Rechenmeister die Grundrechenarten gut. Zögernd, tastend erfinden sie neue Techniken und erproben sie. Aus ihrer Epoche stammt, in sehr einfacher mathematischer Sprache, eine erste Fassung der Grundoperationen der Arithmetik, wie sie bis in unsere

»Um eine gebrochene Zahl zu teilen«, heißt es im *Kadran aux marchans*, »muß man sie zuerst reduzieren [gleichnamig machen] und wissen, was das, was man teilen will, und das, wodurch man es teilen will, wert ist, und anschließend teilen, als wären es ganze Zahlen.«

Als Beispiel wird die Division $^1/_2$ durch $^1/_3$ gewählt. Jehan Certain bringt beide Brüche auf den gleichen Nenner und gelangt zu dem Resultat: »Und $^1/_3$ und ein halb kommt bei der Teilung heraus.« Doch das Ergebnis ist falsch.

Das französische Manuskript 2050 der *Bibliothèque nationale* (um 1460, Südfrankreich) geht folgendermaßen vor. Es geht darum, $^2/_3$ durch $^3/_4$ zu dividieren.

	8	9	
Geteilt	2	3	
Durch	3	4	
Es kommt heraus			$^8/_9$
	12		

Der Autor bringt beide Brüche auf den gleichen Nenner, nämlich $^8/_{12}$ und $^9/_{12}$. Er gibt den Wert des Nenners unter dem vertikalen Strich an. Die Zähler, die sich aus dieser Operation ergeben, werden über die ursprünglichen Zähler geschrieben. Man braucht jetzt nur noch die Zähler durch einander zu dividieren (die Nenner fallen durch Kürzung weg), was nichts anderes bedeutet, als den ersten Bruch mit dem Kehrwert des zweiten zu multiplizieren.

Das französische Manuskript 1339 der *Bibliothèque nationale* (ebenfalls um 1460) schreibt:

	3		
28		8	
$^7/_8$	durch	$^1/_4$	(ergibt) 3 $^4/_8$

Zeit praktiziert werden. Doch der Großteil der Lehrbücher ist der Regeldetri gewidmet: für Chuquet »Herrin und Meisterin [...] der Proportionen der Zahlen«. Die meisten Aufgaben benutzen sie wegen ihrer vielfältigen Anwendungsmöglichkeiten im Handel; sie dient dazu, Preise zu berechnen, Währungen umzurechnen, Gewinne und Verluste einer Gesellschaft aufzuteilen, und nützt dem Kaufmann noch bei vielen anderen Gelegenheiten. Doch obwohl sich alle den gleichen Problemen widmen, stellen sie die Aufgaben nicht in gleicher Weise und gehen auch bei der Lösung unterschiedlich vor.

»Die Regeldetri trägt ihren Namen, weil es immer drei Zahlen gibt, das will heißen, zwei gleiche [*deux semblans*] und eine entgegengesetzte [*un contraire*]. Und wenn es mehr davon gibt, müssen sie sich auf diese drei zurückführen lassen, und man muß die Sache, die man wissen will, mit ihrem Entgegengesetzten multiplizieren und dann durch ihr Gleiches teilen.« So wird die Regeldetri im *Kadran aux marchans* definiert. Jehan Certain fährt fort mit einem Beispiel: »Wenn 3 *florins* 2 königliche *francs* wert sind, wieviel werden 20 *florins* von Avignon wert sein.« Nach der Regel müssen die 20 *florins* (»die Sache, die man wissen will«) mit 2 *francs* (ihrem »Entgegengesetzten«) multipliziert und durch 3 (ihr »Gleiches«) dividiert werden. Er schreibt und löst die Aufgabe folgendermaßen:

»Wenn 3 ff 2 fr 20 ff
sind wert 13 fr 6 s 8 d«.

Er bemüht sich also um klare, knappe Darstellungsform, die sich vom laufenden Text abhebt; allerdings wird der Dreisatz noch nicht als Verhältnis gefaßt, was das Kürzen nicht gerade erleichtert.

Andere Autoren sind dieser Darstellungstechnik voraus. Das *Compendion de l'Abaco* von Francès Pellos verwendet Termini, die auch einem Schüler des zwanzigsten Jahrhunderts vertraut sind: »Wenn 4 neun wert sind, wieviel sind dann 5 wert [...] Multipliziere 5 mit 9, ergibt 45, die du durch 4 dividierst, und du findest 11 und ein Viertel.« Nachdem er das Prinzip des Dreisatzes erläutert und die Rechnung in Worten vorgeführt hat, stellt er eine Methode dar, »mit der du rasch finden kannst, wonach du suchst«; die Ausdrucksweise ist also eine andere: »Wenn drei und ein halb 6 wert sind, wieviel sind 4 wert? Schreibe deine Aufgabe in folgender Form hin:

12 48
7 ╲╱ 6 —— 4 die zu teilende Zahl ist: 48
2 ╱╲ 1 —— 1
7 7 der Teiler ist: 7.«

Während man heute schreiben würde: 6 · 4 : 3,5, schreibt Pellos das Verhältnis 6 : 3,5 in der Form $^{12}/_{7}$ und führt dann die Multiplikation 12 · 4 : 7 aus. Indem er seinen Bruch auf eine ganze Zahl zurückführt, vermeidet er es, sich in Rechnungen zu stürzen, aus denen Fehler entstehen könnten.

Am vertrauten Beispiel des Umtauschs mehrerer verschiedener Währungen geht er von der einfachen Regeldetri zu komplexeren Formen über. »Wenn 100 livre von Modena soviel wert sind wie 150 von Venedig, wenn 180 venezianische soviel wert sind wie 150 von Korfu und 240 von Korfu soviel wie 360 von Negroponte, wieviel livre von Modena sind dann 850 von Negroponte wert.« Dieses Beispiel von Borghi nennt Städte, in denen der venezianische Handel Fuß gefaßt hat; Chuquet behandelt das gleiche Beispiel, wählt jedoch Paris, Lyon und Genf.
Die Regeldetri kann freilich nicht alle Probleme lösen, die sich den Mathematikern stellen. In den meisten Fällen widmen die Abhandlungen ein oder zwei Kapitel der Methode des (einfachen oder doppelten) falschen Ansatzes, manchmal ein weiteres dem Ziehen von Quadrat- oder Kubikwurzeln. Solche Themen mögen die mathematische Gelehrsamkeit des Rechenmeisters beweisen, der das Lehrbuch verfaßt hat; für die Handelspraktiken der Kaufleute spielen sie jedoch unmittelbar keine Rolle. Der Platz, der ihnen vorbehalten ist, bleibt gering.

Das also sind die – in heutigen Augen sehr oberflächlichen – Kenntnisse der Mathematik, die den gemeinsamen Stamm all dieser Abhandlungen bilden: Grundrechenarten mit ganzen Zahlen und Brüchen, Regeldetri. Trotzdem stellen sich bei der Vermittlung Probleme, von denen manche, schwer zu begreifende, der Neuheit des Gegenstands geschuldet sind. Die Unkenntnis der Zeichen +, – und = scheint kein grundsätzliches Hemmnis für den Unterricht gewesen zu sein; dafür zwingt das Fehlen von Dezimalzahlen zu einer viel häufigeren Verwendung von unhandlichen Brüchen. Deutlich bemühen sich die Autoren um ein pädagogisches Vorgehen. Die Kapitel beginnen mit der Darlegung einer »Regel«, das heißt, sie liefern eine Methode, die zur Lösung einer bestimmten Art von Problemen geeignet sein soll. Nach der Regel kommen Zahlenbeispiele, zunächst einfachere, dann kompliziertere. Der Begriff des Beweises ist völlig unbekannt bei Männern, die vor allem daran interessiert sind, einen effizienten Algorithmus zur Verfügung zu haben.
Trotz der Bemühungen der Rechenmeister scheint das Niveau der mathematischen Kenntnisse, das erforderlich war, um die Lektionen der Lehrbücher auf den Warenhandel anzuwenden, nicht von allen Kaufleuten erreicht worden

zu sein. Wiederholt betont Nicolas Chuquet die Schwierigkeiten des Rechnens und schlägt »einfache und kurze« Faustregeln vor, die darin bestehen, statt einer Division mehrfach Mediationen[6] vorzunehmen oder einfache Verhältnisse zwischen Rechen- und Maßeinheiten zu finden. Francès Pellos empfiehlt den Gebrauch von Vereinfachungen, die »weniger Anstrengung« erfordern.

Arithmetik und Handelspraktiken

Klarer noch geht die praktische Seite aus den Übungen und Aufgaben hervor. Die Beispiele für die Rechenoperationen werden in monetären Recheneinheiten gegeben, in *livres*, *sous* und *deniers*, oder in realen Währungen, *florins*, *Dukaten* oder *écus*. Ein großer Teil der Aufgaben bezieht sich auf die Preise; gesucht wird der Gesamtpreis, wenn der Preis pro Einheit bekannt ist, und umgekehrt; zu berechnen sind die Gestehungskosten oder der Gewinn. Andere Übungen betreffen den Wert eines Produkts je nach seiner Größe, etwa ein Tuch zu soundsoviel *deniers* die Elle: konkrete Probleme, die nicht bloß Schulaufgaben darstellen.

Naturaltausch

Nicht zuletzt zeigt sich das daran, daß bestimmte Probleme, die in allen Lehrbüchern wiederkehren, mit Handelsgeschäften zu tun haben, wie sie am Ende des Mittelalters üblich waren, Naturaltausch vor allem: Chuquet spricht von *troques et changements de marchandises*, Borghi von *baratti*, und Gori schreibt noch 1571 über *barati et usso in fra mercanti di baratare*. Es geht einfach darum, Produkte gegeneinander auszutauschen und dabei Geld als Recheneinheit zu verwenden, um ihren Preis zu bestimmen. Ein Beispiel aus dem *Compendion de l'Abaco* besteht darin, Tuch im Wert von 3 *florins* die Elle gegen Wolle zu 16 *florins* pro Zentner zu tauschen. Doch die Frage wird komplizierter, wenn der Kaufmann seine Ware zu einem Preis anbietet, der in »barem Geld« veranschlagt wird, das heißt in Münzen[7]; er möchte sie also »höher verkaufen«, indem er bei einem Tauschgeschäft einen höheren Preis dafür verlangt.

In einer Zeit, in der Münzen knapp sind und die Mittel, die sie ersetzen könnten (etwa Wechselbriefe), nur im internationalen Großhandel üblich sind, zahlt sich die Verwendung von Bargeld aus. Nicolas Chuquet, wenngleich ein echter Mathematiker, läßt alle möglichen Fälle Revue pas-

[6] *Mediation* und *Duplikation*, also die Division durch zwei und die Multiplikation mit zwei, werden damals noch häufig benutzt. Sie stammen aus einer Zeit, in der das Rechnen auf dem Papier noch unbekannt war. Da die Handhabung von Multiplikationen und Divisionen noch beträchtliche Schwierigkeiten bereitet, werden einfache Operationen – wie das Halbieren oder Verdoppeln – oft mehrfach wiederholt.

[7] Ein Tauschgeschäft nach Jehan Certain, *Le Kadran aux marchans* (1485): »Zwei Kaufleute wollen ihre Ware miteinander tauschen oder schachern. Der eine hat Tuch, der andere Pfeffer. Der mit dem Tuch will die Elle zu 12 *sous* verkaufen, zu einem Kurs, der nur 10 *sous* in barer Münze entspricht; zu wieviel muß ihm der andere das Pfund Pfeffer verkaufen, das nur neun *sous* in barem Geld wert ist?«

Ein Problem einer Handelsassoziation nach Nicolas Chuquet (1484)

»Ein Kaufmann hat seinem Faktor 500 *livres* ausgehändigt, um damit im Handel Geschäfte zu steuern und zu führen, mit solcher Übereinkunft, daß der Faktor dafür $^2/_5$ des Gewinns erhalten soll. Nun verhält es sich so, daß der Faktor außer jener Vereinbarung und darüber hinaus mit Einwilligung seines Meisters 100 *livres* in die Gesellschaft seines Meisters eingelegt hat. Zu wissen ist nun, welchen Teil des Gewinns derselbe Faktor nach der ersten, nicht ungültig gewordenen Vereinbarung haben soll. Antwort: Zum ersten soll der Faktor nach getroffener Vereinbarung aufgrund seiner Dienste die $^2/_5$ des Gewinns der 500 *livres* erhalten, die sein Meister eingesetzt hat. Nun aber ist es so, daß die 500 *livres* $^5/_6$ des gesamten Körpers der Gesellschaft ausmachen; so soll der Faktor aufgrund seiner Dienste die $^2/_5$ von $^5/_6$ bekommen, welche $^1/_3$ des gesamten Gewinns sind. Und danach für die 100 *livres*, die er eingelegt hat und die $^1/_6$ der Gesellschaft ausmachen, soll er den sechsten Teil des gesamten Gewinns bekommen; und so soll der Faktor $^1/_3$ und $^1/_6$ des Gewinns erhalten, die $^1/_2$ sind. Und man muß verstehen, daß [der Kaufmann] auf diese Art von den 100 *livres*, die sein Faktor in die Gesellschaft eingelegt hat, nichts verliert und nichts gewinnt. So also, weil der Faktor die Mühe und Last des Ganzen gehabt und der Kaufmann sich dabei in nichts eingemischt hat, soll dieser auch daran nichts teilhaben.«

sieren und hofft, »daß niemand getäuscht werden möge«. Manchmal gehen seine praktischen Besorgnisse so weit, daß er in bestimmten Fällen von einem Geschäft abrät.

Die Handelsassoziationen

Andere konkrete Probleme treten auf, wenn Kaufleute sich zu einer Assoziation verbinden. Sämtliche Autoren erwähnen zahlreiche Fälle sehr einfach organisierter Kompanien: Ein Kaufmann schießt das Kapital vor, während der andere die Arbeit leistet; die Gesellschafter halten unterschiedliche Beteiligungen an der Gesellschaft; einer der Partner zieht sich während einer Handelsoperation zurück. Solche Fälle liefern den Stoff für zahlreiche Übungsaufgaben und deren Lösung mit dem Dreisatz. Doch hinter der Übung zeigt sich die praktische Seite; Chuquet, der mehrere Möglichkeiten findet, die Gewinne eines Unternehmens zu verteilen, gibt verschiedene mathematisch exakte Lösungen an, erklärt jedoch: »Jeder nehme diejenige, welche ihm die gerechteste dünkt.«

Das Geld

Fast allgegenwärtig sind Fragen, die sich auf unterschiedliche Geldsorten und deren Umrechnung beziehen; sie kommen fast in jeder Aufgabe vor.[8] Die große Bedeutung des Geldumtauschs ist eine Eigentümlichkeit der Zeit. Das Geld war Metallgeld, und die Münzen bestanden aus Gold- und Silberlegierungen; die Buchungen wurden dagegen in Rechengeld vorgenommen, in *livres*, *sous* und *deniers*. Jede Münze hatte ihren eigenen Wert und manchmal auch mehrere Werte, da ihr Handelskurs nicht immer dem von der öffentlichen Macht gesetzlich festgelegten Kurs entsprach. Zahlreiche Währungen zirkulierten, ausländische Münzen, auch solche, die eigentlich bereits außer Kurs gesetzt waren, aber noch immer akzeptiert wurden. Der Geldumtausch gehört zur alltäglichen Arbeit jedes Kaufmanns, dessen Geschäfte einen gewissen Umfang erreichen. Doch diese »Geschäfte« erforderten zusätzliche Kompetenzen. Unter verschiedenen Titeln – *de ligar metalli*, also über das Legieren von Gold und Silber, *faire le sou de fin* oder anderen Bezeichnungen – beschreiben die Rechenlehrbücher überaus praktische Tätigkeiten, welche die Edelmetalle betreffen. Die Herstellung neuer Münzen verlangte, daß Edelmetall zum Umschmelzen in die Prägestätten gebracht wurde. Die staatliche Autorität – in Frankreich der König, in Italien die Stadt – bietet einen bestimmten Kaufpreis für Edelmetall. Für den Kaufmann ist es sehr wichtig zu wissen, ob es sich lohnt, sein Gold oder sein Silber zu einer Prägestätte zu bringen, welche Münzen er einschmelzen und welche er behalten soll. Er muß imstande sein, den Feingehalt einer Münze zu berechnen, den *sou de fin*, das heißt die Menge Edelmetall in einem Geldstück, dessen Feingehalt ihm bekannt ist, zu bestimmen und eine Legierung mit spezifiziertem Feingehalt herzustellen. Manche gehen sogar noch weiter; die technischen Bedingungen, der Verschleiß der Münzen hatte zur Folge, daß sie nicht immer dasselbe Gewicht hatten. Chuquet weist auf die Methode hin, das Gewicht der Münzen zu berechnen, die der Prägeanstalt zugeschickt werden sollen, und die leichtesten selbst zu behalten. Eine völlig ungesetzliche, aber gewiß verbreitete Operation.

[8] Das Mittelalter benutzte metallische Geldstücke aus Gold- oder Silberlegierungen, die durch ihr Gewicht, ihren Feingehalt und ihr Gepräge definiert waren. Ab dem dreizehnten Jahrhundert waren *florins* die Goldmünzen der Florentiner, Dukaten die Goldmünzen der Venezianer; der *écu* war eine häufig von den französischen Königen geschlagene Münze. Diese Goldstücke waren ebenso wie die viel verbreiteteren Silbermünzen »reales« Geld. Die Münzen trugen keine Wertangabe; ihr jeweiliger Kurs hing von einem Rechengeldsystem ab, dessen Unterteilung – mit den Einheiten *livre*, *sou* und *denier* – auf Karl den Großen zurückging. Ein *livre* war 20 *sous* wert, ein *sou* 12 *deniers*; ein *livre* hatte also 240 *deniers*. Das Verhältnis zwischen realen Währungen und Rechengeld wurde von der politischen Macht festgelegt.

Die Lücken

Was diese Bücher lehren, ist demnach eine einfache Mathematik, die einfachen geschäftlichen Vorgängen entspricht.

Luxushandel und Geldgeschäfte in Genua. Auf dem Tisch des Kaufmanns Münzen und Geldbeutel. Miniatur aus dem Genueser Manuskript Tractium deceptum vitris, *vierzehntes Jahrhundert; British Library, London*

Seit dem vierzehnten Jahrhundert war die »doppelte Buchführung« der Italiener bekannt.[9] Für sie hätten sich die Rechenmeister interessieren müssen; doch soweit man heute weiß, mußte man lange (nämlich auf Pacioli) warten, bis ein Mathematiker seiner Arithmetik eine Abhandlung über Buchführung anfügte. Pacioli ist jedoch ein Sonderfall, insofern seine *Summa* viel mehr Informationen enthält als die zeitgenössischen mathematischen Traktate. Ebenso wurde die Zinseszinsrechnung in der Arithmetik nicht eigens gelehrt, obwohl die Vergabe zinstragender Darlehen bereits üblich war.

[9] Vgl. S. 355.

Vom Handel zur Algebra

Trotz ihrer praktischen Orientierung enthalten die Lehrbücher nicht alles, was der künftige Kaufmann an Wissen benötigt. Er vervollständigt seine Kenntnisse in der Praxis während einer Lehrzeit in den Läden oder Kontoren der Handelsgesellschaften. Dort wird er insbesondere in die Feinheiten der doppelten Buchführung eingeführt. Da dieser Unterricht zu einer allgemeinen und zugleich technischen Bildung führen soll, überrascht es nicht, daß manche Autoren der praktischen Arithmetik, die natürlich im Vordergrund steht, einige Kapitel angefügt haben, welche die Fähigkeit zu logischem Schließen und das Urteilsvermögen schärfen sollen. Viele der Lehrbücher enthalten Aufgaben, die einer viel älteren Tradition zugehören, wie die der Schlange, die den ganzen Tag lang einen Turm emporklimmt und nachts wieder eine Spanne zurückfällt; gesucht wird die Zeit, die sie benötigt, um die Turmspitze zu erreichen. Manchmal findet man sogar Fragen, die sich beantworten lassen, ohne daß man überhaupt rechnen müßte; so das Problem des Mannes, der mit seinem Kahn einen Kohlkopf, eine Ziege und einen Wolf über einen Fluß bringen soll: Er weiß, daß er jeweils nur zwei Dinge mitnehmen kann und daß er weder die Ziege und den Wolf zusammen zurücklassen darf (er würde sie fressen) noch den Kohlkopf und die Ziege (sie würde ihn fressen).

Eine rechnende Geometrie

Neben solchen Spielereien tauchen jedoch auch Kapitel einer neuen Mathematik auf. Vor allem geometrische Probleme, selbst wenn sie sich oft nur auf einige Blätter beschränken. Sie weisen viele gemeinsame Züge mit der Arithmetik auf. Sie führen keine Beweise, sondern suchen vor allem nach rechnerischen Lösungen für bestimmte, sehr konkrete Probleme: Gesucht wird die Fläche eines Feldes oder eines Stücks Tuch, der Rauminhalt eines Brunnens oder auch einer Tonne. Die Anwendungsmöglichkeiten auf den Handel mit Waren sind offenkundig. Die Pädagogik setzt die bekannten Verfahren ein, schreitet von einfachen Beispielen zu komplizierteren Fällen fort; so geht es etwa darum, das Dach eines Gebäudes zu decken oder in der Mitte eines Hofes einen quadratischen Brunnen zu graben. Das Rechnen dominiert und wird stets mit Zahlenbeispielen vorgeführt.

Die Liste der Gleichungen

Oft fügen die italienischen Texte dem Kurs in kaufmännischem Rechnen (das je nach Autor als Abakus, Arithmetik oder Algorismus bezeichnet wird) noch ein paar Kapitel Algebra (*algibra*, *argibra*) an. Überhaupt erscheint die Algebra in den italienischen Lehrbüchern des Spätmittelalters immer nur als Ergänzung. So nimmt die Algebra im *Trattato di practicha d'arismeticha* – einem dickleibigen Band von 506 Folioseiten, geschrieben 1463 von Meister Benedetto von Florenz – drei von sechzehn Büchern ein; oft beschränkt sie sich auf wenige Seiten. Doch ab dem vierzehnten Jahrhundert erscheinen in der Toskana Werke, die sich ausschließlich der Algebra widmen, so die *Aliabra argibra* von Dardi da Pisa, ein Manuskript von 112 Folioseiten, das in den letzten Jahren des vierzehnten Jahrhunderts entstanden ist.

Diese Algebra besteht vor allem aus Listen von Gleichungen und Algorithmen, die jeweils zu deren Auflösung führen. Es gibt keine allgemeine Lösungsregel, sondern nur eine Reihe von Fällen, an denen man sich – wie bei al-Ḫwārizmī – bei der Bearbeitung orientieren muß. Am Ende des Mittelalters verkannte die Mathematik lange Zeit die Möglichkeit, die Anzahl der Gleichungen zu reduzieren.

In diesen Listen finden sich häufig Gleichungen der Art

$$ax^3 + bx^2 = cx \text{ und } ax^2 + bx = c,$$

jede mit eigener algorithmischer Auflösung, ohne daß offenbar ihre Identität erkannt wurde.

Al-Ḫwārizmī gab sechs typische lineare und quadratische Gleichungen an.[10] Im vierzehnten Jahrhundert führte die Suche nach Lösungen für Gleichungen höheren Grades dazu, daß die Listen erheblich länger wurden. 1328 nennt Paolo Gherardi in der ersten italienischen Algebra, die wir überhaupt kennen, 15 Gleichungen, sechs quadratische und neun kubische. Dardi da Pisa kommt auf 198; Piero della Francesca (um 1580) beschränkt sich auf 61 Gleichungen, darunter eine sechsten Grades. Gemäß den auf al-Ḫwārizmī zurückgehenden Algorithmen sind die Lösungen, die für die quadratischen Gleichungen gegeben werden, positiv und ungleich Null. Insgesamt richteten die italienischen Algebraiker ihr Forschungsinteresse auf Lösungen von Problemen höheren Grades. Die *Aliabra argibra* schließt ihre Liste von 198 Gleichungen mit einem Fall des Typs $x^4 = bx^2 + n + \sqrt[3]{m}$, für die folgende Lösung vorgeschlagen wird:

[10] Vgl. S. 300.

$$x = \sqrt{\sqrt{\left(\frac{b}{2a}\right)^2 + \frac{\sqrt{c}}{a}} - \frac{b}{2a}}\,.$$

Den Beweis für die Gültigkeit der vorgeschlagenen Algorithmen liefern die Autoren nie. Geometrische Beweise der Gleichungen, nach dem Vorbild al-Ḫwārizmīs oder des Leonardo da Pisa, sind zwar bekannt und werden von mehreren Autoren aufgegriffen – nach 1460 etwa von Meister Benedetto –, spielen aber eine immer geringere Rolle; sie passen nur auf quadratische Gleichungen. Dagegen entwickelt sich das algebraische Rechnen. Nur wenige Texte widmen ihm einen bedeutenden Teil, doch zu Beginn des vierzehnten Jahrhunderts stellt das Manuskript *Riccardiana de Firenze* die Multiplikation von Monomen dar. Das Kapitel beginnt mit der Vorzeichenregel: »An erster Stelle sage ich: plus mal plus macht plus, minus mal minus macht plus, plus mal minus macht minus, und minus mal plus macht minus.«

Die Entwicklung des algebraischen Rechnens

Im Verlauf dieses vierzehnten Jahrhunderts stellen zwei Autoren das Rechnen mit Monomen und Polynomen zum erstenmal systematisch dar. Die Multiplikation verwendet die Techniken, die damals in der Arithmetik gebräuchlich waren. Das Fehlen eines echten Symbolismus erschwert die Rechenoperationen, auch wenn Abkürzungen verwandt werden, und über die Division algebraischer Ausdrücke wissen die Abhandlungen wenig zu sagen.

Weit bis ins fünfzehnte Jahrhundert hinein benutzt die Algebra die Wortsprache, das heißt überwiegend das Toskanische. Die Unbekannte heißt *cosa*, ihr Quadrat *zenso*, ihre dritte Potenz *qubo*. Höhere Potenzen werden durch Verknüpfung dieser Grundterme zum Ausdruck gebracht, was nicht ohne Probleme abgeht. Der Ausdruck »Quadrat des Kubus« bedeutet bei einem Autor x^5, bei einem anderen x^6, das heißt im ersten Falle x^{2+3}, im zweiten $x^3 \cdot x^3$.

Im Verlauf des fünfzehnten Jahrhunderts entwickelt sich die italienische Algebra in diesem Rahmen. Meister Benedetto von Florenz übernimmt in seiner *Summa* ganze Kapitel von seinen Vorgängern aus dem vierzehnten Jahrhundert; seine Sprache hat mit unserer heutigen nur wenig zu tun. Wie in den Werken zur Arithmetik sind seine Beispiele stets Zahlenbeispiele; die Aufgaben und Lösungen werden stets wortsprachlich formuliert. Er schreibt nicht $x^2 + c = bx$ und nicht einmal $x^2 + 21 = 10x$, sondern: »das Quadrat [*zenso*] plus 21 Einheiten [*dramme*] sind gleich 10 Unbekannte [*cose*] oder Wurzeln«. Trotz dieses Hemmnisses, das die Entfaltung des Kalküls erschwert, gelingt es Benedetto von Florenz, eine Reihe von Aufgaben, bei denen es um Gleichungen zweiten und höheren Grades geht, korrekt zu lösen.

Die sechsunddreißig typischen Gleichungen des Benedetto von Florenz (1463)

Die Gleichungen wurden in die Schreibweise der heutigen Algebra übertragen (nach Salomone 1982).

1. $x^2 = bx \qquad x \doteq b$
2. $x^2 = c \qquad x = \sqrt{c}$
3. $x = c \qquad x = c$
4. $x^2 + bx = c \qquad x = \sqrt{\left(\frac{b}{2}\right)^2 + c} - \frac{b}{2}$
5. $x^2 = bx + c \qquad x = \sqrt{\left(\frac{b}{2}\right)^2 + c} + \frac{b}{2}$
6. $x^2 + c = bx \qquad x = \frac{b}{2} \pm \sqrt{\left(\frac{b}{2}\right)^2 - c}$
7. $x^3 = c \qquad x = \sqrt[3]{b}$
8. $x^3 = bx^2 \qquad x = b$
9. $x^3 = bx \qquad x = \sqrt{b}$
10. $x^3 + bx^2 = cx \qquad x = \sqrt{\left(\frac{b}{x}\right)^2 + c} - \frac{b}{2}$
11. $x^3 + cx = bx^2 \qquad x = \frac{b}{2} \pm \sqrt{\left(\frac{b}{2}\right)^2 - c}$
12. $x^3 = bx^2 + cx \qquad x = \sqrt{\left(\frac{b}{2}\right)^2 + c} + \frac{b}{2}$
13. $x^4 = bx^3 \qquad x = b$
14. $x^4 = cx^2 \qquad x = \sqrt{c}$
15. $x^4 = dx \qquad x = \sqrt[3]{d}$
16. $x^4 = e \qquad x = \sqrt[4]{e}$
17. $x^4 + bx^3 = cx^2 \qquad x = \sqrt{\left(\frac{b}{2}\right)^2 + c} - \frac{b}{2}$
18. $x^4 + cx^2 = bx^3 \qquad x = \frac{b}{2} \pm \sqrt{\left(\frac{b}{2}\right)^2 - c}$
19. $x^4 = bx^3 + cx^2 \qquad x = \sqrt{\left(\frac{b}{2}\right)^2 + c} - \frac{b}{2}$
20. $x^5 = bx^4 \qquad x = b$
21. $x^5 = cx^3 \qquad x = \sqrt{c}$
22. $x^5 = dx^2 \qquad x = \sqrt[3]{d}$
23. $x^5 = ex \qquad x = \sqrt[4]{e}$
24. $x^5 = f \qquad x = \sqrt[5]{f}$
25. $x^5 + bx^4 = cx^3 \qquad x = \sqrt{\left(\frac{b}{2}\right)^2 + c} - \frac{b}{2}$
26. $x^5 + cx^3 = bx^4 \qquad x = \frac{b}{2} \pm \sqrt{\left(\frac{b}{2}\right)^2 - c}$
27. $x^5 = bx^4 + cx^3 \qquad x = \sqrt{\left(\frac{b}{2}\right)^2 + c} + \frac{b}{2}$
28. $x^6 = bx^5 \qquad x = b$
29. $x^6 = bx^4 \qquad x = \sqrt{b}$
30. $x^6 = bx^3 \qquad x = \sqrt[3]{b}$
31. $x^6 = bx^2 \qquad x = \sqrt[4]{b}$
32. $x^6 = bx \qquad x = \sqrt[5]{b}$
33. $x^6 = b \qquad x = \sqrt[6]{b}$
34. $x^6 + bx^5 = cx^4 \qquad x = \sqrt{\left(\frac{b}{2}\right)^2 + c} - \frac{b}{2}$
35. $x^6 + cx^4 = bx^5 \qquad x = \frac{b}{2} \pm \sqrt{\left(\frac{b}{2}\right)^2 - c}$
36. $x^6 = bx^5 + cx^4 \qquad x = \sqrt{\left(\frac{b}{2}\right)^2 + c} + \frac{b}{2}$

Der geometrische Beweis einer Gleichung nach Benedetto von Florenz (um 1460)

In seinem *Trattato di practicha arismeticha* widmet Meister Benedetto von Florenz einen Teil seines Werkes der »reghola de Algebra Almuchabale«, wie er in direkter Übernahme der arabischen Ausdrücke sagt.
»1 Quadrat [*zenso*] und 21 Einheiten [*dramme*] sind gleich 10 seiner Wurzeln, das heißt 10 Dinge [*cose*].« In heutiger Schreibweise: $x^2 + 21 = 10x$. Ausgehend von diesem Zahlenbeispiel, sucht Meister Benedetto nach dem Algorithmus, der es ihm erlaubt, Gleichungen der Form $x^2 + c = bx$ aufzulösen.

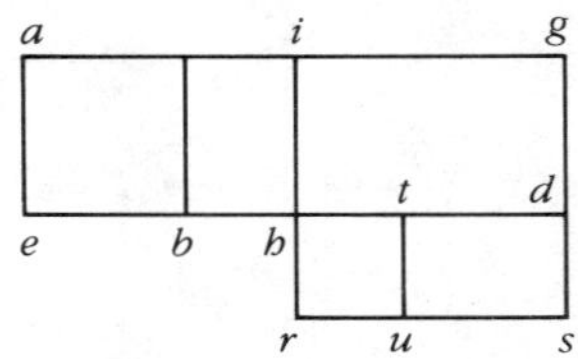

Der Autor zeichnet ein Quadrat *ab*, das seine Bezeichnung von zwei gegenüberliegenden Ecken erhält und dessen Seitenlänge gleich der Unbekannten sein soll. Er fügt ein Rechteck *bg* an, das eine Seite mit dem Quadrat gemeinsam hat und dessen Fläche 21 ist. Nimmt man die Fläche der beiden Figuren *ab* und *bg* (gleich dem Quadrat plus 21 Einheiten) zusammen, so entsteht ein neues Rechteck *ad*, das nach Voraussetzung der ursprünglichen Gleichung 10 *cose* oder dem Zehnfachen der Unbekannten gleich ist. Die eine Seite dieses großen Rechtecks beträgt also 10, die andere ist gleich der Unbekannten. Damit ist die Gleichung in geometrische Form übertragen worden.

In der zweiten Hälfte des fünfzehnten Jahrhunderts entstand ein zweifellos außergewöhnliches Werk, das für die Bemühungen der italienischen Algebraiker dennoch bedeutsam ist. Unter dem Titel *De radice de' numeri e metodo di trovarla* entwickelt der unbekannte Verfasser, wohl ein Toskaner, eine Schreibweise, die – ausgehend von Abkürzungen – fast einem Symbolsystem gleichkommt:

cossa, die Unbekannte: C
zenso, ihr Quadrat: Z
qubo, ihr Kubus: Q.

Um höhere Potenzen auszudrücken, multipliziert er seine Symbole; für x^8 schreibt er ZZZ (das heißt $2 \cdot 2 \cdot 2$); x^6 wird als ZQ (nämlich $2 \cdot 3$) wiedergegeben. Für die ersten

Man halbiert nun die Strecke *ag*, erhält so den Punkt *i* und fällt das Lot *ih*. Die Strecke *hd* ist gleich der Strecke *he*, und die Strecke *ih* ist gleich der Seitenlänge des Quadrats *ae*, folglich auch gleich *be*.
Nun verlängert man *ih* um eine Länge, die gleich *bh* ist, nämlich *rh*. Das Quadrat *rg* (wiederum benannt nach zwei gegenüberliegenden Ecken) besitzt eine Fläche von 25, da seine Seite gleich der Hälfte von *ag* ist, und *ag* ist 10.
Die Fläche des Quadrats *rg* beträgt also 25, und die des Rechtecks *bg* beträgt 21. Die Differenz der beiden Flächen ist also 4. Man setzt auf *hd* einen Punkt *t*, so daß die Strecke *td* gleich der Strecke *ih* ist; von *t* fällt man das Lot auf *rs* in *u*. Das Rechteck *au* ist also gleich dem Rechteck *bi*. Die Differenz von 4 zwischen *rg* und *bg* entspricht demnach der Fläche von *rt*. *rt* ist ein Quadrat. Denn die Strecke *ri* ist gleich der Strecke *hd*; vermindert man diese beiden Strecken um *td* respektive *hi*, die ebenfalls gleich lang sind, so bleiben die gleich langen Strecken *ht* und *hr*.
Die Fläche dieses Quadrats ist 4, seine Seite und Wurzel also 2. Nun ist *ri* aber gleich 5, die Hälfte von 10; die Länge von *hi* beträgt demnach 5 – 2, folglich 3. Damit haben wir die gesuchte Wurzel des ursprünglichen Quadrats.
»Nach dieser Regel nimm die Hälfte der Wurzeln und multipliziere sie mit sich [also $(b/2)^2$]; ziehe die Zahl [*c*] ab; ziehe diese Wurzel [das heißt die Wurzel des bisherigen Ergebnisses] von der Hälfte der Wurzeln [$b/2$] ab, und es kommt *la cosa* [die Unbekannte] heraus.« In heutiger Schreibweise:

$$x = \frac{b}{2} - \sqrt{\left(\frac{b}{2}\right)^2 - c}.$$

ungeraden Potenzen verbindet er Addition und Multiplikation; x^5 wird als CZZ geschrieben, nämlich $1 + (2 \cdot 2)$, und x^7 als CZQ, das heißt $1 + (2 \cdot 3)$.
Doch die bedeutendste Neuerung von *De radice de' numeri* liegt zweifellos anderswo. Statt eine unabschließbare Liste möglicher Fälle von Gleichungen zu geben, verteilt der Autor sie auf achtzehn Grundformen und liefert für jede eine Lösung. So werden Gleichungen, die in heutiger Schreibweise folgende Gestalt haben, zu einer Gruppe zusammengestellt:

$$ax^2 + bx = c$$
$$ax^3 + bx^2 = cx$$
$$ax^4 + bx^3 = cx^2$$
$$ax^5 + bx^4 = cx^3$$

und so weiter; das heißt, alle Gleichungen des Typs

$$ax^{n+2} + bx^{n+1} = cx^{n}.$$

Darin liegt ein erheblicher Fortschritt, und zwar nicht nur im Sinne praktischer Vereinfachung; was sich hier zeigt, ist eine neue Konzeption der Gleichung. An die Stelle der geometrischen Tradition tritt das algebraische Rechnen mit einem gewissen Symbolsystem; es werden, wenngleich noch vereinzelt, Bemühungen unternommen, Gleichungen

---

Die Regel der Ersten oder
die Schönheiten der Algebra nach Nicolas Chuquet (1484)

»Wie Boethius in seinem ersten Buch und dort im ersten Kapitel sagt, ist die Wissenschaft der Zahlen groß und unter den Wissenschaften des Quadriviums diejenige, deren strenger Erforschung sich jeder Mensch mit Eifer widmen sollte. Und anderenteils sagt er, daß der Wissenschaft der Zahlen, was ihre Erwerbung betrifft, gegenüber jeder anderen der Vorzug zu geben ist, ihrer Notwendigkeit sowie all der großen Geheimnisse und anderen Mysterien wegen, die in den Eigenschaften der Zahlen verborgen sind. Alle Wissenschaften haben teil an ihr, doch sie bedarf keiner von ihnen. Während sie dennoch eine Wissenschaft von großer Nützlichkeit und ebenso großer Notwendigkeit ist, indem sie für Geistlichkeit und Laienvolk schicklich und nützlich ist. Etliche Weise haben sie studiert, um zu den großen und wunderbaren Subtilitäten derselben zu gelangen, etliche Regeln wurden aufgestellt, von denen eine die Regeldetri ist, welche Herrin und Meisterin der Proportionen der Zahlen ist und von so großem Ansehen, daß sie von einigen Philosophen goldene Regel genannt wurde. Ähnlich die Regel des einen Ansatzes [*posicion*], mit der so viele schöne und ergötzliche Rechnungen angestellt wurden, wie man es nicht ahnen würde. Ebenso die Regel der zwei Ansätze, die dazu dient, Dinge von solcher Tiefe und Subtilität zu erforschen, daß keine andere der genannten Regeln dorthin gelangen könnte. Und ähnlich gibt es die Regel des Hinzufügens und Wegnehmens [*apposicion et remocion*]. Es gibt auch die Regel der mittleren Zahlen, deren Erfinder ich einst gewesen bin und mittels welcher ich gewisse Rechnungen angestellt habe, die ich mit zwei Ansätzen nicht anstellen konnte. Von all diesen Regeln wird im ersten Teil dieses Buches Erwähnung getan. Doch über all diesen genannten vortrefflichen und wunderbaren Regeln steht jene Regel der Ersten [*des premiers*], die bewirkt, daß die anderen wirken, und solcherart außer und über unzähligen Rechnungen von unschätzbarer Tiefe am Werke ist. Diese Regel ist Schlüssel, Eingang und Tür zu jenen Abgründen, die in der Wissenschaft der Zahlen sind« (zitiert nach Marre 1880).

---

einfacher zu definieren und zu behandeln; schließlich wird nach Lösungen für Gleichungen höheren Grades (höher als 2) gesucht. Dies sind die Hauptmerkmale der italienischen Algebra, die die Sprache des Volkes benutzt und sich im vierzehnten und fünfzehnten Jahrhundert vor allem in der Toskana entwickelt.

Der Fall Chuquet

Die französische Algebra des Spätmittelalters war viel weniger fruchtbar, und der Name Nicolas Chuquet erscheint ziemlich isoliert. Er ging bei seinen Forschungen ähnliche Wege wie die Italiener, zeigt jedoch auch eine gewisse Originalität. Er erfindet eine algebraische Symbolik für die Unbekannte, die Potenzen und Wurzeln; wie viele seiner Zeitgenossen benutzt er die paläographischen Abkürzungen für »plus« und »minus« (p̄ und m̄), um Addition und Subtraktion auszudrücken; bei der Multiplikation schreibt er die Ausdrücke nebeneinander, aus denen sich das Produkt errechnet, und bei der Division stellt er den Divisor unter einen Bruchstrich. Er zögert auch nicht, negative Exponenten zu benutzen. Ausgehend von seinem Symbolismus, für den er keine Urheberschaft beansprucht, kann Chuquet mit Monomen und Polynomen rechnen und zahlreiche Gleichungen lösen. Er bezeichnet dieses Verfahren als »Regel der Ersten« [*la règle des premiers*].

Wie der Autor von *De radice de' numeri* gruppiert er die einzelnen Gleichungen nach einigen Haupttypen. Niemals stützt er sich auf die Geometrie als Beweisverfahren für die von ihm empfohlenen Lösungen. Da unsere Kenntnisse nicht ausreichen, können wir nicht genau wissen, was Chuquet seinen Vorgängern und seinen Zeitgenossen verdankt; wie es scheint, waren ihm nicht nur die Kreise der Pariser Universität, wo er seine Ausbildung erhalten hatte, sondern auch die südfranzösische Tradition vertraut; zudem hatte er Kenntnis von den Arbeiten der italienischen Algebraiker erlangt, entweder in Lyon selbst oder während einer Italienreise, die er sehr wahrscheinlich unternommen hat. So ist er als Mathematiker mit eigenem Vokabular, eigenen Methoden und eigenständig gefundenen Lösungen in Frankreich zwar eine isolierte Gestalt; und dennoch stellt er für die werdende Algebra im Abendland einen bedeutsamen Fall dar.

Die algebraische Sprache Nicolas Chuquets und seiner Nachfolger

Die Verwendung von Buchstaben zur Bezeichnung mathematischer Größen war im Mittelalter nicht unbekannt. Um 1225 hieß es bei Jordanus von Nemore: »gegeben ist eine Zahl *a*, die in *b*, *c*, *d* geteilt wird«, doch gab es keinen mathematischen Symbolismus im strengen Sinne, da diese Werte nicht in Rechnungen verwandt wurden.

Luca Pacioli (1494) schrieb wie die meisten »Algebraiker« seiner Zeit: »1 Zahl, hinzugefügt zu ihrem Quadrat, hat den Wert 12«, was in der heutigen Sprache der Algebra $x + x^2 = 12$ bedeutet.

Nicolas Chuquet dagegen verfügte bereits über einen Symbolismus, der es ihm erlaubte, sich wenigstens teilweise von der Wortsprache zu lösen. Zur Bezeichnung der Unbekannten, die er »ein Erstes« nennt, verwendet er statt unseres x die Notation 1^1; um das Quadrat der Unbekannten zu bezeichnen, also unser x^2, notiert er 1^2, und so weiter. Ebenso schreibt er 3^4, wo wir $3x^4$ schreiben würden. Die Zeichen +, – und = kennt er nicht, ersetzt die ersten beiden jedoch durch die Abkürzungen p̄ und m̄, die bereits Symbolwert annehmen. So kann er schreiben:

»12 p̄ 3^1 gleich 4^2«, also: $12 + 3x = 4x^2$.

Um die Wurzel zu bezeichnen, benutzt Chuquet den Buchstaben R [für *racine*] und versieht ihn mit einem Exponenten, schreibt also R^2 und R^3, wo wir $\sqrt[2]{}$ und $\sqrt[3]{}$ schreiben würden.

Die Algebra in Europa

Die Männer, die diese embryonale Algebra entwickelt haben, sind die gleichen, die den Kindern der Kaufleute das Rechnen beibrachten. Wie wir gesehen haben, waren nicht wenige Arithmetiker in beschränktem Maße auch Algebraiker; gewiß jedoch haben alle Algebraiker, von deren Leben und Werk wir Kenntnis besitzen und die hier erwähnt sind, Bücher über kaufmännisches Rechnen verfaßt, seien es die Florentiner Meister oder Nicolas Chuquet. Selbst *De radice de' numeri*, eine Abhandlung über Algebra und Geometrie und keine Arithmetik für Kaufleute, enthält ein Kapitel über verzinsliche Darlehen. Von solchen wesentlichen, aber unzureichenden Evidenzen abgesehen, erweist es sich als recht schwierig, Korrelationen zwischen beiden Bereichen herzustellen.

Die Handelspraxis

Man kann sich fragen, ob nicht die Handelspraxis den Rückgriff auf algebraische Operationen erforderlich

Der von Chuquet entwickelte algebraische Symbolismus erlaubt die Verwendung negativer Exponenten, zum Beispiel 12^{2m} für $12x^{-2}$. So kann er schreiben: »Wer ebenso 84^2 durch 7^{3m} teilt, die geteilte Zahl durch den Teiler, findet 12. Danach muß er *3m* von plus 2 subtrahieren, bleibt 5 als Benennung, so kommt 12^5 bei der Teilung heraus.« In heutigen Ausdrücken:
$84x^2 : 7x^{-3} = 12x^5$.
Geronimo Cardano dagegen brachte seine Gleichungen noch 1545 in eine viel »literarischere« Form:
»Ein Kubus *p* : 6 Dinge sind gleich 20«,
das heißt $x^3 + 6x = 20$. Bei Raffaele Bombelli im Jahre 1572 findet man eine Notation, die der von Chuquet sehr ähnelt:

$$\begin{array}{ccc} 6 & & 3 \\ \cup & \overline{\text{p}} & \cup \\ 1 & & 8 \end{array}$$

das heißt $x^6 + 8\ x^3 = 20$. Und François Viète schreibt um 1590:
»1 QC – 15 QQ + 85 C + 225 Q + 274 N sind gleich 120.«
Wenn C den Kubus, also x^3, Q das Quadrat, also x^2, und N die unbekannte Zahl, also x, bedeutet, so ist die Gleichung folgendermaßen zu lesen:
$x^6 - 15x^4 + 85x^3 + 225x^2 + 274x = 120$.

machte. Die Bedürfnisse der Kaufleute zur Bestimmung der Preise, zur Aufteilung der Erträge und Verluste, für Geschäfte mit Münzen und Edelmetallen beschränkten sich auf die Regeldetri. Manche komplizierteren Probleme jedoch waren ohne Algebra nur schwer zu lösen. Chuquet beruft sich nur ein einziges Mal auf sie, und zwar in seiner »Anwendung der Wissenschaft der Zahlen auf den Warenhandel« bei einer Zinseszinsrechnung; er gibt nur das Ergebnis an und behauptet, er habe es durch Anwendung der »Regel der Ersten« gefunden.
Die italienischen Autoren führen seit dem vierzehnten Jahrhundert deutlich mehr Fälle an: »Ein Mann borgt einem anderen 100 *livres* und erhält nach drei Jahren an Kapital und jährlichen Zinsen 150 *livres*. Ich frage euch, welches der monatliche Zinssatz des Darlehens pro *livre* war.« Dieses Problem kann so, wie es in der *Aliabra argibra* gestellt wird, in der Praxis vorkommen. Neben den Zinsaufgaben treten Fragen auf, die Bezug zu anderen

Handelsoperationen haben. Von den 26 Aufgaben in kaufmännischer Algebra, die Meister Benedetto im fünfzehnten Jahrhundert behandelt, betreffen acht den Tausch; bei ebenso vielen geht es um Reisen; bei sechs sollen Preise oder Mengen von Waren berechnet werden; Münzlegierungen, Lohnberechnungen und Wechselkurse sind Gegenstand jeweils eines Beispiels. Die Handelspraxis ist stets gegenwärtig, wenn auch in verschiedenem Grade; in einem Manuskript sind von 39 Problemen 20 kaufmännischer Art, in einem anderen 20 von 44.

Abgesehen von diesem direkten Bezug schufen die neuen Handelspraktiken für den Kaufmann ebenso wie für den Mathematiker neue Bedingungen. Die Entwicklung der Buchführung, insbesondere der doppelten Buchführung, bei der jeder Eingang durch einen Ausgang kompensiert werden muß (und umgekehrt), hat die Entwicklung des Begriffs der negativen Zahl sehr begünstigt. Im allgemeinen sind negative Zahlen in den Arithmetiklehrbüchern für Kaufleute unbekannt; solange es nur darum geht, die mathematischen Grundlagen für einfache Handelsoperationen zu erklären, braucht man sie nicht. Doch die Entwicklung des algebraischen Rechnens, insbesondere der Gleichungen zweiten Grades, zwingt den Mathematiker, sie anzuerkennen. Leonardo da Pisa lehnte negative Wurzeln ab, doch erscheinen sie in dem Algorismus, der um 1430 in Pamiers auf provenzalisch verfaßt wurde. Pellos verwendet sie im *Compendion dell' Abbaco* nur ein einziges Mal, während sie bei Nicolas Chuquet systematisch benutzt werden. Er schlägt vor, die negative Wurzel einer Gleichung als eine Schuld aufzufassen. Gewiß ein pädagogisches Verfahren, das Sinn fürs Konkrete beweist und zeigt, wie eng der Unterricht an die Praxis gebunden ist; doch der Autor des *Triparty* verfügt über eine Konzeption der negativen Zahlen, die darüber weit hinausgeht. Er behandelt sie wie positive Zahlen, multipliziert und dividiert sie, verwendet sie als Exponenten. Kaufmännische Praxis und Entwicklung eines mathematischen Geistes sind miteinander verbunden; zahlreiche Beispiele belegen diese scheinbar auf der Hand liegende Erkenntnis, doch die Beziehungen bleiben komplex und sind in vielen Fällen noch schwer zu bestimmen.

Traditionen und Warenhandel

Die Vorbilder, an denen sich die Autoren dieser arithmetischen und algebraischen Lehrbücher orientieren konnten, ergänzen unser Wissen über die Verbindungen zwischen Handel und Mathematik. Viele Rechenmeister bekennen ihre Verpflichtung gegenüber ihren Vorgängern oder großen Vorfahren. Gelegentlich wird Aristoteles angeführt – ein Beweis dafür, welche Bedeutung der Mythos vom Universalgelehrten am Ende des Mittelalters besaß –, aber auch Boethius und al-Ḫwārizmī. Die Arithmetik des Boethius hatte Generationen von Schülern, die ihre Ausbildung im Kanon der *artes liberales* erhielten, in diese Wissenschaft eingeführt. Innerhalb des *quadriviums* war die Arithmetik neben der Geometrie, der Astronomie und der Musik jedoch eine »spekulative« Arithmetik, der das Rechnen fernlag. Man räsonierte über Gerade und Ungerade, trianguläre oder Quadratzahlen, über vollkommene Zahlen. Diese Tradition reicht weit in die Antike zurück; sie fand ihre besondere Ausprägung bei Nikomachos von Gerasa (Ende des ersten oder Anfang des zweiten Jahrhunderts nach Christus). Borghi demonstriert sein Wissen mit der Behauptung, es gebe »Zahlen mehrerer Arten, wie Boethius in seiner Arithmetik erklärt«, doch will er nur die behandeln, die den Kaufleuten nützlich sind.

Im dreizehnten Jahrhundert gelangt, aus der arabischen Welt kommend, eine neue Arithmetik ins Abendland. Verbreitet wird sie vor allem durch Johannes von Sacro Bosco, den Verfasser eines *Algorismus*, der während des ganzen Mittelalters außerordentlichen Erfolg erlebt. Er benutzt arabische Ziffern sowie deren Stellensystem und streicht die Zwischenergebnisse beim Rechnen aus.[11] Das arithmetische Werk Sacro Boscos, das unter sehr starkem Einfluß der arabischen Vorbilder steht, erscheint dürftiger als dasjenige al-Ḫwārizmīs: er weiß nichts von Brüchen, von der Regeldetri, von der Methode des falschen Ansatzes und auch nichts von der Verwendung, die das Rechnen bei den Kaufleuten fand. Der *Algorismus* von Sacro Bosco ist weniger praxisorientiert, mehr das Werk eines Universitätsgelehrten für Universitätsgelehrte. Einzelheiten des Aufbaus und ein besonderes Vokabular zeigen, daß dieses Muster im fünfzehnten Jahrhundert die kaufmännische Arithmetik Nordfrankreichs geprägt hat, ein Zeichen für den Einfluß der Scholastik in den Gegenden um Paris. Doch obwohl die Tradition Sacro Boscos die Abendländer mit den neuen

11 Vgl. S. 305.

Rechenverfahren bekanntmachte, enthält sie nichts, was unmittelbar zu einer Algebra hätte hinführen können.

Ein anderer Weg, auf dem Neuerungen in die Wissenschaften des Rechnens gelangen, ist die Astronomie. Auch hier sind es die französischen Manuskripte, die von der Entwicklung des Bruchrechnens bei den Astronomen Zeugnis ablegen, und Paolo dell'Abbaco wird von seinen Zeitgenossen als angesehener Astronom erwähnt. Geschick im Umgang mit Brüchen förderte die Praxis der Rechnens, schloß aber noch keineswegs den Rückgriff auf Algebra ein.

Vom dreizehnten Jahrhundert an nimmt der Einfluß der arabischen Mathematik weniger verschlungene Wege. Einige Jahre vor Johannes von Sacro Bosco hatte Leonardo da Pisa in seinem lateinisch geschriebenen *Liber abbaci* erneut die Grundlagen des Rechnens behandelt, sein Werk jedoch ganz anders aufgebaut. Der praktische Teil war erheblich erweitert worden, und das Werk des Leonardo da Pisa kann durchaus zu Recht als wichtigste Inspirationsquelle der Lehrbücher gelten, die im Europa des vierzehnten und fünfzehnten Jahrhunderts über kaufmännisches Rechnen verfaßt wurden. Neben Problemen, die im Geschäftsleben auftauchen, widmet sich der *Liber abbaci* in seinem fünfzehnten Buch Fragen der Geometrie und Algebra. Er führt verschiedene Arten von Gleichungen und deren geometrische Lösung in direkter Nachfolge al-Ḫwarizmīs vor. Unter den algebraischen Werken des Leonardo da Pisa haben jedoch nur die im *Liber abbaci* enthaltenen eine weite Verbreitung im Abendland erfahren. Seine gelehrteren Arbeiten wurden lange Zeit verkannt.

Neben dem sicheren italienischen Weg sind noch andere Passagen über das Mittelmeer möglich, insbesondere über Spanien. Die südfranzösischen Arithmetikbücher, seien sie französisch oder okzitanisch geschrieben, weisen Besonderheiten auf, die den italienischen Texten fehlen, etwa das Rechnen nach der Methode der »Doppelgleichung« [*par apposition et remotion*], ein arithmetisches Verfahren zur Lösung von zwei Gleichungen mit drei Unbekannten. Chuquet selbst hat aus dieser Quelle geschöpft, ehe er mit den italienischen Quellen in Berührung kam. Diese südfranzösische Tradition wird zur Zeit gerade erforscht. Eine gut belegbare Hypothese bringt sie in Verbindung mit der Entwicklung der jüdischen Mathematik im Süden Frankreichs und in Spanien. Deren Ursprünge liegen in weiter Ferne, da

Das Inhaltsverzeichnis des »Liber abbaci« des Leonardo da Pisa (1202)

Leonardo Fibonacci, genannt Leonardo da Pisa, schreibt seinen *Liber abbaci* im Jahre 1202. Das Werk, das seinem Inhalt nach den Abhandlungen des vierzehnten und fünfzehnten Jahrhunderts sehr nahe steht, wurde in lateinischer Sprache verfaßt.

»1. Die neun Figuren der Inder, die Ziffern und das Zählen. 2. Die Multiplikation ganzer Zahlen. 3. Die Addition. 4. Die Subtraktion. 5. Die Division. 6. Die Multiplikation von ganzen Zahlen und Brüchen, die Multiplikation der Brüche. 7. Die Addition, Subtraktion und Division von ganzen Zahlen und Brüchen sowie das Gleichnamigmachen. 8. Käufe und Verkäufe. 9. Tauschgeschäfte. 10. Gesellschaften. 11. Das Geldwechseln. 12. Lösungen zahlreicher Probleme. 13. Die *règle de chatayn*, die mehrere Probleme zu lösen gestattet. 14. Das Ziehen von Quadrat- und Kubikwurzeln und Operationen mit Wurzeln. 15. Geometrie und Fragen der Algebra« (nach Libri 1838/1841).

die erste im Abendland geschriebene Abhandlung zur Algebra überhaupt von einem Juden, Abraham bar Hiya Ha-Nasi, in der ersten Hälfte des zwölften Jahrhunderts auf hebräisch verfaßt und rasch ins Lateinische übersetzt wurde. Diese bisher wenig erforschte Tradition mag die spanischen Mathematiker ebenso wie die südfranzösischen beeinflußt haben. So wird in dem provenzalischen Traktat von Pamiers (um 1430) zum ersten Mal im Abendland die negative Lösung einer Gleichung akzeptiert. Der Text enthält darüber hinaus einen neuen Zugang zu den irrationalen Zahlen. Trotzdem ist diese Abhandlung auch und vor allem eine Arithmetik für Kaufleute.
Die Suche nach den Ursprüngen zeigt, daß die Verbreitungswege der Algebra al-Ḫwārizmīs und seiner Nachfolger einerseits und der kaufmännischen Arithmetiken andererseits sehr oft dieselben gewesen sind. Schwieriger ist es immer noch, die möglichen Einflüsse nachzuweisen, die sich gegen Ende des Mittelalters bemerkbar machten. Auch wenn die arabische Wissenschaft nicht mehr den Glanz besitzt, von dem sie in den vorangehenden Jahrhunderten umgeben war, besteht sie doch weiter und ist immer noch fruchtbar. Die Bemühung der großen orientalischen Algebraiker des elften und zwölften Jahrhunderts, die Algebra aus dem Bann der Geometrie zu lösen, setzte sich zweihundert Jahre später im islamischen Westen, im Maghreb und

in Spanien, fort. Neben Listen von Algorithmen, die dort ebenso wie in der christlichen Welt von Hand zu Hand gingen, entwickelten Mathematiker wie Ibn Badr in Andalusien oder Ibn al-Bannā' in Bugia eine symbolische Schreibweise, revidierten die Klassifikation der Gleichungen und schlugen neue Lösungen vor. Wenn sich auch gegenwärtig die genauen Beziehungen noch nicht feststellen lassen, machte die Algebra auf beiden Seiten des westlichen Mittelmeeres große Fortschritte in vergleichbare Richtungen: zunächst offenbar im dreizehnten und vierzehnten Jahrhundert in den Ländern des Islams, dann, hundert Jahre später, in den christlichen Ländern. Freilich gab es zwischen den Ufern des Mittelmeers ständige Handelsbeziehungen.

Der Einfluß des Milieus

Die Welt der Kaufleute war unbestreitbar ein Bindeglied, das die Weitergabe der islamischen Mathematik, der Algebra im Sinne der Araber, an die abendländische Christenheit förderte; doch sie war auch der Ort neuer mathematischer Entwicklungen. Diese Tatsache, die heute gesichert ist, wirft gleichwohl Fragen auf. Zunächst einmal Fragen der Chronologie: Warum mußte man auf das vierzehnte Jahrhundert warten, bis das algebraische Werk al-Ḫwārizmīs weite Verbreitung fand? Warum haben sich die algebraischen Neuerungen, die wir jetzt erst erkennen und die mit der Entwicklung des Rechnens sowie mit dem Verzicht auf geometrisch gestützte Beweise verbunden sind, in Italien erst seit dem vierzehnten Jahrhundert und in den übrigen Ländern noch später gezeigt? Man muß dazu auf die Anfangstatsache zurückkommen: Es sind dieselben Männer, im selben Milieu lebend, die zum einen die kaufmännische Arithmetik und zum anderen die ersten Abhandlungen über algebraisches Rechnen in der Volkssprache hervorgebracht haben. Dieselben Männer – das heißt eine Gruppe von Berufsmathematikern, der ersten übrigens, die das europäische Abendland gekannt hat –, die unter Mathematik weder Geometrie noch Reflexionen über die Natur der Zahlen verstanden, sondern die dabei an Kalkül und Algorithmus dachten. Ihr Beruf forderte es, sie mußten für die Rechenpraxis Männer ausbilden, denen es in erster Linie darauf ankam, rasch und effizient Geschäfte abzuschließen; Männer, für die schnelles und richtiges Rechnen eine tagtägliche Notwendigkeit war. So begreift man auch die Stellung besser, die das Rechnen in einer Stadt wie Florenz besaß, dem wichtigsten Platz des Fernhandels im vierzehnten Jahrhundert, Sitz von Handelsgesellschaften, die weit ins Mittelmeerbecken und nach Westeuropa ausstrahlten.

Überall sind die Mathematiker präsent, im Alltag ebenso wie in der Kunst. Sie werden von jenen bezahlt, deren Reichtum gerade auf der Praxis des Warenhandels, also auf dem Kalkül beruht. Für den Kunsthistoriker Michael Baxandall erklärt die Ausbildung der Florentiner zu einem großen Teil die Kunst des toskanischen Quattrocento. Ihm zufolge schufen die Fähigkeit, das Volumen von Fässern rechnerisch zu ermitteln, der alltägliche Umgang mit der Regeldetri, das heißt die Vertrautheit mit Proportionen, »eine geistige Welt für sich«. So war Piero della Francesca, ein Repräsentant dieser Welt, einer der Schöpfer des neuen Bildraums, zugleich Verfasser eines arithmetischen Handbuchs. Der kalkulierende Mathematiker nimmt einen angesehenen Platz in der Stadt ein; die ökonomischen und sozialen Bedingungen begünstigen die Entwicklung einer neuen Wissenschaft, die auf die Aneignung fremden Wissens zurückgeht, das nun freilich assimiliert worden ist. Während die Universität zumal in den Bereichen von Astronomie und Physik große Gebiete der griechisch-arabischen Kultur übernahm, wußte sie mit der Mathematik der islamischen Länder, die für die Schaffung eines Weltbildes wenig nützlich war, kaum etwas anzufangen. Die Kaufleute dagegen förderten das Aufblühen einer Wissenschaft des Rechnens; sie gründeten eine Institution, die Berufsschule, die den Mathematikern ihren Lebensunterhalt verschaffte und – sowohl im Bereich der Handelspraktiken als auch im Bereich der Kunst – ein innovatives Umfeld schuf, in dem die Mathematik einen entscheidenden Platz einnahm. Ein wissenschaftliches Milieu war geboren.[12]

Die Funktion des Mathematikers ist in der Stadt anerkannt; sie ist der soziale Träger seiner Tätigkeit. Die Chronologie macht die Zusammenhänge zwischen Kunst-, Wissenschafts- und politischer Geschichte sichtbar. Als Florenz im sechzehnten Jahrhundert nicht mehr der große Mittelpunkt der Kunst ist, als Rom und die Fürstenhöfe die bedeutendsten und angesehensten Künstler an sich binden, sind auch die großen italienischen Mathematiker, die in der Algebra immer noch fruchtbar sind, keine Florentiner mehr und gehören nicht mehr zur Welt der Kaufleute. Eine

[12] Die Benutzung von mathematischen Resultaten in anderen Tätigkeitsbereichen, etwa im Handel, kann also die Entwicklung einer wissenschaftlichen Profession fördern. Doch es sind auch andere Szenarien möglich; so erscheint im neunzehnten Jahrhundert ein ganz anderer Typus des Berufsmathematikers, diesmal in Verbindung mit der Universität (vgl. S. 487-525).

andere Dynamik ist entstanden. Nicht daß die Mathematiker das Rechnen aufgegeben hätten – Bombelli, Fontana, Tartaglia, Cardano oder Viète beweisen es –; wohl aber ändert sich das Milieu. Der Warenhandel weicht dem Humanismus, der Händler dem Fürsten. Ab 1495 veröffentlicht Pedro Sanchez Ceruello in Paris die *Arithmetica speculativa* von Thomas Bradwardine und fügt ihr eine praktische Arithmetik bei, die den Handbüchern, die für Kaufleute bestimmt waren, sehr verwandt ist – doch der Text ist lateinisch geschrieben. Die Humanisten haben den Beitrag der praktisch orientierten Mathematiker assimiliert, doch sie zugleich von ihren Wurzeln abgeschnitten. Im sechzehnten Jahrhundert gehören die großen Namen, welche die Geschichte der Algebra prägen, in ganz andere Milieus als Paolo dell'Abbaco und Chuquet. Niccolò Tartaglia (1499-1557) beginnt seine Laufbahn als »Abakus-Meister« und schreibt auf italienisch. Zu seinen Interessengebieten gehört nicht nur die Mathematik; auch Geographie, Astronomie, Architektur und Optik zählen dazu, was ihn von seinen Vorgängern unterscheidet. Geronimo Cardano (1501-1576) unterrichtet ebenfalls, doch er beginnt in einer Humanistenschule, in der die Schüler außer Mathematik auch Griechisch, Dialektik und Astronomie lernen; später wird er Medizinprofessor in Padua. Seine Hauptwerke, die *Practica arithmetice* und die *Ars magna*, sind auf lateinisch verfaßt. Bombelli (1526-1572) schreibt italienisch, doch er ist Ingenieur und Architekt im Dienst eines bedeutenden römischen Adligen. In Frankreich ist François Viète Rat am Parlament der Bretagne und dient Heinrich IV. in zahlreichen Missionen; auch er schreibt lateinisch.
Trotzdem blieb der Rechenunterricht für künftige Kaufleute jahrhundertelang bestehen. Doch er wurde repetitiv und entwickelte sich nicht mehr weiter. Die bestehenden Modelle erwiesen sich als ausreichend.

Die Schlußfolgerungen aus diesem Kapitel sollten keine Illusionen hervorrufen: sie sind nur vorläufig. Es bestehen noch erhebliche Ungewißheiten und beträchtliche Lücken. Zu viele Texte werden noch übersehen oder sind bisher kaum untersucht worden. Die Beziehungen zwischen der Welt der Kaufleute und der Entwicklung der Mathematik konnten nur am Beispiel von Florenz erfaßt werden, wo die Voraussetzungen einer solchen Untersuchung günstig sind;

die französischen Belege fügen Nuancen hinzu; man müßte die Forschung jedoch auf Deutschland ausdehnen, wo der Handel am Ende des Mittelalters ebenso aufblühte und wo Mathematiker, Rechenmeister, ebenfalls Handbücher der kaufmännischen Arithmetik verfaßten. Man müßte die Verbindungen besser kennen, die sich dank beständiger Handelsbeziehungen zwischen der Mathematik der islamischen Länder, insbesondere des Maghrebs, und des christlichen Europas knüpften. Man müßte die Schicksale dieser Mathematik während des ganzen sechzehnten Jahrhunderts verfolgen können und wissen, in welchem Maße sie zur Ausbildung der Algebraiker der Renaissance gehörte: jener Mathematiker, denen nun das Werk Diophants in wesentlichen Teilen zugänglich wurde und die die Aufstellung der klassischen Algebra vorbereiteten. Schließlich müßte man den Blick über den Horizont erheben, der die Welt der Kaufleute begrenzt; seit dem vierzehnten Jahrhundert bemühten sich die Pariser Physiker um eine erste Mathematisierung der Welt und gelangten mit Nikolaus von Oresme dazu, eine neue mathematische Sprache zu entwickeln. Hingegen ist das große Abenteuer der europäischen Algebra in den letzten Jahrhunderten des Mittelalters im wesentlichen an den mediterranen Handel gebunden.

Am Ende des Mittelalters haben die Wissenschaften des Rechnens im christlichen Europa eine entscheidende Schwelle überwunden. In dieser Zeit hat das, was man später elementare Arithmetik nennen sollte, für Jahrhunderte feste Gestalt angenommen. Die Lehrbücher des fünfzehnten Jahrhunderts für Kaufmannssöhne enthalten die gleichen Kapitel wie die Rechenfibeln für Grundschüler der Dritten Republik: Zählen, Addition, Subtraktion, Multiplikation und Division mit ihren Beweisen, Brüche, Dreisatz, Methode des einfachen und doppelten »falschen Ansatzes«. Auch die Rechenmethoden ändern sich kaum noch, seit die Verbreitung des Papiers es gestattet, Zwischenergebnisse schriftlich festzuhalten. Die heutigen Formen von Addition und Subtraktion setzen sich rasch durch; bei der Multiplikation und vor allem bei der Division dauert es ein wenig länger. Selbst die Division von Brüchen wird nun durch Multiplikation mit dem Kehrwert gelöst. Einzig der Dreisatz, so wesentlich er für die Lösung unzähliger Probleme auch ist, hat noch nicht seine heutige Form gefunden.

Ganz im Gegensatz zur Arithmetik ist das algebraische Rechnen noch in vollem Fluß. Die Unterschiede zu der Algebra, die heute in den Gymnasien gelehrt wird, erscheinen erheblich. Die Formulierung bleibt oft der Wortsprache verhaftet, und soweit eine Symbolik existiert, verwendet jeder Mathematiker eine andere. Beweise sind unbekannt; der Algebraiker entwickelt Algorithmen, deren Gültigkeit sich an ihrer Effizienz bemißt. Dennoch haben entscheidende Neuerungen stattgefunden. Die Algebra bricht mit dem traditionellen geometrischen Verfahren, das sie von al-Ḫwārizmī übernommen hatte und das vor allem von Leonardo da Pisa fortgeführt worden war. Mit Hilfe verschiedener Methoden entwickelt sie die Potenz- und Wurzelrechnung, die Behandlung von Monomen und Polynomen, und kann nunmehr die Lösung von Gleichungen in Angriff nehmen, die (erheblich) höheren Grades sind als quadratische. Damit ist für Jahrhunderte die entscheidende Wende vollzogen; von nun an entwickeln sich die Wissenschaften des Rechnens im europäischen Abendland, vor allem in Italien. Die Italiener spielen im sechzehnten Jahrhundert eine entscheidende Rolle, bis an dessen Ende schließlich Viète vor allem die Regeln der klassischen Algebra fixiert. Unter diesem Gesichtspunkt müßte man den Einfluß der Diophant-Übersetzungen auf die Entwicklung der klassischen Algebra noch einmal überdenken.

Jedenfalls treten die wesentlichen Neuerungen im vierzehnten und fünfzehnten Jahrhundert außerhalb der Universität auf, in der die Mathematik nur eine untergeordnete Stellung einnimmt und wo sie sich eher der Kinematik, der Erforschung der Bewegungen, als der Algebra zuwendet. In der Universität ist die Mathematik eher ein Instrument zur Aufstellung physikalischer Regeln als eine eigenständige Wissenschaft. Andererseits paßt die Algebra nicht in jenes Modell, das die Universitätsgelehrten ständig im Sinn haben: das einer griechischen Wissenschaft mit Aristoteles als wichtigster Symbolfigur. Der einzige große Algebraiker, der auf griechisch schrieb, Diophantos von Alexandria, bleibt dem mittelalterlichen Europa unbekannt. Die wichtigsten Rechenmeister, die den Höhenflug der Algebra vorbereiten, sind dagegen Lehrer, freiberufliche Mathematiker; sie vermitteln eher Kenntnisse als Gelehrsamkeit. Ihr Unterricht, zur Ausbildung von Kaufmannssöhnen bestimmt, hatte unbestreitbar praktischen Charakter. Da es nun aber für einen Kaufmann in erster Linie darauf ankam, gut rechnen zu können, mußten die Lehrer gute Rechner sein. Die Neuerungen antworten nicht so sehr auf eine spezielle Nachfrage der Kaufleute, sondern auf neue Bedingungen. Die Algebra entwickelt sich vor allem in Florenz, in einer Welt, in der das Rechnen allgegenwärtig ist, im Alltag ebenso wie in der Kunst. Es ist eine Welt, in der das Rechnen als ein Wert anerkannt wird, ohne den das Leben der Stadt nicht auskäme; ein Milieu, in dem die zahlreichen Mathematiker von ihrer Wissenschaft leben können. Die kritische Masse ist erreicht. Es entsteht ein Umfeld, das der Forschung zuträglich ist, ein wissenschaftliches Milieu, in dem sich mathematische Probleme stellen, die über die praktischen Bedürfnisse des Warenhandels bei weitem hinausgehen.

ISABELLE STENGERS

DIE GALILEI-AFFÄREN

»Die« Galilei-Affäre gab es nicht. Statt dessen werden wir auf eine ganze Reihe von Affären stoßen, jede mit anderen Akteuren, jede mit einer anderen Antwort auf die Frage: »*Was* hat Galilei eigentlich begründet?« Und wir werden sehen, daß uns diese Vielfalt etwas über die Historie und die Historiker verrät

In seiner Schrift über *Die Atome* betont Jean Perrin den Gegensatz zwischen den Karten, die man von der Küste der Bretagne zeichnen kann, und den Flocken, die entstehen, wenn man Seifenwasser mit Kochsalz versetzt. Im ersten Fall handelt es sich um ein Problem der Darstellung: Eine Karte gibt die Küste in einem bestimmten Maßstab als stetige Linie wieder; an jeden Punkt dieser Kurve läßt sich eine Tangente anlegen. Wählt man einen größeren Maßstab, tritt natürlich ein viel komplizierterer Umriß an die Stelle dieser Linie, aber auch er besteht aus regelmäßigen Kurven. Die ungewisse Lage der Tangenten hängt also von der Wahl des Maßstabs, von der Wahl der benutzten Karte ab.

> »Das kommt daher, daß die Karte eine nach Übereinkunft hergestellte Zeichnung ist, in der gemäß ihrer Herstellung jede Linie eine Tangente besitzt. Im Gegensatze hierzu ist es ein wesentliches Merkmal unserer Flocke (wie im übrigen auch der Küste, wenn man sie selbst, anstatt sie auf der Karte zu studieren, in der Natur aus größerer oder kleinerer Entfernung betrachtet), daß man bei jedem Maßstabe der Betrachtung Einzelheiten *vermutet*, ohne sie ganz genau zu erkennen, welche die Feststellung einer Tangente vollkommen verhindern.«

Gilt der von Perrin aufgestellte Gegensatz auch für das Verhältnis zwischen einer konkreten geschichtlichen Situation und den Beschreibungen, welche die Historiker von ihr liefern? Eine erste Unterscheidung drängt sich auf: Die konventionelle Gliederung, der die Erzählung des Historikers folgt, ist nicht nur eine Sache des Vergrößerungsgrades; solche Begriffe wären zu einfach. Wir werden eine ganze Reihe von »Galilei-Affären« erforschen, und in dieser Viel-

Galilei vor seinen Richtern. Der Maler betont hier die Symmetrie und inszeniert den Zweifel. Wer wird die Geschichte schreiben? Wer wird am Ende im Namen wessen verurteilt? Seither haben diese Fragen mannigfache Bedeutungen angenommen. Galilei, der Verfechter der heliozentrischen Lehre, wird dann überlagert von Galilei, dem freien Denker, dem Begründer der modernen Wissenschaft oder der mathematischen Physik oder der rationalen Mechanik … Anonymes Gemälde, siebzehntes Jahrhundert, Ausschnitt (das vollständige Bild auf S. 399); Privatsammlung

falt äußert sich weniger der jeweilige Präzisions- oder Auflösungsgrad als die Vielzahl der heterogenen Standpunkte, von denen aus die Historiker und Philosophen über diese Affären berichten.

Müssen wir also schließen, daß ihre Berichte den Karten Perrins unterlegen sind, daß hier das Reale unerreichbar ist nicht nur wegen der Unendlichkeit, die noch das winzigste seiner Details umgibt, sondern auch wegen der Parteilichkeit derer, die es beschreiben? Ich möchte zeigen, daß das *Interesse*, das die Galilei-Affäre für jeden Historiker oder Philosophen besitzt, der sie untersucht, nicht einem Schirm gleicht, hinter dem sich die Wahrheit versteckt und der uns nur subjektive Projektionen zeigt. Gewiß liegen die verschiedenen Versionen im Streit miteinander, und ihre Vertreter können der Meinung sein, *ihre* Wahrheit zerstreue alle übrigen. Dennoch läßt sich keine von ihnen mit »der« endgültigen, neutralen, interesselosen Version der »Affäre« gleichsetzen. Deshalb werde ich so vorgehen, daß ich die aufeinanderfolgenden Verzweigungen untersuche. Bei jeder Verzweigung öffnet sich dem Blick eine neue Landschaft; die Landschaft wird nicht nur, wie auf den Karten Perrins, mehr oder weniger präzise wiedergegeben, sondern verändert sich jeweils mit den Fragen und Gründen, die den Historiker oder den Philosophen zur »Galilei-Affäre« geführt haben.

Jede der hier dargestellten Galilei-Affären ist insofern mit einer chemischen Reaktion vergleichbar. Dem Reagens entspricht in diesem Vergleich das Interesse des Historikers oder des Philosophen an dem, worum es seiner Auffassung nach bei dieser Affäre geht. Das Interesse, das die Vergangenheit auf die Gegenwart bezieht, ist nicht nur ein Hindernis, sondern ein Operator, der neue Perspektiven eröffnet, interessante Probleme aufwirft, erzählende Darstellungen konstruiert, deren Divergenzen ihrerseits der Vergangenheit ihr Gepräge geben – so wie die Vielzahl seiner Reaktionsmöglichkeiten einem chemischen Körper seine Identität verleiht.

Im übrigen waren es nicht die Historiker, die hier den ersten Schritt taten. Galilei war als der größte italienische Gelehrte seiner Zeit anerkannt. Seine Bücher[1] waren, anders als üblich, nicht auf lateinisch, sondern in der »vulgären« Sprache des Volkes abgefaßt und wandten sich erklärtermaßen nicht nur an seinesgleichen, sondern an alle Menschen mit gesundem Verstand, um ihnen einen ra-

[1] Die wichtigsten Schriften Galileis: *De motu*, eine Schrift, die bereits während seiner Professur in Pisa (1589-1591) verfaßt, aber nicht veröffentlicht wurde; *Sidereus Nuncius*, Venedig 1610; *Il Saggiatore*, Rom 1623; *Dialogo sopra i due massimi sistemi del mondo, Ptolemaico e Copernico*, Florenz 1632; *Discorsi e dimostrazioni matematiche intorno a due nuove scienze attenenti alla mecanica & i movimenti locali*, Leiden 1638.

dikalen Wandel des »Weltsystems« zu verkünden – das Ende einer Tradition, die sich auf die Autorität des Aristoteles stützte. Ihnen wollte Galilei die Praxis einer Wissenschaft nahebringen, welche mehr Respekt vor den »Tatsachen« als vor den Texten hat. Jedem war klar: Die Verurteilung Galileis durch die Kirche würde »Epoche machen«, in ganz Europa Widerhall finden. Mit einem Wort, das Eigentümliche an den »Galilei-Affären« besteht darin, daß alle Akteure wußten, daß sie an einer »Affäre« beteiligt waren, daß sie »Geschichte machen« würden. Daher ist das Interesse der heutigen Erzähler im Grunde kein anderes als das der Akteure von gestern. Während es den Felsen, den Sandkörnern, den Flocken gleichgültig ist, ob sie von einem Kartographen aufgenommen oder vernachlässigt werden, wandten sich jene Akteure an die Zukunft, so wie sich die Historiker der Vergangenheit zuwenden. Sie haben nicht eine Geschichte erlebt, die der Historiker später in die Form einer Erzählung bringen würde, sondern wollten über deren Gestalt selbst entscheiden. Sie haben daher selbst für eine bestimmte Kartographie plädiert und die regelmäßige Kurve, den richtigen Verlauf der Narration konstruiert, von dem ihre Position abhängen würde und in dessen Namen ihre Gegner verdammt werden müßten.
Von dieser Norm weicht auch der vorliegende Beitrag nicht ab. Wie man sehen wird, habe auch ich »meine« Version der Galilei-Affäre, welche die anderen nicht aufhebt, sondern eine weitere Perspektive eröffnet. Und das ist kein Zufall. Man »stößt« auf Galilei nicht zufällig, wie auf irgendeine andere Episode. Man wendet sich an Galilei, wie sich Galilei an sein Publikum wandte, um eine These über die neue Wissenschaft zu begründen, um die »Rationalität«, der sie entspricht, oder ihre Neuheit zu erörtern.

Erste Affären: »Und sie bewegt sich doch!«

Eppur si muove! soll Galilei, der Legende nach, bei seiner Verurteilung im Jahre 1633 gemurmelt haben. Die Macht der Kirche wird sich nicht gegen die Macht der Tatsachen stellen können. Und genau das bekräftigen die Schriften Galileis schon vor seiner Verurteilung. Zwei Mächte stehen einander gegenüber: die der Tradition, gestützt auf eine buchstäbliche Lesart der Heiligen Schrift, und die der Fakten, deren bescheidener Repräsentant er selbst ist. Die Kirche muß den einzigen Platz anerkennen und einnehmen, der ihr legitim zusteht, den der Hüterin des Glaubens, und alles übrige der menschlichen Vernunft überlassen. So schreibt Galilei in dem *Brief an Castelli* aus dem Jahre 1613:

»Ich werde gern glauben, daß die Autorität der heiligen Schriften keine andere Absicht verfolgt, als die Menschen die Artikel und Sätze zu lehren, welche für ihr Heil notwendig sind und, da sie die Grenzen aller menschlichen Vernunft überschreiten, nicht anders denn durch den Mund des Heiligen Geistes selbst gelehrt und glaubhaft gemacht werden konnten. Doch daß Gott, der uns mit Sinnen, Vernunft und Intellekt versehen hat, gewollt habe, daß wir es unterlassen sollten, davon Gebrauch zu machen, daß er uns ein anderes Mittel habe geben wollen zur Erkenntnis dessen, was uns mit ihnen zugänglich ist, dies zu glauben halte ich nicht für notwendig.«

Und Galilei ruft seine Gegner auf den Boden der Tatsachen:

»Doch wenn sie wirklich den wahren Sinn dieser oder jener Passage der Heiligen Schrift zu besitzen meinen und folglich gewiß sind, die absolute Wahrheit über die umstrittene Frage in Händen zu halten, so mögen sie mir ganz einfach sagen, ob sie denn meinen, daß derjenige, der in einem Disput über eine natürliche Frage dasjenige vertritt, was sich als das Wahre erweist, jenem anderen, dem es zukommt, das Falsche zu behaupten, weit überlegen ist. Ich weiß, daß sie auf eine solche Frage mit ja antworten werden; derjenige, der das Wahre behauptet, so werden sie sagen, wird tausend Experimente, tausend notwendige Beweise auf seiner Seite haben, während der andere nichts als Sophismen, Paralogismen und Trugschlüsse auf der seinen haben wird. Doch wenn sie, was sie selbst anbetrifft, innerhalb der Grenze natürlicher Gründe und ohne zu anderen Waffen als denen der Philosophie zu greifen, sich ihrem Gegner solcherart überlegen wissen, warum nehmen sie dann nicht, wenn der Augenblick gekommen ist, sich mit ihm zu messen, sogleich jene unbesiegbare und furchtbare Waffe zur Hand, deren bloßer Anblick den geschicktesten und geübtesten der Kämpfer in Schrecken versetzen wird?«

Vorgeblich wendet sich Galilei hier nur an Pater Castelli, doch er weiß, daß sein Brief an seinen Gönner, den Großherzog Cosimo II. de' Medici, und dessen Mutter, die Großherzogin Christine, weitergeleitet wird, die sich bei Castelli nach den Thesen Galileis erkundigt hat. Er weiß, daß sein Brief von Hand zu Hand gehen wird. Und er weiß, daß dieser Brief eine wahre Herausforderung bedeutet: diejenigen, die sich ihm entgegenstellen, sollen die *Tatsachen* sammeln, die beweisen, daß er unrecht hat. Er, Galilei,

kann Tausende von Experimenten zu seinen Gunsten anführen; doch seine Gegner haben nichts auf ihrer Seite als die untaugliche Autorität der Heiligen Schrift.

1616, nach einer Denunziation des *Briefes an Castelli*, wird Kardinal Bellarmin Galilei das Verbot erteilen, öffentlich die *Wahrheit* der heliozentrischen Lehre zu behaupten. Zwar unterwirft er sich diesem Verbot, doch auf eine Weise, die im Akt des Gehorsams diejenigen blamiert, die es ihm aufzwingen. So treten in dem *Dialog über die beiden hauptsächlichsten Weltsysteme* (1632) drei Personen auf: Salviati, das Sprachrohr Galileis; Sagredo, ein gebildeter und aufgeklärter Mann, der sich von den Argumenten Salviatis nicht nur vollkommen überzeugen läßt, sondern sie auch, nach eigenen Überlegungen seines gesunden Menschenverstandes, fortzuführen oder zu erhärten vermag; schließlich Simplicio, ein bornierter Aristoteliker, ständig in Irrtümern und blinder Abhängigkeit von der Tradition befangen. Doch weder Salviati noch Sagredo beschließen den Dialog, sondern Simplicio, der die Autorität einer »ebenso gelehrten wie hochgestellten Persönlichkeit« be-

Frühling 1633: der Prozeß gegen Galilei. Die Szene stellt zweifellos die Vollversammlung der Kongregation des Heiligen Offiziums dar, vor der Galilei abschwören wird. Immerhin macht das Bild deutlich, welche ungewöhnliche Rücksichtnahme Galilei während des Verfahrens beanspruchen konnte. Anonymes Gemälde, siebzehntes Jahrhundert (ein Ausschnitt des Bildes auf S. 394); Privatsammlung

ORBIUM PLA
TERRAM COM
TIUM SCENO
NETARUM
FLECTEN
GRAPHIA.
SPHAERA ZODIACI
SPHAERA SATVRNI
SPHAERA IOVIS
SPHAERA MARTIS
SPHAERA SOLIS

PLANISPHÆRIVM
Sive
VNIVERSI TO
EX HYPO
COPERNI
PLANO
COPERNICANVM
Systema
TIVS CREATI
THESI
CANA IN
EXHIBITVM
MARS

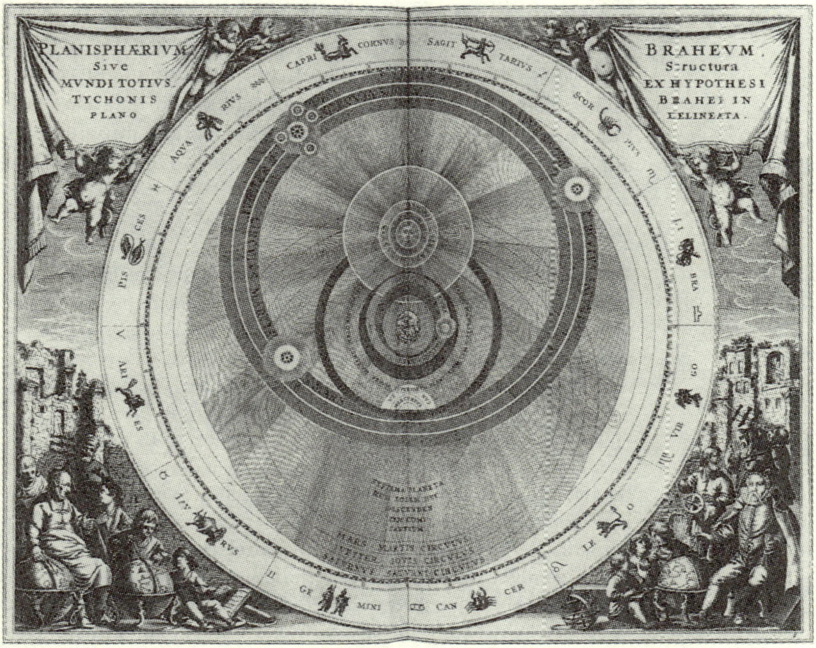

Die drei rivalisierenden »Weltsysteme«: links oben das System des Ptolemaios (um 90 bis um 160 nach Christus); links unten das System des Kopernikus (1473-1543); rechts oben das System Tycho Brahes (1546-1601).
Nach dem geozentrischen Weltbild des Ptolemaios ruht die Erde im Mittelpunkt des Universums; die nächsten sieben Sphären tragen die »Planeten«, darunter Sonne und Mond; an der achten Sphäre sind die Sterne befestigt.
Nach dem heliozentrischen System des Kopernikus ruht die Sonne im Mittelpunkt des Universums; die Erde und ihr Satellit, der Mond, sowie die (übrigen) Planeten drehen sich um sie; die Sterne bewegen sich nur scheinbar aufgrund der Erdrotation.
Schließlich das System Tycho Brahes als Vermittler zwischen den beiden vorigen: Die Erde befindet sich wiederum unbeweglich im Mittelpunkt des Universums, und die Sonne dreht sich um sie; der Unterschied ergibt sich daraus, daß sich die (übrigen) Planeten um die Sonne drehen und sie auf ihrer Bewegung um die Erde begleiten. Diese Stiche aus dem Jahre 1661 machen anschaulich, daß bei diesem Konflikt Sonne und Erde um Vorrang, Pracht und Glanz wetteifern. Die Planeten haben eher Einflußzonen als Bahnen. Die von Galilei entdeckten Jupitermonde sind wiedergegeben.
Stiche aus A. Cellarius, Harmonia macrocosmica, seu Atlas universalis et novus, *1661; Bibliothèque nationale, Paris*

schwört, vor der zu schweigen geboten ist; nach der Lehre dieser letzteren hat alles, was bisher als sicherer Beweis vorgebracht worden ist, nichts Wahres oder Notwendiges, da Gott die Macht habe, vermeintlich beweiskräftige »Tatsachen« mit Mitteln hervorzurufen, die unserer Vorstellungskraft »unerfindlich« sind. Die beiden Gesprächspartner Simplicios, Sagredo und Salviati, mögen dieser

»bewundernswerten, wahrhaft himmlischen Lehre« wohl Respekt zollen; doch sagt man, Papst Urban VIII., der Urheber des von Simplicio angeführten Arguments, habe sich nichtsdestoweniger blamiert gefühlt. Von da an stand Galileis Feinden die Tür offen, und seine Verurteilung erfolgt ein Jahr später, nach dem Erscheinen des *Dialogs*.

Die heliozentrische Lehre

Der erste Astronom, der den Gedanken wagte, die Erde könne sich um die Sonne bewegen, war Aristarch von Samos, als dessen Geburtsdatum das Jahr 310 vor Christus gilt. Von ihm ist nichts weiter erhalten als eine Abhandlung über die Größe von Sonne und Mond und die Entfernung zwischen ihnen. Die erste Auflage des Werkes *De revolutionibus orbium coelestium libri* von Nikolaus Kopernikus erschien in seinem Todesjahr 1543 in Nürnberg. Gewiß haben krasse Diskrepanzen zwischen den astronomischen Beobachtungen und den Vorhersagen nach dem System des alexandrinischen Astronomen Ptolemaios (zweites Jahrhundert nach Christus) eine Rolle in der »kopernikanischen Revolution« gespielt; weniger bekannt ist jedoch, daß das kopernikanische System, das ebenfalls kreisförmige Bahnen der Himmelskörper annahm, nicht minder kompliziert und unvollkommen war. Das System, das die »Phänomene« noch am ehesten »rettete«, war dasjenige Tycho Brahes – bis Kepler »den Kreis zerbricht« und die Planetenbahnen in Ellipsen zu verwandeln wagt (1605). Nach Tycho Brahe befindet sich die Erde im Mittelpunkt, während die (übrigen) Planeten sich um die Sonne drehen, die sich ihrerseits um die Erde dreht. Die »kopernikanische Revolution« freilich weckte Leidenschaften, die sich nicht auf technische Fragen beschränkten. Insofern stellt sie nicht bloß eine »wissenschaftliche Revolution« dar, sondern viel eher eine »Kulturrevolution«. Und Galilei, der bis zuletzt die Keplerschen Ellipsen ignorierte, machte sich zum Herold genau dieser letzteren.

So also lautet die klassische Version der »Affäre«, die Galilei in Gegensatz zur Kirche stellt; eine Version, die der Selbstinszenierung Galileis entspricht und aus ihm einen Helden des freien Denkens macht, der obskurantistischer Verfolgung ausgesetzt ist.

Freilich gibt es andere Historiker, die anderen Beteiligten Gehör schenken. So macht Arthur Koestler Kardinal Bellarmin zu einem Musterbeispiel an Toleranz. Dieser nämlich hatte Galilei verboten, die absolute Wahrheit der heliozentrischen Lehre zu behaupten, ihm jedoch das Recht zugestanden, sie als wissenschaftliche Hypothese zu verwenden. Sollte sich ein Mathematiker nicht mit dem Nachweis begnügen können, daß die heliozentrische Hypothese mit den Phänomenen *besser* übereinstimmt, ohne behaupten zu müssen, daß die Sonne *in Wahrheit* Mittelpunkt des Universums ist?

Mit Koestler gelesen, gewinnt der *Brief an Castelli* einen neuen Sinn. Galilei versucht die Regeln, denen sich alle unterwerfen müssen, die sich an der Geschichte der Debatte um den Heliozentrismus beteiligen wollen, in der Tat sehr einseitig und ganz zu seinem Vorteil auszulegen. Nicht nur behauptet er die absolute Wahrheit seiner These, sondern er schiebt auch den Schwarzen Peter den anderen zu: das gegnerische Lager soll seine Wahrheit widerlegen. Und Koestler weist darauf hin, daß Galilei den Konflikt zweifellos deshalb so verschärft und den von Bellarmin nahegelegten Kompromiß ablehnt, *weil er selbst nicht zu beweisen vermag, daß seine Hypothese mit den Phänomenen besser übereinstimmt* als die bisherige ptolemäische Astronomie. Das kopernikanische System, das ebenso wie sein Vorgänger die Kreisförmigkeit der Himmelsbahnen postulierte, war – wie Koestler betont – noch komplizierter als das ptolemäische System.

Koestler zieht also die Rolle Galileis als Astronom in Zweifel: Die Entdeckung der Jupitermonde und der Sonnenflekken hat Galilei zum Propagandisten der Kopernikanischen Hypothese werden lassen; aber noch mehr als zwanzig Jahre nach der Veröffentlichung von Keplers *Astronomia Nova* (1609) hält er im *Dialogo* an kreisförmigen Planetenbahnen fest und verschweigt die Tatsache, daß Kreisbahnen die Phänomene keineswegs »retten«. Und Koestler schließt:

> »Während beinahe fünfzig Jahren seines Lebens hatte [Galilei], was Kopernikus betraf, den Mund gehalten; keineswegs aus Angst, auf dem Scheiterhaufen zu enden, sondern um sich bei den Universitäten nicht unbeliebt zu machen. Nachdem er sich, fortgerissen von seiner plötzlichen Berühmtheit, endlich festgelegt hatte, war das Ganze mit einemmal eine Frage des Prestiges geworden. Er hatte erklärt, Kopernikus habe recht, und wer jetzt etwas anderes sagte, schmälerte seine Autorität als hervorragendster Gelehrter seiner Zeit. Daß wir hier das zentrale Motiv seines Kampfes haben, wird immer deutlicher werden. Zwar entlastet das seine Gegner nicht, ist aber für die Frage, ob der Konflikt, historisch gesehen, zu vermeiden war oder nicht, recht erheblich.«

Koestler bezweifelt diese Unvermeidlichkeit; er meint, daß der von Galilei selbst inszenierte Konflikt zwischen einer obskurantistischen Kirche und einer Wissenschaft, die seitdem mit der Freiheit des Denkens gleichgesetzt wurde, ohne den Stolz Galileis hätte vermieden werden können und daß vielleicht eine andere Geschichte möglich gewesen wäre, welche die Wissenschaft nicht auf eine Heldenrolle festgelegt hätte, die ihr wenig ansteht.
Darum also geht es nach Koestler in der »Galilei-Affäre«: um das Drama der Spaltung zwischen »Rationalität« und »Werten«, die es heute den Menschen erlaubt, mit der Atombombe zu hantieren, ohne die Folgen dieser ungeheuren Macht begriffen zu haben. Die Wissenschaft hat Galilei zum Symbol ihrer Freiheit erhoben, doch in diesem Symbol macht sich vor allem die drastische Inkohärenz geltend zwischen ihren eigenen Entwicklungsbedingungen und den Werten einer Gesellschaft, die als Hindernis, Widerstand und Obskurantismus betrachtet werden.
Läßt sich die galileische Wissenschaft mit der Freiheit des Denkens gleichsetzen? Gleicht sie dem Licht im Kampf mit der Finsternis? Andere Interpreten erscheinen auf der Bühne. Bis hierher haben unsere Historiker die Selbstdeutungen der Hauptdarsteller, Galilei und Bellarmin, übernommen. Aber liegt die Wahrheit nicht doch mehr im verborgenen? War der geheime Anstoß zur Verurteilung Galileis etwa, wie Pietro Redondi behauptet, eine viel schwerer wiegende Anklage, für die er Anhaltspunkte gefunden hat, eine Anklage, die sich auf den Glauben, nicht bloß auf eine »natürliche Frage« bezieht? Wenn die »Affäre Galilei« in Wahrheit von der Denunziation der atomistischen Lehre ausgelöst worden wäre, die sich im *Saggiatore* (1623) ankündigt, wenn man Galilei angeklagt hätte, gegen das Dogma der Eucharistie verstoßen zu haben, dann allerdings ginge es nicht mehr um die Frage, die Galilei in den Vordergrund gestellt hatte, nämlich den Unterschied zwischen Fragen der Natur und Glaubensfragen. Außerdem haben Galileis Zeitgenossen, wenn man Lerner und Gosselin folgt, niemals das Bild akzeptiert, das er von sich selbst entwarf, sondern in ihm einen Giordano Bruno *redivivus* gesehen. Dann müßte die Verurteilung Galileis im vielschichtigen Kontext der internationalen Politik gelesen werden, im Zusammenhang mit dem Schwanken des Vatikans zwischen einem Bündnis mit Frankreich oder mit Spanien: 1632 sei eine »Geste« gegenüber Spanien not-

wendig gewesen, nämlich die Verurteilung eines »Symbols« für die Allianz mit dem relativ toleranten Frankreich, für die sich – nach Bruno – die »Hermetiker« einsetzten. Wurde Galilei »anstelle« Campanellas verurteilt, der selbst zu gefährlich war, zuviel über das Wohlwollen des Papstes gegenüber den Hermetikern »wußte«?

Atomistische Lehre und Eucharistie

Das Dogma der Transsubstantiation in der Eucharistie wurde im sechzehnten Jahrhundert auf dem Konzil von Trient verkündet. Es gehört also in den Rahmen der Gegenreformation, da die Protestanten nicht zugeben wollten, daß Brot und Wein in den Händen des Priesters *wirklich* zum Körper Christi werden. Dieses Dogma schloß eine Bezugnahme auf den scholastischen Substanzbegriff ein, der zwar nicht erklärte, aber doch auszusprechen gestattete, daß bei der Wandlung der Substanz die »Akzidenzien« des Brotes und des Weines (Beschaffenheit, Geschmack, Farbe) auf wunderbare Weise erhalten bleiben. Im *Saggiatore* jedoch entkleidete Galilei die Körper ihrer substantiellen Realität, und zwar mit Hilfe der Unterscheidung zwischen dem, was den Körpern notwendig zugeschrieben werden muß – eine geometrische Gestalt, eine Position im Raum und eine Geschwindigkeit –, und den Geschmäckern, Gerüchen, Farben, die er dem Subjekt oder dem Tier zuwies, dessen Sinne durch winzige, von den Körpern ausgesandte Partikel erregt würden. Wenn wir nun aber den Geschmack von Brot wahrnehmen, so muß die Hostie also, trotz der Transsubstantiation, die gleichen winzigen Partikel wie das Brot aussenden ...

Die Hermetik

Die Hermetik war eine eigentümliche mystische Philosophie der Renaissance. Hermes Trismegistos, ein altägyptischer Halbgott, galt den Anhängern dieser Lehre als Stifter; in der jüdisch-christlichen Tradition meinten sie das »geheime Wissen« Ägyptens in verblaßter Form wiederzufinden, ein Wissen, das von »Eingeweihten« – Zoroaster, Orpheus, Platon, Pythagoras – weitergegeben worden sei. Freilich hat die Hermetik auch eine politische Seite: Es handelte sich nicht nur darum, in jedem Menschen sein göttliches Wesen zu befreien und die durchsichtige Analogie zwischen Makrokosmos und menschlichem Mikrokosmos wiederzuentdecken, sondern darum, durch eine Rückkehr zur »wahren Philosophie« die von den Religionskriegen zerrissenen Kirchen wiederzuvereinen. Die Hermetiker versuchten, einen »aufgeklärten Monarchen« zu bekehren, damit dieser die Welt zu einem Goldenen Zeitalter führe. Giordano Bruno (1548-1600), der ein unendli-

---

ches Universum mit einer unendlichen Zahl bewohnter Welten beschrieb, starb als Anhänger dieser Philosophie auf dem Scheiterhaufen der Inquisition. Auch Tommaso Campanella (1568-1639), der für Galilei eingetreten war (1616), war Hermetiker; durch seinen Ruf als Magier und Astrologe gewann er die Gunst Urbans VIII. und trat bei ihm für einen »reformierten« und »natürlichen« Katholizismus sowie für ein Bündnis mit dem Frankreich Ludwigs XIII. (und des Edikts von Nantes) ein.

War es nun eine Denunziation, die geheimgehalten wurde, weil ihre Enthüllung Galilei auf den Scheiterhaufen gebracht hätte, oder war es große internationale Politik? Der Historiker setzt sich hier von den narrativen Darstellungen der Beteiligten ab (oder versucht es zumindest) und macht zugleich aus der Galilei-Affäre das Ergebnis einer Verkettung von Umständen, die sich dem Einfluß ihres Opfers entziehen. Die Szenerie bevölkert sich mit neuen Beziehungen, Problemen und Personen, welche die Fäden in der Hand halten und die offiziellen Erzählungen in plumpen Betrug verwandeln. Und die Dummen sind natürlich in erster Linie jene, die heute im »Fall Galilei« den »Fall« unserer modernen Kultur sehen und sich nicht scheuen, auf ihn die Fragen zu projizieren, die ihnen im Kopf herumgehen. Diese Affäre ist Sache der Fachhistoriker und kann nur deren Sache sein. Bei der Galilei-Affäre geht es auch um die Autonomie des Historikers, der sich von den interessegeleiteten Erzählungen der vermeintlichen Akteure nichts vormachen läßt, der nach Hinweisen auf Wahrheiten sucht, die von anderen Akteuren sorgfältig verborgen wurden, dunklere Wahrheiten, deren Rolle sich als die entscheidende erweist. Damit der Historiker in seinem Element ist, muß die ganze Welt lügen, muß die Verschwörung des Schweigens herrschen. Bis die Entdeckung eines neuen Elements das ganze Gebäude zusammenfallen läßt. So haben andere italienische Galilei-Spezialisten, V. Ferrone und M. Firpo, nach einer strengen Analyse der Parteinahme, von der sich die »Ermittlungen« Redondis leiten ließen, einen Brief Galileis *nach seiner Verurteilung* vorgelegt, in dem Galilei einem Korrespondenten antwortet, der ihm in aller Unschuld vorgeschlagen hatte, es wäre doch interessant, die Beziehungen zwischen der atomistischen Lehre und – der Eucharistie zu untersuchen! Statt entsetzt zurückzuscheuen, beurteilt Galilei diesen Gedanken als von großem Interesse ...

Ob man nun diesen als Beispiel angeführten Thesen zustimmt oder nicht, sie verdeutlichen den Sinn einer ersten Verzweigung, einer ersten Wahl zwischen den Interessen, die geeignet sein mögen, Vergangenheit und Gegenwart in Beziehung zu setzen: Entweder beschränken wir uns auf die »interesselose« Geschichte der Fachhistoriker, die allein in der Lage sein soll, die Galilei-Affäre von Fragen zu reinigen, die sich parasitär mit ihr verbunden haben. Oder aber – und so werden wir verfahren – wir folgen denen, die durchaus »interessiert« der Frage nachgehen, die sich *anläßlich* der Galilei-Affäre stellt: der Frage nach jener wissenschaftlichen Wahrheit, in deren Namen Galilei zumindest *glaubte*, in Konflikt mit der Kirche zu stehen. Erste Verzweigung, veränderte Szenerie.

Die Frage der modernen Wissenschaft

Damit treffen wir auf eine zweite »Galilei-Affäre«, die keinen »Rest« der ersten darstellt, der erst bei genauerem Hinsehen sichtbar würde, sondern das Ergebnis anderer Fragen ist, die sich den Zeitgenossen Galileis nicht gestellt haben. Die »Affäre« findet nicht mehr im siebzehnten, sondern im zwanzigsten Jahrhundert statt; ihre Kontrahenten sind historisch orientierte Philosophen, die in den *wissenschaftlichen* Texten Galileis den ersten Ausdruck dessen erkennen, was sie interessiert: die Besonderheit der modernen Wissenschaft.

Aber ist *diese* »Affäre« nicht bloß Sache der Philosophen, die Galilei heranziehen, um die moderne Wissenschaft im allgemeinen zu diskutieren? Vielleicht. Das wäre in der Wissenschaftsgeschichte jedoch nicht ungewöhnlich; denn wie die Historiker das Werk Galileis lesen, hängt davon ab, was sie über die moderne Wissenschaft, als deren Begründer Galilei gilt, glauben sagen zu können. So wird einem Gelehrten wie Pierre Duhem, der – wie wir sehen werden – die Tragweite des Ereignisses, das die »Gründung der modernen Wissenschaft durch Galilei« darstellt, zu verringern suchte, gegen Ende des neunzehnten Jahrhunderts der Lehrstuhl für Wissenschaftsgeschichte am Collège de France zugunsten anderer, angesehenerer Historiker verwehrt.

Läßt sich die Position Galileis und seiner wissenschaftlichen Gegner symmetrisch beschreiben? Kann man Galilei lesen, ohne anzunehmen, daß die Tatsachen ihm recht geben? Hier geht es nicht mehr um Astronomie, sondern um die Theorie der Bewegung schwerer Körper, die Galilei den berühmten Titel des »Begründers der modernen Wissenschaft« eingetragen hat. Und ebendies haben – auf unterschiedlichen Wegen und nicht als einzige – vor sechzig Jahren der Philosoph Alfred North Whitehead und kürzlich der Epistemologe Paul Feyerabend nachzuweisen versucht.

In seinen Vorlesungen über *Wissenschaft und moderne Welt* akzeptiert Whitehead die Ansprüche Galileis uneingeschränkt; die »historische Revolte«, als welche die Gründung der modernen Wissenschaft zu verstehen ist, geht von den »Tatsachen« aus:

> »Galilei kommt immer wieder darauf zu sprechen, *wie* die Dinge sich ereignen, während seine Gegner eine vollständige Theorie darüber hatten, *warum* sich die Dinge ereignen. Leider führten die beiden Theorien nicht zu den gleichen Ergebnissen. Galilei beharrt auf ›widerspenstigen und eigenwilligen Tatsachen‹, während Simplizius, sein Gegenspieler, Gründe vorbringt, die – wenigstens für ihn selbst – völlig zufriedenstellend sind. Es ist ein großer Fehler, diese historische Revolte als Parteinahme für die Vernunft aufzufassen. Sie war im Gegenteil eine durch und durch anti-intellektualistische Bewegung: die Rückkehr zur kontemplativen Betrachtung nackter Tatsachen; und sie beruhte auf einem Rückzug von der starren Rationalität des mittelalterlichen Denkens.«

Arme italienische Geistliche, schließt Whitehead, arme Nachzügler des Mittelalters, von den Protestanten bekämpft, von Galilei ins Lächerliche gezogen, sogar von den Bischöfen verachtet, die ihnen während des Konzils von Trient empfahlen, überflüssige und nutzlose Fragen sowie eigensinnigen Wortstreit zu vermeiden! Arme Theologen, die in einer Welt kriegerischer Auseinandersetzungen an der verlorenen Sache eines zügellosen Rationalismus festhielten! Whitehead, dem Koestler in diesem Punkt folgt, tritt hier für eine Versöhnung von Wissenschaft und Vernunft ein: für eine Wissenschaft, die sich von dem naiven Glauben an die Tatsachen und dem unduldsamen Gebrauch der Abstraktion löst; für eine Wissenschaft, die nicht alles leugnet, worin sie aufgrund ihrer eigenen methodologischen Beschränkungen keinen Sinn erkennen kann. Galilei ist der Begründer eine Methode, die für ihre eigenen Grenzen blind ist, und seine unglücklichen Gegner können mehr Gerechtigkeit von der Zukunft erwarten, für die Whitehead arbeitet.

Feyerabend dagegen stellt in seinem Essay *Wider den Methodenzwang* die These in Frage, Galilei habe die Tatsachen respektiert. Er will zeigen, daß die moderne Wissenschaft nicht berechtigt ist, eine Wahrheit zu beanspruchen, die von der anderer Formen des Denkens, des mythischen oder religiösen, wesentlich abweicht. Nicht nur interpretiert Galilei die Fakten, sondern er begeht auch jene Untugend, von der nach Feyerabend die moderne Wissenschaft befreit werden muß: er benutzt psychologische Tricks, Propagandamanöver, um die Tatsache zu verschleiern, daß er interpretiert, um den Eindruck zu erwecken, die Fakten gäben ihm auf eindeutige Weise recht. Wie sollten die »Tatsachen« beweisen, daß sich die Erde bewegt, wenn doch die intuitive Beobachtung zeigt, daß sie unbeweglich ist? Damit die Tatsachen zugunsten Galileis »sprechen«, muß er seine Leser, seine Gesprächspartner, zunächst einmal dazu bringen, die Tatsachen umzudefinieren, das heißt sie in einer neuen Sprache zu beschreiben. Feyerabend kommentiert Galileis Verwendung des berühmten Schiffsbeispiels. Es soll die Dialogteilnehmer davon überzeugen, daß ein Seemann auf hoher See – ohne einen Orientierungspunkt auf dem Meer oder am Ufer zur Verfügung zu haben – nicht wissen kann, ob er in Bewegung ist oder nicht; darüber hinaus soll es bei Sagredo, dem Vertreter des gesunden Menschenverstandes, die Vorstellung wecken, eigentlich habe jeder dies immer schon gewußt und es nur vergessen, so daß er, Galilei, die Sache nur noch einmal vor Augen zu führen brauche. Doch liegt das, wovon er seine Gesprächspartner überzeugen muß, keineswegs auf der Hand, sondern beinhaltet eine tiefgreifende Transformation des Begriffs der Bewegung. Die These Galileis schließt ein, daß ein Stein, der von der Mastspitze eines Schiffes fällt, am Fuß dieses Mastes ankommen muß, ob sich das Schiff bewegt oder nicht. Der Stein müßte also, unabhängig von der Bewegung des Schiffes und ohne jegliche Ursache, diese Bewegung beibehalten, die Bewegung des Schiffes begleiten, während er aufs Deck herunterfällt. Die Bewegung erhält sich selbst: das ist der Satz, zu dessen Annahme die Hypothese von der Erdbewegung zwingt, gegen alle empirische Evidenz (denn alle Bewegungen, die wir beobachten, verlangsamen sich allmählich) und gegen die gesamte Tradition. Das ist es, was Galilei vorführt und wovon er Sagredo schließlich überzeugen kann, als Evidenz des gesunden Menschenverstands.

Feyerabend kritisiert Galilei nicht, weil dieser eine neue, theoriegeladene Beobachtungssprache eingeführt habe. Er will vielmehr darauf hinaus, daß keine der verschiedenen (wissenschaftlichen, theologischen, mythischen oder sonstigen) Beobachtungssprachen sich auf eine eindeutige Beziehung zu den Fakten berufen kann, die es ihr erlaubte, über konkurrierende Beobachtungssprachen zu urteilen.

> »Eine Wissenschaft, die behauptet, über die einzig richtige Methode und die einzig brauchbaren Ergebnisse zu verfügen, ist Ideologie und muß vom Staat und insbesondere vom Bildungswesen getrennt werden. Man mag sie lehren, aber nur denen, die sich entschlossen haben, sich diesen besonderen Aberglauben zu eigen zu machen. [...] Natürlich haben die Vertreter jedes Berufs das Recht, von denen, die ihn ausüben wollen, eine bestimmte Ausbildung zu fordern, vielleicht sogar die Anerkennung einer bestimmten Ideologie [...]. Das gilt für die Physik genauso wie für die Religion oder die Prostitution. Doch solche speziellen Ideologien und Fähigkeiten haben keinen Platz in der allgemeinen Erziehung, die den Bürger auf seinen Platz in der Gesellschaft vorbereitet. Ein mündiger Bürger ist nicht jemand, der in einer speziellen Ideologie unterwiesen worden ist, [...] sondern jemand, der gelernt hat, sich eine Meinung zu bilden, und sich dann für das entschieden hat, was er für das beste hält.«

Whitehead und Feyerabend geht es um »die« Wissenschaft in einem umfassenden Verständnis, die in (problematischen) Beziehungen zu »der« Philosophie, zu mythischen und anderen Denkweisen steht. Man könnte freilich anderen Spuren folgen, die andere Beziehungen sichtbar werden lassen, zum Beispiel die zwischen Wissenschaftlern, Staatsräson und »Intellektuellen« (dazu siehe Brechts *Leben des Galilei*). Doch daneben öffnet sich eine andere Möglichkeit, eine andere Landschaft, die wir erforschen wollen. Die Frage lautet hier nicht mehr: Was macht die moderne Wissenschaft aus?, sondern: Was ist das für eine eher seltsame Disziplin, die wir als »mathematische Physik« bezeichnen?

Die Frage der mathematischen Physik

Neue Affäre, neuer Zugang zu den Texten. Hier stehen sich nicht mehr Galilei und die Kirche, nicht mehr die Wissenschaft und andere Formen des Denkens gegenüber. Die Gegner verschwinden vom Kampffeld oder treten im Zweifelsfall nur auf, um zu bezeugen, wie seltsam Galileis

Behauptungen erscheinen mußten, welches Unverständnis sie weckten. So zitiert Alexandre Koyré zum Vergleich Descartes und Mersenne, die im Unterschied zu den theologischen Widersachern Galileis das »moderne Denken« repräsentieren und gleichwohl die Galileische Physik nicht akzeptieren.

Von nun an ist das Feld also von jedem »Kontext« gelöst. Einzig die Texte zählen, doch die Texte ihrerseits stehen im Mittelpunkt einer »Affäre«, bei der es um die Frage der physikalischen Theorie geht, um die neuen Beziehungen zwischen mathematischer und empirischer Beschreibung, die Galilei eingeführt haben soll. So hat Koyré schon vor Feyerabend in seinen *Études galiléennes* gezeigt, daß Galilei die Tatsachen nicht »respektiert«. Doch für Koyré handelt es sich dabei nicht um Propaganda, die eine politische Kritik der wissenschaftlichen Ansprüche rechtfertigen würde. Die Physik Galileis ist nicht »deutungsgeladen« wie jede andere Beschreibung auch; sie erfindet eine neue, *experimentelle* Beziehung zu den Tatsachen.

Eben weil Galilei überzeugt war, daß er über die Erscheinungen hinausgehen müsse, um ihr Wesen zu erreichen, gerade weil er glaubte, daß einzig die Mathematik dieses Wesen ausdrücken könne, war es ihm möglich, die Gesetze des Falls schwerer Körper aufzustellen. Und es ist diese Formulierung, die Galilei sowohl von Giordano Bruno unterscheidet – der ebenso behauptet hatte, daß ein von der Mastspitze eines fahrenden Schiffs fallender Stein am Fuß des Mastes ankommen werde, da die Erde sich dreht – als auch von einem Descartes, der das Trägheitsprinzip formulierte – was Galilei nie tat –, jedoch den Gedanken ablehnte, daß ein fallender Körper ein Gesetz erfüllen könne.

> »Wie gut versteht man Descartes, wenn er sämtliche Experimente Galileis ›leugnet‹! Wie recht hatte er doch! Denn sie alle, zumindest jene, die wirklich stattgefunden, zu einer Messung und einer Zahl geführt haben, wurden von Galileis Zeitgenossen als falsch betrachtet. Und dennoch ist es Galilei, der sich im Wahren befindet. Denn wie wir sehen werden, sucht er in den experimentellen Daten keineswegs die Grundlage seiner Theorie; er weiß wohl, daß dies unmöglich ist. Und er weiß auch, daß die Erfahrung, selbst das Experiment, das unter konkreten Bedingungen vorgenommen wird – in der Atmosphäre und nicht im Vakuum, auf einem glatten Brett und nicht auf einer geometrischen Ebene und so weiter –, die von der abstrakten Fallanalyse vorhergesagten Ergebnisse gar

nicht liefern *kann*. Er verlangt es auch gar nicht. Der abstrakte Fall ist ein angenommener Fall. Und die Erfahrung muß bestätigen, daß diese Annahme innerhalb der Grenzen ihrer Mittel richtig ist. Oder, besser gesagt, innerhalb der Grenzen unserer Mittel.«

Die Galileische Physik behandelt abstrakte Fälle: der Begriff einer absolut glatten Ebene, einer absolut sphärischen Kugel, des vollkommenen Vakuums wird nicht aus der Erfahrung gewonnen, sondern gestattet es, diese Erfahrung im Namen eines mathematischen Ideals zu beurteilen. »Auch darf man nicht erstaunt sein zu erkennen, daß die Wirklichkeit der ›Erfahrung‹ nicht vollständig mit der Deduktion übereinstimmen kann. Und dennoch hat diese letztere recht. Denn diese Deduktion mit ihren ›fiktiven‹ Begriffen erlaubt es uns, die Natur zu verstehen und zu erklären, ihr Fragen zu stellen, ihre Antworten zu deuten.«
Koyré schätzt, daß diese Argumente genügen, um über zwei Arten von Gegnern zu obsiegen: über die »marxistischen« Historiker, die in der Galileischen Physik die Übersetzung neuer technisch-ökonomischer Imperative des entstehenden Kapitalismus sehen wollen, und über die Empiristen, die sie mit der Unterordnung des Urteils unter die Beobachtung erklären. Bleibt ein dritter Gegner, der – wie wir sehen werden – um so gefährlicher ist, als sich Koyré in der Tat auf dessen Analysen stützt: nämlich Pierre Duhem. Koyrés *Études galiléennes* verweisen immer wieder auf den dritten Teil von Duhems *Études sur Léonard de Vinci*, die den Untertitel tragen: »Die Pariser Vorläufer Galileis«. Doch diese Hinweise lassen noch nicht ahnen, wie behutsam Koyré vorgehen muß, in welche Nähe zu Duhem und dessen Vorläufer-Theorie ihn sein Argument über den fiktiven und abstrakten Charakter der Galileischen Begriffe bringt. Das Interesse, von dem sich Duhem leiten läßt, wird klar und deutlich ausgesprochen: die Galileische Wissenschaft bezeichnet keinen Bruch mit der christlichen Wissenschaft des Mittelalters. Das Bestreben, die aristotelische Physik durch die moderne zu ersetzen,

»konnte sich auf die älteste und glänzendste der mittelalterlichen Universitäten stützen, die Universität von Paris. Wie sollte ein Pariser darauf nicht stolz sein? Die berühmtesten Förderer dieser Bemühungen waren im vierzehnten Jahrhundert der Pikarde Jean Buridan und Nicolas Oresme aus der Normandie. Wie sollte ein Franzose darüber nicht berechtigten Stolz empfinden? Und das Motiv für diese Bemühung war der erbitterte Kampf, den die Universität von Paris – zu jener Zeit wahre Hüterin der katholischen Orthodoxie – gegen das peripatetische und neuplatonische Heidentum ausfocht. Wie sollte ein Christ dafür nicht Gott danken?«

Schlagartig öffnet sich das Gelände. Die theologischen Kontroversen des Mittelalters, durch Duhems Interesse zu neuem Leben erweckt, drohen uns in ihren Strudel zu reißen. An diesem Punkt müssen wir widerstehen und uns auf den Gegenstand der Auseinandersetzung zwischen Duhem und Koyré beschränken: War am Ende des Mittelalters, wie Duhem behauptet, die »Frucht« so reif, daß die leiseste Berührung (Galilei) genügte, um sie vom Baume fallen zu lassen? Oder hatte Galilei, wie Koyré behauptet, keine echten Vorläufer, ist er vielmehr der *Erfinder* der mathematischen Physik?

Der Punkt ist erreicht, an dem wir uns endlich dem *Inhalt* der Galileischen Physik zuwenden müssen, genauer gesagt *den Gesetzen der natürlich beschleunigten Bewegung*, deren Formulierung Duhem aus dem Werk von Denkern des vierzehnten Jahrhunderts herausliest. Hier liegt für die Wissenschaftsgeschichte der empfindlichste Punkt. Nachdem sämtliche Personen die Bühne verlassen haben und nur noch ein Problem im Vordergrund steht, das einer Physikaufgabe für Tertianer ähnelt, droht das historische Stück eher ins Pädagogische abzugleiten. In unserem Falle verweist uns der von den mittelalterlichen Autoren erfundene Begriff einer »uniformiter difformen Qualität« jedoch nicht auf die Schulbank, sondern auf jenen spekulativen Augenblick, in dem das Warme und das Kalte, das Trokkene und das Feuchte nicht mehr als Gegensätze aufeinander bezogen wurden, wie ihre aristotelische Verwendung es vorschrieb.

Was ist eine Qualität für Oresme? Barmherzigkeit kann eine Qualität sein, ebenso wie Geschwindigkeit oder Wärme. Eine Qualität läßt sich nach ihrem Grad, ihrer Intensität charakterisieren. Ein Christ ist nicht barmherzig, er ist es mehr oder weniger. Ein Körper ist nicht warm oder kalt, er ist mehr oder weniger kalt oder, was das gleiche bedeutet, mehr oder weniger warm. Doch eine Qualität hat auch eine Ausdehnung, sie bestimmt einen Raum und eine Zeit. Barmherzigkeit bestimmt das Leben des Christen. Ein gewisser Grad an Wärme bestimmt einen gewissen Bereich eines Körpers, besser gesagt, einen gewissen Körper während eines bestimmten Zeitraums. Wie ließe sich das »Werden« einer Qualität darstellen, die Weise, in der sie von einem Augenblick zum nächsten oder von Punkt zu Punkt zu- oder abnimmt? Oresme stellt dieses Werden in einer zweidimensionalen Graphik dar. Die horizontale Gerade oder »Länge« [*longitudo*] repräsentiert eine Ausdehnung [*extensio*] der Qualität in Raum oder Zeit. In jedem Punkt der Horizontale wird eine Vertikale oder »Breite« [*latitudo*] gezeichnet; ihre Länge stellt die Intensität [*intensio*] der Qualität in diesem Augenblick oder an diesem Ort dar. Die Abfolge der Intensitäten läßt sich also einer zweidimensionalen Figur ablesen. Die Figur eines Dreiecks (oder eines Trapezes, wenn die Anfangsintensität von Null verschieden ist) gibt eine »uniformiter difforme«, gleichförmig veränderte Qualität wieder, etwa eine Wärme, die im Zeitverlauf linear abnimmt. Ein Rechteck dagegen wird eine »uniforme« Qualität darstellen.

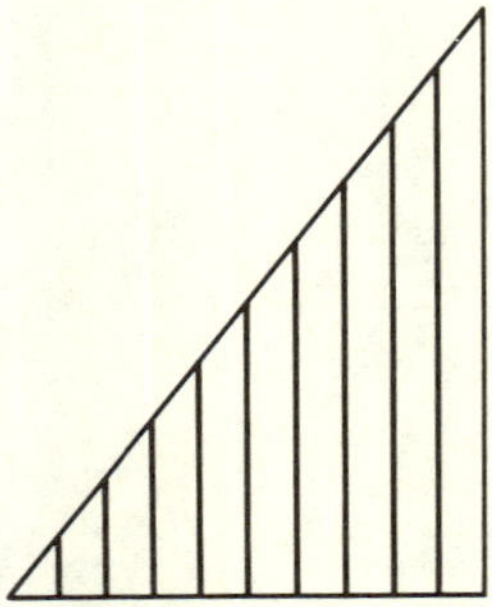

Wie Oresme erläutert, gestattet es seine graphische Darstellung, die Eigenschaften der untersuchten Qualität rascher und vollkommener durch die Einbildungskraft zu erfassen. Insbesondere erlaubt sie ihm, eine Regel geometrisch zu beweisen, welche die Meister des *Merton College* in Oxford (namentlich Thomas Bradwardine, Richard Swineshead und William Heytesbury, allesamt Philosophen, Theologen und Mathematiker zugleich) in der ersten Hälfte des vierzehnten Jahrhunderts aufgestellt hatten. »Jede uniformiter difforme Qualität hat die gleiche Gesamtquantität, wie wenn sie das Subjekt nach ihrem mittleren Grade gleichförmig affizierte«: die Quantität der Qualität entspricht der Fläche, die von den »Breiten« gebildet wird, die während eines Zeitabschnitts aufeinanderfolgen; nun ist evident, *daß die Fläche des Dreiecks*, das die Größe der uniformiter difformen Qualität darstellt, *und des Rechtecks*, das die Größe einer uniformen Qualität von gleicher Extension und einer Intensität darstellt, die derjenigen der uniformiter difformen Qualität an ihrem mittleren Punkt entspricht, *einander gleich sind.*

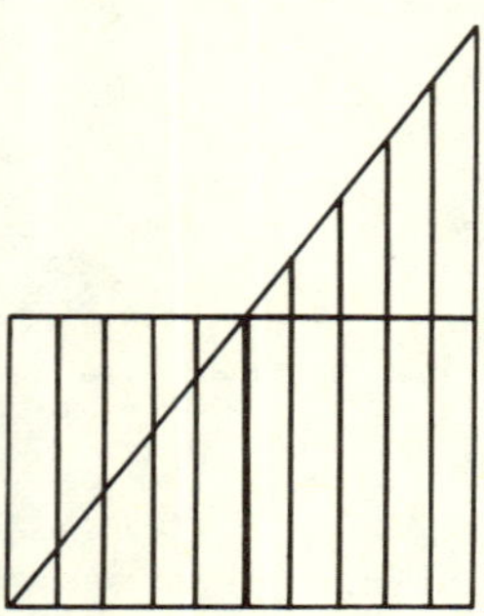

Oresme behandelt ausdrücklich den Fall, in dem die Qualität nichts anderes ist als die im Zeitverlauf gleichförmig wachsende oder abnehmende Geschwindigkeit. Und in diesem Fall führt die Merton-Regel dazu, ein Äquivalenzverhältnis zwischen der Größe einer beschleunigten Bewegung und der einer gleichförmigen Bewegung aufzustellen. Sie entspricht in diesem Fall einer der Regeln, die man heute über die gleichförmig beschleunigte Bewegung in der Schule lernt: Die mittlere Geschwindigkeit einer solchen Bewegung ist gleich dem Durchschnitt ihrer Anfangs- und ihrer Endgeschwindigkeit. Galilei wird dies folgendermaßen ausdrücken:

> »Die Zeit, in welcher irgend eine Strecke von einem Körper von der Ruhelage aus mittelst einer gleichförmig beschleunigten Bewegung zurückgelegt wird, ist gleich der Zeit, in welcher dieselbe Strecke von demselben Körper zurückgelegt würde mittelst einer gleichförmigen Bewegung, deren Geschwindigkeit gleich wäre dem halben Betrage des höchsten und letzten Geschwindigkeitswerthes bei jener ersten gleichförmig beschleunigten Bewegung.«

Die Annahme, daß die mittelalterliche Regel und der moderne Satz äquivalent seien, hat freilich Implikationen. Sofern es sich nämlich bei der betreffenden Qualität um die Geschwindigkeit handelt, ist ihre Quantität – die Fläche als Produkt von Länge und Breite – nichts anderes als der Weg, der in der von der Länge gemessenen Zeit zurückgelegt wird. Duhem muß zwar einräumen, daß Oresme Quantität und Weg nirgendwo ausdrücklich gleichsetzt. Doch er meint, diese Gleichsetzung verstehe sich für Oresme von selbst. Und wie dem auch sei, die Schüler Oresmes hätten jedenfalls ohne Schwierigkeit begriffen, daß die »gemeinsame Quantität« einer gleichförmig beschleunigten Bewegung einerseits und einer im selben Zeitintervall mit durchschnittlicher Geschwindigkeit verlaufenden gleichförmigen Bewegung andererseits nichts anderes ist als der Weg.
Für uns Heutige liegt es sehr nahe, aus dem Diagramm von Oresme die Galileischen Gesetze der beschleunigten Bewegung herauszulesen, die Beschreibung einer Geschwindigkeit, die linear mit der Zeit variiert. Und sogleich stellt sich die Frage: Warum ist Oresme nicht weitergegangen? Warum hat er nicht begriffen, daß er den Schlüssel in der Hand hielt, meßbare physikalische Relationen zwischen dem Weg, den eine solche Bewegung zurücklegt (der Fläche des Dreiecks), und der Zeit herzustellen? Liegt es nicht auf der Hand, daß der zurückgelegte Weg wie das Quadrat der Zeit wächst? Und erlaubt die Anwendung der Merton-Regel auf die einzelnen Abschnitte der Figur, die gleichen Zeitintervallen entsprechen, nicht die Aufstellung einer äquivalenten Form dieser Relation zwischen dem zurückgelegten Weg und dem Quadrat der Zeit, die zum Durch-

queren nötig war: »[...] bei gleichförmig beschleunigter Bewegung [verhalten sich] die in gleichen Zeiten durchlaufenen Wege [...] wie die ungeraden Zahlen«. Und wie Clagett hervorhebt, hat Oresme tatsächlich in seinen *Quaestiones super geometriam Euclidis* zu dem allgemeinen Fall einer uniformiter difformen Qualität die Regel aufgestellt, daß – wenn man die Länge in gleiche Teile dividiert – die dabei entstehenden sukzessiven Qualitäten der Reihe der ungeraden Zahlen entsprechen. Warum also mußte man auf Galilei »warten«, um zu erfahren, daß der von Körpern im freien Fall zurückgelegte Weg wie das Quadrat der Zeit des Falls wächst?

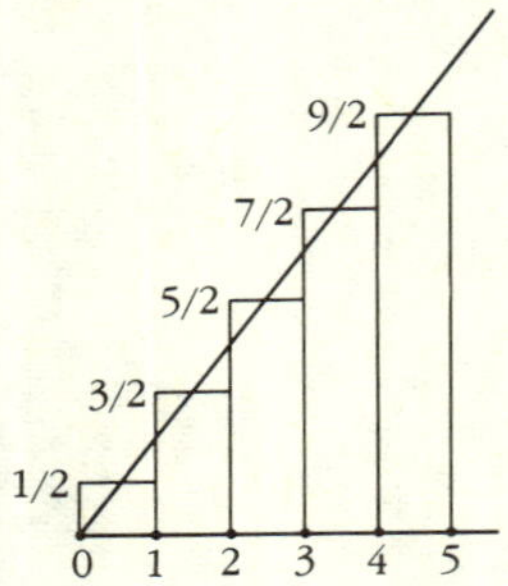

Solche Fragen setzen voraus, was Koyré gerade bestreitet, nämlich daß die *physikalische* Theorie der gleichförmig beschleunigten Bewegung bereits im Mittelalter geboren wurde. Gewiß erkennt er an, daß Duhem den einen oder anderen Fall orten konnte, in dem ein mittelalterlicher Autor den abstrakten Begriff der uniformiter difformen Bewegung mit dem Beispiel fallender Körper illustriert. Aber keiner ist auf den Gedanken gekommen, daß die rein mathematische Analyse eines Begriffs an die Stelle einer physikalischen Erklärung treten, daß sie den Fall der Körper erklären könnte. Galilei, so erklärt Koyré, hat keinen Vorläufer; das Mittelalter ging nicht schwanger mit der Theorie des Falls der Körper, weil keiner der mittelalterlichen Theoretiker jenen entscheidenden Schritt vollzog, den Galilei im Jahre 1604 tat: nämlich auf jede physikalische *Erklärung* dieser Bewegung zu verzichten; nicht feststellen zu wollen, warum ein aufsteigender Körper langsamer wird und ein fallender sich beschleunigt. Keiner hat den entscheidenden Schritt gewagt, *Erklärung* und *mathematisches Wesen* gleichzusetzen. Galilei hatte keine Vorläufer, weil er der erste war, der die Suche nach Gesetzen im *platonischen* Sinne konzipierte, der ein mathematisches Gesetz und nicht eine physikalische Erklärung finden wollte. Ein philosophischer Einfluß, derjenige Platons, erklärt also nach Koyré die Besonderheit der Galileischen Physik und mit ihr die Erfindung der mathematischen Physik, welche die empirische Observable mit nicht-beobachtbarer Mathematik erklärt.

Doch die Antwort Koyrés gibt die These, gegen die sie sich richtet, weitgehend zu. Wenn der Geburtsakt der mathematischen Physik auf eine philosophische Entscheidung zurückgeht, so erübrigt sich die Frage, *wie* Galilei das abstrakte mathematische Wesen der beschleunigten Bewegung entdeckt hat, aus dem er die phänomenalen Gesetze ableiten wird, welche den Fall schwerer Körper beschreiben (die beiden Regeln, die ich oben angeführt habe).[2] Koyré scheint also implizit einzuräumen, daß Galilei sie sehr wohl aus der mittelalterlichen Tradition übernommen hat. Duhem und Koyré kommentieren *dieselbe* Geschichte; der eine unterstreicht die Kontinuität der mathematischen Analyse, der andere hebt die radikale Neuerung hervor, die in der Entscheidung liegt, das Verständnis einer realen physikalischen Bewegung mit einem abstrakten mathematischen Wesen gleichzusetzen. Die These des Bruchs fordert und unterstellt die der Kontinuität um so mehr, als Koyré – wie wir gesehen haben – den Experimenten, die Galilei zum Fall der Körper durchgeführt haben will, keinerlei Bedeutung beimißt.

[2] Die moderne Formulierung der *gleichförmig beschleunigten geradlinigen Bewegung* eines Körpers von einer Ruhelage aus lautet: $v = \gamma$ t und $x = {}^1\!/_2\, \gamma$ t^2, wobei v, γ, t und x jeweils für Geschwindigkeit, Beschleunigung, Zeit und die von dem Körper zurückgelegte Entfernung stehen.

Doch hat Galilei den Begriff der beschleunigten Bewegung wirklich von den mittelalterlichen Autoren übernommen? Hier gabelt sich ein letztes Mal der Weg im Gang unserer Darstellung. Die Landschaft wandelt sich abermals, ebenso wie die Textgrundlage. Wir werden jetzt nicht dem Galilei des *Dialogo sopra i due massimi sistemi del mondo* oder der *Discorsi e dimostrazioni matematiche intorno a due nuove scienze* lauschen, also dem Galilei, welcher der breiten Öffentlichkeit die Lösung vorlegt, die er schon Jahrzehnte zuvor entwickelt hat. Es handelt sich jetzt vielmehr um den Galilei im Moment der definitiven »Entscheidung«. Wir müssen hier auf das Schicksalsjahr 1604 zurückgehen, in dem Galilei in einem Brief an Paolo Sarpi das *Prinzip* darlegt, dem die Bewegung der schweren Körper folgt. Nach Koyré wird Galilei erst von diesem Zeitpunkt an, mit vierzig Jahren, zu »unserem« Galilei, der auf jede physikalische Hypothese verzichtet, um das mathematische Wesen der beschleunigten Bewegung zu behaupten.

Doch damals, im Jahre 1604, *irrt Galilei.* Er bezieht, in moderner Terminologie, die Beschleunigung nicht auf die Zeit, sondern auf den Weg. Und es fragt sich, ob dieser Irrtum, wie Koyré behauptet, die These vom »philosophischen Einfluß« bestätigt: Galilei habe sich von seiner Leidenschaft zur Geometrisierung hinreißen lassen, doch abgesehen von diesem Detail sei es »derselbe Galilei«, der 1604 irrt und auf einen Notizzettel, den die Historiker auf das Jahr 1609 datieren, den »korrekten« Beweis niederschreibt, wie er fast wörtlich in den 1638 veröffentlichten *Discorsi* wiederkehrt.

Die Affäre von 1604

Die Geschichte der Wissenschaften folgt nicht der Logik der Landkarten, wie sie Jean Perrin formuliert. Die Frage stellt sich nur für eine Zeitspanne von fünf Jahren, von 1604 bis 1609, und entsprechend schmal ist auch das Bündel der Texte, auf das sich die Untersuchung bezieht: gekritzelte Aufzeichnungen, in denen Galilei seine Gedanken und ihre Implikationen zu präzisieren sucht. Das Problem wird dadurch jedoch nicht präziser, sondern verwandelt sich erneut, wie jedesmal, wenn sich die Frage stellt, was Galilei »verfolgt«.
Wir haben mehrfach das Thema gewechselt, sind von der Gedankenfreiheit zur modernen Wissenschaft und schließlich zur mathematischen Physik übergegangen. Wie wir sehen werden, liegt die Frage, um die es bei der Gegenüberstellung zwischen dem Galilei von 1604 und dem Galilei des *Dialogo* und der *Discorsi* geht, meiner Ansicht nach in der Besonderheit der *rationalen Mechanik* gegenüber der mathematischen Physik. Hier liegt »meine« Galilei-Affäre. Doch um in sie Einblick zu gewinnen, müssen wir zunächst lernen, den Galilei von 1604 zu lesen.

> »Ich nehme an (und vielleicht werde ich es beweisen können), daß der schwere Körper im natürlichen Fall beständig seine Geschwindigkeit vergrößert in dem Maße, wie [*secundo*] die Entfernung von seinem Ausgangspunkt wächst; wenn zum Beispiel der schwere Körper vom Punkt A ausgeht und entlang der Strecke AB fällt, nehme ich an, daß der Geschwindigkeitsgrad im Punkt D um so vieles größer ist als der Geschwindigkeitsgrad in C, wie die Entfernung DA größer ist als CA; so daß der Geschwindigkeitsgrad in C zu dem in D sich verhält wie CA zu DA; und so wird der schwere Körper in jedem Punkt der Strecke AB einen Geschwindigkeitsgrad haben, der zur Entfernung dieses selben Punktes vom Anfangspunkt A proportional sein wird. Dieses Prinzip scheint mir sehr natürlich, und es entspricht allen Erfahrungen, die mit den Maschinen und Instrumenten gemacht wurden, die durch Stoß wirken und bei denen der Stoß um so größere Wirkung hat, je größer die Höhe des Falls ist. Und wird dieses Prinzip zugestanden, werde ich alles übrige beweisen.«

Ehe wir weitergehen, ein paar kommentierende Worte zu dieser Einführung. Gewiß, Galilei »irrt«, da er eine mit der Entfernung statt mit der Zeit wachsende Geschwindigkeit beschreibt. Doch wie sollte man nicht Koyré verstehen, für den »alles« schon da ist: die Formulierung eines abstrakten mathematischen Prinzips, aus dem sich die beobachtbaren, phänomenologischen Eigenschaften der Bewegung des schweren Körpers ergeben werden. Soll man Galileis Bezugnahme auf eine rein empirische Erfahrung ernst nehmen, die Bezugnahme auf Maschinen, die durch Stoß wirken? Handelt es sich nicht bloß um eine Bemühung um Plausibilität, die dem Gang der Argumentation ganz und gar äußerlich ist? Beachten wir jedoch, als Stolperstein sozusagen, daß Galilei dort, wo er von »Geschwindigkeitsgraden« spricht, nicht nur behauptet, daß sie mit der Entfernung wachsen, sondern auch, daß dieses Wachstum eine *lineare* Funktion der Entfernung ist.

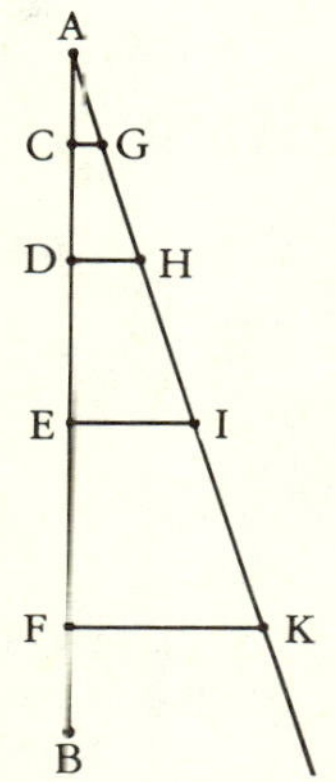

> »Man zeichne eine Strecke AK, die in einem beliebigen Winkel zu der [Strecke] AF steht, sowie die Parallelen CG, DH, EI und FK durch die Punkte C, D, E und F. Und da die Strecken FK, EI, DH und CG sich zueinander verhalten wie die [Strecken] FA, EA, DA, CA [zueinander], folgt daraus, daß die Geschwindigkeiten in den Punkten F, E, D, C sich wie die Strecken FK, EI, DH, CG verhalten. Die Geschwindigkeitsgrade[3] wachsen demnach in all diesen Punkten der Strecke AF entsprechend dem Wachstum der Parallelen, die durch diese Punkte gezogen wurden.«

[3] Der italienische Text erlaubt die Annahme, daß in Wirklichkeit die Geschwindigkeiten hier das Subjekt sind: »Die Geschwindigkeiten wachsen, demnach die Geschwindigkeitsgrade …«

Es scheint so, als hätte uns Galilei hier ein Schema nahegelegt, das dem von Oresme durchaus ähnelt: Die Geschwindigkeitsgrade, die von der beschleunigten Bewegung nacheinander eingenommenen »Intensitäten«, entsprechen den Parallelen, die in jedem Punkt der »Länge« gezogen wurden. Aber was stellt dann die Fläche des Dreiecks dar, die »Quantität« der mittelalterlichen Bewegung? Anders als im Schema von Oresme kann es der Weg nicht sein, da dieser schon von der vertikalen Geraden dargestellt wird. Und von hier an läuft die Sache schief.

> »Da nun überdies die Geschwindigkeit, mit welcher der bewegte Körper von A nach D gelangt ist, aus allen Geschwindigkeitsgraden zusammengesetzt ist, die er in allen Punkten der Strecke AD erreicht hat, und da die Geschwindigkeit, mit der er die Strecke AC durchlaufen hat, aus allen Geschwindigkeitsgraden zusammengesetzt ist, die er in allen Punkten der Strecke AC erreicht hat, folgt daraus, daß die Geschwindigkeit, mit der er die Strecke AD durchlaufen hat, zu der Geschwindigkeit, mit der er die Strecke AC durchlaufen hat, im selben Verhältnis steht, wie sämtliche Parallelen, die durch

> die Punkte der Strecke AD (bis zu AH) gezogen worden sind, zu sämtlichen Parallelen stehen, die durch die Punkte der Strecke AC (bis zu AG) gezogen worden sind. Und dieses Verhältnis ist gleich dem des Dreiecks ADH zu dem Dreieck ACG, das heißt gleich dem Verhältnis des Quadrats von AD zum Quadrat von AC; so daß die Geschwindigkeit, mit der die Strecke AD durchlaufen wurde, zu der Geschwindigkeit, mit der die Strecke AC durchlaufen wurde, in doppelter Proportion zu dem Verhältnis von DA zu CA steht.«

Hier verfliegt plötzlich die doppelte Ähnlichkeit des Galilei von 1604 mit »unserem« Galilei einerseits und mit Oresme andererseits. Die »Quantität« der beschleunigten Bewegung, die Fläche des Dreiecks, soll nichts anderes sein als die Geschwindigkeit selbst! Aber was sind dann diese Geschwindigkeitsgrade, deren Summe eine Geschwindigkeit ausmacht? Wenn wir die Sache gewaltsam hinbiegen wollen und annehmen, Galilei habe an ein gleichförmiges Wachstum der Geschwindigkeit in Abhängigkeit vom zurückgelegten Weg gedacht, wie können sich dann die Geschwindigkeitsgrade, die in Abhängigkeit vom Weg zunehmen, zu einer Geschwindigkeit summieren? Was sich derart summiert – für uns und »unseren« (späteren) Galilei –, sind *Beschleunigungen*. Doch die Geschwindigkeitsgrade von 1604 können nicht »unsere« Beschleunigungen sein, da diese Grade mit dem Weg wachsen, während für uns die Beschleunigungen gleichförmig sind. Der Kommentar Koyrés zeigt hier eine Nachsicht, die an Verblendung grenzt; woran man ablesen kann, wie wichtig es für ihn ist, daß sich sämtliche Merkwürdigkeiten des Galileischen Textes aus seinem »Anfangsirrtum« ergeben. Er verweist auf die Analyse Duhems und übernimmt damit implizit dessen Versuch, das Dreieck – und den Fehler Galileis – von den mittelalterlichen Schemata aus zu verstehen. Er akzeptiert seltsamerweise, daß die Gesamtgeschwindigkeit des bewegten Körpers gleich der Summe der Momentangeschwindigkeiten (also der mittelalterlichen Intensitäten?) ist, die dieser Körper in jedem Punkt erreicht, und beschränkt sich auf den Hinweis, daß die Summen der Geschwindigkeiten, die in linearer Abhängigkeit vom Weg wachsen, nicht mit Hilfe von Dreiecken darstellbar sind.

Beachten wir – ein weiterer Stolperstein –, daß Galilei bei den Geschwindigkeiten, die zum Quadrat der durchlaufenen Entfernungen proportional sein sollen, nicht von Geschwindigkeit *in* einem Punkt spricht, sondern von der Geschwindigkeit, *mit der* der Körper diese Entfernung durchlaufen hat. Und gehen wir weiter im Text, in dem es nun, sofern das überhaupt möglich ist, noch schlimmer kommt.

> »Und da das Verhältnis von Geschwindigkeit zu Geschwindigkeit das Umgekehrte [*contraria proporzione*] des Verhältnisses von Zeit zu Zeit ist (denn die Geschwindigkeit vergrößern ist dasselbe wie die Zeit vermindern), folgt daraus, daß die Dauer der Bewegung von A nach D zu der Dauer der Bewegung von A nach C in einem Verhältnis steht, das weniger als das Doppelte [*subduplicata proporzione*] des Verhältnisses der Entfernung AD zu der Entfernung AC ausmacht. Die Entfernungen vom Ausgangspunkt verhalten sich also wie die Quadrate der Zeiten, und folglich verhalten sich die in gleichen Zeiten durchquerten Räume zueinander wie die ungeraden Zahlen, ausgehend von der 1 [*ab unitate*]: was dem, was ich immer gesagt habe, und den beobachteten Erfahrungen entspricht. Und so stimmen alle Wahrheiten miteinander überein.«

Auch hier zeigt sich Koyré wieder außerordentlich verständnisvoll: Er tadelt Galilei, nicht gesehen zu haben, daß das Verhältnis der Geschwindigkeiten dann und nur dann gleich dem Kehrwert des Verhältnisses der Zeiten ist, wenn die durchlaufenen Räume gleich sind; er betont jedoch nicht, daß diese Relation nur für gleichförmige Bewegungen gilt. Außerdem läßt er unerwähnt, daß *nicht einmal dann, wenn diese Relation vorausgesetzt werden könnte*, die anschließenden Beziehungen zwischen Entfernungen und Zeiten daraus folgen würden – Beziehungen, die Galilei zufolge den beobachteten Erfahrungen entsprechen. Hier kann man nicht mehr von »konzeptuellem« Irrtum sprechen. Es genügt die einfache Mathematik, um zu dem Schluß zu gelangen: Die Wahrheiten stimmen nicht miteinander überein.

Wir stehen hier vor einer Wahl. Entweder wußte Galilei damals nicht, was es heißt, Beweise zu führen oder auch nur von einem mathematischen Verhältnis zu einem anderen überzugehen – und das ist etwas anderes als ein konzeptueller Irrtum –, oder unsere Lektüre ist falsch, und der Galilei von 1604 ist nicht der Galilei des *Dialogo* und der *Discorsi*. – An dieser Stelle tritt nun wieder ein Berufshistoriker auf die Bühne, nicht mehr um die von den Akteuren erzählte Geschichte in Zweifel zu ziehen, sondern weil Galilei 1604 nichts oder nur wenig über sich erzählt. Das

Studium der von Galilei veröffentlichten Texte gibt uns keinen Aufschluß darüber, »wer« Galilei 1604 war.
Schon früher hatte Stillman Drake in einem wesentlichen Punkt Koyré widersprochen. Er hatte gezeigt, daß Galilei mit den von ihm selbst beschriebenen Mitteln viel präzisere Experimente durchführen konnte, als Koyré wahrhaben will; Experimente, mit denen zwar keine exakten, aber doch signifikante Ergebnisse zu erzielen waren. Vor allem die Relation, der zufolge die in gleichen Zeiten durchquerten Strecken wie die Reihe der ungeraden Zahlen wachsen, sei durchaus, wie Galilei behauptet, empirischen Ursprungs.
Drakes Beweis stützte sich auf den Nachbau der von Galilei beschriebenen experimentellen Anordnung, aber auch auf das Studium der Notizen Galileis. Diese zweihundert Blatt zeigen einen Galilei, der von einem Problem zum nächsten übergeht, Zahlenreihen, Diagramme, Argumentationsskizzen hinkritzelt; Galilei schreibt »Ich sage, daß ...«, doch er wendet sich nicht an die Öffentlichkeit. Unschlüssig stellt er Überlegungen nur für sich selbst an. Und diese Blätter sind nicht datiert, weshalb zu ihrer Untersuchung ein Historiker von Beruf gebraucht wird, der sie chronologisch zu ordnen versteht – eine wahre Detektivarbeit. Am Ende dieser »Fahndungsarbeit« liefert Drake ein anderes Bild des Galilei von 1604. Zu dieser Zeit habe Galilei noch gar nicht versucht, beobachtbare Folgerungen aus einer mathematischen Definition a priori zu *deduzieren*. Dies setze einen homogenen Bedeutungsraum voraus, in dem die Verknüpfung zwischen den verschiedenen Termini der Definition festläge. Doch ebendiese Verknüpfung versucht Galilei erst zu *konstruieren*. Der »Beweis« Galileis ist nichts anderes als die Suche nach einer »Übereinstimmung« zwischen den verschiedenen Relationen, über die er zum Problem der Bewegung verfügt. Mit anderen Worten, Koyré und Duhem hätten sich von der Ähnlichkeit zwischen mittelalterlichen und modernen Definitionen blenden lassen und hätten verkannt, wie sehr der Galilei des Jahres 1604 außerhalb dieser Kontinuität steht, wie weit die von den Parallelen seines Dreiecks dargestellten »Geschwindigkeitsgrade« von den mittelalterlichen Intensitäten verschieden sind.
Kehren wir zu der mittelalterlichen Bestimmung der uniformiter difformen Bewegung zurück. Sie impliziert, daß die Definition von Geschwindigkeit – wie jeder Qualität –

zwei Dimensionen aufweisen muß, Länge und Breite, Extension und Intensität. Geschwindigkeit ist also definiert als eine auf den Weg oder auf die Zeit (ihre beiden Extensionen) bezogene Größe, und sie ist meßbar in den Maßeinheiten des zurückgelegten Weges und der zu seiner Zurücklegung benötigten Zeit. Weg und Zeit sind, für die mittelalterlichen Autoren wie für uns, kontinuierliche Größen; man kann sagen, ein Körper ist in diesem Augenblick an jenem Punkt. Doch das bedeutet nicht, daß die Geschwindigkeit eine kontinuierliche Größe wäre, daß man von einem Körper sagen könnte, er »habe« eine (Momentan-) Geschwindigkeit. Der mittelalterliche Geschwindigkeitsgrad bringt eine logische Konsequenz der begrifflichen Definition einer beschleunigten, »difformen« Bewegung zum Ausdruck, wie sie *a priori* gesetzt werden kann. Es handelt sich nicht um eine meßbare physikalische Größe: sie hat keine Extension, also kein raumzeitliches Maß. Wenn Oresme und seine Nachfolger beschreiben, wie die Geschwindigkeit einer Bewegung wächst, zerlegen sie sie stets in eine *Sukzession gleichförmiger Bewegungen*, bei der sich die Intensität der Geschwindigkeit nach einem bestimmten Zeitintervall diskontinuierlich ändert. Während jedes Intervalls läßt sich die Geschwindigkeit durch das Verhältnis zwischen dem durchlaufenen Intervall und der zum Durchlaufen benötigten Zeit definieren. Für die mittelalterlichen Autoren verläuft die Messung einer Geschwindigkeit auf rein begrifflicher Abstraktionsebene so, daß die Bewegung, die diese Geschwindigkeit charakterisiert, mit einer gleichförmigen Bewegung gleicher Extension in Entsprechung gesetzt wird. Die Geschwindigkeit einer uniformiter difformen Bewegung *kann nur auf dem Umweg über eine gleichförmige Bewegung quantifiziert werden*, nur durch die Äquivalenz zwischen der Größe der gleichförmig beschleunigten Bewegung und der Größe der gleichförmigen Bewegung mittleren Grades.

Nach Drake kann Galilei nicht als getreuer Erbe der mittelalterlichen Überlieferung betrachtet werden (immerhin zog diese Tradition zur Zeit Galileis in Italien bereits Hohn und Spott auf sich). Nach der mittelalterlichen Definition ist eine uniformiter difforme Bewegung als *a priori* gesetzter Begriff einfach *gegeben*. Galilei hingegen charakterisiert die beschleunigten Bewegungen *als Bewegungen fallender Körper*. Er versucht dem Gedanken, daß solche Bewegungen *an Geschwindigkeit gewinnen*, einen physikalischen, meßbaren Sinn zu verleihen. Er bemüht sich, solche Bewegungen nicht als *a posteriori* zerlegbare zu beschreiben, nicht als Abfolge gleichförmiger Bewegungen mit wachsenden Geschwindigkeiten, sondern als Ergebnis der Akkumulation dessen, was der Körper in jedem Punkt seines Falls »gewinnt«. Mit anderen Worten: Anders als die mittelalterlichen Autoren, welche die Geschwindigkeitsgröße einer beschleunigten Bewegung nur so definieren konnten, daß sie sie mit der Größe einer gleichförmigen Bewegung äquivalent setzten, kann Galilei sie als Produkt einer Akkumulation von selbst wiederum meßbaren Größen konzipieren.

Der Text von 1604, zumindest sein erster Teil, klärt sich damit auf: Galilei schlägt eine *lokale* Messung des Geschwindigkeitsgrades »in« einem Punkt vor (und zwar durch den Stoß). Koyré hat sich nicht die Mühe gemacht, jenes empirische Argument zu kommentieren, wenn es auch hier nicht die Aufgabe erfüllen kann, irgendein Publikum zu überzeugen: für sich und nur für sich bemerkt Galilei, daß bei Hammerwerken der Stoßeffekt von der Fallhöhe des Schlagbolzens abhängt. Hier geht es also um die Messung einer Bewegung, die nicht *über* eine Strecke hinweg *während* einer Zeit abläuft: Der Stoß wird vielmehr *in* einem Punkt hervorgerufen, so wie der Geschwindigkeitsgrad, den es zu messen gilt, *in* einem Punkt entsteht. Gegeben sei also dieses »Prinzip«: Der Stoß überträgt sein Maß dem Geschwindigkeitsgrad. Die Geschwindigkeitsgrade wachsen folglich proportional mit dem Weg. Die Idee, daß die Summe der Geschwindigkeitsgrade mit der raumzeitlichen Geschwindigkeit gleichgesetzt werden könnte, also mit der des Körpers, der einen wirklichen Weg zurücklegt, verliert dann die offenkundige Absurdität, die sie hätte, wenn Galilei gewußt hätte, daß seine Geschwindigkeitsgrade nichts anderes sind als die mittelalterlichen Intensitäten und seine künftigen Momentangeschwindigkeiten. Anders als Koyré meint, sind die Geschwindigkeitsgrade des Galilei von 1604 *demnach keine Momentangeschwindigkeiten*. Die Geschwindigkeit bezieht sich auf einen zurückgelegten Weg, der Geschwindigkeitsgrad auf den Körper in einem Punkt. Nichts legt *a priori* fest, wie diese beiden Begriffe zu verknüpfen wären; was Galilei dazu vorschlägt, ist eine *Definition*: Die Geschwindigkeit, mit der ein frei fallender Körper eine Entfernung zurücklegt, ergibt sich aus der Akkumulation der Geschwindig-

keitsgrade, die dieser Körper in den verschiedenen Punkten seines Falls angenommen hat.
Die Geschwindigkeit, mit der ein schwerer Körper über eine gegebene Entfernung fällt, soll also mit dem Quadrat dieser Entfernung zunehmen? Für uns müßte eine solche Beziehung durch Beobachtung verifiziert (oder eher widerlegt) werden. Doch wie könnte man ohne die Idee der Momentangeschwindigkeit feststellen, wie sich die Geschwindigkeit einer *ungleichförmigen* Bewegung verändert, die auf variable Räume *und* Zeiten bezogen ist? Die Geschwindigkeiten mögen mit den Entfernungen variieren, doch die einzige direkt meßbare Größe ist die zum Zurücklegen dieser Entfernungen benötigte Zeit. Galilei hat die nacheinander in gleichen Zeitintervallen zurückgelegten Entfernungen gemessen. Er hat daraus geschlossen, daß sich die Entfernungen zueinander verhalten wie das Quadrat der Zeiten, die zu ihrer Zurücklegung benötigt wurden. Wie ist diese Beziehung zwischen Weg und Zeit mit der gesuchten Beziehung zwischen Weg und Geschwindigkeit zu verknüpfen? Genau hier »blufft« Galilei, scheint eine Relation zwischen Geschwindigkeit und Zeit aufzustellen, während in Wirklichkeit erst die Übereinstimmung, die er zwischen den beiden verfügbaren Relationen herstellen will – die Geschwindigkeiten verhalten sich zueinander wie das Quadrat der zurückgelegten Entfernungen; die Zeiten verhalten sich zueinander wie die Quadratwurzel der zurückgelegten Entfernungen –, der »umgekehrten Proportion« zwischen Geschwindigkeit und Zeit einen Inhalt gibt. Der Begriff der »umgekehrten Proportion« hat, wie Drake bemerkt, für Galilei gewiß keinen *a priori* festgelegten technischen Sinn, sondern erlaubt es, einer Alltagsvorstellung – um die gleiche Entfernung zurückzulegen, braucht man bei größerer Geschwindigkeit weniger Zeit – das Aussehen einer Prämisse zu geben, die zu behaupten gestattet, was Galilei benötigt: Im Hinblick auf den Weg spielen Geschwindigkeit und Zeit gewissermaßen »umgekehrte« Rollen, wie Quadrat und Quadratwurzel.
Im Jahre 1604, behauptet also Drake, ist Galilei nicht in erster Linie Mathematiker, sondern ein *ratloser Physiker*. Er versucht die verschiedenen Messungen miteinander zu verknüpfen, die sich an beschleunigten Bewegungen vornehmen lassen, vor allem die Messung der Stoßwirkung und die Regel der ungeraden Zahlen *ab unitate*, die das

Verhältnis zwischen den zurückgelegten Strecken und den zu ihrer Zurücklegung erforderlichen Zeiten fixiert. Er versucht diese verschiedenen Messungen miteinander in Übereinstimmung zu bringen, das heißt zu verstehen, *was* jeweils gemessen wird. Die Deduktion erfolgt erst später, Drake zufolge 1607, wenn Galilei weiß, was er mißt. Und dies nicht als Ergebnis einer philosophischen Entscheidung, sondern weil er einen Schritt getan hat, der auch heutigen Schülern nur schwer einleuchtet: nämlich die Geschwindigkeit von ihrer Messung durch Weg und Zeit zu trennen. Wie Salviati am dritten Tag der *Discorsi* sagt, verweilt ein Körper in beschleunigter Bewegung »keine endliche Zeit hindurch« in einem Geschwindigkeitsgrad. Und dennoch »hat« dieser bewegte Körper in jedem Augenblick und in jedem Punkt seines Falls eine *Momentan*geschwindigkeit. Der Geschwindigkeitsgrad ist künftig die Momentangeschwindigkeit, *eine Geschwindigkeit, die keine wirkliche Bewegung kennzeichnet*, eine Geschwindigkeit, mit welcher der Körper keinerlei Weg in keinerlei Zeit zurücklegt. Geschwindigkeit ist nicht mehr das Attribut einer Bewegung, sondern eines Körpers in einem bestimmten Moment (oder Punkt).

Im Jahre 1608 unternimmt Galilei Experimente, bei denen

die (momentane) Endgeschwindigkeit eines Körpers in gleichförmige Bewegung umgewandelt wird: Eine schiefe Ebene (Rinne) wird mit einer horizontalen verbunden; die gleichförmige Geschwindigkeit, mit welcher der sich bewegende Körper entlang der horizontalen Rinne rollt, ist gleich der Geschwindigkeit, die er am Verbindungspunkt der beiden Rinnen hatte. Die Messung der Veränderung der Geschwindigkeit während einer Fallbewegung wirft kein Problem mehr auf. Man braucht nur den Ausgangspunkt des sich bewegenden Körpers auf der schiefen Rinne zu verändern, um das Verhältnis zwischen der zurückgelegten Entfernung und der Geschwindigkeit, die der Körper beim Herabrollen über diese Entfernung erreicht hat, festzustellen (die Geschwindigkeiten verhalten sich zueinander wie die *Quadratwurzeln* der zurückgelegten Entfernungen). Galilei macht sich sogar an die Rückverwandlung der gleichförmigen Bewegung (mit Hilfe eines Experiments, das durchaus praktikabel ist, wie Drake und seine Kollegen gezeigt haben): Die horizontale Rinne führt an einen Tischrand, die Kugel fällt herunter; nun läßt sich eine numerische Beziehung herstellen zwischen der Entfernung des Aufschlagpunkts vom Tischrand und der Höhe des Ausgangspunkts der Kugel auf der schiefen Rinne. Damit ist

Galilei und die schiefe Ebene. Symbolische Inszenierung: Es handelt sich darum, einen Fürsten zu überzeugen gegen die Argumente derer, die – statt zu beobachten – die Autoren konsultieren. Die Szene spielt in Pisa, wo Galilei von 1589 bis 1591 lehrte; man erkennt im Hintergrund den Turm, von dessen Spitze aus Galilei sein berühmtes Experiment gemacht haben soll.
Fresko von Giuseppe Bezzuoli, Anfang neunzehntes Jahrhundert; Museo di Storia della Scienza, Florenz

Galilei, der Experimentator, geboren: er weiß jetzt, *was* er mißt.

Drake kommt, mit Blick auf Koyré, zu dem Schluß: »Es wäre falsch, anzunehmen, [Galilei] habe von Anfang an die Hypothese vertreten, die Mathematik sei Herrscherin über die Natur, und die Physik müsse sich ihr anbequemen; eher hat ihn die Mathematik allmählich dahin gedrängt, die dornige Frage der im Wortsinne kontinuierlichen Veränderung anzugehen.« Nicht durch philosophische Entscheidung wurde Galilei zu »unserem Galilei«, nicht weil er beschlossen hätte, abstrakte Körper zu betrachten, Kugeln von absoluter Kugelgestalt und Härte, Flächen ohne jede Reibung. Es genügte auch nicht, auf eine physikalische Erklärung des Falls der Körper zu verzichten, um ihn von einem mathematischen Gesetz aus zu definieren. Dieses mathematische Gesetz mußte schließlich auch einen physikalischen Sinn haben. Und man mußte schließlich auch wissen, *wie* dem rein mathematischen Begriff des »Geschwindigkeitsgrades« die meßbare und beobachtbare Geschwindigkeit unterzuordnen wäre. Koyré und Duhem hätten demnach das Problem unterschätzt, das sich dem Physiker stellt: eine Geschwindigkeit zu konzipieren, die von der Bewegung, die sie zu messen erlaubt, unabhängig ist; also auch einen physikalischen Sinn für eine solche Geschwindigkeit zu erfinden, die Art, eine Geschwindigkeit zu charakterisieren und zu messen, der keinerlei Bewegung entspricht.

Die Messung der beschleunigten Bewegung

Was hat uns diese weitere »Galilei-Affäre« gelehrt, die Affäre um seinen »Irrtum« von 1604? Welche Lesart gibt sie (denn das gilt ja für jede Affäre) von den Problemen, die Galilei in Atem halten? Auf den ersten Blick könnte man in Stillman Drake einen jener »empiristischen« Historiker sehen, die Koyré kritisiert. Stellt er nicht das Bild eines Galilei wieder her, der mißt und empirische Beziehungen aufstellt? Aber vielleicht können wir seiner Analyse ebenso entnehmen, was das Gegensatzpaar dieser philosophischen Kategorien, Empirismus und Rationalismus, verschweigt und zugleich unterstellt: die Möglichkeit, Tatsachen zu »benennen«, zu wissen, »was« eine Beziehung charakterisiert, sei sie empirisch oder theoretisch. Denn genau das ist es, was Galilei 1604 nicht weiß. Mit anderen Worten: Ehe die Philosophen disputieren können – und ehe sich Galilei selbst an die Öffentlichkeit wenden und sein Vorgehen kommentieren kann –, muß ein scheinbar viel bescheideneres Problem seine Lösung gefunden haben: Wie ist die beschleunigte Bewegung zu *messen*, ohne sich der Kategorien der gleichförmigen Bewegung, des zurückgelegten Weges und der zur Zurücklegung benötigten Zeit zu bedienen?

Koyré macht Galilei zum Erfinder der mathematischen Physik und der Experimentalphysik, der es gewagt hat, physikalische Beobachtung und Beweisführung den idealen Bedingungen der Mathematik unterzuordnen. Er hat das Problem nicht gesehen, das diese Unterordnung aufwarf. Wie läßt sich dem logisch-mathematischen Begriff der beschleunigten Bewegung ein physikalischer Sinn beilegen? Es genügt nicht, die Vorstellung einer »physikalischen« Momentangeschwindigkeit zu wagen; Galilei muß sie auch mit beobachtbaren, räumlichen und zeitlichen Größen verbinden. *Er muß also Raum und Zeit derart umdefinieren, daß mit ihnen etwas anderes als die Geschwindigkeit wirklicher Bewegung sinnvoll zu bestimmen ist*, daß sie die Messung von Bewegung auch in anderen Begriffen ermöglichen als denen, die für die gleichförmige Bewegung zutreffen: zurückgelegter Weg und dafür benötigte Zeit.

Nun bringt Galilei 1604 eine neue Art Messung ins Spiel, eine Messung der beschleunigten Bewegung abhängig vom Raum, aber *unabhängig von der Zeit*. Er bezieht sich dabei auf mechanische Hammerwerke, deren *Wirkung* nur von der Höhe abhängt, von der das Gewicht herabfällt. Ich muß nun zeigen, daß diese Art Messung – die ich als *kausale* bezeichnen werde, weil sie diejenige Eigenschaft charakterisiert, die ein Körper durch die *Wirkung* gewonnen hat, zu der sie ihn befähigt; weil sie das, dessen Größe zu bestimmen ist, in die *Ursache* einer Wirkung verwandelt, die sie zu bestimmen erlaubt – in den Texten nach 1604, denen Galilei seinen Titel des »Begründers« der Physik im modernen Sinne verdankt, am Werk ist.

Übergehen wir nun etwa dreißig Jahre nach der Episode, die wir eben betrachtet haben, und springen in die Zeit, in der Galilei nach der Verurteilung durch den Vatikan sein letztes großes Werk verfaßt, ein wahres wissenschaftliches Vermächtnis, die *Discorsi e dimostrazioni matematiche intorno a due nuove scienze*.

Am dritten Tage wird die »natürlich beschleunigte Bewegung« behandelt. Man kann hier durchaus von Behandlung sprechen; zwar treten wieder, wie im *Dialogo*, Salviati, Sagredo und Simplicio auf, doch ihre Erörterungen strukturieren den Text nicht mehr; sie dienen nur noch dazu, diejenigen Punkte zu kommentieren, die Galilei besonders ins Licht rücken möchte. Wenn »alles klar geworden ist«, verknüpfen sich Theoreme, Propositionen, Zusätze und Scholien unpersönlich und zwingend miteinander wie in einem Lehrbuch.

So wird Sagredo von Galilei dazu benutzt, die Entfernung zwischen seinen eigenen Behauptungen und einer »reinen Abstraktion« mittelalterlichen Typs zu vertiefen. Gerade hat Salviati eine solche abstrakte Definition geäußert: »Gleichförmig oder einförmig beschleunigte Bewegung nenne ich diejenige, die von Anfang an in gleichen Zeiten gleiche Geschwindigkeitszuwüchse [*momenta*] ertheilt«, worauf Sagredo bemerkt:

> »Ich würde mich durchaus gegen diese oder gegen jede andere Definition, die irgend ein Schriftsteller ersonnen hätte, sträuben, weil sie alle willkürlich sind; ich darf meinen Zweifel aufrecht erhalten, ohne Jemand zu nahe zu treten, und fragen, ob solch eine völlig abstract aufgestellte Definition auch zutreffe, und ob sie bei der natürlich beschleunigten Bewegung statthabe.«

Worauf eine Darlegung der Schwierigkeit folgt, die mit dieser Definition entsteht: Wenn die Zeit »ohne Ende theilbar« ist, so müßten die Geschwindigkeitsgrade eines schweren Körpers, der aus der Ruhelage in eine gleichförmig beschleunigte Bewegung übergeht, in jenen »Zeittheilchen, die sehr nahe seiner ersten Erregung liegen«, unendlich gering sein. Und Salviati antwortet, indem er von der Messung einer gleichförmig beschleunigten Bewegung zur Messung einer Stoßwirkung übergeht; er untersucht die Wirkung eines Hammers, der aus immer geringerer Höhe auf einen Block prallt:

> »und wenn endlich der Block nur einen Finger breit fällt, was wird er mehr thun, als wie wenn man ohne Stoß ihn niedergesetzt hätte? gewiss recht wenig und völlig unmerkbar wäre die Wirkung, wenn der Block um eines Blattes Dicke erhoben worden wäre. Wenn nun die Wirkung des Stosses von der erlangten Geschwindigkeit abhängt, wer wird alsdann zweifeln, dass die Bewegung sehr langsam und mehr als sehr klein die Geschwindigkeit sei, bei welcher die Wirkung unmerklich ist?«

Was also den Momentangeschwindigkeiten als Größen, die ebenso strikt kontinuierlich wachsen wie die Zeit oder die Höhe, Plausibilität verleiht, ist die Beziehung zwischen Ursache und Wirkung.

Von quantitativer Messung ist hier aber noch nicht die Rede. In der abstrakten Definition Galileis ist es die Fallzeit, nach der die erreichte Geschwindigkeit gemessen wird, und die andere mögliche Verknüpfung, die zwischen Geschwindigkeit und Fallhöhe des Hammers, diente nur dazu, Sagredos Verwirrung zu beschwichtigen. Doch nachdem Salviati im weiteren Gespräch vom Zögern und sogar von Irrtümern des »Autors« berichtet hat, nachdem die Definition als geklärt und »festgestellt« gelten darf, kommt der Moment, in dem gezeigt werden muß, daß zwischen den Eigenschaften, die von dieser Definition aus bewiesen werden können, und den Ergebnissen der Erfahrung strenge Übereinstimmung herrscht; eine Übereinstimmung, die es erlaubt, den Unterschied zu willkürlichen abstrakten Definitionen deutlich zu machen. Nun verlangt Salviati, ein einziges Prinzip als wahr anzuerkennen:

> »Die Geschwindigkeitswerthe, welche ein und derselbe Körper bei verschiedenen Neigungen einer Ebene erlangt, sind einander gleich, wenn die Höhen dieser Ebenen einander gleich sind.«

Die »Wahrscheinlichkeit« dieses Prinzips versucht Salviati mit Analogieargumenten einleuchtend zu machen. Ein paar Seiten weiter, wo er es benutzen will, schlägt er einen Beweis vor; es handelt sich um einen Text, der von Galilei 1639 diktiert worden war und von seinem Schüler Viviani für die Ausgabe von 1656 in Dialogfassung gebracht wurde. Dieser Zusatz bestätigt die wesentliche Bedeutung des »Prinzips«. Tatsächlich eignet sich die von Galilei zunächst aufgestellte Definition – Körper erlangen in gleichen Zeiten gleiche Geschwindigkeitsgrade – nur zum experimentellen Vergleich zwischen Bewegungen, die durch *die gleiche Beschleunigung* charakterisiert sind, während die schiefe Ebene, das Versuchsinstrument *par excellence*, die Variation des Neigungsgrades, also der Beschleunigung, ermöglicht. Wie aber wäre eine Geschwindigkeit so zu »messen«, daß zu den Variablen dieser Messung die Beschleunigung gehört, die sich mit der schiefen Ebene manipulieren läßt? Wie wäre die beschleunigte

Bewegung zweier Körper zu vergleichen, die auf unterschiedlich geneigten Ebenen hinabrollen?
Die entscheidende Rolle wird hier die Messung der Geschwindigkeit spielen, die *aufgrund der Höhe* des Falls während desselben erreicht wird. Die Fallzeit ist stumm, soweit es um schiefe Ebenen geht; sie läßt sich nicht mit anderen Größen in Relation setzen, da sie mit der Neigung variiert. Dagegen würde die Fallhöhe – sofern man mit ihr die erreichte Endgeschwindigkeit bestimmen könnte und sofern die Länge der Ebene bekannt ist – es erlauben, die Zeit, die für den Fall benötigt wurde, *abzuleiten*. Die Messung der Geschwindigkeit, die einzig von der Höhe des Falls abhängt, gibt Galilei in der Tat das Mittel (von Theoremen bis zu Propositionen und Scholien) in die Hand, die Fallzeiten längs geneigter Ebenen, die sich in Länge, Höhe und schließlich in Länge *und* Höhe voneinander unterscheiden, miteinander in Beziehung zu setzen.
Wie rechtfertigt Galilei eine eindeutige Beziehung zwischen den Endgeschwindigkeiten und der bloßen Höhe dieses Falls? Wie schon gesagt, auf zweierlei Art; doch in beiden Fällen zeigt die Begründung, daß wir es nicht mehr mit der Charakterisierung einer Bewegung durch Weg und Zeit zu tun haben, sondern mit der *Charakterisierung einer Momentangeschwindigkeit durch das, wozu sie den Körper in diesem Moment befähigt*, das heißt mit dem, was ich als *kausale Messung* bezeichnet habe, bei der eine *Gleichheit* unterstellt wird zwischen der zu messenden *Ursache* und der *Wirkung*, die sie zu messen erlaubt.

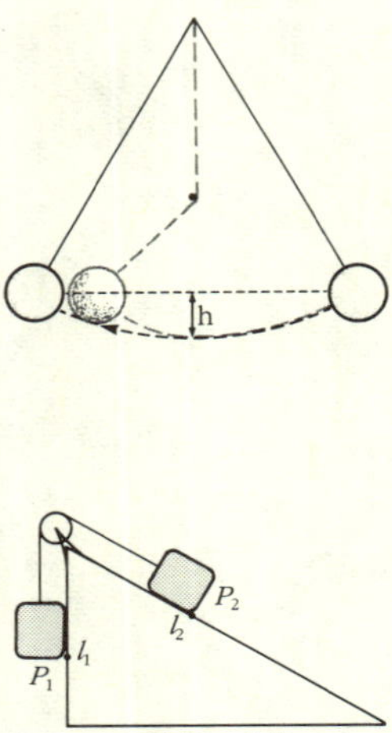

Galileis erste Begründung beruft sich auf die Pendelbewegung. Er beschreibt ein Experiment, das zeigt, daß die Höhe *h*, bis zu der ein Pendel wieder ansteigt, nicht von seinem Weg, sondern einzig von der Höhe abhängt, von der es herabgesunken ist. Ein Nagel, der in der Bahn des Fadens angebracht wird, zwingt das Pendel, beim Anstieg eine andere Kurve zu beschreiben, läßt die Höhe, bis zu der es ansteigt, jedoch unverändert. Das Experiment beweist, daß das beim Fallen erlangte Moment – das »offenkundig« gleich demjenigen ist, welches dem Pendel einen symmetrischen Wiederanstieg ermöglicht – dem Pendel auch jeden anderen Wiederanstieg bis zu derselben Höhe ermöglicht. Folglich hängt das beim Fall erzeugte »Moment« ebenfalls nicht von der Kurve, sondern einzig von der Höhe ab.

$P_1/P_2 = l_1/l_2$

Das Gleichgewicht auf der schiefen Ebene. Simon Stevins demonstratio per absurdum *der sich selbst perpetuierenden Bewegung: Wenn eine Kugel von einer der schiefen Ebenen herunterfällt, wird eine andere Kugel auf die andere Ebene gelangen; die ursprüngliche Anordnung wäre also wiederhergestellt, und die Bewegung müßte sich reproduzieren, was absurd ist. Für diesen Beweis von 1586 wird die gleiche Art von Idealisierung unterstellt wie bei Galilei. »Wonder en is gheen wonder« (»Wundersam und doch kein Wunder«): Die Mechanik verläßt den Bereich der erstaunlichen Kunststückchen und tritt ins Reich der Gesetze ein. Frontispiz in: Simon Stevin,* De Weeghdaet beschreven duer Simon Stevin van Brugghe, *1586; Bibliothèque nationale, Paris*

Der Beweis von 1639 beruft sich dagegen auf die *Statik*, die Wissenschaft vom Gleichgewicht zwischen den Körpern. Er identifiziert dieses Gleichgewicht mit einer meßbaren »Bewegungstendenz« zweier im Gleichgewicht befindlicher Körper (eine »Neigung«, die auch als *impeto*, *energia* und *momento del descendere* bezeichnet wird). Ihre Ruhe bedeutet, daß jeder Körper vom anderen gehalten wird, daß seine jeweilige Bewegungstendenz *es ihm ermöglicht*, der Bewegungstendenz des anderen zu widerstehen. Die Mechanik hatte Galilei nun bereits in Padua erforscht; ob er die nahezu gleichzeitig entstandenen Arbeiten des holländischen Mathematikers und Ingenieurs Simon Stevin kannte, ist nicht bekannt. Im Rückgriff auf seine damaligen Studien kann Galilei behaupten, daß sich diese »Bewegungstendenzen« proportional zum Neigungsgrad der Ebenen verhalten, auf denen die Körper, die ins Gleichgewicht gebracht werden sollen, ruhen. Wir halten uns nicht mit den Einzelheiten der Beweisführung auf. Entscheidend ist hier, daß Galilei das Gleichgewicht, das Ausbalancieren eines Körpers durch einen anderen, als wechselseitige Annullierung von Bewegungen versteht. Dadurch wird das Gleichgewicht zum Instrument einer *kausalen* Messung. Insofern jedem Körper eine Bewegungstendenz zugeschrieben werden kann, läßt er sich als Ursache einer Wirkung beschreiben, die nichts anderes ist als die Annullierung der Bewegungstendenz des anderen Körpers.

Aber was mißt der Wiederanstieg des Pendels bis zu der Höhe, von der es ausgegangen war? Was mißt das Gleichgewicht? In keinem der beiden Fälle hat Galilei erläutert, »was« eigentlich gleich ist. Für den ersten Fall hat Christiaan Huygens die exakte Beziehung angegeben: Es sind die Quadrate der Geschwindigkeiten, die sich zueinander wie die Fallhöhen verhalten (wir sagen $1/2\,mv^2 = mgh$, wobei v die Geschwindigkeit, h die Höhe, m die Masse und g die Gravitationsbeschleunigung ist). Im zweiten Fall war es Gottfried Wilhelm Leibniz, der die »Propension« oder »Tendenz zum Fall« systematisch und explizit mit der »ersten Bewegung« gleichgesetzt hat, mit der Geschwindigkeit, die ein Körper im ersten Moment seines Falls annimmt, in jedem Augenblick neu beginnend, in jedem Augenblick vom Gleichgewicht annulliert: also mit dem, was die Physiker künftig *Beschleunigung* nennen werden.

Galilei freilich braucht nicht zu erläutern, was bei der Messung der Ursache durch die Wirkung gleich ist. Für ihn gewährleistet das mathematische Gleichheitszeichen, daß eine Ursache durch ihre Wirkung meßbar ist und man sicher sein kann, daß die Messung erschöpfend ist und ihr nichts entgeht. Die Identität von Ursache und Wirkung, also auch dessen, was erhalten bleibt, geht der Messung nicht voraus, sondern wird ihr, mit Huygens und Leibniz, vielleicht folgen. Galilei kommt es darauf an, daß in den dargestellten Situationen die Ursache von der Wirkung, die sie hervorruft, vollständig ausgeschöpft wird: Das Pendel, das auf seine Ausgangshöhe zurückgekehrt ist, hat die Geschwindigkeit verbraucht, die es bei seiner Abwärtsbewegung erreicht hat; seine »Geschwindigkeitstendenzen« sind durch das Gleichgewicht annulliert. Und deshalb ist es möglich, in jeder der beiden Situationen eine *Messung* vorzunehmen, das heißt Größen, die nicht durch eine wirkliche, in Raum und Zeit sich vollziehende Bewegung charakterisiert werden können, miteinander in Beziehung zu setzen. In der ersten wird die Momentangeschwindigkeit meßbar, in der zweiten die »Bewegungstendenz«, die erste *physikalische* Definition dessen, was wir Beschleunigung nennen.

Die Frage der rationalen Mechanik

Viele Autoren in der Nachfolge Koyrés stellen Galilei zwischen Aristoteles und Newton. Mit ihm zerfalle der aristotelische Kosmos, und die Fragen, zu denen diese kosmische Ordnung Anlaß gebe, lösten sich auf: An die Stelle der aristotelischen »Gründe« setze Galilei die (mathematische) Frage, *wie* ein Körper fällt. Doch sei Galilei an der Schwelle des Gelobten Landes stehengeblieben. Er habe nicht den homogenen und isotropen Raum konzipiert, in dem ein isolierter Körper seine geradlinig-gleichförmige Bewegung bis ins Unendliche fortsetzen würde. Die Galileische Physik sei eine Physik *schwerer* Körper in einem Raum, in dem Schwerkraft herrscht. Newton dagegen habe mit dem Begriff der »Kraft« *mathematisch erklärt* und verallgemeinert, was Galilei nur in seinen Wirkungen beschreiben konnte: die Gravitation. Galilei habe also die Physik von ihrer alten Kausalität gereinigt, doch erst Newton habe den neuen Kausalitätstyp erfunden, der es gestatte, von der mathematischen (kinematischen) Beschreibung zur mathematischen Erklärung überzugehen.
Warum beschleunigen die Körper? Diese Frage hat sich Galilei in der Tat niemals gestellt. Er hat auch nicht den homogenen, isotropen Raum postuliert, dem eine geradlinige und gleichförmige Trägheitsbewegung entspräche. Doch kann man deshalb mit Koyré sagen, der Galileische Raum sei »noch« einer Physik schwerer Körper zugehörig, »warte« noch auf Newton? Natürlich soll hier die Bedeutung der Newtonschen Kraft (und der *Wechselwirkung*, die damit in die Physik eingeführt wird) nicht geleugnet werden. Daß die Sonne die Erde nicht anzieht, ohne daß diese mit der gleichen Kraft die Sonne anzöge, ist ein radikal neuer Gedanke. Gewiß, der Galileische Raum ist *nicht* homogen und isotrop, doch *auch er* ist radikal neu. Es ist ein netzartiger Raum, dessen einzelne Maschen durch das mathematische Gleichheitszeichen miteinander verbunden sind, durch jene Gleichheit zwischen Ursache und Wirkung, mit der sich die Geschwindigkeit charakterisieren läßt. Sage mir, von welchem Punkt du kommst, und (welchen Weg du auch immer genommen hast) ich sage dir,

welche Geschwindigkeit du erreicht hast und wohin du folglich mit dieser Geschwindigkeit kommen kannst. Das mathematische Gleichheitszeichen zwischen Ursache und Wirkung, das die Momentangeschwindigkeit zu definieren erlaubt, verknüpft eine determinierte Vergangenheit mit der Gesamtheit der Zukünfte, zu denen diese Vergangenheit den Körper befähigt; es bringt die Vergangenheit des Körpers und seine möglichen Zukünfte *ins Gleichgewicht*. Galilei mag den aristotelischen Kosmos zerstört haben; er hat jedoch einen anderen, nicht minder rationalen an dessen Stelle gesetzt, einen Kosmos, der dem gehorcht, was Leibniz – als Leser Galileis – das »Prinzip des zureichenden Grundes« nannte.

Leibniz hat die Schlüsselrolle der Gleichheit zwischen Ursache und Wirkung erkannt, und der Name, den er seinem Prinzip gegeben hat, bringt sehr gut den *rationalen* Charakter zum Ausdruck, den die kausale Messung beanspruchen kann: Wer, außer einem Narren, würde leugnen, daß die Wirkung ungleich ihrer Ursache sein kann? Ebenso hat Leibniz aber auch die *operationale* Tragweite des Prinzips erfaßt: Seine Anwendung verwandelt den bewegten Körper in ein meßbares *Objekt* und bestimmt, *auf welche Weise es zu untersuchen ist* – ob in einem realen Experiment oder gedanklich. In dem Satz »Die Ursache ist gleich der Wirkung« geht das Gleichheitszeichen, wie wir gesehen haben, der Definition von Ursache und Wirkung voraus. Die Messung der Ursache durch die Wirkung garantiert also, daß Ursachen und Wirkungen *vollständig* definiert werden, *unabhängig vom Standpunkt oder von besonderen Wahlentscheidungen des beschreibenden Physikers*. Nichts entgeht ihrer »objektiven« Definition. Das Prinzip des zureichenden Grundes definiert die Bewegung als eine ihren eigenen Gründen unterworfene, insofern selbst-bestimmte Bewegung.

Die Unterordnung der Definition physikalischer Größen unter ein *a priori* gesetztes mathematisches Gleichheitszeichen definiert nicht die mathematische Physik, wohl aber eine besondere Linie der Physik, die man »rationale Mechanik« nennt. Ich komme damit zum Schluß »meiner« Galilei-Affäre. Für mich ist Galilei nicht derjenige, der Newton »vorbereitet« hätte, der gleich Moses das Denken bis an die Schwelle des Gelobten Landes führte, sondern *der Erfinder der rationalen Mechanik*, des netzartigen Raumes, dessen Maschen durch die Gleichheit von Ursache und Wirkung verbunden werden; eines Raumes, dem im Laufe des achtzehnten Jahrhunderts Mechaniker wie Euler, d'Alembert und Lagrange die newtonschen Kräfte *unterordnen*.

Um mich nun nicht in eine »Newton-Affäre« zu verstrikken, muß ich mich hier auf Behauptungen beschränken. Zunächst ist daran zu erinnern, daß das sogenannte zweite Newtonsche Gesetz erst 1737 von Euler formuliert wurde ($f = ma$, wobei f die Kraft ist, die auf einen Körper mit der Masse m wirkt und eine Beschleunigung a hervorruft). Die Eulersche Definition der Kraft unterwirft diese, welchen Wert sie phänomenologisch auch annehmen mag (zum Beispiel $f = mm'/r^2$, wobei f die Kraft ist, die zwischen zwei Körpern mit der Masse m beziehungsweise m' und der Entfernung r besteht), einer Identität *a priori*. Als Ursache ist die Kraft gleich ihrer Wirkung, der Beschleunigung. Das Gleichheitszeichen in $f = ma$ ist die *rationale*, *a priori* anzunehmende Gleichheit zwischen Ursache und Wirkung, das von Galilei erfundene »=«. Maupertuis, ein Zeitgenosse Eulers, täuscht sich darin nicht: das Eulersche Prinzip geht auf Galilei, nicht auf Newton zurück.

Doch wie steht es dann mit der Kraft im Sinne Newtons? Bekanntlich war Newton der Held des positivistischen Denkens, weil er geschrieben hat: »Ich bilde keine Hypothesen. Ich halte mich an die Phänomene.« Viele Studien seither haben uns einen spekulativen Newton gezeigt. Doch interessanterweise machen diese Studien verständlich, daß Newton sich in der Tat an die Phänomene halten *mußte*, da die Welt, wie er sie verstand, nicht von einem *a priori* angenommenen rationalen Prinzip aus intelligibel sein konnte. Newton stellte sich also außerhalb des Feldes der rationalen Mechanik, deren Erfinder Galilei ist: für ihn äußert sich in den Kräften das gegenwärtige Wirken Gottes in der Welt; *phänomenologisch* können sie durch Beobachtung erkannt werden, insofern sie eine Beschleunigung bewirken, die es erlaubt, die beobachtbaren Bewegungen zu *reproduzieren*. Doch ihre Identität, ihr Grund, verweist nicht auf ihre Wirkung, sondern auf das, was der Physik nicht zugänglich ist, Gott. Das Gleichheitszeichen in $f = mm'/r^2$ ist nicht das Gleichheitszeichen in $f = ma$. Die zweite Gleichung ist *a priori* gesetzt und macht den Physiker zum Richter, der seinen Fragen ein *a priori* rationales Objekt vorlegt; die erste ist eine phänomenologische Definition, die den Physiker zum Leser einer Welt macht, deren göttlicher Verfasser von jedem rationalen Zwang frei ist. Natürlich ist auch die rationale Mechanik eine Tochter Newtons, insofern der netzartige Raum, der künftig seine Kalküle beherrscht, nicht ein für allemal gegeben ist wie der Raum der galileischen schweren Körper. Die Vermaschung des galileischen Raumes war eine Funktion der einheitlichen Schwere; der Raum der rationalen Mechanik muß in jedem Augenblick neu definiert werden, da die Entfernungen der Körper zueinander – und damit die wechselseitig zwischen ihnen wirkenden Kräfte – in jedem Augenblick variieren. Gleichwohl ist der von der Lagrangeschen Potentialfunktion[4] beschriebene Raum mit veränderlichen Maschen nicht der homogene und isotrope Raum Newtons. Der homogene und isotrope Raum gehört zu einer gleichförmigen Bewegung; der Raum der rationalen Mechanik entspricht dagegen der Konzeption einer Momentangeschwindigkeit, die von den Kategorien der gleichförmigen Bewegung befreit ist und von dem bestimmt wird, wozu sie den Körper *potentiell* befähigt.

Warum erscheint mir der Unterschied zwischen der allgemeinen Kategorie der »mathematischen Physik« und der besonderen Linie der rationalen Mechanik so interessant, daß ich deshalb eine weitere »Galilei-Affäre« vom Zaun breche? Ich könnte mich auf die Behauptung zurückziehen, daß mir mit dieser Unterscheidung die Geschichte der Mechanik im achtzehnten Jahrhundert verständlicher erscheint. Das Problem, mit dem sich Euler, d'Alembert, Lagrange und andere herumschlagen mußten, bestand darin, die beiden Kausalitätstypen, den von Galilei erfundenen und den von den newtonschen Kräften eingeführten, miteinander zu verknüpfen. Sowenig wie Koestler, Whitehead, Feyerabend, Koyré und Duhem verfolge ich jedoch bloß ein historisches Interesse. Was Koyré zu begreifen versuchte, ist der Ursprung einer »nach-einsteinschen« Physik, deren Eigentümlichkeit darin besteht, daß sie das Selbstverständnis einer Wissenschaft, die von den »Fakten« her über Generalisierungen fortschreitet, aufgegeben hat und statt dessen die Bedeutung der beobachteten Tatsachen von einer theoretischen Hypothese aus erfindet. *Mein* Problem besteht darin, daß in der mathematischen Physik nicht alle Gesetze »gleichwertig« sind, nicht alle den gleichen Status besitzen. Das Gesetz der Wärmediffusion von Fourier[5] ist zwar ein mathematisches Gesetz, aber

[4] Die von Joseph Lagrange 1788 in die Analytische Mechanik eingeführte *Potentialfunktion* beschreibt global ein mechanisches System als Funktion der Massenpunkte, aus denen es besteht, und der Entfernungen zwischen diesen Massen. Die Kräfte, die diese Massen in jedem Augenblick aufeinander ausüben, sind als Ableitungen der Potentialfunktion definiert. Diese Funktion gibt die Größe einer Energie an (man nennt sie auch potentielle Energie). Sie erlaubt es, ganz allgemein die mechanische Erhaltung der Ursache in der Wirkung zu formulieren: Jede Erhöhung der potentiellen Energie wird durch eine Verminderung der kinetischen Energie (die von den Geschwindigkeiten der Massen, die das System bilden, abhängt) »beglichen« – und umgekehrt.

[5] Das *Fouriersche Gesetz* (1822) beschreibt die Geschwindigkeit, mit der die Wärme zwischen zwei Punkten eines Körpers in Abhängigkeit vom Temperaturunterschied zwischen diesen beiden Punkten diffundiert. Die Wärmediffusion ist geradezu das Modell eines Prozesses, der seine eigene Ursache annulliert; wenn ein Temperaturausgleich erreicht ist, kommt er zum Stillstand.

für die meisten Physiker dennoch »bloß phänomenologisch«: bei ihm hat die von Galilei erfundene kausale Messung keinerlei Sinn.
Damit erscheinen in meiner Erzählung neue Akteure auf der Bühne. Meine »Galilei-Affäre« scheint in den Bereich der bloß »internen Geschichte« zu gehören: keine Jesuiten mehr und keine Religionskriege, keine Diplomaten mehr und kein Papst, keine mittelalterlichen Denker, nicht einmal mehr die platonische Tradition. Statt dessen ein Mann, der einen sich bewegenden Körper beobachtet und entdeckt, wie diese Bewegung objektiv zu definieren ist, wie deren meßbare Variablen kohärent zu verknüpfen sind. Und dennoch paßt hier die Unterscheidung »intern« versus »extern« nicht. Die »rationale Mechanik« mag wohl von einer »Idee« ausgehen; aber die *operationale* Verwirklichung der Gleichheit zwischen Ursachen und Wirkungen hat ihren Platz nicht im Ideenhimmel, sondern in einem konkreten historischen Feld, das sie unter Spannung setzt, indem sie neue Interessen weckt, neue Akteure auf den Plan ruft und neue Beziehungen zwischen diesen Akteuren herstellt, die – allesamt Ingenieure, Physiker, Philosophen – ebenso wie ich an der *Pertinenz* der Gleichheit zwischen Ursache und Wirkung interessiert sind oder waren, einer Gleichheit, die der rationalen Mechanik ihre Identität verleiht.

Die Pertinenz der rationalen Mechanik

Wie ist eine Bewegung zu messen? An der Bewegungsgröße mv, wie Descartes vorschlug, oder an ihrer »lebendigen Kraft« mv^2, wie Leibniz im Anschluß an Galilei und Huygens behauptete? Was soll man von einer Geschwindigkeit *zum Quadrat* halten, die den klaren Ideen der Geometrie fremd ist? Genau darum geht es in einer Auseinandersetzung, die sich über mehrere Jahrzehnte hinzog. Hier ist nicht der Ort, in eine Darlegung dieses Streits einzutreten, in dem sich, bis zu Kant und Lagrange, Physik- und Philosophiegeschichte überlagern. Wir wollen nur zeigen, wie diese Auseinandersetzung Licht auf die Eigentümlichkeit der rationalen Mechanik wirft.
Descartes räumt wohl ein, daß die Ursache der Wirkung gleich ist. Doch er möchte der Ursache eine rationale Definition, einen klaren und distinkten Sinn geben. mv^2 hat keinen rationalen Sinn: folglich müssen die Cartesianer, gegen die sich Leibniz wendet, von einer rationalen Ursa-

che aus eine Wirkung identifizieren, und folglich darf diese Wirkung nicht diejenige sein, die *m*v^2 als Ursache bezeichnet. »Monsieur Leibniz irrt«, behauptet 1686 der Abbé Catelan, ein Cartesianer; er mißt die »Kraft« eines in Bewegung befindlichen Körpers einzig an der Entfernung, die der Körper dank dieser Kraft zurückzulegen vermag, und vernachlässigt die dafür benötigte Zeit. Und Leibniz antwortet, die Zeit habe damit nichts zu tun; es sei denn, man wolle sagen, daß ein Mensch um so reicher sei, je mehr Zeit er gebraucht hat, um sein Geld zu verdienen.

Wie ist eine Wirkung zu messen? Wenn wir die Geschwindigkeit, mit der ein Körper in die Höhe geworfen wird, verdoppeln – steigt er dann viermal so hoch, wie Leibniz behauptet, oder ist die Wirkung nur doppelt so groß, *da er ja auch die doppelte Zeit braucht*, wie Samuel Clarke meint, ein Schüler Newtons, der bei dieser Gelegenheit die Partei der Cartesianer ergreift?

Wie ist eine Wirkung zu messen? Dieses Problem stellt sich nicht nur den Philosophen, sondern auch den Ingenieuren. Eine typische Frage lautet etwa: Mit welcher Geschwindigkeit, das heißt in welcher Zeit, muß ein Körper aufsteigen, wenn die »Unkosten« der Operation möglichst gering bleiben sollen? Doch diese Frage *vermischt*, was die rationale Mechanik in der Nachfolge Galileis *trennt*. Gewiß »zählt« die Zeit des Falls (oder des Aufstiegs) auch aus galileischer Perspektive, doch nicht um die »Kraft« eines in Bewegung befindlichen Körpers unter dem Gesichtspunkt seiner Potentialwirkung zu messen, das heißt dessen, wozu die Geschwindigkeit seiner Bewegung ihn in jedem Moment befähigt. Aus galileischer Perspektive ist nur die Höhendifferenz relevant; der Weg, den der Körper nahm, um den Niveauunterschied zu überwinden, und die dafür benötigte Zeit spielen keine Rolle. Auf die Zeit kommt es an, wenn der bestimmte Weg charakterisiert werden soll, in dessen Verlauf die Wirkung, zu der die Geschwindigkeit den Körper befähigte, sich verausgabt: Je nachdem, ob der Körper vertikal aufsteigt oder auf irgendeiner schiefen Ebene oder Kurve, wird er soundsoviel Zeit brauchen. Wir stoßen hier wieder auf die netzartige Vermaschung des galileischen Raumes. *Man muß sich entscheiden*: entweder eine beschleunigte Bewegung in Raum und Zeit in den Termini ihrer sukzessiven Beschleunigungen zu beschreiben – oder allein unter dem Gesichtspunkt der Höhe, der Maschen, die es den Ursachen und Wirkungen ermöglichen, sich gegenseitig zu messen. Weg/Zeit oder Höhe: zwischen beiden muß man sich entscheiden; beides zusammen geht nicht.

Sobald wir die ideale Welt der rationalen Mechanik verlassen und in die Welt der Ingenieure eintreten, in der sich die Körper reiben, wird die Zeit natürlich *in jedem Fall* bedeutsam. Das galileische Verfahren nimmt daher der Frage, die sich den Ingenieuren stellt, jeden Sinn. Der mit Hilfe der kausalen Messung definierte zureichende Grund verbindet nicht nur die Maschen des Raumes, sondern durchzieht *a priori* auch das Feld des Problems, das sich Ingenieuren und Spezialisten der rationalen Mechanik gleichermaßen stellt: Was vermag eine Bewegung? Mit dem zureichenden Grund geht ein Urteil einher, das den Bemühungen der Ingenieure ihren Platz einzig in der Lücke zwischen ihrer Welt und dem rationalen Ideal der mathematischen Mechaniker zuweist. Sobald sich die Körper reiben, ist die mechanische Wirkung stets geringer als ihre Ursache. Wie also ist der Verlust möglichst niedrig zu halten?

Für die Philosophen war der zureichende Grund historisch bedeutsam, insofern er die geometrische Evidenz der Bewegungsgröße in Frage stellte. Was die Ingenieure angeht, wirft er die historische Frage auf, wie sie sich zu jener »Rationalisierung« verhalten sollen, die ihre Probleme wenn schon nicht ins Irrationale, so doch in jenen Abstand von dem rationalen Ideal verlegt, der die Welt kennzeichnet, in der sich solche Probleme stellen müssen. Die rationale Mechanik wirft also *per se* eine berufspolitische Frage auf, nämlich die nach der Abhängigkeit der Ingenieure von dem Urteil, das ihrer Praxis einen Platz zuweist. Beschränken wir uns auf ein paar historische Orientierungspunkte: Im Jahre 1775 zieht sich die Akademie der Wissenschaften von Paris den Haß der »Erfinder« zu, weil sie ankündigt, künftig die Annahme jedes Entwurfs eines Perpetuum mobile ohne jegliche Prüfung zu verweigern, weil ein solcher Apparat der Erhaltung der Ursache in der Wirkung widerspräche; seit dem Beginn des neunzehnten Jahrhunderts beruht die berufliche Ausbildung der französischen Ingenieure auf den Grundsätzen der rationalen Mechanik: Das effektive Funktionieren der Maschinen wird nach ihrem Abstand vom Ideal beurteilt. Erfinder gibt es kaum noch, die Kunst des Ingenieurs fällt ins Gebiet der *angewandten* Mechanik.

Damit ist die Geschichte freilich nicht zu Ende. Das Fouriersche Gesetz, 1822 formuliert, beschreibt, wie sich ein Temperaturunterschied im Laufe der Zeit nivelliert. Die Wärmediffusion wird im neunzehnten Jahrhundert zum typischen Beispiel *unumkehrbarer* Prozesse im Sinne des zweiten Hauptsatzes der Thermodynamik, das heißt solcher Prozesse, die ihre eigene Ursache unwiederbringlich vernichten: Der Temperaturunterschied verschwindet, ohne eine Wirkung hervorzurufen, die es erlaubte, ihn wiederherzustellen. Der zweite Hauptsatz definiert Prozesse, die nach dem Prinzip des zureichenden Grundes grundlos sind, irrational, wenn man eine Gleichheit zwischen Ursachen und Wirkungen annimmt.

Der zweite Hauptsatz der Thermodynamik

Der zweite Hauptsatz hat die unterschiedlichsten Formulierungen gefunden, denen die Komplexität seiner Entstehungsgeschichte abzulesen ist. (Der von Rudolf Clausius und William Thomson, dem späteren Lord Kelvin, im Jahre 1850 aufgestellte Satz stellt eine Umdeutung des Satzes vom optimalen Wirkungsgrad bei der Umwandlung von Wärme in mechanische Bewegung dar, den Sadi Carnot 1824 formuliert hatte.) Seine allgemeinste Formulierung stammt von Clausius (1865): »Die Entropie des Universums wächst gegen ein Maximum.« Der zweite Hauptsatz der Thermodynamik definiert die Klasse der sogenannten »irreversiblen« Prozesse durch die Zunahme einer Funktion, der Entropie. Kein natürlicher Prozeß läßt sich als spontane Abnahme der Entropie wiedergeben. Das bedeutet, daß ein physikalisch-chemisches System, in dem von einem gegebenen Zustand aus eine Entwicklung stattgefunden hat, die eine Zunahme der Entropie bewirkt hat, durch keinen natürlichen Prozeß in jenen Zustand zurückgebracht werden kann.

Darum diskutieren Physiker und Philosophen seither den »Status« des zweiten Hauptsatzes innerhalb der Physik: Ist er das Ergebnis unserer annähernden Beschreibungen einer Welt, die »objektiv« dem Prinzip des zureichenden Grundes unterworfen ist – in diesem Falle also ein »bloß phänomenologischer« Satz –, oder stellt er den zureichenden Grund in Frage? Die cartesianischen Verteidiger der Bewegungsgröße gehören ebenso wie die Ingenieure aus der Zeit vor der École polytechnique der Vergangenheit an. Doch das sind Diskussionen von heute: wissenschaftliche, spekulative und zugleich politische Erörterungen (denn wer »Status« sagt, sagt »Hierarchie«, Herrschaft und Unterordnung) über den Unterschied zwischen fundamentalen und phänomenologischen Gesetzen der Physik. Es sind diese Debatten, die mich, nach so vielen anderen, in eine »Galilei-Affäre« verwickelt haben.

RATIO
ARS MAGNA
LVCIS ET VMBRÆ
SENSVS

MICHEL AUTHIER

DIE GESCHICHTE DER BRECHUNG UND DESCARTES' »VERGESSENE« QUELLEN

Kann man, im Flug über Jahrhunderte und Kontinente, die Geschichte vom Auftauchen eines physikalischen Gesetzes erzählen und dabei Schicht um Schicht aufdecken, was eine Formel verhüllt, ohne dabei zu vergessen, was sie an Neuem erschließt?

> »[...] und da der Dunst nicht erst seit heute die [Erde] umgibt, und jenes Naturgesetz vernünftigerweise seit der Schöpfung der Dinge bis herab auf uns Gültigkeit hat, so muß es auch als recht und billig angenommen werden, zu glauben, daß es immer *Refraktionen* gegeben habe.«

So stellt Kepler in seinen *Ad Vitellionem paralipomena* zu Beginn des siebzehnten Jahrhunderts die Universalität eines Phänomens dar, das für so viele Wunder verantwortlich ist. Stets ließen sich die Dichter von Homers »rosenarmiger Eos«, von purpurnen Abenddämmerungen, Aureolen, Strahlenkränzen, mehrfachen Sonnen und Regenbögen bezaubern. Sterne, die vor der erwarteten Stunde am Horizont aufgehen, anormale Abstände zwischen den Sternen und farbige Monde wurden von den Astronomen seit langem beobachtet. Oasen, Palmenhaine, wunderbare Städte, über den Dünen schwebend, Küsten, Leuchtfeuer und Schiffe, bei warmem Wetter von sehr weit her sichtbar, sind von Nomaden und Matrosen seit jeher bekannt.

So hat die Brechung schon sehr früh die Gelehrten beschäftigt, war sie doch für bedeutende Ungereimtheiten in den astronomischen Berechnungen verantwortlich (die beobachtete Position von Himmelsobjekten hängt vom Einfallswinkel ihres Lichts in die Atmosphäre ab). Wie viele Male hat Archimedes, Sohn eines Astronomen und selbst glänzender Beoachter, an den Küsten von Alexandria und Syrakus beobachtet, wie das Licht am Horizont sich beugt, im Meer bricht? Von ihm besitzen wir wahrscheinlich die

Ein Jesuit als Erbe der Renaissance: Dieses Frontispiz Athanasius Kirchers, entworfen nach den Regeln der Gedächtniskunst, zeigt sämtliche Modi des (materiellen oder spirituellen) Lichts in ihrem (mittelbaren oder unmittelbaren) Verhältnis zu Gott, Apollo (Sonne) oder Diana (Mond).
In: Athanasius Kircher, Ars magna lucis, *1671, Stich von* P. Miotte*; Bibliothèque nationale, Paris*

erste experimentelle Beschreibung des Phänomens: »Wenn du einen Gegenstand auf den Grund einer Vase legst und die Vase so weit entfernst, daß der Gegenstand nicht mehr sichtbar ist, wirst du ihn in dieser Entfernung wiedererscheinen sehen, wenn du die Vase mit Wasser füllst.« Diese äußerst einfache Versuchsanordnung läßt keinen Zweifel daran, was das Experiment zeigen soll. Setzt man an die Stelle des Wassers die Atmosphäre, an die Stelle der Vase den Himmel und an die Stelle des Gegenstands die Sonne, so erhalten wir das verkleinerte Modell eines astronomischen Phänomens. Später werden die geometrischen Modelle und ihre numerischen Darstellungen so präzise, daß die Wissenschaftler untereinander von Refraktion sprechen können, ohne sich auf ein bestimmtes Phänomen zu beziehen. Auf den folgenden Seiten werden wir versuchen, einige Fäden dieses Gewebes zu verfolgen, das sich über die homerischen Morgenröten ebenso wie über das Sinus-Gesetz breiten sollte.

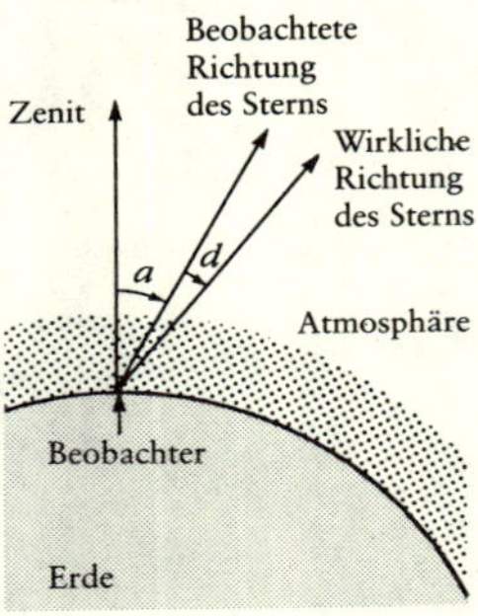

Die Ablenkung bei astronomischen Beobachtungen

Der Ablenkungswinkel *d* entsteht durch die atmosphärische Strahlenbrechung. Er schwankt zwischen 1', wenn *a* bei 45° liegt, und 40' in der Nähe des Horizonts (wenn $a \geq 80°$ ist), was die scheinbare »Stauchung« der Sonne bei ihrem Untergang erklärt. Die wirkliche Richtung des Sterns bildet also zum Zenit einen Winkel von $a + d$.

In der Geschichte der Wissenschaften kommt es nicht selten vor, daß ein Problem auftaucht, lange bevor das gefunden wird, was man gewöhnlich »seine Lösung« nennt (und was sehr oft mit der Auflösung der Gefühlswerte einhergeht, die es umhüllen). Es mag schon sein, daß innere Schwierigkeiten dafür verantwortlich sind, wenn die Lösung auf sich warten läßt. Damit ist jedoch nicht viel gesagt, da die Schwierigkeit eines Problems oft gerade an der für seine Lösung benötigten Zeit gemessen wird. In anderen Fällen bleibt die Problematik nicht kontinuierlich bestehen; nach langer Zeit erscheint sie wieder und verblaßt abermals, ohne daß man darin eine Kontinuität oder gar Logik erkennen müßte. Eine besondere Bedeutung der Brechung liegt jedoch darin, daß die Fragen, die sie aufwirft, nicht verschwinden. Von den Griechen bis zu den Gelehrten im Jahrhundert der Aufklärung, vom Persischen

Golf bis zum mittelalterlichen England finden wir in sehr unterschiedlichen Gesellschaften Männer, die sich um ihr Verständnis bemühen.

Das Licht der Philosophen

Bevor es zum »wissenschaftlichen Objekt« wurde, war das Licht Gegenstand philosophischer und künstlerischer Beschäftigung. Trotz ihrer »Effizienz« bringen die elektromagnetischen oder quantentheoretischen Lösungen der zeitgenössischen oder modernen Physik die ursprünglichen Fragen nicht zum Verschwinden. Tatsächlich kann man sich noch immer die Frage stellen – ohne deswegen die Existenz der Strahlen (*lumen*) in Zweifel zu ziehen –, ob das Licht (*lux*) als notwendige und zureichende Bedingung der Sichtbarkeit der Dinge ohne die *psyche* existieren würde.

Vergessen wir nicht die *Theogonie* Hesiods, in der sich die Paare Erebos/Nyx und Aither/Hemere miteinander vermählen, um die absoluten Prinzipien der »Finsternis« und des Lichts zu schaffen. Vergessen wir nicht Dante, der in seinem *Convivio* schreibt: »Ich sage, daß es die Gewohnheit der Philosophen ist, den Himmel Licht zu nennen, soweit er in seiner Urquelle ist; ihn Stral zu nennen, insoweit es durch Vermittelung des Urquells bei dem ersten Körper ist, wo es haftet; ihn Glanz zu nennen, soweit es in einem andern beleuchteten Theile zurückgeworfen erscheint.« Vergessen wir schließlich nicht, daß Kepler schrieb: »Der Lichtstrahl ist nicht etwa das ausstrahlende Licht selbst.« Und dennoch scheint es kaum möglich, sich dem langsamen Verblassen des Lichts (*lux*) hinter den Lichtstrahlen (*lumen*) zu entziehen. Die physikalische Beschreibung der Phänomene läßt ihre Wahrnehmung nicht unberührt; die Sinnesempfindungen wandeln sich mit dem theoretischen Wissen, und es ist schwierig geworden, die Gleichursprünglichkeit von *psyche* und *lux* zu verstehen, jene Grundsituation eines Menschen, der zum Verstehen gerüstet ist, und einer als sichtbar verstandenen Welt.

Als Vorbedingung des Sehens ist das Licht im griechischen Denken das Vermittelnde *par excellence* zwischen Geist und Welt:

> »Meiner Ansicht nach ist die Sehkraft uns die Ursache des größten Gewinns, da ja wohl von den jetzt über das Weltganze angestellten Betrachtungen keine stattgefunden hätte, wenn wir weder die Sonne, noch die Sterne noch den Himmel er-

blickten. [...] Und hieraus haben wir uns verschafft das Wesen Philosophie, als welches ein größeres Gut weder kam noch jemals kommen wird dem sterblichen Geschlecht als Geschenk von den Göttern«,

schreibt Platon im *Timaios*. Betrachten wir also nun, wie das Denken, Tochter des Lichts, zum Verständnis dessen, was es hervorgebracht haben soll, verwandt wurde.

Vielleicht besteht ein Nutzen der Wissenschaftsgeschichte darin, daß sie uns erkennen läßt, wie sehr uns die Evidenz des »Natürlichen« in Wirklichkeit von unserer wissenschaftlichen und kulturellen Umgebung vorgeschrieben wird. Heute scheint es uns selbstverständlich, daß sich das Licht auf unser Auge zu bewegt; vor kaum vierhundert Jahren war das noch längst nicht so. Die Atomisten Leukipp, Demokrit, Epikur und Lukrez[1] waren die einzigen, die – um den Menschen aus der Erklärung natürlicher Phänomene auszuschließen – in der Antike die Meinung vertraten, es seien die Dinge, die ihre Anwesenheit manifestieren. Sie tun es diesen Autoren zufolge, indem sie durch den Raum hindurch *eidola* aussenden, eine Art Schatten, sehr dünne Schichten ihrer äußeren Hülle, Simulakren, die in extrem kurzer Zeit (*simul*: gleichzeitig) in die Augen eindringen und mit ihrer Form und ihren Farben auf der Netzhaut einen Abdruck hinterlassen.

[1] Vgl. S. 201.

Diese Theorie wurde damals systematisch verhöhnt – und dabei blieb es zweitausend Jahre lang. Trotzdem sollten wir das vierte Buch *De rerum natura* von Lukrez, wo sie ausführlich dargestellt wird, aufmerksam lesen:

»Also sag' ich, es senden die Oberflächen der Körper
Dünne Figuren von sich, die Ebenbilder der Dinge;
Häutchen möcht' ich sie nennen, und gleichsam die Hülsen von diesen;
Denn sie gleichen an Form und Gestalt dem nämlichen Körper
Dem entflossen umher sie die freien Lüfte durchschwärmen.
[...]
Insbesondere noch, da winzige Teilchen in Menge
Liegen am äußersten Rand der Körper, in voriger Ordnung
Hingeworfen zu werden, sich Form und Gestalt zu erhalten.
Schneller auch können sie das, weil minder sie Hindernis finden,
Sie, die gering an Zahl und gestellt zunächst an den Rand sind.«

Wie man sieht, löst diese Theorie das Problem der Beständigkeit der Form des visuellen Bildes. Darüber hinaus liefert sie eine Erklärung, die auf der völligen Unabhängigkeit zwischen Subjekt und Objekt beim Akt des Sehens beharrt. Damit entfernt sie sich weit von den übrigen griechischen Theorien.
Für den Wissenschaftshistoriker ist Platon gleichsam das Fangnetz, in dem sich das wenige erhielt, das wir von seinen Vorgängern wissen. Hier ist nicht der Ort, die Probleme aufzuwerfen, die sich dabei stellen. Dennoch sollte der Leser die einfache Tatsache im Gedächtnis behalten, daß es so gut wie keine Primärquelle über die griechische Wissenschaft gibt; alles, wovon wir Kenntnis haben, stammt aus Darstellungen zweiter Hand. Dazu gehören auch die Texte Platons, wie herausragend sie im übrigen sein mögen. In ihnen entdecken wir, daß die Pythagoräer im sechsten Jahrhundert vor Christus die Existenz eines Etwas postulierten, das aus dem Auge hervorgeht, auf den Gegenstand zielt und ihn abtastet. Der Gesichtssinn war also, ebenso wie der Tastsinn, ein aktiver Sinn im Gegensatz zum Gehör und zum Geruch, was Aristoteles später mit der konvexen Form des Auges im Gegensatz zu den konkaven Formen der Ohren und Nasenlöcher rechtfertigen wird. Dies war, mit einigen Anpassungen, die Konzeption, die fast zwei Jahrtausende vorherrschen sollte. So war auch Empedokles bemüht, seine Theorie der Ähnlichkeiten auf das Problem des Sehens anzuwenden, und entwarf ein System doppelter Emanationen, die sich, vom Organ wie vom Gegenstand ausgehend, in der Luft treffen; im *Timaios* berichtet Platon:

> »Umgibt nun des Tages Helle das den Augen Entströmende, vereinigt sich dem Ähnlichen das hervorströmende Ähnliche und bildet in der geraden Richtung der Sehkraft aus Verwandtem da *ein* Ganzes, wo das von innen Herausdringende dem sich entgegenstellt, was von außen her mit ihm zusammentrifft. Nachdem nun alles vermöge seiner Ähnlichkeit zu einem ähnlichen Zustande gelangte, verbreitet es die Bewegungen desjenigen, womit es und was mit ihm in Berührung kommt, durch den ganzen Körper bis zur Seele und erzeugt diejenige Sinneswahrnehmung, die wir das Sehen nennen.«

Doch die Arbeit des athenischen Philosophen beschränkt sich nicht auf diese bewundernswerten poetischen Darstellungen der Konzeptionen anderer. Man findet im sechsten Buch der *Politeia*, als Vorspiel zum Höhlengleichnis, eine

Optik. In ihr wird das Sehen vom Licht gelöst und die Sonne zur universalen Quelle des Lichts. Auf philosophischer Ebene kann Platon von hier aus die Verhältnisse zwischen dem Wissen, dem Wirklichen und dem Guten bestimmen. Außerdem kommt er auf diesem Wege zu einer Konzeption des Lichts unabhängig vom Sehen und von der Sonne. In dieser Trennung liegt der Keim für die künftige Entfaltung der Physik des Lichts. Sie wird auf das abendländische Denken beträchtlichen Einfluß ausüben.

Bekanntlich näherte sich Perseus der Medusa, indem er ihr Spiegelbild in seinem ehernen Schild beobachtete, da ihr unmittelbarer Anblick jedermann in Stein verwandelte. Dank dieser List entging Perseus ihrem bösartigen Fluidum und konnte die abscheuliche Kreatur vernichten. Diese Symbolik des Blicks ist in zahlreichen alltäglichen Redewendungen und dichterischen Ausdrücken erhalten geblieben. Außerdem rechtfertigt sie ein einfaches Verhältnis zwischen dem Sehstrahl und dem Sonnenstrahl; Archytas von Tarent (430-348 vor Christus) wird daraus ein System bilden: Ein Feuer entströmt dem Auge in gerader Linie und berührt die betrachteten Gegenstände. Das Feuer, die gerade Linie und die Richtung Auge/Gegenstand sind die Versatzstücke künftiger Theorien; eine Ausnahme bilden die Atomisten, wie wir schon sahen, und Aristoteles, wie wir gleich sehen werden.

Es ist schwierig, in wenigen Worten die Theorie des Stagiriten darzustellen, wie sie uns zum Beispiel im zweiten und dritten Kapitel der kleinen Schrift *De sensu* begegnet. Er greift dort systematisch alle älteren Konzeptionen an. Für ihn entströmt nichts dem Auge oder dem Gegenstand, denn im einen Falle müßte jeder Ausfluß das Sehen bei Nacht ermöglichen, während im anderen noch die winzigste Nadel mitten im Stroh sichtbar sein müßte. Für Aristoteles gibt es nur eine Veränderung des vermittelnden Mediums, die auf das Auge Druck ausübt und die mit der Dunkelheit verschwindet:

> »So ist das Licht, wie wir in jenem Werk gesagt haben [*De anima* II, 6-11], die Farbe des akzidentell Durchsichtigen [...] Aber was wir das Durchsichtige nennen, gehört der Luft oder dem Wasser oder einem anderen der so bezeichneten Körper nicht als solchem zu, sondern ist eine gewisse Natureigenschaft, eine gewisse gemeinsame Kraft, die nicht getrennt existiert, sondern die in den Körpern ist [...] Die Natur des Lichts liegt also im unbestimmt Durchsichtigen.«

Zu Beginn seiner kleinen Abhandlung hebt Aristoteles die Schwierigkeit hervor, die fünf Sinne mit den vier Elementen zu versöhnen. Wäre nicht vielleicht mit dem Durchsichtigen der Weg zu einem fünften Element frei? Bis zum Beginn des zwanzigsten Jahrhunderts werden die Physiker des Lichts häufig versucht sein, mit dem Licht ein Substrat zu verbinden, das keinem anderen gleicht.
Fassen wir zusammen: Es gibt bei den griechischen Philosophen keine festen und einmütigen Auffassungen über die Natur des Lichts. Der Vorrang des Gesichtssinns gegenüber den anderen Sinnen – der so weit geht, daß bei Aristoteles die Einbildungskraft [*phantasia*] ihren Namen von dem des Lichts [*phaos*] herleitet – rückt die vom Sehen aufgeworfenen Probleme in den Mittelpunkt des Interesses der großen griechischen »Naturwissenschaftler«.

Die erste Physik des Lichts

Wer in den *eidola* des Lukrez, im Durchsichtigen und seinen Färbungen bei Aristoteles ferne Vorfahren der Photonen, des Äthers und der Wellen sieht, hüllt Theorien der Sinneswahrnehmung in physikalische Theorien der Materie; ein solches Verfahren ist nicht einmal widersinnig – sondern schlicht unsinnig.
Die ersten Schritte zu dieser Physik wurden in hellenistischer Zeit getan. So stützt sich Euklid, sonst Aristoteliker, auf das Modell von Archytas, um seine eigene geometrische Optik auszuarbeiten. Er befreit das Modell vom Ballast der Theorie der Elemente, also von jeder Bezugnahme auf den Bereich der Sinneswahrnehmung. Nichts bleibt außer der geraden Linie und der Richtung der Ausbreitung. Nach dem Muster seiner mathematischen Elemente geht seine Abhandlung von Postulaten aus:

»Es sei angenommen, daß

(1) die vom Auge ausgehenden geradlinigen Strahlen unbegrenzt auseinanderstreben;
(2) die durch eine Menge von Sehstrahlen eingeschlossene Figur ein Kegel ist, dessen Scheitelpunkt im Auge und dessen Grundfläche auf der Oberfläche der gesehenen Gegenstände liegen;
(3) die Dinge gesehen werden, auf welche die Sehstrahlen treffen, und die Dinge nicht gesehen werden, auf welche die Sehstrahlen nicht treffen;
(4) die Dinge, die unter einem größeren Winkel gesehen werden, größer erscheinen, die unter einem kleineren Winkel

gesehen werden, kleiner erscheinen, die unter gleichen Winkeln gesehen werden, gleich groß erscheinen;

(5) Dinge, die durch höhere Sehstrahlen gesehen werden, höher erscheinen, und Dinge, die durch niedrigere Sehstrahlen gesehen werden, niedriger erscheinen;

(6) in gleicher Weise Dinge, die durch mehr rechts liegende Strahlen gesehen werden, weiter rechts liegend erscheinen, und Dinge, die durch mehr links liegende Strahlen gesehen werden, weiter links erscheinen;

(7) Dinge, die unter mehr Winkeln gesehen werden, klarer gesehen werden.«

Diese Liste zeigt, wie nahe der Physiker des Lichts dem Mathematiker ist; so sehr, daß die Begriffe der Gerade und des Strahls wahrscheinlich als unzertrennliche Zwillinge anzusehen sind. Außerdem stößt man hier auf ein Verhältnis zwischen dem Winkel des Kegels und der Größe des Objekts; ein Verhältnis, das auf enge Verbindungen zwischen der entstehenden Optik und der bereits (in der Astronomie) vorliegenden Theorie der geometrischen Proportionen schließen läßt. Machen wir uns weiterhin klar, daß die Kegel, die das Auge verlassen, von großer geometrischer Einfachheit sind, verglichen mit der Situation, die entstünde, wenn aus jedem Punkt des Objekts Strahlenbündel hervorgingen. Beachten wir auch, daß die Tatsache des zweiäugigen Sehens völlig unberücksichtigt bleibt.

Diese Optik, die nichts anderes ist als eine Perspektive, ist natürlich nicht aus dem Nichts in Alexandria entstanden – dort, wo die Männer und die Mittel konzentriert waren, die Alexander, der Zögling des Aristoteles, für seine »Wissenschaftspolitik« unbedingt brauchte. Tatsächlich scheint es, als hätte man mit der Perspektive bereits seit langem praktische Erfahrung. Vitruv erinnert in seinen Büchern *De architectura* daran, wie man schon zur Zeit Aischylos' mit dem Bühnenbild eine Realitätsillusion erzeugen konnte, indem man mit den auseinanderlaufenden Fluchtlinien spielte; und jeder, der einmal einen griechischen Tempel gesehen hat, weiß, wie die Architekten die äußeren Enden der Frontgiebel vergrößerten, um die Bauwerke optisch im Gleichgewicht zu halten.

Die von Euklid zusammengestellten Postulate erscheinen als Minimalgrundlage. Das Licht verliert jegliche Substanz, die Strahlen gehorchen den Regeln einer Elementargeometrie, ein einziges Punkt-Auge ist am Sehvorgang beteiligt; die Welt ist reduziert auf eine Wiedergabe, die man rechts, links, weiter oben oder weiter unten beobachten kann.

Paradoxerweise ist es gerade die durch Ausblendung anderer Wissensinhalte entstandene Verarmung, die diesem zusammenfassenden Text seinen Reichtum verleiht; er legt für die optischen Phänomene einen körperlosen Raum abstrakter Regeln fest. Wahrscheinlich finden wir hier die ersten Elemente einer mathematischen Physik. Diese Stellung als abstrakteste physikalische Disziplin wird die Optik sozusagen niemals verlieren, auch wenn ihr die Mechanik, der sie gewissermaßen die Richtung vorgab, dicht auf den Fersen war.

Die erste, lange Zeit Euklid zugeschriebene Abhandlung zur Katoptrik (Wissenschaft der Spiegel), die wir kennen, ist sehr wahrscheinlich eine Kollation eines verlorenen Werkes von Archimedes, der ebenfalls die Brechung methodisch untersucht hat. Erinnern wir uns, daß der große Mathematiker Astronom war[2] und daß der Lichtbrechung bei Himmelsbeobachtungen erhebliche Bedeutung zukommt. Leider ist uns von seinen Arbeiten zum Phänomen der Refraktion nichts erhalten geblieben, außer vielleicht der schon genannten experimentellen Anordnung der Vase und des darin liegenden Gegenstandes, die in der pseudoeuklidischen Katoptrik erwähnt wird. Nach Apuleius sollen andere Werke eine Erklärung des Regenbogens und der Refraktion enthalten haben. Gewiß können wir die Richtigkeit dieser Angaben nicht überprüfen; überraschend ist jedoch schon die Nähe, in die diese beiden Phänomene gerückt werden.

In den folgenden Jahrhunderten werden der Mathematiker-Mechaniker Heron von Alexandria und Claudius Ptolemaios, der größte Astronom des Altertums, Meßtafeln für Brechungswinkel aufstellen und auf alle Überlegungen zur Beschaffenheit des Lichts verzichten. Diese Tafeln sind uns durch Vermittlung der Araber überliefert, die auch Verbesserungen daran vorgenommen haben. Im vierten Jahrhundert unserer Zeitrechnung, als der Verfall der hellenischen Wissenschaft bereits weit fortgeschritten ist, wird Damianus der letzte bekannte Grieche sein, der das Gebäude der alexandrinischen Optik vervollkommnet. Dem Historiker Vasco Ronchi zufolge war er es, der das Sonnenlicht mit den Sehstrahlen verglich und die Identität ihrer Eigenschaften nachwies. Außerdem postuliert er, daß der Blick das zu erblickende Objekt sehr schnell erreichen muß, und beweist – gestützt auf dieses »einheitliche Prinzip« – das Reflexionsgesetz.

[2] Vgl. oben, S. 177-227.

Haupt- und Nebenregenbogen

Man hat bereits sehr früh bemerkt, daß die Winkel, unter denen Haupt- und Nebenregenbogen erscheinen (etwa 42° und 50°), konstant sind. Dies erklärt, warum

- die Sonne stets hinter dem Beobachter steht;
- die Bögen (je nach Breitengrad) nur am Morgen oder am Spätnachmittag zu sehen sind; sobald die Sonne höher als 42° am Horizont steht, treffen die Strahlen des Hauptregenbogens nicht mehr auf die Erdoberfläche (und Entsprechendes gilt für den Nebenregenbogen, wenn die Sonne höher als 50° steht);
- im Gegensatz zur scheinbaren Wahrnehmung des einzelnen Beobachters der Regenbogen kein Kreisbogen in einer Ebene ist, sondern die Resultante aller Regentröpfchen in einem Raum, der eingeschlossen wird von zwei (hier als gestrichelte Linien dargestellten) Kegeln, deren Spitzen jeweils im Auge des Beobachters liegen und deren parallel zu den Sonnenstrahlen verlaufende Achsen einen Öffnungswinkel von etwa 42° für den Haupt- und von 50° für den Nebenregenbogen aufweisen.

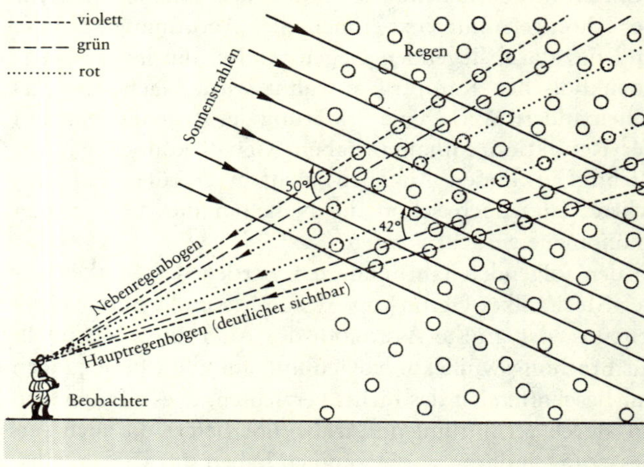

So war das Licht acht- oder neunhundert Jahre lang ein zentrales Thema des mythologischen, philosophischen und wissenschaftlichen Denkens in Griechenland oder, wie man vielleicht besser sagen sollte, des Mittelmeerraumes. In der ägyptischen, babylonischen, biblischen und Hesiodschen Genesis war am Anfang das Licht; allmählich verlor es seine Substanz und seine Einheit. Dieser Trennungsprozeß hat die Optik im Laufe der Jahrhunderte in einen psychologischen, einen physiologischen und einen physikalischen Bereich gespalten. Indem sie das Gebiet der Optik mit ihrem Modell des geradlinigen Strahls zusammenfallen ließen, befreiten die vorwiegend alexandrinischen Mechaniker und Astronomen das Licht von dem Problemballast, den die Frage nach seiner Natur aufwirft. Sie reduzierten das Licht auf den Sehstrahl und widmeten sich vor allem der Aufgabe, eine Geometrie seiner Bewegung aufzustellen.

Im weiteren wurde es üblich, die physikalische Optik in drei Kapitel einzuteilen: Perspektive, Katoptrik und Dioptrik.[3] So erlangte sie Stabilität, und nur die Meßtafeln konnten noch perfektioniert werden. Derart zerstückelt, entsubstantialisiert und geometrisiert konnte die alexandrinische Theorie des Lichts recht und schlecht die Probleme lösen, welche die Astronomie ihr stellte.

3 Vgl. S. 215.

Die arabische Optik

Die arabische Wissenschaft – weit davon entfernt, nur die Rolle eines Vermittlers zu spielen[4] – wird die Optik buchstäblich umkehren. Warum sich eine so bedeutsame Änderung in einer Gesellschaft vollziehen konnte, die das darstellende Bild ablehnt, ist nicht leicht zu erklären. Eine nur schwer beweisbare Hypothese würde diese Ablehnung gerade zur Bedingung dafür machen, daß es möglich wurde, den perspektivischen Kegel zugunsten eines Lichtstrahls aufzugeben, der vom Objekt ausgeht und ins Auge eindringt. Von dieser radikal neuen Konzeption aus werden die arabischen Optiker nicht nur die Zahlentafeln verbessern, sondern vor allem die Einheit der Optik insgesamt wiederherstellen. Dies ist das Werk von Abū ʿAlī al-Ḥasan b. al-Ḥasan b. al-Haiṯam, im Abendland unter dem Namen Alhazen bekannt, der 965 in al-Baṣrā geboren wurde und 1039 in Kairo starb.

4 Vgl. S. 269-313.

Indem sie die Ausbreitung des Strahls umkehrt, liefert die arabische Optik neue Antworten, beseitigt jedoch überdies alte Probleme und schafft neue. Für ein Auge, das zum Empfänger geworden ist, stellt sich das Problem des Sendens nicht mehr, sowenig wie die Frage, warum sehr unterschiedlich entfernte Gegenstände nebeneinander gesehen werden. Dafür erneuert sich das Problem der Wahrnehmung, wenngleich erheblich kompliziert durch das Prinzip der punktförmigen Zerlegung des Objekts in eine Vielzahl von Strahlen, die das Auge wieder zusammensetzen muß. Diese Schwierigkeit wird das Organ in den

Mittelpunkt der Probleme rücken und es über sechshundert Jahre lang zur wichtigsten optischen Maschine werden lassen.

Hat sich diese Konzeption eines Lichts, das von jedem Punkt des Sichtbaren ausstrahlt, bei den arabischen Gelehrten rasch durchgesetzt? Da es kaum ältere Dokumente gibt, fällt die Antwort schwer. Al-Baṣrā war vom siebten bis zum neunten Jahrhundert eine blühende Stadt, verlor jedoch seit der Schwächung der Abbasidenmacht – also zu der Zeit, in der al-Haiṯam geboren wurde – an Bedeutung. In Kairo, das dank seiner Universitätsmoschee gerade einen neuen Aufschwung erlebte, hat er gewiß die Leistungen der Schule von Alexandria kennengelernt, jenes alten Vorbilds der großen arabischen Wissenschaftszentren. Die alexandrinische Optik war geometrisch, metrologisch und enthielt sich meist irgendwelcher Substanzvorstellungen; insofern stand sie der neuen Auffassung nicht entgegen. Der argumentativ dichte und manchmal polemische Ton des Werkes von al-Haiṯam läßt uns jedoch annehmen, daß seine Ideen damals gewiß nicht die vorherrschenden waren.

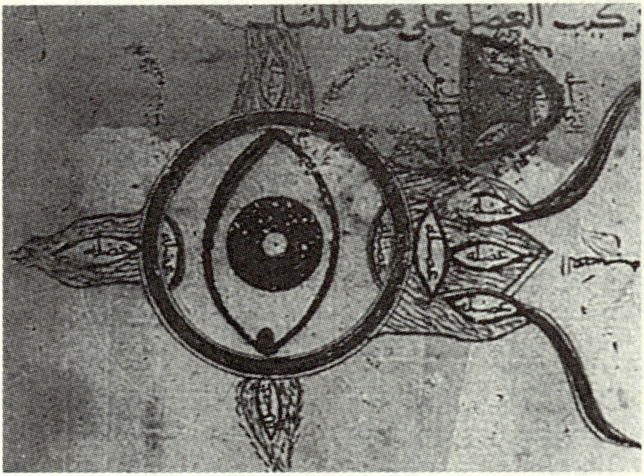

Anatomie des Auges. Miniatur aus einer ophthalmologischen Abhandlung Ibn al-Haiṯams. Museum für islamische Kunst, Kairo

Indem er das Auge zu einem optischen Apparat macht, bekräftigt al-Haiṯam entschieden den schon bei Aristoteles erkennbaren Gedanken, daß »beim Sehen alles Brechung ist«. Und wenngleich er weder die Umkehrung des Netzhautbildes noch die von der Linse bewirkte Fokalisierung berücksichtigt, ist er es, der die allgemeine Struktur

des Sehens entdeckt, wie sie noch in unseren Tagen gelehrt wird.
In dieser Epoche wird die Refraktion zum Schlüsselproblem der Optik, nicht nur der physiologischen, sondern auch der geometrischen. Auf diesem Gebiet ist die Konzeption al-Haiṯams schöpferisch. Da das Auge im Moment des Aussendens keine besondere Anstrengung verspürt, konnten die Griechen – trotz der Bemühungen von Heron und Damianus – den Sehstrahl nur schwer nach mechanischem Muster denken. Die von der arabischen Wissenschaft vollzogene Umkehrung wird es dagegen erlauben, die mechanische Metapher bis zum Grund auszuschöpfen, und zur Rechtfertigung auf die Ermüdung verweisen, die ein Übermaß an Licht für das Auge hervorruft.
Im Werk al-Haiṯams findet jeder Strahl, gleichsam zum »Geschoß« mit extremen Geschwindigkeiten geworden, nach diesem Modell die Rechtfertigung für die Geradlinigkeit der Ausbreitung sowie für die Gleichheit der Reflexionswinkel. Noch erstaunlicher ist, daß bei der Untersuchung der Brechung zwischen zwei unterschiedlichen Medien, etwa Wasser und Luft, die Bewegung des Strahls in ihre beiden Komponenten zerlegt wird, die zur Grenzfläche der Medien parallele und die senkrechte. Was die uns interessierende Refraktion betrifft, erklärt der arabische Gelehrte in seiner *Abhandlung über das Licht* die Brechung des Lichtstrahls folgendermaßen:

> »Lichtstrahlen, die sich in durchsichtigen Körpern ausbreiten, tun dies in einer sehr schnellen Bewegung, die wegen dieser Schnelligkeit nicht wahrnehmbar ist. Trotzdem ist ihre Bewegung in dünnen Körpern, das heißt solchen, die durchsichtig sind, schneller als ihre Bewegung in dichten Körpern [...] In der Tat setzt jeder durchsichtige Körper dem Licht, wenn es ihn durchquert, einen kleinen Widerstand entgegen, der von seiner Beschaffenheit abhängt.«

Hier taucht das Geschwindigkeitsargument auf, das die abendländische Wissenschaft jahrzehntelang beschäftigen sollte. Mit ihm löst sich die Optik von einer statischen Geometrie und wird zur »Speerspitze« einer Mechanik, der sie wichtige Anstöße gibt. – Eine andere Eigentümlichkeit al-Haiṯams besteht darin, daß er im Unterschied zu den alexandrinischen Gelehrten Phänomene mit Hilfe nicht-numerischer Regeln beschreibt. Wie aus dem folgenden ersichtlich, geben diese Regeln die Verhältnisse an, die bei der Brechung zwischen verschiedenen Winkeln bestehen:

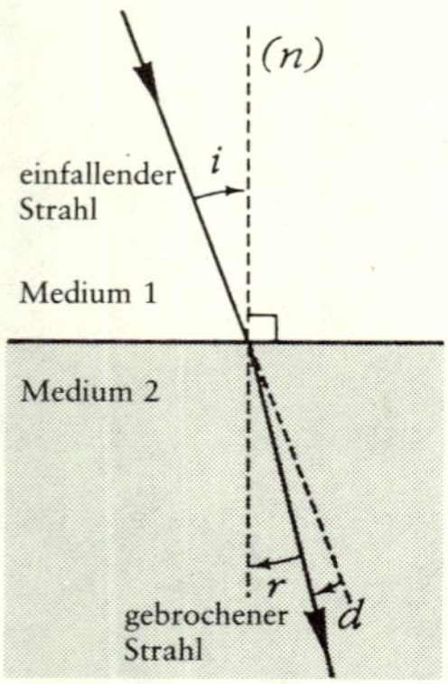

– Wenn der Einfallswinkel i wächst, wachsen auch der Brechungswinkel r und der Ablenkungswinkel d (wenn $i_1 < i_2$, dann $d_1 < d_2$ und $r_1 < r_2$);
– doch diese Veränderung ist größer für die Einfallswinkel i als für die Ablenkungswinkel d ($d_2 - d_1 < i_2 - i_1$);
– das Verhältnis der Ablenkung zum Einfallswinkel d/i wächst um so rascher, je größer der Einfallswinkel i ist ($d_2/i_2 > d_1/i_1$);
– beim Übergang vom optisch dünneren zum optisch dichteren Medium (Medium 1 nach Medium 2) ist $d < 0{,}5\, i$; umgekehrt ist beim Übergang vom optisch dichteren zum optisch dünneren Medium $d < 0{,}5\,(i + d)$;
– ein weniger dichtes Medium bricht das Licht vom Einfallslot n weg;
– ein dichteres Medium lenkt das Licht zum Einfallslot n hin.

Wie man sieht, handelt es sich hier um ein Brechungsgesetz; alle Bezüge oder Hinweise auf ein »natürliches« Phänomen sind ausgelöscht; nichts bleibt außer einer Reihe von Prinzipien, von Regeln. Die Arbeit des arabischen Mathematikers und Physikers wird im Abendland zwar erst 1572 gedruckt, hat aber beträchtlichen Einfluß auf die wenigen Gelehrten, die die Optik im Mittelalter weiterentwickeln. Übrigens bleibt die arabische Optik bis ins vierzehnte Jahrhundert äußerst lebendig, noch lange nach dem Niedergang der übrigen Wissenschaften.

Theologische Optik

Während in der Antike und in der arabischen Zivilisation die Optik in den großen intellektuellen und politischen Zentren blüht, beginnt mit dem dreizehnten Jahrhundert eine Epoche, in der sich die Erforschung des Lichts an die Ränder Europas verlagert. In Paris, der intellektuellen und weltlichen Hauptstadt des Abendlandes, bleiben die Scholastiker der antiken Konzeption des Sehens treu; vollends beschäftigt mit dem Studium der *auctores*, insbesondere der logischen und mathematischen Schriften des Aristoteles, vernachlässigen sie das Studium der Optik.[5]
Dagegen stellen die Gelehrten der Schule von Oxford, insbesondere ihr Begründer Robert Grosseteste (1168-1253), Bischof von Lincoln, die Optik in den Mittelpunkt ihrer Wahrheitssuche. Anknüpfend an die augustinische Konzeption, die im Licht ein Abbild der göttlichen Gnade sieht,

[5] Vgl. S. 315-349.

unternehmen sie eine ganz andere Aristoteles-Lektüre als die Pariser Scholastiker.

Grosseteste unterscheidet in der Wissenschaft die Erkenntnis der Tatsachen von der Erkenntnis der Ursachen. Drei grundlegende Aspekte der wissenschaftlichen Forschung hebt er deshalb hervor: die induktive, die experimentelle und die mathematische Seite. Er empfiehlt, Hypothesen und Folgerungen anhand der Erfahrung zu überprüfen, und behauptet zur Rechtfertigung seiner Methoden ein Ökonomieprinzip der Natur: »Alles Wirken der Natur geschieht auf die bestimmteste, kürzeste und vollkommenste aller möglichen Weisen.« Angewandt auf das Licht heißt das: »Die Natur handelt auf dem kürzestmöglichen Wege.«

Unter diesen Bedingungen rückt die Erforschung des Lichts in den Mittelpunkt seiner Auffassung der physischen Welt. Und nicht nur das: Da er von hier aus eine enge Parallele zu seiner Metaphysik herstellt, deren Schlüssel das Hervorgehen der Wesen aus der Einheit ist, macht Grosseteste das Licht zum Zentralproblem aller Erkenntnis: »Alles ist eins, hervorgegangen aus der Vollkommenheit eines einzigen Lichts, und die Dinge sind viele nur dank der Vervielfachung des einen Lichts.« Der Einsatz ist gewaltig: Da sich die Optik von der Geometrie nicht trennen läßt, ist alle Philosophie ohne diese Mathematik unmöglich, »weil alle Ursachen der natürlichen Wirkungen mit Hilfe von Winkeln, Linien und Figuren ausgedrückt werden müssen; denn anders wäre es unmöglich, von der Ursache dieser Wirkungen Kenntnis zu erhalten«. In dieser Optik als Erster Wissenschaft ist das Licht die »Elementarform«, »das erste Bewegungsprinzip der Wirkursache«. Zwei Phänomene beschäftigen die Oxforder Gelehrten besonders: der Regenbogen und die sphärischen Linsen. Natürlich ist die Wahl dieser beiden Objekte nicht beliebig. Jenes Wunder der glücklichen Natur, Symbol des Bundes Gottes mit den Menschen, findet in diesen hochentwickelten Erzeugnissen der Glastechnik, angeregt von der Kunst der Kirchenfenster, sein Labormodell. Die Refraktion als Schlüssel zu beiden Phänomenen ist über sie mit dem Problem der Farbe verknüpft. So gibt Dietrich von Freiberg (1250-1310) in seiner Abhandlung *De iride et radialibus impressionibus* erstmals die Erklärung des Phänomens (freilich ohne mathematisches Brechungsgesetz):

»Aufgabe der Wissenschaft der Perspektive ist es, zu bestimmen, was der Regenbogen ist, da sie, indem sie dies tut, seine Ursache zeigt, insofern sie den Regenbogen nicht nur beschreibt, sondern hinzufügt, auf welche Weise diese Art Konzentration in dem Licht hervorgerufen werden kann, das von einem leuchtenden Himmelskörper zu einem Ort geht, der von einer Wolke bestimmt wird, und das dann durch besondere Brechungen und Reflexionen der Strahlen zu jenem Ort gelenkt wird, der vom Auge bestimmt wird.«

Daß von einem Phänomen, wie majestätisch es auch sei, so viel abhängen soll, während es uns als einfache optische Illusion erscheint, muß den Menschen des zwanzigsten Jahrhunderts in Erstaunen versetzen. Man darf nicht die grundlegende Rolle der Theologie in den gesellschaftlichen Verhältnissen des dreizehnten Jahrhunderts vergessen und muß noch einmal daran erinnern, daß der Regenbogen als Symbol des göttlichen Bundes ein Streitobjekt der Theologen war.

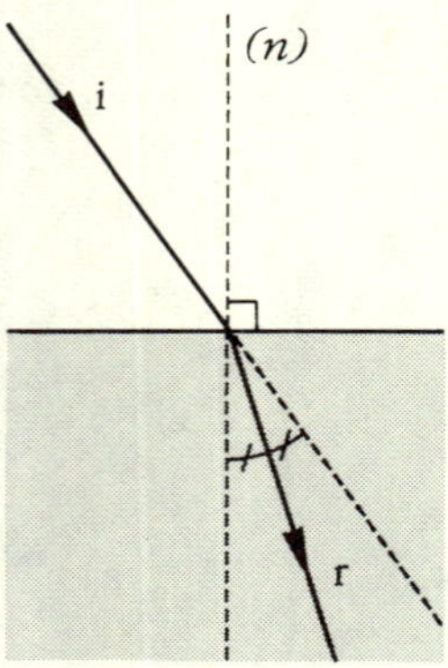

Bekanntlich sah Aristoteles im Regenbogen das Ergebnis der Reflexion des Lichts in einer Wolke. Grosseteste entwickelt diese Auffassung weiter und macht ihn zu einem Refraktionsphänomen, dessen Prinzip freilich noch zu begreifen ist. Daher formuliert Grosseteste in seiner eigenen Schrift *De iride* ein Refraktionsgesetz, nach dem der gebrochene Strahl *r* der Winkelhalbierenden des Winkels zwischen dem Lot *n* und dem einfallenden Strahl *i* folgt.

Man kann daraus ersehen, wie sorglos die ersten Anhänger der experimentellen Methode mit den Experimenten umgingen. Bereits mehrere hundert Jahre zuvor hatte al-Haiṯam behauptet, daß das Verhältnis der Winkel, die *r* und *i* mit *n* bilden, konstant ist. Indem er dieses Verhältnis auf $^1/_2$ fixiert, zeigt der englische Autor unwiderleglich, daß die Sorge um geometrische Harmonie in Gottes Schöpfung über die Imperative einer experimentellen Rationalität triumphiert. Grossetestes Schüler Roger Bacon (1219-1292), der *Doctor admirabilis*, führt das Werk des Lehrers fort. Er taxiert die extreme Geschwindigkeit des Lichts, indem er sie mit der Geschwindigkeit des Kanonendonners vergleicht, den wir erst wahrnehmen, nachdem wir den Pulverdampf längst gesehen haben. Im Anschluß an die Arbeiten al-Haiṯams und al-Kindīs über die Linsen beschreibt er geometrisch die Position des Regenbogens am Himmel und nimmt an, daß er aus einer Vielzahl von Tröpfchen besteht.

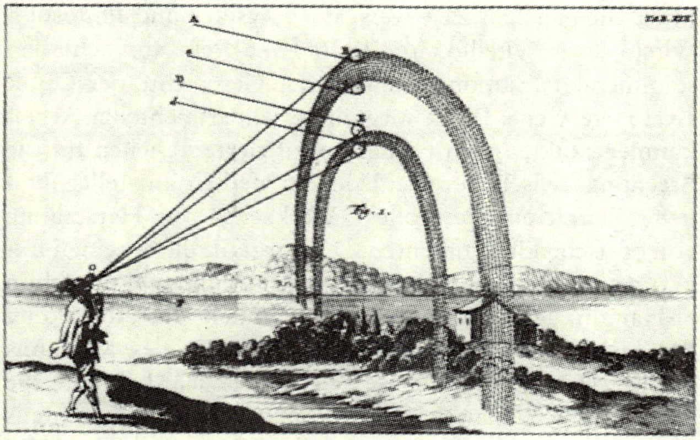

Pseudorealismus des Rationalismus. Wie kann sich der »gemeine Verstand« von einer Wahrheit überzeugen, wenn das Bild, das sie beweisen soll, der Realität, die jeder kennt, in solchem Maße Gewalt antut? Nicht einmal die kleine Figur sieht etwas von dem, was sie angeblich sieht: sie befindet sich nicht in der Ebene, die lotrecht auf die Ebene der Regenbögen in deren Mittelpunkt stößt. In: G. Jacob 's Gravesande, Physices elementa mathematica experimentis confirmata, *1722; Bibliothèque nationale, Paris*

Die Erklärung des Regenbogens

Im dreizehnten Jahrhundert kamen Roger Bacon und nach ihm Dietrich von Freiberg auf den Gedanken, daß Regenbögen durch Brechungen und Reflexionen in den Regentropfen entstehen. Mit Wasser gefüllte Glaskugeln machten es möglich, genaue Messungen vorzunehmen.

Man sieht in jedem der übergroß dargestellten Regentropfen, wie sich die Strahlen der äußeren Farben des Haupt- und Nebenregenbogens bilden. Dabei werden die Strahlen des Hauptregenbogens einmal reflektiert, die des Nebenregenbogens zweimal; woraus sich die Umkehrung der Farbenfolge erklärt. Die Farben entstehen durch die Refraktion der Strahlen des weißen Lichts, das in einen Regentropfen eindringt. Die Größe der Tropfen ist nicht ohne Bedeutung; unterhalb eines Zehntelmillimeters ist die Farbe nicht sichtbar, und es kann ein weißer Regenbogen entstehen.

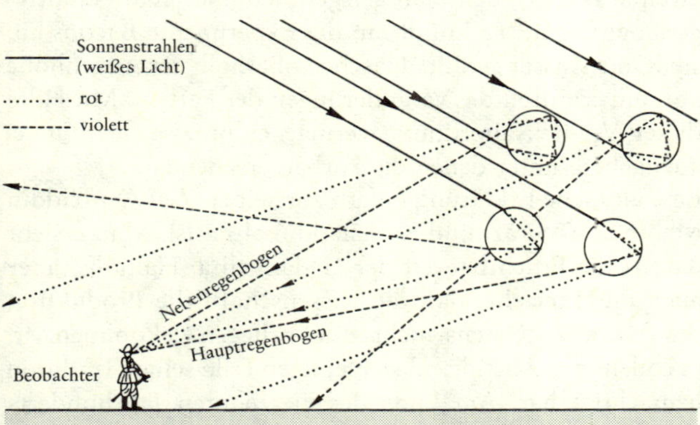

Etwa zur gleichen Zeit weist der Physiker und Philosoph Witelo (oder Vitellio, um 1230-1275), ein aus Schlesien stammender Prämonstratenser, der Geschichte der Optik zwei neue Wege. Dank sorgfältiger experimenteller Arbeit kann er exakte, nach Farben spezifizierte Tabellen für die Brechung zwischen verschiedenen Medien aufstellen und liefert damit ein wertvolles »Werkzeug« zur Herstellung von optischen Instrumenten. Die Sorgfalt, die er seinen Experimenten widmet, führt ihn zu der Annahme, die schon al-Haiṯam gemacht hatte, daß nämlich die Ablenkung des Lichtstrahls mit zunehmender Dichte des Mediums wächst. Dennoch wird dieses Werk nicht sehr bekannt; die Verbreitung wissenschaftlicher Bücher ist freilich damals noch gering und sehr von Zufällen abhängig. Erst 1572 wird der Text zusammen mit dem des arabischen Gelehrten veröffentlicht. Wir werden bei Kepler sehen, daß diese doppelte Publikation erhebliche Wirkungen hat.
Die eigentliche Urheberschaft an der Erklärung des Regenbogens kommt jedoch einem Dominikaner, Dietrich von Freiberg, zu. Daß er nicht das »richtige« Brechungsgesetz formuliert hat (das erst dreihundert Jahre später gefunden wird), sollte uns von diesem Urteil nicht zurückhalten. Insofern er die vollständige Reihe der optischen Phänomene entdeckt, die den Regenbogen hervorrufen (Zusammensetzung aus einer Vielzahl von Wassertröpfchen, geradlinige Bewegungen der Sonnenstrahlen, Reflexionen, Refraktionen, Bestimmung der Winkel, unter denen das Phänomen erscheint), kann man durchaus behaupten, daß er den Regenbogen erklärt. Außerdem liefert er die Erklärung des zweiten Bogens, den man gelegentlich über dem Hauptregenbogen sieht. Er knüpft an die Experimente Bacons an, stellt mit Wasser gefüllte Flaschen oberhalb der Augenhöhe auf und ermittelt die Veränderungen der Farben. Mit Hilfe dieser Versuchsanordnung vermag er präzise die Winkel anzugeben, unter denen die Farben erscheinen.
Eine ähnliche Erklärung liefern zur selben Zeit Quṭbaddīn Maḥmūd aš-Šīrāzī und Kamāladdīn al-Fārisī. Man ersieht daraus die Fruchtbarkeit der Gedanken al-Haiṯams, aber auch die Tatsache, daß die wissenschaftliche Produktion des Mittleren Ostens nicht zum Erliegen gekommen ist, nachdem das Abendland sich einiger Teile seiner Tradition bemächtigt hat. Am Ende des vierzehnten Jahrhunderts liegt die arabische Optik keineswegs im Sterben: al-Fārisī führt die Untersuchungen seines berühmten Vorgängers

Diese imaginäre Szene (man beachte die beiden Sonnen) zeigt fünfundzwanzig Jahre vor Della Porta einige der Phänomene, welche die Magia naturalis *behandeln wird: Brechung der Regenbögen, Sammellinse, im Wasser gebrochene Beine, perspektivische Veränderung der Formen, Reflexion im Zerrspiegel.*
Frontispiz in: Vitellonis mathematici doctissimi [...] Perspectiva, *1535; Bibliothèque nationale, Paris*

mit der *camera obscura* fort, die Leonardo da Vinci aufgreifen wird, und schlägt eine Erklärung der Refraktion vor mit der Behauptung, die Lichtgeschwindigkeit müsse in umgekehrter Proportion zur Dichte der Medien stehen.
Da sie den Gesichtssinn als dasjenige Sinnesvermögen betrachteten, das den besten Zugang zur Wahrheit der Welt gewährt, mißtrauten die Aristoteliker der Sorbonne allem, was sie für bloßen Schein hielten. Das führte sie zu einer Einstellung, die uns vielleicht paradox anmutet. Wenngleich die optischen Täuschungen, die schon von den Arabern untersucht worden waren, große Faszination auf sie ausübten, weigerten sich die mittelalterlichen Gelehrten – mit Ausnahme derer, über die wir gesprochen haben – mehr als drei Jahrhunderte lang, optische Linsen als Forschungsgegenstand zu betrachten: »Was sie erscheinen lassen, sind keine Dinge der Schöpfung.« Reste dieses Widerstands werden sich bis zum Beginn des siebzehnten Jahrhunderts halten, als Galilei versuchte, das astronomische Fernrohr durchzusetzen oder, genauer gesagt, die Realität dessen, was es sichtbar macht. Zwar wurden Sammellinsen, die – vermutlich eine Entdeckung von Glasmachern – das Sehvermögen des Weitsichtigen verbessern, seit Anfang des dreizehnten Jahrhunderts verwendet. Doch obwohl sie sich damals als gutes Modell für die Erforschung der Augenlinse angeboten hätten, wurden ernsthafte Untersuchungen erst im sechzehnten Jahrhundert unternom-

men. Merkwürdig, wie Männer mit Brille auf der Nase Seite um Seite dickleibige Bücher über das Sehen schreiben und nicht sehen, daß sie den Schlüssel zur Lösung buchstäblich vor Augen haben! Man muß annehmen, daß sich das Problem für sie nicht in den gleichen Begriffen stellt wie für uns. Vergessen wir nicht, daß der größte Teil der arabischen Optik unbekannt war und daß die griechische Auffassung eines Etwas, das dem Auge entströmt, die Frage umgeht, welche vermittelnde Rolle die Augenlinse spielt.

Dennoch genügt dies noch nicht, um uns davon zu überzeugen, daß das Fehlen von Untersuchungen über die Brille einzig aus einer bestimmten Theorie über die Ausbreitungsrichtung des Sehstrahls zu erklären sei. So schreibt Dante, der die Theorie des Archytas von Tarent weitgehend aufgibt und die seinerzeit wenig geschätzten Thesen des Aristoteles wiederaufnimmt, in seinem *Convivio*: »Die sichtbaren Dinge [...] kommen ins Auge [...] nicht wirklich, sondern absichtlich«, bemerkt dann aber, nach ausführlicher Erörterung der Weitsichtigkeit und der Mittel, ihr abzuhelfen, »daß viele, wenn sie lesen wollen, die Schrift von dem Auge entfernen, weil das Bild innen ihnen auf leichtere und zartere Weise zukommt«. Und dennoch findet man bei ihm keinen Hinweis auf Korrekturgläser.

Abgesehen also von einigen Männern, die auf nicht hinreichend geklärte Weise mit der arabischen Optik in Berührung gekommen sind, bleibt die mittelalterliche Optik bis ins fünfzehnte Jahrhundert einem scholastischen Weltbild verhaftet, in dem das Licht – als gemeinsames Medium der himmlischen und der sublunaren Welt, als erhabene Form jeder Übertragung – keinerlei Störung und keinen Vermittler kennt. Das Licht ist unmittelbare Beziehung zu Gott; und unter diesem Aspekt ist der Gesichtssinn das Sinnesvermögen *par excellence*.

Die Optik in der Welt der Kaufleute

Nachdem sie die Kirchen und Klöster verlassen und sich in die Welt der Kaufleute, Bankiers und *condottieri* begeben hat, wird die Malerei zum entscheidenden Vektor, der die Optik – und vielleicht mehr noch deren Verhältnis zur Gesellschaft – transformiert. Indem sie die Probleme der Perspektive und der perspektivischen Verzerrungen, vor allem der Anamorphosen, in aller Öffentlichkeit behandelt,

entreißt sie die Optik den Philosophen und Theologen und macht sie zu einem weltlichen Gegenstand.
Um 1500 wiederholt Leonardo da Vinci die Experimente al-Haiṯams mit der *camera obscura*, ohne daß wir wüßten, ob er sie kannte. Er setzt die Funktionsweise der *camera obscura* mit der des Auges gleich und bemerkt die Umkehrung des Bildes auf der Netzhaut. Mit diesem großen Maler-Ingenieur, diesem genialen Vorläufer auf vielen Gebieten, setzt zu Beginn des sechzehnten Jahrhunderts die Blüte der optischen Forschung ein, die von Italien aus ihren Siegeszug durch ganz Europa antritt. War die Optik bis dahin auf die *studii* einiger Kleriker beschränkt, wird sie in der zweiten Hälfte des sechzehnten Jahrhunderts weite Verbreitung finden.
1558 wird zum ersten Mal die *Magia naturalis* von Giovanni Battista Della Porta (1534-1615) gedruckt. Mit beachtlichem Erfolg! Das Werk erlebt, immer wieder erweitert, ungewöhnlich viele Auflagen: dreiundzwanzig lateinische und mehr als zwanzig in den Volkssprachen (Französisch, Italienisch, Spanisch, Holländisch ...). Wie der Titel bereits vermuten läßt, ist die *Magia naturalis* ein Werk, in dem das Spektakuläre oftmals die Oberhand über den streng wissenschaftlichen Diskurs gewinnt; vielleicht war diese übertriebene Popularisierung notwendig, denn die Wirkung war durchschlagend. Wichtig ist, daß diese Darstellung des Wunderbaren und der »Magie« den Anlaß und die Rechtfertigung für zahlreiche Betrachtungen über Linsen bot. Damit verändert sich die Einstellung der damaligen Wissenschaft gegenüber solchen Gegenständen; sie werden rasch zum entscheidenden Problem der Optik. Und mit der Untersuchung von Gläsern aller Art nimmt die Erforschung der Refraktion einen neuen Anlauf.
Im Jahre 1593 veröffentlicht Della Porta sein zweites großes Werk über Optik, *De refractione*, in dem er all seine Studien zu verschiedenen optischen Phänomenen versammelt: zur Entstehung des Netzhautbildes, über konkave, konvexe und sphärische Linsen, über den Regenbogen. Doch seine Erklärungen bleiben oft hinter denen der Oxforder Schule oder der deutschen Autoren des dreizehnten Jahrhunderts zurück. Man sieht daran – was freilich kaum noch eines Beweises bedarf –, wie wenig ihre Arbeiten bekannt waren. Bei Della Porta ist die Konzeption des Lichtstrahls sehr wirr, und die von al-Haiṯam dargelegte Zusammensetzung des Bildes aus lauter Punkten hat sich

noch nicht endgültig durchgesetzt, obwohl die Werke des arabischen Gelehrten, zusammen mit denen Witelos, zwanzig Jahre zuvor in Basel publiziert worden sind.
Insgesamt hat sich in diesem halben Jahrhundert das Gebiet der Optik erheblich gewandelt. Die Probleme, Lösungen, »Wunder« und Instrumente sind aus der Abgeschiedenheit ins Licht der Öffentlichkeit getreten. 1590 wird das erste Fernrohr mit Zerstreuungslinse in Italien hergestellt. Und 1571 wird in einem kleinen württembergischen Ort der Begründer der modernen Optik geboren: Johannes Kepler.

Kepler und die Optik des Barock

1604 beendet der große deutsche Astronom das Werk, an dem er mehrere Jahre geschrieben hat, die *Paralipomena ad Vitellionem*, und widmet es »Rudolph II., römischem Kaiser, allezeit Mehrer des Reichs [...], Könige von Ungarn, Böhmen usw., Erzherzog von Oesterreich, usw.« Er behandelt darin den optischen Teil der Astronomie, in dem sich zwei Probleme stellen: die atmosphärische Brechung des Lichts der Sterne und die Verringerung des Mondhalbmessers bei Sonnenfinsternissen. Wie man sieht, sind es dieselben Fragen, mit denen sich schon die Alexandriner beschäftigt hatten.
Als aufmerksamer Leser al-Haiṯams und Witelos hat Kepler als Nachfolger Tycho Brahes in Prag den erheblichen Einfluß optischer Phänomene bei astronomischen Beobachtungen erkannt. Vergessen wir nicht, daß es die außerordentlich präzisen Beobachtungen des Dänen sind, die es Kepler erlauben werden, seine Gesetze auf völlig gesicherter Grundlage aufzustellen. Man kann nur verblüfft sein über diese rekurrente Verbindung zwischen Optik und Astronomie. Wieder einmal ist die Refraktion, für die Brahe soeben neue Tafeln aufgestellt hat, das Schlüsselproblem der Beobachtung.
In seinem umfangreichen Buch, bescheiden als Ergänzung zu Witelo deklariert, entfaltet Kepler in einer langen Folge von Definitionen, Lehrsätzen, Beweisen, Exkursen und Beschreibungen seine Konzeption der gesamten Optik. An geeigneter Stelle referiert er kritisch die antiken Theorien, verweist auf Alhazen und Witelo und übernimmt die Brechungstafeln dieser beiden Autoren sowie die Tycho Brahes. Ausgehend von einer 1600 begonnenen Untersuchung der *camera obscura* als Simulation des schwierigen Pro-

blems der Sonnenfinsternis, schwillt der Umfang der *Paralipomena* immer mehr an, bis sich das Werk auf sämtliche Gebiete der physikalischen und mathematischen Optik erstreckt, von den metaphysischen Betrachtungen ganz zu schweigen.

Kepler macht die Kugel zum Bild der göttlichen Dreifaltigkeit, die zum Archetyp des Lichts wird. Vom Mittelpunkt der Kugel in allen Richtungen zu ihrer Oberfläche ausstrahlend, breitet es sich im Nu ins Unendliche aus. Bei der Darstellung seiner Auffassung von der Beschaffenheit des Lichts bemerkt Kepler beiläufig dessen Beziehungen zur Wärme und macht aus der Sonne, dem »Körper mit dem Vermögen, mit jedem Ding in Verbindung zu treten«, den Mittelpunkt der Welt.

In seiner *Astronomia nova* aus dem Jahre 1609, in der Kepler eine Theorie der gegenseitigen Anziehung der Körper entwickelt, sagt er, »daß, wie das Licht, das alles auf Erden erleuchtet, eine immaterielle Spezies jenes Feuers ist, das sich im Sonnenkörper befindet, so diese Kraft, die die Planetenkörper erfaßt und fortträgt, eine immaterielle Spezies jener Kraft ist, die in der Sonne selbst ihren Sitz hat«. Zahlreiche Wissenschaftshistoriker haben sich gewundert, daß Kepler angesichts dieser Ähnlichkeit zwar bei der Ausbreitung des Lichts das Gesetz der umgekehrten Quadrate der Abstände erkannte, aber kein analoges Gesetz der Anziehung formuliert hat. Auf die Gefahr hin, schulmeisterlich zu erscheinen, wollen wir daran erinnern, daß den Historiker nichts so leicht in die Irre führt wie die nachträgliche Evidenz. Wenn der von Newton beschrittene Weg uns heute »natürlich« erscheint – festgestampft von den Schritten vieler Tausender –, dürfen wir nicht vergessen, daß es ihn zur Zeit Keplers noch gar nicht gab; und wenn Auguste Comte über Kepler schreibt, »metaphysische Betrachtungen« hätten seine Fortschritte »beträchtlich verlangsamt«, so darf man sich wohl fragen, was darunter zu verstehen sein soll, wenn man noch gar nicht weiß, wohin man geht.

Davon abgesehen stellt Kepler die Frage nach dieser möglichen Analogie selbst und verwirft sie schließlich. Nach seiner Auffassung läßt sich das photometrische Gesetz auf die Kraft, welche die Sonne auf die übrigen Planeten ausübt, nicht anwenden. Denn diese tangential ansetzende *vis motrix* nimmt nur linear ab (das heißt im Verhältnis $1/r$, wobei r die Entfernung zwischen der Sonne und dem betreffenden Planeten ist), während das sich flächenförmig ausbreitende Licht entsprechend »zweidimensional« abnimmt (das heißt im Verhältnis $1/r^2$). Für den Astronomen des beginnenden siebzehnten Jahrhunderts ist dies eine unabweisbare »Evidenz«. Die tiefen Verbindungen zwischen Astronomie und Optik, die bei Experimenten und Beobachtungen unübersehbar waren, verschwanden merkwürdigerweise, sobald man sich den Problemen näherte, welche die Natur des Lichts und der Anziehung betrafen.

Die Zahl der Entdeckungen, die in den *Paralipomena* vorgelegt werden, ist Legion. So erfährt man über die Wärme, daß das Licht die Körper unterschiedlich erwärmt, je nachdem ob sie schwarz oder weiß sind, und daß diese Wärme nicht materiell ist. Das beidäugige Sehen wird in all seinen geometrisch-optischen Aspekten begriffen. Mit Hilfe des Winkelmessers wird die Stellung der Bilder im Spiegel endgültig geklärt. Dieser Flut von Erklärungen, in der sich auf all diese alten Fragen eine Antwort findet, widersteht eigentlich nur die Refraktion. In seltener intellektueller Freigebigkeit teilt Kepler die Fülle seiner Erkenntnisse aus; in seiner Widmung an Rudolph II. kündigt er an:

> »Da jedoch der ganze Vorgang des Sehens, der durch Brechung, durch Abbildung der gesehenen Dinge und durch Farben zustande kommt, von Grund aus entwickelt werden mußte, so darf sich niemand wundern, wenn ich etwas längere Abschweifungen gemacht habe [...] zu den Kegelschnitten, [...] zu dem optischen Kunststück J. B. Porta's, [...] zu der Natur des Lichts und der Farben und an anderen Stellen zu anderen Dingen. Denn wenn diese Gegenstände auch keinen besonderen Nutzen für die Astronomie haben, so sind sie doch an sich wissenswert.«

Auf dem weiten Feld der Optik wird der ganze überkommene Problembestand beackert. Kepler spricht von der »unendliche[n] und saure[n] Mühe, die ich bei der Entwirrung dieser schon so viele Jahrhunderte vernachlässigten und so vielgestaltigen Gegenstände aufgewendet habe«; andere hätten über jeden davon besondere Bücher geschrieben und ebenso viele Autoritäten angerufen. Denn Kepler ist sich der riesigen Aufgabe, die er übernommen hat, völlig bewußt, und indem er sich mit dem König vergleicht, der gegen die Türken Krieg führt, appelliert er an die Großzügigkeit des Fürsten:

»Dann würde ich niemals befürchten müssen, daß der bitterste Feind der Wissenschaften, der Mangel, mich aus der meiner Treue gleichsam anvertrauten Burg durch Hunger vertreiben könnte, und ich würde nicht im Zweifel sein, daß Ew. Majestät mich rechtzeitig mit Hilfsmitteln ausstatten werden, so daß ich die Belagerung aushalten [...] könnte.«

Beachten wir im Vorübergehen den Statuswandel des Gelehrten seit der Epoche der Franziskaner und Dominikaner im dreizehnten Jahrhundert, der an dieser ausführlichen strategischen Metapher deutlich wird. Um in diesem mäzenatischen Säkulum dem Fürsten zu schmeicheln, muß der Gelehrte »die einzige eines deutschen Mannes würdige Betrachtung« anstellen, »daß es schön sei, auch zu sterben in dem so ehrenvollen Dienste eines solchen Fürsten«. Später, in der *Astronomia nova*, wird er Seine Majestät inständig bitten, »den Schatzmeistern zu befehlen, sie mögen an den Lebensnerv des Krieges denken und mir von neuem Geld zur Werbung von Soldaten zur Verfügung stellen«. Im Vertrauen auf seine Erfolge bei der Erklärung der Reflexion versucht Kepler am Leitfaden einer etymologischen Analyse der griechischen und lateinischen Ausdrücke, die das Vokabular von Reflexion und Refraktion eng miteinander verbinden, letztere auf Reflexionen in Spiegeln mit ganz besonders geformten Flächen zu reduzieren, die er im übrigen niemals exakt definieren sollte. Er erforscht also systematisch, ausgehend von der Größe der Brechungen, das Verhältnis eines Mediums zu einem anderen. Schließlich spricht er sich, im Anschluß an Alhazen, für die Proportionalität der beiden Winkel aus – eine fast exakte Annäherung, wenn sie, wie in der Astronomie, klein sind.

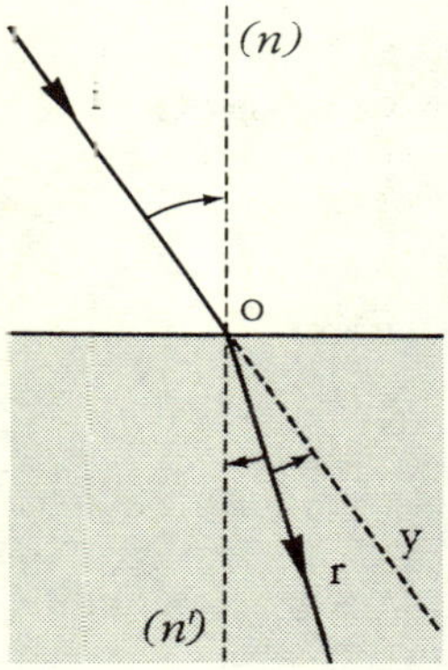

Kepler entdeckt das Brechungsgesetz nicht, da er sich auf den Winkel roy *konzentriert, statt den Winkel* n'or *mit dem Winkel* ion *zu vergleichen. Der Winkel* roy *ist der Ablenkungswinkel, der die Astronomen interessiert. Ausgerechnet die Astronomie, der Keplers Forschung ihren Anstoß verdankt, hindert ihn also unmittelbar vor dem Ziel, das richtige Ergebnis zu finden.*

Für andere Phänomene bleibt dieses Ergebnis jedoch unbefriedigend, und die Refraktion widersteht immer noch jener beeindruckenden Anstrengung, mit der Kepler »den Spuren des Schöpfers schwitzend und keuchend gefolgt« ist. Trotz der gewaltigen Leistung ist sein Überblick über die optischen Erscheinungen nicht erschöpfend, und im ganzen Werk erwähnt er die Sammellinse nur ganz am Rande, um sie mit der Augenlinse zu vergleichen.

In derselben Zeit beginnen die holländischen Linsenschleifer, nach dem italienischen Modell von 1590 astronomische Fernrohre herzustellen. Fünf Jahre später setzt Galilei mit diesem Instrument – zunächst einer bloßen Kuriosität der »natürlichen Magie« – den entscheidenden Hebel an, der das peripatetische Gebäude zum Einsturz bringt. Die beträchtliche Wirkung des *Sidereus nuncius* braucht nicht weiter betont zu werden; mit der Darstellung der Entdekkungen, die dem Fernrohr zu verdanken sind, zeigt Galilei in diesem Buch einen unbekannten Himmel, an dem neue Sterne aufgehen.

Trotz der Allianzen, die er nacheinander mit den Kaufleuten, dem Bürgertum, dem Adel und gewissen kirchlichen Würdenträgern einging, hatte Galilei bekanntlich vor allem gegen den Aristotelismus zu kämpfen, der in der Kirche präsent und in der Universität allmächtig war. Die Ermahnung von 1616 und die Verurteilung von 1633 sind die Folge; doch das ist eine *andere* Affäre.[6] Zur Geschichte der Refraktion hat Galilei kaum etwas beigetragen; allerdings hat die Verwendung des Fernrohrs, der die Entdeckung der Jupitermonde zu verdanken ist, eine unerwartete Folge für die Theorie des Lichts. Dank der von Galilei entdeckten »mediceischen Gestirne« wird Ole Rømer 1675 zum ersten Mal die Lichtgeschwindigkeit messen können und mit 308 000 km/s angeben. Damit endet ein zweitausendjähriger Disput über die Frage, ob sich das Licht »ohne Verzug« ausbreitet oder nicht.

[6] Vgl. S. 395-443.

Trotz einigem Zögern erfaßt Kepler rasch die Bedeutung des Galileischen Fernrohrs. 1611 schreibt er eine Abhandlung über die Linsen, die *Dioptrice*, in der erstmals die Theorie des Fernrohrs dargelegt wird. Es ist ein klares und einfaches Werk, das noch von der schwierigen Geburt der *Paralipomena* profitiert und in dem sämtliche Folgerungen aus der geometrischen Optik und den sieben Jahre zuvor aufgestellten Prinzipien der Reflexion und Refraktion gezogen werden. Zwar steht das Brechungsgesetz noch immer aus, aber die Funktionsweise sämtlicher optischen Apparate wird perfekt beschrieben.

Man könnte bei dieser Gelegenheit etwas dreist nach dem »Nutzen« eines Brechungsgesetzes fragen, wenn doch alle Rätsel, deren Lösung ihm einige Lustren später in den Schriften Descartes' zugeschrieben werden, bereits ergründet sind. Man könnte diesen vorlauten Zweifel auch auf die »Revolution« ausdehnen, die der Zusammenbruch der alten optischen Auffassungen angeblich darstellt. Besteht sie darin, daß Galilei die »maßgeblichen Leute« dazu drängte, einen Blick durch sein Fernrohr zu werfen? Besteht sie im Sieg des »barocken Genies« von Kepler, der ein neues »Paradigma« vorschlagen kann, indem er den gesamten überlieferten Problembestand gleichzeitig bearbeitet? Oder in der Durchsetzung eines Della Porta, der mit seinen populären Erfolgsbüchern das Reifen neuer Ideen ermöglicht? Sofern es denn überhaupt einen Bruch gegeben hat, sei er nun ideologisch, epistemologisch oder soziologisch!

In seiner *Histoire de la lumière* berichtet Ronchi von einem Abt aus Messina, Francesco Maurolico, der 1523, ein knappes Jahrhundert vor dem Erscheinen von Keplers *Dioptrice*, in einem verlorenen apulischen Kloster eine kleine optische Schrift beendete, die erst 1611 veröffentlicht wird. Ist es nicht seltsam, zahlreiche Entdeckungen Keplers, eine ziemlich ähnliche Auffassung des Lichts und einen recht verwandten Stil der Beweisführung bereits achtzig Jahre zuvor dargestellt zu finden?

Es geht nicht darum, die Redlichkeit Keplers in Frage zu stellen, der seine Vorgänger ausgiebig zitiert und ihnen manchmal sogar Verdienste zuspricht, die sie nicht immer hatten. Außerdem war das Werk Maurolicos nicht gedruckt und konnte Ronchi zufolge, der ihm mehrere Seiten widmet, höchstens einigen Würdenträgern der Kirche bekannt sein. Mangels direkter Kenntnis müßte man also eine gemeinsame Filiation vermuten.

Man erinnert sich, daß Mitte des vierzehnten Jahrhunderts im Mittleren Osten die Optik, deren Schicksal von dem aller großen städtischen Zentren der damaligen Zeit abhing, noch sehr aktiv war. Eine einzige Tatsache verbindet den süditalienischen Abt mit dem deutschen Astronomen: Ende des fünfzehnten Jahrhunderts floh der Vater des ersten aus dem türkisch besetzten Konstantinopel; ein Jahrhundert später kämpfte das ganze östliche Europa, wo der zweite lebte, gegen denselben Feind. Wäre es denkbar, daß die blühende islamische Optik, dem wechselhaften Geschick der großen Städte des Orients folgend, über die Vormärsche der türkischen Truppen in den Westen gelangt ist? Man müßte dann den vermeintlichen Bruch als bloße Folge unserer Unkenntnis erkennen. Nach dieser gewagten Hypothese bekäme der Fall Konstantinopels eine neue Bedeutung – und das wäre nicht die geringste Ironie der Geschichte.

Die cartesische »Umwälzung«

Nur Franzosen des zwanzigsten Jahrhunderts wissen nicht, daß um 1620 der Holländer Willebrord van Snel van Royen, genannt Snellius (1591-1626), das Keplersche Gebäude krönte, indem er das Brechungsgesetz aufstellte, das in allen anderen Ländern der Erde seinen Namen trägt. Nach letzten Meldungen tobt der Krieg noch immer. In dem Artikel »Descartes (loi de –)« des *Grand Larousse encyclopédique* fehlt der Name Snell ebenso wie der Name Descartes' in dem Artikel »Snell's law« der *Encyclopedia Britannica* [oder in dem Artikel »Snellius-Brechungsgesetz« von *Meyers Großem Universallexikon*].

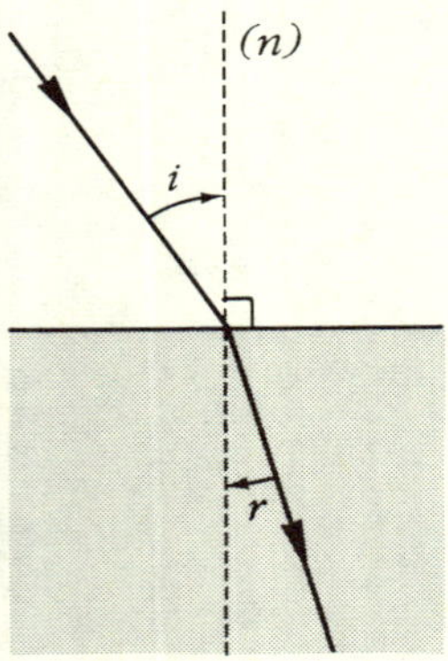

Der erste Teil der Geschichte der Refraktion endet also hier zu Beginn des siebzehnten Jahrhunderts. Wie wir sahen, haben fast alle Probleme der elementaren Optik und der optischen Instrumente, die sich letztlich aus dem Phänomen der Brechung erklären, eine Lösung gefunden. Und seltsamerweise erscheint in genau dem Augenblick, in dem die »Brechung« ihren Nutzen als Werkzeug einbüßt, die Formulierung des Brechungsgesetzes, die sich nicht mehr ändern wird: »Das Verhältnis $\sin r / \sin i$ ist konstant, welches auch der Einfallswinkel *i* ist.«

Da die Folgerungen aus diesem Gesetz dank außerordentlich präziser Brechungstafeln bereits alle gezogen worden sind, ehe es aufgestellt wurde, stellt sich jetzt als wichtigste Frage die nach der Ursache der Refraktion. In diesem ersten Jahrhundertdrittel vollzieht sich eine nachhaltig wirkende Umkehrung: Es geht nicht mehr um das, was die Refraktion hervorruft, sondern um das, wodurch sie hervorgerufen wird. Infolgedessen drängen die Probleme der Natur des Lichts wieder in den Vordergrund. Im Zuge dieses Perspektivenwechsels wird das Snellsche Gesetz, mit dem die Geschichte der Optik ihren Abschluß findet, in der Darstellung Descartes' zum Eckstein einer Optik, die sich von jeglicher Herkunft gelöst hat und sich, im reinen Medium der Vernunft, unmittelbar auf die Natur richtet.

Wenn Barbarei als systematische Absage an die Geschichte zu charakterisieren ist, darf man vor der Behauptung nicht zurückschrecken, daß das Erscheinen des *Discours de la méthode suivi de ses trois essais: la dioptrique, les météores et la géométrie* der barbarische Gründungsakt des wissenschaftlichen Rationalismus ist (womit über die Notwendigkeit dieses Akts noch nichts gesagt ist). Die gesamte Arbeit der Vorgänger ist ausgelöscht, ihre Nützlichkeit wird geleugnet. Im sechsten Teil des *Discours* kann man lesen:

»[...] und ebensowenig rühme ich mich, irgendeine [dieser Ansichten] zuerst entdeckt zu haben, wohl aber rühme ich mich, daß ich sie weder jemals übernommen habe, weil sie von anderen behauptet wurden, noch auch, weil sie überhaupt nie vertreten worden sind, sondern immer nur, weil meine Vernunft mich von ihnen überzeugt hat.«

Gepriesen sei die reine Vernunft! Descartes braucht nur ein wenig zu räsonieren, und schon verblassen die Leistungen und Entdeckungen zweier Jahrtausende, um nach der neuen Ordnung umgeschrieben zu werden. Und einige Zeilen weiter heißt es:

»Wenn ich ferner französisch schreibe, die Sprache meines Landes, und nicht lateinisch, die Sprache meiner Lehrer, so deshalb, weil ich hoffe, daß Leute, die sich nur ihrer ganz unverfälschten natürlichen Vernunft bedienen, besser über meine Ansichten urteilen werden als solche, die nur den Schriften der Alten glauben.«

Man sollte sich nicht täuschen – Descartes ist alles andere als ein Ignorant, er kennt Kepler, Witelo und al-Haiṯam ebenso gründlich wie de Dominicis' Theorien über den Regenbogen, die von Dietrich von Freiberg aufgegriffen wurden; darüber hinaus wurden Sammlungen über optische Himmelserscheinungen wie etwa die von Froidmont damals an sämtlichen Schulen studiert... Und dennoch werden all diese Gelehrten und viele andere im *Discours* und den anschließenden Essais kein einziges Mal zitiert, während ihre Entdeckungen auf jeder Seite gegenwärtig sind. Descartes' Strategie ist klar: Er will keinerlei Erbe anerkennen; mit besonderer Erwähnung geehrt werden nur »ein gewisser Jacques Métius, der niemals studiert hat«, und der in der Welt der Gelehrten wenig bekannte Pater Maurolico, der auch nur angeführt wird, um kritisiert zu werden.

Man kann also nicht umhin, den *Discours* als Manifest zu betrachten, dessen Forderung lautet, mit der Vergangenheit »reinen Tisch zu machen«.[7] Insofern die Wissenschaft der Optik von Menschen entwickelt wurde, die stets in bestimmten Kontexten, in mehr oder weniger bekannten Filiationslinien standen, gibt es keine Revolution in der Geschichte der Optik. Mit Descartes vollzieht sich keine wissenschaftliche Revolution, allenfalls eine Revolution in der Darstellungsweise wissenschaftlicher Resultate. Alle Entdeckungen sind präsent, doch die Akteure sind verschwunden. In dieser neuen Erzählung hat sich die Ge-

[7] Wir werden dieser Strategie auch bei anderen »genialen Begründern« begegnen, zum Beispiel bei Lavoisier; vgl. S. 645-685.

schichte verflüchtigt; die Natur wird zum einzigen Bezugspunkt, die Vernunft lenkt die Erfahrung, der gesunde Menschenverstand die Gelehrsamkeit. Die Sprache des Bürgertums ersetzt die Sprache der Kleriker und der »sehr weisen und erlauchten Herren« der Sorbonne; das wissenschaftliche Urteil wird universell. Daß die Natur nach den Regeln der Vernunft ausgesagt werden kann, ist eine rätselhafte Tatsache, die man anerkennen muß, ebenso wie die Geschichte all derer, welche die Arbeit der Vernunft ermöglicht haben; sie werden von dem neuen Philosophen völlig verdeckt und sind doch das Fundament der neuen Wissenschaft.

Damit reißt Descartes die Wissenschaft aus ihrer epistemologischen und sozialen Verankerung und kehrt im selben Zuge die Richtung ihrer Tatsacheninterpretation um. Natur, gesunder Menschenverstand und Anschauung schreiben eine bestimmte Natur des Lichts vor, aus der sich ein Brechungsgesetz herleitet, das auf deduktivem Wege die Deutung sämtlicher Phänomene beherrscht. Während die peripatetische Universität endgültig ihren Untergang besiegelt, indem sie sich an den intensiven Hexenjagden beteiligt – niemals loderten die Scheiterhaufen so zahlreich –, bilden sich die jungen Wissenschaftler bei den Jesuiten, und um Pater Marin Mersenne (1588-1648) entsteht eines der ersten wissenschaftlichen Kommunikationsnetze Europas.

Die wissenschaftliche Praxis wandelt sich beträchtlich. Gewiß ist dies die Folge neuer Institutionen, die für mehr Geld, Sicherheit und Information sorgen, aber auch eine Folge des Descartesschen Diskurses. Mit seiner Verachtung für die Genese der Resultate erfindet Descartes einen neuen Gelehrtentyp, der seine Wissenschaft, in Unkenntnis ihrer Geschichte, als logisches Puzzle behandeln kann, dessen Stücke von der Natur hervorgebracht werden, über deren Anordnung jedoch allein die Vernunft entscheidet. Dieser neue Mensch, oft eher ignorant und arrogant als gelehrt, unterwirft sich seiner Praxis so sehr, daß er sich ihren Namen gibt: Von nun an nennt er sich »Wissenschaftler«.

Am Ende des *Discours* finden wir die »Gesetzestafeln« dieser neuen Praxis:

> »[...] so bringe man die Geduld auf, das Ganze aufmerksam zu lesen, und ich hoffe, man wird davon befriedigt sein. Denn mir scheint, die Begründungen folgen dort dergestalt aufeinander, daß ebenso das letzte durch das erste, das heißt durch seine

Im achten Teil von *Les météores* – dem zweiten Essai des *Discours de la méthode* – schreibt Descartes seiner Methode Erkenntnisse zu, »welche diejenigen, deren Schriften wir besitzen, nicht gehabt haben«. Auf die verschleiernde Haltung Descartes' gegenüber den Entdeckungen seiner Vorgänger haben wir bereits ausführlich hingewiesen. Erhellend für seine Denkweise ist aber auch die folgende Illustration: Die fragliche Szene ist völlig unrealistisch.

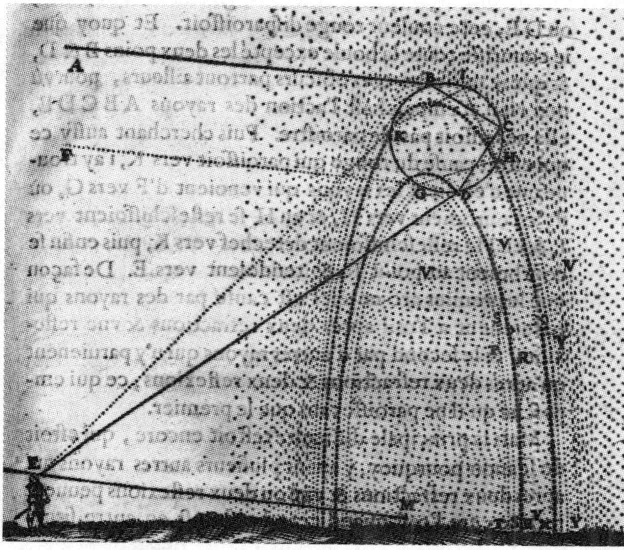

Descartes' Regenbogen. In: René Descartes, Discours de la méthode, *1637; Bibliothèque nationale, Paris*

Denn in Wirklichkeit können Haupt- und Nebenregenbogen, die demselben Beobachter erscheinen, niemals von demselben Wassertropfen hervorgerufen werden. Aber wichtiger noch ist ein zweiter Punkt. Es ist völlig unmöglich, schräg von der Seite den einem anderen Beobachter sichtbaren Regenbogen zu sehen. Der Versuch einer Objektivierung dieser Darstellung scheint mir höchst aufschlußreich für die cartesische Methode, die uns auffordert, den Platz des Beobachters einzunehmen, um uns davon zu überzeugen, daß seine Ansichten wohlbegründet sind. »Denn was die Ansichten betrifft, die ganz mein eigen sind, so entschuldige ich ihre Neuheit nicht, zumal ich überzeugt bin, daß man sie, wenn man ihre Gründe recht bedenkt, so einfach und dem gesunden Verstand so angemessen finden wird, daß sie weniger außergewöhnlich und fremd erscheinen [...]«

Ursachen, so auch umgekehrt das erste durchs letzte, das heißt durch seine Wirkungen bewiesen wird. Und man darf nicht glauben, daß ich hierbei den Fehler mache, den die Logiker einen Zirkel nennen; denn die Erfahrung macht den größten

Teil dieser Wirkungen zu ganz unbestreitbaren Tatbeständen, und daher dienen die Ursachen, aus denen ich sie ableite, nicht so sehr zu ihrem Beweis als vielmehr zu ihrer Erklärung, und ganz im Gegenteil sind es die Ursachen, die durch die Wirkungen bewiesen werden.«

Hier finden wir in aller Klarheit zum ersten Mal jene Kette, auf die man heute alle wissenschaftliche Erkenntnis zurückführen möchte: Hypothesen – logische Prinzipien – Schlußfolgerungen – experimentelle Kontrollen – Validierung der Hypothesen. Ohne irgendeinen Hinweis auf all jene, die ihm auf dem Pfad dieser Methode vorangegangen sind, zieht Descartes *ex nihilo* den magischen Zirkel der Wissenschaft, aus dem Geschichte und Welt endgültig ausgeschlossen sind.

Wiederholen wir, auf die Gefahr hin, die Geduld des Lesers zu strapazieren: Die Genialität Descartes' liegt in seiner unbedingten Skrupellosigkeit gegenüber älteren Theorien. Er plündert, fügt zusammen, flickt, verdreht und verdeckt Stücke, Brocken, Ideen, um sich daraus sein Kostüm zu schneidern, trennt ab, was ihn stört, überhöht, überdehnt oder verengt nach Belieben den Sinn der Wörter, vernichtet in drei Zeilen die Arbeit von drei Jahrhunderten, läßt sich zwanzig Seiten lang über eine Lappalie aus. Seine *Dioptrique* ist dafür ein gutes Beispiel. Was an diesem Essai im Anhang zum *Discours* von Wissenschaftshistorikern wie auch von den Cartesianern selbst am meisten kritisiert wurde, ist das erste Kapitel über die Natur des Lichts. Und gerade dieses Kapitel ist der einzige Beitrag des Philosophen, der Originalität beanspruchen könnte. Drei Konzeptionen werden nacheinander vorgestellt. Das Licht sei ein Stock, ein sehr feines Fluidum und zugleich ein Wirbel von Kügelchen. Alle drei Annahmen – die widersprüchlich zu nennen ungehörig wäre, da der Philosoph der Vernunft um Kohärenz offenbar nicht sehr besorgt war – dienen Zug um Zug der Lösung verschiedener Probleme.

Das Problem der Empfindung? Nichts einfacher als das: »Es ist Ihnen sicher schon einmal vorgekommen, daß Sie nachts ohne Licht durch ein schwieriges Gelände gingen und sich dabei eines Stockes zur Führung bedienten [...].« Wunderbare Erklärung, in der die schwärzeste Nacht Licht auf das Licht wirft! Im übrigen ist das *quid* der Pythagoräer nicht sehr fern. Nur hat die Luft zwischen Auge und Gegenstand beileibe nicht die Konsistenz von Holz.

Wie also ist das Medium beschaffen? »Stellen Sie sich eine

Kufe zur Zeit der Weinlese vor, die völlig mit halb zertretenen Trauben angefüllt ist [...]. Bedenken Sie [...], dass es in der Natur nichts Leeres gibt. [...] Diese Poren müssen mit einer feinen dünnflüssigen Materie angefüllt sein. Dieser feine Stoff kann mit dem Wein in der Kufe verglichen werden [...] Bedenken Sie nun, dass es nicht so sehr die Bewegung der leuchtenden Körper ist, als vielmehr die Tendenz zur Bewegung, die man als ihr Licht betrachten muss, so können Sie sich denken, dass die Strahlen dieses Lichtes nichts anderes sind, als die Richtung dieser Tendenz.« Das ist, bis auf die Metapher des Weins, der die Geister verwirrt, die Aristotelische Theorie des Durchsichtigen. Darüber schweigt Descartes sich aus. Statt dessen wechselt er wieder auf eine andere Ebene, denn wir sollten nicht vergessen: Es liegt in der Bestimmung eines Strahls, sich in einem Hindernis zu brechen oder (wie Descartes andeutet) sich in einem Schwerefeld zu krümmen.
Daher neigen Strahlen dazu, »wenn sie [...] einem anderen Körper begegnen, [...] abgelenkt oder gedämpft [zu werden], genau so wie die Bewegung eines Balles«. Das ist die Konzeption al-Haiṯams. Ihretwegen gehorcht das Licht, nun zum Ball geworden, den Bewegungsgesetzen, an denen das ganze achtzehnte Jahrhundert arbeitet. Auf seltsame Weise von den Modellen des Stocks und des Weingeists beherrscht, bewegt sich der Ball nicht wirklich, sondern hat nur eine Neigung dazu. Erstaunliches Paradox: Die Bewegungsgesetze erklären die Wirkungen eines unbeweglichen Lichts.
Muß man sich darüber noch wundern? Daß derselbe Autor, der nichts der Vergangenheit schuldig zu sein behauptete, das Erbe gleich dreimal plündert? Derselbe, der alles auf die Vernunft zu gründen beanspruchte und nun behauptet, das Licht sei gleichzeitig fest wie ein Stock, flüssig wie Wein und diskontinuierlich wie unbewegliche und dennoch bewegliche Bälle? Letztlich hat es wenig zu bedeuten, daß die Hypothesen über die Natur des Lichts widersprüchlich erscheinen; zumindest in diesem Punkt wird Descartes zum Vorläufer: Hat uns doch die modernste Physik gelehrt, nicht über vermeintliche Widersprüche zwischen den Erscheinungen zu erstaunen. Man braucht nur genügend Modelle zur Hand zu haben, um aus einigen von ihnen die Effekte abzuleiten, die das Experiment bestätigen kann. Wenn es zum Beispiel darum geht, die Farben zu erklären, wird das Licht, das ein sehr kleiner Ball ist, »um

der Sache willen« zu einem Paket kleiner Kugeln, die aufeinander rollen.

Wenn es das Brechungsgesetz zu beweisen gilt, wird das mechanische Modell herangezogen. Wir müssen die Beweisführung im einzelnen verfolgen, um uns von der Allmacht und »Ahistorizität« der Vernunft zu überzeugen. Bei der Refraktion verhält sich das Licht, das sich nicht bewegt, wie ein Ball, der von einem Ballspieler mit hoher Geschwindigkeit ins Wasser geschlagen wird. Ein Ball, von dem angenommen wird, daß »weder Schwere noch Leichtigkeit, weder Grösse noch Form oder sonst eine unbekannte Ursache seinen Weg ändern«. Von daher erklärt Descartes die Brechung aus der Annahme, daß die Tendenz des Lichts zur Bewegung im Wasser weniger als in der Luft gehemmt wird: »Wenn Sie sich der Eigenschaften erinnern, die ich dem Lichte zuschrieb, werden Sie diese Tatsache nicht mehr befremdend finden. Ich habe gesagt: Das Licht ist nichts anderes als eine gewisse Regung oder Bewegung, die von einer sehr feinen Materie aufgenommen wird [...] Es dürfte Ihnen verständlich sein, dass ein Ball mehr von seiner Bewegung verliert, wenn man ihn gegen einen weichen Körper wirft, als gegen einen, der hart ist [...].«

Weshalb die Nachfolger Descartes' behaupten, die Geschwindigkeit des Lichts sei im Wasser größer als in der Luft; eine Behauptung, die innerhalb der cartesischen Or-

---

Descartes' Beweisschema

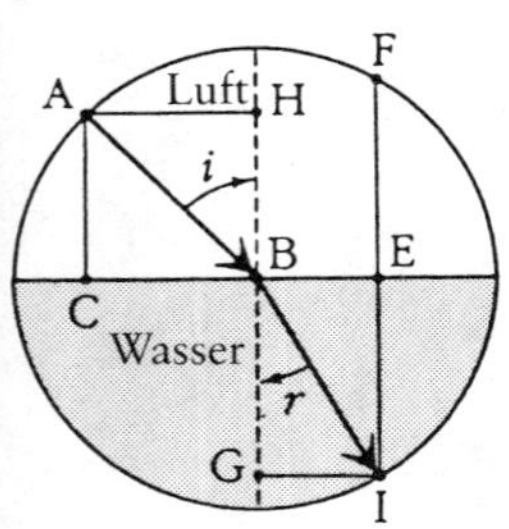

Der Kreis, dem man bei der Descartesschen Erklärung auf Schritt und Tritt begegnet, wird hier auf sein unentbehrliches Minimum reduziert; er dient in der Argumentation dazu, die Länge der Strecken in den beiden Medien gleichzusetzen. Damit wird die Geschwindigkeit (die Tendenz zur Bewegung) zur entscheidenden Variable des Phänomens.

Die Geschwindigkeit eines Balles, der in der Luft von A aus geschlagen wurde, vermehrt sich um ein Drittel, wenn er ins Wasser eintritt. Die horizontale Komponente bleibt unverändert. Da die Entfernungen AB und BI die gleichen sind (dafür sorgt der Kreis), werden sich die für die Zurücklegung von AB und BI jeweils benötigten Zeiten umgekehrt proportional zu den Geschwindigkeiten verhalten; GI wird also um ein Drittel kleiner sein als AH, so daß das Verhältnis CB/BE bei beliebigem Punkt A konstant ist (wenn der Kreis den Radius 1 hat, ist CB der Sinus des Winkels i und BE der Sinus des Winkels r).

---

thodoxie eigentlich keinen Sinn hat, da ihr zufolge das Licht nur eine Neigung hat, sich zu bewegen.
Wenn man bedenkt, welchen Einfluß Descartes in der Entwicklung der Naturwissenschaften hatte, und wenn man weiß, daß das Brechungsgesetz wahrscheinlich das einzige wissenschaftliche Resultat ist, das man ihm zuschreiben könnte, ist es von Bedeutung, genau zu klären, ob dieser Beitrag wirklich seine originäre Leistung war. Handelt es sich wirklich um einen Beweis oder nur um das Ergebnis einer Manipulation, mit der die Usurpation des Snellschen Gesetzes verhüllt werden soll, wie Huygens vermutet? Unter diesem Gesichtspunkt müssen wir das Herz der »Argumentation« vollständig zitieren:

> »Die Wirkung des Lichtes folgt nun denselben Gesetzen wie die Bewegung des Balles. Wenn die Strahlen schräg von einem durchsichtigen Körper in einen anderen übergehen, der sie mehr oder weniger leicht aufnimmt als der erste, so werden sie so abgelenkt, dass sie in dem Körper, der sie leichter aufnimmt, weniger nach der Oberfläche geneigt sind als in dem anderen. Die Neigungen stehen gerade in demselben Verhältnis zueinander, in dem die Strahlen von dem einen Körper leichter aufgenommen werden als von dem anderen. Nur muss man dabei beachten, dass die Neigung durch die Länge von Geraden wie CB oder AH, EB oder IG und ähnlichen und durch ihr Verhältnis zueinander gemessen wird«, weil »das Verhältnis von AH zu IG oder entsprechenden Strecken bei allen Brechungen, die durch denselben Körper verursacht werden, dasselbe bleibt.«

Jeder möge selbst urteilen, ob man dies einen Beweis nennen kann, der einzig auf der Vernunft gründet, oder ob nicht eines schönen Tages auf einer Hollandreise ein rascher Blick auf die Papiere Snells die richtige Proportion als Ziel vorgab, das nun mit allen Mitteln erreicht werden mußte: Sophismen, Metaphern oder Widersprüchen. Das Ganze dient nur dazu, eine Tautologie zu verschleiern: Das Brechungsgesetz wird mit der Tatsache bewiesen, daß das Verhältnis von AH zu IG bei allen Brechungen gleich bleibt. (Das aber ist nichts anderes als das Gesetz selbst.)
Doch kann man heute so einfach spotten über dieses Licht, das zugleich Stock, Most und Kügelchen ist? Wohl mag man die physikalischen Argumente Descartes' unnachsichtig kritisieren, doch sollte man nicht gegenüber dem Metaphysiker vorsichtig sein? Wir haben gesehen, wie Descartes

in seinen drei Vergleichen dem Licht drei völlig widersprüchliche Beschaffenheiten beilegt: fest und ätherisch, kontinuierlich und diskret, beweglich und unbeweglich; doch haben wir richtig hingesehen? Könnte man sie nicht alle drei gemeinsam retten, indem man annimmt, daß sie jeweils einer bestimmten, immer kleineren Größenordnung entsprechen? Und wenn man sie in dieser Weise auffaßt, liefern sie nicht ein Modell der Geschichte des Lichts?

Versteht man die Cartesische *Dioptrique* als eine Metaphysik des Lichts, so kann man versucht sein, einige Gleichsetzungen zu wagen. Zunächst beherrscht der *Stock* in seiner Geradlinigkeit die gesamte geometrische Optik bis zum siebzehnten Jahrhundert; das *feine Fluidum* stützt sodann

Le Printemps *von Millet. Die Kunst des Malers erweist sich als weniger illusorisch als die des Gelehrten. Mit Vergnügen findet man hier Haupt- und Neben-Regenbogen am richtigen Platz, und zwar so präzise, daß man den Ort, wo die Staffelei gestanden hat, genau berechnen könnte.*
Jean-François Millet, Le Printemps, *1868-1873; Louvre, Paris*

die Äther- und Wellenkonzeption, die in den nächsten zweihundert Jahren die Erklärungen der optischen Erscheinungen beherrscht; und schließlich kündigen sich in den unruhigen und kreisenden *Korpuskeln* die Photonen an, die zu Beginn des zwanzigsten Jahrhunderts erscheinen und die, verbunden mit Frequenzen, Spins und Wahrscheinlichkeiten, heute sämtlichen Erklärungen der Lichtphänomene zugrunde liegen.
Wenn allerdings die Grundannahmen Descartes' metaphysisch sind, haben sie nur Wert, wenn sie ihren tiefen Sinn im Ganzen seines Denkens finden. Ein Philosoph unseres Jahrhunderts hat dieses Problem zu lösen versucht. Bekanntlich unterscheidet Descartes zwei Verstandeshandlungen: Intui-

tion und Deduktion. Michel Serres weist darauf hin, daß *intueor* auf lateinisch »aufmerksam betrachten«, »beobachten«, »eingehend mustern« bedeutet, und erinnert daran, daß Descartes in der neunten der *Regulae ad directionem ingenii* (1628) die Intuition, die »allein dem Lichte der Vernunft entspringt«, mit einem Blindenstock symbolisiert. Außerdem ist die Intuition nicht nur die Grundlage, welche die Arbeit der Deduktion ermöglicht, sondern zugleich deren Ergebnis. Übt man sich nämlich darin, eine Kette von Schlüssen wiederholt und einigermaßen rasch zu durchlaufen, so schärft sich der Geist ebenso wie der Blick, und die Bewegung des Verstandes entlang dieser Kette verwandelt sich in ein unmittelbares Begreifen: Intuition. Woraus Michel Serres schließen kann, daß unter bestimmten Bedingungen der Intuitions-Stock eine Deduktions-Kette ist, deren Glieder als unabhängige Einheiten verschwunden sind.

Diese neunte Regel, die – zehn Jahre vor dem *Discours* geschrieben – Deduktion und Intuition vereint, erlaubt uns zu verstehen, wie die drei Beschaffenheiten des Lichts physikalisch zweifellos unvereinbar, metaphysisch im Denken Descartes' jedoch miteinander kohärent sind. Vielleicht ist es auf die »Leistung« dieses Denkens zurückzuführen, wenn die Behandlung des Lichts unter den beiden scheinbar widersprüchlichen Aspekten als Welle und als Partikel heute so wenigen Personen skandalös erscheint.

Natürlich sind die Fragen, welche die Brechung aufwirft, mit den Cartesischen »Entdeckungen« nicht erledigt. Ebenso wie man sagen kann, daß wir aus der Formel, die das Volumen eines Körpers mit seiner Masse verbindet, nichts über Raum und Materie erfahren, klärt das Snellsche Brechungsgesetz weder die Natur des Lichts noch die unterschiedlichen Beschaffenheiten der transparenten Medien, die der Lichtstrahl durchläuft. Dennoch ändert sich vieles mit diesem Gesetz. Die Physiker überflügeln nun die Handwerker; das Gesetz ermöglicht es ihnen, die Arbeiten Keplers, Galileis und einiger anderer über Brillen, Fernrohre und Mikroskope zu vertiefen und mit theoriegeleiteter Präzision und höherer Effizienz optische Maschinen zu entwerfen, die vom unendlich Großen bis zum unendlich Kleinen die sichtbare Welt erweitern.

So wird die Brechung, die jahrhundertelang die Astronomie gebremst hatte, nun zwar noch immer nicht ihrer

Natur nach verstanden, aber doch in der Praxis der Messung beherrscht. Am Phänomen der Refraktion orientiert sich das Konstruktionsprinzip der Apparate, die eine immer genauere Beobachtung gestatten. Unter diesem Gesichtspunkt der Effizienz nimmt es nicht wunder, wenn die Cartesische *Dioptrique* mit einer Untersuchung über die »Formen, die die durchsichtigen Körper haben müssen, um durch Brechung die Strahlen auf alle Weise abzulenken, die zur Verbesserung der Sehvorgänge dienen« (8. Kapitel), mit einer »Beschreibung der Ferngläser« (9. Kapitel) und einer Abhandlung »Vom Schleifen der Gläser« (10. Kapitel) endet.

Mit dem Brechungsgesetz, mit den Brillen, Mikroskopen und Fernrohren kommt eine Dialektik zwischen dem Verständnis der Phänomene, der Verfeinerung der physikalischen Gesetze und der Vervollkommnung der Instrumente in Gang: Bald treten neue Phänomene auf, etwa die Färbung der Dünnschliffe, Grimaldische Interferenzmuster, Newtonsche Ringe, doppelbrechende Kristalle, und neue Begriffe wie Diffraktion, doppelte Refraktion, Interferenzen, Polarisation...

Abgesehen jedoch von seinen technischen Erfolgen, die es seiner metrischen Gültigkeit verdankt, sagt das Gesetz nichts über die »Ursachen« des Phänomens aus. Trotz der Vorwürfe, die man gegen Descartes erheben kann, muß man zugeben, daß er sich bemüht hat, die Brechung »vernünftig« zu rechtfertigen: Er wollte ihr Warum verstehen. Daß es ihm nicht gelang, ist vielleicht nicht das Entscheidende, denn bei seinem Versuch hat er den Rahmen abgesteckt, dem die Überlegungen seiner Nachfolger, Anhänger wie Gegner, verpflichtet blieben. Denn man muß anerkennen, daß die Erklärungen Descartes' nicht einmal jene zufriedenstellten, die sich – wie Maupertuis – auf seine Hypothesen beriefen.

Etwa fünfundzwanzig Jahre nach dem Erscheinen des *Discours* entstand eine bedeutende Kontroverse zwischen den Cartesianern (die bemüht waren, eines der Prunkstücke ihres Meisters zu verteidigen) und einem der großen Mathematiker der Zeit, Pierre de Fermat, der zusammen mit Pascal die Differentialrechnung sowie den Wahrscheinlichkeitskalkül erfunden hat, doch vor allem als Zahlentheoretiker berühmt geworden ist.[8] Ausgehend von dem Prinzip, daß das Licht in kürzestmöglicher Zeit von einem Ort zu einem anderen gelangt, und unter dem Postulat, daß die

[8] Vgl. S. 490.

Das Wellenmodell von Huygens (1690)

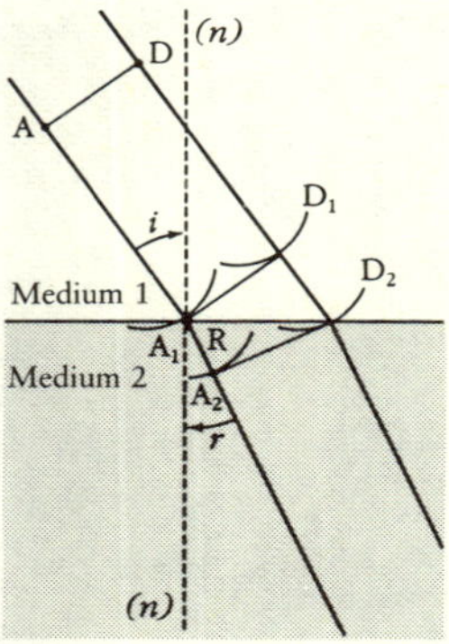

Die ebene Welle AD fällt aus einem Medium 1 schräg auf die Oberfläche eines anderen Mediums 2. Zu dem Zeitpunkt, zu dem die Teilwellen D_1 den Punkt D_2 erreichen, haben sich die Teilwellen A_1 bereits entlang einem Strahl R ausgebreitet; und da die ebene Wellenfront A_2D_2 die Tangente der Teilwellen ist, steht A_1A_2 senkrecht auf A_2D_2. Dabei ist zu bemerken:

– Für die Strecke D_1D_2 wird dieselbe Zeit benötigt wie für A_1A_2; daher gilt:
  $D_1D_2 / v_1 = A_1A_2 / v_2$,

wobei v_1 und v_2 die Ausbreitungsgeschwindigkeit der Welle im jeweiligen Medium ist.

– Der Winkel $A_1D_2A_2$ ist gleich r, der Winkel $D_1A_1D_2$ ist gleich i, so daß gilt:
  $\sin i = D_1D_2 / A_1D_2$ und
  $\sin r = A_1A_2 / A_1D_2$; daher
  $\sin r / \sin i = A_1A_2 / D_1D_2 = v_2 / v_1$.

Das Verhältnis der Sinus ist also gleich dem Verhältnis der Geschwindigkeiten. Später (1849) werden Jean Foucault und Hippolyte Fizeau experimentell nachweisen, daß die Lichtgeschwindigkeit dem Brechungsindex des Mediums proportional ist, wie es das Argument von Huygens nahelegt. Damit ist der Schlußpunkt einer Problemstellung erreicht, die fast ein Jahrtausend zuvor von dem großen arabischen Gelehrten al-Haiṯam eingeführt wurde.

Die Welleninterpretation erklärt auch andere Phänomene, etwa die Brechung von Wellen am Uferrand oder die Brechung von Schallwellen beim Übergang zwischen Luftschichten unterschiedlicher Temperatur.

Lichtgeschwindigkeit in weniger dichten Körpern größer ist, bewies der Mathematiker die Richtigkeit des Brechungsgesetzes. Er tat es am Ende eines schwierigen geometrischen Beweises, dessen Prinzipien bereits sämtlich bei Euklid vorlagen, in dem sich jedoch bereits die Minimum-Maximum-Rechnung ankündigt.

Auch die Cartesianer konnten die Augen nicht davor verschließen, daß das Ergebnis »des Meisters« mit Hilfe völlig widersprüchlicher Hypothesen zustande kam. Sie »sprachen von einem Wunder, bei dem sich am Ende zweier völlig entgegengesetzter Wege die nämliche Wahrheit findet«, wie Fermat in einem posthum veröffentlichten Brief schreiben wird. Doch das ist eine andere Geschichte, und eine weitere wäre zu schreiben, in der es nicht mehr um Exaktheit, sondern um Richtigkeit ginge. Man sähe dann, daß die Gelehrten die Erklärung des Phänomens in den Wirk- oder in den Zweckursachen finden, je nachdem, ob sie – wie Huygens, Newton und Grimaldi – dem Licht eine hypothetische Beschaffenheit (Wellen oder Partikel) zuschreiben, die sein Verhalten festlegt, oder ob sie – wie Fermat, Leibniz oder Maupertuis – das Licht einem gleichsam göttlichen Minimalprinzip (Zeit, Widerstand oder Wirkung) unterstellen. Diese Auseinandersetzungen werden sich über ein Jahrhundert hinziehen, bis schließlich das von Huygens vorgeschlagene Wellenmodell triumphiert ... Erst im zwanzigsten Jahrhundert wird sich das Dilemma zwischen *causa efficiens* und *causa finalis* auflösen.

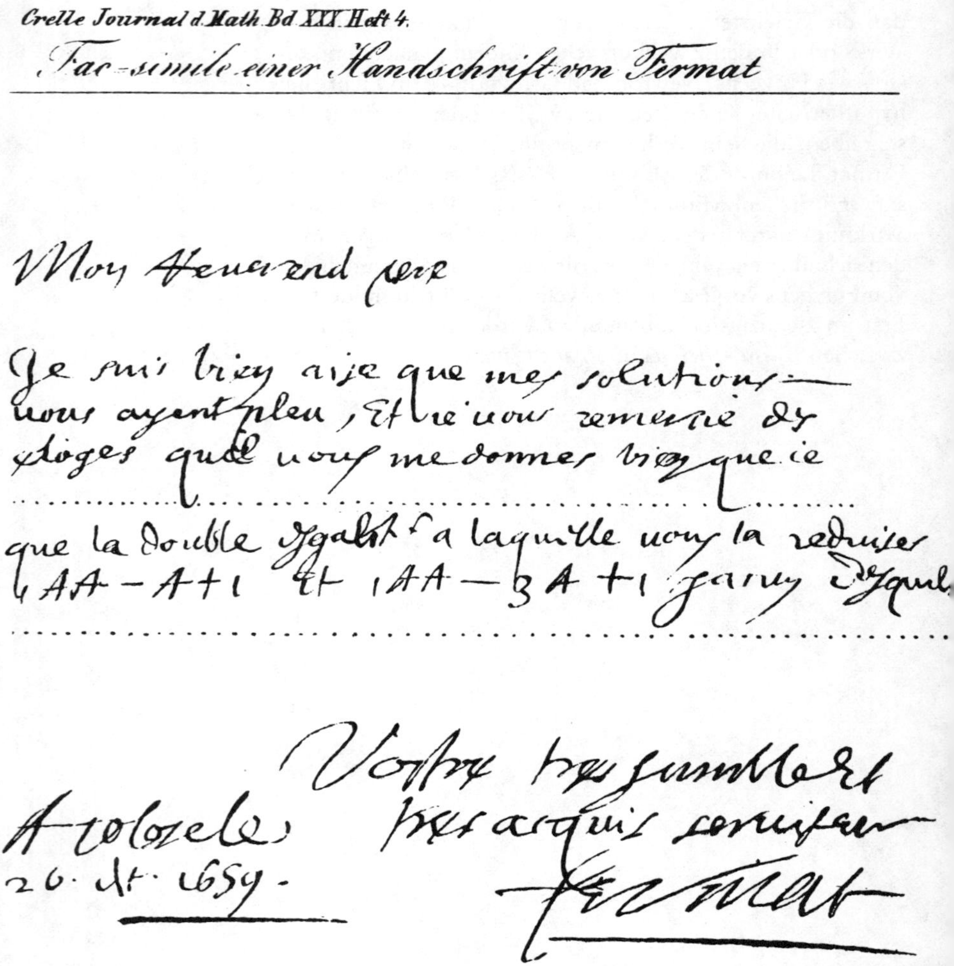

Crelle Journal d. Math. Bd XXX Heft 4.

Fac-simile einer Handschrift von Fermat

Mon Reverend pere

Je suis bien aise que mes solutions vous ayent pleu, Et ie vous remercie des eloges que vous me donnes bien que ie

. . . .

que la double egalité a laquelle vous la reduisez 1AA − A + 1 et 1AA − 3A + 1 garny d'egal.

. . . .

Vostre tres humble et tres acquis serviteur

Fermat

A Tolose le 26. oct. 1659.

Die professionellen Mathematiker auf der Suche nach ihrer Vergangenheit: Dieses Autograph von Pierre de Fermat erschien in Crelles Journal für die reine und angewandte Mathematik *in der Hoffnung, auf diese Weise einige seiner verlorenen Manuskripte wiederzuentdecken. Bibliothèque nationale, Paris*

CATHERINE GOLDSTEIN

ZAHLEN ALS LIEBHABEREI UND BERUF IM SIEBZEHNTEN UND NEUNZEHNTEN JAHRHUNDERT

Bestimmte mathematische Gebiete, insbesondere die Zahlentheorie, scheinen nichts weiter als Glasperlenspiele zu sein. Doch auch hier läßt sich die Verwandlung der Amateure in professionelle Wissenschaftler verfolgen. In diesem Kapitel werden wir untersuchen, wie sich dieser Wandel an den internen Veränderungen der Disziplin sowie ihrer ökonomischen und sozialen Einbettung ablesen läßt

In der ersten Hälfte des siebzehnten Jahrhunderts notiert ein Parlamentsrat in Toulouse, Liebhaber der lateinischen und italienischen Dichtung, am Rande einer lateinischen Übersetzung einer griechischen mathematischen Abhandlung, es sei nicht möglich, »einen Kubus in 2 Kuben, oder ein Biquadrat in 2 Biquadrate und allgemein eine Potenz, höher als die zweite, in 2 Potenzen mit ebendemselben Exponenten zu zerlegen«, und er habe dafür »einen wahrhaft wunderbaren Beweis entdeckt, doch ist dieser Rand hier zu schmal, um ihn zu fassen«. Im Jahre 1850 veröffentlicht ein Professor der Mathematik an der Universität Breslau im vierzigsten Band des *Journals für die reine und angewandte Mathematik* einen »Allgemeinen Beweis des Fermatschen Satzes, daß die Gleichung $x^\lambda + y^\lambda = z^\lambda$ durch ganze Zahlen unlösbar ist« für Exponenten λ, die bestimmte technische Anforderungen erfüllen; diese Arbeit bringt ihrem Verfasser den großen mathematischen Preis der Pariser *Académie des sciences* ein.

Amateur oder professioneller Wissenschaftler, Liebhaberei oder ernsthafte Gelehrsamkeit: manchmal fällt es nicht leicht, diejenigen, die sich mit Wissenschaft befassen, und ihre Arbeit mit dem richtigen Etikett zu versehen – selbst wenn man von dem faszinierenden, jedoch mythischen Fall eines völlig isolierten Autodidakten absieht, dem fernab von den offiziellen Pfaden die Entdeckung des Jahrhunderts gelingt. Je nach Epoche und Entwicklungsstand ihrer Disziplin wurden sehr unterschiedliche Typen von Gelehrten als »Amateure« betrachtet: gelegentliche Leser populärwissenschaftlicher Zeitschriften oder Spielesammlungen, aufgeklärte und/oder leidenschaftliche Konsumenten einer Wissenschaft, die von anderen geschaffen wurde; Samstagabend-Astronomen und Sonntagnachmittag-Botaniker, die den Himmel oder das Unterholz nach neuen Beobachtungen oder biologischen Arten absuchen, Datensammler für offiziellere Arbeiten; Privatgelehrte, denen es ihre Mittel gestatten, unentgeltlich zu arbeiten, doch mit den gleichen Interessen, der gleichen Ausbildung, den gleichen Veröffentlichungen, der gleichen Alltagsarbeit und den gleichen Beurteilungsmaßstäben, wie sie an beamtete Professoren angelegt werden. Und die Beziehungen zwischen diesen »Amateuren« und den nächstverwandten »professionellen« Gelehrten reichen von der schlichten Absorption der einen Kategorie durch die andere über ein hierarchisch abgestuftes Verhältnis gegenseitiger Hilfe bis zu vollständiger wechselseitiger Gleichgültigkeit.

Das zweifache Beispiel zu Beginn dieses Kapitels stellt eine besondere Art dieser Interaktion dar[1], bei der die von Amateuren aufgeworfenen Fragen nach einigen Jahrhunderten zum Rohstoff der professionellen Arbeit werden. Doch wie wären diese beiden Etappen zu charakterisieren und zu unterscheiden? Wie folgen sie aufeinander, wie überlappen sie sich? Die Wahl der Mathematik und insbesondere der Zahlentheorie als Untersuchungsgegenstand ist unter diesem Gesichtspunkt um so interessanter, als dieses Gebiet einen Extremfall darstellt: Mehr als andere Wissenschaften genießt die Mathematik (und innerhalb der Mathematik dieser besondere Zweig) zu Recht oder zu Unrecht den Ruf dauerhafter *splendid isolation*; auf diese Weise steht sie allzu voreiligen Erklärungen der Professionalisierung entgegen: Wozu soll der Beweis dienen, daß ein Kubus nicht die Summe zweier Kuben ist?

Er hat *a priori* so wenig Nutzen, daß man versucht ist, ihn zu vergessen und nur noch eine Geschichte von Männern, Institutionen und Geld zu erzählen. Die Frage, ob die Randnotiz etwas Richtiges vermutet und ob dieses Theo-

[1] Andere werden im vorliegenden Buch auf S. 17 ff., 177 ff., 569 ff. und 645 ff. besprochen.

Pierre de Fermat, Parlamentsrat in Toulouse, Mitglied der Chambre de l'édit *in Castres, der – wie es in einem Nachruf hieß – schrieb, »um die Neugier seiner Freunde zu befriedigen«. Gemälde, A. Durand zugeschrieben, siebzehntes Jahrhundert; Académie des sciences, Toulouse*

rem der reinen Mathematik zutrifft, wäre dann einer anderen Geschichte vorbehalten, in der es nur noch um Beweise ginge und in der es umgekehrt ohne Belang wäre, wo sie erschienen sind und wer sie geführt hat: Der Rand wäre denkwürdig nur noch wegen des Bedauerns, das er weckt (»wäre er doch breiter gewesen, dann hätte der Beweis dort hingepaßt!«), und die Zeitschrift nur noch ein Anlaß, Anekdoten über ihren Begründer zu erzählen.
Doch diese beiden möglichen Geschichten, die einander jeweils als Fundus pittoresker Details für »Histörchen« betrachten würden, sind in Wirklichkeit nur eine einzige: Es bestehen nachweisbare Verbindungen zwischen einer Disziplin, den sozialen Formen, die sie prägen, den Aufgaben, die sie stellt, den Quellen, aus denen sie sich speist, den Weisen des Ausdrucks, der Kommunikation und der Förderung, die sie erhält. Lassen wir also die Empfindlichkeiten beiseite. Statt dessen sollten wir, um den *homo ludens* vom *homo faber* deutlicher abgrenzen zu können, beide ebensowohl in ihrer Zeit wie im Kontext ihrer Mathematik begreifen.

Was ist also mit der handschriftlichen Notiz, die dort an den Rand einer Abhandlung gekritzelt wurde? Je unvollständiger die Antworten sind, die sie liefert, desto aufmerksamer werden wir die Fragen im Auge behalten, die sie aufwirft: Wer schreibt oder spricht im siebzehnten Jahrhundert über Zahlen? Welche Quellen werden dabei herangezogen? In welchen Formen und in welchem Rahmen fallen die Äußerungen? Wie und in welchem Maße schließlich reflektiert oder produziert die jeweilige Mathematik die Antworten auf diese Fragen?

Mathematiker und Mathematiken

Ein Parlamentsrat in Toulouse, Pierre de Fermat, annotiert ein Exemplar der von Claude Gaspard Bachet de Méziriac ins Lateinische übersetzten und ausgiebig kommentierten *Arithmetik* des Diophant. Fermat kennt man heute als Mathematiker, als Erfinder der analytischen Geometrie neben Descartes; doch er war auch Mitglied der *Chambre de l'édit* in Castres und Generalrat von Beaumont. Der Edelmann Bachet de Méziriac, Enkel eines Rats Heinrichs II., verdankt seinen Talenten als Mythologe einen Platz in der *Académie française* bald nach ihrer Gründung durch Richelieu im Jahre 1635. Im sechzehnten und siebzehnten Jahrhundert muß man die Autoren oder Korrespondenten zahlentheoretischer Forschungen unter Diplomaten suchen (wie Kenelm Digby), unter Parlamentsräten (wie Pierre de Carcavi oder François Viète), an der Münze (wie Bernard Frénicle de Bessy), unter den Kriegsingenieuren im Dienste des Königs oder eines Fürsten (wie Raffaele Bombelli oder Philippe de Girard), unter den Vormunden oder Sekretären von Adligen (wie Jean Beaugrand oder Simon Stevin) beziehungsweise unter Soldaten (wie René Descartes) und Ordensleuten (wie Antoine de Lalouvère, Marin de Mersenne oder Jacques de Billy). Die Unregelmäßigkeit ihrer mathematischen Arbeiten verrät manchmal etwas über die Erfordernisse ihres sozialen Lebens oder politische Ereignisse.

Zugleich sind die Formen der mathematischen Tätigkeit im siebzehnten Jahrhundert nicht einheitlich; vielleicht ließe sich ihre Eigentümlichkeit gerade durch ihre Vielfalt beziehungsweise ihre Widersprüche am besten charakterisieren. Eine wichtige Erscheinungsform haben wir bereits besprochen, nämlich die Übersetzung von Werken des Altertums.[2] So arbeiten die Gelehrten – wie bereits viele vor ihnen in

[2] Vgl. oben, S. 269-313.

Einige Namen, die für unser Thema wichtig sind

Diophant (etwa 250 nach Christus), Alexandria
Ramus, Petrus (Pierre de la Ramée, 1515-1572), Paris
Bombelli, Raffaele (1522-1572), Italien
Dee, John (1527-1607), England
Xylander (Wilhelm Holzmann, 1532-1576), Heidelberg
Viète, François (1540-1603), Bordeaux
Bachet de Méziriac, Claude Gaspard (1581-1638), Lyon
Mersenne, Marin de (1588-1648), Paris
Descartes, René (1596-1650), Paris, Holland
Carcavi, Pierre de (1600-1684), Toulouse, Paris
Fermat, Pierre de (1601-1665), Toulouse
Roberval, Gilles Personne de (1602-1675), Paris
Billy, Jacques de (1602-1679), Champagne
Frénicle de Bessy, Bernard (1605-1675), Paris
Wallis, John (1616-1703), Oxford
Pascal, Blaise (1623-1662), Paris
Huygens, Christiaan (1629-1695), Paris, Holland
Leibniz, Gottfried Wilhelm (1646-1716), Hannover
Familie Bernoulli, Basel
Goldbach, Christian (1690-1764), St. Petersburg
Euler, Leonhard (1707-1783), Berlin, St. Petersburg
Lagrange, Joseph Louis de (1736-1813), Turin, Berlin, Paris
Legendre, Adrien-Marie (1752-1833), Paris
Gauß, Karl Friedrich (1779-1855), Göttingen
Humboldt, Alexander von (1769-1859), Preußen
Crelle, August Leopold (1780-1855), Preußen
Jacobi, Carl (1804-1851), Berlin, Königsberg
Dirichlet, Johann Peter Gustav (1805-1859), Berlin, Göttingen
Kummer, Ernst Eduard (1810-1893), Breslau, Berlin
Borchardt, Carl Wilhelm (1817-1880), Berlin
Eisenstein, Ferdinand Gotthold Max (1823-1852), Heidelberg
Kronecker, Leopold (1823-1891), Berlin

der Welt des Mittelmeers – daran, die Werke der wichtigsten griechischen Mathematiker Euklid, Apollonius, Archimedes, Diophant zu entziffern, ins Lateinische zu übersetzen beziehungsweise aus Fragmenten und wirren Hinweisen in späteren Kompilationen zu restaurieren. Natürlich geht es darum, das antike Erbe wieder anzueignen, zu verarbeiten und zu begreifen; doch immer häufiger wird auch Kritik geäußert und versucht, dieses Erbe nach dem Geschmack der Zeit umzuschreiben. Freilich ist diese angesehene Quelle von Aufgaben nicht die einzige; auch die Kriegsingenieure, Artilleristen, Navigateure und Festungsbaumeister nutzen mathematische Ergebnisse und entwickeln sie manchmal weiter. Wieder eine andere Strömung entstammt der Lehre von der »Coß« (von *cosa*, die Sache, die Unbekannte), die wir heute Algebra nennen würden; von den Arabern übernommen, setzte sich diese Tradition zuerst in Deutschland und Italien fest. Die Cossisten, die auch von Kaufleuten konsultiert wurden, bevorzugten wirksame Methoden, die an konkreten Aufgaben vorgeführt und in Musterbeispielen durchgerechnet wurden. Eine ganz andere Leidenschaft für die Zahlen zeigt sich in esoterischen Quellensammlungen: Man sucht in den verborgenen Eigenschaften der Zahlen den Reflex der magischen Geheimnisse der Welt. Neben den gelehrten Kommentaren und Lehrbüchern aller Art existieren noch Spielesammlungen mit einer Fülle von Zahlenrätseln, die – je nach Mode und Publikum – in immer wieder neue Geschichten eingekleidet werden. Im Vorwort zu seiner *Récréation mathématique*, einem Werk, das »mancherlei amüsante und kurzweilige Aufgaben aus Arithmetik, Geometrie, Mechanik, Optik und anderen Teilen dieser schönen Wissenschaften« verspricht, behauptet der Jesuit Lerrechon, daß »der Adel die Mathematik nicht studiert, um die Geldbörse aufzublähen oder um des erhofften Gewinns willen, sondern um den Geist zu befriedigen, um sich rechtschaffen die Zeit zu vertreiben und um etwas zu haben, mit dem man in schicklicher und doch ergötzlicher Rede eine Gesellschaft unterhalten kann«. Bis zu Molières *Gelehrten Frauen* ist es nicht mehr weit.

Vergnügen an raffinierten und schnellen Rechenmethoden, scharfsinnige Entzifferung alter Manuskripte, Zerstreuung und Zauber hermetischer Mysterien – diese Melange würde uns kaum überraschen, wenn sie nicht oft in derselben Bibliothek, ja in demselben Kopf zu finden wäre: Obschon der Alchimie und »Numerologie« verfallen, ist John Dee jemand, dessen Rat man bei Forschungsreisen und Navigationsfragen einholt; Bachet de Méziriac begnügt sich nicht mit einer gelehrten Diophant-Übersetzung, seine 1612 veröffentlichte Sammlung »Lustiges und Merkwürdiges von den Zahlen«, eine Sammlung von Gesellschaftsspielen und Zahlenrätseln, wird bis ins Jahr 1959 immer wieder aufgelegt!

Ob es Männern von so unterschiedlicher intellektueller und sozialer Herkunft, zwischen so gegensätzlichen Beschäftigungen schwankend, dennoch gelingt, sich untereinander zu verständigen? Und versuchen sie es überhaupt?

Ränder und Netze

Zwei Hinweise auf den wissenschaftlichen Austausch zwischen den Mathematikern haben wir bereits, so gegensätzlich sie auf den ersten Blick scheinen: Fermat schreibt, der Rand sei zu schmal, um den Beweis zu fassen. Statt nach dem verschütteten Beweis zu suchen, würde der Historiker lieber verstehen, ob er denn wirklich verschüttet wurde (und warum): Welche völlige Einsamkeit, welcher leidenschaftliche Solipsismus konnten einen Mathematiker dazu berechtigen, einen so »wunderbaren Beweis« nirgendwo aufzuschreiben? Die zweite Spur dagegen legt dieses Diophant-Exemplar, 1621 erschienen, in der Hand Fermats: zumindest Schriften werden also weitergegeben. Aber wie?

Publikationen sind im siebzehnten Jahrhundert noch recht schwierig und finden keine besonders große Verbreitung: Oft ist es notwendig, die Herausgabe (auf eigene Kosten) selbst oder von einem Freund überwachen zu lassen, um ein zufriedenstellendes Ergebnis zu erhalten; die Werke Viètes werden erst lange nach seinem Tode veröffentlicht, und daß die Randnotizen Fermats auf uns überkommen sind, verdanken wir seinem Sohn Samuel, der 1670 die *Arithmetik*, vermehrt um die berühmten Marginalien, erneut herausgab. Angesichts dieser Schwierigkeiten werden im allgemeinen nur vollständige Abhandlungen publiziert oder natürlich Kommentare zu einer Übersetzung. Die Ungewißheiten der Verbreitung von Wissen und Information sind im übrigen ständiges Thema in der Korrespondenz, etwa in diesem Brief von Fermat an Mersenne:

> »Ich werde erfreut sein, durch Ihre Vermittlung von den neuen mathematischen Traktaten oder Büchern zu erfahren, die seit fünf oder sechs Jahren erschienen sind. [...] Und ich hingegen werde Ihnen sagen, daß ich die Abhandlung von Apollonius *De locis planis* vollständig wiederhergestellt habe. Vor sechs Jahren gab ich Monsieur Prades, den Sie vielleicht kennen, das einzige Exemplar, das ich mit eigener Hand geschrieben habe.«

Solchen Bemerkungen können wir freilich auch die Bedeutung persönlicher Beziehungen entnehmen, sowohl direkter wie brieflicher. Das Fehlen einer einheitlichen Tradition der Mathematik und besonders der Erforschung der Zahlen ließ bereits ahnen, daß der Ort, an dem man Kenntnisse erwirbt, nachdenkt, sich kundig macht, im wesentlichen ein privater Ort ist: Während Jesuitenkollegs wie das von La Flèche, das Descartes besuchte, Bedeutung für die Mathematik gewinnen, bleiben die französischen Universitäten für die neuen Strömungen lange Zeit marginal. Von neuen Aufgaben – oder gar von neuen Büchern! – erfährt man also über persönliche Kontakte. Zum Beispiel hat Fermat wahrscheinlich über Schüler Viètes von dessen Arbeiten Kenntnis erlangt, und durch Vermittlung seines ehemaligen Kollegen im Parlament von Toulouse, Carcavi, konnte er mit Mersenne in Verbindung treten.

Mersenne, der mit Korrespondenten in ganz Europa und sogar in der Türkei Briefe über philosophische und naturwissenschaftliche Themen aller Art wechselte, war eine Quelle von unschätzbarem Wert. Außerdem versammelte Mersenne in seiner Paulanerabtei an der Place des Vosges eine angesehene Gesellschaft, zu der Gilles Personne de Roberval, Pascal, Hobbes, Descartes und Gassendi zählten. Überall in Europa wurden damals solche Akademien gegründet; nach italienischen Vorbildern entstanden sie seit dem sechzehnten Jahrhundert auf private Initiative hin und richteten sich, im Zuge einer Erneuerung des Platonismus, gegen den Aristoteles der Kirche und der Universität. Allmählich spezialisierten sich diese gelehrten Gesellschaften, manche auf die Poesie, andere auf die Künste, wieder andere auf die Erforschung der Naturphänomene. Je nach der Neigung des Gastgebers konnten solche Zusammenkünfte mit Diners und Konzerten, anatomischen Sektionen oder astronomischen Beobachtungen verbunden sein. Die berühmtesten und fruchtbarsten – was den wissenschaftlichen Austausch betrifft, den sie anregten – waren in Frankreich zweifellos jene, die sich um Nicolas Peiresc, die Gebrüder Dupuy, Mersenne und später Pierre Rémond de Montmor scharten.

Die Sitzungen dieser Akademien, die weitverstreute Korrespondenten miteinander vernetzten und als Relaisstationen des Wissens dienten, bildeten über die Grenzen des Landes hinaus das Gewebe der mathematischen Kommunikation; die Briefe wurden sorgfältig kopiert und weiterverschickt, manchmal unter großer Mühe; von Frénicle beauftragt, eine Schrift an Fermat weiterzusenden, fügt Digby dem Brief hinzu: »Ich habe von meinem Sekretär eine Abschrift anfertigen lassen, denn Sie hätten ihn nicht lesen können;

[Frénicle] pflegt auf Papierfetzen zu schreiben, und dies in solcher Eile, daß niemand außer ihm selbst seine Schrift lesen kann.« Manchmal publizieren die Briefpartner (nach eigenem Belieben) bearbeitete Fassungen der empfangenen Briefe, von denen uns mitunter nur in dieser Form Spuren geblieben sind; dazu zählen etwa die *Neuen Entdeckungen in der Wissenschaft der Analysis, zusammengestellt von dem Ehrwürdigen Vater Jacques de Billy, Priester der Gesellschaft Jesu, aus den verschiedenen Briefen, die ihm zu verschiedenen Zeiten von Herrn Pierre de Fermat, Parlamentsrat in Toulouse, zugesandt wurden*, ein Werk, das – wie der Titel deutlich ankündigt – Ausarbeitungen Fermats zu Problemen enthält, die von Diophant gestellt wurden.

Wir sind versucht, hier von einer entstehenden Forschergemeinschaft zu sprechen; zwar hegen Mersenne und einige andere einen solchen Traum, doch die Wirklichkeit ist nicht ganz so idyllisch, besonders was die Zahlenaufgaben betrifft. 1640 schreibt Roberval an Fermat: Um die »großen Mysterien« der Zahlen leichter zu entdecken, »müßte man zu mehreren sein, untereinander einig und ohne Eifersucht«; es seien Männer vonnöten, »deren Genie auf natürliche Weise von dieser Spekulation angezogen wird, was sich nur selten findet«. Die gewöhnliche Art des Austauschs, unter Beteuerungen der Freundschaft und gegenseitigen Bewunderung, ist die Herausforderung: Spuren eines halb ernsten, halb spielerischen Kampfes, bei dem die Beweisforderung an den Adressaten ergeht. Häufig werden in den Briefen Aufgaben unterbreitet, deren Lösung zu verraten die Autoren sich wohl hüten: »den Geschicktesten« kommt es zu, die aufgeworfenen Fragen zu lösen. Zu den charakteristischsten Episoden dieser Geisteshaltung gehören die »Herausforderungen an die Mathematiker«, die Fermat 1657 (vielleicht in der Hoffnung, einen kompetenten Gesprächspartner zu finden) insbesondere an die Engländer John Wallis und William Brouncker sowie an Frénicle richtete. Nachdem er die Aufgaben gestellt hat, schließt Fermat: »Ich erwarte die Lösung dieser Fragen: wenn nicht England sie liefert oder das belgische Gallien, wird es die Narbonensis tun« (das heißt Fermat in Toulouse selbst). Mit anderen Worten, es handelt sich im allgemeinen gar nicht um offene Probleme, zu denen man andere Fachleute befragt, sondern um raffinierte Rätsel, deren Lösung der Fragesteller bereits kennt. Außerdem werden Zahlenaufgaben wenig geschätzt, auch wenn im Laufe des siebzehnten Jahrhunderts die Veränderungen und Techniken allmählich hervortreten, die für die künftige Forschergemeinschaft bestimmend sein werden: An Digby, der ihm die Herausforderung Fermats übermittelt, schreibt Wallis (der die Aufgabe schließlich löst!), Fermat scheine wohl einzig Zahlenaufgaben zu lieben; »doch ich gestehe, daß sie zumindest für mich keine so starke Anziehung besitzen, daß ich geneigt wäre, ihnen viel Zeit und Mühe zu opfern, und daß ich sie nicht für wichtig genug halte, um mich, unter Vernachlässigung meiner Forschungen in der Geometrie, an welchen ich mehr Gefallen finde, auf diese Spekulationen über die Zahlen zu werfen«. Woraus erklärt sich diese Eigentümlichkeit der Zahlenaufgaben?

Von Zahlen, ihren Potenzen und ihrem Potential

Mit seiner Randbemerkung kommentiert Fermat ein von Diophant gestelltes Problem der Zerlegung einer Quadratzahl in zwei Quadratzahlen, wie 25 = 16 + 9. Eine solche Frage ist für die *Arithmetik* typisch; meist geht es in diesem Werk darum, Zahlen (ganze Zahlen oder Brüche) zu finden, für die bestimmte Bedingungen und Relationen gelten, beispielsweise:

– es sind zwei Zahlen zu finden, deren Summe und deren Produkt gegeben sind;

– es sind drei Zahlen zu finden, so daß das Produkt zweier von ihnen, zu einer gegebenen Zahl addiert, eine Quadratzahl ist, und so weiter. Für bestimmte numerische Werte wird eine explizite Lösung vorgeschlagen, manchmal nebst einem Lösungsverfahren.

Doch auch andere Arten von Zahlenaufgaben werden im siebzehnten Jahrhundert erörtert: Die Leser des siebten, achten und neunten Buches der Euklidischen *Elemente* verfügen über die Definition gerader und ungerader Zahlen, über eine Studie zur Teilbarkeit, über die Primzahlen, die (wie 5 oder 7) nur durch sich selbst oder durch 1 teilbar sind, sowie über die vollkommenen Zahlen, die gleich der Summe ihrer Teiler sind (wie 6 = 1 + 2 + 3). Und jede der mathematischen Traditionen, deren Nebeneinander wir vorhin beschrieben haben, schleppt ein Bündel bevorzugter Fragen mit sich herum; manchmal sind es übrigens dieselben, nur in unterschiedlicher Verkleidung: Fermat und Frénicle offenbaren einander zu Beginn ihres Briefwechsels eine gemeinsame Leidenschaft für die magischen Qua-

Das magische Quadrat. Die Summe der Zeilen, Spalten und Diagonalen ist gleich 34. »Ich kenne kaum etwas Schöneres in der Arithmetik«, schreibt Fermat an Mersenne 1640 über das magische Quadrat. Stich, Detail aus A. Dürer, Melencholia I, *1514; Bibliothèque nationale, Paris*

drate, bei denen die Summe der Zahlen dieselbe ist, welche Zeile und welche Spalte man auch addiert; solche magischen Quadrate wurden übrigens auch als Talismane benutzt.

All diese Fragen scheinen uns heute von sehr unterschiedlichem Schwierigkeitsgrad zu sein, und es bedeutet keine geringe Überraschung, sie so dicht beieinander zu finden. Jede Klassifikation stützt sich natürlich auf die betrachtete Formulierung oder auf das Instrumentarium, das zur Lösung der Aufgaben verwendet wird. Das Problem der Zerlegung in die Summe von Quadraten läßt sich algebraisch auffassen; seine Verallgemeinerung befaßt sich dann, wie in dem Kommentar von Fermat, mit Fällen höherer Potenzen, Kuben, Biquadraten (vierten Potenzen) und so weiter. Doch läßt es sich auch in ganz anderer Form ausdrücken; nach dem Satz des Pythagoras definiert die Gleichung $a^2 = b^2 + c^2$ ein rechtwinkliges Dreieck mit den Seiten a, b und c (wobei a die Hypotenuse ist); es sind dann Dreiecke zu finden, die bestimmte Eigenschaften besitzen, etwa derart, daß die Fläche, vermehrt um die Hypotenuse, ein Quadrat ergibt und der Umfang ein Kubus ist, oder deren Fläche in bestimmter Proportion zu der eines anderen Dreiecks steht. Da die Gelehrten mangels einheitlicher Ausbildung nicht in gleichem Maße mit den neuen algebraischen Methoden vertraut sind, wird diese alte Verkleidung oft beibehalten. Frénicle, der einen *Traité des triangles rectangles* verfaßt hat und dessen Rolle als Briefpartner Fermats keineswegs geringzuschätzen ist, kennt die algebraischen Techniken kaum beziehungsweise überhaupt nicht; also bleiben sie aus dem Briefwechsel der beiden Männer ausgeschlossen. Noch schlagender ist die Diskrepanz der mathematischen Kenntnisse im Falle eines anderen Briefpartners von Fermat, nämlich des Paters Jacques de Billy; sein schon erwähntes Werk »nach« Briefen Fermats wimmelt von Fehlern: Von einer sicheren Beherrschung der benötigten Techniken kann keine Rede sein, und Billy schichtet oft nichtssagende Varianten desselben Verfahrens übereinander, ohne die Prinzipien zu klären.

Den Traditionen folgend, aus denen die Aufgaben stammen, werden die Lösungen fast immer in rein numerischer Form angegeben: Beweise sind noch der Geometrie vorbehalten. Bei den Zahlen geht man gewöhnlich *induktiv* vor; das heißt, man untersucht und berechnet ein Beispiel nach

Die aliquoten Teile

Im siebzehnten Jahrhundert werden die (echten oder eigentlichen) Teiler einer natürlichen Zahl »aliquote Teile« genannt. Eine Zahl heißt »vollkommen«, wenn sie die Summe ihrer aliquoten Teile ist (zum Beispiel $6 = 1 + 2 + 3$); »submultipel«, wenn sie diese Summe teilt (gewöhnlich in einem festen Verhältnis wie 2, 3, 5). Zwei Zahlen werden »befreundet« genannt, wenn jede die Summe der aliquoten Teile der anderen ist (zum Beispiel 220 und 284, denn $220 = 1 + 2 + 4 + 71 + 142$, und $284 = 1 + 2 + 4 + 5 + 10 + 11 + 20 + 22 + 44 + 50 + 55 + 110$).

In den Euklidischen *Elementen* findet man bereits einen Beweis dafür, daß jede Zahl der Form $2^n\ (2^{n+1} - 1)$ vollkommen ist, sofern der Ausdruck $2^{n+1} - 1$ eine Primzahl ist; so ist $6 = 2 \cdot 3 = 2 \cdot (4 - 1)$. Sogar schon vor dem siebzehnten Jahrhundert weiß man, daß die Zahlen $2^{n+1}\ (18 \cdot 2^{2n} - 1)$ und $2^{n+1}\ (3 \cdot 2^{2n} - 1)\ (6 \cdot 2^{2n} - 1)$ befreundet sind, sofern alle Ausdrücke in Klammern Primzahlen sind; für $n = 3$ findet man zum Beispiel das Paar $18\,416 = 2^4\ (18 \cdot 2^6 - 1)$ und $17\,296 = 2^4 \cdot 23 \cdot 47$.

Wenn $n = p^r$ und p eine Primzahl ist, sind die echten Teiler von n: $1, p, p^2, \ldots, p^{r-1}$; die Summe der aliquoten Teile von n ist demnach $1 + p + \ldots + p^{r-1}$; da nun aber $(p - 1)\ (1 + p + \ldots + p^{r-1}) = p^r - 1$, versteht man, daß das Studium der aliquoten Teile auf das der Teiler von Zahlen der Form $a^r - 1$ hinausläuft. Fermat stellt den folgenden »Fundamentalsatz der aliquoten Teile« auf: Wenn q prim und wenn a beliebig ist, so teilt q notwendig eine der Zahlen $a - 1$, $a^2 - 1$, $a^3 - 1$ usw., sofern r (der Exponent) $q - 1$ teilt; q teilt also auch $a^R - 1$ für jedes Vielfache R des kleinstmöglichen r. So gilt also für $a = 2$ und $q = 7$:7 teilt $2^3 - 1$, $r = 3$ teilt $q - 1 = 7 - 1 = 6$; darüber hinaus teilt $q = 7$ sämtliche $2^R - 1$, wenn R ein Vielfaches von $r = 3$ ist; zum Beispiel $2^6 - 1 = 63$, $2^7 - 1 = 511$ usw. Ein Teiler q von $2^{37} - 1 = 137\,438\,953\,471$ muß also derart sein, daß 37 Teiler von $q - 1$ ist; der erste Kandidat wäre also 149 (geht nicht), der zweite 223 (geht!). Mit diesem Satz läßt sich also viel Zeit und Rechnerei sparen, wenn man auf der Suche nach vollkommenen, einander befreundeten usw. Zahlen ist und dafür eventuelle Teiler von Zahlen des Typs $a^r - 1$ testen möchte.

Fermat hat sich auch für Teiler von $a^r + 1$ interessiert und dazu mehrfach behauptet, daß (2 hoch 2 hoch r) + 1 stets prim ist, wie 3, 5, 17, 257. Zu seinem Unglück ist nun aber (2 hoch 2 hoch 5) + 1 durch 641 teilbar; man kann das leicht mit einer einfachen Abwandlung der oben beschriebenen Methode beweisen; offenbar ist Fermat jedoch ein Rechenfehler unterlaufen... Wie erhellend für den Zustand der Disziplin ist es doch, daß dieser Fehler erst hundert Jahre später von Euler entdeckt wurde!

dem anderen. Oft ist damit ein allgemeinerer Satz verbunden, der freilich nicht weiter gerechtfertigt wird. Der Kompetenznachweis eines Autors liegt in seiner Fähigkeit, sämtliche *numerischen* Antworten zu liefern, die von ihm verlangt werden, vorzugsweise besonders große Zahlen. Über die Zahl der möglichen Kombinationen eines magischen Quadrats von gegebener Größe schreibt Fermat an Mersenne: »Um Ihnen zu zeigen, wie weit die Erkenntnis reicht, die ich davon gewonnen habe: Das Quadrat von 8, das 64 beträgt, läßt sich auf ebenso viele verschiedene Weisen anordnen, wie es in dieser Zahl Einheiten gibt: 1 004 144 995 344, was Sie zweifellos erschrecken wird, da Bachet und die anderen, die ich gesehen habe, nur eine einzige angeben.« Und um einen skeptischen Briefpartner davon zu überzeugen, daß er über ein allgemeines Ergebnis verfügt, das es ihm erleichtert, submultiple Zahlen zu finden, stellt er klar: »Da ich die Sätze über die beiden Zahlen 17 296 und 18 416 bereits vor langer Zeit gefunden und mitgeteilt habe, kam ich notwendigerweise an diesem Satz nicht vorbei.«

Das Eigentümliche an diesen Zahlenaufgaben besteht also darin, daß es – im Gegensatz zu den geometrischen Aufgaben – offenbar noch genügt, eine bestimmte Lösung (oder noch besser ein Rezept) vorzuweisen, um zu überzeugen; so schreibt Descartes, gewissermaßen als Echo auf Fermat: »Ich brauche den Beweis dessen nicht anzufügen« (es handelt sich um eine Zahlenaufgabe), »denn ich spare mir die Zeit, und bei Problemen dieser Art genügt es, das Ergebnis anzugeben, da jene, die es vorgeschlagen haben, prüfen können, ob es richtig gelöst ist oder nicht.« »Ich spare mir die Zeit« erinnert an den Rand, der zu schmal ist, um einen Beweis zu fassen; der Mangel an Zeit, an Platz und an Mitteln durchzieht die Briefwechsel des siebzehnten Jahrhunderts gleichsam als Leitmotiv, und wir haben bereits an die materiellen Bedingungen erinnert, die darin anklingen; er rechtfertigt eine weniger strenge, weniger detaillierte und weniger präzise Ausdrucksweise, als sie grundsätzlich bei der Abfassung eines Buches erforderlich wäre; vor allem rechtfertigt er die Beschränkung auf Beispiele, da diese genügen, um die Aufgabe zu lösen – jedenfalls in den Ausdrücken, in denen sie gestellt wurde: »Es sind Zahlen zu finden, für die gilt: ...« Der Wettstreit zwischen den Briefpartnern, ihre präzis aufeinander abgestimmten »Herausforderungen« verstärken diese Neigung: Man wählt für

Die »unendliche Abnahme«

Zwei einfache Sätze über ganze Zahlen werden benötigt: erstens, daß jede ganze Zahl sich eindeutig in ein Produkt unzerlegbarer Primzahlen zerlegen läßt, zum Beispiel $28 = 2 \cdot 2 \cdot 7$. Wir werden uns auf eine wesentliche Folgerung daraus stützen: Sind zwei Zahlen teilerfremd und ist ihr Produkt ein Quadrat, so ist jede von ihnen ein Quadrat. Zweitens wird vorausgesetzt, daß es keine unendlich fallende Folge natürlicher Zahlen geben kann.

Wir werden jetzt mit der »unendlichen Abnahme« beweisen, daß es keine Quadrate gibt, welche die Summe zwei Biquadrate wären, das heißt keine ganzen Zahlen x, y und z mit $z^2 = x^4 + y^4$. Damit wird *a fortiori* bewiesen, daß ein Biquadrat nicht die Summe zweier Biquadrate ist, einer der Fälle, die in der »Fermat-Vermutung« genannt werden.

Sodann benötigen wir die Charakteristik rechtwinkliger Dreiecke, die im übrigen schon vor dem siebzehnten Jahrhundert bekannt war: Wenn x, y und z ganze Seiten eines rechtwinkligen Dreiecks sind, etwa $x^2 + y^2 = z^2$, so kann man folgendermaßen schreiben:

$$(1)\quad \begin{aligned} x &= (a^2 - b^2)\, d \\ y &= 2abd \\ z &= (a^2 + b^2)\, d, \end{aligned}$$

wobei a, b und d ganze Zahlen sind und d der gemeinsame Teiler der Zahlen x, y und z ist. Wenn x gerade ist und nicht y, tauscht man sie aus (sie können nicht beide ungerade sein, weil sonst die Summe ihrer Quadrate kein Quadrat sein könnte). Nehmen wir ein Beispiel: 12, 9 und 15 sind die Seiten eines rechtwinkligen Dreiecks, da $12^2 + 9^2 = 15^2 = 225$ und $x = 9 = (4-1) \cdot 3$, $y = 12 = 2 \cdot 2 \cdot 1 \cdot 3$ und $z = 15 = (4 + 1) \cdot 3$; das heißt, sie erfüllen (1) mit $a = 2$, $b = 1$ und $d = 3$.

Nehmen wir nun an, es existierten ganze Zahlen x, y und z, so daß $x^4 + y^4 = z^2$. Um den Fall auszuschließen, daß alle durch eventuelle gemeinsame Teiler dividiert werden können, wollen wir zur

den Gegner als Ausgangswerte die ausgefallensten Zahlen, die ihn in Verlegenheit bringen werden. Umgekehrt stößt freilich dieser besondere Aspekt des Gebiets all diejenigen ab, die an vermeintlich allgemeineren Untersuchungen interessiert sind; und zwar, wie Descartes schreibt, »nicht weil die Fragen, die mit der Arithmetik zusammenhängen, schwieriger wären als die der Geometrie, sondern weil sie manchmal besser von einem eifrigen Mann gefunden werden, der die Folge der Zahlen, eine nach der anderen, beharrlich durchforscht, als von der Geschicklichkeit eines noch so großen Geistes«. Ein *circulus vitiosus* also, bei dem

Vereinfachung annehmen, daß es keine gibt. Da nun $(x^2)^2 + (y^2)^2 = z^2$, kann man nach der Form (1) schreiben:

$$x^2 = a^2 - b^2$$
$$y^2 = 2ab$$
$$z = a^2 + b^2 \text{ (mit } d = 1).$$

Wenn x, y und z keine gemeinsamen Teiler haben, so haben auch a und b keinen; andererseits ist y gerade, folglich y^2 durch 4 teilbar; also muß entweder a oder b gerade sein, sagen wir b. Nach dem ersten oben genannten Prinzip müssen a und $2b$ Quadrate sein, da $ax(2b)$ ein Quadrat ist und da a und $2b$ teilerfremd sind. Also:

$$a = A^2 \text{ und } 2b = (2B)^2$$

($2b$ ist gerade und ist das Quadrat einer geraden Zahl).
Insbesondere ist $x^2 = A^4 - (2B^2)^2$, das heißt:

$$x^2 + (2B^2)^2 = A^4 = (A^2)^2.$$

Als Charakteristik rechtwinkliger Dreiecke können wir also sagen: Es gibt Zahlen a' und b', so daß gilt:

$$(1') \quad x = a'^2 - b'^2$$
$$2B^2 = 2\,a'b'$$
$$A^2 = a'^2 + b'^2$$

Wiederum haben a' und b' keine gemeinsamen Teiler, und ihr Produkt B^2 ist ein Quadrat; folglich sind sie selbst Quadrate: $a' = A'^2$ und $b' = B'^2$; demnach $A^2 = A'^4 + B'^4$.
Mit anderen Worten: Ausgehend von einer Lösung x, y und z, die $x^4 + y^4 = z^2$ erfüllt, haben wir ein anderes A', B' und A konstruiert. Da nun $z = A^4 + b^2 > A$, ist diese Lösung in jedem Falle kleiner als die vorhergehende. Man könnte das Verfahren jetzt natürlich wiederholen und damit eine unendlich fallende Zahlenfolge z, A,... konstruieren. Wir haben jedoch zu Beginn gesagt, daß dies unmöglich ist; folglich kann es keine Lösungen x, y und z geben, um den Prozeß in Gang zu bringen.
Wir sehen, wie die Verwendung spezifischer Eigenschaften ganzer Zahlen die Schritte des algebraischen Beweises vorzeichnet.

---

die Art der Fragen und der erwarteten Antworten genau diejenigen abstößt, die in der Lage wären, deren Natur zu ändern.
Nehmen wir unseren Paradefall wieder auf, die Randnotiz von Fermat: es sei nicht möglich, »einen Kubus in 2 Kuben, oder ein Biquadrat in 2 Biquadrate und allgemein eine Potenz, höher als die zweite, in 2 Potenzen mit ebendemselben Exponenten zu zerlegen«. Da sie in der Form der Verneinung vorgelegt wird, ist es ausgeschlossen, die aufgeworfene Frage mit einer numerischen Antwort lösen zu wollen.

An keiner anderen Stelle des Briefwechsels von Fermat wird der allgemeine Fall erwähnt, weshalb es naheliegt, diese Notiz als weiteres Beispiel für jene voreiligen Schlüsse zu betrachten, die nur mit dem Fehlen detaillierter Ausarbeitungen oder streng geführter Diskussionen zu rechtfertigen sind. Doch der Fall der Kuben und der Biquadrate wird wiederholt erwähnt, und wir besitzen zumindest das Prinzip eines Beweises: Fermat beruft sich auf die »unendliche Abnahme« [*descente infinie*]. Angenommen, es existiert eine Lösung für das Problem, so kann man mit Hilfe verschiedener algebraischer Manipulationen daraus eine andere, doch auf jeden Fall kleinere Lösung ableiten. Nun kann es aber keine unendlich fallende Folge natürlicher Zahlen geben. Die Ausgangshypothese ist also falsch, und das Problem hat keine Lösungen: was zu beweisen war. Zwar ist das Prinzip recht einfach, nicht jedoch seine Durchführung; aber gerade darüber schweigt sich Fermat aus:

> »Ich lasse den Grund, aus dem ich dies schließe [daß es eine kleinere Lösung gibt], fort, weil die Darstellung zu lang würde und weil darin das ganze Geheimnis meiner Methode liegt. Ich werde sehr erfreut sein, wenn Gelehrte wie Pascal, Roberval und so mancher andere ihn auf meine Angabe hin suchen.«

Obwohl die Form der Frage dafür am wenigsten geeignet scheint, zeigt sich, daß auch sie den üblichen Bedingungen der arithmetischen Praxis des siebzehnten Jahrhunderts gemäß behandelt wird. Überdies ist die Reaktion der Korrespondenten Fermats nicht gerade ermutigend; bislang gewohnt, nach Beispieltabellen zu verfahren, sind sie über die »negativen« Behauptungen verwirrt, interessieren sich kaum dafür oder beklagen sich in einigen Fällen auch offen darüber.

So ist die Zahlentheorie des siebzehnten Jahrhunderts ein gewiß brodelndes, doch unharmonisches Gemisch ohne einheitliche Vision oder gesicherten methodischen Ansatz, wie die Beweislücken und die Abhängigkeit des wissenschaftlichen Austauschs von (materiellen und intellektuellen) Zufällen unterstreichen und bekräftigen. Doch wie war es möglich, daß all dies zweihundert Jahre später ganz anders aussah?

Mathematiker und Zahlentheorie im Alltag

Unser Ausgangspunkt ist diesmal der berühmte, von der *Académie des sciences* preisgekrönte Artikel eines Universitätsgelehrten. Während man im siebzehnten Jahrhundert die flüchtigen Spuren der Zahlenliebhaber in ihren Briefen oder an den Rändern ihrer Bücher suchen mußte, wird seit der ersten Hälfte des neunzehnten Jahrhunderts zu diesem Thema im *Journal für die reine und angewandte Mathematik* reichlich publiziert: In der Inhaltsübersicht der ersten fünfzig Bände erscheinen unter der Rubrik »Zahlentheorie« fast einhundertfünfzig Mitteilungen, Artikel, Aufgabentexte oder Berichte.

Hier haben wir es nicht mehr mit einem Parlamentsrat in Toulouse, mit Grundherren oder Diplomaten zu tun; monoton wiederholt sich in der Reihe der Jahrgänge die Berufsbezeichnung der Autoren: Privatdozent an der Universität Berlin, Professor an der Universität Breslau, Professor der Mathematik in Halle, Braunschweig, Brandenburg, Paris, Oxford, Professor am Polytechnikum Karlsruhe und so weiter. Die Verfasser stammen aus einem geschlossenen Milieu: Die wenigen, die keinen Posten an der Universität als Professor oder Privatdozent haben, tragen im allgemeinen wenigstens den Doktortitel, der eine Universitätsausbildung voraussetzt, oder lehren an Gymnasien; nach den damals geltenden Regeln haben also auch sie Vorlesungen an höheren Lehranstalten besucht.

Der Verfasser des Artikels, der zu Beginn dieses Kapitels erwähnt wurde, Ernst Eduard Kummer, hat eine unter diesem Gesichtspunkt exemplarische Laufbahn hinter sich: Zunächst als Student der Theologie eingeschrieben, wendet er sich schließlich der Mathematik zu, auch wenn er dadurch – wie er seiner Mutter schreibt – »eine sichere Aussicht auf ein ruhiges sorgenloses bequemes Leben mit der unsicheren Aussicht auf eine Versorgung als Lehrer der Mathematik vertauschen« muß. Er unterrichtet zunächst am Gymnasium von Liegnitz, verfaßt aber nebenher mathematische Artikel; 1839 wird er Mitglied der Berliner Akademie der Wissenschaften, 1842 Professor in Breslau, dann in Berlin; während der ganzen Zeit arbeitet er auf dem Gebiet der Zahlentheorie und kommt dabei zu den schon erwähnten Ergebnissen über die Fermat-Sätze. Als korrespondierendes Mitglied mehrerer europäischer Akademien wird er schließlich Rektor seiner Universität, hält öffentliche Vorträge und Vorlesungen, betreibt die Grün-

Ernst Eduard Kummer, Rektor der Universität zu Berlin. Er gehört zur ersten Generation der Mathematiker im neunzehnten Jahrhundert, die von der Mathematik leben kann. Heliogravüre, um 1890

dung des mathematischen Seminars an der Berliner Universität, ist in der Promotionskommission Erster Prüfer von neununddreißig Doktoranden, von denen siebzehn Universitätsstellen erhalten werden – unter ihnen Immanuel Lazarus Fuchs, Leopold Kronecker, Paul Bachmann, die ebenfalls im *Journal für die reine und angewandte Mathematik* veröffentlichen. So entstehen und verflechten sich Filiationslinien von Forschern und Lehrern, die ebensosehr die Seiten der Zeitschrift wie die verfügbaren Stellen an den Universitäten besetzen.
All dies setzt, wie man sich denken kann, Energie, Geduld und Arbeit voraus; allein im vierzigsten Band des *Journals* erscheinen drei Artikel aus der Feder Kummers, zusammen über vierzig großformatige Seiten! Diese Eigenschaften werden im übrigen ausdrücklich erwartet und erwünscht. 1846 schreibt Kummer an Kronecker:

> »Unsere mathematische Literatur besteht wie Sie wissen aus Abhandlungen, kleineren oder größeren. Darum wollte ich Ihnen den wohlmeinenden lehrerlichen Rath geben, Ihre mathematischen Studien bald anfangs so zu betreiben, daß Abhandlungen entstehen, d. h. daß Sie gewisse Stoffe zu einer gewissen Abrundung verarbeiten, sodaß sie wenn auch nach vielen Seiten hin das Bedürfniß nach weiterem Fortschritte in sich tragend, doch als etwas abgeschlossenes Ganzes gelten können.«

Der Mathematiker Richard Dedekind sprach selbst von eigenen *aurea mediocritas*, deren Stärke, wie er hinzufügt, einzig in hartnäckiger Ausdauer liege.
Forschung und Lehre treten hier eng miteinander verbunden auf, und nebenbei liefert der Unterricht der Forschung neue Rekruten. Die Teilnahme an einer Verwaltungssitzung, die Lektüre eines Artikels, die Suche nach einem neuen Resultat, das Abhalten einer Vorlesung – gewiß, das sind sehr unterschiedliche Aufgaben, doch tragen sie sämtlich dazu bei, die Institution, die ihre Erfüllung verlangt, zu erhalten oder zu verbessern. Die Universitäten sind das Herz der mathematischen Forschung; die Schaffung der Berliner Universität im Jahre 1810 bekräftigt die neue Bedeutung, die ihnen der preußische Staat im Rahmen der Reform des Bildungssystems beimißt. Gustav Dirichlet gehört zu der letzten Generation, die nach Paris reisen mußte, um die mathematische Spitzenforschung kennenzulernen, die es in Deutschland nicht gab. Nach ihm (nicht zuletzt dank seiner Lehrveranstaltungen!) werden die Studenten

wenn schon nicht überall, so doch in Berlin und Göttingen die Einführungsvorlesungen, die Erklärungen und die Vorbilder finden, die sie mit den neuesten Methoden bekannt machen. Sichtbare Spuren dieser Unterrichtstätigkeit sind die Vorlesungstexte, die neben den kurzen Mitteilungen in den Fachzeitschriften die andere Seite des mathematischen Schrifttums ausmachen: die *Vorlesungen über die Zahlentheorie* von Dirichlet und Dedekind erscheinen 1863, doch auch schon früher wurden ganze Vorlesungen über höhere Zahlentheorie in Berlin angeboten. Die räumliche Nähe, die täglichen Begegnungen der Mathematiker führen natürlich zu einer Konzentration auf verwandte Probleme; man trinkt aus denselben Quellen, bezieht sich auf Euler, Lagrange und die Mathematiker der französischen Schule (die damals als die beste der Welt galt), vor allem aber auf Gauß, der 1801 seine *Disquisitiones arithmeticae* veröffentlichte, die Bibel der Zahlentheorie im neunzehnten Jahrhundert. Der Name Gauß geistert durch die Artikel zu diesem Thema, die seine Arbeiten präzisieren oder verallgemeinern, seine Notationen aufnehmen und seine Aufgabenstellungen weiterführen. Die Vereinheitlichung, zu der dieses Ausbildungssystem führt, hat auch eine normierende Funktion; es entsteht auf diese Weise eine gemeinsame Wissenskultur mit ihrer eigenen Sprache und ihren eigenen Regeln. Die Männer, aus denen sich diese Gemeinschaft zusammensetzt, kennen wir nun; doch wie handeln sie miteinander?

Von Crelles Journal zur Akademie der Wissenschaften

Die erste bedeutende Zeitschrift, die sich ausschließlich der Mathematik widmet, wird von dem Mathematiker Joseph Gergonne in Montpellier gleich zu Beginn des neunzehnten Jahrhunderts gegründet; es sind die *Annales de mathématiques pures et appliquées*, die übrigens sehr schnell wieder eingestellt werden, späteren mathematischen Periodika jedoch ausdrücklich als Vorbild dienen. Zum Beispiel tragen die von Joseph de Liouville in Frankreich und von Crelle in Deutschland gegründeten Zeitschriften jeweils den Namen der anderen in wörtlicher Übersetzung: *Journal für die reine und angewandte Mathematik*.

August Leopold Crelle, ein Straßenbauingenieur, diente als Beamter in der preußischen Verwaltung; als Mathematiker war er mehr oder weniger Autodidakt. Schließlich erwarb er in Heidelberg den Doktortitel und arbeitete ab 1828 im Kultusministerium als Fachmann für Mathematik und insbesondere für den Mathematikunterricht. Im Vorwort zum ersten Heft seiner Zeitschrift, das im Dezember 1825 erschien, erklärt Crelle, die Mathematik werde in Deutschland geliebt, weshalb es geboten sei, der Nachfrage eines interessierten Publikums entgegenzukommen und sämtliche neueren Arbeiten auf diesem Gebiet jedermann zugänglich zu machen, unabhängig von jeder Mode, Autorität oder Schule; dazu sollten, falls erforderlich, auch Übersetzungen ins Deutsche sowie Kommentare zu anderen Artikeln gehören. Crelle, der zumindest Korrekturen an der Darstellungsweise mancher Texte vornahm, der gleichzeitig Mathematiker für die Universitäten und Mitarbeiter für seine Zeitschrift heranzog und Artikel verschiedener Autoren über dasselbe Thema nebeneinander erscheinen ließ, bot damit einen Ort, an dem eventuelle Kontroversen unter Mathematikern über Methoden und Prioritäten sachlich ausgetragen und zugleich öffentlich gemacht werden konnten, und trug so erheblich zur Schaffung eines geordneteren und homogeneren Fachs bei.

Natürlich werden zwischen Spezialisten oder Vertrauten nach wie vor Briefe gewechselt; ein Beispiel dafür, den Rat Kummers an Kronecker, haben wir bereits betrachtet. Doch ein Journal, wie gering seine Verbreitung auch sein mag, rechnet mit der Existenz namenloser Leser, die dennoch imstande sind, die veröffentlichten Artikel zu verstehen. Floskeln, die keinen Widerspruch dulden (»Bekanntlich gilt...«), und nicht definierte Zeichen lassen einen ungenannten Ort erkennen – vielleicht die Universität –, wo die erforderlichen Kenntnisse geliefert werden. Sicher, alles Wissen wird undurchsichtig für den, der nicht über den notwendigen Schlüssel verfügt; auch Fermat benutzte in seinem Briefwechsel Abkürzungen und Andeutungen. Doch er kannte seine Gesprächspartner persönlich (und deshalb auch Grenzen ihrer Kenntnisse). Im neunzehnten Jahrhundert existiert zumindest potentiell eine Forschergemeinschaft, die sich genau dadurch auszeichnet, daß ihre Mitglieder diese Zeitschrift lesen und/oder in dieser Zeitschrift publizieren können; sie bildet einen Informationskern, der die Grenzen einer Welt bezeichnet, die eine bestimmte Konzeption der Mathematik enthält und zugleich über die Mittel verfügt, sie zu formulieren beziehungsweise zu »leben«. Der Wandel der Wissenschaftsorganisation läßt sich ebensosehr am wachsenden Prozentsatz der Hochschullehrer unter den Gelehrten wie an der Zunahme der Veröffentlichungen in wissenschaftlichen Fachzeitschriften ablesen. Die verschiedenen Formen der Rekrutierung, die verfügbaren Stellen in Berlin oder in Crelles *Journal*, knüpfen wechselseitig das Netz der mathematischen Aktivität. Die Veröffentlichung des Artikels ist für Kummer also ein ebenso banales wie bedeutsames Ereignis in seinem täglichen Leben. Und der akademische Lohn? Das ist eine lange und aufschlußreiche Geschichte, die wir dem Bericht des Historikers Harold Edwards entnehmen.

Alles beginnt, weit von Deutschland entfernt, auf einer Sitzung der Akademie der Wissenschaften von Paris. Ein Mathematiker, Gabriel Lamé, gibt bekannt, er verfüge über einen allgemeinen Beweis für die Fermatsche Vermutung. Wir erinnern uns: Es geht um den Beweis für die Unmöglichkeit, daß ganze Zahlen x, y, z eine Beziehung der Art $x^n + y^n = z^n$ erfüllen, außer wenn $n = 2$ oder wenn eine der Zahlen 0 ist. Die Methode der »unendlichen Abnahme« erlaubt es, die Fälle $n = 3$ und $n = 4$ zu lösen; für andere Potenzen wurden komplizierte und/oder partielle Beweise gefunden, doch vom allgemeinen Fall schien man weit entfernt. Lamé behauptet in seinem Exposé, er stütze sich auf Ideen von Lagrange und Gauß, und erkennt den wesentlichen Beitrag einer Unterhaltung mit Liouville an. Beachten wir im Vorübergehen, daß der Verweis auf andere Kollegen die Verdienste dessen, der sie nennt, keineswegs schmälert; vielmehr tragen solche Erwähnungen künftig zur Sicherung einer günstigen Aufnahme bei! Doch Lamé hat Pech: Liouville weist die angebotene Ehre zurück und reicht die Urheberschaft seines bescheidenen Beitrags an andere illustre Vorgänger weiter; er ist, sehr zu Recht, besorgt wegen einiger vorschneller Verallgemeinerungen in der Arbeit Lamés. Dieser dehnte nämlich die gewöhnlichen Eigenschaften ganzer Zahlen (Teilbarkeit, Zerlegbarkeit in Primfaktoren und so weiter) auf andere Arten von Zahlen aus; wir werden noch darauf zurückkommen. Wohl hatte Gauß in einem bestimmten Fall ein ähnliches Verfahren gewählt, dabei jedoch sorgfältig bei jedem Schritt das Vorliegen dieser Eigenschaften nachgewiesen. Sollte sich Lamé unvorsichtig auf schwankenden Boden begeben haben?

Auf derselben wahrhaft stürmischen Akademiesitzung ergreift ein anderer Redner das Wort, Augustin-Louis Cau-

chy; er erinnert daran, daß er bereits einige Monate zuvor über dieses Thema gesprochen habe; er habe nicht die Zeit gehabt, seine Ideen vollständig auszuarbeiten, doch werde es nicht mehr lange dauern ... Und tatsächlich folgen nun auf französischer Seite einige Monate fiebriger Aktivität: Wer wird den Beweis vollenden?
Zu diesem Zeitpunkt erhält Liouville aus Deutschland einen Brief von Kummer; dieser, wahrscheinlich von Dirichlet auf dem laufenden gehalten, beantwortet die strittige Frage der Arbeiten Lamés negativ. Nein, die Eigenschaften ganzer Zahlen lassen sich nicht so ohne weiteres ausdehnen. Doch in demselben Brief kündigt Kummer zwei Artikel an; in dem einen, der demnächst erscheinen solle, werde das Problem durch die Einführung einer neuen Zahlenart gelöst, die Kummer als »ideale« Zahlen bezeichnet; der andere (nämlich der von 1850) werde sich mit den Anwendungen dieser neuen Theorie auf die ursprüngliche, von Fermat aufgeworfene Frage beschäftigen.
Hier könnte die Geschichte durchaus enden; sämtliche Elemente des ewigen Märchens vom Sieg des Guten (Kummer) über den Toren (Lamé) und den Gauner (Cauchy) unter den Augen des Weisen (Liouville) sind vorhanden. Ebenso verfügen wir über sämtliche Elemente, die uns zeigen können, wie das professionelle Milieu funktioniert: Probleme, die aus den gleichen Quellen geschöpft und im gleichen Moment für wesentlich erachtet werden; öffentliche Sitzungen an bestimmten Orten, wo individuelle Forschungen bekanntgegeben, bestätigt, ausgetauscht und geregelt werden; Kontakte mit anderen Schulen und Ländern als Anreiz, aber auch als Kontrolle der nationalen Anstrengungen; Zeitschriften natürlich, Orte des Kompromisses und des Friedens, wofür der Brief, den Liouville in seiner Zeitschrift zum Geleit eines Artikels von Kummer schrieb, ein Musterbeispiel bietet. Cauchy gibt eine sehr prägnante Formulierung für das Ideal des Mathematikers, auch wenn er im übrigen weiterhin auf dem Wert seiner eigenen Arbeit zu dieser Frage beharrt:

> »Wenn Monsieur Kummer die Frage um einige Schritte vorangebracht hat, wenn es ihm sogar gelungen sein sollte, sämtliche Hindernisse zu heben, wäre ich der erste, der dem Erfolg seiner Bemühungen Beifall spendet, denn unser größter Wunsch muß es sein, daß die Arbeiten aller Freunde der Wissenschaft dazu beitragen, die Wahrheit bekannt zu machen und zu verbreiten.«

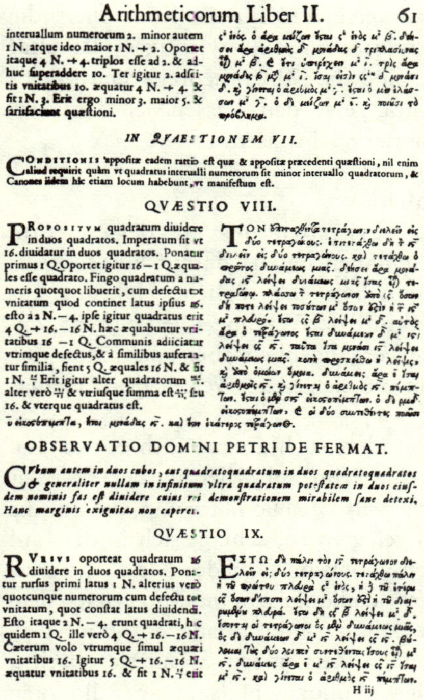

Arithmeticorum Liber II. 61

interuallum numerorum 2. minor autem 1 N. atque ideo maior 1 N. + 2. Oportet itaque 4 N. + 4. triplos esse ad 2. & adhuc superaddere 10. Ter igitur 2. adscitis vnitatibus 10. æquatur 4 N. + 4. & fit 1 N. 3. Erit ergo minor 3. maior 5. & satisfaciunt quæstioni.

IN QVAESTIONEM VII.

CONDITIONIS appositæ eadem ratio est quæ & appositæ præcedenti quæstioni, nil enim aliud requirit quàm vt quadratus interualli numerorum sit minor interuallo quadratorum, & Canones iidem hic etiam locum habebunt, vt manifestum est.

QVÆSTIO VIII.

PROPOSITVM quadratum diuidere in duos quadratos. Imperatum sit vt 16. diuidatur in duos quadratos. Ponatur primus 1 Q. Oportet igitur 16 − 1 Q. æquales esse quadrato. Fingo quadratum a numeris quotquot libuerit, cum defectu tot vnitatum quod continet latus ipsius 16. esto à 2 N. − 4. ipse igitur quadratus erit 4 Q. + 16. − 16 N. hæc æquabuntur vnitatibus 16 − 1 Q. Communis adiiciatur vtrimque defectus, & à similibus auferantur similia, fient 5 Q. æquales 16 N. & fit 1 N. $\frac{16}{5}$ Erit igitur alter quadratorum $\frac{256}{25}$. alter verò $\frac{144}{25}$ & vtriusque summa est $\frac{400}{25}$ seu 16. & vterque quadratus est.

OBSERVATIO DOMINI PETRI DE FERMAT.

Cubum autem in duos cubos, aut quadratoquadratum in duos quadratoquadratos & generaliter nullam in infinitum vltra quadratum potestatem in duos eiusdem nominis fas est diuidere cuius rei demonstrationem mirabilem sane detexi. Hanc marginis exiguitas non caperet.

QVÆSTIO IX.

RVRSVS oporteat quadratum 16 diuidere in duos quadratos. Ponatur rursus primi latus 1 N. alterius verò quotcunque numerorum cum defectu tot vnitatum, quot constat latus diuidendi. Esto itaque 2 N. − 4. erunt quadrati, hic quidem 1 Q. ille verò 4 Q. + 16. − 16 N. Cæterum volo vtrumque simul æquari vnitatibus 16. Igitur 5 Q. + 16. − 16 N. æquatur vnitatibus 16. & fit 1 N. $\frac{16}{5}$ erit

H iij

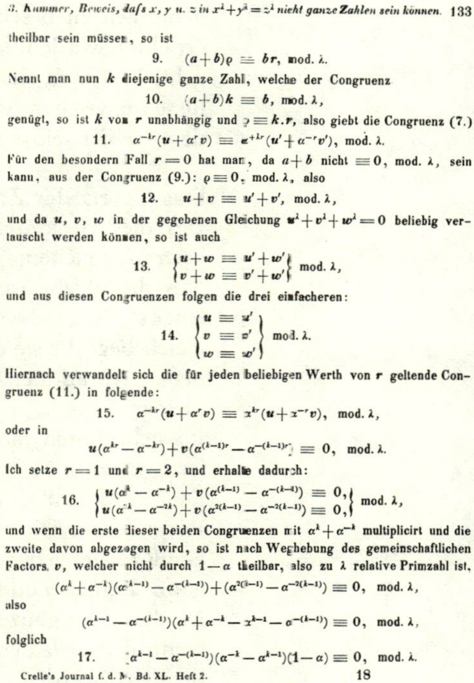

3. Kummer, Beweis, dafs x, y u. z in $x^\lambda + y^\lambda = z^\lambda$ nicht ganze Zahlen sein können. 133

theilbar sein müssen, so ist

$$9.\quad (a+b)\varrho \equiv br, \text{ mod. } \lambda.$$

Nennt man nun k diejenige ganze Zahl, welche der Congruenz

$$10.\quad (a+b)k \equiv b, \text{ mod. } \lambda,$$

genügt, so ist k von r unabhängig und $\varrho \equiv k.r$, also giebt die Congruenz (7.)

$$11.\quad \alpha^{-kr}(u+\alpha^r v) \equiv \alpha^{+kr}(u'+\alpha^{-r}v'), \text{ mod. } \lambda.$$

Für den besondern Fall $r=0$ hat man, da $a+b$ nicht $\equiv 0$, mod. λ, sein kann, aus der Congruenz (9.): $\varrho \equiv 0$, mod. λ, also

$$12.\quad u+v \equiv u'+v', \text{ mod. } \lambda,$$

und da u, v, w in der gegebenen Gleichung $u^\lambda + v^\lambda + w^\lambda = 0$ beliebig vertauscht werden können, so ist auch

$$13.\quad \left.\begin{cases} u+w \equiv u'+w' \\ v+w \equiv v'+w' \end{cases}\right\} \text{ mod. } \lambda,$$

und aus diesen Congruenzen folgen die drei einfacheren:

$$14.\quad \left.\begin{cases} u \equiv u' \\ v \equiv v' \\ w \equiv w' \end{cases}\right\} \text{ mod. } \lambda.$$

Hiernach verwandelt sich die für jeden beliebigen Werth von r geltende Congruenz (11.) in folgende:

$$15.\quad \alpha^{-kr}(u+\alpha^r v) \equiv \alpha^{kr}(u+\alpha^{-r}v), \text{ mod. } \lambda,$$

oder in

$$u(\alpha^{kr}-\alpha^{-kr})+v(\alpha^{(k-1)r}-\alpha^{-(k-1)r}) \equiv 0, \text{ mod. } \lambda.$$

Ich setze $r=1$ und $r=2$, und erhalte dadurch:

$$16.\quad \left.\begin{cases} u(\alpha^k-\alpha^{-k})+v(\alpha^{(k-1)}-\alpha^{-(k-1)}) \equiv 0, \\ u(\alpha^{2k}-\alpha^{-2k})+v(\alpha^{2(k-1)}-\alpha^{-2(k-1)}) \equiv 0, \end{cases}\right\} \text{ mod. } \lambda,$$

und wenn die erste dieser beiden Congruenzen mit $\alpha^k+\alpha^{-k}$ multiplicirt und die zweite davon abgezogen wird, so ist nach Weghebung des gemeinschaftlichen Factors v, welcher nicht durch $1-\alpha$ theilbar, also zu λ relative Primzahl ist,

$$(\alpha^k+\alpha^{-k})(\alpha^{k-1}-\alpha^{-(k-1)})+(\alpha^{2(k-1)}-\alpha^{-2(k-1)}) \equiv 0, \text{ mod. } \lambda,$$

also

$$(\alpha^{k-1}-\alpha^{-(k-1)})(\alpha^k+\alpha^{-k}-\alpha^{k-1}-\alpha^{-(k-1)}) \equiv 0, \text{ mod. } \lambda,$$

folglich

$$17.\quad (\alpha^{k-1}-\alpha^{-(k-1)})(\alpha^{-k}-\alpha^{k-1})(1-\alpha) \equiv 0, \text{ mod. } \lambda.$$

Crelle's Journal f. d. M. Bd. XL. Heft 2. 18

Zweierlei Mathematik ... Handelt es wirklich um dasselbe Problem? Links die Randbemerkung Fermats, mit abgedruckt in der von seinem Sohn veranstalteten Diophant-Ausgabe. Rechts ein Auszug aus einem Artikel von Kummer. Links: Diophanti Alexandrini Arithmeticorum libri [..], *1670; Bibliothèque nationale, Paris. Rechts:* Crelles Journal für die reine und die angewandte Mathematik, *1850*

Die Geschichte, die hier noch nicht zu Ende ist, wird zur Lehrfabel. Im Jahre 1850 beschließt die Akademie der Wissenschaften, für einen vollständigen Beweis des Fermatschen »Theorems« einen Preis auszusetzen; Kummer hatte ihn nur für ganze Zahlen n führen können, die bestimmte technische Annahmen erfüllen (insbesondere für n bis 100, außer 37, 59, 67, 74). Als sieben Jahre später noch keine befriedigende Lösung bei der Akademie eingegangen ist, erwägt man, den Preis an Kummer zu vergeben; die Kommission, die gebildet wird, um den Vorgang zu prüfen, besteht aus ... Cauchy und Lamé. Der erste äußert Vorbehalte gegen bestimmte Einzelheiten des Kummerschen Beweises; nach einigen Reibereien und nach mehrfachem Austausch von Briefen, für den wiederum Dirichlet im rechten Moment sorgt, wird alles durch einen weiteren Artikel von Kummer gerettet, der 1857 wiederum im *Journal für die reine und angewandte Mathematik* erscheint. Hier werden nun alle eventuellen Lücken des ersten Artikels gefüllt, freilich auf ganz anderem Wege. Ein typisches Beispiel für die Art von Druck, der ausgeübt wird, um Veröffentlichungen zu beschleunigen, und für die Kontrollen, die errichtet werden, sobald es um ein »wichtiges« Resultat geht. Wie man sieht, sind die zahlentheoretischen Ergebnisse inzwischen wichtig geworden. Lassen sich dafür auf dem Gebiet selbst Spuren nachweisen?

Das Gesetz der Zahlen

Um dies zu klären, müssen wir uns mit dessen Form vertraut machen. Wir haben bereits darauf hingewiesen, daß die algebraische Arbeit ihre tägliche Nahrung aus einer ständigen Neulektüre der Vergangenheit bezieht. Zugleich begräbt sie die Vergangenheit aber auch unter den neuen Notationen, in die sich neue Weisen des Zugangs kleiden.

Im siebzehnten Jahrhundert suchte man nach echten Teilern von $a^r - 1$; für eine Primzahl q beträgt der Rest der Division von a^r durch q also 1. Die Betonung, die auf die Reste bei Divisionen gelegt wird, schlägt sich in der (auf Gauß zurückgehenden) Notation $\equiv$ nieder. Man sagt, zwei ganze Zahlen a und b seien kongruent *modulo* (»nach dem Modul«) der ganzen Zahl q (und schreibt: $a \equiv b \bmod q$), wenn a und b denselben Rest haben, wenn sie durch q dividiert werden. Der »Fundamentalsatz der aliquoten Teile«[3], das heißt die Tatsache, daß jede Primzahl q eine der Zahlen $a^r - 1$ bei geeignetem r (Teiler von $q - 1$) teilt, läßt sich jetzt so schreiben: $a^r \equiv 1 \bmod q$ für ein r, für das gilt: $q \equiv 1 \bmod r$. Die Reste (also die Kongruenzen) lassen sich miteinander addieren und multiplizieren und erleichtern so die Suche nach dem kleinsten r: $25 \equiv 4 \bmod 7$; also $25^5 \equiv 4^5 \bmod 7$; die Berechnung von 25^5 ist demnach überflüssig! Man stellt auch entsprechende Ergebnisse für Module q auf, die nicht notwendig prim sind. Übrigens erscheinen in Crelles *Journal* zahlreiche Zahlentafeln zu diesen Themen für verschiedene Werte von q; mehrere stammen sogar vom Gründer der Zeitschrift. Diese Zahlentafeln dienen als Beispielvorrat, aus dem man bei der Untersuchung bestimmter Eigenschaften, die zu beweisen sind, schöpfen kann. Wenn auch die Abhandlungen jetzt nicht mehr so leicht lesbar sind, findet die induktiv vorgehende Berechnung von Einzelfällen – jene typische Facette der Zahlenforschung im siebzehnten Jahrhundert – auf diese Weise einen angemessenen Platz in dem gemeinsamen Unternehmen; es handelt sich freilich nur noch um Vorarbeiten und um eine öffentliche Dienstleistung für Kollegen, nicht mehr um das Spiel

[3] Vgl. S. 498.

einzelner Gelehrter, die ihren potentiellen Rivalen unlösbare Rätsel aufgeben.
Die Darstellung von Zahlen als Summe von Quadratzahlen (oder, wie man auch gesagt hätte, die Erforschung der Hypotenusen rechtwinkliger Dreiecke) ist ganz einfach zur Untersuchung der Form $x^2 + y^2$ geworden; die Klassifikation derartiger Ausdrücke war übrigens für Euler, Lagrange und dann Gauß eines der entscheidenden Probleme. Die Algebra ist so zu einer Sprache geworden, mit der man Fragen formulieren kann, auch arithmetische. Ebenso stehen neue Werkzeuge für Zahlenprobleme zur Verfügung: Dirichlet zum Beispiel benutzt unendliche Reihen sowie die analytischen Methoden, die während des ganzen achtzehnten Jahrhunderts ausgearbeitet wurden, um zu beweisen, daß für zwei teilerfremde natürliche Zahlen a und n eine Unendlichkeit von Primzahlen p existiert, so daß $p \equiv a \mod n$. Diese unendlichen Reihen werden ihrerseits zu wichtigen Untersuchungsobjekten auf diesem Gebiet. Doch diese wachsende Komplexität bleibt durch die Vereinheitlichung der angestrebten Ziele handhabbar; während die Sprachen, die Notationssysteme, die Techniken anspruchsvoller werden, begrenzen sie andererseits um so schärfer ein Korpus bevorzugter Themen und konturieren damit eine Spezialdisziplin, deren Aufgabe es ist, die Eigenschaften ganzer Zahlen zu erforschen. In diesem Lichte müssen wir unsere Lieblingsaufgabe noch einmal neu betrachten.
Das dafür erforderliche neue Werkzeug sind die komplexen Zahlen. Als sie bereits Jahrhunderte zuvor in die Untersuchung algebraischer Gleichungen eingeführt wurden, dienten sie als bloße Hilfsmittel beim Rechnen. So werden sie auch noch bei Lagrange und Euler verwendet, zum Beispiel bei der Untersuchung bestimmter Ausdrücke wie $a^2 + b^2$ oder $a^3 + b^3$. Ebenso wie $a^2 - b^2 = (a - b) \cdot (a + b)$ kann man schreiben:

$$a^2 + b^2 = (a - b\sqrt{-1}) \cdot (a + b\sqrt{-1}),$$

wobei $\sqrt{-1}$ die »imaginäre« Wurzel der Quadratzahl -1 ist. Gauß wird weitergehen und zeigen, daß komplexe Zahlen der Form $a + b\sqrt{-1}$, mit a und b als gewöhnlichen ganzen Zahlen, sich sehr ähnlich wie ganze Zahlen verhalten; man kann sie multiplizieren, addieren und sogar eindeutig in komplexe »Primzahlen« zerlegen, die selbst nicht weiter zerlegbar sind. Diese neuen, nach Gauß benannten Zahlen eignen sich unter Umständen als nützliche Zwischenglieder bei der Untersuchung echter ganzer Zahlen: Wenn p die Summe zweier Quadrate ist, kann man schreiben: $p = a^2 + b^2 = (a - b\sqrt{-1}) \cdot (a + b\sqrt{-1})$, das heißt, p ist zerlegbar in Produkte Gaußscher Zahlen. Die Zerlegung in Produkte ersetzt also die Zerlegung in die Summe von Quadraten; eine Primzahl, Summe zweier Quadrate, ist nicht mehr prim als Gaußsche Zahl; zum Beispiel ist 5 zerlegbar in $(2 + \sqrt{-1}) \cdot (2 - \sqrt{-1})$, während 3 und 7 als Gaußsche Zahlen prim bleiben. Wie wir schon in anderen Fällen sahen, können diese komplexen Zahlen auch für sich betrachtet interessant werden: Haben jene, die aus anderen Zerlegungen hervorgegangen sind ($a^2 + 5\,b^2$ zum Beispiel), noch die gewöhnlichen Eigenschaften ganzer Zahlen? Was charakterisiert letztlich eine ganze Zahl? Diese Fragen und die Suche nach allgemeinen Gesetzen der Zerlegung dieser exotischen Zahlen sind im neunzehnten Jahrhundert in Deutschland sehr beliebt. Aber worin liegt der Zusammenhang mit »unserem« Theorem?

Der Vorschlag Lamés hatte genau darin bestanden, die Gleichung $x^n + y^n = z^n$ mit Hilfe komplexer Zahlen zu zerlegen, und zwar in folgender Form:

$$x^n + y^n = (x + \zeta_1 y)\,(x + \zeta_2 y) \ldots (x + \zeta_n y) = z^n,$$

wobei die ζ_i die n komplexen Zahlen sind, deren n-te Potenz 1 ist. Das Argument Lamés bestand darin, den Zahlen $(x + \zeta_i y)$ dieselben Eigenschaften der Faktorzerlegung beizulegen wie gewöhnlichen ganzen Zahlen; insbesondere anzunehmen, daß das obige Produkt nur dann eine n-te Potenz sein kann, wenn jeder Term es ist. Diese Art der Argumentation wird bei der klassischen »unendlichen Abnahme« ständig benutzt. Doch Lamé hatte Pech, denn diese Eigenschaft, die für die natürlichen Zahlen ebenso gilt wie für die Gaußschen Zahlen, gilt nicht im allgemeinen Fall; und genau dieses spezielle Problem behandelt und löst Kummer in den erwähnten Artikeln.

Kummers Arbeiten, verglichen mit den Untersuchungen Lamés, bewegen sich in diesem weiter gespannten Rahmen: Der Artikel, der sich mit der Fermat-Vermutung beschäftigt, umfaßt nur acht Seiten von den vierzig, die Kummer im vierzigsten Band des *Journals* veröffentlicht; die Teillösung, zu der er gelangt, verdankt sich der glücklichen Wendung einer ehrgeizigeren Problematik. Kummer demonstriert damit musterhaft die praktische Umsetzung der Ratschläge, mit denen er Kronecker überhäuft: Auch

Die idealen Zahlen

Wie kann die Schaffung idealer Zahlen dazu dienen, eine Grundeigenschaft der ganzen Zahlen, ihre eindeutige Zerlegbarkeit in Primfaktoren, wiederzugewinnen? Um dies besser zu verstehen, nehmen wir für einen Augenblick an, daß nur Zahlen der Form $4k + 1$ berücksichtigt werden. Diese Zahlen lassen sich ebenfalls, aber nicht unbedingt eindeutig, in Primfaktoren zerlegen; zum Beispiel ist $441 = 21 \cdot 21 = 9 \cdot 49$, und 21, 9 und 49 sind unzerlegbar in Zahlen der Form $4k + 1$. Will man die Eindeutigkeit der Zerlegung wiedergewinnen, muß man Zahlen der Form $4k + 3$ »erfinden«; man erhält dann $9 = 3 \cdot 3$, $21 = 3 \cdot 7$, $49 = 7 \cdot 7$, und 441 läßt sich auf eindeutige Weise in Primzahlen zerlegen: $441 = 3^2 \cdot 7^2$. Analoge Phänomene machen die Einführung der Kummerschen »idealen Zahlen« erforderlich.
Dieses Beispiel zeigt nicht nur, wie sich die Zahlentheorie neuer Werkzeuge und Techniken bedient, sondern macht auch deutlich, wie anfangs isolierte Fragen ihren Platz in dem umfassenden Panorama finden, das die Disziplin nunmehr bietet.

---

wenn sie auf eine allgemeine Frage zielt, muß die tägliche Arbeit Einzelheiten erforschen und auf mögliche Anwendungen hin prüfen; dem »Allgemeinen Beweis«, mit dem die Überschrift des Artikels beginnt, stehen die technischen Restriktionen gegenüber, die dann am Ende die Reichweite dieses Beweises begrenzen, das heißt die Potenzen angeben, für die er tatsächlich gilt.
Das Bild der Disziplin und ihr Instrumentarium, die Art, wie sie betrieben wird, haben sich also erheblich gewandelt. Dieser Bereich, dessen Prestige natürlich auf dem Ansehen der Spezialisten beruht, die auf dem Gebiet arbeiten, begnügt sich nicht mehr damit, die Entwicklungen anderer Disziplinen zu benutzen, sondern stellt sie in ein eigenes Koordinatensystem beziehungsweise bringt eigene in Gang. Die Verbindungen zwischen der Integration von Funktionen wie $1/\sqrt{1 - x^4}$ und den Lösungen von $y^2 = 1 - x^4$ eröffnen neue Forschungsperspektiven, und der deutsche Mathematiker Karl Theodor Wilhelm Weierstraß konnte in seinen Arbeiten über analytische Funktionen von den Untersuchungen über die Faktorzerlegung profitieren, deren Bedeutung wir oben bereits betont haben. Die Zahlentheorie ist – nach der Formulierung von Gauß – zur »Königin der Mathematik« geworden.
Gleichzeitig bestimmt diese Königin ihren Hofstaat; es werden Grenzen festgelegt, welche die Zugangsbedingun-

Dieser Stich der Académie des sciences *aus dem siebzehnten Jahrhundert gibt die Atmosphäre jener spontanen Vereinigungen von Liebhabern der Wissenschaft wieder, in der auch die Pariser Akademie entstand.*
S. Leclerc, Académie des sciences et des Beaux-Arts, *1698; Bibliothèque nationale, Paris*

gen klären und erschweren. Wir sahen bereits, welches Maß an mathematischer Bildung für das Verständnis der Texte vorausgesetzt war: Fermat hätte möglicherweise einige Schwierigkeiten gehabt, seine Probleme wiederzuerkennen, während die Zahlentheoretiker des neunzehnten Jahrhunderts ihn ohne weiteres als fernen Vorfahren bezeichnen (wenn sie ihn auch nicht immer gelesen haben). Wie und warum ist gerade sein Erbe überliefert? Wie und warum ist gerade sein Erbe fruchtbar geworden? Um dies zu verstehen, müssen wir noch einmal auf seine Quellen zurückgehen.

Historische Einordnungen

Fermat geht, wie gesagt, in seinen Überlegungen eindeutig von den Werken und dem algebraischen Ansatz Viètes aus. Seine »Herausforderung an die Mathematiker« klingt wie ein Glaubensbekenntnis, das näherer Betrachtung wert ist:

> »Es gibt kaum jemanden, der rein arithmetische Fragen vorschlägt, es gibt kaum jemanden, der [Zahlenprobleme] zu lösen verstünde. Liegt es daran, daß die Arithmetik bis zum heutigen Tag eher mit Hilfe der Geometrie betrieben wurde als

mit ihren eigenen Mitteln? Gerade diese Tendenz zeigt sich in den meisten Werken, den alten wie den neuen, auch bei Diophant selbst. Denn er hat sich, indem er seine Analyse auf die rationalen Zahlen beschränkte, von der Geometrie zwar ein wenig mehr als die übrigen entfernt, aber nicht vollständig gelöst; wie die *Zetetiken*[4] von Viète im Übermaß beweisen, in denen die Diophantische Methode auf die kontinuierliche Größe und folglich auf die Geometrie ausgedehnt wird. Hingegen hat die Arithmetik ein Gebiet, das ihr eigen ist, die Theorie der ganzen Zahlen; diese Theorie ist von Euklid nur sehr flüchtig angedeutet und von seinen Nachfolgern nicht genügend gepflegt worden [...]; die Arithmetik muß sie daher entwickeln oder sie erneuern.«

Hier haben wir also einen Gegenstandsbereich und eine Einheit; hier haben wir eine Gedankenlinie, die an anderen Stellen der Korrespondenz Fermats ziemlich fest durchgehalten wird: Berücksichtigt man Methoden, die sich auf kontinuierliche (»geometrische«) Größen ausdehnen lassen, so verschwinden die besonderen Eigenschaften der ganzen Zahlen. Es gilt also eine passendere Methode zu entwickeln. Genau diese Rolle spielt die berühmte »unendliche Abnahme«, von der schon die Rede war[5]; sie zeigt, wie man die besonderen Eigenschaften ganzer Zahlen in einen formalen algebraischen Argumentationsgang einführen kann. Wir haben bereits gezeigt, wie dieses häufig praktizierte Verfahren dazu führte, die Erforschung des Zahlbegriffs selbst und seiner Merkmale weiter voranzutreiben; und wir verstehen nun, was Fermat in den Augen des neunzehnten Jahrhunderts auszeichnete, als man die Vergangenheit der Zahlentheorie an professionellen Kriterien maß.

Auch in anderen Hinsichten ähnelt Fermat jenen Zahlentheoretikern des neunzehnten Jahrhunderts, mit deren Verhalten wir uns vertraut gemacht haben: Zeigt sich in seinen Bemühungen um die Wiederherstellung griechischer Texte nicht die geduldige, hingebungsvolle Arbeit um des Fortschritts der Wissenschaft willen? Und als er gegen Ende seines Lebens Pascal und Carcavi dazu bewegen wollte, ihm bei der Veröffentlichung oder bei der Niederschrift und Ergänzung seiner zahlentheoretischen Arbeiten zu helfen – war das nicht (zumindest reumütiger) Ausdruck einer Sorge um die Verbreitung seines Denkens unter den Forschern? Liefert er nicht, anläßlich seiner »Herausforderungen an die Mathematiker«, genaue Informationen über seine laufenden Forschungen: »Man weiß, daß Archimedes

4 Viète sah in der »Analyse« die wahre Quelle mathematischer Entdeckungen (im Gegensatz zur synthetischen Darstellung der Euklidschen Geometrie). Er unterschied drei Arten der Analyse, wobei die *Zetetik* darin besteht, eine Aufgabe in die Form einer Gleichung zu bringen, während die *Poristik* der Beweisführung und die *Exegetik* der eigentlichen Bestimmung der Lösungen einer Gleichung entspricht. Er richtete seine Anstrengungen insbesondere auf eine algebraische Neulektüre griechischer Werke, unter anderem der *Arithmetik* von Diophant.

5 Vgl. S. 500 f.

es nicht verschmäht hat, über die Lehrsätze Konons zu arbeiten, die wahr, doch unbewiesen waren und für die er höchst scharfsinnige Beweise zu liefern verstand. Warum sollte ich mir nicht ähnliche Hilfe von Euch hervorragenden Korrespondenten erhoffen, warum sollte ich, als französischer Konon, keinen englischen Archimedes finden?« Und stellt daraufhin Hypothesen über den Primcharakter von (2 hoch 2 hoch *n*) + 1 auf.

Darüber hinaus lehrt uns dieser Fall, daß die Anerkennung einer solchen Tätigkeit von Bedingungen abhängt, über die kein isoliertes Individuum verfügt. Das mathematische, arithmetische »Gewebe« ist zu zerfranst. Wie auch die Absichtserklärungen Fermats lauten mögen und auf wie viele Weisen man sie deuten mag – wahr ist, ganz konkret, daß er unter seinen Zeitgenossen *keinen englischen Archimedes fand*, um seine Hypothesen zu vollenden oder zu entkräften, nicht einmal einen Cauchy, der Zweifel an ihrer Gültigkeit hätte äußern können; wahr ist, daß ihm niemand half, seine Arbeiten über die Zahlen abzufassen oder auch nur drucken zu lassen (die Versuche Carcavis scheitern an der Untätigkeit Huygens', und nach dem Tode Fermats war Carcavi offenbar nur widerstrebend bereit, dem Sohn Fermats Kopien der wertvollen Briefe anzubieten, die er von dessen Vater erhalten hatte); wahr ist, daß seine glühenden Gefolgsleute auf diesem Gebiet, allen voran Pater de Billy, anscheinend mehr von der Anzahl der Lösungen beeindruckt waren, zu denen er gelangte, als von der Methode, mit der er zu ihnen gelangte; und daß – viel schwerwiegender noch – Fermats zahlentheoretische Forschungen unter der allgemeinen Verachtung der talentiertesten Mathematiker der Zeit zu leiden hatten: unter der Geringschätzung derer, die sich gerade anschickten, die künftige Forschergemeinschaft zu bilden. Über die Haltung von Gelehrten wie Wallis oder Descartes haben wir schon gesprochen; Frans van Schooten trifft den Nagel auf den Kopf, wenn er sich über den Ton mokiert, den Frénicle bei der Ankündigung seiner Lösung der Fragen Fermats anschlägt:

> »[...] ›Hier nun also gibt Paris die Lösung, die weder Ihr Engländer noch die Belgier zu finden vermochten‹; ›das keltische Gallien ist stolz, der Narbonensis die Palme zu entwinden‹; und so weiter. Als wenn es eine Staatsaffäre wäre, diese Zahlen zu kennen; als müßte jedermann dieser Lösung so viel Bedeutung beimessen, daß er gar nicht wüßte, wie er seine Zeit nützlicher verwenden könnte.«

Am Ende des siebzehnten Jahrhunderts bildet sich ein Milieu heraus; man spürt es, wenn man die Briefwechsel liest; die Akademien werden zu staatlich anerkannten und von der Krone subventionierten Institutionen. Die französische *Académie des sciences* wird 1666 gegründet und zählt Carcavi, Frénicle und Roberval zu ihren Mitgliedern; die *Royal Society* veröffentlicht seit 1665 ihre *Philosophical Transactions*, deren Spalten zeigen werden, daß »manch eifrige Hände und Gemüter an zahlreichen Orten um das allgemeine Wohl der Menschheit bemüht« sind. Das öffentliche Wohl steht auf der Tagesordnung; die Fortschritte des Menschengeschlechts verlaufen über den Fortschritt der Wissenschaft im Dienste des Staates. Die Betonung liegt auf der Nützlichkeit der gesellschaftlichen Güter, wobei diese Nützlichkeit häufig aus dem Blickwinkel der neuen Klassen betrachtet und an den Prioritäten der industriellen Revolution gemessen wird. Wohl konstituiert sich also eine mathematische Forschergemeinschaft, doch die Arithmetik gehört nicht zu ihren Grundthemen. Von hohem Symbolwert ist in diesem Zusammenhang die Tatsache, daß der Nachruf auf Fermat im ersten Band der *Transactions* seine wichtigsten Werke erwähnt und an seine Verpflichtungen als Parlamentsrat erinnert, doch über seine zahlentheoretischen Arbeiten praktisch kein Wort verliert. Wie konnten sie dennoch, zweihundert Jahre später, zum Gegenstand eines akademischen Preises werden? Wo sind die Erben Fermats?

Eine erste Antwort liefern uns die professionellen Mathematiker selbst: Es sind Euler, dann Lagrange, Legendre und Gauß, die seine Werke studiert haben und deren Überlegungen nachgegangen sind. Euler ist übrigens ein Fallbeispiel für die Übergangsphase: Seine mathematische Ausbildung erhält er bei den Bernoullis, dann übernimmt er mehrere Stellen an den Akademien von Sankt Petersburg und Berlin, die er glänzend vertritt; er veröffentlicht unzählige Artikel in deren Sitzungsberichten, zum Beispiel in den von Leibniz nach dem Vorbild der *Transactions* gegründeten *Acta eruditorum*. Doch seine Beiträge zur Zahlentheorie machen »nur« vier der etwa siebzig Bände seiner gesammelten Werke aus; Friedrich II. bezahlt ihn gewiß nicht, damit er den Hauptteil seiner Energie solchen Gegenständen widmet; zu seinen Aufgaben gehören eher Ratschläge für Militäringenieure, Arbeiten über Ballistik und Artillerie; bei der Anfertigung von Landkarten wird er fast erblinden. Auf die Fermatsche Hypothese über die Zweierpotenzen wird er brieflich von Christian Goldbach aufmerksam gemacht – Goldbach war eine jener Schaltstellen im Netz der wissenschaftlichen Kommunikation, deren Spuren wir schon in anderen Epochen verfolgt haben –, und Euler ist sofort Feuer und Flamme: Er widmet den größten Teil seiner arithmetischen Werke der Rekonstruktion und Ergänzung der Fermatschen Behauptungen und läßt sogar (übrigens vergeblich) nach Resten von Briefen oder Hinweisen suchen, die Fermat hinterlassen haben könnte und die vielleicht Auskunft über seine Beweise geben. Die Fackel, vom Briefwechsel mit Lagrange neu angefacht, wird von nun an nicht mehr erlöschen.

Doch diese berühmten Namen sind nur Orientierungspunkte für die Veränderungen der Methoden. Wenn Goldbach in einem Brief an Euler eindringlich die Hypothesen Fermats beschwört, so muß es doch offenbar während des ganzen siebzehnten und achtzehnten Jahrhunderts Zahlenliebhaber gegeben haben, die das Erbe weitergereicht und verhindert haben, daß es in völliges Vergessen fiel. Das Auftreten zahlreicher professioneller Mathematiker drängt Amateure wie Billy und Frénicle endgültig in den Hintergrund. Und zwar in doppelter, historischer und soziologischer Hinsicht: Zum einen werden sie aus den Filiationslinien getilgt, denen man nachgeht, um Vorläufer (in unserem Falle Fermat) zu bestimmen[6]; zum anderen werden sie aus dem Milieu der entstehenden Forschergemeinschaft ausgeschlossen. Verstreut überleben sie, die wahren *amateurs*, an anderen Orten: in unterhaltsamen Zeitschriften, in Briefen an Akademien, die mit einem belustigten oder ärgerlichen Seufzer entgegengenommen werden, wenn sie die Quadratur des Kreises oder den allgemeinen Beweis der Fermat-Vermutung mit einfachsten methodischen Mitteln ankündigen. Ihre vielfältigen Wege, ihre Herkunft und ihre komplexen Motive bieten wenig Anhaltspunkte für den, der sie identifizieren möchte; ihre Umrisse verschwimmen, ihre Geschichten lassen sich immer weniger verallgemeinern; die Festigung eines Milieus hat sie schließlich auch an den Rand unserer Diskurse gedrängt. Wir werden unsere Aufmerksamkeit also auf das Zentrum richten. Und das Zentrum ist die Universität.

Eine Universität besteht nun aber nicht nur aus Professoren, sondern auch aus Studenten, Sekretärinnen, Verantwortlichen für die Verwaltung und Instandhaltung; es

[6] Weitere Überlegungen zum Begriff des Vorläufers finden sich auf S. 109 ff., 645 ff., und 721 ff.

gehören Mittel für den Unterricht dazu, Gehälter, Postversand und der Aufbau von Bibliotheken. Wie und in welchem Maße war es möglich, all diese Mittel letztlich für die Erforschung einer Eigenschaft der Zahlen zu mobilisieren? Oder um den Ausdruck van Schootens zu verwenden: Wie konnten die Zahlen zu einer »Staatsaffäre« werden?

Am Ende des achtzehnten Jahrhunderts ist die Zahlentheorie erst eine schmale Landstraße, an deren Rändern manch Blümlein blüht, von dem die Benutzer der großen mathematischen Autobahnen keine Notiz nehmen. Der erste moderne Historiker der Mathematik, Jean-Étienne Montucla, kann noch schreiben: »Die Geometrie ist der einzige Generalschlüssel zur Mathematik.« Eine Frau, Sophie Germain, der ihres Geschlechts wegen eine höhere Ausbildung verwehrt blieb, kann mit elementaren Methoden noch erfolgreich bestimmte Fälle des Fermat-Problems lösen und mit Gauß in ernsthaftem wissenschaftlichen Austausch stehen. Gauß übrigens sucht nach der Veröffentlichung seiner *Disquisitiones*, auf deren Bedeutung wir schon früher hingewiesen haben, einen Posten, auf dem er vom Wohlwollen seines Gönners unabhängiger wäre; er muß sich, wie er sagt, nützlicheren Dingen widmen (nämlich der Astronomie). Doch mögen die Zahlenprobleme für Gauß noch so verlockend bleiben, mögen die verwendeten Techniken noch so raffiniert und kompliziert sein – wir sind noch weit

Als geschlossene Welt von Forschung und Lehre bleibt die Berliner Universität lange Zeit über die Grenzen Preußens hinaus ein unangefochtenes Vorbild.
Stich von F. A. Schmidt nach einer Zeichnung von F. A. Calau, um 1825; Kupferstichkabinett, Staatliche Museen Preußischer Kulturbesitz, Berlin

von der Haltung eines Professor Kummer entfernt, der seine Forschungen auf diesem Gebiet nach seinem Ruf an die Universität beginnt. Nur eine Generation weiter, und das Bild kippt völlig um: wie auch die Welt in den Stürmen dieser revolutionären Epoche überraschende Wendungen erlebt...

Während des ganzen achtzehnten Jahrhunderts nimmt Frankreich in Europa eine hervorragende politische und geistige Stellung ein.[7] Ein Franzose, Maupertuis, präsidiert der Akademie Friedrichs II., nicht Euler; die französischen Ideen der Aufklärung finden als ideologisches Bezugssystem weiteste Verbreitung; es sind die Franzosen, die man liest, bewundert, verabscheut. Die deutschen Niederlagen gegen Napoleon bezeichnen den Höhepunkt dieser Geisteshaltung; Gauß, der stets (wahrscheinlich mit einigem Recht) als Bewohner seines Elfenbeinturms geschildert wird, äußert sich darüber mit heftigem Grausen. In dieser Situation lautet eine Antwort der Generale, die Erklärung, Entschuldigung und Heilmittel zugleich ist: Frankreich verdanke seinen Sieg der wissenschaftlichen Ausbildung seiner Militärs[8]; Preußen schulde seine Niederlage Schulen wie der *École polytechnique* und den anderen *Grandes Écoles*, die während der Revolution gegründet wurden. Das Überraschende ist nun, daß diese Reden Wirkung haben; so werden die Gebrüder Humboldt – Alexander vor allem, der die französischen Mathematiker kennt und auf den Ausbau dieser Disziplin in Deutschland dringt – sowie Crelle offiziell verpflichtet.

[7] Vgl. S. 597-643.

[8] Vgl. S. 604 f.

Crelle wird sogar nach Frankreich entsandt. Sein insgesamt sehr positiver Bericht äußert einen merkwürdigen Vorbehalt (besonders wenn man bedenkt, daß er von einem Spezialisten für technische Fragen genannt wird): In Frankreich werde zuviel Gewicht auf unmittelbare, konkrete und praktische Probleme gelegt, zum Nachteil einer wahren, die Persönlichkeitsentwicklung fördernden Bildung.

Um diese Kritik zu verstehen, muß man sich vor Augen halten, daß Frankreich und Preußen im neunzehnten Jahrhundert vor sehr unterschiedlichen Aufgaben standen und daß entsprechend auch die Prioritäten sehr unterschiedlich gesetzt wurden. Gegenüber Frankreich und überhaupt im Vergleich zu den westeuropäischen Ländern war Preußen technologisch weit zurückgeblieben; als der französische Einfluß schwand, stand noch keine »industrielle Klasse« bereit, die das Ruder hätte übernehmen können. Die geistigen Tätigkeiten – und darin liegt ein weiterer Unterschied zu Frankreich – wurden lange mit Mißtrauen behandelt. Es galt nun, den neuen aufsteigenden Klassen entsprechende Ausbildungsmöglichkeiten zu schaffen, ihnen aber auch das Gefühl zu vermitteln, in der entstehenden Gesellschaft einen Platz zu finden. Die Haßliebe zu Frankreich, verschärft durch die militärischen Niederlagen, verstärkte die Ablehnung des obligaten Aufklärungsrationalismus; die nationalistischen Gefühle entnahmen ihre Themen und Artikulationsformen dem philosophischen »Neuhumanismus«. Diese neue Denkweise, die eine grundlegende Einheit von Sein, Denken, individueller Entwicklung und öffentlichem Wohl behauptet, zeigt sich im preußischen Leben des neunzehnten Jahrhunderts an vielerlei Orten. Derselbe Brief, in dem Kummer seinen Schüler ermahnt, sorgfältig zu arbeiten und in kleinen Schritten voranzuschreiten, fährt folgendermaßen fort:

> »Was ich sage ist von einer allgemeinen Bedeutung, es betrifft nämlich überhaupt alles was *Entwickelung* ist, also auch die Weltgeschichte das Leben der Staaten der Individuen etc.«

Kummer, der Pastorensohn, der es zum Rektor der Berliner Universität brachte, ist ein typisches Beispiel für einen sozialen Aufstieg im Deutschland des neunzehnten Jahrhunderts – übrigens ganz wie Fermat, der als Sohn eines in den Amtsadel aufgestiegenen wohlhabenden Kaufmanns ein Beispiel für eine Karriere im Frankreich des siebzehnten Jahrhunderts liefert. In dieser Hinsicht ist es aufschlußreich, die Zusammensetzung der mathematischen Forschergemeinschaft in Frankreich mit dem zu vergleichen, was wir von den deutschen Mathematikern wissen: den akademischen Pastorensöhnen entsprechen hier Kriegsingenieure und Artilleristen ...

So wird vielleicht eher verständlich, daß es bei der Neugründung der Berliner Universität 1810 die philologischen Fächer sind, deren Wissenschaftsmodelle als allgemein gültig betrachtet werden und deren Stellen, nebenbei gesagt, mit den höchsten Gehältern dotiert sind. Auch Gauß wollte sich übrigens in seiner Jugend den historischen Disziplinen zuwenden, und viele unserer Zahlentheoretiker beginnen mit ihnen zunächst einmal ihr Studium. Wiederholt behauptet Kummer, Mathematik und Philosophie seien nur zwei Formen derselben Tätigkeit. Dieselbe Auffassung findet sich auch bei Leuten ganz anderer Herkunft

und überspannt politische Abgründe: Carl Jacobi, der erste Professor jüdischer Herkunft in Deutschland – ein Mann, der politisch ebenso radikal ist wie Kummer konservativ –, schreibt an den französischen Mathematiker Legendre: »Gewiß war Herr Fourier der Meinung, das Hauptziel der Mathematik sei die Nützlichkeit für die Allgemeinheit und die Erklärung der Naturerscheinungen; doch ein Philosoph wie er hätte wissen müssen, daß das einzige Ziel der Wissenschaft in der Ehre des menschlichen Geistes liegt und daß in dieser Hinsicht ein Zahlenproblem den gleichen Wert hat wie ein Problem des Weltsystems.«
Mit den aktuellen ökonomischen Erfordernissen, mit der Notwendigkeit einer Organisation der Berufsausbildung und des Lernens, also mit der Entwicklung der Universitäten verbinden sich Zwänge, die von den Gruppen an der Universität selbst ausgehen, sowie das Streben nach Reinheit ihrer Disziplin. Mit dem Auftrag, Vorlesungen an der Universität oder an der Militärschule abzuhalten, können sich die Theoretiker nach Belieben der Forschung widmen, da die Übereinstimmung ihrer Arbeit mit dem gesellschaftlichen Interesse vorab gewährleistet war. Das Lieblingsthema der Mandarine, die akademische Freiheit, kehrt als passendes Leitmotiv in den offiziellen Reden wieder: Nichts soll die freie Entfaltung des Geistes behindern, die übrigens weniger als Fortschritt der Vernunft denn als entscheidendes Element für den rechten Lauf der Welt betrachtet wird. Die Zahlentheorie und überhaupt die sogenannte »reine« Mathematik haben sich – viel leichter als jene Disziplinen, die auf unmittelbare praktische Anwendung ausgerichtet waren – in den Universitäten verankern können, wo das, was wir heute Humanwissenschaften oder Philologien nennen würden, den Vorrang hatte: sie waren gleichsam natürliche Verbündete, die ihren institutionellen Aufstieg und ihren professionellen Status mit denselben Argumenten begründeten. Die Veränderungen der Methoden erleichterten übrigens diese Adoption, da von nun an die am weitesten entwickelten mathematischen Techniken in der Universität verwendet wurden und angeeignet werden konnten.
Diese geistige Haltung prägt auch den Kummerschen Artikel über die idealen Zahlen. Seine Entstehungsgeschichte half uns, das Verhalten eines Spezialisten der Zahlentheorie besser zu verstehen; wir dürfen daher annehmen, daß er uns auch die besonderen Bedingungen aufzudecken er-

laubt, unter denen diese Disziplin zu einem Beruf wurde. Nachdem Kummer erklärt hat, warum er genötigt war, die idealen Zahlen einzuführen, vergleicht er sie mit den Radikalen in der Chemie, jener aufsteigenden und in der zweiten Hälfte des neunzehnten Jahrhunderts allmächtigen Wissenschaft. Diese Radikale, sagt Kummer, lassen das Vorliegen eines physikalischen Phänomens erkennen, obschon sie selbst nicht isolierbar sind. Und er fügt hinzu:

> »Diese hier angedeuteten Analogieen sind nicht etwa als bloße Spiele des Witzes zu betrachten, sondern haben ihren guten Grund darin, daß die Chemie, so wie der hier behandelte Theil der Zahlentheorie, beide denselben Grundbegriff, nämlich den der *Zusammensetzung*, wenn gleich innerhalb verschiedener Sphären des Seins, zu ihrem Principe haben [...]. Die Chemie der natürlichen Stoffe und die hier behandelte Chemie der complexen Zahlen sind beide als Verwirklichungen des Begriffs der Zusammensetzung und der davon abhängigen Begriffs-Sphäre anzusehen: jene als eine physische, mit den Zufälligkeiten der äußeren Existenz verbundene und deshalb reichere, diese als eine mathematische, in ihrer innern Nothwendigkeit vollkommen reine, aber dafür auch ärmere, als jene.«

Hier sieht man, wie im Herzen der Zahlentheorie jene Prinzipien Anwendung finden, die ihre Institutionalisierung lenken; wir haben bereits kurz darauf hingewiesen, unter welchen sozioökonomischen Vorzeichen sie stattfand. So wird verständlicher, warum die Arithmetik im Deutschland des neunzehnten Jahrhunderts und nicht in Frankreich zu einer wirklich professionellen Disziplin wird.

Eine Potenz in die Summe zweier gleicher Potenzen zerlegen... Beweisen, daß diese Aufgabe nur dann lösbar ist, wenn die betreffenden Potenzen bestimmte Bedingungen erfüllen... Die offenkundige Filiation zwischen diesen beiden Aussagen hat ihre Statusunterschiede nur um so deutlicher hervortreten lassen. Die wissenschaftliche Spitzenklöppelei und die stets lebendige Faszination amüsanter Rätsel, die den Scharfsinn der Zahlenliebhaber anstacheln sollen, verbinden sich zunehmend mit einer technischen Sprache, die Nicht-Fachleuten nicht mehr zugänglich ist. Die Lust am Abenteuer ist verflogen, geblieben ist akademischer Staub; für das intellektuelle Spiel sorgen die feinen Unterschiede im universitären Leben. Kurz, die Zahlentheorie gewinnt die Seriosität und die soziale Anerkennung der professionellen Mathematik.

Hat man die charakteristischen Merkmale des Amateurs und des professionellen Mathematikers einmal identifiziert, so zeigt sich, daß diese Unterscheidungen erst in dem Maße sinnvoll werden, wie ein benennbares Kollektiv die Definitionen, die Übergänge und die Regeln festlegt. Wir sahen auch, daß eine Disziplin, um sich zur Profession zu entwickeln, zahlreiche Ressourcen benötigt, die sich nicht oder nicht unbedingt nach dem Kriterium strenger Nützlichkeit bemessen. Die (vermeintlich) konkrete Tatsache, daß die reine Mathematik bevorzugt in Deutschland eingeführt wurde, hat uns genötigt, nach weniger naheliegenden Formen des öffentlichen Nutzens Ausschau zu halten. Die Professionalisierung der Disziplinen ohne unmittelbare Anwendungen hat nicht einfach »im Windschatten« der praktisch ausgerichteten Disziplinen stattgefunden, auch wenn natürlich das Grenzinteresse der bereitstehenden Fachleute im geeigneten Moment zur Institutionalisierung einer bisher verachteten Disziplin beiträgt. Es handelt sich auch nicht unbedingt um die riskante Spekulation einer hinreichend entwickelten Gesellschaft darauf, daß ein Gebiet auf lange Sicht hin nutzbare Ergebnisse hervorbringen wird: es wäre noch zu präzisieren, von wem und wofür. Auch handelt es sich nicht um unvermeidlichen Luxus, der mit dem »Fortschritt« einhergeht und der mit gleichem Elan auch andere zweckfreie Aktivitäten fördert, seien es Kunst, Musik oder Zahlentheorie. Die Entfaltung der Disziplinen und die öffentliche Anerkennung von Tätigkeiten sind seltener glückliche Zufälle als vielmehr Ergebnisse manchmal widersprüchlicher, manchmal harmonisierbarer Spannungen, die sich zu lösen versuchen. Der Forscher über seinen Papieren kann und muß vergessen, daß es noch andere Welten gibt; doch die Notwendigkeit, an den Sitzungen des Parlaments von Toulouse teilzunehmen, droht ihn in jedem Augenblick aus seiner Welt herauszureißen.

Auch wir sind noch die Erben des neunzehnten Jahrhunderts, und der Diskurs seiner Zahlentheoretiker, den wir hier entziffert haben, geht auch uns noch im Kopf herum. Nicht wenige Aspekte unserer Sichtweise der Mathematik und ihrer seltsamen Beziehung zur Welt haben wir von ihnen übernommen – den Gegensatz zwischen reiner und angewandter Mathematik, die Idee der gesellschaftlichen

Nützlichkeit (die stets auf neue daraufhin befragt werden muß, worin sie eigentlich besteht) und der Ehre des Geistes, ja, selbst die Revisionen ihrer eigenen Geschichte. Dennoch hat sich das Verhältnis zwischen Mathematik und Welt gewandelt, so wie sich die feingesponnenen Allianzen verschoben haben, die Zahlentheorie, politische Ökonomie und sozialen Aufstieg geschickt miteinander verbinden. Wiederholt haben wir schlichte Trägheit oder Zufall als Erklärung abgelehnt: An welchen verborgenen Fäden – versteckt unter mancherlei verschlissenen Fetzen aus dem neunzehnten Jahrhundert – hängt die moderne Zahlentheorie?

F. LEBLANC
Bertall

ISABELLE STENGERS

DIE DOPPELSINNIGE AFFINITÄT: DER NEWTONSCHE TRAUM DER CHEMIE IM ACHTZEHNTEN JAHRHUNDERT

Wie kann ein Begriff »obsolet« werden, wenn er ein Jahrhundert lang die Sprache, die Operationen und die Beweisführungen einer Wissenschaft geprägt hat? In diesem Kapitel werden wir sehen, wie die Chemie in zwei Schritten »modern« wurde

Ein Methodenproblem: Soll man von *der* Wissenschaftsgeschichte sprechen, oder wäre es richtiger, die »Geschichte *der* Wissenschaften« im Plural zu gebrauchen? Beide Ausdrücke können sich gleichermaßen als Vereinfachungen erweisen. Der erste scheint anzudeuten, es gebe von Rechts wegen nur *eine* wissenschaftliche Methode, die sich einzig aus Gründen der Arbeitsteilung über eine Reihe von Feldern verteilt; doch lasse sich hinter der Besonderheit dieser oder jener Wissenschaft stets *die* Wissenschaft wiederfinden, die gemeinsame Identität hinter der Verschiedenheit. Doch auch der zweite, den Plural verwendende Begriff kann mit vorschnellen Urteilen beladen sein: In diesem Falle folgt jede Wissenschaft einer eigenen Methode, die man in ihrer Reinheit hinter dem Anschein von Gemeinsamkeiten entdecken muß, und alle Schritte, die auf Vereinheitlichung zielen, wird man dann als künstlich oder ideologisch bezeichnen müssen. In diesem Falle bemüht sich der Historiker um die Auflösung von Voranahmen sowie um ein klares Bewußtseins der Eigenheit des Objekts sowie der begrifflichen und technischen Instrumente, die diesem Objekt entsprechen.

Unter diesem Gesichtspunkt ist der Fall der Chemie äußerst interessant; sie erlaubt es, die Frage zu verschieben

Besessen, von der Leidenschaft verzehrt, das Absolute hinter der Vielzahl der Elemente zu entdecken, ruiniert Balthazar Claës sich und seine Familie. Claës verkörpert ein merkwürdiges Amalgam zweier Figuren, die schon zu Balzacs Zeiten obsolet waren: die des Alchimisten und des Chemikers aus dem achtzehnten Jahrhundert. Der Sohn von Claës absolviert bereits ein Studium an der École polytechnique*: nur eine Generation weiter, und aus dem verschrobenen Gelehrten wird ein »echter« Wissenschaftler.*
Stich von A. Bertall in: Honoré de Balzac, La recherche de l'absolu, *1846; Bibliothèque nationale, Paris*

und ihr einen neuen Sinn zu geben. *Eine Wissenschaft* oder *Wissenschaften*, das ist zunächst kein methodologisches Problem der Historiker, sondern eine Frage, die sich die Chemiker selbst während der gesamten Geschichte ihrer Disziplin gestellt haben. Wann hat die Chemie die »Würde« einer Wissenschaft erlangt? Wie hat sie die Art ihrer Beziehungen zur Physik »entdeckt«? Wie hat sie gegenüber der handwerklichen und, seit dem neunzehnten Jahrhundert, gegenüber der industriellen Produktion ihre Autonomie verteidigt? Und schließlich: Ist die Chemie eine eigene Wissenschaft, oder müssen wir sie als spezialisierten Zweig »der Wissenschaft« im allgemeinen auffassen? Das scheinen Fragen zu sein, über die der Historiker entscheiden müßte. Doch in Wirklichkeit sind es Fragen, die sich auch manche der Akteure gestellt haben, die der Historiker zu verstehen trachtet; und dabei haben sie sich, ebenso wie der Historiker, auf die Geschichte ihrer Wissenschaft bezogen, um daraus ihre Antworten zu gewinnen, um für diese oder jene Zukunft, diese oder jene Identität der Chemie zu plädieren.
Wenn es also gilt, das »methodologische« Problem des Historikers zu reformulieren, so würde ich sagen, daß er es vermeiden muß, zum Akteur unter Akteuren zu werden; das heißt, daß er die eben aufgezählten Fragen (die allesamt Werturteile enthalten) nicht als solche auffassen darf, auf die er antworten müßte, sondern als Elemente des Stoffs, den er zu durchdringen sucht. – Ist nun die Chemie eine eigene Wissenschaft, und wenn ja, von welcher Art ist ihre Eigenart? Hören wir einen ersten Akteur, Fontenelle, im Jahre 1699:

> »Die Chemie löst durch sichtbare Operationen die Körper in bestimmte grobe und mit Händen greifbare Prinzipien auf, Salze, Schwefel und so fort; doch die Physik wirkt durch feine Spekulationen auf die Prinzipien ein, so wie die Chemie auf die Körper; sie löst sie wiederum in andere, noch einfachere Prinzipien auf, kleine bewegliche und auf unendlich viele Weisen figurierte Körper [...]. Der Geist der Chemie ist undeutlicher, verborgener; er ähnelt mehr den Gemischen, deren Prinzipien verworrener sind; der Geist der Physik ist einfacher, entwikkelter; schließlich geht er bis auf die ersten Ursprünge zurück, während der andere nicht bis zum Ziel gelangt.«

Kleine bewegliche und figurierte Körper: das spielt auf die cartesische Chemie an; doch wenn man von dieser Einzelheit, die den Text zu datieren erlaubt, absieht und beispielsweise »grobe Prinzipien« durch »chemische Elemente« sowie »kleine Körper« durch »quantenmechanische Wellenfunktionen« ersetzt, würden viele der heutigen Physiker und sogar manche Chemiker der Diagnose zustimmen: tatsächlich sei es von Rechts wegen unmöglich, die Chemie von der Physik zu unterscheiden; erst die Physik habe ein Verständnis des Mendeleevschen Periodensystems ermöglicht, dessen Aufstellung zugleich die Vollendung und die Grundlage jeder chemischen Praxis darstellt.[1] Den wirklichen Unterschied, der eine im Grunde obsolete Unterscheidung rechtfertigen mag, bringt das bekannte Diktum prägnant zum Ausdruck: *La physique, ça se comprend; la chimie, ça s'apprend.* Die Physik kann man begreifen; die Chemie muß man erlernen. Der »Geist des Physikers« hält sich an die Klärung der Beziehungen zwischen »ersten Prinzipien« und abgeleiteten Konsequenzen, während sich die Chemiker für »Gemische«, für die komplizierten Fälle interessieren, in denen diese Prinzipien in der Tat »verworren« sind, in denen die Beweisführungen bestenfalls ein Gemisch von theoretischer Intelligibilität und empirisch gerechtfertigten Annäherungen darstellen. Die Eigentümlichkeit der Chemie geht also darauf zurück, daß ihre Operationen und ihre Fragestellungen nicht theoretisch, sondern pragmatisch, von Nutzenerwägungen bestimmt sind. Die Chemie ist das hybride Produkt eines Kompromisses zwischen physikalischer Intelligibilität und praktischen Bestrebungen.

Warum sollte man der Versuchung widerstehen, diese Beschreibung zu kritisieren, etwa mit dem Hinweis, daß die Kompromisse, zu denen sich die Chemiker genötigt sehen, weniger ein Zugeständnis an Nutzeninteressen verraten als vielmehr die Grenzen jener berühmten (quantentheoretischen) »ersten Prinzipien«? Der Preis dafür wäre freilich, daß der Historiker selbst zum Akteur werden und, ebenso wie die übrigen Akteure, alle verfügbaren (theoretischen, historischen, epistemologischen und soziopolitischen) Argumente einsetzen müßte, um etwas praktisch zu bewirken – in diesem Falle einen Wandel des Bildes der Chemie. Widerstehen wir also der Versuchung, um Historiker zu bleiben, obschon wir wissen, daß die »Geschichte der Wissenschaften« bereits Teil der Geschichte einer einzelnen Wissenschaft ist. Und zwar sowohl in der Rückschau (was die Fragen, die der Historiker stellt, und die immer schon getroffene, immer neu zu treffende Wahl dessen anbelangt,

[1] Zur Geschichte der Mendeleevschen Entdeckung vgl. S. 791-827.

was vor dem Hintergrund des scheinbar »Selbstverständlichen« als »klärungsbedürftig« gilt) als auch im Blick nach vorn (auf die Verwendung der Produkte historischer Erzählungen bei der Erzeugung der Bilder, welche die Wissenschaftler von sich anbieten, oder in ihren Kontroversen untereinander). Ich werde hier also ein »echtes historisches« Problem stellen – das heißt ein Problem, in dem alle heutigen wissenschaftlichen Akteure keines mehr sehen –, das es jedoch erlaubt, das heutige Bild der Chemie wieder in eine geschichtliche Perspektive zu rücken und auf diese Weise zu zeigen, daß dieses Bild nicht der Abschluß, sondern die gegenwärtige Lösung einer Frage ist, die diese Wissenschaft begleitet, seitdem die Wissenschaftlichkeit zum Streitpunkt von Kontroversen geworden ist. Es ist das Problem, das die Geschichte des Affinitätsbegriffs stellt.

Ist die Affinität obsolet?

Wenn Chemiker heute den Begriff Affinität verwenden, stellen sie ihn in den Rahmen der »chemischen Thermodynamik«, eines Formalismus, der in der zweiten Hälfte des neunzehnten Jahrhunderts von Physikochemikern wie Cato Guldberg und Peter Waage, August Horstmann, Henry Le Chatelier, Jacobus van't Hoff, Josiah Willard Gibbs, Pierre Duhem und anderen ausging. Dieser Formalismus stellt eine Erweiterung der *thermodynamischen* Beschreibung chemischer Reaktionen dar, also eine Erweiterung einer *physikalischen* Wissenschaft. Mit anderen Worten, die Geschichte des Begriffs Affinität seit den sechziger Jahren des neunzehnten Jahrhunderts bis heute verweist – ebenso wie die Deutung des Mendeleevschen Periodensystems[2] seit dem ersten Jahrzehnt unseres Jahrhunderts – auf die Physik.

[2] Vgl. S. 822 f.

Freilich geht es hier nicht bloß um eine Deutung. Wie wir sehen werden, umfaßte der Begriff Affinität im achtzehnten Jahrhundert die Probleme der »chemischen Bindung« und der chemischen Reaktion, in deren Ablauf sich bestimmte Verbindungen herstellen und andere auflösen. Die thermodynamische Affinität dagegen bezieht sich einzig auf die Richtung, in der die chemischen Reaktionen ablaufen. Der Grund dafür, weshalb eine Reaktion in Gang kommt, wird nicht von der Thermodynamik behandelt, sondern fällt in die quantentheoretische Analyse. Die thermodynamische Affinität macht aus der chemischen Reaktion eine Funktion allgemeiner (thermodynamischer) Bedingungen, während der Quantenmechanik die Aufgabe zukommt, die Reaktion als Ereignis – als Schaffung und Zerstörung von Verbindungen zwischen Atomen – zu verstehen.

Daß die chemische Reaktion und ihre Bedingungen in der Theorie derart auseinanderfallen, zeigt bereits hinreichend, daß die Affinität der heutigen Chemiker nicht die Affinität der Chemiker des achtzehnten Jahrhunderts ist. Die ältere ist auch keine »erste Annäherung« der modernen. Erst nachdem sie mehr als ein halbes Jahrhundert tot war, ohne Nachfahren zu hinterlassen, haben die Chemiker den Ausdruck einer überwundenen Periode ihrer Wissenschaft entliehen.

Die Affinität der Chemiker des achtzehnten Jahrhunderts ist also der typische Fall eines Begriffs, der im Sinne des Wissenschaftshistorikers und -philosophen Gaston Bachelard als *obsolet* gelten müßte: das heißt ein rein parasitärer Begriff, der ein epistemologisches Hindernis anzeigt; ein Begriff, auf den die wahre Geschichte der Wissenschaft – die Dynamik der wissenschaftlichen Vernunft als historisches Drama – ohne Verlust verzichten kann. So urteilt Bachelard etwa in *Le matérialisme rationnel* über einen unserer wichtigsten Protagonisten, den Chemiker Berthollet:

> »Wie konnte ein großer Chemiker wie Berthollet, ein versierter Experimentator, sich mit einer Vorstellung wie dieser zufriedengeben: ›Die Kräfte, welche die chemischen Phänomene hervorrufen, gehen sämtlich auf jene wechselseitige Anziehung der Moleküle zurück, der man den Namen Affinität gegeben hat, um sie von der astronomischen Anziehung zu unterscheiden. Es ist wahrscheinlich, daß beide nur ein und dieselbe Eigenschaft sind.‹«

Bachelard »verurteilt« Berthollet also im Namen einer Evidenz, die dem zwanzigsten Jahrhundert eigen ist: Die chemische Bindung hat mit der Anziehungskraft zwischen Massen nichts zu tun. Und er verdoppelt seinen Schuldspruch unter Bezug auf den historischen Kontext: Um »die Nichtigkeit solcher Vorstellungen zu demonstrieren, die meinen, man könne Astronomie und Chemie mit einem Federstrich zusammenrücken«, führt Bachelard ein weiteres Beispiel einer solchen »vorschnellen Synthese« an, nämlich die Annäherung zwischen menschlichen Beziehungen und »chemischen Affinitäten oder Verhältnissen«, die zur gleichen Zeit der französische Schriftsteller Louis de Bonald versucht. »Annäherungen zwischen so entfernten Themen nehmen beiden Sachverhalten jeden kulturellen Wert.« Bonald ist nur ein Beispiel, und Bachelard hätte andere Namen anführen können, wie Schelling, Hegel oder Nietzsche, die alle das Problem des Verhältnisses zwischen Affinität und Anziehung der Körper für diskussionswürdig gehalten haben. Vor allem hätte er die Goetheschen *Wahlverwandtschaften*[3] ins Lächerliche ziehen können, die – wir kommen darauf zurück – die »chemische Anziehung« in den Mittelpunkt einer Handlung rücken, welche die schicksalhafte Leidenschaft der ruhigen Gesetzlichkeit der Ehe gegenüberstellt. Auf jeden Fall wird die Affinität doppelt verurteilt, vom Fortschritt der Wissenschaft und von der Tatsache, daß sie sich nicht mit der eng umschriebenen Bedeutung innerhalb einer wissenschaftlichen Disziplin begnügt hat: Beweis dafür, daß sie mit vielerlei wissenschaftsfremden Interessen beladen war.

[3] Der französische Titel des Romans lautet: *Les affinités électives. Anmerkung des Übersetzers*

Doch das Verdikt Bachelards wirft ein Problem auf, um das es im diesem Beitrag gehen wird. Gewiß war am Ende des achtzehnten und zu Beginn des neunzehnten Jahrhunderts der Begriff Affinität nicht »rein«. Tatsächlich stellte er innerhalb der wissenschaftlichen Kultur die Frage nach der Beziehung zwischen chemischer Bindung und newtonscher Wechselwirkung, also auch die Frage nach der Spezifität des Gegenstands der Chemie. Darum hat er auch all jene interessiert, die über die Tragweite und die Bedeutung der »ersten Prinzipien« der Physik diskutierten. Im vorliegenden Falle ist freilich der »hoffnungslos obsolete« Charakter des Affinitätsbegriffs – trotz seiner Wiederaufnahme durch die Thermodynamiker fünfzig Jahre später – vom Schicksal der Frage nach den Beziehungen zwischen Physik und Chemie nicht zu trennen. Daher das Problem: Was eigentlich hat die Frage, die der Affinitätsbegriff stellte, obsolet *gemacht*, und zwar *derart* obsolet gemacht, daß wir heute jenen merkwürdigen Gleichklang zwischen der Diagnose Fontenelles und der herrschenden Meinung unserer zeitgenössischen Physiker feststellen konnten – nämlich daß die Chemie ein Zweig der Physik ist, der sich durch den approximativen oder groben Charakter ihrer intellektuellen wie praktischen Operationen auszeichnet? »Die Physik kann man begreifen, die Chemie muß man erlernen.«

Die newtonsche Chemie auf cartesischem Boden

Woher stammt der Begriff Affinität? Meist führt man ihn auf die *Table des différents rapports observés entre les différentes substances* zurück, die im Jahre 1718 von Geoffroy veröffentlicht wurde. »Rapport« und nicht »affinité«? Daß ein Ausdruck einen anderen so ohne weiteres ersetzt, ist – wie wir sehen werden – weniger bedeutsam als das Fehlen eines dritten, des Begriffs der Anziehung.

»Affinität« war damals ein Begriff aus dem traditionellen Vokabular der Chemie, aber auch der Alchimie. So macht der Artikel »Affinität« von Louis Bernard Guyton de Morveau, der 1776 in einem Supplementband der *Encyclopédie* Diderots erschien, rückblickend deutlich: »Dieser Ausdruck hat lange nur einen verschwommenen und unbestimmten Sinn gehabt, der eine Art Sympathie anzeigte, eine echte verborgene Eigenschaft, dank welcher sich verschiedene Körper mehr oder weniger leicht vereinigen.« Diese alten chemischen oder alchimistischen Bedeutungen der Affinität hier genauer zu bestimmen wäre unnötig: Es sind vergessene, unbeachtete, vor allem verachtete Bedeutungen in den Augen all derer, die im achtzehnten Jahrhundert den Begriff der »Vorgeschichte« der Chemie entnehmen. Für sie selbst hat der Ausdruck »Affinität« in erster Linie die Eigenschaft, »neutral« zu sein, einfach der Tradition der Chemiker anzugehören, ohne Vorentscheidungen über das Verhältnis zwischen dieser Wissenschaft und der newtonschen Physik zu treffen.

Im Hintergrund steht hier der Import der newtonschen Chemie nach Frankreich: ein zumindest problematischer Import, da das geistige Frankreich offiziell cartesianisch ist und die von Newton angenommenen Kräfte (wie die Fernwirkung) als ein Musterbeispiel jener okkulten Kräfte ablehnt, welche die Descartessche Physik gerade erfolgreich abgestreift hatte. Geoffroy bezeichnet sich nicht als »Newtonianer«, doch hat er 1698 London besucht, ist zum Mitglied der *Royal Society* ernannt worden, führt daraufhin offiziell die Korrespondenz der *Académie des sciences* mit der *Royal Society* und stellt 1706 und 1707 der *Académie* auf zehn Sitzungen die Newtonsche *Optik* vor. Und was führt seine »Tafel der verschiedenen Verhältnisse, wie sie zwischen verschiedenen Substanzen beobachtet wurden«, in tabellarischer Form auf? Die chemischen Reaktionen, die man Verdrängung nennt: Ein Körper tritt an die Stelle eines anderen in seiner Verbindung mit einem dritten. Dieser »dritte Körper« steht an der Spitze jeder Spalte, gefolgt von all jenen Körpern, die sich mit ihm verbinden können, und dies in der bestimmten Reihenfolge ihrer gegenseitigen Substitutionen: Ein Körper verdrängt all jene, die ihm folgen, und wird verdrängt von all denen, die ihm vorhergehen. Nun lesen wir diesen Auszug aus der *Optik*:

> »Eine Eisenlösung in Scheidewasser löst den Galmei auf, den man hineintaucht, und setzt das Eisen frei; eine Kupferlösung löst das Eisen auf und setzt das Kupfer frei; eine Silberlösung löst das Kupfer auf und setzt das Silber frei; gießt man eine Quecksilberlösung in Scheidewasser über Eisen, Kupfer, Zinn oder Blei, so wird dieses Metall aufgelöst, und das Quecksilber fällt aus.«

Sehen wir in der dritten Spalte der Tabelle von Geoffroy nach, welche die Salpetersäure (das »Scheidewasser«) behandelt, so finden wir dort zwar die Newtonschen Beobachtungen im wesentlichen wieder (Eisen verdrängt Kupfer, welches Blei verdrängt, welches Quecksilber verdrängt, welches Silber verdrängt), nicht aber die Folgerung, die Newton daraus zieht:

> »Zeigen diese Experimente nicht, daß die sauren Partikeln des Scheidewassers stärker von dem Galmei angezogen werden als vom Eisen, stärker vom Eisen als vom Kupfer, stärker vom Kupfer als vom Silber; zeigen sie nicht eine stärkere Anziehung zum Eisen, zum Kupfer, zum Zinn oder zum Blei als zum Quecksilber?«

Die Newtonsche Anziehung spielte, im Gegensatz zu dem »Verhältnis«, das Geoffroy vorsichtig darstellt, eine doppelte Rolle: Sie erklärt die chemische Bindung und zugleich die Reaktion, in der sich die Verbindungen umwandeln. Doch die agnostische Darstellung Geoffroys konnte kaum jemanden täuschen. Fontenelle als Cartesianer bemerkte noch 1731 in seiner *Éloge* auf Geoffroy, wie sehr diese Affinitäten »mancherlei Bedenken weckten, weil einige befürchteten, daß sich dahinter Anziehungen versteckten, die um so gefährlicher seien, als geschickte Leute ihnen bereits verführerische Gestalt zu geben gewußt hätten«.

Schieben wir hier eine Zwischenbemerkung ein. Nach heutiger Lesart der Biographie Newtons war die Untersuchung der Verbindungen und Trennungen chemischer Körper eines seiner großen Forschungsthemen, und man hat darauf hingewiesen, daß er mehr Stunden mit [chemischen] Experimenten im Laboratorium als mit [astronomischen] Be-

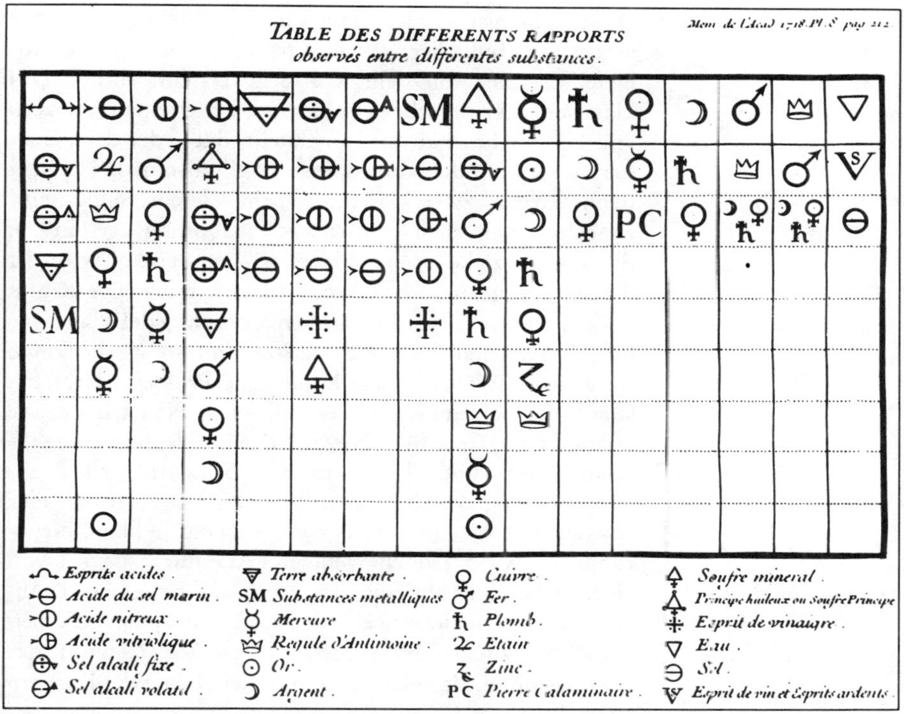

Claude Joseph Geoffroys »Tabelle der verschiedenen Verhältnisse, wie sie zwischen verschiedenen Substanzen beobachtet wurden«; 1718 der Akademie vorgelegt.
Académie des sciences, Paris

rechnungen verbracht hat. Nach dieser Lesart ist der Gedanke einer zwischen den Körpern wirkenden Kraft nicht das reine Produkt eines hypothetisch-deduktiven Verfahrens, das auf die Erklärung der Planetenbewegungen zielte. Ursprünglich habe sich Newton für Astronomie interessiert, weil er die Anziehungen zwischen Körpern in mathematische Form bringen wollte und in der Bewegung der Himmelskörper einen Sonderfall, den hoffentlich einfacheren Fall solcher Anziehungen gesehen habe. Dieser antimechanistische Begriff sei aus der Chemie zu ihm gelangt. Doch die Mathematisierung des Himmels habe zu einer gewaltigen Überraschung geführt: Eine einzige, universelle Kraft genügt, um sämtliche Bewegungen zu erklären. Die Anziehungen sind nicht für jeden Planeten spezifisch. Eine einzige, universelle Kraft, in direktem Verhältnis zu nichts weiter als den Massen der Körper, die sie vereint, und in umgekehrtem Verhältnis zum Quadrat der Entfernung, die sie trennt, reicht hin, um von den Planetenbewegungen Rechenschaft zu geben.

Diese »chemische« Deutung der Entwicklung Newtons macht verständlicher, warum für ihn das Keplersche Problem, das sich mit dem Kraftbegriff stellt, entfiel. Das klassische »Keplersche« Problem, das auch noch Huygens und Leibniz beschäftigte, unterstellt, daß jeder der Planeten für sich um die Sonne kreist; es gilt also, jede Umlaufbahn einzeln zu erklären, und in diesem Sinne wird zunächst auch die Newtonsche Behauptung verstanden, die Sonne »ziehe« jeden Planeten »an«. Für Newton ist dies aber nur eine annähernde Beschreibung. Die Kräfte wirken wechselseitig: In Wirklichkeit zieht jeder Planet die übrigen Planeten, aber auch die Sonne an, so wie die Sonne *sie* anzieht. Während das Keplersche Problem darin bestand, die Bewegung der verschiedenen Planeten um die Sonne zu erklären, stellt Newton das Problem der »Gesellschaft« der Himmelskörper, ihres Systems. Dieser Gedanke eines *Systems* wechselseitig einander anziehender Massen bedeutet in der Astronomie eine radikale Neuerung; sie wirkt jedoch weniger erstaunlich, da sie von einem Chemiker stammt, der weiß, daß bei einer chemischen Reaktion alle anwesenden Körper in einem Wechselverhältnis zueinander stehen. So ist für Newton das Lösungsmittel, das eine Reaktion zwischen zwei Körpern ermöglicht, ein »Vermittler«, eine *middle nature*: die »ungeselligen« Partikeln werden »durch Vermittlung eines Dritten gesellig gemacht«.

Die »chemische« Hypothese erlaubt jedoch nicht nur, das Neue an der Newtonschen Himmelsmechanik aufzuklären und einzuordnen, sondern zeigt auch einen tiefgreifenden Wandel des traditionellen Begriffs des chemischen Körpers an. Denn der Gedanke, daß sich die chemischen Reaktionen auf eine »newtonsche Kraft« zurückführen lassen, schließt ein, daß die Körper als solche träge sind und keine spezifischen Eigenschaften besitzen. 1758 wird der *natural philosopher* Ruggiero Giuseppe Boscovich sogar vorschlagen, die träge Masse auf den Begriff eines Punktes ohne Ausdehnung zu reduzieren. Alle chemischen Eigenschaften sind relational. Keine ist einem Körper als solchem zuschreibbar, alle verweisen auf ihre *Verhältnisse*.

Daß die chemischen Eigenschaften »relational« zu verstehen sind, ist eine Vorstellung, die der gesamten chemischen Tradition seit Aristoteles, der gesamten »Chemie der Substanzen« (wie man sie nennen könnte) zuwiderläuft. Die chemische Substanz war das Subjekt, und was in der Reaktion sichtbar wurde, waren bloß dessen Attribute. Der newtonsche chemische Körper ist Subjekt nur noch wegen der Ungenauigkeit der Sprache. Das einzige wirkliche Subjekt ist die Gesamtheit der anwesenden und miteinander reagierenden Körper.

Meist haben die Schöpfer eines neuen Wortes auf sein Schicksal wenig Einfluß. Der Ausdruck »Affinität«, der zunächst offiziell nur »agnostisch« war, wird faktisch von sämtlichen Beteiligten übernommen, von Newtonianern ebenso wie von Autoren, in deren Augen die Affinität nichts mit der newtonschen Gravitation zu tun hat. Während also der Ausdruck selbst nicht als Erkennungswort taugt, verrät die Rolle, die er in der Praxis der Chemiker spielt, die tiefe Doppeldeutigkeit des Affinitätsbegriffs: Gerade weil der Begriff, an dem sich die »Tabellendrechsler« orientieren, »rein empirisch« und neutral zu sein behauptet, setzt sich, wie wir sehen werden, das newtonsche Verständnis des Affinitätsbegriffs durch.

Ein Forschungsprogramm für die Chemie?

Ganz offensichtlich bringen die Affinitätstabellen an den Tag, worin das eigentliche Problem der Chemie besteht: sie ist die Wissenschaft der Kombinationen. Und zwar im doppelten Sinne: Die chemische Reaktion »kombinierter« Stoffe macht es möglich, die »kombinatorischen« Bindungen – genauer gesagt: die Kraft der Bindungen, die ein Körper mit einer Reihe anderer eingehen kann – miteinander zu vergleichen. Die Tafeln mußten also die Chemiker zufriedenstellen, die darin eine übersichtliche tabellarische Darstellung der bekannten sowie ein Organisationsprinzip der unbekannten, noch zu entdeckenden Reaktionen sehen konnten. Freilich wirft die Affinität auch für Chemiker des achtzehnten Jahrhunderts die Frage nach ihrer Ursache auf, und in diesem Sinne erlaubt sie den Newtonianern, den Fortschritt der empirischen Chemie in die Perspektive ihrer möglichen *Begründung* als explizit newtonsche Wissenschaft zu rücken: Sobald das Problem der Beziehung zwischen Affinität und newtonscher Gravitation gelöst ist, lassen sich sämtliche Erkenntnisse der Chemie, die nach dem Prinzip der Tabellen gesammelt wurden, interpretieren und verstehen.

Der Begriff Affinität ist also für Gegner wie für Anhänger Newtons annehmbar, *doch nur der newtonsche Chemiker wird sich der Aufgabe widmen, Tabellen anzufertigen.* Nur er kann sich zum Ziel setzen, *sämtliche möglichen Verhältnisse* zwischen den Körpern experimentell zu untersuchen. Denn aus seiner Sicht läßt sich über unabhängig voneinander betrachtete Körper nichts sagen, sowenig man das Verhalten der Erde unabhängig von der Sonne und den übrigen Planeten bestimmen kann. Folgt man dagegen der großen Rivalin der newtonschen Chemie im achtzehnten Jahrhundert, der auf Georg Ernst Stahl zurückgehenden Tradition, so besitzen die chemischen Körper ein intrinsisches Vermögen, das sich in der chemischen Reaktion nur offenbart, das aber dem Körper als solchem zugehört. Es ist also unnötig, sämtliche kombinatorischen Möglichkeiten durchzuspielen; es genügen diejenigen, die auf möglichst charakteristische Weise die Kraft eines gegebenen Körpers sichtbar machen. Wer das Zustandekommen einer Reaktion auf das innere Vermögen eines Elements zurückführt, wird die Tabellen für unnütz halten. Als newtonianisch erweist sich die Affinität also dort, wo sie einer *systematischen* Experimentalforschung als Mittel dient.

»Die Physik kann man begreifen, die Chemie muß man erlernen«: so bekäme die Unterscheidung einen ersten Sinn. Die Entdeckung der Universalität der Kraft sowie der Gleichartigkeit der Materie, die daraus folgt, rückt Newton in die Nähe der Mechanistik, ermöglicht ihm zumindest mechanistische Äußerungen: Die verschiedenen Himmelskörper lassen sich unabhängig von ihrer Natur einzig nach der »Quantität Materie« betrachten, welche ihre Masse bestimmt. Doch obgleich die newtonsche Chemie darauf verzichtet, den Körpern eine innere »Natur« beizulegen, hat auch sie zu »lernen«; sämtliche Reaktionsmöglichkeiten der Körper untereinander müssen systematisch durchprobiert werden. Wenigstens müssen sich diese Möglichkeiten mathematisch *deduzieren* lassen, so wie die Bewegung der Erde und der Planeten aus der Kenntnis der Gravitation abgeleitet werden kann.

Damit die Chemie dem Empirismus entgeht, damit sie zur deduktiven Wissenschaft wird, die man nicht bloß lernen muß, sondern begreifen kann, sind die spezifischen Affinitäten natürlich interpretationsbedürftig, da sie zur universellen Anziehung in einem Spannungsverhältnis stehen. Wie läßt sich zwischen der Anziehungskraft, die einzig von den Massen und ihren Entfernungen abhängt, und der Affinität, die von der chemischen Eigenart der betreffenden

Körper abhängt, eine Verbindung herstellen? Genau darin liegt das Problem der newtonschen Affinität.

Auf dieses Problem werden zwei »newtonsche« Antworten gegeben, eine von Boscovich in England und eine von Buffon in Frankreich. In seiner 1758 erschienenen *Philosophiae naturalis theoria* erklärt Boscovich die Verschiedenheit der Affinitäten mit den komplizierten Verhältnissen, unter denen die universale Kraft wirkt. Die Formel $1/r^2$ gilt nur für große Distanzen, während bei chemischen Phänomenen die Entfernungen sehr gering sind; in dieser Größenordnung kann die Kraft, je nach Distanz, anziehend oder abstoßend sein. Boscovich kann auf diese Weise eine von Newton stammende These aufnehmen: Was wir als chemischen Körper bezeichnen, ist ein komplexes Gefüge, das die Reaktionen zerlegen und neu zusammensetzen. Die Anziehungskräfte, die zwischen zwei Körpern herrschen, sind demnach spezifisch, da sie von dem Gefüge bestimmt werden, da sie die *Resultante* der Kräfte sind, die auf jedem Punkt dieses Gefüges liegen; ein Teil einer Partikel eines solchen »Gefüges« kann demnach eine andere Partikel anziehen, während ein anderer Teil die andere Partikel abstößt. Aus dieser Sicht ist es sogar möglich, die Rolle von Körpern zu erklären, die eine chemische Reaktion begünstigen. Ein »Vermittler« könnte zum Beispiel durch seine Beziehung zu einer Partikel die Abstoßung annullieren, die diese Partikel daran hindert, eine dritte anzuziehen.

Buffon, den Voltaire als »Anführer der newtonschen Partei in Frankreich« bezeichnet, wählt in dem 1765 veröffentlichten dreizehnten Band seiner *Histoire naturelle* die andere logisch mögliche Lösung. Wohl ist $1/r^2$ die einzige Formel der newtonschen Kraft, doch die chemischen Körper sind einander viel näher, als die Planeten es sind; in dieser Größenordnung gilt die Annäherung nicht mehr, die in der newtonschen Astronomie die Massen auf Punkte reduziert. Die Besonderheit und Verschiedenheit der chemischen Wirkungen erklärt sich also aus der Verschiedenheit der Formen der Körper.

Beide Lösungen sind logisch einander gleichwertig: Die eine erklärt die unterschiedlichen Affinitäten daraus, daß die wechselwirkende Kraft je nach der Entfernung zwischen den Körpern unterschiedliche Wirkungen hervorruft; die andere führt die Verschiedenheit auf die Form der Körper zurück, zwischen denen eine einfache wechselwirkende Kraft wirkt. Trotzdem ziehen beide Autoren daraus ganz verschiedene Konsequenzen. Boscovich schließt, daß die Theorie der chemischen Operationen es niemals erlauben wird, Verbindungen vorauszusagen; die Bestimmung der Wirkungen, die die verschiedenen chemischen Gefüge hervorrufen, überschreitet bei weitem die Kräfte des menschlichen Geistes. Buffon dagegen kündigt an, unsere »Großneffen« würden imstande sein, die chemischen Reaktionen zu berechnen, so wie Newton den Lauf der Planeten berechnet hat. Man werde die Affinitäten aus den Formen der zugrundeliegenden Partikeln *deduzieren* und die Reaktionsmöglichkeiten *voraussagen* können. Zwei logisch äquivalente Behauptungen werden also gegensätzlich bewertet: Während das newtonianische England die eine als Spekulation ohne direkte Auswirkung auf den Fortschritt der Chemie aufnimmt, suchen die Franzosen in der anderen den Weg, dem die Chemie folgen muß, um zu einer wirklichen Wissenschaft zu werden.

Warum wurde der »newtonsche Traum« einer quantifizierten Chemie in England für ein Trugbild gehalten und in Frankreich für ein Forschungsprogramm? Der Historiker Arnold Thackray hat darauf hingewiesen, daß mit der industriellen Revolution in England ein neuer Typ von Chemikern aufkommt, der sich nicht um mathematische Probleme oder spekulative Programme kümmert. Zugleich ruft das Interesse an der Chemie in England Volkserzieher auf den Plan, die bestrebt sind, eher die praktische Wirksamkeit dieser Wissenschaft zu popularisieren als ihre begrifflichen Probleme (nach Thackray gehört Dalton zu dieser neuen Kategorie, was – aus newtonscher Sicht – an dem »naiven« Charakter seiner Konzeption der chemischen Atome ablesbar ist). Das Eigentümliche der Chemie, ihre Autonomie, das Interesse an ihr, wird also in England auf ihrer faktischen Nützlichkeit beruhen und nicht, wie in Frankreich, auf der Berechtigung ihrer Ansprüche auf Wissenschaftlichkeit. Diese Lesart verweist auf die allgemeineren Thesen des Historikers Joseph Ben-David, dem zufolge man im England des achtzehnten Jahrhunderts den Wert der Wissenschaft nach ihrem möglichen Beitrag zur technischen, ökonomischen und sozialen Entwicklung bemißt: Als »nützliche« Wissenschaft im Sinne Francis Bacons verdankt sie ihr Ansehen weniger dem Dienst an der Wahrheit oder dem Fortschritt der Vernunft als vielmehr dem Fortschritt der Gesellschaft.

Das Vorbild Francis Bacon

Francis Bacon (1561-1626) war Lordkanzler des englischen Königs Jakob I., aber auch Verfasser einflußreicher Werke (das bekannteste ist das *Novum organon*, 1620). Er vertrat eine neue, antiaristotelische Konzeption des Erkennens und seiner Rolle in der menschlichen Geschichte. Die Tradition (das heißt vor allem die Leser Bacons im achtzehnten Jahrhundert) hat von ihm die Ablehnung jeder Art von System, die Erforschung allein der Wirkursachen (*causae efficientes*) unter Ausschluß der Form- und Zweckursachen (*causae formales et finales*), die genaueste Beobachtung einzelner Phänomene, die vorsichtige Verallgemeinerung dieser Einzelphänomene (Bacon gilt als »Stammvater der induktiven Methode«) sowie schließlich den praktischen Charakter der Erkenntnis festgehalten, der es erlaubt, die Natur in den Dienst des Menschen zu stellen.

In diesem Sinne ist das Schicksal des Affinitätsbegriffs erhellend für den Unterschied zwischen den Bedeutungen, die man in Frankreich (und den Ländern, deren Monarchen Akademien nach dem Vorbild der französischen *Académie des sciences* gründen) einerseits und in England andererseits jener Tätigkeit beilegt, die man »Wissenschaft« nennt. Gewiß widmen sich in beiden Fällen die »Gelehrten« einer Vielzahl praktischer Aktivitäten, doch die Akademien auf dem Kontinent betonen die Differenz zwischen diesen Aktivitäten und der Verfolgung einer »rationellen« Wissenschaft, die ihre Würde in der Förderung der Vernunft als solcher findet, während die Mitglieder der *Royal Society* sich mit einer Wissenschaft zufriedengeben, deren Wert sich ihrer Nützlichkeit verdankt, ihrer Rolle bei der Entwicklung von Techniken. Ob die Chemie eine »rationelle« Wissenschaft werden kann, die dem Empirismus entgeht, die man nicht bloß lernen muß, sondern auch begreifen kann, ist für den Status des Chemikers und das Ansehen seiner Wissenschaft in Frankreich ein entscheidender Punkt, in England eine belanglose Spekulation.

Die erste »Tabelle der Affinitäten« hatte es Geoffroy erlaubt, die newtonsche Chemie heimlich nach Frankreich zu importieren. An dem wachsenden Erfolg der »Affinitätstabellen« läßt sich die besondere Form ablesen, welche die Newtonsche Lehre auf dem Kontinent annimmt: Anders als im offiziell newtonianischen England wird hier der »newtonsche Traum« wirklich geträumt. Während zwischen 1718 und 1750 nur zwei neue Tabellen veröffentlicht

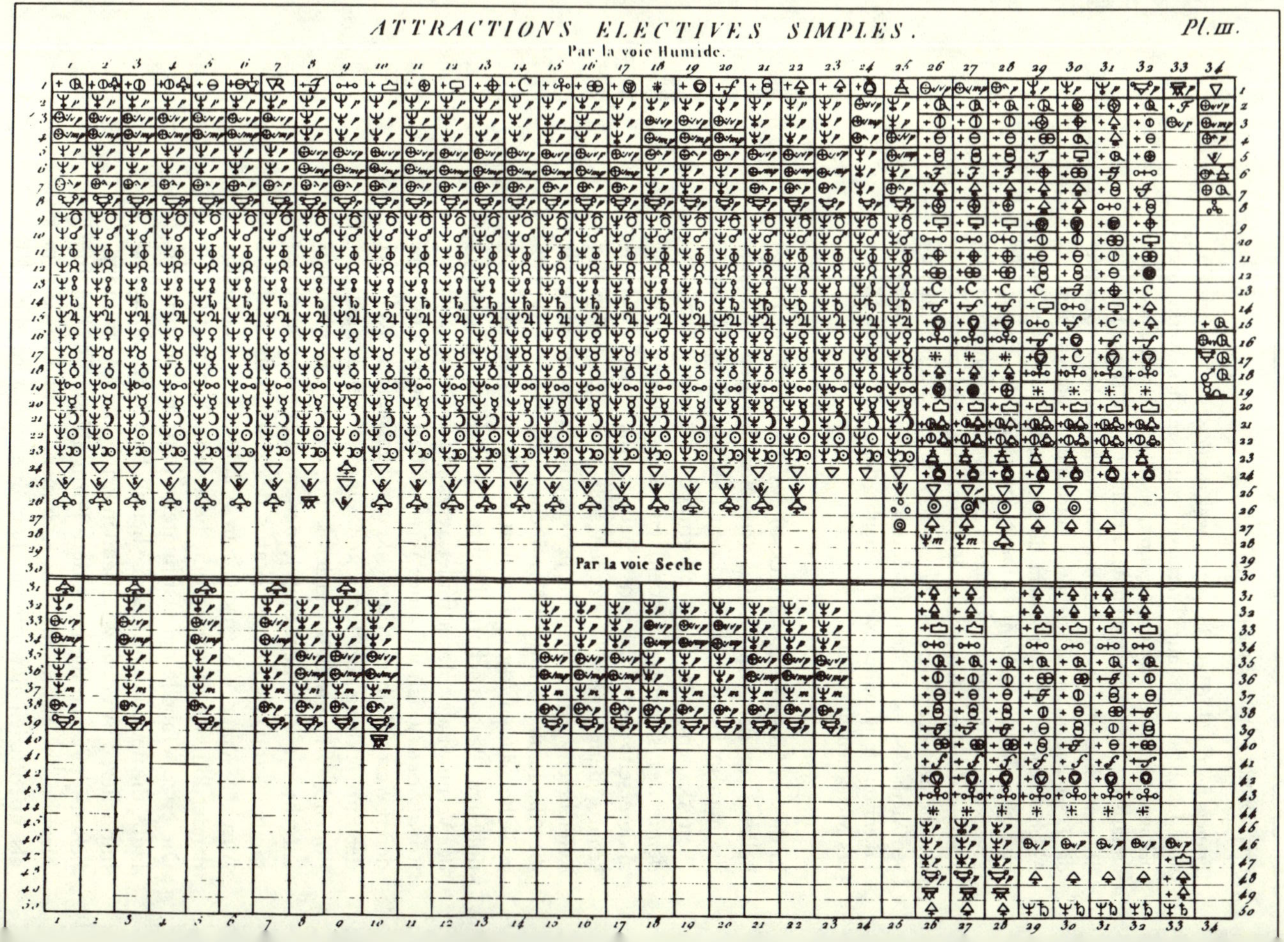
ATTRACTIONS ELECTIVES SIMPLES.
Pl. III.
Par la voie Humide.
Par la voie Seche

werden, sind es in den fünfziger Jahren drei, in den sechziger Jahren vier und in den siebziger Jahren fünf. Die rasche Vermehrung der Tabellen nach 1750 läßt sich mit der Publikation der *Éléments de chimie* von Pierre Joseph Macquer (1755) in Zusammenhang bringen, das die erste systematische Darstellung der Affinitätenlehre enthält. Macquer betont darin den empirischen, theoriefreien Charakter der Affinitätstabellen als Ausgangspunkt, von dem die Interpretationen dann ausgehen können. Er spielt vorsichtig auf die newtonsche Deutung an, stützt sich aber gleichermaßen auf die Stahlsche Deutung, wenn er auf den Begriff des Elements als Träger intrinsischer Qualitäten verweist. Nachdem (und gewiß weil) er Nachfolger Buffons geworden war, behauptet Macquer 1766 in seinem sehr einflußreichen *Dictionnaire de Chymie* die Wahrscheinlichkeit der newtonschen Deutung der Affinität und schließt mit einem Aufruf an alle, die in der Chemie und in der Mathematik genügend bewandert sind, in einer so lebenswichtigen Frage Fortschritte zu erzielen, da hier der Schlüssel für die verborgensten Phänomene der Chemie liege.

Doch nirgendwo werden die Affinitäten so umfassend erforscht (und wird ihre newtonsche Deutung so nachdrücklich behauptet) wie im Werk des schwedischen Chemikers Torbern Bergman, der nicht zögert, sie als »Verwandtschaften« zu bezeichnen. Die von Bergman zwischen 1775 und 1783 veröffentlichten Tabellen stellen die Ergebnisse von mehreren tausend chemischen Reaktionen zusammen und umfassen 49 Spalten (27 Säuren, 8 Basen und 14 Metalle und andere Stoffe), die zweifach tabelliert werden (Reaktionen in Lösungen sowie Reaktionen »auf trockenem Wege«, das heißt unter Einwirkung der »Gewalt des Feuers«). Wie der Historiker Maurice Dumas sagt, geht Bergman

> »mit Eifer an die Arbeit, als gewissenhafter Handwerker, der die ungeheure Aufgabe, die sich vor ihm auftürmt, schrittweise abzutragen hofft. Anscheinend hatte er vor, sämtliche denkbaren chemischen Reaktionen durchzuführen, ihre Ergebnisse zu vergleichen und so die Körper im Verhältnis zueinander zu klassifizieren. [...] Übrigens scheint er mit den Ergebnissen nicht sehr zufrieden gewesen zu sein: Er schätzte, daß noch mehr als dreißigtausend exakte Experimente notwendig seien, um seiner Tabelle einen gewissen Grad an Vollkommenheit zu verleihen.«

Tabelle der Wahlverwandtschaften von Torbern Bergman (einfache Attraktion: AB + C *wird zu* AC + B*; doppelte Attraktion:* AB + CD *wird zu* AC + BD*). Man vergleiche die dritte Spalte mit der zufällig korrespondierenden dritten Spalte (Salpetersäure) der Tabelle von Geoffroy. Und die leeren Kästchen fordern zu neuen Experimenten auf...*
Aus: T. Bergman, Traité des affinités chimiques ou attractions électives, *1788*

Der Arbeit Bergmans entspricht die seines Zeitgenossen Guyton de Morveau. Mit dem einen erreicht die Chemie, die man »lernen« muß, ihren Zenit; der andere geht die ersten Schritte auf dem Wege zum »Begreifen«, indem er vor allem versucht, der Kraft der Affinität ein quantitatives Maß zu geben: Guyton de Morveau mißt beispielsweise die Kräfte, die erforderlich sind, um im Quecksilberbad schwimmende Platten verschiedener Metalle voneinander zu trennen, und entdeckt mit Befriedigung, daß diese Kräfte derselben Reihe folgen wie die chemischen Affinitäten.

Es ist also nicht so, daß die Chemie gegen Ende des achtzehnten Jahrhunderts chemische Affinität und Gravitation »mit einem Federstrich« einander annäherte; diese Annäherung verweist bereits auf langwierige Vorarbeiten und bildet für sich betrachtet ein echtes *Forschungsprogramm*. Die Chemie definiert sich weniger dadurch, daß sie ein bestimmtes Terrain beansprucht (so wie sie später der Chemiker Gabriel-François Venel definieren wird), sondern durch eine Sichtweise, die eine gigantische kollektive Arbeit erfordert: lernen, um am Ende zu begreifen; »Daten« sammeln, die gewiß empirisch sind, aber – wie die astronomischen Beobachtungen vor Newton – das Terrain abstecken, das die Theorie dann deduktiv organisieren wird. Und dieses Programm hat jeder im Auge, der damals die Frage nach dem Status der Chemie stellt. Bekanntlich wird Lavoisier sich für den Versuch entscheiden, der Chemie ein Fundament anderer Art zu geben. Er überläßt, wie er in seinem *Traité élémentaire de chimie* schreibt, das Problem der Affinitäten seinem Kollegen Guyton de Morveau; dennoch meint er, die Wissenschaft der Affinitäten verhalte sich zur Chemie wie die »transzendentale Geometrie« zur elementaren Geometrie. Doch Lavoisier sieht deutlich genug, daß die Chemie – um zu einer rationellen Wissenschaft zu werden – nicht darauf warten kann, bis sie dem Vorbild der Geometrie oder der Himmelsmechanik genügt. Diese Hoffnung ist vage, und gegen Ende des Jahrhunderts verläuft der Weg, der zur Wissenschaftlichkeit der Chemie führt, nicht mehr unweigerlich über das newtonsche Modell.

Das Problem beschränkt sich jedoch keineswegs auf die Alternative zwischen der »newtonianischen« Strategie Guyton de Morveaus und jener, die Lavoisier unter die Autorität des französischen Philosophen Étienne de Condillac stellt. Wenn Buffon schreibt, allzu viele Chemiker benutzten die Affinitätstabellen, ohne sie zu verstehen, das heißt ohne zu begreifen, daß die Affinitäten nichts anderes sind als die Wirkung der universalen Anziehung, so ist damit die Mehrdeutigkeit des Begriffs noch keineswegs erschöpft. Denn weiterhin stellt sich die Frage, ob es das Los der Chemie der Affinitäten ist, auf die eine oder andere Weise zu einer Wissenschaft zu werden, die dem chemischen Verhalten der Materie ihre *Gesetze* gibt. Ist der Empirismus – wie Guyton und Lavoisier übereinstimmend behaupten würden – das Zeichen dafür, daß eine Wissenschaft ihre rationale Form noch nicht gefunden hat?

Affinitäten und Umstände

Jetzt können wir Goethes *Wahlverwandtschaften* (1809) lesen. Hören wir zunächst, wie der »Hauptmann« die chemische Wirkung beschreibt:

> »Man muß diese tot scheinenden und doch zur Tätigkeit innerlich bereiten Wesen wirkend vor seinen Augen sehen, mit Teilnahme schauen, wie sie einander suchen, sich anziehen, ergreifen, zerstören, verschlingen, aufzehren und sodann aus der innigsten Verbindung wieder in erneuter, neuer, unerwarteter Gestalt hervortreten: dann traut man ihnen erst ein ewiges Leben, ja wohl gar Sinn und Verstand zu, weil wir unsere Sinne kaum genügend fühlen, sie recht zu beobachten, und unsere Vernunft kaum hinlänglich, sie zu fassen.«

Wie wäre von hier aus die Chemie als Wissenschaft zu bestimmen? Beachten wir zu diesem Thema die Position »Mittlers«, dieses Vermittlers, der hierhin und dorthin läuft und sich überall zu schaffen macht, eingreift, wo die Leute sich nicht verstehen. Er bringt die Protagonisten (Charlotte, ihren Mann Eduard, die junge Ottilie und den Hauptmann) zusammen, doch weigert er sich, die Ergebnisse der Begegnungen vorauszusehen, die er derart fördert: jede davon ist ein Abenteuer. Sobald Körper einander berühren, muß man aus dem, was sich tatsächlich ereignet, lernen, das heißt auf Deduktion und Prognose verzichten. Und Charlotte scheint ihm zuzustimmen; als es darum geht, den Hauptmann einzuladen, ihr Leben zu teilen, sagt sie zu Eduard:

> »Der wunderliche Mann, unser Mittler, hat am Ende doch recht. Alle solche Unternehmungen sind Wagestücke. Was daraus werden kann, sieht kein Mensch voraus. Solche neue

> Verhältnisse können fruchtbar sein an Glück und an Unglück, ohne daß wir uns dabei Verdienst oder Schuld sonderlich zurechnen dürfen.«

Dennoch wird Charlotte in einem anderen Fall die Lektion vergessen: Sie und Eduard glauben aus einer früheren Begegnung mit Ottilie – *unter anderen Umständen* – schließen zu können, daß Eduard sich von den »Vorzügen« des jungen Mädchens keinesfalls werde beeindrucken lassen. Das Abenteuer gibt ihnen unrecht, ohne daß jemand die Schuld daran trüge.

War Goethe in der Chemie also Newtonianer? Verweist dieses Nichtwissen auf den relationalen Charakter der Affinitäten? Wesentlich scheint eher der Gegensatz zwischen der Herrschaft der Gesetze – mit ihren voraussehbaren und regelmäßigen Folgen – und den chemischen Vorgängen. Als ihr der Hauptmann mit recht pathetischen Worten die Kunst des Trennens und Vereinigens beschreibt, die Art und Weise, in der sich verdünnte Schwefelsäure des Kalks bemächtigt, der in verbundenem Zustand in einer Kalkerde enthalten ist, während der andere Teil dieser Verbindung, eine »zarte, luftige Säure [...] entflieht«, antwortet Charlotte:

> »[...] ich würde hier niemals eine Wahl, eher eine Naturnotwendigkeit erblicken, und diese kaum; denn es ist am Ende vielleicht gar nur die Sache der Gelegenheit. Gelegenheit macht Verhältnisse, wie sie Diebe macht; und wenn von Ihren Naturkörpern die Rede ist, so scheint mir die Wahl bloß in den Händen des Chemikers zu liegen, der diese Wesen zusammenbringt. Sind sie aber einmal beisammen, dann gnade ihnen Gott!«

Charlotte hat begriffen, daß die Chemie keine Wissenschaft der Gesetze, sondern die Kunst der Umstände ist. Sie muß freilich noch lernen, daß die Verbindung zweier Wesen – von den Gesetzen der Ehe sanktioniert, von der Harmonie der Gesinnungen, der Interessen und der Vernunft bekräftigt – wider alle Vernunft durch die zufällige Einwirkung eines Dritten zerstört werden kann. Charlotte, mit Eduard »so schön verbunden«, fühlt sich verdrängt durch dessen Komplizenschaft mit dem Hauptmann, wie die zarte Säure der Parabel. Und Ottilie, die man kommen zu lassen beschließt, um Charlotte über ihre Entfernung von Eduard hinwegzutrösten, wie ein vierter Körper, der sich mit dem verlassenen dritten verbindet, wird eine ganz andere Wirkung haben. Sowenig wie die chemischen Verbindungen und Trennungen sind die menschlichen Leidenschaften rationaler Voraussicht zugänglich.

Die »Wahlverwandtschaft« im Goetheschen Sinne harrt nicht eines rationalen Gesetzes, mit dem wissenschaftliches Begreifen erst möglich würde; eher stellt sie der Vernunft ein Problem und zeigt an, daß hier ein anderer Wissenschaftstyp Anerkennung fordert. Man muß sich mit dem Gedanken abfinden, daß die von der tatsächlichen Erfahrung ausgehende *lernende* Erkenntnis der von Gesetzen ausgehenden *deduktiven* Erkenntnis nicht unterlegen ist, sondern einer unvermeidlichen Notwendigkeit entspricht, die vom Verhalten der chemischen Körper, von den Affinitäten und Passionen der Materie bedingt ist.

Muß die Chemie zu einer Wissenschaft werden, die nach dem Vorbild der Himmelsmechanik Gesetze hervorbringt, oder muß sie, als Kunst »in den Händen des Chemikers«, ihre bevorzugte, charakteristische Verbindung mit der handwerklichen Tätigkeit bewahren? Kann der »rationale Fortschritt«, wie im Falle der Mechanik, das Werk der Mathematiker sein, die für die »Praktiker« Verachtung hegen, oder steht die Chemie für eine neue Art der Zusammenarbeit zwischen »Systemgeist« und »handwerklichem Wissen«? Solche Fragen ließen sich im Anschluß an Goethe stellen, doch tauchen sie explizit in den Schriften Diderots und der *Encyclopédie* auf.

Die Chemie erlernen

Die *Encyclopédie* von Diderot – mit vollem Titel *Dictionnaire raisonné des sciences, des arts et des métiers* (1751-1772) – spricht nicht mit einer Stimme, und es sind nicht wenige Artikel, die sich mit der Chemie oder chemischen Phänomenen beschäftigen. In dem Artikel »Attraction« erklärt d'Alembert, daß die newtonsche Anziehung von den Operationen der Chemie Rechenschaft geben müsse. Dagegen verrät der Artikel »Chymie« auf Schritt und Tritt, daß Diderot dieser Wissenschaft eine ganz andere Rolle zudachte. Er vergab diesen Artikel an den Chemiker und Arzt Gabriel-François Venel, der (wie er selbst) Schüler von Hilaire Rouelle gewesen war; Rouelle hatte die Chemie Stahls in Frankreich eingeführt.[4] Und in diesem Artikel finden wir die Identität der Chemie zum ersten Mal als ein Problem behandelt, in dem Wissen, Philosophie und Politik eine untrennbare Einheit bilden.

Der Artikel »Chymie« erscheint 1753 im dritten Band der

[4] Vgl. S. 656 f.

Chemisches Laboratorium. Illustration zu dem Artikel »Chymie« von Gabriel-François Venel in der Encyclopédie *Diderots. Die Utensilien sind noch die der alchimistischen Tradition. Noch keine Waage und kein Apparat zum Isolieren von Gasen. Die meisten Chemiker des achtzehnten Jahrhunderts hatten ihr Labor zu Hause eingerichtet.*
Encyclopédie *von Diderot, Faksimile der 1. Auflage, 1751-1780; Bibliothèque nationale, Paris*

Encyclopédie; im selben Jahr veröffentlicht Diderot in den *Pensées sur l'interprétation de la nature* eine ganz ähnliche Analyse. Er befürwortet darin eine offene wissenschaftliche Praxis, in der die »Denkenden« sich dazu »herbeilassen«, sich mit den »Schaffenden« zu verbinden; in der jene, die »viele Ideen und gar keine Werkzeuge« haben, mit jenen zusammenzuarbeiten lernen, die »viele Werkzeuge, aber wenige Ideen« haben. Und gegen diese Verachtung der »Denkenden« für jene, die aus der Erfahrung *lernen*, wendet sich Diderot heftiger noch als gegen die spekulativen Hypothesen der Mathematiker. Nicht anders wird er in den *Principes philosophiques sur la matière et le mouvement* (1770) schreiben:

> »Was gehen mich die Dinge an, die in Ihrem Kopf vorgehen! Was liegt an mir, ob Sie die Materie als homogen oder als heterogen betrachten? Was liegt mir daran, daß Sie – von ihren Eigenschaften absehend – nur ihre Existenz betrachten und sie deshalb in Ruhe sehen? Was geht es mich an, ob Sie infolgedessen nach einer Ursache suchen, die sie bewegt? Sie mögen mit der Mathematik und Metaphysik machen, soviel Sie wollen; aber ich, der ich Physiker und Chemiker bin, also die Körper in der Natur, nicht aber in meinem Kopf erfasse, finde sie als existierende Körper vor: verschieden, mit Eigentümlichkeiten und Wirkungen versehen und überall in Tätigkeit, sowohl im Weltall wie im Laboratorium [...]. ›Wenn die Materie bewegt werden soll‹, sagt man ferner, ›ist eine Wirkung notwendig, eine Kraft.‹ Ja, entweder eine solche außerhalb des Moleküls oder eine solche innerhalb des Moleküls, eine ihm innewohnende, wesentliche Kraft, die seine Natur als Feuer-,

Wasser-, Salpeter-, Alkali- oder Schwefelteilchen bedingt. [...] Die Kraft, die auf das Molekül wirkt, erschöpft sich; die innere Kraft des Moleküls erschöpft sich nicht. Sie ist unveränderlich, ewig.«

Während Goethe, dessen Charlotte auf den ersten Blick eine relationale Auffassung der Affinität vertritt, dennoch Körper beschreibt, die »zur Tätigkeit innerlich bereit« sind, hat Diderot, der eine zutiefst Stahlsche Konzeption der Materie vertritt – mit innewohnenden, wesentlichen, nicht-relationalen Eigenschaften –, keine Scheu davor, den Ausdruck »Kraft« zu verwenden. In der zweiten Hälfte des achtzehnten Jahrhunderts stehen weniger »Relationen« und »Prinzipien« einander gegenüber als vielmehr Thesen über den Status der Chemie als Wissenschaft. Gerade in diesem Bereich erörtert Venel die besonderen Merkmale der Chemie und die Schwierigkeiten, denen sie begegnet.

Wie Diderot lokalisiert Venel diese Schwierigkeiten auf der politischen Ebene, insofern es zunächst die Gesellschaft ist, die den Titel Wissenschaft verleiht oder verweigert. Gewiß wünscht er »die Revolution« herbei, »die der Chemie den Rang verliehe, der ihr zukommt, die sie zumindest an die Seite der berechnenden Physik stellen würde«, doch diese Revolution bedeutet für ihn nicht die »Geburt« einer endlich wissenschaftlichen Chemie. Diese Revolution wird das Werk eines geschickten, begeisterten, unerschrockenen Chemikers sein, »der sich in einer günstigen Position befindet und die glücklichen Umstände derart zu nutzen weiß, daß er die Aufmerksamkeit der Gelehrten auf sich zieht, zunächst durch aufsehenerregende, mit Entschiedenheit vorgetragene Behauptungen und dann durch Argumente, wenn seine zuvor eingesetzten Waffen eine Bresche in die Bastion des Vorurteils geschlagen haben«. Die Chemie leidet in erster Linie unter der Verachtung der »Gelehrten«, weshalb der »neue Paracelsus« vor allem ein Propagandist sein muß.

Doch diese mutmaßliche »Revolution« wird nicht im selben Maße die Praxis der Chemie umwälzen. Immer noch braucht der Chemiker, mag er noch so aufgeklärt und kenntnisreich sein, jenes »Genie«, das man, wenn es sich bei den handwerklichen Praktikern zeigt, schlicht als *gesunden Menschenverstand* bezeichnet. Denn nur dieser erlaubt es, die Hindernisse zu überwinden, die den unerfahrenen Chemiker nicht weiterkommen lassen: die Vielzahl chemischer Instrumente und Produkte, Eigentümliches, scheinbar Merkwürdiges, isolierte, schwer reproduzierbare Phänomene und so weiter. Niemals wird die Kraft einer deduktiven Theorie so weit reichen, daß sich die Chemie all dessen entledigen könnte, was sie innerlich mit einer langen, mühseligen, verzwickten und geduldigen Praxis verbindet. Niemals werden abstrakte Wahrheiten *a priori* die Chemie, die Kunst der Umstände, in das Prokrustesbett einer mit Gesetzen bewehrten Wissenschaft zwingen; niemals wird die Chemie die Fähigkeit zum »Urteil nach dem Gefühl«, »Gespür« und »Augenmaß« entbehren können, mit denen sich die Anzeichen lesen und die Umstände einschätzen lassen.

Die Chemie verlangt eine Lehrzeit, die zugleich und untrennbar eine Ausbildung der Sinne, des Körpers (bis man das Thermometer in den Fingerspitzen, die Uhr im Kopf hat!) und des Geistes ist. Insofern ist sie eine *Passion.* So wird für Venel verständlich, warum man die Chemie zu einer verrückten Leidenschaft und den Chemiker zum anormalen Exzentriker hat erklären können, der sich für eine Neigung verzehrt, die ihn seine Gesundheit, sein Glück, seine Zeit und sein Leben kostet.[5] Doch »gerade dieser Schwierigkeiten und Ungelegenheiten wegen verdienen die Gelehrten, die kühn genug sind, es mit ihnen aufzunehmen, als Bürger unseren ganzen Respekt«.

[5] Genau dieses Drama erzählt Balzac in *La recherche de l'absolu.*

Die Chemie, Wissenschaft des Heterogenen

Die Eigentümlichkeit der Chemie als Leidenschaft, weit entfernt von nüchterner Deduktion, gründet darin, daß sich die Chemiker mit den intrinsischen Eigenschaften der Körper beschäftigen, während die Physiker an der Oberfläche innehalten, »bei dem, was Ochs und Esel sehen«. Sowenig wie Diderot macht Venel dafür die Affinität als solche verantwortlich; vielmehr möchte er zeigen, daß zwischen der Aggregation, die Gegenstand der (newtonschen oder cartesianischen) Physik ist, und der »mixtiven Einheit«, die zu denken uns die Chemie zwingt, ein Wesensunterschied besteht. Die Bestandteile der Aggregation unterhalten zueinander nur »Nachbarschaftsbeziehungen«; jede Veränderung muß auf eine Veränderung der räumlichen Anordnung, der Entfernung oder Annäherung zurückgeführt werden, ohne daß die Teile eine innere Veränderung erführen. Die Eigenschaften, die solche Veränderungen zu verstehen erlauben, sind also »äußerliche« oder »physikalische«. Sie können variieren, ohne daß sich die Natur der

Korpuskeln verändert, aus denen die Aggregation besteht, und geben keine Antwort auf die Frage, die von den Testatoren immer dann gestellt wurde, wenn sich ein Alchimist als Betrüger erwies: Was eigentlich macht das Gold zum Gold? Erst die »inneren« Qualitäten »spezifizieren das Eigentümliche des Körpers, machen ihn zu diesem Körper und bewirken, daß Wasser, Gold, Salpeter usw. Wasser, Gold, Salpeter usw. sind«. Und diese Qualitäten gehören intrinsisch zu den *Korpuskeln* als den integralen Bestandteilen des Aggregats.

Die gegenseitigen Wirkungen der Korpuskeln aufeinander sind also eigentliches Objekt der Chemie. Diese Wirkungen »hängen von inneren Qualitäten der Korpuskeln ab, unter denen an erster Stelle Homogenität und Heterogenität als wesentliche Eigenschaften Berücksichtigung verdienen: denn die Aggregation findet nur zwischen homogenen Substanzen statt [...] während die Heterogenität der Prinzipien für die *mixtive Einheit* wesentlich ist«. Im Unterschied zur aggregativen Einheit, die der Physiker untersucht, bringt die mixtive Einheit, der »Knoten«, der die Prinzipien der Korpuskeln vereint, tatsächlich Homogenes mit intrinsischen Eigenschaften aus Heterogenem hervor:

> »Die Massen haften aneinander aufgrund ihrer Nachbarschaft, ihrer Größe und ihrer Gestalt; die Korpuskeln kennen keinerlei Gesetz dieser Art; sie bilden ihre Einheiten aufgrund ihrer Beziehung oder Affinität; und umgekehrt sind die Massen nicht den Gesetzen der Affinitäten unterworfen [...] und niemals wird aus der Einheit einer Masse mit einer Masse anderer Art ein neuer homogener Körper.«

Venel definiert also die Affinität – und die mixtive Einheit, die aus der Affinität entsteht – durch ihren Gegensatz zur Physik. Er weiß nicht, was den »Knoten« der mixtiven Einheit ausmacht, und vor allem behauptet er nicht, daß die »Prinzipien« Stahls diesen Knoten erklären könnten; doch er weiß, daß die durch Affinität charakterisierte Einheit sich nicht auf Aggregation zurückführen läßt. Und er weigert sich, das Fehlen einer intuitiven Erklärung für diese Einheit – das Fehlen eines mechanischen *agens*, das sie bewirkt – als Mangel anzusehen; denn diejenigen, die dieses Unwissen beschwören, um den Chemikern Dunkelheit vorzuwerfen, stehen bei Venel in Verdacht, vor dem Schrecken des Unerkennbaren die Augen verschließen zu wollen. Die Chemiker dagegen sind kühn genug, die Dunkelheit dem

Irrtum vorzuziehen. Sie folgen darin dem Beispiel Newtons und all derer unter seinen Vorgängern, die wußten, »daß die Natur die Mehrzahl ihrer Wirkungen mit unbekannten Mitteln hervorruft; daß wir ihre Hilfsmittel nicht aufzählen können; und daß es lächerlich wäre, sie auf eine bestimmte Anzahl von Wirkprinzipien und Wirkungsweisen beschränken und reduzieren zu wollen: ihnen genügte es, eine bestimmte Anzahl relativer und gleichartiger Wirkungen bemerkt zu haben, um eine Ursache auszumachen. Tun die Chemiker denn etwas anderes?« Jene Gelehrten, welche die Chemie »rationalisieren« wollen, zeigen also in Wirklichkeit ein sehr irrationales Entsetzen vor dem Unerkennbaren, einen Schrecken, der Newton fremd war: Er wagte es, eine Fernwirkung als »Ursache« des Verhaltens der Planeten und der schweren Körper einzuführen.

Der Artikel »Chymie« der *Encyclopédie* ist also ein Gegenangriff gegen all jene, die das künftige Schicksal der Chemie einzig in der formellen Unterordnung unter physikalische Prinzipien sehen. Und dieser Gegenangriff ist insofern bemerkenswert, als er sich auf verschiedenen Schauplätzen entfaltet, die er auf diese Weise verknüpft: Darstellung der sozialen und praktischen Eigentümlichkeit des Wissens der Chemiker, ihrer notwendigen und passionierten Lehrzeit, aber auch Klärung der Eigentümlichkeit chemischer Phänomene; schließlich Bekräftigung einer Gegen-Erkenntnistheorie, an deren Ende der Gegensatz zwischen der intelligiblen Rationalität der Mechanik und der Dunkelheit der Chemie seine Bedeutung umkehrt.

Der Unterschied zwischen »aggregativer« und »mixtiver Einheit«, den Venel vornimmt und benennt, war in der Tat Gemeingut sämtlicher Chemiker des achtzehnten Jahrhunderts, *einschließlich derer, die (wie Bergman und Guyton de Morveau) den Ehrgeiz hatten, Affinität und Aggregation aus einer Kraft desselben Typs zu erklären*. Der Gedanke, daß eine chemische Reaktion immer in einer ganz bestimmten Richtung abläuft, die von der stärksten Affinität festgelegt wird – auch wenn Umstände, die in die Physik gehören (etwa der Aggregatzustand), sie hemmen können, während andere (etwa Wärme, Zerfall, Auflösung) das Hindernis zu beseitigen vermögen –, ist von niemandem bestritten worden, gewiß weil dieser Gedanke auf die handwerkliche Chemie der damaligen Zeit verwies. Deren Wissensbestand ist, wie Venel im übrigen klar hervorhebt, Gemeingut geblieben.

»Der Handlanger sagt: Die zu stark konzentrierte salpetrige Säure greift das Silber nicht an, doch mit einer bestimmten Menge Wasser versetzt und durch einen bestimmten Grad von Wärme erregt, löst sie es auf. Die Wissenschaft sagt: Die aggregative Einheit der konzentrierten Säure ist stärker als ihr Verhältnis (ihre Affinität) zum Silber, während das dem Menstruum (der Säure) hinzugefügte Wasser diese Aggregation lockert, die durch die Wärme noch mehr erlahmt, und so weiter. Der Praktiker wird niemals verallgemeinern; doch die Wissenschaft wird hier allgemeiner sagen: Bei jeder auflösenden Wirkung überwindet die Neigung zur Mixtion die Aggregation.«

Zu Beginn des neunzehnten Jahrhunderts wird dieses Gemeingut, dieser sprachliche Einklang zwischen der Chemie »der Gelehrten« und »der Handlanger«, in Frage gestellt. Im achtzehnten Jahrhundert, so konnten wir eben lesen, als sich das Korps der Chemiker noch ebensosehr aus handwerklichen Praktikern wie aus echten Gelehrten zusammensetzte, erschien eine qualitative Unterscheidung zwischen mixtiver und aggregativer Einheit sinnvoll, wobei die zweite im Zweifelsfall »überwunden« werden mußte, um die erste zu ermöglichen. Diese Unterscheidung wird um die Wende zum neunzehnten Jahrhundert von den »Gelehrten«, Parteigängern der newtonschen Affinität, in Zweifel gezogen. Damit endet in Frankreich die Harmonie zwischen dem Wissen der Chemiker und der newtonschen Affinität, das Programm des doppelten, komplementären Fortschritts: Ergänzung der Affinitätstabellen als tabellarischer Sammlung empirischer Erkenntnisse einerseits und Quantifizierung der Affinitäten andererseits, die es erlauben sollte, die in der Tabelle gesammelten Erkenntnisse zu deduzieren.

Wahlverwandtschaften oder funktionale Affinitäten?

Aus der relationalen Affinität ergab sich die Notwendigkeit einer erschöpfenden Untersuchung *aller* möglichen Reaktionen, nicht mehr nur der »interessanten«, um die sich die Handwerker gekümmert hatten. Nun waren es aber diese »interessanten« Reaktionen, die eine qualitative Unterscheidung zwischen mixtiver (»chemischer«) und aggregativer (»physikalischer«) Einheit evident erscheinen ließen. Bevorzugt wurden sie, weil sie dem Ziel der Chemiker entgegenkamen, ein Verfahren zu finden, mit dem man ein Produkt in seiner homogensten und reinsten Form gewinnen konnte.

Besonders ein Gesichtspunkt der Konzeption dessen, was die mixtive Einheit ausmacht, beruht auf der Auswahl solcher Verfahren: Wenn ein Körper zu einem anderen eine stärkere Affinität unterhält als jene, die der zweite Körper zu einem dritten unterhält, mit dem er verbunden ist, *vertreibt* der erste den dritten *vollständig*. Sieht man von den Hindernissen ab, für welche die aggregative Einheit verantwortlich sein mag, wird die chemische Reaktion als *vollständig* betrachtet; die Wahl eines Körpers durch einen anderen zum Nachteil eines dritten folgt dem qualitativen Gesetz des Alles-oder-nichts. So betont Bergman, wenn er den seinerzeit akzeptierten qualitativen Unterschied zwischen mixtiver und aggregativer Einheit erläutert, daß es sich um eine *Wahl*verwandtschaft handele.

Trotzdem weisen die Tabellen Bergmans, die eine große Zahl von Reaktionen versammeln, die den traditionellen Chemikern fremd waren, immer wieder Fälle von »Anomalien« auf: Unablässig muß Bergman erklären, daß sich physikalische Faktoren mit der »wahrhaft chemischen« Affinität überlagerten und die Reaktion an ihrem vollständigen Ablauf hinderten beziehungsweise sie in die »falsche« Richtung drängten. Regelmäßig muß er angeben, daß er ein Mehrfaches der Menge verwenden muß, die hätte genügen müssen, um eine vollständige Reaktion zu bewirken.

Im Gegensatz zu der Unterstellung Bachelards – der, wie wir sahen, offenbar überzeugt war, jeder »gute Experimentator« habe gesehen, daß Affinität und Attraktion nichts miteinander zu tun haben – führt die Vermehrung des experimentellen Wissens keineswegs zur Aufgabe der These, die Affinität und Gravitation gleichsetzt, sondern zumindest eine Zeitlang zu ihrer Stärkung. Bis dahin hatten einzig Kritiker der newtonschen Chemie wie Venel betont, daß die Massenanziehung nicht erklären könne, wie zwei heterogene Körper einen homogenen dritten bilden, daß sie also von dem qualitativen Unterschied zwischen aggregativer und mixtiver Einheit nicht Rechenschaft geben könne. Wie wir sehen werden, wird dieses Unvermögen zur Tugend, als sich die newtonsche Chemie seiner bedient, um den *Wahl*charakter der Affinitäten und den qualitativen Unterschied, der in der »Wahl« zum Ausdruck kommt, zu leugnen. Der experimentell begründete Zweifel an dem Begriff der vollständigen Reaktion, die dem Gesetz des Alles-oder-nichts folgt, bestätigt also die (bis dahin von ihren

Anhängern vernachlässigten) Implikationen der newtonschen Deutung der Affinitäten.
Damit gelangen wir zum Werk des Chemikers Claude Louis Berthollet und zugleich zur Französischen Revolution. Zur Revolution freilich nicht ihrer Ideen halber, auch nicht wegen des Todes von Lavoisier[6], sondern weil sie dem Chemiker neue Aufgaben stellt und mit der Schaffung von Lehrstühlen, die dem systematischen Unterricht der Chemie dienen, institutionelle Wandlungen hervorruft.
Während der Revolution beschäftigte sich Berthollet mit einem Problem, das der Tradition der handwerklichen Chemie fremd war: Er arbeitete daran, die Produktion des Salpeters rationeller zu gestalten, der für die Herstellung von Schießpulver benötigt wurde. Statt den Salpeter wie bisher an Ort und Stelle zu gewinnen, ging es nun darum, ihn unter kontrollierten industriellen Bedingungen zu produzieren. Berthollet bemerkte, daß beim Auswaschen des Kaligesteins die Wäsche um so ineffizienter ist, je mehr gelöster Salpeter sich bereits im Wasser befindet; es ist also besser, mehrfach zu waschen und jedesmal frisches Wasser zu verwenden. Allerdings löst jede Wäsche eine geringere Menge Salpeter. In einer 1795 an der *École normale* des Jahres III gehaltenen Vorlesung zog er daraus den Schluß, daß die Neigung eines Körpers, sich mit einem anderen zu verbinden, proportional mit dem Grad der bereits hergestellten Verbindung abnimmt. Das heißt, daß die Affinität nicht mehr einen Körper in seiner Beziehung zu einem anderen charakterisiert, sondern zu einer *Funktion* des physikalisch-chemischen Zustands der Umgebung und vor allem der Konzentration der anwesenden Reagenzien geworden ist.
Im Jahre 1800 nimmt Berthollet diesen Gedanken in verschärfter Form wieder auf. Unterdessen hatte er als wissenschaftlicher Berater Napoleons am Ägyptenfeldzug teilgenommen, und nach der Anekdote gehen seine Auffassungen über die Affinität auf eine merkwürdige Reisebeobachtung zurück: nämlich die eines »Natriumsees«. Das im Wasser des Sees enthaltene Salz erzeugt in Kontakt mit dem Kalziumkarbonat des Grundes Natriumkarbonat, das sich an den Ufern des Sees absetzt.[7] Im Labor jedoch tritt diese Reaktion in dieser Richtung nicht ein. Berthollet wird für diesen Unterschied zwei Gründe angeben: die Menge von Salz und Kalziumkarbonat sowie die Tatsache, daß die beiden Reaktionsprodukte beständig der Reaktionsumgebung entzogen werden – das Kalziumchlorid versickert im Boden,

[6] Vgl. unten, S. 597-643 und S. 674-678.

[7] In moderner Schreibweise: $2NaCl + CaCO_3 \rightarrow Na_2CO_3 + CaCl_2$

und das Natriumkarbonat wird am Ufer ausgefällt. Nach Paris zurückgekehrt, geht Berthollet daran, die Kategorien, nach denen chemische Experimente beurteilt werden, systematisch umzukehren. Gewöhnlich wurde die Umgebung der Reaktion (Temperatur, Konzentration der Reagenzien) als Störquelle betrachtet, die es erlaubt, Anomalien zu erklären; künftig muß als Anomalie diejenige Reaktion gelten, bei der ein Körper vollständig durch einen anderen verdrängt wird; gerade zu ihrer Erklärung müssen besondere Faktoren herangezogen werden (Beseitigung der Produkte vor allem durch Verdunstung oder Präzipitation).
Berthollet rückt also den eigentümlichen Zug der traditionellen Verfahren der handwerklichen Chemie ins Licht: Sie wählt die von ihnen behandelten Reaktionen danach aus, ob sie vollständig ablaufen. Und er nimmt sich noch einmal die Tabelle Bergmans vor, um zu zeigen, daß die berühmten unumkehrbaren Reaktionsreihen nichts anderes sind als die Reihen der Löslichkeit der Produkte. Die »vollständigen« Reaktionen erklären sich entweder durch die Verdunstung oder durch den schwerlöslichen Charakter eines ihrer beiden Produkte, das aus der Umgebung der Reaktion verschwindet.
Berthollet ist nun nach seiner Rückkehr nach Frankreich in einer außerordentlich günstigen Position, um seinen Ideen größte Resonanz zu verschaffen. Ebenso wie Laplace ist er Gründungsmitglied der *Société d'Arceuil*, einer privaten Gesellschaft, welche die angesehensten und brillantesten Wissenschaftler der Zeit versammelt und eine Zeitschrift mit dem Titel *Mémoires de Physique et de Chimie de la Société d'Arceuil* veröffentlicht. Er ist Mitglied des napoleonischen Senats. Laplace und er verkörpern die bevorzugte Stellung der »großen Männer der Wissenschaft« im Empire: Ihre politische Rolle ermöglicht es ihnen, neue Ausbildungsinstitutionen in die Hand zu nehmen und finanzielle Mittel zu erhalten, die es ihnen vor allem erlauben, die privaten Laboratorien von Arceuil aufzubauen. Die offizielle Doktrin der *Société d'Arceuil* ist die newtonsche Physik, und Berthollet, der durchaus ein routinierter Experimentator ist, zeigt 1803 in seiner *Statique chimique*, daß die allgemeine Unvollständigkeit der chemischen Reaktionen und ihre *innere* Abhängigkeit von »Umständen« normale Folgerungen aus der Deutung der Affinität als newtonscher Anziehungskraft darstellen.
Venel hatte recht. Die newtonsche Anziehungskraft erlaubt

es nicht, eine qualitative Unterscheidung zwischen »physikalischen« und »chemischen« Kräften zu rechtfertigen beziehungsweise eine »mixtive Einheit« von einer »aggregativen« terminologisch zu trennen. Berthollet hat begriffen, daß man zwischen der chemischen Tradition und den bislang nicht geklärten Implikationen der newtonschen Affinität wählen muß. Die Affinität ist für ihn also nur noch ein Faktor unter anderen; spielt man mit den übrigen Faktoren, kann man eine Reaktion auch in umgekehrter Richtung in Gang bringen. Genauer gesagt, Berthollet ist bestrebt, jeglichen Unterschied zwischen der »natürlichen« Verlaufsrichtung einer Reaktion und dem, was diesem Verlauf entgegenwirkt, zu beseitigen. Für Berthollet haben die chemischen Reaktionen keine »natürliche Richtung« mehr. Der Chemiker braucht nicht mehr mit den »Umständen« zu »spielen«, damit sich die chemischen Affinitäten äußern können. Der Chemiker *manipuliert eine Funktion*: Die Richtung einer chemischen Reaktion ist Funktion einer rein chemischen Affinität; sie hängt von der jeweiligen Konzentration, aber auch von der Temperatur, der Kohäsion der zusammengebrachten Produkte und so weiter ab. Innerhalb dieser Funktion spielt die »chemische« Affinität als Ergebnis der Anziehungskräfte keine bevorzugte Rolle mehr, die es erlauben würde, sie zu den »Umständen« in Gegensatz zu bringen. Sie reiht sich, wie Berthollet auf den ersten Seiten seiner *Statique chimique* schreibt, in die *Gesamtheit der Umstände* ein, die der Chemiker zu berücksichtigen hat:

> »Die chemische Wirksamkeit einer Substanz hängt nicht von der ihren Bestandtheilen eigenthümlichen Verwandtschaft und von der Menge allein ab; sondern zugleich von dem Zustande, worin sich diese Theile befinden, indem entweder ihre Verwandtschaftskraft durch eine eingegangene Verbindung mehr oder weniger unthätig wird, oder indem die Verdünnung oder Verdichtung des Körpers ihre wechselseitige Entfernung ändert: diese Umstände bilden durch ihren wirksamen Einfluß auf die Eigenthümlichkeiten der Elementartheile einer Substanz dasjenige, was ich ihre Constitution (ihren individuellen Zustand) nenne. Um die chemische Wirksamkeit zu zergliedern, muß man nicht nur diese, sondern zugleich alle damit in Beziehung stehenden Umstände in Anschlag bringen.«

Doch Berthollet geht weiter und bestätigt die Analyse Venels noch in einem anderen Punkt. Die Anziehungskraft vermag nur das *Gemisch* und seine Proportionen zu erklären, nicht jedoch die chemische *Verbindung*, die heterogene Körper in neue homogene Körper verwandelt. Berthollet leugnet also, daß die »mixtive Einheit« etwas Singuläres sei. Das Produkt einer chemischen Reaktion ist nichts anderes als ein Gleichgewichtszustand, in dem verschiedene Arten von Zusammensetzungen als Gemisch miteinander koexistieren. Und diese Zusammensetzungen selbst können keine wohldefinierte Identität haben. Ein Körper kann nicht aus der Nachbarschaft eines anderen einen dritten vertreiben, der den zweiten weniger anzieht als er selbst; er wird ganz einfach in der Nachbarschaft jenes anderen in bedeutenderer Quantität als sein schwächerer Rivale vorkommen. Jeder Körper ist also ein Gemisch, und eine chemische Reaktion kann im allgemeinen kein reines Produkt hervorbringen. Und schlimmer noch, die Reaktionsprodukte setzen sich nicht nach konstanten Proportionen aus den Ausgangsstoffen zusammen; die Zusammensetzung eines Körpers hängt von seiner Geschichte und von verschiedenen Faktoren ab, welche die Umgebung der Reaktion charakterisieren, in der er entstanden ist.

Die Kontroverse

Wenn Bachelard sich darüber wundert, daß ein versierter Experimentator wie Berthollet Affinität und Anziehung miteinander in Verbindung bringen konnte, übernimmt er die übliche Einschätzung der Kontroverse, die sich auf Bertholletts Thesen hin entspann. Gewöhnlich heißt es, der Chemiker Joseph Louis Proust habe den Irrtum Berthollets experimentell nachgewiesen, indem er feststellte, daß die chemischen Stoffe sehr wohl konstanten Proportionen entsprechen, und man erklärt diesen Beweis zum Triumph der experimentellen Chemie, der »Tatsachen«, über die alten Spekulationen des achtzehnten Jahrhunderts. Diese Beschreibung ist in doppelter Hinsicht falsch.

Zunächst einmal ist die Idee konstanter Proportionen ein traditioneller Gedanke. In seinem ersten Artikel von 1799, vor Beginn der Kontroverse, zog Proust allgemeine Schlußfolgerungen aus einigen Experimenten: Sein Ziel bestand in dem Nachweis, daß die Zusammensetzung von der Herkunft des Produkts unabhängig ist. So arbeitete er mit Quecksilberoxid aus dem Laboratorium, aber auch mit Erz aus peruanischen Minen. Während Berthollet auf Reisen den Beweis für den singulären Charakter dessen »entdeckt«, was die traditionelle Chemie für normal hielt, läßt

Proust die Produkte reisen, um die Richtigkeit der traditionellen Urteile zu beweisen. In dem Artikel von 1799 beruft sich Proust übrigens auf Stahl, der vom *pondus naturae* spricht: Die konstanten Proportionen lassen die unsichtbare Hand der Natur erkennen, die im Inneren der Erde oder im Laboratorium auf die nämliche Weise vorgeht und die Proportionen der Bestandteile eines Produkts unveränderlich festlegt. Der Chemiker hat über das *pondus naturae* ebensowenig Macht wie über das Gesetz der Wahl, dem alle Verbindungen unterliegen. Wir neigen dazu, das von Proust formulierte Gesetz für neu zu halten, weil wir es für wahr halten, doch wurzelt es in der Chemie des achtzehnten Jahrhunderts und hat bereits zwischen 1792 und 1802 dem deutschen Chemiker Benjamin Richter als Grundlage für den Versuch gedient, für die Affinitäten Zahlenwerte zu ermitteln.

Neu an der Kontroverse ist also vor allem, daß endlich klar wird, wo sich die Wege der relationalen Affinität (im newtonschen Sinne) und der Affinität als äußerem Zeichen chemischer Prinzipien (im Sinne der Anhänger Stahls) trennen; wo es also möglich sein müßte, eine Wahl zu treffen.

Zwischen 1799 und 1807 folgen Experimente und Gegenexperimente aufeinander, ohne daß jedoch eine der beiden gegnerischen Parteien jemals zugeben würde, die andere habe eine »Tatsache ermittelt«, die ihr den Sieg sichert. Gewiß, Proust hört nicht auf zu behaupten, die Fakten gäben ihm recht, darin liegt seine einzige Waffe gegen die Autorität der newtonschen Theorie und das Ansehen Berthollets. Und wir, die wir »wissen«, daß er recht hatte, sind im Rückblick beeindruckt von dem »modernen« Ton, den er anschlägt: Die Wissenschaftler, betont er unermüdlich, hätten nicht das Recht, Theorien aufzustellen, die den Tatsachen zuwiderlaufen. Doch die Tatsachen selbst, soweit sie mit den damaligen Methoden geklärt werden konnten, blieben zweideutig. Die Chemie von Proust und Berthollet ist noch die Chemie des achtzehnten Jahrhunderts, nicht die analytische Chemie, die sich gerade erst abzeichnet: Zehn Jahre später benötigt man, wo Proust Hunderte von Kilogramm Oxid verbrauchte, um eine Analyse durchzuführen, nur noch einige Gramm. Rückblickend wissen wir freilich, daß es auf experimentelle Genauigkeit ankam: Die meisten Metallverbindungen, die Berthollet und Proust analysierten, waren – wie man heute weiß – Gemische mehrerer Arten von Oxiden, was zur Folge hatte, daß jeder

der Protagonisten die »Tatsachen« zu seiner Zufriedenheit deuten und dem anderen vorwerfen konnte, sie durch Einführung von Ad-hoc-Hypothesen zu schminken.
Die Kontroverse endet um 1807 ohne endgültiges Ergebnis; jeder glaubt den Gegner besiegt zu haben. 1832 werden Louis Jacques Thénard und Joseph Louis Gay-Lussac eine Deutung von Berthollets chemischem Gleichgewicht vorschlagen, die das Prinzip der konstanten Proportionen beachtet; nun wird getrennt, was die Chemie des achtzehnten Jahrhunderts einschließlich Berthollets im Problem der »Ursache« der Reaktionen vermengte: Die newtonsche Kraft war zugleich Bindung und Ursache der Umsetzung. Gay-Lussac und Thénard unterscheiden die Frage der Bindung, das heißt der konstanten Proportionen der reinen Produkte, die in Verbindungen eingehen, und die Frage des Reaktionsverlaufs. Jede Reaktion setzt Ausgangsstoffe in *bestimmten* Proportionen in Reaktionsprodukte um; dennoch ist jede Reaktion unvollständig und hat als Ergebnis ein Gemisch von Reagenzien und Reaktionsprodukten. Die Zusammensetzung eines solchen Gemischs ist, wie Berthollet gezeigt hatte, eine Funktion der Reaktionsbedingungen.
So lautet das »rationale« Ergebnis der Kontroverse, und folglich könnte man sagen, daß die Affinität des achtzehnten Jahrhunderts ein fruchtbarer Begriff war, insofern er zu einer unvermuteten, der newtonschen Physik fremden Unterscheidung geführt hat: nämlich der Unterscheidung zwischen der Bindung und dem Prozeß der chemischen Umsetzung, das heißt zwischen der »Bindung«, auf die der Chemiker keinen Einfluß hat, und der Verlaufsrichtung der Reaktionen, die durch Variation der Reaktionsbedingungen manipulierbar ist. Gleichzeitig bestätigt sich übrigens die Eigenart der chemischen Bindung: Jene Gelehrten, die – wie die Engländer Humphrey Davy und Michael Faraday oder der Schwede Jöns Jacob Berzelius – die Hypothese einer »elektrischen« Bindung an die Stelle der newtonschen Kräfte setzen wollten, werden von der Entwicklung der neuen organischen Chemie überrollt.
Ende der dreißiger Jahre des neunzehnten Jahrhunderts zeigt Jean-Baptiste Dumas, daß bei Ersetzung des Wasserstoffs, der als elektrisch positiv galt, durch Chlor, das negativ ist, aus Essigsäure Chloressigsäure entsteht. Die Substitutionstheorie, entstanden aus der Notwendigkeit, den Dschungel der Produkte der organischen Chemie zu lichten, hat die letzte allgemeine Deutung der chemischen

Prozesse besiegt (Berzelius zum Trotz, der weiterhin einwenden wird, diese Theorie gelte nur in der organischen Chemie).

Noch interessanter als das rationale Ergebnis der Kontroverse ist jedoch zweifellos, daß dieses Ergebnis damals niemanden sonderlich interessierte, auch nicht Gay-Lussac und Thénard. Und die Gleichgültigkeit hält an bis in die zweite Hälfte des neunzehnten Jahrhunderts, bis sich einer Chemie, die nun in großtechnischem Maßstab Synthesen durchführt, das Problem der Ausbeute stellt. Erst von da an interessieren sich die Chemiker wieder für die Möglichkeit, mit Konzentrationen und physikalischen Reaktionsbedingungen zu spielen, um das Verhältnis der Reaktionsprodukte zu ändern. Bei dieser Gelegenheit wird der Begriff »Affinität« wiederauftauchen, um die (thermodynamische) *Funktion* zu benennen, von der die Richtung einer Reaktion abhängt, das heißt, um dasjenige, was die ältere qualitative Affinität als »Wahl« eines Körpers durch einen anderen zum Nachteil eines dritten beschrieben hatte, als Funktion der Konzentrationen, des Drucks, der Temperatur und so weiter zu definieren.

Die Kontroverse zwischen Berthollet und Proust wirft nicht so sehr die Frage auf, »wer« recht hatte, als vielmehr das Problem, warum sie in allgemeiner Gleichgültigkeit endete. Berthollet wurde weniger von Proust besiegt als von einem Interessenwandel der Chemiker.

Ist das achtzehnte Jahrhundert obsolet?

Diderot und Venel hatten bei ihrer Verteidigung der Autonomie der Chemie mehrere Ebenen miteinander verknüpft: die Analyse unserer Kenntnis der chemischen Verbindung, die Analyse des Verhältnisses zwischen Theorie und Praxis, die Philosophie der wissenschaftlichen Erkenntnis. Man könnte ihre Strategie für wissenschaftlich illegitim halten: Über Wert und Sinn eines Begriffs, etwa des Affinitätsbegriffs, als Versprechen einer »Rationalisierung« der Chemie sollten einzig wissenschaftsinterne Überlegungen entscheiden. Doch gerade die Verknüpfung dieser Ebenen macht begreiflich, warum das Urteil über die Affinität gesprochen, warum sie in der Tat obsolet ist. Die Affinität ist nicht deshalb zu einem überholten Begriff geworden, weil sie sich als absurd erwiesen hätte: In anderen möglichen Verläufen der Wissenschaftsgeschichte hätte sie überleben können, wenn es ihr – in verwandelter Form – gelungen wäre, die Annäherung von Affinität und Massenanziehung historisch ebenso respektabel erscheinen zu lassen wie beispielsweise die Daltonsche Atomhypothese. Sie ist zu einem obsoleten Begriff geworden, weil sich die Chemie auf allen Ebenen gleichzeitig verändert hat: weil sich die Fragen, welche die Chemiker in den Jahren nach 1810 stellten, ebensosehr wie die chemischen Techniken und wie die Chemiker selbst verwandelt haben.

Die französischen Historiker der Chemie haben in der Entwicklung der analytischen Chemie die konsequente Folge des Werkes von Lavoisier gesehen. Andere haben statt dessen die Bedeutung hervorgehoben, die der doppelten Entdeckung Daltons und Gay-Lussacs zukommt, der Entdekkung von »Gesetzen« nämlich, die für sämtliche chemischen Verbindungen gelten. Das Instrument, dem Lavoisier die Chemie unterworfen hatte, die Waage, wird nach der Bestätigung des Daltonschen Gesetzes zu einem wirksamen Instrument der Erforschung chemischer Verbindungen. Es erlaubt nicht nur zu beweisen, daß nichts der Kontrolle des Chemikers entgeht, daß die Reaktion einen abgeschlossenen Bereich darstellt, zu dem nichts unbemerkt hinzukommt und den nichts verläßt, sondern gestattet es auch, mit der alten Chemie reinen Tisch zu machen. Das Daltonsche Gesetz eröffnet die Möglichkeit, die Verbindungen nach dem Gewicht der verbundenen Reagenzien und die Reagenzien nach den Gewichtsverhältnissen zu charakterisieren, in denen sie, soweit möglich, verschiedene Verbindungen miteinander eingehen.

Der Begriff der veränderlichen Proportion, der in der Bertholletschen Affinität unterstellt war, erweist sich somit als unvereinbar mit den »Gesetzen«, die für die analytische Chemie nicht bloß experimentelle Regelmäßigkeiten unter anderen sind, sondern Prinzipien, von denen die neuen Experimentalanordnungen und die Deutung ihrer Ergebnisse abhängen. Folgte man Berthollet, wären im übrigen nicht einmal die Voraussetzungen der analytischen Praxis gegeben: Es wäre kaum möglich, ein Produkt zu analysieren, indem man es mit anderen reagieren läßt, da man niemals sicher sein könnte, ob das Experiment reproduzierbar ist. Kein Ergebnis einer Analyse wäre zuverlässig, jedes könnte, unter anderen Bedingungen erzeugt, anders zusammengesetzt sein.

Daß künftig konstante, ja sogar einfache Proportionen vorausgesetzt werden, hat eine Bedeutung erhalten, die der

Die einfachen Proportionen

Wahrscheinlich um das Jahr 1803 wies John Dalton nach, daß sich chemische Verbindungen nach konstanten Gewichtsverhältnissen zwischen den Reagenzien bilden. Falls sich dieselben Elemente zu mehreren chemischen Verbindungen vereinigen können, stehen die Gewichtsverhältnisse in einer einfachen, ganzzahligen Relation zueinander (zum Beispiel verhält sich die mit Stickstoff verbundene Sauerstoffmenge in den Stickstoffoxiden N_2O, NO, N_2O_3, NO_2, N_2O_5 wie 1 : 2 : 3 : 4 : 5). 1805 zeigten Louis Joseph Gay-Lussac und Alexander von Humboldt, daß man, bei gleicher Temperatur und gleichem Druck gemessen, zwei Volumeneinheiten Wasserstoff und eine Volumeneinheit Sauerstoff benötigt, um eine Volumeneinheit Wasser zu erzeugen. 1809 wird Gay-Lussac diese Beobachtung verallgemeinern: Es besteht stets ein einfaches Verhältnis zwischen den Gasvolumina, die in chemische Verbindung treten, sowie zwischen der Summe dieser Volumina und dem Gasvolumen, das sich aus ihrer Verbindung ergibt.
Dalton veröffentlichte diese Funde 1808 in seinem *System of Chemical Philosophy*, wo er sein »Gewichtsgesetz« als Beweis der Atomhypothese präsentierte. Die Atome Daltons, der sich als »Newtonianer« gab, haben nichts mit den komplexen Gefügen gemeinsam, als welche Isaac Newton sich die chemischen Stoffe vorstellte, die in eine Reaktion eingehen (weshalb es ihm möglich war, die Erzeugung von Gold aus anderen Metallen als Zerlegung und Neuzusammensetzung solcher Gefüge zu verstehen). Dalton bediente sich nicht des Gesetzes von Gay-Lussac, um seine Hypothese zu entwickeln; das tat erst Amadeo Avogadro. Allgemein anerkannt und akzeptiert wurde die Avogadrosche Hypothese erst nach dem internationalen Chemie-Kongreß in Karlsruhe im Jahre 1860.

Chemie des achtzehnten Jahrhunderts und derjenigen Prousts fremd ist; es sind *nicht Regeln, die den Mechanismus der chemischen Reaktion betreffen, sondern Prinzipien für die Analyse der Bestandteile eines Körpers.* Die analytische Chemie ist nicht mehr Wissenschaft der Reaktionen, sondern Analyse der Verbindungen, der Produkte; die eigentliche Reaktion interessiert nur noch als Analyseinstrument, das es erlaubt, Aufschluß über die chemische Zusammensetzung einer Verbindung zu gewinnen. Die »moderne« Chemie kehrt in gewissem Sinne zu der Situation zurück, die vor der Entwicklung der Affinitätstabellen herrschte, ehe das in Gang kam, was ich als »Forschungsprogramm der newtonschen Chemie« bezeichnet habe: Es genügt eine beschränkte Anzahl »richtiger« Reaktionen mit standardisierten Reagenzien, die ausreichend stark sind, um die verbundenen Körper zu scheiden. Erst in der zweiten Hälfte des neunzehnten Jahrhunderts werden die Chemiker wieder auf den Weg stoßen, den Berthollet mit seinen Fragen zu den »unvollständigen« Reaktionen gegangen war. Und Wilhelm Ostwald weist ausdrücklich darauf hin, daß die synthetische Chemie, die am Ausgangspunkt dieses erneuerten Interesses stand, dazu zwang, auf die ganze Spanne möglicher Reaktionen zurückzugreifen. Allerdings steht die unvollständige Reaktion bei ihrer Rückkehr in die Chemie nicht mehr unter den Vorzeichen der newtonschen Physik, sondern bildet nun einen Sonderfall der allgemeinen Physik physikochemischer Umwandlungen, der Thermodynamik.

Diese erste Annäherung an die Transformation der Chemie zu Beginn des neunzehnten Jahrhunderts genügt, um zu zeigen, wie behutsam die Beziehungen zwischen einer Wissenschaft und dem, was man gern global als »industrielle Entwicklung« bezeichnet, analysiert werden müssen. Natürlich zieht die analytische Chemie das Interesse der Industrie auf sich, und das Verhältnis ist durchaus wechselseitig. Als Berthollet freilich die Folgerungen aus der newtonschen Deutung der Affinität »ernst nahm«, warf er ein entscheidendes Problem für die »rationalisierte« Produktion von Salpeter auf, das auch für die synthetische Chemie der zweiten Hälfte des neunzehnten Jahrhunderts wesentlich werden sollte: das Problem, unter welchen Bedingungen die Ausbeute einer Reaktion am besten ist. Die analytische Chemie zu Beginn des neunzehnten Jahrhunderts dagegen hatte es, wie wir sahen, mit »privilegierten Reaktionen« zu tun, die aus der »handwerklichen« Tradition der Chemiker hervorgegangen waren, deren Eigenart Berthollet in seinen Arbeiten dargetan hatte. Insofern sieht man, daß die »industrielle Entwicklung«, nachdem sie den Horizont Berthollets geöffnet hatte, potentiell in verschiedene Richtungen wies: Sie konnte zum einen die Aufmerksamkeit auf die »richtigen« Methoden lenken, die es erlaubten, das gewünschte Produkt aus dem Gemisch zu extrahieren, das bei der Reaktion entstand, zum anderen aber – wie zu Zeiten Ostwalds – das Problem der Ausbeute wiederaufleben lassen, die Frage, wie man auf die Zusammensetzung des betreffenden Gemischs Einfluß nehmen könnte.

Justus Liebigs Laboratorium in Gießen, um 1840. Die Anordnung ähnelt derjenigen moderner Unterrichtslabors. Viele der dargestellten »Forscher-Studenten« werden später berühmt, besonders August Wilhelm von Hofmann (ganz rechts), der 1845 die »Liebigsche« Chemie in England einführt und in dessen Laboratorium William Henry Perkin den ersten synthetischen Farbstoff herstellt.
Nach einer Zeichnung von M. von Trautschold und H. von Ritgen; Liebig-Museum, Gießen

Auch hier handelt es sich jedoch wieder um Allgemeinheiten, die sich erst nachträglich feststellen lassen. Andere Faktoren, andere Umstände müssen in der Geschichte berücksichtigt werden: Man darf die Transformation der Chemie nicht aus dem sozialen oder industriellen Kontext und auch nicht aus einer apriorischen Unterscheidung zwischen einer »spekulativen Chemie« des achtzehnten Jahrhunderts und einer »positiven« des neunzehnten ableiten wollen; *man muß sie vielmehr aus der Nähe verfolgen*, ein wenig so, wie der goethesche Chemiker aus den tatsächlichen Berührungen der chemischen Körper lernen muß. Dann aber werden vielfältige »Umstände« bedeutsam. Hätte zum Beispiel die analytische Chemie die Rolle, die sie gespielt hat, ohne die gleichzeitige Öffnung eines neuen Forschungsfeldes spielen können, das mit Recht als »neuer Kontinent« von Verbindungen und Reaktionen bezeichnet wurde – die organische Chemie? Vor allem aber: Geht nicht der tiefste Einschnitt, der die Chemie des achtzehnten Jahrhunderts zu einer obsoleten Wissenschaft werden läßt, auf den Wandel der praktischen Identität der Chemie und des Chemikers zurück?

Venel hatte die Auffassung verteidigt, »Augenmaß« und die Fähigkeit, »Anzeichen zu lesen«, machten den erfahrenen Chemiker aus; ein Chemiker mit einem Thermometer sei ebenso lächerlich wie ein Arzt mit einem Thermometer. Die Generation von Gay-Lussac und Justus Liebig wird einen radikalen Wandel der Praktiken erleben – Standardisierung der Instrumente und der Produkte, wodurch es möglich wird, Experimente zu reproduzieren und Versuchsprotokolle zu schreiben –, einen Wandel, der innerhalb weniger Jahre den von Venel beschriebenen »passionierten« Chemiker in die Vorgeschichte verbannen wird. Inzwischen kommt die Chemie ohne immer präzisere Meßtechniken nicht mehr aus, und auf den Gelehrten, der in langen Jahren zäher, verbissener Mühe Erfahrung und Wissen gesammelt hat, folgen Wissenschaftler, die in vier Jahren im Liebigschen Laboratorium in Gießen oder einem anderen, nach dessen Vorbild errichteten Labor ausgebildet worden sind: Chemiker, die vor allem gelernt haben, experimentellen Aufzeichnungen zu folgen und sich immer komplizierterer Instrumente zu bedienen.

Die Chemie des neunzehnten Jahrhunderts ist keine Wissenschaft der Erfahrung mehr, sondern eine Experimentalwissenschaft. Sie muß immer noch »erlernt werden«, aber nicht mehr im Sinne Bergmans (in Erwartung einer Deduktion, die das Lernen erübrigt) und nicht mehr im Sinne Venels (als geistige und körperliche Passion). Lernen heißt nun – im Sinne Liebigs – systematische Einübung von Fertigkeiten, Umgang mit Instrumenten und Versuchsprotokollen, beschleunigte Ausbildung von Chemikern, die über dieselben »Fakten«, dieselben Verfahrensweisen, dieselben Methoden und dasselbe Lehrbuchwissen verfügen. Aus der ganzen Welt kommen die Chemiker, um in Deutschland zu »lernen«. So wird die Chemie zur ersten Wissenschaft, die in geregelter Weise die Produktion von Forschung und von Forschern miteinander verbindet, das heißt in der Ausbildung ihrer Studenten die Forschung gewissermaßen nachahmt. Zugleich wird sie damit zur ersten wirklich internationalen Wissenschaft. Venel und Diderot hatten sich für eine offene Wissenschaft ausgesprochen, welche die Kompliziertheit der Phänomene respektiert, die das Dunkle – die »Konjekturen« nach dem Wort Diderots – einer falschen, reduktiven Intelligibilität vorzieht und auf neue Weise Theoretiker und Praktiker zusammenführt. Die Chemie Liebigs ist keine Wissenschaft mehr, die zwei Sprachen spricht, die der Gelehrten und die der Praktiker. Die »chemische Tatsache« wird in den abgeschlossenen Räumen akademischer und bald auch industrieller Laboratorien definiert. Die Chemiker, die darin arbeiten, haben weder die (obsolete) Geschichte ihrer Wissenschaft erlernt noch die Praktiken der handwerklichen Chemie ihrer eigenen Epoche. Sie lernen nicht mehr, mit den vielfältigen, einzigartigen Umständen zu spielen; sie verfügen über die Mittel, die

Umstände zu besiegen und – nach dem Wort Marcellin Berthelots – neue Objekte zu »schöpfen«, die von den Instrumenten und Protokollen der Chemiker abhängig sind.
Die triumphierende Chemie des neunzehnten Jahrhunderts rühmt sich, eine aktive Wissenschaft zu sein, die sich nicht mehr der Natur, ihren vielfältigen und zufälligen Bedingungen unterwirft, sondern deren Verfahren beherrscht; und sie rühmt sich, eine autonome, interesselose, kurz: eine akademische Wissenschaft zu sein. Liebig ist der erste, der sich gegen die in England immer noch vorherrschende »baconsche« Auffassung erhebt: Die Chemie darf nicht im Dienste der Industrie stehen; sie muß ihre eigenen Fragestellungen verfolgen; was von dieser reinen Wissenschaft abfällt, *ihr Abfall*, wird für die industrielle Entwicklung fruchtbar. Die Chemie des neunzehnten Jahrhunderts hat sich den Titel einer Wissenschaft auf einem Wege erobert, den weder Venel noch Buffon vorausgesehen hatten. Sie ist zum Musterfall einer positiven Wissenschaft geworden, die reines und angewandtes Wissen verknüpft und die rationale und schöpferische Naturbeherrschung durch den Menschen vorbildlich zum Ausdruck bringt. Chemie ist weder Deduktion noch Passion. Sie ist aktiv, eine rationale, weil praktische Tätigkeit, die insofern Leidenschaften wekken kann, als sie neue Produkte hervorbringt, welche die Gesellschaft und das Leben der einzelnen verändern.
Wir waren ausgegangen von der merkwürdigen Übereinstimmung zwischen der Verachtung Fontenelles und des heutigen Physikers für die Chemie. Die Affinität hat uns zwar nicht erlaubt, die Frage nach dem Grund dafür zu beantworten, wohl aber sie genauer zu stellen. Im Laufe des neunzehnten Jahrhunderts hat die Chemie nicht nur ihren Status als eigenständige Wissenschaft gewonnen, sondern darüber hinaus den Rang einer Spitzenwissenschaft, der Königin der Wissenschaften, eines Modells positiver Wissenschaft, das eine wirksame Konzeption und Praxis einer pragmatisch und experimentell orientierten Wissenschaft illustriert. Wie sich diese erfolgreiche Strategie schließlich gegen die Chemie gekehrt hat, wie es kam, daß sie heute in den Augen der Öffentlichkeit, aber auch mancher Wissenschaftler als »bloß praktisch«, also von sozialen und ökonomischen Interessen abhängig gilt – das sind Fragen, die in die Geschichte des zwanzigsten Jahrhunderts gehören.

JEAN-MARC DROUIN

VON LINNÉ ZU DARWIN: DIE FORSCHUNGSREISEN DER NATURHISTORIKER

Sie fuhren über Ozeane und durchquerten Kontinente, um die lebenden Arten zu inventarisieren. Was die Forschungsreisenden von ihren Expeditionen mitbrachten, waren die Materialien einer Pflanzen- und Tiergeographie – und damit die Grundlagen einer Theorie der Evolution

Schon oft hat man auf die Beziehung dieser beiden Daten hingewiesen: Genau ein Jahrhundert trennt die Fixierung der Linnéschen Nomenklatur in der zehnten Auflage des *Systema naturae* (1758) von dem Vortrag, in dem Darwin seine Evolutionstheorie erstmals öffentlich darstellte (am 1. Juli 1858 vor der *Linnean Society* in London). Manchen Autoren erscheinen diese hundert Jahre übrigens sehr wenig, wenn man bedenkt, was diese beiden Höhepunkte in der Geschichte der Biologie voneinander trennt. Tatsächlich schlägt Linné nicht nur ein System zur Benennung und Klassifikation der Pflanzen- und Tierarten vor, sondern verfolgt dabei die Absicht, jede von ihnen zur unveränderlichen, fundamentalen Gegebenheit der Schöpfung zu machen. Darwin dagegen stellt mit seiner Rekonstruktion des »Ursprungs der Arten« ihre Konstanz wieder in Frage, und zwar so gründlich, daß man versucht ist, in dem Übergang zwischen beiden einen radikalen Wandel zu sehen.

Man spricht von der Darwinschen Revolution und möchte damit vermeiden, die Neuheit seiner Theorie unter einem Gebirge von Vorläufern zu ersticken; zugleich legt diese Redeweise eine Analogie zu der Revolution in der Kosmologie nahe, die zweihundert Jahre zuvor mit den Namen Kopernikus und Galilei verbunden ist. Müssen wir also die Naturgeschichte vor Darwin ebensosehr als Prähistorie betrachten, der die Evolutionstheorie ein schroffes Ende gesetzt hätte?

Seit langem schon betonen Historiker die Rolle der Naturforscher im beginnenden neunzehnten Jahrhundert. Die Auseinandersetzung vor allem zwischen Lamarck und

Der Beagle-Kanal, in Ost-West-Richtung verlaufende Meeresstraße im Feuerlandarchipel. Benannt nach dem Schiff, das unter dem Befehl von Robert Fitz-Roy den Kanal 1832 passierte. Aquarell von C. Martens, dem Maler der Expedition; National Maritime Museum, London

Die Beagle, *gekielholt an der Mündung des Flusses Santa Cruz in Patagonien (13. April bis 12. Mai 1834). Stich von T. Landseer nach C. Martens, Maler der Expedition, in:* Narrative of the surveying voyages of HMS Adventure and Beagle, between the years 1826 and 1836, *1839; Bibliothèque du Muséum d'histoire naturelle, Paris*

Cuvier hat eine Fülle von Literatur hervorgebracht. Manche Autoren haben Lamarck, den philosophierenden Naturhistoriker, als »französischen Vorläufer Darwins« geschildert, der den beißenden Spott des stockkonservativen Barons Cuvier auf sich zog. Andere haben dagegen auf der Modernität Cuviers bestanden und daran erinnert, wie der »Begründer der Paläontologie« dank seiner Kenntnis der Korrelationen zwischen Organen aus ein paar Knochen ein ganzes Skelett zu rekonstruieren vermochte. Sieht man von ihrer Konfrontation in der Frage der Veränderlichkeit oder Konstanz der Arten ab, so fällt auf, daß von dem Wissen, das Lamarck seinen Nachfolgern hinterließ, am meisten vielleicht seine neue Klassifikation der Wirbellosen Bestand hatte, während die wesentliche Leistung Cuviers zweifellos in seinen Studien zur vergleichenden Anatomie der Wirbeltiere lag.

Wenn Darwin die Geschichte der Lebewesen geschrieben hat, so ist doch nicht zu bestreiten, daß bereits andere vor ihm damit begonnen hatten, die Archive zu entziffern. Doch trotz ihres Ansehens sind die Erforschung der Fossilien und die vergleichende Anatomie nicht die einzigen Disziplinen, von denen die Evolutionstheorie auf den Weg gebracht wurde. Liest man den *Ursprung der Arten*, so muß man sich darüber verwundern, wie häufig darin Argumente herangezogen werden, die der Biogeographie entlehnt sind. Die Rolle dieser Disziplin, welche die Verbreitung der Floren und Faunen untersucht, die Probleme von Isolierung, Hindernissen und Wanderungen, ist in den letz-

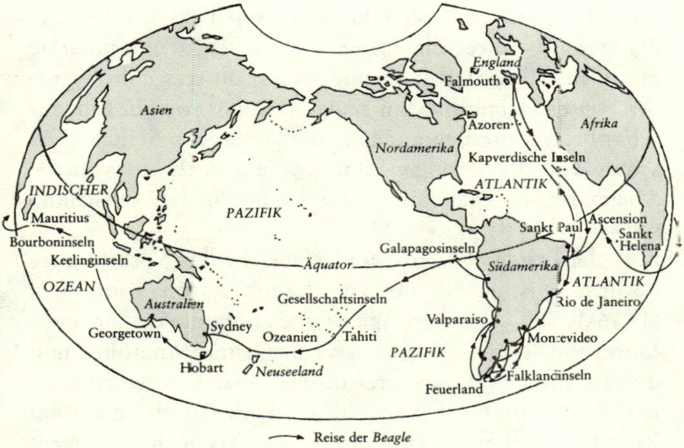

Auf Einladung von Fitz-Roy verließ der junge Charles Darwin England an Bord der Beagle *im Dezember 1831 und kehrte erst im Oktober 1836 in seine Heimat zurück.*

ten Jahrzehnten bereits wiederholt von Wissenschaftshistorikern analysiert worden. Wendet man sich der Biographie Darwins zu, so erkennt man, welche Bedeutung seiner Teilnahme an der Weltumseglung mit der *Beagle* (1831-1836) als der Grundlage seiner naturhistorischen Kenntnisse zukommt. Und es ist bezeichnend, daß Alfred Russell Wallace, der unabhängig von Darwin zu ganz ähnlichen Auffassungen über die Rolle der natürlichen Auslese gelangte, mehrere Jahre damit verbracht hatte, Amazonien und den Malaiischen Archipel zu erforschen. Das Abenteuer der Naturforscher auf Expedition begann im siebzehnten Jahrhundert und erreichte gegen Ende des achtzehnten und zu Beginn des neunzehnten seinen Höhepunkt. Sollten diese Unternehmungen nicht ein Stück jenes roten Fadens darstellen, der die Aufstellung der Linnéschen Klassifikation und ihre Umwandlung in eine Genealogie durch Darwin chronologisch und logisch miteinander verbindet?

Reisen und Reisende

Nicht alle Reisenden waren Naturforscher, und nicht alle Naturforscher waren Reisende, selbst wenn man diesen Begriffen eine sehr weite Bedeutung gibt: In jeder Epoche gab es Reisende, denen Fauna und Flora gleichgültig waren, und Naturforscher, die ihre Beobachtungen im Naturalienkabinett oder im Garten anstellten und nur Gedankenreisen unternahmen. Manchmal war es sogar besser, sich nicht allzu weit von der Hauptstadt zu entfernen, wenn man in den Naturwissenschaften Karriere machen wollte!

Viele Reisende verdanken ihren Ruhm jedoch dem Beitrag, den sie zur Naturgeschichte geliefert haben. Wir können sie hier nicht alle aufzählen, sondern nur an einige ihrer großen Reisen erinnern. Man findet darunter sowohl gemeinschaftliche Unternehmungen, die unter der Schirmherrschaft von Regierungen standen, als auch individuelle Abenteuer, die sich übrigens sehr oft an jene anschlossen.

Eine der ersten Reisen – und vielleicht das Vorbild aller übrigen – ist gewiß die von Joseph Pitton Tournefort (1656-1708). Dieser französische Botaniker, der zwei Jahre lang (1700-1702) mit zwei Begleitern Anatolien und die griechischen Inseln bereiste, erweist sich in seinen Briefen als humorvoller Schriftsteller. Diese Briefe, die – im Zusammenhang gelesen – ein echtes Tagebuch darstellen, wurden 1982 unter dem Titel *Voyage d'un botaniste* in einer gekürzten Fassung neu veröffentlicht. Sie bieten eine Beschreibung der Landschaft und der Vegetation, aber auch der Bewohner sowie der politischen und religiösen Lage der besuchten Länder. Diese Reise ist nicht einfach das Abenteuer dreier Männer, sondern ein Unternehmen, das vom König finanziert und protegiert wurde, wie ein Schriftstück vom 16. Januar 1700 unmißverständlich zeigt, das Pontchartrain, *Contrôleur générale des Finances*, an den Abbé Bignon, Sekretär der *Académie des sciences*, sendet.

In diesem Brief finden sich sämtliche politischen Aspekte, die aus der Sicht der Administration bei einer solchen Forschungsreise von Belang sind. Zunächst wird eine Route vorgesehen, in diesem Falle eine Rundreise um das Mittelmeerbecken (tatsächlich wird übrigens nur ein Teil dieses Weges zurückgelegt). Die Ziele des Auftrags sind klar: es geht darum, genauere Kenntnis von den natürlichen Ressourcen zu gewinnen, über die das Ottomanische Reich verfügt. Eine Gruppe wird gebildet, nicht mehr als drei Mann; doch es fällt auf, daß einer von ihnen ein Zeichner sein muß, dem bei jeder wissenschaftlichen Expedition – vor der Erfindung der Photographie – eine entscheidende Rolle zukommt. In diesem Falle handelt es sich um den Maler Claude Aubriet; das dritte Mitglied der Mannschaft ist ein deutscher Botaniker, Andreas von Gundelsheimer. Gegen Vorlage von Belegen wird eine Finanzierung in bestimmtem Umfang in Aussicht gestellt; einstweilen wird ein Vorschuß ausgezahlt. Schließlich erhält Tournefort die

Versicherung, daß sich seine lange Abwesenheit nicht nachteilig auf seine Karriere auswirken wird, im Gegenteil. Übrigens ist die Naturgeschichte nur ein Aspekt der Reise: Die antiken Ruinen, die Lebensweisen, die politische beziehungsweise religiöse Organisation interessieren unsere Reisenden ebenso wie die Vegetation und das Gestein.

Die Mission Tourneforts

Mitteilung von Monsieur Phélypeaux, comte de Pontchartrain, an den Abbé Bignon, Sekretär der Akademie der Wissenschaften, vom 16. Januar 1700:
»Ich habe, Monsieur, den König von dem Vorschlag unterrichtet, M. de Tournefort, Botaniker der Akademie der Wissenschaften, nach Griechenland, Konstantinopel, Arabien, Ägypten und zu den Küsten der Berberei zu entsenden, um dort Forschungen über die Pflanzen, Metalle und Mineralien anzustellen, die Krankheiten in diesen Ländern, die Heilmittel, welche dagegen in Gebrauch sind, sowie alles zu erkunden, was die Medizin und die Naturgeschichte betrifft; Seine Majestät hat dieses Vorhaben für sehr lobenswert befunden; sie wünscht, daß es ausgeführt werde, und zweifelt nicht, daß es von großem Nutzen für die Vervollkommnung der Medizin und den Fortschritt der Wissenschaften sein werde; so hat Seine Majestät mir befohlen, Euch zu schreiben, ihm zu sagen, er möge sich unverzüglich zum Aufbruch mit einem fähigen Manne vorbereiten, den die Akademie auswählen möge, um mit ihm zu arbeiten, sowie mit einem Zeichner; Seine Majestät hat sich bereit erklärt, bei seiner Rückkehr unter Vorlage der Kostenaufstellungen, die er anfertigen wird, für alle getätigten Auslagen aufzukommen, sofern er bei diesen Ausgaben große Sparsamkeit walten läßt; wohingegen ich ihm heute eine Anweisung über 3000 *livres* a conto senden werde, von denen er vor seiner Abfahrt ausbezahlt wird; ich halte es für unnötig, Euch zu sagen, daß ihm seine Pensionen der Akademie während seiner Abwesenheit regelmäßig weitergezahlt werden, ja daß er, rücksichtlich dieser Abwesenheit, um so mehr berechtigt sein wird, Anspruch auf Aufbesserungen und Gunstbezeigungen zu erheben, die Seine Majestät den Akademikern zukommen lassen könnte; es ist notwendig, daß er hierherkomme, damit ich ihn dem König vorstellen kann; ich werde ihm auch sämtliche Pässe und Empfehlungsbriefe aushändigen, die er benötigen wird, so daß er diese Reise mit derjenigen Sicherheit und Bequemlichkeit unternehmen kann, mit denen von hier versehen zu werden billig gefordert werden kann.«
Zitiert nach Stéphane Yérasimos in seiner Einleitung zu
Joseph Pitton Tournefort, *Voyage d'un botaniste*, Paris 1982.

Dreißig Jahre später nimmt sich die Reise Linnés nach Lappland viel bescheidener aus als die Expedition Tourneforts; freilich ist Schweden damals auch viel ärmer als Frankreich. Wilfrid Bunt, einer seiner neueren Biographen, hat Linnés Sommerreise mit jenen Expeditionstouren verglichen, »die heute von unternehmungslustigen Studenten unternommen werden, um sich in den großen Ferien die Langeweile zu vertreiben«. Dennoch wird diese Sommerreise, für die er einen bescheidenen Zuschuß der Königlichen Gesellschaft der Wissenschaften erhalten hat, eine nicht zu unterschätzende Rolle für die Laufbahn des schwedischen Botanikers spielen, insofern er sich dadurch einen Namen macht. Sein Reisetagebuch *Lappländische Reise* gestattet es, ihm auf jedem seiner Schritte zu folgen und die Anzahl seiner Beobachtungen, ihre Genauigkeit und Vielfalt zu ermessen.

In der zweiten Hälfte des achtzehnten Jahrhunderts begegnen wir mehreren großen Forschungsreisen. Die von der russischen Zarin Katharina II. unter Leitung des deutschen Zoologen Peter Simon Pallas nach Sibirien entsandte Expedition wird berühmt durch die Entdeckung der Überreste von Säugetieren, die sich im Eis erhalten haben. Doch die Historiker schenken vor allem dem Wettstreit zwischen Frankreich und England ihre Aufmerksamkeit: Die großen Weltumseglungen von Bougainville, Cook und La Pérouse schlagen sich in der Entdeckung neuer Pflanzen- und Tierarten nieder, von denen lebende, getrocknete oder ausgestopfte Exemplare, zumindest aber Zeichnungen und Beschreibungen in London oder Paris eintreffen. Zugleich verbessern die beiden Mächte auf diese Weise ihre Kenntnis der Seewege, die schließlich auch Voraussetzung für die Vorherrschaft in Handel und Kriegführung ist.

Die engste Verbindung zwischen politischer Demonstration und wissenschaftlichem Unternehmen wird freilich mit der Napoleonischen Ägyptenexpedition erreicht. Eine ganze Gelehrtenversammlung begleitet die Armee auf einem Abenteuer, das eher ungünstig endet, im damaligen Frankreich jedoch tiefe Spuren hinterläßt. Diese Verbindungen zwischen geographischen Entdeckungen und imperialistischer Eroberung oder kommerziellen Interessen erleichtern manchmal die Arbeit des Naturforschers. Selbst ein einzelner, mit geringen finanziellen Mitteln ausgestatteter Botaniker – wie manche Schüler Linnés oder wie der Franzose Michel Adanson – kann häufig von Handels-

Die wichtigsten Daten und Expeditionen der großen Forschungs- und Entdeckungsreisenden des achtzehnten und neunzehnten Jahrhunderts, die in unserem Zusammenhang von Bedeutung sind

1700-1702	Reise von Joseph Pitton de Tournefort in die Levante (Griechenland, Türkei)
1732	Reise Carl von Linnés nach Lappland
1735-1770	Joseph de Jussieu hält sich in Südamerika auf; er brach mit einer Expedition unter der Leitung von Charles Marie de La Condamine auf und blieb fünfunddreißig Jahre
1749-1754	Michel Adanson residiert als Vertreter der Ostindienkompanie im Senegal
1763-1775	Die Reisen von Kapitän James Cook ermöglichen dem Engländer Joseph Banks sowie den Deutschen Johann und Georg Forster die Erforschung der australischen Flora
1767-1771	Reise Louis Antoine de Bougainvilles um die Welt; Botaniker der Expedition ist Philibert Commerson
1768-1774	Expedition nach Sibirien unter Leitung des deutschen Zoologen Peter Simon Pallas
1785-1789	Expedition unter dem Befehl von Jean-François de La Pérouse, die mit dem Untergang zweier Schiffe, der *Boussole* und der *Astrolabe*, endet
1791-1794	Unter dem Befehl von Antoine d'Entrecasteaux wird eine Expedition auf die Suche nach der vorherigen entsandt
1799-1804	Reise Alexander von Humboldts und Aimé Bonplands nach Südamerika
1800-1804	Expedition des Kommandanten Nicolas Baudin in die Südsee
1832	Tod von Victor Jacquemont in Bombay
1831-1836	Reise Charles Darwins auf der *Beagle*
1848-1852	Reise der beiden Engländer Alfred Russell Wallace und Henry Walter Bates ins Amazonasgebiet

schiffen für seinen Transport und von Handelskontoren für seinen Aufenthalt profitieren. Die Rivalitäten zwischen den europäischen Ländern, manchmal auch das Mißtrauen oder die Feindschaft der Eingeborenen, erschweren allerdings die ohnehin gefahrvollen Reisen.

In dieser Hinsicht sind die großen Expeditionen keineswegs immer die sichersten. Bekanntlich ist die von La Pérouse 1788 im Pazifik verschollen. Im Jahre 1791 schickt

Frankreich eine neue Expedition unter dem Befehl von Antoine d'Entrecasteaux, an welcher der Botaniker La Billardière teilnimmt, auf die Suche. Die Expedition endet in Java unter politischen Streitigkeiten, ohne auf Spuren von La Pérouse gestoßen zu sein, aber auch nicht ohne eine reiche Ernte neuentdeckter Arten eingebracht zu haben. Eine Expedition in die Südsee, die zehn Jahre später dem Befehl des Kommandanten Nicolas Baudin unterstellt ist und an der zahlreiche junge Wissenschaftler teilnehmen, ist von Krankheiten, Mißerfolgen und Todesfällen sowie scharfen Auseinandersetzungen zwischen Wissenschaftlern und Militärs gezeichnet.

In denselben Jahren, in denen diese großen gemeinschaftlichen Unternehmungen stattfinden, treten zahlreiche Naturforscher auch allein oder fast allein wissenschaftlich ertragreiche Reisen an. Um nur drei der bekanntesten zu erwähnen: Der deutsche Physiker und Geograph Alexander von Humboldt und der französische Botaniker Aimé Bonpland, die 1799 nach Südamerika aufgebrochen sind, kehren 1804 nach einer außerordentlich fruchtbaren Reise zurück; in den ersten Jahren des neunzehnten Jahrhunderts durchquert Jean-Jacques Audubon, ein amerikanischer Maler und Ornithologe französischer Herkunft, die Vereinigten Staaten; der Franzose Victor Jacquemont verbringt vier Jahre damit, die Flora Indiens zu erforschen, und stirbt 1832, mit einunddreißig Jahren, in Bombay.

Wenngleich eine Entwicklung zu immer besser organisierten und mit immer beträchtlicheren Mitteln ausgestatteten Expeditionen zu beobachten ist, handelt es sich doch, wenigstens bis zur Mitte des neunzehnten Jahrhunderts, bei einem großen Teil der Forschungsreisenden um isolierte einzelne, unter denen sich übrigens zahlreiche Mönche oder Missionare befinden.

Jenseits der oft tragischen, manchmal idyllischen, stets aber sehr farbenprächtigen Bilder dieser Heldenepen interessiert uns natürlich die Bedeutung der geleisteten Arbeit. An erster Stelle, mit dem Abenteuer unmittelbar verbunden, wären die Reisetagebücher zu nennen, die man als wichtigen Beitrag zur europäischen Kultur des achtzehnten und neunzehnten Jahrhunderts betrachten kann. Nicht alle Reisenden verfügen über die schriftstellerischen Qualitäten eines Tournefort, unter dessen Feder noch der geringste Vorfall die Gestalt einer Voltaireschen Erzählung annimmt; doch all diese Berichte mit ihren Erzählungen ferner Land-

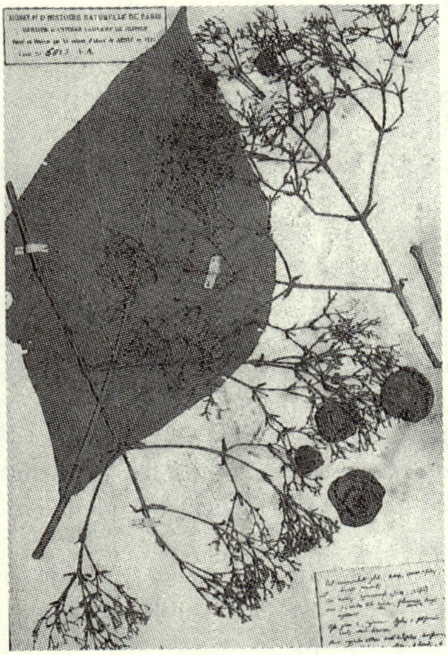

*Links: Eine Seite aus dem Herbarium, das Philibert Commerson als Naturforscher auf der Expedition Bougainvilles anlegte. Es handelt sich um den Teakbaum (*Tectona grandis*) auf Mauritius (damals Ile de France).*
Muséum d'histoire naturelle, Paris

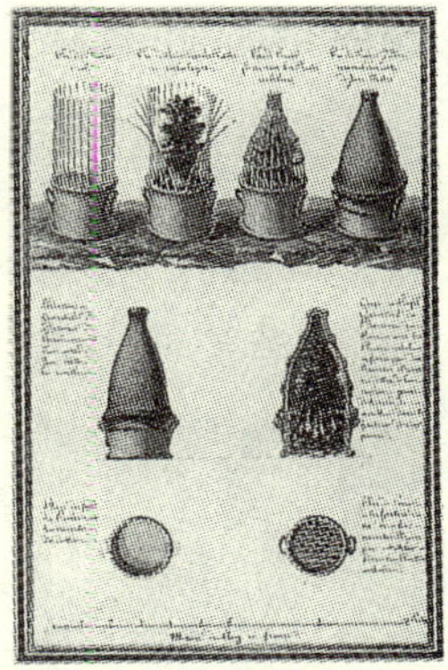

Rechts: Diese beiden anonymen Aquarelle stellen Körbe und Kisten dar, die bei der Reise von La Perouse (1785-1788) für den Transport von Exemplaren lebender Pflanzen benutzt wurden.
Archives nationales, Paris

schaften und Völker werden zutiefst das Bild der Welt prägen, das uns die Literatur des Jahrhunderts der *philosophes* und dann der Romantik malen wird. Ab 1746 stellt der Abbé Prévost eine achtzigbändige *Histoire générale des voyages* zusammen, in der die Berichte zahlreicher Reisender versammelt sind. Auch wenn er heute eher als Verfasser von *Manon Lescaut* bekannt ist, war seine *Histoire* doch, wie Numa Broc gezeigt hat, die Quelle einer kaum überschaubaren Literatur, deren Einfluß sich im nächsten Jahrhundert fortsetzte. Auf einem anderen Gebiet erhält Diderot durch die Reise Bougainvilles – mit der Landung in Tahiti, dem neuen Kythera – Inspiration und Anlaß zu jenem *Nachtrag*, in dem die ethnographische Beschreibung in eine reizende philosophische Fiktion übergeht.

Letztlich haben die Forschungsreisenden und Entdecker nicht nur die Literatur mit narrativen Elementen versorgt, sondern auch den Erfolg philosophischer Ideen über die Vielfalt und Relativität von Denkweisen gefördert und die Debatten über einen hypothetischen Naturzustand genährt, indem sie Argumente ebenso für wie gegen den »Mythos vom guten Wilden« lieferten. Auf noch direkterem Wege haben sie durch ihre Beschreibungen der tropischen Vegetation die europäische Vorstellungswelt um ein Thema bereichert, dessen Erfolg bis heute niemals nachgelassen hat.

Die Ausrüstung

René Lesson (1794-1849), französischer Naturforscher und Marineapotheker, der an der Fahrt der *Coquille* (1822-1825) unter der Leitung von Louis-Isidore Duperrey teilgenommen hatte, ist der Verfasser des Artikels »Taxidermie« im *Dictionnaire des sciences naturelles* (1828). Er beginnt mit einer umfassenden Definition – »Taxidermie ist die Kunst, die Gegenstände der Naturgeschichte für Sammlungen zu präparieren und zu konservieren« – und schließt mit einer Liste der »Gegenstände, die zur Konservierung von naturgeschichtlichen Sammlungen auf Entdeckungsreisen benötigt werden«.

»Bevor man sich zu einer Entdeckungsfahrt einschifft, die voraussichtlich drei Jahre oder länger dauert, versehe man sich mit sämtlichen Gegenständen, die für den Erfolg des Unternehmens unentbehrlich sind:

Farbloser Spiritus, dreihundert Liter [...];

Konservengläser aus starkem weißen Glas, dreihundert [die Gläser und der Alkohol dienen dem Transport kleinerer Tiere];

Mastix, fünfundzwanzig Kilogramm [...];

Sublimat, verschlossen in einem Glasgefäß mit eingeschliffenem Stopfen, stets fest verschnallt in einem Arzneikoffer, fünfhundert Gramm [mit »Sublimat« und »Arsenseife« wurden Bälge behandelt, um Fäulnis zu verhindern].

Andere unentbehrliche Dinge sind:

1. Gewalztes Blei von der Dicke eines dünnen Kartonblatts, um daraus Etiketten zu fertigen, drei Quadratfuß;
2. eine Prägezange, von der Größe eines Sou, mit einer Reihe von zehn kleinen Zahlen als Punze. Die derart in das Blei gestempelten Zahlen dienen dazu, jedes Konservenglas zu bezeichnen, und die Zahl wird auf einer Liste wiederholt, die sämtliche Angaben zu dem darin verschlossenen Gegenstand enthält;
3. drei Jagdgewehre nebst allem, was dazugehört [...];
4. zwei Blechdosen, etwas breitgedrückt, für die Jagd und zum Botanisieren;
5. Arsenseife, fünfundzwanzig Kilogramm, in einem Fäßchen;
6. zwölf ineinanderpassende, mit Kork ausgelegte Schachteln für Insekten;
7. fünfzehn Ries Papier für Pflanzen und fünfzig Kilo Altpapier zum Einwickeln von Mineralien.«

Freilich brachten die Naturforscher bei der Rückkehr von ihren Reisen nicht nur Berichte mit, sondern hatten zahllose bisher unbekannte Arten im Gepäck: Felle exotischer Tiere, vor allem aber Herbarienblätter mit Samenkörnern und manchmal Pflanzen im Topf. Bekanntlich sind zahlreiche Nutz- oder Zierpflanzen, die heute in Europa wachsen, aus Asien oder Amerika eingeführt worden, während andere Arten (wie der Kaffee) von Afrika nach Amerika transportiert wurden. Innerhalb von dreihundert Jahren hat die Dimension der Pflanzen- und Tierwelt, die Vorstellung, die man sich von ihrer Vielfalt machen konnte, eine andere Größenordnung erreicht. Halten wir uns an das Reich der Pflanzen, so liegt die Zahl der im sechzehnten Jahrhundert bekannten und von den Botanikern beschriebenen Arten bei einigen tausend. Ende des siebzehnten Jahrhunderts kann Tournefort über zehntausend Pflanzen beschreiben. 1833 spricht Alire Raffenau-Delile, der an der ägyptischen Expedition teilgenommen hatte, in seiner botanischen Antrittsvorlesung in Montpellier von den »Entdeckungen unermüdlicher Beobachter und Reisender, Tag für Tag damit beschäftigt, neue Länder zu erforschen«, und fügt hinzu: »Ihrem Eifer verdanken wir beim gegenwärtigen Stand der Wissenschaft die Kenntnis von mehr als fünfzigtausend Pflanzenarten.« Heute müßte man wahrscheinlich diese Zahl mindestens verfünffachen. Werfen wir zum Vergleich einen Blick auf das Tierreich; dort finden wir erheblich mehr als eine Million bekannter Arten, die meisten davon Insekten.

Benennen, klassifizieren

Solche Aufzählungen sind nicht trivial. Sie setzen voraus, daß Exemplare jeder Spezies an bestimmten Orten, in Museen, Gärten, Herbarien, Naturalienkabinetten geerntet, präpariert, gezeichnet, beschrieben und gesammelt wurden, so daß jeder sie besichtigen, beobachten, vergleichen kann. Reisen und Sammlungen sind also die beiden Pole der Naturgeschichte, zwischen denen sich freilich nichts ereignen würde, wenn man sich nicht der Mühe unterzöge, alle gelieferten Exemplare zu benennen und zu klassifizieren. Zwischen dem Abenteuer der Reisen und der Poesie der Gärten dienen Nomenklatur und Klassifikation nicht der Abschirmung oder Abwechslung, sondern bilden die Schaltstelle, die beide verbindet und insofern die Produktion von Wissen über das Leben erst möglich macht. Dies wurde damals auch von manchen erkannt, zumal von Jean-Jacques Rousseau, der seine Mußestunden bekanntlich der Botanik widmete und der sich um 1774 vornahm, ein »Wörterbuch der in der Botanik gebräuchlichen Begriffe« zu schreiben:

»Nun frage ich Jeden: ob man die Botanik studiren könne, ohne die Nomenclatur zu erlernen? das hieße, sich auf eine Sprache legen und die Wörter vernachläßigen [...] Es müßten drey Jahrhunderte reich an Beobachtungen und Entdeckungen, für die Botanik verloren gehalten, es müßten wenigstens 300 Bände voll Beschreibungen und Abbildungen vernichtet werden, wenn jene Kenntnisse der Gelehrten, welche durch Zeit und Mühe und weite Reisen theuer erkauft sind, ihren Nachfolgern unnütz wären, und wenn Jeder sich selbst vom ersten Nullpuncte ausgehend, zu der Höhe erheben könnte, welche so viele Vorarbeiten erforderte.«

Nach Rousseau verfiele man in den ungereimtesten Widerspruch, wollte man die Botanik ohne ihre Nomenklatur studieren. Mit anderen Worten, die Botanik (und gleiches gilt für die Zoologie, von der Rousseau nicht spricht) kann nur dann zu einem kumulativen Wissen werden, wenn alle, die an ihr Interesse hegen – Reisende, Liebhaber, Gärtner, Sammler –, ein gemeinsames Benennungssystem übernehmen. Und dieses System, sagt Rousseau, existiert bereits, es ist die von Linné vorgeschlagene Nomenklatur; wohl ist sie auf Vorbehalte gestoßen, die von »Nationalvorurtheilen« geweckt wurden, doch schließlich führte man sie »selbst in Paris« ein. »Auch Jüssieu führte sie in dem botanischen Garten ein, und zog demnach das allgemeine Beste dem eigenen Ruhm vor, den er sich durch Umschmelzung der Namen hätte erwerben können.«
Linnés Erneuerung der Nomenklatur vollzieht sich in zwei Schritten. Anfangs setzt er die Arbeit seiner Vorgänger, insbesondere Tourneforts, bloß fort; er stellt Bestimmungsregeln für die Gattungen, dann für die Arten auf und benutzt sie, um zunächst den botanischen Garten eines reichen Amateurbotanikers, des Angloholländers George Clifford, zu katalogisieren, dann aber das Inventar sämtlicher Pflanzen- und Tierarten aufzustellen, von denen er Kenntnis erlangt. Jeder Art gibt er einen Gattungsnamen, den sie mit benachbarten Arten teilt, und eine beschreibende Phrase, die sie »spezifiziert« und zu unterscheiden erlaubt. Bis dahin hatte er, wie Rousseau sagt, »den größten Theil der bekannten Pflanzen zwar bestimmt, allein er hatte sie noch nicht benannt; denn wenn man eine Sache definirt, so hat man sie noch nicht benannt«. Der zweite Schritt, die Schöpfung von Namen, die Namen sind und nicht Sätze, geschieht fast verstohlen und vor allem aus pädagogischen Gründen. Erst allmählich trennt Linné den eigentlichen

Namen von der (noch als Diagnose[1] bezeichneten) Beschreibung. Um das Memorieren und die Bestimmung im Gelände zu erleichtern, führt er nach und nach jene »Binome« ein, die noch heute gebräuchlich sind und die jeder Art eine Gattungsbezeichnung und ein spezifisches Adjektiv oder Substantiv zuweisen. So heißt die Stieleiche *Quercus robur*, die Steineiche *Quercus ilex*, die Korkeiche *Quercus suber* und so weiter. 1745 beginnt Linné damit, diese binomische Nomenklatur für bestimmte Arten zu verwenden; 1753, in den *Species plantarum*, erweitert er sie auf das gesamte Pflanzenreich und 1758, in der zehnten Auflage des *Systema naturae*, auf das gesamte Tierreich.

Gewiß, damit sind nicht alle Fragen wie von Zauberhand beantwortet, und es stellen sich immer noch Synonymieprobleme. Zum einen setzt das Prinzip, das jeder Art *den* Namen zuordnet, der ihr von demjenigen Naturforscher gegeben wurde, der sie als erster beschrieben und nach der Linnéschen Nomenklatur benannt hat, eine Prioritätssuche voraus, die mancherlei Schwierigkeiten bereitet. Andererseits wurden manche Linnéschen Gattungen in mehrere Gattungen aufgeteilt, womit sich automatisch der Name ändert. Gleichwohl sind die verbleibenden Konflikte und Irrtümer minimal, vergleicht man sie mit der Konfusion, die ohne diese Nomenklatur herrschen würde. Die Gefahr, daß dieselbe Tier- oder Pflanzenart von Reisenden mehrfach »entdeckt« und in mehreren Museen unter verschiedenen Namen registriert wird, ist nicht beseitigt, aber doch so weit geschwunden, daß man diese Nomenklatur als eine der entscheidenden Etappen in der Geschichte der Naturwissenschaften betrachten kann.

In den botanischen Gärten, Herbarien, Naturalienkabinetten und Büchern ist es von nun an theoretisch möglich, zu entscheiden, ob die Pflanze oder das Tier, die man vor Augen hat, einer schon bekannten Art angehören oder nicht. Freilich genügt es nicht, die Exemplare zu etikettieren, sie müssen auch eingeordnet werden. Dazu muß man sie klassifizieren. Die Bestimmung der Gattung bildet einen Ausgangspunkt für die Klassifikation, da mehrere benachbarte Arten zur selben Gattung gehören. So gehören Esel und Pferd in die Gattung *Equus*, die Frühlingsschlüsselblume und die Aurikel in die Gattung *Primula*. Damit ist jedoch nur der erste Schritt getan; schon die kleinste Sammlung erfordert eine vollständigere Klassifikation. Soll

[1] Beispiel einer *Diagnose*: »Vinca caulibus procumbentibus, foliis lanceolata ovatis, floribus pedunculatis«: »Immergrün mit niederliegenden Stengeln, lanzettförmig ovalen Blättern und gestielten Blüten« (es handelt sich um das Immergrün [*Vinca minor*], in: C. Linné, *Species plantarum*, 3. Auflage, 1764).

man die Tiere nach dem Element gruppieren, in dem sie leben (Land, Luft, Wasser), auf die Gefahr hin, die Fledermaus den Vögeln und den Wal den Fischen zuzuordnen, obwohl beide (ebenso wie die Maus und der Elefant) ihre Jungen austragen und säugen? Kann man die Pflanzen in Gräser, Sträucher, Büsche und Bäume einteilen, sollte man sie nach ihrem Standort gruppieren – oder müßte man Kriterien beachten, die sich aus ihrem Bau herleiten? Die Frage beschäftigt die Naturforscher schon seit langem und stellt sich im achtzehnten Jahrhundert mit ihrer ganzen Schärfe, da von ihr die Nutzung der von den Reisenden mitgebrachten Ernten durch die botanischen Gärten und Sammlungen sowie die Aufstellung von Verzeichnissen, Führern und Bestimmungsbüchern abhängen, die es jedem Reisenden erlauben, von der Arbeit seiner Vorgänger zu profitieren.

Auch hier geht Linné wieder als Gesetzgeber ans Werk. Anknüpfend an seine Vorgänger, ordnet er die Tiere in sechs große Klassen: Säugetiere, Vögel, Amphibien, Fische, Insekten und Würmer. Diese Klassen teilen sich von selbst in Ordnungen. William Stearn weist darauf hin, daß die Klasse der »Amphibien« in der zehnten Auflage des *Systema naturae* beispielsweise drei Ordnungen umfaßt: die »Reptilien«, unter denen man unsere heutigen Lurche und Reptilien außer den Schlangen findet, welche die zweite Ordnung bilden, während die dritte Ordnung, die »schwimmenden Amphibien«, mehr oder weniger unseren heutigen Knorpelfischen entspricht. Viele dieser Gruppen waren umstritten und wurden revidiert, besonders wenn es die Entwicklung der vergleichenden Anatomie zu berücksichtigen galt.

Buffon dagegen nahm sich vor, in seiner *Histoire naturelle* ohne jede Klassifikation auszukommen: »Ist es nicht besser, den Hund, der fünfzehig ist, dem Pferd, das einhufig ist, folgen zu lassen, was ja auch in Wirklichkeit die Gewohnheit des Hundes ist, als das Zebra, das uns wenig bekannt ist und das vielleicht keine andere Beziehung zum Pferd hat, als daß es einhufig ist?« Dabei ist der Anthropozentrismus dieser Erklärung keineswegs naiv; sie bringt die Bedeutung zum Ausdruck, die Buffon geographischen Faktoren, insbesondere der Wirkung des Klimas, beilegt. Freilich kann sich der Verfasser der *Allgemeinen Historie der Natur* den Verzicht auf Nomenklatur und Klassifikation nur leisten, weil er sich auf Gruppen wie die Säugetiere und

Die Mißgeschicke eines Naturforschers

»Commerson war ein Mann von rastloser Tätigkeit und gründlicher Gelehrsamkeit. Hätte er die Sammlung seiner Beobachtungen selbst veröffentlicht, stünde er in der ersten Reihe der Naturforscher. Unglücklicherweise starb er, bevor er letzte Hand an die Ausarbeitung seiner Schriften legen konnte; und jene, denen seine Manuskripte und sein Herbarium anvertraut wurden, haben beides in unverzeihlicher Weise vernachlässigt. [...] Sein Herbarium fiel zunächst in die Hand seiner Erben; dann gelangte es zum Jardin des Plantes, wo es sich heute noch befindet. Möglicherweise befinden sich mehrere neue Pflanzen darin, wenn es auch in letzter Zeit von mehreren fähigen Botanikern, wie Jussieu und Lamarck, durchgesehen wurde. Die Fische, die Commerson gesammelt hatte, sind in ihrer Kiste geblieben, bis sie vor ungefähr zwanzig Jahren von M. Duméril auf einem Speicher des Hauses von Buffon entdeckt wurden. Die Manuskripte wurden Lacepède überlassen, der sie für seine *Histoire des poissons* nutzte, wo er sie freilich nicht als solche publizierte, sondern sie mit seiner eigenen Arbeit verschmolz. [...] Die Beschreibungen sind im Linnéschen Stil gehalten, bis ins letzte Detail ausgearbeitet und mit größter Sorgfalt verfaßt. [...] Ihnen sind Abbildungen beigefügt, manche von Commerson, andere von Sonnerat, wiederum andere von Künstlern, die mit Bougainville gereist waren. All diese Zeichnungen, die gleichermaßen Lacepède ausgehändigt worden waren, haben ihm ebenfalls für seine *Histoire des poissons* gedient, in der sie als Stiche wiedergegeben sind [...]. Da Commerson andererseits seine Nomenklaturen nicht fixiert hatte, kam es vor, daß eine einzige Art bis zu dreimal vorkam: das erste Mal auf der Grundlage der Abbildung, ein zweites Mal aufgrund der charakteristischen Phrase, mit der die Abbildung beschriftet war, und das dritte Mal aufgrund der Beschreibung. Lacepède, der auf der Flucht vor dem Terror der Revolution auf dem Lande schrieb, hatte nicht die Originalpapiere zur Hand, sondern nur Notizen und konnte deshalb nicht die Vergleiche anstellen, die notwendig gewesen wären, um diese Irrtümer auszuräumen. Reisende, die, den Tod vor Augen, ungeordnet verschickt haben, was sie zusammengetragen, und deren Material zur späteren Auswertung in öffentlichen Einrichtungen deponiert wurde, sind von dem bedauerlichen Schicksal bedroht, das Commerson widerfahren ist.«
Georges Cuvier und Magdeleine de Saint-Agy, »Voyages scientifiques«, in: *Histoire des sciences naturelles*, 1841-1845.

die Vögel beschränkt, wo die Zahl der Arten begrenzt ist und sämtliche Arten gemeinsame Namen tragen. Hinter dem Methodenstreit steht eine implizite Rangordnung der Disziplinen und ihrer Gegenstände.

Die unterschiedlichen Meinungen über die Klassifikation der Tiere blieben zu Zeiten Linnés freilich beschränkt. Dafür wird die Klassifikation der Pflanzen zum Gegenstand einer bedeutenden Auseinandersetzung, von der alle Historiker der Biologie berichten.

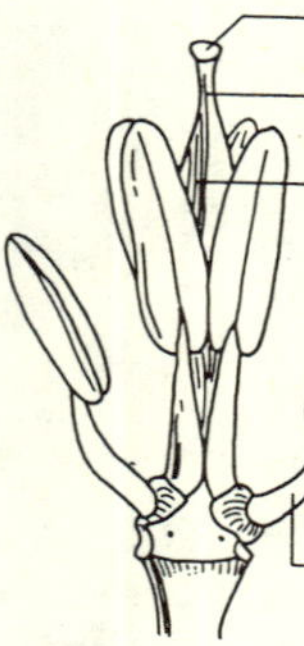

Männliche und weibliche Organe einer Blume (Goldlack)

Linné, der sich vor allem um logische Strenge bemühte und gleichzeitig über die Bedeutung der jüngst entdeckten geschlechtlichen Fortpflanzung bei den Pflanzen verblüfft war, schlug sein »systema sexuale« vor, das die Gesamtheit der Blütenpflanzen nach der Anzahl der männlichen Organe, der Staubgefäße, in dreiundzwanzig Klassen einteilt und jede davon wieder nach dem Typus der weiblichen Organe, der Fruchtknoten, aufgliedert. Nimmt man zum Beispiel eine Herbstzeitlose, so bemerkt man sechs Staubgefäße, die drei kleine Griffel umgeben, welche die Fruchtknoten überragen und die Narben tragen, die mit Pollen bestäubt werden. Betrachtet man dann einen Krokus, eine scheinbar ganz ähnliche Blume, findet man nur noch einen einzigen Griffel inmitten dreier Staubgefäße. Nach dem Linnéschen System gehört die Herbstzeitlose zu den *Hexandria Trigynia* (»sechs Männer, drei Frauen«), der Krokus zu den *Triandria Monogyna* (»drei Männer, eine Frau«). Damals war diese vage erotisierte ethnographische Metaphorik nicht nach jedermanns Geschmack: manche waren pikiert, andere spotteten darüber. Schwerer wog jedoch etwas anderes – der allzu willkürliche Charakter der Einteilungen. So bemerkt Antoine Laurent de Jussieu 1773 in einem Artikel der *Comptes rendus de l'Académie des sciences*: Schon ein verkümmertes oder überzähliges Staubgefäß genüge, um die »Sektierer des geschlechtlichen Systems« in Bedrängnis zu bringen. Überdies nötige dieses System dazu, auf längst gebräuchliche Zusammenstellungen zu verzichten und an ihre Stelle andere zu setzen, deren Basis manchmal allzu schmal ist.

Dem »System der geschlechtlichen Fortpflanzung« und denen, die ihm vorausgingen, stellten andere Botaniker wie Michel Adanson, Bernard und Joseph de Jussieu sowie Augustin Pyrame de Candolle eine gewiß empirischere »Methode« entgegen, die darin bestand, Gattungen zusammenzustellen, welche die meisten Übereinstimmungen in natürlichen Familien aufweisen: Doldenblütler, Korbblütler, Rosengewächse ... Solche Familien werden ihrerseits nach Klassen geordnet. Es gibt nicht mehr nur ein Kriterium, wie die Zahl der geschlechtlichen Organe im Linnéschen System, sondern eine Kombination von Eigenschaften, die an verschiedenen Teilen der Pflanze registriert werden: Zahl der Keimblätter[2] (eines oder zwei), Ansatzstelle der Staubblätter, Zahl der Kronblätter und so weiter. Linné selbst scheint sich über das Interesse an einer weniger künstlichen Klassifikation im klaren gewesen zu sein und lieferte einige Entwürfe für eine Einteilung in natürliche Familien.

Die Schwäche des Linnéschen Systems wie die aller anderen Systeme liegt zweifellos darin, zwei unvereinbare Funktionen erfüllen zu wollen. Zum einen sollen sie es erlauben, nach einer endlichen Serie einfacher Operationen (Multiple-choice-Fragen und Abzählen) eine beliebige Art zu identifizieren; zum anderen wollen sie dazu dienen, die Lebewesen nach ihren übereinstimmenden Merkmalen zu gruppieren. Die erste der beiden Funktionen setzt leicht zu erkennende und zu kombinierende Eigenschaften voraus, die zweite hingegen Eigenschaften, die für den Bau des Organismus wesentlich sind; und beide sind nicht unbedingt dieselben. Ebendeshalb bezeichnet die Veröffentlichung von Lamarcks *Flore française* einen entscheidenden Schritt in dieser Geschichte. Die »Vorrede« unterscheidet strikt zwischen den zwei »Gegenständen« einer Klassifikation und stellt dann die Frage:

> »Kann man diesen beiden Gegenständen zugleich genügen? Das heißt, ist es möglich, daß das Mittel, das uns in den Stand versetzen soll, die Namen zu finden, welche die Botaniker den Pflanzen gegeben haben, die wir zu bestimmen suchen, uns gleichzeitig die Rangordnung all jener eigentümlichen Verhältnisse liefern könnte, in denen die Pflanzen zueinander stehen?«

Indem er die Frage verneint, verschafft sich Lamarck die Freiheit, einen Schlüssel zur Pflanzenbestimmung vorzuschlagen, der seinen künstlichen Charakter offen eingesteht. Danach lassen sich Pflanzen mit Hilfe einer Reihe von Fragealternativen bestimmen, für die es keine andere Rechtfertigung gibt außer der, daß sie ihren Zweck bequem erfüllen. Es dauert nicht lange, bis andere diesem Beispiel folgen. Umgekehrt braucht die Klassifikation, der Bestimmungsfunktion ledig, keine andere Aufgabe mehr zu erfüllen außer der, die Arten auf möglichst »natürliche« Weise zusammenzufassen. Die Systeme wie das Linnésche werden aufgegeben, während die natürliche Methode in den botanischen Gärten ihre Spuren hinterläßt.

[2] Keimblatt (Kotyledone): das erste, bereits an der Keimachse des pflanzlichen Embryos im Samen angelegte Blattorgan der Samenpflanzen (Nahrungsreserve des Keimlings).

Crocus sativus

Colchicum autumnale

*Trotz ihrer scheinbar großen Ähnlichkeit unterscheiden sich der Krokus (*Crocus sativus*) und die Herbstzeitlose (*Colchicum autumnale*) in der Zahl ihrer Fortpflanzungsorgane. Im Linnéschen System fallen sie daher in ganz verschiedene Klassen. In: Abbé H. Coste,* Flore descriptive et illustrée de la France, de la Corse et des contrées limitrophes, *1901; Bibliothèque nationale, Paris*

Der Schlüssel zur Pflanzenbestimmung

Um das Verfahren zu erläutern, das zur Bestimmung einer Pflanze zu befolgen ist, gibt Lamarck in der »Vorrede« zu seiner *Flore française* (1778) eine »Gebrauchsanweisung«. Dabei wird eine fiktive Flora von elf Pflanzenarten angenommen, die im Text unter ihren (Linnéschen) lateinischen Namen erscheinen und die bei uns Gemeines Habichtskraut, Hundskamille, Wurmfarn, Vogelmiere, Wiesensalbei, Champignon, Birnbaum, ein Moos (*Bryum murale*), Roter Gauchheil, Dickfußröhrling und Mariendistel heißen. Man nimmt sich also ein Exemplar der Pflanze, die bestimmt werden soll, vor (zum Beispiel die Vogelmiere) und antwortet auf eine Serie von Fragen:

– Handelt es sich um eine Pflanze, deren Staubgefäße und Stempel leicht voneinander unterscheidbar sind,

– oder um eine Pflanze, bei der Staubgefäße und Stempel entweder nicht vorhanden oder nicht voneinander unterscheidbar sind?

Man wählt die zweite Möglichkeit und gelangt zu der folgenden Frage:

– Befinden sich zahlreiche Blüten in einem gemeinsamen Kelch,

– oder stehen die Blüten frei, nicht in einem gemeinsamen Kelch?

Die zweite Möglichkeit führt zu der Frage:

– Sind die Blumenblätter der Blütenkrone verwachsen (monopetal),

– oder sind die Blumenblätter der Blütenkrone freistehend (polypetal)?

Man antwortet »polypetal« und wird an folgende letzte Frage verwiesen:

– Zehn Staubgefäße oder weniger?

– Elf Staubgefäße oder mehr?

Die erste Antwort ist die richtige und führt uns zum Namen der Art: Vogelmiere oder Hühnerdarm, die bei Linné *Alsina media* heißt und von den heutigen Botanikern *Stellaria media* genannt wird.

Stellaria media

*Die Vogelmiere (*Stellaria media*) gehört zu den elf Pflanzen, an denen Lamarck in seiner* Flore française *(1778) dem Leser die Verwendung seiner Bestimmungsmethode erläutert.*
In: Abbé H. Coste, Flore descriptive et illustrée de la France, de la Corse et des contrées limitrophes, *1901; Bibliothèque nationale, Paris*

In der eigentlichen »Flora«, die Hunderte von Seiten umfaßt, verläuft diese Analyse über eine Serie von Verweisen von Abbildung zu Abbildung. Sofern man keinen Irrtum begangen hat, kann man am Ende sicher sein, jede beliebige Art zu finden, die vom Autor beschrieben und benannt wird. Den Leser, der diesen Weg vielleicht zu umständlich findet, erinnert Lamarck an »das Wesen der geometrischen Progression. Tatsächlich erreicht man, wenn man die Summe 4096 fortwährend durch 2 dividiert, nach der elften Teilung die [unbekannte] Einheit.« Anders gesagt, ein Dutzend Fragen reicht aus, um Tausende von Arten zu erfassen.

Verteilung und Genealogie

Mehr noch als das Herbarium ist der botanische Garten ein Ort von trügerischer Einfachheit. Es ist ein Raum, wo das Leben sanft rauscht wie Blätter im Wind, ein Raum, von dem ein diskreter Charme ausgeht. Neben jeder Pflanze gibt ein Schild ihren wissenschaftlichen Namen an und weist ihr damit die Aufgabe zu, die ganze Art zu vertreten, die diesen Namen trägt. Um sie herum, auf demselben Beet, drängen sich Pflanzen, von denen viele normalerweise an ganz anderen Orten, auf anderen Kontinenten leben würden. Die meisten dieser Pflanzen wären sich nie begegnet, wenn die Klassifikation sie nicht ein und derselben Familie zugeordnet hätte. Ihre Nachbarschaft läßt eine Frage offen: Wo findet man diese Pflanzen in der Natur? Bei der Aufstellung der Klassifikation bleiben solche Fragen außer acht; sie beschränkt sich auf morphologische Kriterien. Dennoch ist der reisende Naturforscher immer wieder darüber verblüfft: Man findet nicht jede Art an jedem Ort. Hinter dieser Frage – in der Form einer evidenten Feststellung – verbergen sich eigentlich zwei verschiedene Probleme. Erstens: In welcher Umgebung lebt diese Pflanze (im Wasser, in der Wüste, im Hochgebirge und so weiter)? Zweitens: In welcher Gegend der Erde kommt sie vor, und in welchen Regionen fehlt sie?

Die Praxis der Akklimatisation, die in erster Linie Nutzungszwecken dient, beruht genau auf diesem Unterschied und bildet die Entsprechung zu einer Reihe von Experimenten, die ihn deutlich machen. Bringt man aus einem fernen Land eine exotische Pflanze mit, so können drei Fälle eintreten: sie kann sich als unfähig erweisen, unter den normalen Bedingungen ihrer neuen Umgebung zu überleben; sie kann zur Kulturpflanze werden; schließlich kann sie heimisch werden und in die lokale Flora eingehen. Der erste Fall ist der einfachste: Eine aus Amazonien mitgebrachte Pflanze beispielsweise läßt sich in Frankreich nur im Gewächshaus ziehen, wo für die Wärme und Feuchtigkeit gesorgt ist, die sie benötigt. Die Bedeutung klimatischer Faktoren ist daraus leicht zu ersehen. Der zweite Fall, importierte Pflanzen, die dann kultiviert wurden, ist nicht nur für unsere Zivilisationsgeschichte von grundlegender Bedeutung, sondern auch deshalb interessant, weil er den Einfluß recht spezieller physischer Faktoren aufzeigt: Der Landwirt und der Gärtner sorgen mit ihrer Arbeit dafür, daß der Boden und das Mikroklima der kultivierten Pflanze entsprechen, und kämpfen gegen robustere Arten, die ihr Konkurrenz machen könnten. Der dritte Fall einer vollständigen Naturalisierung ist von großem theoretischen Interesse. Um ein Beispiel zu nehmen, das Linné selbst in seiner »Abhandlung über die Vergrößerung der bewohnbaren Erde« (1744) benutzt: Das Kanadische Berufskraut (*Erigeron canadensis*), Mitte des siebzehnten Jahrhunderts aus Nordamerika nach Frankreich gebracht und in einige botanische Gärten eingeführt, ist hundert Jahre später zu einer der verbreitetsten wilden Pflanzen unserer Regionen geworden. Ebenso ließen sich die amerikanischen Kakteen nennen, die in die mediterrane Flora Eingang fanden, und sämtliche europäischen Pflanzen, die in den Vereinigten Staaten angesiedelt wurden. Ihr »Erfolg« in ihrem neuen Land läßt eine Erklärung, die einzig auf den Einfluß der Umwelt Bezug nimmt, scheitern: Wie ist ihr ursprüngliches Fehlen in der lokalen Flora zu erklären, wenn ihre Naturalisierung doch vor Augen führt, daß die Umgebung ihnen zusagt? Während die Kultivierung exotischer Arten wegen der Schwierigkeiten, mit denen man dabei zu kämpfen hat, die Bedeutung des physischen Determinismus bei der Verbreitung der Arten demonstriert, weist die erfolgreiche Naturalisierung eingeführter Arten auf die Grenzen dieses Determinismus hin und fordert eine andere Erklärung.

*Das Kanadische Berufskraut (*Erigeron canadensis*) wurde Ende des siebzehnten Jahrhunderts nach Europa eingeführt und ist zu einer der verbreitetsten Pflanzen auf unbebauten Grundstücken, Trümmergelände usw. geworden.*
In: Abbé H. Coste, Flore descriptive et illustrée de la France, de la Corse et des contrées limitrophes, *1901; Bibliothèque nationale, Paris*

Im Zuge dieser Pflanzenmigrationen, durch Zufall oder menschlichen Eingriff bewirkt, bildet sich eine Wissenschaft, die Pflanzengeographie, die genau diese Frage behandelt: Wie verteilen sich pflanzliche Arten auf der Erdoberfläche? Augustin Pyrame de Candolle, ein Schweizer Botaniker, der sich vor allem der Beschreibung und Klassifikation widmet und sich für Ackerbaukunde interessiert, gehört zu den Schöpfern dieser neuen Disziplin. In dem Artikel »Géographie botanique« (1820) des *Dictionnaire des sciences naturelles* stellt er die Problematik dar. Er behandelt zunächst die Faktoren, von denen die Verbreitung der Pflanzenarten abhängt; dann die »Standpuncte«, das heißt »die eigenthümliche Beschaffenheit des Ortes, an dem eine Species zu wachsen gewohnt ist«, und schließlich die »Wohnplätze«, worunter man »eine allgemeine Angabe der Gegend, in welcher eine Pflanze wild wächst, versteht«.

Dieser Text schließt in vielen Punkten an die 1807 veröffentlichten *Ideen zu einer Geographie der Pflanzen* an, in denen Alexander von Humboldt den Einfluß der Temperatur auf die Vegetation nachwies, wobei er sich auf Beobachtungen berief, die er mit Aimé Bonpland auf ihrer gemeinsamen Reise nach Südamerika in den Anden gemacht hatte. De Candolle selbst ist kein Forschungsreisender im strengen Sinne, auch wenn er in Frankreich und der Schweiz viel herumgekommen ist; sein Artikel stützt sich weitgehend auf das Material, das die Reisenden von ihren großen Fahrten mitgebracht hatten. Besonders deutlich wird das im dritten Teil, der die »Wohnplätze« behandelt; einleitend läßt uns der Verfasser wissen, daß dabei Tatsachen berührt werden, die »allen heutigen Theorien« entgehen, da sie »den eigentlichen Ursprung der organisierten Wesen, das heißt den dunkelsten Gegenstand der Naturphilosophie« betreffen. Nachdem er den Einfluß der Temperatur nachgewiesen hat, bemerkt de Candolle:

> »Bisher habe ich zu beweisen versucht, daß die Wohnplätze im großen und ganzen offenbar von der Temperatur bestimmt werden. Zweifellos sind damit die Erwägungen zu verknüpfen, die sich aus den Standpunkten ergeben; denn es ist klar, daß man, je sandiger ein Land ist, um so mehr Wüstenpflanzen in demselben finden wird, usw. Doch selbst wenn man diese Ursachen in der ganzen Breite, die man ihnen zusprechen kann, anerkennt, kann es gelingen, die bekanntesten Tatsachen vollständig zu erklären? Ebendies ist es, was ich bezweifle und was daher einer neuen Erörterung bedarf.«

De Candolle vermerkt »die geringe Anzahl phanerogamer Arten[3], die auf verschiedenen Kontinenten anzutreffen sind«. So komme nur jede achtzigste der in Neu-Holland (gemeint ist Australien) beobachteten Pflanzenarten auch in Europa vor. Er untersucht die Transportmittel der Samen, wendet sich dann der Flora der Inseln zu und gelangt zu der Formel: »Die Pflanzen der Inseln haben an der Vegetation des Festlandes, in dessen Nähe sie sich befinden, ungefähr in umgekehrter Proportion zu ihrer Entfernung von demselben teil.« Er macht darauf aufmerksam, daß menschliche Eingriffe die Flora der Inseln verändern, und ruft deshalb die Gelehrten zu einem Forschungsprogramm auf: »Beeilen wir uns also, solange noch Zeit dazu ist, die Flora ferner Länder exakt aufzunehmen; empfehlen wir den Reisenden vor allem die Pflanzenwelt jener Inseln, die von den Europäern wenig besucht werden: In ihrer Erforschung muß sich die Lösung einer Vielzahl von Fragen der Pflanzengeographie finden.« Alle diese Bemerkungen dienen dazu, den Begriff der botanischen Region plausibel zu machen, einen Begriff, den de Candolle folgendermaßen

[3] *Phanerogamae*: Pflanzenarten, die zu einem bestimmten Zeitpunkt ihrer Entwicklung samenerzeugende Blüten tragen. Etymologisch sind phanerogame Arten solche, deren Fortpflanzungsorgane offen sichtbar sind, im Gegensatz zu den kryptogamen Pflanzen, deren Fortpflanzungsweise lange im dunkeln geblieben ist.

definiert: »Aus der Gesamtheit dieser Tatsachen kann man ableiten, daß es *botanische Regionen* gibt; mit diesem Ausdruck bezeichne ich beliebige Räume, die – wenn man die eingeführten Arten ausnimmt – eine bestimmte Anzahl von Pflanzen aufweisen, die diesen Gegenden eigentümlich sind und die man daher mit Recht ihre *Ureinwohner* nennen könnte.«

Er weist darauf hin, daß viele Gattungen eine nordamerikanische und eine europäische oder asiatische Art umfassen. Worauf er zu dem Thema kommt, das uns als Kern der Sache, ihm freilich als dunkler Punkt erscheint: »Die ganze Theorie der Pflanzengeographie beruht auf der Vorstellung, die man sich vom Ursprung der organisierten Wesen und der Konstanz der Arten macht.« Als seine eigene Position gibt er an: »Der gesamte vorstehende Artikel ist in der Überzeugung verfaßt, daß die Arten der organisierten Wesen beständig sind und daß jedes lebende Individuum von einem anderen Wesen abstammt, das ihm gleich ist.«

Diese fixistische Behauptung erstaunt uns rückblickend ein wenig, da wir wissen, daß gerade die Pflanzen- und Tiergeographie zahlreiche Argumente zugunsten der Evolutionstheorie geliefert hat. Die Wissenschaftsgeschichte verweist in solchen Fällen gern auf religiöse Vorurteile, aber diese Universalerklärung greift hier zu kurz: Nichts in unserem Text oder in de Candolles *Mémoires et souvenirs*, die 1862 von seinem Sohn herausgegeben wurden, gestattet uns die Vermutung, er habe die Unveränderlichkeit der Arten behauptet, um ein buchstäbliches Verständnis der biblischen Schöpfungsgeschichte zu retten. De Candolle, ein liberaler Genfer Protestant, scheint dem Freidenkertum oft viel näherzustehen als einem religiösen Fundamentalismus. Um die eigentlichen Motive seiner Opposition zu verstehen, muß man klären, wogegen er opponiert. Auch wenn er es nicht ausdrücklich sagt, ist doch zu erkennen, daß er auf eine Konzeption zielt, welche die Transformation der Arten mit der *generatio spontanea* verknüpft, das heißt einer Konzeption, die dem Milieu gewissermaßen alle Macht verleiht, Lebewesen hervorzubringen und zu formen. Nach dieser mechanistischen Auffassung, die man zu Recht oder Unrecht Lamarck zuschreibt, würde aber die jeweilige Besonderheit der botanischen Regionen unerklärbar. Manche dieser Regionen haben in der Tat ein ähnliches Klima – wie ist dann zu erklären, daß sie nicht die gleichen Arten hervorgebracht haben?

> »[...] die Anhänger der Lehre spontaner Bildungen scheinen mir [...] außerstande, die allgemeine und unbestreitbare Tatsache zu erklären, daß es eine große Zahl bestimmter Arten gibt, die sich nur in einer Region finden und nicht wild lebend in Ländern anzutreffen sind, in denen ihnen alle Umstände günstig sind und wo sie sehr gut gedeihen, wenn man sie sät.«

Der Vergleich mit den Kapiteln im *Ursprung der Arten*, die der »geographischen Verbreitung« gewidmet sind, ist erhellend. Auch Darwin stellt die Schwäche einer Erklärung ausschließlich durch physische Faktoren (Boden oder Klima) fest und führt als Beweis dafür an, »daß die Trennung der alten und der neuen Welt eine der fundamentalsten Abtheilungen bei der geographischen Verbreitung der Organismen bildet [...] Es gibt kaum ein Clima oder einen besonderen Zustand eines Bezirkes in der alten Welt, wozu sich nicht eine Parallele in der neuen fände.« Doch die Ähnlichkeiten sind nicht minder erstaunlich als die Unterschiede. Die »Naturproducte« der verschiedenen Klimazonen Südamerikas »zeigen sich [...] einander unvergleichlich näher miteinander verwandt, als die in Australien und Africa in fast einerlei Clima lebenden«.

Bis zu diesem Punkt unserer Darstellung könnte man sagen, Darwin habe nichts weiter getan, als die Problematik der Pflanzengeographie auf die Gesamtheit der Lebewesen zu erweitern, und zugleich die Analysen verfeinert, um die Rolle der Topographie besser einschätzen zu können: die Hindernisse, die Verbindungswege, die Inseln, die Archipele ... Er vergleicht das Land, das zwei Meeresfaunen trennt, und den Ozean, der zwei Landfaunen voneinander isoliert. Hier zeigt sich Darwin gewiß am deutlichsten als der Forschungsreisende, der er anfangs gewesen ist. Sein Tagebuch der Reise mit der *Beagle* ist voller biogeographischer Notizen; bekanntlich studierte er mit besonderem Interesse die verschiedenen Varietäten der »Galapagos-Finken« und ihre Verbreitung auf dem Archipel. Als er später in England seinen Landsitz nicht mehr verläßt, stellt er Versuche an, unter welchen Bedingungen die Arten reisen können. So prüft er, wie sich verschiedene Samenarten in Meerwasser verhalten, oder untersucht, welche auf dem Fuß eines Vogels transportiert werden können. Wirklich innovativ ist Darwin jedoch da, wo er zu einer Interpretation der Verbreitung der Faunen und Floren gelangt: »Wir erkennen in diesen Thatsachen ein tiefliegendes organisches Gesetz, über Zeit und Raum hinweg auf demselben

Gebiete von Land und Meer, unabhängig von ihrer natürlichen Beschaffenheit, herrschend. Der Naturforscher müßte wenig Forschungstrieb besitzen, der sich nicht versucht fühlte, näher nach diesem Gesetze zu forschen.«

Ein Mittel der Verbreitung

Um die heutige Verbreitung der Faunen und Floren zu erklären, sieht sich Darwin vor die Frage gestellt, auf welche Weise sich die Tier- und Pflanzenarten verbreiten können, und führt dazu mehrere Experimente durch, welche die Bedingungen eines zufälligen Transports simulieren.
So prüft er zum Beispiel die Einwirkung von Meerwasser auf verschiedene Pflanzensamen und findet, »dass von 87 Arten 64 noch keimten, nachdem sie 28 Tage lang im Meerwasser gelegen«. Ebenso trocknet er Pflanzen und beobachtet, wie lange sie auf dem Wasser treiben können: 18 von 94 getrockneten Pflanzen (darunter keine der Arten, die im vorhergehenden Experiment untersucht wurden) schwimmen über 28 Tage lang auf dem Wasser. Durch Kombination dieser beiden Ergebnisse gelangt Darwin zu dem Ergebnis: »es würden daher, so viel man aus diesen dürftigen Thatsachen schliessen darf, die Samen von 0,14 der Pflanzenarten [14 Prozent] einer Gegend ohne Nachtheil für ihre Keimkraft 28 Tage lang von Meeresströmungen fortgetragen werden können«. Berücksichtigt man die durchschnittliche Geschwindigkeit der Strömungen, könnten die Samen also »924 Seemeilen weit nach einem anderen Lande fortgeführt werden« (Charles Darwin, *Über die Entstehung der Arten*, 8. Auflage, Stuttgart 1899).

Für Darwin besteht »dies Gesetz ganz einfach in der Vererbung«. Anders gesagt, die Verwandtschaft zwischen den Arten derselben biogeographischen Region erklärt sich aus einem gemeinsamen Ursprung, während die Unterschiede vor allem der natürlichen Selektion zu verdanken sind, die in den jeweiligen Umwelten unterschiedliche Variationen begünstigt hat. Die Tier- und Pflanzenwelten der Inseln – denen des Festlands nahe und doch verschieden – veranschaulichen diesen Vorgang. Dennoch fällt die Nachbarschaft in der Klassifikation nicht immer mit geographischer Nachbarschaft zusammen; es bleibt, »dass die verschiedenen Arten einer und derselben Gattung, wenn sie auch die entferntesten Theile der Welt bewohnen, doch ursprünglich aus gleicher Quelle entsprungen sein müssen«. Es gilt also, nach den gemeinsamen Vorfahren zu suchen, ihre Wanderungen zurückzuverfolgen. Der Geo-

Geospiza magnirostris

Geospiza fortis

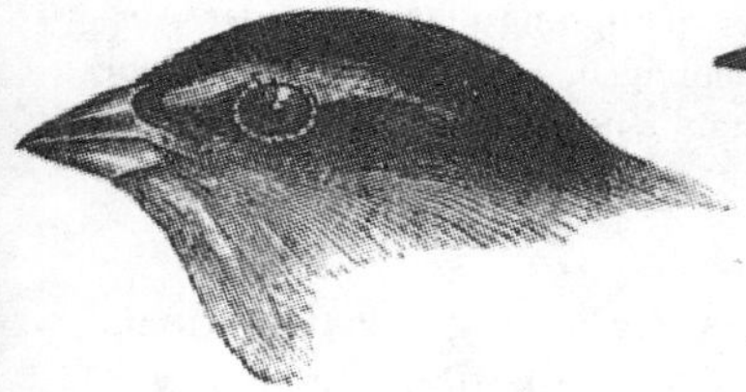

Geospiza parvula

Certhidea olivasea

Einige Finkenarten der Galapagos-Inseln (»Darwin-Finken«, Geospizini*).*
In: Ch. Darwin, Reise eines Naturforschers um die Welt, *1875.*

graph macht sich zum Historiker des Lebendigen. In der Erfahrung Darwins als Forschungsreisender schließt die Biogeographie übrigens an die Paläontologie an, woran die ersten Zeilen der Einführung erinnern:

> »Als ich an Bord der *Beagle* als Naturforscher Süd-America erreichte, überraschten mich gewisse Thatsachen in hohem Grade, die sich mir in Bezug auf die Verbreitung der Bewohner und die geologischen Beziehungen der jetzigen zu der frühern Bevölkerung dieses Welttheils darboten. Diese Thatsachen schienen mir [...] einiges Licht auf den Ursprung der Arten zu werfen.«

Das Band zwischen Klassifikation und Geographie, das bisher eine Frage der Statistik war – wie viele Arten oder Familien, die nirgendwo sonst auftreten, besitzt ein Erdteil? –, wird nun vom »Princip der Descendenz mit Modifikation« oder, wie wir heute sagen, von der *Evolutionstheorie* geknüpft. Sobald sich die Biogeographie als Endpunkt einer Geschichte versteht, wird die Klassifikation zur Genealogie. In dem Kapitel über die »Gegenseitige Verwandtschaft organischer Wesen«, das den beiden Kapiteln über die geographische Verbreitung folgt, schreibt Darwin nach einer Erörterung der verschiedenen Prinzipien, auf denen die diversen Klassifikationssysteme beruhen:

»Alle voranstehenden Regeln, Behelfe und Schwierigkeiten der Classifikation klären sich, wenn ich mich nicht sehr täusche, durch die Annahme auf, dass das natürliche System auf die Descendenz mit fortwährender Abänderung sich gründet, dass diejenigen Charaktere, welche nach der Ansicht der Naturforscher eine echte Verwandtschaft zwischen zwei oder mehr Arten darthun, von einem gemeinsamen Ahnen ererbt sind, insofern eben alle echte Classifikation eine genealogische ist; – dass gemeinsame Abstammung das verborgene Band ist, wonach alle Naturforscher unbewußter Weise gesucht haben, nicht aber ein unbekannter Schöpfungsplan, oder der Ausdruck für allgemeine Beziehungen, oder eine angemessene Methode, die Naturgegenstände nach den Graden ihrer Ähnlichkeit oder Unähnlichkeit miteinander zu verbinden oder von einander zu trennen.«

Indem er die »gemeinsame Abstammung« als das Prinzip erweist, das sich hinter den Klassifikationssystemen verbirgt und nach dem seine Vorgänger unbewußt gesucht haben (*unconsciously seeking*), erläutert Darwin, welche Stellung er gegenüber der naturalistischen Tradition einzunehmen gedenkt.

Wie bei so vielen Reisen beschreibt der Weg, der von Linné zu Darwin führt, letztlich einen Kreis. Zunächst ist eine Reform der Nomenklatur und der Klassifikation erforderlich, um die Masse der Proben, welche die Naturforscher von ihren Reisen mitgebracht haben, zu benennen und zu klassifizieren, damit die Naturgeschichte eine Beschreibung der Natur liefern kann, nicht nur eine bunt zusammengewürfelte, ständig revisionsbedürftige Bestandsaufnahme. Sobald jede Reise zur Bildung eines kumulativen Wissens über die lebenden Wesen beitragen kann, zeichnet sich ein neues Forschungsprogramm ab: Wie verteilen sich die Pflanzen- und Tierarten über den Erdball? Genau in dem Moment, in dem die Europäer ihre Anstrengungen darauf richten, diese Verteilung durch Akklimatisation zu ändern, versuchen sie auch, sie zu erklären. Die Reisen, die Wanderungen, zu denen der Mensch die natürlichen Arten zwingt, bezeichnen die Grenzen des geographischen Determinismus. Die Verwandtschaften zwischen den natürlichen Produkten einer Region verweisen ebenso wie die Unregelmäßigkeiten der geographischen Verbreitung auf einen Evolutionsprozeß, in dem Zufälle und Zwänge ineinandergreifen. Die Geographie der Lebewesen ist als vorläufiger Endpunkt einer Geschichte der Lebewesen zu verstehen. Diese Geschichte selbst zeichnet die Linien eines großen Stammbaums nach. Die Klassifikationstafel liefert nur einen Querschnitt durch diesen Stammbaum zu einem bestimmten Zeitpunkt. Der Weg von Linné zu Darwin führt über Sammlungen und Karten und ist über weite Strecken derselbe wie jener, den die reisenden Naturforscher genommen haben.

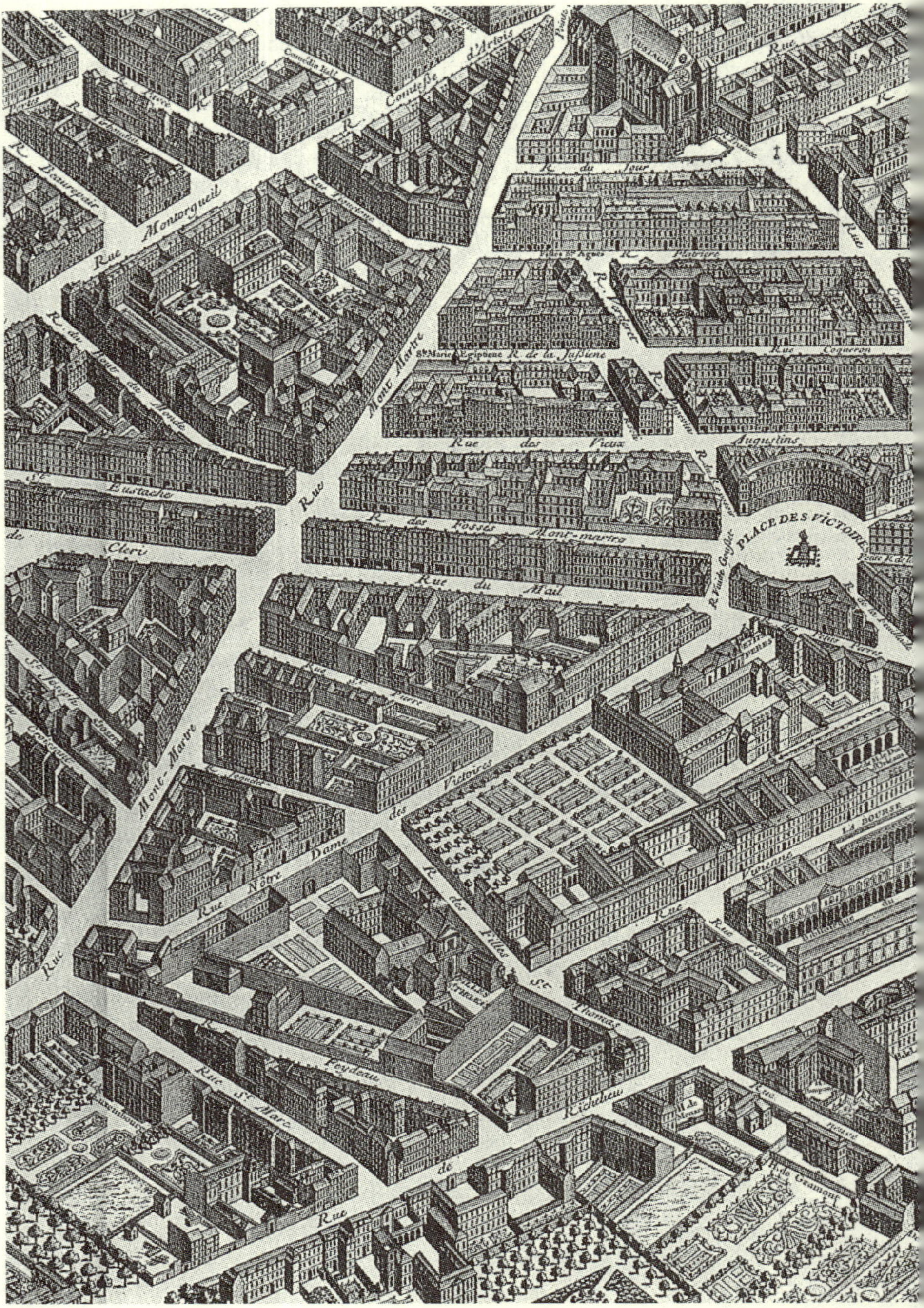
Rue Montorgueil
Rue Mont Martre
R. du Jour
Platriere
R. de la Jussiene
Rue Coqueron
Rue des Vieux Augustins
PLACE DES VICTOIRE
R. des Fossés Mont-martre
Rue du Mail
Eustache
Cleri
Mont-Martre
Rue Nôtre Dame des Victoires
R. des Filles St. Thomas
LA BOURSE
Rue Colbert
Feydeau
Richelieu
Rue St. Marc

MICHEL SERRES

PARIS 1800

Betrachtet man die politische Geschichte Frankreichs und die Wissenschaftsgeschichte nebeneinander, so fällt auf: beide ähneln sich. Während der Großen Revolution kreuzten sich ihre Wege. Damals übernahm die Gemeinschaft der Wissenschaftler die Macht

Der Ursprung der Mathematik, zumindest der abendländischen, hat auf der Landkarte seinen genauen Ort: entlang einer Achse oder eines Grabens, der zwischen Griechenland und der Türkei verläuft und von Konstantinopel nach Mekka führt. Das alte Ägypten, Babylon, Persien und das jüdische Palästina säumen diesen Weg, an dessen Rändern die biblische Prophetie, das Christentum und der Islam, also die großen monotheistischen Religionen entstehen, die hellenische und arabische Wissenschaft, aber auch die Schrift, das Geld, die Eisen- und Bronzeindustrie. Sollte es im Raum Lokalitäten geben, in denen sich, keimhaft verdichtet, die menschliche Erfindungsgabe verstärkt? Wie ist dieses Phänomen zu erklären? Liegt der Grund darin, daß sich hier, an diesem einzigartigen Konvergenzpunkt, wie nirgendwo sonst auf der Welt drei Kontinente berühren, Afrika, Europa und Asien? Oder in der leidenschaftlichen Begegnung der semitischen mit den indogermanischen Kulturen, die zu Verletzungen und Vermischungen führt?

Singularitäten in Raum und Zeit

Und gibt es ebenso in der Zeit einzigartige, nicht minder bedeutende und überaus fruchtbare Momente? Kaum zwei Generationen überhäufen Athen im fünften Jahrhundert vor Christus mit wunderbaren Werken und mustergültigen Texten; selbst die handwerkliche Kunst der Keramiker erreicht damals ihre höchste Blüte. Ebenso gibt es keinen Bereich der intellektuellen oder künstlerischen Schöpfung, dem das Paris des klassischen Zeitalters fünfundzwanzig oder vierzig Jahre lang etwas schuldig bliebe. Ähnliches gilt für Westeuropa am Ende des neunzehnten Jahrhunderts. Man könnte von unvermittelten vulkanischen Eruptionen sprechen, welche die umgebende Landschaft verändern.

»Heute ist das Paris des Jahres 1800 vergessen, wir finden es nur noch auf dem Stadtplan Turgots: eine der erstaunlichsten Häufungen architektonischer Schönheiten, die es in der Geschichte gegeben hat.«
Ausschnitt aus dem Stadtplan von Turgot, 1734. Bibliothèque nationale, Paris

Wie sind sie zu erklären, wenn man gesehen hat, wie viele mächtige und wohlhabende Gruppen ihren Zenit erreichen, aber steril bleiben, kulturell armselig in ihrem wirtschaftlichen Reichtum und ihrer kriegerischen Macht? Auffällig ist in solchen Epochen die Beständigkeit großer tragischer Werke – und ihr Fehlen an anderen Orten und zu anderen Zeiten –, aber auch die Entstehung wunderbarer Komödien, wie man sie vorher oder nachher nicht gesehen hat, Zeugen für die Lebenskraft der Zeitgenossen. Sollte das Genie – das nicht unbedingt dem einzelnen zukommt – an seltene Umstände in Raum und Zeit gebunden sein, so wie die Meteore?

Paris

Um 1800, zwischen dem Ende des *Ancien régime* (1789) und der Restauration (1814), überstürzen sich in Paris politische, soziale, intellektuelle, wissenschaftliche, religiöse und anthropologische Ereignisse in solcher Zuspitzung und von solcher Tragweite, daß sich später ganze Philosophien darauf beschränken, diese Ereignisse zu lesen. Die Eule der Minerva, schreibt Hegel, erhebt sich erst in der Abenddämmerung zu ihrem Flug: Sein phänomenologischer Bericht erzählt vielleicht nichts anderes als das, was dort geschah. Ja, in diesen Jahren wird in Paris Wirklichkeit, was Hegel und Comte sagen und denken werden: als bliebe den künftigen Generationen nur noch, die Ereignisse zu begreifen und zu berichten, nur noch die Nostalgie der Interpretation. Doch was erzählen diese Historiker-Philosophen? Daß sich die Totalität des Wissens über die Totalität der Geschichte wälzt. Was ereignete sich also in Paris um 1800? Nicht weniger als dies: eine lokale und zeitliche Singularität trug das Universelle in sich – und wußte es. Vulkanische Explosion, Erdbeben, völlige Verwandlung der Welt.

Heute ist das Paris des Jahres 1800 vergessen, wir finden es nur noch auf dem Stadtplan Turgots: eine der erstaunlichsten Häufungen architektonischer Schönheiten, die es in der Geschichte je gegeben hat. Das neunzehnte Jahrhundert hat mit solcher Raserei zerstört und neu gebaut, daß unser heutiges Paris, das wir als das historische bezeichnen (und dafür halten), in Wirklichkeit eine sehr neue Stadt ist, jünger zum Beispiel als New York, wenn man – wie kürzlich geschehen – das Durchschnittsalter aller Gebäude und Baudenkmäler exakt berechnet. Kirchen, Höfe, Wohnsitze, freie Plätze und Gärten, elegant und lichtdurchflutet wie die Sainte-Chapelle, das Hôtel de Sens oder die Place des Vosges, reihten sich dutzendfach aneinander, rechts und vor allem links der Seine, ehe sie während des Konsulats und in der Zeit der beiden Empires in Schutt und Asche fielen. Um sich eine Vorstellung davon zu machen: Der Baron Haussmann ließ beim Durchbruch des Boulevard Saint-Germain mehr als vierzig Kapellen niederreißen, die der auf der Ile de la Cité erhaltenen in Rang und Stil vergleichbar waren. Wir bewahren von der Schönheit dieser Stadt keine andere Erinnerung mehr als die Wissenschaften, die dort entstanden. Vandalismus? Anpassung? Dynamik und Kraft der Erneuerung? Wie gewöhnlich ist jede dieser Thesen vertreten worden. Doch der Ort verwandelte sich wie niemals eine Stadt zuvor.

Porträts

Innerhalb eines Vierteljahrhunderts treten dort fast alle nur möglichen Verfassungen auf: Königtum, Republik und Kaiserreich, Varianten des Chaos bis zu Tyranneien jeder Art, gleichsam als ob Paris die Universalgeschichte der Institutionen Revue passieren ließe. Tiefgreifende Umwälzungen? Oder eine tiefere, stabile Dauer? Wie gewöhnlich ist jede dieser Thesen vertreten worden.

Inmitten dieses Parcours: Lagrange, Joseph-Louis, geboren 1736 in Turin, tritt 1787 die Nachfolge Leonhard Eulers an der Akademie Friedrichs II. in Berlin an, nachdem er in seiner Geburtsstadt eine entsprechende Einrichtung gegründet hat, nimmt dann die Einladung Ludwigs XVI. nach Paris an und bleibt dort. Man bringt diesen italienisch-deutschen, vornehmlich französischen Europäer im Louvre unter, in einer Wohnung nahe dem Atelier, in dem Hubert Robert zeichnet[1], der bald den Schinderkarren kennenlernen sollte und wie durch ein Wunder dem Schafott entging. Während sein Nachbar malt, arbeitet der Algebraiker fünfzehn Stunden täglich auf den Gebieten von Mechanik und Analysis und sieht beim Blick in den Hof, wie sich Farbe und Form der Militärmäntel und -mützen fast jedes Jahr ändern, so wie die Mode; manchmal sieht er auch Köpfe, die etwas höher plaziert sind als gewöhnlich. Später wird der Zeichner die Paläste in Ruinen darstellen, während die Mathematiker die Invariantentheorie (über die Unveränderlichkeit von Eigenschaften bei Koordinatentransformation) entwerfen. Vom König, vom Terreur

[1] *Hubert Robert* (1733-1808), genannt »Robert des Ruines«, französischer Maler, fasziniert von Gärten und Ruinen.

und vom Kaiser gefeiert, geadelt und dekoriert, stirbt Lagrange zwei Jahre vor Napoleons Hundert Tagen; er hat in mehreren Wissenschaften gearbeitet, mehrere Sprachen gesprochen, mit Potentaten aller Couleurs verkehrt.
Als enragierter Adliger hat Marie-Jean Nicolas Caritat, Marquis de Condorcet, zunächst Umgang mit den Großen von Geburt, lernt dann jedoch, von Jugend an begabt, in den Salons und Akademien die Großen des Geistes und der Gegenmächte kennen, die mächtiger sind als die Mächtigen, Turgot, Voltaire, d'Alembert, bevor er sich unter die

---

Exakte Wissenschaften

Mathematik

Arbogast, Louis (1759-1803). Symbolischer Kalkül

Argand, Jean-Robert (1768-1822). Imaginäre Zahlen

Carnot, Lazare (1753-1823). Infinitesimalrechnung

Cauchy, Augustin-Louis (1789-1857). Analysis

Condorcet, Marie-Jean Nicolas Caritat de (1743-1794). Algebra

Fourier, Joseph (1768-1830). Gleichungen mit partiellen Ableitungen

Français, Jacques-Frédéric (1775-1833). Imaginäre Zahlen

Gergonne, Joseph-Diaz (1771-1859). Dualität

Lacroix, Sylvestre-François (1765-1843). Analytische Geometrie

Lagrange, Joseph-Louis de (1736-1813). Analysis, Mechanik

Laplace, Pierre-Simon de (1749-1827). Mathematik, Physik, Astronomie

Legendre, Adrien-Marie (1752-1833). Algebra

Monge, Gaspard (1746-1818). Deskriptive Geometrie

Poinsot, Louis (1777-1859). Statik

Poisson, Siméon-Denis (1781-1840). Wahrscheinlichkeitsrechnung

Poncelet, Jean-Victor (1788-1867). Projektive Geometrie

Astronomie

Bailly, Jean Sylvain (1736-1793)

Borda, Jean Charles (1733-1799)

Delambre, Jean-Baptiste Joseph (1749-1822)

Lalande, Joseph Jérôme Lefrançois de (1732-1807)

Méchain, Pierre (1744-1804)

Messier, Charles (1730-1817)

Physik, Chemie

Arago, Pierre-François (1786-1853). Elektrizität

Berthollet, Claude-Louis (1748-1822). Chemie

Carnot, Nicolas Léonard Sadi (1796-1832). Thermodynamik

Comte, Auguste (1798-1857). Mechanik, Astronomie

Coulomb, Charles (1736-1806). Elektrizität, Magnetismus

Dulong, Pierre Louis (1785-1838). Akustik

Fourcroy, Antoine François de (1755-1809). Chemie der Mineralien

Fourier, Joseph (1768-1830). Wärmetheorie

Gay-Lussac, Louis-Joseph (1778-1850). Physik

Germain, Sophie (1776-1831). Akustik, Mathematik

Hassenfratz, Jean-Henri (1755-1827). Chemie

Haüy, René-Just (1743-1822). Mineralogie

Lavoisier, Antoine-Laurent de (1743-1794). Chemie

Malus, Étienne Louis (1775-1812). Optik

Nièpce, Nicéphore (1766-1833). Photographie

Parmentier, Antoine Augustin (1737-1813). Agronomie, Pharmazie

Prony, Gaspard Marie Riche de (1755-1839). Ingenieur

Proust, Joseph Louis (1754-1826). Chemie

Romé de L'Isle, Jean-Baptiste (1736-1790). Mineralogie, Kristallographie

Savart, Félix (1791-1841). Akustik

Thénard, Louis Jacques (1777-1857). Chemie

Biologie, Medizin

Bichat, Marie-François-Xavier (1771-1802). Histologie

Blainville, Henri Decrotay de (1777-1850). Naturforscher

Bravais, Louis (gestorben 1842). Botanik

Brongniart, Alexandre (1770-1847). Mineralogie

Broussais, François Joseph Victor (1772-1838). Medizin

Cabanis, Pierre Georges (1757-1808). Medizin

Candolle, Augustin Pyrame de (1778-1841). Botanik

Corvisart, Jean Nicolas (1755-1821). Medizin

Cuvier, Frédéric (1773-1838). Geologie

Daubenton, Louis (1716-1800). Naturforscher

Dupuytren, Guillaume (1777-1835). Medizin

Dutrochet, Henri (1776-1835). Medizin, Osmose

Esquirol, Jean (1772-1840). Neurologie

Gall, Franz Joseph (1758-1828). Anatomie

Itard, Jean Gaspard (1774-1838). Endokrinologie

Jussieu, Antoine Laurent de (1748-1836). Botanik

Lacepède, Étienne (1756-1825). Naturforscher

Laennec, René Théophile Hyacinthe (1781-1826). Stethoskop

Lamarck, Jean-Baptiste de Monet de (1744-1829). Biologie

Latreille, Pierre-André (1762-1833). Entomologie

Pinel, Philippe (1745-1826). Psychiatrie

Saussure, Nicolas Théodore de (1767-1845). Pflanzenphysiologie

Großen der Politik begibt und sich in die Gesetzgebende Nationalversammlung, später dann in den Konvent wählen läßt. Er lebt mit allen Großen und spricht mit glühender Begeisterung von Gleichheit.

Er arbeitet auf dem Gebiet der Analysis, der Mechanik, sogar der Astronomie, verfaßt Schriften über die Neigung der Ekliptik[2] und das Dreikörperproblem[3], strebt als Statistiker *avant la lettre* danach, den Wahrscheinlichkeitskalkül auf das anzuwenden, was wir als Sozialwissenschaften bezeichnen würden: es gibt (fast) kein Gebiet der strengen Mathematik, das ihm nicht vertraut wäre. Als Sekretär der Akademie vor ihrer Auflösung hält er die Zügel der Wissenschaft. Als enger Freund Turgots hält er, als dieser zum Premierminister ernannt wird, einen Augenblick lang die Zügel der Verwaltung. Während der Revolution verfaßt er die Parlamentsberichte mehrerer einflußreicher Zeitungen und hält die Zügel der damaligen Medien. Ein Vorläufer der modernen Macht, der durch die Sprache und die Diskurse huscht: Nichts wird sich dem Wissen (das stets wahr ist), der zirkulierenden und verführerischen Information (die überall präsent ist) oder den Inhabern der Macht (die die soziale Ordnung organisieren) entgegenstellen können – es sei denn um den Preis des Irrtums, des Schweigens oder der Ungesetzlichkeit. Condorcet spricht mit glühender Begeisterung von Freiheit.

[2] Vgl. S. 120.
[3] Vgl. S. 615 f.

Mit Haftbefehl gesucht, zum Schafott verurteilt, in eine geheime Straße geflüchtet, schreibt er die *Esquisse d'un tableau historique des progrès de l'esprit humain*, eine Geschichtsphilosophie, nach der Wissenschaft und rationale Sprache die allgemeine Geschichte lenken und letztlich am Zügel halten. Die universelle Vernunft oder der Geist, wie er sich in der Wissenschaft – derjenigen Condorcets natürlich – verkörpert, ergreift schließlich überall und für alle Zeiten die Macht und herrscht über alle Kulturen. Die Vernunft spricht mit glühender Begeisterung von Brüderlichkeit.

Auf der Flucht vor seinen Henkern irrt Condorcet zwei Tage lang auf den Straßen herum, allein, im Süden von Paris, in der Nähe von Bourg-l'Égalité, früher Bourg-la-Reine, schläft unter freiem Himmel, nimmt einen falschen Namen an, schmutzig und unrasiert, schlägt sich von einem Wirtshaus zum nächsten durch: dort, endlich, begegnet er dem Volk und dem Elend, von dem er immer gesprochen hat. Achtundvierzig Stunden unmittelbarer Erfahrung gegen ein ganzes Leben im Diskurs: er stirbt daran (1794).

Als Nacheiferer Lagranges auf dem Gebiet der Analysis, Verfasser einer *Métaphysique du calcul infinitésimal*, in der er das Problem der »verschwindenden Größen« (der Differentiale) in den Griff zu bekommen versucht, ist Lazare Nicolas Marguerite Carnot als Mathematiker ebenso erfolgreich wie als Philosoph. Als Abgeordneter im Konvent weiß er sich nicht nur den Fallen zu entziehen, in die sein Fachkollege Condorcet stolperte, sondern herrscht und regiert, wird Vorsitzender des Wohlfahrtsausschusses, wo er den Genius des Krieges verkörpert, vierzehn Armeen für die Republik aufstellt, sämtliche Feldzugspläne ausarbeitet, die Siege organisiert und das Schicksal Bonapartes vorwegnimmt: Triumph also auf der ganzen Linie, von der Analysis zur reinen und praktischen Vernunft, von der Politik zur Strategie. Ja, ihm fällt sogar die begnadete Rolle des ideologischen Märtyrers zu, da die Revolution ihn in die Verbannung schickt. Kaum eine Stadt in Frankreich, in der nicht eine Straße nach ihm benannt wäre; nicht einmal in kleineren Orten fehlt eine *rue Carnot*; wenige Namen in der Geschichte häufen so viel Ruhm auf sich. Carnot als Wissenschaftler, Carnot als Machthaber, Carnot als militärischer Sieger: Gedenktafeln an den Mauern. Nichts oder fast nichts ist von seinem wissenschaftlichen Werk geblieben, und man weiß, womit die Schlachtfelder am Abend übersät sind. Ein Enkel wird später Präsident der Republik, hoch angesehen, von einem Anarchisten ermordet. Lazare Carnot lebt siebzig Jahre, von 1753 bis 1823.

Kaum älter als sechsunddreißig Jahre wird sein ältester Sohn, Nicolas Léonard Sadi (1796-1832), Physiker, als Irrer bei Esquirol im Asyl von Charenton gestorben, heulend vor Angst, in den Fesseln der Zwangsjacke. Man weiß nichts von ihm, nichts von seiner Jugend, nichts von seinem Genie. Aus dem kläglichen Schiffbruch seiner Existenz wird ein Manuskript über die Kraft der Dampfmaschinen gerettet, worin er die Thermodynamik erfindet und begründet, deren Kreisprozeß er beschreibt und deren zweiten Hauptsatz er ausspricht.[4] Tatsächlich ist damit eine neue Zeit geboren, mitten in Schmach und Elend, Stroh, Unrat, Einsamkeit, im äußersten und gewöhnlichsten Leid eines verwahrlosten übermenschlichen Geistes.

[4] Vgl. S. 424.

Die politische Revolution geht vorüber mit ihren beiden ineinanderfließenden Hauptströmen der Diskurse und der

Condorcet

Fourier

Lagrange

Condorcet, Fourier, Lagrange, Laplace, Lazare Carnot: Gelehrte an der Macht, Revolutionäre, schaffen die Wissenschaften der Vergangenheit; Sadi Carnot, gestorben im Irrenhaus, stellt die Weichen für die Wissenschaften der Zukunft.
Lagrange, *Stich von Rados nach Bosio; Archiv der Académie des sciences, Paris.* – Lazare Carnot, *anonymes Gemälde, um 1815; Musée nationale du château de Versailles.* – Sadi Carnot, *Bibliothèque nationale, Paris.* – Condorcet, *Gemälde aus der Schule von Greuze; Musée nationale du château de Versailles.* – Laplace, *Bibliothèque nationale, Paris.* – Fourier, *Palais de la Découverte, Paris*

Toten – die einen anstelle und wegen der anderen –, mit ihrem Rückstrom zum Empire, zu den Volkserhebungen und der Restauration; historischen Kehrtwendungen, bei denen erhabene und unvergängliche Haßgefühle und Ideale durchbrechen: Krieg. Andernorts vollzieht sich die industrielle Revolution: Steinkohle, Kapitalien, Rekapitulation von Geld und Minen, Dampfmaschinen, harte Ausbeutung der Elenden; wiederum Krieg. Die echte wissenschaftliche Revolution findet statt im Schweigen und in der Isolierung, jenseits der Macht, des Ruhms und des Reichtums, in einer Irrenhauszelle, mitten in erbarmungslosem Unglück: jenseits des Krieges? Der Vater triumphierte, ließ Köpfe rollen und stellte vergeblich Armeen auf: er machte Geschichte, wie man sagt. Der kümmerliche Sohn stellt die Weichen der Zukunft.

Wissenschaft und Macht

Die positive Wissenschaft ergreift die Macht; die Mathematiker: Lazare Carnot, Condorcet; die Astronomen: Bailly, erster Bürgermeister von Paris, bis er guillotiniert wird; die Mechaniker: Lagrange, Laplace; die Physiker: Fourier, Arago; die Chemiker: Fourcroy, Berthollet; einige Ärzte: Cabanis; ein Fachmann der Geometrie bemächtigt sich der militärischen und zivilen Gewalt: Bonaparte, zuvor Urheber des sogenannten napoleonischen Problems, das darin besteht, allein mit dem Zirkel einen Kreis in vier

Laplace

Lazare Carnot

Sadi Carnot

gleiche Teile zu teilen, nach der eleganten Methode des Italieners Lorenzo Mascheroni. Der Kaiser verkörpert nicht nur den ersten der verlorenen Kämpfe Südeuropas gegen den triumphierenden Norden, sondern auch das zweite der siegreichen Gefechte der Naturwissenschaft gegen das gedemütigte literarisch-historische Wissen vom Menschen. Chateaubriand ist emigriert, Beaumarchais im Gefängnis; Chamford begeht Selbstmord, Chénier wird enthauptet, Madame de Staël lebt im Exil. Die positive Wissenschaft ergreift die Macht; das Wissen vom Menschen verliert sie.

Krieg im Kriege oder Revolution in der Revolution: es tobt der Streit der Fakultäten, der im Zeitalter der Aufklärung begonnen hat und bis heute fortdauert. Die positive Wissenschaft bemächtigt sich der Vernunft und wird zu jener Zeit ihre ausschließliche Inhaberin; außerhalb von ihr bleibt nur das Irrationale. Alle übrigen Inhalte des Wissens, der Kultur, selbst jene, die dem Rationalismus den Weg gebahnt haben, wie die Metaphysik oder die Theologie, selbst jene, die man heute unter dem Titel der Humanwissenschaften zusammenfaßt, die sich den Mythen und der Finsternis widmen, werden aus der Domäne der rechtmäßigen Vernunft verjagt. Die sogenannte Romantik verschärft und bestätigt diese ungleiche Teilung, indem sie ernst nimmt, was nur noch als Sturm und Aufruhr gilt. Von nun an leben wir in der Gewißheit, daß Rationalität und

Naturwissenschaft einander deckungsgleich sind, während diese in Wahrheit sich jene nur anmaßt. Dieser Propagandatrick, in der Aufklärung längst vorbereitet, geht mit jenen Machtergreifungen um das Jahr 1800 in Paris vollends auf. Die Gesellschaft überantwortet sich der Vernunft, die sich den Naturwissenschaften ausliefert, welche die partikularen Kulturen austreiben. Das Universelle gewinnt die Oberhand über die Singularitäten.

Das Universelle

Entstanden aus einem von Rabelais erfundenen griechischen Wort, bei Leibniz Gegenstand längerer Betrachtungen, ist der Gedanke der Enzyklopädie im Grunde im Werk eines jeden Philosophen verwirklicht, der diesen Namen verdient – von Aristoteles bis Comte. Nach dem englischen Vorbild von Chambers[5] verfassen d'Alembert und Diderot ab 1751 in einem Zeitraum von mehr als zwanzig Jahren unter Mithilfe bedeutender und unbedeutender Mitarbeiter, darunter Voltaire, Montesquieu, Rousseau und Galiani, einen Überblick über die Epoche der Aufklärung: die *Encyclopédie ou Dictionnaire raisonné des sciences, des arts et des métiers*. Die Gesamtheit des Wissens erscheint, alphabetisch geordnet, in einem einzigen Werk.

[5] *Ephraïm Chambers* (1680-1740) stellte seine *Cyclopedia, or an Universal Dictionary of Arts and Sciences* 1728 zur Subskription. Das Werk erlebte in England raschen Erfolg und war eine der Hauptquellen der *Encyclopédie* Diderots und d'Alemberts.

Entstanden aus dem Namen eines mythischen Helden Attikas, in dessen Gärten sich Platon mit seinen Schülern traf, beherrschen die Akademien, die unter der Ägide der Könige des siebzehnten und achtzehnten Jahrhunderts in den meisten der großen europäischen Hauptstädte gegründet werden, das Zeitalter der Aufklärung: sie versammeln nicht nur Bücher, sondern auch Menschen, Spezialisten ihrer jeweiligen Disziplin, regelmäßig an einem bestimmten zentralen Ort. Die Gesamtheit des Wissens sitzt um einen Tisch oder in einem Saal, ebenfalls in konventionell festgelegter Ordnung.

Und während der Revolution entspricht diese Gesamtheit des Wissens einem Ministerrat.

Wissenschaft ohne Grenzen

Für uns liegt es heute nahe, Beccaria oder Lagrange als Italiener, Gauß als Deutschen, Linné als Schweden, Franklin als Amerikaner, d'Alembert als Franzosen, Abel als Norweger und Euler, die Bernoullis oder die Saussures als Schweizer zu bezeichnen; das achtzehnte Jahrhundert kennt diese Zuordnungen nicht. Das Europa der Gelehrten ist Wirklichkeit; Lagrange wohnt im Louvre, Voltaire lebt in Preußen und Diderot in Rußland. Um 1800, diese runde Jahreszahl, die uns natürlich nur zur Orientierung dient, bildet Paris kein Zentrum, wie später London oder noch später Amerika – Orte, wo die Entscheidungen fallen, die das Gesicht der Welt verändern –, sondern eher einen Knotenpunkt in einem Raum ohne Grenzen. Man hat gesagt, daß sich das Zentrum im Laufe der Zeit geographisch verschiebt; aber dazu müßte man einen isotropen Raum und eine homogene Dauer unterstellen, eine Annahme, die allem widerspricht, was wir von der Geschichte und ihren veränderlichen Umständen wissen. Dieses Zentrum kann ganz unterschiedlichen Charakter annehmen und braucht in bestimmten, außergewöhnlichen Momenten nicht mit dem Sitz der Macht identisch zu sein. Es gilt einen Ort zu bestimmen, an dem in solchen Augenblicken die Weltbürger und eine Sprache, in der sie miteinander sprechen, zusammentreffen: Damals verliert Paris die Macht, um die Universalität zu gewinnen. Athen gewann einst die Universalität, doch niemals die Macht.

Was hatte die Riesenschlacht, welche die Aufklärung in dem zu Ende gegangenen Jahrhundert gegen Fanatismus und Religion führte, letztlich zu bedeuten? Gewiß, es war ein Kampf gegen die Macht. Aber auch die Verdrängung partikularer Kulturen um einer rationalen Universalität willen, einer neuen gemeinsamen Sprache. Um die Wende zum neunzehnten Jahrhundert spricht Europa nicht so sehr Französisch als vielmehr Universalistisch. Was wir heute, seit 1800, als kulturelle Identitäten bezeichnen – die sich in einer regionalen Sprache artikulieren, auf der Grundlage einer (von der Anthropologie erforschten) Religion entwikkeln und sich nicht selten in den sogenannten Humanwissenschaften äußern –, erscheint damals als Haupthindernis für jene rationale Universalität, die alle Partikularitäten hinwegfegen soll. Darin besteht der eigentliche Kampf der Vernunft, wenn sie sich der Universalgeschichte bemächtigt, zum Beispiel in Condorcets *Esquisse d'un tableau historique*. Und darin liegt ein quälendes Problem, das bis heute offengeblieben ist.

Wer also ein Zentrum behauptet, stellt an die Spitze einer unerträglichen Hierarchie ein Besonderes, das sich als Allgemeines ausgibt. National heißt in dieser Epoche: gegen das Zentrum, gegen die Krone; welche einzelne Person, welche Kultur könnte sich für souverän halten? Keine.

Kein Nabel also, weder in Paris noch in Ferney, Turin, Potsdam, Berlin oder Sankt Petersburg. Paris 1800 liegt nicht in Frankreich, sondern im Universellen, allenfalls in Europa. Ob ihm dieses seltsame Unternehmen gelungen ist, weiß ich nicht, aber den Versuch hat es zweifellos gemacht. Wenigstens hat die ganze Welt es so verstanden. Die Vernunft verkörpert sich in einem dezentrierten Raum. Der Beweis dafür: Paris gibt sich als Zentrum auf. Es verzichtet förmlich auf die Macht zugunsten der Universalität. Es tauscht die Macht gegen das Wissen.

Die Vernunft an der Macht

Eudoxos und Aristoteles im alten Griechenland, Johannes von Sacro Bosco und Thomas von Aquin im Mittelalter, Descartes und Galilei zu Beginn der Klassik, Newton und Leibniz an ihrem Ende treten als Ausnahmegestalten hervor; doch hatte die Wissenschaft während dieser beiden Jahrtausende noch nie die Versuchung verspürt (und auch nicht die Mittel dazu gehabt), das Zentrum der Philosophie oder des Staates einzunehmen, schon gar nicht das Zentrum der Gesellschaften oder der Geschichte, der erlebten oder der aufgezeichneten. Sie bleibt dienstbar, am Rande. Paris im Jahre 1800 erhebt nicht den Anspruch, Mittelpunkt eines Raumes oder Reiches zu sein, weil es diesen Platz der Wissenschaft, als Ganzes betrachtet, einräumt. Die Totalität des Wissens, kaum daß sie als solche in der *Encyclopédie* oder in den Akademien Wirklichkeit geworden ist – auch wenn es diesen Gruppierungen noch an Ordnung mangelt –, die nunmehr begriffene Universalität der Vernunft, die endlich organisierte Gemeinschaft der Forscher: sie gehen nun auf Eroberung aus und versuchen, ihre Stellungen auszubauen und den ganzen Raum einschließlich des Zentrums einzunehmen. So jedenfalls versteht es Europa. *Paris 1800* ist also weniger ein Kapitel aus der Geschichte Frankreichs als vielmehr die Markierung eines entscheidenden Raum- und Zeitpunkts in der Geschichte der abendländischen Wissenschaften und der Menschheit. Das Wissen (verkörpert durch das Kollektiv der Wissenschaftler) übernimmt den Zustand der Welt in eigene Machtvollkommenheit – um nichts weniger geht es. Das Wissen, das schon im siebzehnten Jahrhundert Herr und Eigentümer der Natur war, versucht nun, sich zum Eigentümer und Herrn der Menschen zu machen. Das Unternehmen, das sich schon damals abzeichnete, endete mit einer Niederlage, die man für vorläufig halten muß. Seit jener Zeit stehen Richtung und Orientierung fest, sogar der Antrieb ist gesichert, so daß die damals angestoßene Bewegung dieses Ziel nicht aufgeben wird, bis der heute nicht mehr ferne Sieg erreicht ist. Gewiß sind dort und damals Stücke einzelner Disziplinen entstanden; doch was mit Macht auftaucht, könnte Totalität oder Kollektiv oder Ordnung oder, besser noch, Soziologie der Wissenschaften heißen.

Vor diesem Zeitpunkt bestand das Ganze der Wissenschaft eher aus informellen Sammlungen denn aus Systemen: konventionelle Unordnung in alphabetischer Reihenfolge oder Begegnung am runden Tisch. Um die Macht ergreifen zu können, muß all das klassifiziert werden. Die *Enzyklopädie* beschreibt einen Zyklus, um alles zu erfassen, alles zu umfassen und ihr Zentrum auf den alles entscheidenden Punkt zu legen. Die Wissenschaft wird die Macht ergreifen, die Vernunft über die Geschichte herrschen? Tatsächlich *geschieht* Hegel, noch ehe er zu schreiben beginnt, ja, er schreibt sogar *avant la lettre* unter der sterbenden Feder Condorcets.

Niemals kamen so viele Wissenschaftler der Zentralmacht so nahe; das ist kein zufälliges Ereignis mehr, das hier und da auftritt, sondern muß als Gesamtphänomen begriffen werden. Jean Sylvain Bailly (1736-1793), Astronom, Historiker seiner Wissenschaft, wird bekanntlich erster Präsident der Verfassunggebenden Nationalversammlung und ebenfalls erster Bürgermeister von Paris; von der intellektuellen und politischen Laufbahn Lavoisiers, der unter dem *Ancien régime* Generalpächter war und schließlich enthauptet wird, ist an anderer Stelle des vorliegenden Buches die Rede[6]; Condorcet wechselt von der Gesetzgebenden Nationalversammlung in den Konvent, wo Lacepède einen Sitz hat; Cabanis, Freund des zweiten, berät ihn; Lazare Carnot wird Vorsitzender des Wohlfahrtsausschusses, Laplace Senator, Monge Marineminister, Fourier Präfekt, Arago und Chaptal übernehmen ebenfalls Ministerämter: Beispiele gibt es genug. Wenn Bonaparte der Geschichte der Geometrie die Lösung eines Problems vermacht, wiederholt er damit in symmetrischer Umkehrung Ludwig XIV., dem die Humanwissenschaften eine Übersetzung von Julius Cäsar verdanken. Keine Disziplin bleibt ausgespart: Von der Mathematik über die Physik, Chemie, Naturgeschichte und Medizin bis zur Nationalökonomie treten

[6] Vgl. S. 645-685.

sämtliche Wissenschaften plötzlich in die Politik ein, nicht einzeln, sondern *en bloc*.

Und bringen ihre Querelen und Gewohnheiten mit. Beim Tode Lavoisiers hat durchaus auch die Eifersucht der Kollegen eine Rolle gespielt, so wie man bei den Handlungen Jean-Paul Marats nicht dessen Groll gegen die *Académie des sciences* unterschätzen sollte, die 1780 seine *Dé couvertes sur le feu, l'électricité et la lumière* abgelehnt hatte; unterzeichnet war der Bericht unter anderem von Condorcet. Viele solcher alten Rechnungen wurden mit Proskriptionen und dem Schafott beglichen. Dank ihrer ängstlichen Vorsicht kommen die Männer der Spekulation insgesamt jedoch leichter wieder aus dem revolutionären Strudel heraus als viele andere Professionen, vor allem jene, die mit Geschäften zu tun hatten. Die Kaste ist nicht nur mächtig, sie bleibt auch unversehrt: man weiß die eigene Haut zu retten, und eben darin zeigen sich die wahre Macht und die Kungelei oder Solidarität trotz allem.

Mag sein, daß der eine oder andere, Condorcet, Bailly oder Lavoisier, von Ehrgeiz, Interesse oder Ideologie getrieben wurde. Gewiß. Aber die Bewegung gewinnt zu sehr an Breite, als daß man sie als individuelles Phänomen auffassen könnte. Die Wissenschaft bildet plötzlich ein Ganzes, das von ganz allein an sämtlichen Fronten vorrückt, sämtliche Posten beansprucht; die Wissenschaftler denken, leben, handeln in einem Kollektiv, das seinen eigenen Gesetzen gehorcht. Daß das Phänomen der Übernahme *en bloc* sich seit zweihundert Jahren langsam vorbereitet und an Tempo gewinnt, wird niemand bestreiten, doch erst während der Französischen Revolution nimmt es Konturen an. Als Gesamtheit des Wissens wird die Wissenschaft tendenziell zum *fait social total*.

Rekapitulation

Rückblickend liest man anders, was der Schlacht und den temporären Siegen voranging. Fast gleichzeitig treten die großen, wohlgeordneten Disziplinen – Analysis, Mechanik, Astronomie, Physik, Chemie und Naturgeschichte – in eine Phase der Rekapitulation. Es ist die Zeit der großen systematischen Abhandlungen einzelner Gebiete, aus der Feder derer, die damals auf der Jagd nach Titeln und Stellen sind. Die *Enzyklopädie*, bis dahin verstreut, rückt enger zusammen. Man hält gewissermaßen Rückschau. Lokale Zirkel ersetzen den großen Gesamthorizont. Das kann mehreres heißen. Zum einen geht die Bestandsaufnahme der Erfindung voraus und bedingt sie. Gewiß. Doch auch die Rekapitulation häuft Kapital. Und dann: Die Konzentration bestimmt und verstärkt ein Zentrum. Schließlich: »Revue passieren« läßt man nicht nur Erinnerungen oder Erkenntnisse, sondern auch bewaffnete Truppen. Die Wissenschaft wird ihrer inneren und äußeren Macht inne: daß sie sich konzentriert, könnte auch heißen, daß sie sich rüstet. Sie wird die Macht nicht bloß zufällig ergreifen.

Paris erhebt keinen Anspruch auf das Zentrum, sondern möchte es überallhin verstreut sehen, dieses Zentrum einer Enzyklopädie, deren gewaltige Peripherie alles umfaßt. Die Gesamtheit des Wissens wird mobil, geht auf Reisen. Bonaparte setzt sie zum Beispiel auf ein Schiff und nimmt sie mit nach Ägypten; die Akademien versammeln sich am Ufer des Nils, wo die *Enzyklopädie* ihre Vorfahren sucht. Noch einmal: Was sich später auf Text oder Schrift beschränkt, geschieht jetzt »im Feld«; die Wissenschaft als Ganzes bricht auf und sucht ihre eigene Geschichte.

Eine andere Universalität: die ganze Welt, das Universum, der Globus als Ort und Objekt des Wissens. Die großen Forschungsreisen, die seit dem vierzehnten Jahrhundert unternommen wurden, erreichen mit Bougainville, Cook und Entrecasteaux ihren Höhepunkt. Mancher Weltumsegler hat von der Revolution nichts gehört. Die Entdekkung neuer Länder geht zu Ende, alle Wege sind befahren. Die Erde ist in allen Richtungen umrundet: nun gehen die Reisen weiter in der *Enzyklopädie*. Die neuen Erforscher sind weniger auf Eroberungen aus denn auf Wissen; sie wollen die Gestirne am Kap beobachten, Sternbahnen berechnen, irgendeinen Meridianbogen triangulieren. Die Wissenschaft besucht und erkundet eine experimentelle und spekulative, physikalische, astronomische Erde, bis schließlich die Ethnologie den Menschen zu ihrem Objekt macht. Der Globus wandelt sich: er ist weniger Kulisse oder herrenloser Besitz als vielmehr Kreis objektivierter Kreise, konkreter Träger der *Enzyklopädie*. Tiere und Pflanzen werden dem *Jardin* beziehungsweise dem *Muséum* zugeschickt, die sie inventarisieren, rekapitulieren: zentrale Sammlung, zentrale Bestandsaufnahme, die überall stattfinden könnte.

Die Zeit der großen Inventur und der großen Abhandlungen ist auch die Zeit, in der die Museen erfunden werden: Sammlungen nicht nur von Fauna oder Flora, sondern

Hubert Robert malt die Große Galerie des Louvre in Ruinen*: beklagt er damit die Vertreibung der Künstler zugunsten der Historiker und Administratoren? Entwurf eines Gemäldes für die Ausstellung von 1796; Louvre, Paris*

auch menschlicher Werke. Es ist zugleich die Epoche der großen kulturellen Raubzüge, welche die starken Nationen gegen die schwachen unternehmen: die Rekapitulation verlangt solche Diebstähle von lebenden Wesen und Kunstdenkmälern. Echte Produzenten, wie Fragonard oder Robert, werden aus dem Louvre (gegründet 1791) ausquartiert und müssen den Büros der Konservatoren, Leuten wie Vivant Denon (1747-1825), Platz machen. Die bildende Kunst fällt unter den Zugriff der Verwaltung. Wenn derselbe Hubert Robert die große Galerie des Louvre in Ruinen malt, beklagt er damit die Vertreibung der Künstler zugunsten der Geschichtsprofessoren und Administratoren? Interessiert man sich nur noch für Daten, Quellen und Akten, so bleiben von der Schönheit nur Steinhaufen. Auch eine leere, unfruchtbare Wissenschaft ist für diese Kultur gewiß tödlich.

Große Abhandlungen

Als renommierter Nachfolger von Euler und d'Alembert schreibt Joseph-Louis de Lagrange (1736-1813) genau zwei Abhandlungen, die als Vorbilder gelten werden. Die *Méchanique analytique* von 1788 liefert eine strenge und vollständige Deduktion der Disziplinen von Ruhe und Bewegung, Statik und Dynamik, für Festkörper, Flüssigkeiten und Gase aus einem einzigen Prinzip, dem der virtuellen Verrückungen. Mit Stolz bemerkt der Verfasser, daß in seinem Buch keinerlei Abbildungen vorkommen, das heißt, daß er niemals auf Anschauung zurückzugreifen braucht. Sylvestre-François Lacroix (1766-1843) hatte zwar nicht die Sache, aber doch das Wort »analytische Geometrie« erfunden; Lagrange schreibt 1797 seine *Théorie des fonctions analytiques*, worin er versucht, Differential- und Integralrechnung – freilich um den Begriff der Ableitung herum – zu ordnen. Von hier beginnt das Attribut »analytisch« seinen Siegeszug: es zeigt an, daß man über eine klare und vollständig beherrschte Sprache verfügt, welche die Fragen, die man sich vorlegt, unzweideutig zu klären vermag. Das analytische Ideal entsteht beinahe gleichzeitig mit dem Positivismus; zwei ganz moderne Schulen, die doch schon zweihundert Jahre alt sind.

Jede der beiden großen Abhandlungen entfaltet eine doppelte lokale Enzyklopädie. Zum einen liefern beide einen Abriß der betreffenden Disziplin, zugleich aber ein Resümee oder eine Wiederaufnahme ihrer gesamten Geschichte. Bevor er darangeht, die Mauern des Gebäudes hochzuziehen, läßt der Architekt die ganze Geschichte vor sich abrollen und bezieht sich zum Beispiel in der Mechanik auf die Arbeiten von Archimedes und auf die seiner klassischen Vorläufer, Galilei, Stevin oder Pascal. Die Totalisierung der Geschichte geht Hand in Hand mit der Totalisierung des Wissens. Das ist kennzeichnend für diese Zeit, ebenso wie die Expedition der Akademien nach Ägypten. Hegel und Comte brauchen diesen Gedanken einer doppelten Integration aus den großen wissenschaftlichen Abhandlungen, die ihnen vorausgingen, nur zu übernehmen. Es gibt keine Wissenschaft außer der Wissenschaft und der Geschichte. Das kennzeichnet auch jenes andere Universale, das sich Universität nennt. Der Gelehrte, der die Macht übernimmt, wird Professor: Funktionär der Geschichte oder der Wissenschaft unter Ausschluß aller anderen Praktiken.

Die drei Revolutionen

Kaum ist Paris im Jahre 1800 aus dem Mythos der Revolution erwacht, da stürzt es sich schon in die napoleonische Legende. Hat Frankreich nun eine wirkliche politische Umwälzung erlebt oder nur eine Machtkonzentration zuwege gebracht, die stärker ist, als es die königliche Macht jemals war? Darüber streitet man noch heute. Zum selben Zeitpunkt wird England zum Schauplatz jener industriellen Revolution, nach der nichts mehr so ist wie vorher. Läßt sich in gleicher Weise, gleichzeitig, eine wissenschaftliche Revolution festmachen? In welchem Sinne?

Ehe Politik, Wissenschaft und Industrie den Ausdruck für sich reklamieren, gehört das Wort Revolution dem Himmel: 1543 läßt Kopernikus *De revolutionibus caelestium libri VI* erscheinen, worin er die Planetenbahnen um die Sonne beschreibt. Wenn sich eine Revolution vollendet hat, erreichen die Himmelskörper wieder genau den Punkt, an dem niemand einen Unterschied in der Lage der Dinge zwischen dem Anfang des Zyklus und seinem Ende feststellen könnte. Mit demselben Wort sagen wir, ohne es sagen zu wollen, daß Frankreich nach den erschütternden und spektakulären Veränderungen des Konsulats oder der Schrekkensherrschaft unverändert geblieben ist. Bewahrt die Geschichte etwas Reversibles in ihrer irreversiblen Zeit?

1796 veröffentlicht Pierre-Simon de Laplace seine *Exposition du système du monde*, dann – zwischen 1798 und 1825 – die *Méchanique céleste*: zwei weitere große Abhandlungen. Die Welt, so zeigt er darin, bildet ein System. Aus drei Gründen. Den ersten könnte man den mathematischen oder sogar euklidischen nennen: Alle Formen und sämtliche beobachtbaren wirklichen oder scheinbaren Bewegungen sind vollständig aus dem sogenannten Newtonschen Gesetz der Zentralkräfte ableitbar. Die Welt ist ein System durch Einheitlichkeit, Deduktion, Kohärenz: sie entspringt einem Prinzip. Laplace unternimmt die Anstrengung, dessen Gültigkeit im einzelnen für die begrenzten Regionen nachzuweisen, die sich diesem Prinzip scheinbar entziehen, wie die Jupitermonde oder die Saturnringe: die Ausnahmeorte sind letztlich verkleinerte Modelle.

Uneingeschränkt herrscht jetzt das universelle Gesetz der Anziehung. Der zweite Grund betrifft den Determinismus. Der Kalkül entwickelt das Gesetz zu einem System von Differentialgleichungen (wir bemerken im Vorbeigehen, daß hier abermals der Begriff System auftritt, offenkundig wieder in derselben Bedeutung), das die Variablen und Konstanten miteinander kombiniert. Vor Laplace hatte der Chevalier d'Arcy Zweifel an der Möglichkeit geäußert, diese Gleichungen ohne weiteres zu integrieren, sobald das Planetensystem drei oder mehr Körper ins Spiel bringt. Ein Dämon, der rasch Berühmtheit erlangt, greift ein, um den Laplaceschen Determinismus zu definieren: Angenommen, diesem Dämon wären sämtliche Parameter für einen gegebenen Moment bekannt, dann könnte er mit Hilfe der Gleichungen sämtliche künftigen und vergangenen Positionen der Himmelskörper berechnen. Die Welt ist ein System, weil sie erstens mathematisch deduzierbar und zweitens vollständig erkennbar ist.

Der dritte Grund jedoch betrifft die Revolution; man braucht das Wort Planet nur auf griechisch zu lesen, um zu wissen, daß der Himmel Aberrationen zeigt. Kaum etwas ist dort wirklich regelmäßig: manche Sterne wandeln, manche Achsen schwanken, der Mond schaukelt in Libration, überall treten Anomalien auf. Wie wären sie aus einem einzigen Gesetz abzuleiten? Indem man sie auf ein Gleichgewicht zurückführt. Die Nutationen lassen sich auf Vibrationen und die scheinbaren Aberrationen auf Oszillationen zurückführen, man braucht nur ihre Periode zu errechnen: Bei manchen Ungleichheiten dauert es ein Jahr, bis sie behoben sind oder sich aufgelöst haben, bei anderen zehn Jahre oder ein Jahrhundert; man findet sogar Varianzen über mehrere Jahrhunderte bis in die Nähe eines Jahrtausends, doch per Saldo kehrt am Ende die Stabilität zurück. Der Begriff des Systems – harmonisch zusammenspielendes Räderwerk im individuellen oder kollektiven Gleichgewicht, weil alle Räder sich um sich selbst oder sich umeinander drehen – paßt also ausgezeichnet zu einer Welt, die sich durch Variationen invariant hält. Läßt sich irgendein Unterschied im Zustand der Dinge zwischen dem Ende eines Zyklus und seinem Anfang erkennen? Nicht einer. Dieser Zustand tritt zum n-ten Mal ein, ist eingetreten und wird genauso wieder eintreten. So vergeht die reversible Zeit und kehrt wieder, eine Zeit, in der die Vergangenheit von der Zukunft zehrt, für deren Prognose man nichts weiter braucht als Erinnerungen. Die Differentialgleichungen bahnen die Gedächtnisspuren dieser zyklischen Maschine. Nein, es handelt sich noch nicht um ewige Wiederkehr, sondern nur um Revolution im ursprünglichen Sinne. Die Welt – stabil, wie sie ist – kehrt zu sich selbst zurück, unbegrenzt.

Nun treten die Himmelskörper aber nicht als homogene Objekte auf. Nehmen wir die Erde: feste Rinde, Mantel von Meeren, luftiger Schal. Am besten etabliert ist die Mechanik, die für den ersten dieser Materiezustände gilt; auf die oszillierenden Gezeiten lassen sich vielleicht die damals bekannten harmonischen Gleichungen mit partiellen Ableitungen anwenden; bis zu den Gasen ist man noch gar nicht vorgedrungen. Doch das Feuer vereint diese drei Zustände unter seinem Gesetz; es macht die festen Körper flüssig, läßt die Flüssigkeiten verdampfen. Joseph Fourier (1768-1830) sagt im Vorwort zu seiner *Théorie analytique de la chaleur* (1822) – noch eine große Abhandlung –, daß nichts der Wärme entgehe, da jeder Körper sie enthält, aufnimmt und abgibt, daß sie demnach ebenso universell sei wie die Gravitation. Er hat recht: Vor Laplace ordnet sich die gesamte Wissenschaft zwangsläufig dem Vorrang Newtons und seines Kraftbegriffs unter; nach Fourier wird die Wissenschaft offenkundig von Wärmephänomenen beherrscht, ebenso wie die Zivilisation. Bald wird die Uhr vom Dampfkessel ersetzt, wenn man diese beiden Maschinen als kulturelle Paradigmen versteht. Zweite Bedeutung des Wortes Revolution: Einschnitt, neuer Stand der Dinge, nicht mehr wiederkehrende Zyklen.

Doch die erste Bedeutung versucht sich gegen die zweite durchzusetzen. Und zwar folgendermaßen. In der Anmerkung VII zu seiner *Exposition du système du monde* vollendet Laplace seine Kosmologie durch eine kosmogonische Hypothese.[7] Zunächst führt er gegen seine vorangehenden Anstrengungen, Anomalien auf ein Gleichgewicht zurückzuführen, einige allgemeine und irreduzible Verhältnisse an, die von keiner Symmetrie kompensiert werden. Die Sterne und Satelliten kreisen von West nach Ost ohne Rotation oder Translation im entgegengesetzten Sinne; es besteht eine (wenn auch schwache) Exzentrizität der Umlaufbahnen, die Zentripetalkräfte weichen vom Zentrum ab; diese elliptischen Bahnen verlaufen auf etwas unterschiedlich zueinander geneigten Ebenen. Das sind Abweichungen, die nicht behoben sind.

Um sie zu verstehen, geht Laplace in eine andere Zeit über und verläßt die geschlossene Stabilität des Systems. Ja, die Welt vibriert und schwankt, doch diese Oszillation ist das Ergebnis einer Geschichte. Beachten wir noch einmal das unzertrennliche Gespann von Geschichte und Wissenschaft. Wir hatten vergessen, daß die Sonne im Brennpunkt

[7] *Kosmologie*: Wissenschaft der allgemeinen Gesetze, die im Universum herrschen. *Kosmogonie*: Theorie der Entstehung des Universums.

liegt, ein Wort, das nicht nur die Mitte, sondern auch die Flamme evoziert. Da ist das Feuer wieder. Am Anfang brennt alles. Im Mittelpunkt liegt auch der Ursprung. Alles beginnt mit einem heißen und flüchtigen, spiralförmig kreisenden Nebel, als ob Descartes Newton vorausginge, als ob die Turbulenz der Anziehung zuvorkäme. Dieses Magma erkaltet im Verlauf einer neuen, irreversiblen Zeit, in der kein Weg rückwärts führt. Alles strebt der Kälte zu, nichts wird ohne äußere Zufuhr wärmer. Bei dieser langsamen Abkühlung lösen sich die Planeten von der übrigen Materie; sie finden ihren Platz und ihre jeweilige Lage. Die reversible Zeit organisiert die Symmetrien im gegenwärtigen, regulären Zustand, während die Abweichungen aus der gerichteten Zeit verständlich werden. So ist in den Ausnahmen der Kosmologie eine Kosmogonie enthalten.

Demnach verweisen die Ausrutscher, die feinen Asymmetrien in den großen Symmetrien des Raumes, kurz: seine Ausrichtung auf eine neue, irreversible, pfeilförmige, im etymologischen Sinne »exponierte« Zeit. Handelt es sich bei dieser Unruhe der Kräfte und des Feuers, bei dieser Ausrichtung um eine Struktur, die Raum und Zeit gemeinsam haben? Man könnte sagen, daß alles, was sich im Gleichgewicht hält, ursprünglich und letztlich auf Inklination beruht, wie Lukrez gemeint hatte. Die Linke und die Rechte verbiegen den Raum und lassen die Zeit beginnen.

In einer der Abhandlungen, welche die *Éléments de statique* abschließen, vollendet Louis Poinsot (1777-1859) den Laplaceschen Beweis für die Stabilität der Welt, indem er das gesamte Sonnensystem auf eine fixe, man könnte fast sagen: ewige Ebene bezieht, in deren Mitte das allgemeine Paar wirkt, das sämtliche Bewegungen der Welt erzeugt, das Rad aller Räder. Doch wie wäre ein Paar zu beschreiben? Zwei gleiche Kräfte wirken in entgegengesetzter Richtung an den Rändern desselben starren Segments. Damit haben wir schließlich oder am Anfang der Reihe einen Operator, der symmetrisch und asymmetrisch zugleich, also gerichtet ist. Wenn Aristoteles in seiner *Metaphysik* vom unbewegten ersten Beweger spricht, will er mit einem solchen Oxymoron[8] ebenfalls die gerichtete Bewegung beschreiben?

Die neue Zeit läuft ab, ohne wieder bei sich anzukommen; das ist die Revolution, die nicht zu sich selbst zurückkehrt.

[8] *Oxymoron*: rhetorische Figur, die zwei gegensätzliche Wörter auf geistreiche Weise miteinander verkoppelt (von den beiden griechischen Adjektiven für »scharf« und »stumpf« hergeleitet; also: scharfsinnig unter dem Anschein von Stumpfsinn).

Man muß beide Bedeutungen ins Auge fassen: irreversibel und reversibel. Der Kreis des Kraftgesetzes läuft auf der Geraden des Wärmegesetzes. Der Kreis der Kosmologie läuft auf der Kurve der Kosmogonie. Das bedeutet, daß die Welt – stabil, wie sie ist – ihre Geschichte immerhin fortsetzt. Ewig und trotzdem geworden. Wird sich diese Spannung aufzehren, wird sich eine Bedeutung gegen die andere durchsetzen?

Denn die Neigungsverhältnisse bei Laplace setzen eine Zeit in Gang, die selbst wiederum geneigt ist, die sich verbrauchen kann. Die Ozeane reiben sich an der Erdkruste; der leere Raum, den die Himmelskörper durchqueren, ist mit kleinen Hindernissen besät; all das kann wie ein Hemmschuh wirken. Allmählich verlangsamen sich die Bewegungen; plötzlich stürzen die Körper in das immer noch lodernde Zentrum, und alles ist erneut in Glut getaucht. Zuletzt entsteht ein neuer Nebel, der den ursprünglichen exakt wiederholt, und damit sind wir bei der ewigen Wiederkehr, die Comte – nach Kant und lange vor Nietzsche – aus der Laplaceschen Kosmogonie extrapoliert. Nichts Besonderes in der Kosmologie, wenn man nur an gewisse Rhythmen von Sonnen- oder Mondfinsternissen, Kometen oder Mondumlaufzeiten denkt, doch außergewöhnlich in der Kosmogonie, weil sie das Reversible ins irreversible Feuer überführt.

Wird man die Zielrichtung des Ursprungs als Fossil entziffern können? Nach Chateaubriand wird die Welt alt geboren: immer schon in Ruinen, vom ersten Morgen an. Ist der Ausgangspunkt im Grunde nur ein Grenzkreis?

System, Evolution

Zwei wissenschaftliche Revolutionen herrschen in Paris um 1800: Revolution in der ersten und in der zweiten Bedeutung, von Gerade und Kreis. Lagrange, Laplace, Fourier, Lavoisier und Lamarck widmen sich der Bestandsaufnahme, lassen Mathematik, Mechanik, Astronomie, Physik, Chemie und Biologie vollständig Revue passieren, genauso wie es in der Politik geschieht. Jeder große Gelehrte errichtet in jeder großen Disziplin ein großes, seiner Art nach universelles System. Nennen wir es x-logie: Kosmologie, Thermologie... Doch jede dieser großen Abhandlungen beginnt mit einem großen Vorwort, das alles erzählt, was bisher geschah. Die Wissenschaft hat eine Geschichte; ebenso wie die Welt ist sie ein gewordenes System.

Lagrange knüpft bei Archimedes, Stevin, Galilei, Pascal an und übernimmt den Hauptgegensatz Statik/Dynamik, dessen Synthese sein Werk schmiedet. Hegel braucht sie nur zu übersetzen oder vielmehr abzuschreiben. Laplace vollendet und Fourier überwindet die Universalität Newtons. Der Kreis des Systems kreist auf der Geraden der Geschichte. Der enzyklopädische Kreis der Kreise krümmt sich auf dem Weg der Zeit und verbindet so das Unumkehrbare mit dem Umkehrbaren. Wir sehen es plötzlich mit anderen Augen, wenn Bonaparte die Totalität des Wissens, die Akademien, auf ein Schiff setzt: das System der Wissenschaften begibt sich auf die Suche nach seiner Herkunft, forscht stromaufwärts nach seinen ägyptischen Quellen. Die Geschichte gebärdet sich plötzlich wie die Wissenschaften selbst: als ob sie dieselbe Universalität gewinnen wollte.
So machen sich die Wissenschaften selbst – und nicht nur ihre Geschichte oder ihr Vorwort – auf den Weg der irreversiblen Zeit ohne Wiederkehr. Nennen wir sie x-gonien, wie Kosmogonie. Schon damals war die Rede von Geologie und Biologie widersinnig: es handelt sich offenkundig um Biogonie und Geogonie. Wie und zu welchem Ende entwickeln sich die Erde und die Lebewesen? Woher kommen sie, welchen Weg nehmen sie?

Lamarck
Ein Beispiel unter Tausenden. Die Wirbeltiere haben Augen: der Maulwurf hat nur sehr kleine, kaum sichtbare. Der Aspalax, eine persische Maulwurfsart, hat überhaupt keine, sowenig wie der Proteus, ein kleines Reptil, das zurückgezogen in tiefen, unterirdischen Gewässern lebt. Die Wirbeltiere haben Zähne: doch nicht der Wal mit seinen weichen Barten, weder der Ameisenbär mit seiner klebrigen Zunge noch die Vögel mit ihrem verhornten Schnabel. Manche Gesetze weisen Ausnahmen auf, andere dulden keine: Alle Wirbeltiere haben Ohren. Der Ton überwindet die Hindernisse, wo kein Lichtschimmer mehr hindringt.
Lamarck verkündet, daß das Leben nach einem Gesamtplan fortschreitet: ohne Möglichkeit der Umkehr komponiert, kompliziert, perfektioniert die Zeit einen Fortschritt, für den sie uns Bewunderung abnötigt. Doch hin und wieder durchkreuzen seltsame oder absurde Ursachen die Ausführung dieses Plans. Daher entstehen Lücken in der Reihe, blinde Maulwürfe, zahnlose Hühner. Diese Ursa-

chen liegen in den Umständen: Klimata, Milieus, Böden und Lufterscheinungen, also letztlich das Konkrete, das wie ein undurchdringlicher Urwald dem unwiderstehlichen Vorrücken des einen Plans, ich möchte sagen: des Geistes oder des *élan vital*, widersteht. Man muß also einen buntscheckigen Wandel bedenken: Lamarck findet darin ein zweites Gesetz als Durchkreuzung des Gesamtplans oder ersten Gesetzes. Die Lebewesen sind beweglich, selbst die Pflanzen, und passen sich an. Die Bedürfnisse ändern sich mit der Umwelt; es treten neue Gewohnheiten auf, die nach sehr langer Zeit die Organe tiefgreifend wandeln. Lamarck stellt damit die Hypothese des sogenannten Transformismus auf, der die Bauern so sehr fasziniert, während die Darwinsche Theorie vor allem die Wissenschaftler verzaubert.

Sie werden also verborgene Zähne beim Walfötus wiederfinden und Rillen im Schnabel der Vögel; der Aspalax und der Proteus haben immer noch verkümmerte Augen unter der Haut: lauter Spuren der normalen Regel in der schwindelerregenden Vielfalt der Natur, lauter Spuren des Allgemeinen im Einzelnen, wenn auch sehr flüchtige. Der Begriff Biogonie würde eine solche Evolution, wie diejenige Darwins, besser beschreiben als die Vokabel Biologie, die trotz ihres Widersinns in Gebrauch blieb.

Das Irreversible

Die Revolution, die um sich selbst kreist, bildet Systeme; die andere hingegen erzeugt manchmal dauerhafte Lösungen: beide Bedeutungen sind in Paris um 1800 gegenwärtig. Gehen wir zur zweiten über.

Jene Mathematik, der Lagrange, Laplace, Lacroix, Monge und schließlich Comte feste Gestalt verliehen haben, erscheint uns heute konkret und »angewandt«: Die Geometrie beschreibt Formen und Figuren, die Infinitesimalrechnung führt die Messung zu den besten Annäherungen: Theorie für angehende Ingenieure und Offiziere. Die französische Schule empfindet Horror vor der Abstraktion. Keine Logik, trotz des Condillacschen Erbes: sie kommt erst später und woanders her, mit Boole; wenig Arithmetik, keine Zahlentheorie, deren Eulersche Gestalt die deutsche Schule im neunzehnten Jahrhundert hinter sich lassen wird; noch weniger reine Algebra, abgesehen von der Theorie der Gleichungen: Abel und Galois, vergessene Tote, begründen wenig später unsere Mathematik, fast ohne ihren Vorgängern Beachtung zu schenken. Ein tiefer Riß zieht sich durch die gesamte Front der Mathematik und trennt den französischen, sehr deskriptiv und praktisch orientierten Stil von den Formalismen und Theorien, denen die Zukunft gehören wird. Die großen Abhandlungen erscheinen plötzlich als Grabmäler.

Das gleiche Bild in der Astronomie. Nachdem das Schauspiel der Welt, das uns Laplace und Poinsot liefern, vollendet ist, steht sie vor der Aufgabe, die Nische des Sonnensystems zu verlassen, sich ins Universum zu wagen. Savary, der Freund Balzacs, berechnet einige Doppelsternbahnen. Ein gewaltiger Bruch trennt Borda, Lalande oder Cassini, drei Beobachter aus der Epoche der Aufklärung, von Messier, der die Flecken katalogisiert, mit denen der Himmel unregelmäßig übersät ist: Ausnahmen sozusagen, deren Organisation jedoch die Regel der modernen Astronomie werden wird, nämlich Galaxien. Unsere Astrophysik löst sich von der Welt, ebenso wie sich in Paris um 1800 die Astronomie vom Universum abwandte. Auch hier wieder ein klarer Schnitt: die Männer der Revolution sind konservative Gelehrte.

Vor dieser Zeit beschränkt sich die Physik im Grunde auf Geometrie und Mechanik: sie beschreibt und erklärt Figuren, Bewegungen und Kräfte. Das herausragende Beispiel dafür liefert die Optik, die im klassischen Zeitalter bis Maupertuis an der Spitze steht. Die Elektrizität geht kaum über den Magnetismus hinaus, den Charles Coulomb ja gerade auf das Newtonsche Gesetz zurückführt. Dieses Gesetz triumphiert dank Laplace im Großen und dank der magnetischen Anziehung auch im Bereich der Nahwirkungen. Überall Mechanik, selbst in der Akustik. Was wir heute Physik nennen, beginnt nicht am Ende der Renaissance mit Bacon und Galilei, sondern sowohl experimentell wie theoretisch mit Fouriers Erforschung der Wärmephänomene. Nach und nach entfernt sie sich von der Geometrie und der Dynamik, um eigene Gestalt anzunehmen. Dieser Einschnitt reicht viel tiefer, insofern Sadi Carnot – gemessen an Fourier – die Thermodynamik noch revolutionärer (in der zweiten Bedeutung) begründet, als dieser es gegenüber seinen Vorgängern in der Physik tat. Denn in Wirklichkeit geht es nun nicht mehr darum, die Ausbreitung der Wärme zu behandeln, sondern diese selbst als motorische Kraft. An dieser Stelle schneiden sich die Bahnen der industriellen und der wissenschaftlichen Revo-

Jean-Honoré Fragonard (1732-1799), Cousin des Malers Honoré Fragonard: Der skelettierte Reiter, *um 1765-1771, Skulptur unter Verwendung von echten Leichen, die enthäutet, seziert und präpariert wurden; das Verfahren ist unbekannt. Musée de l'École vétérinaire de Maisons-Alfort*

lution. Hier ist der Geburtsort der modernen und der zeitgenössischen Physik, aber auch unserer heißen Zivilisation. Die Wärme, irreversibel in ihrer eigenen Zeit, reißt mit ihrer Theorie einen enormen Spalt auf, der die Zeit der Geschichte, der Technik, aber auch der Wissenschaftsgeschichte durchzieht. Bernard Belidor, das Muster eines Ingenieurs vor 1800, beschäftigt sich ausschließlich mit Hydraulik und Architektur; nach Carnot interessieren sich Techniker nur noch für die Flüssigkeiten in den Dampfmaschinen.

Die Wissenschaften des Lebenden fügen sich so gut in das doppelte Schema x-logie / x-gonie ein, daß man meinen könnte, es sei nach ihrem Muster gebildet. Das neunzehnte Jahrhundert, hat man gesagt, denkt vor allem in den Kategorien Geschichte und Zeit. Erinnert man sich an die Rolle der Nomenklaturen, der Taxonomie und Systematik im

Zeitalter der Aufklärung, so gewinnt man eine Vorstellung von dem, was ich Rekapitulation genannt habe: Der *Jardin du Roi* oder das *Muséum d'histoire naturelle* sammeln die Lebewesen der Erde, Flora und Fauna; es ist die Zeit der Museumsgründungen, Vivant Denon wird nach der Rückkehr aus Ägypten Generalinspekteur der Pariser Museen. Die Geschichte beschreibt jetzt das Vorankommen, den Fortschritt, die Transformation der Lebewesen und versucht diesen Wandel zu erklären. Buffon, Geoffroy Saint-Hilaire, Cuvier und Lamarck sind – vor Darwin – an diesem Abenteuer beteiligt, das unser Weltbild für immer verändert hat. Ein neuer Universalbegriff vollzieht die Synthese der Lebewesen: nicht das System und nicht irgendeine Klassifikation, sondern die Entwicklung. Eine neue, irreversible Zeit des Fortschritts bricht an, die im Widerspruch steht zur reversiblen Zeit der älteren Systeme, aber auch zur irreversiblen Zeit der Thermodynamik. In der Spannung dieser Zeitbegriffe befindet sich unser Denken noch heute.

Aus der Distanz eines Vierteljahrhunderts zeichnet Auguste Comte das einzigartige Weichbild von Paris 1800 in den Horizont von Universalwissenschaft und Universalgeschichte ein und projiziert dabei seine Philosophie auf zwei (und nur zwei) Bestandteile: die Klassifikation des Wissens, System und Rekapitulation, Kolleg oder Museum, *Gnoseologie* – und das Drei-Stadien-Gesetz, Geschichte des menschlichen Geistes, fortschreitend oder transformistisch, *Gnoseogonie*. Und mit diesen beiden Worten ist alles gesagt. Seine eigene Revolution wird in der Erfindung einer neuen Wissenschaft bestehen: der Soziologie. Und wie, wenn wir nun die Soziologie dieser Periode schrieben?

Der neue Klerus

Der Lehrer Condorcets, Turgot, hielt Mitte des Jahrhunderts in der Sorbonne einen Vortrag mit dem Titel »Tableau philosophique des progrès scientifiques de l'esprit humain«. An der *Académie des sciences* entwirft sein Schüler, Freund und Nachfolger zwanzig Jahre später ein »Tableau historique de l'avance de l'esprit humain dans les sciences«. Er gibt das Vorhaben zeitweilig auf, doch einige Monate vor seinen Tode verfaßt er – verurteilt, auf der Flucht bei Madame Vernet – seine *Esquisse d'un tableau historique des progrès de l'esprit humain.*

Durch unwiderstehliches Vorrücken oder Fortschreiten nehmen Geschichte und Zeit in diesen drei Texten ihren unumkehrbaren, geradlinigen Verlauf, bei Condorcet zuletzt in zehn Perioden – schließlich hat man das metrische System eingeführt. Zum Glück beschränken sich die historischen Beschreibungen darin auf Andeutungen, man geht nicht sehr ins einzelne. Oft kehrt das Wort Geist wieder, das von Hegel bis Bachelard genau in dem Maße Karriere macht, wie seine Bedeutung an Klarheit verliert. Ob es sich um den menschlichen oder den wissenschaftlichen Geist handelt, um Wissenschafts- oder Universalgeschichte, stets erkennt man in diesem Wort kaum verhüllt eine säkularisierte Übersetzung des Heiligen Geistes. Hat man den Vater getötet und lehnt es ab, sich wie der Sohn zu inkarnieren, bleibt der sprechende Vogel, die zarte Taube, das Wahrzeichen der Minerva. Sein erhabener Flug erlaubt es, die Geschichte aus genügender Höhe zu betrachten, um Ungenauigkeiten zu vernachlässigen.

Die gleichmäßig verlaufende Zeit entsteht mit dem Christentum. Auf das Endziel des Heils gerichtet, zieht sie die Geschichte irreversibel mit, seit dem heiligen Augustinus, der die Intuitionen Platons zugleich mit den Lehren der Propheten Israels aufnimmt. In Griechenland durchbricht der Beweis der Irrationalität[9] den Kreislauf der Ewigen Widerkehr, in Israel offenbart sich ein einziger und transzendenter Gott in der immanenten Geschichte des auserwählten Volkes. Jüdisch-griechisch wie der Name seines Begründers, setzt das Christentum die lineare Zeit der Heilsgeschichte am augustinischen Zusammenfluß dieser beiden Quellen in Bewegung. Nun prägt das Christentum bis heute die einzige Kultur, in der sich die Totalität der Wissenschaften vollständig entwickelt. Die Religion säkularisiert die Religion, indem sie dem Heiligen einen Ausweg eröffnet. Im Zeitalter der Klassik sichert Pascal, Philosoph, Christ und zweifellos der größte Gelehrte seiner Epoche, diesen entscheidenden Ausweg, denn er denkt die Zeit des Heils und den beständigen Fortschritt in den Wissenschaften zusammen. Condorcet gibt Pascals Werk 1776 heraus. Man beachte nebenbei, daß ich die progredierende Zeit auf einen Geschichtsentwurf gründe, der sie voraussetzt.

In den Wissenschaften ist die Akkumulation erfahrbar oder beweisbar, während sie sonst überall eine Sache des Glaubens bleibt. Diese Aufteilung hat sich bis heute nicht verändert, nur der Sinn des letzten Wortes ist ein anderer

[9] Vgl. S. 150 f.

geworden. Statt an die Geschichte zu glauben, weil man an Gott glaubt (oder vielmehr an Jesus Christus), glauben wir an die Geschichte, indem wir auf sie extrapolieren, was in den Wissenschaften geschieht. Denn dafür, daß es wirklich Geschichte gibt, haben wir keinen anderen Beweis außer dem, daß es eine Wissenschaftsgeschichte gibt. Was das übrige angeht, bleiben Zweifel. Gott, die unendliche Vernunft, garantierte das Fortschreiten zum Heil; künftig garantiert die Wissenschaft, Hort und Funktion der Vernunft, allein durch ihre Ergebnisse, Errungenschaften und Triumphe, daß es es gewisse Fortschritte gibt. Das Muster ist das gleiche. Gott ist tot, aber wieder auferstanden. Die Wissenschaft schreitet fort und verankert die Glaubensüberzeugungen im allgemeinen Fortschreiten des Geistes.

Die Naivität Condorcets geht nun freilich nicht so weit, daß er glaubte oder uns glauben machen wollte, alles werde sich stets zum Besten wenden. Hindernisse und Sperren verzögern und bremsen. So wie die Gassenjungen unterm Gewehrfeuer sangen, schuld seien Voltaire und Rousseau, bis Gewehrkugeln und Todeskampf ihnen das Lied in der Kehle erstickten, so wiederholt Condorcet, den Kopf fast schon unterm Fallbeil, gleichsam als Schwanengesang unablässig die Schandtaten der Priester und Mönche. Die Gassenjungen und der Philosoph französischer Sprache erleben die Arbeit des Negativen, nicht in sublimer Spekulation, sondern in der Agonie des Körpers.

Die *Esquisse* enthält eine Dialektik, da der Priester darin negativ arbeitet, manchmal auch gegen sich selbst, indem er den Fortschritt des Menschengeschlechts fördert. Zum Beispiel sind es Priester, die das mathematische Weltbild Ägyptens und Indiens an Pythagoras weiterreichen. Trotzdem liegt die allgemeine, sozusagen überhistorische Schuld bei Jupiter. Ich wiederhole: bei Jupiter. Hegel weist diese Rolle Mars, Marx weist sie Quirinus zu. Dumézil, der diese drei Götter zu Totems unserer Klassen oder sozialen Funktionen ernennt, erlaubt uns, solche monotonen Verallgemeinerungen, solche großen verbalen Manöver, hochgerechnet auf die Gesamtheit aller Epochen, zu durchschauen.[10] Ein solches Riesenmodell von den Anfängen bis in unsere Gegenwart, das man keinem Erstsemester empfehlen würde, weil es einen Anschlag auf jede intellektuelle Redlichkeit bedeutet, erscheint weniger naiv, wenn man es in das martialische Geklirr des Kampfes um die Herrschaft

[10] *Georges Dumézil* (1898-1986) faßt unter den Sinnbildern von Jupiter, Mars und Quirinus jeweils die Klasse (Funktion) der Priester/Richter, der Krieger und der Produzenten zusammen. Siehe zum Beispiel sein Werk *Mythes et Épopées* (1968-1973).

oder in die handgemeine Konkretheit der Produktivkräfte eintaucht; um so naiver jedoch, wenn man es in den Ideenhimmel erhebt, wobei es sich dreimal – entsprechend den drei indoeuropäischen Emblemen oder Funktionen Jupiter, Mars und Quirinus – verschiebt und übersetzt. Anfänger scheitern daran, einen geometrischen Beweis zu wiederholen, sobald man die Buchstaben auf der Figur verändert: setze J für M und M oder J für Q (und umgekehrt) in die Theorien der Geschichte ein, und sie laufen auf dasselbe hinaus. »Langfristig betrachtet« läßt sich alles behaupten und alles beweisen, weil »langfristig betrachtet« nichts falsifiziert werden kann. Auch in der Geschichte kann man gewiß alles beweisen.

Jupiter ist schuld, behauptet bei Condorcet Jupiter selbst. Doppelt stellt sich der Gott der Götter in der Tat dar, als König und Priester, Gesetzgeber und Potentat. Die eine Hälfte seiner Funktionen zieht gegen ihr Spiegelbild in den Krieg. Die Philosophie kämpft gegen den heuchlerischen Aberglauben, den alle Priester der Erde zu allen Zeiten hervorrufen, und »dieser Krieg wird so lange dauern, wie es Priester und Könige gibt«. Die Wissensfunktion, die Klasse der Gelehrten, bekämpft die Gesetzgebungs- und Ritualfunktion, die derselbe Gott inkarniert und die sich, demselben Bild zufolge, in derselben Klasse verkörpert. In der Tat, wie sollte man Voltaire von einem Monarchen oder Guru unterscheiden und wie Rousseau von einem Pastor? Condorcet, der Mathematiker, tötet den ehemaligen Jesuitenzögling in sich, der bei den Ordensleuten Mathematik gelernt hat; Condorcet, der Republikaner, verdammt in sich den Marquis; der egalitär gesinnte Philosoph ermordet das Akademiemitglied; der Konvent verhaftet das Konventsmitglied, dessen Kollegen seinem Text einen Triumph bereiten, nachdem sie selbst einige Monate zuvor für den Tod seines Verfassers gestimmt haben. Ja, Condorcet tötet sich selbst, und sein Text ähnelt seinem Tod. Alles geschieht so dicht beieinander, daß man Mühe hat, die Unterschiede zu erkennen. Der Andere im Selben bleibt dem Selben unendlich nahe; man könnte von einer Feindialektik sprechen, aus der Infinitesimalrechnung übernommen, wo das Prinzip des ausgeschlossenen Dritten manchmal suspendiert ist.

Auf der Straße verhaftet, den Tod vor Augen, gibt Condorcet im Verhör seinen Namen mit Pierre Simon an: wieder zweimal derselbe Name, wieder in einem religiösen Kon-

text, das heißt auf der Seite Jupiters; Apostel, Hungerleider auf den Straßen Galiläas in Gesellschaft von Fischern, Zöllnern und Huren, Fleisch und Fels, umgetauft-umbenannt durch das *Wort*, Verräter, Märtyrer, Papst, erstes Oberhaupt und Kopf der ganzen gleichmäßig ablaufenden, gleichsam mit ihm selbst beginnenden Geschichte: das ist Simon Petrus, doppelgesichtiger Jupiter, jüdisch und lateinisch, wie unser doppelter Condorcet. Revolution und Geschichte spielen sich in Paris 1800 vor allem im Konflikt Jupiters mit sich selbst ab: Pierre-Simon Laplace ersetzt in seinem raumzeitlichen System der Welt den Schöpfergott durch den weltlichen Gott des Determinismus.
Es geht immer noch um Säkularisierung, ohne daß man freilich wüßte, wer den größeren Vorteil daraus ziehen wird: derjenige, der den religiösen Glauben in wissenschaftliches Wissen übersetzt, oder die Religion, die eine solche Preisgabe des Religiösen beziehungsweise eine solche Übersetzung ermöglicht. Im siebzehnten Jahrhundert blieb die gleiche Symmetrie, bei Pascal etwa, vornehmlich am Religiösen orientiert; hier dagegen kehrt sich die Richtung um und leitet zur Wissenschaft über. Ebenso wie Pascal, vertraut mit der Analysis und Theoretiker der Wahrscheinlichkeitsrechnung, den Fortschritt demütigt, den er gerade erfunden hat, so demütigt auch Condorcet, vertraut mit der Wahrscheinlichkeitsrechnung und Theoretiker der Analysis, diejenigen, die ihn gedemütigt haben. Die großen Identitäten bilden Feindifferenzierungen aus. Auch wir noch meinen heute, endgültig säkularisiert, daß diese theoretische Geschichte – im buchstäblichen Sinne, das heißt als Beschreibung einer Parade, einer kontinuierlichen oder diskontinuierlichen, jedenfalls unumkehrbaren Prozession – nur ein anderer Name des einen jüdisch-christlichen Gottes ist, mit dem Heiligen Geist an der Spitze. So daß sich noch immer alles im Rahmen der Funktion Jupiters abspielt, was – wie wir sehen werden – Comte als einziger erkannt hat. Dort mit Blick auf die Geschichte und hier mit Blick auf die Soziologie.

Vor der Französischen Revolution hat der Klerus der katholischen Kirche das Wissen und die Erziehung der Kinder fast vollständig in der Hand. Im achtzehnten Jahrhundert stellt er sogar den Großteil der Forscher und der Philosophen, die am Zeitalter oder an der Ideologie der Aufklärung beteiligt waren und an der *Encyclopédie* Diderots und

d'Alemberts mitgearbeitet haben. Die Allianz oder Teilung zwischen weltlicher Macht (Ökonomie, Armee, Institutionen) und geistlicher Macht schlägt ihr zum Vorteil aus, ebenso wie später zum Vorteil der wissenschaftlichen Macht, ihres völlig legitimen Nachfolgers.
Als sich die Generalstände versammeln, finden sich Gelehrte in allen drei Klassen – Adel, Klerus, dritter Stand –, vor allem jedoch in der zweiten. Während der Revolution und im Empire werden in einer langen Folge von Entscheidungen zunächst die Akademien des *Ancien régime* aufgelöst und anschließend durch ein öffentliches Ausbildungssystem ersetzt, das Sache des Staates ist. Nun werden die Zentralschulen, die späteren Lyzeen, die *École normale*, die *École polytechnique*, aber auch das *Bureau des longitudes* oder die *Bibliothèque nationale* gegründet, Keimformen der Höheren Schulen und Universitäten, erste Forschungsinstitutionen. Was die Lehrinhalte angeht, so treten Sprache und Literatur (wo angeblich nur wiedergekäut wird) gegenüber den Naturwissenschaften (zumal den experimentellen) in den Hintergrund. Die Revolution mißtraut dem Abstrakten, das – im Gegensatz zur geläufigen Meinung – in Frankreich niemals hoch im Kurs stand: Der Niedergang der Naturwissenschaften, der im folgenden Jahrhundert spürbar wird, hat seinen Grund in der Bedeutung, die der Schule und dem Ingenieurwissen beigelegt wird. Die ehemalige geistliche Macht verliert allmählich einen Teil ihrer Funktionen und ihrer Würde und wird von einer neuen Instanz beerbt, die immer noch keinen Namen erhalten hat, während ein endloser, mindestens zweihundertjähriger Krieg entbrennt, in dem sich Schulmeister und Kirchendiener gegenüberstehen und der eine Spezialität der Franzosen ist: mehr als ihre Kinder lieben sie ihre Hunde und den Bürgerkrieg.

Klassen und Plätze

Der Klerus bildet keine Klasse im strengen Sinne, eher einen Orden, der sich in zwei Arten unterteilt, eine höhere und eine niedere. Die eine ist mit der herrschenden, die andere mit der beherrschten Klasse verbunden, zwischen beiden schwankend in einem Spiel, das durch die Einmischung von Spirituellem ins Weltliche, durch Engagement und Distanzierung zustande kommt. Als reicher Grundeigentümer, Besitzer von Gütern und Gebäuden, Betreiber gewichtiger Einrichtungen, zahlreich an Mitgliedern und wohlorganisiert, gesellschaftlich einflußreich, so alt wie die Geschichte in allen bekannten Gesellschaften, gewinnt der Klerus seine Glaubwürdigkeit durch die Sprache, deren Wahrheit er garantiert, durch die Zeit, deren Kontinuität er zu garantieren behauptet, und die unvergängliche Schönheit der Kultur, zu der er die Anstöße gibt. Dafür verleiht er dem geschlossenen System der Gesellschaft Glaubwürdigkeit, indem er ihr ein Fundament außerhalb ihrer selbst liefert; wir werden sehen, auf welche Weise.

Die Gelehrten und Lehrenden bilden keine Klasse, eher einen Orden, der sich in zwei Arten unterteilt, eine niedere und eine höhere, von der Vorschule bis zum *Collège de France*; schwankend in einem Spiel, das ihn von der Herrschaft relativ unabhängig macht, das ihn aber auch an sie bindet. Dieser neue Orden tritt an die Stelle des alten; in Windeseile besetzt er das Terrain, das der katholische Klerus vor der Revolution kontrollierte, tritt in das Bündnis ein, das dieser mit den Armeen, der Ökonomie und der politischen Macht unterhielt, und erbt auch seine Gegner. Er verleiht (und verleiht sich) dieselbe Glaubwürdigkeit durch die Wahrheit seiner Sprache und die Kontinuität der Zeit, durch die Fundierung des Sozialen außerhalb des Sozialen. Nur die Schönheit findet sich nicht mehr auf der Waagschale. In seinem *Génie du christianisme* zieht Chateaubriand aus diesem letzten Punkt die ganze Kraft seiner Argumentation.[11]

Die Französische Revolution leitet diese Machtübertragung in die Wege. Manchmal sind es dieselben Männer, die, ohne sich selbst von der Stelle zu rühren, den Eisberg um sich kreisen sehen. Die Ideokratie ändert weder ihren Ort noch ihre Funktionsweise, manchmal nicht einmal den Inhaber; sie ändert einzig ihren Namen.[12] Bemüht um eine Transparenz, die ihre Macht eher steigert, kümmert sie sich nicht darum, einen neuen Klerus heranzuziehen, weswegen niemand in diesem den alten wiedererkennt, dieses Überbleibsel der ältesten Geschichte und der ältesten Religionen. Die Anthropologie der Wissenschaften weiß die Frage zu beantworten: was sind, was tun die Wissenschaftler, als Ganzes betrachtet? Und sie kennt die Antwort seit der Französischen Revolution, in deren Verlauf die Wissenschaftler sämtliche Positionen eingenommen haben, die zuvor der Klerus hielt.

Betrachten wir beispielsweise die Plätze, die die Personen innehaben, und ihre jeweilige Verteilung. Eine Kirche hat

[11] In seinem Werk über *Le Génie du christianisme* (1802) zeigt Chateaubriand, daß die christliche Religion – mehr als jede andere – geistige und künstlerische Schöpfungen begünstigt.

[12] *Ideokratie*: Macht oder Regierung, die sich auf Ideen oder ein Dogma stützt.

ihre Hierarchie: Kardinäle, Kanoniker und kleine Vikare, die sich in konzentrischen Kreisen um ein einziges Zentrum anordnen. Lazare Carnot mimt Richelieu oder Mazarin; Laplace, Lagrange und Monge als Senatoren sowie Baron Fourier als Präfekt spielen die Rollen von Hofgeistlichen; Arago, junges und ehrgeiziges Mitglied der Akademie, umtriebig wie Aramis[13], wird später Minister: sie alle zentralisieren Frankreich und die Wissenschaft, prunken mit ihren Titeln und akademischen Graden; während andere die Nachfolge des niederen Klerus antreten, Alexis Bouvard (1767-1843) zum Beispiel, der die Uranusbahn berechnet, und tausend Privatgelehrte, die heute vergessen sind außer dem düsteren Auguste Comte, dem seine allseitige Isolierung und Entfremdung die Augen geöffnet haben über das Ganze der Wissenschaft und den religiösen Staatsstreich, den sie, vielleicht ohne es zu wissen, vollzogen hat. Eine Kirche schließt ihre Häretiker aus: Augustin-Louis Cauchy, aus seinem Lande vertrieben, zieht durch Europa; jüngst noch, im Jahre 1985, belegt ihn eine Gedenktafel mit dem ehrenrührigen Titel eines legitimistischen Mathematikers, als ob der Analysis seine politische Einstellung abzulesen wäre[14]; und Condorcet verdammt in der *Académie* die falsche Wissenschaft Marats, der sich für Goethe und Galilei zugleich habe halten können. Eine Religion hat auch ihre Inquisition: Während Lavoisier auf seine Hinrichtung wartet, durchsuchen Fourcroy, Berthollet, Guyton de Morveau die Räume ihres Kollegen und eignen sich seine Instrumente an. Condorcet wiederum stirbt auf der Flucht oder tötet sich, um der Guillotine zu entgehen. Umgekehrt findet Lakanal in den Vereinigten Staaten ein trauriges Ende: seine Unterrichtsreform wird von der Restauration rückgängig gemacht. Die Religionskriege werden auf anderem oder demselben Terrain weitergeführt. Die »Beweis-Arbeiter« organisieren sich weder als Polis, wie man gesagt hat, noch als Republik, sondern als Kirche. Diese vergißt die Heiligen, die zu Lebzeiten Opfer waren, kanonisiert sie jedoch nach ihrem Tode, um dank ihrer zu überleben: Évariste Galois, wegen revolutionärer Umtriebe mehrfach eingesperrt, im Duell getötet, Sadi Carnot, als Irrer im Asyl von Charenton gestorben, verlieren ihr Leben in jungen Jahren, bevor sie zu Helden oder Vorläufern der Algebra beziehungsweise der Thermodynamik geweiht werden.[15] Von dem Kult, dessen Gegenstand Lavoisier bald nach seiner Hinrichtung wurde, war schon die Rede; wir

[13] *Aramis*: Figur in den Romanen von Alexandre Dumas père. *Anmerkung des Übersetzers*

[14] Augustin-Louis Cauchy (1789-1857), Professor an der École polytechnique, weigerte sich als militanter Katholik und Monarchist nach der Juli-Revolution von 1830, den Eid auf die neue Regierung abzulegen, und verließ Frankreich. *Anmerkung des Übersetzers*

[15] *Évariste Galois* (1811-1832) entdeckt die Rolle der Gruppen bei der Lösung algebraischer Gleichungen; *Sadi Carnot* (1796-1832) schreibt seine *Réflexions sur la puissance du feu* im Jahre 1824.

werden darauf zurückkommen. Wie viele Erlöser wurden in diesen unruhigen Zeiten zu Opfern? Wenn man große Worte wie »Wissenschaft« und »Religion«, die eher Schatten als Licht werfen, einmal vorsichtig einklammert, so wird deutlich, daß die intellektuelle und wissenschaftliche Landschaft sich durch die Machtveränderung letztlich nicht verändert hat, sondern dank subtiler Variationen invariant geblieben ist. Andere Individuen oder dieselben, von neuen oder alten Motiven getrieben, nehmen tausendfach neu arrangierte Plätze ein, von denen aus sie über Wahrheit, Zeit und Geschichte sprechen, über genau die gleichen Dinge wie zuvor, doch in einer neuen Sprache, die aus der alten schöpft.

Die gleiche »diesseitige« Verankerung der neuen Kirche in Institutionen und Gebäuden zeichnet sich ab: *École normale*, *École polytechnique*, das Hospital der *Salpêtrière*, das *Muséum d'histoire naturelle* und der *Jardin des Plantes*, fast der ganze östliche Teil der Montagne Sainte-Geneviève um das Panthéon herum – die Ruhestätte der begnadeten Genies, der Altar, auf dem das Allerheiligste präsentiert wird – sind bald im Besitz der Wissenschaft (in Wirklichkeit also: wessen?), so wie früher im Besitz einer der Kongregationen. Die Regulare widmen sich dort der Forschung und die Weltgeistlichen der Lehre. Die gleiche Nähe zur politischen Macht: Die Gelehrten stürzen sich begeistert in die Revolution, Lazare Carnot organisiert den Sieg, der Marquis de Condorcet läßt sich als Deputierter in die Gesetzgebende Nationalversammlung und in den Konvent wählen; sie wohnen in den Palais, Lagrange im Louvre, Laplace im Luxembourg, wo er den jungen Cauchy fürsorglich bevormundet: Hofgeistliche oder Kardinalstaatssekretäre.

Aus der Distanz erkennen wir, daß ein Orden an die Stelle eines anderen getreten ist, weil der Lauf der Zeit bestimmte Ideen verschlissen hat, während andere sie gleich frischen Truppen ablösen, ohne daß sich an ihrer sozialen Verwendung etwas geändert hätte. Die Geschichte ändert ihr Ziel und schreitet eher entschleiert als geoffenbart, doch mit demselben Gebaren einher. Vom heiligen Augustinus oder Bossuet bis Condorcet oder Hegel derselbe prophetische Aufstieg zu einen Geist, den mit der Taube zu vergleichen nur die Scham uns hindert. Man säkularisiert die Bilder, indem man sie herabwürdigt.

Der Positivismus am Ziel

Die Philosophie Auguste Comtes zieht die Lehren der Französischen Revolution hinsichtlich der beiden Komponenten Wissenschaft und Geschichte. Bald wird es nur noch diese beiden Wissensarten und diese beiden Philosophien geben: man kann sich nur noch der Wissenschaft oder der Geschichte widmen. Die Universität, Inhaberin des Definitionsmonopols des Verstandes und seiner Inhalte, wird bald keine andere rationale Praxis mehr kennen.

Die Nachfolger des Positivismus debattieren lange über den Sinn dieses Wortes, biegen es entweder zum Experiment hin oder zur Sprache und teilen sich in verschiedene Sekten. Obgleich sie alle szientistisch orientiert und sich völlig einig sind über die Enzyklopädie, die der Meister entworfen hat, finden sie sich auf der Seite seiner Gegner, wenn es darum geht, die in ihren Augen störenden Wahngebilde zu verurteilen, die letzten Entwicklungen seiner Theorie der Geschichte und der Soziologie, nämlich die Menschheitsreligion, ihre Feste und ihren Kalender, den Katechismus und die Aufwertung des Gefühls; man verlacht den späten Comte, ohne ihn jemals zu lesen. Kehrt man dieses oberflächliche Verhalten um, tritt eine gewisse Wahrheit ans Licht, eine tiefe Wahrheit.

Wie teilt sich das Wissen ein, wie wird es sich entwickeln? Comte täuscht sich in diesen Fragen fortwährend, und die Zukunft der jeweiligen Disziplinen durchkreuzt seine Voraussagen. Auf große historische Gesetze wie das Drei-Stadien-Gesetz kann man immer setzen und gewinnt immer, da es keine Möglichkeit gibt, sie zu falsifizieren; die Geschichte von etwas zu schreiben, das man weder begreift noch beherrscht, ist nicht sonderlich schwierig. Anders gesagt, der Positivismus erweist sich als schwach gerade dort, wo man seine Stärken wähnt, nämlich in seiner Konzeption von Wissenschaft und Geschichte, und gut begründet dort, wo alle Welt ihn verdammt, nämlich in der Frage der Religion. Wer fördert das Wissen und gibt es weiter, wozu dient es gesellschaftlich? Die Antwort, die man für flach oder töricht hält, spricht tiefe Wahrheiten aus, denn sie erwartet von einer Religion Antwort auf diese Fragen. Comte beschreibt als Soziologe, was in den Gemeinschaften wirklich vor sich geht, und begründet damit die Anthropologie der Wissenschaften. Er findet in der Religion dasjenige, was die Ideen zu sozialen Kräften werden läßt.

Die Zeit des Kalenders

Eine Konsequenz des hier beschriebenen Parallelismus betrifft die Geschichte der Wissenschaften: Noch jedes ihrer Modelle hat als Religion gedient. Solche Wiederholungen sind erheiternd, wenn man an das Wort von Marx denkt, der sie, wenn sie in der Geschichte auftreten, mit Karikaturen vergleicht. Alle diese Modelle gehen aus der Krise der Französischen Revolution noch einmal gestärkt hervor.

Es ist die Zeit der messianischen Verkünder neuer Zeiten: Lavoisier weist der Chemie den Weg, indem er die alte beseitigt; Carnot begründet eine Thermodynamik, die ohne Vorgänger ist; Galois und Pinel sprengen mit ihrer Reform von Algebra beziehungsweise Psychiatrie den alten Rahmen und begründen ihre Disziplinen neu. Fast alle diese Propheten sterben tragisch, qualvoll. Die Diskontinuitätstheorien des historischen Einschnitts wechseln abrupt den Bezugsrahmen: an die Stelle der Heilsgeschichte mit ihrer frohen Botschaft oder Prophezeiung tritt unmittelbar die Wahrheit; die Entdeckung, die nun den Platz der Offenbarung einnimmt, zerstreut den Irrtum oder den Schatten und läßt uns ins Licht blicken. Erst um diese Zeit bildet sich die Vorstellung einer kopernikanischen Revolution und, wie ich meine, der Galilei-Affäre.

Der Klerus, habe ich gesagt, ist der Träger der Zeit. An die Stelle des Gregorianischen Kalenders tritt der revolutionäre; blumengeschmückt, mit Trauben verziert, idyllisch verschneit: lauter agrarische Bilder mitten in der industriellen Revolution. Ihn wiederum ersetzt der positivistische, der die Tage, Wochen und Monate nach großen Männern und Frauen benennt; in ihm nehmen Dante, Newton, Archimedes und Lagrange den Platz und die Nische der Heiligen ein. Daß er sich nicht durchgesetzt hat, bedeutet nicht, daß wir ihn nicht im Kopf hätten: Die Geschichte der Wissenschaften kanonisiert die Genies, so wie die biblische Geschichte zu Märtyrern und Propheten betet. *Catholicism without Christianism*, sagte John Stuart Mill über den Positivismus.

Ein Kalender hat die Aufgabe, entweder die gesamte Vorgeschichte auszulöschen, wenn der Haß überschäumt und alle Toten noch einmal tötet – oder die Kontinuität zu feiern. Der Comtesche Kalender, tolerant, pluralistisch und laizistisch, preist die Versöhnung zwischen den Kulturen: gerade deshalb war er erfolglos. Zu universell, um eine Sekte oder Gangsterbande zu entflammen. Dem ersten,

CALENDRIER POSITIVISTE,

POUR UNE ANNÉE QUELCONQUE;

OU

TABLEAU CONCRET DE LA PRÉPARATION HUMAINE.

		PREMIER MOIS. MOÏSE. LA THÉOCRATIE INITIALE.	DEUXIÈME MOIS. HOMÈRE. LA POÉSIE ANCIENNE.	TROISIÈME MOIS. ARISTOTE. LA PHILOSOPHIE ANCIENNE.	QUATRIÈME MOIS. ARCHIMÈDE. LA SCIENCE ANCIENNE.	CINQUIÈME MOIS. CÉSAR. LA CIVILISATION MILITAIRE.	SIXIÈME MOIS. SAINT-PAUL. LE CATHOLICISME.	SEPTIÈME MOIS. CHARLEMAGNE. LA CIVILISATION FÉODALE.
Lundi.	1	Prométhée.	Hésiode.	Anaximandre.	Théophraste.	Miltiade.	Saint-Luc. . . . . *Saint-Jacques.*	Théodoric-le-Grand.
Mardi.	2	Hercule. . . . . *Thésée.*	Tyrtée. . . . . *Sapho.*	Anaximène.	Hérophile.	Léonidas.	Saint-Cyprien.	Pélage.
Mercredi.	3	Orphée.	Anacréon.	Héraclite.	Érasistrate.	Aristide.	Saint-Athanase.	Othon-le-Grand. *Henri-l'Oiseleur.*
Jeudi.	4	Ulysse.	Pindare.	Anaxagore.	Celse.	Cimon.	Saint-Jérôme.	Saint-Henri.
Vendredi.	5	Lycurgue.	Sophocle. . . . . *Euripide.*	Démocrite. . . . . . . *Leucippe.*	Galien.	Xénophon.	Saint-Ambroise.	Villiers. . . . . *La Valette.*
Samedi.	6	Romulus.	Théocrite. . . . . *Longus.*	Hérodote.	Avicenne. . . . . *Averrhoës.*	Phocion. . . . . . *Épaminondas.*	Sainte-Monique.	Don Juan de Lépante. *Jean Sobieski.*
Dimanche.	7	**NUMA.**	**ESCHYLE.**	**THALÈS.**	**HIPPOCRATE.**	**THÉMISTOCLE.**	**SAINT-AUGUSTIN.**	**ALFRED.**
	8	Bélus. . . . . *Sémiramis.*	Scopas.	Solon.	Euclide.	Périclès.	Constantin.	Charles-Martel.
	9	Sésostris.	Zeuxis.	Xénophane.	Aristée.	Philippe.	Théodose.	Le Cid. . . . . *Tancrède.*
	10	Menou.	Ictinus.	Empédocle.	Théodose-de-Bythinie.	Démosthènes.	Saint-Chrysostôme. *Saint-Basile.*	Richard. . . . . *Saladin.*
	11	Cyrus.	Praxitèle.	Thucydide.	Héron. . . . . *Ctésibius.*	Ptolémée Lagus.	Sainte-Pulchérie. . . . . *Marcien.*	Jeanne-d'Arc.
	12	Zoroastre.	Lysippe.	Archytas. . . . . *Philolaüs.*	Pappus.	Philopœmen.	Sainte-Geneviève-de-Paris.	Albuquerque. . . *Walter Raleigh.*
	13	Les Druides. . . . . *Ossian.*	Apelles.	Apollonius de Tyane.	Diophante.	Polybe.	Saint-Grégoire-le-Grand.	Bayard.
	14	**BOUDDHA.**	**PHIDIAS.**	**PYTHAGORE.**	**APOLLONIUS.**	**ALEXANDRE.**	**HILDEBRAND.**	**GODEFROI.**
	15	Fo-Hi.	Ésope. . . . . *Pilpaï.*	Aristippe.	Eudoxe. . . . . *Aratus.*	Junius-Brutus.	Saint-Benoît. . . *Saint-Antoine.*	Saint-Léon-le-Grand. . *Léon IV.*
	16	Lao-Tseu.	Plaute.	Antisthènes.	Pythéas. . . . . *Néarque.*	Camille. . . . . . . *Cincinnatus.*	Saint-Boniface. . *Saint-Austin.*	Gerbert. . . . . . *Pierre Damien.*
	17	Meng-Tseu.	Térence. . . . . *Ménandre.*	Zénon.	Aristarque. . . . . *Bérose.*	Fabricius. . . . . *Régulus.*	St-Isidore-de-Séville. *St-Bruno.*	Pierre-l'Ermite.
	18	Les théocrates du Tibet.	Phèdre.	Cicéron. . . . . *Pline-le-Jeune.*	Ératosthène. . . . . . *Sosigène.*	Annibal.	Lanfranc. . . . . *Saint-Anselme.*	Suger. . . . . *Saint-Eloi.*
	19	Les théocrates du Japon.	Juvénal.	Épictète. . . . . *Arrien.*	Ptolémée.	Paul-Émile.	Héloïse. . . . . *Beatrice.*	Alexandre III. . . *Thomas Becket.*
	20	Manco-Capac. . . . *Tamehaméa.*	Lucien.	Tacite.	Albategnius. . . . *Nassir-Eddin.*	Marius. . . . . . . *Les Gracques.*	Les archit. du moyen âge. *S.-Benezet.*	St-François-d'Ass.. *St-Dominique.*
	21	**CONFUCIUS.**	**ARISTOPHANE.**	**SOCRATE.**	**HIPPARQUE.**	**SCIPION.**	**SAINT-BERNARD.**	**INNOCENT III.**
Maridi.	22	Abraham. . . . . *Joseph.*	Ennius.	Xénocrate.	Varron.	Auguste. . . . . *Mécène.*	St-François Xav. *Ignace de Loyola.*	Sainte-Clotilde.
Patridi.	23	Samuel.	Lucrèce.	Philon d'Alexandrie.	Columelle.	Vespasien. . . . . *Titus.*	St-Charles-Borrom. *Fréd. Borrom.*	Ste-Bathilde. *Ste-Math.-de-Toscane.*
Filidi.	24	Salomon. . . . . *David*	Horace.	Saint-Jean-l'Évangéliste.	Vitruve.	Adrien. . . . . *Nerva.*	Ste-Thérèse. *Ste-Cather.-de-Sienne.*	St-Étienne-de-Hong. *Math. Corvin.*
Fratridi.	25	Isaïe.	Tibulle.	Saint-Justin. . . . *Saint-Irénée.*	Strabon.	Antonin. . . . . *Marc-Aurèle.*	St-Vinc.-de-Paule. *L'abbé de l'Épée.*	Sainte-Élisabeth-de-Hongrie.
Domidi.	26	Saint-Jean-Baptiste.	Ovide.	Saint-Clément-d'Alexandrie.	Frontin.	Papinien. . . . . *Ulpien.*	Bourdaloue. . . . *Claude Fleury.*	Blanche de Castille.
Matridi.	27	Haroun-al-Raschid. *Abdérame III.*	Lucain.	Origène. . . . . . . *Tertullien.*	Plutarque.	Alexandre-Sévère.	W. Penn. . . . . *G. Fox.*	Saint-Ferdinand III. *Alphonse X.*
Humanidi.	28	**MAHOMET.**	**VIRGILE.**	**PLATON.**	**PLINE-l'ancien.**	**TRAJAN.**	**BOSSUET.**	**SAINT-LOUIS.**

Der einzige tolerante und universelle Kalender unserer Geschichte. Allerdings findet Jesus Christus darin ebensowenig Platz wie die zeitgenössische Kunst: alles fällt den triumphierenden Naturwissenschaften zu. »Der positivistische Kalender«, in: A. Comte, Catéchisme positiviste, *1852; Bibliothèque nationale, Paris*

		HUITIÈME MOIS. **DANTE.** L'ÉPOPÉE MODERNE.	NEUVIÈME MOIS. **GUTEMBERG.** L'INDUSTRIE MODERNE.	DIXIÈME MOIS. **SHAKESPEARE.** LE DRAME MODERNE.	ONZIÈME MOIS. **DESCARTES.** LA PHILOSOPHIE MODERNE.	DOUZIÈME MOIS. **FRÉDÉRIC.** LA POLITIQUE MODERNE.	TREIZIÈME MOIS **BICHAT.** LA SCIENCE MODERNE.
Lundi.	1	Les Troubadours.	Marco-Polo . . . . . . *Chardin.*	Lope de Vega . . . . *Montalvan.*	Albert-le-Grand. *Jean de Salisbury.*	Marie de Molina.	Copernic. . . . . . *Tycho-Brahé.*
Mardi.	2	Bocace . . . . *Chaucer.*	Jacques Cœur. . . . . *Gresham.*	Moreto. . . . *Guillen de Castro.*	Roger Bacon. . . *Raimond Lulle.*	Côme de Médicis l'ancien.	Kepler. . . . . *Halley.*
Mercredi.	3	Rabelais.	Gama . . . . *Magellan.*	Rojas . . . . *Guevara.*	Saint-Bonaventure. . . *Joachim.*	Philippe de Comines. *Guicciardini.*	Huyghens. . . . . *Varignon.*
Jeudi.	4	Cervantes.	Neper. . . . . *Briggs.*	Otway.	Ramus. . . *Le cardinal de Cusa.*	Isabelle de Castille.	Jacques Bernouilli. *Jean Bernouilli.*
Vendredi.	5	La Fontaine.	Lacaille. . . . . . . *Delambre.*	Lessing.	Montaigne . . . . *Érasme.*	Charles-Quint. . . . *Sixte-Quint.*	Bradley . . . . *Roëmer.*
Samedi.	6	Foé. . . . . *Goldsmith.*	Cook. . . . . *Tasman.*	Goëthe.	Campanella . . . . *Morus.*	Henri IV.	Volta . . . . *Sauveur.*
DIMANCHE.	7	**ARIOSTE.**	**COLOMB.**	**CALDERON.**	**SAINT-THOMAS**-d'Aquin.	**LOUIS XI.**	**GALILÉE.**
	8	Léonard de Vinci. . . . *Le Titien.*	Benvenuto Cellini.	Tirso.	Hobbes . . . . *Spinosa.*	Coligny . . . . *L'Hôpital.*	Viète . . . . *Harriott.*
	9	Michel-Ange. . . *Paul Véronèse.*	Amontons. . . . . . *Wheatstone.*	Vondel.	Pascal. . . . . *Giordano Bruno.*	Barneveldt.	Wallis. . . . . *Fermat.*
	10	Holbein. . . . . . . *Rembrandt.*	Harrison . . . . . . *Pierre Leroy.*	Racine.	Locke . . . . *Mallebranche.*	Gustave-Adolphe.	Clairaut. . . . . *Poinsot.*
	11	Poussin. . . . . *Lesueur.*	Dollond. . . . . *Graham.*	Voltaire.	Vauvenargues . *Mme de Lambert.*	De Witt.	Euler. . . . . *Monge.*
	12	Velasquez. . . . . *Alonzo Cano.*	Arkwright. . . . . . . *Jacquart.*	Alfieri. . . . . *Métastase.*	Diderot . . . . *Tracy.*	Ruyter.	D'Alembert . . *Daniel Bernouilli.*
	13	Téniers . . . . *Rubens.*	Conté.	Schiller.	Cabanis . . . . . *Georges Leroy.*	Guillaume III.	Lagrange. . . . *Joseph Fourier.*
	14	**RAPHAEL.**	**VAUCANSON.**	**CORNEILLE.**	Le Chancelier **BACON.**	**GUILLAUME**-le-Taciturne.	**NEWTON.**
	15	Froissart . . . . *Joinville.*	Stévin. . . . . *Torricelli.*	Alarcon.	Grotius . . . . *Cujas.*	Ximenès.	Bergmann . . . . *Scheele.*
	16	Camoens.	Mariotte. . . . . *Boyle.*	Mme de Motteville. *Mme Roland.*	Fontenelle. . . . . . *Maupertuis.*	Sully. . . . . *Oxenstiern.*	Priestley. . . . . *Davy.*
	17	Les Romancistes espagnols.	Papin. . . . . *Worcester.*	Mme de Sévigné. *Lady Montague.*	Vico. . . . . *Herder.*	Colbert. . . . . *Louis XIV.*	Cavendish.
	18	Châteaubriant.	Black.	Lesage. . . . . *Sterne.*	Fréret. . . . . . *Winckelmann.*	Walpole. . . . . *Mazarin.*	Guyton-Morveau. . . . . *Geoffroy.*
	19	Walter-Scott. . . . . . . *Cooper.*	Jouffroy . . . . *Fulton.*	Mme de Staal. . *Miss Edgeworth.*	Montesquieu. . . . . *d'Aguesseau.*	D'Aranda . . . . *Pombal.*	Berthollet.
	20	Manzoni.	Dalton. . . . . *Thilorier.*	Fielding. . . . . . *Richardson.*	Buffon. . . . . *Oken.*	Turgot. . . . . . *Campomanes.*	Berzélius. . . . . *Ritter.*
	21	**TASSE.**	**WATT.**	**MOLIÈRE.**	**LEIBNITZ.**	**RICHELIEU.**	**LAVOISIER.**
Maridi.	22	Pétrarque.	Bernard de Palissy.	Pergolèse. . . . . . . *Palestrina.*	Robertson . . . . *Gibbon.*	Sidney. . . . . *Lambert.*	Harvey. . . . . *Ch. Bell.*
Patridi.	23	Thomas A'Kempis. *Louis de Grenade.*	Guglielmini. . . . . . . *Riquet.*	Sacchini. . . . . *Gretry.*	Adam Smith. . . . . *Dunoyer.*	Franklin.	Boërhaave . . . . *Stahl.*
Filidi.	24	Mme de Lafayette. . *Mme de Staël.*	Duhamel (du Monceau).	Gluck. . . . . *Lully.*	Kant. . . . . *Fichte.*	Washington. . . . . *Kosciusko.*	Linné. . . . *Bernard de Jussieu.*
Fratridi.	25	Fénelon. *Saint-François de Sales.*	Saussure . . . . *Bouguer.*	Beethoven. . . . . *Handel.*	Condorcet. . . . . . . *Ferguson.*	Jefferson.	Haller. . . . . . . *Vicq-d'Azyr.*
Domidi.	26	Klopstock. . . . . . . *Gessner.*	Coulomb. . . . . *Borda.*	Rossini. . . . . *Weber.*	Joseph de Maistre. . . . *Donald.*	Bolivar. . . *Toussaint-Louverture.*	Lamarck. . . . . . . *Blainville.*
Matridi.	27	Byron. . . . . *Élisa Mercœur.*	Carnot. . . . . *Vauban.*	Bellini. . . . . *Donizetti.*	Hegel. . . . . *Sophie Germain.*	Francia.	Broussais. . . . . . . *Morgagni.*
HUMANIDI.	28	**MILTON.**	**MONTGOLFIER.**	**MOZART.**	**HUME.**	**CROMWELL.**	**GALL.**

(*Catéchisme Positiviste*, page 332.)

Jour complémentaire. . . . . **Fête universelle des MORTS.**

Jour additionnel des années bissextiles. . . . . . **Réprobation solennelle des deux principaux rétrogradateurs (*Julien* et *Bonaparte*), mais seulement pendant la première demi-génération.**

Après ces *quatre* célébrations initiales de la *Fête des Réprouvés*, ce jour exceptionnel prendra sa destination normale pour le culte abstrait.

nach Moses benannten theologischen Monat schließen sich der vierte des Archimedes, der sechste des heiligen Paulus und der letzte Bichats an; die Religionen verschwimmen ineinander, Salomo und Konfuzius, der heilige Bernhard und Mohammed, gehen dann zu den Wissenschaften über, von Abraham zu Thales, von der heiligen Monika zu d'Alembert, ohne daß die späteren von den früheren entwertet würden; in der Erinnerung sind sie alle gleich und stehen auf gleichem Rang mit Kunst und Industrie, mit Bernard Palissy und den Troubadouren. Ein solcher Frieden in Zeit und Geschichte mußte töricht, eine solche Großmut als krank erscheinen in einer akademischen oder politischen Welt, in der blutige Auseinandersetzungen niemals ausblieben. Haben wir je ein besseres Tableau der besten aller möglichen Zeiten gesehen? Nur Christus sucht man darin vergeblich. Frage: Wer hat als erster gesagt, Gott sei tot? *Without Christianism*... Ebenso vermißt man die Literatur und die Künste in der Neuzeit: die Wissenschaft hat den gesamten Raum eingenommen; nach Mozart, dem letzten Sonntag des zehnten Monats, ist es mit der Schönheit vorbei. Finstere Vorahnung...

Die kontinuierliche Geschichte verschmilzt in diesem Tableau mit der diskontinuierlichen, die interne schließt an die externe an, die Mondzeit der Monate und Wochen nivelliert die internen Stadien jedes Gebiets und jeder Region, während die Sonnenzeit sie ohne Epakte äußerlich miteinander verbindet. Dieses hübsche Bildchen in seiner naiven Farbenpracht, das einfach allen gefallen möchte, den Unwissenden, Ungläubigen, Gelehrten und Frommen – mit einem Wort: dem Volk –, zeigt die gesamte Philosophie der Geschichte der Wissenschaften, die Comte auf dem Tableau von *Paris 1800* errichtet hat: ein Steinbruch, aus dem seine Nachfolger einzelne Stücke heraushauen, aus dem sie schöpfen werden, ohne es einzugestehen.

Von der Unvollständigkeit

In seiner *Critique de la raison politique* dehnt Régis Debray das für formale Systeme geltende Unvollständigkeitstheorem auf soziale Gruppen aus (oder findet es dort wieder). Danach organisieren sich Gesellschaften nur unter der ausdrücklichen Bedingung, daß sie auf etwas gründen, das von ihnen verschieden ist, etwas, das außerhalb ihrer Definition oder Grenze liegt. Sie können sich nicht selbst genügen. Er bezeichnet diese Grundlegung als religiös. Mit Gödel vollendet er Bergson, dessen Werk über *Les deux sources de la morale et de la religion* die offenen Gesellschaften den geschlossenen gegenüberstellte. Nein, sagt er, die innere Kohärenz wird von außen gewährleistet, die Gruppe schließt sich nur ab, wenn sie sich öffnet. Die Heiligen, Genies, Helden, Vorbilder, die Stars aller Art zerbrechen die Institutionen nicht, sondern machen sie möglich.

Die Geschichte der Wissenschaften benutzt die Wörter im umgekehrten Sinne, diskutiert jedoch über das gleiche wie Gödel, Bergson oder Debray: Sie nennt extern, was diese intern nennen, und vice versa. Eine externalistische Geschichte reduziert eine Wahrheit oder einen wissenschaftlichen Beweis auf die Gesamtheit seiner sozialen Bedingungen oder Zwänge, führt ihn also gerade auf das Innere der Gruppe zurück, während die interne Geschichte einzig den Faden einer Disziplin verfolgt, ohne auf etwas anderes außer ihr Bezug zu nehmen. Es handelt sich durchaus um die gleiche Debatte, die das Geschlossene dem Offenen gegenüberstellt, doch unter Umkehrung ihrer Begriffe.

Nun schreiben seit Bergson selbst die angesehensten Historiker aus den *Deux sources*[16] ab, einem Buch, das den Fall des Wahnsinns und des Wissens ausdrücklich vorsieht: die große Einschließung Michel Foucaults und das Paradigma Thomas S. Kuhns, um nur die Werke anzuführen, die den größten Widerhall gefunden haben, schöpfen aus denselben Quellen. Wo jene nur ein Vorbild transkribieren, löst Debray ein Problem. Wo die Historiker Übergänge oder Überschreitungen sozialer oder begrifflicher Grenzen beschreiben, ohne sie zu begreifen, weil sie von Bergson ein fertiges Schema übernommen haben – ein Modell, das Bergson von Carnot und der Thermodynamik ausgehend entwickelt hat –, konstruiert Debray auf eigene Faust (und begreift folglich) ein neues Schema, das von Gödel und den logischen Systemen ausgeht.

Der entscheidende Beitrag von Gödel und Debray erlöst uns von den alten Modellen und ihrer Wiederholung. Betrachten wir eine extrem externalistische Wissenschaftsgeschichte, die jede beliebige Entdeckung auf ihre sozialen Faktoren zurückführt: Debatten um Ideen oder Interessen, institutionelle, strategische, finanzielle, ökonomische Zwänge, lokale Akkumulation von Informationen, Organisation von Schulen oder Laboratorien, kurz: die Gesamt-

16 *Henri Bergson* (1859-1941): Die *Deux sources de la morale et de la religion* (1932) stellen der geschlossenen Gesellschaft die offene und der geschlossenen Moral die offene gegenüber.

heit wechselseitig aufeinander bezogener Kräfte und die konkreten Bedingungen, die bei einem solchen Ereignis in Gang gesetzt werden. Frage: Warum findet diese Mobilisierung statt? Wie nehmen diese Ensembles Gestalt an? Wegen der Wahrheit. Der Wahrheit eines genialen oder ehrgeizigen Carnot, der Wahrheit des Ministers Arago? Der Wahrheit der Differentiale oder des Meridianbogens? Ja und nein – oder eher nein. Vielmehr ganz einfach wegen der Wahrheit. Wegen der Objektivität, insofern diese all den Bedingungen und Zwängen äußerlich ist und gerade nicht aus ihnen folgt. Der ganze soziale Prozeß erstirbt sogleich, wenn nicht die objektive Wahrheit des betreffenden Gegenstandes am Horizont aufgeht. Das Interne (hier: Externe) entfaltet sich zu einem wirksamen und dynamischen produktiven System, wenn (und nur wenn) es auf jenem absolut triftigen Anderen und Äußeren gründet, das man extern (hier: intern) nennen muß: die Wahrheit oder Objektivität. Alles findet um sie herum und durch sie Halt, gerät in Bewegung, wenn sie vorhanden ist, und kommt zum Erliegen, wenn sie fehlt. Alles gründet sich demnach auf die Transzendenz des Wahren, diese Bedingung von Objektivität. Als Transzendenz bezeichnet man diese Nicht-Zugehörigkeit zu einem Ensemble und seinen Zwängen.

Wenn man jedoch die großen Worte der Philosophie oder die Theoreme der Logik fürchtet, kann man auch mit anderen Bildern Klarheit zu schaffen versuchen. Zum Beispiel bezeichnet man ein Element oder einen Stoff als Katalysator, wenn ohne ihn eine chemische Reaktion weder in Gang kommen noch sich entwickeln kann, obgleich dieser Stoff selbst nicht in die Reaktion eingeht: ihr äußerlich bleibt, aber doch ihre Bedingung ist. Ebenso bleibt die Wahrheitsdimension der Wissenschaft ihrer Geschichte äußerlich, begründet diese jedoch und schafft die sozialen Bedingungen ihres Auftauchens.

So verrät die Debatte, die das Externe und Interne unserer Disziplinen einander gegenüberstellt, eine unzulängliche Analyse des sozialen Bandes, und eine Geschichtsschreibung, die in der Zeit der Wissenschaft Momente der Öffnung und Zeiten der Geschlossenheit voneinander abhebt, offenbart zweifellos das gleiche Unverständnis. Ebenso wie die Chronisten des Wissens oder der Unvernunft ihre Modelle Bergson verdanken, so schulden wir unsere Lösungen dem Gödel-Debrayschen Prinzip.

Offen und geschlossen, Festkörper und Flüssigkeiten

Die Genealogie der Schemata, Ideen oder Modelle geht also auf Bergson zurück, dessen Diskurs sich dem Positivismus entgegenstellt. Seine beiden Quellen entstammen der Thermodynamik, so wie Comte das Paar Statik/Dynamik beziehungsweise Ordnung/Fortschritt der klassischen Mechanik entlehnt hat. Der Nachfolger vollendet den Vorgänger im selben Maße, wie das Wissen wächst, das als Bezugspunkt dient. Die in den *Deux Sources* gestellte Frage nach dem Offenen und Geschlossenen hat den gleichen Ursprung wie der Titel des Buches und klärt sich mit dem Übergang von Carnot zu Clausius und Gibbs. Andererseits kritisiert Bergson unser Begriffsverständnis fester Körper und fordert, zum Fließen der Dauer oder des Bewußtseins zurückzukehren, während Comte dem Wolkigen und Unbestimmten mißtraute und verlangte, nur konsistente Systeme zu errichten. Auch dort zeigt sich wieder, welche Wissenschaft als Referenz dient: Offensichtlich gehen wir von der Mechanik der Festkörper zu derjenigen der Flüssigkeiten und Gase über, vom Kristall, das die Geometrie seit Beginn des neunzehnten Jahrhunderts allmählich beherrscht, zum unordentlichen Molekül, das die Physik zu Beginn des zwanzigsten betrachtet. Ich habe diese Entwicklung schon vor einem Vierteljahrhundert als »Transformationsgesetz des Metaphernstoffs« bezeichnet. Die Philosophen sprechen von festen Systemen, dann von Strömen oder vom Fließen, schließlich von der Sprache: zuerst von Kristallen, dann von Flüssigkeiten, harten Dingen, die dann weich werden, materiellen Dingen, die jedoch ihren Aggregatzustand ändern, schließlich von Weichem, *software*, Rede, Diskurs, Schrift. Der Positivismus bezieht sich auf eine geordnete Materie, der Bergsonismus bereits auf die Unordnung, die flüssige Unbeständigkeit, während man nach 1945 auf jede objektive Referenz verzichtet und sich gänzlich der Sprache widmet, in Europa wie überall sonst, wo der logische Positivismus – eine bewunderswerte Bezeichnung – für die Synthese all dessen sorgt, was ihm voranging.

Wissenschaften und Religion

Indem er das Gödelsche Theorem von der Logik auf die Fragen von Geschlossenheit und Offenheit ausdehnt, beendet und rekapituliert Debray zugleich die Geschichte und die Arbeit der letzten zweihundert Jahre. Nachdem er das gesagt und gezeigt hat, beruft er sich selbst auf Comte und den positivistischen Kultus. Warum?

Weil der Hohepriester der Menschheitsreligion, wie lächerlich uns das Abenteuer auch erscheinen mag, mit dem er sein Leben beschließt, all das bereits zu sagen oder zu erklären versucht hat – so ungern ich es zugebe. Es ist, als hätte Comte in seinem süßen Wahn seine Soziologie auf eine allgemeine Anthropologie gegründet, ohne daß es ihm gelungen wäre, ihr einen Namen zu geben. Als einziger von allen Philosophen seit Kant hat er die Mühe auf sich genommen, sich sämtliche wissenschaftlichen Erkenntnisse seiner Zeit anzueignen: er trickst nicht, lügt nicht, erfindet kein Konzept, das ihm eine solche Arbeit ersparte. Im Verlauf dieser heroischen Philosophie entnimmt er den Wissenschaften die gesichertsten Modelle und macht sich den heuristischen Gestus des lokalen und globalen Wissens so vollendet zu eigen, daß er den enzyklopädischen Weg schließlich mit der Erfindung einer neuen Humanwissenschaft vollendet, die auf allen vorhergehenden als ihren Bedingungen aufbaut. Die Entdeckung liefert stets den Beweis für die Wahrhaftigkeit der Anstrengung.

Bei diesem wahrhaft heroischen Durchgang schreibt er die interne Geschichte jeder im Laufe der Zeit und durch den Lauf der Zeit erreichten Disziplin. Niemand vor ihm und keiner nach ihm verzahnt interne und externe Bewegung so eng miteinander: Die Geschichte der Kulturen und Gesellschaften ermöglicht eine enzyklopädische Klassifikation der Wissenschaften, deren Geschichte ihrerseits die Soziologie ermöglicht, die wieder zu Kultur und Geschichte zurückkehrt. So schließt sich das System in einem ungeheuren Kreislauf, bei dem die äußere Bewegung eine innere speist, von der sich wiederum jene speist.

Ich glaube, daß Comte damit einen Gedanken oder ein Gefühl fixiert, das man in den Werken und den Biographien, in den sozialen und in den spekulativen Tätigkeiten der Gelehrten nachlesen oder nachweisen kann, die durch die Französische Revolution hindurchgegangen sind und das Jahr 1800 in Paris verbracht haben. Ihre »großen Abhandlungen« rekapitulieren im allgemeinen zunächst die interne Geschichte ihrer jeweiligen Disziplin, um dann deren systematisches Tableau zu entfalten: erst der Fortschritt, dann die Ordnung. Fourier, Laplace, Lavoisier, Haüy, Lamarck, Monge und zwanzig andere wissen oder spüren, daß sie an der Schwelle einer neuen Zeit stehen, in der die rationale Wissenschaft zum wesentlichen Bestandteil der Gesellschaft wird. Sie wird zum entscheidenden Faktor in den Bereichen, die ihrerseits die Voraussetzungen der Vernunft erst schaffen: im Unterricht, in der Armee, in Industrie und Landwirtschaft. Die wissenschaftliche Ordnung bedingt den sozialen Fortschritt, dessen Ordnung den wissenschaftlichen Fortschritt bedingt. Das universale Wissen dieser Gelehrten stellt sie an einen einzigartig privilegierten soziopolitischen Ort, an dem in einem jähen, krisenhaften Augenblick Wissenschaft, Geschichte und Gesellschaft zugleich hervorgehen. Comte kanonisiert diese doppelte und einzigartige Erfahrung, indem er mit einem Schlag sämtliche Plätze zugleich einnimmt.

Diese vollkommene Bewegung hat er aus der Distanz betrachtet und erkannt, daß es sich dabei um Religion handelt. Nicht um eine Religion, die an eine bestimmte Ethnie oder eine lokale Kultur gebunden wäre und zum Gegenstand anthropologischer Forschung werden könnte. Sondern um das Werden eines globalen Bandes, das die gesamte Menschheit umspannen könnte, das wahrhaft universell wäre. Mit anderen Worten, das allgemeine System der positiven Wissenschaften und der Geschichte sowie alles, was es jeweils nach sich zieht, harte und weiche, exakte und humanwissenschaftliche, fortschreitende und geordnete Erkenntnis, vermag sich aus eigener Kraft weder zu halten noch zu begreifen. Dunkel hat er Gödel und Debray geahnt. Es gibt ein Äußeres noch außerhalb der selbsttragenden Totalität, und diese gründet auf jenem. Comte nennt diese Fundierung eine religiöse. Und er hat recht, selbst wenn er sich dabei auf die Selbstimmanenz der Menschheit oder des Höchsten Wesens beschränkt.

Geistlichkeit und Intellektuelle

Wenden wir uns kurz noch einmal dem *Ancien régime* beziehungsweise den Gesellschaften zu, die der Positivismus als theologische bezeichnete. Zu jenen Zeiten nahm der Klerus einen genau bestimmbaren Platz in der Gesellschaft ein. Dieser Platz, diese herrschende und beherrschte, weder beherrschte noch herrschende Position innerhalb jeder Klasse, der herrschenden wie der beherrschten, gehört zu keiner der beiden, weder zur beherrschten noch zur herrschenden. Die Geistlichen [*clercs*] sichern also durch die Zwischenstellung ihres Standes die Geschlossenheit des sozialen Systems, indem sie ihm die Garantie einer transzendenten Wahrheit bieten, die absolut außerhalb des Bereichs sozialer Schöpfungen liegt. Sie bezeichnen von innen her das Außen. Man könnte sie Funktionäre des Wahren nennen. Auf diesem Wahren gründet die Gruppe. Auf diesem Stein erhebt sich die Kirche. Auf welchem Stein? Jenem verworfenen, aus der Gruppe hinausgeworfenen Objekt, Ob-jekt, das innerhalb der Gruppe Petrus, der Fels, heißt und allem »zu Grunde« liegt.

Als man noch an die menschliche Natur oder die Natur schlechthin glaubte, bezeichnete man diese Wahrheit als übernatürliche, transzendente oder fundierende. Als geoffenbarte. Jetzt ist sie nur noch entdeckte, aber immer noch transzendente Wahrheit. Der Gegensatz zwischen der internen Geschichte der Wissenschaften und ihrer externen Geschichte belegt den Fortbestand einer Transzendenz und die Fundierung der sozialen Immanenz auf jener. Auguste Comte und Régis Debray haben völlig recht: das nennt man Religion.

Nun nehmen die Gelehrten einen genau bestimmten Platz in der Gesellschaft ein. Diese Position – diese herrschende und beherrschte, weder beherrschte noch beherrschende Stellung (Berater des Fürsten, Armut, Freiheit des Geistes) – gehört zu keiner der beiden Klassen. Die Intellektuellen [*clercs*] sichern also durch die Zwischenstellung ihres Ordens die Geschlossenheit des sozialen Systems, indem sie ihm die Garantie einer transzendenten Wahrheit bieten, die absolut außerhalb des Bereichs sozialer Schöpfungen liegt. Jedesmal, wenn im Namen einer neuen Ideokratie ein Tribunal in diese Transzendenz eingreift, um ihr ein neues Dogma aufzuzwingen, häuft es Schmach und Schande auf sich, von Giordano Bruno über Lavoisier bis Lysenko: es büßt seine Glaubwürdigkeit ein, erzittert in seinen Fundamenten. Darin liegt ein Beweis *a contrario* für die kapitale Bedeutung einer solchen Transzendenz: man rührt daran nicht ohne Gefahr. Es dauert nicht lange, bis die Revolution den Chemiker heiligt, den sie enthauptet hat.

Wie einfach oder komplex die verschiedenen sozialen Zugehörigkeiten, von denen sie definiert werden, sich auch überlagern mögen: alle Forscher und Lehrer der Wissenschaft, selbst die politisch engagiertesten, müssen mit ein und derselben Gebärde auf jenes äußere Element weisen, das sie zusammenhält und mit dem sie seither den heutigen Gesellschaften Zusammenhalt geben: die Welt als solche, betrachtet als eine andere Welt, absolut unabhängig von der sozialen Gruppe. Man könnte sie Funktionäre des Wahren nennen. Ihr Reich ist von dieser anderen Welt, nämlich der Welt als solcher, jenseits des Politischen. Ohne diese objektive Wahrheit sind sie und tun sie nichts. Sie wissen es, und alle Welt weiß es.

Keine funktionale oder strukturelle Differenz trennt also den Glauben an einen transzendenten Gott von dem Glauben, es existiere ein wissenschaftliches Objekt unabhängig von uns, das sich in einer und durch eine universelle, für alle gültige, an sich objektive Wahrheit äußern könne. Die Transzendenz als solche bleibt in beiden Fällen die gleiche. Und die soziale Konsequenz bleibt unverändert. Die Funktionäre wechseln – oder nicht einmal das –, die Funktion bleibt invariant, und die heutigen Gesellschaften ähneln den archaischen: das ist es, was ich zeigen wollte. Das Universelle und das Singuläre kreuzen sich stets an derselben Stelle, ebenso wie das Offene und das Geschlossene: Hat es wirklich eine Revolution gegeben?
Nach alledem erleben wir heute eine Krise des Wahren. Wie steht es, nach dem Tode Gottes, gegenwärtig mit dem Überleben der Welt? Für beide, diese wie jenen, hat derselbe Todeskampf begonnen.

A
A
C
C
H
D
G
B
E
F

BERNADETTE BENSAUDE-VINCENT

LAVOISIER: EINE WISSENSCHAFTLICHE REVOLUTION

Ein Mann, zwei Lebenswege, zwei Schicksale. Lavoisier, der siegreiche Held der chemischen Revolution, stirbt als Opfer der politischen Revolution. Von seinen Kollegen im Stich gelassen, wird er bald darauf als unsterblicher Begründer der modernen Chemie verehrt

Das Jahr I der Chemie. Das ganze neunzehnte Jahrhundert über erzählen Chemiker, Philosophen und Historiker von der Entstehung der wissenschaftlichen Chemie bei Antoine Laurent de Lavoisier (1743-1794). Heutige Historiker finden ihrerseits in dieser Episode die Strukturelemente einer Revolution: Krisensymptome, Entstehung eines neuen Paradigmas, Streit und Spaltung innerhalb der Gemeinschaft der Chemiker. Man bezeichnet die von der Generation Lavoisiers geleistete Arbeit heute sogar als »zweite wissenschaftliche Revolution«. – Das Wort »Revolution«, von Lavoisier selbst benutzt, wird von seinen Zeitgenossen aufgenommen und verbreitet. Dies wäre also ein geeigneter Fall, den Begriff der wissenschaftlichen Revolution zu klären und die Mechanismen zu erfassen, die in den damit bezeichneten Episoden am Werk sind.

Dem Fall Lavoisier kommt ein besonderes Interesse zu, weil er es erlaubt, die wissenschaftsgeschichtliche unmittelbar gegen die politische Bedeutung des Wortes »Revolution« zu halten. Die chemische Revolution erreicht ihren Höhepunkt mit der Veröffentlichung seines *Traité élémentaire de chimie* im Jahre 1789, in dem Jahr, in dem die politische Revolution ausbricht. Lavoisier, der Verwaltungsbeamter des *Ancien régime* und Gelehrter zugleich ist, gerät in den Strudel der beiden Bewegungen. Doch während er aus der chemischen Revolution als großer Sieger hervorgeht, fällt er der politischen Revolution zum Opfer. Ich möchte versuchen, die beiden Lebenswege Lavoisiers so zu beschreiben, daß sie einander gegenseitig erhellen.

Zwei Gase, jedes durch ein Rohr in eine geschlossene Glasglocke geleitet, brennen und bilden Wasser. So bewiesen Lavoisier und Laplace im Juni 1783 ihren Kollegen von der Académie des sciences, daß »Wasser keine einfache Substanz ist; es ist Gewicht für Gewicht zusammengesetzt aus brennbarer Luft und Lebensluft«. Dieses Experiment versetzte der Theorie der vier Elemente den Gnadenstoß. Stich aus dem neunzehnten Jahrhundert

Am 19. Floréal des Jahres II (8. Mai 1794) verurteilt das Revolutionstribunal Lavoisier zusammen mit siebenundzwanzig weiteren Generalpächtern zum Tode. Sie werden für schuldig befunden, gegen das französische Volk ein »Komplott« geschmiedet zu haben, »das mit allen erreichbaren Mitteln den Sieg der Feinde Frankreichs zu begünstigen sucht«. Am Nachmittag werden sie alle auf dem Platz der Revolution guillotiniert. Warum ließ man den Mann sterben, der in der Wissenschaft gerade eine gewaltige Revolution vollzogen hatte? Peinliches Schweigen bei den einen, empörte Kommentare bei den anderen. Seit zwei Jahrhunderten gibt diese wenig rühmliche Episode der Französischen Revolution Anlaß zu immer wieder auflodernden, stets leidenschaftlichen Kontroversen zwischen den Historikern. Für meinen Teil werde ich mich darauf beschränken, den Kontrast zwischen der Gleichgültigkeit, mit der Lavoisier im Stich gelassen wurde, und dem Kult hervorzuheben, dessen Gegenstand er bald nach seinem Tod wurde. Wie entsteht das Bild eines Gründerheros? Kann man, wenn man sich die verschiedenen Versionen der Lavoisierschen Episode vor Augen führt, in den Darstellungen und Vorstellungen der chemischen Revolution über einen Zeitraum von mehr als hundert Jahren eine Entwicklung ausmachen?

Zwei Lebenswege

Das Zusammentreffen des Wissenschaftlers mit dem Politiker in einer Person ist im Frankreich des achtzehnten Jahrhunderts kein singuläres Ereignis. Lavoisier erscheint als Repräsentant der engen Verbindungen, die sich gegen Ende des *Ancien régime* zwischen den Gelehrten und der Regierung knüpften. Die Monarchie, welche die Nützlichkeit der Wissenschaften erkannte, schuf die großen staatlichen Ausbildungsanstalten für Bergbauingenieure (*École normale supérieure des mines de Paris*, 1783) sowie für Straßen- und Brückenbauingenieure (*École nationale des ponts et chaussées*, 1747). Die Akademien in der Provinz sowie die *Académie royale des sciences* weckten das Interesse der Wissenschaftler am Gemeinwohl durch die Ausschreibung von Wettbewerben zu praktischen Problemen der städtischen und ländlichen »Infrastruktur«.
Während der Revolution wird der Austausch zwischen Wissenschaftlern und Politikern sehr eng. Die Gelehrten beteiligen sich in großer Zahl an revolutionären Aktivitä-

Dieses (heute nicht mehr vorhandene) Basrelief zeigt Lavoisier und seine Frau, Marie-Anne Paulze, als eifrige Assistentin sowie eine Person, die allzu oft vergessen wird, obwohl sie bei der Arbeit im Laboratorium unentbehrlich war: das »Faktotum«. Basrelief am Sockel der Lavoisier-Statue von L. E. Barrias, früher an der Place de la Madeleine, Paris

ten. Wenige nur reihen sich in den Strom der Emigranten ein, während viele politische Verantwortung übernehmen und am Wohlfahrtsausschuß mitwirken. Zwar sind die Akademien, die wesentlichen Organe des gesamten wissenschaftlichen Lebens, durch ein Dekret des Konvents im August 1793 aufgelöst worden. Doch insgesamt gewinnt die wissenschaftliche Population bei diesem Abstecher ins politische Feld. Sie erlangt dadurch Ruhm und Legitimation; sie gewinnt Ansehen, Ehren und Reichtümer.[1]

Nur wenige Gelehrte haben bei diesem Spiel verloren. Der Name Lavoisiers ragt unter diesen Unglücklichen deshalb heraus, weil er auf dem anderen, dem wissenschaftlichen Gebiet viel höheres Ansehen gewonnen hat als seine Kollegen, die in der politischen Arena erfolgreich waren. Verloren, gewonnen: der Gegensatz tritt so kraß hervor, daß er geradezu danach drängt, die Haltung Lavoisiers auf diesen beiden Gebieten miteinander zu vergleichen.

Betrachten wir zunächst, wie es Lavoisier im einzelnen gelang, sich in diesen beiden Bereichen hervorzutun. Er durchläuft nicht zwei unterschiedene oder aufeinanderfolgende Lebenswege. Sein ganzes Leben lang führt er eine Existenz als »Beamter« der Monarchie neben der eines Wissenschaftlers. 1768, im Alter von fünfundzwanzig Jahren, kauft er sich in die Steuerpacht ein und übt diese Funktion aus, bis die fiskalischen Institutionen des *Ancien régime* im Jahre 1791 aufgelöst werden. Wie intensiv und bedeutsam die wissenschaftlichen Forschungen Lavoisiers erscheinen mögen, sie sind nur eine Freizeitbeschäftigung. Seine Haupttätigkeit, seine berufliche Existenz und seine Einkommensquelle ist die Steuerpacht. Lavoisier scheint es

1 Vgl. S. 597-643.

ausgezeichnet verstanden zu haben, die Interessen seiner beiden Lebenswege im Alltag miteinander zu verbinden: Wenn er nach Rouen oder nach Amiens kommt, um Steuern einzutreiben, hält er auch gleich einen Vortrag an der örtlichen Akademie. Einerseits kassiert er Gelder, andererseits liefert er wissenschaftliche Informationen und macht sich als Gelehrter einen Namen. Dieses harmonische Nebeneinander weicht bald, ab 1775, einem anderen, ertragreicheren und weniger anstrengenden. Lavoisier wird zum Leiter der staatlichen Pulververwaltung ernannt. Er wohnt im Arsenal, wo er sich, stets aus eigenen Mitteln, ein Laboratorium aufbaut, das mit bemerkenswerten Präzisionsinstrumenten ausgestattet ist, die er bei den besten Pariser Waagemachern bestellt, Fortin und Mégnié. Nach dem Zeugnis seiner Frau Marie-Anne Paulze – Tochter eines Generalpächters, die sich, mit vierzehn Jahren verheiratet, ganz der Gelehrsamkeit ihres Gatten aufopfert, als seine Assistentin die englische Sprache und das Kupferstechen erlernt, um chemische Werke übersetzen und illustrieren zu können – organisiert Lavoisier seinen Tagesablauf nach einem starren Stundenplan: wissenschaftliche Forschung von 6 bis 8 Uhr; Verwaltungsaufgaben und akademische Funktionen während des Tages; dann Forschung von 19 bis 22 Uhr; und einen ganzen Tag Wissenschaft jede Woche. Die Tätigkeiten vermischen sich noch weiter, als Lavoisier, 1775 geadelt, im Jahre 1778 eine Domäne in Fréchines in der Nähe von Blois erwirbt. Dort führt er agronomische Experimente durch, um die Erträge zu verbessern. Die Wissenschaft dient so der experimentellen Erfahrung auf landwirtschaftlichem und sozialem Gebiet. Lavoisier ist also nicht einerseits fortschrittlicher Gelehrter und andererseits Administrator des *Ancien régime*. Er betreibt beide Tätigkeiten gleichzeitig und macht die eine durch die andere rentabler. Er verwaltet seine Zeit, wie er sein Vermögen verwaltet.

Auch in seiner wissenschaftlichen Laufbahn erfüllt Lavoisier Verwaltungsfunktionen. 1768 wird er, mit fünfundzwanzig Jahren, als »außerordentlicher chemischer Adjunkt« in die Königliche Akademie der Wissenschaften gewählt. Er erklimmt die Stufen der internen Hierarchie bis zum Posten des ständigen Schatzmeisters, der ihn dazu bringt, die Geschäfte und die Verwaltung dieser gelehrten Gesellschaft zu führen. 1785 entwickelt Lavoisier, als Präsident für ein Jahr, das Projekt einer Reform der Akade-

Die Académie royale des sciences

Die Gründung einer Königlichen Akademie der Wissenschaften im Jahre 1666 ist Teil eines Plans der Monarchie, das geistige Leben zu fördern und zu kontrollieren. Im Zuge dieses Vorhabens gründen Richelieu, Mazarin und dann Colbert insgesamt sieben Akademien.

Die Akademie der Wissenschaften, zunächst reich ausgestattet, gewährt ihren Mitgliedern erstmals Gehälter, damit diese sich ausschließlich der Wissenschaft widmen können, und gründet das erste wissenschaftliche Wochenblatt, das *Journal des Sçavans*. Weiterhin wird die Akademie beauftragt, das »königliche Privileg über Maschinen« zu erteilen, heute als Patentamt. Im Laufe des achtzehnten Jahrhunderts wird die Akademie mit der Schaffung des Systems der *concours* als Ausleseverfahren bei der Besetzung freier Stellen (1720) noch enger an die königliche Macht gebunden.

Als Lavoisier 1768 in die Akademie eintritt, umfaßt sie sechs Klassen – Geometrie, Astronomie, Mechanik, Anatomie, Chemie und Botantik. In jeder Klasse verteilen sich die Mitglieder hierarchisch. Da es gelegentlich vorkommt, daß der König ein Mitglied gegen die Wahl der Akademiker ernennt, wird es zur Gewohnheit, eine »außerordentliche« Stelle mit einem echten Wissenschaftler zu besetzen.

Die Reform von 1785 schafft zwei neue Klassen – Allgemeine Physik und Mineralogie –, vermindert jedoch die Zahl der Akademiker jeder Klasse von acht auf sechs. So bewahrt sich die Akademie der Wissenschaften unter der Präsidentschaft Lavoisiers die Privilegien einer kleinen Elite, behauptet aber ein Stück Unabhängigkeit gegenüber dem Willen des Königs.

---

mie. Er führt die ganze Sache in genau zehn Tagen durch. Als der Minister des Königs ohne Rücksprache bei den Betroffenen eine Reform zur Erweiterung der Akademie plant, entwirft er ein Gegenprojekt. Er stimmt der Schaffung zweier neuer Klassen zu, wendet sich jedoch gegen die Schaffung zusätzlicher Stellen durch Verminderung der Zahl der Akademiemitglieder in jeder Klasse sowie durch Streichung der Stellen der »Außerordentlichen« [*surnuméraires*], um nicht das mit dem Titel des Akademikers verbundene Ansehen zu mindern. »Den Gelehrten fehlt nicht die Akademie, sondern der Akademie fehlen die Gelehrten«, fügt Lavoisier hinzu.

Als die Revolution später die Steuerpacht abschafft, widmet er sich überwiegend der Akademie. Er versucht das Unmögliche, um sie zu retten und sie dem Dekret vom

8. August 1793, das sämtliche Akademien abschafft, zu entziehen.

Lavoisier hängt sehr am Leben der Akademie. Und in der Tat läßt sich sein Werk nur verstehen, wenn man es eingebettet in diese Institution betrachtet. Einerseits gibt die Akademie einen Forschungsstil vor. Sie begünstigt die Arbeit in einer Gruppe. Auf jedem seiner Forschungsgebiete arbeitet Lavoisier mit einem Spezialisten der betreffenden Methoden und Themen zusammen: mit Jean Bucquet über die Luft, mit Pierre Simon Laplace über die Wärme, mit Jean-Baptiste Meusnier über das Wasser, mit Armand Seguin über die Physiologie der Atmung, mit Louis Bernard Guyton de Morveau, Claude Berthollet und Antoine François Fourcroy über die Nomenklatur, schließlich mit dem Abbé René Just Haüy bei der Bestimmung der Masseneinheit des metrischen Systems. Über die *concours* und vor allem über die Kommissionen, die mit der Klärung einer bestimmten Frage beauftragt werden, fördert die Akademie darüber hinaus eine geplante, programmierte Forschung. Bei Lavoisier gibt es wenig Improvisation, wenig Ad-hoc-Arbeit. Er organisiert seine Forschung, plant lange Reihen von Experimenten über mehrere Monate.

Andererseits hat die Akademie der wissenschaftlichen Laufbahn Lavoisiers überhaupt die Richtung gegeben. Daß er Chemiker wird, hängt damit zusammen, daß gerade eine Stelle in der Sektion Chemie vakant ist. Seine ersten Arbeiten beschäftigen sich mit der Geologie; unter der Leitung Jean Étienne Guettards beschäftigt er sich 1762/63 mit Bodenuntersuchungen in Frankreich und entwirft eine Theorie der Schichtung. Von dort gelangt er zur Chemie als Hilfswissenschaft der Geologie und besucht auf Anraten Guettards die Vorlesungen von Guillaume-François Rouelle im *Jardin du roi*, an denen auch Diderot, Rousseau und Turgot teilnahmen. Lavoisier scheint jedoch die experimentellen Wissenschaften den geologischen vorgezogen zu haben. Als er 1764 einen Posten in der Akademie anstrebt, schlägt er die Schaffung einer Stelle für Experimentalphysik vor. Anfangs versteht er sich demnach als Physiker. Diese physikalische Neigung verrät sich auch in seinen ersten Arbeiten: die Lieblingsthemen seiner Forschung sind die Wärme und die Aggregatzustände der Materie. Zwei Fragen also, die Gabriel-François Venel in seinem Artikel »Chymie« in der Diderotschen *Encyclopédie* gerade auf der Grenze zwischen Physik und Chemie angesiedelt hatte.

1774 gibt Lavoisier der ersten Sammlung seiner Abhandlungen, die den »luftförmigen Flüssigkeiten« (Gasen) gewidmet sind, die aus den Substanzen frei werden oder sich mit ihnen verbinden, den Titel *Opuscules physiques et chimiques*. Die Analyse des Werkes in der *Histoire de l'Académie* – man nimmt an, daß sie vom Autor selbst verfaßt wurde – stellt Lavoisier als denjenigen vor, der den Geist der Physik in die Chemie eingeführt habe.
Es ist bereits klar, daß die von Lavoisier vertretene Wissenschaft nicht die von Venel erhoffte ist. Die Eigenheit der Chemie liegt nicht in einer generellen Kritik am abstrakten, spekulativen und beschränkten Geist der Mechanik. Lavoisier spielt vielmehr die Karte der Einheit und der Versöhnung aus. Gewiß, er kehrt nicht zu der mechanistischen Tradition zurück, die Venel kritisiert hatte, und läßt das zentrale Problem der Affinitäten beiseite.[2] Übrigens findet man im gedruckten Werk Lavoisiers kaum eine Bezugnahme auf Newton. Doch Lavoisier will die Methoden der experimentellen Physik in die Chemie einführen.

[2] Vgl. S. 527-567.

Eine einzige Methode

Lavoisier, so liest man in allen Büchern, hat die Chemie mit der Waage revolutioniert. Diese Formulierung ist nur teilweise wahr. Es gab die Waage schon vorher in den chemischen Laboratorien, neben den Öfen, Blasen, Glocken, Ballonen, Retorten, Röhren, Flaschen und Destillierkolben. Doch zum wesentlichen Instrument der experimentellen Versuche wird die Waage erst um 1770, als man die Gase zu untersuchen beginnt. Sie setzt sich im Zusammenhang mit der »pneumatischen Wanne« durch, einem geschlossenen Apparat, der dazu dient, Gase aufzufangen, und dem Gasometer, das ihr Volumen zu messen gestattet. Joseph Black, Carl Scheele, Henry Cavendish und Lavoisier setzen die ganze Geschicklichkeit und Findigkeit der Handwerker ihrer Länder in Bewegung, um immer präzisere und vollkommenere Waagen zu erhalten. Angestachelt von den strengen Ansprüchen Lavoisiers, der über die Mittel verfügt, immer kostspieligere Apparate bauen zu lassen, erwerben sich Pariser Hersteller wie Mégnié und Fortin internationales Ansehen.
Die Waage Lavoisiers bringt nicht nur einen Präzisionsgewinn bei den Messungen im Experiment. Sie ist auch oberster Richter in den theoretischen Debatten und gewinnt ihre ganze Bedeutung im Rahmen eines methodi-

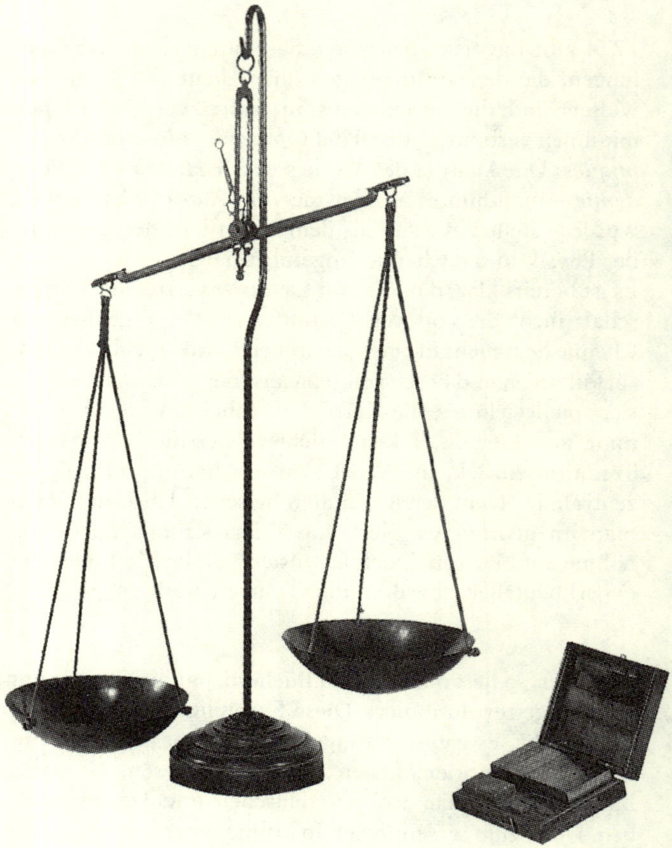

Ende des achtzehnten Jahrhunderts wird die Präzisionswaage zum wichtigsten Instrument der Laborchemie, zum höchsten Richter über den Ausgang eines Experiments. Die Pariser Handwerker Mégnié et Fortin werden für Lavoisier viel perfektioniertere Waagen konstruieren.
Laborwaage aus dem Besitz von Lavoisier; Sammlung des Musée naturel des techniques, CNAM, Paris

schen Forschungsprogramms. Zu jedem Thema, dem er sich zuwendet, fertigt Lavoisier ein systematisches Verzeichnis sowohl der französischen wie auch der ausländischen Veröffentlichungen an. Er führt sich die Ungewißheiten, Widersprüche und Kontroversen über die betreffende Frage vor Augen und entwirft eine Versuchsreihe, nach der darüber entschieden werden kann. Alle strittigen Punkte dieser Debatten werden im Laboratorium definitiv geklärt. Die Tradition muß sich dem Urteil der Waage beugen.
Mit der Waage verwandelt Lavoisier die experimentelle Methode in eine Buchhaltungspraxis. Bei jedem Schritt zieht er die Bilanz der erfolgten Reaktionen. Er wiegt vor dem Experiment, er wiegt nachher. Er wiegt das Ganze, er wiegt jedes Element des Systems. Unterstellt dabei ist das berühmte Prinzip »Nichts vergeht, nichts entsteht«, dessen Formulierung man Lavoisier zuschreibt. In Wirklichkeit

hat nicht er diesen Satz erfunden; schon bei den antiken Atomisten[3] findet man ein sehr ähnliches, am deutlichsten von Demokrit formuliertes Prinzip: »Aus nichts wird nichts, und was ist, kann nicht zu nichts werden.« Im übrigen hat Lavoisier diesen Satz niemals als Grundprinzip der Chemie aufgestellt. In einem Kapitel seines *Traité élémentaire de chimie* über die Gärung heißt es an einer Stelle:

[3] Vgl. S. 201.

> »[...] denn nichts wird weder in den Operationen der Kunst, noch in jenen der Natur erschaffen, und man kann als Grundsatz annehmen, daß in jeder Operation eine gleiche Menge Stoff vor und nach derselben da sey [...] und daß nur Abänderungen und Modifikationen entstehen«.

Richtig ist jedoch, daß Lavoisier die Erhaltung der Quantität der Materie zum Ansatzpunkt seiner experimentellen Praxis gemacht hat. Auch unausgesprochen hängt von diesem Prinzip die gesamte Chemie der Bilanzen ab.
Finanzier und Chemiker: offensichtlich war die Verbindung dieser beiden Talente in einer Person sehr fruchtbar. Doch wenn es nun mehr als ein glückliches Nebeneinander war? Sondern eher die Ausführung ein und desselben Projekts mit unterschiedlichem Erfolg auf verschiedenen Gebieten?

Chronologie der physikalischen und chemischen Arbeiten Lavoisiers

1765 Abhandlung »Über die Analyse des Gipses«
1772 Experimentelle Untersuchung der Kalzination; versiegelter Umschlag bei der Akademie hinterlegt
1773 Kalzinieren von Blei und Zinn in geschlossenen Gefäßen
1774 *Opuscules physiques et chimiques*
1777 Abhandlung »Über die Atmung der Tiere« und »Über die Verbrennung im allgemeinen«
1780 Experimente mit Säuren
1781 Untersuchungen über die Wärme (in Zusammenarbeit mit Laplace)
1783 Abhandlungen »Über die Zusammensetzung des Wassers« und »Reflexion über das Phlogiston«
1785 Großes Experiment Synthese und Analyse des Wassers
1787 Abhandlung »Über die Notwendigkeit, die chemische Nomenklatur zu reformieren und zu verbessern«
1789 *Traité élémentaire de chimie*; erster Band der *Annales de chimie*
1792 Arbeiten über das metrische System

Die Gase auffangen, ihr Volumen und Gewicht messen: das sind die Operationen, ohne welche die chemische Revolution nicht möglich gewesen wäre. Das Gasometer, das von Lavoisier benutzt wurde, um die Zusammensetzung der Luft zu bestimmen, wurde von seiner Frau zur Illustration des dritten Teils des Traité élémentaire de chimie *gezeichnet, in dem die »verschiedenen Vorrichtungen und [...] Handgriffe bey den chemischen Operationen« beschrieben werden.*
In: A. L. Lavoisier, Œuvres, *hg. von J.-B. Dumas und E. Grimaux, Bd. 1, Paris 1862*

Ein revolutionäres Projekt

Was die Kommentatoren seines Werkes am meisten verblüfft, ist das Bewußtsein, der Wille, die feste Entschlossenheit, mit der Lavoisier seine Revolution in der Chemie bewußt vorantrieb. Die Entstehung dieses revolutionären Projekts datiert man gewöhnlich auf das Jahr 1772. Folgt man dem Historiker Henry Guerlac, so war dies das entscheidende Jahr.
Nun zeigt sich dieser Wille, die Chemie umzuwälzen, genau ein Jahr nach einem ökonomischen Essay, der auf revolutionäre Bestrebungen eher entmutigend wirkt. Geht man die *Œuvres* von Lavoisier rein chronologisch durch und hält die ökonomischen oder politischen Schriften neben die wissenschaftlichen Abhandlungen aus derselben Zeit, so zeigt sich, daß Lavoisier diese unterschiedlichen Fragestellungen oft in den nämlichen Begriffen denkt. So beschreibt er in seinen Notizen zu einer Eloge auf Colbert (1771) den internationalen Handel als Austauschsystem, dessen Fluß nichts daran ändert, daß die Gesamtmenge der Reichtümer konstant bleibt. Der Satz, daß »nichts vergeht und nichts entsteht«, gilt auch in der Ökonomie. Doch hier neigt das System spontan zum Gleichgewicht. Dieses na-

türliche Gleichgewicht, das Lavoisier mit den Worten Colberts als »natürliche Ordnung« [*ordre physique*] bezeichnet, läßt den Ministern nur einen sehr schmalen Handlungsspielraum. Allenfalls können sie bewirken, daß sich die Waage zugunsten eines Landes neigt oder daß der Überlauf auf einen bestimmten Landstrich oder Sektor gelenkt wird. Doch alle politischen Bemühungen können das Gleichgewicht der Handelsbilanz nur vorübergehend erschüttern. Eine solche Sicht der wirtschaftlichen Ordnung regt kaum zu einer Revolution an.

Die Chemie scheint da besser geeignet. Nachdem er auf mehreren Gebieten geforscht hat und sich die Richtung dabei jeweils von den Wettbewerben der Akademie vorgeben ließ, scheint Lavoisier den rechten Ansatzpunkt gefunden zu haben: die Verbrennung. Am 1. November 1772 hinterlegt er bei der Akademie eine Mitteilung über die Rolle der Luft bei der Kalzination in einem versiegelten Umschlag, der erst am 5. Mai 1773 geöffnet wird, als seine Forschungen weiter vorangekommen sind. Lavoisier führt seine Experimente fort und stellt am 20. Februar 1773, zu Beginn eines neuen Laborhefts, das Programm einer Versuchsreihe auf, die – wie er schreibt – »eine Revolution in der Physik und in der Chemie« hervorrufen sollte. Öffnen wir also den mysteriösen versiegelten Umschlag, versuchen wir die revolutionären Andeutungen zu verstehen, die er enthält:

> »Vor ungefähr acht Tagen habe ich entdeckt, daß der Schwefel beim Verbrennen, weit davon entfernt, sein Gewicht zu verlieren, im Gegenteil schwerer wird; das heißt, daß man aus einem Pfund Schwefel viel mehr als ein Pfund Vitriolsäure herausziehen kann, ohne Rücksicht auf die Feuchtigkeit der Luft; ebenso verhält es sich mit dem Phosphor: diese Gewichtsvermehrung kommt aus einer gewaltigen Menge Luft, die sich bei der Verbrennung fixiert und die sich mit den Dämpfen verbindet. Diese Entdeckung, die ich in Experimenten festgestellt habe, die mir entscheidend dünken, hat mich auf den Gedanken gebracht, daß das, was sich bei der Verbrennung von Schwefel und Phosphor beobachten läßt, auch bei all denjenigen Körpern stattfinden könnte, die durch Verbrennung und Kalzination an Gewicht zunehmen; und ich bin sogar überzeugt, daß die Gewichtsvermehrung der Metallkalke von derselben Ursache herrührt. Das Experiment hat meine Vermutungen vollauf bestätigt; ich habe die Reduktion von Bleiglätte in geschlossenen Gefäßen mit dem Halesschen Apparat[4] durchgeführt und dabei beobachtet, daß bei der Verwandlung

[4] Die *pneumatische Wanne* von Stephen Hales wurde konstruiert, um die verschiedenen Substanzen (etwa Pflanzen oder Salpeter) entzogenen Gase aufzufangen. Die bei der Erhitzung dieser Substanzen freigesetzte Luft wird durch ein langes knieförmiges Rohr in einen wassergefüllten Behälter geführt. Man fängt dann die Blasen auf, die sich unter dem Dekkel bilden. Nach einigen Verbesserungen war es Cavendish, Priestley und Lavoisier möglich, mit diesem Apparat die Gase chemisch zu erforschen.

des Kalks in Metall eine beträchtliche Menge Luft freigesetzt wurde, deren Volumen etwa das Tausendfache der Bleiglätte ausmachte. Diese Beobachtung scheint mir eine der merkwürdigsten Entdeckungen seit Stahl zu sein. Daher glaubte ich, mir das Eigentum daran sichern zu müssen, indem ich das vorliegende Schriftstück bei der Akademie hinterlegt habe, damit diese Beobachtung so lange geheim bleibt, bis ich meine Versuche veröffentlichen werde.«

Von zwei Experimenten aus gelangt Lavoisier zu einer allgemeinen Erklärung jeglicher Verbrennung und Kalzination. Und sogleich rückt er seine Entdeckung in eine historische Perspektive, mißt sie an Stahl. Wie sah diese Lehre aus, zu deren Sturz Lavoisier sich anschickt?

Erbe einer Tradition

Das Phlogiston ist das Prinzip des Feuers und als solches für die Verbrennung verantwortlich. Die Phänomene von Wärme und Licht, die bei einer Verbrennung auftreten, sollten sich durch die Freisetzung des Phlogistons erklären. Es ist unsichtbar, verborgen und läßt sich nicht isolieren, da es stets nur verbunden auftritt.

Häufig wird die Lehre Georg Ernst Stahls (1660-1734) auf die Theorie des Phlogistons verengt, weil man einer Art Blickverzerrung zum Opfer fällt, die das Werk Lavoisiers hervorruft. Und dennoch haben mehrere historische Studien – die in Frankreich von Pierre Duhem (1902) und Émile Meyerson (1902) begonnen, später vor allem von Hélène Metzger (1930, 1932 und 1935) fortgeführt wurden – gezeigt, daß die Chemie Stahls ein mächtiges System bildet, das erste chemische System, das in ganz Europa anerkannt wurde. Mit ihm wird es möglich, eine Vielzahl von Experimenten zu interpretieren: Die Bildung von Salzen (Neutralsalze, Säuren, Basen) ergibt sich aus einer Verbindung von Erde und Wasser, die sich durch Affinität mit dem ihnen Ähnlichen vereinigen; das Phlogiston, Ursache der Brennbarkeit, erlaubt es, zwei scheinbar sehr unterschiedliche Vorgänge miteinander in Verbindung zu bringen, die Kalzination eines Metalls und die Verbrennung organischer Substanzen. Die Chemie Stahls umfaßt eine Philosophie der Materie, die zwar korpuskular ist, aber dem Mechanismus entgegensteht. Stahl gibt die Existenz unteilbarer Partikel zu, bekämpft aber den Gedanken einer einzigen und einförmigen Materie. Er nimmt verschiedene Arten von Atomen mit stark individualisierten Merkmalen an. Sie bestimmen die Eigenschaften der gemischten Körper durch ihre Qualität, durch ihre Individualität und nicht durch geometrische Eigenschaften. Und nicht indem man sie isoliert – wie die Cartesianer mit ihren bewegten und figürlichen, hakenförmigen und spitzen Atomen meinten –, sondern indem man die Eigenschaften untersucht, die sie den gemischten Körpern vermitteln, kann man die atomaren Bestandteile identifizieren. In Wirklichkeit sind diese letzten Korpuskeln für immer unerkennbar. Sie lassen sich nicht isolieren, man kann ihre Anwesenheit nur ahnen. Ebenso fruchtlos wäre es, die Eigenschaften der Körper aus den vermeintlichen Gestalten ihrer Atome ableiten zu wollen. Diesem eingebildeten Hin und Her zieht Stahl die Idee einer abgestuften Zusammensetzung vor. Man wird also, ausgehend von den »Aggregaten«, sämtliche Komplexitätsgrade der Materie zu betrachten haben und von den doppelt zusammengesetzten zu den zusammengesetzten, den gemischten Körpern und schließlich zu den Atomen zurückgehen müssen. Deshalb verfolgt Stahl die Feinabstufungen bei jedem Schritt der chemischen Zerlegung mit höchster Aufmerksamkeit. Die vier Elemente – Erde, Luft, Wasser, Feuer – sind die Basis für die Interpretation der chemischen Eigenschaften und Reaktionen. Durch den Erfolg Stahls wird die antike Auffassung elementarer Prinzipien als universeller Materiebestandteile und als Träger von Eigenschaften mitten im achtzehnten Jahrhundert wieder aktuell.[5] Sie ist nicht etwa der späte Überrest einer erschöpften alchimistischen Tradition, sondern bildet die Grundlage einer ehrgeizigen, sorgsam auf ihre Eigenständigkeit bedachten chemischen Wissenschaft. Niemals war diese Tradition so stark wie zu dieser Zeit in Frankreich, wo sie sich als Ergebnis experimenteller Praktiken der chemischen Analyse darstellt. Der Artikel »Grundstoffe« [»Principes«] aus dem *Chymischen Wörterbuch* von Pierre Joseph Macquer, zuerst 1766 erschienen, zeigt das sehr deutlich:

[5] Zur Definition der kosmologischen Theorie der »vier Elemente« vgl. das Aristoteles-Zitat S. 294.

> »[...] so wird man ohne Zweifel mit Verwunderung bemerken, daß wir jetzt als die Grundstoffe aller zusammengesetzten Körper die vier Elemente, das Feuer, die Luft, das Wasser und die Erde, annahmen, welche Aristoteles sehr lange vorher als Grundstoffe angegeben hatte, ehe man die zur Bestätigung einer solchen Wahrheit nöthigen chymischen Kenntnisse besaß. Man mag auch die Körper auf was für eine Art man immer will zersetzen, so kann man aus selbigen wirklich nie-

mals etwas anders als diese Substanzen erhalten. Sie sind die letzte Gränze der chymischen Zerlegung.«

Lesen wir genau. Die vier Elemente sind keine vagen Prinzipien, Träger von Eigenschaften. Sie sind definiert als einfache, der experimentellen Erfahrung zugängliche Körper. Und in dem Artikel »Element« fügt Macquer eine Relativierung hinzu:

»Es ist sehr möglich, daß diese Substanzen doch nicht einfach sind, ob sie gleich dafür gehalten werden, daß sie sogar sehr zusammengesetzt sind, und daß sie aus der Vereinigung vieler andern einfachern Substanzen entstehen, oder daß sie, wie der Graf von Büffon dafür hält, sich in einander verwandeln lassen. Da uns aber die Erfahrung hiervon ganz und gar nichts lehrt, so kann man, ohne einen Irrthum zu begehen, ja man muß sogar, in der Chymie das Feuer, die Luft, das Wasser und die Erde als einfache Körper betrachten, weil sie in allen Operationen dieser Kunst wirklich als einfache Körper wirken.«

So triumphiert die Lehre der vier Elemente mitten im achtzehnten Jahrhundert, nicht trotz der Entwicklung der experimentellen analytischen Chemie oder ihr zuwider, sondern mit deren Mitteln und mit ihrer Hilfe. Mehr noch, die experimentellen Erfolge dieser jungen Wissenschaft werden den Triumph der alten elementaren Prinzipien mit der Entwicklung der pneumatischen Chemie paradoxerweise noch verstärken.
Bis zur Mitte des achtzehnten Jahrhunderts spielte die Luft in den chemischen Reaktionen keinerlei Rolle. Abgesehen von Robert Boyle, der die Hypothese aufgestellt hatte, daß sie an der Verbrennung beteiligt sei, betrachtete man sie gewöhnlich als mechanische Kraft. Unter dem Eindruck pflanzenphysiologischer Studien erregen die »luftförmigen Flüssigkeiten« die Aufmerksamkeit der Chemiker und werden mit Hilfe der von Stephen Hales konstruierten »pneumatischen Wanne« in den siebziger Jahren analysiert. Zunächst wird die »fixierte Luft« (das heutige CO_2) von dem schottischen Chemiker Joseph Black untersucht; 1772 veröffentlicht Joseph Priestley eine Abhandlung mit dem Titel *Oberservations on Different Kinds of Air.* 1774 isoliert und beschreibt er den künftigen Sauerstoff, gleichzeitig mit Scheele in Schweden. Schließlich stellt Cavendish 1776 den künftigen Wasserstoff dar. Doch weit davon entfernt, die Theorie der vier Elemente zu zerstören, tragen die Erfolge der pneumatischen Chemie (oder Chemie der

Gase) anfangs zu ihrer Stärkung bei. Gewiß hat sich experimentell gezeigt, daß Luft zerlegbar ist; doch Priestley deutet dieses Experiment als Verbindung der Luft mit dem Phlogiston. Den Stickstoff nennt er »phlogistisierte Luft«, den Sauerstoff »dephlogistisierte Luft«, und der Wasserstoff ähnelt mehr oder weniger dem Phlogiston. Die Phlogistontheorie scheint daraus einigen Nutzen zu ziehen, weil sich das bis dahin unsichtbare Prinzip nun möglicherweise mit dieser experimentellen Realität identifizieren ließ. Im Vorwort zur zweiten Auflage der *Kritik der reinen Vernunft* (1787) wird Stahl neben Galilei und Evangelista Torricelli als Held der experimentellen Methode angeführt. Was die antike Theorie der vier Elemente angeht, hat sie die faktische Zerlegung zweier aristotelischer Elemente, der Erde und der Luft, überstanden. Doch vom Feuer wird sie zerstört.

Wie kam Lavoisier dazu, eine solche Lehre zu bezweifeln? Aufgrund eines Experiments, dank der Waage, natürlich. Doch wiederum muß man präzisieren, daß der Gedanke zu diesem Experiment nicht einer plötzlichen Erleuchtung entsprang. Voraus ging ein vertieftes, fast zehn Jahre dauerndes Studium der Chemie der elementaren Prinzipien.

Die Lavoisiersche Revolution ist so erfolgreich gewesen, daß sie die Verbindungen zwischen Lavoisier und der Chemie des achtzehnten Jahrhunderts lange Zeit verdeckt hat, obwohl diese Verbindungen seinem Unternehmen erst seinen vollen Sinn geben. Betrachtet man die ersten Abhandlungen Lavoisiers – häufig über Probleme, die der Akademie vorgelegt worden waren – der Reihenfolge nach, so bemerkt man, daß sie sich über das gesamte Feld der Chemie der Prinzipien oder Elemente erstrecken. Diese an praktischen Fragen orientierten Auftragsarbeiten scheinen nichtsdestoweniger einem Programm zu folgen.

Sein erstes chemisches Experiment, aus der Zeit seiner geologischen Studien, ist eine Analyse des Gipses. Nach der Erde das Feuer: 1764 unterbreitet Lavoisier der Akademie seine erste Denkschrift als Antwort auf die Preisfrage: »Wie die Beleuchtung in den Straßen von Paris zu verbessern ist«. Sämtliche Aspekte werden darin behandelt, Brennstoff, Form und Material der Laternen, Wahl des Dochts, Art der Aufhängung ... Eine schöne Studie über ein Optimierungsproblem, doch wird sie nicht prämiert. 1767 legt Lavoisier eine Untersuchung über die Zusammensetzung von Wasserproben aus den Vogesen vor. Dann macht er sich an die Beziehungen zwischen Wasser und Erde: Im Zusammenhang mit der Wasserversorgung von Paris geht es um das Problem, ob der im Wasser gefundene feste Rückstand aus einer Umwandlung von Wasser in Erde resultiert, wie Boyle und van Helmont annahmen. Am Ende eines einhundertein Tage dauernden Experiments, bei dem Lavoisier ohne Unterbrechung in einem Glasgefäß unter Rückflußkühlung Wasser sieden läßt, schließt er, daß der im Wasser beobachtete Rückstand von Kieselsäure sich nicht einer Umwandlung, sondern einer sehr schwachen Lösung des Glases verdankt, welches das Wasser enthält. Gleichzeitig arbeitet Lavoisier, seinen handschriftlichen Notizen zufolge, von 1766-1768 an den Beziehungen zwischen Luft und Feuer und macht sich, nach der Lektüre verschiedener Arbeiten, die Idee zu eigen, daß alle Substanzen in drei Zuständen existieren können – fest, flüssig und »luftförmig« –, je nach der Menge des Feuerstoffs, der in der betreffenden Substanz gebunden ist. So ist Lavoisier alle vier Elemente, eines nach dem anderen, durchgegangen.

Anfang 1772 wendet er sich dem Phlogiston zu, gelegentlich einer Abhandlung von Guyton de Morveau, der die Gewichtszunahme des kalzinierten Bleis oder Zinns mit der Hypothese erklärt, das Gewicht des Phlogistons sei negativ. In der Tat ist die Gewichtszunahme bei der Kalzination schwer zu deuten, wenn Kalzination eine Freisetzung von Phlogiston ist. Doch das Phänomen war seit langem bekannt, ohne dem Erfolg der Phlogistontheorie zu schaden. Es hatte sogar seit dem siebzehnten Jahrhundert Erklärungen dafür gegeben: 1630 führte Jean Rey, ein Arzt aus dem Périgord, in seinen *Essays sur la recherche de la cause pour laquelle l'estain et le plomb calcinés augmentent de poids* die Gewichtsvermehrung auf eine Fixierung der Luft zurück; der Engländer John Mayow (1641-1679) gab die gleiche Interpretation in seiner Skizze einer allgemeinen Theorie der Atmung und Verbrennung. Doch scheint Lavoisier diese Arbeiten nicht gekannt zu haben, als er 1772 in der Akademie seinen versiegelten Umschlag hinterlegte.

Auch nachdem er sein revolutionäres Projekt aufgestellt hat, vertritt Lavoisier nicht sogleich revolutionäre Thesen. In den folgenden zehn Jahren zeigt er sich in seinen Veröffentlichungen gegenüber dem Phlogiston äußerst zurückhaltend. In der Abhandlung »Über die Verbrennung im allgemeinen« von 1777 geht er noch vorsichtiger zu Werke. Er unterstreicht zunächst die Notwendigkeit, zur Bildung von Hypothesen über die Fakten hinauszugehen, und stellt seine eigene Hypothese erst am Ende eines induktiv verallgemeinernden Verfahrens vor, das sich auf eine methodisch aufgebaute Versuchsreihe mit genauen Messungen, Wiederholungen, Variationen und Verifikationen stützt. Noch hat Lavoisier mit der Tradition, aus der er hervorgegangen ist, nicht gebrochen.

Tatsächlich ist seine Theorie der Verbrennung keine wirkliche »Revolution in der Physik und in der Chemie«. Sie beseitigt nicht die elementaren Prinzipien als Träger von Eigenschaften. Lavoisier braucht sie, um die Freisetzung von Wärme und Licht bei der Verbrennung zu erklären: Er schreibt sie einer Freisetzung des in der Luft enthaltenen Wärmestoffs zu. Die Erklärung Lavoisiers kehrt die bisherige um: Die Verbrennung setzt das in dem brennbaren Körper enthaltene Phlogiston frei, während sie nach Lavoisier eine Verbindung mit Luft ist; die Quelle der Wärme liegt nicht mehr im Brennstoff (Phlogiston), sondern in der Luft (Wärmestoff). Die Wärme spielt jetzt also genau die umgekehrte Rolle: Nach Stahl bewirkt die Wärme, indem sie sich fixiert, eine Verbindung oder Verdichtung. Nach Lavoisier bewirkt sie eine Ausdehnung beziehungsweise Zersetzung. Diese Symmetrie ist Macquer, dem Zeitgenossen Lavoisiers, nicht entgangen, der sich sogleich bemüht, den Schock der »Revolution« zu bagatellisieren. Überdies ist der Wärmestoff kein bloßes Residuum der alten Chemie, dessen sich das System Lavoisiers entledigen könnte. Er ist vielmehr das Hauptstück seiner Konzeption der Materiezustände, da sich der Gaszustand aus dem Anteil des Wärmestoffs in einer Substanz erklärt.

Die Lavoisiersche Verbrennungstheorie liegt also durchaus noch auf der Linie der Chemie der Prinzipien. Sie bedeutet eher eine Umkehrung der herrschenden Ideen als eine wirkliche Revolution der Chemie. Auch die Arbeiten Lavoisiers über die Säuren (1772-1776) sind nicht offen revolutionär. Lavoisier macht den Sauerstoff zum Säureprinzip, wie schon der Name anzeigt, den er ihm gibt (*oxygène*, »säurezeugendes Gas«). Damit verstärkt Lavoisier noch über die Newtonsche Theorie der Säuren, verstanden als extrem reaktive Substanzen, hinaus den Stahlschen Gedanken einer universellen Säure, *acidum pingue* nach Viktor Meyer.

Diese Konzeption der Säuren verdeutlicht sehr klar die Bindung Lavoisiers an die Chemie der Prinzipien, die im achtzehnten Jahrhundert triumphiert.

Die Zeit der Grundlegungen (1783-1789)

Und dennoch wird die Lavoisiersche Theorie von den meisten Zeitgenossen als Revolution wahrgenommen. Sie löst eine lebhafte Auseinandersetzung unter den französischen Chemikern, dann zwischen der »französischen Schule« und den deutschen und englischen Chemikern aus, die Anhänger des Phlogistons bleiben. Die Härte und die Dauer dieser Konfrontation sind nicht ohne den Fundierungsanspruch zu erklären, den Lavoisier für sein Werk erhob. Kaum hat er dem Phlogiston einen Schlag versetzt, geht er daran, ein neues System der Chemie zu schaffen. Dieser konstruktive Teil der Arbeit, 1783 begonnen, ist 1789 mit der Veröffentlichung des *Traité élémentaire de chimie* praktisch vollendet. Innerhalb von sechs Jahren gelingt es Lavoisier, nicht nur die gesamte Chemie, die ihm vorherging, in Vergessenheit zu stürzen, sondern auch sich selbst als einzigen Begründer der modernen Chemie durchzusetzen. Versuchen wir, die entscheidenden Schritte dieses Vorgangs zu verfolgen.

Der Feldzug beginnt 1783, als Lavoisier den Beweis für die Zusammensetzung des Wassers antritt und damit das letzte der vier alten Elemente zertrümmert. Seine Abhandlung »Über die Zusammensetzung des Wassers« ist eigentlich nur ein erster Schritt, denn er beweist den zusammengesetzten Charakter des Wassers durch Synthese statt durch Analyse. Doch schon wird Lavoisier kühner und geht zum Sturmangriff auf die feindlichen Stellungen über. Mit den ersten Zeilen seiner »Reflexionen über das Phlogiston« schlägt er einen anderen Ton an und nimmt eine andere Haltung ein.

> »Zu Beginn dieser Abhandlung bitte ich meine Leser, sich von jedem Vorurteil soweit wie möglich freizumachen, in den Fakten nur das zu sehen, was sie zeigen, und alles aus ihnen zu verbannen, was das Räsonnement in sie hineingelegt hat; sich in die Zeiten vor Stahl zurückzuversetzen und, wenn möglich, für einen Augenblick zu vergessen, daß seine Lehre überhaupt existiert hat.«

Lavoisier kündigt nicht mehr eine Entdeckung an, die mit derjenigen Stahls vergleichbar wäre. Er will jede Spur dieses Werkes auslöschen, aus dem Erbe der Chemie tilgen. Er fordert also seine Leser auf, sich zu Unwissenden zu machen, um Gelehrte zu werden. Dies ist der entscheidende Moment, denn damit verändert Lavoisier die Natur des Ereignisses völlig. Bis hierher handelte es sich um eine Revolution durch Umkehrung der herrschenden Erklärungsmodelle. Nun erhebt er sich zum Begründer, der auf jungfräulichem Boden in engem Dialog mit den Fakten sein Gebäude errichtet.

Die analytischen Experimente, die dazu dienen, die Zusammensetzung des Wassers zu beweisen, werden im Rahmen und mit Unterstützung der Forschungskommission zur Verbesserung der Aerostaten durchgeführt, einer Kommission, die auf königlichen Befehl hin geschaffen wurde. Vor die Wahl zwischen den Heißluftballonen der Gebrüder Montgolfier und dem Wasserstoffballon des Physikers Jacques Alexandre César Charles gestellt, scheinen die Akademiker dem zweiten den Vorzug zu geben. Eine ihrer vordringlichsten Fragen lautet: Wie läßt sich Wasserstoff in großen Mengen herstellen? Anfang 1784 entwickelt Lavoisier, assistiert von einem jungen und dynamischen Offizier des Geniekorps, Meusnier, ein erstes Verfahren zur Herstellung von Wasserstoff durch Zerlegung von Wasserdampf, der über glühendes Eisen oder glühende Kohle geleitet wird. In der Folgezeit verbessern Lavoisier und Meusnier ihre Apparate, und Ende Februar 1785 rufen sie die Großen der Wissenschaft und des Hofes zu einem feierlichen, acht Tage dauernden Experiment zur Analyse und Synthese von Wasser zusammen. Vor diesem erlauchten Publikum wird der Beweis erbracht, daß Wasser kein Element ist. Diese Tatsache ist von nun an unumstößlich, und eine Konversion löst, wie in einer Kettenreaktion, die nächste aus. Zuerst Berthollet, dann Fourcroy, Jean Antoine Chaptal und, nach gut einem Jahr Widerstand, Guyton de Morveau.

Nachdem er nun eine Schar von Verbündeten um sich weiß, geht Lavoisier daran, die Fundamente der alten Chemie durch eine Reform der Sprache zu untergraben. Schon seit Jahrzehnten klagten die Chemiker über die Unzulänglichkeit ihrer Nomenklatur. Die Bezeichnungen der chemischen Substanzen – im Laufe der Jahrhunderte geprägt, durch den Sprachgebrauch sanktioniert – hielten wohl eine Tradition lebendig, vermittelten jedoch manchmal falsche Vorstellungen. Überdies zwangen die Entdeckungen neuer

Substanzen während des achtzehnten Jahrhunderts dazu, neue Wörter zu erfinden. Im Bestreben, die Chemie zu rationalisieren, hatten Torbern Bergman und Guyton de Morveau – freilich erfolglos – Reformvorschläge zur Einführung systematischer Benennungen entwickelt, ein wenig nach dem Vorbild der Nomenklatur, die Linné für die Botanik entworfen hatte. Lavoisier, als Leser Étienne de Condillacs von der Wichtigkeit der Wörter bei der Verfertigung der Gedanken überzeugt, nutzt die Gelegenheit, um seine Absichten in der Chemie vollends durchzusetzen. Sollte es ihm gelingen, die gebräuchlichen Namen zu verbannen und eine künstliche Sprache aufzubauen, die einzig auf den Grundlagen der Lavoisierschen Theorie fußt, so wäre der Bruch mit der Vergangenheit besiegelt. Ja, die Taufe käme einer Wiedergeburt gleich. Und genau dieses gewaltige Vorhaben wird binnen weniger Monate von Guyton de Morveau, Lavoisier, Berthollet und Fourcroy verwirklicht. Das Ergebnis der gemeinsamen Arbeit, 1787 unter dem Titel *Méthode de nomenclature chymique* veröffentlicht, verrät, wie sehr sich Lavoisier dieser Reform bemächtigt hat. Zunächst bringt er Guyton de Morveau dazu, auf das Projekt einer harmonistischen Nomenklatur, die für alle chemischen Schulen annehmbar wäre, zu verzichten zugunsten einer Nomenklatur, die einzig auf der antiphlogistischen Theorie beruht: was zunächst eine Bekehrungsarbeit innerhalb der Gruppe voraussetzt. Dann, bei der internen Aufgabenverteilung, übernimmt Lavoisier kurzerhand die führende Rolle. Er ist es, der in der Akademie die erste Abhandlung verliest, welche die Philosophie des Projekts festlegt und die großen Prinzipien aufstellt. Dafür überläßt er es Guyton de Morveau, die Anwendung dieser Prinzipien im einzelnen darzustellen, und schiebt Fourcroy die lästige Aufgabe zu, eine Tafel der neuen Bezeichnungen zu erstellen. Vervollständigt wird das Werk durch ein Wörterbuch, das die Konkordanzen zwischen alten und neuen Namen angibt. Im Anhang enthält es ein neues, von Pierre-Auguste Adet und Jean-Henri Hassenfratz entworfenes Symbolsystem, das an die Stelle der alten alchimistischen Symbole treten soll. Dieses System ist allerdings nie benutzt worden. Der Nomenklatur dagegen gelingt es, sich binnen weniger Jahre durchzusetzen.

Man muß sagen, daß sie wirklich einem dringenden Bedürfnis entspricht, dem Chaos der mehrfachen Benennungen zu entkommen. Außerdem verstehen es ihre Promotoren, für eine gute Verbreitung zu sorgen: Um die Verzögerungen wettzumachen, die durch die zähe Publikationsweise der Akademie der Wissenschaften gewöhnlich entstanden, hatte Lavoisier die Gewohnheit, seine Vorträge in den *Observations de physique* von Rozier erscheinen zu lassen. Da diese Monatsschrift 1787 jedoch einem Parteigänger der Phlogistontheorie in die Hände gefallen ist, beschließen J.-C. de La Métherie, Lavoisier, Guyton de Morveau, Gaspard Monge, Berthollet, Fourcroy, Hassenfratz und Adet, gemeinsam eine neue Zeitschrift zu gründen, die *Annales de chimie*, die in Frankreich und England sofort Verbreitung findet.

Obwohl die Autoren sich bemüht zeigen, eine gewisse Kontinuität zu wahren, indem sie an denjenigen Namen festhalten, die keine falschen Ideen vermitteln, ist die Reform eine echte Revolution, denn sie führt einen neuen Geist ein. Sie ist eher eine »Benennungsmethode« als eine Nomenklatur. Das Grundprinzip ist eine Logik der Verbindung: Man bildet ein Alphabet einfacher Wörter zur Bezeichnung einfacher Substanzen und bezeichnet dann zusammengesetzte Substanzen mit zusammengesetzten Wörtern, die durch Nebeneinanderstellung der einfachen Wörter gebildet werden. Die Zusammensetzung ist stets binär, und das Verhältnis der Konstituenten wird mit Hilfe eines Suffixes angezeigt. Die Methode hat sich bewährt: zwei Jahrhunderte später ist sie, mit einigen Abwandlungen, noch immer gültig. Die Nomenklatur ist das wesentliche Element, das die chemische Revolution in eine Grundlegung verwandelt. Sie ist nicht bloß das Manifest einer Schule, einer neuen chemischen Theorie. Sie beseitigt die Tradition durch die Wirkungen eines doppelten Bruchs. Eines unumkehrbaren Bruchs mit der Vergangenheit: Innerhalb einer Generation vergessen die Chemiker ihre natürliche, in jahrhundertelanger Praxis geprägte Sprache. Die vorlavoisierschen Texte – unlesbar geworden – werden in eine dunkle Vorgeschichte verbannt. Eines Bruchs aber auch im sozialen Raum zwischen der akademischen Chemie, die sich im Rahmen der neuen Nomenklatur entwikkelt, und der handwerklichen Chemie der Drogisten und Parfümeure, die weiterhin von Salzgeist oder Vitriol sprechen... Vorbei die Zeit der *Encyclopédie*, in der ein Chemiker wie Venel mit Stolz behaupten konnte, die Chemie umfasse »eine doppelte Sprache, die volkstümliche und die wissenschaftliche«. *Nach* Lavoisier hält sich die Chemie eine andere Universalität zugute: jene nämlich, die sich einer rationalen Sprache verdankt.

Aus der »Méthode de nomenclature chimique« (1787)

Alte Bezeichnungen	Neue Bezeichnungen
Acide de soufre, Acide vitriolique, Huile de vitriol, Esprit de vitriol (Vitriolsäure, Vitriolöl, Vitriolgeist)	*Acide sulfurique* (Schwefelsäure)
Alkali végétal caustique (pflanzliches Ätzkali)	*Potasse* (Pottasche)
Alkali volatile caustique (flüchtiges Ätzkali)	*Ammoniaque* (Ammoniak)
Diane, Lune, Argent (Diana, Luna, Silber)	*Argent* (Silber)
Esprit de sel (Salzgeist)	*Acide muriatique oxigéné* (»oxigenisirte Meersalzsäure«, später: Salzsäure)
Esprit de vin (Weingeist)	*Alcohol* (Alkohol)
Kermès minéral (Antimonkarmin, Antimonzinnober)	*Oxide d'antimoine sulfuré rouge* (»rotes schweflichtes Antimonoxid«, später: Antimonoxidsulfid)
Orpiment (Operment, Gelbglas)	*Oxide d'arsenic sulfuré jaune* (»gelbes schweflichtes Arsenoxid«; später: Arsentrisulfid)
Base de l'air vital (Base der Lebensluft), *Principe acidifiant, Oxigine* (Säureprinzip)	*Oxygène* (»säurezeugender Stoff«, »Oxigen«, später: Sauerstoff)
Phlogistique (Phlogiston)	*Principe hypothétique de Stahl* (»hypothetisches Stahlsches Prinzip«)
Safran de Mars (Eisenglanz, Rötel, Blutstein)	*Oxide de fer* (Eisenoxid)

Dritte und ruhmreiche Etappe der Lavoisierschen Grundlegung der Chemie: sein *Traité élémentaire de chimie* von 1789 [deutsch: *System der antiphlogistischen Chemie*]. Lavoisier stellt dieses Werk als logische und notwendige Folge seiner Reform der Nomenklatur dar. Nachdem er alle Mühe darauf verwandt hat, die Verbindungen mit der Vergangenheit abzuschneiden, wendet er sich nun der Zukunft und der Weitergabe seiner Theorie zu. Deshalb ist er darum besorgt, einen wirklich elementaren Traktat zu schreiben, der eher für »Anfänger« als für die Gelehrten bestimmt ist. Die Chemie muß begriffen, nicht bloß gelernt werden; doch überdies ist sie leichter für den zu begreifen, der noch nichts gelernt hat, der noch nicht Opfer der Vorurteile geworden ist. Ein Kinderspiel. Lavoisier wünscht sich also ein ganz neues Publikum. Eine neue Klasse ist zum Wissen berufen, die alte wird davon ausgeschlossen. Die chemische Revolution bedingt also eine Subversion der Macht, die das Wissen verleiht.

Die »Einleitung« ist in dieser Hinsicht eine echte Provokation. Lavoisier zählt hochmütig alles auf, was die überkommenen Lehrbücher behandeln und was man in seinem *Traité* vergebens suchen wird: nichts über Affinitäten, nichts über die Wesensbestandteile der Substanzen, nichts über die Geschichte des Fachs. Ungewöhnlich, wenn man seinen *Traité* mit den großen wissenschaftlichen Abhandlungen jener Zeit vergleicht, die mit einer Rekapitulation des Wissens beginnen, ehe sie in einer logischen Ordnung das System des Autors entfalten. Lavoisier jedenfalls verweigert die Auseinandersetzung mit den etablierten Wissenschaftlern, erspart sich die Kritik an den hochgelahrten Herren. Er bestreitet ihnen jegliche Kompetenz:

> »[...] auch würden die Werke worin die Wissenschaften mit einer großen Deutlichkeit und Bestimmtheit, und Ordnung vorgetragen würden, nicht von Jedermann verstanden werden. Diejenigen welche nichts studirt hätten, würden sie besser verstehen, als diejenigen welche viel studirt, und viel über die Wissenschaften geschrieben haben.«

Diese Worte stammen von Condillac. In der Tat stellt Lavoisier seinen *Traité* unter die schützende Hand dieses zeitgenössischen Philosophen. Die »Einleitung« beginnt mit einer Eloge auf Condillac, führt ausgiebig Stellen aus dessen *Logique* an und schließt mit einer Seite weiterer Zitate. Eine wissenschaftliche Revolution, die sich auf eine

Philosophie beruft! Der Fall ist so ungewöhnlich, daß man hier innehält. Warum ist Lavoisier bereit, sich von einem Philosophen abhängig zu machen, während er verbissen alles daransetzt, mit der Tradition zu brechen?
Doch unterwirft er sich wirklich einem philosophischen System? Lavoisiers Vorgehen ist ausgeklügelter. Er erklärt nicht, dies oder das von Condillac übernommen zu haben. Er habe vielmehr, auf eigenem Wege gehend, die Prinzipien seines Vorgehens in der *Logique* dargestellt gefunden. Eine glückliche Begegnung zweier Werke, eines philosophischen und eines chemischen. Der *Traité* Lavoisiers erscheint so als ein wissenschaftliches Experiment, das die Thesen Condillacs bestätigt; und letzterer bürgt gleichsam mit seiner Philosophie für die Kühnheiten Lavoisiers. Man kann in der *Logique* von Condillac mindestens drei Aspekte ausmachen, die den Plänen Lavoisiers wunderbar entgegenkommen:

1. Lavoisier entnimmt ihr zunächst eine Deutung der Situation, eine Diagnose der Schwierigkeiten, in denen sich die Chemie befindet: das Übel ist sprachlichen Ursprungs. Die falschen Ideen werden von den Wörtern transportiert; die wissenschaftlichen Irrtümer sind sprachliche. Condillac rechtfertigt also das Unternehmen der Erneuerung der Nomenklatur.
2. Ebenso findet Lavoisier bei Condillac eine Rechtfertigung für seine Verachtung der Tradition. Ohne eine solche Rechtfertigung käme sein Ehrgeiz, die Fundamente der Chemie zu legen, nicht aus: eine negative Auffassung der Geschichte als Geflecht von Irrtümern und Vorurteilen, das man zerreißen muß, um die Natur wiederzufinden. Das Condillac-Zitat am Ende der »Einleitung« sagt dies ausdrücklich:

> »Anstatt die Sachen zu beobachten, welche wir kennen zu lernen suchten, (sagt der Abt Condillac) wollten wir sie erdenken. Von einer falschen Voraussetzung auf die andere, geriethen wir in eine Menge Irrthümer, diese Irrthümer die zu Vorurtheilen wurden, hielten wir aus dem Grunde für Grundsätze, und so verirrten wir uns immer mehr. [...] Ist es aber soweit gekommen, haben die Irrthümer so zugenommen; dann bleibt uns nur ein Mittel übrig, um in das Vermögen zu denken, Ordnung zu bringen: nehmlich alles das zu vergessen, was wir gelernt haben, den Anfang unserer Ideen aufzusuchen, ihre Entstehung zu verfolgen, und wie Baco sagt, den menschlichen Verstand wieder zu bilden.«

Condillac macht es also möglich, die große Entrümpelung der chemischen Doktrinen als Renaissance, als Rückkehr zu den Quellen zu drapieren.
3. Schließlich und vor allem übernimmt Lavoisier die im *Traité des sensations* entwickelte Theorie von der Erzeugung der Ideen aus elementaren Empfindungen durch allmähliche Verknüpfungen. Der natürliche Verlauf der Ideenbildung, wie Condillac ihn beschreibt, ähnelt der Bildung einer zusammengesetzten Substanz aus einfachen Substanzen in der Lavoisierschen Chemie. Diese Verwandtschaft wird um so deutlicher, wenn Condillac überschwenglich die »Tugenden der Analyse« – die Leistungsfähigkeit der methodischen Zerlegung – preist, die er als »Hebel des Geistes« bezeichnet.
Lavoisier findet also bei ihm eine Methodologie; er kann das banale Rezept »Wollen wir unsere Kenntnis erweitern, können wir nie anders als vom Bekannten zum Unbekannten fortgehen« übernehmen und ihm dabei einen neuen Sinn verleihen. Es geht nicht darum, von gesicherten Erkenntnissen auszugehen, sondern von den einzig zuverlässigen Daten: den elementaren Empfindungen, den Fakten. Lavoisier findet so in der Theorie Condillacs die Gewißheit, daß die in der Nomenklatur wirksame Logik »die der Natur«, »die der Wissenschaften« ist.
Gehen wir weiter. Auf dem Weg über Condillac nimmt das Wort »Natur« in der Chemie eine neue Bedeutung an. Es bezeichnet nicht mehr die rohe Materie, die man im Freien findet, sondern eine geduldig konstruierte Ordnung in einem geschlossenen Raum, in dem Maß und Messung das Regiment führen. Die Bildung zusammengesetzter Namen oder Ideen aus einfachen Elementen ist also genau die Umkehrung jener Operation, die der Chemiker ausführt, wenn er eine Substanz analysiert. Die Elemente der Chemie sind nicht der Natur entnommen. Sie sind das Ergebnis einer Laboroperation. Die berühmte Definition, die Lavoisier erstmals in seiner »Einleitung« gibt, sagt dies sehr deutlich:

»Alles was man über die Anzahl und die Natur der Elemente sagen kann, schränkt sich meiner Meinung nach, bloß auf metaphysische Untersuchungen ein: es sind unbestimmte Aufgaben, die man aufzulösen sich vornimmt, und die einer unendlichen Art von Auflösungen fähig sind; von denen es aber sehr wahrscheinlich ist, daß keine insbesondre, mit der Natur übereinstimmt. Ich werde mich also damit begnügen, zu sagen, daß wenn wir mit dem Namen Elemente, die einfachen untheilbaren Theilchen belegen, aus welchen die Körper zusammengesetzt sind; so ist es wahrscheinlich, daß wir sie nicht kennen. Verbinden wir im Gegentheil mit dem Ausdruck Element oder Grundstoff der Körper den Begriff des höchsten Ziels, das die Analyse erreicht, so sind alle Substanzen, die wir noch durch keinen Weg haben zerlegen können, für uns Elemente; nicht als könnten wir versichern, daß diese Körper, die wir für einfach halten, nicht aus zwei, oder sogar aus einer größern Anzahl von Stoffen zusammengesetzt wären; sondern weil diese Grundstoffe sich nie trennen, oder vielmehr weil wir kein Mittel haben sie zu trennen; sie wirken vor unsern Augen als einfache Körper, und wir dürfen sie nicht eher für zusammengesetzt halten, als in dem Augenblick, wo Erfahrungen und Beobachtungen, uns davon Beweise gegeben haben.«

Dreiunddreißig einfache Substanzen, nicht weiter analysierbare Residuen, werden nach der Art der Zusammensetzungen klassifiziert, die sie bilden. Lavoisier billigt der ersten Gruppe, die er als »Grundstoffe« [éléments] *bezeichnet, einen bevorzugten Status zu, während er von den Substanzen der übrigen Gruppen annimmt, daß sie bald zerlegt sein werden. »Tafel der einfachen Substanzen« aus dem* Traité élémentaire de chimie, *in:* Œuvres, *hg. von J.-B. Dumas und E. Grimaux, Bd. 1, Paris 1862*

	NOMS NOUVEAUX.	NOMS ANCIENS CORRESPONDANTS.
Substances simples qui appartiennent aux trois règnes, et qu'on peut regarder comme les éléments des corps.	Lumière	Lumière.
	Calorique	Chaleur. / Principe de la chaleur. / Fluide igné. / Feu. / Matière du feu et de la chaleur.
	Oxygène	Air déphlogistiqué. / Air empiréal. / Air vital. / Base de l'air vital.
	Azote	Gaz phlogistiqué. / Mofette. / Base de la mofette.
	Hydrogène	Gaz inflammable. / Base du gaz inflammable.
Substances simples, non métalliques, oxydables et acidifiables.	Soufre	Soufre.
	Phosphore	Phosphore.
	Carbone	Charbon pur.
	Radical muriatique	Inconnu.
	Radical fluorique	Inconnu.
	Radical boracique	Inconnu.
Substances simples, métalliques, oxydables et acidifiables.	Antimoine	Antimoine.
	Argent	Argent.
	Arsenic	Arsenic.
	Bismuth	Bismuth.
	Cobalt	Cobalt.
	Cuivre	Cuivre.
	Étain	Étain.
	Fer	Fer.
	Manganèse	Manganèse.
	Mercure	Mercure.
	Molybdène	Molybdène.
	Nickel	Nickel.
	Or	Or.
	Platine	Platine.
	Plomb	Plomb.
	Tungstène	Tungstène.
	Zinc	Zinc.
Substances simples, salifiables, terreuses.	Chaux	Terre calcaire, chaux.
	Magnésie	Magnésie, base de sel d'Epsom.
	Baryte	Barote, terre pesante.
	Alumine	Argile, terre de l'alun, base de l'alun.
	Silice	Terre siliceuse, terre vitrifiable.

Man hat in diesen Zeilen die erste moderne Definition des chemischen Elements sehen wollen. In der Tat findet sich darin die wesentliche Forderung der Einfachheit, in einem ganz relativen und vorläufigen Sinne verstanden, da sie von der Leistungsfähigkeit der Analysetechniken abhängig gemacht wird. Leider könnte man ein gutes Dutzend ähnlicher Definitionen zeitgenössischer Chemiker anführen, etwa von Guyton de Morveau oder Macquer, ohne gar auf die Chemiker des siebzehnten Jahrhunderts zurückzugehen. Und doch begründet Lavoisier mit dieser Definition eine völlig neue Chemie. Die Neuheit liegt nicht in den Termini der Definition. Sie liegt in der Stellung, die sie einnimmt. Lavoisier weist ihr einen zentralen Platz zu, denn die einfache Substanz ist der Endpunkt [*terminus*] der analytischen Operation im Laboratorium und der Ausgangspunkt der Nomenklatur, ihr Alphabet. Erst von daher gewinnt der Begriff seinen ganzen Wert. Er bildet die Achse, um die herum sich die Chemie entfaltet, den Punkt, an dem Theorie und Experiment zusammenhängen. Ja, der Name einer Substanz ist, wie Lavoisier schreibt, »der getreue Spiegel ihrer Zusammensetzung«, denn der Name ist das Spiegelbild der im Laboratorium durchgeführten Zerlegung. Die Nomenklatur ist mehr als ein bloßer Wortschatz, sie ist ein Niederschlag der Praktiken der Laborchemie. Ja, Lavoisier ist durchaus ein Gründer, insofern er die Grenzen eines geschlossenen Raumes absteckt und damit die Geste der antiken Gründungen wiederholt. Er definiert eine neue Welt, die zwischen der Analyse, die ein Experimentator vornimmt, und dem Katalog der Namen, den ein Namengeber aufgestellt hat, ihren Platz findet.

Die Herkunft der Substanzen, die Häufigkeit ihres Vorkommens auf der Erde oder in der Luft interessieren den Chemiker nicht unmittelbar. Es kommt nicht darauf an, ob das Kupfer aus Zypern oder anderswoher stammt. Das Universum des Chemikers liegt nicht in der Natur. Nachdem er einen Schlußstrich unter die Geschichte der Chemie gezogen hat, bricht Lavoisier mit der Naturgeschichte. »Die Chemie schafft sich ihr Objekt«, könnte man vorwegnehmend sagen, sie fabriziert ihr Universum, das der Vernunft durchsichtig ist.

Das ist die Leistung Lavoisiers. Er begründet eine Elementarchemie im doppelten Sinne des Wortes: Elemente sind die Grundlage, auf der sie sich erhebt, und für Anfänger ist sie bemerkenswert einfach.

Grenzen und Uneindeutigkeiten

Eine solche Einfachheit hat ihren Preis. Sie kostet einige Opfer. Zunächst bevorzugt Lavoisier unter allen Reaktionen, die der Chemiker durchführt, die Analyse und ihre Umkehrung, die Synthese. Für ihn wird die Zerlegung zum ausschließlichen Gegenstand der Chemie, zu ihrem einzigen Ziel. Die Chemie nähere sich ihrem Ziel und ihrer Vollkommenheit, indem sie teilt, unterteilt, abermals unterteilt, ohne daß man wissen könne, wo ihre Erfolge enden werden.

Überdies berücksichtigt Lavoisier nur eine einzige Lesart seiner analytischen Experimente: den Vergleich zwischen Anfangs- und Endzustand. Statt allen Zerlegungsschritten Aufmerksamkeit zu schenken, die Stufen zu markieren, die Unterscheidungen zu verfeinern, wie es Stahl getan hatte, behält Lavoisier nur zwei Glieder übrig: das Zusammengesetzte und das Einfache. Er führt in die Chemie eine binäre Logik ein, mit den beiden Werten 0 und 1.

Schließlich stürzt und überwindet Lavoisier keineswegs die gesamte Chemie des achtzehnten Jahrhunderts. Bewußt läßt er die Untersuchung der Affinitäten beiseite und rechtfertigt sein Schweigen mit dem Hinweis auf das Werk von Guyton de Morveau. Dieser eher äußerliche Grund verdeckt jedoch eine tiefere Schwierigkeit: Die negative Definition des Elements nach dem bloß vorläufigen Kriterium der Nichtzerlegbarkeit erlaubt es nicht, das typische chemische Verhalten einer Substanz zu berücksichtigen. Es fehlt ihm ein positives Merkmal, um die einfachen Substanzen individuell zu charakterisieren.

Erinnern wir schließlich an gewisse Uneindeutigkeiten des Lavoisierschen Systems. Obwohl er in der »Einleitung« behauptet, mit der Chemie der Prinzipien Schluß zu machen, beseitigt Lavoisier nicht alle elementaren Prinzipien: der Wärmestoff und der Sauerstoff, spielen sie nicht die Rolle echter Prinzipien, universaler Mittler in allen Reaktionen? Lavoisier verdammt die alten Prinzipien, setzt sie jedoch großartig in Szene, rückt sie auf die vordersten Plätze seiner Tafel der einfachen Substanzen. Er verkündet eine Revolution, die noch längst nicht abgeschlossen ist. Im übrigen behauptet er zwar, auf die traditionelle Suche nach Elementen zu verzichten, bewahrt aber gleichwohl das Wort. Seltsame Nachlässigkeit bei jemandem, der sonst so sorgfältig auf die Irrtümer achtet, deren Träger die Sprache ist! Er verbannt weder den Gebrauch des Wortes Prinzip noch den des Wortes Element, das er als Synonym für einfache

Körper benutzt. Doch manchmal führt er die Unterscheidung zwischen Element und einfachem Körper stillschweigend wieder ein. So trägt die erste Gruppe der »Tafel der einfachen Substanzen« den Titel: »Einfache Substanzen, die den drei Reichen angehören und die man als Grundstoffe der Körper ansehen kann«. Das häufige Vorkommen in der natürlichen Welt bleibt demnach ein relevantes Kriterium. Eine Anmerkung aus einem unveröffentlichten Manuskript mit der Überschrift »Vorlesungen über experimentelle Chemie, dargestellt nach der natürlichen Ordnung der Ideen« bestätigt dies:

> »Es genügt nicht, daß ein Stoff einfach, unteilbar oder zumindest unzerlegbar sein muß, um den Titel Element zu verdienen; er muß darüber hinaus in der Natur weit verbreitet sein und als wesentliches und konstitutives Prinzip in die Zusammensetzung einer großen Anzahl von Körpern eingehen.«

Man sieht also, daß die guten alten Prinzipien in der Lavoisierschen Chemie nicht restlos verschwinden. Der Bruch mit der Tradition ist weder vollständig noch eindeutig. Doch in den Augen der meisten Chemiker bleiben die revolutionären Absichten Lavoisiers und nicht so sehr seine Taten das Entscheidende. Sein Werk wirkt in der Geschichte als Revolution. Als eine Umwälzung, die einem einzelnen Mann zugeschrieben wird, obwohl sie die Leistung einer ganzen Generation ist. Tatsächlich wäre es nur billig, alle jene zu erwähnen, die die pneumatische Chemie entwickelt haben – Hales, Black, Scheele, Priestley, Cavendish und andere sowie die französischen Chemiker, die mit Lavoisier zusammengearbeitet haben. Übrigens gesteht Lavoisier die Schuld, in der er ihnen gegenüber steht, ohne weiteres ein, wenn er um die Anerkennung seiner Kollegen bemüht ist; ein Zeugnis dafür liefert die Widmung eines Exemplars seines *Traité*, die er im September 1789 an Black richtet. Doch kurz vor seinem Tod beansprucht er eifersüchtig das Eigentumsrecht an der neuen Chemie und äußert sich folgendermaßen: »Diese Theorie ist also nicht, wie ich habe sagen hören, die Theorie der französischen Chemiker, sie ist die *meine*, und dies ist eine Priorität, auf die ich bei meinen Zeitgenossen und bei der Nachwelt Anspruch erhebe.«

Die chemische Revolution endet mit einer Geste der Aneignung. Lavoisier kontrolliert das gesamte Territorium der Chemie.

Reformator im Sturm der Revolution

Weniger erfolgreich ist Lavoisier in der Beschäftigung mit öffentlichen Angelegenheiten. Trotzdem verfolgt er auf diesem Gebiet eine sanftere Strategie. Zwar hofft er auch hier zu kontrollieren und zu rationalisieren, doch seine Vorschläge beschränken sich auf Reformen. Als liberaler Ökonom will er die staatlichen Eingriffe in den Viehhandel abbauen, um Hungersnöte zu mildern, Hanfspinnereien gründen, um den Export von Rohprodukten zu verhindern und Arbeitsplätze zu schaffen. Als Mitglied des Landwirtschaftskomitees, das 1785 gegründet wird, um der Futtermittelknappheit abzuhelfen, empört sich Lavoisier über die Rückständigkeit und die Ertragsschwäche der französischen Landwirtschaft. Er wird beim Minister vorstellig, um Pierre Samuel Dupont de Nemours in das Komitee aufzunehmen, denn die Landwirtschaft brauche Verwaltungsfachleute ebenso wie kompetente Wissenschaftler. Zur Begründung dieser These weist er auf die Ursachen der Stockung hin: die Armut der Landwirte, die nicht über das notwendige Kapital verfügen, um investieren und die Art ihrer Bewirtschaftung modernisieren zu können; und eine drückende Steuerlast, die jede Neigung zum Fortschritt bremst. Lavoisier brandmarkt zudem die Gleichgültigkeit der Regierung gegenüber der ärmsten Klasse der Gesellschaft als schädlich für die rationelle Organisation der französischen Wirtschaft. Seine Sozialpolitik hat vor allem ökonomische Motive. Den Physiokraten nahestehend, unter denen er viele Freunde zählt – Dupont de Nemours, Emmanuel Joseph Sieyès, Malesherbes, Turgot und Condorcet –, vertritt Lavoisier die Überzeugung, daß die Landwirtschaft die wichtigste, wenn auch nicht die einzige Quelle der Reichtümer ist.

1787, bei der Einberufung der Generalstände, wird Lavoisier beauftragt, den dritten Stand in der Provinzialversammlung des Orléanais zu vertreten, und verfaßt aus diesem Anlaß eine Denkschrift, aus der seine politischen Ansichten am Vorabend der Revolution hervorgehen. Er befürwortet eine politische Ordnung, die eher auf Vernunft denn auf Autorität gründet. Er spricht sich für eine parlamentarische Monarchie aus, an der der Wille des Volkes und des Königs gleichermaßen mitwirken. Er schlägt eine gerechte Vertretung der drei gesellschaftlichen Stände in den Generalständen vor, er besteht auf der Freiheit der Presse und der Öffentlichkeit der Debatten. Schließlich bekräftigt er seine Zuneigung zu Ludwig XVI., dem »Erneuerer der Gesetze«, dem »Vater des Volkes und Wohltäter der Menschheit«.

Als die Revolution ausbricht, wird Lavoisier sehr rasch in den Strudel gerissen, denn das Arsenal ist ein strategischer Punkt. Seit dem 6. August 1789 ist er mit Tumulten wegen eines »Pulverschiffs« konfrontiert. Das Volk hegt den Verdacht, das Pulver sei für Verräter, für die Emigranten bestimmt. Lavoisier wird zusammen mit einem anderen Verantwortlichen des Arsenals zum Hôtel de Ville geführt und gerät in Gefahr, an Ort und Stelle hingerichtet zu werden. Doch er ergreift das Wort, man hört ihn an, und es gelingt ihm, sich von dem Vorwurf reinzuwaschen.

Im Januar wird Lavoisier Zielscheibe heftiger Angriffe Marats im *Ami du Peuple*. Er hat alle Züge eines Verdächtigen.

Trotzdem schließt sich der Bürger Lavoisier der revolutionären Bewegung an: Als Mitglied der Nationalgarde, Sektion Arsenal, nimmt er an der Zerstörung der Bastille teil. Er wird in den Gemeinderat von Paris gewählt und tritt im September 1789 einer Gruppe von Gemäßigten bei, der »Société patriotique de 1789«. Zwei Jahre später zählt Lavoisier zu den sechs Kommissaren der neuen nationalen Finanzbehörde und verfaßt einen Bericht über die aktuelle Finanzlage Frankreichs: *De la richesse territoriale du royaume de France*.

Schließlich und vor allem ist er an dem großen Projekt einer Reform der Maße und Gewichte beteiligt, die in Eingaben der Stände an den König immer wieder gefordert worden war und mit der 1791 die Akademie beauftragt wird. In diesem letzten Werk bringt Lavoisier seine beiden Gesichter zur Deckung: dasjenige des Gelehrten, der an der Einführung universeller Maße interessiert ist, und das des Verwaltungsökonomen, der gegen die Zölle und die Uneinheitlichkeit der Maß- und Gewichtssysteme kämpft, um den Handel zu erleichtern.

Doch alle Institutionen, auf die Lavoisier im Laufe seiner Karriere gesetzt hat, brechen zusammen. Nach der Abschaffung der Generalpacht am 20. März 1791 identifiziert sich Lavoisier immer mehr mit der Akademie. Als deren Schatzmeister (seit Dezember 1791) verhandelt er geschickt über die Fortzahlung der Gehälter der Akademiker und schießt angesichts der völligen Zerrüttung der Staatsfinanzen Gelder vor, um die Schatztruhen der Akademie zu füllen.

Das Auflösungsdekret, vom Konvent am 8. August 1793 verkündet, ist für ihn das Signal des Endes. In einem letzten Aufbäumen versucht er, die Akademie in eine »Freie und brüderliche Gesellschaft für den Fortschritt der Wissenschaften« umzuwandeln. Fast wäre es ihm gelungen, die Kommission für Maße und Gewichte zu retten, denn am 11. September gründet Fourcroy eine »Vorläufige Kommission für Maße und Gewichte« mit derselben personellen Besetzung wie zuvor – Lavoisier als Schatzmeister, Jean-Charles de Borda als Präsident, Haüy als Sekretär – und einem Salär für jedes der elf Mitglieder. Am 24. November 1793 wird Lavoisier jedoch mit allen Generalpächtern verhaftet und am 28. November ins Gefängnis von Port-Libre (das ehemalige Port-Royal) eingeliefert. Am 18. Dezember protestiert Haüy namens der Kommission für Maße und Gewichte gegen die Verhaftung Lavoisiers. Der Wohlfahrtsausschuß antwortet mit einer Säuberung der Kommission: Lavoisier, Haüy, Borda, Maturin-Jacques Brisson und Delambre werden ausgeschlossen. Die Voruntersuchung zu dem Prozeß der Generalpächter zieht sich hin; im Frühjahr wird sie dann plötzlich binnen weniger Tage abgeschlossen. Lavoisier ist erledigt.
Eine Legende erzählt, Lavoisier habe einen Hinrichtungsaufschub beantragt, um seine wissenschaftlichen Arbeiten abschließen zu können, und als Antwort erhalten: »Die Republik braucht keine Gelehrten.« Dieser »historische Satz« scheint apokryph, da Fouquier-Tinville, dem er zugeschrieben wird, an jenem Tage nicht Vorsitzender des Tribunals war und in den Verhandlungsprotokollen von einem solchen Antrag keine Rede ist. Doch zeigt die Legende, welches Gefühl der Entrüstung und des Unbehagens diese Verurteilung ausgelöst hat.

Gab es in den revolutionären Instanzen denn nur Politiker, die unfähig waren, das Werk Lavoisiers angemessen einzuschätzen? Aber dann müßte man außer acht lassen, daß im Ermittlungsausschuß des Nationalkonvents Fourcroy und Guyton de Morveau saßen, zwei Chemiker, mit denen Lavoisier zusammengearbeitet hatte. Lavoisier hätte Unterstützung und Protektion von zahlreichen Gelehrten erhalten müssen, die politische Ämter innehatten: Carnot, Monge, Hassenfratz, Guyton de Morveau, Fourcroy ... Doch gerade sie haben Lavoisier fallenlassen. Seine letzte Begegnung mit den einstigen Mitarbeitern im Januar 1794 ähnelt dem Erscheinen eines Beschuldigten vor Vertretern des Gesetzes. Fourcroy, Berthollet und Guyton de Morveau erscheinen mit einer Vollmacht des Sicherheitsausschusses in Lavoisiers Laboratorium, um sämtliche Apparate und Dossiers zu beschlagnahmen, die die Kommission für Maße und Gewichte benötigt.

Gewiß gab es einige Interventionen, einige Versuche, Lavoisier dem Revolutionstribunal zu entreißen: etwa von seiten des Konsultationsbüros der *Arts et Métiers*, dessen Vorsitzender Lavoisier war, dann einiger Beamter der Pulververwaltung und eines Konventsmitglieds namens Pierre Loysel. Louis Claude de Bessicourt, Cadet und Antoine Baumé – zwei Chemiker, die der Lehre Lavoisiers feindlich gegenüberstanden – bescheinigten, Lavoisier habe sich niemals an dem bei den Generalpächtern üblichen Betrug durch Anfeuchten des geschabten Tabaks beteiligt. Eine Abordnung des *Lycée des Arts* begab sich zur *Conciergerie* und erhielt die Erlaubnis, achtundvierzig Stunden vor seiner Hinrichtung mit Lavoisier zu sprechen. Doch keiner seiner engen Mitarbeiter hat einen Finger gerührt.

War es Angst, Niedertracht oder aufrechte revolutionäre Gesinnung? Leidenschaftlich vertretene Erklärungen dafür gibt es in Hülle und Fülle. Manche belasten Fourcroy, andere entschuldigen ihn.

Eine Erklärung ragt aus dem Getümmel der parteiischen Historiker ein wenig heraus: Die Auflösung der *Académie* habe die im Laufe der Jahre ohnehin gelockerten kollegialen Bindungen aufgelöst, schreibt Roger Hahn in seiner Geschichte der *Académie*. Die politischen Leidenschaften hätten die Oberhand gewonnen und jede Spur von Solidarität ausgelöscht. Doch wie Hahn an anderer Stelle selbst bemerkt, hatten sich die Bindungen zwischen den Spezialisten eines jeweiligen Fachs eher noch verstärkt. In der Chemie mehr noch als sonst, weil hier die Verfechter der neuen Nomenklatur eine geschlossene Front gegen ihre Widersacher bilden mußten. Doch gerade diese Bindungen lockerten sich.

Welche Beziehungen unterhielt Lavoisier zu seinen Mitarbeitern? Sehr höfliche, dem veröffentlichten Teil des Briefwechsels nach zu urteilen. Doch betrachtet man das Verhalten seiner Kollegen, kann man sich fragen, ob er nicht ambivalente Gefühle erregte. Immerhin muß man bedenken, daß Lavoisier bei seiner Grundlegung die Nachwelt, nicht aber seine Vorgänger und Zeitgenossen im Blick

hatte. Am Ende eines Unternehmens, das ihn dazu gebracht hat, die Chemie als sein Eigentum zu betrachten, mußte Lavoisier eher Gefühle von Wertschätzung und Respekt, eher Hochachtung und Verehrung als Sympathie oder Solidarität wecken.
Jedenfalls wird Lavoisier im entscheidenden Moment seinem Schicksal überlassen, bald nach seinem Tod aber zum Gegenstand höchster Verehrung. Eine Eloge wird bereits 1795 gehalten. Am 12. August 1796 wird Lavoisier mit einem großen prunkvollen Gedenkakt im *Lycée des Arts* geehrt; Dekor und Pomp wie bei den Festen des Höchsten Wesens. Die Inschrift »Dem unsterblichen Lavoisier« über dem Eingang; innen eine fünfundzwanzig Fuß hohe Pyramide mit einem Grabstein, Karyatiden aus weißem Marmor; in dem riesigen Saal, der mit schwarzen, hermelinbesetzten Draperien ausgeschlagen ist, trägt jede Säule ein Wappenschild, das an eine der Entdeckungen Lavoisiers erinnert. Ergriffene Lobrede Fourcroys, musikalische Darbietung, gesungen von einem hundertköpfigen Chor, der sich vor dem Grabmonument aufgestellt hat. Schließlich erscheint eine Büste Lavoisiers mit gekröntem Haupt. Verlassen, dann dem Schafott preisgegeben, wird er als Statue verewigt.

Das Entstehen eines Mythos

Der erste, der die Persönlichkeit Lavoisiers mit einer mythologischen Dimension versieht, gehört zu denen, die allen Grund zu der Klage gehabt hätten, von Lavoisier an den Rand gedrängt worden zu sein: Guyton de Morveau. 1786 erscheint der erste Band des *Dictionnaire de chimie* der *Encyclopédie méthodique*, die als Ergänzung und Verbesserung der Diderotschen *Encyclopédie* gedacht ist. Der Artikel »Air«, von Guyton de Morveau bereits einige Jahre früher verfaßt, war noch im Rahmen der Phlogistontheorie konzipiert worden. Unterdessen war der Verfasser zu den Auffassungen Lavoisiers übergetreten. Auch sie verteidigt er in einem »Zweiten Vorwort« mit dem glühenden Eifer eines jüngst Bekehrten. Lavoisier wird als Heilsbringer, Vorkämpfer der Wahrheit, Feind des Dogmatismus dargestellt und sogleich mit dem »großen Descartes« verglichen. Guyton beschreibt die Lavoisiersche Grundlegung als endgültiges, unveränderliches Werk. Die Ordnung, die Lavoisier in die Chemie eingeführt hat, ist die Ordnung der Natur, eine unwandelbare Ordnung:

»Die Nachwelt wird erleben, wie sich das Gebäude erhebt, und erkennen, daß sie [die ersten Chemiker] nur dessen Fundamente haben legen können; doch wird sie [die Nachwelt] niemals daran denken, die Leistung dieser Männer zu zerstören, solange die Natur fortfährt, mit denselben Stoffen unter den gleichen Umständen die gleichen Phänomene hervorzubringen.«

Schon zu Lebzeiten Lavoisiers ist sein Werk in die Ewigkeit eingegangen. Doch kaum Geschichte geworden, wird es der Geschichte wieder entzogen.

Die Gegenstände, mit denen sich die »französische Schule« nach dem Tode Lavoisiers faktisch beschäftigt, sind freilich eher dazu angetan, den Gedanken der Grundlegung zu entkräften. Während er gleichzeitig die neue Nomenklatur propagiert, arbeitet Guyton de Morveau thematisch am Rande des Lavoisierschen Systems über Affinitäten. Berthollet untersucht die Bedingungen chemischer Reaktionen, ein Problem, das Lavoisier gemieden hatte. Vom Werk Lavoisiers bleibt bei ihm genau das übrig, was dem Mythos des einsamen Gründers widerspricht: die kollektive Forschung, die er, gemeinsam mit Laplace und anderen Vertrauten des Arsenals, durch die Gründung der *Société d'Arceuil* fördert. Was Fourcroy betrifft, so hält er sich auf Distanz. Im Artikel »Chimie« der erwähnten *Encyclopédie méthodique* stellt er die Revolution als gemeinschaftliches Werk einer ganzen Generation dar.

Fügen wir noch hinzu, daß bald nach dem Tod Lavoisiers ein wesentliches Element seines Systems angefochten wird, was logisch gesehen eigentlich zum Verzicht auf das Wort »Sauerstoff« hätte führen müssen. Im Jahre 1810 zeigt Humphry Davy – ein englischer Chemiker, der zeitlebens davon überzeugt geblieben ist, daß Lavoisier die Phlogistontheorie nicht überwunden hat –, daß die Salzsäure keinen Sauerstoff enthält, und isoliert das Chlor. Eine grundlegende Entdeckung, denn sie entthront den Sauerstoff als universelles »säurezeugendes« Prinzip.

Doch die Schläge, die der Idee einer Grundlegung für die Ewigkeit tatsächlich versetzt werden, reichen nicht aus, um den Nimbus zu trüben, von dem Lavoisier im Gedächtnis Frankreichs umgeben ist. Vielmehr wird er um 1830 als »Held der positiven Wissenschaften« gepriesen. Auguste Comte schlägt diesen Ton in der achtunddreißigsten Vorlesung seines *Cours de philosophie positive* an: Lavoisier ist jenes »bewundernswürdige Genie«, das die Chemie aus

Wie Lavoisier bei der Verhaftung der Generalpächter am 24. November 1793 mitten aus der Arbeit an seinen Experimenten gerissen wurde. Dieser post- und konterrevolutionäre Stich veranschaulicht den Kult, der bald um den »unsterblichen Begründer« der Chemie entsteht. Die Verhaftung Lavoisiers, *Zeichnung und Stich von J.-B. Duplessi-Bertaux, 1798/99; Bibliothèque nationale, Paris*

dem metaphysischen Stadium voller Chimären und grundloser Spekulationen ins positive Stadium einer rationalen, experimentellen und quantifizierenden Wissenschaft überführt hat. Comte räumt ein, daß die spätere Forschung zweifellos gewisse vorschnelle Verallgemeinerungen des Begründers revidieren mußte, doch die »herausragenden chemischen Wahrheiten, die von dem Genie Lavoisiers entdeckt wurden, haben notwendigerweise ihren ganzen unmittelbaren Wert bewahrt«.

Ein Jahr später, 1836, widmet Jean-Baptiste Dumas dem großen Vorgänger an dessen Todestag eine seiner Vorlesungen (*Leçons sur la philosophie chimique*). Dumas nimmt das Thema des Gründergenies auf und beschreibt Lavoisier als einen Erleuchteten. Eine ursprüngliche Intuition habe ihm befohlen, die Chemie zu reformieren, und er habe diese schicksalhafte Aufgabe mit Methode und Beharrlichkeit erfüllt, ohne dabei anderen irgend etwas zu verdanken. So dramatisiert Dumas die Geschichte durch eine doppelte Verdichtung: Nicht nur ist die chemische Revolution das Werk eines einzigen Mannes, sondern sie zieht sich überdies auf einen einzigen Augenblick zusammen. Die Vorlesung endet mit einem bewegenden Bericht vom Tode Lavoisiers und mit dem Versprechen einer Wiedergutmachung. Dumas setzt sich für die Veröffentlichung der Werke Lavoisiers mit den Worten ein: »Ja, ich werde den Chemikern ihr Evangelium geben!« Als Held, dem eine Mission aufgegeben ist, als dargebrachtes Opfer ist Lavoisier reif für die Apotheose:

»Ein Wort über Lavoisier, den ich Ihnen in dem Moment vorstellen werde, in dem er, sein *fiat lux* aussprechend, mit unerschrockener Hand die Schleier zerreißt, welche zu heben die alte Chemie sich vergebens bemüht hat, in dem Moment, sage ich, in welchem, seiner mächtigen Stimme gehorchend, die erste Morgenröte jene Finsternis durchdringt, die vor dem Feuer seines Genies weichen muß.«

Ein Gott des schöpferischen und erlösenden Wortes, behelmt, geharnischt, unangreifbar:

»Man hat Ihnen oft gesagt: die Theorie Lavoisiers ist modifiziert; sie ist gestürzt! Irrtum, meine Herren, Irrtum! Nein, das ist nicht wahr! Lavoisier ist unbeschädigt, undurchdringlich, seine stählerne Rüstung ist unversehrt.«

So geißelt Dumas all jene, die es wagen, das Andenken des Schöpfers zu entehren. Lavoisier verkörpert die Revolution so vollkommen, daß nach ihm keine Revolution mehr möglich ist. Daher die paradoxe Wirkung, die dieser Kult um den Gründer erzeugt: Man stößt die gesamte Chemie vor Lavoisier in die Finsternis des prähistorischen Chaos zurück und läßt die Geschichte der Chemie mit Lavoisier beginnen. Doch auch nach dieser Revolution gibt es keine Geschichte, weil mit dem Gründungsakt bereits alles definitiv festgeschrieben ist. Und genau besehen entzieht sich auch die Revolution selbst der Geschichte, da sie bereits vollständig in einer ursprünglichen Intuition enthalten ist. Die positivistische Mythologie schafft die Geschichte ab; Vergangenheit, Gegenwart und Zukunft sind alle in einer Zauberformel versammelt, verdichtet: Revolution.

Betrachtet man die französische Chemie im neunzehnten Jahrhundert als Ganzes, so erweist sich in der Tat ein zweites Paradox im Lavoisierschen Erbe. Seine negative und vorläufige Definition des einfachen Körpers hat nämlich dazu geführt, daß die Suche nach dem Elementaren von Lavoisier keineswegs verbannt, sondern vielmehr gerade ermutigt worden ist. Da Lavoisier zur Erforschung immer einfacherer Körper einlädt, steht nichts der Annahme entgegen, daß die gegenwärtig einfachen Substanzen mit wirkungsvolleren Mitteln ihrerseits zerlegt und auf ein einziges Urelement zurückgeführt werden könnten. Die nicht beseitigte Bedeutungsinkongruenz zwischen »Element« und »einfacher Substanz« läßt den Gedanken breiten Spielraum. Während sie den Gründerheros der positiven Chemie rühmen, lassen sich die französischen Chemiker, wie etwa Dumas, zu Spekulationen über die Elemente hinreißen, die positivistischen Maßstäben wahrlich nicht entsprechen. Im Namen der Vorsicht lehnt Dumas jede Äußerung über die Existenz von Atomen ab, weil sie jenseits der Erfahrung lägen: »Könnte ich darüber bestimmen«, erklärt er im *Collège de France*, »würde ich das Wort ›Atom‹ aus der Wissenschaft auslöschen.« Doch Hypothesen über die Ureinheit der Materie läßt er freien Lauf.

Man sieht also, wie der Kult um Lavoisier in der französischen Chemie ein Gemisch aus Zensur und Freiheit, aus positivistischer Zurückhaltung und ungestümer Spekulation am Brodeln hält. Er begünstigt den Äquivalentismus gegen den Atomismus. Dieser Streit, der die Welt der Chemiker fünfzig Jahre lang spaltet, dauert in Frankreich bis zum Ende des Jahrhunderts. Die letzte äquivalentistische Bastion wird von einem weiteren Getreuen Lavoisiers wachsam verteidigt: Marcellin Berthelot, der zum Gedenken des hundertsten Jahrestages der beiden Revolutionen eine Schrift mit dem Titel veröffentlicht: *La révolution chimique: Lavoisier*.

Das Anwachsen nationalistischer Spannungen in Europa, verbunden mit der gegen Ende des Jahrhunderts immer deutlicheren Überlegenheit der deutschen chemischen Industrie, belebt den Gründermythos freilich aufs neue und bereichert ihn um ein zusätzliches Motiv. Der Lavoisier von Dumas war die Inkarnation einer Methodologie. Das politische Schicksal des Gelehrten konnte das Bild des Begründers durch die Beschwörung seines Märtyrertods nur erhöhen. 1869 jedoch, am Vorabend des Deutsch-Französischen Krieges, weicht die Gestalt des Positivisten der des Nationalhelden.

»Die Chemie ist eine französische Wissenschaft; sie wurde von Lavoisier unsterblichen Angedenkens begründet.« Mit dieser Erklärung beginnt ein *Dictionnaire de chimie*. Der Verfasser, Adolphe Wurtz, ein elsässischer Chemiker, der – in der französischen Chemie ausgebildet – sich während eines Aufenthalts bei Justus von Liebig mit den deutschen Methoden vertraut gemacht hat, zählt zu den wenigen Vertretern atomistischer Theorien in Frankreich. Der patriotische Eifer seines »Vorworts« wird in Deutschland als wahre Provokation empfunden. Die deutschen Chemiker schlagen zurück: Lavoisier sei nur ein Amateur, ein Dilettant, behauptet Jakob Volhard, Professor in München. Und die französischen Akademiker sind empört.

1914 bricht der Streit erneut und noch viel heftiger aus, als die französische Übersetzung eines berühmten Werkes von Wilhelm Ostwald erscheint: *L'Évolution d'une science: la chimie*. In dem Abschnitt, der sich mit Lavoisier beschäftigt, stellt der Verfasser dessen Theorie als symmetrische Umkehrung der Stahlschen Lehre dar. Gleichwohl schließt er mit der Bemerkung, Lavoisier habe seinen »Ruhm [...] reichlich verdient« wegen der »geistigen Freiheit«, die er den gewohnten Anschauungen gegenüber bewiesen habe. Doch dieser letzte Satz ist in der französischen Übersetzung stillschweigend fortgelassen worden. Außerdem zählt Ostwald zu den dreiundneunzig Unterzeichnern des »Aufrufs«, den die deutschen Professoren im Oktober 1914 »an die Kulturwelt« richteten, um die Ehre der deutschen Soldaten zu verteidigen. Damit ist der Nerv des französischen Patriotismus getroffen. Pierre Duhem unternimmt einen Gegenangriff und wählt Lavoisier, um die Farben seines Landes zu verteidigen. Die Schrift *La chimie est-elle une science française?* erscheint 1916. Duhem argumentiert äußerst geschickt. Er gesteht dem Gegner zu, daß die Franzosen die Bedeutung Lavoisiers häufig übertreiben, wenn sie die Lehre Stahls mit der Alchimie in denselben Topf eines nebulösen Obskurantismus werfen. Doch Duhem rehabilitiert die vorlavoisiersche Chemie nur, um die Anmaßungen der Deutschen um so entschiedener zurückweisen zu können. Er behauptet nämlich, daß die Phlogistontheorie zwar auf Stahl zurückgehe, daß sie ihren Erfolg aber einem französischen Chemiker, Rouelle, verdanke: »Der deutschen Idee, Larve der Theorie, hatte er erst französische Flügel gegeben.« Die Chemie hat immer nur ein Vaterland gehabt: Frankreich; Lavoisier erneuert und besiegelt dessen Identität.

Drei Gestalten lösen einander also in der französischen chemischen Literatur des neunzehnten Jahrhunderts ab. Die erste hat noch keine politische Färbung; Lavoisier ist der Schöpfer einer unwandelbaren Ordnung und wird als Heilsbringer gefeiert. Dem folgt in den dreißiger Jahren der Held der positiven Wissenschaft, der als Opferlamm der

Politik kultische Verehrung genießt. Schließlich, während der Dritten Republik, wird Lavoisier zum Helden des Vaterlandes, die Ehre eines oftmals gedemütigten Frankreich.

So schuf der Konvent, indem er einen Generalpächter beseitigte, zuletzt ein Idol. Als Kultgegenstand, für verschiedene Deutungen offen, mit verschiedenen Werten belegt, ist Lavoisier ein »Gedächtnisort«, ein Monument des Ruhms der Wissenschaft und Frankreichs. Ihre Symbolkraft verdankt die Figur Lavoisiers zum Teil der Überlagerung von chemischem Werk und tragischem Schicksal. Doch die wesentlichen Elemente des Mythos sind von Lavoisier selbst komponiert worden im Rahmen eines Unternehmens, das er meisterhaft vorangetrieben hat.

Auf allen Gebieten, auf denen er tätig wird – Verwaltung, Finanzen, Landwirtschaft, akademische Wissenschaften –, grenzt er zunächst ein Operationsfeld ein: Die Chemie erscheint ihm als günstiges Terrain, insbesondere die neue pneumatische Chemie und die alte Prinzipienlehre, die ihm als theoretischer Rahmen dient. Mit Hilfe einer planmäßig organisierten, quantitativ vorgehenden experimentellen Methode besetzt er nach und nach das Gelände, um schließlich die jahrhundertealte, aber immer noch lebendige Tradition der Prinzipienlehre für besiegt zu erklären. Er beendet und vollendet die Revolution durch einen Gründungsakt, der die geschichtliche Bedeutung des Ereignisses radikal verändert. Es handelt sich nicht mehr darum, ein Korpus von Doktrinen oder Praktiken durch ein anderes zu ersetzen, sondern um die Schaffung der Chemie als wissenschaftliche Disziplin.

In mancherlei Hinsicht illustriert das Lavoisiersche Unternehmen die Lieblingsthemen des Jahrhunderts der Aufklärung: Sturz der Tradition, Berufung auf das Natürliche, Rationalisierung der Sprache, schließlich die Idee der Revolution, die, von Fontenelle in die wissenschaftliche Literatur eingeführt, dann seit der *Encyclopédie* Diderots ins Banale gezogen wurde. Doch die Eigentümlichkeit der von Lavoisier vollzogenen Revolution liegt, wie mir scheint, in der Bedeutung, die sie einer bestimmten, ursprünglich administrativen Aufgabe beimißt: der Kontrolle. Der Erfolg Lavoisiers beruht auf dem Ineinandergreifen von Kontrollen: Kontrolle eines Raumes mit Hilfe des Laboratoriums, das die Natur ersetzt; Kontrolle der Ziele, denn die Chemie hat kein anderes Ziel als die Analyse der Substanzen; Kontrolle der Praxis mit Hilfe der Waage; Kontrolle der Theorie durch Begriffe, die im Spiegel des Experiments geprägt werden; Kontrolle der Sprache durch eine Reform der Nomenklatur; Kontrolle der Zukunft durch den *Traité élémentaire*, der es erlaubt, innerhalb von kurzer Zeit Armeen fachkundiger Chemiker heranzubilden; Kontrolle der Vergangenheit schließlich dank einer Philosophie, welche die Amnesie rechtfertigt. So hat Lavoisier die Arbeit der Chemiker nicht nur in der Realität erneuert, sondern mit der Umgestaltung ihrer Geschichte zugleich ihr Bild verwandelt. Die Spuren auslöschen, die Vorgänger wegfegen: das sind die charakteristischen Gesten einer Gründergestalt, die es erlauben, die Gedankenwelt einer Wissenschaft zu kontrollieren.

GEOF BOWKER

DIE URSPRÜNGE VON LYELLS UNIFORMITARISMUS: FÜR EINE NEUE GEOLOGIE

Wie Lyell die Grundlagen einer wirklich wissenschaftlichen Geologie zu legen versuchte, indem er die Erde zu einem uralten Planeten machte und der Menschheit jede Sonderrolle bestritt

Was bedeutet es, eine Wissenschaft zu »begründen«? In den meisten Fällen hieß es, einen Bereich zu schaffen, der vor dem Zugriff religiöser Autoritäten sicher ist. So wurden die Auseinandersetzungen Galileis mit der katholischen Kirche oft mit dem Kampf der wissenschaftlichen Rationalität gegen kirchliche Verfolgung gleichgesetzt. So war es, als der englische Physiker Robert Boyle (1626-1691) zum ersten Mal die Regeln wissenschaftlichen Experimentierens zu bestimmen suchte, eine seiner größten Besorgnisse, die Tür seines Laboratoriums vor religiösen Gedanken jeder Art zu verschließen. Was den englischen Geologen Charles Lyell (1797-1875) angeht, dessen grundlegendes Werk *Principles of Geology* häufig als Geburtsurkunde der Geologie als wissenschaftlicher Disziplin in Großbritannien gilt[1], so bestand seine Grundlegung darin, den religiösen Fundamentalisten das Privileg auf die Interpretation der Erdgeschichte zu entziehen. Sie stützten sich bei ihrer Berechnung des Erdalters auf die Bibelexegese, insbesondere auf die Zahl der seit Adam verflossenen Generationen, und kamen auf etwa sechstausend Jahre. Der genauesten Angabe zufolge ist die Erde an einem Montagmorgen, 9 Uhr, des Jahres 4004 vor Christus erschaffen worden. Geologische Beweise hatten gegenüber dieser Bibelauslegung kaum Gewicht. Lyell fand seine Lösung in der Behauptung, die Erde sei so alt, daß sie keine Spur ihrer Entstehung mehr bewahre.

Die zweite große Aufgabe der Grundlegung, die sich Lyell

[1] Die drei Bände der *Principles of Geology, Being an Attempt to Explain the Former Changes of the Earth's Surface, by Reference to Causes now in Operation*, erschienen 1830-1833 in London. Das 1200 Seiten starke Werk erschien bis 1840 in sechs Auflagen mit insgesamt 15 000 Exemplaren.

Der heutige Zustand des Serapis-Tempels bei Puzzuoli – *einst auf festem Boden, jetzt im Meer – zeigt die Veränderung der Erde im Laufe der geschichtlichen Zeiten. Dieser Stich von T. Bradley stammt aus dem ersten Band der* Principles of Geology *von Charles Lyell, London 1830. Der Betrachter auf dem Bild, der über die Säulen des Tempels meditiert, erinnert an die zentrale Rolle des Verstehensakts bei Lyell. Bibliothèque nationale, Paris*

gestellt hatte, bestand darin, die allgemeinen Gesetze zu bestimmen, von denen sich die künftigen Geologen bei ihren eigenen Forschungen empirisch leiten lassen könnten. Er stellte als allgemeine Regel auf, daß die Kräfte, die in der heutigen Welt wirken, die gleichen seien wie die in der Vergangenheit herrschenden, zumindest soweit die geologischen Daten zurückreichen. Es handelte sich dabei um eine ganz entscheidende Regel, die es nicht erlaubte, eine Epoche anzunehmen, in der Erdbeben viel häufiger gewesen seien als heute oder in der sich ganze Gebirgsketten von einem Augenblick zum nächsten emporgehoben hätten. Anstelle von »katastrophischen« Ursachen, auf die sich Lyells religiöse oder sonstige Gegner gern beriefen, mußte man nun nach gewöhnlichen, langsam wirkenden Ursachen suchen. Wir werden diese beiden Methoden näher betrachten.

Allerdings werden wir nicht behaupten, Lyell sei der eigentliche Begründer der Profession der Geologen. Gewiß hat er versucht, dafür die geistige Grundlage zu liefern. Schon im Titel seines Werkes hallen die Newtonschen *Principia mathematica* nach – in der Zeit, in der Lyell schrieb, das Muster einer Gründungsurkunde. Dennoch war er nicht der erste, der die Hypothese eines sehr viel fortgeschritteneren Alters der Erde vorbrachte; andere englische und kontinentaleuropäische Geologen des achtzehnten Jahrhunderts hatten das schon vor ihm getan. Übrigens ist die französische Geologie damals und während des ganzen neunzehnten Jahrhunderts von den Werken Lyells fast völlig unberührt geblieben. Manche haben sogar behauptet, selbst in England habe sich dieser Einfluß erst am Ende des neunzehnten Jahrhunderts bemerkbar gemacht, als mehrere seiner wichtigsten Positionen heftig angegriffen wurden. Die neuesten Daten schienen anzudeuten, daß die Erde erst vierzigtausend Jahre alt sei – nach Lyell eine viel zu geringe Zeitspanne. Er hatte sich überdies geweigert, ein »Centralfeuer« im Erdinneren zuzugeben (das als Beweis dafür betrachtet wurde, daß »die ganze Substanz der Erde« ursprünglich »in geschmolzenem Zustande« existiert habe). Im allgemeinen wurde Lyell sowohl von seinen Kollegen wie von der ihm nachfolgenden Generation als eine Art Radikaler betrachtet. In Wirklichkeit verfolgten seine Arbeiten ganz einfach das Ziel, die Geologie als Disziplin zu begründen. Man darf nicht vergessen, daß er in England in einer Epoche schrieb, in der die vermeintlich »natürliche

Theologie« – die den Beweis eines göttlichen Eingriffs in die Natur mit wissenschaftlichen Methoden zu belegen versuchte – allmächtig war, und daß seine Schriften dazu bestimmt waren, ebendiese Tendenz zu bekämpfen.
Was hat er unternommen, um diese Fundamente zu legen, und woher stammten seine Lösungen?

Die Schwankungen des Erdalters seit Charles Lyell

Zu den auffälligen Schwankungen in der Geschichte der Wissenschaften gehören die stark voneinander abweichenden Schätzungen des Erdalters seit Lyell. Man könnte meinen, Lyell habe recht behalten, da seine Ergebnisse sich kaum von den heute anerkannten unterscheiden. Um 1880 sah es jedoch so aus, als hätte er seine Sache verloren. Angesichts der Daten, die man über die heutige Temperatur des Erdinneren und den schnellen Verlauf der Erdabkühlung gewonnen hatte, meinten Lord Kelvin (1824-1907) und eine Reihe anderer Physiker, das Alter der Erde könne vierzigtausend Jahre nicht überschreiten. Lyell war bereit, die Hypothese einer ewigen Erde in Frage zu stellen, nicht jedoch, ihr Alter so weit zu beschränken. Als man die Wirkung der Radioaktivität auf die Erdwärme entdeckte, wurden die Theorien Lyells rehabilitiert, und die neuere Wissenschaftsgeschichte, die ihn als den Begründer der Geologie betrachtet, überspringt die verlorene Generation der Geologen und Physiker, die überzeugt war, daß er unrecht habe.

Eine eigene geologische Zeit

Zwei Arten der Zeit spielen in Lyells Arbeiten eine Rolle: die erste, als einfaches passives Bezugssystem betrachtet, dient dazu, die Chronologie der Erdgeschichte aufzustellen – das heißt, die Entstehung der Erde zu bestimmen oder auf diese Bestimmung mangels schlüssiger Belege eben zu verzichten –; die zweite, prozeßhaft verlaufende Zeit erlaubt es, typische Veränderungen zu kennzeichnen, die mit irgendeiner Epoche der Erdgeschichte unveränderlich verknüpft sind und insofern ein Merkmal der Zeit selbst bilden. Wie verbinden sich diese beiden Arten der Zeit im Denken Lyells, und wie hat er sie dazu benutzt, eine eigene Zeit der Geologie zu begründen? Welchen Gebrauch hat Lyell insbesondere von der religiösen Zeit (der biblischen Geschichte) und der menschlichen Zeit (der profanen Geschichte) gemacht, um eine besondere geologische Zeit zu begründen, die einzig für die professionellen Geologen verwendbar ist?

Porträt von Charles Lyell (1836). Zu dieser Zeit ist er der namhafteste englische Geologe, von dem Darwin manche Anregung bezieht. Bis zu seinem Tode (1875) wird er mit den Biologen (über die Darwinschen Theorien, mit denen er sich nicht anfreunden kann) und mit den Physikern (über die Zeit) polemische Auseinandersetzungen führen. Lithographie aus dem Jahre 1836 nach einer Zeichnung von J. M. Wright; Bibliothèque nationale, Paris

Nach Lyell kann die Erde *de facto* als ewig betrachtet werden. Wenn sie einen Ursprung hat, so ist davon jedenfalls keine Spur geblieben. Dieses Fehlen eines Ursprungs läßt sich daraus erklären, daß die Erde durch komplementäre zerstörerische und schöpferische Kräfte gestaltet wurde. Während jene (Wasserläufe, Gezeiten usw.) auf den gesamten Globus einwirken, ihn erodieren und auflösen, sorgen diese (Sedimentation, vulkanische Tätigkeit usw.) für eine Neuverteilung der ungeformten Materie, die keine Spur ihres Zustandes vor der Auflösung mehr bewahrt. Jeder Teil des Globus trägt einzig die Spuren derjenigen Ereignisse, die seit der letzten Auflösung stattgefunden haben; da nun aber die Zahl solcher Auflösungen unbestimmt ist, wäre es völlig sinnlos, über die Entstehung der Erde streiten zu wollen. Es wurde gesagt, in der Geologie Lyells triumphiere die »lineare« Zeit, da sich die Erde nach diesem System auf einer endlosen Linie zwischen Vergangenheit und Zukunft befindet. Dennoch zeigt sich hinter dieser vermeintlichen Linearität eine zyklische Morphologie des Erdballs. Die folgenden Zitate[2] werden uns den Mechanismus dieses Kalküls einer gleichmäßigen Zeit besser verstehen lassen.

> »Man darf nicht zweifeln, dass Perioden der Zerrüttung und der Ruhe in jeder Gegend der Erde aufeinander gefolgt sind; allein es mag auch zugleich wahr seyn, daß die Kraft der unterirdischen Bewegungen in Beziehung auf die ganze *Erde* stets gleichförmig gewesen. Die Kraft der Erdbeben mag vor einer Reihe von Jahren, so wie jetzt, in weiten, aber bestimmten Räumen, unveränderlich begrenzt gewesen seyn, dann aber nach und nach ihre Stelle verändert haben, so dass eine andere Gegend, die seit Jahrhunderten in Ruhe war, nun der grosse Schauplatz ihrer Wirkungen wurde.«
>
> »Um uns genau in den Grenzen der Analogie zu halten, müssen wir annehmen: 1) dass das Verhältniss des Landes zum Meere immer dasselbe bleibe; 2) dass das Volum des über dem Niveau des Meeres befindlichen Landes eine constante Menge sey, und dass nicht allein seine mittlere, sondern auch seine äusserste Höhe nur zu unbedeutenden Veränderungen geneigt seyen; 3) dass sowohl die mittlere, als auch die äusserste Tiefe des Meeres zu jeder Epoche gleich seyen; und 4) dass es mit der erforderlichen Vorsicht übereinstimmt, anzunehmen, dass die Gruppirung des Landes zu grossen Continenten sey ein nothwendiger Theil von dem Haushalte der Natur [...].«

In diesem Zusammenhang spricht Lyell vom »climatischen grossen Jahr«; der Ausdruck spielt auf das »große Jahr« der Stoiker an, die Periode des Weltenzyklus, nach deren Ablauf sich alle geschichtlichen Ereignisse wiederholen.

> »Wir haben nun die Geschichte der europäischen Formationen bis auf jene Periode zurückverfolgt, in der nur eine geringe Anzahl der heute lebenden Arten von Schalentieren die Meere und Seen bevölkerten, eine Periode, die wir ›Eozän‹ genannt haben, um daran zu erinnern, daß es sich um die *Morgenröte* des gegenwärtigen Zustands der belebten Schöpfung handelt. Auch wenn die Zahl der lebenden Tierarten damals gering war, gibt es doch ausgezeichnete Gründe dafür, zu glauben, daß sämtliche Klassen des Tierreiches, so wie sie heute existieren, vollständig vertreten waren. [...] Es wäre vorstellbar, daß

[2] Lyell hat am Text seiner *Principles of Geology* mehrfach Änderungen vorgenommen. Vermutlich weil die deutsche Übersetzung *Grundsätze der Geologie* der sechsten englischen Auflage folgt, während Geof Bowker die englische Erstausgabe verwendet, blieben einige Zitate in der deutschen Fassung unauffindbar und wurden (leicht erkennbar an der modernen Orthographie) von mir übersetzt. – Erschwert wurde die Suche durch die Gewohnheit der meisten Autoren dieses Bandes, bei Zitaten auf Seitenangaben zu verzichten. In diesem Kapitel waren etwa zwanzig Zitate, von der Länge eines Halbsatzes bis zu der einer Druckseite, aus einem zwölfhundertseitigen Werk herauszusuchen. Ich bitte um Nachsicht, falls mir eines entgangen sein sollte. *Anmerkung des Übersetzers*

> die Arten vollständige ›Revolutionen‹ der Erdoberfläche überleben konnten.«

Diesen disparaten Textstellen unterliegt in Wirklichkeit eine kohärente Struktur, die ihnen Ordnung verleiht. In jedem Fall wird der Teil als Variable betrachtet und kann erschaffen oder vernichtet werden, während das Ganze unwandelbar und ewig ist. Die Vermittlung zwischen beiden wird durch zyklischen Wandel gesichert: durch einen »Cyclus« von Jahren, der an eine Region gebunden ist; durch ein klimatisches »grosses Jahr«, dessen Verlauf die Epochen der Erde kennzeichnet; und durch »Revolutionen« der Erdoberfläche, die mit der Entwicklung der Arten zusammenhängen.

Der zweite Band der *Principles* nennt eine Reihe von Ursachen für diesen Wandel und zeigt, wie jede zerstörerische Ursache zugleich und im selben Maße schöpferisch wirkt. So schreibt Lyell über Meeresströmungen:

> »In dem Mittelmeere greift dieselbe Strömung, die manche Theile der africanischen Küste von der Meerenge von Gibraltar bis zu dem Nile so rasch zerstört, auch das Nildelta an und treibt die Niederschläge dieses grossen Flusses mehr nach Osten. Dieser Quelle mag die rasche Zunahme an einigen Puncten der syrischen Küste, an der keine Flüsse in das Meer treten, zugestanden werden.«

Ebenso tragen offenbar die Vulkane auf dem festen Land dazu bei, die Landmasse über dem Meeresspiegel zu vergrößern, während die »untermeerischen« Vulkane den Meeresspiegel ansteigen lassen und damit jene Wirkung wiederaufheben.

Die Behauptung Lyells, wonach sich eine Reihe von Dingen niemals verändert – die Landmasse, die Intensität der vulkanischen Tätigkeit und so weiter –, schien nach Ansicht der Zeitgenossen den beobachteten geologischen Tatsachen unmittelbar zu widersprechen. Auch liegt seine Zeitkonzeption scheinbar sehr weit ab von derjenigen, die man eigentlich erwartet hätte, wenn man bedenkt, daß Lyell in den Jahren schrieb, in denen die industrielle Revolution gerade ihren Höhepunkt erreichte. Die Harmonie und das unvermeidliche Gleichgewicht zwischen Schöpfung und Zerstörung liefen den Tatsachen zuwider, die den Zeitgenossen Lyells in vielfacher Weise vertraut waren. Bestimmte Widersprüche ergaben sich aus dem Schema als ganzem, andere aus der Rolle der Menschheit in diesem

Das Meer schafft sich einen Durchgang durch den harten Porphyr *oder Die zerstörerische Kraft des Wassers. Was die schöpferische Kraft betrifft, läßt sie sich an den großen Flußdeltas beobachten, wo die Ansammlung von Schlick Inseln entstehen läßt: das Meer sorgt für einen ausgeglichenen Saldo. Stich von Lee im ersten Band der* Principles of Geology *von Charles Lyell, London 1830; Bibliothèque nationale, Paris*

System. Das entscheidende Problem bestand – kurz gesagt – darin, daß es trotz der Behauptungen Lyells, wonach die »gegenwärtigen Ursachen« sämtliche geologischen Ereignisse der Vergangenheit erklären, kaum glaubhaft schien, daß die enormen Gebirgsketten sich auch jetzt noch heben. Die Natur hatte eine Reihe von Monumenten hinterlassen, die – wie man meinte – die Reste einer kataklystischen Umwälzung von heute unvorstellbarem Ausmaß darstellten. Die Beobachtung der Versteinerungen bewies, daß ganze Arten von einem Augenblick zum nächsten untergegangen waren. Es schien unwahrscheinlich, daß riesige Kontinente mit einer Geschwindigkeit von einigen Zentimetern pro Jahrhundert aus dem Meer aufgetaucht seien: große Wirkungen erforderten große Ursachen. Die meisten Geologen hielten die Hypothese für wahrscheinlicher, wonach der Erdball in seiner Jugend sehr viel lebhaftere Aktivität gezeigt habe. Das Bild einer Erde, die – einstmals aktiv – mit der Reife zur Ruhe gekommen sei, kehrte in den Worten der Gegner Lyells, der Katastrophentheoretiker, häufig wieder.

Die »katastrophische« Zeit, wie sie von diesen Geologen vertreten wurde, diente in Wirklichkeit dazu, die paläontologischen und geographischen Daten mit der Bibel zu versöhnen. Denn während es kaum vorstellbar schien, daß all die Umwälzungen, die auf der Erdoberfläche nachweislich eingetreten sind, sich innerhalb von sechstausend Jahren vollzogen haben, hob sich die Schwierigkeit, wenn man in einer früheren Epoche eine Beschleunigung der Zeit und, damit einhergehend, eine viel größere Häufigkeit von Erdbeben, Vulkanausbrüchen und so weiter annahm. Überdies wurde es dadurch möglich, der Menschheit eine bevorzugte Stellung im Ablauf des geologischen Prozesses zuzuschreiben. So behauptete man, Gott habe mit der Erschaffung des Menschen gewartet, bis die Erde zur Ruhe gekommen sei, da sie ja schließlich für die Menschheit gemacht worden sei. Mit der Annahme einer besonderen, der Geologie eigenen Zeit griff Lyell diese beiden privilegierten Zeitvorstellungen frontal an.

Zu diesem Zweck entwickelte er zwei Serien von Metaphern. Die erste machte sich den Umstand zunutze, daß damals allenthalben statistische Gesellschaften aus dem Boden schossen; die andere stützte sich auf das altehrwürdige Bild vom »Buch der Natur«. Mit der ersten ging Lyell das Problem der großen Diskontinuitäten an, die bei den Fossilien beobachtet worden waren und die von den meisten Geologen auf »katastrophische« Veränderungen in der Vergangenheit zurückgeführt wurden. Lyell behauptete, Versteinerungen könnten sich nur dort bilden, wo neue sedimentäre Schichten in Entstehung begriffen seien. So schrieb er:

> »Diese Räume verändern nun aber, wie wir gesehen haben, fortwährend ihre Lage, so dass der Versteinerungsprocess, durch welchen das Andenken an den eigenthümlichen Zustand der organischen Welt zu irgend einer gegebenen Zeit erhalten wird, gewissermaassen beweglich ist, indem er verschiedene Striche nacheinander wiederholt besucht.
>
> Um die Wirksamkeit dieser Maschinerie noch deutlicher zu machen, wollen wir sie mit einem gewissermaassen ähnlichen Falle vergleichen, der innerhalb der Geschichte menschlicher Ereignisse vorkommend gedacht werden kann. Es stellt die Sterblichkeit der Bevölkerung eines grossen Landes das successive Erlöschen der Gattungen dar, so wie die Geburt neuer Individuen die Einführung neuer Gattungen. Während nun diese Schwankungen nach und nach überall stattfinden, wollen wir annehmen, dass Regierungsbeamte jede Provinz des Landes, der Reihe nach, besuchen sollen, um ein genaues Verzeichniss von der Anzahl, den Namen und den individuellen Eigenthümlichkeiten aller seiner Bewohner aufzunehmen und in jedem Bezirk ein Register zurückzulassen, welches einen Bericht über diese Untersuchung enthält. Wenn nun nach der Vollendung des einen Census ein anderer unmittelbar nach demselben Plan unternommen wird und dann noch einer, so wird zuletzt eine Reihe statistischer Documente jeder Provinz bestehen. Werden nun die zu irgend einer derselben gehörenden in chronologischer Ordnung aneinander gereihet, so wird der Inhalt derer, die am nächsten bei einander stehen, nach der

> Länge des Zeitraums zwischen der Aufnahme jedes Census verschieden seyn. Wären, z. B., sechszig Provinzen vorhanden und es sind alle Register in einem Jahre aufgestellt, so wird die Anzahl der Geburts- und Todesfälle im Verhältnisse zu der der ganzen Bevölkerung, während des Zwischenraums zwischen der Aufstellung zweier aufeinanderfolgender Documente, so gering seyn, dass die in denselben beschriebenen Individuen fast ganz identisch seyn werden. Beschäftigt dagegen die Untersuchung jeder von den sechszig Provinzen die Beamten das ganze Jahr hindurch, so dass sie erst nach dem Ablaufe von sechszig Jahren wieder an denselben Ort zurückkommen können, so wird alsdann eine gänzliche Verschiedenheit zwischen den in zwei aufeinanderfolgenden Registern einer und derselben Provinz aufgeführten Personen stattfinden.«

Gewiß können Krankheiten und Wanderungsbewegungen zu gewissen Abweichungen führen, doch der Hauptgrund dafür liegt woanders:

> »Wir nehmen nämlich an, dass die Beamten die verschiedenen Provinzen der Reihenfolge nach besuchen werden, wogegen die im Andenken zu behaltenden Processe, durch welche organische Reste fossil werden, obgleich sie stets von einem Orte zu den anderen gehen, in ihren Bewegungen dennoch sehr unregelmässig sind«, so daß »der Mangel an Continuität in den Reihen ausserordentlich gross sein kann, und dass die zunächst an die Reihe kommenden Denkmäler, in Beziehung auf die Zeit, durchaus nicht gleichweit von einander entfernt seyn werden.«

Die scheinbare Diskontinuität ergibt sich also aus einem Mangel an Kenntnissen und entspricht keiner realen Diskontinuität. Woraus man schließen kann, daß das äußerst zufällige Aussehen des Globus eine Folge der Art und Weise ist, in der die Erde die Spuren ihrer eigenen Geschichte verzeichnet, nicht aber die Folge von Schwankungen im Zeitablauf der Natur oder der Intensität der Kräfte, die über sie herrschen.

Betrachten wir nun die zweite Metapher, die Lyell verwandte, um die vermeintliche Dissymmetrie zwischen Vergangenheit und Gegenwart zu erklären. Diese Metapher macht deutlich, welche zentrale Stellung der Menschheit in der Geologie Lyells und in allen von ihm aufgeworfenen Problemen zukommt. Sie nimmt Bezug auf ein Bild, das durch langen Gebrauch in wissenschaftlichen Texten zu Ehren gekommen ist: das Konzept vom »Buch der Natur«.

Zahlreiche Autoren haben sich mit diesem besonders fruchtbaren Thema beschäftigt. Für die natürliche Theologie, der sich Lyell entgegenstellte, ergänzten sich das »Buch der Natur« und die Bibel perfekt. Lyell dagegen äußerte sich folgendermaßen zu dieser Frage:

> »Hätte man also keine Stellen entdeckt, die Zeichen von ungewöhnlichen chemischen und mechanischen Veränderungen aufweisen, von Wirkungen eines starken Drucks in einer früheren Periode, von intensiver Hitze und anderen Veränderungen, die sich erheblich von denen unterscheiden, die auf der Erdoberfläche aufgetreten sind, so könnte dies ein entscheidendes Argument gegen jene liefern, die sich mit den bisher angeführten Beweisen für Modifikationen des Verlaufs der Natur nicht zufriedengeben.
>
> Um dies klar zu beweisen, nehme der Leser an, er verfüge nur über ein Zehntel der Wörter einer beliebigen lebenden Sprache, und stelle sich nun vor, er finde sich vor Büchern, die – wie man annimmt – vor etwa zehn Jahrhunderten in derselben Sprache geschrieben wurden. Wenn er nun bemerken würde, daß er den Sinn der neun verbleibenden Zehntel nicht erraten kann, hätte er dann nicht allen Grund zu glauben, daß in jenen tausend Jahren die Sprache *unverändert* geblieben ist? Wenn er hingegen ohne größere Bemühung den größten Teil dessen verstehen könnte, was sich in den alten Dokumenten geschrieben findet, so wäre er in diesem Falle davon überzeugt, daß in den zehn Jahrhunderten die Sprache erhebliche Wandlungen erfahren haben müsse. [...] Ebenso würde ein Naturforscher, der, wenn er zum ersten Mal die Zeugnisse vergangener Umbrüche auf unserem Globus untersucht, nur ein Zehntel der Prozesse vor sich hat, die sich heute auf der Oberfläche des Globus oder darunter oder in den Tiefen der Meere vollziehen, ohne Zögern erklären, daß die alten Gesetze der Natur Modifikationen erlitten hätten, wenn er zu der Überzeugung käme, daß er den Sinn der Zeichen aller oder wenigstens der Hälfte der Veränderungen versteht, die sich in diesen selben Gebieten einige hundert oder tausend Jahrhunderte zuvor ereignet haben.«

Die Logik dieses Abschnitts leuchtet vielleicht nicht unmittelbar ein – kein Wunder, daß er in späteren Auflagen gestrichen wurde. Lyell will sagen, daß unsere heutige Kenntnis des »Buches der Natur« außerordentlich beschränkt ist (auf Vorgänge, die sich auf dem Land abspielen, das aus dem Meer herausragt, und überdies nur auf einem geringen Teil dieses Landes). Würden wir versuchen, von unserer Kenntnis dieser Vorgänge aus die Erdgeschichte zu rekonstruieren, so kämen wir seiner Ansicht

Tiefe Spalte bei Polistena (Kalabrien), verursacht durch das Erdbeben von 1783. – Blick ins Val del Bove vom Gipfel des Ätna im Jahre 1828. *Der kleine Kegel und der Krater genau darunter gehören zu denen, die bei den Eruptionen der Jahre 1810 und 1811 entstanden sind. Die Erdoberfläche senkt sich bei Erdbeben und hebt sich bei den Vulkanen: die Erde sorgt für einen ausgeglichenen Saldo.*
Stiche aus dem ersten bzw. dritten Band der Principles of Geology *von Charles Lyell, London 1830/1833; Bibliothèque nationale, Paris*

nach zu einer ganz anderen Vergangenheit – einfach weil sich die Gesamtheit der Ursachen, mit denen wir diese Rekonstruktion vornehmen könnten, auf die wenigen beschränken würde, die wir bis heute kennen. Nach der ersten Metapher bewahrt die Erde nur eine beschränkte und zufällige Auswahl der Faktoren ihrer eigenen Evolution. Hier dagegen ist uns nur eine beschränkte und zufällige Auswahl von Wörtern zugänglich, die das »Buch der Natur« enthält.
Um seine allem Anschein zuwider laufende Konzeption der geologischen Zeit zu verteidigen, hebt Lyell hervor, daß erstens dieser Anschein täuscht und sogar täuschen muß, wenn sein System triftig ist, und daß zweitens die Geologen

seiner Zeit nicht über genügend Kenntnisse verfügen, um die Veränderungen der Vergangenheit zu erklären. Bis hierher hat sich Lyell geweigert, irgendeine Verbindung zwischen religiöser und geologischer Zeit herzustellen, indem er jede Hypothese über den Ursprung der Erde vermeidet und seine Konzeption einer neuen geologischen Zeit gegen mögliche Angriffe mit Argumenten untermauert, die sich auf die Art und Weise der Überlieferung geologischer Phänomene beziehen. Von diesem Punkt seiner Argumentation an ist Lyell davon überzeugt, die Grundlagen einer echten Wissenschaft der Geologie gelegt zu haben – auf den Gegensatz zwischen seiner von der Wahrheit durchdrungenen Sprache und der falschen Sprache der Katastrophentheoretiker weist er übrigens ausdrücklich hin:

> »Wir meinen, daß diese Gegenstände das ABC und die Grammatik der Geologie ausmachen; nicht weil wir von diesen Untersuchungen erwarteten, daß sie uns den Schlüssel zur Interpretation aller geologischen Erscheinungen liefern, sondern weil sie uns als Grundlage dienen sollen, vor der aus wir die allgemeineren Fragen nach den komplexen Resultaten angehen werden, die sich aus den Ursachen von Veränderungen ergeben mögen, welche in den unbestimmten Zwischenräumen zwischen den Epochen wirksam sind.«

Um seine Zeitkonzeption zu verteidigen, bemüht sich Lyell nun um zweierlei: Einerseits kümmert er sich um die Entwicklung der Geologie als Disziplin, indem er ihr genau diejenige Zeit zu unterlegen sucht, auf die er sich bei der Entzifferung der Erdgeschichte gestützt hatte; andererseits führt er Argumente an, um den Gedanken zu bekämpfen, die geologische Zeit habe sich seit dem Auftreten der Menschheit verändert, beruhigt oder jedenfalls durch ihre Anwesenheit gewandelt.

Nach Lyell ist die Vergangenheit der Disziplin in genau dem Maße »katastrophal«, wie die Disziplin in ihrer Vergangenheit von Katastrophen fasziniert war. Die Geschichte der Geologie ist die »eines beständigen und heftigen Kampfes zwischen neuen Meinungen und alten Doktrinen, die ihre Bestätigung im stillschweigenden Vertrauen zahlreicher Generationen fanden und sich vermeintlich auf die Autorität der Schrift stützen konnten«. Lyell gibt jedoch seine Konzeption der geologischen Zeit nicht auf, wenn er sich den Geologen zuwendet. Die kaum wahrnehmbare Langsamkeit einfacher Ursachen übt ihre Wirkung auf die Wissenschaftler ebenso wie auf die Erde aus: »Bei der Betrachtung dieser Dinge wurde der Geist langsam und unmerklich von den Phantasiegemälden, von Katastrophen und chaotischen Verwirrungen weggerissen, so wie sie in der Einbildungskraft der frühern Kosmogonisten spukten.« Um eine genauere Vorstellung von der Dauer des Zeitraums zu gewinnen, an die er denkt, können wir uns auf seine jungianisch anmutende Behauptung beziehen, wonach sich »die abergläubischen Ideen eines nichtzivilisierten Stammes nacheinander auf den verschiedenen Stockwerken der Gesellschaft ausbreiten, bis sie in den Geist des Philosophen eindringen und auf ihn mächtigen Einfluß nehmen«. Die katastrophische Geschichte der Geologie wird damit selbst zum Gegenstand eines langsamen, unmerklichen Wandels. Die beiden Formen der Zeit, die katastrophische und die uniformitaristische, rivalisieren in der Geschichte der geologischen Ideen ebenso wie in der Erdgeschichte. Unser Verständnis der Geschichte der geologischen Disziplin wird, ganz wie unsere Deutung des »Buches der Natur«, immer einförmiger. Lyell bedient sich wiederum einer metaphorischen Sprache, wo er diesen entscheidenden Wandel in der Geschichte der Geologie andeutet. In einem Vortrag vor Mitgliedern der vornehmen Londoner Gesellschaft beschwört er den (»katastrophischen«) Urzustand der Geologie:

> »Als sich die Wissenschaft in einem so ungewissen Zustande befand, zog es der Philosoph, begierig, die Wahrheit zu entdecken, natürlich vor, sich auf das Gebiet eigenständiger Forschung zu verlegen, statt sich seinen literarischen Aufgaben zu widmen, und wandte sich lieber dem Vergleich und der Klassifikation unvollkommener Beobachtungen und einer beschränkten Sammlung von Tatsachen zu. So beklagt einer unserer Dichter die unaufhörlichen Veränderungen unserer Sprache seit der Epoche Chaucers: ›Wir schreiben in den Sand, die Sprache wandelt sich / und unser Werk verströmt, gleich den Gezeiten‹.«

Was für ein Gegensatz, wenn wir nun in die Zukunft blikken!

> »Jahr für Jahr kommen wir dem Augenblick näher, in dem die von einer Generation hinzugefügten neuen Tatsachen, so wichtig sie auch seien, die Summe der bereits früher erworbenen Erkenntnisse nur noch um einen lächerlichen Beitrag vermehren; und wenn diese Zeit gekommen ist, werden dieje-

> nigen, die nicht die Gelegenheit haben, selbst zu reisen oder in dauernde Beziehung mit denen zu treten, die echte Beobachtungen machen, nicht mehr unter dieser Benachteiligung leiden.«

Damit sind wir nun in der Lage, die von Lyell entwickelten Konzeptionen der Geschichte der Geologie und der Geschichte ihres Gegenstands, der Erde, zusammenzuführen.

In der Vergangenheit hat sich das Wissen auf katastrophische Weise entwickelt, und die Analysen sprachen von Katastrophen; jetzt aber und künftig entwickelt sich das Wissen gleichmäßig, und die Analysen sprechen von regelmäßigem und stetem Wandel. Lyell bestätigt diese Formulierung, wenn er behauptet: »Die Verbindung zwischen der Doctrin der successiven Katastrophen und den wiederholten Verschlechterungen des moralischen Characters der Menschen liegt näher und ist natürlicher als es den Anschein hat.« Die Geologie Lyells, die von dieser nahezu vollständigen Symmetrie zwischen der Vergangenheit der Geologie und der Vergangenheit der Erde ausgeht, birgt eine mächtige moralische Kraft: Der Leser bemerkt, daß alles viel besserginge, wenn die Zeit, die von Ewigkeit her die Natur geformt hat, nunmehr die menschliche Gesellschaft formte. So würde dieselbe Zeit, die dazu dient, die geologische Forschung gegen das religiöse Dogma zu verteidigen (indem sie die geologische Zeit von der religiösen abkoppelt: diese interessiert sich für die Ursprünge, jene nicht), auch dazu dienen, die Entwicklung der Geschichte der neuen Disziplin im Gegensatz zur Entwicklung der religiösen Theorie zu bestimmen.

Die neue Zeit, auf die sich Lyell bei seiner Begründung der Geologie stützt, findet in den *Principles* ein weiteres Mal Anwendung, wo es um die Lösung des Problems geht, ob sich nicht seit der Erschaffung der Menschheit der Maßstab der Chronologie verändert habe. Ganz anders als sonst in der geologischen Theorie Lyells erscheint die Menschheit plötzlich in einem ganz bestimmten Augenblick auf der Erde. Mehr noch, dieses Ereignis soll vor sechstausend Jahren stattgefunden haben, also genau zu jenem Zeitpunkt, den die biblischen Fundamentalisten als Ursprung der Erde (einschließlich der Menschheit) festgesetzt hatten. Nicht nur ist das Erscheinen der Menschheit etwas Singuläres; es ruft auch das Erscheinen von Singulärem hervor. So bemerkt Lyell über die »Bastarde«, deren

Die Zeit und die Naturwissenschaften

Die Geologie war die erste der Naturwissenschaften, die seit Anfang des neunzehnten Jahrhunderts das Wesen der Zeit in den Mittelpunkt rückte. Beginnend mit Lyell, lassen sich im wesentlichen drei aufeinanderfolgende Phasen unterscheiden; in jeder von ihnen beschäftigte sich die jeweils dominierende Wissenschaft in einer bestimmten Weise mit dem Problem der Zeit. Der nächste in der Reihe war Charles Darwin (1809-1882), und bei diesem Übergang entspannen sich Debatten über die Rolle der historischen Zeit in der Wissenschaft – Darwin weigerte sich, die Frage nach den Ursprüngen zu stellen, ganz wie Lyell. Dann kam der zweite Hauptsatz der Thermodynamik, der die Geschichte des Universums zur historischen, irreversiblen Zeit werden ließ: Die Himmelskörper konnten nicht mehr als möglicherweise unendlich alte selbstregulative Systeme betrachtet werden, da die Entropie mit der Zeit wächst und folglich jedes System zur Selbstauflösung tendiert. Schließlich trat mit Relativitätstheorie und Quantenmechanik wieder die Physik in den Vordergrund: Beobachter, die sich in verschiedenen Bezugssystemen befinden, ordnen die Ereignisse unterschiedlich, und der gegenwärtige Akt der Beobachtung kann zu Ereignissen führen, die in der Vergangenheit geschehen – was unsere intuitiven Vorstellungen von Vergangenheit und Gegenwart vollkommen umstürzt. Während Geologie und Biologie dazu neigten, die Spezifität der Gegenwart zu leugnen und die Menschheit von der Vorderbühne zu verdrängen, schreiben Astronomie und Physik der Gegenwart nun wieder eine besondere Rolle zu und rücken den bewußten Beobachter erneut ins Zentrum. Mit anderen Worten, Geologie und Biologie haben die religiöse Zeit zerstört, während Astronomie und Physik eine neue Zeit begründet haben, eine Zeit, die der Religion der Wissenschaft eigentümlich ist.

äußere Formen extreme Veränderlichkeit zeigen (deren Veränderungen also einem für seine Geologie zu raschen Tempo folgen):

> »Man kann ohne weiteres zeigen, daß diese außerordentliche Vielfalt wenig Überlebenschancen hatte und sich ohne irgendeine Zivilisation niemals über zahlreiche Generationen hinweg durch irgendeine denkbare Reihe von Zufällen hätte erhalten können. Man kann sie als extremen Fall der Resultate menschlicher Einwirkungen betrachten und nicht als ein Phänomen, das eine unendliche Wandlungsfähigkeit der natürlichen Welt anzeigte.«

Wenn die Menschheit auf die Zeit so sehr Einfluß nimmt, daß diese als irreversibel und rasch fortschreitend (ja sogar

»katastrophisch«) erscheint, kann Lyell um so leichter die Einförmigkeit der zugrundeliegenden Realität betonen. Im allgemeinen neigt die Menschheit dazu, das »Buch der Natur« nicht nur falsch zu lesen, sondern auch falsch zu schreiben und in beiden Fällen die gleichen Irrtümer zu wiederholen. Um den Einfluß der Menschheit herunterzuspielen, greift Lyell auf zwei Strategien zurück: zum einen »naturalisiert« er diesen Einfluß, zum anderen weist er ihm eine andere Seinsebene zu.

Was die erste Strategie angeht, weist Lyell darauf hin, daß die von der Menschheit bewirkten Veränderungen gleichwohl natürliche Veränderungen sind. Gewiß erfüllt der Mensch seine Aufgabe, Saaten über größere Entfernungen zu befördern, doch die Samenkörner hätten sich auch ohne ihn verbreitet, durch den Wind oder von Zugvögeln weitergetragen. Letzten Endes wacht die Natur über den Vorgang, indem sie Flora und Fauna nach »Völkerschaften« organisiert: nichts kann längere Zeit außerhalb seiner Nation überleben. Diese »naturhafte« Seite der Menschheit ist von ihrer zivilisierten gänzlich geschieden, wie Lyell in der folgenden Passage hervorhebt:

> »Wenn sich die menschliche Gattung heute vollständig vernichtet sähe, mit Ausnahme eines einzigen Paares, gleichviel, ob es den Alten oder den Neuen Kontinent, Australien oder gar irgendeine Koralleninsel des Pazifischen Meeres bewohnte, so ist doch anzunehmen, daß die Individuen, die aus ihm hervorgehen würden, selbst wenn sie mitnichten aufgeklärter sein sollten als die Südseeinsulaner oder die Eskimos, sich im Laufe der Jahrhunderte über die ganze Erde ausbreiten würden; sei es infolge der Tendenz der Bevölkerung, in einem bestimmten Bezirk über die Subsistenzmittel, welche dieser Bezirk bietet, hinaus zu wachsen; sei es durch zufällige Beförderung mit Booten, die von Gezeiten und Strömungen zu fernen Ufern getrieben würden.
>
> [...] müssen wir die Einwirkung des Menschen als ebenso unwillkührlich, als die der Thiere ansehen. Gleich diesen tragen wir dazu bei, die geographische Verbreitung und die Anzahl gewisser Species, nach gewissen allgemeinen Gesetzen des Haushalts der Natur, die wir bei weitem nicht alle kennen, auszudehnen oder zu beschränken.«

So ist die Ausbreitung der Menschheit – ebenso wie ihre Fähigkeit, an der Streuung der Arten mitzuwirken – völlig natürlich und untersteht der Kontrolle der Natur. Indessen besitzt die Menschheit ein weiteres Merkmal: die Fähigkeit, vorübergehend das Aussehen von Landschaften und Arten zu verwandeln. Hierzu entwickelt Lyell eine zweite Strategie, um den Einfluß der Menschheit zu bagatellisieren: Er stellt das Prinzip einer vollständigen Trennung zwischen zivilisierter Menschheit und Natur auf. Die Veränderungen, welche die Menschheit vollzogen hat, sind

> »nicht von *physischer*, sondern von *moralischer* Beschaffenheit. [...] Wir sind nicht berechtigt, irgend Modificationen in den Resultaten vorhandener Ursachen in kommenden Zeiten zu machen, die nicht in Uebereinstimmung mit der Analogie stehen; sie müssten denn durch progressive Entwickelung menschlicher Kraft, oder vielleicht durch andere neue Beziehungen, die später zwischen der moralischen und materiellen Welt entstehen konnten, veranlasst worden seyn. Auf gleiche Weise dürfen wir, wenn wir Betrachtungen über den Wechsel der belebten und der leblosen Schöpfung in frühern Zeitaltern anstellen, keine anomalen Resultate voraussehen, mit Ausnahme da, wo der Mensch eingewirkt hat, oder wo deutliche Anzeichen von irgend einer anderen moralischen Quelle temporärer Abweichung vorhanden sind.«

Die beiden Argumente zur menschlichen Zeit lassen sich demnach folgendermaßen resümieren: In dem Maße, in dem die Menschheit mit der geologischen Zeit in Wechselwirkung tritt, ist es ihr animalischer Anteil, der am »Haushalt der Natur« teilhat (*economy of nature*, eine Formulierung, die Lyell häufig verwendet), während ihr zivilisierter Anteil sich auf einer anderen Ebene einschaltet und vorübergehend Anomalien im »Buch der Natur« hervorruft.

Wie wir gesehen haben, nimmt Lyell bei seinen Bemühungen um die Schaffung einer geologischen Zeit insgesamt eine Reihe von Trennungen vor. Während die Zeit des Ursprungs zur Religion gehört, fällt die übrige Zeit (in Wirklichkeit die gesamte) dem Geologen zu. Während die katastrophischen Veränderungen in die Geschichte der Wissenschaften der Erde vor der Begründung der Geologie durch Lyell fallen, wird die neubegründete Disziplin uniformitaristisch sein. Der »moralische« Einfluß der Menschheit macht sich außerhalb der geologischen Zeit geltend und kann wieder gänzlich verschwinden, während ihr »physischer« Einfluß völlig in dieser Zeit aufgeht. Das rechtfertigt die Schaffung einer einheitlichen Zeit, die der Erdgeschichte, der Entwicklung der Wissenschaften von der Erde und der menschlichen Entwicklung gleichermaßen angemessen ist – einer Zeit, deren Erforschung in die Zuständigkeit des Geologen fällt.

Wie wird Lyell nun, nachdem er dem Geologen eine Zeit verschafft hat, die nicht mehr von der religiösen Zeit abhängt, eine Kausalität entwickeln, die dieser Disziplin eigentümlich ist? Er wendet sich dabei zum einen gegen das Argument, wonach die Suche nach Ursachen letztlich den Plan Gottes in der Natur enthüllt, und zum anderen gegen das Argument, dem zufolge die Grundlage der wissenschaftlichen Kausalität die physikalische Kausalität ist, die Physik also die herrschende Wissenschaft darstellt.

Ein eigenes geologisches Wissen

Wir führen nun unsere Untersuchungen fort, indem wir das Werk Lyells mit zwei Broschüren vergleichen, die – von der natürlichen Theologie inspiriert – in den dreißiger Jahren des vorigen Jahrhunderts in England unter dem Titel *Bridgewater Treatises* erschienen. Dabei handelt es sich um eine bedeutende Reihe von Schriften, die nach dem Letzten Willen des neunten Earl of Bridgewater von hervorragenden Wissenschaftlern sämtlicher Disziplinen verfaßt wurden. Der Earl hatte mit dem Bau von Kanälen im industrialisierten Norden Englands ein Vermögen gemacht und den größten Teil davon mit lässiger Hand vergeudet; in seinem Testament indessen traf er Verfügungen zur Veröffentlichung einer Reihe frommer Schriften. Der Präsident der *Royal Academy* wählte also, unter dem Beistand des Bischofs von London und des Erzbischofs von Canterbury, acht Männer der Wissenschaft aus, die beauftragt wurden, »die Macht, die Weisheit und die Güte Gottes, wie sie sich in der Schöpfung zeigen, vor Augen zu führen und den Beweis dafür mit sämtlichen vernünftigen Argumenten zu illustrieren«. Charles Babbage, der eine Rechenmaschine konzipiert hatte, die als Vorläufer des Computers gilt[3], schrieb eine neunte, die weder bestellt war noch dem Geist des Vermächtnisses entsprach. Das Argument, dem zufolge die Existenz Gottes durch die Tatsache bewiesen wird, daß die Schöpfung ein vollkommen geordnetes Ganzes zu bilden scheint und daß selbst die Anomalien als Ausdruck eines intelligenten Plans verstanden werden können, ist sämtlichen Abhandlungen dieser Reihe gemeinsam. Obgleich sie eigentlich alle Wissenschaften behandeln sollten, enthalten die meisten dieser Schriften lange Kapitel zur Geologie, die damals einen enormen Aufschwung erlebte.

[3] Vgl. S. 908-912.

Die Bedeutung der Geologie im neunzehnten Jahrhundert

Die Geologie war eindeutig die dominierende wissenschaftliche Disziplin der Zeit. Aimé Boué hat diese erstaunliche Expansion folgendermaßen resümiert: »Vergleicht man die Zahl der Werke, die 1833 erschienen sind, mit denen der Jahre 1830, 1831 und 1832, so erhält man das von den Zahlen 300, 450, 500 und 900 annähernd angegebene Verhältnis« (*Bulletin de la Société géologique de France*, 1833). Und dem *Écho du Monde savant* zufolge überstieg die Zahl der Abhandlungen, die im Jahre 1833 in Frankreich über Geologie und Paläontologie veröffentlicht wurden, bei weitem die Zahl der allen übrigen Wissenschaften gewidmeten Schriften: »Physik und Naturwissenschaften (darunter Astronomie, Physik, Magnetismus, Meteorologie, Chemie, Hydrographie und Naturgeschichte): 144 Bücher, 276 Abhandlungen; Paläontologie und Geologie: 61 Bücher, 414 Abhandlungen« (20. Juni 1834). Die gleiche Tendenz zeigt sich in England.
Dem *Écho du Monde savant* verdanken wir die Möglichkeit, den Exkursionen der Pariser Geologen auf Schritt und Tritt zu folgen: »In Paris gehören Samstag und Sonntag in diesem Jahr ganz der Geologie. Am *Samstag*: um 9 Uhr morgens beginnt Herr Brongniart seine Vorlesung über geologische Mineralogie im Naturkundemuseum; um 9 Uhr beginnt Herr Boué sein Privatissimum in der *rue Guénégaud*; um 2 Uhr betritt Herr Élie de Beaumont im *Collège de France* das Katheder; um 7 Uhr abends gibt Herr Boué seine öffentliche Vorlesung in der *Société de civilisation*; und um 8 Uhr beginnt Herr Rozet im Athenäum. Am *Sonntag*: Die Herren Constant-Prévost und Boué führen, getrennt voneinander, ihre mit Hämmern, Stöcken und Säckchen für Gesteinsproben bewaffnete Truppe an und lassen es sich angelegen sein, hier und dort, mehr oder weniger, den Schrecken der Republik zu säen oder zur Belehrung des Seminars beizutragen; während Herr Boué von 3 bis 4 im Salon der *Société* die geologischen Verhältnisse der Böden Europas denen erklärt, die, um ihr Haupt nicht der Landluft und ihren Fuß nicht dem Kot der Landstraße auszusetzen, ihre Reisen lieber auf den Landkarten unternehmen, die Herr Boué vor ihnen entfaltet. Allerdings muß man sagen, daß der Samstag soeben Herrn Rozet und der Sonntag Herrn Boué verloren haben; diese beiden Geologen haben nämlich letzte Woche ihre wertvollen Vorträge beendet; doch wie zum Ausgleich wird die demnächst beginnende Vorlesung von Herrn Cordier dem Samstag eine geologische Veranstaltung zurückgeben, und die Exkursionen von Herrn Élie de Beaumont, deren baldige Aufnahme angekündigt wird, werden dem Sonntag den Zugewinn einer dritten Schar von Steinsammlern verschaffen« (*Écho du Monde savant*, 10. April 1834).

Wir werden zunächst den Traktat von Reverend William Buckland über die Geographie betrachten, um mehr über die religiöse Kausalität zu erfahren, die Lyell bekämpfte, und uns dann Babbage zuwenden, um uns mit dem Thema der physikalischen Kausalität genauer vertraut zu machen, deren Priorität vom Begründer der Geologie bezweifelt wurde.

Betrachtet man das Werk Bucklands als repräsentativ für die Meinung der religiösen Autoritäten der Hochkirche (im Gegensatz zu den Fundamentalisten), so fällt auf, daß die Kirchenleute bereit waren, Lyell bis zu einem bestimmten Punkt zu folgen – ohne freilich so weit zu gehen, daß dabei die Unfehlbarkeit der Bibel oder des »Buches der Natur« in Frage gestellt würde. Buckland nimmt häufig auf die Arbeiten Lyells Bezug und gesteht das Prinzip zu, wonach die Erde bereits eine unbestimmte Zahl von Zeitaltern überdauert hat. Um Lyell mit der *Genesis* zu versöhnen, wendet er zwei Methoden an. Die erste, die bis in unsere Tage fortlebt, besteht in dem Zugeständnis, daß »immerhin weder Kritik noch Theologie mit Recht etwas gegen die Auslegung des Wortes *›Tag‹* durch *eine lange Periode* einwenden« könne. Buckland schlägt dann eine buchstäblichere Deutung vor: »aber eine solche Ausdehnung ist nicht einmal nöthig, um den Text der Genesis mit physikalischen Erscheinungen zu vereinigen, wenn gezeigt werden kann, daß die, durch die Erscheinungen der Geologie angedeutete Zeit in dem unbestimmten Zwischenraume zu suchen ist, welcher auf die Ankündigung im ersten Verse folgt«. Buckland vertritt die Vermutung, »welche dem von Moses im ersten Verse der Genesis gebrauchten Worte ›Anfang‹ die Bedeutung einer unbestimmten Zeitperiode giebt«, während die Wörter »Tohu, Bohu« im zweiten Vers »als passende Bezeichnung für die Trümmer einer frühern Welt betrachtet werden [dürfen]. In diesem Zwischenpunkte der Zeit endeten die frühern unbestimmten geologischen Perioden; eine neue Reihe von Schöpfungen begann [...]«. Folglich hat die Bibel buchstäblich recht, was das Alter der Erde betrifft – und Lyell ebenso.

Auch das »Buch der Natur« ist für Buckland über jeden Zweifel erhaben. »Das Studium jener Reste«, schreibt er, »wird der wichtigste und belehrendste Gegenstand unserer Untersuchung sein, indem wir darin den großen Hauptschlüssel finden werden, um die geheime Geschichte der Erde aufzuschließen. Sie sind Urkunden, welche die Beweise von Umwälzungen enthalten, die der Schöpfung des Menschengeschlechtes lange vorausgiengen; sie öffnen das Buch der Natur und schwellen die Bände der Wissenschaft mit den Akten vieler aufeinanderfolgender Reihen von Thier- und Pflanzengenerationen an.« Über die versteinerten Bäume, die er in einem böhmischen Kohlebergwerk gesehen hat, bemerkt er: »[...] wenig haben die Jahrtausende, die darüber hinweggerollt, an ihrer frühern Frische und Schönheit verdorben; so daß sie dem denkenden Forscher immer noch untrügliche Geschichtsurkunden der alten Pflanzenwelt sind. Sie bilden die großen natürlichen Herbarien, in denen die Urwelt ihre Schätze der Jetztzeit aufbewahrt hat, beinahe unverändert [...].« Ein gewöhnlicher glatter und abgerundeter Kieselstein bewahrt die Abdrücke physikalischer Ereignisse. Während für Lyell die Natur zutiefst und vielleicht hoffnungslos unerkennbar ist, ist sie für Buckland im wesentlichen bereits vollständig erkannt. Ihm zufolge enthält das unfehlbare »Buch der Natur« die über allen Zweifel erhabenen Spuren des göttlichen Plans, der den wahren Zusammenhang zwischen den geologischen Ereignissen gewährleistet; was das »fehlbare« Buch Lyells angeht, so verwischt es genau diese Spuren.

Um besser zu verstehen, wie Lyell dieses fehlbare Buch entziffert, werden wir seine Reaktion auf den Laplaceschen Determinismus untersuchen, den sich Babbage zu eigen gemacht hatte. Nach Laplace würde

> »eine Intelligenz, die für einen gegebenen Augenblick alle in der Natur wirkenden Kräfte sowie die gegenseitige Lage der sie zusammensetzenden Elemente kennte, und überdies umfassend genug wäre, um diese gegebenen Größen der Analysis zu unterwerfen, [...] in derselben Formel die Bewegungen der größten Weltkörper wie des leichtesten Atoms umschließen; nichts würde ihr ungewiß sein, und Zukunft wie Vergangenheit würden ihr offen vor Augen liegen«.

Die neunte Bridgewater-Abhandlung, die wir Babbage verdanken, legt großes Gewicht auf diese Art Determinismus, die das Funktionieren seiner Rechenmaschinen nachahmt – programmierbar und fähig, Wunder zu wirken (jedenfalls deren numerisches Äquivalent), wenn nur der Algorithmus komplex genug ist. So heißt es bei ihm, die Luft selbst sei eine riesige Bibliothek, denn wenn wir sprechen, »überqueren die dabei erregten Luftwellen die Erde und

die Fläche der Ozeane, so daß in weniger als zwanzig Stunden jedes Atom der Atmosphäre eine abgeschwächte Bewegung empfängt, die von jenem infinitesimalen Bruchteil der ursprünglichen Erschütterung herrührt, der über unzählige Kanäle zu ihm gelangt ist und fortan sein Verhalten beeinflussen wird«. Nach Babbage könnten wir, wenn wir die Ausgangsposition sämtlicher Atome der Atmosphäre kennen würden, ihre Zukunft vollständig determinieren. Jeder Mörder trägt das Zeichen seines Verbrechens, »irgendeine Bewegung, die sich aus ebenjener Muskelanstrengung ergibt, mittels welcher das Verbrechen begangen worden ist«. Einem empfindlichen Gehör würden »sämtliche Worte, die seit der Erschaffung der menschlichen Gattung gesprochen worden sind, gleichzeitig im Ohr nachklingen«.
Nachdem er eine erste Manuskriptfassung des Werkes von Babbage erhalten hatte, äußerte Lyell in mehreren Punkten Kritik an diesen Passagen. Wie im Falle des göttlichen Plans bestand sie im wesentlichen darin, abermals auf der Fehlbarkeit des »Buches der Natur« zu beharren. So schrieb er an seinen Freund:

> »Wenn es wahr ist, daß alle Töne in der Luft bleiben, woran zu zweifeln ich mich freilich nicht enthalten kann, müssen im Interesse der Unwissenden einige Präzisierungen angebracht werden [...]. Kann man die Luft als Historiker bezeichnen, wenn sie nur ein stummer Depositär ist, den niemand je gelesen noch gehört hat? Verschwinden nicht schließlich die Wellenringe im Wasser? Der gewöhnliche Leser (für den Sie schreiben) wird verstimmt sein, daß man ihm nicht erklärt, warum Wellen, die sich in einem widerständigen Milieu ausbreiten, nicht *à la longue* verschwinden, warum sie sich nicht mit anderen verbinden, um neue Töne, Noten, Worte zu bilden.«

Insgesamt hielt er sehr wenig von dem Buch und sprach sich gegen seine Veröffentlichung aus.
Babbage war unter den Anhängern des totalen Determinismus gewiß ein Extremfall, doch das Thema war damals sehr verbreitet. Buckland und Babbage sangen beide, jeder auf seine Weise, das Lied vom restlos erkennbaren Wesen der Natur, von der ungehinderten Lektüre ihres »Buches«. Bei dem einen drohte die Geologie von der Theologie vereinnahmt zu werden, beim anderen von der Physik. Doch welches Konzept vertritt Lyell von der Arbeit des Geologen, das es erlaubt, die Natur zu erkennen, ohne dabei Theologe oder Physiker zu werden?

Lyell spricht dem Interpreten der Natur die Schlüsselrolle zu: Gott und die Natur sind im Tiefsten unerkennbar, und nur in Epiphanien, kurzen Momenten äußerster Hellsicht, kann der Gelehrte hoffen, in ihre Geheimnisse einzudringen. Lyell spielt auf diesen Moment mit einem Zitat des deutschen Historikers Barthold Niebuhr an, wonach »derjenige, welcher das Verschwundene wiederum in's Leben ruft, eine Wonne empfindet, die der eines Schöpfers gleich ist«. Jeder menschliche Versuch, sei es aus religiösen oder anderen Beweggründen, eine Methode zu entwickeln, mit der man auf direktere Weise im Buch der Natur lesen oder schreiben könnte, verdient die vollständigste Verachtung. Ganz wie die romantischen Dichter (John Keats etwa in seiner Ode *Auf eine griechische Urne* von 1820 oder Lord Byron in *Childe Harold* von 1812/18) sieht Lyell im Erfassen der Spannung zwischen dem flüchtigen Augenblick und der Unermeßlichkeit der Zeiten etwas Erhabenes, das uns Achtung gebietet: Wer jemals beobachtet hat, wie »der Gipfel des Aetna [...] mit seiner blendenden Schneedecke aus dem Wolkenschleier hervor[bricht] und [...] dann plötzlich wieder dem Blick entzogen [wird]«, müsse zu den überschwenglichsten Vorstellungen vom Alter der Berge gelangen. Letztlich befreit Lyell seine geologische Zeit also von der Vormundschaft des Theologen und des Physikers, indem er sie mit einer romantischen Erkenntnistheorie verknüpft. Dadurch verleiht er ihr eine ähnliche Größe, wie sie in der folgenden, 1836 veröffentlichten Analyse gerühmt wird, die sich mit der Leistung des französischen Geologen Georges Cuvier beschäftigt:

»Der Mathematiker und der Physiker haben sich den besten Platz im Tempel der Wissenschaft zuerkannt und den Sammler und Klassifikator aus deren innerem Bezirk fast vertrieben. In der Annahme, daß Größe und Entfernung die materiellen Gegenstände adeln und den Gesetzen, die sie regieren, Erhabenheit verleihen, halten sie es für erwiesen, daß die unwägbaren und unsichtbaren Wirkungen der Natur delikatere Gegenstände der Forschung bilden als jene groben Objekte, die man schmecken, berühren und sammeln kann. Deshalb haben sie lange Zeit den bescheidenen und frommen Naturforscher geringgeachtet, der in ihren Augen kaum höher als der Zoowärter oder Tigerdompteur zu stehen kommt. Diese unerträgliche Eitelkeit, diese Unempfindlichkeit gegenüber der Einheit und Größe der Natur, gegenüber der unvergleichlichen Gestalt der irdischen Körper und der Schönheit der Gesetze des organischen Lebens waren vielleicht Folge und Ursache der kümmerlichen Entwicklung der Naturwissenschaften in den beiden vorigen Jahrhunderten. Männer von gründlichem Verstand und überschwenglichem Geist waren natürlich geneigt, ihr geistiges Kapital in Forschungen auszulegen, die ihnen, in der Gestalt von Ruhm und Ansehen, fast mit Gewißheit bedeutende Zinsen abwerfen würden; und man muß zugeben, daß die Pflege der fruchtbarsten Ländereien der Wissenschaft über lange Zeit sehr bescheidenen Ackersleuten überlassen wurde.«

Letzten Endes finden wir in dieser Passage genau die Entwicklung wieder, die wir bei Lyell im gesamten Verlauf dieses Kapitels festgestellt haben, nämlich den Aufstieg einer neuen, den Naturforschern eigenen Form des Wissens – gegründet auf die Wertschätzung der Schönheit der Natur und ihrer Gesetze – mit dem Ziel, die Disziplin der Naturwissenschaften zu entfalten, die sonst dazu verdammt waren, im Schatten der anderen dominierenden Wissensformen, in diesem Falle der Mathematik und der Physik, ein kümmerliches Dasein zu fristen.

Die Profession des Geologen

Um die Entstehung der Profession besser zu begreifen, werden wir nun eine Arbeit untersuchen, in der diese Verbindung ziemlich ausdrücklich hergestellt wird – die Arbeit eines französischen Geologen jener Zeit, Léonce Élie de Beaumont –, und sie mit derjenigen Lyells vergleichen. Betrachten wir zunächst einige Notizen, die de Beaumont gelegentlich einer 1839 am *Collège de France* gehaltenen Einführungsvorlesung verfaßt hat:

»Heute, da wir in fünf Tagen nach St. Petersburg, in acht oder zehn nach Konstantinopel und in vierzehn nach New York gelangen, da wir uns dank dem elektrischen Telegraphen über mehrere hundert Meilen hinweg mit Hilfe von Zeichen unterhalten, stehen wir am Beginn einer neuen Ära, in welcher der Standort eines jeden viel größer ist als bisher, da die Möglichkeit zu reisen stark zugenommen hat und die Unbequemlichkeiten, die es mit sich bringt, nicht zu Hause zu sein, viel geringer geworden sind. Wir erreichen einen Moment, in dem der Geologe auf dem ganzen Erdball zu Hause sein wird. Von nun an kann sich ein Philosoph wirklich als Weltbürger bezeichnen.«

Er zählt an dieser Stelle eine Reihe »bemerkenswerter Männer« auf, »die sich zu einer Konstellation zusammengefunden haben«, und schließt seinen Vortrag mit den

Worten: »Mit Buffon endete das heroische Zeitalter, in dem jeder sein eigenes System schuf. Es war unmöglich, darüber hinauszugehen, ohne daß aus der Geologie das Gebiet vieler und folglich ein Beruf mit seinen eigenen Regeln wurde.« In einer Anmerkung zu diesem Satz erläutert er: »Erst nach ihm, nicht durch ihn, hat die Geologie ihren Rang unter den akademischen Wissenschaften eingenommen, die durch die stetig aufeinanderfolgenden Arbeiten einer Reihe von Individuen wachsen. Darin liegt die Anwendung des Prinzips der Arbeitsteilung.« Eine ähnliche, 1834 gehaltene Vorlesung trug den Titel »Das Spezialfach der Geologie, aus der besonderen Lebensweise des Geologen deduziert«. Hier einige Notizen:

> »Plan der geologischen Wissenschaft, abgeleitet aus der Ordnung, die sich von selbst in der Arbeit der Geologen herstellt. [...] Unter allen Klassen von Gelehrten ist also der Geologe am meisten genötigt, den Ort zu wechseln. [...] Dies führt um so mehr zur Bildung einer gesonderten Klasse, als dieser Umstand eine eigentümliche geistige Haltung erfordert. [...] Unter allen Wissenschaften ist die Geologie diejenige, die der Vervollkommnung der Transportmittel am meisten bedarf. Die Transportmittel sind für den Geologen, was die Fernrohre für den Astronomen sind. Die neuen Straßen, von denen Europa durchquert wird, in der Tat eine Art geologisches Präparat. Bemerkungen Herrn Cuviers über die Dampfschiffe. Neue Gewohnheiten, die sich daraus für die gesamte Bevölkerung ergeben. Die Geologie ist in gewisser Weise zur Profession geworden. Wo endet die Astronomie, und wo beginnt die Geologie? Diese beiden Wissenschaften sind Schwestern, und was sie in erster Linie voneinander trennt, ist die unterschiedliche Lebensweise, die denen abverlangt wird, die sich ihnen widmen. Eines der Dinge, die den Fortschritt der Zivilisation bezeichnen und sogar ausmachen, ist die Aufteilung der Tätigkeiten. [...] Der Bau von Eisenbahnen wird die geologischen Standorte vergrößern und den Abstand verringern, der zwischen dem Geologen und dem Astronomen liegt.«

Auch bei Lyell spielte die Notwendigkeit zu reisen eine große Rolle; er sah darin einen wesentlichen Teil der Tätigkeit des Geologen. So bekräftigt er in seiner Autobiographie: »Wir müssen das Reisen predigen, welches die erste, zweite und dritte Pflicht des modernen Geologen sein muß.«

Ein wiederkehrendes Thema der Texte de Beaumonts ist der Gedanke einer Arbeitsteilung in der modernen Geologie, der in mehreren Hinsichten der Idee einer eigentümlichen geologischen Zeit ähnelt, wie sie in den *Principles* von Lyell entwickelt wurde. Schon ein flüchtiger Blick auf die Gemeinsamkeiten beider Autoren zeigt, daß sich ihre Bemerkungen zur Entwicklung der Geologie genau decken. Gegenwärtig endet das »heroische Zeitalter« der individuellen Systeme, die nacheinander in zerstörerischem Fieber aufgegeben wurden. Für de Beaumont wie für Lyell beginnt nun die Zeit der langsamen und fortschreitenden Evolution, die von einer größeren Gruppe wissenschaftlicher Arbeiter ins Werk gesetzt wird, von denen niemand mehr die gesamte Disziplin beherrschen wird – eine Disziplin, deren beinahe schon mathematische Fundamente die beiden Autoren in ihren Arbeiten zu legen versuchen. Für de Beaumont äußert sich darin der Zug zur Arbeitsteilung, für Lyell die Konsequenz einer einförmigen geologischen Zeit.

Noch eine weitere Verbindung läßt sich zwischen dem Prinzip der Arbeitsteilung und dem der einförmigen Zeit des Uniformitarismus nachweisen. Lyell ist über weite Strekken seiner *Principles* damit beschäftigt, gegen das zu wettern, was man »das heroische System« der geologischen Veränderungen nennen könnte. Ihm zufolge gab es niemals eine Epoche, in der die Dinge anders gewesen wären als heute: »Die genaue Prüfung der Relikte der lebendigen Schöpfung aus den ersten Zeitaltern übte eine mächtige Wirkung aus, indem sie die Illusion zerstreute, die lange über das Fehlen einer Analogie zwischen dem alten und dem neuen Zustand unseres Planeten geherrscht hatte.« In der Tat stand die Annahme der Geologen, »die eben so verschwenderisch mit den Gewaltäusserungen der Natur, als sparsam mit der Zeit sind«, einer solchen Analogie entgegen. Es handelt sich hier um eine direkte Entsprechung zu dem »heroischen System«, von dem de Beaumont im Hinblick auf die Geologie spricht. Tatsächlich behauptet Lyell in seinen *Principles* eine rationale und rationelle Arbeitsteilung zwischen den verschiedenen Naturkräften. Jede schöpferische Kraft ist ebenso zerstörerisch, und es bedarf einer Myriade kleiner Veränderungen, um eine große hervorzubringen – mit anderen Worten, die politische Ökonomie der industriellen Revolution muß sich im »Buch der Natur« zeigen, sonst wäre die Natur irrational. Daher wird die Menschheit, wenn sie die Bühne betritt, zum integralen Bestandteil der Ökonomie der Natur, zum Arbeiter in der Fabrik der Erde:

»Denn ehe wir darüber entscheiden, dass irgend ein Theil von dem Einflusse des Menschen neu und abweichend ist, müssen wir sorgfältig alle die Kräfte und andern belebten Agentien betrachten, die von ihm beschränkt oder unwirksam gemacht werden. Manche von Denen, welche über diesen Gegenstand Betrachtungen angestellt, scheinen vergessen zu haben, dass es dem Menschengeschlecht oft gelingt, solche Functionen zu vollziehen, die früher von andern Gattungen vollzogen worden sind.«

Wir können nun die Texte de Beaumonts verwenden, um Lyells Position zum Prinzip der Arbeitsteilung zu verstehen: Seine geologische Theorie beschreibt die rationelle Organisation der Zeit, die in diesem Prinzip unterstellt ist, und schreibt eine ähnliche Zeit der Natur zu.
Warum diese Arbeitsteilung in der Geologie als Disziplin, in der Gesellschaft und in der Natur? Lyell und de Beaumont heben die Tatsache hervor, daß die sozialen und ökonomischen Umwälzungen der Epoche einen explosionsartigen Zuwachs an Information nach sich ziehen. Wenn wir die Geologie Lyells als Klassifikationssystem dieser Information betrachten, verstehen wir die Architektur seiner Zeitkonzeption besser. Statt die Geologie als Litanei unzähliger Einzelereignisse, gewissermaßen als ungeheures Epos anzusehen, schlägt Lyell vor, sie unter konsequenter Abstraktion als Systematisierung einer beschränkten Anzahl von Ereignistypen aufzufassen. Statt also einen bestimmten Berg als Zeichen einer massiven Hebung zu einem bestimmten Zeitpunkt der Vergangenheit zu begreifen, sieht er darin vielmehr ein typisches Beispiel einer Art von Veränderung, die gegenwärtig vonstatten geht. Es gibt keine privilegierten Momente. Seine Geologie erinnert an ein Buchführungssystem, das es erlaubt, riesige Datenmassen zu verwalten, indem sie in eine Art Aktenschrank eingeordnet werden, dessen einzelne Fächer den verschiedenen Ereignistypen entsprechen. Diese Interpretation macht es einleuchtender, warum Lyell mit größter Selbstverständlichkeit die Metapher der Statistiker gewählt hat – seine Geologie erfüllt in der Tat nur deren Aufgabe in abgewandelter Version. Sie macht es auch verständlich, wie sich soziale Umwälzungen auf großer Stufenleiter direkt in der Konzeption seiner Geologie niederschlagen konnten, nämlich vermittelt über die Organisation der entstehenden Disziplin (nach dem Prinzip der Arbeitsteilung) sowie über die Bewältigung der Informationsflut, von der sämtliche

Wissenschaften und Professionen überschwemmt wurden (einförmige Zeit).

Tatsächlich sind Lyells *Principles* nichts weiter als ein System der doppelten Buchführung: Die Summe der schöpferischen und zerstörerischen Kräfte (als Haben und Soll verbucht) ist immer gleich Null. In seinen bereits erwähnten vier Regeln zur Anordnung von Ländern und Meeren erweitert Lyell dieses Prinzip weit über die Grenzen der verfügbaren Beobachtungstatsachen hinaus. Im Grunde lauten diese Regeln: Das Verhältnis der Flächen von Land und Meer ist stets konstant; das Volumen der Landmasse oberhalb des Meeresspiegels ist konstant; die mittlere und die maximale Meerestiefe bleiben über alle Epochen hinweg dieselbe; und schließlich ist »die Gruppirung des Landes zu grossen Continenten [...] ein nothwendiger Theil von dem Haushalte der Natur«. Diese Regeln sind offenkundig absurd, wenn man sie nicht in den Rahmen von Lyells Buchhaltungsmethode stellt. Eine weitere Rechtfertigung findet unsere Interpretation in Lyells ständiger Bezugnahme auf die Ökonomie der Natur, auf den Plan der Natur. Außerdem hilft sie uns, das Rätsel zu entziffern, das seine Einschätzung der Idee einiger Philosophen, ein paar wenige Gesetze genügten, um »die endlose Verschiedenheit der Wirkungen« hervorzubringen, unserem Verständnis stellt: »Wir mögen nun mit dieser Doctrin übereinstimmen oder nicht, so müssen wir zugestehen, dass das stufenweise Fortschreiten der Meinungen über die Folge der Erscheinungen in entfernten Zeiten auf eine sonderbare Weise denen gleicht, welche die wachsende Intelligenz eines jeden Volkes von dem Haushalte der Natur in neuern Zeiten begleitet.« In der Metaphorik Lyells wird die »Ökonomie der Natur« allenfalls noch vom »Buch der Natur« übertroffen.

Lyell führt also das Prinzip der Arbeitsteilung in die Profession des Geologen sowie in die Ökonomie der Natur ein und konzipiert damit eine Zeit, die für beide jeweils charakteristisch ist. Betrachten wir nun abschließend, wie sich diese neue Zeit als gleichmäßige Zeit erweist, welche die gesellschaftliche Zeit der industriellen Revolution nachahmt. An diesem Punkt werden wir uns auf eine weitere Eigentümlichkeit der Texte de Beaumonts stützen, die uns dabei helfen kann, tiefer in die Konzeption der Zeit und des geologischen Wissens einzudringen, wie sie von Lyell in seinen *Principles* entworfen wurde: nämlich auf die enge

Beziehung zwischen Geologie und Astronomie. Lyell stand einer solchen Annäherung gewiß nicht ablehnend gegenüber, als er schrieb:

»Erst, nachdem Descartes die unendliche Ausdehnung der Himmelsräume angenommen und die supponirten Gränzen des Universums entfernt hatte, erlangten wir richtige Ansichten von den relativen Entfernungen der Himmelskörper. Ebenso werden wir, wenn wir uns nicht daran gewöhnen, die Möglichkeit anzunehmen, dass jede von den neuern Perioden in der Erdgeschichte eine unendliche Reihe von Jahrhunderten in sich begreift, in die Gefahr gerathen, sehr irrige und einseitige Ansichten von der Geologie zu bilden.«

Es besteht jedoch noch eine tiefere Verbindung, die ich nun hervorheben möchte. Sehen wir uns zunächst einen anderen Text de Beaumonts an, diesmal aus unvollständigen Notizen für einen am 20. Dezember 1832 gehaltenen Vortrag:

»Raum ohne Grenzen [...] Zeit ohne Grenzen. Astronomische Perioden [...] periodische Schwankungen um einen mittleren Zustand. Die Schönheit dieses Resultats ist ein erster Grund dafür, zu glauben, daß es keine bloße Abstraktion sei und daß es in der Natur eine *tatsächliche Verwirklichung* gefunden habe. *Jedoch* hinterlassen die Himmelskörper im Raum keine Spur ihres Durchgangs [...] Sonnensystem, eine Uhr [...] Dabei handelt es sich nicht um eine Uhr, welche die Fabel als Sinnbild der Dauer in die *curia* der Zeit gestellt hätte. Eine Art *Sanduhr*. Diese *Sanduhr* ist die Oberfläche unseres Globus, und die Gelehrten, die sich mit ihrem Gang befassen, heißen nicht *Astronomen*, sondern *Geologen.*«

Ebenso wie die Astronomen das Sonnensystem auf eine Uhr zurückgeführt haben, sind die Geologen dabei, die Erde auf eine Sanduhr zu reduzieren. Und betrachten wir die Struktur der Zeit nach Lyell, so finden wir, daß er genau dies tut: Jedes physikalische Ereignis geschieht mit dem Ebenmaß und der Ruhe der Bewegungen einer Uhr; letztlich handelt es sich nur darum, geeignete Perioden zu bestimmen. Dennoch erkennt er an, daß das System eine Schwierigkeit aufweist: »Es ist klar, dass, wenn, wie wir angenommen haben, die Einwirkung unorganischer Ursachen gleichförmig ist, sie sehr unregelmässig auf den Zustand der organischen Wesen wirken müsse, so dass das Verhältniss, nach dem sich diese in besondern Gegenden verändern werden, in nicht gleichen Zeitperioden gleich seyn wird«; doch der Gegenangriff läßt nicht auf sich war-

Fabrik von Trois-Fontaines. Das Abbimsen von Leder. *Mit der industriellen Revolution ist eine neue soziale Zeit entstanden. Der Kreislauf der Jahreszeiten verliert sich in der Einförmigkeit der Fabrik. Repetitive und mechanische Tätigkeiten treten an die Stelle des heroischen Tuns des Bauern. Liegt hier die Inspiration für Lyells Konzeption der geologischen Zeit?*
Mitte des neunzehnten Jahrhunderts. Bibliothèque des Arts décoratifs, Paris

ten: »[...] zweifeln wir nicht, dass, wenn wir sehr bedeutende Perioden von gleicher Dauer betrachten und miteinander vergleichen könnten, das Verhältniss der Veränderungen, sowohl in der organischen als unorganischen Welt, fast gleich seyn würde«.

Mit der bewundernswürdigen Präzision eines Uhrwerks bewegt sich das Sonnensystem; doch auch die Industrie wird von der Uhr beherrscht. Die Geologie Lyells verbindet beide, indem sie die Erde selbst in eine Uhr verwandelt, deren regelmäßiges und zuverlässiges Ticken vernehmbar wird, sofern man nur ihr Laufwerk versteht. Von hier aus läßt sich nun die Verknüpfung zwischen geologischer Zeit und menschlicher Zeit interpretieren, so wie Lyell sie darstellt. Es mag sein, daß sich die Menschheit und die Geologie in der Vergangenheit unverbunden entwickelt haben; doch mit dem Aufkommen der Industriegesellschaft (der natürlichen Form ihrer Verbindung, insofern sie dem Takt der Uhr folgt) haben sich beide der industriellen Zeit angenähert, wie sie für Lyells Konzeption der Geologie eigentümlich ist. Überdies sind zwei grundlegende Methoden der industriellen Produktion, nämlich die Arbeitsteilung und die Parzellierung der Zeit in gleiche Einheiten, wesentliches Element der Zeit, die Lyell für seine neue Disziplin konzipiert hatte. Schließlich haben wir gesehen, daß sich diese Verwendung industrieller Produktionstechniken daraus erklärt, daß sie Lyell am geeignetsten für die fruchtbare Ausübung der Disziplin erschienen, die er begründen wollte.

Die Zeit und die Industrie

Die Uhrenindustrie stand an der Spitze der industriellen Revolution. Ebenso wie andere Autoren nahm Babbage, ein Freund Lyells, an, das Prinzip der Arbeitsteilung sei in einer Uhrenfabrik entstanden; diese Industrie benötige maschinelle Werkzeuge von höchster Präzision und sei deshalb »auf der Höhe der Zeit« geblieben. Babbage beschrieb die Maschine als »Zeitregulator«, im Gegensatz zur »Unaufmerksamkeit, Untätigkeit oder Betrügerei der menschlichen Bediensteten« sowie zu dem »unregelmäßigen und schwankenden Kraftaufwand der Tiere oder der Naturkräfte«. In einem maßlos verherrlichenden Werk bemerkte Claude-Lucien Bergery: »Der Arbeiter muß also mit seiner Zeit geizen; [...] er kann kaum mehr als 30 Jahre oder 262 800 Stunden für die Bildung der Einkünfte aufwenden, deren er für sein Alter bedarf«; »jede verlorene Minute bringt ihn um etwa drei Tausendstel Francs«; »[...] jeder Mensch vermag wenigstens 5 Bewegungen pro Sekunde auszuführen; da nun ein zehnstündiger Arbeitstag 36 000 Sekunden hat, erlaubt er demnach 180 000 Bewegungen« (*Économie industrielle*, 1829).
Der Arbeitstag in der Fabrik folgte dem Takt der Uhren, von den Stechuhren, die die Arbeitszeit der Arbeiter aufzeichneten, bis zu den Geschwindigkeitsmessern, die für den Gleichlauf der Maschinen sorgten (und die Bewegungen der Arbeiter ungleichmäßig erscheinen ließen). Zwischen 1800 und 1820 produzierte England mindestens 100 000 Uhren jährlich. Wenn Lyell also betont, wie wichtig die Einteilung der Erdgeschichte in gleiche Perioden sei, spiegelt sich darin nur eine grundlegende Obsession der entstehenden industriellen Welt.

Zunächst scheint es unbestreitbar, daß wir uns von dem anfänglichen Bild des heroischen Gelehrten, der den Ursprüngen der Erde nachgeht, weit entfernt haben. Wären wir bei diesem kanonischen Forschungsergebnis stehengeblieben, hätten wir das Werk Lyells weder in den Kontext der industriellen Revolution stellen noch seine Verbindungen mit der Welle der Romantik erkennen können, die damals über Europa wogte. Seine Grundauffassung von der Natur der Zeit, sein Beharren auf der Existenz von Perioden gleicher Dauer in den Mechanismen der Industrie, des Sonnensystems und der Erde und sein Glaube an die blitzartige Epiphanie eines umfassenden Verständnisses der Zeit wären uns entgangen. Dieses Ergebnis müßte sich verallgemeinern lassen: Nur indem wir uns in die Werke wissenschaftlicher Autoren versenken, werden wir imstande sein, die Spuren der sozialen Realität wiederzufinden, in die ihre Arbeiten eingeschlossen sind. Sonst laufen wir Gefahr, auf das Niveau jener Geschichten zurückzufallen, die sich die Wissenschaftler so oft erzählen (und die ihnen die Historiker so oft erzählen), über Ideen, die in der Luft liegen und unberührt von Generation zu Generation weitergegeben werden, während sich um sie herum sonst alles verändert. So liegt die deutlichste Verbindung zwischen Lyell und der industriellen Revolution in der Idee der fortschreitenden Veränderung der Gesellschaft; wenn wir danach gesucht hätten, so hätten wir sie nicht gefunden und den Schluß gezogen, daß seine Arbeiten keine soziale Basis haben.

In anderer Hinsicht jedoch haben wir uns nicht weit genug von unserem Gründungsmythos entfernt, dem zufolge Lyell mit seiner Neubestimmung der geologischen Zeit die Priester aus dem Tempel der Wissenschaft verjagt habe. In der Tat hat Lyell zwei Arten religiöser Zeitbegriffe aus der Geologie ausgeschlossen. Der erste fällt mit der heidnischen Vorstellung einer Zeit großer Heroen zusammen, die das Gebiet der Geologie wie Kolosse ausfüllen, oder großer geologischer Ereignisse – Erdbeben, Überschwemmungen, Stürme –, hinter denen die winzigen und stillen Variationen über das Thema der Ruhe verschwinden, die für die heutige Epoche charakteristisch sind. Zweitens bestreitet Lyell dem christlichen Autor des »Buchs der Natur« das Recht, sein Werk zu interpretieren; vielmehr ist es der vom Geologen – von dem neuen Priester der Natur – erlebte Moment der Schöpfung, der die endgültige und richtige Deutung jenes unvollkommenen Buches bildet. Wenn Gott der einzige war, der außerhalb von Zeit und Raum existieren und das Ganze der Schöpfung überwachen konnte, so hat ihn nun der Geologe eingeholt und verdrängt. Der Gründungsmythos stellt also nur das Kürzel einer viel komplexeren Wirklichkeit dar, in der sich die Wissenschaft, ihren säkularen Behauptungen zum Trotz, als neue Religion der Moderne etabliert.

All dies scheint unserem Helden, Charles Lyell, enorme Macht beizulegen. Ohne besondere Hilfe, einzig kraft seines geistigen Scharfsinns, ist es ihm gelungen, die Trennung von Kirche und Staat zu vollziehen, um den Beruf des Geologen zu begründen. Natürlich ist diese Sicht der Dinge völlig unwahrscheinlich. Wie ich zu zeigen versucht habe, verläuft die historische Kausalität in diesem Falle nicht von einem souveränen Intellekt, vermittelt über Ideen, zur Gesellschaft, sondern von der Gesellschaft, vermittelt über die tägliche Ausübung des Berufs des Geologen, zum Intellekt. Die Arbeitsteilung und die Organisation der Zeit stellten in den Fabriken wie in der Geologie genau dasselbe Problem. Mit der Schaffung der Profession des Geologen nach dem Vorbild des Aufsehers im Fabriksaal eines aufstrebenden Unternehmens führte Lyell in die Wissenschaft der Erdgeschichte dieselbe Zeit ein, die andere in die Industriegesellschaft einführten. Die Metaphern, die Lyell verwandte, und die Verbindungslinien, die de Beaumont zog, haben also nichts Überraschendes: Beide verstanden mehr von Geschichte als ein Fachhistoriker, der behauptet, die einzige Leistung Lyells sei es gewesen, die Erde älter zu machen.

JEAN-MARC DROUIN

MENDEL: MIT BLICK ZUM GARTEN

Die erbauliche Geschichte eines mährischen Mönches, der die Biologie revolutioniert und die Genetik begründet, indem er im Klostergarten Erbsen kreuzt, ist in unserem Jahrhundert immer wieder gern erzählt worden. Sie droht freilich zu verdecken, was Mendel mit den anderen Hybridzüchtern des neunzehnten Jahrhunderts verbindet

Die Geschichte ist bekannt: Bei der Veröffentlichung seiner Arbeiten über die Vererbung bei den Pflanzen im Jahre 1900 erwähnt der Holländer Hugo de Vries (1848-1935), daß die von ihm entdeckten Gesetze bereits fünfunddreißig Jahre zuvor von einem Mönch aus Brünn (heute Brno) namens Gregor Mendel formuliert worden seien. Im selben Jahr publizieren zwei andere Botaniker, Carl Erich Correns (1864-1933) und Erich von Tschermak (1871-1962) – der eine aus Tübingen, der andere aus Wien –, ähnliche Resultate. Alle erkennen die Priorität des mährischen Mönchs an, betonen jedoch, unabhängig voneinander zu denselben Schlußfolgerungen gelangt zu sein. Die Abhandlung Mendels, 1865 dem Naturforschenden Verein in Brünn vorgetragen, erhält daraufhin ihren Platz im Pantheon der Wissenschaftsgeschichte, und ihr Verfasser wird zum Musterfall eines verkannten Genies.

Nachdem man dieses erbauliche Bild mit ein paar Nuancen viele Jahre für authentisch gehalten hat, wird es heute von mehreren Seiten her in Zweifel gezogen. Untersuchungen verschiedener Art haben zu dieser Entwicklung beigetragen. Zunächst hat eine Nachzählung der Zitatverweise auf die Arbeiten Mendels zwischen 1865 und 1900 ergeben, daß seine Arbeiten im neunzehnten Jahrhundert keineswegs völlig im dunkeln geblieben waren. Eine Gegenüberstellung mit anderen Autoren, die sich mit Hybridisation beziehungsweise Selektion beschäftigten, bot sodann die Möglichkeit, die Fragen, die Mendel sich stellen konnte,

Porträt Mendels von Alois Zenker, 1884. Mährisches Museum, Brünn

deutlicher von denen zu unterscheiden, die bei ihm impliziert sind, sich aber erst von der heutigen Genetik aus stellen lassen. Schließlich hat eine Feinanalyse der Texte und Positionen der »Wiederentdecker« zu einer Neuinterpretation der famosen Wiederentdeckung beigetragen. Vor allem Brannigan hat gezeigt, wie die Bezugnahme auf die Arbeiten Mendels erst im letzten Moment in die Veröffentlichung von Hugo de Vries eingefügt worden ist, wahrscheinlich um einen Prioritätsstreit mit Carl Correns und Erich von Tschermak zu vermeiden: Keiner der drei Autoren konnte sich, ohne die beiden anderen zu verdrießen, die Urheberschaft einer Entdeckung zusprechen, die sie gleichzeitig und unabhängig voneinander gemacht hatten; da war es besser, sich auf die Priorität eines toten und vermeintlich obskuren Gelehrten zu einigen.

Kann man nach alledem die Mendelsche Abhandlung überhaupt noch als Gründungsurkunde darstellen und annehmen, er sei von seinen Zeitgenossen unbemerkt geblieben, weil seine Gedanken allzu eigentümlich gewesen seien? Muß man nicht vielmehr in jener Abhandlung einen Artikel unter anderen sehen, der sich von vergleichbaren Arbeiten über Hybridation in nichts unterschied, bis ihn die ersten Genetiker – zu Beginn des zwanzigsten Jahrhunderts – nach ihrer Fasson umdeuteten und etwas mißbräuchlich zum Ursprung ihrer Disziplin erklärten?

Vielleicht wäre es weniger schwierig, auf diese Fragen zu antworten, wenn man den Mendelschen Text mit den technischen Problemen in Verbindung brächte, die ihm in den Augen seiner Zeitgenossen erst seinen eigentlichen Sinn verleihen. Die heutigen Entwicklungen der Biotechnologie sollten uns nicht die grundlegende Transformation vergessen lassen, die Landwirtschaft und Gartenbau im achtzehnten und neunzehnten Jahrhundert erfahren haben. Mendel läßt sich als einer der Protagonisten dieser Geschichte betrachten, da die von ihm formulierten Gesetze ihre kanonische Illustration in den Selektions- und Hybridisationsverfahren finden, die von den Tier- und Samenzüchtern verwandt wurden. Kann man insoweit sagen, daß diese Verfahren die *praktische Anwendung* der Mendelschen Gesetze waren? Sollte man eher jener scherzhaften Bemerkung Batesons glauben, der auf der Vierten Internationalen Konferenz für Genetik 1911 in Paris erklärte, daß auf diesem Gebiet der Mann der Wissenschaft »vom Praktiker neue Ideen erhält«, die er dann verdaut? Das Werk

Mendels ist einer der Knoten, in denen die Geschichte der Agronomie mit der Geschichte der Biologie zusammentrifft. Diese Feststellung mag uns als Leitfaden dienen.

Biographische Skizze

Sinnbildlich für diese Begegnung gehört die Kindheit Johann Mendels der Geschichte ebenso wie der Legende an. Er wird 1822 in einem Ort namens Heinzendorf (heute Hynčice) in Nordmähren geboren, das damals österreichische Provinz war. Sein Onkel war Schulmeister gewesen; seine Mutter entstammte einer Gärtnerfamilie aus einem Nachbardorf, sein Vater hatte als Soldat in den Napoleonischen Kriegen gekämpft. Die Eltern Mendels bewirtschafteten einen kleinen eigenen Hof. Damals waren die Bauern noch gezwungen, drei Tage in der Woche dem Grundeigentümer Frondienst (»Robot«) zu leisten. Der Vater Mendels besaß einen Obstgarten, den er sachkundig pflegte, ermutigt vom Gemeindepfarrer J. Schreiber. Dieser war, ebenso wie der Dorfschullehrer, Thomas Makitta, darum bemüht, naturkundliches Wissen zu fördern und die Techniken zur Obstbaumveredelung unter den Bauern zu verbreiten. Vom väterlichen Beispiel angeleitet und vom Unterricht des Lehrers und des Pfarrers bestärkt, hatte sich Mendel sehr wahrscheinlich von Kindesbeinen an gründliche Kenntnisse im Gartenbau erworben; das heißt nicht nur praktische Begriffe der Botanik, sondern auch den Blick und die geschickten Handgriffe, die es dem Gärtner ermöglichen, die Pflanzen zu überlisten.

Auf die Verbindung zwischen der bäuerlichen Herkunft Mendels und seinen späteren Beschäftigungen – Hybridisation, Imkerei und Meteorologie – wurde schon oft hingewiesen. Sie erscheint jedoch in neuem Licht, wenn man sie, wie es neuere Studien tun, mit den Fortschritten der landwirtschaftlichen Techniken in Mähren zu Beginn des neunzehnten Jahrhunderts in Zusammenhang bringt.

Mehrere Namen sind mit dieser sowohl intellektuellen wie wirtschaftlichen Entwicklung verknüpft. Unter den am häufigsten angeführten findet man den eines Züchters, Ferdinand Geissler (1751-1824), der eine Abhandlung über die wissenschaftlichen Methoden der Schafzucht verfaßt hatte. Diese aus England stammenden Methoden beruhten auf der systematischen Aufzeichnung der Eigenschaften der Tiere und der Aufstellung präziser und vollständiger Genealogien. Ihre Erfolge belegen die Rolle der Vererbung von Eigenschaften. Wirtschaftlich hatte diese sorgfältig kontrollierte Reproduktion beträchtliche Folgen: Es wird berichtet, daß 1810 in Brünn der Marktwert eines Schafbocks mit Stammbaum das Hundertfache des Wertes eines gewöhnlichen Schafbocks betrug.

Und noch ein anderer Name kehrt häufig wieder: der des Naturforschers Christian-Carl André (1763-1831), der als Berater in den Diensten des Grafen Salm (1776-1861) stand. Der Graf, ein Förderer der Textilindustrie in Brünn, war Vorsitzender der »Mährisch-schlesischen Gesellschaft zur Beförderung des Ackerbaus, der Natur- und Landeskunde«, deren Sekretär André war. Der Pomologenverein[1], ein Ableger der Ackerbaugesellschaft, widmete sich vor allem der künstlichen Befruchtung von Obstbäumen und befürwortete die Gründung von Baumschulen. Eine davon wurde daraufhin im Augustinerkloster von Brünn eingerichtet, dessen Abt, Franz Cyril Napp (1792-1867), zu den Mitgliedern des Pomologenvereins zählte und später dessen Vorsitzender wurde. Napp faßte das Problem der Vererbung von Merkmalen in den beiden Fragen zusammen: »Was wird übertragen, und wie wird es übertragen?« Um sie zu beantworten, hob er übrigens die Notwendigkeit experimenteller Untersuchungen hervor. Damit sprach er vermutlich den Wunsch nach einer gewissen Unabhängigkeit der Grundlagenforschung von den technischen Praktiken aus. Tatsächlich scheinen die Grundbesitzer für die mährischen Naturalisten wirkungsvolle, wenngleich etwas übermächtige Verbündete gewesen zu sein. Diese Spannungen sollten 1861 zur Gründung eines Naturforschenden Vereins führen, der von der Ackerbaugesellschaft unabhängig war.

[1] *Pomologie*: Lehre von den Obstsorten und vom Obstbau, insbesondere des Kernobsts.

Mendel als Mönch, Student und Lehrer

Nach dem Vorbild ihres Abts zeigten sich die Augustiner[2] von Brünn sehr an Ackerbau- und Naturkunde interessiert und verwandten einen großen Teil ihrer Zeit auf den Unterricht. Einige Mönche beschäftigten sich auch mit Philosophie, einer von ihnen wurde sogar des Pantheismus verdächtigt. Diese geistige Regsamkeit wurde nicht überall geschätzt. In dem reaktionären Klima, das auf die Ereignisse von 1848 folgte, versuchte der Bischof von Brünn die Gleichschaltung oder aber die Auflösung dieser Gemeinschaft zu erreichen. Napp verteidigte die besondere Beru-

[2] Was ist ein *Augustiner*? Der Augustinerorden wurde 1256 von Alexander IV. gegründet. Seine Mitglieder sind nach der Ordensregel nicht zur Klausur verpflichtet. Man könnte den Orden, der von den Schriften des heiligen Augustinus (354-430) inspiriert wurde, mit den Franziskanern oder Dominikanern vergleichen. Unter den bedeutenden Theologen des Ordens ist Aegidius von Rom (um 1245 bis 1316) zu nennen, ein Aristoteles-Kommentator und Schüler Thomas' von Aquin [sowie Martin Luther! *Anmerkung des Übersetzers*]. Die Augustiner von Brünn fühlten sich der Berufung des Ordens zu intellektueller Tätigkeit besonders verpflichtet, da sie nach einem kaiserlichen Dekret von 1802 in den Bildungsanstalten der Gegend in einem gewissem Umfang zu Lehrtätigkeit verpflichtet waren.

fung seines Klosters, und der Kardinal von Prag weigerte sich schließlich, den Empfehlungen des Bischofs nachzukommen. In der Tat wären die Querelen der Hierarchie mit dieser Klostergemeinschaft in Vergessenheit geraten, hätte nicht zu ihren Mitgliedern Johann Mendel gehört, der den Ordensnamen Gregor erhielt, als er 1843 als Novize aufgenommen wurde. Manchmal wird die Frage gestellt, welche innere Einstellung Mendel zur Religion wirklich hatte. Doch nichts rechtfertigt Zweifel an der Aufrichtigkeit seines christlichen Glaubensbekenntnisses, das er freilich niemals in seine wissenschaftliche Arbeit einfließen ließ. Keine Spur der damals so verbreiteten »natürlichen Theologie« ist in seinen Texten zu finden. Daß er seinem Orden und seinem Kloster, denen er so viel verdankte, zugeneigt war, duldet im übrigen keinerlei Zweifel. Pfarrer Schreiber hatte die Eltern Mendels gedrängt, ihn seine Ausbildung fortsetzen zu lassen. Doch trotz der Anstrengungen seiner Familie – seine damals zwölfjährige Schwester verzichtete sogar zu seinen Gunsten auf ihr Erbteil – hätte Mendel, von den Entbehrungen erschöpft, nach dem zweiten Studienjahr am Philosophischen Institut der Universität Olmütz aufgeben müssen, hätte sich nicht ein Lehrer eingeschaltet, der ihm den Eintritt als Novize in das Augustinerkloster in Brünn ermöglichte. Dort studierte Mendel Theologie und Naturwissenschaften. Er unterrichtete an einer Oberrealschule und als Hilfslehrer (»Supplent«) an einem Gymnasium.

Von 1851 bis 1853 wurde er auf die Universität Wien geschickt, um seine Ausbildung abzuschließen. Die Anforderungen für das Gymnasial-Lehramt – und vielleicht auch seine intellektuellen Vorlieben – veranlaßten ihn, Kenntnisse in Physik und Mathematik ebenso wie auf dem Gebiet der Naturgeschichte zu sammeln. An der Wiener Universität belegte er insbesondere eine Vorlesung, in welcher der Physiker Christian Doppler (1803-1853) eine kleine Gruppe von Studenten mit den Techniken der Experimentalphysik und der Durchführung von Versuchen vertraut machte. Aus nicht ganz geklärten Gründen versagte Mendel zweimal (1850 und 1856) im Staatsexamen für das Lehramt an Gymnasien. Da er wegen seiner pädagogischen Fähigkeiten sehr geschätzt war, konnte er jedoch seinen Unterricht als Hilfslehrer wiederaufnehmen.

Ein einsamer Forscher?

Mendel begann also seine Experimente mit der Kreuzung von Erbsen mit einer soliden wissenschaftlichen Ausbildung – zumal auf methodologischer Ebene. Wollte man ihn als Amateur bezeichnen, so müßte man präzisieren, was mit diesem Ausdruck gemeint sein soll. Versteht man darunter jemanden, der nicht als Forscher, Dozent oder in leitender Position an einer Universität oder einer vergleichbaren Einrichtung tätig ist, so paßt der Begriff auf ihn, ebenso wie auf Darwin. Definiert man den Amateur jedoch als jemanden, der für das betreffende Gebiet keine universitäre Ausbildung erhalten hat, so fällt Mendel nicht unter diese Kategorie. Man kann ihn als »Privatgelehrten«, aber nicht als »Autodidakten« bezeichnen. Immerhin verfügte er in seinem Kloster über einen Versuchsgarten, über Hilfen bei der Pflege seiner Kulturen – ganz abgesehen von der Bibliothek und dem Austausch mit naturkundlich interessierten Mitbrüdern –, also über eine Ausstattung, um die ihn mancher Universitätsprofessor beneidet hätte.

Übrigens ist der Naturforschende Verein in Brünn, der aus der Ackerbaugesellschaft hervorgegangen war und dem er das Ergebnis seiner Forschungen vortrug, ein gutes Beispiel für die örtlichen und regionalen gelehrten Gesellschaften, die im neunzehnten Jahrhundert in Europa blühten und die eine recht bedeutende Rolle innehatten: Einerseits ermöglichten sie Begegnungen zwischen Universitätsprofessoren und Amateuren sowie zwischen Fachleuten verschiedener Disziplinen; andererseits boten sie Publikationsmöglichkeiten und waren einer der Wege zur Verbreitung von Theorien und Forschungsprogrammen. Es ist also nichts Verwunderliches daran, wenn die Abhandlung Mendels über die Hybridisation in den *Verhandlungen des naturforschenden Vereines in Brünn* publiziert wurde. Gewiß hätte die Veröffentlichung in einer bekannteren Zeitschrift oder in Buchform eine weitere Verbreitung erlaubt. Dennoch ist Mendels Artikel nicht in Vergessenheit geraten. Zwischen 1865 und 1900 wurde er ein dutzendmal zitiert, was für einen bescheidenen, aber aufmerksamen Leserkreis zeugt. Daß er als einer unter vielen Züchtern von Pflanzenhybriden angeführt wurde, ist ein anderes Problem...

In unserer Kenntnis seiner späteren Jahre, ebenso wie seiner Kindheit, vermengen sich Geschichte und Legende. Mendel tritt in Korrespondenz mit dem Botaniker Carl Nägeli (1817-1891). Zwischen dem Mönch und dem Uni-

versitätslehrer scheint eine Freundschaft entstanden zu sein, doch ihre Beschäftigungen liegen zu weit auseinander, und Nägeli verkennt das Interesse, das die Arbeiten Mendels verdienen; er ermutigt ihn zu Bastardzüchtungen mit einer wildwachsenden Blume (*Hieracium*, Habichtskraut); die Ergebnisse sind schwer zu beurteilen, da sich diese Pflanze durch Parthenogenese fortpflanzt, was Mendel und seine Zeitgenossen nicht wußten. Mendel übt sich in Meteorologie und Imkerei. Schließlich und vor allem wird er 1868 zum Abt seines Klosters gewählt. Diese wichtige Aufgabe gestattet es ihm, seine Familie finanziell zu unterstützen, bürdet ihm jedoch Zwänge auf, die ihm nicht mehr genügend Muße für seine Forschungen lassen. Er sieht sich in einen hoffnungslosen Kampf gegen den Staat verwickelt, bei dem es um die Besteuerung der kirchlichen Orden (»Religionsfondsgesetz«) geht. Gegen seine liberalen politischen Freunde gewandt, reibt er sich darin auf, eine Vermögensabgabe zu verweigern, die er für zu hoch erachtet. Er stirbt im Januar 1884 mit einundsechzig Jahren.

Im Grunde haben die Historiker keinen Deut verändert an dem traditionellen Bild eines kleinen Bauern, der gezwungen ist, in einen Orden einzutreten, um sein Studium fortführen zu können, eines Mönchs, der in einer Provinzschule die Anfangsgründe der Wissenschaften unterrichtet und dabei über Jahre hinweg geduldig an der Kreuzung

Weit davon entfernt, ein zurückgezogenes Leben hinter Klostermauern zu verbringen, hatte Mendel mehrfach Gelegenheit zu Auslandsreisen. Diese Photographie von 1862 zeigt ihn in Paris, inmitten einer Gruppe von Touristen, auf dem Wege zur Londoner Industrieausstellung (dritte Reihe stehend, hinter der Person mit verschränkten Armen in der Bildmitte). Ebenso nahm er an der »Wanderversammlung Deutscher Bienenwirte« 1865 in Brünn und 1871 in Kiel teil, wo er Gelegenheit hatte, Johann Dzierzon (1811-1906) kennenzulernen, einen schlesischen Pfarrer, dessen Entdeckungen über die Fortpflanzungsweise der Bienen (»Dzierzonsche Regel«) noch heute zitiert werden.
Mährisches Museum, Brünn

von botanischen Arten arbeitet, schließlich eines Abts, der von der Bürde seines Amtes so sehr verschlissen wird, daß er sogar seine geliebten Experimente vernachlässigt. Das einzige, was die Historiker diesen reizend naiven Bildern – ähnlich denen, die Mendel an der Decke des Kapitelsaals des Klosters ausführen ließ – hinzugefügt haben, sind einige nicht minder faszinierende Photographien: eine aufblühende ländliche Region, Agronomen und Züchter, die mit Problemen der Vererbung befaßt sind, ein zeitweiliger Aufenthalt an der Universität Wien, eine Klostergemeinschaft, die sich intellektuellen Beschäftigungen widmet, Auseinandersetzungen zwischen Liberalen und Konservativen sowie rührige gelehrte Gesellschaften. Unter all diesen Elementen, die sich überlappen und verzahnen, kehren Landwirtschaft und Gartenbau immer wieder. Freilich haben damals auch viele andere Autoren den Gartenbau mit der biologischen Forschung verknüpft.

Warum also nimmt das Werk Mendels eine einzigartige Stellung ein? Wegen seiner Wiederentdeckung? Gewiß, aber was bot dieses Werk seinen Wiederentdeckern, was machte es wiederverwendbar?

Die Abhandlungen Mendels über Hybridation

Folgt man den Historikern V. Kruta und Vitezlav Orel, so besteht das Werk Mendels aus dreizehn Artikeln, dem Briefwechsel und etwa zwanzig kleineren Texten. Von den dreizehn Artikeln befassen sich neun mit Meteorologie, zwei mit Schädlingen und schließlich zwei mit Hybridisation. Nur auf die beiden zuletzt genannten Abhandlungen wird im allgemeinen Bezug genommen. Die erste, unter dem Titel »Versuche über Pflanzen-Hybriden« 1866 publiziert, ist die Ausarbeitung des Vortrags, den Mendel auf zwei Sitzungen des *Naturforschenden Vereins* am 8. Februar und am 8. März 1865 in Brünn gehalten hatte. Die zweite Abhandlung »Über einige aus künstlicher Befruchtung gewonnene *Hieracium*-Bastarde«, die er auf der Sitzung vom 9. Juni 1869 vorgelegt hatte, wird 1870 in Brünn veröffentlicht.

Die »Einleitenden Bemerkungen« der Abhandlung von 1865

Seit sie gegen Ende des achtzehnten Jahrhunderts in Europa eingeführt wurde, hat die Fuchsie viele Blumenliebhaber und Gärtner bezaubert, die durch Zuchtwahl und

Gartenbau und Botanik

»Gartenbau und Botanik sind heute durch sehr enge Bande vereint; so innig hängen sie zusammen, so notwendig bieten sie einander Halt, daß man sie eher für zwei Glieder ein und desselben Wissenskörpers als für zwei verschiedene Wissenschaften halten könnte. Der Unterschied, der zwischen ihnen besteht, ist in Wirklichkeit nur derjenige zwischen Praxis und Theorie. Entdeckt ein Botaniker eine neue Tatsache der pflanzlichen Physiologie: sogleich bemächtigt sich ihrer der Gartenbau und vergilt der Wissenschaft alsbald Gleiches mit Gleichem, sei es, indem er die eben erlangte Wahrheit mit geistreichen Experimenten bestätigt, sei es, indem er den Gelehrten auf den Weg neuer Entdeckungen geleitet. Die nämliche Wechselbeziehung findet sich, wenn es darum geht, auf dem weiten Feld der Natur Eroberungen zu machen: die Erfolge der einen nutzen der anderen, denn die Gärtnerei hat, ebenso wie die Botanik, ihre unerschrockenen und ergebenen Sammler. Schließlich kontrolliert der Gartenbau oft auch die Entscheidungen der Wissenschaft in der so verwirrenden Frage der Arten, eine Frage, welche die Botanik, auf ihre eigenen Mittel zurückgeworfen, nicht immer zu lösen vermag.«
Charles Naudin, *Revue horticole* (1852)

Kreuzung die zahlreichen Formen gewonnen haben, die man heute bewundern kann. Gregor Mendel, Mitglied der Sektion Gartenbau der Ackerbaugesellschaft, teilte diese Begeisterung. Die Blume, die er auf einer Photographie von 1860 in der Hand hält, ist eine Fuchsie. Ein Kunstgärtner aus Brünn widmete ihm eine neue Varietät als Dank für die Mühe, die ihm Mendel zuteil werden ließ. Die Fuchsie ist übrigens nicht die einzige Zierpflanze, für die sich Mendel interessiert hat. Es erstaunt also nicht, wenn er seinen Vortrag mit einem Verweis auf die Blumenzucht eröffnet: »Künstliche Befruchtungen, welche an Zierpflanzen desshalb vorgenommen werden, um neue Farben-Varianten zu erzielen, waren die Veranlassung zu den Versuchen, die h[i]er besprochen werden sollen.« Gleichzeitig unterstreicht Mendel das Ausmaß und die theoretische Tragweite, die er seiner Arbeit beilegen möchte: »Die auffallende Regelmässigkeit, mit welcher dieselben Hybridformen[3] immer wiederkehrten, so oft die Befruchtung zwischen gleichen Arten geschah, gab die Anregung zu weiteren Experimenten, deren Aufgabe es war, die Entwicklung der Hybriden in ihren Nachkommen zu verfolgen.«

[3] *Hybriden* (lat. *ibrida* oder *hybrida*): das *Dictionnaire des sciences naturelles* von Levrault (1821) gibt als Herkunft »das griechische Wort *hybris*, Genitiv *hybrios*« an, »das häufig im Sinne von Beschimpfung, Kränkung, Ehebruch genommen wird«, so als könne die ›Vermischung der Arten‹ oder ›Bastardierung‹ nur einem gewaltsamen Eingriff in die natürliche Ordnung der Dinge entspringen. Das *Dictionnaire étymologique de la langue latine* von A. Ernout und A. Meillet (1939) bestätigt diese Herleitung nicht, vermutet jedoch, daß die Schreibung *hybrida* »unter dem Einfluß einer vermeintlichen Verwandtschaft des Wortes mit griech. *hybris*« zustande gekommen ist. – Im Französischen wird der Ausdruck *métis* (›Mischling‹, ›Bastard‹, von lat. *mixtus*) im Prinzip für die Kreuzung zweier Varietäten benutzt und der Terminus *hybride* der Kreuzung zweier Arten vorbehalten. Je nach Epoche und Autor schwanken die Bezeichnungen jedoch beträchtlich.

Deckengemälde, die Mendel im großen Kapitelsaal des Augustinerstifts in Brünn ausführen ließ. Das linke beschwört die Erinnerung an seine Jugend und vielleicht an die Gestalt des Pfarrers seiner Heimatgemeinde; in der Mitte erinnern die beiden Bienenstöcke an Mendels Interesse für die Imkerei; rechts die Legende des hl. Isidor.
Die Photographien wurden 1940 aufgenommen.

Mendel verneigt sich daraufhin vor den »sorgfältige[n] Beobachter[n], wie Kölreuter, Gärtner, Herbert, Lecoq und Wichura u. a.«, die der Untersuchung dieser Fragen »einen Theil ihres Lebens mit unermüdlicher Ausdauer geopfert« haben. Diese Ehrung seiner Vorgänger geht mit einer kritischen Bilanz einher, die zugleich ein Forschungsprogramm ankündigt:

> »Wer die Arbeiten auf diesem Gebiete überblickt, wird zu der Ueberzeugung gelangen, dass unter den zahlreichen Versuchen keiner in dem Umfange und in der Weise durchgeführt ist, dass es möglich wäre, die Anzahl der verschiedenen Formen zu bestimmen, unter welchen die Nachkommen der Hybriden auftreten, dass man diese Formen mit Sicherheit in den einzelnen Generationen ordnen und die gegenseitigen numerischen Verhältnisse feststellen könnte. Es gehört allerdings einiger Muth dazu, sich einer so weit reichenden Aufgabe zu unterziehen; indessen scheint es der einzig richtige Weg zu sein, auf dem endlich die Lösung einer Frage erreicht werden kann, welche für die Entwicklungs-Geschichte der organischen Formen von nicht zu unterschätzender Bedeutung ist.«

Mendel präzisiert daraufhin, daß seine Abhandlung »die Probe eines solchen Detail-Versuches [...] auf eine kleine Pflanzengruppe beschränkt« behandelt. Dieser Versuch »ist nun nach Verlauf von acht Jahren »im Wesentlichen abgeschlossen«.

Hybridisation und Evolution

Das überraschendste in dieser Einleitung ist für uns heute der sibyllinische Hinweis auf die *Evolution*. Man könnte zu bedenken geben, daß der von Mendel verwendete Begriff »Entwicklung« hier nichts weiter bedeutet als »individuelle Entfaltung eines Organismus«, und in der Tat wurde auch der französische Ausdruck *évolution* im vorigen Jahrhundert in diesem Sinne gebraucht; was wir heute als Evolutionstheorie bezeichnen, war zu jener Zeit unter dem Namen Transformismus bekannt. In diesem Falle wäre die Formulierung »Entwicklungs-Geschichte der organischen Formen« einfach als »Naturgeschichte der individuellen Entwicklung der Pflanzen und Tiere« zu verstehen. Ein Problem, das die Genese des Individuums berührte und damals noch Kontroversen hervorrief, war die jeweilige Rolle von Samenanlage und Pollen bei der Befruchtung der Pflanzen. Manche Botaniker schrieben der Samenanlage eine rein nährende Funktion zu und behielten die Hauptrolle dem Pollen vor. Mit der Darlegung des Ergebnisses seiner Experimente ergreift Mendel dazu Partei:

> »Wäre der Einfluss des Keimsackes auf die Pollenzelle nur ein äusserer, wäre demselben blos die Rolle einer Amme zugetheilt, dann könnte der Erfolg einer jeden künstlichen Befruchtung kein anderer sein, als dass die entwickelte Hybride ausschliesslich der Pollenpflanze gleich käme, oder ihr doch sehr nahe stände. Das haben die bisherigen Versuche in keinerlei Weise bestätigt.«

Aber selbst wenn die Rede von der »Entwicklungs-Geschichte der organischen Formen« sich nicht unmittelbar auf die Debatte um die Evolutionstheorie in unserem heutigen Sinne bezieht, bleibt doch, daß die Praxis der Hybridisation seinerzeit oft mit der Frage nach der Stabilität der Spezies in Zusammenhang gebracht wurde. Da der Mensch neue Blumen zu schöpfen scheint, wenn er Varietäten und Arten kreuzt, können Zweifel an der Stabilität der natürlichen Formen aufkommen. In dem Maße jedoch, wie sich diese neuen Formen als unfruchtbar erweisen oder ihre Nachkommenschaft dazu neigt, zu den elterlichen Typen zurückzukehren, scheint die Stabilität der Spezies bestätigt zu werden. In den »Schluss-Bemerkungen« seiner Abhandlung läßt Mendel die Frage offen, neigt aber offenbar der fixistischen These Gärtners zu.

In der Abhandlung von 1869 über die *Hieracien* – wildwachsende Blumen, unter denen man eine verwirrende Vielzahl verwandter Arten findet – entfaltet er die These jener Autoren, die in diesem Wuchern das Ergebnis natürlicher Hybridisationen sehen; er bemerkt auch, daß anderen Autoren zufolge eine solche Bastardierung unmöglich oder allenfalls »von kurzem Bestande« ist. Und er präzisiert:

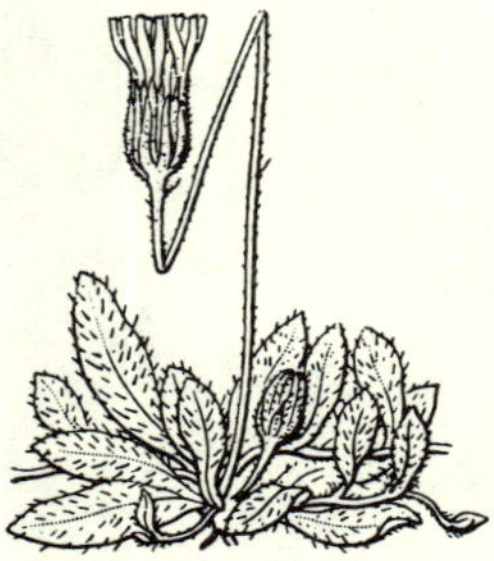

Hieracium Pilosella L.

Hieracium Auricula.

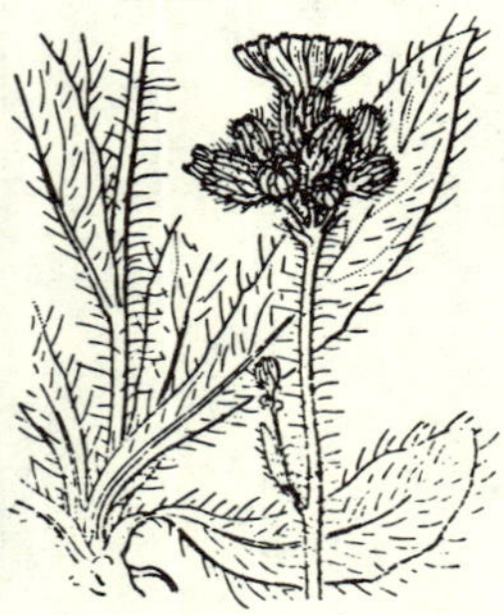

Hieracium aurantiacum.

Die Gattung Hieracum *umfaßt zahlreiche Arten; Mendel unternahm Kreuzungsversuche an mehreren von ihnen. Diese Experimente erbrachten keine ähnlich eindeutigen Ergebnisse wie die Versuche mit den Erbsen. Aus: Abbé H. Coste,* Flore descriptive et illustrée de la France, de la Corse et des contrées limitrophes, *1901; Bibliothèque nationale, Paris*

> »Die Frage nach dem Ursprung der zahlreichen konstanten Zwischenformen hat in neuester Zeit nicht wenig an Interesse gewonnen, seitdem ein berühmter Hieracienkenner im Geiste der *Darwinschen* Lehre die Ansicht vertritt, daß dieselben aus der Transmutation untergegangener oder noch bestehender Arten herzuleiten seien.«

Nach Orel ist der »berühmte Spezialist« kein anderer als Nägeli, mit dem Mendel seit 1866 korrespondierte.

Die Wahl der Erbse

Im Grunde verfügen wir nur über sehr wenige Anhaltspunkte, um das Verhältnis Mendels zu Darwin zu klären. Eine Gemeinsamkeit ihres Denken liegt jedoch im Fehlen einer grundlegenden Unterscheidung zwischen Arten und Varietäten. Auch die Abhandlung von 1865 enthält keine gelehrte Erörterung über die Klassifikation der Gattung *Pisum.* Dies steht in Gegensatz zu der Hartnäckigkeit, mit der viele Autoren die Hybridisation zwischen verschiedenen Spezies von der bloßen Kreuzung oder Bastardierung zwischen Varietäten oder Rassen derselben Spezies unterschieden. Ob nun Spezies oder Varietäten, jedenfalls eignen sich die verschiedenen Formen, in denen man diese Gemüsepflanze findet, ausgezeichnet für Hybridisationsversuche. Als Bedingungen, denen die Versuchspflanzen genügen müssen, zählt Mendel auf: Sie müssen

> »1. Constant differirende Merkmale besitzen.
> 2. Die Hybriden derselben müssen während der Blüthezeit vor der Einwirkung jedes fremdartigen Pollens geschützt sein oder leicht geschützt werden können.
> 3. Dürfen die Hybriden und ihre Nachkommen in den aufeinander folgenden Generationen keine merkliche Störung in der Fruchtbarkeit erleiden. [...]
> Eine besondere Aufmerksamkeit wurde gleich Anfangs den *Leguminosen* wegen ihres eigenthümlichen Blüthenbaues zugewendet. Versuche, welche mit mehreren Gliedern dieser Familie angestellt wurden, führten zu dem Resultate, dass das Genus *Pisum* den gestellten Anforderungen hinreichend entspreche.«

Alle Kommentatoren betonen, wie sehr die Wahl dieses Versuchsmaterials eine entscheidende Rolle für den Erfolg des Unternehmens gespielt hat. In der Tat ist bei den Erbsen Selbstbefruchtung die Regel, während sie bei vielen Blütenpflanzen die Ausnahme ist. Das bedeutet, daß der Pollen einer Erbsenpflanze ohne Eingriff des Experimentators –

oder die unverhoffte Dazwischenkunft eines Insekts – den Stempel derselben Blüte bestäubt. So daß Mendel über »reine Rassen« verfügen konnte, indem er sich nur zu vergewissern brauchte, daß die Erbsen – nach kontrollierter Selbstbefruchtung über mehrere Generationen – die Merkmale des Saatgutes behielten, das er ursprünglich beschafft hatte. Diese Besonderheit, welche die Erbse mit anderen Hülsenfrüchten teilt, war den Fachleuten bekannt.

Darüber hinaus weisen einige Biologen darauf hin, daß die Gene, die über die von Mendel zur Beobachtung ausgewählten Merkmale bestimmen, sämtlich auf verschiedenen Chromosomen lokalisiert sind. Natürlich konnte er diese Überlegung nicht anstellen, da ihm die Begriffe dafür fehlten, so daß man entweder von einem glücklichen Zufall sprechen muß – oder von einer Intuition, die sich auf empirisches Gärtnerwissen stützte. Mehrere Agronomen hatten bereits Hybridzüchtungen an Erbsen vorgenommen und ihre Ergebnisse veröffentlicht.

Schließlich ist die Erbse ein delikates Gemüse (wovon in der Abhandlung freilich nicht die Rede ist). Wie Orel berichtet, hatten die Mendelschen Experimente den praktischen Nebeneffekt, daß bestimmte, besonders wohlschmeckende Sorten im Stiftsgarten in größerem Umfang angebaut wurden!

Die Ergebnisse

Nachdem er die »Auswahl der Versuchspflanzen« begründet hat, führt Mendel die »differirenden Merkmale« auf, die bei den Versuchen berücksichtigt werden sollen. Die Liste der Unterschiede reicht von der Gestalt des reifen Samens (rund oder kantig) über die Form der Hülsen bis zur Länge der Achsen. Worauf er die Ergebnisse seiner Versuche mit den Bestandszahlen für jede Gruppe angibt. Zunächst kreuzt er zwei Erbsensorten, die sich nur durch ein Merkmal voneinander unterscheiden (und in bezug auf dieses Merkmal reinrassig sind), beispielsweise den runden mit dem kantigen Samen, und erhält lauter identische Hybriden, in diesem Falle alle mit rundem Samen; dieses Merkmal wird das »dominirende« genannt. Bei weiterer Fortpflanzung dieser Hybriden durch Selbstbefruchtung erhält er runde und kantige Erbsen im Verhältnis 3 : 1.

»Von 253 Hybriden wurden im zweiten Versuchsjahre 7324 Samen erhalten. Darunter waren rund oder rundlich 5474, und kantig runzlig 1850 Samen. Daraus ergibt sich das Verhältniss 2,96 : 1.«

Das kantige Merkmal bleibt also bei den Hybriden im latenten Zustand erhalten, da es bei manchen ihrer Nachkommen wiederauftreten kann; Mendel schlägt darum vor, es als »recessiv« zu bezeichnen. Jene Formen, die das rezessive Merkmal zeigen, bleiben (in bezug auf dieses Merkmal) in ihrer Nachkommenschaft konstant. Diejenigen, die das dominierende Merkmal zeigen, teilen sich in zwei Gruppen: Zwei Drittel verhalten sich wie Hybriden (und man findet bei ihrer Nachkommenschaft das Verhältnis 3 : 1); das verbleibende Drittel liefert Nachkommen, bei denen das dominierende Merkmal konstant bleibt. Nachdem er für jedes Merkmal die Zahlen angegeben hat, schließt Mendel, es werde

»nun ersichtlich, dass die Hybriden je zweier differirender Merkmale Samen bilden, von denen die eine Hälfte wieder die Hybridform entwickelt, während die andere Pflanzen gibt, welche constant bleiben, und zu gleichen Theilen den dominirenden und recessiven Character erhalten«.

Wendet man diese Formel an, so läßt sich voraussehen, daß der Anteil der hybriden Formen bei den Nachkommen der Hybriden tendenziell ständig abnimmt, wie die über mehrere Generationen weiter verfolgten Versuche zeigen. Mendel stellt fest, daß »die von Gärtner, Kölreuter und Anderen gemachte Wahrnehmung, dass Hybriden die Neigung besitzen zu den Stammarten zurückzukehren«, durch diese Ergebnisse bestätigt werden. Er berechnet die theoretische Proportion der verschiedenen Kategorien und schlägt damit (wie wir sagen würden) ein Modell vor, mit dem sich eine Regel formalisieren und überprüfen läßt, welche die anderen Züchter von Hybriden auf empirischem Wege aufgestellt hatten.

Bei allen bisherigen Versuchen ging es um Pflanzen, die sich nur in einem einzigen Merkmal voneinander unterscheiden. Doch was geschieht, wenn man zwei Erbsen kreuzt, die in zwei Merkmalen verschieden sind, zum Beispiel in Form *und* Farbe ihres Samens? Die Antwort Mendels lautet, daß sich die beiden Eigenschaften trennen und unabhängig voneinander kombinieren. Kreuzt man zum Beispiel Exemplare, deren Samen rund und gelb ist, mit

Mendel und wir

Der Symbolismus, den Mendel benutzt, kommt uns vertraut vor. So stellt der Buchstabe *A* das dominierende Merkmal (zum Beispiel »runder Samen«) und *a* das rezessive Merkmal (zum Beispiel »runzliger Samen«) dar. Diese Notation wird heute noch verwandt. Freilich weisen die Terminologie und die Symbole Mendels gegenüber den unseren auch gewisse Unterschiede auf, die man kennen muß, um seinen Text lesen zu können.

Wir stellen diejenigen Erbsenpflanzen, die nur das dominierende Merkmal aufweisen, mit *AA* dar und diejenigen, die nur das rezessive Merkmal besitzen, mit *aa*. Mendel bezeichnet sie mit *A* beziehungsweise mit *a*, ohne den Buchstaben zu verdoppeln.

Werden beide Sorten durch künstliche Befruchtung gekreuzt, erhalten wir das, was man heute eine erste Generation (oder F_1) nennt, die wir als *Aa* notieren, da die Exemplare, aus denen sie besteht, beide Charaktere besitzen, das rezessive und das dominante Merkmal. Mendel verwendet hier dieselbe Schreibweise wie wir (*Aa*), um zu bezeichnen, was er »Hybriden« nennt.

Die Tochterpflanzen, die wiederum aus diesen Pflanzen durch Selbstbefruchtung entstehen, bezeichnen wir als die zweite Generation (F_2), während Mendel sie »die erste Generation der Hybriden« nennt (das heißt die erste, die aus Hybriden hervorgegangen ist). Nach der Notation unserer Lehrbücher verteilen sich diese Nachkommen folgendermaßen: ein Viertel *AA*, die Hälfte *Aa* und ein Viertel *aa*. Mendel drückt diese Verteilung so aus: ein Viertel *A*, ein Viertel *a*, die Hälfte *Aa*.

Exemplaren, deren Samen eine kantige Gestalt und grüne Färbung aufweist, erhält man bei einer Gesamtsumme von 556 Samen folgende Verteilung: »315 rund und gelb, 101 kantig und gelb, 108 rund und grün, 32 kantig und grün.« Nachdem er die Ergebnisse für Erbenpflanzen ermittelt hat, die sich in drei Merkmalen voneinander unterscheiden, zeigt Mendel, wie alle diese Zahlen praktisch den Bestandszahlen entsprechen, die sich theoretisch mit den Formeln für die Kombination der Eigenschaften errechnen lassen. Er gelangt zu der allgemeinen Regel:

> »Bezeichnet *n* die Anzahl der characteristischen Unterschiede an den beiden Stammpflanzen, so gibt 3^n die Gliederzahl der Combinationsreihe, 4^n die Anzahl der Individuen, welche in die Reihe gehören, und 2^n die Zahl der Verbindungen, welche constant bleiben. So enthält z. B. die Reihe, wenn die Stammarten in 4 Merkmalen verschieden sind, $3^4 = 81$ Glieder, $4^4 = 256$ Individuen und $2^4 = 16$ constante Formen; oder

was dasselbe ist, unter je 256 Nachkommen der Hybriden gibt es 81 verschiedene Verbindungen, von denen 16 constant sind.«

Mechanismus und Generalisierung

Die Art und Weise, in der Mendel die Charaktere Kombinationsgesetzen unterwirft und die theoretischen Bestandszahlen der verschiedenen Gruppen berechnet, macht die eigentliche Originalität seines Textes aus. Heute rechtfertigt man sein Vorgehen, indem man erklärt, daß jede Eigenschaft von einem Gen getragen wird und jedes Gen im Individuum in doppelter Ausfertigung repräsentiert ist. Eine solche Erklärung ist undenkbar in einer Zeit, in der nicht einmal der Begriff des Chromosoms vorliegt. Daher muß Mendel ein mechanisches Modell vorschlagen, das es ihm gestattet, diese mathematische Modellbildung auf die Resultate der Hybridisation anzuwenden. Mit anderen Worten, Mendel muß eine Hypothese finden, die es ihm erlaubt, die Merkmale zu behandeln, als wären sie Kugeln in einer Urne! Dies führt zu einer neuen Versuchsreihe, bei der es um den Nachweis geht, daß es eine gleiche Anzahl von Keim- und Pollenzellen gibt, so daß man schließen kann:

> »Es bleibt ganz dem Zufalle überlassen, welche von den beiden Pollenarten sich mit jeder einzelnen Keimzelle verbindet. Indessen wird es nach den Regeln der Wahrscheinlichkeit im Durchschnitte vieler Fälle immer geschehen, dass sich jede Pollenform *A* und *a* gleich oft mit jeder Keimzellform *A* und *a* vereinigt; es wird daher eine von den beiden Pollenzellen *A* mit einer Keimzelle *A*, die andere mit einer Keimzelle *a* bei der Befruchtung zusammentreffen, und eben so eine Pollenzelle *a* mit einer Keimzelle *A*, die andere mit *a* verbunden werden.«

Bei derart formalisierter Darstellung müßten sich die bei der Gattung *Pisum* beobachteten Verhältnisse natürlich auch bei anderen Blütenpflanzen wiederfinden lassen. Mendel setzt zu einer Verallgemeinerung an, die sein Schema einer groben Überprüfung unterzieht. Er berichtet zunächst von den Versuchen, die er mit Bohnen angestellt hat. Kreuzt man Bohnenpflanzen miteinander, deren Blüten nicht dieselbe Farbe haben, so zeigen die Hybriden und ihre Nachkommen abgestufte Blütenfarben.

Um dieses Ergebnis zu erklären, das eher für die Vererbung durch Vermischung als für seine eigene These zu sprechen

Geschönte Zahlen?

Daß sich die Merkmale jeweils unabhängig voneinander kombinieren, bildet eines der Grundprinzipien des Mendelismus. Aus praktischer Sicht erklärt es, warum man bei der Kreuzung von großen und faden Früchten mit kleinen und schmackhaften hoffen kann, unter ihren Nachkommen große und schmackhafte Früchte zu finden! Theoretisch betrachtet beruht auf diesem Grundsatz der ganze Kalkül der möglichen Merkmalskombinationen. Dennoch, paradoxerweise, hat dieses Prinzip in den Augen des heutigen Genetikers nur einen Annäherungswert. Tatsächlich haben nämlich solche Merkmale, die von Genen festgelegt werden, die auf demselben Chromosom lokalisiert sind, eine größere Wahrscheinlichkeit, gekoppelt aufzutreten, und diese Wahrscheinlichkeit ist um so größer, je näher die Gene beieinanderliegen. Konkret heißt das: Kombiniert man in einem Experiment beliebige Eigenschaften einer beliebigen Pflanze, so läuft man Gefahr, daß die Bestandszahlen der verschiedenen Kombinationen von den kanonischen Proportionen weit entfernt sind.
In einem ganz anderen Sinne haben einige Autoren die Ansicht vertreten, daß die Resultate Mendels zu schön seien, um wahr zu sein. So hat R. A. Fisher als Spezialist für Populationsgenetik 1936 ausgerechnet, daß Mendel – bedenkt man die Größe seiner Stichprobe – nur eine Chance von fünf Prozent gehabt habe, eine Proportion zu finden, die dem theoretischen Verhältnis von 3 : 1 derart nahekommt. Sollte Mendel seine Ergebnisse »frisiert« haben? Das wäre um so überraschender, als er sonst nicht zögert, über einen Versuch zu berichten, der ihm »schlechte Resultate« erbracht hat, oder schwierig zu interpretierende Daten anzugeben.
In der Tat werden die Berechnungen Fishers heute von manchen Autoren mit dem Argument bezweifelt, daß sie bestimmte biologische Daten unberücksichtigt lassen, insbesondere das Verhalten der Pollenkörner. Andererseits hat R. C. Olby gezeigt, daß die von Erich von Tschermak, einem der »Wiederentdecker« Mendels, gegebenen Zahlen ebenso »gut« waren wie die Mendels. Ihm zufolge liegt das Problem in beiden Fällen in der damals benutzten Zählungsmethode.

scheint, muß Mendel annehmen, daß sich die Farbe der Blüten aus mehreren Merkmalen zusammensetzt. Die letzten Seiten sind schließlich einer Analyse der von Josef Kölreuter (1733-1806) und Carl Friedrich Gärtner (1772-1850) veröffentlichten Resultate sowie einer Erörterung ihrer Schlußfolgerungen über den Begriff der Art gewidmet.

Dieser zweite Teil der Mendelschen Abhandlung erweckt durchaus den Eindruck, daß Mendel hoffte, die bei den Erbsen gefundenen Gesetze auf die gesamte Pflanzenwelt anwenden zu können; und auch wenn er vier Jahre später Zweifel zu hegen scheint, ob sie sich auf wildwachsende Pflanzen der Gattung *Hieracium* oder auf Weiden anwenden lassen, deutet diese Hoffnung an, welche Tragweite er seinen Arbeiten über Hybridisation beimaß. Dürfen wir deshalb sagen, daß er mit diesen Versuchen eine neue Disziplin begründen wollte? Ob Mendel am Ursprung der Genetik steht oder nicht, verdeckt in Wirklichkeit eine andere Frage, die nun allerdings die Geschichte der Techniken ebenso wie die Geschichte der Wissenschaften betrifft und bei der es sich darum handelt, Mendel innerhalb dieses Forschungsprogramms, an der Grenze zwischen Botanik und Agronomie, zu lokalisieren. Man könnte diese Frage so formulieren: Wie läßt sich die Erzeugung neuer Pflanzensorten zu einer sicheren und wirksamen Technik entwickeln? Mit anderen Worten, was bringt Mendel den Gärtnern und Züchtern Neues? Inwiefern schließt seine Arbeit an das an, was sie beschäftigt, und was konnte er ihnen liefern, das sie nicht schon selbst herausgefunden hatten?

Mendelismus und Pflanzenveredelung

In vielen Lehrbüchern und populärwissenschaftlichen Artikeln wird die Schaffung neuer Rassen und Sorten als *Anwendung* der Mendelschen Gesetze dargestellt. Wäre das richtig, so hätte die »Wiederentdeckung« dieser Gesetze eine wahre Revolution in den Techniken der Pflanzenveredelung nach sich ziehen müssen. Nun hat diese Revolution in der Tat stattgefunden; allerdings hat sie früher begonnen, genau in dem Moment, in dem Mendel seine Experimente durchführte, und unabhängig von ihm. Die Geschichte der Veredelung der Zuckerrübe ist hierfür ein Musterfall.

Die Rübe ist seit langem als Futterpflanze bekannt, als im achtzehnten Jahrhundert der deutsche Chemiker Andreas-Sigismund Marggraf (1709-1782) zeigt, daß die Runkelrübe einen ähnlichen Zucker wie das Zuckerrohr enthält und daß es möglich ist, ihn der Rübe zu entziehen. Gegen Ende des Jahrhunderts entwickelt Franz-Carl Achard (1753-1821) ein Verfahren zur industriellen Gewinnung von Rübenzucker. Als das napoleonische Frankreich we-

Wie man Bohnen kreuzt

Hülsenfrüchte stellen ein bevorzugtes Versuchsmaterial dar; es erstaunt darum auch nicht, daß die große Abhandlung von Henri Lecoq, *De la fécondation naturelle et artificielle des végétaux et de l'hybridation* (1845), der Gattung *Phaseolus* einen ihrer schönsten Abschnitte widmet:

»[...] es ist stets eigenartig für den Liebhaber oder den Physiologen, mit Pflanzen zu arbeiten, die der Hybridisation so empfänglich sind wie die Bohnen und bei denen man sich, an der Farbe der Samen, so rasch vom Erfolg der Operation überzeugen kann. Noch ehe die Blüte sich vollständig öffnet, beginnen die Antheren der Bohnen ihren Pollen zu verstreuen, bald eng umschlossen vom Schiffchen, das die verwachsenen Staubfäden mit sich zieht, die sich gleichzeitig verlängern, als wollten sie die Narbe erreichen, die von Griffel und Fruchtknoten fortgetragen wird, welche ebenfalls an Größe gewinnen. Gleichwohl verlängert sich der Stempel weniger als die Staubgefäße, und die Befruchtung findet unverzüglich statt. Um sie künstlich zu bewirken, genügt es, das Schiffchen ein wenig zu entfernen und den Pollen mit der Pinzette auf die Narbe zu legen. Diese nimmt ihn leicht auf, und da der Pollen der Bohnen nicht sehr pulvrig ist, sondern oft ein wenig klebrig, kann man darauf verzichten, die Staubgefäße zu entfernen, und braucht nur dafür zu sorgen, den Stempel zu befruchten, sobald der Zustand der Blüte dies gestattet.«

gen der Kontinentalsperre nach einem Ersatz für den Rohrzucker sucht, kann Benjamin Delessert 1812 dem Kaiser Proben des Rübenzuckers vorlegen, der sich vom Rohrzukker in nichts unterscheidet. Die Wirtschaftlichkeit des Verfahrens bleibt jedoch wegen des geringen Zuckergehalts der Rüben (weniger als fünf Prozent) begrenzt. Um ihn zu verbessern, praktiziert man eine systematische Selektion: Man läßt die Rüben mit dem stärksten Zuckergehalt zur Blüte kommen, um ihren Samen als Saatgut zu verwenden. Läßt sich diese bewährte Technik noch verbessern?

Louis de Vilmorin und das Stammbuch der Rübe

Am 3. November 1856 legt Louis de Vilmorin der *Académie des sciences* eine »Notiz über die Züchtung einer neuen Rasse der Zuckerrübe« vor, die er 1859 zusammen mit mehreren anderen Artikeln in einer Broschüre unter dem Titel *Notices sur l'amélioration des plantes par semis* neu herausgibt.[4] Er beschreibt darin zunächst das Verfah-

[4] *Louis de Vilmorin* (1816-1860) ist ein Sproß der Familie Vilmorin-Andrieux et Cie. Seine Frau und mehrere seiner Nachkommen haben sich ebenfalls in der Botanik hervorgetan. 1929 zählte H. F. Roberts bereits 360 Artikel, die von sieben aufeinanderfolgenden Generationen der Familie Vilmorin veröffentlicht worden waren.

ren zur präzisen Bestimmung des Zuckergehalts einer Rübe, ohne sie zu zerstören. Er erinnert daran, daß dieser Gehalt durch Zucht vermehrt werden kann und daß die »Übertragung der Eigenschaft der Süße« eine feststehende Tatsache ist, obgleich er »bemerkenswerte Ausnahmen« einräumt. Diese Ausnahmen, sagt er, »werfen freilich ein helles Licht auf die allgemeine Frage der Weitergabe von Charakteren bei Pflanzen«.

»Im ersten Jahr des Versuchs, als mir die Eigenschaften noch völlig unbekannt waren, welche die Vorfahren der Pflanzen, mit denen ich arbeitete, besessen haben mochten, kam ich darauf, für die Zucht Wurzeln von gleicher Reichhaltigkeit aufzubewahren und die Nachkommenschaft dieser Wurzeln zu betrachten. Darunter befanden sich:
– bald eine Partie mit sehr hohem Durchschnittsgehalt, ohne ausgeprägte Abweichungen;
– bald, bei sehr viel geringerem Mittelwert, beträchtliche Abweichungen, die somit ungewöhnliche Maxima aufwiesen;
– endlich eindeutig schlechte Partien, deren Nachkommenschaft vollständig aufgegeben werden mußte.«

Um solche Schwankungen zu vermeiden und die »Zuchtexemplare« der ersten Kategorie zu wählen, muß man die Pflanzen im Blick auf ihre Nachkommenschaft auslesen. Auf diese Weise ermittelt Louis de Vilmorin den »Personenstand« all seiner Pflanzen »seit Beginn des Versuchs« und verfügt schließlich – wie er sagt – über ihr vollständiges und korrektes »Stammbuch«. Bei dieser Art Züchtung sät man eine kleine Probe der Samen von jeder Pflanze aus und hebt nur denjenigen Teil auf, dessen Nachkommen die gewünschten Eigenschaften aufweisen. Diese Selektion ist rein maternell, da der Pollen immer noch von einer beliebigen Rübenpflanze stammt; sie beseitigt den Zufall nicht, vermindert ihn jedoch beträchtlich. Dank dieser Methode steigt der Zuckergehalt um das Jahr 1870 auf 18 Prozent. Wendet man sie auf Pflanzen wie den Weizen an, der sich in der Regel durch Selbstbefruchtung vermehrt, und verbindet sie mit der Hybridisation, so wird durch diese Art der Selektion die Schaffung neuer Sorten möglich, welche die Erträge steigern und dazu beitragen, die Ernten zu verändern. Das Saatgut ist nicht mehr derjenige Teil der Ernte, den man für das folgende Jahr aufbewahrt, sondern wird zum Erzeugnis einer Industrie, die dank ihrer Beherrschung der Reproduktion der Pflanzen noch »erzeugernäher« ist als die Landwirtschaft selbst.

Die Weitergabe der Fähigkeit der Weitergabe

Der Züchter kontrolliert also die Erbanlagen der Pflanzen und vermindert die Zufälle der Vererbung, indem er die Instrumente der standesamtlichen Kontrolle des Gesellschaftskörpers (»Personenstand«, »Stammbaum«) und die Archivierung der Vererbung von Besitztümern nachahmt. Und dies sogar ehe überhaupt eine biologische Theorie vorliegt, welche die fraglichen Mechanismen erklären könnte. Vilmorin spürt im übrigen das Bedürfnis nach einer solchen Theorie. In einer »Notiz über Vererbung«, die ursprünglich für die *Société industrielle d'Angers* bestimmt war und die schließlich 1859 in den *Notices sur l'amélioration des plantes par semis* veröffentlicht wurde, deutet er eine Erklärung an. Vererbung ist die Resultante zweier Kräfte, einerseits des »Atavismus«[5], der den einzelnen mit seinen Vorfahren verbindet, und andererseits der »direkten Vererbung«, in der sich die Beziehung zwischen Erzeugern und Kindern ausdrückt. Zwei mit den gleichen Eigenschaften ausgestattete Individuen müssen diese durchaus nicht im selben Grade ihren Nachkommen weitergeben; mehr noch, sie können ihnen »die Fähigkeit, ebendiese Eigenschaften der nächstfolgenden Generation weiterzugeben, *in höchst unterschiedlichem Grade*« vererben.

Um diesen Gedanken zu veranschaulichen, beruft sich Vilmorin auf die Erfahrung der Tierzüchter: Zu den Qualitäten, die ein Pferd besitzen kann, gehört die, ein guter Beschäler zu sein, das heißt seinen Nachkommen nicht nur seine Eigenschaften weiterzugeben, sondern vor allem die Fähigkeit, sie weiterzugeben. Die Erklärung beruht auf der Unterscheidung zwischen Atavismus und direkter Vererbung sowie auf der Analogie zwischen der Vererbung bei Tieren und Pflanzen.

Vom Pferd zur Melone

Pferde werden von ihren Züchtern schon sehr lange nach sorgfältiger Beobachtung selektiert. So ist es nicht verwunderlich, dasselbe Argument in einem 1826 in den *Annales des sciences naturelles* erschienenen Text zu finden, den ein anderer Agronom, Augustin Sageret, der Frage der Vererbung widmet. In diesen »Betrachtungen über die Erzeugung von Hybriden, Varianten und Varietäten im allgemeinen und über die der Familie der *Cucurbitaceae* im besonderen« erinnert er daran, daß sich bei der menschlichen Gattung Gesichtszüge und Erbkrankheiten »nicht

[5] *Atavismus*: »Didaktischer Ausdruck. In der Botanik die Tendenz von Pflanzenhybriden, zu ihrem ursprünglichen Typus zurückzukehren. In der Physiologie Ähnlichkeit mit den Vorfahren. Insbesondere das Wiedererscheinen eines primitiven Merkmals nach einer unbestimmten Anzahl von Generationen. Herkunft, den lateinischen Etymologen zufolge: *atavus*, von *ad* und *avus*, Großvater, Ahne« (É. Littré, *Dictionnaire de la langue française*).
Augustin Sageret gibt einfach an: »von lat. *atavus*, Ahne«, und schreibt die Entstehung des Wortes Duchesne zu, einem Naturforscher und Gartenbauer des späten achtzehnten Jahrhunderts.

notwendig in der ersten Generation zeigen und in der zweiten und den folgenden wiedererscheinen können«. Er fügt hinzu: »Nicht ohne Grund also bewahren die Araber mit solcher Sorgfalt den Stammbaum ihrer Pferde.« Doch nicht wegen seiner Konzeption des Atavismus hat der Text Sagerets die Aufmerksamkeit der Historiker erregt, sondern vielmehr wegen seiner Konzeption der Segregation und Rekombination der Merkmale. Der Gedanke der Vererbung durch Vermischung, dem die Arbeit Mendels widersprach, wurde bereits von dem französischen Agronomen in Zweifel gezogen:

»[...] schien es mir, daß im allgemeinen die Ähnlichkeit der Hybride mit ihren beiden Aszendenten nicht in einer innigen Verschmelzung der verschiedenen Merkmale bestand, die jedem von ihnen eigentümlich waren, sondern viel eher in einer gleichen oder ungleichen Verteilung der nämlichen Merkmale; ich sage gleich oder ungleich, weil sie bei allen hybriden Individuen, die von ein und demselben Ursprung stammen, keineswegs dieselbe ist, und zwischen ihnen sehr große Verschiedenheit herrscht.«

Um dies zu veranschaulichen, faßt er seine Hybridisationsversuche mit Kürbisgewächsen in einem »typischen Beispiel« zusammen. Er wählt zwei Varietäten der Melone, eine mit gelbem Fleisch und eine mit weißem Fleisch, und führt ihre Merkmale in zwei parallelen Listen auf:

Eigenschaften der Melone mit gelbem Fleisch:	*Eigenschaften der Melone mit weißem Fleisch:*
1. gelbes Fleisch	1. weißes Fleisch
2. gelbe Samen	2. weiße Samen
3. Netzmuster	3. glatte Haut
4. stark gerippt	4. leicht gerippt
5. milder Geschmack	5. zuckrig und sehr bitter

Kreuzt man die beiden, so könnte man erwarten, ein Produkt mit gelbem Fleisch und gelbem Samen ausschließlich mit Zwischenmerkmalen zu erhalten. Statt dessen gewinnt man Hybriden, die folgende Merkmale tragen:

Eigenschaften der ersten Hybride:	*Eigenschaften der zweiten Hybride:*
1. gelbes Fleisch	1. gelbes Fleisch
2. weiße Samen	2. weiße Samen
3. Netzmuster	3. glatte Haut
4. ziemlich stark gerippt	4. nicht gerippt
5. bitter	5. mild

Diese Tabellen dürfen keinen falschen Eindruck erwecken: Sageret konstruiert kein mathematisches Modell, er gibt keine Zahlenverhältnisse an; doch stellt seine Arbeit einen zentralen Text der Literatur über Hybridzüchtung dar, den Mendel über das Buch von Gärtner kannte. Man kann ohne Übertreibung von einer Ahnenreihe der Hybridzüchter sprechen, da Sageret wiederum seinen Artikel mit einer Bemerkung beginnt, die auf die Übereinstimmung seiner Resultate mit denen Kölreuters hinweist. Jedenfalls ist Sageret mit seiner Konzeption der Hybriden Mendel viel näher, als es Charles Naudin (1815-1899) jemals sein konnte – jener französische Botaniker, der häufig als weiterer »Vorläufer« der Genetik genannt wird. Dieser, Hilfspräparator am Naturkundemuseum in Paris, ehe er die Leitung des Versuchsgartens der *Villa Thuret*[6] in Antibes übernimmt, beginnt 1854 mit Untersuchungen zur Hybridisation, die sich über zwanzig Jahre erstrecken und ihm die Anerkennung der *Académie des sciences* einbringen werden. Er hat wahrscheinlich niemals von Mendel gehört, so wie dieser keine Kenntnis von seinen Arbeiten haben konnte.

[6] *Villa Thuret*: 1856 läßt der französische Botaniker Gustave Adolphe Thuret (1817-1875) um seine Villa einen wunderbaren botanischen Garten anlegen, in den er eine Vielzahl exotischer Zierpflanzen aufnimmt. Ihm ist es zu verdanken, daß diese Pflanzen heute in jedem Garten an der Côte d'Azur heimisch sind.

Die Hybriden der Petunien und ihre Nachkommen

Gewiß ist es kein besonders origineller oder befriedigender Zugang zum Werk von Naudin, wenn man ihn als denjenigen vorstellt, der dort scheiterte, wo Mendel erfolgreich war. Dabei läuft man nämlich Gefahr, andere Aspekte seines Denkens zu übersehen, insbesondere seine Auffassung vom Ursprung der Arten. Freilich haben ihn die Genetiker zu Beginn des zwanzigsten Jahrhunderts häufig so wahrgenommen. In der Tat drängt sich ein Vergleich zwischen den Verfahrensweisen der beiden Autoren auf.

Beiden stellt sich dieselbe Frage: Was wird aus den Nachkommen von Pflanzenhybriden? Um sie zu beantworten, verfügen beide über praktische gärtnerische Kenntnisse, die es ihnen erlauben, ihr Versuchsmaterial sorgsam auszuwählen und die Pflanzen nach Belieben zu kombinieren. Beide nehmen sich vor, die verschiedenen Formen, die sie erhalten, zu zählen. Im Jahre 1861 stellt Naudin den Lesern der *Revue horticole* einige Ergebnisse seiner Arbeiten unter dem Titel »Über Pflanzenhybriden« vor. Zunächst beschreibt er »zwei scharf voneinander abgegrenzte Petunienarten, die purpurrote *(Petunia violacea)* und die weiße

(Petunia nyctaginiflora)«, und erklärt dann, daß sie sich leicht kreuzen lassen und fruchtbare Hybriden mit Zwischenfarben und Zwischenformen ergeben. Diese Hybriden ähneln einander. Im einzelnen legt er dar, daß vier im Jahre 1854 vorgenommene Kreuzungen zwischen diesen beiden Petunienarten im folgenden Jahr 36 Hybriden erbracht haben, von denen 35 einander fast gleiche Korollen tragen. Aus dem Samen einer dieser Hybriden erhält er 47 Individuen, von denen nur eine der Hybride wirklich ähnelt, während zehn Blüten tragen, die denen der *Petunia violacea* gleichen, und die übrigen Zwischenformen aufweisen, unter denen sich, je nach der Farbe des Pollens, der Form und der Farbe der Korolla, vier Kategorien unterscheiden lassen. Naudin gibt die Bestandszahlen jeder Kategorie genau an. Er sät die Samen derjenigen Exemplare aus, die der Hybride am nächsten kommen, und erhält 116 Pflanzen, die sich folgendermaßen verteilen:

> »zwölf Individuen, die im Farbton, in der Blütenform und der Schattierung des Blütenstaubs die erste Hybride von 1854 wiederholen;
> – sechsundzwanzig Individuen mit weißen Blüten, deren Blütenstengel schmal und deren Pollen gelblich ist. Einige von ihnen sind von der *Petunia nyctaginiflora* nicht mehr zu unterscheiden, die übrigen weichen kaum davon ab;
> – achtundzwanzig mit glockenförmiger Korolla in lebhaftem Purpur, mit grau-blauem oder blau-violettem Pollen, die nicht mehr oder kaum noch von der *Petunia violacea* zu unterscheiden sind;
> – schließlich fünfzig weitere Individuen, die sich in keine der bisherigen Kategorien einordnen lassen und die – nach Form und Größe der Korollen, nach ihrer Färbung, die zwischen rötlichem Weiß und purpurnem Flieder variiert, sowie nach der gräulichen Färbung des Pollens – als Zwischenformen zwischen den beiden spezifischen Arten erscheinen, die einen mehr der *Petunia violacea* benachbart, die anderen der *Petunia nyctaginiflora* näher.«

Wie man sieht, fehlt es Naudin nicht etwa an Präzision oder an einer Fülle von Zahlen. Mendel vergleicht die beobachteten Daten mit denen, die er berechnet. Naudin kann, angesichts des rein qualitativen Charakters seiner Hypothesen, nur Bestandszahlen aufzeichnen, ohne den Versuch zu unternehmen, ihre Verhältnisse zu prognostizieren. Nach heutiger Terminologie: er quantifiziert ohne quantitatives Modell. Entsprechend ist das Experiment nicht so angelegt, daß er ein Merkmal isoliert und sich

vergewissert, daß es über mehrere Generationen hinweg vor Beginn der Hybridisation konstant geblieben ist, sondern es beginnt mit irgendwelchen Exemplaren einer in den Gärten verbreiteten Art. Die verwendeten Pflanzen (Petunie, Tabak, Kürbisgewächse) sind im übrigen nicht solche, bei denen Selbstbefruchtung die Regel ist und bei denen man von Reinrassigkeit sprechen könnte.
Rückblickend zeigt all dies, warum Naudin die konstanten Verhältnisse nicht beobachten konnte, die Mendel entdeckte. Umgekehrt gab dies zweifellos seiner Arbeit damals einen konkreteren, den unmittelbaren Interessen der Gärtner und Botaniker verwandteren Charakter.

Der eine glaubte an die Natur, der andere nicht

Noch diesseits der Experimente und Zählungen liegt freilich das System der Begriffe und Hypothesen, das die beiden Autoren formulieren, der Pariser Naturalist und der Mönch aus Brünn. Für diesen findet die Verwendung der Wahrscheinlichkeitsrechnung ihre Rechtfertigung in der Vorstellung der Dominanz oder Rezessivität der Merkmale sowie im Prinzip der Zufallspaarung der Keim- und Pollenzellen. Naudin dagegen versetzt die Frage nach der Konstanz der Hybriden in den Rahmen des umfassenderen Problems der Art als Grundeinheit des Lebendigen: »Die Natur, welche die Arten hervorgebracht hat, weil sie ihrer bedarf, und sie für bestimmte Funktionen organisiert hat, braucht keine hybriden Formen zu schaffen, die ihrem Plan nicht entsprechen [...].« So erklärt sich die Sterilität der meisten Hybriden und die Rückkehr der nicht-sterilen Nachkommen zu den Elterntypen. In dieser Formulierung erscheint die Hypothese etwas abenteuerlich. Henri Lecoq, vorsichtiger und pragmatischer, schreibt in seinem Buch *De la fécondation naturelle et artificielle des végétaux et de l'hybridation* als Antwort auf Naudin:

> »Wir wissen weder warum noch wie die Natur die Arten hervorgebracht hat, und wir zweifeln, ob sie all derer sonderlich bedarf, die sie schuf; auch vertrauen wir mehr den geduldigen und geistreichen Experimenten dieses gelehrten Naturforschers als seinen Ideen über die Bedürfnisse der Natur.«

Allerdings versagt es sich auch Lecoq bei dieser Gelegenheit nicht, der Arbeit des Hybridzüchters eine theologische Tragweite zu geben:

»Die Hybriden sind ein Beweis für die Güte und Macht Gottes, der es dem Menschen gestattet, Seine Werke zu modifizieren, indem er sich der göttlichen Intelligenz bedient, die Er ihm für die Zeit seines Lebens verliehen hat. Es ist unmöglich, die aufeinanderfolgenden Mutationen einer den verschiedenen Einflüssen von Kultur und Hybridisation unterworfenen Pflanze zu verfolgen, ohne von Dankbarkeit Ihm gegenüber erfüllt zu sein, der dem Menschen einen Teil Seiner Rechte zu überlassen scheint und ihn ermächtigt, einen kleinen Zipfel des undurchdringlichen Schleiers zu lüften, der alle Geheimnisse der Schöpfung verbirgt.«

Der Hybridzüchter ist ein Prometheus, mag er auch die Götter achten; und Lecoq berichtet mit Bedauern, daß sich manche britische Gärtner der Hybridisation widersetzen, weil sie in ihr den Versuch sehen, in die »Werke des Schöpfers« einzugreifen. Umgekehrt läßt sich daran ermessen, daß die Kraft des Mendelschen Modells gerade in seiner Einfachheit besteht. Mendel entwickelt es, um dieselbe Art von Problemen zu lösen, mit denen auch Vilmorin, Sageret, Naudin oder Lecoq konfrontiert waren, und es gibt auf die Frage nach den Nachkommen der Pflanzenhybriden eine greifbare Antwort. Gleichwohl erschöpft es sich nicht in dieser Antwort; es läßt sich neu verwenden, uminterpretieren, erweitern, abwandeln.

Die Mendelschen Gesetze sind nicht »wiederentdeckt« worden, wenn man darunter versteht: 1865 in ihrer heutigen Bedeutung formuliert, dann fünfunddreißig Jahre lang in Vergessenheit geraten und im Jahre 1900 wiedergefunden. Sie wurden von Mendel als experimentell verifiziertes mathematisches Modell vorgeschlagen, um Probleme zu lösen, die sich allen Hybridzüchtern stellten, die sie jedoch auf empirischere Weise beantworteten. Die Originalität Mendels ist unbestreitbar und ihm auch bewußt: Er selbst erklärt in einem Brief an Nägeli vom 16. April 1867, daß die Ergebnisse, die er gewonnen hatte, mit dem gegenwärtigen Stande der Wissenschaften nicht leicht zu vereinbaren seien. Doch diese Originalität ist nicht die eines einsamen Gelehrten, der sich mit fünfzig Jahren Vorsprung die Probleme vorgenommen hätte, die sich danach erst die anderen stellten. Er ist nicht der einzige, der sich fragt, was aus den Nachkommen der Hybriden wird, und der künstliche Befruchtungen vornimmt; aber er ist der einzige, der zwischen diese Fragen und die Experimente das Gitter einer Kombinatorik schiebt.

Auf der anderen Seite stellten die Mendelschen Gesetze für die Gärtner und Züchter nicht eine Handlungsregel dar, sondern ein Erklärungsschema für das, was sie bereits praktizierten. Dem Gartenbau verdankt die Vererbungsforschung vieles an praktischem Wissen und empirischen Kenntnissen; die Biographie Mendels sowie die Lektüre einiger seiner Zeitgenossen liefern den Beleg dafür. Dafür hat die Biologie *nachträglich* die Wirksamkeit der Gartenbautechniken erhellt. In gewisser Weise ist die entstehende Genetik weniger eine angewandte Wissenschaft als eine erklärte Technik.

BRUNO LATOUR

PASTEUR UND POUCHET: DIE HETEROGENESE DER WISSENSCHAFTSGESCHICHTE

Es ist gar nicht so leicht, über Sieger und Besiegte in der Geschichte der Wissenschaften zu entscheiden. So behauptete Félix Pouchet die spontane Entstehung von Lebewesen aus unbelebter Materie. Louis Pasteur hielt sie für ausgeschlossen. Ihr Kampf blieb lange unentschieden

Von außen erscheinen die Naturwissenschaften oft abweisend und kalt. Zum Glück eröffnen die Kontroversen zwischen den Wissenschaftlern einen Königsweg, auf dem man Zugang zu ihren Theorien finden und die lebendige Wärme der Geschichte wiederentdecken kann. Wer etwa eine Naturgeschichte wissenschaftlicher Kontroversen schreiben wollte, könnte mehrere typische Fälle unterscheiden, die sich grob charakterisieren lassen. So werden manche Auseinandersetzungen einzig auf *offiziellen* Foren ausgetragen (akademische Institutionen, Fachzeitschriften, Expertengruppen); andere greifen auf die *offiziös* genannten Foren über (Massenpresse, Gerichte, Parlament, öffentliche Meinung). Die Kontroverse über die Menge der von der Sonne ausgesandten Neutrinos gehört zum ersten Typ, der Streit über die Übertragungswege von AIDS dagegen eindeutig zum zweiten.

All diese Kontroversen, seien sie offiziell oder offiziös, lassen sich auf zwei verschiedene Weisen beenden. Manche führen zur *impliziten* Verwerfung der strittigen These; das heißt, man gibt eine Ansicht auf, ohne daß es markante Zeichen dafür gäbe; die Kontroverse verläuft im Sand, erstickt oder wird langsam vergessen, wenn eine andere Generation, die mit anderen Methoden ausgebildet worden ist, das Ruder übernimmt. Andere dagegen werden Gegenstand einer *ausdrücklichen* Sanktion (*experimenta crucis*, Verleihung von Medaillen, Gesetze und Vorschriften, Entscheidungskommissionen, Untersuchungsberichte,

Félix-Archimède Pouchet, Professor in Rouen, unglücklicher Gegner Pasteurs. Jeder von ihnen suchte »das Haar in der Bouillon« des anderen.
Zeichnung und Stich von L. Flameng (1831-1911); Bibliothèque nationale, Paris.

Prozesse). Der Streit um UFOs (unbekannte Flugobjekte) hält sich auf dem offiziösen Forum und wird nur selten Gegenstand eines expliziten Dementis, das der Debatte ein für allemal ein Ende setzen soll. Dagegen endet die recht lebhafte Kontroverse zwischen Antoine Laurent de Lavoisier und Georg Ernst Stahl[1] mit einer ausdrücklichen Sanktion, die im Rahmen der wissenschaftlichen Öffentlichkeit verbleibt. Ganz gewiß ist jedoch die manchmal sehr komplizierte *Entwicklung* einer Kontroverse das eigentlich Interessante. Zum Beispiel hat die Diskussion über die Gefahr radioaktiver Strahlung bei schwacher Dosis zahlreiche Wendungen erlebt und lodert immer wieder auf, obwohl sie mehrfach für »erledigt« erklärt wurde. Ebenso verhält es sich mit den verschiedenen Debatten über die Erblichkeit von Intelligenz, die enden und wieder aufbrechen, nachdem sie die Grenze von einem Austragungsort zum nächsten überquert haben. Das Diagramm stellt die vier möglichen Quadranten nebeneinander.

[1] Vgl. oben, S. 662 f.

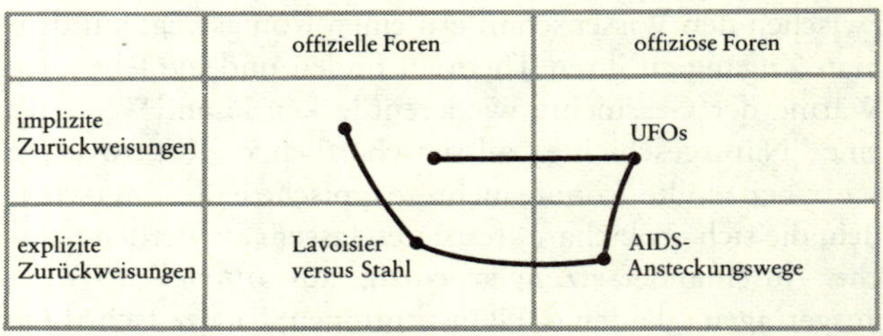

Verschiebung der Austragungsorte einer Kontroverse zwischen den vier Quadranten

In diesem Kapitel werden wir eine exemplarische Kontroverse in Erinnerung rufen, in der sich Mitte des neunzehnten Jahrhunderts Louis Pasteur und Félix-Archimède Pouchet gegenüberstanden. Der Streit ging um die Frage, ob es möglich sei, im Laboratorium die spontane Entstehung mikroskopischer Lebewesen zu demonstrieren.

Wenn wir von Kontroverse sprechen, unterstellen wir bereits, daß es wohldefinierte Gegner gibt; daß ein Ort existiert, an dem ihre Argumente aufeinandertreffen können; eine gemeinsame *Tagesordnung*, um festzulegen, welche Punkte erörtert werden sollen; eine Reihe von Prüfungen, die als entscheidend angesehen werden; Richter, die für alle Beteiligten akzeptabel sind, um die Entscheidung herbeizuführen, wer gewonnen und wer verloren hat; ein Berufungsverfahren, um über den Abschluß der Kontroverse zu befinden; und schließlich unabhängige Historiker, die weder der siegreichen noch der besiegten Partei allzu nahestehen dürfen und denen die Aufgabe zukommt, nach Erklärungen für Ausbruch und Ende der Auseinandersetzung zu suchen.

Freilich sind weder im Sport noch im Recht, weder in der Kriegsführung noch in der Wissenschaft alle diese Bedingungen ohne weiteres gegeben, vor allem die letzte nicht. Daß jemand seinen Gegner stellt und ihn unumstritten ein für allemal in den Augen aller »auseinandernimmt«, kommt sehr selten vor. Die meisten Auseinandersetzungen finden zwischen inkommensurablen Positionen statt. Es sind Kämpfe in einem Tunnel, in dem es manchmal passieren kann, daß man gegen den eigenen Schatten ficht. Deshalb ist der Disput zwischen Pasteur und Pouchet ein einfacher Fall und somit interessant. Die Kontroverse wird explizit ausgetragen, die beiden Gegner haben sich gesucht und als solche anerkannt. Sie schwankt beständig zwischen offiziösem und offiziellem Forum, führt jedoch zu einer gleichsam juristischen Lösung, die nacheinander von zwei Kommissionen der *Académie des sciences* herbeigeführt wird, der ersten 1862, der zweiten 1864. Pouchet akzeptiert die experimentellen Prinzipien Pasteurs, weil sie in seinen Augen wissenschaftlich sind, lehnt jedoch die beiden Kommissionen ab, weil er sie für ideologisch und politisch voreingenommen und für so einseitig hält, daß er nicht einmal vor ihnen erscheinen will.

Das Hauptinteresse an solchen Kontroversen besteht jedoch darin, uns die Natur der wissenschaftlichen Objekte zu vergegenwärtigen, zu denen sie führen. Indem wir uns die Entdeckung noch einmal vorlegen, ehe sie zu einer solchen wird, indem wir gewissermaßen in der Hitze des Gefechts noch einmal die Gruppe schildern, die dieses Objekt zu ihrer Sache macht, die sich für es interessiert und begeistert, können wir als Wissenschaftshistoriker mehrere Weisen unterscheiden, auf die man die Beziehungen zwischen den *Subjekten* und den *Objekten* der Wissenschaft betrachten kann. In diesem Kapitel werden wir die Kontroverse zwischen Pasteur und Pouchet als Versuchsmaterial verwenden, um vier Arten von Geschichte *in* den Wissenschaften einander gegenüberzustellen: die Geschichte der Entdeckungen [*l'histoire-découverte*], die Geschichte der Rahmenbedingungen [*l'histoire-conditionnement*], die Geschichte der Formung [*l'histoire-formation*] und die Geschichte der Konstruktionen [*l'histoire-construction*].

Eine Vorlesung in der Sorbonne

Paris, den 7. April 1864, im großen Amphitheater der Sorbonne.

»Ich werde Ihnen zeigen, meine Herren, wie die Mäuse hineingekommen sind. [...] *Bitte löschen Sie alles Licht.* Umgeben wir uns mit Nacht, machen wir alles dunkel und erleuchten einzig diese kleinen Körper, dann werden wir sie sehen, wie man am Abend die Sterne sieht. *Setzen Sie den Projektor in Gang.* Sie können deutlich erkennen, meine Herren, wie sich in diesem Lichtbündel Staubteilchen bewegen. *Richten Sie ihn auf den Labortisch.* [...] Sammeln wir diese Staubteilchen auf einem Glasplättchen, so können wir unter dem Mikroskop folgendes beobachten. *Herr Dubosq, projizieren Sie die Mikrographie.* [...]

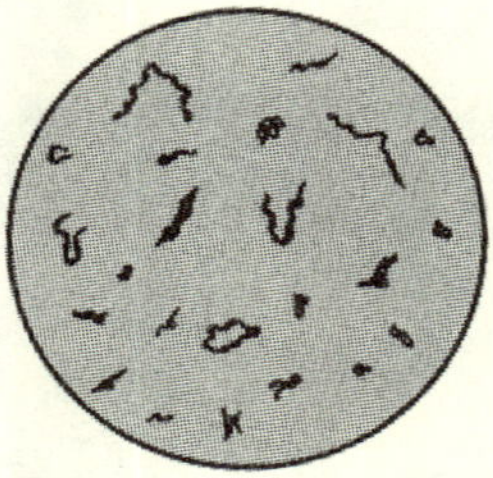

»Sie können deutlich erkennen, meine Herren, wie sich in diesem Lichtbündel Staubteilchen bewegen.«

Sie sehen darauf amorphe Dinge. Doch mitten unter diesen amorphen Dingen bemerken Sie Korpuskeln wie diese hier. Das, meine Herren, sind die Keime mikroskopischer Lebewesen. [...] Um zu demonstrieren, was an der Oberfläche des Quecksilbers[2] vor sich geht, werde ich nur die Küvette beleuchten und die Quecksilberoberfläche reichlich mit Staub bestreuen. Daraufhin tauche ich einen beliebigen Gegenstand in das Quecksilber der Küvette, einen Glasstab zum Beispiel; sogleich sehen Sie, wie die Staubteilchen wandern, wie sie alle auf die Stelle zusteuern, an der ich den Glasstab eintauche, und in den Raum zwischen dem Glas und dem Quecksilber eindringen, da das Quecksilber das Glas nicht benetzt. [...] Was folgt aus diesem so einfachen, doch für die Frage, die uns beschäftigt, so schwerwiegenden Versuch? Es folgt, daß es nicht möglich ist, mit der Quecksilberküvette zu hantieren, ohne Staubteilchen von der Oberfläche ins Innere des Gefäßes zu bringen. Gewiß, Herr Pouchet hat die Staubteilchen entfernt, indem er seine Versuche mit Sauerstoffgas, mit künstlicher Luft, durchführte; er hat die Keime beseitigt, die sich im Wasser, im Heu befinden mochten; doch was er nicht beseitigt hat, sind die Staubteilchen und demnach die Keime, die sich auf der Oberfläche des Quecksilbers befinden. *Ich bitte um Licht.* [...]

Meine Herren! Doch ich beeile mich, zu anderen Experimenten und Demonstrationen überzugehen, die Sie so beeindrukken werden, daß Sie nur diese Ihrem Gedächtnis werden einprägen wollen. *Unruhe im Saal. Beifall.* [...] Wir haben soeben bewiesen, daß sich Herr Pouchet getäuscht hat, da er bei seinen ersten Experimenten eine Quecksilberküvette verwendet hatte. Verzichten wir also auf die Verwendung der Quecksilberküvette, da wir erkannt haben, daß sie zu unvermeidlichen Irrtümern führt. Meine Herren! Hier sehen Sie eine vollkommen klare organische Infusion. *Hier die Infusion.* [...] Sie ist heute hergestellt worden. Morgen schon wird sie ›ani-

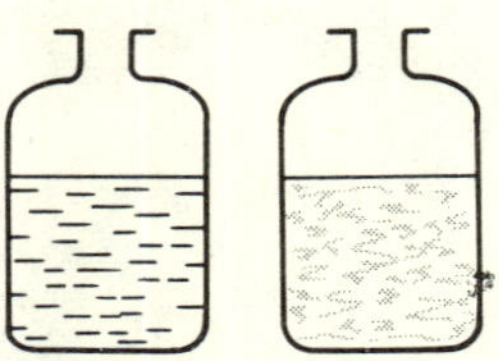

»Meine Herren! Hier sehen Sie eine vollkommen klare organische Infusion. Links die Infusion. *[...] Sie ist heute hergestellt worden. Morgen schon wird sie ›animalcula‹ enthalten [...].* Rechts die trübe Infusion.«

[2] Das *Quecksilber* als Trennmittel erlaubt es, den Inhalt einer Küvette luftdicht abzuschließen.

malcula‹ enthalten, Infusoria oder Flocken von Schimmelpilzen. *Hier die trübe Infusion.* [...] Ich gieße eine Portion dieser organischen Infusion in eine langhalsige Flasche wie diese. *Hier sehen Sie die Flasche.* [...] Nehmen wir an, daß ich diese Flüssigkeit zum Kochen bringe und sie anschließend abkühlen lasse. Nach einigen Tagen werden sich Schimmelpilze oder Aufgußtierchen in der Flüssigkeit entwickelt haben. Durch das Kochen habe ich die Keime zerstört, die in der Flüssigkeit und an den Gefäßwänden gewesen sein mögen. Sobald aber diese Infusion wieder mit der Luft in Berührung kam, ändert sie sich wie jede Infusion. [...] Nun nehme ich an, daß ich dieses Experiment wiederhole; doch bevor ich die Flüssigkeit zum Kochen bringe, ziehe ich mit Hilfe der Schmelzflamme den Kolbenhals dünn aus, lasse aber das äußerste Ende offen. [...] Darauf bringe ich die Flüssigkeit in dem Kolben zum Kochen und lasse sie wieder abkühlen. Die Flüssigkeit dieses zweiten Kolbens wird nun völlig unverändert bleiben, nicht zwei Tage lang, nicht drei, vier, nicht für einen Monat, ein Jahr, sondern drei und vier Jahre.

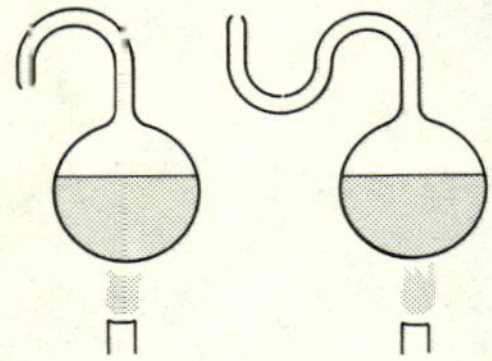

»Ich gieße eine Portion dieser organischen Infusion in eine langhalsige Flasche wie diese. Links sehen Sie die Flasche. *[...] Nun [...] ziehe ich mit Hilfe der Schmelzflamme den Kolbenhals dünn aus, lasse aber das äußerste Ende offen.«*

Welcher Unterschied macht sich zwischen diesen beiden Gefäßen geltend? [...] Sie enthalten dieselbe Flüssigkeit, sie enthalten beide Luft, beide sind offen. Warum also verdirbt diese, während jene sich nicht verändert? Meine Herren! Der einzige Unterschied zwischen den beiden Kolben ist folgender: In diesem *(links)* können die Luftstaubteilchen und ihre Keime sich in dem Kolbenhals absetzen und in Berührung mit der Flüssigkeit kommen, wo sie geeigneten Nährstoff finden und sich vermehren. Hier dagegen *(rechts)* ist es nicht möglich oder zumindest sehr schwierig, daß Staubteilchen, die in der Luft schweben, in das Gefäß eindringen. [...] Den Beweis dafür, daß es sich so verhält, gebe ich, indem ich das Gefäß zwei- oder dreimal heftig schüttele. *Ich schüttele das Gefäß heftig.* [...] In zwei oder drei Tagen werden ›animalcula‹ und Schimmelpilze erscheinen. Warum? Weil die Luft, die plötzlich zugeführt worden ist, Staubteilchen mitgeführt hat. *Beifälliges Murmeln.* [...]

Und daher, meine Herren, könnte auch ich mit Michelet sagen, indem ich Ihnen diese Flüssigkeit vorführe: ›Aus der Unermeßlichkeit der Schöpfung nahm ich meinen Wassertropfen, und ich nahm ihn voll seiner fruchtbaren Gallerte. Und ich warte, ich beobachte, ich befrage ihn: Mein Wunsch wäre es, für mich noch einmal mit der Urschöpfung zu beginnen; es wäre ein so schönes Schauspiel!‹ *Verschiedentlich Ausrufe.* [...] Doch er ist stumm! Er ist stumm seit mehreren Jahren, seit diese Experimente begannen. *Gemurmel.* [...] Und dies, ach! weil ich von ihm das einzige ferngehalten habe und noch jetzt fernhalte, was dem Menschen hervorzubringen nicht gegeben ist: ich habe von ihm die Keime ferngehalten, die in der Luft schweben, ich habe ihn vom Leben ferngehalten, denn das Leben ist der Keim, und der Keim ist das Leben. Niemals wird sich die Lehre der *generatio spontanea* von dem tödlichen Streich erholen, den ihr dieses einfache Experiment versetzt. *Anhaltender Beifall.*«

Das Ende der Kontroverse und die Geschichte der Entdeckungen

Mit dieser öffentlichen Vorlesung versetzt Pasteur der Theorie der *generatio spontanea* und ihrem Vorkämpfer Pouchet in der Tat einen »tödlichen Streich«. Aber was heißt es, Geschichte zu machen? Es heißt, ein Vorher von einem Nachher zu unterscheiden. Es bedeutet, tödliche Schläge auszuteilen, irreversible Situationen zu schaffen, dafür zu sorgen, daß die Vergangenheit ganz anders ist als die Gegenwart, daß beide sich deutlich voneinander abheben. Einen Schnitt zu vollziehen, der die Doktrinen trennt und die Köpfe rollen läßt, um so die anderen an der Rückkehr zur vorherigen Situation zu hindern, sie aus jener Unschlüssigkeit zu drängen, an der es liegt, daß sich die Jahre, die Augenblicke, die Zeiten nicht voneinander unterscheiden. ›Sie werden nicht von hier gehen, ohne überzeugt zu sein, daß die *generatio spontanea* mikroskopischer Lebewesen eine Chimäre ist‹, kündigt Pasteur an. Wenn alle Hörer das Amphitheater der Sorbonne mit der Überzeugung verlassen, daß die Lehre Pouchets ›niemals mehr‹ ihr Haupt erheben wird, dann ist das ein geschichtlicher Schritt, ein kleiner zumindest. Das Auditorium kann nun zwei Epochen voneinander unterscheiden, eine Zeit vorher und nachher. ›Wir sind dabeigewesen.‹ Wenn die Schlacht unentschieden bleibt, wenn die Beweise keine Schlußfolgerung erlauben, wenn Pouchet das Experiment der Kolben mit dem langgezogenen Hals ohne Mühe zu Fall bringen kann, dann werden sich die ratlosen Hörer weder an den Tag noch an das Experiment, ja nicht einmal an die Position Pasteurs erinnern können. Nichts ist geschehen. Nichts ist vorbei. Alles bleibt wie zuvor im Zustand der Konfusion.

Pasteur will gegenüber den Jahrhunderten vor ihm einen Schnitt ziehen, ein Datum setzen, Epoche machen; er möchte seine Zeit und seine Zuhörer prägen. Jahrhundertelang hat man geglaubt, daß unter gewissen Umständen in einem abgeschlossenen Raum mehr oder weniger große organisierte Lebewesen spontan entstehen könnten, ohne Eltern zu haben, die ihnen gleichen. Der Flame Johann

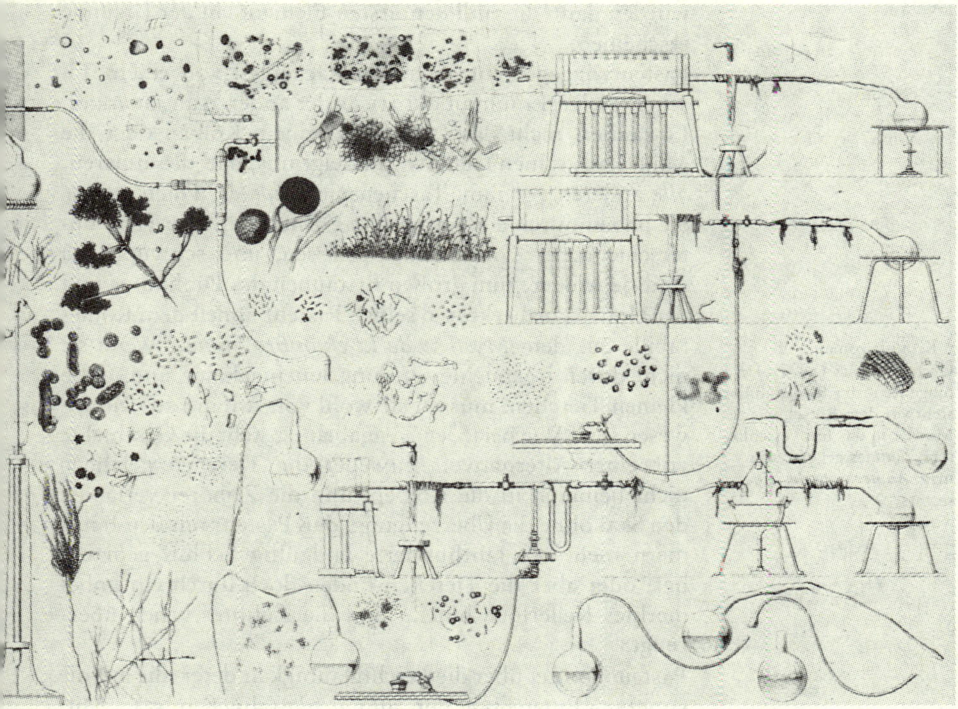

Der Zoo der Mikroorganismen, wie er von Pasteur erschaffen und dann in Kupfer gestochen wurde (mit Annotationen des Verfassers), zur Illustration seiner Abhandlung über die generatio spontanea *Man erkennt den Apparat zum Filtrieren der Luft, die Kolben mit langgezogenem Hals und verschiedene Präparate, welche die in der Luft enthaltenen Keime zeigen.*
Musée Pasteur, Paris

Baptist van Helmont (1579-1644) schrieb im siebzehnten Jahrhundert, daß sogar Mäuse aus einem Getreidefaß hervorkommen könnten, dessen Öffnung er mit einem schmutzigen Hemd verstopft hatte. Wie ein Taschenspieler wider Willen ließ van Helmont aus seinem Behälter Frösche oder Ratten erscheinen, die niemand, nicht einmal er, hatte eindringen sehen. Wenn ihre Eltern sich nicht in den Weizen eingeschlichen haben, müssen sie von irgendwoher gekommen sein, diese Mäuse. Daß sie spontan entstehen, ist weder für van Helmont absurd noch für Buffon oder Michelet; alle schreiben der Materie eine Kraft, eine schöpferische Energie zu, die ausreicht, aus unbelebter oder organischer Materie wenn nicht Mäuse, so doch *animalcula*, winzige primitive Lebewesen neu zu erschaffen, so wie das Mikroskop sie dem verblüfften Auge offenbart. Die Schöpfung geht weiter. »Ach! welch schönes Schauspiel das wäre!« Welch wunderbare Entdeckung, in einer Laborflasche die Bedingungen zu reproduzieren, die am Ursprung des Lebens herrschten, dorthin, was weiß ich? einen Blitz zu schleudern, und zisch!

würden dann die rudimentärsten Elemente in der Ursuppe erscheinen.

Pasteur dagegen tut genau das Gegenteil von einem Taschenspieler. Er nimmt die Tricks der anderen auseinander. Er zaubert nicht das Leben aus seinem Kolben oder die Mäuse aus seinen Gefäßen. Er zeigt uns, daß die anderen, *alle* anderen vor ihm, Taschenspieler *wider Willen* waren. Sie haben durch eine versteckte Öffnung diverse Tiere unterschiedlicher Größe hineingelassen, und schwupp! da sind sie wieder, zum großen Erstaunen des Publikums und der Flohzirkusdirektoren selbst. Pasteur ähnelt dem Rouletabille aus dem *Mystère de la chambre jaune.*[3] Wenn sie nicht durch irgendeine Öffnung hineingelangt sind, diese kleinen Tierchen, müssen sie wohl von Anfang an drin gewesen sein. Wie bei jeder Weggabelung steht die Geschichte vor einer Alternative: Entweder die Tierchen gelangen nicht heimlich in die Kolben, und die Zuhörer verlassen den Saal ohne die Überzeugung, daß Pasteur mit den Irrtümern mehrerer Jahrhunderte endgültig Schluß gemacht hat; oder aber die Tierchen finden doch durch ein unbemerktes Kellerloch hinein, und die Zuhörer gehen überzeugt.

[3] Kriminalroman von Gaston Leroux (1907). Der junge Reporter Rouletabille steht vor dem Rätsel, wie der Mörder in das fest verschlossene Zimmer gelangt sein mag. *Anmerkung des Übersetzers*

Pasteur spottet über die Leichtgläubigkeit derer, die auf die spontane Entstehung der *animalcula* schließen, statt Mitleid mit ihrem Mißgeschick zu empfinden. Pouchet glaubte alle nur denkbaren Vorsichtsmaßnahmen mit seiner Quecksilberküvette ergriffen zu haben. Sein Gegner beweist daraufhin, daß das Quecksilber selbst von Staub bedeckt ist. Dann zeigt er, daß diese Staubpartikel Keime transportieren, das heißt die *Eltern* der winzigen Tierchen, die Pouchet »spontan« in seinen Kolben erkennt.

Um die These, die er bekämpft, erst recht lächerlich zu machen, zeigt Pasteur, wie er über Erscheinen und Verschwinden dieser Lebewesen *nach Belieben* verfügen kann. Darin liegt der Sinn der Episode der Kolben mit dem langgezogenen Hals. Obwohl die Öffnung offenbleibt, versteht es Pasteur, als Ergebnis sowohl Kolben zu bekommen, deren Inhalt sich trübt, wie auch solche, deren Inhalt klar bleibt. Unter sonst gleichen Umständen ist die einzige Variable der *Kontakt* der Luftpartikel mit der Nährflüssigkeit. Ist der Schwanenhals zu lang oder zu gewunden, geht zwar Luft hindurch, aber kein Staub, und die Flüssigkeit bleibt klar; ist der Hals kurz oder gerade, oder wird der Kolben geschüttelt, kommen die von der Luft transportier-

Doch wo ist Madame Pasteur geblieben? Der Maler hat sie nicht vergessen. Sie hält sich im Hintergrund, im hinteren Teil des Laboratoriums, als stets verläßliche Stütze Pasteurs, der hier als strenger und ehrgeiziger Gelehrter dargestellt ist. Gemälde von Robert Thom, aus der Serie Great Moments in Medicine. *Musée Pasteur, Paris*

ten Partikel mit der Nährflüssigkeit in Berührung, und die Infusion verändert sich rasch. Während Pouchet sich ahnungslos von Tierchen manipulieren läßt, die hinter seinem Rücken auftauchen und verschwinden, beherrscht Pasteur die Situation und verschafft sich Gehorsam, indem er die Klappe betätigt. Mit der Folge, daß derjenige, der das Kommen und Gehen der Lebewesen im Griff hat, auch das Kommen und Gehen seiner Zuhörer kontrollieren wird: ›Pouchet wird damit nicht wieder anfangen; die Sache ist entschieden, die Akte ist geschlossen: es gibt keine *generatio spontanea.*‹ Wie stets, wenn man Geschichte machen will, empfiehlt es sich, auch gleich die Geschichte der eigenen Taten zu schreiben. Pasteur zögert nicht: »Man muß wohl sagen, daß der Glaube an Spontanentstehungen ein Glaube ist, der in jeder Epoche lebendig war; der in der Antike allgemein Billigung fand, in neueren Zeiten und vornehmlich in unseren Tagen jedoch nicht mehr unumstritten war. Es ist dieser Glaube, den ich bekämpfen will. Seine gleichsam unbegrenzte Dauer über die Zeitalter hinweg beeindruckt mich sehr wenig, denn wie Sie zweifellos wissen, können die größten Irrtümer ihre Zeit in Jahrhunderten messen.« Damit ist der historische Rahmen abgesteckt: auf der einen Seite die Unendlichkeit von Jahrhunderten, auf der anderen dieser Abend, auf den Sie jetzt zurückblicken können; auf der einen Seite ein zäher Irrtum, auf der anderen zwei Vorkämpfer für ihre Sache, Pouchet und Ihr gehorsamer Diener, beide Schüler der experimentellen Methode. Herr Pouchet ist ein achtbarer

Mann, »was ich [an ihm] schätze, ist seine Erklärung, daß sein Denken *an die Ergebnisse des Experiments gebunden* ist«. Meines ebenfalls: »Ich bin ohne vorgefaßte Idee an [diese Frage] herangegangen und war – für den Fall, daß mich das Experiment zu diesem Geständnis *genötigt* hätte – ebensosehr bereit zu erklären, daß es spontane Entstehungen gibt, wie ich heute davon überzeugt bin, daß diejenigen, die sie behaupten, mit Blindheit geschlagen sind.« Das ist das ganze Problem. Der gute Pouchet spielt Blindekuh mit den Mikroben, die er weder sieht noch ahnt. Ich sehe, ich glaube, mir sind die Augen geöffnet worden. Ende der Geschichte.

Wie stets, wenn man Geschichte machen will, ist es nicht schlecht, wenn einem die Historiker vom Fach die Chronologie der Ereignisse sowie diese selbst bestätigen, das heißt mit ihrer unabhängigen Autorität die Irreversibilität dessen bekräftigen, was man selbst erreicht hat. An solchen Historikern fehlt es Pasteur gewiß nicht, schon gar nicht an Hagiographen. Die Geschichte, die er erzählt, fand in der Geschichte der Fachhistoriker fast stets Resonanz. Er schätzte Pouchet, erkannte an, daß er Experimente gemacht hatte, daß er rechtschaffen, aber im Irrtum befangen sei. Als die Einwohner von Rouen 1875 ein Denkmal für Pouchet aufstellen wollten, setzte sich Pasteur nachdrücklich dafür ein: »Der gewissenhafte Gelehrte verdient die Anerkennung aller für das, was er an Gutem und Nützlichem getan hat, und noch in seinen Irrtümern hat er ein Anrecht auf jeglichen Respekt.« Die Historiker halten sich mit solchem *fair play* nicht auf. Armer Pouchet, was für ein Esel! Er hat sich nicht einmal zu verteidigen gewußt. Er verwechselt die rohen Tatsachen mit der hypothetisch-deduktiven experimentellen Methode. Er bringt alles durcheinander. Er hält an den Überzeugungen einer anderen Epoche fest. Er schreibt eine Art Kauderwelsch. Nein, zwischen Pasteur und Pouchet sind keine Beziehungen denkbar. Auch wenn sie sich zeitlich sehr nahestehen, sind sie durch einen »epistemologischen Einschnitt« voneinander getrennt, der sich unter ihren Füßen wie eine tiefe Spalte auftut. Auf der einen Seite haben wir die gesunde experimentelle Methode, auf der anderen einen blinden und pedantischen Positivismus; hier steht jemand, der die Mikroben *entdeckt*, und dort einer, der sich auf die Behauptung versteift, er habe eine Entdeckung bestätigt, während er überhaupt nichts entdeckt hat. Kurz, Pouchet hat

Pasteur widersprochen, und er hat verloren. Der Schlußstrich ist gezogen. Warum hat er sich auch eingemischt? Exit Pouchet.
Bei den Historikern und erst recht bei den Hagiographen nimmt die Irreversibilität so ausgeprägte Züge an, daß zwischen der Zeit vor und nach Pasteur kein *gemeinsames Maß* mehr besteht; es gibt keinen Maßstab mehr, der es erlaubte, Pasteur mit seinem Gegner Pouchet zu vergleichen. Beide befinden sich in zwei verschiedenen Sphären, zwei verschiedenen Zuständen, zwei inkommensurablen »Paradigmen«. Soll heißen: dieser ist im Irrtum, jener *im Wahren*. Also ist die Geschichte gelaufen, und zwar gut gelaufen. Vorher haben wir uns getäuscht: jetzt, dank Pasteur, täuschen wir uns nicht mehr. Der Entdecker legt vorsichtig frei, was zuvor verhüllt war. Die Zeit vergeht, aber das Vergehen hat nur dazu gedient, das Wahre im Falschen zu ent-hüllen. Die Geschichte der aus dem Irrtum auftauchenden Wahrheit hilft Pasteur und den Seinen gewiß, doch sie selbst hat eigentlich ziemlich wenig Geschichte oder, wie die Philosophen sagen, ziemlich wenig Historizität. Die Geschichte passiert, ohne daß viel passieren könnte. Das Vorher und das Nachher unterscheiden sich nur darin, daß das zweite wahrer ist als das erste. Die Zeit dient dazu, die Positionen zu »berichtigen«. Van Helmont täuschte sich sehr, Buffon etwas weniger, Pouchet noch etwas weniger und Pasteur gar nicht mehr. Was die Mikroben angeht, so waren sie *niemals* imstande, sich in einem versiegelten Kolben spontan zu reproduzieren. Wozu also die Geschichte? Sie dient dazu, die Entdeckung dessen, was auf der Hand liegt, mehr oder weniger zu *verzögern*. Irgendein böser Geist, der mit den Menschen Verstecken spielt, hat bald hier, bald dort die wissenschaftlichen Wahrheiten verborgen. Die Gelehrten kämpfen darum, sie wiederzufinden. Der böse Geist ruft ihnen zu: »heiß!« oder »kalt!«. Der Klügste gewinnt. Der Gewinner bekommt alles; einen zweiten Platz gibt es nicht. Ich werde diese Wissenschaftsgeschichte, die fast jeder Historizität entbehrt, *Geschichte der Entdeckungen* nennen, da sie keine andere Funktion hat, als das *Datum* nach vorn oder nach hinten zu verschieben, den Zeitpunkt, zu dem der Wissenschaftler die Menschen mit einem schon bestehenden Phänomen bekannt macht. So werden die Chronologien erstellt, mit denen manche wissenschaftlichen Lehrbücher beginnen und die in manchen Kreisen noch als »die

Geschichte« gelten: »Jemand hat sich für das Problem *x* interessiert; er hat zusammen mit jemand anderem einen Artikel veröffentlicht; darauf hat er die Entdeckung *y* gemacht.« So werden in Nachrufen Perlen aufgereiht, ohne daß es Geschichte zu erzählen gäbe.

Der Beginn der Kontroverse und die Geschichte der Rahmenbedingungen

Wozu die Geschichte der Entdeckungen erzählen, da doch im Grunde darin nichts geschieht? Um zu verstehen, wie Pasteur Geschichte gemacht hat, müssen Historiker, die sich diesen Titel verdienen wollen, ein bißchen mehr tun, als in seiner Nachfolge zu wiederholen, was er selbst gesagt hat. Schon um der Ehre Pasteurs willen müssen sie ein wenig Risiko, ein wenig Zögern hinzugeben. An jenem Abend in der Sorbonne waren die Würfel noch keineswegs gefallen. Pasteur hätte vielleicht nicht verlieren, doch weniger überzeugen können. Statt die ohnehin sehr starke Position Pasteurs zu unterstützen, wäre es angemessen, diejenige Pouchets zu stärken, *selbst mit Tricks und Raffinessen*. Zumindest geht es darum, eine elementare Gerechtigkeit walten zu lassen, welche die beiden streitenden Parteien vor eine Art Gerichtshof lädt und sie immer abwechselnd reden läßt. Ich werde die Anwendung dieser elementaren Gerechtigkeit auf wissenschaftliche Kontroversen *Symmetrieprinzip* nennen. Statt einen bedingungslosen und radikalen Einschnitt anzunehmen zwischen denen, die im Falschen, und denen, die im Wahren sind, werden wir nur Sieger und Besiegte erkennen. Die Sieger brauchen vom Historiker nicht geschützt zu werden, sondern nur die Besiegten, denen wir vor dem Tribunal der Geschichte sozusagen eine zweite Chance geben. Entweder verlieren sie abermals, und die Helden, die den Hagiographen so am Herzen liegen, gewinnen dadurch neuen Ruhm; oder sie verlieren nicht oder verlieren weniger, und wir werden die Genugtuung empfinden, eine Ungerechtigkeit beseitigt, einen Kandidaten gerettet zu haben, der eigentlich nicht schlecht war, sondern nur Pech hatte.
Nun ist Pouchet kein Dummkopf. Er ist ein herausragender Naturforscher, Professor in Rouen, Korrespondent der Pariser *Académie des sciences*, gläubiger Katholik, sechzig Jahre alt (Pasteur war damals erst achtunddreißig); und daß er ein gewissenhafter Experimentator ist, erkennt auch Pasteur höflich an. Der erste Briefwechsel zwischen den beiden künftigen Protagonisten unterscheidet sich sehr von

dem, was fünf Jahre später an der Sorbonne geschehen wird.

»Sie machen mir große Ehre, mein Herr, wenn Sie versichern, daß Ihnen sehr an meiner Meinung über die Frage der spontanen Entstehung liegt. Die Experimente, die ich zu diesem Gegenstand unternommen habe, sind zu wenige und, wie ich sagen muß, zu schwankend in den Ergebnissen, die sie mir geliefert haben, als daß ich wagen könnte, eine Meinung zu haben, die Ihnen mitgeteilt zu werden verdiente.«

Nach dieser ausgesprochen zurückhaltenden Äußerung trägt Pasteur im selben Brief selbstgewiß die Erklärung der »erfolgreichen« Experimente Pouchets vor:

»Wollten Sie, mein Herr, die Vorkehrungen treffen, die ich Ihnen andeute; Sie könnten binnen weniger als einer Viertelstunde mit einem Experiment beginnen und zu der Überzeugung gelangen, daß Sie bei Ihren jüngsten Experimenten unwissentlich gewöhnliche Luft zugeführt haben und daß die Folgerungen, zu denen Sie gelangt sind, nicht mit untadeliger Exaktheit auf die Tatsachen gegründet sind. Ich denke also, mein Herr, daß Sie unrecht haben; nicht darin, daß Sie an die *generatio spontanea* glauben – denn es ist schwer, in einer solchen Frage keine vorgefaßte Idee zu haben –, sondern darin, daß Sie die *generatio spontanea* [als Wahrheit] behaupten.«

Pasteur wendet selbst das Symmetrieprinzip an und erteilt damit nicht nur Pouchet, sondern auch gewissen Gegnern, die große Ähnlichkeit mit Pasteur selbst haben, eine Lektion in Epistemologie:

»In den experimentellen Wissenschaften hat man stets unrecht, nicht zu zweifeln, solange die Tatsachen nicht zur positiven Behauptung verpflichten; wenn jedoch, wie ich mich zu sagen beeile, auf die eben erwähnten Experimente hin Ihre Gegner behaupten, die Keime für die organisierten Produktionen der Aufgüsse befänden sich in der Luft, so gehen sie über die Resultate des Experiments hinaus; sie müßten einfach sagen, daß es in der gewöhnlichen Luft etwas gibt, das eine Bedingung des Lebens ist, das heißt ein ungenaues Wort verwenden, das nicht präjudiziert, was diese Frage an Delikaterem enthalten mag. [...] Nach meiner Ansicht ist diese Frage von entscheidenden Beweisen noch weit entfernt. Was gibt es in der Luft, das die Organisation hervorruft? Sind es Keime? Ist es ein fester Körper? Ist es ein Gas? Ist es ein Fluidum? Ist es ein Prinzip, wie der Ozon? All dies ist unbekannt und lädt ein zum Experiment. [...]

> Trotz der freundlichen Aufforderung, die Sie an mich gerichtet haben, möchte ich mir erlauben, mein Herr, mich zu entschuldigen für die Freiheit, die ich mir genommen habe, Ihnen zu sagen, was ich in einer so delikaten Angelegenheit dachte, die überdies nur zufällig und zu einem sehr geringen Teil in der Richtung meiner Forschungen lag.«

In den nächsten fünf Jahren wird Pasteur von seinen »vorgefaßten Ideen« zu »Vorurteilen« übergehen, aus der *generatio spontanea* eines seiner wichtigsten Forschungsthemen machen und die »ungenauen« Worte, dieses Was-weiß-ich in der Luft, durch präzisere Worte ersetzen: Es kann sich kein Organismus in einer Nährlösung befinden, der nicht von Eltern, die ihm gleichen, dorthin gebracht wurde. Was ist in diesen fünf Jahren geschehen? Pasteur hat sich in den Streit gestürzt und sich eine Doktrin und eine experimentelle Praxis zurechtgezimmert, die es ihm erlaubt haben, das, was man von den Mikroorganismen erwarten darf, neu zu definieren.

Daß er sich in einen Streit einmischt, der damals »von entscheidenden Beweisen noch weit entfernt« war und den er binnen fünf Jahren vollkommen verwandelt: soll das bedeuten, daß er von neuen Faktoren beeinflußt, *von anderen Bedingungen gelenkt* worden ist, die nicht alle (wie man so sagt) »streng wissenschaftlich« sind?

Die außerwissenschaftlichen Faktoren

Kein Zweifel, daß die Kontroverse mit ganz anderen Dingen befrachtet ist als Laboratoriumspraktiken. Die Politik taucht in der Debatte ebenso unvermutet auf wie die Ratten, Mäuse, Fliegen oder Mikrozoen in den Kolben der Parteigänger der *generatio spontanea.* Kann man sich eine Frage denken, die in einem einfacheren und unmittelbareren Sinne politisch wäre als diese: ›Sind wir immer genau unseren Eltern gleich? Mit anderen Worten, ist eine Schöpfung möglich, die von dem jahrtausendealten Konservativismus der Geburten und Zeugungen unabhängig wäre?‹

Das Thema ist um so heikler, als Pouchet und Pasteur diese schwierige Frage in einer Zeit behandeln, in welcher der Streit um die Abstammungslehre voll entbrannt ist. Als Clémence Royer zwei Jahre später (1862) Darwins Werk *On the Origin of Species* übersetzt und in einem flammenden Vorwort für Materialismus, Atheismus und Republik Partei ergreift, ist der Streit um die *generatio spontanea* von dem um die Evolution nicht mehr zu trennen. Wann immer in den nächsten fünfzig Jahre von Darwin oder von spontaner Entstehung die Rede ist, spricht man im selben Atemzug über Biologie, über die soziale Frage, über Gott und die Formen der Regierung.

Pouchet wirft sich in die Schlacht. Als er 1859 das umstrittene Werk *Hétérogonie ou traité de la génération spontanée* veröffentlicht, verwendet er größte Mühe auf eine Kritik des Materialismus und Transformismus. Die *Homogonie*[4] oder Homogenese müßte seit Beginn der Schöpfung stets genau gleiche Eltern voraussetzen. Nun zeigen uns aber die geologischen Katastrophen, daß es Brüche in der Erdgeschichte gegeben hat. Wie sind sie zu erklären? Man muß an einer gewissen Plastizität der Materie festhalten, an einer gewissen Eignung oder Fähigkeit, Organisationen zu erzeugen, die von den Bedingungen ihrer Entstehung *abweichen*. Diese Fähigkeit nennt Pouchet *Heterogonie*. Seine Lehre von der *generatio spontanea* verlangt vom Zufall nicht, Frösche oder auch nur Fliegen aus der unbelebten Materie hervorzubringen, sondern verlangt nur von *Gott*, in der Materie genügend Lebenskraft zu erhalten, um – ausgehend von *organischen* Stoffen – *Eier* von Mikroorganismen zu bilden. Denn Gott selbst wird genötigt sein, nach jeder großen geologischen Katastrophe bei der Wiederherstellung der Arten auf diese Lebenskraft zurückzugreifen. Ohne diese Hypothese würde der Transformismus unvermeidlich, da man sonst nicht ohne Rekurs auf die schreckliche Hypothese Darwins von der Evolution der Arten erklären könnte, wieso auf verschiedenen geologischen Schichten unterschiedliche Arten vorkommen. Die *generatio spontanea* leugnen heißt für Pouchet soviel wie eine atheistische Position einnehmen und sich dem Darwinismus in die Arme werfen. Die göttliche Schöpfung muß heute weitergehen können. Die Heterogenese ist eine fromme Notwendigkeit.

Man wird vielleicht fragen, ob es denn nötig ist, von Gott und der Schöpfung, von Revolution und Konservativismus zu sprechen, um das Gewimmel winziger Tierchen in Glaskolben zu erkennen. Dieser Pouchet vermischt offenbar Dinge, die gar nichts miteinander zu tun haben. Sein Wissen ist ebenso *heterogen* wie sein Buch; beiden fehlt die schöne *Homogenität*, die man vom wissenschaftlichen Wissen erwarten dürfte. Wenn wir Pasteur betrachten, sehen wir jedoch, daß ihn diese Vermengung nicht im minde-

[4] Pouchet benutzt den Ausdruck »Heterogonie« (»Entstehung aus Andersartigem«), um die Geburt eines Lebewesens aus einem elterlichen Organismus zu bezeichnen, der ihm nicht gleicht. Im Gegensatz dazu nennt er den gewöhnlichen Vorgang der Entstehung von Kindern, die ihren Eltern gleichen, »Homogonie«. Die Begriffe Pouchets werden hier metaphorisch verwendet, um von der Entstehung wissenschaftlicher Ideen aus gleichartigen (Homogenese) oder sehr ungleichartigen Ideen (Heterogenese) zu sprechen.

sten stört. Der Historiker wissenschaftlicher Kontroversen muß sehr darauf achten, daß er solche explizit politischen Äußerungen nicht asymmetrisch behandelt und nur die Ideologien der Besiegten analysiert. Betrachten wir zum Beispiel den Beginn der berühmten Vorlesung, die ich weiter oben präsentiert habe.

> »Meine Herren!
> Große Probleme halten uns heute in Atem und beschäftigen jeden wachen Geist: die Einheit oder Vielfalt der menschlichen Rassen; die Schöpfung des Menschen vor einigen tausend oder vor einigen hunderttausend Jahren; die Konstanz der Arten oder ihre langsame und fortschreitende Transformation ineinander; die für ewig gehaltene Materie und, außer ihr, das Nichts; die Entbehrlichkeit der Idee Gottes: das sind einige der Fragen, die heutigentags unter den Menschen umstritten sind.
> Befürchten Sie nicht, daß ich mit der Absicht hierherkomme, irgendeines dieser ernsten Probleme zu lösen; doch in der Nähe dieser Rätsel, verwandt mit ihnen, gibt es eine Frage, die damit unmittelbar oder mittelbar verknüpft ist und mit der ich es vielleicht wagen darf, Ihre Aufmerksamkeit zu behelligen, da sie dem Experiment zugänglich ist und ich sie unter diesem Gesichtspunkt zum Gegenstand strenger und gewissenhafter Studien gemacht habe. Es handelt sich um die Frage der sogenannten *generatio spontanea*.
> Kann sich die Materie von selbst organisieren? Mit anderen Worten, können Lebewesen ohne Eltern und Vorfahren zur Welt kommen? Das ist die Frage, die zu lösen ich mir vorgenommen habe.«

In Pasteurs Augen ist die *generatio spontanea* zum Lieblingsthema der Atheisten geworden, derer, die der Materie genügend Potenz gönnen wollen, um ganz allein, ohne Gott zu benötigen, die fortlaufende und veränderliche Kette der Lebewesen zu erschaffen. Während Pouchet die *generatio spontanea* benutzte, um Gott zu verteidigen und den Darwinismus zu besiegen, verknüpft Pasteur die Position seines Gegners mit den drei Themen des Materialismus, Atheismus und Darwinismus und stellt seine eigene Forschung »in die Nähe« dieser großen Fragen. Ein paar Minuten später projiziert Pasteur Zeichnungen von Hefepilzen auf eine Leinwand und leiht den Gegnern seine Stimme:

> »Haben Sie gesehen [wie die Materie sich organisiert] am ersten Abend dieser Vorlesungen, im Rahmen der schönsten Erscheinungen der Natur? Haben Sie gesehen, wie die Mate-

rie, den Launen des Gelehrten preisgegeben, mächtig oder schwach ist? Ach! Könnten wir ihr jene andere Kraft zusprechen, die Leben heißt, und zwar ein Leben, das sich in seinen Erscheinungen mit den Bedingungen unserer Experimente veränderte – was wäre natürlicher, als diese Materie zu vergöttlichen? Wozu dann die Idee einer uranfänglichen Schöpfung noch aufrechterhalten, vor deren Rätsel man sich beugen muß? Wozu dann noch die Idee eines Schöpfergottes?«

Dies ist nicht mehr die Waage des Historikers wissenschaftlicher Kontroversen; hier neigt sich die Waage des Engels des Jüngsten Gerichts. An der *generatio spontanea* festhalten heißt auf Gott verzichten. Doch Pasteur ist Gelehrter, kein Prediger. Nachdem er die Position seiner Gegner mit dem Materialismus verknüpft hat, nachdem er Gott selbst in die eine Waagschale und den Materialismus in die andere gelegt hat, *nimmt er sie beide gleich wieder heraus*:

»Sie verstehen nun den Zusammenhang, der zwischen der Frage der *generatio spontanea* und den großen Problemen besteht, die ich zu Beginn aufgezählt habe. Doch genug jetzt, meine Herren, mit solcher Poesie, mit soviel Phantasie und instinktiven Lösungen bei einem Thema wie diesem; es wird Zeit, daß die Wissenschaft, die wahre Methode, in ihre Rechte eintritt und sie ausübt. Hier zählen nicht Religion und nicht Philosophie, weder Atheismus noch Materialismus oder Spiritualismus. Ich könnte sogar hinzufügen: als Gelehrten geht mich das alles wenig an. Die Frage, um die es sich handelt, ist eine Frage der Tatsachen; ich bin ohne vorgefaßte Meinung an sie herangegangen und war – für den Fall, daß mich das Experiment zu diesem Geständnis genötigt hätte – ebensosehr bereit zu erklären, daß es spontane Entstehungen gibt, wie ich heute davon überzeugt bin, daß diejenigen, die sie behaupten, mit Blindheit geschlagen sind.«

Pasteur hat schreckliche Beschuldigungen geäußert. Pouchet, als guter Katholik und erbitterter Gegner des Darwinismus, sieht sich des Atheismus und Evolutionismus bezichtigt. Dann nimmt Pasteur seine Anklagen urplötzlich zurück, und die ins Wanken geratenen Waagschalen beruhigen sich wieder. Übrig bleiben zwei arme Sklaven des Experiments, die geduldig auf den Ausgang des Rennens warten. Welche Mikroben werden gewinnen? Die mit der Startnummer »Pouchet« oder die mit der Startnummer »Pasteur«?

Damit berühren wir einen der empfindlichsten Punkte der Wissenschaftsgeschichte. Hat Pasteur außer den Mikroben, die er nachweisen und durch Projektion, Demonstration und Experiment allen vor Augen führen konnte, neue Verbündete in die Sorbonne gerufen, die dort »nichts zu suchen« haben? Zweifellos, da er ein Drittel seines Vortrags darauf verwendet, Pouchet die Schellenkappe des Atheismus aufzusetzen. Dann nimmt er sie ab, erkennt die Fähigkeiten seines Gegners an und äußert die Erwartung, daß Pouchet ebenso wie er selbst nichts als die Tatsachen achtet. Geschicktes Manöver, wird man sagen; zuerst ruft er drohend den Namen Gottes an und behauptet dann, Gott dürfe uns nicht mehr einschüchtern – wir seien »absolut frei« darin, zur Annahme der *generatio spontanea* zu gelangen oder auch nicht. Doch wer von Manöver spricht, unterstellt Unaufrichtigkeit. Das hieße annehmen, daß Pasteur seine Vorurteile, seinen Konservativismus, seinen katholischen Glauben durchaus in der Waagschale beläßt und *nur so tut*, als hätte er sie wieder herausgenommen. Wenn wir Partei ergreifen, uns zu den Rächern Pouchets machen wollten, kurz: wenn wir das Symmetrieprinzip vergäßen, könnten wir in der Tat Pasteur Täuschung, Machenschaften und Unaufrichtigkeit vorwerfen. Wir wären dann von einer *rationalistischen* Version, die Pasteur ausschließlich gute Gründe unterstellt, zu einer *soziologistischen* Version übergegangen, die ihnen sehr üble hinzufügen würde.

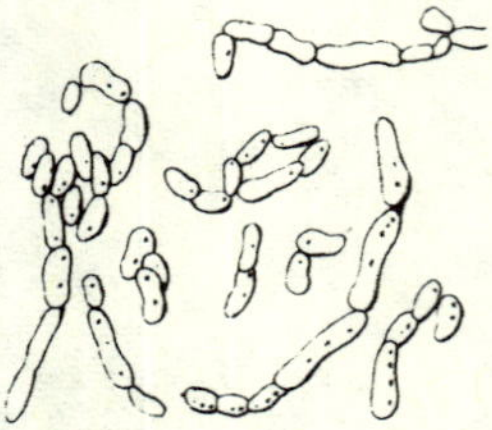

Hefepilz der Gattung Mycoderma, *»ähnlich der Bier- oder Weinhefe usw., in Stäbchen von ganz unterschiedlicher Größe, und mehr oder weniger verzweigt«. Aus: L. Pasteur, »Fermentations et générations spontanées«, Abbildung 27e*

Wie können wir uns dieser Schwierigkeit entziehen und die Unabhängigkeit unserer Analyse bewahren? Indem wir uns noch enger an den oben dargelegten Grundsatz halten: Wie äußern sich die Akteure *explizit* über die Berufung auf bestimmte Verbündete, die sie für ihren Sieg brauchen, und den Ausschluß anderer? Pasteur sagt ganz genau, in welcher Weise er Gott verwendet: Gott befindet sich »in der Nähe« seines Problems; er ist damit »direkt oder indirekt verbunden«, aber man kann Ihn nicht um das Scheitern eines Experiments anrufen. Er ist eine Sicherung, die nicht den Sieg gewährleistet, auf die aber der Gegner stieße, wenn unglücklicherweise seine Mikroben gewönnen. Er ist ein Verbündeter, der den Gegner schwächt (›Sehen Sie nur, wie sie von ihrem Willen zum Atheismus beeinflußt sind!‹), ohne insoweit Pasteurs eigene Position anzustecken – »als Gelehrten geht mich das alles wenig an«, sagt dieser treue Sohn der Kirche im Gefühl stolzer Unabhängigkeit. In diesem Punkt haben wir kein Recht, Pasteur der Lüge zu bezichtigen, ihm zu unterstellen, er täusche die Treue zum

Experiment nur vor oder wolle den Beweis, daß »alle Organismen stets von Eltern abstammen, die ihnen gleich sind«, als konservativer Freund des Kaisers führen. »Als Historiker geht uns das alles wenig an«, wir haben weder für das Wahre noch für das Falsche Partei zu ergreifen, weder für die Böswilligkeit noch für die Gutgläubigkeit. Wir haben nur zu verstehen, wie es Pasteur gelingt, daß sich der Waagebalken zu seinen Gunsten neigt. Wie er die Berufung auf Gott – diesen zugleich nützlichen und belastenden Verbündeten – vage andeutet, präzise begrenzt und geschickt formuliert, mit der gleichen Sorgfalt, mit der er die Bewegung der in der Luft schwebenden Mikroben in den Windungen der Gefäße mit dem langen, gebogenen Hals vage andeutet, präzise begrenzt und geschickt formuliert. Die bloße Berufung auf Gott hätte im Jahre 1864 mitten in der Sorbonne nicht die geringste Wirkung erzielt. Doch Gott anrufen, darlegen, was bei dem Experiment auf dem Spiel stand, der Theorie ihre Adelsbriefe zurückgeben, an den moralischen Kontext erinnern und die Rechte und Pflichten des Experiments abwägen – das sind geeignete Verfahren, seinem Argument im Jahre 1864 vor einem solchen Auditorium ein Höchstmaß an Wirkung zu sichern.

Allmählich tritt die experimentelle Methode des Historikers schärfer hervor. Es hätte eine unerträgliche Zensur bedeutet, nur von Pasteurs Experimenten zu sprechen und außer acht zu lassen, daß er Gott anruft und Pouchet Atheismus vorwirft. Freilich wäre die Zensur keineswegs erträglicher gewesen, wenn man es versäumt hätte, den Mechanismus genauer darzulegen, mit dem er die Theologie einzig auf der Seite seiner Gegner auftreten läßt, zudem unabhängig von der Bestätigung durch das Experiment. Rationalismus und Soziologismus, man vergißt es allzuoft, sind Zwillingsbrüder. Man erhält diese beiden Versionen der Wissenschaftsgeschichte nur, wenn man aus den Texten und Archiven die Mikromechanismen *herausschneidet*, mit denen die Akteure einander zu Hilfe kommen, und wenn man bei diesen Autoren »außerwissenschaftliche Faktoren« von »wissenschaftlichen Faktoren« rigoros *absondert*.

Die Historiker sprechen sich gern eine besondere Fähigkeit zu, *anstelle* der geschichtlichen Akteure nicht nur zu bestimmen, auf welche Verbündeten sich diese berufen dürfen, sondern auch, unter welchem Aspekt und in welcher

Weise diese Verbündeten aufzutreten haben. Folgt man den Historikern, so gibt es eine gewisse Etikette, gegen die man nicht verstoßen darf, einen bestimmten Faktor, der stets vor jenem anderen Vorrang hat, der stets in bestimmter Weise eingekleidet sein und ein bestimmtes Erkennungszeichen tragen muß. Sind die Autoren eher rationalistisch orientiert, werden sie sagen, Pasteur habe Gott nicht angerufen (und vergessen, daß er es doch getan hat); sind sie eher soziologistisch orientiert, werden sie sagen, Pasteur habe das Gewicht Gottes in die Waagschale geworfen (und vergessen, daß er es nicht getan hat). Verständigen können sich diese beiden Autoren-Clans nur über eines: daß es möglich ist, einerseits die wissenschaftlichen, andererseits die außerwissenschaftlichen Faktoren säuberlich getrennt in zwei Schubladen zu legen. Anschließend nehmen sie dann ihren Streit wieder auf, um zu entscheiden, welche Schublade die wichtigere ist.

Doch ehe wir überlegen, wie wir uns von diesen Verhaltensvorschriften befreien, wie wir ohne Segregation und Exzision auskommen und den Anklagen und Unterstellungen von Irrtum oder Böswilligkeit ein Ende setzen, müssen wir auf Pouchet zurückkommen. In der Tat müssen wir alle Beteiligten respektieren, die im Verlauf der Kontroverse aufeinandertreffen, und nachsehen, wie sie ihre Verbündeten mobilisieren, aber auch, wie sie die Handlungen ihrer Gegner einschätzen, das heißt, *wie viele* Verbündete der Gegner ihrer Meinung nach hat.

Nun nimmt auch Pouchet kein Blatt vor den Mund. Die Briefe, die er seinen Mitarbeitern sendet, sprechen nur von Verschwörungen der »offiziellen Wissenschaft« gegen ihn und seine Mikroben. »Mein lieber Freund«, schreibt er an Joly, Professor an der Medizinischen Schule von Toulouse,

> »ich bin außer mir vor Entrüstung. Es ist wirklich beispiellos, daß man die Unverschämtheit so weit treiben kann wie Paracelsus II.[5] Was! Unsere Experimente auf der Maladeta hätten die seinigen bestätigt! Wahrhaftig, man kann sich nicht vorstellen, wie jemand so kühn und schamlos sein kann. [...] Das überschreitet alles Erlaubte.«

Und in einem anderen Brief schreibt er:

> »Ich bin in mein Laboratorium zurückgekehrt, edler und lieber Freund, und werde dort, zur Verteidigung unserer heiligen Sache, die Oriflamme[6] aufpflanzen. Sie werden nicht aufge-

[5] *Paracelsus II.*: Spitzname, den Pouchet und seine Mitarbeiter Pasteur gegeben hatten.

[6] *Oriflamme*: Kriegsbanner der französischen Könige. *Anmerkung des Übersetzers*

ben, sagen Sie. Aber ich auch nicht! Ich will nicht, daß irgendein Gelehrter, der, wie ich, in Carpentras oder in Domfront geboren wurde, nur weil er mehr zufällig als verdient in Paris Karriere gemacht hat, mir gegenüber die Allüren eines Grandseigneurs annimmt. Herr Pasteur hat uns in seinen Vorlesungen vor dem Chemischen Zirkel als Ignoranten behandelt. Für diese Beleidigung wird er schmerzlich zu zahlen haben. Da ich fühle, daß wir in seiner Nähe Antäus-Kräfte gewinnen, werde ich erst von ihm ablassen, wenn er unter dem Felsengewicht der Heterogonie erstickt ist.«

Als einfaches korrespondierendes Mitglied der *Académie*, Professor an einer Provinzuniversität, fürchtet er einem Pariser Akademiker nicht gewachsen zu sein. Zweimal, 1861 und 1864, beruft die Akademie eine Kommission, um »ein für allemal« über die Frage der *generatio spontanea* zu entscheiden. Solche Kommissionen sind seither unüblich geworden; sie wurden erfunden, um das Problem der *Beendigung* einer Kontroverse zu lösen und um zu verhindern, daß irgendwelche Kollegen abgeschlossene Debatten immer wieder neu eröffnen und der Forschergemeinschaft auf diese Weise Zeit stehlen. Auch wenn ihre Schlußfolgerungen keine Gesetzeskraft haben, verleihen sie den »geprüften Tatsachen« doch eine gewisse Autorität. Unter den verfügbaren Mechanismen, mit denen man verhindern kann, daß sich das Rad wieder rückwärts dreht, waren solche Kommissionen eine ziemlich gute Sperrklinke. Eine Debatte neu zu eröffnen, die von zwei Kommissionen definitiv entschieden worden war, das ähnelte dem Bemühen, eine schwere Grabplatte hochzustemmen. Wer das tat, stellte sich selbst ins Abseits. Da jedoch diese Kommissionen nur mit Kollegen Pasteurs besetzt sind, deren Überzeugung fast durchweg schon vorher feststeht, glaubt Pouchet keine Chance zu haben.
Noch mehr ist Pouchet jedoch darüber schockiert, daß die Kommission nach den Protokollen der Experimente entscheidet, ohne seine Klagen anzuhören. Nun gilt in der Wissenschaft wie im Krieg: Wer Terrain, Waffen und Wege kontrolliert, hat die Schlacht bereits gewonnen. Pouchet möchte eine Diskussion über die gesamte Biologie. Die Kommission fordert ihn auf, zunächst ein Experiment, das sie für entscheidend hält, nach den Anweisungen Pasteurs zu wiederholen. Pouchet verzichtet, angewidert, sagt er, von so viel Böswilligkeit. Die Kommission sieht in diesem Verzicht den Beweis seiner Schwäche.

Unser Problem elementarer Gerechtigkeit verwickelt sich teuflisch. Von der Wissenschaftsgeschichte delegiert, sitzt die Kommission der Akademie zweimal zu Gericht. Pouchet weist ihre Urteile zurück. Zweimal gratuliert sie Pasteur und schließt die Akte Pouchet. Wir, die wir dem Besiegten eine zweite Chance geben möchten, was werden wir tun, um das Gewicht dieser Kommission aufzuwiegen? Wir haben nicht das Recht, uns als Rächer einer verlorenen Sache aufzuspielen. Wir dürfen nicht allein die »außerwissenschaftlichen Faktoren« abwägen, wenn es sich um Pouchet handelt, und die »wissenschaftlichen« nur, wo es um Pasteur geht. Umgekehrt können aber wir die »außerwissenschaftlichen Faktoren« nicht bloß dort berücksichtigen, wo es um Pasteur geht, und die Experimente nur dort, wo es sich um Pouchet handelt.
Die Schwierigkeit, die Komplexität der in einer Kontroverse eingesetzten Ressourcen zu ermessen, wächst noch, wenn man vom offiziellen Forum zum offiziösen übergeht. In einem Brief an Colonel Favet, Adjutant des Kaisers, hatte Pasteur seine Forschung schon zwei Jahre zuvor »in die Nähe« Seiner Majestät gebracht:

> »Als ich die Ehre hatte, Sie vor einigen Wochen zu besuchen, besaßen Sie die Güte, mir beiläufig zu sagen, daß Sie zufällig die Gelegenheit hatten, in Vichy dem Kaiser von meiner Arbeit über die sogenannten Spontanentstehungen zu berichten. Ich habe daher gemeint, daß es vielleicht keine allzu große Vermessenheit meinerseits wäre, Seiner Majestät ein Exemplar der Abhandlung zu überreichen, in der ich die Gesamtheit meiner Arbeiten zu diesem Gegenstand dargelegt habe. Sie wissen, mein Herr, daß diese Forschungen nur eine notwendige Abschweifung von denjenigen sind, die ich seit mehreren Jahren über die rätselhaften Erscheinungen der Gärung verfolge, Phänomene, die dem Leben so nahe sind, näher vielleicht noch denen des Todes und der Krankheiten, namentlich der ansteckenden Krankheiten. Von einer Beendigung dieser schönen Untersuchungen bin ich noch weit entfernt. [...] Auch würde es mir vielleicht an Aufrichtigkeit mangeln, wenn ich nicht das Geständnis ablegte, daß ich, wenn ich die Aufmerksamkeit des Souveräns auf diese Arbeiten herabrufe, den geheimen Wunsch hege, die Mittel zu erwerben, um sie mit größerer Freiheit und mit größerem Ertrag fortführen zu können. Jenes kleine Laboratorium, mein Herr, das zu besuchen Sie mir eines Tages die unverhoffte Ehre machten, um eines der Ergebnisse dieser Arbeiten in Augenschein zu nehmen, genügt meinen Forschungsvorhaben nicht mehr. [...]«

Es gibt also, Pasteur weiß es wohl, eine Heterogenese *der Wissenschaften.* Forschung braucht Laboratorien, und Laboratorien brauchen Gelder, Unterstützung und Patronage. Um die kleinen Tierchen in den Kolben mit dem Schwanenhals wimmeln zu sehen oder nicht, muß man nicht nur Gott, sondern auch den Souverän interessieren und beide auf irgendeine Weise in die Kontroverse hineinziehen. ›Ich habe große Fragen, große Hoffnungen, die mit dem Leben, der Krankheit und dem Tod zusammenhängen, aber nur ein kleines Laboratorium.‹ Sagen wir nicht, Pasteur betreibe Politik, weil er das Interesse des Herrschers nur weckt, um ein Laboratorium zu bekommen. Doch sagen wir auch nicht, er betreibe keine Politik, denn würde er sich nicht an den Adjutanten des Kaisers wenden und sich dem Herrscher nicht nähern, bekäme er kein größeres Laboratorium.

In einem Punkt sind sich Pouchet und Pasteur allerdings einig: Wie viele große Fragen man beim Problem der *generatio spontanea* auch beschwören mag, die Entscheidung darüber muß das Laboratorium treffen. Man mag sich auf Gott, Souverän, Verfassung, Moral oder nationales Erbe berufen, doch müssen sie im Dienst der Erkenntnis stehen, ob die Flüssigkeit in den Kolben oder Flaschen sich trübt oder nicht. Das gemeinsame Maß, das Pasteur wie Pouchet ohne Diskussion als einziges Mittel anerkennen, die Diskussionen zu beenden, ist das Laborexperiment. Nur diese Übereinstimmung erlaubt es den Historikern, die äußeren Bedingungen von den experimentellen Tatsachen zu unterscheiden. Gott und Kaiser können die *Rahmenbedingungen* der Auseinandersetzung festlegen, doch können sie die Ballons mit dem gewundenen Hals nicht *unmittelbar* trüben.

Nachdem die großen Fragen der Entscheidung des Labors anheimgestellt sind, gibt es freilich noch verschiedene Arten, sie zu entscheiden. Die *generatio spontanea* ist nicht schwer zu beobachten. Man braucht nur irgendeinen Kolben ein paar Tage in Ruhe stehenzulassen, und er füllt sich wie ein Aquarium. Das Leben wimmelt im Laboratorium der sechziger Jahre. Wenn Pouchet Tatsachen braucht, kann er sie flaschenweise ernten. Pasteur gesteht, wenigstens zu Beginn, die äußerste Schwierigkeit seiner Position ohne weiteres ein: Wie läßt sich das Gewimmel des Lebens reduzieren, wie lassen sich die Kolben mit den Nährlösungen steril halten? Doch zieht er daraus nicht den Schluß,

Auch Félix-Archimède Pouchet arbeitet im Laboratorium. Das ist das Terrain, das er mit Pasteur gemeinsam hat. Die Photographie zeigt sein Labor in Rouen. Musée d'histoire naturelle, Rouen

daß es Spontanentstehungen gibt. Er sagt einfach: »Ich habe diese Experimente nicht veröffentlicht, da die Folgerungen, die man daraus ziehen mußte, zu schwerwiegend waren, um nicht einen verborgenen Irrtum als Ursache zu befürchten, trotz aller Bemühung, meine Versuche gegen jeden Einwand zu sichern.« Wenigstens zu Beginn ist es also Pasteur, dem die Tatsachen mangeln, und Pouchet, der sie anhäuft. Doch Pasteur *weiß*, daß das Gewimmel der Tierchen in den Nährlösungen sich keiner Spontanentstehung verdankt, sondern der *Kontamination* der Kulturen durch äußere Lebewesen. Woher weiß er das? Woher stammen diese Vorannahme, dieses Vorurteil, dieses *Apriori*, diese Theorie?

Die meisten Historiker erkennen an, daß es legitim ist, diese Frage zu stellen. Das Experiment entscheidet niemals vollständig. Seit Pierre Duhem (1861-1916) bezeichnet man die These, nach das Experiment stets mit etwas anderem einhergehen muß, um Zustimmung zu finden, als »Unterdetermination«. Duhem wollte vor allem die Rolle der *Theorien* bei der Lektüre der experimentellen Ergebnisse betonen. Andere, skeptischere Wissenschaftshistoriker bezeichnen heute als »Paradigma« (Thomas Kuhn) oder als »Vorurteil« (Paul Feyerabend), was das *per definitionem* immer zu schwache Experiment ergänzen und verstärken muß. Ich werde von *Geschichte der Rahmenbedingungen* sprechen, um jene Wissenschaftsgeschichte zu bezeichnen, die Einflüsse so lange anerkennt, wie sie außerhalb des Laboratoriums wirken. Wie in der Industrie bleibt die äußere Verpackung nicht ohne Wirkung auf das Produkt, doch schließlich sind diese Einflüsse nicht das Produkt selbst.

Von der Geschichte der Rahmenbedingungen zur Geschichte der Formung

Nachdem wir nun die experimentellen Bedingungen rekonstruiert haben, die den Ausschlag der Waage sichtbar machen können, und nachdem wir jetzt vorurteilsfrei zu erkennen vermögen, was die beiden Lager in die Waagschale zu werfen haben und was sie von ihr wegnehmen, wird der Waagebalken aufgehängt, die Geschichte zögert: sie kann sich der einen wie der anderen Seite zuneigen. Spannung; *wem oder was* verdankt Pasteur seinen Sieg?
Betrachten wir die Liste seiner Ressourcen, und betrachten wir die verschiedenen Schulen, die sich die Wissenschaftsgeschichte aufteilen und von denen jede, wie eine Märchenfee, diejenige Gabe in die Waagschale legt, die dem Helden den Sieg ermöglicht. Als *rationalistisch* bezeichnet man jene, die dem Helden nur wissenschaftliche oder technische Fähigkeiten vermachen. Die Rationalisten teilen sich selbst wiederum in zwei große Gruppen. Den ersten zufolge, die man deshalb auch *Experimentalisten* nennt, genügt stets das Experiment, damit die Waage ausschlägt; folgt man den zweiten, ist das Experiment zwar nicht bedeutungslos, doch könnte es allein die Entscheidung nicht herbeiführen; man braucht darüber hinaus eine Theorie. Wer die kohärenteste, die fruchtbarste Theorie besitzt, wird den Sieg davontragen, selbst wenn den Tatsachen dabei ein wenig Gewalt angetan werden muß. Das Experiment unterdeterminiert. Die Theorie überdeterminiert.

Sehen wir einmal nach, wie die Gewichte auf unserer Waage verteilt sind, wenn wir uns zunächst auf die Geschenke der guten Feen beschränken. Pouchet als eifriger Positivist, als Erzfeind der Theorie, hat die Experimente auf seiner Seite. Er steigt hinauf in die Pyrenäen, wiederholt dort die Demonstrationen, die Pasteur so glänzend auf dem Gletscher des Montanvert (Mer de Glace) mit seinen Flaschen mit dem Schwanenhals geführt hatte. Doch die Aufgüsse trüben sich... Pasteur hat verloren. Die Waage neigt sich zugunsten Pouchets. Doch nein, denn jetzt tritt die Theorie hinzu und fällt schwer in die Waagschale. Was kann man mit der Theorie Pouchets anfangen? Nichts, da die Kulturen des Mikrobiologen stets durch spontane Kontamination beeinträchtigt, unbrauchbar gemacht, verfälscht werden. Was kann man mit der Theorie Pasteurs anfangen, der zufolge es keine Entstehung von Organismen gibt, die nicht von Eltern ausginge, die ihnen gleichen? Alles. Was kümmern da die Experimente Pouchets in den Pyrenäen? Sie *müssen* falsch sein. Obwohl Pasteur den schwachen Punkt nicht sofort findet, ist er *sicher*, daß dabei ein schwerer Irrtum unterlaufen ist. Wie? Der Evidenz unbestreitbarer Tatsachen, welche die *generatio spontanea* in einem einzigen Glaskolben beweisen, sollte man eine Theorie vorziehen, die *a priori* deren Nichtexistenz behauptet? Ist das nicht genau die Definition eines Vorurteils oder, wenn man es höflicher formulieren möchte, einer Voranname? Der Balken hebt sich erneut und findet das Gleichgewicht. Das Vorurteil Pasteurs kann die Tatsachen Pouchets nicht umstürzen. Wir stehen erneut vor einer *Unterdetermination*: weder die Tatsachen noch die Theorien reichen aus, um sich die Beute zu sichern. Lassen wir also andere Feen eintreten, auch die böse Carabosse...
Als *Relativisten* bezeichnet man jene, die behaupten, weder Theorien noch Tatsachen reichten jemals aus, um den Sieg davonzutragen; und Feen, die dem Helden keine weiteren Schätze anböten, schickten ihn in den sicheren Tod. Doch ebenso wie die Rationalisten teilen sich die Relativisten in mehrere Stämme auf. Sind die außerwissenschaftlichen Faktoren, die sie in die Waagschale werfen, durchweg von großem Gewicht und gewaltigen Ausmaßen, nennt man sie *makrosoziologische* oder *Sozialrelativisten*. *Mikrosoziologische Relativisten* nennt man dagegen jene, die sich darauf beschränken, den Ausschlag der Waage mit kleinen, scheinbar unbedeutenden sozialen Tatsachen zu beeinflus-

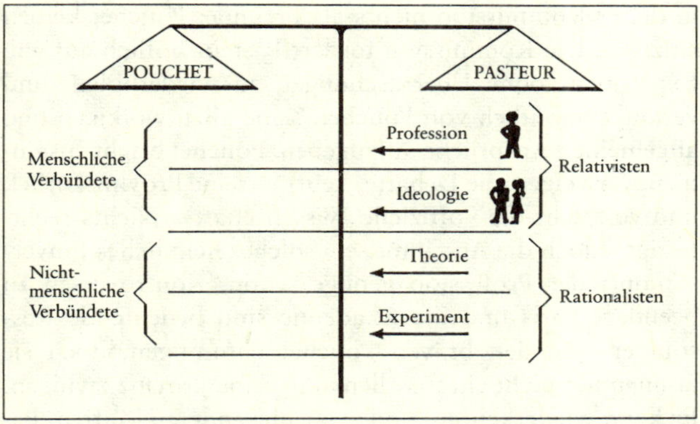

Liste der Unterdeterminationen

sen, die aber, gut plaziert, erstaunliche Wirkungen zeitigen.

Sehen wir nach, was das für unsere Modellkontroverse bedeutet. Pasteur ist ein geborener Konservativer; jedes Wesen wird von Eltern geboren, die ihm in allen Punkten gleichen: ein konservativeres Argument ist kaum denkbar; *ergo* bevorzugt Pasteur die Theorie, welche die *generatio spontanea* leugnet. Ein solcher »Konservativismus« ist eine gute, außerordentlich wirksame Ideologie: kaum genannt, läßt sie die Waage zugunsten Pasteurs ausschlagen. Die Schwierigkeit besteht darin, daß Pouchet noch konservativer zu sein versucht als Pasteur, während dieser keine Sekunde lang zögert, die Gesellschaft seiner Zeit mit seinen verheerenden Mikroben umzuwälzen. Insgesamt ist er eher ein Revolutionär, der den Streit liebt und, wenn es sich nicht gerade um die Kaiserin handelt, vor den bestehenden Instanzen wenig Achtung besitzt, seien es die Körper der Mikroorganismen oder die Körperschaften der Ärzte. Die Ideologie, die als wunderbarer Verbündeter erscheint, versagt. Die Waage bewegt sich um keinen Strich. Der Geist der Zeit ist ein zu flüchtiges Gebilde, zu diffus, zu unberechenbar, um eine Quecksilbersäule, Heuinfusionen oder Schwanenhälse auch nur um einen Zentimeter zu verrükken.

Bleiben die mikrosoziologischen Faktoren. Pasteur ist Akademiemitglied und wohnt in Paris. Pouchet ist Korrespondent der Akademie und wohnt in Rouen. Pouchet widerspricht den Experimenten Pasteurs. Pasteur verwirft die Fakten Pouchets. Pouchet protestiert gegen dieses Vorurteil. Die Akademie benennt eine Kommission. Pasteur hat in dieser Kommission nichts als Freunde, Pouchet keinen einzigen. Die Kommission fordert Pasteur höflich auf, ein Experiment ohne Überraschungen zu wiederholen, und verlangt unhöflich von Pouchet, seine allzu wolkigen und allgemeinen Ansprüche aufzugeben. Pouchet bricht zusammen, verweigert die Debatte, kehrt in seine Provinz zurück und verflucht die »offizielle Wissenschaft«. Nichts rechtfertigt jedoch die Annahme, ein solches heimliches Einverständnis der Profession genüge schon, Kontroversen zu beenden. Paris und die Akademie sind bedeutende Ressourcen, die den braven Pouchet entmutigen, doch sie können ihn nicht ein für allemal in seine Provinz zwingen. Er kann wiederkehren, und zwar mit anderen Waffen. Pasteur, der selbst lange genug in der Provinz festsaß, tat alles, um nach Paris zu kommen, und hatte Erfolg. Wie? Noch eine Unterdetermination? Sollte es unmöglich sein, überhaupt je zu siegen? Sollte sich die Waage denn nie ernstlich neigen? Wieviel an Fakten, an Theorie, an ideologischen Vorurteilen und Professionspolitik muß man denn noch auftürmen?

Die Geschichte der Rahmenbedingungen drängt uns diese Frage geradezu auf. Doch ist sie in dieser Form noch zu unhistorisch gestellt, als daß wir sie beantworten könnten. Was würden wir sagen, wenn ein Militärhistoriker – nachdem er Kavallerie, Genietruppe, Artillerie, Intendantur und Husaren Revue passieren ließ und auch die Kampfmoral nicht vergaß – sich darüber verwunderte, daß er den Ausgang der Schlacht noch nicht versteht? Nun, daß er die Stärke der Truppen mit dem Gelände, der Strategie und der Bewegung verwechselt hat. Irgend etwas fehlt unserer Geschichte noch. Das Prinzip der generalisierten Unterdetermination, zu dem wir gelangt sind, beweist es.

Was also fehlt? Wer ist der *(n + 1)*te Verbündete, den wir zu erwähnen vergaßen? Alle weiter oben vorgestellten Autoren, gleichviel, ob es sich um Rationalisten oder Relativisten handelt, ob sie dem Experiment oder der Ideologie die entscheidende Stellung einräumen wollen, hegen die Vorstellung, es gebe irgendwo ein *Repertoire* der entscheidenden Schläge, die in der Wissenschaft zum Sieg führen. Gewiß, wir haben den Bereich der Geschichte der Entdekkungen, von dem wir ausgegangen waren, verlassen. Die Mikroben, im Dunkeln verborgen, warten nicht darauf, daß Pasteur kommt und mit dem Projektor buchstäblich Licht auf sie wirft. Jetzt entsteht Spannung, die Antwort ist in der Schwebe, mögliche Verzweigungen deuten sich an. Doch diese etwas lebhaftere Geschichte spielt trotz allem nur eine sehr beschränkte Rolle, wenn man von jeder Kontroverse sagen kann: ›hier siegt die Ideologie‹, ›dort das Experiment‹, ›in diesem Fall gibt die Theorie den Ausschlag‹, ›in jenem ist die Profession entscheidend‹. Der Zeitverlauf hat keinen Einfluß auf die *Zusammensetzung* der Liste der erlaubten Schläge, sondern nur auf deren Verwendung.

Die *Geschichte der Rahmenbedingungen* beruft sich auf diese Liste, um die Verzögerung oder Beschleunigung dessen zu erklären, was man hätte finden *müssen*. Man wird beispielsweise sagen, daß die Theorie Pasteurs ›leichter‹ oder ›breiter‹ akzeptiert wurde, weil er ihr eine antimaterialistische Stoßrichtung gab. Die Verpackung hat keinen Einfluß auf den Inhalt, bleibt aber durchaus nicht ohne Wirkung auf den Kunden. Ich werde als *Geschichte der Formung* die Erklärungen einer Kontroverse bezeichnen, die sich auf jenes Repertoire berufen, nicht um die Annahme eines Arguments, sondern um dessen *Herkunft* zu bestimmen. Man kann zum Beispiel sagen, daß Pouchet seinen Begriff der Heterogonie gebildet hat, um dem gottlosen Darwinismus das Kreuz zu brechen. Es handelt sich nicht mehr darum, das Unvermeidliche zu verzögern oder zu beschleunigen, sondern darum, zu *wählen*, was durchaus auch hätte nicht geschehen können. In der *Geschichte der Formung* gibt es wirkliche Verzweigungen. Der Lauf der Dinge, der Gang der Wissenschaften hätte auch ein anderer sein können.

Was ein Mikroorganismus kann: Die Geschichte der Formung

Wenn Pasteur so viele Schwierigkeiten hat, wenn er sich hartnäckig an eine Vorannahme klammern muß, um die Hypothese trotz der ›Evidenz der Tatsachen‹ zurückzuweisen und in einen ›Irrtum im Experiment‹, eine ›versteckte Kontamination‹ zu verwandeln, so deshalb, weil Pouchet zur Konstruktion seiner Hypothese den *Rohstoff* geliefert bekam. Pouchet erfindet nichts, er nährt sich, könnte man sagen, von den neunzig Prozent der Fälle, die Pasteur verworfen hat. Auch hat er genügend Phänomene zur Hand, auf die er sich stützen kann. Und seine Position ist um so stärker, als er nicht beweisen muß, daß er mit jedem Schuß trifft. Er braucht nur einen positiven Fall, um seine These zu verteidigen, während *ein einziger* negativer Fall aus-

Der Mythos Pasteur zwischen Genie und Geduld. Die Unterwelt des Laboratoriums (Reagenzglas und Mikroskop) rettet die Oberwelt, die der leidenden Menschheit. Der Engel der Wissenschaft kommt von unten; er ist ein Mensch: Pasteur.

Pasteur in seinem Arbeitskabinett in der École normale supérieure, *Gemälde von L. É. Fournier, 1896. ENS, Paris*

reicht, um Pasteurs Hypothese zu vernichten. Man sieht, wie sich die Symmetrie entwickelt. Der Waagebalken nähert sich wieder der Horizontale. Pouchet war nicht so verrückt. *Gerade deshalb* schlägt sich Pasteur so geschickt und so heftig mit ihm. Die Qualität der siegreichen Experimente Pasteurs hängt zum Teil von der Qualität Pouchets ab. Gerade die Energie Pouchets, seine Rechtschaffenheit und Leidenschaft werden von den glänzenden Demonstrationen Pasteurs *ebenso vorausgesetzt wie bestritten*.

Im Februar 1859 hatte Pasteur in einer Fußnote einer Abhandlung über die Gärung der Milchsäure bemerkt, daß jede Fermentation von einem *spezifischen* Ferment verursacht werde, das *von außen* in die Nährbouillon eingeschleppt worden sei. »Die Frage der *generatio spontanea* ist einen großen Schritt weitergekommen«, schrieb er. Pouchet reagiert heftig auf diese Andeutung und berücksichtigt in seinen eigenen Experimenten – nach der höflichen, aber entschiedenen Antwort Pasteurs – alle neuen, von seinem Gegner diktierten Vorsichtsmaßnahmen. Um sowohl die Folgsamkeit Pouchets als auch die Selbstsicherheit des Jüngeren zu verstehen, müssen wir uns daran erinnern, daß Pasteur fast die gleiche Debatte schon einmal hinter sich gebracht hat, und zwar mit Justus Liebig, dem größten Chemiker der Epoche. Liebig warf Pasteur vor, Vitalist zu sein, weil er in den *animalcula*, die sich in vergorenem Wein, in Essig, Bier oder vergorener Milch rasch vermehrten, die *Ursache* der Gärungsprozesse sah, während sie Liebig zufolge allenfalls deren Folgen, Auslöser oder mitwirkende Faktoren sein konnten. Liebig und alle Chemiker seiner Zeit hatten sich eine Heidenmühe gemacht, gegen die Vitalisten nachzuweisen, daß bei den bedeutendsten Veränderungen der Materie (einschließlich der organischen) *chemische* Ursachen am Werk sind; und nun erweckt Pasteur den Vitalismus wieder zum Leben, indem er mit kleinen Tierchen daherkommt, die die Reaktion verursachen sollen! Die Praktiken, zu denen Pouchet von Pasteur genötigt wird, sind um so beweiskräftiger, als es genau diejenigen sind, die er sich selbst in seinem Kampf mit Liebig aufgenötigt hat. In diesem Kampf nimmt er eine Position ein, die der von Pouchet in gewisser Weise ähnelt. ›Da sind keine kleinen Tierchen‹, sagt Liebig. ›Aber ja doch‹, sagt Pasteur. ›Es wimmelt nur so von ihnen‹, sagt Pouchet. ›Aber nein doch‹, gibt Pasteur zurück. Aus seiner Sicht ist die Antwort beidemal dieselbe: ›Ob Sie nun möchten, daß sie da sind (Pouchet) oder nicht (Liebig): in beiden Fällen *führen Sie sie unbemerkt ein.*‹ Sie kontrollieren nicht die Zugänge, durch die sie hereingelangen; wohl aber ich! Sie haben Ihre Laboratorien, Ihre Handgriffe, Ihre Kolben, Gefäße und Filter noch nicht umgestellt, um sie kontrolliert ein- oder auswandern zu lassen; wohl aber ich! Ihre Wissenschaftspolitik beherrscht nicht die Grenzen, die Sie allzu einfach zwischen Organischem und Anorganischem gezogen haben. Meine dagegen hat alles im Griff, die ganzen Netze und Zugänge.

Das heißt, es geht (in der Wissenschaft wie anderswo) stets um Herrschaft und Überprüfung; Herrschaft über die Personen, Überprüfung der Dinge, Herrschaft über die Dinge, Überprüfung der Personen. Pasteur wettet, daß Pouchet seine Kulturen nicht ebenso schrecklichen Qualen unterwerfen kann, wie er sie den seinigen zumutet. Pouchet nimmt die Herausforderung an. Er erhitzt ein kleines Heubündel von zehn Gramm dreißig Minuten lang in einem Brutschrank auf 100 °C. Welche Mikrobe wäre dagegen widerstandsfähig? Und dennoch, wenn er dieses Bündel unter Quecksilber in eine sterile Umgebung einführt, wimmelt es nach acht Tagen von kleinen Tierchen. Pasteur hat verloren. Pouchet hat alle von seinem Gegner verlangten Vorsichtsmaßnahmen ergriffen, und die Organismen, die von nirgendwo anders herkommen konnten, sind trotzdem da. Als treuer Anhänger der experimentellen Methode kann Pouchet daher nicht umhin, auf die *generatio spontanea* zu schließen. Pasteur erkennt das übrigens bei seinem Vortrag in der Sorbonne mit gespielter Bescheidenheit an, ehe er einen scharfen Gegenangriff führt:

> »In der Tat, was wollen Sie gegen Herrn Pouchet einwenden? Werden Sie ihm sagen: Der Sauerstoff, den Sie verwendet haben, enthielt die Keime? – Aber nein, wird er antworten, denn ich habe ihn aus einer chemischen Verbindung gewonnen. – Das ist wahr, er konnte keine Keime enthalten. Werden Sie ihm sagen: Das Wasser, das Sie benutzt haben, enthielt die Keime? – Doch er wird Ihnen antworten: Dieses Wasser, das vorher mit der Luft in Berührung war, hätte welche aufnehmen können, doch ich habe dafür Sorge getragen, daß es kochend in das Gefäß eingegossen wurde, und wenn es Keime gegeben hätte, so hätten sie sich bei dieser Temperatur nicht vermehren können. – Werden Sie ihm sagen: es ist das Heu? – Aber nein: das Heu kam aus einem auf 100 °C erhitzten Brutschrank. Man könnte ihm jedoch dies zum Vorwurf machen, denn es gibt einzelne Lebewesen, die, auf 100 °C erhitzt, nicht absterben. – Doch er antwortete: Daran soll's nicht liegen! Und erhitzte den Ofen auf 200, 300 °C... Er sagt sogar, das Heu sei kurz vor dem Verkohlen gewesen. – Nun gut, *ich gebe zu*, wenn es so durchgeführt wird, ist das Experiment *einwandfrei*, doch nur in all den Punkten, die der Aufmerksamkeit des Autors nicht entgangen sind.«

Und Pasteur zeigt, daß Pouchet einen ebenso groben Schnitzer begangen hat wie van Helmont: verflixt, aber natürlich! Das Quecksilber war voller Keime! »Ich werde Ihnen nun zeigen, wie die Mäuse hineingekommen sind...«

Jedenfalls analysiert Pasteur die Kontamination des Quecksilbers und zieht die Schwanenhälse aus, *um Pouchet zu antworten*. Pouchet ist der *Mitverfasser* des Experiments, das auf ihn eingehen muß. Wer meint, auf Gegner, Besiegte, andere, auf Polemik, auf die Hitze des Gefechts, kurz: auf Menschen verzichten zu können, hat von der Form oder gar vom Inhalt der Experimente nichts begriffen. Am Abend jener Vorlesung vor dem gebildeten Publikum der Sorbonne waren all die Gegenstände auf dem Versuchstisch, all jene Glaskolben, Flaschen, Mikrographien bis ins kleinste Detail aufgeboten worden, um auf Pouchet, seine Kollegen und seine Mikroben *einzugehen*. Insofern ist die elegante Windung des Flaschenhalses eine historische Form, die verlängerte Front einer Polemik. Sobald man wieder ein wenig Symmetrie herstellt, gleicht die Geschichte nicht mehr bloß einer perfektionierten Datumsanzeige, die klickend den Zeitpunkt angibt, zu dem die Gelehrten Phänomene entdecken, die von der Geschichte ganz unabhängig sind; vielmehr tut die Geschichte etwas mit diesen Phänomenen; sie bedingt sie, formt sie, konstruiert sie vielleicht. Die Symmetrie wiederherstellen heißt, den Historiker vom Lager des Siegers loszureißen, ihn daran hindern, in Begriffen von ›wahr‹ und ›falsch‹ zu sprechen, ihm genügend Eigenständigkeit geben, damit er gleichsam eine Waage aufbauen und die Gewichte nach und nach auf ihre beiden Schalen legen kann. Pasteur die ungeteilte Vernunft und Pouchet die ganze Unvernunft aufzubürden hieße, das gewichtige Schwert des Brennus in die Waagschale zu werfen: ›*Vae victis!* Wehe den Besiegten!‹ Wer sieht nicht, daß wir dabei nicht nur an Gerechtigkeit, sondern auch an Verständnis verlören? Gewiß, wer von Anfang an eine *Asymmetrie* zwischen Pasteur und Pouchet annimmt und behauptet, daß der erste die Begriffe des zweiten berichtige, daß der erste recht und der zweite unrecht habe, daß der erste die Phänomene nicht sehe, die dem zweiten doch ins Auge springen, kann dem Verlierer zwar den Eselstritt versetzen (was gewiß ungeheuer vergnüglich ist), aber nicht begreifen, wieso sich die Waage zugunsten Pasteurs neigt (was vielleicht ein viel größeres Vergnügen bereiten könnte). Die Gelehrten, zumal die großen, erwarten nicht, daß man ihre Gegner heruntermacht – das können sie selber sehr gut –, sondern daß man ihrem Talent Gerechtigkeit widerfahren läßt, also auch jenen, die sie bekämpfen. Anders gesagt, um den Sieger gerecht zu beurteilen, muß man den Weg über die Symmetrie einschlagen. Erst wenn man zunächst eine einwandfreie Waage aufgestellt und sorgsam austariert hat, kann die *Abweichung* des Waagebalkens etwas bedeuten. Hat man jedoch von Anfang an das Gleichgewicht gestört, so beweist ihre Bewegung nichts außer der Größe des bereits feststehenden Vorurteils.

Die Mikrobe Pasteurs ist so *profiliert*, daß sie Liebig und Pouchet zugleich bekämpfen kann. Wenn sie nur Liebig angriffe und in den Kulturen wimmelte, ohne daß der Mikrobiologe darauf Einfluß hätte, wäre keine Mikrobiologie möglich. Man müßte sich damit begnügen, die Vielfalt heterogener Wesen zu beobachten und die Macht Gottes oder

Darwins zu bewundern. Wenn die Mikrobe nur Pouchet attackierte und es in den Kulturen nur chemische Erscheinungen gäbe, aber keine Wirkungen organisierter Wesen, die ihren Eltern gleichen, so wäre ebenfalls keine Mikrobiologie möglich. Gärungs- und Verwesungsprozesse, Krankheit und Tod blieben außerhalb des Horizonts. Niemand weiß, was eine Mikrobe kann. Für Pasteur muß sie imstande sein, Fermentationen im eigentlichen Sinne überall dort hervorzurufen, wo es (gegen Liebig) notwendig ist, doch muß sie strikt außerstande sein, in richtig angelegten Kulturen unerwartet aufzutreten (dies gegen Pouchet). Die Wissenschaftsgeschichte begibt sich nun auf die Ebene der Mikrobe selbst herunter. Sie verläuft von den Menschen zu den Dingen. Pasteur erfindet eine polemische Mikrobe, die an zwei Fronten gleichzeitig zu kämpfen und dauerhaft der Laboratoriumspraxis zu widerstehen vermag. Echte Verzweigungen werden absehbar. Jeder andere als Pasteur hätte eine *andere* Mikrobe definiert, das heißt einen Akteur, der zu anderen Aktionen imstande gewesen wäre, eine Mikrobe, die durch andere Versuche definiert worden wäre und andere Versuche in anderen Disziplinen hätte scheitern lassen.

Die Netz-Mikrobe oder die Geschichte der Konstruktionen

In der *Geschichte der Formung* bekommt der Gang der *Dinge* (und nicht nur der Weg der Menschen) allmählich ein wenig Historizität. Ein Pasteur, der andere Positionen besetzen will, der von anderen Zielen träumt, hätte eine andere Mikrobe benötigt. Dennoch werden – nicht einmal in dieser letzten Form der Wissenschaftsgeschichte – die menschlichen und die nicht-menschlichen Faktoren nicht in völlig gleicher Weise behandelt. Die Menschen sind viel unruhiger als die Dinge.

Die drei Geschichten, die wir haben Revue passieren lassen, dienen nur dazu, den Einbruch des Unvermeidlichen mehr oder weniger lange zu verzögern und mehr oder weniger geschickt zu erklären. Die ans Licht gebrachten Dinge machen dagegen nicht so viele Geschichten. Sie sind da. Sie sind immer dagewesen, die Mikroben und Phagozyten, Antikörper und Viren. Es gibt eine Geschichte der Menschen, der Überzeugungen und der Gesellschaften, die sie entdecken oder ignorieren, doch keine Geschichte der Dinge selbst: sie sind für die Zeit unempfänglich. Damit die Geschichte zu den Wissenschaften kommt und die Wissenschaftsgeschichte mit der Geschichte überhaupt verschmilzt, muß man noch ein Stück weiter gehen und den Dingen ihre Unruhe, ihre Ungewißheit und Leidenschaft, das heißt ihre Historizität zurückgeben. Dazu muß man, wie stets, zu den Akteuren zurückkehren, sich Pasteur und Pouchet an die Fersen heften.

Pasteur weiß nun nicht, ob Pouchet recht hat oder nicht, ob die Mikroorganismen Temperaturen von über 100 °C überstehen können oder nicht; er weiß nicht, ob sie deutlich genug voneinander unterschieden sind und hinreichend gesicherte Taxonomien bilden, um wirklich spezifisch zu sein; er weiß auch nicht, ob der Kaiser und die Kaiserin ihn genügend unterstützen werden, ob man zugleich Darwinist und gläubig sein kann und ob Pouchet schwächer oder stärker ist als er. Pasteur ist im ungewissen, und darum ist ihm jedes Mittel recht; er greift das geringste Argument auf, stützt sich auf seine Freunde in der Akademie, auf Gott, den Kaiser und die Wesen, die nicht in den Schwanenhals gelangen. Der *(n + 1)*te Verbündete ist die Ungewißheit, die nichts von der Wahl eines Faktors hat, den man aus einem endlichen Repertoire von Ursachen berechnen könnte. Hundert Jahre später zögern die Historiker noch immer, welche Art von Geschichten und welcher Typ von Erklärungen zum *Unvermeidlichen* führen; Pasteur selbst wird, sobald er Pouchet geschlagen hat, die Geschichte seines Experiments umschreiben, als hätte sie so und nicht anders verlaufen müssen. Solange das Gefecht dauert, kann er das jedoch nicht wissen, und es ist genau diese – der Forschung wie der Geschichte eigentümliche – Ungewißheit, die man aus dem Bildfeld verschwinden läßt, sobald man sich anschickt, die Geschichte *der Wissenschaften* zu schreiben.

Sie kann nichts anderes sein als die Geschichte der Ungewißheit über den Gang *der Dinge selbst*. Der Mikroorganismus ist ein Akteur, der noch keine endgültige Definition gefunden hat, und gleicht darin dem liberalen Kaiserreich, der gewundenen Laufbahn Pouchets, dem Laboratorium in der *rue d'Ulm* in Paris oder dem Sozialdarwinismus. Wie »de-finiert« er sich, wie bestimmen sich seine Grenzen? Nun, wie bei jedem anderen Akteur: durch das, was er tut, was er trägt, was man mit ihm machen kann; durch das, was an ihm hängt und wovon er abhängt. Wie Pasteur selbst. Wie Pasteurs Zuhörer an jenem Abend in der alten Sorbonne. Wir wissen nicht, was der Mikroorganismus *ist*.

Wenn wir es wissen, geht uns die ganze Spannung der Geschichte, der ganze Mut Pasteurs verloren. Wir verwandeln einen Akteur in eine Wesenheit. Rückwirkend beseitigen wir aus der Wissenschaftsgeschichte das, was sie an Historischem besitzt, und behalten nur einen *Anachronismus* übrig – nämlich die Wissenschaft von heute, die der von gestern *unterschoben* wird. Nein, 1864 weiß noch niemand, was eine Mikrobe kann.

Pouchet in Rouen, Joly und sein Mitarbeiter Musset in Toulouse lassen sich von der ersten Kommission der Akademie nicht einschüchtern. Pasteur war auf dem Gletscher des Montanvert, um zu beweisen, daß sich die Flaschen, die er dorthin mitgenommen hatte, nicht trüben. Aber auch seine Gegner behalten klaren Kopf. Sie wiederholen das Experiment in den Pyrenäen, auf der Maladeta, in größerer Höhe als Pasteur. Sie führen die Experimente noch einmal sorgfältig durch. Und siehe da, in acht der Kolben Pouchets und seiner Freunde reproduziert sich die unbestimmte Mikrobe spontan. Also ist sie nicht spezifisch. Also wird die ganze Arbeit Pasteurs zunichte, denn in seinem Streit mit Liebig und für seine Erklärung der Gärungsprozesse war die Spezifität wesentlich: jeder Fermentation ihr Ferment. So werden wir, sagt Pouchet, den Darwinismus zurückweisen können, Pasteur »auf dem Fels der Heterogonie« zerschmettern, die Ehre der Provinz retten und die Presse alarmieren. Gott löst Katastrophen aus, doch die inhärente Fruchtbarkeit der erschaffenen Materie bevölkert die Welt erneut mit neuen Mannigfaltigkeiten. Die Neuheit kann eher durch Sintfluten und Urzeugungen erreicht werden als durch Evolution. So kann man, mit sechzig Jahren, die schöne Stadt Rouen wieder auf die Karte der gelehrten Welt setzen. Gott, Darwin, Pasteur und Rouen werden hier zu einem festen Strauß zusammengebunden. Doch die Mikroben? Werden sie folgen? Ja, und zwar aufs Wort. Pouchet läßt sie wimmeln, nachdem er sie der Feuerprobe – der Kalzinierung – unterzogen hat, die nicht einmal Pasteur, sein Herausforderer, verlangt hat. Als Verbündeter der gelehrigen Mikroben, die gleichsam die Prüfungen seines Gegners verkörpern, transformiert Pouchet die Wissenschaften seiner Zeit, das heißt gibt seiner Zeit Form, das heißt *formt* sie.

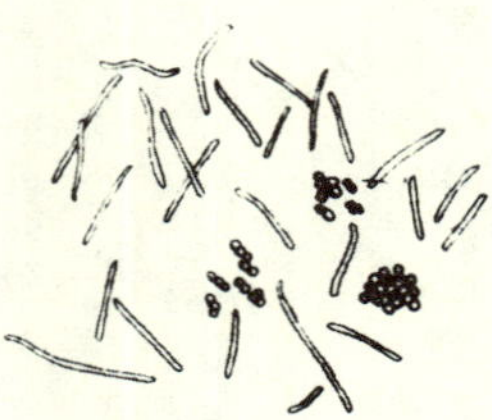

Mucor und Vibrionen. Aus: L. Pasteur, »Fermentations et générations spontanées«, Abbildung 27c. Musée Pasteur, Paris

Pouchets Netz von Allianzen stoppt Pasteurs Karriere, schlägt ihm genau das aus der Hand, worauf sich Pasteur am besten versteht: nämlich unsichtbare Wesen nach Belieben auf schmalsten Wegen anhalten oder durchkommen zu lassen und sie unter dem Mikroskop an bestimmten, gut gewählten Engpässen, die ihm als Gucklöcher dienen, sichtbar zu machen. Wenn Pouchet recht hat, ist das gesamte *Metier* Pasteurs überholt: ohne daß er darauf Einfluß hätte, tauchen spontan Keime auf. Alles, was ihn hoffen ließ, die Krankheiten – als ebenso viele Fermentationsprozesse – besiegen zu können, und alles, was er dem Kaiser als Frucht seiner Zuwendungen versprochen hat, alles, woran er seit zehn Jahren glaubt, alles, was er in seinem Laboratorium zu tun versteht, ist jetzt verbogen, verraten, geschwächt. Von Vorurteilen zu reden wäre ein Euphemismus. Wenn Rouen auf der Karte der wissenschaftlichen Welt erstrahlt, schrumpft Pasteur auf einen glänzenden Chemiker zusammen, der einiges Licht auf den Mechanismus der Gärung und die Dissymmetrie der Kristalle geworfen hat. An der Form der Mikroorganismen, ihren Fähigkeiten und ihren Leistungen hängen die Form, die Fähigkeiten und Leistungen Pasteurs. Sie sind miteinander verknüpft, und beider Schicksal ist an das Schicksal Gottes, der Weine und Käsesorten, des Kaiserreichs und jenes kleinen Mädchens gebunden, das er, ohnmächtig, vor seinen Augen sterben sah; vielleicht sogar an das Schicksal Frankreichs. Die Form der Mikrobe ist der Punkt, an dem das Netz zerreißt oder sich wieder zusammenzieht. Keine Mikrobe darf ohne Wissen ihres Meisters durchgehen oder erscheinen können – sonst ist der Meister keiner mehr.

Die Hartnäckigkeit, mit der Pasteur um jeden Preis auf der Integrität seines Netzes, seines Metiers beharrt, nötigt zu Respekt und *zwingt die Mikroben, sich gleichermaßen neu zu definieren*. Pouchet und seine Freunde müssen sich getäuscht haben. In dem Bericht von 1863, den sie der Akademie zugehen lassen, vergessen sie zu sagen, was aus vier von ihren Kolben geworden ist. Sie haben ihre Kolben mit einer im Feuer zum Glühen gebrachten Feile entsiegelt statt mit einer Zange. Es muß irgendwo einen Irrtum gegeben haben, es ist unmöglich, es ist undenkbar, daß sie recht hätten. Wenn die Mikroben trotz allem selbst bei Verkohlung des Heus bei Pouchet erscheinen, wer muß nachgeben? Pouchet oder Pasteur? Antwort: die Mikroben. Sie sind in die Kontroverse eingespannt und stehen unter deren starkem Druck. Wer wäre sonst hingegangen, sie im Quecksilber zu suchen? Wer hätte sie sonst in den Sporen des Heus ertappt? Während sie bisher mit der Luft, die wir atmen, vermischt waren, sind sie jetzt durch den Schwanenhals-Test von der Luft, die sie bisher getragen hatte, *unterschieden*. Ein scheinbar gutartiger Beweis, doch um so teuflischer, als es hier weder Feuer noch Quecksilber gibt: Die Luft geht durch die Windungen des Halses hindurch und läßt die Mikroben am Glas anhaften. Verrat! Wir kommen nicht weiter! Sie kommen nicht weiter! Sieg! Pouchet ist geschlagen, die Mikrobe neu definiert; die Karriere Pasteurs geht weiter; Gott wird nicht am Darwinismus leiden; die Zuhörer der Sorbonne applaudieren; die Kaiserin in Compiègne, verblüfft, wird ihn mit einem Besuch beehren. Ende der Kontroverse.

Pasteur fordert selbstsicher seine Gegner heraus, ihr Experiment vor der Akademie zu wiederholen. Diese entziehen sich zweimal, wenden sich jedoch an die Tagespresse. »Nach dem Rückzug im März«, schreibt Pasteur,

> »hätte man den vom Juni eigentlich voraussehen müssen. Doch ich gestehe, daß ich daran nicht geglaubt habe. Nicht weniger befremdlich ist aber die Leichtigkeit, mit der diese Herren das gerechte Urteil der Tageszeitungen überrumpelt haben. Ich weiß nicht, ob es auch nur eine einzige gibt, die nicht bei ihren Lesern die Parteilichkeit der Kommission der Akademie angeprangert hätte und die Unterjochung durch die offizielle Wissenschaft, wie sie es nennen.
>
> Dieser Rückzug vom Juni ist, wie ich meine, ein unglaublicher Akt. Du weißt, daß sie ihrer Sache ganz sicher waren, als ich sie herausgefordert habe, vor Zeugen den experimentellen Beweis ihrer Behauptungen zu liefern: *Wir stülpen den Handschuh um. Wenn nur ein einziger unserer Kolben unverändert bleibt, gestehen wir unsere Niederlage aufrichtig ein.* Ist das klar? Du erinnerst Dich an das Ergebnis, auf das dieser Satz anspielt. Nämlich das Experiment, mit dem die Kommission beginnen wollte, schließlich muß man irgendwo anfangen. Und wie hätte sie auf den Gedanken kommen können, mit einem anderen zu beginnen als dem, das Anlaß zu der Herausforderung und zur Einsetzung dieser Kommission war? Und wer hat denn die Aufmerksamkeit der Akademie auf dieses Experiment gelenkt, wenn nicht *sie*, als sie ihr schrieben, um den Preis größter Hindernisse hätten sie es auf den Gletschern der Maladeta wiederholt, in dreitausend Metern Höhe, während ich nur auf zweitausend Metern gewesen war, auf der Mer de Glace. [...]
>
> Sollen sie tun, was sie wollen. Ihr Experiment ist falsch, und ich fordere sie nochmals heraus, es vor Zeugen mit dem Ergebnis, das sie veröffentlicht haben, durchzuführen.«

Damit haben wir die Hauptschwierigkeit der Geschichte der Wissenschaften erreicht, nämlich die rückblickende Rekonstruktion der Vergangenheit vom – stets vorläufigen – Ende der gelehrten Dispute aus. Die Mikrobe, durch vielfältige Polemik gezeichnet, wird zu einer Wesenheit, die im Grunde immer dagewesen ist und die Pasteur entdeckt hat oder die er fast gesehen hat oder an der er auch hätte vorbeigehen können – streichen Sie die überzähligen Nennungen entsprechend den drei weiter oben definierten Geschichtstypen. Die *generatio spontanea* erfährt das umgekehrte Schicksal; im Grunde war sie niemals da, auch wenn sich Pouchet so zäh an sie geklammert hat.

Wenn sie keine Wesenheit ist, diese Mikrobe, wie wäre sie dann zu definieren? Nun, als *die vorläufige Form* der Netze, welche die Definition sämtlicher Akteure, die an der Komposition der Mikrobe beteiligt sind, punktuell oder dauerhaft – je nachdem – abwandeln können. Hat Pasteur die Mikroben entdeckt? Aber nein, er hat sie geformt. Was? Er hätte sie dank seines Konservativismus, seiner Vorurteile, seiner Theorien von A bis Z erfunden? Aber nein, denn die Mikroben haben ja ihn geformt, seine Karriere, seinen Konservativismus, sein liberales Kaiserreich und seine Kolben mit dem Schwanenhals. Wie? Es sollte sich um eine Koproduktion, eine Komposition handeln? Nein, es handelt sich um viel mehr, da die Akteure, die in Beziehung treten, nicht *dieselben* sind wie jene, die Sie vorher isolieren würden, um sie in Beziehung treten zu lassen. Es gibt keine endliche Liste von Faktoren zur Erklärung der Geschichte, weder der Wissenschaftsgeschichte noch der Geschichte überhaupt. Lassen wir das Wesen des Konservativismus und das Wesen der Mikrobe. Lassen wir die Vernunft. Halten wir uns nur an die Netze. Zwischen 1860 und 1864 ist die *generatio spontanea* entwirklicht und geschwächt worden, sie hat an Umfang, an Verbündeten und an Ressourcen verloren. Der ›Mikroorganismus, der bis 100 °C resistent ist und keine Luft braucht‹, hat an Realität gewonnen und in den Salons, bei der Kaiserin, in Notre-Dame und bei dem englischen Chirurgen Joseph Lister[7] Karriere gemacht.

Man ändere dieses Netz an einem einzigen Punkt, und schon ändert sich seine Form. Man füge eine Spore hinzu, die 100 °C aushält, und schon muß man die ganze Geschichte umschreiben, Pouchet recht geben und Pasteur für verblendet halten. Die Historiker, von Émile Duclaux bis

[7] *Joseph Lister* (1827-1912) versuchte, ausgehend von den Erkenntnissen Pasteurs, Wundinfektionen durch chemische Stoffe zu bekämpfen. Er gilt als Begründer der Antisepsis. *Anmerkung des Übersetzers*

Gérard Geison, behaupten, daß Pasteur in eine schwierige Lage geraten wäre, wenn Pouchet die Nerven behalten und seine Experimente vor der Kommission wiederholt hätte. Daß der *bacillus subtilis* aus den Experimenten Pasteurs eliminiert war, heißt noch nicht, daß er deshalb auch aus den Heuinfusionen Pouchets verschwunden gewesen wäre. Wenn er resistent war, hätte er sich nach der Öffnung der Flaschen genüßlich vermehrt. Wenn die Mikroben neuen Prüfungen standhalten, übertragen sie sich nicht mehr wie die anderen, bündeln nicht mehr dieselben Interessen, begeistern nicht mehr dieselben Leute, sind also nicht mehr *dieselben* Akteure.

Räumt man ein, daß die Historizität desto größer wird, je weniger zeitlose Gegebenheiten man annimmt, so hat uns die Analyse der Kontroversen von einer Geschichte der Wissenschaftler zu einer Geschichte der *Wissenschaften* geführt. Wir haben dann nicht mehr auf der einen Seite das, was eine Geschichte hat (die Menschen, ihre Kulturen, ihre Ideen und ihre Werkzeuge), und auf der anderen die ahistorischen Gegenstände. Aus der Sicht der Geschichte der Konstruktionen ist es unmöglich zu verstehen, was die Mikrobe kann, ohne das sehr heterogene Netz ausfindig zu machen, das sie vollständig *konstituiert*. Dem Kaiser nahestehend, Werkzeug der Mikrobiologie, Antwort auf Liebig, von der Hitze zerstört, von der Luft und der Kleidung übertragen, von den Windungen des Glases festgehalten, Vernichter des Atheismus, Vater und Sohn von Elementen, die ihm genau gleichen, anaerob, Verheißung einer Lösung für die Grundfragen des Lebens, des Todes und der Krankheit, nicht auf Gletschern, aber in Paris vorkommend, fest im Griff der *rue d'Ulm*: so erscheint der Mikroorganismus während der Kontroverse unter den Händen Pasteurs. Nichts anderes ist die Mikrobe als genau diese Liste von aktiven Wirkungen und überstandenen Tests. – Der offiziellen Wissenschaft feind, der oppositionellen Presse nahe, auf Gletschern vorkommend, häufig in Toulouse und Rouen auftretend, für Gott unentbehrlich, gegen Kalzinierung resistent, auftretend ohne Eltern, die ihm gleich wären: so erscheint der Mikroorganismus unter den Händen Pouchets. Nichts anderes ist die Mikrobe als genau diese Liste von aktiven Wirkungen und überstandenen Tests.
Die Disziplin »Geschichte« spezialisiert sich allzu bereitwillig auf die Erforschung dessen, was Historizität besitzt,

lange oder kurze Wellen: die Sitten, die Schlachten, die Demographie, die Getreidepreise und die Ideen. Sie vergißt, diese vorgängige Aufteilung zu untersuchen, die immer schon stattgefunden hat, ohne daß sie Einfluß darauf gehabt hätte: die Aufteilung zwischen dem, was Geschichte hat, und dem, was keine hat. Es ist die Philosophie der Wissenschaften, die diese Aufteilung vornimmt und Klio das weite Gebiet der kontingenten Umstände überläßt, jedoch die Welt, die Zahlen und die Dinge aus der Zeit herausnimmt. Die Geschichte der Konstruktionen zwingt den Historiker, umzukehren und bis zu jenem »Jalta« zurückzugehen, bei dem ihm seine Einflußzone zugewiesen wurde. Der kurzen, der langen und der sehr langen Dauer müssen jene unzähligen Zeitrhythmen hinzugezählt werden, die ebenso viele verschiedene Formen aufweisen, wie es Wissenschaften und Gegenstände gibt.

Jetzt kann ich jener besonderen Art der Wissenschaftsgeschichte, die ich als Geschichte der Konstruktionen bezeichnet habe, ihren wahren Namen geben: Es ist die Geschichte überhaupt, jedoch ausgedehnt auf die Dinge selbst.

BERNADETTE BENSAUDE-VINCENT

MENDELEEV: DIE GESCHICHTE EINER ENTDECKUNG

In diesem Kapitel geht es um das komplexe und mutige intellektuelle Abenteuer eines Chemieprofessors. Im historischen Kontext betrachtet, bekommt die Entdeckung des Periodensystems der chemischen Elemente freilich einen ganz anderen Sinn als denjenigen, den man ihr heute zuschreibt

Im Jahre 1869 ordnet Dmitrij Ivanovič Mendeleev (Mendelejew) (1834-1907) die Gesamtheit der chemischen Elemente nach der Progression ihrer Atomgewichte zu einem periodischen System.

Noch heute ist sein Name in allen Chemiebüchern, in allen Chemiesälen mit der Periodentafel verbunden. Man stellt das Mendeleevsche System als Vorwegnahme heutiger Klassifikationen auf der Basis der Atomzahl dar. Mendeleev erscheint so als Seher, als Prophet, der mit genialer Intuition nicht nur dem Experiment zuvorkommt, indem er unbekannte Elemente prognostiziert, sondern auch die Quantentheorien des zwanzigsten Jahrhunderts antizipiert.

Solche Deutungen der Vergangenheit aus der Sicht der gegenwärtigen Wissenschaft pflegen englische Wissenschaftshistoriker als *whig history* zu bezeichnen. In Vorlesungen und auf wissenschaftlichen Kongressen ist diese »Pseudo-Geschichte« weit verbreitet. Man sucht in der Vergangenheit nach den Richtlatten, deren Fluchtpunkt die heutigen Theorien darstellen, und läuft damit Gefahr, die Geschichte zu vereinfachen und ihr eine Tendenz zu unterstellen. Indem sie falsche Fährten und Sackgassen beseitigen, erfinden die Wissenschaftler einen Königsweg, der zur gegenwärtigen Wissenschaft führt.

Davon abgesehen ist die Entdeckung Mendeleevs eine Glanzleistung, die zu Bewunderung zwingt. Schließlich sind hier auf einer Tafel die Elementarbausteine versammelt, aus denen das Universum besteht! Wie konnte Men-

Professor Mendeleev (links) von der Universität Sankt Petersburg besucht zusammen mit Lord Cheny (sitzend) und F. Blumbach im September 1885 den Eiffelturm. Museum D. Mendeleev, Sankt Petersburg

deleev das richtige Klassifikationsprinzip finden, ohne mehr als siebzig Elemente zu kennen und ohne irgend etwas von der Elektronenstruktur der Atome zu wissen? Und welche Kühnheit, Plätze für unbekannte Elemente vorzusehen, ja sogar deren Eigenschaften vorauszusagen! Das Periodensystem ist zu einer kanonischen Episode der positivistischen Epistemologie geworden. Man führt sie stets zusammen mit der Vorhersage des Planeten Neptun durch Urbain Le Verrier (1811-1877) auf, um den Gegensatz zwischen einer empirischen Wissenschaft, die bloß Fakten sammelt, und einer rationalen Wissenschaft zu veranschaulichen, die imstande ist, Experimente zu organisieren und vorwegzunehmen.

Doch tauchen wir Mendeleev wieder in sein Jahrhundert ein, in die Einsätze und Debatten von damals; lassen wir längst überwundene Probleme wiederaufleben. Was ist dann der Sinn seines Unternehmens? Nur so entdecken wir das intellektuelle Abenteuer eines Chemieprofessors der Universität Sankt Petersburg, einen schwierigen Weg mit seinen Phasen der Spannung und der Geduld, mit seinen Ungewißheiten und Gewißheiten, Entscheidungen und Erfolgen.

Ein Irrtum voller Wahrheit

Paris 1902. Ein alter Mann mit weißem Bart und wachem Blick trotz seiner siebzig Jahre pocht an die Tür eines Laboratoriums in der rue Lhomond und bittet, mit starkem russischen Akzent, um ein Gespräch mit Pierre und Marie Curie. Es ist kein Unbekannter, der bei diesen jungen Forschern vorspricht, die ihren Ruhm noch vor sich haben, sondern ein geachteter und geehrter Chemiker, Doktor zahlreicher Universitäten, seit 1892 Direktor des Zentralbüros für Maße und Gewichte. Nun, dieser weltbekannte Wissenschaftler ist gespannt auf die Radioaktivität, auch beunruhigt darüber, und möchte sich selbst ein Urteil bilden. Er beobachtet aufmerksam die von Uranium, Thorium und Polonium ausgesandte Strahlung. Er diskutiert, er fragt. Verwandlung eines Elements in ein anderes? Das scheint ihm unsinnig. Die Individualität der Elemente, die Unveränderlichkeit der Atome, die Unzerstörbarkeit der Materie sind die Grundprinzipien der Chemie, die er gelernt und dann gelehrt hat. Die Ecksteine einer positiven und realistischen Wissenschaft. Mendeleev ist geneigt, in diesen rätselhaften Strahlen und diesen »Elektrizitätskörnern« oder Elektronen, von denen man neuerdings spricht, ein Trugbild alchimistischer Phantasien und den Vorwand eines obskurantistischen Angriffs zu sehen.

Den noch zurückhaltenden Interpretationen Pierre und Marie Curies stellt Mendeleev eine eher klassische Erklärung entgegen. Er zeichnet das bekannte Schema eines Planetensystems an die Wandtafel und setzt an: Die Radioaktivität ist eine Eigenschaft, die einzig bei schweren Atomen auftritt. Wegen ihres Gewichts könnten sich die Atome dieser Elemente (Uranium, Thorium, Polonium ...) wie kleine Sonnen verhalten, welche die Körper in ihrer Umgebung anziehen. Ein solcher Körper, unendlich leicht und zudem überall im Universum verbreitet, ist nun aber der Äther der Physiker. Es wäre also vorstellbar, daß er sein Verhalten in der Nachbarschaft dieser schweren Atome mit ihrer starken Gravitation ändert. Nicht daß er die harmonische Bewegung eines Planeten annähme; aber er könnte anfangen, sich um diese schweren Atome zu drehen, ein wenig »wie ein Komet, der aus dem Weltraum in ein Planetensystem fällt, sich um die Sonne dreht und wieder in den Weltenraum entflieht«.

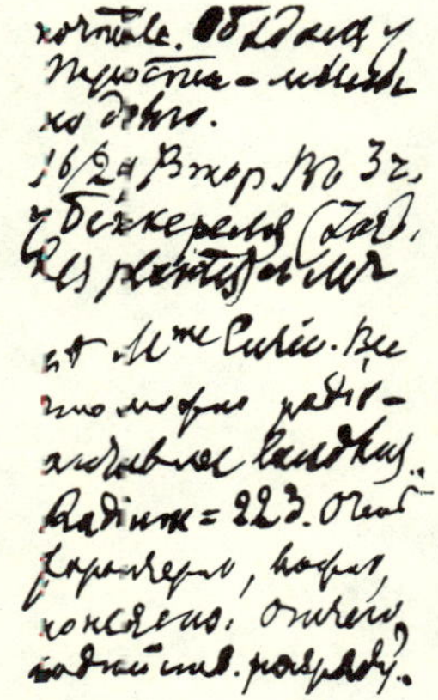

Kommentare Mendeleevs zur Entdeckung des Radiums bei seinem Besuch im Laboratorium von Henri Becquerel und Pierre und Marie Curie im April 1902. Unschlüssigkeit und Furcht vor einem Wiederaufleben des Spiritismus – das sind die Empfindungen, die in seinem Notizheft zum Ausdruck kommen.
Museum D. Mendeleev, Sankt Petersburg

Wieder in Sankt Petersburg, arbeitet Mendeleev seine Interpretation aus und verfaßt ein kleines Buch, das zwei Jahre später ins Englische übersetzt wird unter dem Titel *Towards a Chemical Conception of Ether*. Die für die Radioaktivität vorgeschlagene Erklärung ist also nur eine besondere Konsequenz aus einer grandiosen intellektuellen Konstruktion, welche die Mechanik, den Elektromagnetismus und die Chemie vereint.

Die Frage des Äthers ist 1902 höchst aktuell. Während des ganzen neunzehnten Jahrhunderts wird der Äther für die Physik immer wichtiger: War er schon nötig, damit die Gravitation aus der Entfernung wirken konnte, erwies er sich als unerläßlich, um die Übertragung der Lichtwellen zu erklären. Und seit James Clerk Maxwell (1831-1879) war er für die Erklärung der elektromagnetischen Erscheinungen absolut unentbehrlich. Doch ist dieser allgegenwärtige Äther eine Herausforderung für die Bemühungen der Physiker, denn sein Wesen bleibt rätselhaft und widersprüchlich. Die raffiniertesten experimentellen Anordnungen, wie die von Michelson und Morley, die seine Bewegung um die Erde beweisen sollen, scheitern trotz wiederholter Bemühungen.

Auf wenigen Seiten löst Mendeleev die Schwierigkeiten. Er

behandelt den Äther als chemisches Element und ordnet ihn in die Periodentafel ein. Da der Äther chemisch nicht reaktionsfähig sein soll, scheint es naheliegend, ihn in die Spalte der Edelgase einzureihen. Das Hauptproblem entspringt daraus, daß er imponderabel sein soll. Mendeleev umgeht es, indem er an eine andere Eigenschaft erinnert, die dem Äther zugeschrieben wird: seine Fähigkeit, jede Substanz zu durchdringen. Diese Fähigkeit hindert uns daran, ihn zu isolieren und sein Atomgewicht zu bestimmen, wie man es bei gewöhnlichen Elementen tut. Deshalb, erklärt Mendeleev, ist der Äther unwägbar nur relativ auf unsere Techniken der Gewichtsbestimmung. Er hat Lavoisiers Lektion in Relativität nicht vergessen und kommt im übrigen wieder auf die Argumente zurück, mit denen Lavoisier den Wärmestoff rechtfertigen konnte.[1] Bleibt noch, daß der Äther so leicht sein muß, daß sein Gewicht kein gemeinsames Maß mit dem leichtesten Element des Periodensystems besitzt. Mendeleev löst diese neue Schwierigkeit, indem er ein weiteres Zwischenelement annimmt, das er bald mit dem Coronium gleichsetzen zu können hofft, einem Element, dessen Existenz man anhand der Strahlen des sichtbaren Spektrums der Korona entdeckt zu haben glaubte. Daraufhin bemüht er sich, eine vernünftige Größenordnung für das Atomgewicht des Äthers anzugeben. Er bezieht sich auf die kinetische Gastheorie und versucht die Geschwindigkeit abzuschätzen, die erforderlich ist, um der Anziehung der schwersten Sterne zu entgehen, deren Masse ungefähr fünfzigmal derjenigen der Sonne entspricht. Diese Geschwindigkeit, schätzt er nach langen Berechnungen, muß zwischen 2,24 und 3,00 m/s liegen. Also müßte das Atomgewicht des Äthers annähernd ein Millionstel des Atomgewichts des Wasserstoffs betragen. Und damit ist das Periodensystem von zwei neuen, ein wenig merkwürdigen Elementen flankiert, die sich bis an die Grenzen der materiellen Welt erstrecken.

[1] Vgl. S. 661.

Gewiß ein abenteuerliches Verfahren! Doch kühne Induktionsschlüsse zieht Mendeleev schließlich nicht zum ersten Mal. Das Risiko schreckt ihn nicht; im allgemeinen ist er erfolgreich. Und diesmal hat er keine andere Wahl. Die Chemie ist in Gefahr. Mendeleev wehrt sich und versucht das Unmögliche, um die Grundlagen der Wissenschaft zu retten, die er sein ganzes Leben lang entwickelt hat. Dennoch sollten wir seinen Versuch nicht für eine Verzweiflungstat halten. Der Einsatz ist gewaltig. Mendeleev versammelt in seinem Essay all seine Kämpfe, all seine Hoffnungen. Er führt einen tödlichen Schlag gegen die spiritistischen oder parawissenschaftlichen Strömungen, die er unermüdlich bekämpft hat. Er erfüllt den lange gehegten Wunsch einer Vereinigung von Physik und Chemie unter der Ägide der Mechanik. Schließlich und vor allem stärkt er das Ansehen des Periodensystems, wenn er sein Reich bis an die Grenzen des materiellen Universums ausdehnt.

Die Fortsetzung der Geschichte ist bekannt. Der Traum war allzu kurz. Mendeleev hat sich getäuscht, schwer getäuscht. 1905 machte das von einem jungen Berner Physiker namens Albert Einstein formulierte Relativitätsprinzip den hypothetischen Äther überflüssig. Dem Äther war nur ein kurzer Auftritt in der chemischen Periodentafel vergönnt: zwischen 1903 und 1906.

Gewöhnlich entschuldigt man diesen Irrtum mit dem Hinweis auf Mendeleevs fortgeschrittenes Alter. War er nicht immer mehr der philosophischen Spekulation verfallen, hatte er sich nicht zunehmend der Industrie und dem Bemühen um Popularisierung verschrieben? Kurz, er war nicht mehr »auf dem laufenden«. Dennoch zeigt dieses schmale Buch von 1902 keinerlei Schwäche: weder Widerstand gegen Neues noch Größenwahn, auch keinen Mangel an kritischem Geist. Mendeleev äußert sich zurückhaltend und luzide. Er weiß, daß er in dieser Frage keine Gewißheiten erreichen kann, auch wenn er dasselbe prognostische Verfahren anwendet, mit dem er bisher Erfolg gehabt hat.

> »Ich sehe in meinem unvollkommenen Versuch zur Erklärung der Natur des Äthers unter einem chemischen Gesichtspunkt nichts weiter als den Ausdruck einer Reihe von Gedanken, die in meinem Geist aufgestiegen sind und denen ich nachgegangen bin aus dem einfachen Wunsch heraus, sie möchten, da sie doch von den Tatsachen nahegelegt wurden, nicht völlig verlorengehen [...]. Sollten sie irgendein Stückchen jener Wahrheit der Natur enthalten, nach der wir alle suchen, wird meine Bemühung nicht umsonst gewesen sein und kann weiterentwickelt, ergänzt und korrigiert werden. Sollte sich meine Auffassung als gänzlich falsch erweisen, wird sie andere daran hindern, denselben Fehler zu wiederholen.«

Die Erörterung dieses späten Essays, dem unter den Werken Mendeleevs am wenigsten Ruhm zukommt, zu Beginn dieses Kapitels soll das Ansehen des großen Mannes keineswegs schmälern – eher möchte ich hier seinen Mut betonen. Dennoch müssen wir ein für allemal den vorschnell angenommenen Zusammenhang zwischen dem Periodensystem und den modernen Konzeptionen des Atoms lösen. Der »Irrtum« Mendeleevs spricht die Wahrheit über das Periodensystem aus. Er wirft, gleichsam in einer rückläufigen Bewegung, Licht auf die Prinzipien, unter denen der Aufbau dieses Klassifikationssystems stand: den unerschütterlichen Glauben an die Individualität und Unwandelbarkeit der chemischen Elemente; den positiven Realismus und die tiefe Abneigung gegenüber Metaphysik und Aberglauben; schließlich die Hoffnung, eines Tages Physik und Chemie zu einer neuen Wissenschaft zu vereinen, deren Grundlage das Periodensystem wäre. Nein, Mendeleev ist kein Pionier der Chemie des zwanzigsten Jahrhunderts. Weit davon entfernt, eine Vorahnung ihrer Entwicklungen zu geben, bekämpft er sie mit der ganzen Kraft und der Logik der Wissenschaft des neunzehnten Jahrhunderts.

Die Nöte eines Chemieprofessors

Es sind die Entwicklungen der Chemie des neunzehnten Jahrhunderts, welche die Klassifikation der chemischen Elemente zu einem dringlichen Problem machen. Viele Chemiker haben sich an seiner Lösung versucht. Mendeleev ist kein Außenseiter, der in seinem fernen Rußland isoliert wäre.

Sankt Petersburg, Oktober 1867. Mendeleev ist soeben zum Professor der Chemie an der Universität ernannt worden. Mit dreiunddreißig Jahren hat er bereits einen beachtlichen Lebenslauf: drei bedeutende Abhandlungen, um alle Stufen bis zum Doktorat zu erklimmen; ein Aufenthalt in Heidelberg im Labor von Robert Wilhelm Bunsen (1811-1899); Studien über das Erdöl von Baku, über Dünger, Erfahrung mit landwirtschaftlichen Versuchen auf einer eigenen Domäne und schließlich, drei Jahre lang, ein Posten als Professor der Chemie am Technologischen Institut von Sankt Petersburg. Trotzdem fühlt er sich hilflos, als er seine Vorlesung ausarbeitet, da er kein korrektes Lehrbuch der allgemeinen Chemie findet, das er seinen Studenten empfehlen könnte. Nun ist er das Schreiben gewohnt; während des Studiums hat er sich seinen Lebensunterhalt damit verdient, wissenschaftliche Artikel für verschiedene Zeitschriften zu verfassen. Er beschließt also, sein eigenes Lehrbuch zu schreiben. Aus diesem Unternehmen wird zwei Jahre später das Periodensystem hervorgehen. Am Be-

Die »demographische Explosion« der Elemente im neunzehnten Jahrhundert

Die folgende Tabelle zeigt die außerordentliche »demographische Explosion« der Elemente im neunzehnten Jahrhundert. Ihre Zahl hat sich mehr als verdoppelt: Ende des achtzehnten Jahrhunderts kannte man 33 einfache Körper; zwischen 1800 und 1849 wurden 24 entdeckt, und weitere 24 zwischen 1850 und 1899. Daher das dringende Bedürfnis, eine Klassifikation zu finden, um ein wenig Ordnung in diese Mannigfaltigkeit zu bringen (nach A. Massain, *Chimie et chimistes*, 1952; bearbeitet).

Vor 1700	1700–1799	1800–1849	1850–1899
Antimon	Beryllium	Aluminium	Actinium
Arsen	Chlor	Barium	Argon
Blei	Chrom	Bor	Cäsium
Eisen	Fluor	Brom	Dysprosium
Gold	Kobalt	Cadmium	Gadolinium
Kohlenstoff	Mangan	Cer	Gallium
Kupfer	Molybdän	Erbium	Germanium
Phosphor	Nickel	Iridium	Helium
Quecksilber	Platin	Jod	Holmium
Schwefel	Sauerstoff	Kalium	Indium
Silber	Stickstoff	Kalzium	Krypton
Zinn	Strontium	Lanthan	Neodym
	Tellur	Lithium	Neon
	Titan	Magnesium	Polonium
	Uran	Natrium	Praseodym
	Wasserstoff	Niob	Radium
	Wismut	Osmium	Rhodium
	Wolfram	Palladium	Ruthenium
	Yttrium	Rubidium	Samarium
	Zink	Selen	Scandium
	Zirkonium	Silizium	Thallium
		Tantal	Thulium
		Thorium	Xenon
		Vanadium	Ytterbium

ginn der Entdeckung steht also ein pädagogisches Problem. Diese harmonische Ergänzung von Forschungs- und Lehrtätigkeit ist damals, wenigstens in der Chemie, keineswegs außergewöhnlich.

Wie also soll man den Studenten die Summe der Erkenntnisse über Tausende von Substanzen präsentieren? Seit Lavoisier bestand die einleuchtende Lösung darin, die Eigenschaften der zusammengesetzten Körper im Anschluß an die der einfachen Körper zu behandeln, aus denen sie sich zusammensetzen. Doch damit sind nicht alle Probleme erledigt. Nachdem die Voltasche Säule in Gebrauch kam, wurde die Tafel der dreiunddreißig einfachen Substanzen zu eng. Die im Jahre 1800 von Alessandro Volta (1745-1827) erfundene Säule läßt eine wirkungsvolle Analysetechnik entstehen, die Elektrolyse, die eine Serie von Entdeckungen auslöst: In den beiden Jahren 1807 und 1808 isoliert Humphrey Davy (1778-1829) Natrium, Kalium und Strontium, Bor, Kalzium und Magnesium. Er ergänzt diese Liste um die folgenreiche Entdeckung des Chlors im Jahre 1810, des Jods im Jahre 1812 und des Broms im Jahre 1826. Jöns Jacob Berzelius (1779-1848) in Schweden braucht die Konkurrenz nicht zu scheuen: Nach dem Cer im Jahre 1801 isoliert er das Selen im Jahre 1817, das Silizium und das Zirkonium im Jahre 1824, das Thorium im Jahre 1828 und hat Anteil an weiteren Entdeckungen. Er festigt die Macht der Elektrizität über die Chemie mit einer elektrochemischen Theorie der Verbindungen, die in jeder Zusammensetzung, unbeschadet der Anzahl ihrer Konstituentien, zwei Teile vermutet, einen mit positiver und einen mit negativer Elektrizität geladenen. 1829 zählt er in der ersten Auflage seines *Lehrbuchs der Chemie* vierundfünfzig einfache Körper auf. In den sechziger Jahren löst eine neue Technik, die Spektralanalyse, neue Entdeckungen aus. 1869 klassifiziert die erste Mendeleevsche Tafel dreiundsechzig Elemente, und gegen Ende des Jahrhunderts nähert man sich der Zahl Hundert. Diese Vermehrung der Elemente ist also eine bedeutsame Erscheinung, die dem neunzehnten Jahrhundert in der langen Geschichte der Chemie eine einzigartige Stellung verleiht. Doch sie erleichtert die Aufgabe des Chemieprofessors nicht gerade. Ist er dazu verurteilt, seine Disziplin als endlose Folge detaillierter Monographien zu jedem bekannten Element abzuhandeln?

Die meisten Chemiker übernehmen die Teilung zwischen Metallen und Nichtmetallen, folgen jedoch keiner festen Ordnung innerhalb dieser beiden großen Klassen. Das Gleichgewicht zwischen theoretischen und didaktischen Erfordernissen, wie es Lavoisier in seinem *Traité élémentaire de chimie* austariert hatte, ist zerstört. Das Vorwort zum *Traité* von Berzelius verrät eine Kluft zwischen Logik und Didaktik. Berzelius sucht einen Kompromiß, entgeht aber nicht dem Zwang, Einzelstudien in endloser Reihe vor dem geistigen Auge vorbeiziehen zu lassen:

»Der Plan, dem ich folge, genügt dem systematischen Geist nicht vollkommen. Mir schien es nötig, diese Ordnung immer dann aufzugeben, wenn ich mit diesem Opfer den Zugang zur Wissenschaft erleichtern könnte. Es gibt zwei Arten, die Chemie in einem für Anfänger geschriebenen Buch darzustellen. [...] Entweder man sucht, soweit aus dieser Methode keine Nachteile folgen, eine Sammlung von Monographien der einfachen Körper zu erstellen; und was die Verbindungen angeht, in die jeder dieser Körper einzugehen vermag, reiht man sie nach einer beliebigen Ordnung, die jedoch vorgezeichnet sein muß, um keinesfalls gezwungen zu sein, eine Verbindung zweimal oder gar mehrmals zu beschreiben. Derart, meine ich, läßt sich die Wissenschaft auf ihren einfachsten Ausdruck zurückführen und schärft sich dem Gedächtnis am besten ein. [...] Oder man behandelt zunächst sämtliche einfachen Körper, untersucht dann, nach einer gegebenen Ordnung, die Verbindungen eines jeden mit allen anderen und läßt schließlich die Verbindungen dieser Verbindungen Revue passieren, auf diese Weise vom Einfachen zum Zusammengesetzten fortschreitend. Auf den ersten Blick scheint diese Methode geeignet, die Bedingungen eines für Anfänger geschriebenen Buches am besten zu erfüllen.«

Je weiter die Chemie fortschreitet, desto mehr scheint sich ihr das Ideal einer rationalen und logischen Darstellung zu entziehen. Die rasche Entwicklung der organischen Chemie seit den vierziger Jahren verschärft das Problem weiter, insofern nun zu der Elementarpopulation eine Masse neuer zusammengesetzter Körper hinzukommt, die ebenfalls klassifiziert werden müssen, wenn die Weitergabe chemischer Erkenntnisse nicht binnen kurzem unmöglich werden soll. Damit sieht sich die Chemie vor der Schwierigkeit, mit dem rasch anwachsenden »Bevölkerungsdruck« der Substanzen fertig zu werden. Das Problem, dem man schon Ende des achtzehnten Jahrhunderts begegnet war und das seinerzeit mit der rationalen Nomenklatur bewältigt wurde, taucht ein halbes Jahrhundert später erneut auf.
Gewiß, das Kapital der akkumulierten Erkenntnisse über jede der bekannten Substanzen erlaubt es, die Situation besser zu meistern. Doch die Erträge im theoretischen Feld gehen nicht notwendigerweise mit größerer Klarheit einher. Allzuoft wird die Chemie des neunzehnten Jahrhunderts als eine heitere und triumphierende Wissenschaft dargestellt. Das positivistische Bild einer reinen Wissenschaft, die – fest gegründet auf den unerschütterlichen Fundamenten des Lavoisierschen Gebäudes – stetig voran-

schreitet und, einem Füllhorn gleich, unzählige Anwendungen in Landwirtschaft und Industrie hervorbringt, bedarf der Überprüfung. Die internationale Gemeinschaft der Chemiker ist in der ersten Hälfte des neunzehnten Jahrhunderts tief gespalten und wird von heftigen Auseinandersetzungen um so grundlegende Themen wie die Existenz der Atome oder Natur und Anzahl der chemischen Elemente erschüttert. In jeder dieser Streitigkeiten vertrat Mendeleev sehr entschiedene Positionen, die für sein Vorgehen bei der Klassifikation bestimmend waren.

Das Gewicht der Atome. Ein Kongreß bringt die Wende

Die Atomhypothese wird 1805 von John Dalton (1766-1844) als einfachste Erklärung der Verknüpfung zweier Gesetze formuliert, die für chemische Verbindungen gelten: das 1802 von Joseph Louis Proust (1754-1826) aufgestellte Gesetz der konstanten Proportionen und das von Dalton selbst entdeckte Gesetz der multiplen Proportionen. Die chemischen Verbindungen, meint Dalton, müssen sich Atom für Atom herstellen. Das Daltonsche Atom ist also in erster Linie die kleinste Einheit von Verbindungen und nicht mehr, wie sein Homonym in der griechischen Physik, ein letzter Bestandteil der Materie. Seine wirkliche Existenz bleibt ebenso hypothetisch wie die des antiken Atoms, doch das Daltonsche Atom erlaubt eine quantitative Deutung der chemischen Verbindungen. In seinem *New System of Chemical Philosophy* konstruiert Dalton in der Tat ein System der Atomgewichte, das auf der Wahl des Wasserstoffs als konventioneller Einheit beruht (H = 1 in moderner Notation).[2] So bestimmt Dalton das Atomgewicht für Wasserstoff, Schwefel, Phosphor, Kohlenstoff und Stickstoff nach ihren Wasserstoffverbindungen, wobei er stets annimmt, daß sich ein Wasserstoffatom mit einem Atom eines anderen Stoffs verbindet. Wasser zum Beispiel hat ein Atomgewicht von 8, also ein Wasserstoffatom, das 1 wiegt, und ein Sauerstoffatom, das 7 wiegt (in moderner Notation hätte es die Bezeichnung HO). Falls ein Element in mehrere Verbindungen mit Wasserstoff eintritt, legt Dalton das Atomgewicht nach der am wenigsten wasserstoffhaltigen fest. Die Kohlenstoffverbindung etwa bestimmt sich nach dem ölbildenden Gas, also einem Wasserstoffatom, das 1 wiegt, und einem Kohlenstoffatom, das 5 wiegt; ergibt zusammen ein Atomgewicht von 6. Das Daltonsche System gestattet es demnach, jedes Element mit Hilfe eines

[2] Als *Atomgewicht* bezeichnet Dalton das Gewicht eines Elements, das sich in konstanter oder multipler Proportion mit einem anderen Element verbindet, um eine Verbindung zu bilden. Da es absolut unmöglich ist, das Gewicht eines Atoms zu messen, werden diese Atomgewichte auf eine konventionelle Einheit bezogen, den Wasserstoff. Hier einige Beispiele:
Wasserstoff: 1; Stickstoff: 5; Kohlenstoff: 5; Sauerstoff: 7; Phosphor: 9; Schwefel: 13; Eisen: 38; Zink: 56; Kupfer: 56; Blei: 95; Silber: 100; Platin: 100; Gold: 140; Quecksilber: 167.

positiven, numerischen Merkmals zu identifizieren. Die Einfachheit und die Vorteile dieser Hypothese machen es plausibel, daß sie sich allgemein durchsetzt, zumal sie von den Gesetzen über die Gase rasch bestätigt wird. Die festen Beziehungen zwischen den Gasvolumina, wie sie das Gesetz von Joseph Louis Gay-Lussac (1778-1850) definiert, erhärten die Atomhypothese.[3] Ein weiteres Gesetz, das 1811 von Amadeo Avogadro (1776-1856) und 1814 von André Marie Ampère (1775-1836) formuliert wurde – ohne daß beide voneinander Kenntnis gehabt hätten –, stellt die Verbindung zwischen den Gesichtspunkten Gay-Lussacs und Daltons her, indem es das Atomgewicht nach der Gasdichte bestimmt.[4] Statt jedoch die Annahme der Atomhypothese zu fördern, werden diese Bestätigungen zu Auseinandersetzungen und Blockaden führen. Dalton selbst weigert sich, das Gay-Lussac-Gesetz zu akzeptieren, und kritisiert es schonungslos. Seine Haltung hat andere Chemiker, namentlich den mächtigen und einflußreichen Berzelius, nicht daran gehindert, diese beiden Ideen wechselseitig aufeinander zu stützen und im Jahre 1818 ein System der Atomgewichte vorzuschlagen, das Volumen- und Gewichtsverhältnisse miteinander versöhnt.

Schwerwiegender und langwieriger ist der Widerstand der Äquivalentisten, denn er geht paradoxerweise aus einer Begeisterung für die Daltonsche Hypothese hervor. Die Atomhypothese scheint zum Opfer ihrer eigenen heuristischen Kraft zu werden: Das Atomgewicht ist für den Chemiker ein unentbehrlicher Begriff, um die neuentdeckten Elemente zu charakterisieren. Doch warum sollte man sich mit der Idee eines Atoms belasten, das ein schweres metaphysisches Erbe trägt und die Erfahrung überschreitet? In diesen Zeiten, in denen die positivistischen Schlagworte der experimentellen Vorsicht und des Mißtrauens gegen Hypothesen hoch im Kurs stehen, ziehen die Chemiker einen neutraleren Ausdruck vor. Die Alternative, »Äquivalentgewicht«, wird 1814 von einem anderen englischen Chemiker, William Hyde Wollaston (1766-1828), vorgeschlagen. Nachdem er zunächst die Hypothese Daltons eifrig verteidigt und anhand eigener Arbeiten illustriert hatte, wurde Wollaston zu ihrem Hauptgegner. Während er alle Ressourcen nutzt, die durch den Begriff des Atomgewichts zugänglich geworden sind, kritisiert er die Ungewißheiten der Hypothese und wirft Dalton die Willkür seines Systems der Atomgewichte vor. Statt dessen

[3] *Gay-Lussac-Gesetz* (1808): Die Volumina zweier Gase, die chemisch miteinander reagieren, verhalten sich wie ganze Zahlen.

[4] *Avogadro-Gesetz* (1811): Gleiche Gasvolumina enthalten bei gleicher Temperatur und gleichem Druck die gleiche Anzahl von Molekülen.

schlägt er ein System der »Äquivalentgewichte« vor, das auf einer anderen Basiseinheit gründet: dem Sauerstoff (O = 100). Bis hierher scheint die Debatte zwischen Äquivalentisten und Atomisten rein formell. Der Streit geht um Worte, und die Umrechnung der Einheiten des einen Systems in die des anderen fällt nicht schwer.

Die Sache wird ernster, als es in den vierziger Jahren den Anhängern Avogadros gelingt, sein Gesetz durchzusetzen. Denn die Chemiker haben dieses Gesetz, das ihnen allzu hypothetisch und unnötig kompliziert schien, lange abgelehnt. Einerseits beruht es nicht unmittelbar auf experimentellen Gegebenheiten, sondern auf der Koexistenz des Gesetzes von Gay-Lussac und der Daltonschen Hypothese, aus der eine andere folgt: »Die Zahl der in beliebigen Gasen enthaltenen Moleküle ist bei gleicher Temperatur stets gleich oder proportional dem Volumen«; andererseits ergeben sich aus den Gasdichten Atomgewichte, die sich von denen Daltons unterscheiden (15 für Sauerstoff statt 7 bei Dalton); weshalb Avogadro eine Hilfshypothese einführen muß: Um die experimentell ermittelte Gasdichte mit der nach der Atomhypothese berechneten Summe der Gewichte in Einklang zu bringen, nimmt Avogadro an, daß sich das Molekül, das in eine Verbindung eintritt, in zwei gleichartige Moleküle teilt. Er unterscheidet also »integrirende Molekel«, deren Anzahl in gleichen Gasvolumina gleich ist, von »elementaren Molekeln«. Die Unterscheidung zwischen diesen beiden Begriffen – die man später »Atom« und »Molekül« nennen wird – erscheint damals willkürlich und überflüssig. Und darüber hinaus als Quelle der Verwirrung, denn Ampère schlägt eine andere Terminologie vor, die »Partikeln« und »Molekeln« unterscheidet. Das Gesetz von Avogadro und Ampère, das entschieden zu dunkel ist und zu vieler Hypothesen bedarf, gerät in Vergessenheit. 1836 wird es von Jean-Baptiste Dumas in seinen Vorlesungen am *Collège de France* feierlich verworfen.

Doch ein eigenwilliger junger Chemiker, Charles Gerhardt (1816-1856), weigert sich, das Avogadro-Gesetz zu begraben. Um die Ergebnisse, die nach dem Gesetz über die spezifische Wärme[5] gewonnen wurden, mit dem Isomorphie-Gesetz[6] in Einklang zu bringen, verdoppelt Gerhardt die Atomgewichte einer Reihe von Metallen. Sein *Lehrbuch der organischen Chemie* (1853/56) verhilft durch die Verwendung der Begriffe »Atom« und »Molekül« der Avo-

[5] *Gesetz der spezifischen Wärme* (1819) von Pierre Dulong (1785-1838) und Alexis Petit (1791-1820): Die Atome aller einfachen Körper besitzen genau die gleiche Wärmekapazität.

[6] *Isomorphie-Gesetz* (1821) von Eilhard Mitscherlich (1794-1863): Isomorphe Körper haben eine analoge chemische Zusammensetzung und enthalten im allgemeinen die gleiche Zahl von Atomen oder »Äquivalenten«. Die Untersuchung von Isomorphien ist also ein Hilfsmittel zur Bestimmung des Atomgewichts.

gadroschen Unterscheidung zu neuer Aktualität und verbreitet ein neues System der Atomgewichte, in dem C = 12 (statt 6) und O = 16 (statt 8) ist. Zwischen diesem System und den Systemen der Äquivalentgewichte ist keine Versöhnung mehr möglich. Man muß sich für eines der beiden entscheiden.

1856 hat Mendeleev seine Wahl getroffen. In der Magisterabhandlung, die er in diesem Jahr der Universität Sankt Petersburg vorlegt, benutzt er das System Gerhardts. Mendeleev spricht sich für dessen einheitliche Theorie der chemischen Verbindungen aus und erklärt seine Abneigung gegen die elektrochemische und dualistische Theorie von Berzelius. Auch Stanislao Cannizzaro (1826-1910) verteidigt und vervollständigt das System Gerhardts. Ende der fünfziger Jahre ist die Vielzahl der in Gebrauch befindlichen Systeme für den wissenschaftlichen Austausch so nachteilig geworden, daß mehrere Chemiker die Idee einer internationalen Tagung entwickeln, auf der ein einheitliches System der Atomgewichte festgelegt werden soll. Der erste internationale Chemikerkongreß, organisiert von August Kekulé (1829-1896), kommt 1860 in Karlsruhe zusammen. Ein entscheidendes Ereignis. Mit ihm entsteht eine neue Arbeitsweise der Forschergemeinschaft, die sich gegen Ende des Jahrhunderts über alle wissenschaftlichen Disziplinen verbreitet: es häufen sich die internationalen Kongresse, die in periodischen Abständen tagen und den institutionellen Ort bieten, Konflikte zu entscheiden sowie Begriffe und Einheiten zu standardisieren. In der Chemie setzt dieser erste Kongreß einem vierzigjährigen Streit über die Atomgewichte ein Ende. Mehrere Tage lang diskutieren in Karlsruhe die Delegationen jedes Landes über die jeweiligen Vorzüge der verschiedenen Notationen und versuchen sich auf diese Weise über eine Definition der Grundbegriffe zu einigen: Atom, Molekül, Äquivalent. Beim Abschluß des Kongresses wird kein offizieller Beschluß gefaßt. Doch dank der eifrigen Kampagne Cannizzaros, der sich bemüht, das Avogadro-Gesetz als soliden Induktionsschluß aus einer Menge experimenteller Daten darzustellen, und der die Chemiker nicht so sehr dazu auffordert, die Realität der Atome und Moleküle anzuerkennen, als für die Unterscheidung beider Sorge zu tragen, triumphiert am Ende das System von Avogadro und Gerhardt. Mendeleev jedenfalls ist einer von denen, die den Kongreß überzeugt und endgültig bekehrt verlassen. Während er gegenüber dem Daltonschen Atom, das ihm konventionell erscheint, zurückhaltend urteilt, betrachtet er das Avogadro-Gesetz »als die wichtigste Grundlage für das Studium der Naturphänomene«. Die Realität des Atoms und des Moleküls interessiert ihn nicht; ihn kümmert mehr die Unterscheidung zwischen beiden:

»Mit der Anwendung des Avogadro-Gerhardtschen Gesetzes ist die Konzeption des Moleküls und damit des Atomgewichts vollständig definiert. Man nennt Partikel oder chemische Partikel oder Molekül die Quantität an Substanz, die in chemische Reaktion mit anderen Molekülen eintritt und die im gasförmigen Zustand das gleiche Volumen einnimmt wie zwei Gewichtsteile Wasserstoff. [...] Die Atome sind die kleinsten Quantitäten oder die unteilbaren chemischen Massen der Elemente, welche die Moleküle der einfachen und zusammengesetzten Körper bilden.«

Nach 1869 beschreibt Mendeleev wiederholt und ausführlich den Karlsruher Kongreß als das Ereignis, das ihn auf die richtige Spur gesetzt und ihm die Intuition einer möglichen Periodizität der Eigenschaften der Elemente, geordnet nach zunehmenden Atomgewichten, vermittelt habe. Von da an habe er diese Intuition nur noch weiterentwickeln und die Hindernisse überwinden müssen, die einige noch ungenaue Atomgewichte schufen. Ohne Zweifel gefällt sich Mendeleev darin, bei der Rekonstruktion seines Vorgehens ein trügerisches Bild von Kontinuität und Evidenz zu zeichnen; doch auf jeden Fall kommt dem Kongreß von Karlsruhe eine entscheidende Rolle bei der Ausarbeitung der Periodentafel zu.

Auf der Suche nach der verlorenen Einheit

Eine noch eindeutigere Position nimmt Mendeleev in den Debatten um die Mannigfaltigkeit der Elemente ein. Bei der Behandlung dieser Frage zeichnen sich in der Tat zwei verschiedene Strategien ab: Die eine Partei schlägt eine Reduktion des Vielfachen auf ein einziges Urelement vor. Die andere Partei versucht eine Unterordnung des Vielfachen unter ein einziges Gesetz.

Die Vermutung, daß die ganze Vielfalt der einfachen Körper aus dem Wasserstoff hervorgehen muß, wurde zuerst von einem englischen Mediziner namens William Prout (1785-1850) zu Beginn des Jahrhunderts ausgesprochen. Angeblich beruht sie auf einem »Sinn für die Harmonie der Dinge«, erhält jedoch unverhoffte Unterstützung durch den Daltonschen Atomismus. Obgleich die Wahl des Wasserstoffs als Basiseinheit rein konventionell ist, wird sie sehr rasch als Bestätigung der Hypothese gedeutet. Sie widersteht den heftigsten Angriffen ebenso wie den experimentellen Dementis. Als die Zahl der Elemente, die keine ganzzahligen Atomgewichte haben, überhandnimmt, schlägt Prout 1831 eine abgewandelte Fassung seiner Hypothese vor: Die Atomgewichte sollen nunmehr ganzzahlige Vielfache eines Bruchteils des Wasserstoffs sein. Derart angepaßt, entzieht sie sich jeder experimentellen Widerlegung und hat beträchtlichen Erfolg.

Zunächst hatte die Prout-Hypothese Anhänger vor allem in England, ihrem Ursprungsland. Auf dem Kontinent war sie bei den Chemikern unter dem Einfluß von Berzelius, dem glühenden Verfechter der atomistischen und pluralistischen Orthodoxie, durchweg auf Ablehnung gestoßen. Doch Ende der dreißiger Jahre sinkt die Autorität von Berzelius ein wenig, der Äquivalentismus ist stärker denn je, und so gewinnt die Hypothese auch in Frankreich, in der Schweiz und in Deutschland an Boden. In den fünfziger Jahren, zu der Zeit, als die Präzision der experimentellen Bestimmungen der Atomgewichte Zweifel an der Arithmetik der ganzzahligen Vielfachen weckt, findet die Hypothese eine neue Stütze in der organischen Chemie: Man stellt Entsprechungen her zwischen den Serien der organischen Radikale und den Serien von Elementen der anorganischen Chemie. Und noch zwei weitere Faktoren werden um 1860 die Proutsche Hypothese stärken: Die Darwinsche Evolutionstheorie[7] und die Spektralanalyse der Elemente wetteifern geradezu darum, die Idee einer Evolution der unbelebten Materie aus einem Urelement zu nähren.

In der Geschichte der Klassifikation der Elemente spielt die Prout-Hypothese eine doppelt entscheidende Rolle. Zunächst gibt sie den Anstoß zu einer immer präziseren Bestimmung der Atomgewichte. Gewiß, die Parteigänger Prouts, Thomas Thomson zum Beispiel in seinem *Système de chimie*, neigen dazu, die experimentell gewonnenen Zahlen zu runden, um sich nicht mit inopportunen Dezimalen zu belasten; doch das führt dazu, daß ihre Gegner, Berzelius zum Beispiel oder der belgische Chemiker Jean Servais Stas (1813-1891), die Genauigkeit der Resultate hartnäckig immer weitertreiben und den arithmetischen Spekulationen gewissenhaft das Experiment entgegenset-

[7] Vgl. S. 593 f.

zen. Doch diese klassische Strategie scheitert, da die Befürworter ihrerseits die Präzision kultivieren und sich auf das Experiment berufen. So zögert Jean Charles Galissard de Marignac (1817-1894) – Schweizer Chemiker, der wegen der Exaktheit seiner Resultate solches Ansehen genießt wie Berzelius – nicht, das Atomgewicht des Chlors auf 35,5 festzusetzen. Wichtig ist in seinen Augen nicht

> »die Größe der Einheit, die als gemeinsamer Teiler für die Gewichte der einfachen Körper dienen mag [...]. Ob dieses Gewicht das eines Wasserstoffatoms, eines halben oder viertel Atoms oder eines noch geringeren Bruchteils ist, eines hundertstel oder eines tausendstel etwa, das alles sind Überlegungen, die an dem Wahrscheinlichkeitsgrad nichts ändern. Es würden sich daraus nur weniger einfache Konstitutionsverhältnisse zwischen den Elementen ergeben.«

Welche numerische Beziehung auch immer zwischen den Elementen festgestellt werden mag, die Hypothese ist gerettet, denn sie gewinnt ihre Kraft nicht aus dem Inhalt der hergestellten Beziehung, sondern aus ihrer arithmetischen Form. Sie erscheint deshalb vielen Chemikern als fortgeschrittenstes Entwicklungsstadium der quantitativen Chemie. Sie eröffnet den faszinierenden Ausblick auf eine arithmetische Wissenschaft der Materie, die den Chemiker vom Vielfältigen und Verschiedenen befreien und die Phänomene durch einfache Berechnung »retten« könnte. So weichen die starren Regeln der experimentellen Methode, die drakonischen Bedingungen, denen die herrschende positivistische Epistemologie die Hypothesen unterwarf, einem pythagoreischen Traum.

Im übrigen spornt die Proutsche Hypothese zu Versuchen an, die experimentellen Erkenntnisse über die Elemente zu systematisieren. Zum einen setzt sie den Primat des Atomgewichts als Klassifikationskriterium durch und diskreditiert damit eine Klassifikation Ampères, der willkürlich mehr oder weniger künstliche chemische Eigenschaften gewählt hatte. Zum anderen lenkt sie den Forscherblick auf Verwandtschaftsstrukturen zwischen den Elementen. Gewiß unterscheidet sich die chemische Klassifikation von naturgeschichtlichen Tableaus, denn man verfügt jetzt über ein einziges, quantitatives Klassifikationsprinzip, das Atomgewicht; doch man geht auch daran, die Elemente nach Familien zu gruppieren, hält Ausschau nach Abstammungsmerkmalen und strebt eine Art Stammbaum der anorganischen Materie an.

Sieht man von zwei oder drei Ausnahmen ab, so besteht darin das Ziel, das sämtlichen Klassifikationsversuchen bis zu Mendeleev – und noch nach ihm – zugrunde liegt. Die erschöpfende Liste der Systeme, die der Historiker J. W. van Spronsen 1969 aufgestellt hat, macht deutlich, daß die Wellen von Klassifikationen streng den Wandlungen der Publikumsgunst für die Prout-Hypothese folgen. Die ersten Versuche stammen aus Deutschland. Ein Jenaer Professor, Johann Döbereiner (1780-1849), entdeckt 1817 eine bemerkenswerte Relation zwischen den Äquivalentgewichten bestimmter Körper: Das Gewicht des Strontiumoxids (50) entspricht dem arithmetischen Mittel der Gewichte des Kalziumoxids (27,5) und des Bariumoxids (72,5) für H = 1 und O = 7,5. Zwölf Jahre später, als die präziseren Atomgewichte von Berzelius vorliegen, verallgemeinert Döbereiner die Beziehung zwischen den drei Körpern und schlägt eine Reihe von Triaden vor, die auf der Korrelation zwischen chemischen Analogien und arithmetischen Beziehungen beruhen[8]:

$$Br = Cl + I/2; \; Na = Li + K/2; \; Se = S + Te/2$$

Kurze Zeit darauf geht Leopold Gmelin (1788-1853), Professor in Heidelberg, von Triaden zu Familien von Elementen über. Da sein Ziel darin besteht, die Wahrheit der Prout-Hypothese zu beweisen, richtet er seine ganze Aufmerksamkeit auf die Zahlen und vernachlässigt die chemischen Analogien. Er ordnet die Elemente unter drei Rubriken: jene, die etwa das gleiche Atomgewicht haben; jene, deren Atomgewichte zueinander in multiplem Verhältnis stehen; und schließlich jene, deren Atomgewichte (nach dem Muster Döbereiners) arithmetische Mittel bilden.

Nach diesen beiden Versuchen ist eine Pause in der Geschichte der Klassifikationen zu bemerken. Dann plötzlich, in den fünfziger Jahren, schlagen Dutzende von Chemikern aus verschiedenen Ländern Klassifikationen vor. Meist beruhen sie auf dem Vergleich zwischen den Serien organischer Radikale und Serien von Elementen, die man ohne Scheu in »Radikale der anorganischen Chemie« umtauft, um ihre zusammengesetzte Natur wirkungsvoller zu suggerieren. Auf diese Idee verfällt Jean Baptiste Dumas (1800-1884), der trotz seiner Vorsicht in theoretischen Dingen die Prout-Hypothese in einer Form vertritt, die sie dem Experiment unzugänglich macht. Er nimmt in der Tat an, daß sich die ganze Vielfalt der einfachen Körper aus einem ein-

[8] *Br* = Brom; *Cl* = Chlor; *I* = Jod; *Na* = Natrium; *Li* = Lithium; *K* = Kalium; *Se* = Selen; *S* = Schwefel; *Te* = Tellur.

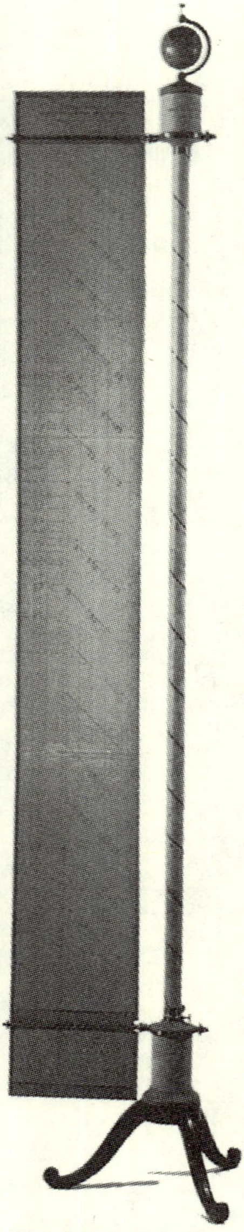

Die tellurische Schraube, 1862 von Alexander Béguyer de Chancourtois entwickelt, ist eines der ersten Periodensysteme. Ihm war kein Erfolg beschieden wegen seiner Kompliziertheit und seiner ungenauen Zahlenwerte für die Atomgewichte. École des mines, Paris

zigen, noch unbekannten Element ableitet, dessen Atomgewicht der Hälfte oder einem Viertel des Wasserstoffatomgewichts entspräche. Er gründet die Vermutung auf eine vergleichende Klassifikation der organischen Radikale und der Familien einfacher Körper, die eine Regelmäßigkeit in der arithmetischen Progression aufweist.

Man muß zugeben, daß dieser Versuch das Klassifikationsproblem kaum voranbringt: Dumas konstruiert keine einzige neue Familie, und er ist weit davon entfernt, sämtliche bekannten Elemente in seiner Klassifikation unterzubringen. Ähnliches könnte man von zahlreichen Versuchen der fünfziger und sechziger Jahre behaupten, die van Spronsen durchmustert hat. Gladstone, Cooke, Lenssen, Carey Lea, der negative Atomgewichte zuläßt, oder gar Hinrichs, der die Spektrallinien der Elemente mit den Planeten in Beziehung setzt: sie alle bilden einzelne Elementenfamilien, vermögen es aber nicht, ein umfassendes Netz zu knüpfen. – Es gibt jedoch einen Vertreter der Prout-Hypothese – einen Mineralogen, keinen Chemiker –, dem es gelingt, eine Funktion zu identifizieren, die das Ganze beherrscht. Im Jahre 1862 legt Alexandre Béguyer de Chancourtois (1819-1886) der *Académie des sciences* die Skizze eines periodischen Systems der Elemente vor und erklärt: »Nur die Berücksichtigung des Proutschen Gesetzes versetzt mich in die Lage, zu einer vollkommen bewiesenen Theorie zu gelangen.« Es handelt sich um eine Helix, auf deren vertikaler Achse die Folge der ganzen Zahlen abgetragen ist, die den Atomgewichten der Elemente entspricht. Béguyer de Chancourtois nennt sein System »tellurische Schraube«, aus zwei Gründen: Zum einen »nimmt das Tellur eine zentrale Stelle in dem System ein«, zum anderen »erinnert das Epitheton ›tellurisch‹ sehr glücklich an die geognostische Herkunft, da *tellus* im positivsten und vertrautesten Sinne Erde bedeutet, im Sinne von nährender Erde«.

War es der Kult der Erde, der den Chemikern mißfiel? Jedenfalls findet die Klassifikation keine Beachtung und wird von den Chemikern in den sechziger Jahren völlig ignoriert. In der Tat weist sie zwei Schwächen auf: Sie verquickt einfache und zusammengesetzte Körper miteinander, und die graphische Darstellung ist sehr kompliziert. Sie erschien den Herren der Akademie so wenig erhellend, daß sie es nicht für opportun hielten, sie der Veröffentlichung der Abhandlung in den Sitzungsberichten beizugeben.

Man sieht also, daß die Prout-Hypothese zu Klassifikationsbemühungen ermuntert, aber ihrem Gelingen nicht förderlich ist. Sie legt, wie mir scheint, all diesen Projekten vor allem zwei Hindernisse in den Weg: Zum einen lenkt sie das Interesse zu sehr auf die arithmetischen Beziehungen und vernachlässigt die Analogien zwischen chemischen Eigenschaften; zum anderen führt die Suche nach der Ureinheit dazu, lokale Verwandtschaftsbeziehungen zu privilegieren, statt das Problem als Ganzes zu behandeln. Zumindest ist das die Deutung, die ein Vergleich mit den wenigen Klassifikationsversuchen nahelegt, die ihre Anregung nicht von der Prout-Hypothese beziehen.

Die Suche nach einem Gesetz

Drei waren es, die gegen den Strom schwammen: die beiden Briten John Alexander Newlands (1837-1898) und William Odling (1829-1921) sowie Mendeleev. Sie arbeiteten unabhängig voneinander, doch ihre Projekte haben bestimmte Züge gemeinsam, die einen »Klassifikationsstil« sichtbar werden lassen, der sich von dem der Anhänger Prouts deutlich unterscheidet. Alle drei übernehmen das System der Atomgewichte von Gerhardt und Cannizzaro, das auf dem Karlsruher Kongreß gebilligt worden war. Alle drei ordnen die Suche nach einer Klassifikation der Suche nach einem allgemeinen Gesetz unter. Deshalb sind sie auch die einzigen, die Prognosen über unbekannte Elemente aufstellen.

Newlands stellt 1865 ein »Oktavengesetz« auf, nach dem sich die chemischen Eigenschaften jeweils nach sieben Elementen wiederholen, wie bei der musikalischen Tonleiter. Um die chemischen Analogien zu respektieren, kehrt er – ebenso wie später Mendeleev – die Reihenfolge zwischen dem Tellur und dem Jod um und sagt neue Elemente voraus. Eine seiner Prognosen, die eines Elements mit dem Atomgewicht 73 zwischen Silizium und Zinn, ähnelt stark der Mendeleevschen Voraussage des Eka-Siliziums mit einem Atomgewicht von 72. Warum ist ein so kühnes System dann in Vergessenheit geraten? Sicher, es enthält viele ungenaue Atomgewichte und umfaßt nur einundfünfzig Elemente. Trotzdem liegt der Hauptgrund seines Verschwindens nicht in dem System selbst, sondern in der Aufnahme, die ihm seine Kollegen bereiten; als Newlands seine Entdeckung im März 1866 der sehr ehrenwerten *Chemical Society of London* vorlegt, fragt ihn Professor George

Carey Foster mit Humor, ob eine alphabetische Anordnung der Elemente nicht ebenfalls interessante Koinzidenzen ergeben hätte.
Im Jahre 1865 konstruiert Odling, damals Professor in Oxford, unabhängig von Newlands ein vollständigeres System – mit siebenundfünfzig von sechzig damals bekannten Elementen –, das sich strikt an die Ordnung der zunehmenden Atomgewichte hält. Es zieht die Aufmerksamkeit zugleich auf die Regelmäßigkeiten und auf die Unterschiede der Atomgewichte und folgert mit Entschiedenheit, »daß unter den Mitgliedern jeder fest definierten Gruppe die Sequenz der Eigenschaften und die Sequenz der Atomgewichte einander genau entsprechen«. Odling läßt eine große Zahl von Plätzen vakant, insbesondere zwischen den Atomgewichten 40 und 50 sowie zwischen 65 und 75. Statt jedoch sein System zu verbessern, scheint er seltsamerweise in späteren Veröffentlichungen wieder einen Schritt rückwärts zu gehen und schlägt 1868 eine neue, weniger vollständige Tafel vor.
Mendeleev geht von den drei Autoren am weitesten. Kaum hat er im März 1869 das Motiv der Periodizität erahnt, zieht er bereits alle nur möglichen Folgerungen aus dieser Idee und versucht sie an Bekanntem und selbst an Unbekanntem zu erproben: er sagt Elemente voraus, korrigiert Atomgewichte, nimmt Inversionen vor... Um sich solche Kühnheiten erlauben zu können, muß Mendeleev bedingungsloses Vertrauen in seine Entdeckung besitzen. Mehr noch als die Periodentafel ist es das Perioden*gesetz*, das in seinen Augen das Wesentliche seiner Entdeckung ausmacht. Er schöpft sein Vertrauen aus einer sehr anspruchsvollen Auffassung wissenschaftlicher Gesetze. Ein Gesetz muß allgemein sein, sonst ist es keines:

> »Naturgesetze dulden keine Ausnahmen, und darin unterscheiden sie sich von Regeln, wie etwa denen der Grammatik. Ein Gesetz kann nur bestätigt werden, wenn sämtliche Konsequenzen, die man aus ihm ziehen kann, vom Experiment bestätigt worden sind.«

Diese Epistemologie ist mit der Zurückweisung der Prout-Hypothese verbunden. Von allen klassifizierenden Chemikern ist Mendeleev dieser Idee am feindlichsten gesinnt. Er begnügt sich nicht damit, sie abzulehnen, sie zu kritisieren. Er ereifert sich gegen sie. Doch wie soll man eine Hypothese bekämpfen, die sich alle experimentellen Ergebnisse zunutze macht, aber allen Dementis ausweicht? Beschränkt man sich darauf, ihr den Pluralismus als philosophische Überzeugung entgegenzustellen, verurteilt man sich selbst zum Scheitern. Mendeleev glaubt die Strategie für einen Gegenschlag gefunden zu haben: Die einzige Waffe, die geeignet ist, gegen die Verführungen der Prout-Hypothese anzukämpfen, ist ein allgemeines Gesetz, das sämtliche Elemente unter sich faßt. Nicht nur weil die Einheit eines Gesetzes, das über die Vielzahl der Elemente herrscht, den Verlust der Einheit der Materie kompensieren und den Wahn jener Suche heilen kann. Sondern vor allem, weil das Periodengesetz in den Augen Mendeleevs ein Rivale der Proutschen Hypothese ist.

> »Das Periodengesetz hat die Tatsachen für sich und ist bestrebt, das philosophische Prinzip zu ergründen, das die mysteriöse Natur der Elemente beherrscht. Dieses Bestreben teilt es mit dem Gesetz von Prout, mit dem wesentlichen Unterschied jedoch, daß das Proutsche Gesetz arithmetisch ist, während der Geist des Periodengesetzes der Verkettung mechanischer und philosophischer Gesetze entspringt, die dem gegenwärtigen Vordringen der exakten Wissenschaften sein besonderes Gepräge und seinen Glanz verleihen.«

Wie man sieht, tritt Mendeleev als siegreicher Rivale Prouts auf. Doch, Ironie der Geschichte, die Anhänger Prouts werden in seiner Tafel eine glänzende Bestätigung ihrer Hypothese sehen. Eine Ironie, die Mendeleev sehr bitter empfindet. Mehr als ein Jahrzehnt lang wird seine Entdeckung mißachtet oder kritisiert. Dann, nach der Bestätigung seiner Voraussagen neuer Elemente, weckt sie Begeisterung, doch im Dienste einer Sache, die er stets bekämpft hat. William Crookes (1832-1919) zum Beispiel stützt sich auf das Periodengesetz zur Bestätigung seiner Protyl-Hypothese. Mendeleev wird nicht müde, gegen solche Wiederbemächtigungsversuche seine Stimme zu erheben, und verkündet nachdrücklich seinen Glauben an die Individualität der Elemente:

> »Kant glaubte, es existierten im Universum zwei Dinge, die im Menschen Bewunderung und Ehrfurcht wecken: ›der bestirnte Himmel über uns und das moralische Gesetz in uns‹. Mit der Ergründung der Natur der Elemente und des Periodengesetzes muß ihnen ein drittes hinzugefügt werden: ›die Natur der elementaren Individuen, die sich um uns herum äußert‹, insofern wir uns ohne diese Individuen keine Vorstellung vom bestirnten Himmel machen könnten, während der Atombegriff die

Einzigartigkeit der Individualitäten, die unendliche Wiederholung der Individuen und zugleich ihre Unterordnung unter die harmonische Ordnung der Natur erweist.«

Einfache Körper oder Elemente

Ebenso stark zeigt sich der Pluralismus Mendeleevs in einer anderen Triebfeder seiner Entdeckung. Lesen wir aufmerksam die Formulierung seines Periodengesetzes:

»Die Eigenschaften der einfachen und zusammengesetzten Körper hängen von einer periodischen Funktion der Atomgewichte der Elemente ab, einzig deshalb, weil diese Eigenschaften ihrerseits die Eigenschaften der Elemente sind, aus denen sich diese Körper herleiten.«

Gewöhnlich achtet man nur auf die periodische Funktion zwischen chemischen Eigenschaften und Atomgewicht, ohne näher anzugeben, wem diese Eigenschaften und dieses Atomgewicht zukommen. Die Formulierung Mendeleevs ist da präziser. Die periodische Funktion stellt eine Beziehung her zwischen einfachen und zusammengesetzten Körpern einerseits und Elementen andererseits. Mendeleev bemüht sich, zu Beginn des Artikels, in dem er seine Entdeckung veröffentlicht, diese terminologische Unterscheidung zu erläutern:

»Wie bis auf *Laurent* und *Gerhardt* die Benennungen Molecül, Atom, Aequivalent ohne Unterschied gebraucht worden sind, so wird jetzt oft der Begriff eines einfachen Körpers mit dem Begriffe eines Elementes verwechselt; doch sind diese Begriffe scharf zu unterscheiden, um Verwirrungen in den chemischen Ideen vorzubeugen. Ein *einfacher Körper* ist etwas Materielles, Metall oder Metalloïd, mit physikalischen Eigenschaften und chemischer Reactionsfähigkeit Begabtes. Dem Begriffe vom einfachen Körper entspricht das Molecül [...]. Dagegen sind als *Elemente* diejenigen materiellen Bestandtheile der einfachen und zusammengesetzten Körper zu bezeichnen, welche das physikalische und chemische Verhalten derselben bedingen. Dem Element entspricht der Begriff Atom.«

Diese Klärung des Vokabulars zeigt, daß der Karlsruher Kongreß nicht nur bei der Übernahme eines Systems genauerer Zahlenwerte für die Atomgewichte eine Rolle spielte, sondern auch zur Erhellung der Grundbegriffe beitrug. Ausgehend von der Unterscheidung zwischen Atom und Molekül, zieht Mendeleev eine parallele Grenze zwischen Element und einfachem Körper. Zwar scheint diese weniger bedeutsam, da sie eher intuitiv gezogen wird und sich nur in bestimmten Fällen aufdrängt (Kohlenstoff etwa tritt in Gestalt dreier einfacher Körper auf – Graphit, Diamant und Kohle; Stickstoff verhält sich im ungebundenen Zustand inaktiv, reagiert dagegen heftig in Verbindungen; aber auch zur Erklärung der Reaktionen, die manche Körper im Entstehungszustand zeigen, oder schließlich in den Fällen von Isomerie ist jene Unterscheidung hilfreich). Trotzdem wandelt sich mit dieser einfachen, fast belanglos erscheinenden Präzisierung des Vokabulars die theoretische Landschaft der Chemie vollständig. Denn der Abstand zwischen Element und einfachem Körper prägt die Forschung Mendeleevs und bestimmt den Fortgang der Chemie; er besteht darin,

> »die Abhängigkeit der Zusammensetzung, Reactionen und Eigenschaften der einfachen und zusammengesetzten Körper von den Grundeigenschaften der in denselben enthaltenen Elemente zu erforschen, um den Rückschluss von dem bekannten Charakter eines Elementes auf unbekannte Zusammensetzung und Eigenschaften seiner Verbindungen zu ermöglichen«.

Der einfache Körper – seit Lavoisier der Schlüsselbegriff der Chemie, das Ziel ihrer immer weiter getriebenen Analysen – wird mit einem Schlag entthront und vom Element abgelöst. Die Unterscheidung zwischen einfach und zusammengesetzt, die Leitlinie des Lavoisierschen Systems, ist zweitrangig geworden. Es geht nicht mehr wie zu Lavoisiers Zeiten darum, die Eigenschaften der zusammengesetzten Körper aus denen der einfachen zu erklären. Der einfache Körper erklärt nichts; er wird mit dem zusammengesetzten auf die Seite der Erscheinungen, der Manifestationen verwiesen. Einziges Erklärungsprinzip ist das Element.

Inwiefern wird die Unterscheidung zwischen einfachem Körper und Element im Periodensystem in Anspruch genommen? Zunächst sagt einem der gesunde Menschenverstand: Wenn man klassifizieren will, sollte man wissen, was klassifiziert werden soll. Seit der berühmten Definition Lavoisiers sind nun aber Element und einfacher Körper offiziell synonym. Man klassifiziert unterschiedslos einfache Körper oder Elemente. Die Verwirrung wird von den Anhängern Prouts geschürt, die sich der mangelnden Individualität der einfachen Körper als Argument bedienen, um zu einem einzigen Element zu gelangen. Mendeleev dagegen klassifiziert Elemente und zielt auf die Erklärung des Verhaltens der einfachen und zusammengesetzten Körper. Die Unterscheidung, die Mendeleev vornimmt, ist also ein Hauptstück seines Kampfes gegen die Prout-Hypothese, da sie dem Wort Element den Plural aufzwingt.

Außerdem ist nur mit dieser Unterscheidung die Abstraktionsebene zu erreichen, die benötigt wird, um Klassifikationen vornehmen und Prognosen stellen zu können. Der einfache Körper ist ein konkretes Ding mit physikalischen und chemischen Eigenschaften, die im Experiment bestimmt werden. Das Element dagegen hat keine phänomenale Existenz; es ist im einfachen oder zusammengesetzten Körper stets verborgen, es zirkuliert, setzt sich um und erhält sich in den chemischen Reaktionen. Es ist eine abstrakte, vom Geist konstruierte Realität, um die Erhaltung und Fortdauer individueller Eigenschaften zu erklären. Über Elemente lassen sich Voraussagen treffen. Der einfache Körper ist dafür zu konkret; da er *per definitionem* rein phänomenologisch ist, kann er erst existieren, wenn er am Ende einer Analyse isoliert worden ist. Nur das Element ist voraussehbar, weil es sich durch seinen Platz in einem Netz von Beziehungen definiert.

Ein rascher Vergleich zwischen der Mendeleevschen Tafel und dem Periodensystem Julius Lothar Meyers (1830-1895) macht die Rolle dieser begrifflichen Unterscheidung in den berühmten Prognosen Mendeleevs deutlich. Meyer ist, wie Mendeleev, Universitätsprofessor und lehrt in Karlsruhe. Auch er vertritt das auf dem Kongreß von 1860 verfochtene System der Atomgewichte. Auch er beschließt, ein Lehrbuch für seine Studenten zu verfassen und dabei für eine rationelle, geordnete Darstellung der Chemie zu sorgen. Doch er hat einen beträchtlichen Vorsprung vor Mendeleev, denn die erste Auflage seines Lehrbuches erscheint 1864, mit einer Elemententafel, die sich auf die Wertigkeit stützt. Im Jahre 1868, als Meyer die zweite Auflage vorbereitet, arbeitet er eine zweite Tafel aus, die eine echte periodische Klassifikation sämtlicher bekannten Elemente liefert, einschließlich der Übergangsmetalle zwischen Eisen und Nickel sowie vakanter Plätze für noch zu entdeckende Elemente. Meyer hat Pech: Verzögerungen bei der Drucklegung führen dazu, daß seine Tafel – ein Jahr vor der Mendeleevschen konzipiert – erst ein Jahr nach dieser erscheint, nämlich 1870. In diesem Jahr überprüft Meyer die Periodizität der Eigenschaften an einem bemerkenswerten Fall, dem Atomvolumen, und veranschaulicht sie mit Hilfe einer Kurve.

Der unvermeidliche Prioritätsstreit läßt Mendeleev mehrere Jahre lang keine Ruhe. Ohne einen Schiedsspruch in dieser Auseinandersetzung anzustreben, können wir doch die wesentlichen Unterschiede zwischen den beiden Rivalen hervorheben: Wie Mendeleev fehlt es auch Meyer nicht an Vertrauen in sein System; so stellt er in seinem Lehrbuch von 1872 die gesamte Darstellung der anorganischen Chemie auf sein Periodensystem um. So weit ist Mendeleev nicht gegangen. Dafür hat Meyer keine Korrekturen an den Atomgewichten angebracht und vor allem nicht die Eigenschaften der Elemente vorausgesagt, für die er Felder frei ließ. Das heißt, ohne die Unterscheidung zwischen einfachem Körper und Element hatte er nicht die begrifflichen Mittel, Prognosen zu stellen. Diese Haltung geht mit einem Zweifel an der Individualität der Elemente einher sowie mit der Hoffnung – von der er bis zum Ende seines Lebens nicht ablassen wird –, es werde sich ein Urelement finden, das die in der Tafel festgehaltenen Entsprechungen erklären könnte.

Man sieht also, daß das Projekt Mendeleevs, so tief es in den Debatten und Problemen der Chemie seiner Zeit verankert ist, sich gegenüber seinen Vorläufern und Rivalen durch die Festigkeit der philosophischen Überzeugungen auszeichnet, die es mit Leben erfüllen. Sein Bemühen um einen Pluralismus der Materie äußert sich in der Forderung nach einem absolut allgemeinen Gesetz.

Die Wege der Entdeckung

Zwischen diesem Ausgangspostulat, der »Intuition der Periodizität« auf dem Karlsruher Kongreß von 1860, und der Periodentafel liegt gleichwohl ein tiefer Graben. Um zu dem System zu gelangen, das er im März 1869 unter dem Titel »Die Beziehungen zwischen den Eigenschaften der Elemente und ihren Atomgewichten« der russischen chemischen Gesellschaft vorlegte, war ein langer Forschungsweg zu durchlaufen, auf dem glückliche Funde, Momente der Unschlüssigkeit und die Suche nach Kompromissen immer wieder die geduldige Weiterarbeit unterbrachen.

Mendeleev erzählt gern von sich. Er schreibt die Geschichte seines Vorgehens in zahlreichen Artikeln, die zwischen 1869 und 1889 entstanden; sie tragen alle fast den gleichen Titel und wiederholen wie einen heiligen Text die Schlußfolgerungen der Abhandlung von 1871. Mehr noch als diese nachträglichen Rekonstruktionen kann das Lehrbuch, das die Entdeckung in Gang brachte und das zwischen 1868 und 1871 verfaßt wurde, als wertvoller Führer dienen. Denn in ihm läuft der Fortgang der Entdeckung gleichsam als Schauspiel ab. Die Periodentafel erscheint am Ende des ersten Teils auf der Bühne und legt die Systematik des zweiten Teils fest.

Mendeleev beginnt mit einer Definition der Chemie, die um den Begriff des einfachen Körpers zentriert ist, und einer ergreifenden Lobrede auf ihren Begründer Lavoisier. Man bemerkt im Vorübergehen, daß Mendeleev offenbar völlig das Werk seines Landsmannes Michail Vasil'evič Lomonosov (1711-1765) übersieht, den die russischen Historiker immerhin als »ihren« Lavoisier darstellen. Mendeleev beendet seine Einführung mit einer Liste von einfachen Körpern, »die den gegenwärtigen Stand unserer Erkenntnisse anzeigen soll«: eine Art vorläufiger Klassifikation, Bilanz des Erreichten und Arbeitsgrundlage. An der Entfernung, die diese anfängliche Liste von der Klassifikation trennt, die am Ende des ersten Bandes geliefert wird, läßt sich die Leistung Mendeleevs ermessen. Die Ausgangstafel umfaßt bereits siebzig einfache Körper, und in den Auflagen der achtziger Jahre fügt Mendeleev die Elemente ein, die dank seiner Klassifikation entdeckt wurden. Der Unterschied ist also nicht bloß ein quantitativer. Er beruht einerseits in dem Kriterium der Anordnung; die Tafel in der Einführung erhebt keinen Anspruch auf rationale Darstellung. Weder bringt Mendeleev die Lavoisiersche Tafel der einfachen Substanzen noch irgendeine andere, neuere Tafel auf den aktuellen Stand. Er wählt mit Absicht mannigfache, mehr oder weniger willkürliche Kriterien: das Vorkommen der einfachen Körper in der Natur oder ihren Grad an Bedeutung für menschliche Tätigkeiten. Zum anderen erfaßt die in der Einleitung gegebene Tafel einfache Körper und nicht Elemente. Solange man mit einfachen Körpern arbeitet, kann man nur sammeln und die Sammlungen vermehren, um möglichst allen ihren beobachtbaren Eigenschaften zu genügen. Nur eine Problemverschiebung in Richtung auf das Element, das durch sein Atomgewicht definiert ist, erlaubt es, zu einem allgemeinen Gesetz, einer systematischen Klassifikation zu gelangen. Man sieht also, daß die Periodentafel und die Unterscheidung zwischen Element und einfachem Körper im Verlauf

der einzelnen Kapitel auf ein und demselben Wege entwikkelt werden.
Bevor er das Periodengesetz darstellt, untersucht Mendeleev das Wasser, dann die Luft, dann einige Kohlenstoffverbindungen und schließlich das Kochsalz. Es hat den Anschein, als führte er seine Studenten ohne festes Ziel durch ein konkretes und vertrautes Universum. Doch dieses Umherstreifen gestattet es, sich nacheinander die Eigenschaften des Wasserstoffs, des Sauerstoffs, des Stickstoffs, des Kohlenstoffs, des Natriums und des Chlors vor Augen zu führen. Später, im entwickelten Periodensystem, werden sie jeweils die verschiedenen Gruppen ähnlicher Elemente anführen (mit Ausnahme des Natriums, das an zweiter Stelle steht). Mendeleev beginnt also damit, Elemente mit wohlunterschiedenen Eigenschaften zu untersuchen, die als Modelle, als »Namenspatrone« dienen werden, um die übrigen zu ordnen. Mendeleev wird sie später als »typische Elemente« bezeichnen. Dieser Ausdruck erinnert an die vier »Typen«, die Gerhardt festgestellt hatte, um die organischen Verbindungen zu klassifizieren. Man darf also annehmen, daß Mendeleev von diesem Chemiker, den er bewundert und dem er in seinen *Principes* immer wieder Respekt erweist, Anregungen empfangen hat. Gerhardt könnte ihm die Wahl der Elemente suggeriert haben – denn mit Ausnahme des Kohlenstoffs erscheinen sie alle unter seinen vier Typen –, aber auch und vor allem das Verfahren, sich bei der Klassifikation auf »Typen« zu beziehen.
In dieser Folge von Monographien »klickt« es zum ersten Mal im zehnten Kapitel, das dem Natriumchlorid gewidmet ist. Das Chlor und das Natrium stellen in der Tat ein spezifisches Problem: sie sind »typisch« für zwei schon bekannte Familien, die Halogene und die Alkalimetalle, mit derselben Wertigkeit 1. Gleichwohl bilden sie sehr unterschiedliche chemische Verbindungen. Mendeleev entscheidet jedoch, sie trotz der offenkundigen Gegensätze in ihrem chemischen Verhalten miteinander zu vergleichen, und entdeckt auf diese Weise eine interessante Regelmäßigkeit in der Differenz der Atomgewichte[9]:

$$\mathrm{Li} = 7 \quad \begin{matrix} \mathrm{Na} = 23 & \mathrm{K} = 39 & \mathrm{Rb} = 85{,}4 & \mathrm{Cs} = 133 \\ \mathrm{F} = 19 & \mathrm{Cl} = 35{,}5 & \mathrm{Br} = 80 & \mathrm{Te} = 127 \end{matrix}$$

Damit haben wir das Skelett, das Gerüst der Periodentafel: die Reihe der typischen Elemente und diese beiden Grup-

9 *Li* = Lithium; *Na* = Natrium; *F* = Fluor; *K* = Kalium; *Cl* = Chlor; *Rb* = Rubidium; *Br* = Brom; *Cs* = Cäsium; *Te* = Tellur; *Ca* = Kalzium; *Sr* = Strontium; *Ba* = Barium.

pen mit gegensätzlichen Eigenschaften. Plötzlich ändert sich der Stil der Kapitel. Nach dem Umherwandern beginnt nun ein systematischer Vormarsch. Indem er sich von den Extremen her den mittleren Elementen nähert, knüpft Mendeleev Masche für Masche ein Netz: Im elften Kapitel stellt er die Halogene vor, im zwölften und dreizehnten die Alkalimetalle. Um zu bestimmen, welche Elemente im vierzehnten erscheinen und ihren Platz neben den Alkalimetallen erhalten sollen, vertraut Mendeleev bereits auf die Regelmäßigkeit der Atomgewichte und ergänzt seine kleine ursprüngliche Tabelle um drei Elemente:

	Na = 23	Ca = 40	Sr = 87,6	Ba = 137
Li = 7		K = 39	Rb = 85,4	Cs = 133
	F = 19	Cl = 35,5	Br = 80	Te = 127

Die Metalle, die man als Erdalkalimetalle bezeichnet, rangieren also nach den Alkalimetallen. Nach diesen drei Reihen kommt, wie eine unmittelbare Folgerung, das Periodengesetz, das im fünfzehnten Kapitel formuliert wird.

Dieser rasche Überblick über den ersten Teil der *Principes* bedarf einiger Bemerkungen. Die Reihenfolge der Kapitel gibt getreu das tatsächliche Vorgehen Mendeleevs wieder, wie es von B. M. Kedrov aus dem Nachlaß im Sankt Petersburger Mendeleev-Museum rekonstruiert wurde. Kedrov berichtet, daß Mendeleev am 1. März 1869 – als er sich anschickte, Sankt Petersburg zu verlassen, um eine Käsefabrik zu besichtigen – mit der Frage beschäftigt war, welches Kapitel sich an das über die Alkalimetalle anschließen müßte, und dabei plötzlich die »entscheidende Idee« hatte, die verschiedenen Gruppen von Elementen nach der Reihenfolge ihrer Atomgewichte anzuordnen. So habe er die periodische Regelmäßigkeit bemerkt und geahnt, wie die Elemente mit den dazwischenliegenden Atomgewichten unterzubringen wären. Was nun folgt, wird von Mendeleev gern als »chemische Einsiedelei« beschrieben, als eine Art Patiencespiel mit Karten, die jeweils den Namen und die Eigenschaften eines Elements tragen und die man ablegen und neu legen muß, bis das Spiel »aufgeht«. Kurz, die typischen Elemente und die beiden äußersten Familien geben der Tafel ihr allgemeines Profil; die lokalen Analogien gehören zum Füllwerk.

Dieses Vorgehen wird von Mendeleevs eigenen Berichten bestätigt; er meint, das Geheimnis seines Erfolges habe in der Entscheidung gelegen, die Halogene und die Alkalimetalle miteinander zu vergleichen:

»Um 1860 war der Boden für dieses Gesetz schon völlig bereitet, und wenn es erst später ausgesprochen wurde, so liegt der Grund meiner Ansicht nach darin, daß man ähnliche Elemente miteinander verglich und die unähnlichen beiseite ließ.«

Hier zeigt sich die ganze Bedeutung der Aversionen Mendeleevs gegen die Prout-Hypothese. Die Chemiker, die bei ihrer Klassifikation der Elemente deren Genealogie im Blick hatten, achteten mehr auf Ähnlichkeiten als auf Unterschiede. Bestenfalls kamen sie dazu, Familien verwandter Elemente zusammenzustellen, isolierte Gruppen. Mendeleev, der nach einem absolut allgemeinen Gesetz sucht, richtet seine Aufmerksamkeit zunächst auf die Kontraste und Unähnlichkeiten, um ein möglichst umfassendes Schema zu erhalten.
Die zweite Bemerkung betrifft die weiteren Ausgaben der *Principes*. Nicht nur folgt der Text der ersten Auflage getreu dem Weg der Entdeckung; ebenso getreu folgen die acht zu Lebzeiten Mendeleevs erschienenen Neuauflagen dem ursprünglichen Text. Bedenkt man die pädagogischen Absichten, die das Motiv zur Abfassung des Buches gewesen waren, so hätte man erwarten können, daß Mendeleev das Werk vollständig revidieren würde, um eine systematische Darstellung der Chemie auf der Grundlage des Periodensystems zu geben, wie es Meyer 1872 getan hatte. Mendeleev wählt eine andere Lösung: Er fügt am Fuß der Seite Anmerkungen hinzu, um Ergebnisse zu aktualisieren, auf Einwände zu antworten, Kritiken zurückzuweisen, abwegige Interpretationen geradezurücken, aber auch um zusätzliche Informationen zu liefern und Überlegungen zu Landwirtschaft und Industrie, zu Astronomie und Biologie anzustellen ... Im Laufe der Jahre schwellen die Fußnoten so sehr an, daß sie schließlich den Text erdrücken und seine pädagogische Wirkung beeinträchtigen. Noch seltsamer aber ist es, daß der zweite Teil des Werkes – der die systematische Darstellung anhand des Periodengesetzes liefern sollte – weder in der französischen noch in der englischen Übersetzung der *Principes* enthalten ist; in der Tat scheint auch die russische Ausgabe ab der fünften Auflage darauf zu verzichten. Ausgerechnet der modernste Teil des Lehrbuchs kam also in den Hörsälen außer Gebrauch. Was sind die Motive für diese Publikationspolitik? Man weiß es

Mendeleevs Prognosen unbekannter Elemente (1872) und ihre späteren Bestimmungen

	vorausgesagt	gefunden
	*Eka-Aluminium**	*Gallium* (1875 von Lecoq de Boisbaudran entdeckt)
Atomgewicht	68,0	69,9
Spezifisches Gewicht	6,0	5,96
Atomvolumen	11,5	11,7
	Eka-Bor	*Scandium* (1879 von Nilsen entdeckt)
Atomgewicht	44,0	43,97
Oxid	Eb_2O_3	Sc_2O_3
Spezifisches Gewicht des Oxids	3,5	3,864
Sulfat	$Eb_2(SO_4)_3$	$Sc_2(SO_4)_3$
	Eka-Silizium	*Germanium* (1886 von Winkler entdeckt)
Atomgewicht	72,0	72,3
Spezifisches Gewicht	5,5	5,469
Atomvolumen	13,0	13,2
Oxid	EsO_2	GeO_2
Spezifisches Gewicht des Oxids	4,7	4,703
Chlorid	$EsCl_4$	$GeCl_4$
Siedepunkt des Chlorids	< 100 °C	86 °C
Dichte des Chlorids	1,9	1,887
Fluorid	EsF_4 (nicht gasförmig)	$GeF_4 \cdot 3H_2O$ (weiße feste Masse)
Äthylverbindung	$EsAe_4$	$Ge(C_2H_5O)_4$
Siedepunkt der Äthylverbindung	160 °C	160 °C
Spezifisches Gewicht der Äthylverbindung	0,96	etwas unter 1

* Das Präfix »eka« bedeutet in Sanskrit die Zahl 1.

nicht. Zweifellos war Mendeleev der Meinung, eine systematische Darstellung habe weniger pädagogischen Wert als ein ›autobiographisches‹ Buch, das vom Abenteuer einer Entdeckung, von den Erfahrungen eines Professors und seiner Meinung über die Entwicklung Rußlands erzählt.

Vom Periodengesetz zur Periodentafel

Mendeleev gibt dem Periodengesetz den Vorrang vor der Periodentafel. Soll das heißen, daß die Tafel nur eine nachträgliche Ausarbeitung, eine schlichte Illustration des Gesetzes ist?
In gewissem Sinne diktiert das Gesetz die Tafel. Es gibt den allgemeinen Rahmen vor, der die Reihenfolge nach dem anwachsenden Atomgewicht festlegt und zahlreiche, keineswegs unbeträchtliche Korrekturen verlangt, etwa für das Indium (Atomgewicht 114 statt 75), für das Uran (240 statt 120), für das Cer... Mehr noch, es zwingt zu einer Mißachtung dieser Reihenfolge, indem es das Tellur vor das Jod setzt: eine Umkehrung, die Mendeleev nie in Zweifel gezogen hat, ohne sie jemals erklären zu können. Und ebenso ist es das Periodengesetz, das vorschreibt, für noch zu entdeckende Elemente Felder frei zu lassen.
Dennoch zeichnet das Periodengesetz nicht die Periodentafel und läßt die Ausfüllung im Detail ungewiß. Die berühmten Voraussagen der drei Elemente Eka-Aluminium, Eka-Bor und Eka-Silizium entspringen keiner mechanischen, blinden Anwendung des Gesetzes. Um die Eigenschaften jedes dieser Elemente zu bestimmen, arbeitet sich Mendeleev mühsam von den Eigenschaften der vier umgebenden Elemente her an das unbekannte heran. All diese kleinen Schritte seines Gedankengangs verschwinden aus dem Blick, nachdem einige Jahre später die fraglichen Elemente entdeckt worden sind – mit Eigenschaften, die bis auf die Zehntelstelle genau den Voraussagen Mendeleevs entsprechen. Die Genauigkeit der Übereinstimmungen sollte nicht vergessen lassen, daß das Periodengesetz in seiner Allgemeinheit nicht jeden Einzelfall vollständig regelt. Mendeleev betont dies, wenn er von den Chemikern, welche die vorausgesagten Elemente gefunden haben, sagt, sie hätten das Periodengesetz »gestärkt«, und erinnert manchmal ausdrücklich daran:

> »Da man in der Funktion zwischen den Atomgewichten und den Eigenschaften nur den Charakter erkennt, lassen sich die

individuellen Abweichungen vorläufig nicht erklären. Man kann nur die engen Grenzen bestimmen, zwischen denen die Größe des Atomgewichts eines Elements liegen muß.«

Er erkennt auch, daß dem Periodengesetz bestimmte Analogien entgehen, die dennoch offenkundig sind: insbesondere die zwischen Lithium und Magnesium, Beryllium und Aluminium, Bor und Silizium. Diese Analogien, die man heute wegen der Position der Elemente auf der Tafel als »diagonale« bezeichnet, deuten die Grenzen des Periodengesetzes an.
So entschlossen und überzeugt sich Mendeleev bei der Aufstellung des Periodengesetzes gezeigt hat, tastet er sich bei der Konstruktion der Periodentafel eher unsicher vorwärts. Anfangs zögert er zwischen tabellarischer und spiralförmiger Darstellung. In diesem Punkt hat das Periodengesetz die Entscheidung herbeigeführt: Die Eigentümlichkeit der periodischen Funktion, sagt er, liege in der Diskontinuität der Werte der Atomgewichte; man könne also nicht eine Darstellung wählen, welche die Kontinuität nahelegen würde. Was die Form der Tabelle betrifft, zögert er noch länger. 1871 schlägt er zwei Lösungen vor und scheint sich zwischen beiden nicht entscheiden zu können[10]: Im ersten Fall ordnet er die Reihen horizontal an, wodurch die periodische Variation der Eigenschaften betont wird, besonders die inverse Variation der Oxidationsformen und der sauren Eigenschaften, die in der Kopfzeile der Tabelle genannt wird. Die andere Darstellung mit den vertikalen Reihen hat den Vorteil, daß sie die typischen Elemente herausstellt. 1879 empfiehlt Mendeleev eine dritte, »gespaltene« Fassung.[11] Die kompakte Tabelle ist in drei Kolonnen aufgeteilt, die typischen Elemente, die Haupt- und die Nebengruppen. So werden die Analogien zwischen Elementen stärker ins Licht gerückt, die zu alternierenden Reihen gehören. Vor allem erlaubt diese Darstellung eine befriedigendere Lösung für die Elemente der Gruppe VIII (Fe, Co, Ni...). Dafür sprengt sie freilich die Einheit der periodischen Funktion und die regelmäßige Zunahme der Atomgewichte. Jede dieser Darstellungen, die kompakte wie die gespaltene, hat ihre Vor- und Nachteile. Die ideale Tafel hat Mendeleev nicht gefunden. Er hat, wie es scheint, eine Kompromißlösung gewählt, die mit möglichst wenigen Postulaten auskommt und zugleich bei größtmöglicher Klarheit ein Höchstmaß an Informationen liefert.

[10] Siehe S. 824, oben und Mitte.

[11] Siehe S. 824 unten.

*Mendeleevs Manuskript der ersten Periodentafel, 1869 entworfen, später revidiert und korrigiert, wahrscheinlich im Blick auf eine Veröffentlichung in französischer Sprache.
Museum D. Mendeleev, Sankt Petersburg*

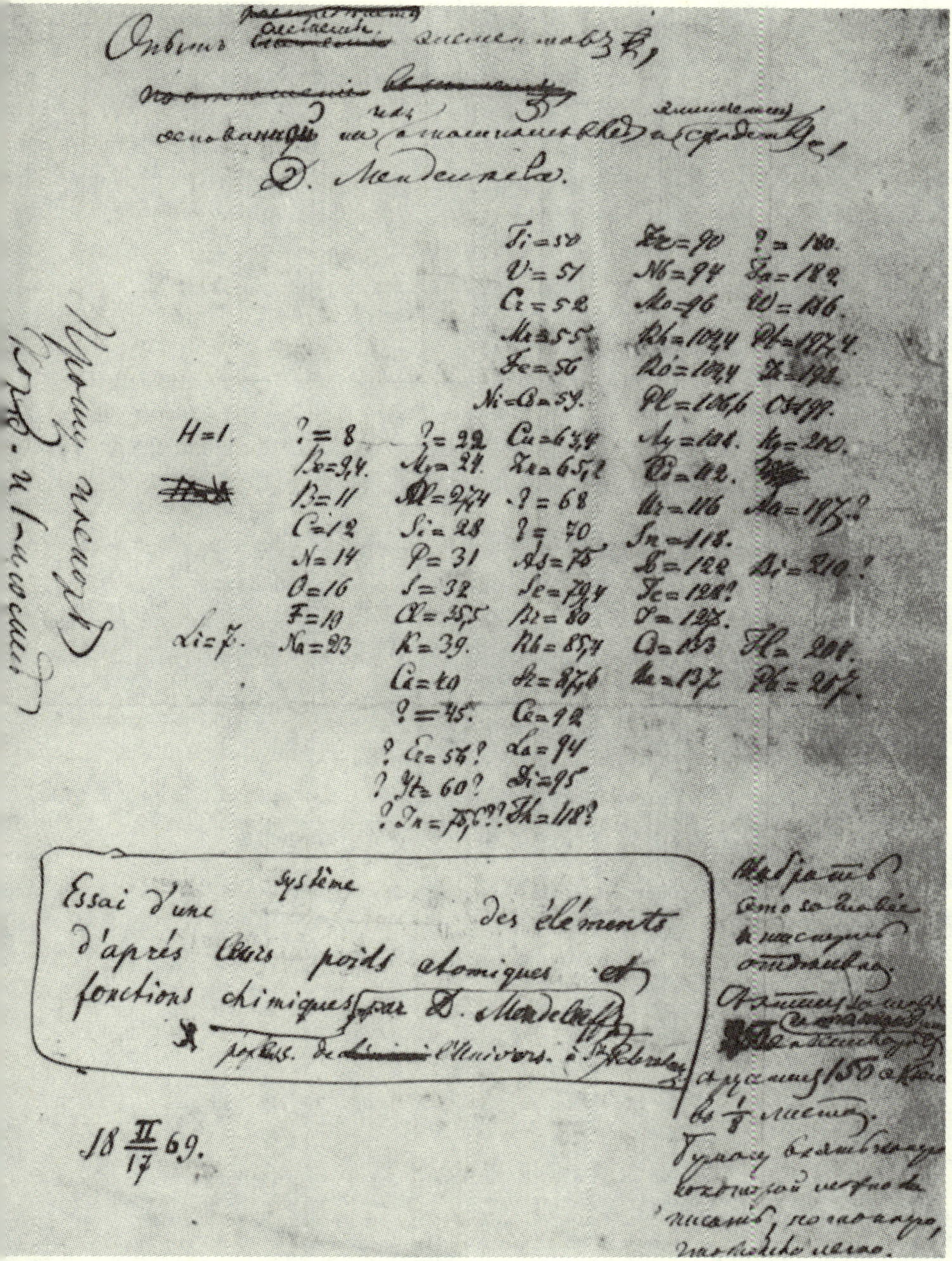
Опыт системы элементов, основанной на их атомном весе и химическом сходстве. Д. Менделеева.

Ti=50 Zr=90 ?=180
V=51 Nb=94 Ta=182
Cr=52 Mo=96 W=186
Mn=55 Rh=104,4 Pt=197,4
Fe=56 Ru=104,4 Ir=198
Ni=Co=59 Pl=106,6 Os=199
H=1 ?=8 ?=22 Cu=63,4 Ag=108 Hg=200
Be=9,4 Mg=24 Zn=65,2 Cd=112
B=11 Al=27,4 ?=68 Ur=116 Au=197?
C=12 Si=28 ?=70 Sn=118
N=14 P=31 As=75 Sb=122 Bi=210?
O=16 S=32 Se=79,4 Te=128?
F=19 Cl=35,5 Br=80 J=127
Li=7 Na=23 K=39 Rb=85,4 Cs=133 Tl=204
Ca=40 Sr=87,6 Ba=137 Pb=207
?=45 Ce=92
?Er=56? La=94
?Yt=60? Di=95
?In=75,6? Th=118?

Essai d'une système des éléments d'après leurs poids atomiques et fonctions chimiques par D. Mendeleeff prof. de l'Univers. à St. Pétersbourg

18 II/17 69.

Typische Elemente							
			K = 39	Rb = 85	Cs = 133	—	—
			Ca = 40	Sr = 87	Ba = 137	—	—
			—	? Yt = 88 ?	? Di = 138 ?	Er = 178 ?	—
			Ti = 48 ?	Zr = 90	Ce = 140 ?	? La = 180 ?	Th = 231
			V = 51	Nb = 94	—	Ta = 182	—
			Cr = 52	Mo = 96	—	W = 184	U = 240
			Mn = 55	—	—	—	—
			Fe = 56	Ru = 104	—	Os = 195 ?	—
			Co = 59	Rh = 104	—	Ir = 197	—
			Ni = 59	Pd = 106	—	Pt = 198 ?	—
H = 1	Li = 7	Na = 23	Cu = 63	Ag = 108	—	Au = 199 ?	—
	Be = 9,4	Mg = 24	Zn = 65	Cd = 112	—	Hg = 200	—
	B = 11	Al = 27,3	—	In = 113	—	Tl = 204	—
	C = 12	Si = 28	—	Sn = 118	—	Pb = 207	—
	N = 14	P = 31	As = 75	Sb = 122	—	Bi = 208	—
	O = 16	S = 32	Se = 78	Te = 125 ?	—	—	—
	F = 19	Cl = 35,5	Br = 80	J = 127	—	—	—

Reihen	Gruppe I. — R^2O	Gruppe II. — RO	Gruppe III. — R^2O^3	Gruppe IV. RH^4 RO^2	Gruppe V. RH^3 R^2O^5	Gruppe VI. RH^2 RO^3	Gruppe VII. RH R^2O^7	Gruppe VIII. — RO^4
1	H=1							
2	Li=7	Be=9,4	B=11	C=12	N=14	O=16	F=19	
3	Na=23	Mg=24	Al=27,3	Si=28	P=31	S=32	Cl=35,5	
4	K=39	Ca=40	— =44	Ti=48	V=51	Cr=52	Mn=55	Fe=56, Co=59, Ni=59, Cu=63
5	(Cu=63)	Zn=65	— =68	— =72	As=75	Se=78	Br=80	
6	Rb=85	Sr=87	?Yt=88	Zr=90	Nb=94	Mo=96	— =100	Ru=104, Rh=104, Pd=106, Ag=108
7	(Ag=108)	Cd=112	In=113	Sn=118	Sb=122	Te=125	J=127	
8	Cs=133	Ba=137	?Di=138	?Ce=140	—	—	—	— — — —
9	(—)	—	—	—	—	—	—	
10	—	—	?Er=178	?La=180	Ta=182	W=184	—	Os=195, Ir=197, Pt=198, Au=199
11	(Au=199)	Hg=200	Tl=204	Pb=207	Bi=208	—	—	
12	—	—	—	Th=231	—	U=240	—	— — — —

	I	II	III	IV	V	VI	VII
ÉLÉMENTS TYPIQUES.	H; Li; Na	Be;	B;	C;	N;	O;	F;

ÉLÉMENTS PAIRS							VIII				ÉLÉMENTS IMPAIRS						
I	II	III	IV	V	VI	VII					I	II	III	IV	V	VI	VII
												Mg	Al	Si	P	S	Cl
K	Ca	..	Ti	V	Cr	Mn	Fe	Co	Ni	Cu		Zn	Ga	..	As	Se	Br
Rb	Sr	Yt	Zr	Nb	Mo	...	Ru	Rh	Pd	Ag		Cd	In	Sn	Sb	Fe	I
Cs	Ba	La	Ce	..	...	...	...	...	..	..		..	..	..	..	..	..
..	..	Er	Di ?	Ta	W	...	Os	Ir	Pt	Au		Hg	Tl	Pb	Bi	..	..
..	..	..	Th	..	Ur	...	...	...	..	..		..	..	..	..	..	..

Im Gegensatz zu der Entschiedenheit und dem festen Vertrauen, das Mendeleev in das Periodengesetz hatte, schwankte er bei der Darstellung des Tableaus. Jede Form hat ihre Vor- und Nachteile. Seine erste Tafel (oben) stellt die typischen Elemente heraus, die bei der Entdeckung eine wichtige Rolle gespielt haben. – Die kompakte Darstellung (Mitte) betont die regelmäßige Variation der Formen der Verbindungen. – 1879 empfiehlt Mendeleev eine Darstellung in auseinandergezogener Anordnung (unten; die römischen Ziffern bezeichnen die Gruppen). Sie liefert zusätzliche Informationen über die Analogien der Hauptgruppen, stößt jedoch die Ordnung nach ansteigenden Atomgewichten um.

Kritische Punkte

Bevor er sich mit dem Periodengesetz beschäftigte, hatte Mendeleev bei den Gasen eine wichtige Entdeckung gemacht: er war auf das Phänomen der »kritischen Temperatur« gestoßen.[12] An diesem Begriff kann man sich orientieren, um eine andere Entdeckung historisch genauer zu lokalisieren: die Entdeckung der Periodentafel.

Fassen wir zusammen. Das Problem der Klassifikation stellt sich infolge der raschen Zunahme der bekannten Elemente in der ersten Hälfte des neunzehnten Jahrhunderts und des Wachstums der damit verbundenen Erkenntnisse. Am Ende einer unruhigen Periode, in der immer neue Ideen erwogen und verworfen werden, scheint 1860 – mit dem Kongreß von Karlsruhe – der kritische Punkt erreicht. Glaubt man den Berichten Mendeleevs, war nach den Klärungen dieses Kongresses nur noch der richtige zerebrale Druck erforderlich, um mit Hilfe der periodischen Klassifikation all die flüchtigen Erkenntnisse zu einem organisierten und systematisierten Körper zusammenzufügen. Mit ihr beginnt das, was Mendeleev als »Systematik der Elemente« bezeichnet. Der Ausdruck kann in zweierlei Bedeutung verstanden werden: Einerseits organisiert die Periodentafel die Chemie zu einem *System*. Andererseits macht sie das *Element* zum Organisationsprinzip des Systems und reißt damit eine Kluft zum Begriff des einfachen Körpers auf, wie ihn Lavoisier sanktioniert hatte.

Freilich ist dieser kritische Punkt fragil, ein vergänglicher Augenblick, eine Übergangszeit weniger Jahre. Bald nach 1870 werden mehrere Entdeckungen die Arbeitshypothesen Mendeleevs fragwürdig erscheinen lassen; Entdeckungen, die seinen Erfolg wenn nicht unmöglich, so doch unwahrscheinlich gemacht hätten. Dazu rechnet zunächst die Vermehrung der »seltenen Erden« in den siebziger Jahren, dieser Reihe von Elementen, die einander sehr nahestehen, was ihr Atomgewicht und ihre chemischen Eigenschaften anbelangt (man nennt sie heute, nach ihrer Stellung im Periodensystem, »Lanthanoide«). 1869 kennt Mendeleev erst fünf, die ihm bereits Kopfzerbrechen bereiten. Unablässig modifiziert er ihren Platz, ihr Atomgewicht, führt das Terbium ein und streicht es wieder, läßt zwischen Cer und Erbium Felder leer. Was hätte er anders tun können, da die seltenen Erden nach den Kriterien Mendeleevs so gut wie ununterscheidbar sind? Zunächst einmal fehlen ihnen individuelle Merkmale, während sie ein ausgeprägtes Gruppenverhalten zeigen. Und sie weisen eine

[12] *Kritische Temperatur*: Temperatur, unterhalb deren ein Gas durch bloße Anwendung von Druck verflüssigt werden kann.

zusätzliche Schwierigkeit auf: Sie sprengen die regelmäßige Abfolge der Perioden und finden später in einer Falte des Tableaus ihren Platz. Zu einer Zeit, in der man vom Aufbau der Elektronenschalen noch nichts weiß, sind diese Elemente so schwer zu integrieren, daß man mit gutem Grund annehmen darf, daß die Periodentafel nur deshalb schon bald nach dem Karlsruher Kongreß konstruiert werden konnte, weil noch nicht alle seltenen Erden bekannt waren.

Probleme bereitet auch eine zweite Reihe von Entdeckungen, die der Edelgase. 1894 isoliert William Ramsey das Argon und das Helium: zwei inerte Gase, die sich dem Periodengesetz nicht fügen wollen. Mendeleev hatte nicht mit ihnen gerechnet, und da ihnen chemische Eigenschaften fehlen, sind Analogien kaum zu finden. Außerdem müßte das Argon mit seinem Atomgewicht 40 zwischen dem Kalium und dem Kalzium Platz finden, was undenkbar ist, da es zwischen den Gruppen I und II keine leeren Felder gibt. So herrscht Ratlosigkeit bei den Chemikern, die das Periodensystem verteidigen. Mendeleev versucht es zu retten, indem er – nicht als einziger übrigens – vermutet, das Argon sei kein Element; es könne sich um ein dreiatomiges Stickstoffmolekül handeln, da ja auch der Stickstoff für seine chemische Reaktionsträgheit bekannt ist.

Schließlich macht das Periodengesetz es möglich, die Schwierigkeit zu beheben und das bedrohte Meisterwerk zu retten. Im Vertrauen auf die Regelmäßigkeit der Periodenfunktion sagen Ramsey und John William Rayleigh (1842-1919) ein mittleres Element zwischen Helium und Argon voraus und schaffen eine Gruppe 0, die sich mit den Entdeckungen des Neons, Kryptons und Xenons rasch auffüllt. Mendeleev jedoch bleiben diese seltsamen Elemente fremd. Diese hinzugefügte Gruppe stört die Symmetrie des Tableaus, die an den beiden Rändern durch Gruppen sehr reaktionsfähiger Elemente mit kontrastierenden Eigenschaften entstand. Die Einführung der Edelgase geschieht fast lautlos, doch Mendeleev ist darüber sehr erschüttert. Die Trägheit dieser Gase widerstrebt dem Gedanken einer Individualität, die sich in Umsetzungen und Relationen äußert. Außerdem verliert die Beziehung zwischen Atomgewichten und chemischen Eigenschaften an Schlüssigkeit.

Mit den Edelgasen erreicht die »Systematik der Elemente« ihre äußersten Grenzen. Ist es nicht die Fremdartigkeit der

Edelgase, die Mendeleev im Jahre 1902 dazu bringt, den Äther für ein chemisches Element zu halten und ihn in die Periodentafel aufzunehmen?

Mit der periodischen Klassifikation hat also die Chemie der Elemente ihren Zenit erreicht: sie faßt ihre Tatsachen und Gesetze zusammen, systematisiert ihre Erkenntnisse, zeichnet ihre künftige Entwicklung vor und enthüllt zuletzt sogar ihre Grenzen. Die Periodentafel ist nicht die punktuelle Entdeckung eines isolierten einzelnen, den sein Genie über die Wissenschaft seiner Zeit hinauskatapultiert hätte. Vielmehr ist sie die Antwort auf ein spezifisches Problem der Chemie des neunzehnten Jahrhunderts und das letzte Glied einer langen historischen Kette von Versuchen und Irrtümern.
Wenn Mendeleev etwas am Rande der herrschenden Strömungen in der Chemie seiner Epoche steht, so nicht deshalb, weil er ins zwanzigste Jahrhundert vorausgeblickt und die Zukunft der Chemie prophezeit hätte; sondern weil er im Gegenteil die Transmutation der chemischen Elemente ablehnt. Statt als Vorläufer zu erscheinen, wäre Mendeleev eher ein Erbe der Chemie des achtzehnten Jahrhunderts, denn er erweckt den Glauben an die Individualität der Elemente und das Interesse an der Erforschung der Umsetzungen und Verbindungen zu neuem Leben. Doch eine Entdeckung entgleitet ihrem Schöpfer. Mendeleevs Zeitgenossen hatten in seiner Periodentafel den Beweis für die Komplexität der chemischen Elemente gesehen. Bis zu ihrer Umdeutung auf den Grundlagen der modernen Atomtheorien dauert es nicht mehr lange.

GEOF BOWKER

DER AUFSCHWUNG DER INDUSTRIEFORSCHUNG

In diesem Kapitel werden wir sehen, warum die Geschichte der Industrieforschung und ihrer »Helden« so wenig bekannt ist

Die Geschichte ist ein Inventar von Erfolgen. Wir Historiker sprechen von großen Kriegern und Siegern, von den Reichen und Berühmten. Von den Armen, den Frauen oder den Sklaven ist selten die Rede. In der Wissenschaftsgeschichte haben wir einige Anekdoten über verrückte Erfinder parat, doch unseren Broterwerb bestreiten wir mit erhabenen Genies: Zu jedem Buch, das Sackgassen oder mißlungene Experimente behandelt, gibt es tausend über Kepler, Newton und Einstein. Und trotzdem bleiben manche Erfolge ausgespart. Einem davon ist dieses Kapitel gewidmet: dem Aufschwung der Industrieforschung.

Der Diskurs der Industrieforschung

Seit der Erfindung der Atombombe ist das Vertrauen auf die menschlichen Ressourcen – und vor allem auf die Infanterie – geschwunden. Eher verläßt man sich auf die Atomtheorie, ein Produkt der besten Physiker. Während des Zweiten Weltkriegs war der Glaube an die Wissenschaft so stark, daß am *Manhattan Project* zeitweise 120 000 Personen beteiligt waren[1] – noch bevor irgend jemand absolut sicher sein konnte, ob sich die Atomtheorie in eine Technologie zur Herstellung eines Sprengkopfes ummünzen ließe. Dennoch wird dieser gewaltige Einsatz von Ressourcen zugunsten einer Waffe mit verheerender Wirkung in den Physiklehrbüchern an den Schulen und Universitäten kaum erwähnt und von den Wissenschaftshistorikern selten behandelt.

Dafür gibt es eine ganze Reihe von Gründen: Die Episode hat etwas Schmähliches, sie fügt dem Bild, das die Wissenschaft von sich selbst hat, großen Schaden zu; ihre vollständige Darstellung setzt den Zugang zu Dokumenten voraus, die noch immer unter Verschluß liegen. Zunächst muß man sich einen Weg durch das Gewirr von Faktoren bahnen, um

[1] *Manhattan Project*: Codewort für die 1942 begonnenen Vorbereitungen zum Bau der amerikanischen Atombombe. Die erste Versuchsexplosion fand am 16. Juli 1945 in Alamogordo in der Wüste von New Mexico statt.

Ölquellen in den dreißiger Jahren (San Joaquim Valley, Kalifornien). Ein industrieller Wald ersetzt die natürliche Vegetation. Die Beteiligung an der überwiegenden Mehrzahl der Bohrungen war für die Firma Schlumberger ein großer Erfolg.

die Entwicklung der militärisch-industriellen Wissenschaft umreißen und ihre Bilanz prüfen zu können.

Das verbindende Merkmal der beiden Teile unserer Arbeit besteht in der Untersuchung der industriellen Wissenschaft, die von der Firma Schlumberger betrieben wurde – einem Unternehmen, könnte man sagen, das geradezu auf privatwirtschaftlich betriebener Forschung basiert. Wir werden uns insbesondere mit ihren Anfängen beschäftigen, das heißt der Periode zwischen 1920 und dem Zweiten Weltkrieg, in der die geophysikalischen Techniken und Erfindungen entwickelt wurden, die ihren Erfolg ausmachten.

Die Schlumberger-Kurven

Die wichtigsten Techniken, die von der Firma entwickelt wurden, betrafen Bohrlochmessungen, die es erlaubten, durch die Bestimmung des elektrischen Widerstands genaue Informationen über den Inhalt der Bohrlöcher zu gewinnen. Jeder, der einmal mit Hilfe einer Schaufel ein Loch in die Erde gegraben hat, weiß, daß das, was man aus ihm hervorholt, formlos, heterogen und sehr schwer zu

Ideale und reale Darstellung des geologischen Untergrunds; links ein stilisiertes Schlumberger-Diagramm des elektrischen Widerstands und des spontanen Potentials; rechts ein detaillierter Querschnitt, der die Struktur einer Zone von ölhaltigem Schiefergestein illustriert.

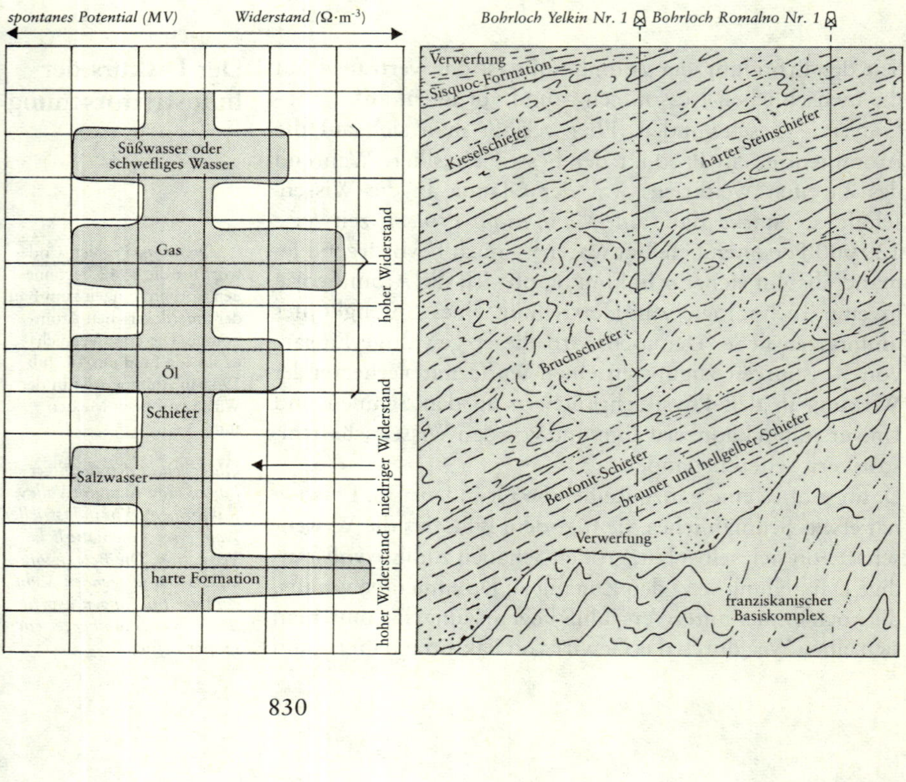

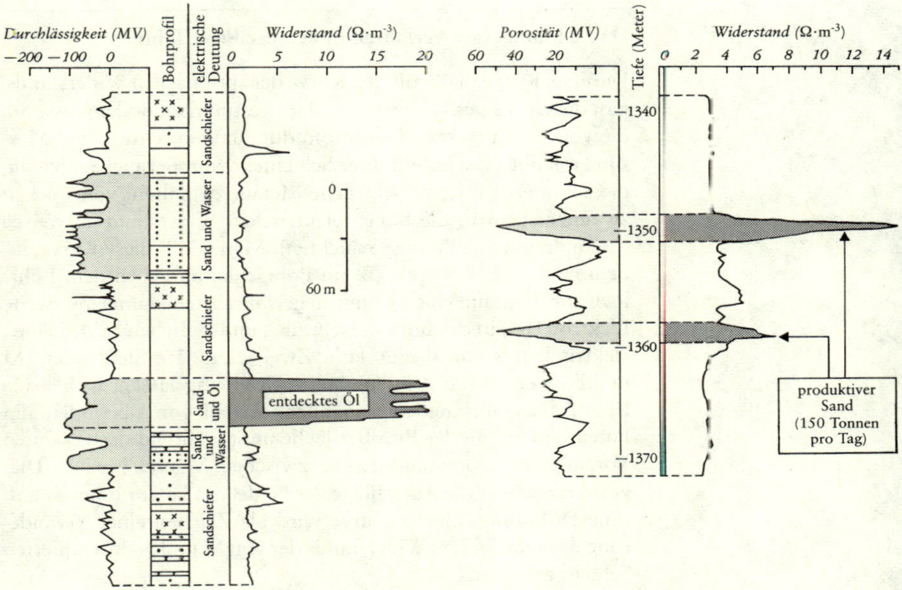

Beispiele für Schlumberger-Kurven: links die Entdekkung eines ölhaltigen Sandes (USA 1933); rechts die Feststellung einer produktiven Sandschicht, die von den Bohrmannschaften nicht erkannt worden war (Rumänien 1934).

beschreiben ist. Je tiefer man gräbt, desto eher läuft man Gefahr, daß die Ränder des Lochs einstürzen und daß sich eine unbestimmte Menge unerwünschter Stoffe in das mischt, was man herausschaufelt. Die Fachleute für Erdölbohrungen haben die gleichen Probleme, freilich auf größerer Stufenleiter. In der Tat müssen sie für die Zirkulation des Bohrschlamms sorgen, um einerseits das Bohrklein, das vom Bohrmeißel gelöst wurde, nach oben zu transportieren und abzuscheiden, andererseits aber das Erdöl daran zu hindern, durch den Schacht nach oben zu schießen, wenn die Bohrung eine unter hohem Druck stehende Lagerstätte erreicht. Häufig beseitigt jedoch dieser umherwirbelnde Schlamm durch Ausspülung das in den entnommenen Proben enthaltene Öl. Aus genau diesem Grunde ist die Entnahme von realen Proben häufig durch elektrische Diagraphie ersetzt worden. Tatsächlich vollzog sich damit eine seltsame Umkehrung: Der Vorgang, der darin bestand, sich die Hände schmutzig zu machen, indem man ölhaltigen Sand heraufholte, ist auf die psychologische Ebene verwiesen worden, während die Zeichnung eines elektrischen Diagramms zum realen, materiellen Beweis geworden ist. Ein beratender Erdölingenieur erklärte 1939: »Es ist eine ganz merkwürdige Situation. Viele von diesen Leu-

Das Schlumberger-Verfahren in den dreißiger Jahren

Die erste Kurve, das heißt die Kurve des spezifischen Widerstands, gibt die Größe des Widerstands einer bestimmten Bodenmasse an, die von einem elektrischen Strom durchlaufen wird. Diese Messung erlaubt es, sehr leitfähige Schichten (zum Beispiel Schichten, die Salzwasser oder verschiedene Metalle enthalten) von solchen zu unterscheiden, die hohen elektrischen Widerstand aufweisen (besonders etwa ölhaltige Schichten). Man erhält diese Kurve, indem man eine Elektrode (B) im Bohrschlamm neben dem Bohrloch anbringt, um eine Erdung zu gewährleisten, dann eine zweite Elektrode (A) in das Bohrloch einführt und zwischen beiden einen elektrischen Strom fließen läßt. Zwei sekundäre Elektroden (M und N) werden mit A in das Bohrloch hinabgelassen, wobei sich M und N ziemlich nahe beieinander oberhalb von A befinden. Ein Potentiometer an der Erdoberfläche mißt während des gesamten Vorgangs die Potentialdifferenz zwischen M und N. Das Diagramm zeichnet die Ausschläge der Nadel des Potentiometers auf. Eine Diskontinuität der Kurve wird als Zeichen einer Veränderung des spezifischen Widerstands der von M und N durchquerten Schicht gedeutet.
Mehrere Jahre lang benutzte man nur diese Kurve. Sie erlaubte es, in bestimmten Böden Ölsande zu erkennen, die eine viel geringere Leitfähigkeit besitzen als Sandschichten, die etwa Salzwasser enthalten. In anderen Böden war dies nicht möglich – zum Beispiel dort, wo es zu viele Schichten mit hohem Widerstand in unmittelbarer Nähe der ölhaltigen Sande gab. Im letzteren Falle konnte

ten haben das Bedürfnis, die Proben wirklich zu sehen, und für einen sogenannten *executive operator*, der vielleicht selbst einmal Bohrarbeiter war, hat eine Reihe von Wellenlinien nicht die gleiche Bedeutung wie etwas, was aus der Erde kommt. Es kommt also ziemlich häufig vor, daß sie Bohrkerne ziehen, die mich nicht besonders interessieren.«
Die von Schlumberger vermarkteten Wellenlinien beruhten auf zwei Prinzipien. Das erste bestand darin, den »spezifischen Widerstand« mit Hilfe zweier Elektroden zu messen, die eine geerdet auf der Erdoberfläche und die andere in das Bohrloch eingeführt. Es genügte also, zwischen beiden einen Strom durch den Boden fließen zu lassen. Stellen wir uns vor, daß der Untergrund bis 500 Meter Tiefe gute und konstante Leitfähigkeit besitzt und plötzlich hohen Widerstand aufweist (wie es zum Beispiel bei Granit der Fall ist).

sie immerhin noch dazu dienen, Korrelationen zwischen den einzelnen Bohrlöchern ein und desselben Ölfeldes herzustellen. Die Widerstandskurven lieferten somit elektrische »Horizonte«, gewissermaßen Signaturen einer bestimmten Schicht, die sich auf diese Weise von einem Bohrloch zum nächsten verfolgen ließ. So wurde es möglich, eine dreidimensionale Karte des betreffenden Ölfeldes zu zeichnen. Dafür schienen sie auf anderen Ölfeldern nutzlos – sei es, weil die geologischen Verhältnisse zu komplex waren (zu viele Verwerfungen und zu wenig Horizonte) oder zu einfach (so daß die Geologen keine äußere Hilfe brauchten).

Die zweite Kurve – die als »Porositätskurve«, »Permeabilitätskurve«, »Kurve des spontanen Potentials«, »Strömungspotentialkurve« oder einfach als »Linkskurve« bezeichnet wurde – bildete ursprünglich ein Maß für die Schwierigkeit, die Interpretation der ersten Kurve zu erhärten. Sie folgt dem allgemeinen Prinzip, wonach aus unbestimmten Gründen die elektrische Aktivität auf der Höhe poröser Schichten stärker ist als auf der Höhe undurchlässiger Schichten. Diese Kurve hat ein anderes Aussehen als die erste. Ebenso wie die Widerstandskurve weist sie starke Ausschläge bei Ölsanden auf, reagiert jedoch nicht beim Durchgang durch undurchlässige Schichten mit hohem Widerstand. Auch wenn diese beiden Kurven zusammen keine Gewähr dafür boten, vorhandenes Öl zu entdecken, waren sie doch jeder anderen Methode überlegen.

Es wird dann eine Stromschwankung zwischen den beiden Elektroden auftreten, die sich bei jeder weiteren Variation des spezifischen Widerstands der umgebenden Schichten wiederholt. Zwei sekundäre Elektroden dienen dazu, die Veränderungen des elektrischen Feldes während der Absenkung der ersten Elektrode in das Bohrloch zu messen. So wird es möglich, in den *porösen* Schichten mit vergleichsweise *hohem Widerstand* Öl zu finden. Ist die Schicht nicht porös, kann sie kein Öl enthalten. Ist sie porös, zeigt aber wenig elektrischen Widerstand an, enthält sie wahrscheinlich Salzwasser, das ein guter Leiter ist. Wenn sie hingegen porös ist und starken Widerstand aufweist, kann sie Öl enthalten.

Diese erste Kurve war an sich ausgezeichnet, erlaubte es jedoch nicht, eine poröse, schlecht leitende (also möglicherweise ölhaltige) Schicht von einer schlecht leitenden, aber nicht porösen Schicht (Granit zum Beispiel) zu unterscheiden. Dafür konnte man mit ihr bestimmen, bei welcher Tiefe Salzwasser an die Stelle von Öl trat[2], und auf diese Weise die günstigste Tiefe der Bohrung festlegen. Eine zweite Kurve erlaubte es, durchlässige und undurchlässige Schichten zu unterscheiden. Um diese Kurve zu erhalten, senkte man die Elektrode ins Bohrloch, ohne Strom fließen zu lassen, und registrierte damit lokale Veränderungen der elektrischen Aktivität. Die beiden Hauptursachen für die Ausschläge dieser Kurve waren die Elektrofiltration[3] und die elektrochemische Reaktion[4]. Sie charakterisierten die porösen Schichten klar und eindeutig. Es konnte vorkommen, daß sich die beiden Ursachen völlig annullierten (vielleicht infolge ihrer entgegengesetzten Vorzeichen); doch häufig erlaubten sie den Bohrmannschaften, die ölhaltigen Schichten mit einer Genauigkeit zu vermessen, wie sie undenkbar gewesen wäre zu der Zeit, als man gezwungen war, den Wust der verfügbaren Daten oberirdisch, am Rande des Bohrlochs, zu interpretieren.

Kurz gesagt, einige Wissenschaftler und Ingenieure, die in der Erdölindustrie arbeiten und dort ihre wissenschaftlichen Erkenntnisse anwenden, haben zu alten Problemen radikal neue Lösungen geliefert; es handelt sich also um ein Musterbeispiel für Industrieforschung. Doch wie sind diese Entdeckungen, diese Patente zu schützen und gegen die Konkurrenz zu verteidigen? 1939 strengt Schlumberger einen Prozeß wegen Patentverletzung gegen die Konkurrenzfirma Halliburton an, weil diese die Verfahren zur Aufzeichnung der beiden beschriebenen Kurven nachgeahmt habe.

Der Prozeß

Wir wollen einfach die Wahrheit. Versuchen wir herauszubekommen, wer in der Sache *Schlumberger versus Halliburton* recht hat. Eigentlich ganz einfach. Nehmen wir eine Kurve, egal welche, aus einem Schlumberger-Diagramm und vergleichen sie mit einer Diagrammkurve desselben Bohrlochs, diesmal von Halliburton gemessen. Wenn beide Diagramme äquivalent sind, scheint die Identität der beiden Methoden auf den ersten Blick erwiesen. Sehen wir uns daraufhin das Schlumberger-Patent an. Wenn es die Technik beschreibt, wie die Kurven zu ziehen sind, und wenn es schon vor jeder anderen verwendeten Methode da war, dann hat Schlumberger recht. Gleichwohl steht eine Menge

[2] Öl schwimmt auf Wasser, unter der Erde wie im Labor!

[3] *Elektrofiltration*: elektrische Reaktion, die beim Durchfluß eines flüssigen Leiters, zum Beispiel des Bohrschlamms, in den umgebenden Schichten hervorgerufen wird.

[4] *Elektrochemische Reaktion*: Die Differenz des Salzgehalts zwischen dem Bohrschlamm und der im umgebenden Gestein vorkommenden Flüssigkeit ruft einen elektrischen Strom hervor.

auf dem Spiel, und man sollte nicht vorschnell urteilen. Schlumberger ist auf diesem Gebiet außerordentlich aktiv. Zwischen Juni 1932 und Oktober 1940 hat die Gesellschaft 33 Millionen Meter nach dieser Methode vermessen – das ist ungefähr das Zweieinhalbfache des Erddurchmessers oder das Vierhundertfache des Hin- und Rückwegs zwischen der Stadt, in welcher der Richter wohnt, und dem Gerichtssaal. Schlumberger führte seinerzeit mehr als 95 Prozent der Aufträge durch, die auf diesem Sektor vergeben wurden.

Beginnen wir also mit dem Prozeß. Nehmen wir zuerst eine Kurve, egal welche. Leicht gesagt! Erstes Problem: Die Kurven, die im Rahmen des Prozesses als Beweismittel dienen sollten, gehörten im allgemeinen den Erdölgesellschaften, die natürlich nicht besonders geneigt waren, wertvolle Auskünfte über ihre Bohrlöcher zu verbreiten. So erklärte Mr. Ennis von der *Oil Well Water Locating Company*, der im Auftrag von Halliburton beweisen sollte, daß die Methode bereits vor der Patentierung verbreitet war, er könne sich nur auf veröffentlichte Diagramme als Beweismittel stützen:

> »Wir haben Aufzeichnungen erst veröffentlicht, nachdem wir die Genehmigung dazu erhalten haben, und wenn an den Formationen, die in den Aufzeichnungen genannt werden, Veränderungen angebracht worden sind, so wurden sie auf Initiative von jemandem vorgenommen, der in der Lage war, uns zur Veröffentlichung zu ermächtigen. Wenn ich also eine Aussage zur Exaktheit der Tiefe eines Bohrlochs mache, kann ich nicht wirklich behaupten, daß es sich tatsächlich um die Tiefe dieses Bohrlochs handelt. [...]« – »Und die sogenannte offene Bohrung, entsprach sie Ihrer Meinung nach dem exakten Vortrieb, bezogen auf diesen Faktor?« – »Sagen wir: angenähert auf 25, 30, 40 oder 50 Fuß.«

Es war also gar nicht so einfach, eine Kurve zu wählen, weil man nicht sicher sein konnte, daß es sich um eine echte Kurve handelte; niemand wußte, welche die richtige Kurve war – und das ging so weit, daß der Geophysiker Mr. Rust zugeben mußte, daß die in einer konkurrierenden Patentschrift veröffentlichten Kurven in Wahrheit Schlumberger-Diagramme waren. Bei aller Verwirrung um die Echtheit der Kurven darf man die Bedeutung dieses Problems jedoch nicht übertreiben. Schließlich erhielten beide Parteien von den Erdölgesellschaften, die hinter ihnen standen, die Erlaubnis, echte Diagramme zu verwenden. Doch sind die

Kurven äquivalent? Die Verteidigung hat einen Sachverständigen, Mr. Aiken, als Zeugen aufgefordert, ein imaginäres Diagramm zu deuten:

»Nehmen wir an, der spezifische Widerstand einer Formation betrug 4 Ohm pro Meter. Könnten Sie daraus die Natur der Formation ableiten, ohne über weitere Angaben zu verfügen?« – »Hier, in Texas?« – »Ohne irgendeine weitere Information.« – »Es gibt immer weitere Informationen, Mr. Martin. Es ist unmöglich, eine physikalische Methode zu verwenden, wenn man sie ganz aus ihrem Kontext löst. Völlig unmöglich. Irgend etwas weiß man immer.«

Die Kurve existiert nur in einem präzisen Zusammenhang. Wir können also nicht irgendeine Kurve wählen: sonst würden wir das Ergebnis präjudizieren und für Halliburton, gegen Schlumberger Partei ergreifen. Denn wenn die Patente eine gültige Methode beschreiben würden, hätten sie, nach Halliburton, überall anwendbar sein müssen, ohne Rücksicht auf den Ort. Nach Schlumberger kommt es dagegen auf den Kontext an – handele es sich um die Deutung der Kurven oder der Patente. So beharrt Mr. Aiken auf der Genauigkeit der Worte, wie er zuvor die der Kurven betont hatte. Man hat ihn gebeten, das Wort »Parameter« zu definieren: »Was wir unter Parameter verstehen, hängt von dem ab, worüber wir sprechen. Nun sprechen wir hier über geophysikalische Exploration. [...] Wenn wir ein Wort betrachten, müssen wir es wieder in seinen Kontext rücken und ihm nicht eine Bedeutung geben, die ihm die Patentschrift offenkundig nicht geben wollte.« Das gleiche Problem der Kontextabhängigkeit von Wörtern und Diagrammen trat auf, als Halliburton beweisen wollte, daß das Schlumberger-Verfahren in Wirklichkeit zum ersten Mal 1830 von Fox in den Zinnminen von Cornwall verwandt worden sei.

Freilich müssen auch die hermeneutischen Positionen von Schlumberger und Halliburton in ihren Kontext gestellt werden. Für die Klägerin wie für die beklagte Firma ist die Wirklichkeit samt ihrer Deutung in einem Gerichtssaal, einer wissenschaftlichen Zeitschrift und einer Werbebroschüre nicht in der gleichen Weise zu behandeln. Das führt uns übrigens zu einer weiteren Schwierigkeit, die bei der Wahl einer Kurve entsteht. Der Gerichtssaal ist selbst keine isolierte Arena. Auf den Zuschauerbänken sitzen lauter Konkurrenten, die sich Notizen machen und Ideen aufschnappen. Worthington Campbell, der Schlumberger in einer anderen Sache gegen *Geoanalyser* vertrat (in einem Streit, der übrigens gütlich beigelegt wurde), wies darauf hin, als er die bei dieser Gelegenheit gewählte Strategie zusammenfaßte:

»Wir haben auch beschlossen, das Patent über die Porosität mit einzubeziehen, in der Überzeugung, so später einen überzeugenderen Beweis für die Patentverletzung zu erhalten. Wir haben stets befürchtet, daß – solange dieser klare und überzeugende Beweis fehlt – ein Richter darüber irritiert sein könnte, daß wir mit einer kombinierten Kurve, die die Werte des spontanen Potentials und des Widerstands zusammenfaßt, die Klage wegen Verletzung der beiden Patente zur Porosität und zum Widerstand untermauern wollen. Bei der Vernehmung hat *Geoanalyser* die Widerstandskurve eingeräumt, den Einfluß der spontanen Polarisation aber bestritten. [...] Das Gericht hat möglicherweise bestimmte Dinge gesagt, die es anderen erlauben könnten, ohne Patentverletzung eine kombinierte Kurve zu erhalten; Dinge, denen ein Fachmann sehr leicht Hinweise zum Thema der Porosität entnehmen konnte.«

Auch wenn Schlumberger den Wunsch gehabt haben mochte, seine Kurven zu erläutern und zu verteidigen, handelte es sich dabei doch um Dinge, die man besser verschweigt. So weigerte sich Mr. E. G. Leonardon, Chef der Schlumberger-Vertretung in den Vereinigten Staaten, bei der Beschreibung der optimalen Abstände der Elektroden am Beispiel eines idealen Kubikmeters näher ins Detail zu gehen: »Die Erfahrung, die es uns erlaubt hat, den besten Abstand an verschiedenen Stellen zu bestimmen, ist lang und kostspielig, was mich veranlaßt, Ihnen nicht alle Einzelheiten zu nennen.« Aus einem späteren Interview erfahren wir, daß eine neue, nicht patentierte Idee, die während des Prozesses aus Versehen zur Sprache kam, von Halliburton übernommen wurde, so daß Schlumberger später das Nutzungsrecht seiner eigenen Erfindung zurückkaufen mußte. Der Anwalt der *Oil Well Water Locating Company* betonte ganz ausdrücklich die Notwendigkeit einer gewissen Geheimhaltung:

»Ich habe dem Zeugen davon abgeraten, Ihnen alles zur Verfügung zu stellen; in der Tat habe ich zuerst ›Nein‹ gesagt, als Sie die Diagramme beziehungsweise entsprechende Dokumente verlangten; und erst nachdem Sie neulich die Befragung der Zeugen aufgenommen haben, konnte ich mich endlich entschließen, Mr. Ennis zu gestatten, irgendeine Werbebroschüre oder etwas Entsprechendes als Illustration für das, was er zu einer bestimmten Zeit getan hat, zu verwenden – allerdings nur, soweit es seine öffentlichen Aktivitäten betrifft.«

Im Kontext des Prozesses ist es nicht möglich, »eine beliebige Kurve zu wählen«. Weder die Erdölgesellschaften noch Schlumberger noch auch die Verteidiger der beklagten Firmen werden es uns gestatten, und wenn wir Schlumberger glauben, ist »eine beliebige Kurve« ganz einfach gleichbedeutend mit »überhaupt keine Kurve«. Nachdem diese Unterscheidung zwischen »typischer« Kurve und realer Kurve einmal getroffen ist, werden wir nun sehen, wie die einzelnen Kurven nacheinander in ihrem Geltungsbereich wesentlich begrenzt, auf reine Dekoration reduziert und völlig unterschiedlichen Deutungen durch die betreffenden Akteure, nämlich die Bohrlochinspekteure der Erdölgesellschaften, unterworfen werden. Die typische Kurve wurde von der *Houston Geological Society Study Group on Electrical Logging* unter dem Titel »Typisches Diagramm des spontanen und des Widerstandspotentials« geliefert. Dieses Diagramm ist in der Tat typisch für ein breites Spektrum von Darstellungen elektrischer Diagramme und gibt somit eine klare Illustration des idealen Effekts. Es handelt sich um ein klassisches Beispiel.

Auffällig sind gewisse Zugeständnisse an den Realismus: Das Gas befindet sich oberhalb des Öls, das Öl wiederum schwimmt auf dem Wasser, dann kommt undurchlässiges Gestein. Man braucht jedoch nur die Kurven selbst zu betrachten, um sofort zu erkennen, daß etwas daran falsch ist. Tatsächlich sind die realen Kurven im Unterschied zur typischen »gezähnt«. Daran haben mehrere Faktoren Anteil, vor allem aber das Phänomen, das unter dem Namen »Aufzeichnungssprünge« bekannt ist. Die drei fraglichen Elektroden – sagen wir: A, M und N – stoßen der Reihe nach auf bestimmte Schichten. Nehmen wir an, A und M befinden sich in einer widerständigen Schicht, während N in eine leitfähige Schicht eindringt. Das ruft ein Zucken der Kurve hervor. Dann dringt M seinerseits in die leitfähige Schicht ein, während N sich noch darin befindet oder sie schon wieder verlassen hat. In der Zwischenzeit mag A vielleicht eine oberhalb davon gelegene leitfähige Schicht durchquert haben. Bei jeder Grenze (und die Grenzen sind nicht unbedingt scharf) bemerkt man ein Ausschlagen der Kurve, so daß jede Schicht nicht einen einzigen, sondern mehrere Effekte erzeugt. Die Kurve ist eine zusammengesetzte Deutung dieser Schwankungen, und die Ingenieure von Schlumberger verfügten über eine Sammlung idealer Kurven, die ihnen die Sequenz der Schichten anzeigten, auf die sie voraussichtlich stoßen würden. Grundsätzlich unlesbar wurde das Ergebnis bei »Anordnungen, bei denen der Abstand der Elektroden etwa ebenso groß war wie die Mächtigkeit der durchquerten Schichten«; doch diese Feststellung »setzt offenkundig voraus, daß wir die Beschaffenheit des Bohrgrunds ebenso wie die Größe des erzielten Effekts kennen«. In den Humanwissenschaften spricht man in solchen Fällen von einem »hermeneutischen Zirkel«, in den reinen Wissenschaften von einem »Regreß« in der Deutung des Experiments.

Eine texanische Sonde war nicht identisch mit einer Sonde in Oklahoma, und es bedurfte unterschiedlicher Apparaturen, um die gleiche Kurve zu erhalten. Auch die »Linkskurve« war ein Kompositum. Wie wir sahen, ergab sich ihre Gestalt aus mindestens zwei Effekten: dem elektrochemischen Effekt und der Elektrofiltration, die entgegengesetzte Vorzeichen haben und einander aufheben können. Darüber hinaus zeigte das spontane Potential mit zunehmender Tiefe relativ durchgängig einen Zuwachs in dem Maße, wie die Temperatur der Spülflüssigkeit stieg – ein weiterer lokaler Faktor, der von einem Ölfeld zum nächsten, von einem Bohrloch zum nächsten variierte. Vereinfacht gesagt, konnten sich Salzschichten an bestimmten Stellen im Bohrschlamm auflösen, so daß sich der tatsächliche Geltungsbereich der beiden Kurven auf den Schlamm selbst beschränkte. In beiden Fällen haben wir es mit zusammengesetzten Kurven zu tun, die vom Ingenieur oder Geologen an Ort und Stelle gedeutet werden mußten. Die reale, das heißt die speziell an die örtlichen Bedürfnisse angepaßte Kurve erforderte eine so präzise Feinjustierung, daß Halliburton das Argument zu seinen Gunsten verwenden konnte: »In diesem Prozeß hat die Klägerin, die *Schlumberger Well Surveying Corporation*, die Methoden und Apparate, die sie auf dem Gelände mit Erfolg einsetzt, vor der amerikanischen Öffentlichkeit verborgen gehalten.«

Da sie längst nicht immer eindeutige Ausschläge an den richtigen Stellen zeigten, wie es der von beiden Seiten akzeptierten Theorie entsprochen hätte, gerieten die Kurven in den ersten Jahren in den Verdacht, nur trügerische Dekoration zu sein, hinter der sich die eigentliche Informationssammlung, die anderswo stattfinde, nur maskiert habe: »Als die Leute von Schlumberger zum erstenmal dazukamen, bestand ein Teil unserer Aufgaben darin, jedesmal mit dem LKW hinauszufahren und so lange dabeizubleiben, wie sie ihre Diagramme zeichneten, um zu sehen, ob uns die Franzosen nicht zum Narren hielten.« Unter anderem wurde Schlumberger vorgeworfen, es würden an den Vorrichtungen Elektroden als Attrappen angebracht, um zu verschleiern, welche Apparaturen sie wirklich benutzten.

Der Kontext des Ölfeldes war jedenfalls kaum der passende Ort, über die unendliche Interpretierbarkeit der Kurven und die Kompetenz des Interpreten zu debattieren. Die Rhetorik der damaligen Zeit und die Politik der Erdölgesellschaften waren sich darin einig, den menschlichen Faktor auszuschließen. So behauptete J. Boyd Best über das Schlumberger-Verfahren: »Es liefert ein exaktes, von jedem persönlichen Element freies Diagramm, das es uns möglich macht, durch den Schnitt des Bohrlochs nicht-lokalisierte Sande aufzufinden, Verwerfungen und Strukturen zu kartographieren und Korrelationen herzustellen.«

Dieses Fehlen jedes persönlichen Elements wurde durch die Zeichnung der Diagramme, die den Ölgesellschaften geliefert wurden, noch verschärft. Besonders klar zeigt sich das an einem anderen Element, das auf der typischen Kurve fehlte – der Skala, die sich normalerweise über jedem Diagramm befand. Die Kurve des spontanen Widerstands wurde in Millivolt (10^{-3} V) angegeben, die Widerstandskurve in Ohm pro Kubikmeter (bei Schlumberger) beziehungsweise in Ohm Impedanz (bei Halliburton). Die Skalen über den Diagrammen wiesen also auf die Messung bestimmter Parameter hin, so daß der Richter eher verwirrt schien, als Mr. Blau aussagte:

> »[...] was da gemessen wird, sind keine spezifischen Widerstände oder Kontaktpotentiale«. – »Sie wollen damit sagen, daß die Klägerin etwas mißt, daß die Beklagte etwas mißt, aber daß Sie nicht geneigt sind, uns zu sagen, was?«

Turner, ein Ingenieur von Halliburton, antwortete auf entsprechende Fragen zu den Kurven:

> »Und Sie halfen dem Klienten, sie zu interpretieren?« – »Indem ich interpretierte, was die verschiedenen Kurven bedeuteten.« – »Und wozu dienen die Zahlen, die über den beiden Skalen stehen, unter Potential, auf dem Beweisstück 124, in Millivolt abgetragen, minus 50, minus 150, minus 200, wozu

dient das Ihrer Auffassung nach?« – »Meiner Auffassung nach hat das, was auf der Potential-Seite steht, keinen Nutzen.« – »Auf der Impedanz-Seite, immer noch auf diesem Beweisstück 124, unter ›Ohm Impedanz‹, erscheinen die Zahlen 75, 150, 225 und 300.« – »Meines Erachtens stellt das die Skala dar, nach der das Diagramm aufgestellt wurde.« – »Aha.«

Turner wurde weiterhin gefragt, warum sich die Zahlen unterschieden, je nachdem, ob die Bohrlöcher trocken oder feucht waren:

»Gut, aber mir scheint, ich habe noch nicht ganz begriffen, was diese beiden Skalen da unterscheidet. Könnten Sie mir eine Erläuterung geben?« – »Ich glaube, das beweist klar, daß die Skala selbst keinerlei wirklichen Nutzen hat. Sie dient nur dazu, die Weite des Nadelausschlags zu zeigen.«

Die Zahlen am oberen Rand der Diagramme waren also Dekoration, insofern man bei der Deutung der Kurven nicht auf sie angewiesen war. In Wirklichkeit sollten sie beweisen, daß die Kurven Frucht wissenschaftlicher Arbeit waren und nicht bloß künstlerische Impressionen von ein paar Franzosen. Und zugleich dienten sie dazu, ein besonderes Werk aus der Masse herauszuheben, seine Originalität zu betonen, es zu signieren. Einer der besten Schachzüge der Firma Schlumberger während des Prozesses bestand darin, die Skala eines ihrer Diagramme so zu verkleinern, daß es mit dem Diagramm zusammenfiel, das am selben Tage und im selben Bohrloch von der Firma Halliburton hergestellt wurde – die Linien waren so weitgehend identisch, daß Halliburton die Ähnlichkeit nicht bestreiten konnte. Damit stellte sich die Frage nach den verwendeten Skalen; eine Frage, die der Verteidiger an den Schlumberger-Experten richtete:

»Wenn ich Ihrer letzten Aussage glauben darf, scheint die von der Beklagten verwendete Skala anzuzeigen, daß die Beklagte etwas anderes mißt als den Widerstand; soll das heißen, daß die Skala nicht den Wert des Widerstands, des spezifischen Widerstands, angibt?« – »Wie schon gesagt, es handelt sich in der Tat um eine Widerstandskurve. Der einzige Grund, der meiner Meinung nach die Einführung einer willkürlichen Skala motivieren könnte, war vielleicht die Hoffnung, daß sie anzuzeigen schien, daß die Beklagte etwas anderes mißt.«

Die Kurven besaßen auch einen dekorativen Aspekt, der mit Gewöhnungsprozessen zu tun hatte. Die Strategie der Diagraphie-Spezialisten bestand darin, die Erdölgesellschaften daran zu gewöhnen, die Kurven zu Rate zu ziehen, um daraus möglicherweise nützliche Lehren zu ziehen. So schrieb 1934 ein Verantwortlicher der Aktivitäten von Schlumberger in Venezuela an die Zentrale der Gesellschaft in Paris:

> »Ich schlage vor, die für derartige Leistungen (Diagramme von Bohrlöchern in Reparatur) verlangten Preise nicht zu ändern. Die Ergebnisse von Diagraphien, die unter solchen Umständen vorgenommen werden, sind manchmal beeinflußt von Stücken des Saugkorbs oder anderen aufgefischten Gegenständen. Mir scheint es auf jeden Fall klug, Gesellschaften wie *Gulf* zu unterstützen und zu ermutigen, die bei allen Löchern, die sie reparieren, systematisch Bohrlochmessung betreiben, trotz der Gefahr der Verzerrung der Diagramme und folglich der Produktion unzureichender Daten.«

Dieser Gewöhnungsfaktor – die Ölgesellschaften »warmzuhalten« und ihnen zu liefern, was sie gewohnt waren – führte zu der eigenartigen Form der Kurven. »Eine Reihe von Schlumberger-Diagrammen (spezifischer Widerstand und spontanes Potential) ist identisch mit einem gewöhnlichen Gesteinsdiagramm, ›in elektrische Sprache übersetzt‹, aber leicht zu entschlüsseln, wenn man ein bißchen Erfahrung hat.« Den Diagraphie-Firmen lag daran, die Kurven nicht allzuoft abzuwandeln, trotz der Verbesserungen, die solche Modifikationen gebracht hätten. Zum Beispiel gab es eine bestimmte Anordnung der Elektroden, bei der man »eine Vergrößerung der Ausschläge bei Wasserschichten und eine Verminderung bei ölhaltigen Schichten« feststellte, wenn Bohrschlamm auf der Basis von Süßwasser in das Bohrloch gepumpt wurde. »Man wird ohne weiteres zugeben, daß diese Eigentümlichkeit das Grundproblem der Identifikation ölhaltiger Schichten nicht erleichterte.« Trotzdem lieferte diese Anordnung bei der Korrelation zwischen verschiedenen Bohrlöchern ausgezeichnete Ergebnisse und benötigte wenig Strom, »so daß wir letztlich gezwungen waren, sie aus Kontinuitätsgründen weiterzuverwenden, da sie in der Vergangenheit zahlreiche Diagramme ermöglicht hatte und die Geologen daran gewöhnt waren«. Angesichts der heiklen Beziehungen zwischen Geophysikern und Geologen – letztere fühlten sich von jenen bedroht – schien es opportun, Opfer zu bringen, um die Geologen zu beruhigen und ihnen das Gefühl einer gewissen Bedeutung zu vermitteln. Die Lösung bestand darin, eine andere, von den erwähnten Problemen unbelastete Kurve *zusätzlich* zu verwenden und an der unzulänglichen Kurve nichts zu verändern.

Die Geheimnisse der Wissenschaft

Zu welchem Resultat sind wir nun mit dem Diskurs der Industrieforschung gelangt? Ein vorherrschendes Merkmal ergibt sich aus dem Gesagten: In der industriellen Wissenschaft ist das Wissen dem, der es verwendet, nicht unmittelbar zugänglich. Ein Unternehmen, in unserem Fall Schlumberger, muß daran interessiert sein, einen Teil seines Wissens für sich zu behalten und, je nach dem voraussichtlichen Leserkreis, unterschiedliche Darstellungen seiner

---

Die ersten Industrielabors

Folgt man dem Historiker David Kevles, so waren die Gesellschaften, die sich ab 1890 als erste in der Industrieforschung engagierten, Produzenten von Elektrizität, Eisen und Stahl, Düngemitteln, Zucker, Arzneimitteln, Farbstoffen und Erdöl. Steven Rae gibt folgende Chronologie: 1875 *Pennsylvania Railroad* (nach Rae das erste Laboratorium für Industrieforschung überhaupt); 1876 *Menlo Park* (das Labor von Thomas Edison); 1886 *Eastman Kodak*; 1889 *Standard Oil*; 1890 *Du Pont de Nemours* (die Chemiefabrikanten); 1900 *General Electric* (in Shenectady); und 1903 *Westinghouse*.

Diese fast gleichzeitige Einrichtung von Forschungslaboratorien ist bezeichnend. Folgen wir dem Chemiehistoriker J. R. Partington, wäre übrigens der Gedanke zu erwägen, ob Industrieforschung nicht zuerst von ägyptischen Priestern betrieben wurde.

Verfahren zu geben. Darin liegt ein diametraler Gegensatz zur reinen Wissenschaft. Als Robert Boyle in den vierziger Jahren des siebzehnten Jahrhunderts in England das erste Forschungslabor schuf, schlug er einen Katalog von Regeln für die Darstellung der Ergebnisse vor. Sein Laboratorium sollte das Gegenteil einer Alchimistenküche sein. Diese befanden sich an geheimen Orten, zu denen niemand Zutritt hatte; es gab keine Beschreibung der durchgeführten Arbeiten, und nichts erlaubte es, sie anderswo zu reproduzieren. Umgekehrt sollte das Forschungslaboratorium dem Publikum offenstehen, und die veröffentlichten Berichte über die Experimente sollten hinreichend klar und eindeutig formuliert sein, damit jeder die Versuche nach Belieben wiederholen konnte. Nun ist die Reproduktion von Expe-

Thomas Alva Edison (Mitte, sitzend, mit Barett) in seinem Labor in Menlo Park (1880). Das Laboratorium als Fabrik. Die Lampen gehören zu den ersten elektrischen; sie wurden in diesem Labor erfunden.

rimenten notorisch schwierig, und die Laboratorien der reinen Wissenschaft sind der Öffentlichkeit im allgemeinen ebenso versperrt wie die der industriellen Wissenschaft. Gleichwohl bleibt die Figur der Transparenz ein wesentlicher Zug der reinen Wissenschaft. Insofern stehen die Spezialisten der Industrieforschung mehr in der alchimistischen Tradition – die darin liegt, Ergebnisse hervorzubringen, deren Entstehung nur Eingeweihten verständlich ist. Wir haben gesehen, wie Leonardon sich weigerte, die optimale Distanz der Elektroden anzugeben; wie Halliburton angeklagt wurde, dem, was seine Leute maßen, einen falschen Namen gegeben zu haben; und wie Schlumberger vorgeworfen wurde, an den Meßgeräten zusätzliche Knöpfe angebracht zu haben, einzig um Spuren zu verwischen.

Dennoch genügt es nicht, auf den Unterschied der Diskurse hinzuweisen. Wir müssen ihn auch kennzeichnen, ihn erklären. Dazu ist es interessant, das wichtigste Produkt der industriellen Wissenschaft (das Patent) zu betrachten und eventuell mit dem wichtigsten Produkt der reinen Wissenschaft zu vergleichen (dem wissenschaftlichen Artikel). Patente stehen am Ausgangspunkt der Schlumberger-Affäre. Was sind Patente? Wie hat sich ihre Nutzung in der industriellen Wissenschaft verbreitet? Und wie können die

Antworten auf diese Fragen dazu beitragen, das in diesem Kapitel gestellte Problem zu lösen – warum die Historiker so wenig Interesse an den Erfolgen dieser Wissenschaft haben?

Nach einer hübschen Formulierung des Historikers David Noble haben Patente »den Prozeß der Wissenschaft versteinern lassen, und die erstarrten Geniefragmente sind zu Waffen in den Arsenalen der Industrie geworden, die es ohne Wissenschaft nicht gäbe«. Die Frühgeschichte der Forschung bei *Bell* (einem Vorläufer der *AT&T, American Telephone and Telegraph*) zeigt deutlich, welche strategische Rolle damals Patenten zukam. Ursprünglich, das heißt 1877, versuchte Alexander Graham Bell (1847-1922) seine beiden wichtigsten Patente über einen Fernsprechapparat der *Western Union Telegraph Company* zu verkaufen; da jedoch (wegen des Einspruchs eines Rivalen) Zweifel an der Schutzwürdigkeit seiner Patente und am kommerziellen Wert des Fernsprechens bestanden, erhielt er eine Absage. Daraufhin gründeten Bell und seine Partner selbst eine Gesellschaft, während die *Western Union* eine Tochterfirma (die *American Speaking Telephone Company*) schuf, um das konkurrierende Patent auszuwerten. Es begann eine juristische Schlacht. Bald zog sich die *Western Union* von dem umkämpften Terrain zurück und erhielt dafür bis zum Ende der Schutzdauer, das heißt zwanzig Jahre lang, zwanzig Prozent der Erlöse der *Bell Telephone Company*. Damit gewann Bell auf diesem Gebiet praktisch das Monopol, das sie mit einer doppelten Strategie verteidigte: Zum einen strengte die Gesellschaft immer wieder Prozesse wegen Nachahmung einer geschützten Erfindung an (600 während der Schutzdauer der beiden Hauptpatente!); zum anderen suchte sie möglichst viele Patentrechte auf Verbesserungen der ursprünglichen Erfindung zu erwerben (und sammelte auf diese Weise bis zum Jahre 1904 über 900 Patente im Bereich des Fernsprechwesens!). Die Strategie war also klar: es ging darum, durch Verwendung von Patenten als Waffen in einem permanenten Handelskrieg die Entwicklung dieses Sektors zu kontrollieren.

Während dieser Anfangszeit wandte Bell für eigene Industrieforschung wenig Mittel auf. Nach einem von Leonard Reich zitierten Bericht aus dem Jahre 1906 verfolgte Bell noch »die oftmals riskante Politik des Erwerbs der Rechte an wichtigen Patenten, die von Erfindern außerhalb der Firma angemeldet worden waren«. Diese Politik hatte bis dahin Erfolg, »weil die auf diesem Gebiet ohnehin starke Stellung der *Bell Company* die Erfinder von der Schwierigkeit überzeugte, ihre Patente außerhalb des von ihr errichteten Systems auszuwerten«.

Bedenkt man die Zeit und Energie, die von Gesellschaften wie *Bell* für diese Abwehrpolitik des Patenterwerbs und Patentschutzes aufgewandt werden mußten, versteht man besser, wie es zur Einrichtung industrieller Forschungslaboratorien kam, die für die beständige Produktion dieser Waffen sorgten. Und tatsächlich war *AT&T* rasch in der Lage, in die Offensive zu gehen, nachdem man 1907 ernsthaft mit Industrieforschung begonnen hatte. Besonders deutlich wird dies am Beispiel des Verstärkers im Telefonnetz.[5] Die Notwendigkeit, die durch die Leitungen gehenden Signale in regelmäßigen Abständen zu verstärken, war eines der Hauptprobleme des Fernsprechens über große Entfernungen. Wie John Carty (1861-1932), der damalige Forschungsdirektor, hervorhob, war mit der erfolgreichen Entwicklung des Verstärkers übrigens auch die Möglichkeit verbunden, gegenüber einem entstehenden Konkurrenzzweig Vorsprung zu gewinnen. »Demnach würde ein leistungsfähiger telephonischer Verstärker uns nicht nur erlauben, die Qualität unserer Verbindungen zu verbessern, sondern uns auch in eine günstige Position gegenüber dem Sektor der drahtlosen Telegraphie versetzen, falls dieser Bedeutung erlangen sollte.« Das schloß die Anwerbung von Physikern ein, die »über die neuesten Entdeckungen der Molekularphysik informiert« und bereit waren, »auf diesem Weg unermüdlich weiterzugehen«.

[5] *Verstärker im Telefonnetz*: Apparate, die an einer bestimmten Stelle eines Fernmeldekabels eingebaut werden, um die Stärke der durch die Übertragung geschwächten Signale zu erhöhen.

Natürlich ist dieser zentrale Gedanke der Marktkontrolle auf dem Weg über Patente keine Besonderheit von *Bell*, sondern ein durchgängiges Thema der Geschichte der industriellen Wissenschaft. Thomas Hughes weist auf den Zusammenhang zwischen solchen Patentfragen und der Schaffung des Laboratoriums von *General Electric* hin. In dieser Gesellschaft spielte der Anwalt für Patentfragen eine wesentliche Rolle. Auf diese Weise konnte *General Electric* teils eigene Patente entwickeln, teils fremde Patente zu einem »Schutzgürtel« ausbauen, die den Marktzugang versperrten und deren Lizenznahme für Konkurrenten zu teuer gewesen wäre. Patente machten einen großen Teil der normalen Laborarbeiten aus; die Verantwortlichen widmeten viel von ihrer Zeit der Anfertigung von Dossiers für Prozesse wegen Nachahmung geschützter Erfindungen. Es

Das Radio: Experiment von Bell und Tainter (1881). Mit der industriellen Revolution wächst das Bedürfnis, Entfernungen zu überbrücken; die Industrieforschung liefert die Mittel dazu (Radio, Telefon, Flugzeuge und so weiter).
Stich aus: Th. Dumoncel, Le Microphone, 1882; Bibliothèque nationale, Paris

ist also im wesentlichen ein Kontroll- und Sicherheitsbedürfnis, das *Bell* und *General Electric* dazu veranlaßte, eigene Forschungslabors zu schaffen; bald wurde das Patent, als industriell hergestellter Artikel, zum wichtigsten Produkt der Laboratorien.

Die Entwicklung der Industrieforschung

Mit der Fabrikation von Patenten gewinnen die Forschungslabors aber auch Einfluß auf die Diversifizierung der Muttergesellschaften. Das Forschungslabor von *General Electric* beispielsweise wurde 1900 in der erklärten Absicht geschaffen, dieser Gesellschaft die Kontrolle über den amerikanischen Markt der elektrischen Beleuchtung zu erhalten. Damals enthielten die Glühbirnen von *GE* einen wenig effizienten Kohleglühfaden – er wurde zu heiß und leuchtete nicht hell genug. In den neunziger Jahren hatten deutsche Forscher zwei Arten von Lampen erfunden, die der Stellung von *General Electric* gefährlich werden konnten: die Nernst-Lampe (ein Vorfahre unserer Leuchtstoffröhren) und Glühbirnen mit Osmium-Faden. Nach langen firmeninternen Verhandlungen wurde auf Empfehlung von Charles Steinmetz (1865-1923) ein Laboratorium geschaffen und der Leitung von Willis Whitney unterstellt; beide hatten in Deutschland studiert. In den ersten Jahren blieben die Fortschritte in der Beleuchtungsfrage spärlich, und Whitney schützte sein Laboratorium, indem er es Probleme der Produktionsorganisation lösen und Artikel herstellen ließ, wenn der Herstellungsprozeß es nötig machte, auf die speziellen Ressourcen des Labors zurückzugreifen. Diese Strategie hatte solchen Erfolg, daß sein Personal ab 1903 aus 19 Forschern und 26 Hilfskräften bestand.

Bald ging Whitneys Labor daran, die Leistung der Kohlenfadenlampe zu verbessern, doch die in Europa erzielten Ergebnisse mit Osmium- und dann Tantallampen schienen anzudeuten, daß ein neuer Faden notwendig sei. Whitney, der als Elektrochemiker ausgebildet worden war, wählte das Wolfram. Dieses Metall brachte die erwünschten Resultate, war aber zu brüchig und ließ sich deshalb nicht passend formen. Von 1907 bis 1912 war das Laboratorium mit der Lösung dieses Problems beschäftigt. Die verwandten Methoden waren oft rein empirisch: man bat sogar einen erfahrenen Schmied, das Wolfram zu bearbeiten. Der schließlich erreichte Erfolg erlaubte es *General Electric*, dank seiner Patente die Kontrolle über den Beleuchtungssektor zu behalten – nicht nur gegen die europäische Konkurrenz, sondern auch angesichts der Drohung der Anti-Trust-Gesetze, die bereits die Aufspaltung von Großunternehmen, wie etwa *Standard Oil*, bewirkt hatten. Wie enorm der Erfolg war, läßt sich der Tatsache entnehmen, daß *General Electric* 1928 nicht weniger als 96 Prozent des Markts für Glühlampen kontrollierte. Von dieser soliden Grundlage aus erweiterte das Laboratorium sein Interessenfeld. Nach Hughes »schuf Whitney eine Atmosphäre, die den promovierten Naturwissenschaftlern gefiel: wöchentliche Kolloquien, Veröffentlichung wissenschaftlicher Artikel und Anregung zum Erwerb eines besseren theoretischen Verständnisses technischer Phänomene«. Whitney hielt die Bibliothek auf dem neuesten Stand, ermutigte zum Beitritt zu Berufsorganisationen von Physikern und Chemikern und genehmigte – soweit die Patente es zuließen – die Publikation der Ergebnisse. Alles wurde getan, um eine Atmosphäre reiner Forschung zu schaffen. Die mit der Auswertung der Patente beauftragten Anwälte kümmerten sich um die Vermarktung.

Reich beschreibt, wie die Anwälte der Gesellschaft, die auf Patentfragen spezialisiert waren, die Berichte des Labors unter die Lupe nahmen – und oft Zufallslösungen sekundärer Probleme aufstöberten, um daraus höchst einträgliche Patente zu machen. So wurde eine mit Bordmitteln zusammengebastelte Schaltung, die die Analyse von Kristallen mit Hilfe von Röntgenstrahlen erleichtern sollte, Anlaß zur Anmeldung eines Patents, an dem kein Radiohersteller vorbei konnte. Angeregt von den neuen Forschungen, die das Labor durchgeführt hatte, begann die Gesellschaft mit Arbeiten zu Röntgenstrahlen und Rundfunk. Während das Laboratorium ursprünglich problemorientiert vorging, arbeitete Whitney als Direktor erfolgreich daran, in jenem riesigen Unternehmen einen Raum zu schaffen, der der reinen Forschung vorbehalten war. Die Industrieforschung hatte ihren Weg gefunden.

Die Industrieforschung und ihre Geschichte

Die Patente wirkten sich in zweierlei Hinsicht aus. Sie spielten eine entscheidende Rolle beim Schutz der etablierten Industrie und dienten außerdem dazu, neu entstehende Industriezweige zu stützen. Der Fall Schlumberger weist beide Faktoren auf. Vor der Entwicklung der beiden Patente, die durch den oben betrachteten Prozeß gerichtlich geschützt wurden, gab es keine Diagraphie von Bohrlöchern. Nachdem dieser Industriezweig einmal entstanden war, dienten die Patente zum Schutz vor Konkurrenten, wie etwa Halliburton. In welcher Weise beeinflussen diese beiden Faktoren die historische Wahrnehmung des Leiters eines Industrielabors, der auf die Forschungsanstrengungen seiner Einrichtung zurückblickt?

Natürlich ist die Geschichte, die er schreiben möchte, geprägt von dem Kampf, den er zu seinem Schutz führt. Schlumberger wünschte nicht, bei der Erklärung seiner Methoden der Industrieforschung allzusehr ins einzelne zu gehen, um der Konkurrenz nicht Ideen zu liefern (wie es in dem erwähnten Prozeß geschehen war). Schlimmer noch, dies hätte die Schutzwürdigkeit der Patente aufheben können (was Halliburton mit seinem Einspruch erreichen wollte: eine genaue historische Analyse zeige, daß die im Gelände verwandten Techniken nicht den in der Patentschrift beschriebenen Techniken entsprächen). Der Fall Rudolf Diesels (1858-1913) liefert dafür ein ausgezeichnetes Beispiel. Das Wesentliche der Arbeit Diesels bestand in dem Versuch, den Carnot-Prozeß – die mathematische Formulierung des Mechanismus eines idealen thermischen Motors[6] – in materielle Gestalt zu übersetzen. Er hatte sich dieses Problem während seiner Studienzeit an der Berliner Technischen Hochschule vorgenommen und war, nach

[6] *Carnot-Prozeß*: reversibler thermodynamischer Kreisprozeß zwischen zwei Wärmebehältern unterschiedlicher Temperatur, bestehend aus zwei isothermen (bei konstanter Temperatur verlaufenden) und zwei adiabatischen (ohne Wärmeabgabe an die Umgebung verlaufenden) Zustandsänderungen eines idealen Gases.

eigenem Geständnis, geradezu besessen von dem Gedanken, diesen Kreisprozeß zu materialisieren. Als er 1892 sein erstes Patent anmeldete, glaubte er (und einige Experten mit ihm), das Problem gelöst zu haben – obgleich der Motor in seiner »Carnotschen« Form nicht funktionierte. Beim Bau des Motors in den neunziger Jahren bei *MAN* (*Maschinenfabrik Augsburg-Nürnberg*) wurde an dem Motor eine ganze Reihe von Veränderungen vorgenommen, die nicht nur seine Form betrafen, sondern auch die Theorie seines Funktionierens. Für Diesel, dessen Patent für seinen Motor auf einer offenkundig nicht realisierbaren Theorie beruhte, wurde die Situation brenzlig; und als er ein zweites Patent anmeldete, das einen funktionierenden Motor beschrieb, mußte er die theoretischen Änderungen überspielen, um sein erstes, grundsätzlicheres Patent zu schützen. Beide Patente machten den Eckstein seines Erfolgs aus – und die Divergenzen zwischen ihnen und den gebauten Motoren waren seine Achillesferse.

Wie man sieht, haben die Produzenten von industrieller Wissenschaft in der Tat ein begründetes Interesse daran, die Geschichte ihrer Produkte möglichst offen und flexibel zu halten und auf diese Weise ihre Konkurrenten zu bremsen. Gegen Angriffe aus welcher Richtung auch immer ist dies die bestmögliche Einstellung. So verhält sich der Historiker, wenn er die Entstehung seiner Untersuchungsgegenstände erforscht, handele es sich um soziale Klassen, Religionen oder Ideen. Ein gutes Patent, ein gutes Produkt der Industrieforschung ist ein Patent oder ein Produkt ohne Geschichte. Deshalb war es ganz natürlich, daß die Firma Schlumberger jede Filiation zwischen ihren Arbeiten und denen von Fox bestritt und daß die Firma Halliburton die Ähnlichkeit ihrer Meßapparate mit denen von Schlumberger leugnete. Solche Zwänge ergeben sich aus der allgemeinen Organisation der Forschungslabors. Die Geschichte kennt zahllose Fälle von Spezialisten der Industrieforschung, die von anderen um »ihre« Entdeckungen betrogen wurden, weil ihre Firma sie daran hinderte, Ergebnisse zu veröffentlichen, aus denen die Konkurrenz hätte Profit schlagen können.

Man gewinnt also den Eindruck, daß sich die industrielle Wissenschaft um die Zerstörung oder zumindest um die Kontrolle ihrer eigenen Geschichte bemüht. Darin unterscheidet sie sich von der akademischen Wissenschaft; doch um diese Differenz einzukreisen, müssen wir abschätzen, inwieweit diese beiden Formen von Wissenschaft hinsichtlich ihrer Struktur wie ihres Diskurses wirklich äquivalent sind.

»Reine« und »angewandte« Wissenschaft

Die Unterscheidung zwischen den Diskursen »reiner« und »angewandter« Wissenschaft ist als solche eine historische Erfindung, die mit der Gründung der wissenschaftlichen Disziplinen im Laufe des neunzehnten Jahrhunderts verknüpft ist. Die Wissenschaftler selbst haben diese Unterscheidung nicht immer beachtet; heute jedenfalls verliert sie immer mehr an Gültigkeit. Geht nicht die überwältigende Mehrheit der wissenschaftlichen Arbeiten aus der Industrie hervor? Selbst die an den Universitäten betriebene Forschung ist oft vertraglich an externe Auftraggeber gebunden, etwa die Armee oder große Firmen. Etwas vereinfacht gesagt, führen auch die Spezialisten der Industrieforschung einen »reinen« wissenschaftlichen Diskurs. So förderte Whitney in den Labors von *General Electric* eine Atmosphäre reiner Forschung. Wenn die mit der Patentauswertung beauftragten Anwälte grünes Licht gaben, waren die Wissenschaftler der Firma zur Veröffentlichung ihrer Ergebnisse ermächtigt. Einige der Gründe für dieses Phänomen lassen sich erkennen, wenn wir den Aufschwung der Industrieforschung in der ersten Hälfte des zwanzigsten Jahrhunderts untersuchen. An den Universitäten wurde den Studenten fortwährend das Lob der Wissenschaft und des Wissenserwerbs um seiner selbst willen gesungen. Hinzu kam der Mythos der Forschergemeinschaft als einer rationalen Gemeinschaft, deren Mitglieder ihre Resultate zum allgemeinen Besten einander offen mitteilen. Die Arbeit in der Industrie hingegen wurde häufig als zweitklassige Berufswahl angesehen. Zwar konnte man dort über viel mehr Geld verfügen, jedoch auf Kosten des eigenen Ruhms. Die Firmen versuchten dieser Tendenz entgegenzuwirken, indem sie Arbeitsbedingungen boten, die denen in der reinen Forschung möglichst ähnelten. Sie ermutigten die besonders begabten jungen Hochschulabsolventen, in den Firmenlabors eigenen Forschungsinteressen nachzugehen, und räumten ihnen dazu große Selbständigkeit ein, damit sie Befriedigung in ihrer Arbeit fänden. Während also die reine Wissenschaft oft von der Industrie ausging, verkleidete sich die industrielle Wissenschaft häufig, um akademisch zu erscheinen.

Auch in der reinen Wissenschaft gibt es einen Prozeß der Zerstörung der Vergangenheit. Ein typischer wissenschaftlicher Artikel wird zwei bestimmte historische Prozesse nach sich ziehen: die Einfügung des Artikels in den geschichtlichen Rahmen, den die Disziplin seines Verfassers vorgibt, einerseits und die Zerstörung des historischen Kontexts andererseits. Der erste Vorgang liefert den Schlüssel für die Unterscheidung zwischen akademischer und industrieller Wissenschaft; wir werden darauf zurückkommen. Der andere markiert die Stelle, an der sie miteinander verwachsen sind. Um besser zu verstehen, was mit Zerstörung des historischen Kontexts gemeint ist, achten wir einmal darauf, was die beiden folgenden Formulierungen unterscheidet:

(1) An einem kalten Wintermorgen des Jahres 1911 führte Conrad Schlumberger in der Pariser *École des mines* einige Experimente in einer umfunktionierten Badewanne durch, die früher von seiner Tochter benutzt worden war; diese Versuche zeigten, daß man in Kupferbadewannen verborgenes Metall lokalisieren kann.

(2) Conrad Schlumberger hat bewiesen, daß es möglich ist, Erzlagerstätten zu lokalisieren, indem man oberirdisch die Kurven gleichen elektrischen Widerstands kartographiert.

Die zweite Formulierung hat natürlich mehr Chancen, in einem wissenschaftlichen Artikel vorzukommen; eine wissenschaftssoziologische Analyse hat kürzlich gezeigt, daß die fortschreitende Zerstörung des historischen Kontexts genau das Kennzeichen der wissenschaftlichen Schreibweise ist. Der rivalisierende Wissenschaftler wird, ebenso wie die rivalisierende Firma Halliburton, den Nachweis versuchen, daß die kontingenten historischen Umstände nicht vernachlässigt werden dürfen – im ersten Fall die Tatsache, daß es kalt war, und im zweiten die Tatsache, daß Schlumberger einen in der Patentschrift nicht erwähnten Sicherungsschalter eingebaut hatte. In gewissem Sinne setzt also der Diskurs der industriellen ebenso wie derjenige der reinen Wissenschaft die Zerstörung des historischen Kontexts voraus.

Gleichwohl unterscheiden sich beide Diskurse, was die zweite Funktion des wissenschaftlichen Artikels angeht: nämlich die geleistete Arbeit in den Kontext anderer Arbeiten einzufügen. Dies gelingt im jeweiligen Falle, indem man sich auf neuere Artikel bezieht, die das entsprechende Gebiet behandeln, oder, allgemeiner gesprochen, indem man sich immer bedeutenderen Forschungsprogrammen zurechnet. Genau dieser Prozeß der historischen Einordnung bringt die Riesen der Wissenschaft hervor, die als Bürgen für eine Vielzahl von Arbeiten angeführt werden. Das hat zur Folge, daß jeder ein Dutzend »reiner« Wissenschaftler aufzählen kann, während so gut wie niemand auch nur einen Spezialisten aus der industriellen Wissenschaft zu nennen vermag. Die industrielle Wissenschaft zerstört ihre eigene Vergangenheit, indem sie Kapital schafft – und die reine Wissenschaft, indem sie intellektuelles Kapital schafft. Beide Orientierungen überlappen sich, insofern sie denselben Abstraktionsprozeß verwenden, und unterscheiden sich darin, daß die eine den von ihr geschaffenen (normierten und zugleich stark individualisierten) Gegenständen ein Markenzeichen anheftet und die andere den Namen ihrer Schöpfer. Der Prozeß ist der gleiche, nur die Ergebnisse unterscheiden sich. Hier wird Geschichte produziert, dort Technik. Die Industrieforschung hat keine Vergangenheit, ihr Bereich ist das Jetzt.

Das Wesen der Industrieforschung

Vielleicht verstehen wir jetzt ein wenig besser, warum die Historiker in solchem Maße die Industrieforschung vernachlässigt haben, obwohl sie doch die bei weitem verbreitetste wissenschaftliche Praxis ist. Wie könnte eine solche Geschichte aussehen? Worin besteht diese Serie von Erfolgen, über die man nicht spricht?
Als Ausgangspunkt wählen wir wiederum die beiden Kurven, die von der Firma Schlumberger zwischen 1920 und 1940 erstellt wurden. In diesem Zeitraum erreichte die industrielle Wissenschaft ihre volle Reife. Auch wenn die wissenschaftliche Forschung erst im Zweiten Weltkrieg in den Mittelpunkt der Kriegsanstrengungen rückte, hatte sie bereits im Ersten Weltkrieg große militärische Bedeutung erlangt. So entwickelten sich die chemischen Industrien der Alliierten im Kriege wegen des Munitionsbedarfs – und aus dem Willen, das deutsche Farbstoffmonopol zu brechen. Das erste Nachkriegsjahrzehnt war für Industrie und Industrieforschung eine Periode des Aufschwungs, und am markantesten war dieser Aufschwung im Erdölsektor. Die Kontrolle und Erschließung von Erdölquellen spielten während des Krieges eine Schlüsselrolle; nach der berühmten Formel von Lord Curzon (1859-1925) waren die

Alliierten auf einer Ölwelle zum Sieg getragen worden. Bérenger, der französische Kommissar für Erdölfragen beim Kriegsgericht der Alliierten, schrieb: »Wer das Öl besitzt, wird die Welt besitzen, denn das Dieselöl wird ihm die Herrschaft über die Meere, das Leichtbenzin die Herrschaft in der Luft und das Benzin und Leuchtpetroleum die Herrschaft zu Lande sichern.« Der Erdölsektor erlebte eine ungeheure Blüte: Von 1918 bis 1936 stieg der Anteil der Erdölproduktion von 21 auf 43 Prozent der gesamten Energieproduktion. Die Wissenschaftler hatten daran bedeutenden Anteil; ihr Beitrag reichte von der Erkundung neuer Vorkommen bis zur Raffination des geförderten Rohöls.
Ohne uns hier im einzelnen für die ersten Jahre der Firma Schlumberger zu interessieren, können wir gleichwohl einige aufschlußreiche Elemente kurz beleuchten. Entscheidend ist das Schlumberger-Verfahren. Ursprünglich sollte es dazu dienen, von der Erdoberfläche aus die Beschaffenheit des Untergrunds zu bestimmen. Ein elektrischer Strom, der zwischen zwei Elektroden floß, stellte ein elektrisches Feld her. Die Messung dieses Feldes lieferte gewisse Hinweise auf mögliche unterirdische Lagerstätten – genauso wie bei den Experimenten, die Conrad Schlumberger vor dem Kriege in einer Badewanne im Souterrain der *École des mines* durchführte. Diese Methode war anfangs nicht für die Erkundung von Erdölquellen gedacht, sondern vielmehr zur Feststellung erzhaltiger Schichten (mit schwachem spezifischen Widerstand). Doch Öl und Kapital gingen Hand in Hand, und so versuchten die Gebrüder Conrad (1878-1936) und Marcel (1884-1953) Schlumberger mit ein paar Mitarbeitern, ihr Verfahren für die Ölsuche tauglich zu machen. Die zwanziger Jahre boten Gelegenheit zu einer regelrechten Schlacht zwischen drei verschiedenen Prospektionsmethoden: der seismischen, der gravimetrischen und der geoelektrischen. Es gewannen die Firmen, die auf die seismischen Methoden setzten, und dies aus zwei Gründen: Diese Methoden erlaubten es, Salzdome zu orten, die oft mit Erdölvorkommen verbunden sind, und boten darüber hinaus die Möglichkeit zu ständigen Verbesserungen, was die Anmeldung neuer Patente bedeutete und Chancen zur Kontrolle dieser Technik durch eine einzige Gesellschaft eröffnete. Die gravimetrischen Verfahren waren wirksam, aber schwerfällig. Sie wurden daher von den übrigen Firmen als Ergänzung betrachtet

Bohrlochmessung (logging) im Bassin von Maracaibo in Venezuela. Die Präzision des Laboratoriums auf den Ölfeldern ferner Länder. Unter dem großen Sonnenschirm überwacht ein Ingenieur das Aufzeichnungsgerät der Firma Schlumberger, Modell 1929. Mit Hilfe eines Potentiometers und eines ziemlich komplizierten Kurbelsystems ist es möglich, das Meßdiagramm kontinuierlich auf einem Papierstreifen aufzuzeichnen, während das Kabel heraufgezogen wird.

und zunehmend auch von den Spezialisten der geoelektrischen und seismischen Erkundung benutzt. Was die geoelektrischen Methoden angeht, so verloren sie die Schlacht: Trotz zahlreicher Abänderungen an den Meßapparaten blieben die empfangenen Signale allzu uneindeutig.

Nach dieser Niederlage dachte Conrad Schlumberger daran, das Projekt aufzugeben. Es folgte eine Periode der Weiterentwicklung, nicht unähnlich derjenigen, die wir weiter oben am Beispiel des Dieselmotors dargestellt haben: eine Reihe von Messungen wurde durchgeführt in der Hoffnung, schließlich doch irgend etwas zu messen, ohne dabei über eine anleitende Theorie zu verfügen. Dies führte endlich zur Schaffung der beschriebenen technischen Vorrichtungen, die beide aus Transformationen oberirdischer Meßverfahren hervorgingen. Die beiden Elektroden wurden nun nicht mehr auf der Erdoberfläche plaziert, sondern in ein fertiges Bohrloch eingeführt. So wurde das, was zunächst eine experimentelle Methode zur Exploration von Erzlagerstätten war, zu einem unzulänglichen Verfahren der Ölsuche und endlich zu einer äußerst wirksamen Technik, welche die Aufgabe der Bohrmannschaften erleichtern sollte. Am Ende dieser Entwicklung verfügte Schlumberger über einige Patente, die der Firma praktisch das Monopol auf die elektrischen Verfahren sicherten, für welche die Ölindustrie bei einer ganzen Reihe ihrer Aktivitäten Verwendung hatte. Die Arbeiten im Labor und im Gelände bestanden genau darin, die Bedürfnisse der Prospektoren mit den Signalen, die sich von dem äußerst komplexen elektrischen »Grundrauschen« bei jedem Bohrvorgang trennen lassen, und der Meßapparatur in einen klaren Zusammenhang zu bringen.

Es bedurfte also einer ganzen Reihe kleiner gegenseitiger Abänderungen und Anpassungen, bis es möglich war, Lehrbücher über die Wissenschaft des Erdöls zu verfassen. Einige generelle Merkmale dieser Anpassungen lassen sich, wenigstens meines Erachtens, auf Wissenschaft und Industrie insgesamt verallgemeinern. Mit ihrer Hilfe können wir den Aufschwung der Industrieforschung besser verstehen.

Die Anpassungen der Industrieforschung

Zum Beispiel schufen die Ölgesellschaften neue Formen des sozialen Raumes, der Zeit und der Energie, mit denen sie in den traditionellen Staat eingreifen konnten. Ebenso verhält es sich mit dem Straßennetz, vergleichbar sehr feinen Fasern, welche die Energiezentren eines Landes (Städte und Ölquellen) miteinander verbinden. Die Vernetzung der Straßen, Eisenbahnen und Pipelines machte es den Erdölgesellschaften möglich, bei der Verfolgung ihrer Aktivitäten die Kontakte mit den Gaststaaten und ihren Einwohnern auf ein Mindestmaß zu beschränken. In seinen Erinnerungen an die Zeit, die er in Birma verbracht hatte – wo die Erdölgesellschaften eine Infrastruktur geschaffen hatten, welche die einheimische Industrie buchstäblich untergrub –, erwähnte ein Ingenieur von Schlumberger ein amüsantes Beispiel für diese Entschlossenheit, die Kontakte zu beschränken:

> »Die Birmanen hatten eine sehr eigentümliche Weise, Erdöl zu fördern. Sie gruben einen quadratischen Schacht (von etwa einem Meter Seitenlänge). Das machten sie manuell, mit kurzstieligen Werkzeugen aller Art, selbst mit den Händen, wenn die Bodenformationen es zuließen. Über dem Schacht lag eine Winde mit Kurbeln, die dazu diente, den Abraum mit Hilfe

eines Kübels heraufzuholen. Dieser Kübel war auch dazu da, den birmanischen Schachtarbeiter hinunterzulassen und nach oben zu ziehen. Die Zeit, die ein Birmane mit Graben verbrachte, war unterschiedlich, wurde jedoch oft durch das ständige Auftreten von Gas verkürzt. Das Problem bestand hauptsächlich darin, einen lebenden Menschen wieder heraufzuziehen statt einer Leiche. [...]
Die Engländer, respektvoll gegenüber Sitten und Gebräuchen, machten nicht den geringsten Versuch, diese kümmerlichen Installationen zu verändern, und griffen in die Rechte der ursprünglichen Eigentümer nicht ein. Sie entschieden ganz einfach, daß alle Kohlenwasserstoffe oberhalb der maximalen Tiefe dieser Schächte kein Eigentum der *BOC* (*British Oxygen Company*) seien, und verzichteten sogar darauf, die Vermarktung dieses handwerklich geförderten Erdöls irgendwie zu behindern: so daß man 1936 eine Reihe solcher Schächte – die teils förderten, teils erst gegraben wurden – inmitten eines Waldes hölzerner Bohrtürme der *BOC* sehen konnte.«

Dieses lange Zitat veranschaulicht die charakteristischen Merkmale des Vorgehens der Erdölindustrie. Wie man sieht, wurden Kontakte mit dem traditionellen Staat nahezu vollständig vermieden; die isolierten birmanischen Schachtarbeiter wurden ganz einfach ignoriert, die *BOC* grub unterhalb ihres Bereiches. Das Zitat zeigt weiterhin die ungeheure Überlegenheit der Energie, die durch die Infrastruktur der Ölgesellschaften abgezogen wird (den Wald der Bohrtürme gegenüber dem mit bloßen Händen gegrabenen Loch), sowie die neuen Gestaltungen des sozialen Raums, der mit dem Netz verbunden ist: Zwischen dem Weltmarkt, für den das Öl der *BOC* bestimmt ist, und dem lokalen Markt, der ihm vorausging, wird stillschweigend ein Arrangement getroffen. Schließlich deutet das Zitat neue Gestaltungen der sozialen Zeit an: Der Birmane arbeitet unregelmäßig, die *BOC* arbeitet vierundzwanzig Stunden pro Tag. Wenn wir also beschreiben wollen, wie die Erdölgesellschaften auf den neuen Territorien vorgingen, müssen wir das Augenmerk darauf legen, wie sie die Energie extrem konzentrierten und über die Kanäle riesiger Netze verteilten – im Takt einer sozialen Zeit, die sich von der traditionellen sozialen Zeit unterschied.
Der gleiche Vorgang eines Neuarrangements von Raum, Zeit und Energie läßt sich auch innerhalb des wissenschaftlichen Diskurses bemerken, der von den Ölprospektoren geführt wurde. Hier zum Beispiel eine typische Passage aus

einem industriegeologischen Gutachten, das 1930 über ein Ölfeld in Venezuela verfaßt wurde:

»Feld von Rio Tarra.
Lage und Erreichbarkeit: Staat Zulia, Distrikt Colon. Erreichbar per Schiff mit geringem Tiefgang über den Maracaibo-See, Rio Caratumbo und Rio Tarra bis La Poloma. Schmalspurbahn bis zum Ölfeld.
Datum der Entdeckung: Bohrloch Nr. 1 der Colon Development Company hat am 27. August 1916 die Produktion aufgenommen.
Produktive Schichten: 50 Fuß [15 Meter] Sandschiefer, in der Mitte des ersten karbonischen Horizonts gelegen, enthalten leichtes Öl [...].
Struktur: Die Antiklinale des Rio Tarra ist der gesamten Länge nach asymmetrisch; ihre Ostflanke ist stellenweise vertikal und leicht invers, während ihre Westflanke eine weniger ausgeprägte Inklination aufweist [...].
Merkmale des Öls: Asphaltisches Öl, zwischen 23 und 32 Baumé-Graden.[7] Öl von höherer Dichte wird aus den Sandschichten von Tabla gefördert, auf der Basis des dritten karbonischen Horizonts des Eozäns.
Produktion: Das geförderte Öl hat zur Durchführung der Bohrungen gedient. Lagerung in Tanks vorgesehen. Keine Einrichtungen für den Export des Öls. Produktion im Dezember 1925 circa 25 000 Barrel.«

[7] *Baumé-Grade*: willkürlich festgesetzte Skaleneinheit des Baumé-Aräometers, eines Geräts, das nach dem Archimedischen Prinzip funktioniert und dazu dient, die Dichte und das spezifische Gewicht von Flüssigkeiten zu messen.

Dieser Bericht kartographiert das Ölfeld dreifach: Eine Karte bezieht sich auf die Zufahrtswege, eine auf die geologische Struktur und eine auf den Bodenuntergrund. Genannt werden außerdem drei Arten von Daten: die Entstehungszeit des Öls, der Zeitpunkt seiner Entdeckung und das statistische Bezugsjahr 1925. Was die Energie betrifft, mutet es fast ironisch an, daß das Öl zur Durchführung der Bohrungen benutzt wurde. Der Industriegeologe hat wesentlich teil an jenem Neuarrangement von Raum, Zeit und Energie, das die Ölgesellschaften vornehmen. Sehr abstrakt betrachtet, legen die Ölfirmen über den Erdball ein System von Kanälen, das eine weltweite Energie-Umverteilung ermöglicht. Dadurch verändern sie die Weise, in der die Menschen arbeiten und sich mit ihrer Umwelt zusammenschließen. Das bedeutet zum Teil auch, daß die Beschaffenheit des Untergrunds neu bewertet werden muß. Der Industriegeologe verhält sich zur unbelebten Natur wie die Ölgesellschaft zu ihren Arbeitern – er gestaltet eine Zeit und einen Raum, innerhalb deren die rationelle Ausbeutung der Ressourcen möglich ist.

Als die Firma Schlumberger ihre Zusammenarbeit mit den Ölgesellschaften begann, mußte sie häufig ihre Methoden ändern, um sie dem Raum und der Zeit anzupassen, in denen diese Gesellschaften tätig waren. Ihre Methoden der oberirdischen Messung gerieten gegenüber den seismischen Verfahren zum Teil deshalb ins Hintertreffen, weil diese keinerlei Besitztitel oder die vorgängige Einholung von Prospektionsrechten erforderten. Gegenüber den geologischen Untersuchungen wiederum konnten sich die seismischen Methoden durchsetzen, weil sie – obgleich viel lückenhafter – rasche Ergebnisse liefern konnten, was in einer Atmosphäre verbissener Konkurrenz unerläßlich war; die Geophysiker lieferten ihre Schlußfolgerungen binnen einer Woche ab, während die Geologen dafür ein Jahr brauchten. Die Firma Schlumberger mußte also mit ihren Methoden jonglieren, bis sie in der Arbeitsorganisation der Erdölgesellschaften einen angemessenen Raum und eine adäquate Zeit gefunden hatte. Zu diesem Zweck änderte sie den Wirkungsbereich ihrer Meßapparate; an die Stelle langer Linien auf der Erdoberfläche traten kurze, in der Vertikale der Bohrlöcher verlaufende Linien. Das Personal der Firma lernte die elektrischen Veränderungen zu messen, die durch den Bohrvorgang selbst erzeugt wurden: die Elektrofiltration und die elektrochemischen Reaktionen, die infolge der Bohrung und der Zirkulation der Spülung entstanden. Indem sie sich diesen räumlichen und zeitlichen Zwängen erfolgreich anpaßte, konnte die Firma Schlumberger ihrerseits an dem umfassenderen Prozeß der Entwicklung rationeller Techniken zur Ausbeutung von Energiequellen teilhaben, den die Ölgesellschaften eingeleitet hatten. Schlumberger gewährleistete die Beherrschung des Untergrunds. Was bisher nur eine Schaufelvoll Bohrschlamm und Trümmermaterial war, verwandelte sich in geordnete Schichten und klar nachweisbare Erdöllagerstätten.

Diese Analyse des Wandels der von Schlumberger eingesetzten Methoden führt uns auf den Gedanken, wir müßten, wenn wir die Entwicklung der Industrieforschung betrachten, zunächst bestimmen, um welche Industrie es sich handelt, was sie leistet und inwieweit die Industrieforschung am Gang der industriellen Entwicklung beteiligt ist. Nur so entgehen wir den traditionellen Klischees, die den Eindruck erwecken, als hätte die Industrie in der Wissenschaft einen ebenso unerwarteten Helfer gefunden wie

Aschenputtel in der guten Fee. Es überrascht wenig, daß Industrie und Wissenschaft wie zwei Seiten ein und desselben Prozesses erscheinen. Schließlich haben sich beide in ihrer modernen Form gemeinsam entwickelt – überraschend ist eigentlich, und unsere Bussole erinnert uns daran, daß der historische Diskurs sie beide getrennt hat. Was in den Laboratorien geschieht und was sich in den Fabriken abspielt, weist offensichtlich starke Ähnlichkeiten auf. Beide stellen uniforme Produkte her (im einen Fall mathematische Gesetze, im anderen gewerbliche Erzeugnisse). Beide erzielen dieses Resultat, indem sie speziell dafür bestimmte Rohstoffe einer Reihe von reproduzierbaren Prozessen unterziehen. Diese wiederum setzen die Schaffung von Extrembedingungen (Wärme, Druck und so weiter) voraus, eine präzise Zeitregulation und häufig eine so rasche Durchführung, wie sie in der Natur nicht vorkommt. Die Orte, an denen sich diese Extrembedingungen konzentrieren, sind die Fabrik und das Labor. Gewiß darf man die Analogie nicht zu weit treiben; nichtsdestoweniger liefert sie uns eine willkommene Erinnerung an die schon erwähnte diskursive Ähnlichkeit zwischen der Fabrikation von Patenten und technischen Gegenständen einerseits und der Niederschrift wissenschaftlicher Artikel andererseits.

Naturwissenschaft und Industrie

Es ist oft gesagt worden, daß die ersten Industrieforschungslabors ihre Entstehung der Entwicklung der Farbstoffindustrie verdanken, die in die letzten zwanzig Jahre des neunzehnten Jahrhunderts fällt, also in die Zeit, als der isolierte Erfinder allmählich dem Spezialisten der industriellen Wissenschaft Platz machte.

Die Geschichte beginnt gleich schwungvoll in England mit einem einzelnen Erfinder, William Henry Perkin (1838-1907), der im Jahre 1856 den ersten künstlichen Anilinfarbstoff – das Mauvein – hergestellt hatte, als er vom *Royal College of Chemistry* beurlaubt war, wo er nach einer neuen Art der Chininsynthese geforscht hatte. Perkin war überzeugt, daß er mit diesem neuen Farbstoff sein Glück machen werde, und gab trotz der Bedenken, die August Wilhelm von Hofmann (1818-1892), der Direktor des College, äußerte, seine Stelle auf, um ein eigenes Unternehmen zu gründen. Nach den unvermeidlichen Wachstumsschwierigkeiten wurde er tatsächlich reich. Perkin liefert also eine moderne Version jener Geschichten vom Aufstieg gewiefter Burschen, die das viktorianische England so schätzte – mit dem Unterschied, daß *seine* Geschichte in einem College begann statt in einer Strohhütte. Auch wenn es eine Zufallsentdeckung war, stand sie doch mit den neuesten Fortschritten der organischen Chemie im Zusammenhang. Nachdem der deutsche Chemiker August Kekulé (1829-1896) und andere die Theorie des Benzolrings entwickelt hatten, war der Weg zur systematischen Erforschung der neuen Farbstoffe in der Tat frei.

Schon in diesem frühen Stadium unserer Geschichte ist ein starker deutscher Einfluß zu bemerken. Hofmann hatte bei Justus von Liebig (1803-1873) studiert und war einer von dessen Schützlingen. Liebig, dessen Arbeiten in der analytischen Chemie zu seiner Zeit hochberühmt waren, wird mit den Worten zitiert, jeder Student habe sich von morgens bis abends der chemischen Analyse jeder Darstellung zu widmen, und L. F. Haber kommentiert:

> »Liebig maß der Kenntnis der qualitativen und quantitativen Analyse mit Recht große Bedeutung bei und hatte eine Apparatur erfunden, die das Verfahren in Gang setzte und vereinfachte. Die Analysen, für die zuvor Monate oder Wochen benötigt worden waren, dauerten jetzt nur noch ein paar Tage, und Liebig schätzte, daß etwa vierhundert Analysen jährlich in Gießen durchgeführt wurden.«

So wurde den Studenten Liebigs nahegelegt, ständig Analysen vorzunehmen, und viele von ihnen zeigten ausgesprochen praktische Neigungen. Viele gingen, wie Hofmann, ins Ausland, wo sie Chemiker unterrichteten und ausbildeten, während sie selbst Kenntnis von den industriellen Verfahren erwarben, die später in das entstehende Deutsche Reich eingeführt wurden.

In Deutschland hatten Heinrich Caro (1834-1910), der an der Gründung der *Badischen Anilin- und Sodafabrik* (*BASF*) beteiligt war, sowie Carl A. Martinus und Wilhelm Meister von der Firma *Hoechst* eine chemische Ausbildung bei Liebig oder einem seiner Schüler erhalten. Und auf deutschem Boden setzt sich die Geschichte der Farbenindustrie fort. Wie der Historiker John Joseph Beer berichtet, begannen Gesellschaften wie *Hoechst* oder *Agfa* um 1875 damit, akademisch ausgebildete Chemiker einzustellen. Die Firma *Bayer*, die etwas später auf der Bühne erschien, verfügte 1881 über 15 Chemiker mit Forschungsaufgaben;

1890 waren es 58 und 1896 schon 104. Im Jahre 1891 ließ *Bayer* ein geräumiges dreistöckiges Laboratorium für sie errichten. Die ersten Chemiker hatten die Aufgabe, die Produktionstechniken zu verbessern – die Entdeckung neuer Farbstoffe galt als zweitrangig. Während der achtziger Jahre gewannen sie dennoch die anerkannte Kompetenz auf diesem Gebiet. In dem Zeitraum zwischen 1890 und 1914 ging die Entwicklung massiv in die Breite: Man stellte speziell Chemiker für anorganische Chemie ein, die Forschungen über Produkte aus mineralischen Grundstoffen anzustellen hatten; die Firmen diversifizierten ihre Palette, richteten ihre Anstrengungen auf pharmazeutische Produkte und Insektizide. *Bayer* und *Agfa* faßten Fuß auf dem Sektor des photographischen Filmmaterials, und das Haber-Bosch-Verfahren der Ammoniaksynthese führte zum Durchbruch auf den Märkten für Düngemittel und Munition.
Die alltägliche Arbeit eines Industriechemikers weist zwei Aspekte auf, die ich betonen möchte. Der erste betrifft die Produktion von Patenten. Nach Beers Worten »verloren die Patente in den beiden Jahrzehnten vor dem Ersten Weltkrieg die Funktion bloßer Garantien, die den Inhabern ein rechtmäßiges Monopol auf jüngst entdeckte Fabrikationsverfahren auszuüben erlaubten; sie wurden selbst zu Fabrikartikeln, die in den Forschungslabors der großen Gesellschaften entstanden«. Auch wenn dieses Ziel bei der Schaffung der Forschungslaboratorien keineswegs im Vordergrund stand, wurde die ständige Innovation zu einem wesentlichen Teil ihrer Tätigkeiten. Wir werden weiter unten noch sehen, daß die Labors im Elektroniksektor die gleiche Entwicklung nahmen. Die von deutschen Chemikern *fabrizierten* Patente unterlagen dem Patentgesetz von 1876 – nach Beer und anderen war die Ungleichartigkeit des englischen und deutschen Patentrechts ein bedeutender Streitpunkt zwischen diesen beiden Ländern. Der zweite Aspekt betrifft die ungeheure Zahl von Versuchen, die die Chemiker nach dem Vorbild der Schüler Liebigs durchführten. Um das Jahr 1900 hatte *Hoechst* 3500 neue Farbstoffe getestet, von denen nur 18 auf den Markt kamen. Der Farbstoff mußte auf allen möglichen Geweben erprobt werden und unter allen Bedingungen, denen ein Stoff normalerweise ausgesetzt wird. Darüber hinaus unterzog das Labor jeden Farbstoff seiner Hauptkonkurrenten den gleichen Tests. Die Anzahl der durchgeführten

Versuche war tatsächlich enorm, aber es stand auch viel auf dem Spiel. Wie David Landes zeigt, war die Farbstoffindustrie Ende der sechziger Jahre wenig entwickelt und noch zersplittert; kaum ein Jahrzehnt später kontrollierte die rasch expandierende deutsche Industrie ungefähr die Hälfte des Weltmarkts; gegen Ende des Jahrhunderts waren es neunzig Prozent.

Der Aufstieg der Industriechemiker ergab sich aus der Rationalisierung und Standardisierung der industriellen Produktionsverfahren. Und dieser Aufstieg begünstigte wiederum die rationalisierte und standardisierte Erforschung neuer chemischer Produkte, insbesondere die systematische Erforschung der Benzolderivate. So hatten sich die Industriechemiker eine Methode zu eigen gemacht, die eng an die Fabrikarbeit angelehnt war. Ihre Hauptmerkmale bestanden in der Teilung der Aufgaben in ihre elementaren Bestandteile (zum Beispiel die Trennung zwischen organischer und anorganischer Chemie, die in den neunziger Jahren in den Fabriken vorgenommen wurde) und ihre Banalisierung. Im übrigen sicherte ihre Arbeit den Erfolg der Firmen, bei denen sie angestellt waren. Diese banalisierte und rationalisierte Suche nach neuen Farbstoffen stand nicht mehr in Konkurrenz mit der traditionellen Ernte des Indigos in Indien, die ihren sozialen und natürlichen Ort in einer anderen Zeit und in einem anderen Raum hatte. Wie im Falle Schlumberger entdecken wir, wenn wir unsere Untersuchung über die im industriellen Rahmen betriebene Wissenschaft hinaus verfolgen, neue Arbeitsweisen.

Die neuen Methoden

In welchem Maße läßt sich diese Behauptung verallgemeinern, und wie kann uns das helfen, die unbekannten Berühmtheiten der industriellen Wissenschaft zu entdecken? Betrachten wir ein letztes Beispiel, das wir dem Unternehmenshistoriker Alfred Chandler verdanken: die Geschichte der *Pennsylvania Railroad Company*, die 1875 ein eigenes Forschungslabor gründete, wahrscheinlich das erste dieser Art in den Vereinigten Staaten. Zwischen 1840 und 1860 erlebten die USA einen ungewöhnlichen Aufstieg des Eisenbahnwesens; zusammengenommen bildeten die Eisenbahnnetze in dieser Zeit »das größte Investitionsprojekt der Welt«. Um dieses riesige System zu führen und zu verwalten, bedurfte es neuer Methoden; Chandler unterscheidet deren zwei: die Vereinheitlichung und die Kontrolle der zirkulierenden Information. Einige der wichtigsten Veränderungen, die das erste Verfahren mit sich brachte, faßt er folgendermaßen zusammen:

> »In der Nacht vom 31. Mai zum 1. Juni 1886 übernahmen sämtliche Eisenbahnen, die noch Breitspurgleise benutzten, gleichzeitig die Normalspurweite von vier Fuß achteinhalb Zoll [etwa 1,44 m]. Am 18. November 1883, einem Samstag, stellten die Bediensteten der Eisenbahnen (und die meisten ihrer Landsleute) die Uhren auf die neue gesetzliche Zeit um. Die Annahme des *Railroad Safety Appliance Act* von 1893 schrieb die Installation automatischer Kupplungen und genormter Luftdruckbremsen an den Zügen vor. 1887 wurden mit dem *Interstate Commerce Act* einheitliche Buchführungstechniken durchgesetzt, die ein Vierteljahrhundert zuvor ausgearbeitet worden waren. Jedes dieser vier Ereignisse war das Ergebnis von zwei Jahrzehnten Konsultation und Kooperation zwischen den Direktoren der Eisenbahngesellschaften.«

Diese Standardisierung erleichterte die Kontrolle der zirkulierenden Information. Chandler bemerkt, daß für das neue Führungspersonal »die mit Hilfe von Statistiken ausgeübte Kontrolle rasch zu einer Wissenschaft und gleichzeitig zu einer Kunst wurde. Dieser Bedarf an präzisen Informationen führte zur Erfindung verbesserter Methoden, welche die Sammlung, Klassifikation und Analyse der unterschiedlichsten Daten erlaubten, die bei der Tätigkeit des Unternehmens tagtäglich anfielen.« Das Forschungslabor, das die Firma in Penn gründete, reiht sich (durch die Erprobung des rollenden Materials) in diesen Standardisierungsprozeß und die Kontrolle der zirkulierenden Information ein.

Wie in der chemischen Industrie verläuft die Entwicklung von der Vereinheitlichung im Unternehmen zur Kontrolle dieser Vereinheitlichung mit Hilfe des Industrieforschungslabors und schließlich zur Anerkennung des eigenen Werts dieser Forschung als Instrument der Standardisierung der natürlichen Welt nach dem Vorbild der neuen sozialen. Die gleiche Entwicklung hat in der Militärwissenschaft stattgefunden; sie begann in Frankreich mit den Pionierarbeiten von Vaquette de Gribeauval über die Standardisierung der Waffen und setzt sich mit der Industrialisierung des Rüstungssektors ab 1860, dann mit der Ausarbeitung der »Befehlstechnik« in den achtziger Jahren fort. Es ist der gleiche Prozeß, dem wir auch schon bei der Entwicklung

Ein Ingenieur der Firma Schlumberger bereitet eine Bohrlochmessung vor (Texas, 1936). Von nun an steht immer ein Lastwagen voller wissenschaftlicher Instrumente bereit, um zu jeder beliebigen Zeit an jeden beliebigen Ort der Welt zu fahren ein wissenschaftlich-industrieller Vorgang ersten Ranges.

der Firma Schlumberger begegnet sind: Im Zuge ihrer Expansion in neue Länder und der Ausbeutung immer tieferer Ölquellen war die Ölindustrie bestrebt, ihre Aktivitäten zu standardisieren, indem sie die von den Bohrarbeitern und Bohrmeißeln benötigte Zeit rationalisierte. Sowohl die Arbeiter wie der geologische Untergrund wurden auf eine neue Bezugszeit »verpflichtet«, und die launischen Diagramme, die das Personal am Bohrloch selbst anfertigte, wurden durch die zuverlässigen elektrischen Diagramme der Firma Schlumberger ersetzt – Diagramme überdies, die den Direktoren der Ölgesellschaften verständlich waren. Es wurde möglich, Methoden des statistischen Vergleichs von Diagrammen einzusetzen.

Die Wissenschaft der Firma Schlumberger war also integraler Teil des Prozesses, der – von der Ölindustrie in Gang gesetzt – darin bestand, neue Arbeitsmethoden in den Energiesektor einzuführen. Insgesamt war die industrielle Wissenschaft das Ergebnis einer neuen Arbeitsweise; ihre wahre Abstammungslinie führt nicht auf mythische Gestalten großer Gelehrter zurück, sondern auf die Macht der industriellen Revolution. Das ist der zweite Grund, weshalb die Annalen der Geschichte zu diesem Thema stumm bleiben.

Die Industrieunternehmen haben allen Grund, die Wissenschaft, die sie produzieren, nicht aus ihren Safes freizugeben, um die Geschichte der Industrieforschung so offen und flexibel wie möglich zu halten. Und je genauer wir den Gang dieser Geschichte beobachten, desto mehr stellen wir fest, daß sie sich dem Mythos des interesselosen Wissens-

Das Aufkommen von Forschungslabors in der amerikanischen Industrie

Dem Historiker David Noble zufolge »gab es vor 1900 in der amerikanischen Industrie kaum organisierte Forschung; ab 1930 dagegen wurde Industrieforschung zu einem wesentlichen ökonomischen Faktor. Nach einer Studie von 1928, die auf einer Befragung von ungefähr 600 Unternehmen beruht, erwähnten 52 Prozent davon Forschungsaktivitäten; 7 Prozent gaben an, daß sie Versuchslabors gegründet hatten; 20 Prozent waren über Kooperationen mit Berufsvereinigungen, Ingenieurgesellschaften oder Universitäten an Forschungsaktivitäten beteiligt oder vergaben Stipendien; und 11 Prozent schließlich, die in diesem Bereich gar nicht oder fast gar nicht tätig waren, teilten mit, daß Forschungsarbeiten geplant seien.« Sieht man also von dieser letzten Gruppe ab, wird eine Entwicklung deutlich, die von einem Anfangszustand, in dem die Forschung »kaum organisiert« war, zu einer Situation führt, in der 88 Prozent von 600 Firmen aktiv Forschung betrieben.

Nach einer Studie aus dem Jahre 1931, die bei Leonard Reich zitiert wird, finanzierten zu diesem Zeitpunkt 1600 amerikanische Gesellschaften Forschungslabors, in denen insgesamt fast 33 000 Personen angestellt waren. Die Forschungsanstrengungen waren stark konzentriert; Noble schätzt, daß 1938 ein Drittel der Forscher bei 13 Firmen angestellt war. Gut sichtbar wird diese Konzentration an der Entwicklung, die sich in einigen Firmen feststellen läßt. So waren, wiederum Noble zufolge, 1901 im Labor von *General Electric* 8 Personen angestellt; 1906 waren es 102, 1920 waren es 301 und 1929 bereits 555. Die Labors der *Bell Company*, 1912 eingerichtet, erlebten eine Ausgabensteigerung von 2,2 Millionen Dollar im Jahre 1916 auf 22 Millionen Dollar im Jahre 1930; 1925 arbeiteten dort über 3600 Personen.

Diese Reihe von Zahlen beweist uns also, daß die Industrieforschung in den ersten drei Jahrzehnten des zwanzigsten Jahrhunderts in den USA ein exponentielles Wachstum erlebte, jedoch auf die großen Gesellschaften konzentriert war.

drangs großer Denker entzieht. Damit entfernt sie sich freilich auch von dem tragenden Mythos, dem ihre eigenen Praktiker anhängen – dem Mythos, der von den Industrieunternehmen am Leben gehalten und von den Wissenschaftlern, die bei ihnen angestellt sind, gläubig respektiert wird.

Gegenwärtig hat die industrielle Wissenschaft, wie wir sahen, keine Geschichte, und wahrscheinlich zieht sie es vor, keine zu haben. Wir könnten uns fragen, wozu es gut wäre, ihr eine zu geben. Nun, vor allem weil es uns dann gelingen könnte, diese Wissenschaft als ein fabrikmäßig hergestelltes soziales Objekt wieder in unsere Kultur zu integrieren und damit unsere Gesellschaft und unsere natürliche Welt besser zu verstehen.

ET LA PAI

BRUNO LATOUR

JOLIOT: GESCHICHTE UND PHYSIK IM GEMENGE

In diesem Kapitel werden wir sehen, wie durch die Arbeit zahlreicher Wissenschaftler, Politiker und Militärs »Wissenschaft« und »Gesellschaft« zu einer untrennbaren Einheit geworden sind. Der französische Physiker Frédéric Joliot schreibt nicht nur an der Geschichte der Physik, sondern auch an der Geschichte Frankreichs mit

Im Mai 1939 schließt Frédéric Joliot (1900-1958), beraten von seinen Freunden im Kriegsministerium sowie von André Laugier, dem Direktor des soeben gegründeten *Centre national de la recherche scientifique* (*CNRS*), eine Reihe juristisch ausgeklügelter Verträge mit einer belgischen Bergwerksgesellschaft, der *Union minière de Haut-Katanga*. Diese Gesellschaft, bedeutend vor allem in der Kupferproduktion, war dank der Entdeckung des Radiums durch Pierre und Marie Curie sowie durch den Fund einer Uranlagerstätte im Kongo zum wichtigsten Lieferanten all jener Laboratorien auf der ganzen Welt geworden, die sich an die Durchführung der ersten künstlichen Kernspaltung als Kettenreaktion herantasteten. Joliot hatte, wie Marie Curie vor ihm, das Mittel gefunden, das Interesse der Gesellschaft zu wecken. In der Tat verwandte die *Union minière* ihre radioaktiven Erze nur zur Gewinnung von Radium, das an die Mediziner verkauft wurde; fast überall lagen in ihren Depots ungeheure Mengen von Uranoxid herum. Für sein Projekt eines Atommeilers benötigte Joliot eine enorme Menge Uran und machte damit plötzlich etwas verwendbar, was bislang nur Abfall bei der Radiumproduktion gewesen war. Die Gesellschaft versprach Joliot fünf Tonnen Uranoxid, ihre technische Hilfe und eine Million Francs (nach damaligem Wert). Dafür sollten alle Entdeckungen der französischen Gelehrten von einem Syndikat zum Patent angemeldet werden, das die Erträge jeweils zur Hälfte zwischen der *Union minière* und dem *CNRS* aufteilen würde.

In seinem Labor im *Collège de France* suchen Joliot und

Engagement für die Physik. Engagement für den Frieden. Frédéric Joliot am 25. Januar 1951 im Pariser Vélodrome d'hiver *auf einer Sitzung des Nationalrates der Friedensbewegung*

seine beiden wichtigsten Mitarbeiter, Hans Halban und Lew Kowarski, nach einer nicht minder ausgeklügelten Konstruktion, die informell die Interessen des Kriegsministers, des *CNRS* und der *Union minière* miteinander in Einklang bringen könnte. Doch diesmal geht es darum, die scheinbar miteinander unvereinbaren Verhaltensweisen der atomaren Partikel zu harmonisieren. Das Prinzip der Atomspaltung ist gerade entdeckt worden. Jedes Uranatom, das mit Neutronen bombardiert wird, zerbricht und setzt dabei Energie frei. Diese künstliche Radioaktivität hat eine Konsequenz, die mehrere Physiker sogleich ins Auge fassen: Wenn jedes bombardierte Uranatom zwei oder drei andere Neutronen freisetzt, die ihrerseits erneut andere Uranatome bombardieren, so kommt dadurch eine Kettenreaktion in Gang. Diese Möglichkeit war damals noch eine bloß theoretische, doch die Gruppe um Joliot machte sich sofort an die Arbeit, um zu beweisen, daß eine solche Reaktion durchführbar wäre, daß sie den Weg zu einer neuen wissenschaftlichen Entdeckung und einer neuen Technik bahnen würde, um unbegrenzte Mengen von Energie zu produzieren. Die erste Gruppe von Wissenschaftlern, die beweisen könnte, daß jede Generation von Neutronen tatsächlich eine größere Zahl von Neutronen erzeugt, würde angesichts der scharfen Konkurrenz innerhalb dieser Forschergemeinschaft, in der die Franzosen eine vorrangige Rolle spielten, erhebliches Ansehen gewinnen.

Da sie überzeugt sind, daß es sich vor allem um eine bedeutende wissenschaftliche Entdeckung handelt, veröffentlichen Joliot und seine Kollegen weiterhin ihre Ergebnisse – trotz der Telegramme, die ihnen Leo Szilard (1898-1964) aus Amerika sendet. Szilard, ein ungarischer Emigrant und visionärer Physiker, hatte 1934 in England ein geheimes Patent angemeldet, in dem er die Prinzipien zum Bau einer Atombombe niedergelegt hatte. Beunruhigt über die Vorstellung, die Deutschen könnten ebenfalls eine Atombombe entwickeln, sobald sie die Gewißheit besäßen, daß bei jeder Kernspaltung mehrere Neutronen freigesetzt werden, versuchte Szilard alle betroffenen nazi-feindlichen Forscher auf eine Selbstzensur zu verpflichten. Trotzdem konnte er Joliot nicht daran hindern, im April 1939 einen letzten Artikel in der englischen Zeitschrift *Nature* zu veröffentlichen, der bewies, daß man sich von jeder Spaltung 3,5 Neutronen erhoffen konnte. Nach der Lektüre dieses Artikels hatten deutsche, englische und sowjetische Physiker im selben Augenblick den gleichen Impuls: Sie veränderten die Richtung ihrer Untersuchungen, um eine Kettenreaktion praktisch durchzuführen, und wandten sich sogleich an ihre Regierungen, um sie auf die äußerste Wichtigkeit dieser Forschungen, auf ihre Gefahren, vor allem aber auf die Notwendigkeit aufmerksam zu machen, umgehend die enormen Mittel bereitzustellen, die notwendig waren, um in ersten Tests die Durchführbarkeit einer solchen Reaktion zu erproben.

Die praktische Verwirklichung der ersten künstlichen Kettenreaktion hält die zehn oder zwölf Forscherteams in Atem, die sich jetzt auf der ganzen Welt an die Arbeit machen; doch mit Ausnahme von Joliot und seiner Gruppe ist noch niemand im Begriff, daraus eine industrielle oder militärische Realität werden zu lassen. Das Hauptproblem Joliots besteht darin, die von den ersten Spaltungen freigesetzten Neutronen zu verlangsamen, denn wenn die Neutronen zu schnell sind, lösen sie die Reaktion nicht aus. Joliot und seine Freunde suchen einen Moderator, der die Neutronen bremst, ohne sie freilich zu absorbieren oder abprallen zu lassen. Der ideale Moderator muß eine Menge schwer miteinander zu vereinbarender Eigenschaften besitzen. In dem Hangar von Ivry, der für diesen Zweck hergerichtet wurde, erproben sie verschiedene Moderatoren und unterschiedliche Anordnungen: Paraffin, Graphit. Halban lenkt ihre Aufmerksamkeit auf die entscheidenden Vorteile des Deuteriums, eines Wasserstoffisotops, das sich wie Wasserstoff verhält, aber doppelt so schwer ist wie dieser. Es kann sich zu Wassermolekülen verbinden und dadurch »schweres« Wasser entstehen lassen. Halban weiß aufgrund von Arbeiten, die er jüngst in Kopenhagen mit schwerem Wasser angestellt hat, daß dieses sehr wenige Neutronen absorbiert. Leider hat dieser ideale Moderator einen entscheidenden Mangel: es kommt im Wasser auf 6000 Wasserstoffatome nur ein Deuterium-Atom. Schweres Wasser zu gewinnen kostet ein Vermögen, und es gibt auf der ganzen Welt nur eine einzige Fabrik, die es auf großtechnischem Niveau herstellt: die norwegische Gesellschaft *Norsk Hydro Elektrisk*, die allen Filmfreunden durch den Film *La bataille de l'eau lourde* unsterblich geworden ist.

Raoul Dautry, Absolvent der *École polytechnique*, ein hoher Beamter, der kurze Zeit vor dem »Debakel« der französischen Armee Rüstungsminister wurde, war ebenfalls von Anfang an über die Forschungen Joliots und seiner Gruppe auf dem laufenden. Er hatte das Abkommen Joliots mit der *Union minière* gefördert und unterstützte mit allen Kräften die Gruppe am *Collège de France* und die ersten Schritte des *CNRS*, verknüpfte also, soweit die französische Tradition es zuließ, Militärforschung und wissenschaftliche Spitzenforschung. Auch wenn er die politischen Ansichten Joliots keineswegs teilte, hatten doch beide das gleiche Vertrauen in den Erkenntnisfortschritt, so wie ihnen die nationale Unabhängigkeit gleichermaßen am Herzen lag. Joliot versprach einen Versuchsreaktor für zivile Nutzung, der möglicherweise zur Herstellung einer neuen Waffe führen konnte; Dautry und einige andere Großtechnokraten unterstützten ihn massiv, drängten ihn aber, die Prioritäten umzukehren: Wenn die Bombe machbar ist, müssen die Anstrengungen in diese Richtung gehen, und zwar sehr rasch. Halbans Berechnungen der Neutronengeschwindigkeit, Joliots Überlegungen zur Durchführbarkeit einer Kettenreaktion und Dautrys Gedanken über die Dringlichkeit, neue Waffensysteme zu entwickeln, verschmolzen noch enger, als es darum ging, an das norwegische schwere Wasser heranzukommen. Mitten in der *drôle de guerre*, jenen seltsamen Monaten zwischen Kriegserklärung und deutscher Invasion, zankten sich Spione, Bankiers, Diplomaten sowie deutsche, englische, französische und norwegische Physiker um etwa sechsundzwanzig Behälter mit schwerem Wasser, das die Norweger den Franzosen geliefert hatten, damit es nicht den Deutschen in die

Die norwegische Fabrik Rjukan, Schauplatz des Films La bataille de l'eau lourde *(Der Kampf um das schwere Wasser) von Jean Dréville, in dem 1947 das Schicksal der Forschungen Joliots dokumentarisch nachgespielt wird. Ein häufig vergessener Punkt der Geschichte der Wissenschaften: die materiellen Mittel, die von der Industrie geliefert werden*

Hände falle. Nach ein paar aufregenden Wochen waren die Behälter bei Joliot. Halban und Kowarski, beide Ausländer und folglich verdächtig, waren vom französischen Geheimdienst aufs Land geschickt worden, solange die Operation dauerte, durften jedoch anschließend in ihr Labor am *Collège de France* zurückkehren. Unter dem Schutz Dautrys und der Militärs machten sie sich an die Arbeit und brachten das Uran der *Union minière* und das schwere Wasser der Norweger mit den Berechnungen zusammen, die Halban aufgrund der wirren Daten des Geigerzählers täglich wieder umstieß.

Geschichte Frankreichs und Geschichte der Wissenschaften

Wie haben wir diese Geschichte zu verstehen, die der amerikanische Historiker Spencer Weart so meisterhaft erzählt und von der ich nur eine Episode wiedergegeben habe? Man könnte versucht sein, sie in zwei Teile zu dividieren. Auf die eine Seite, in die erste Spalte, kämen die juristischen Probleme mit der *Union minière*, dann der »Sitzkrieg«, der Nationalismus Dautrys, die deutschen Spione... In einer anderen Spalte ginge es um Neutronen, das Deuterium, den Absorptionskoeffizienten des Paraffins... Man bekäme auf diese Weise zwei Listen von Merkmalen, die in zwei Geschichten gehören; die erste wäre die Geschichte Frankreichs zwischen 1939 und 1940, die zweite behandelte die Atomphysik im gleichen Zeitraum. Die eine beschäftigte sich im engeren Sinne mit Politik, Recht, Ökonomie, Institutionen und Leidenschaften. Die andere im engeren Sinne mit Ideen, Prinzipien, Erkenntnissen beziehungsweise Methoden. Ein Fachhistoriker hätte keine Mühe, sich der ersten Liste zu widmen, würde jedoch die zweite entweder den Wissenschaftlern selbst oder den Wissenschaftsphilosophen überlassen.

menschliche Akteure	*nicht-menschliche Akteure*
Raoul Dautry	Deuterium
CNRS	Reaktionswahrscheinlichkeit
Union minière	Kettenreaktion

Doch auch nach dieser Aufteilung zwischen menschlichen und nicht-menschlichen Akteuren bliebe ein Rest, ein etwas undurchsichtiger Bereich von Hybriden, die sich bald in der einen, bald in der anderen Spalte befänden: Joliot, Halban, Szilard, ihre Artikel, Patente, Briefe, Diskurse. Um diese ungewisse Grauzone zu behandeln, müßte man sich bald auf diese, bald auf jene Spalte beziehen. Man wird dann etwa sagen, bei Joliot seien politische Sorgen und rein wissenschaftliche Interessen »vermischt«. Die Verwendung von schwerem Wasser für das Abbremsen von Neutronen sei zwar ein wissenschaftliches Vorhaben, in das jedoch »außerwissenschaftliche« Faktoren hereinspielten. Ebenso wird man sagen, der Plan Szilards einer Selbstzensur sei nicht mehr streng wissenschaftlich, da er militärische Überlegungen mit der freien Kommunikation der reinen Wissenschaft vermenge. Man wird also erklären, was mit der Berufung auf das eine oder das andere der beiden (an sich durchaus »reinen«) Elemente durcheinandergebracht worden sei; nennen wir sie, um es kurz zu machen, Politik und Wissenschaft.

Sogar zwei verschiedene Professionen von Historikern wären vorstellbar; die eine zöge es vor, bei ihren Erklärungen auf die reine Politik zu verweisen, die andere auf die reine Wissenschaft. Gewöhnlich bezeichnet man das erste Verfahren als externalistisch, das zweite als internalistisch. Obwohl sie den gleichen Zeitraum 1939-1940 behandeln, brauchten sich diese beiden Geschichten nirgendwo zu überschneiden. Die eine würde von Adolf Hitler, Raoul Dautry, Édouard Daladier und vom CNRS sprechen, doch nicht von Neutronen, Deuterium und Paraffin; in der anderen würde vom Prinzip der Kettenreaktion die Rede sein, doch nicht von der *Union minière* oder den Banken, in deren Eigentum sich die *Norsk Hydro Elektrisk* befindet. Wie zwei Gruppen von Straßenbauarbeitern, die damit beschäftigt sind, zwei parallel verlaufende Alpentäler für den Verkehr zu erschließen, leisten beide gewaltige Arbeit, ohne einander je zu begegnen oder auch nur voneinander zu wissen.

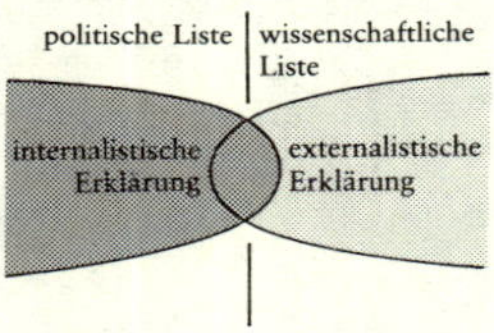

Jenen intellektuellen Entwurf, der sich zum Ziel setzt, dieser Aufteilung zu widerstehen, bezeichne ich als *Sozialgeschichte der Wissenschaften*. Die Geschichte Joliots, wie sie von Spencer Weart erzählt wird, ist ein nahtloses Gewebe, das sich nicht in zwei Teile zerreißen läßt, ohne damit sowohl die Atomphysik als auch die Politik jener Zeit unverständlich werden zu lassen. Statt dem Verlauf der beiden parallelen Täler nachzugehen, nimmt sich die Sozialgeschichte der Wissenschaften vor, einen Tunnel zu graben. Jede der beide Mannschaften greift das Problem von ihrer Seite her an, doch in der Hoffnung, sich in der Mitte zu treffen. Folgt der Historiker frei und unvoreingenommen

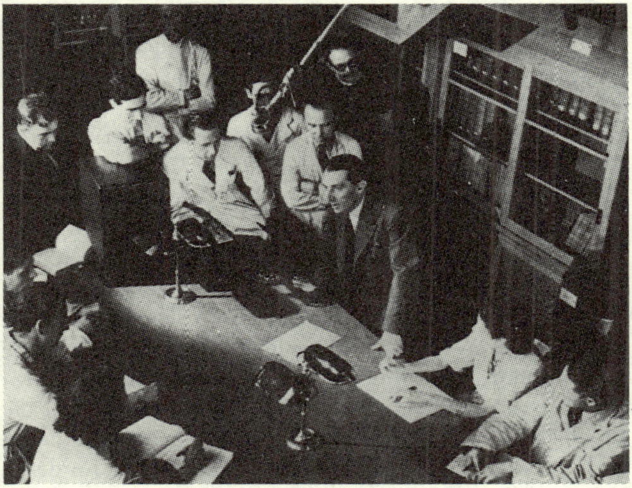

Frédéric Joliot spielt seine eigene Geschichte in dem Labor, das 1947 für den Film La bataille de l'eau lourde *von Jean Dréville noch einmal aufgebaut wurde. Das Gemenge von Physik und Politik wird durch die dokumentarisch-fiktionale Rekonstruktion noch komplexer. Musée Curie, Paris*

der Argumentation Halbans über die Reaktionswahrscheinlichkeiten[1], die dem Deuterium letztlich entscheidende Vorteile zuspricht, so gelangt er unmerklich in das Büro Dautrys und von dort in das Flugzeug Jacques Alliers, eines Leutnants und Bankiers, der als Geheimagent von Frankreich entsandt wird, um die Jäger der Reichsluftwaffe zu übertölpeln. Von der »wissenschaftlichen« Seite des Tunnels kommend, befindet er sich plötzlich auf der anderen Seite, im Krieg und in der Politik. Doch auf diesem Weg kreuzt der Historiker die Bahn eines Kollegen, der von der Vermarktungsstrategie der *Union minière* ausgegangen ist und sich nun, ohne daß er den Übergang bemerkt hätte, für die Einzelheiten der Gewinnung von Uran 235 und im weiteren für die Berechnungen Halbans interessiert. Von der »politischen« Seite kommend, befindet er sich, ob er will oder nicht, plötzlich in der Mathematik. Statt *zwei Geschichten* zu erzählen, die sich an keinem Punkt schneiden, erzählen unsere beiden Historiker zwei symmetrische Geschichten, welche dieselben Elemente und dieselben Akteure auftreten lassen, doch in umgekehrter Reihenfolge. Der erste glaubte die Berechnungen Halbans verfolgen zu können, ohne mit der deutschen Luftwaffe zu tun zu haben; der andere meinte die Geschäfte der *Union minière* untersuchen zu können, ohne Atomphysik zu treiben.

Getäuscht haben sich beide, doch der Weg, den sie sich durch jenen Tunnel bahnten, ist viel interessanter, als sie zunächst dachten. In der Tat machen die Historiker, indem

1 *Reaktionswahrscheinlichkeit (cross section)*: Beim Kegelspiel hängt die Wahrscheinlichkeit, daß die Kugel einen Kegel trifft, von der Größe der Kegel, von der Größe der Kugel und vom Abstand zwischen den Kegeln ab. Nicht anders verhält es sich, wenn man Uran mit Neutronen beschießt: Entweder treffen die Neutronen den Urankern, oder sie durchqueren das Atom ungehindert. Die Reaktionswahrscheinlichkeit gibt die Wahrscheinlichkeit einer Kugel an, einen Kegel zu treffen.

sie vorurteilslos die verschlungenen Argumentationsfäden verfolgen, nachträglich sichtbar, welche Arbeit die Wissenschaftler und Politiker leisten mußten, um ein unentwirrbares Gewebe zu bilden. Es stand vorher nirgendwo geschrieben, daß sich all die Elemente des Berichts von Weart verbinden müßten. Die *Union minière* hätte fortfahren können, Kupfer zu fördern und zu verkaufen, ohne sich um Radium und Uran zu kümmern. Wenn sich Marie Curie und später Frédéric Joliot nicht bemüht hätten, das Interesse des Unternehmens auf die Arbeiten ihres Labors zu ziehen, wäre ein Historiker der *Union minière* niemals mit Nuklearphysik in Berührung gekommen. Weart hätte im Zusammenhang mit Joliot nicht von Ober-Katanga sprechen müssen. Umgekehrt hätte Joliot, nachdem er die Möglichkeit der Kettenreaktion ins Auge gefaßt hatte, seine Forschung auf andere Ziele richten können, für deren Verwirklichung er nicht (wie im Falle des Atommeilers) alles hätte aufbieten müssen, was Frankreich an Industriellen und aufgeklärten Technokraten besaß. Und Weart hätte, wo er vom Vorkriegsfrankreich spricht, nicht von Joliot sprechen müssen.

Anders gesagt, eine Sozialgeschichte der Wissenschaften behauptet nicht *a priori*, es bestehe irgendein Band zwischen den Wissenschaften und der Gesellschaft, *weil die Existenz oder Nichtexistenz dieses Bandes von dem abhängt, was die Beteiligten unternehmen, um es zu knüpfen.* Die Sozialgeschichte macht es nur möglich, dieses Band zu verfolgen, sofern es existiert. Statt den gordischen Knoten zu zerschlagen – in reine Wissenschaft hier und reine Politik dort –, bemüht sie sich, ihn zu lösen. Die Sozialgeschichte der Wissenschaften sagt nicht: ›Suche nach der verborgenen Gesellschaft in, hinter, unter den Wissenschaften!‹, sondern beschränkt sich darauf, ein Prinzip zur Lösung des Knotens vorzuschlagen: Wie lange kann man in einer bestimmten Epoche eine Politik verfolgen, ohne detailliert auf wissenschaftliche Inhalte eingehen zu müssen? Wie lange kann man die Argumentation eines Wissenschaftlers verfolgen, ohne sie mit den Details einer Politik verflechten zu müssen? Eine Minute? Ein Jahrhundert? Eine Ewigkeit? Eine Sekunde? Schneiden wir den Faden der Geschichte nicht ab. Jede Antwort ist interessant und ist von größter Bedeutung für jeden, der dieses Gemenge von Dingen und Menschen – unsere Geschichte – begreifen will.

Die Übersetzung der Wissenschaften in Geschichte

Es genügt jedoch nicht zu sagen, daß die zahllosen Verbindungen zwischen Wissenschaften und Politiken ein wirres Geflecht bilden. Die Weigerung, die Liste der menschlichen Akteure (»Politik«) von der Liste der Ideen (»wissenschaftliche Methoden«) *a priori* zu trennen, ist nur ein erster, negativer Schritt. Wir müssen jetzt begreiflich machen, aufgrund welcher Abfolge von Operationen und Transformationen ein Industrieller, der nichts weiter als seinen Geschäften nachgehen wollte, sich genötigt sieht, Berechnungen über die Absorptionsgeschwindigkeit von Neutronen durch Paraffin anzustellen; oder wie jemand, der nichts weiter wollte als den Nobelpreis, sich der Aufgabe widmet, ein Kommandounternehmen in Norwegen zu organisieren. In beiden Fällen ist das *Ausgangsvokabular* vom *Zielvokabular* verschieden. Zwischen politischen und wissenschaftlichen Termini hat (in beiden Richtungen) eine *Übersetzung* stattgefunden. Für den Direktor der *Union minière* heißt »Geld verdienen« jetzt unter anderem: »in die Physik Joliots investieren«; für Joliot hat »die Durchführbarkeit der Kernspaltung als Kettenreaktion beweisen« nun auch den Sinn: »vor Nazi-Agenten auf der Hut sein«. Die Analyse dieser Übersetzungsoperationen macht den wesentlichen Teil der Sozialgeschichte der Wissenschaften aus. Der Begriff der Übersetzung liefert den beiden Historikergruppen – der einen, die von der Seite der Politik her sich den Wissenschaften nähert; der anderen, die von der Seite der Wissenschaft her auf ein Zusammentreffen beider hinarbeitet – das Orientierungs- und Leitsystem, das ihnen bei dem Unternehmen eine gewisse Chance gibt, sich auf halbem Wege zu treffen. Nichts wäre ja lächerlicher, als beide Mannschaften einen Tunnel graben zu lassen, ohne ihnen die Mittel zu geben, einander zu finden!

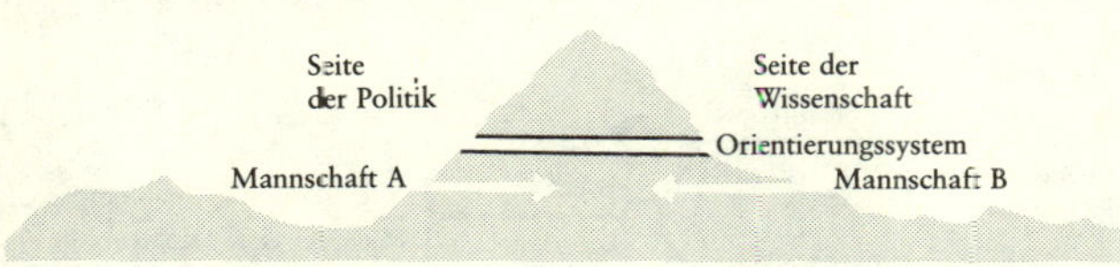

Verfolgen wir eine einfache Übersetzungsoperation, um zu verstehen, wie man in der Praxis von einem Wortschatz zum anderen findet. Dautry will die Unabhängigkeit Frankreichs im Hinblick auf seine Energieversorgung sichern und seine militärische Abwehrkraft stärken. Das ist sein Ziel. Joliot möchte der erste auf der Welt sein, der im

Laboratorium eine kontrollierte künstliche Kernspaltung durchführt. Das ist sein Ziel. Es hätte keinerlei Sinn, den ersten Einsatz als rein politisch und den zweiten als rein wissenschaftlich zu bezeichnen, weil ja gerade die »Unreinheit« es beiden erst möglich macht, zum Ziel zu kommen. So bemüht sich Joliot bei seinem Treffen mit Dautry auch nicht unbedingt, den Minister von seinem Ziel abzubringen. Statt dessen geht es ihm darum, sein eigenes Vorhaben in eine solche Position zu bringen, daß für Dautry die nukleare Kettenreaktion zum sichersten und schnellsten Mittel wird, die nationale Unabhängigkeit zu erreichen. Wenn Sie den Weg über mein Labor einschlagen, sagt Joliot, können wir einen beträchtlichen Vorsprung gegenüber dem Ausland gewinnen und vielleicht die Produktion eines Sprengstoffs ins Auge fassen, die über alles bisher Bekannte hinausgeht.
Diese Diskussion ist kein Verkaufsgespräch. Tatsächlich geht es Joliot nicht darum, die Kernspaltung zu verkaufen. Es gibt sie noch gar nicht. Die einzige Möglichkeit, sie zu verwirklichen, besteht genau darin, vom Rüstungsminister das Personal, die Räumlichkeiten und Sondergenehmigungen zu erhalten, die es mitten im Krieg ermöglichen, an die nötigen Tonnen Graphit und Uran sowie an die erforderlichen Liter schweren Wassers heranzukommen. Beide nehmen an, daß es – weil keiner von ihnen sein Ziel *direkt* erreichen kann, weil politische oder wissenschaftliche Reinheit ein vergebliches Bemühen wäre – zweckmäßig ist, eine Vereinbarung auszuhandeln.

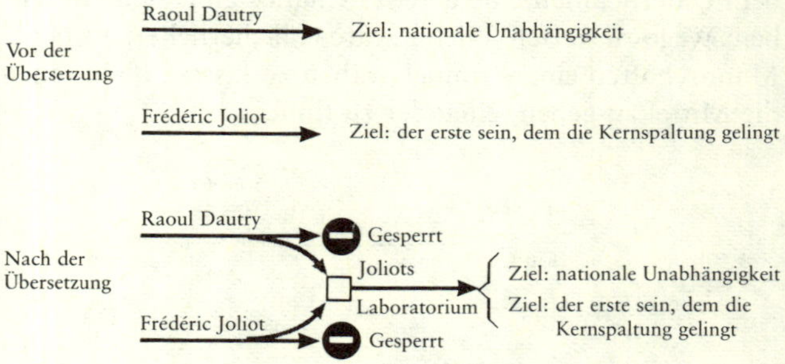

Die Übersetzungsoperation besteht darin, zwei bisher einander fremde Interessen (Krieg führen, Neutronen abbremsen) zu einem einzigen zu verfestigen. Natürlich gibt es keine Gewähr dafür, daß nicht eine der beiden Parteien dabei unredlich vorgeht. Dautry wird vielleicht davon ab-

Frédéric Joliot und Raoul Dautry spielen ihre Rollen zweimal: 1940 verhandeln sie darüber, wie Physik und Politik so aufeinander abzustimmen wären, daß beide Seiten ihre Ziele erreichen können; 1947 spielen sie in dem Film La bataille de l'eau lourde *von Jean Dréville – sich selbst.*
Musée Curie, Paris

kommen, wertvolle Ressourcen zu verschwenden, damit Joliot mit seinen Neutronen Pingpong spielen kann, während die Deutschen ihre Panzer in den Ardennen zusammenziehen. Umgekehrt kann sich Joliot wider Willen gezwungen sehen, vor dem Reaktor für zivile Zwecke eine Bombe herzustellen. Selbst wenn beide Waagschalen im Gleichgewicht sind, gelangt keine der beiden Parteien genau zu dem Ziel, das sie sich gesteckt hat; das Schema zeigt es. Es entsteht ein Umweg, ein Gefälle, eine Verschiebung, die – je nachdem – winzig oder unendlich groß sein können. In unserem Beispielfall erreichen Joliot wie auch Dautry ihr Ziel erst fünfzehn Jahre später, nach einer schrecklichen Niederlage, in dem Moment, in dem General de Gaulle das *Commissariat à l'énergie atomique* (*CEA*) schafft. Das Entscheidende bei einer solchen Übersetzungsoperation ist nicht nur die Interessenverschmelzung, die sie ermöglicht, sondern die Bildung eines neuen *mixtum*, des Labors. In der Tat war der Hangar von Ivry die Bedingung sowohl der nationalen Unabhängigkeit, die Dautry so teuer war, als auch der Pläne Joliots; beide konnten nur zusammen verwirklicht werden. Denn das Labor – seine Mauern, seine Ausstattung, sein Personal und seine Ressourcen – ist ein *Gemeinschafts*erzeugnis von Dautry und Joliot. Sobald die erste Masche geknüpft ist, lassen sich die Kräfte, die um den mit Uran und Paraffin gefüllten Kupfermantel frei werden, nicht mehr danach sortieren, welche davon Dautry und welche Joliot zu verdanken sind.

Eine einzelne Masche untersuchen, das heißt eine Verhandlung, eine Begegnung, wäre für sich genommen nutzlos. In der Tat kann sich die Arbeit Joliots nicht auf Besuche in Ministerbüros beschränken. Er muß jetzt mit den Neutronen selbst verhandeln, und zwar hart. Einen Minister, der Frankreich retten will, zu veranlassen, Graphitvorräte freizugeben, ist das eine; ein Neutron zu veranlassen, genügend abzubremsen, damit es ein Uranatom trifft, so daß dabei drei andere frei werden, ist das etwas anderes? Ja und nein. Für Joliot ist der Unterschied nicht sehr groß. Morgens beschäftigt er sich mit den Neutronen und nachmittags mit seinem Minister. Je mehr Zeit vergeht, desto mehr verwachsen die beiden Probleme zu einem einzigen: Wenn zu viele Neutronen durch den Kupfermantel entschlüpfen und die Reaktionsbilanz drücken, kann der Minister die Geduld verlieren. Für Joliot sind es keine grundsätzlich verschiedenen Aufgaben, den Minister und die Neutronen in dasselbe Projekt einzubinden, beide in Bewegung und bei Laune zu halten. Er braucht sie beide. Er läuft quer durch Paris, von der Mathematik zur Jurisprudenz, von der Jurisprudenz zur Politik, hindert sie alle daran, ihn fallenzulassen, telegraphiert Szilard, damit der für sein Vorhaben notwendige Strom von Veröffentlichungen nicht abreißt, telephoniert mit seinem juristischen Berater, damit ihm die *Union minière* weiter Uran liefert, und berechnet zum x-tenmal die Absorptionskurve neu, die ihm sein Geigerzähler geliefert hat. Genau darin besteht seine *wissenschaftliche* Arbeit: alle Fäden zusammenzuhalten und die Gunst aller zu gewinnen, die der Neutronen und der Norweger, des Deuteriums und der Kollegen, der Nazigegner, der Amerikaner und des Paraffins ... Wer klug ist, muß seine Verbindungen pflegen (in dem französischen Ausdruck *avoir des intelligences* treffen beide Bedeutungen zusammen). Die Wissenschaft verstehen heißt, mit Joliot (und Weart) die Fäden dieses Knotens zu verfolgen.

Der Unterschied zwischen der Sozialgeschichte der Wissenschaft und den beiden isoliert nebeneinander laufenden Geschichten, an deren Stelle sie tritt, wird nun deutlicher. Wenn es darum ging, all die politisch-wissenschaftlichen Verwicklungen zu erklären, sahen die beiden Historikergruppen stets nur eine bedauerliche Vermengung zweier gleichermaßen reiner Bereiche. In all ihren Erklärungen war daher von Verzerrung, Unreinheit oder bestenfalls von einem Nebeneinander die Rede: zu den eigentlich wissenschaftlichen Faktoren kamen »außerdem« rein politische oder ökonomische hinzu. Dort, wo andere nur Konfusion sahen, sieht der Sozialhistoriker eine fortlaufende und vollständig erklärbare Ersetzung einer bestimmten Art von Beschäftigungen und Praktiken durch eine andere. In der Tat gibt es Augenblicke, in denen man mit der Berechnung einer Reaktionswahrscheinlichkeit des Deuteriums – über Substitutionen und Übertragungen vermittelt – zugleich das Schicksal Frankreichs, die Zukunft der Industrie, die Geschicke der Physik, ein Patent, ein gutes »Papier« oder was weiß ich in der Hand hält.

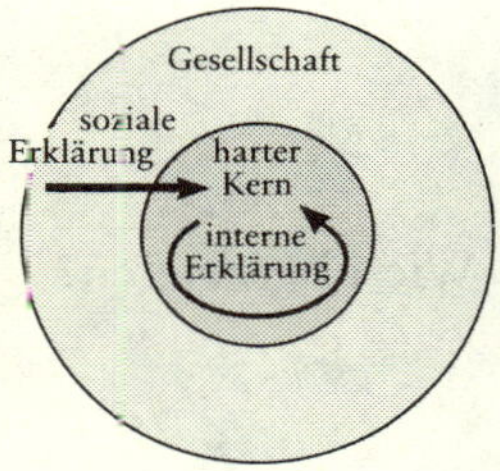

Mit Hilfe eines anderen Diagramms läßt sich die Kluft schärfer herausarbeiten, welche die beiden Forschungsprojekte voneinander trennt. Die Aufteilung zwischen Wissenschaft und Politik, von der ich oben gesprochen habe, wird hier in ihrer gewöhnlichsten Form veranschaulicht: Man findet darin einen harten Kern, den der wissenschaftlichen Inhalte, umgeben von einer sozialen, politischen und kulturellen Umwelt, dem Kontext. Geht man von dieser Aufteilung aus, kann man entweder soziale oder wissenschaftliche Erklärungen liefern. Die einen benutzen das Vokabular des Kontexts und versuchen (manchmal), so weit wie möglich auf das Terrain der wissenschaftlichen Inhalte vorzudringen; die anderen verwenden das Vokabular des Inhalts und verbleiben im Inneren des harten Kerns. Im ersten Falle ist es die Gesellschaft, welche die Wissenschaften erklärt – auch wenn es sich nur um die Außenseite der Wissenschaften handelt; im anderen Falle erklären sich die Wissenschaften selbst, ohne Ergänzung oder Rest. Sie sind selbst ihr eigener Kommentar. Sie entwickeln sich aus eigener Kraft. Die soziale Umwelt kann ihre Entwicklung nur hemmen oder fördern, aber niemals selbst diese Kraft sein.

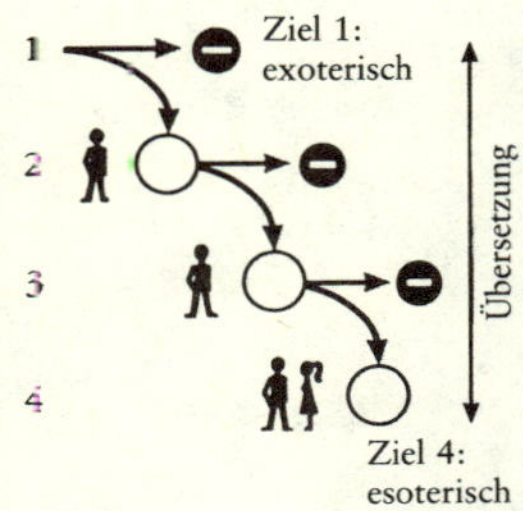

Nach dem anderen Modell, dem der Übersetzung, lassen sich Kontext und Inhalt nicht präzise definieren. Man könnte allenfalls sagen, daß solche Übersetzungsketten am einen Ende aus exoterischen Ressourcen schöpfen (die eher dem ähneln, was wir morgens in der Zeitung lesen) und am anderen Ende aus esoterischen Ressourcen (die eher dem ähneln, was wir in naturwissenschaftlichen Lehrbüchern für Fortgeschrittene lesen). Doch das betrifft nur die äußersten Glieder, die kaum zählen. Alles Wichtige spielt sich *zwischen ihnen* ab, und die einzelnen Übersetzungsschritte lassen sich in beiden Richtungen mit Hilfe der gleichen Erläuterungen nachvollziehen. Nach diesem zweiten Schema sind es die gleichen Operationen, die eine Wissenschaft oder eine Gesellschaft verständlich machen – was die Vermutung nahelegt, daß wir noch ziemlich wenig von den Wissenschaften und noch weniger von den Gesellschaften verstehen.

Wie überzeugen?

Joliot sieht sich gleichzeitig in Spionagegeschichten, Patentsachen, Publikationsangelegenheiten, Schwierigkeiten mit Atomen und Kalkülen verstrickt. Warum dieses Gemenge? Im Grunde würden die Historiker der Wissenschaften ebenso wie die der Politik liebend gern darauf verzichten. Die Dinge wären klarer, die erzählenden Darstellungen einfacher, wenn die einen über die Entwicklung der Gesellschaften sprechen könnten, ohne Technik und Wissenschaft überhaupt zu behandeln, und wenn die anderen über die Entwicklung der Wissenschaften sprechen könnten, von allem übrigen jedoch absehen dürften. Um zu verstehen, warum diese beiden symmetrischen Träume nicht zu verwirklichen sind (auch wenn ein großer Teil der historischen Literatur diesem Märchen gläubig folgt), müssen wir die Operation des Überzeugens ein wenig genauer betrachten.
Nehmen wir den Satz: »Jedes Neutron setzt seinerseits 2,5 Neutronen frei.« So etwas liest man heute in den Enzyklopädien. Es handelt sich, wie man sagt, um eine wissenschaftliche »Tatsache«. Betrachten wir nun einen anderen Satz: »Joliot behauptet, daß jedes Neutron drei bis vier Neutronen freisetzt, aber das ist unmöglich; außerdem hat er keinerlei Beweis; er ist viel zu optimistisch; typisch für die Franzosen, sie verteilen das Fell des Bären, bevor er erlegt ist; außerdem ist es schrecklich gefährlich, wenn die Deutschen das lesen: sie werden glauben, daß alles möglich ist, und sich ernsthaft daranmachen.«
Im Gegensatz zu dem vorherigen gehorcht ein solcher Satz nicht der stilistischen Form, in der wissenschaftliche Tatsachen auftreten: man fände ihn in keiner Enzyklopädie. Er ist unschwer zeitlich datierbar (auf den Zeitraum zwischen 1939 und 1940) und läßt sich leicht einem Kollegen in den Mund legen (wahrscheinlich Szilard, der damals im Labor Enrico Fermis untergekommen war). Beachten wir, daß beide Sätze einen gemeinsamen Teil haben, die *Aussage* (»jedes Neutron setzt *x* Neutronen frei«), und einen Teil, in dem sich beide sehr voneinander unterscheiden, die *Moda-*

lität (bestehend aus einem Ensemble von Situationen, Personen, Urteilen). Nun braucht dieser zweite Teil nur zu verschwinden, damit eine wissenschaftliche Tatsache erscheint. Es ist die Wirkung (und manchmal auch das Ziel) wissenschaftlicher *Kontroversen*, solche Modalitäten zu beseitigen – also auch ihre eigenen Wirkungen zu beseitigen, auszuradieren. Wenn beispielsweise Joliot und seine Gruppe gut gearbeitet haben, werden seine Kollegen durch eine unmerkliche Abschattierung des zweiten Satzes zu einem dritten, respektvolleren übergehen: »Die Gruppe um Joliot scheint bewiesen zu haben, daß jedes Neutron drei Neutronen freisetzt, das ist sehr interessant.« Lassen wir noch ein paar Jahre verstreichen, dann lesen wir Sätze wie diesen: »Zahlreiche Experimente haben bewiesen, daß jedes Neutron zwischen zwei und drei Neutronen freisetzt.« Noch eine Anstrengung, dann haben wir den Satz, von dem wir ausgegangen sind: »Jedes Neutron setzt 2,5 Neutronen frei.« Und noch ein wenig später wird dieser Satz ohne die Spur irgendeiner Modalität, ohne Autor, ohne Urteil, ohne Polemik oder Kontroverse, ja sogar ohne Hinweise auf die Experimentaltechnik, die ihn begründet, in einen noch gewisseren Zustand übergehen. Die Atomphysiker werden nicht einmal mehr darüber reden, werden ihn nicht einmal mehr niederschreiben – es sei denn in Einführungsvorlesungen oder populärwissenschaftlichen Artikeln –, so sehr ist ihnen jener Satz *evident* geworden. Der Übergang von der lebhaftesten Auseinandersetzung zum impliziten Wissen geht fortschreitend und stetig vor sich, zumindest wenn alles gutgeht, was natürlich sehr selten der Fall ist.
Wie hat Joliot die Modalitäten abschütteln können, die den »Hof« der wissenschaftlichen Tatsache ausmachen, die er beweisen will? Die Antwort auf diese Frage erklärt, warum man Wissenschaftsgeschichte nicht anders denn als Sozialgeschichte der Wissenschaften (im oben definierten Sinne) betreiben kann. Joliot mag im Innersten überzeugt sein, daß die Kettenreaktion durchführbar ist und daß sie in einigen Jahren zur Herstellung eines Atommeilers führen wird. Trotzdem fühlt er sich ohnmächtig, wenn alle seine Kollegen bei jeder Erwähnung dieser Möglichkeit Modalitäten hinzufügen wie: »Es ist lächerlich zu glauben, daß ...« (worauf die Aussage folgt), »Man kann unmöglich annehmen, daß ...«, »Es ist gefährlich, sich vorzustellen, daß ...«, »Es widerspricht der Theorie zu behaupten, daß ...« Allein ist er außerstande, die Aussage, die er vor-

bringt, in eine von den anderen akzeptierte wissenschaftliche Tatsache zu verwandeln; um diese Transformation zu bewirken, braucht er *per definitionem* seine Kollegen. Szilard höchstpersönlich muß gestehen: »Ich bin jetzt überzeugt, daß Joliot seinen Reaktor in Gang bringen kann«, auch wenn er gleich hinzufügt: »sofern die Deutschen nicht vorher Paris besetzen«. Mit anderen Worten, das Schicksal der Aussage liegt in den Händen der anderen, der teuren Kollegen, die aus diesem Grunde zugleich geliebt und gehaßt werden (und zwar desto mehr geliebt und gehaßt, je weniger es sind und je esoterischer und wichtiger die betreffende Aussage ist). Es handelt sich dabei nicht um eine höchst bedauerliche »soziale Dimension«, die nur beweist, daß auch Wissenschaftler eine menschlich-allzumenschliche Seite haben. Die Kontroverse ist nicht etwas, worauf man verzichten könnte, wenn die Forscher nur echte Wissenschaftler wären. Sonst könnte Joliot ja auch *gleich* einen Enzyklopädie-Artikel über die Funktionsweise eines Kernkraftwerks schreiben. Immer müssen erst die anderen überzeugt werden. Die anderen sind immer da, skeptisch, undiszipliniert, unaufmerksam, uninteressiert; sie bilden stets das Kollektiv, an dem Joliot nicht vorbeikommt. Setzen Sie einen Historiker, der sich mit der Analyse der Hungeraufstände im achtzehnten Jahrhundert auskennt oder über das Gefühl der Degeneration im neunzehnten geforscht hat, vor den Artikel »Neutron« der *Encyclopédie Larousse*, und er wird sich sehr hilflos fühlen. Konfrontieren Sie ihn dagegen mit der *Kontroverse* über die Neutronen, wird er vertrauten Boden unter den Füßen spüren und – ohne sich allzuviel Gewalt antun zu müssen – das Gefühl haben, diese Geschichte voller Lärm und Raserei, die sein täglich Brot ist, verfolgen zu können.

Man kann sich die kollektive Situation so vorstellen, als bildeten die Wissenschaftler eine Kette von Personen (Sprechern), die einander eine Nachricht übermitteln sollen, als spielten sie »Stille Post«. Joliot beginnt das Spiel und sagt: »Jedes Neutron muß vier Neutronen freisetzen können, sagen Sie's weiter.« Was wird der nächste an der Reihe sagen? Er wird die Nachricht nicht unbedingt getreu übermitteln. Im Grunde kann er vieles sagen; zunächst einmal die Aussage kritisieren: »Das ist wieder so eine Schrulle der Curies«, »Das ist viel zu optimistisch«, »Bestenfalls kann man auf ein Neutron hoffen, das heißt nicht genug, um eine Reaktion ›kritisch‹ werden zu lassen«; er kann auch, was häufiger vorkommt und schwerwiegender ist, die Nachricht mißverstehen oder sich nicht dafür interessieren oder eine ganz andere an ihre Stelle setzen: »Ich habe ein neues Maß für die Definition der internationalen Einheit des Radiums entwickelt, sagen Sie's weiter«; er kann die Nachricht auch weitergeben, aber sie sich selbst zuschreiben: »Ich frage mich, ob nicht jedes Neutron drei bis vier Neutronen freisetzen könnte«, womit die Nachricht als solche zwar weitergereicht wird, aber nicht mehr unbedingt der Sache Joliots dient, der nicht mehr als ihr Urheber betrachtet wird. Denkt man sich die Kette lang genug und nimmt an, daß jeder Sprecher sich so verhält wie der zweite, gewinnt man eine Vorstellung von einem wissenschaftlichen Feld sowie von der Schwierigkeit, darin jemanden zu überzeugen. Der Idealfall, in dem jeder Kollege die Nachricht dem nächsten unverzerrt weitergibt, ihr zustimmt, sie nutzt und Joliot als ihren Eigentümer anerkennt, kommt äußerst selten vor.

Joliot kann, wie alle Forscher, die anderen nicht entbehren, doch muß er sie disziplinieren, sie überzeugen; er kann nicht auf sie verzichten und sich ins *Collège de France* einschließen in dem Bewußtsein, allein recht zu haben. Doch das heißt nicht, daß er völlig machtlos wäre. Er kann andere Hilfsmittel in die Diskussion mit seinen Kollegen einführen. Deshalb hat er es auch so eilig damit, seine Neutronen mit Deuterium zu bremsen. Solange er allein ist, kann er seine Kollegen nicht zwingen, ihm zu glauben. Wenn sein Meiler auch nur ein paar Sekunden lang ›kritisch‹ würde und wenn von diesem Ereignis hinreichend klare Spuren blieben, so daß niemand ihm vorwerfen könnte, er habe gesehen, was er sehen wollte, dann wäre Joliot nicht mehr allein. Er hätte die Neutronen des Reaktors auf seiner Seite – in einer Reihe angetreten, diszipliniert und überwacht von seinen Mitarbeitern, festgehalten in der Form eines Diagramms. Das Experiment im Hangar von Ivry ist kostspielig, doch genau diese Kosten sind es, die seine lieben Kollegen zwingen werden, seinen Artikel in *Nature* ernst zu nehmen. Sechs Monate lang ist er der einzige auf der Welt, der über die materiellen Mittel verfügt, die es ihm ermöglichen, die Neutronen *in* einem und die Kollegen *um* einen richtigen Reaktor zu mobilisieren. Die Meinung Joliots läßt sich ohne weiteres vom Tisch fegen; die Meinung Joliots, die sich auf die Diagramme Halbans und Kowarskis stützt, die wiederum auf die im Hangar von

Ivry aufgehängte Kupferkugel zurückgehen, kann nicht mehr so leicht abgefertigt werden. Der Beweis? Drei große Länder im Kriegszustand, die bisher kaum etwas unternommen haben, machen sich sogleich an die Arbeit. Dinge mobilisieren und dadurch Menschen disziplinieren; Menschen disziplinieren und dadurch Dinge mobilisieren: ein neues Mittel, das überzeugend wirkt. Manchmal nennt man es wissenschaftliche Forschung.

Das Gemenge, von dem wir zu Beginn dieses Kapitels ausgegangen sind, ist kein bedauerlicher Aspekt der wissenschaftlichen Produktion, sondern genau das Ergebnis dieser Produktion. An jedem Punkt wird man ein Knäuel von Menschen und Dingen finden, um eine Kontroverse zu eröffnen oder zu schließen. Wäre Dautry, nachdem ihm Joliot sein Projekt vorgetragen hatte, von seinen Beratern nicht bestärkt worden, hätte Joliot nicht die für seinen Beweis benötigten Tonnen Graphit mobilisieren können – und mithin nicht die Berater Dautrys, seine Kollegen, überzeugen können. Es ist dieselbe wissenschaftliche Arbeit, die Joliot hinunter in seinen Hangar und hinauf ins Büro Dautrys, hin zu seinen Kollegen und wieder zurück zu seinen Berechnungen treibt. Es ist dieselbe Arbeit der Disziplinierung, die ihn zwingt, sich um die Entwicklung des *CNRS* zu kümmern (ohne das er unter den Physikern keine Kollegen hätte, die weit genug fortgeschritten sind, um sich für seine Argumente zu interessieren); Vorträge vor Arbeitern in den »roten« Vorstädten von Paris zu halten (ohne die er nicht auf die breite Unterstützung der wissenschaftlichen Forschung insgesamt rechnen könnte); in den Büros des Ministers herumzuspuken; die belgischen Direktoren der *Union minière* zu einem Besuch seines Labors zu veranlassen (ohne die er nicht auf die Tonnen radioaktiver Abfälle hoffen könnte, die er für seinen Meiler braucht); Artikel für *Nature* zu schreiben (ohne die sich das eigentliche Ziel seiner Forschung verflüchtigen würde); vor allem aber, vor allem muß dieser verdammte Meiler kritisch werden. Die Energie, mit der Joliot Szilard, Kowarski, Dautry und all die anderen drängt, steht in direktem Verhältnis zu den Ressourcen und Interessen, die er bereits mobilisiert hat. Wenn der Meiler unterkritisch bleibt, das heißt, wenn jedes Neutron nur ein Neutron freisetzt, dann fällt das ganze Bündel angesammelter Ressourcen wieder auseinander und löst sich auf. Dann war die ganze Mühe umsonst. Dann ist dieser Forschungsweg kostspielig, nutzlos oder verfrüht. Läßt sich entscheiden, ob das eine wissenschaftliche, reine, angewandte, politische oder militärische Einschätzung wäre? Ziemlich egal; solche Zuweisungen sind uninteressant. Was zählt, ist vielmehr die Arbeit, die aus einer Frage der nationalen Unabhängigkeit ein Problem mehr oder weniger gebremster Neutronen macht.

Geschichte der Wissenschaften oder Geschichte der Wissenschaftler?

Die Übersetzungsoperationen verwandeln politische Fragen in technische und umgekehrt; die Überzeugungsoperationen mobilisieren in derselben Kontroverse ein Gewirr von menschlichen und nicht-menschlichen Akteuren. Das Ergebnis dieser beiden Operationen zwingt uns, eine Art »Behandlungspflicht« zu definieren: Allgemeine Geschichte wird unverständlich, wenn der Historiker nicht bereit ist, all die wissenschaftlichen und technischen Inhalte zu *behandeln*, ohne die der Verlauf dieser Geschichte nicht mehr denkbar ist; und speziell Wissenschaftsgeschichte wird unmöglich, wenn der Historiker nicht zu der Vielfalt der Akteure, Ressourcen und Einsätze zurückfindet, in die diese Geschichte eingebunden ist. Statt *a priori* eine Distanz zwischen hartem Kern und Kontext zu definieren – einen Abstand, der die zahllosen Kurzschlüsse zwischen Ministern und Neutronen unverständlich werden ließe –, geht die Sozialgeschichte der Wissenschaften eher von Fäden, Knoten und Strecken aus. Der Historiker hat nicht im voraus die Entfernungsverhältnisse festzulegen, die es ihm gestatten, sich gleichsam spiralförmig von der Hölle der sozialen Beziehungen zum Empyreum der mathematischen Theorien hinaufzuarbeiten. Er braucht auch nicht von vornherein und immer wieder auf eine Gegenüberstellung hinzuarbeiten, die stets die Gesellschaft *unter* der Wissenschaft fände. In dieser Geschichte voller Lärm und Raserei geht es weniger um Distanz als um heterogene, oft unvorhersehbare Verbindungen. So kann es manchmal geschehen, daß jemand für ein paar Minuten eine Argumentation verfolgt, von Gleichung zu Gleichung schreitet, dann abrupt zu einem Problem der nationalen Verteidigung übergeht, um sich alsbald der reibungslosen Zusammenarbeit einer Forschergruppe zu widmen, ehe er sich ebenso plötzlich in einer langen Folge technischer Träumereien ergeht und nach einiger Zeit zu Fragen gekränkter Berufsehre oder Geldangelegenheiten zurückkehrt.

Wenn es auch *per definitionem* unmöglich ist, ein und für

allemal die heterogenen und unvorhersehbaren Verbindungen im allgemeinen zu beschreiben, welche die Bildung eines bestimmten technischen Inhalts erklären, kann man doch in groben Strichen skizzieren, worum sich jeder Forscher kümmern, welche Dimensionen er gleichzeitig im Kopf haben muß. Zur Orientierung bei diesem Überblick brauchen wir nur auf die Episode Joliots zurückzukommen, die uns bis hierher als Beispiel gedient hat. Joliot muß seinen Meiler in Gang bringen, seine Kollegen überzeugen, das Interesse der Militärs, Politiker und Industriellen wekken, der Öffentlichkeit ein positives Bild von seiner Tätigkeit zeichnen und schließlich – nicht weniger wichtig als das übrige – verstehen, was mit diesen Neutronen geschieht, die so bedeutsam geworden sind. Fünf Horizonte also, die der Arbeit des Historikers einen recht präzisen Rahmen geben: Instrumente, Kollegen, Verbündete, Öffentlichkeit und schließlich das, was ich »Bindemittel« oder »Verbindungen« nennen werde, um die aus der Vergangenheit vorbelasteten Wörter »Inhalt« und »Begriff« zu vermeiden. Alle diese fünf Tätigkeiten sind gleich relevant, und jede wirkt auf sich selbst und die vier anderen zurück: ohne Verbündete kein Graphit und mithin kein Reaktor; ohne Kollegen keine günstige Meinung Dautrys über Joliot und folglich kein Graphit; ohne ein Mittel, die Reproduktionsrate der Neutronen zu berechnen, keine Bewertung des Reaktors, also kein Beweis und also auch keine überzeugten Kollegen. Man könnte die Arbeit Joliots schematisch als Rosette darstellen, um sie damit erneut von dem üblichen Modell aus einem Kern und einem Kontext zu unterscheiden.

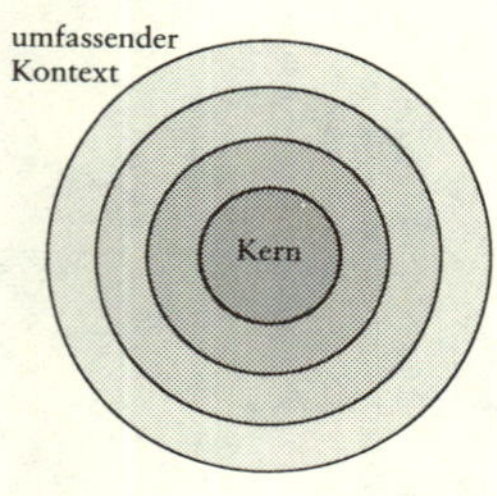

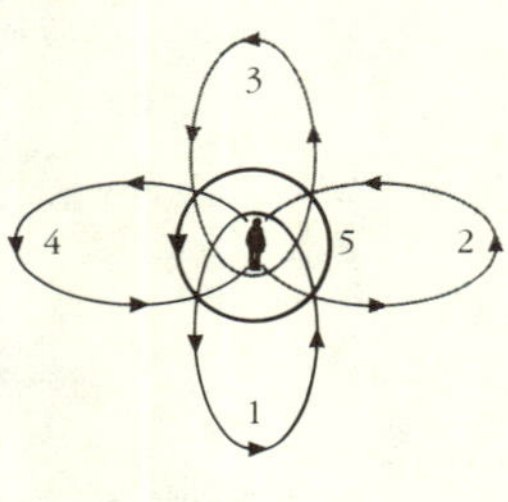

Die Klugheit Joliots, im Mittelpunkt der Rosette, besteht darin, das Mittel zu finden, das gleichzeitig die Instrumente, die Kollegen seiner Disziplin, die gebündelten Interessen und die Öffentlichkeit zusammenzuhalten vermag; er kann nur Erfolg haben, wenn er den Mechanismus der Kettenreaktion versteht, und zwar schnell, ehe Szilard ihm zuvorkommt, ehe die Deutschen in Frankreich einfallen, ehe die den Norwegern entlockten 200 Liter schweres Wasser zur Neige gehen und ehe Halban und Kowarski – von ihren Nachbarn als Ausländer denunziert – fliehen müssen. Es gibt durchaus, wie in dem konzentrischen Modell, einen »harten Kern«, aber er ist nicht mehr als das definiert, was den übrigen Beschäftigungen *am fernsten* ist; er ist vielmehr das, was ihnen allen Zusammenhalt verleiht, ihre

Kohäsion verstärkt, ihre Zirkulation beschleunigt. So verhält es sich mit diesem berühmten harten Kern ein wenig wie mit einem Autobahnknoten; der fünfte Kreis erlaubt es, von einer der Beschäftigungen rasch zu einer anderen zu gelangen. Die ganze Sorge, die man ihm widmet, die ganze Energie, die man darauf verwendet, ihn zu entdecken und zu pflegen, ist nicht – wie nach dem üblichen Modell – eine Funktion seiner Entfernung von den heterogenen Elementen, die er potentiell zusammenhalten muß, sondern ihrer Anzahl. Hätte die Etymologie der Wörter einen Sinn, müßte der Inhalt [*contenu*] paradoxerweise Behälter [*contenant*] heißen: er ist das, was alles »zusammenhält«.
Dieses Paradox tritt nur auf, weil wir gewohnt sind, die Geschichte der Wissenschaften nach dem konzentrischen Modell zu denken. Unterscheidet man Kern und Kontext, scheint es abwegig, die technischsten Aspekte der Argumentation Joliots als diejenigen zu betrachten, die *am unmittelbarsten* mit den sozialen, politischen, instrumentellen Beschäftigungen Joliots zusammenhängen. Dennoch zögert man nicht lange bei der Wahl zwischen den beiden Modellen, wenn man Historiker ist und sich also für das Anwachsen und die Entwicklung der soziotechnischen Verflechtungen interessiert. Warum gibt es einen harten Kern oder einen fünften Kreis? Die Vertreter des konzentrischen Modells – von denen sich die einen mit dem Kontext, die anderen mit dem Inhalt befassen – sind es leid, auf diese Frage zu antworten, weil sie es mit *zwei Geschichten* zu tun haben, einer des Kontexts und einer des Inhalts, wobei jede ihre eigene Logik, Dynamik und Periodisierung hat. Bestenfalls geben die beiden Gruppen zwei Antworten, eine mit Blick auf die Wissenschaften, die andere mit Blick auf die Gesellschaften; im schlimmeren Falle geben sie gar keine außer der, daß ein harter Kern existiert, weil sich die Wissenschaften im Grunde genommen der Zeit entziehen. Umgekehrt gibt es für die Sozialgeschichte grundsätzlich nur eine einzige Antwort auf diese Frage: Die Existenz eines harten Kerns, eines esoterischen technischen Inhalts, steht *in direkter Abhängigkeit von der Weite* der übrigen Kreise. Betrachtet man beispielsweise die Entwicklung des Joliotschen Forschungsprogramms seit der Entdeckung der künstlichen Radioaktivität bis in die fünfziger Jahre, bis zur Gründung der nationalen Atomenergiebehörde und zur Aufstellung des französischen Kernwaffenprogramms, könnte man sehr schematisch mehrere Stufen der Technizi-

tät definieren; freilich wären dann auch mehrere Konfigurationen von Forschergruppen, Allianzen und Politiken zu unterscheiden. Die einen entwickeln sich mit den anderen. Besser gesagt, die einen entwickeln sich, weil sich die anderen entwickeln. Anfangs setzte die künstliche Radioaktivität eine Nebelkammer[2] in Gang und hielt einige Mitarbeiter, das Nobelpreiskomitee, den französischen Physiker Jean Perrin und einige Journalisten in Atem. Am Ende brachte das französische Nuklearprogramm das *Commissariat à l'énergie atomique*, eine neue Profession von Atomphysikern, den General de Gaulle sowie sämtliche internationalen Beziehungen des kalten Krieges in Bewegung. Aber der technische Inhalt ist dabei doch gewaltig gewachsen? Gewiß, aber nun muß er auch ganz Frankreich umspannen. Mit dem Kreis im Zentrum verhält es sich wie mit Straßenkreuzungen; für irgendwelche Nebenstraßen mag eine schlichte Wegkreuzung genügen, doch wo es darum geht, achtspurige Autobahnen einander kreuzen zu lassen, braucht man einen komplizierten Verkehrsknoten. Die Anhänger des Konzepts zweier gesonderter Geschichten möchten gleichsam die Entwicklung der Straßenkreuzungen ohne die der Straßen verstehen oder, noch seltsamer, die der Straßen ohne ihre Kreuzungen! Die technischen Inhalte sind keine wundersamen Mysterien, welche die Götter den Historikern vorgelegt hätten einzig mit dem Ziel, sie zu demütigen und sie an die Existenz einer anderen Welt zu erinnern, die sich der Geschichte entzieht; sie dienen auch nicht dazu, die Epistemologen in der Verachtung derer zu bestärken, die von den Wissenschaften nichts verstehen. Sie sind Teil dieser Welt. Sie begegnen uns darin nur, weil sie ein Teil von ihr sind.

[2] *Nebelkammer* (Wilson-Kammer): Da die Partikel unsichtbar sind, kann sie der Physiker nur an den Spuren erkennen, die sie an etwas Sichtbarem hinterlassen. Der englische Physiker Charles Wilson (1869-1959) entdeckte bei seinen meteorologischen Untersuchungen zur Wolkenbildung, daß Ionen als Kondensationskerne wirken können. Er konstruierte daraufhin die Nebelkammer, in der Wassertröpfchen, die um ein Teilchen kondensieren, als dünner, weißer Nebelstreifen erscheinen und fotografiert werden können. An der Krümmung der Bahn lassen sich Merkmale der Partikel ablesen. Joliot verbesserte die Wilson-Kammer.

Abriß einer Sozialgeschichte der Wissenschaften

Wir sehen jetzt, was die Gesellschaft in den Wissenschaften bewirken kann: sie ist in ihnen präsent, weil Wissenschaften und Gesellschaften im Grunde eins sind, nur in unterschiedlichen Übersetzungen. Wir haben auch eine klarere Vorstellung von dem Projekt einer Sozialgeschichte der Wissenschaften gewonnen, von den Grundbegriffen, die sie verwendet, und von der Art der Verbindungen, die sie zu beschreiben sucht. Dabei ist uns auch deutlicher geworden, von welchen parallelen Geschichten sie sich unterscheidet. Verallgemeinert man das am Beispiel Joliots gewonnene Schema, so läßt sich das Gebiet dieser Geschichte sowie die

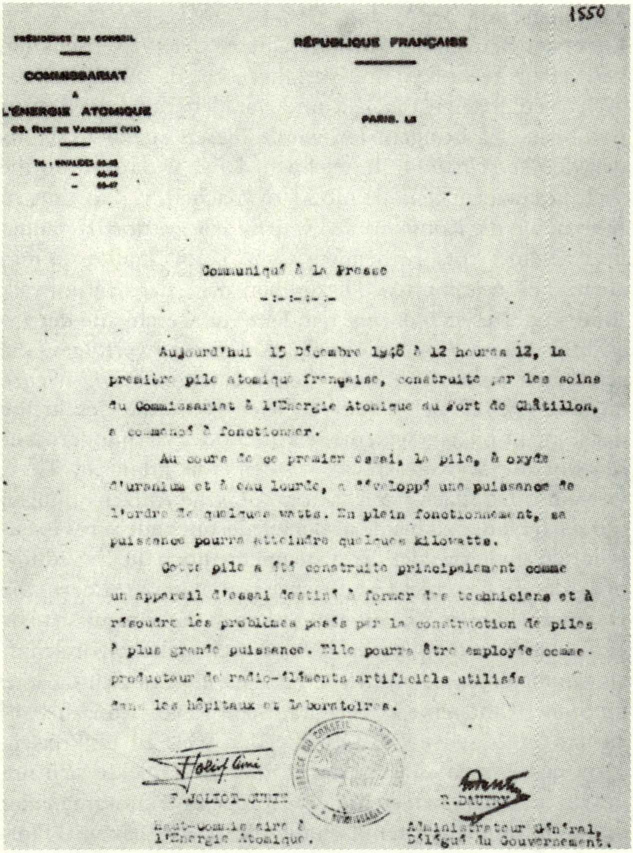

PRÉSIDENCE DU CONSEIL

COMMISSARIAT À L'ÉNERGIE ATOMIQUE

69, RUE DE VARENNE (VII)

TÉL.: INVALIDES

RÉPUBLIQUE FRANÇAISE

PARIS, LE

1550

Communiqué à la Presse

-:-:-:-

Aujourd'hui 15 Décembre 1948 à 12 heures 12, la première pile atomique française, construite par les soins du Commissariat à l'Energie Atomique au Fort de Châtillon, a commencé à fonctionner.

Au cours de ce premier essai, la pile, à oxyde d'uranium et à eau lourde, a développé une puissance de l'ordre de quelques watts. En plein fonctionnement, sa puissance pourra atteindre quelques kilowatts.

Cette pile a été construite principalement comme un appareil d'essai destiné à former les techniciens et à résoudre les problèmes posés par la construction de piles à plus grande puissance. Elle pourra être employée comme producteur de radio-éléments artificiels utilisés dans les hôpitaux et laboratoires.

F. JOLIOT-CURIE
Haut-Commissaire à l'Energie Atomique.

R. DAUTRY
Administrateur Général, Délégué du Gouvernement.

»Pressemitteilung. Heute, am 15. Dezember 1948 um 12.12 Uhr, hat der erste französische Atommeiler, der unter der Aufsicht des Kommissariats für Atomenergie von Fort de Châtillon konstruiert wurde, zu arbeiten begonnen. Bei diesem ersten Versuch hat der auf der Basis von Uranoxid und schwerem Wasser arbeitende Reaktor eine Leistung in der Größenordnung von einigen Watt entwickelt. Bei vollem Betrieb wird seine Leistung einige Kilowatt erreichen können. Dieser Meiler wurde vor allem als Versuchsanlage gebaut, um Techniker auszubilden und Probleme zu lösen, die sich beim Bau leistungsfähigerer Reaktoren stellen. Mit ihm wird es möglich sein, künstliche radioaktive Elemente zu erzeugen, die in Krankenhäusern und Labors Verwendung finden.
F. Joliot-Curie, *Hochkommissar für Atomenergie.*
R. Dautry, *Generaldirektor, Beauftragter der Regierung.«*

Die Kette der Aussagen und die Kette der Neutronen dekken sich schließlich: Das soeben gegründete Kommissariat für Atomenergie teilt der Presse die Entstehung des ersten französischen Atommeilers mit.
Musée Curie, Paris

Art der in ihr verwendeten Objekte grob umreißen. Diese Gegenstände sind den Historikern überwiegend vertraut. Um den vorliegenden Überblick zu vereinfachen und zu ordnen, werde ich mich auf eine gedrängte Beschreibung jedes dieser fünf Kreise beschränken, die als Ganzes den Stand der Übersetzungs- und Überzeugungsoperationen einer jeweiligen Forschergemeinschaft ausmachen. Gewiß ist eine solche Beschreibung nur vor dem Hintergrund eines bestimmten empirischen Beispiels sinnvoll; gleichwohl mag auch eine flüchtige Skizze des gesamten Feldes der Sozialgeschichte der Wissenschaften nützlich sein, einfach um daran zu erinnern, wie immens unser Unwissen ist. Es versteht sich von selbst, daß wir jeden Punkt einer solchen Rosette als Ausgangspunkt wählen können, sofern wir sie nur vollständig durchlaufen.

Mobilisierung der Welt
Ein erster Bereich der Sozialgeschichte der Wissenschaften betrifft die Techniken und Verfahren, die darauf zielen, die Welt verfügbar zu machen und mit den Kontroversen in Berührung zu bringen. Ich werde diesen ersten Kreis als den der *Verschiebung* bezeichnen. Es geht darum, an die Welt heranzurücken, sie mobil zu machen, sie dorthin zu führen, wo die Kontroversen stattfinden, sie dort zu halten und sie einer entsprechenden Rhetorik zugänglich zu machen. Bei bestimmten Disziplinen wie der Kernphysik Joliots wird es sich darum handeln, die Geschichte der Instrumente und großtechnischen Anlagen zu verfolgen, die seit dem Zweiten Weltkrieg die Geschichte der *big science* ausmachen. Bei vielen anderen wird es um die Geschichte der Expeditionen gehen, die seit drei- oder vierhundert Jahren um die Welt geschickt werden, um Pflanzen, Tiere, Gesteine, Trophäen oder kartographische Aufzeichnungen mit nach Hause zu bringen. Bei wiederum anderen Wissenschaften sind es weder die Instrumente noch die Expeditionen, deren Geschichte zu schreiben wäre, sondern die Datenerhebungen, die es erlaubt haben, Erkenntnisse über den Zustand einer Gesellschaft oder einer Volkswirtschaft zu sammeln. In jedem dieser Fälle handelt es sich darum, im Sinne Kants eine kopernikanische Revolution zu vollziehen: Statt selbst die Objekte der Welt zu umkreisen, sorgt der Wissenschaftler dafür, daß die Objekte sich um ihn drehen. Verloren steht der Geologe im Panorama einer undurchdringlichen Landschaft, die er mit seinem Hämmerchen erkundet. Doch wenn die Gesamtheit der geologischen Formationen einmal kartographiert ist und er sich, mit einem Heft in der Hand, darauf beschränken kann, Proben für eine Sammlung etikettierter und geordneter, an einem bestimmten Ort aufbewahrter Spezimina zu entnehmen, dann ist seine Herrschaft überdie Erde und ihre Geschichte schon weit fortgeschritten.
Der Historiker dieses ersten Kreises muß sich demnach mit Expeditionen, Erhebungen, Instrumenten und großtechnischen Anlagen beschäftigen, aber auch mit den Orten, an denen all die von ihnen mobilisierten Objekte der Welt versammelt und zusammen aufbewahrt werden. Die Galerien des Naturkundemuseums, die Sammlungen des *Musée de l'Homme*, die Karten der Vermessungsämter, das Datenmaterial des *CNRS*, die Dateien der Kriminalpolizei, die Ausrüstung des Physiologielabors im *Collège de France*: all

das sind unvermeidliche Studienobjekte für den, der verstehen möchte, über welche Umwege und Vermittlungen wir, die wir sonst immer nur mit und über Menschen sprachen, allmählich beginnen, von den Dingen zu sprechen. Ein Ökonom, der bisher kein Material zur Hand hatte, wird jetzt dank einer neuen Erhebung und neuer Datenbanken beginnen, verläßliche Statistiken mit Unmengen von Zahlenkolonnen pro Minute auszuspucken. Ein Ökologe, den niemand wirklich ernst nahm, ist jetzt in der Lage, Einfluß auf die Debatten zu nehmen mit wunderbar farbstichigen Satellitenfotos, die es ihm ermöglichen, die Ausbreitung der Wüste in Burkina Faso zu beobachten, ohne auch nur den Fuß vor die Tür seines Labors in Jussieu zu setzen. Ein Arzt, der es bisher gewohnt war, in seiner Praxis einen Fall nach dem anderen zu behandeln, bekommt plötzlich von der Hospitalverwaltung obligatorisch große Symptomtafeln geliefert, die auf Hunderten von Fällen basieren. Wenn wir verstehen wollen, warum all diese Leute jetzt vernehmlicher und entschiedener zu sprechen beginnen, müssen wir die Geschichte dieser Mobilisierung der Welt verfolgen, dank welcher sich die Dinge in einer Weise darbieten, in der sie für ihre Argumente besser verwendbar sind.

Außer mit den Instrumenten – im weiteren Verständnis – und den Orten, an denen sie gesammelt werden, muß sich der Historiker des ersten Kreises überdies mit den metrologischen Netzen befassen, die eine regelmäßige Versorgung mit Daten gewährleisten. Ich verstehe darunter die Metrologie im engeren Sinne, das heißt die Festlegung konstanter Maßeinheiten, doch in etwas weiterer Bedeutung auch die Aufstellung und Erhaltung von Äquivalenzketten. Im eingeschränkten Sinne wäre das die Geschichte der Bestimmung von Maßen und Gewichten, aber auch etwa die Geschichte der Kosten- und Preisberechnung. Man wird sich mit der Frage beschäftigen, wie die sozioprofessionellen Kategorien gebildet werden, die das Amt für Statistik und Konjunkturforschung in Frankreich seinen Statistiken zugrunde legt; welche Ausbildung die Naturforscher besaßen, die in die Welt gesandt wurden, um Proben und Musterexemplare zusammenzutragen, ohne sie zu beschädigen oder zu verderben; oder wie die Signale der Atomuhren über die Jahre hinweg den Gang der Weltzeit einhalten. Orte wie das Observatorium von Greenwich oder das von Paris werden Gegenstand ebenso detaillierter Monographien werden wie das *Muséum d'histoire naturelle* oder

der berühmte botanische Garten Kew Gardens im Westen von London. Die Geschichte des ersten Kreises, um es mit einem Satz zu sagen, ist die Geschichte der Umwandlung der Welt in mobile, stabile und kombinierbare Elemente. Sie zeigt sozusagen, wie »das große Buch der Natur« von den Wissenschaftlern in lesbaren Lettern geschrieben wurde. Es ist die Geschichte der Logistik. Die Intendantur wird ihr stets folgen, doch folgt ihr auch die Welt?

Autonomisierung

Um zu überzeugen, braucht man Daten, aber auch jemanden, der sich überzeugen ließe. Es ist Sache der Historiker des zweiten Kreises, uns zu zeigen, wie ein Forscher sich Kollegen schafft. Ich nenne diesen Kreis den der *Autonomie*, denn er betrifft die Arbeit, mit der sich eine Disziplin, eine Profession, eine Clique, ein unsichtbares Kolleg unabhängig macht, sich ihr eigenes Bewertungs- und Relevanzkriterium gibt. Wir vergessen gewöhnlich, daß Spezialisten einmal Amateure waren, so wie Militärs einmal Zivilisten. Forscher und Gelehrte gab es nicht immer. Es bedurfte vieler Mühen, aus dem Alchimisten den Chemiker, aus dem Juristen den Ökonomen, aus dem Philosophen den Soziologen herauszuziehen oder durch subtile Vermischungen Biologen und Neurologen in Neurobiologen sowie Psychologen und Soziologen in Psychosoziologen zu verwandeln. Der Streit der Fakultäten gehört nicht zu den beklagenswerten Aspekten der Wissenschaften, sondern ist einer ihrer Motoren. Das einzige Mittel, den Preis für den Beweis ein wenig in die Höhe zu schrauben, setzt einen Kollegen voraus, der ihn gleichzeitig zu kritisieren und zu nutzen weiß. Wozu sollte es gut sein, von einem Satelliten zehn Millionen farbstichiger Bilder zu bekommen, wenn es auf der Welt nicht wenigstens zwei Spezialisten gäbe, die sie zu interpretieren wissen? Ein isolierter Spezialist ist eine *contradictio in adjecto*. Niemand kann sich spezialisieren, ohne daß damit die Autonomie einer kleinen Gruppe von Wissenschaftlern desselben Spezialgebiets ein wenig wüchse.

Die Geschichte der wissenschaftlichen Professionen, mit denen sich die Angelsachsen vorzugsweise beschäftigen, oder der Disziplinen, denen in Frankreich eher das Interesse gilt, ist gewiß der am weitesten entwickelte Teil der Sozialgeschichte der Wissenschaften. Darüber hinaus lenkt sie die Aufmerksamkeit auf die Geschichte der Gelehrtenschaft wie der gelehrten Gesellschaften – sowohl großer Zusammenschlüsse (etwa der Assoziationen für den Fortschritt der Wissenschaften) als auch kleiner Cliquen und eher »wolkiger« Verbindungen, die die Feinstruktur der Beziehungen zwischen Forschern ausmachen. Allgemeiner gesagt: sie bezieht sich auf das, was es im Verlauf der Geschichte gestattet, einen Wissenschaftler von einem Virtuosen, einem Intellektuellen oder einem Liebhaber zu unterscheiden. Wie gelingt es einer neuen Profession, ihren Werten Geltung zu verschaffen, ihre Zugangshürden und die Vergabe von Titeln sorgsam zu kontrollieren? Wie vermag sie ihr Zuständigkeitsmonopol durchzusetzen, ihre interne Demographie zu regeln und ihren Schülern und Studenten Anstellungen zu verschaffen? Wie sind die unzähligen Kompetenzkonflikte mit benachbarten Professionen und Disziplinen zu lösen?

Neben der Geschichte der Professionen und Disziplinen umfaßt der zweite Kreis die Geschichte der wissenschaftlichen Institutionen. Man braucht Organe, Mittel, Reglements, Statuten, um solche Massen von Kollegen zusammenzuhalten. Französische Wissenschaft wäre undenkbar ohne eine Geschichte der *Académie*, des *Institut*, der *Grandes Écoles*, des *CNRS*, des *Bureau de recherches géologiques et minières* oder der *Ponts et Chaussées*. Institutionen werden ebenso für die Beendigung von Kontroversen gebraucht wie für den regelmäßigen Fluß der Daten, die im ersten Kreis gewonnen werden.

Allianzen

Keine Entwicklung der Instrumente, keine Verselbständigung, keine Gründung einer neuen Institution wäre möglich ohne den dritten Kreis, den ich als den der *Allianzen* bezeichne. Man kommt nicht umhin, für wissenschaftliche Kontroversen Gruppen zu interessieren, denen sie bisher »schnurzegal« waren. Man muß, was nicht immer einfach ist, Militärs für Physik, Industrielle für Chemie, Könige für Kartographie, Lehrer für Pädagogik und Abgeordnete für politische Wissenschaften interessieren ... Ohne eine solche Anstrengung, *Interesse* (und Gewinnerwartungen) *zu wecken*, blieben die übrigen Kreise folgenlos wie Reisen mit dem Finger auf der Landkarte. Ohne Kollegen und ohne Welt kostet der Forscher nicht viel, doch gilt dann auch nicht viel, was er sagt. Es müssen gewaltige, reiche und mit erheblichen Mitteln versehene Gruppen mobilisiert werden, damit die wissenschaftliche Arbeit ein wenig an Breite gewinnen kann, damit Expeditionen ihren Radius erweitern und gründlicher arbeiten können, damit Institutionen und Professionen gedeihen, Lehrstühle und Positionen sich öffnen. Erinnern wir uns, daß es sich dabei um eine Übersetzungsoperation handelt, was es verbietet, im voraus zu sagen, wer bei solchen Allianzen gewinnt oder verliert, wer das Steuer in der Hand hält und wer nur Passagier ist, wer seine Ziele erreicht und wer sie verfehlt. Es geht nicht darum, den Einfluß einer ökonomischen Basis auf die Entwicklung des wissenschaftlichen Überbaus zu untersuchen, sondern darum, etwa der Frage nachzugehen, wie ein bestimmter Industrieller seine Produkte verändert, wenn er in ein bestimmtes Labor für Festkörperphysik investiert; wie ein Institut für Bodenuntersuchungen zu expandieren vermag, indem es sich der Straßen- und Brükkenbaubehörde »anschließt«. Ebenso geht es darum, wie am Ende höchst komplexer Übersetzungsoperationen – die eine ganze Spanne von Möglichkeiten umfassen können: stillschweigendes Einverständnis, Verrat, Verträge, wilde Begeisterung – die Frage der Gesamtverantwortung gelöst wird. Wer hat wen geführt? Wer ist der unbewegte Beweger dieses ganzen Treibens: die Wissenschaft oder die Politik, die Verwaltung oder die Erkenntnis, das Recht oder die Fakten? Diese neue Kontroverse, die sich nicht auf die Zusammensetzung der Allianzen, sondern auf ihr Endergebnis bezieht, kommt zu allen übrigen hinzu und trägt dazu bei, die wissenschaftlichen Operationen insgesamt zu beschleunigen oder zu bremsen.

Je nach den Umständen nehmen diese Allianzen unzählige Formen an, doch vier davon decken den größten Teil der Wissenschaftsgeschichte ab: Allianzen mit dem Staat, mit der Armee, mit der Industrie und mit dem Unterrichtswesen. Die erste findet bündigen Ausdruck in der »Technokratie« und »Bürokratie«, das heißt der Schaffung einer Macht, die zugleich wissenschaftlich kompetent ist. Unzählige Disziplinen, angesehene und weniger angesehene, haben sich in der Verwaltung angesiedelt und steuern ihre Apparate den Staatsapparaten bei. Die beiden nächsten, fast unzertrennlich, sind von den Zahlen und von der Größenordnung her die bedeutendsten: Keine (oder fast keine) Wissenschaft ohne Armee; ohne Industrie höchstens eine Handvoll Wissenschaftler. Diese gewaltige Überzeugungs- und Verknüpfungsarbeit verstand sich keineswegs von selbst; kein natürliches Band verläuft zwischen einem hohen Militär und einem chemischen Molekül, einem Industriellen und einem Elektron. Es war nicht so, daß sie nur einer natürlichen »Neigung« zu folgen brauchten, um einander zu begegnen. Es war nötig, diese »Neigung« und ihr »Gefälle« zu erzeugen, die soziale und materielle Welt zu gestalten, um diese Allianzen unvermeidlich werden zu lassen. Diese ungeheure, erregende Geschichte, die zum Verständnis unserer Gesellschaften wahrscheinlich so wichtig ist wie keine andere, ist fast noch gänzlich ungeschrieben. Die vierte Allianz schließlich, weniger spektakulär, ist nicht minder bedeutsam für die Reproduktion und Erweiterung der übrigen Kreise. Nichts bereitet ein Land- oder Stadtkind irgendwie darauf vor, Mathematik, Chemie, Physik, Natur- oder Geisteswissenschaften zu empfangen und aufzunehmen. Ohne den gewaltigen Resonanzboden des Schulunterrichts würden die Wissenschaften – auch unter sonst gleichen Umständen – unverständlich, isoliert beziehungsweise sogar suspekt bleiben. Die Geschichte der Verbindung zwischen einer Disziplin und einem Erziehungssystem ist eines der entscheidenden Elemente, das von den Historikern der Pädagogik zum Glück besser erforscht ist als viele andere Gebiete der Sozialgeschichte.

Repräsentationen

Selbst wenn die Instrumente zur Verfügung stünden, nach allen Regeln der Disziplin ausgebildete Kollegen vorhanden wären, wenn wohldotierte Einrichtungen dieser ganzen kleinen Welt der Sammlungen und Kollegen Unterschlupf böten, wenn Staat, Industrie, Armee und Unterrichtswesen die Wissenschaften großzügig unterstützten, bliebe immer noch eine immense Arbeit zu tun. Diese ganze Mobilisierung neuer Objekte, Atome, Fossilien, Bomben, Radaranlagen, neuer Mathematik, all diese wogende Unruhe und diese Kontroversen erschüttern den regelmäßigen Kreislauf der Überzeugungen, die normalen Bahnen des Meinungsaustauschs; das Umgekehrte wäre erstaunlich, denn gerade dazu sollen Wissenschaften ja dienen. Dieselben Wissenschaftler, die um die Welt reisen mußten, um die Welt in Bewegung zu bringen, Kollegen zu überzeugen, Ministerien und Verwaltungsgremien zu bedrängen, müssen nun ihre Beziehungen zur Öffentlichkeit regeln. Die Geschichte dieses vierten Kreises nenne ich *Repräsentation* oder Inszenierung. Man findet dort die Ge-

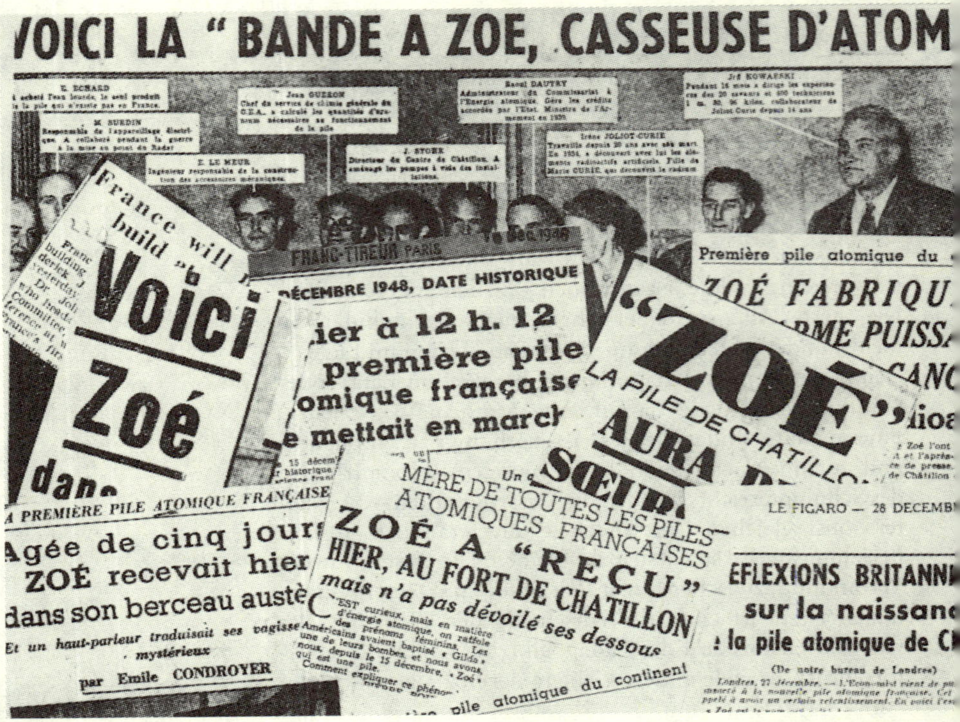

»15. Dezember 1948, ein historisches Datum: Gestern um 12.12 Uhr ging der erste französische Atommeiler in Betrieb.« »Gestern gab Zoë, die Mutter der französischen Atommeiler, in der Festung von Châtillon einen ›Empfang‹. Doch ihre Dessous enthüllte sie niemandem.« »Es ist seltsam, doch im Bereich der Atomenergie schwärmt man für weibliche Vornamen. Die Amerikaner hatten eine ihrer Bomben ›Gilda‹ genannt, und wir haben seit dem 15. Dezember ›Zoë‹, einen Reaktor.« »Zoë, fünf Tage alt, gab gestern einen Empfang in ihrer kargen Wiege. Und ein Lautsprecher übertrug ihre geheimnisvollen ersten Schreie.« »Zoë, der Meiler von Châtillon, wird Schwestern bekommen.« »Zoë wird eine mächtige Waffe gegen den Krebs

schichte der Vorstellungen, die sich die Gesellschaften nach und nach von wissenschaftlichen Gewißheiten gemacht haben, die Geschichte ihrer spontanen Epistemologie. Welches Vertrauen hat man in die Wissenschaft gelegt? Wie ist dieses Vertrauen je nach Periode und Disziplin bemessen? Man findet dort auch die unruhige und sehr erhellende Geschichte der Rezeption einer Theorie oder einer Disziplin durch eine Gesellschaft: Wie wurde die Physik Isaac Newtons in Frankreich aufgenommen? Wie wurde die Theorie Charles Darwins von der englischen Kirche in ihr Weltbild eingegliedert? Wie wurde der Taylorismus von der französischen Gewerkschaftsbewegung während des Ersten Weltkriegs akzeptiert? Wie ist die Wirtschaft in die Zeitungen eingewandert und zu einem ihrer Kernthemen geworden? Wie ist die Psychoanalyse allmählich in der Alltagspädagogik aufgegangen?
Doch die wichtigste Frage dieses Kreises, die noch gar nicht berührt wurde, betrifft den aktiven Widerstand von Millio-

nen Menschen gegen die Ausbreitung, die Vorrechte und Ansprüche der unzähligen wissenschaftlichen Disziplinen. Wie bringt man es fertig, nicht an die Ergebnisse wissenschaftlicher Kontroversen zu glauben, sie nicht zu verstehen, sie nicht zu wollen – Resultate, deren Verbreitung von uns so sehr erwartet wird, als wären wir ebenso treue wie zuverlässige Leiter? Ich sage, daß diese Geschichte noch unberührt ist, weil die Gelehrten es stets für einen Skandal halten, daß ihr Wissen nicht allgemein geteilt wird. Da sie kein Bewußtsein von der enormen Arbeit haben, die für die Verbreitung ihrer Erkenntnisse vonnöten ist, sehen sie nicht, daß der Widerstand der Massen *ebenfalls eine Arbeit ist*, die zu untersuchen ebenso interessant wäre wie ihre eigene, auch wenn jene darauf zielt, ihre Moral zu untergraben. Sie sprechen von Unwissenheit und Popularisierung statt von Verbreitung und aktivem Widerstand. Die Geschichte der Wissenschaften aus dem Blickwinkel derer, die sie aktiv ablehnen, bleibt noch zu schreiben, auch wenn sie *per definitionem* selbst zum System der Forschung gehört.

Verbindungen und Bindemittel

Wenn wir nun zum fünften Kreis gelangen, heißt das nicht, daß wir jetzt endlich bei den Wissenschaften ankämen. Vom ersten Kreis an haben wir die Bahn, auf der sich der wissenschaftliche Verstand bei seiner Arbeit bewegt, keinen Moment lang verlassen. Dennoch stoßen wir bei diesem Kreis, den ich mangels besserer Bezeichnung den der *Verbindungen* oder *Bindemittel* nenne, in der Tat auf etwas Härteres. Wir kennen den Grund dafür. All die Ressourcen zusammenzuhalten, die in den vier übrigen Kreisen in Bewegung gesetzt wurden, ist wahrlich kein Vergnügen. Jetzt geht es darum, all diese noch lose herumliegenden Fäden fest zu verknoten, damit sie den Zentrifugalkräften nicht nachgeben. Dieser ganze Wust von Dingen strebt nach nichts so sehr wie nach Flucht und Verrat: die Welt sehnt sich danach, wieder fern und unentzifferbar zu sein; die Kollegen tun, was sie wollen; die Verbündeten verlieren die Geduld oder das Interesse; die Öffentlichkeit hat den glühenden Wunsch, nicht zu verstehen. Je mehr da an Heterogenem zusammengewürfelt ist, desto dringlicher wird es, den Begriff, das Argument, die Theorie zu finden, die das alles zusammenschnürt. Die Härte des Bandes ist es, die die Verbindung *dauerhaft* macht.

liefern.« »Das ist die Bande Zoës, der Atomspalterin:
E. Echard. *Kaufte das schwere Wasser, das einzige Produkt [für den Bau] des Meilers, das es in Frankreich nicht gibt. [...]*
Raoul Dautry. *Direktor des Kommissariats für Atomenergie. Verwaltet die vom Staat gewährten Kredite. War 1939 Rüstungsminister.*
Irène Joliot-Curie. *Arbeitet seit 20 Jahren zusammen mit ihrem Mann. Entdeckte 1934 mit ihm die künstlichen radioaktiven Elemente. Tochter von Marie Curie, die das Radium entdeckte.*
Lew Kowarski. *Leitete 15 Monate lang die Experimente der 20 Wissenschaftler und 400 Techniker. 1,80 m, 95 kg, Mitarbeiter von Joliot-Curie seit 14 Jahren.«*

Die Zeitungsausschnitte bringen wieder alles zusammen, was die Sozialgeschichte der Wissenschaften zu entwirren versucht. Ausschnitte aus Tageszeitungen vom Dezember 1948. Musée Curie, Paris

Die Entkernung der Geschichte

Diese wesentliche Beziehung zwischen Härte und Dauer erklärt, warum es stets so schwierig erscheint, Wissenschaftsgeschichte zu treiben. In der Tat werden erst durch die Arbeit in diesem fünften Kreis eher locker gefügte Aggregate von festeren unterscheidbar. Aus den ersten machen Historiker wie Philosophen »Umstände« oder »historische Kontingenzen«, aus den anderen das, was sie »Notwendigkeit« nennen. Nicht nur ist die Sozialgeschichte der Wissenschaften stärker als jene, die sie zu ersetzen beansprucht; sie verfolgt den wissenschaftlichen Verstand genauer bei der Arbeit, sie ist vernünftiger; doch darüber hinaus vermag sie auch zu begreifen, infolge welcher Ereignisse die übrigen erreicht werden und warum.

Behält man das Ganze der wissenschaftlichen Arbeit – symbolisiert durch die Rosette – nicht sorgsam im Auge, kann man in der Tat den Eindruck gewinnen, es gebe einerseits eine Geschichte der Kontingenzen (den Kranz) und andererseits (im Mittelpunkt) eine Notwendigkeit, die selbst nicht historisch wäre. Eine leichte Unaufmerksamkeit, eine leichte Unbekümmertheit genügt, und schon ist es geschehen! Plötzlich sind die engsten Verbindungen zerschnitten und von dem abgetrennt, was sie doch zusammenhalten und verschnüren. Noch ein wenig Unschlüssigkeit, und schon ist der Kern der wissenschaftlichen Inhalte von dem entfernt, was umgekehrt zum historischen »Kontext« wird.

Das Modell von Inhalt und Kontext, gegen das ich mich wende, entsteht dann, wenn die heterogene und vielfältige Arbeit der Wissenschaftler *fahrlässig zerschnitten* wird. Damit wird diese Arbeit als Ganzes undurchsichtig, weil man das Wesentliche nicht mehr erfaßt, nämlich *das, was* die Theorien und Begriffe theoretisch begreifen und zusammenführen. Anstelle eines stetigen und mühsamen Weges findet der Historiker nur einen Eisernen Vorhang, der die Wissenschaften und die außerwissenschaftlichen Faktoren auf Distanz hält. Wie bis vor ein paar Jahren mitten in Berlin, trennt eine Schandmauer das feine Netz der Straßen und Nachbarschaften. Statt die Theorien und zugleich das, wovon sie Theorien sind, zu begreifen, steht der Historiker entmutigt vor diesen Objekten, die so undurchdringlich und so dauerhaft sind, daß sie anderswoher zu kommen scheinen. So bleibt ihm nichts weiter, als sie in den platonischen Ideenhimmel zu schicken und sie zu einer bloß phantasierten Geschichte zu verbinden, die man oft »Wissenschaftsgeschichte« nennt, obwohl sie nichts Historisches und deshalb auch nichts Wissenschaftliches mehr aufweist. Das Malheur ist passiert; lange Bahnen von Ideen und Prinzipien durchziehen die kontingente Geschichte wie Fremdkörper. Die Historiker, die doch gewohnt sind, all die kollektiven Elemente zu untersuchen, die ich oben aufgezählt habe, resignieren vor soviel Fremdartigkeit, überlassen die Wissenschaften den Wissenschaftlern und Philosophen und begnügen sich damit, den Ausgang der Schlachten, das Alltagsleben, den Volksglauben oder die Getreidepreise zu untersuchen.

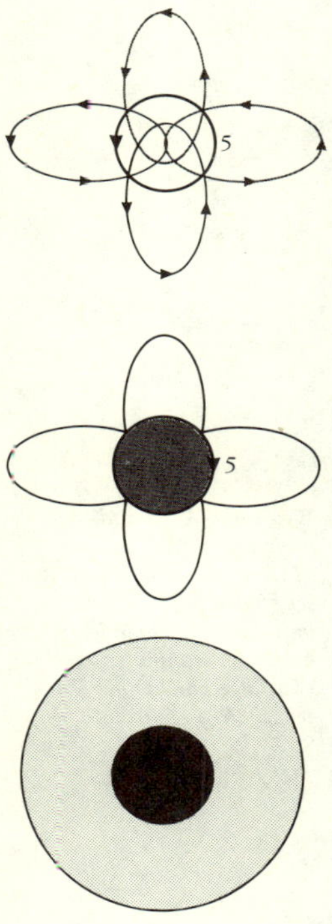

Wie das Modell Inhalt/Kontext herauspräpariert wird

Diese Bescheidenheit würde sie ehren, wenn nicht der Verzicht auf die wissenschaftlichen und technischen Inhalte die verdünnte Geschichte, die sie zu studieren beanspruchen und auf die sie sich beschränken wollen, *ebenso unverständlich* machte. Denn das Schlimmste bei dieser Abtrennung des Kerns von seinem Kranz, der Theorien von dem, was sie theoretisch behandeln, ist nicht so sehr, daß sich damit eine Geistesgeschichte der wissenschaftlichen Ideen ungehindert entfalten kann. Es besteht vielmehr in dem spiegelsymmetrischen Glauben der Historiker, es wäre möglich, indem man zuvor »entkernte« Kontexte aneinanderreiht, *die Sozialgeschichte unserer Gesellschaften zu erzählen, ohne sich weiter um die Wissenschaften und Techniken zu kümmern*. Das erste Arrangement, von dem die Träume der Epistemologie ausgehen, ist nur ärgerlich und kindisch; das zweite, aus dem die Illusion einer sozialen, allzu sozialen Welt entsteht, ist viel schädlicher. Es macht die gesamte moderne Geschichte undurchsichtig.

Nehmen wir zum Beispiel an, die Übersetzungsoperationen hätten das Labor Joliots für die Verfolgung der militärischen Interessen Frankreichs unentbehrlich gemacht, und nehmen wir weiter an, Joliot hätte seine famose Kettenreaktion nur in Gang halten können, indem er ein neues radioaktives Element entdeckte, das Plutonium, das diese Reaktion viel leichter auslöste. Ein Militärhistoriker, der die Serie von Übersetzungen verfolgt, müßte sich dann unweigerlich für die Geschichte des Plutoniums interessieren; genauer gesagt, diese Unvermeidlichkeit ist eine *Funktion der Arbeit und des Erfolgs* von Joliot. Denkt man daran, womit sich Wissenschaftler seit drei- bis vierhundert Jahren beschäftigen – wie lange kann man eine Armee untersuchen, ohne dabei durch ein Laboratorium zu kommen?

Das hängt von der jeweiligen Untersuchung ab, aber sagen wir, um uns eine feste Vorstellung zu bilden: nicht mehr als eine Viertelstunde. Wer folglich Militärgeschichte treibt und seine Schritte dabei nicht zu den Laboratorien lenkt, die einen Teil dieser Geschichte ausmachen, handelt absurd. Die Frage lautet nicht, ob man das *Recht* hat oder nicht, Geschichte zu schreiben, ohne sich um Wissenschaften und Techniken zu kümmern; es ist vielmehr eine *Tatsachen*frage: Haben die Akteure, denen die Historiker nachspüren, ihr Leben und ihre Leidenschaften mit nichtmenschlichen Akteuren, die von den wissenschaftlichen Laboratorien und Professionen mobilisiert wurden, verbunden oder nicht? Wenn ja, dann ist es undenkbar, in das Spiel der Geschichte nicht auch das Plutonium einzuführen, mit dem Joliot und die Militärs, beide auf ihre Weise, Krieg und Frieden machen.

Wie durch Aneinanderreihung von Kernen eine »Ideengeschichte der Wissenschaften« ...
und durch Aneinanderreihung von Kontexten eine »Sozialgeschichte der Wissenschaften« entsteht

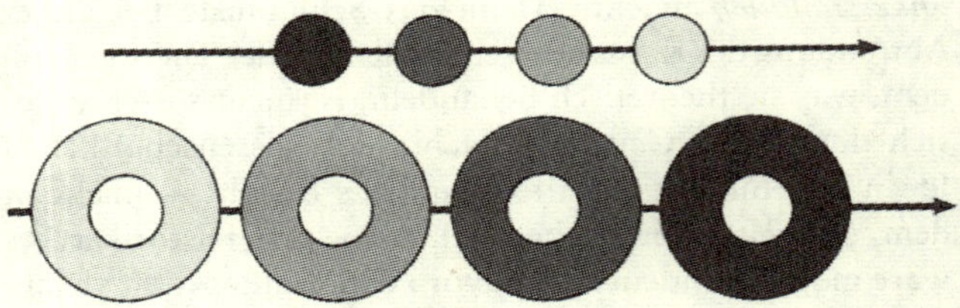

Die vorgängige Entkernung der Geschichte hat offenkundig die dramatische Konsequenz, die Wissenschaften unverständlich, vor allem aber die Sozialgeschichte im Wortsinne schwach-sinnig werden zu lassen. Warum sollten sich die französischen Militärs, um ihre Streitigkeiten mit ihren deutschen oder englischen Gegnern zu lösen, für die Streitigkeiten Joliots mit seinen Kollegen interessieren? Die gleiche Frage stellt sich auch Joliot: Was zwingt ihn, die Reaktionswahrscheinlichkeit des Deuteriums zu berechnen, um seine Kontroverse über die Möglichkeit einer Kettenreaktion zu lösen? Die Antwort, natürlich allzu schematisch: weil Joliot, einmal in den Besitz des schweren Wassers gelangt, seine Position irreversibel machen kann; vor 1940 mochte man an der Kettenreaktion zweifeln, danach konnte man es nicht mehr. Der Preis für den Beweis ist enorm gestiegen. Künftig wird keiner der Kollegen mehr ohne einen Atommeiler Physik treiben können. Die Antwort auf die erste Frage hat jedoch die gleiche allgemeine Form: Auch die französischen Militärs können, einmal von der Realisierbarkeit der Atombombe überzeugt, ihre Position irreversibel machen; man mochte über sie spotten, über ihre Brieftauben und ihre Maginot-Linie, die löchrig war wie ein Sieb; man konnte ihnen eine Niederlage beibringen und sie in die Flucht schlagen; doch sobald sie Atomwaffen haben, wird das viel schwieriger. Der Preis für einen Krieg wird enorm steigen. Künftig wird es unmöglich sein, ohne Atomphysiker Krieg zu führen. Meine Herren, Sie haben gehofft, mit der Maginot-Linie Krieg führen zu können, und sind geschlagen worden. Jetzt werden Sie ihn mit der Atomphysik beenden müssen. Zuverlässige, disziplinierte Reservetruppen werden Sie nicht bei den Generalen finden, die zum Verrat bereit sind, sondern bei den Neutronen. Ein General plus eine Maginot-Linie plus zwei oder drei Verräter, das ist eine Position, die sich umstoßen läßt. Ein General plus die nationale Atomenergiebehörde, das ist eine starke Position, an der jedenfalls nicht mehr so leicht zu rütteln ist (wie groß im übrigen die Zahl der Verräter und der Zweifler an der Staatstreue Joliots auch sein mag).

Ein Historiker, der auf die nicht-menschlichen Akteure verzichtete, die bei den menschlichen Schlachten von den Wissenschaften und Techniken ins Feld geführt werden, verböte es sich, die Irreversibilität zu verstehen, das heißt genau den Verlauf der Zeit oder das, was an Historischem in der Historie ist. Wäre die Geschichte im üblichen Sinne des Wortes »sozial«, hätte sie also ausschließlich menschliche Akteure, so wäre sie reversibel, vollständig umkehrbar und zeigte nirgends den akuten Ablauf der Zeit.

Wie man sieht, ist die Geschichte der Wissenschaften kein *besonderer Zweig* der allgemeinen Geschichte, so wie es eine Geschichte der Kleidung, der Klimate, der Tränen, der Angst oder der Wahlgesetze gibt. Wir definieren den Bereich der Geschichte allzu voreilig *in Opposition* zu jenen Felsen, die nicht verwittern: den wissenschaftlichen Tatsachen. Die Geschichte der Wissenschaften, wie sie hier neu bestimmt worden ist, nötigt uns dazu, die vorgängige Trennung zwischen dem, was ist oder eine Geschichte hat (ob in langen oder kurzen Wellen, spielt dabei keine Rolle), und dem, was keine haben kann, explizit zu machen. Mit anderen Worten, sie hat uns gezwungen, auf die vorgängige Spaltung zwischen Kontingenz und Notwendigkeit zurückzukommen: zwischen dem, was den Menschen eignet, und dem, was den Dingen vorbehalten ist.

PIERRE LÉVY

DIE ERFINDUNG DES COMPUTERS

In diesem Kapitel werden wir sehen, daß der Computer erst am Ende einer Serie von »Umwidmungen« und Umdeutungen verschiedenartiger Materialien und Vorrichtungen entstand. Seine Erfindung bildete den Schlußpunkt einer zufälligen Folge lokaler Gelegenheiten und Umstände, die sich zahlreiche Akteure – so gut es eben ging – zunutze machten

Geschichten der Informatik

Unmittelbar nach dem Kriege. Jeder hat noch die monströsen Atompilze vor Augen, die sich über dem Himmel von Hiroshima und Nagasaki erheben. Die Zeitungen bringen unerträgliche Bilder aus den von den Alliierten befreiten Konzentrationslagern. Es heißt, amerikanische Wissenschaftler hätten ein Elektronengehirn hergestellt, vielleicht genau zu dem Zweck, »die Bombe« zu bauen. Hinter dem Stacheldraht von Los Alamos[1] sei der Computer entstanden, gerade noch rechtzeitig vor den Deutschen; die Trümmer einer halbfertigen Maschine lägen noch unter dem Schutt des bombardierten Berlin. Pathetischere Umstände hätte man sich bei der Geburt dieses Emblems der technischen Moderne kaum vorstellen können. Als ob das absolut Böse, Grauenhafte, dem die Menschheit während dieses Krieges ins Auge blickte, durch die Nebenprodukte der Militärforschung gesühnt werden könnte. Als ob die Bombe und der Computer, im selben Strom von Blut getauft, künftig über unser Wohlergehen wachen sollten: die eine, indem sie den nächsten Weltkonflikt auf unbestimmte Zeit hinauszögert; der andere, indem er unsere Fähigkeiten und unsere Intelligenz vervielfacht.

[1] *Los Alamos*: Amerikanisches Forschungszentrum für Nuklearphysik, im Bundesstaat New Mexico gelegen, wo die erste Atombombe entwickelt und hergestellt wurde.

Der spanische Erfinder Torres y Quevedo (1852-1936) schrieb 1914 einen »Versuch über den Automatismus«. Er konstruierte mehrere Rechenmaschinen. Seine berühmteste Leistung bleibt der automatische Schachspieler (ein König für den menschlichen Spieler, ein König und ein Turm für die Maschine). Die Maschine gewinnt immer.
Die Photographie zeigt den Erfinder und sein Modell während eines Kybernetik-Kongresses im Conservatoire des arts et métiers 1922 in Paris.

Das grundlegende Ereignis

Eine Geschichte der Anfänge der Informatik könnte den Zweiten Weltkrieg zu den »Hauptursachen« der Erfindung des Computers rechnen. Hätte man damit nicht eine Bedingung, eine gewichtige Determinante, deren Ausmaß den ökonomischen und kulturellen Veränderungen entspräche, die von der Informatik angeregt wurden? Mußten nicht, um ein Werkzeug von solcher Potenz zu schaffen, sämtliche geistigen und finanziellen Ressourcen der kriegführenden Nationen in Bewegung gesetzt werden, um des bloßen Überlebens willen? Das wäre die These eines grundlegenden Ereignisses. Doch diese Annahme leidet unter zwei Schwächen. Auf der Ebene der Motive hinter einem Ereignis ist es nicht immer wahr, daß Ursachen und Wirkungen einander proportional wären. Auch kleine Ereignisse können bedeutsame Konsequenzen haben. Doch vor allem hält die These vom Krieg als grundlegendem Ereignis einer genaueren Analyse der Schicksale des automatischen Rechnens in den dreißiger und vierziger Jahren kaum stand. Der Krieg hat die Erfindung des Computers nicht schlicht und eindeutig begünstigt. Sie hat nicht in Japan stattgefunden. In Deutschland hätte die Einberufung Konrad Zuses, des Erfinders der ersten binären elektromechanischen Maschinen mit Programmspeicherung, fast seine Laufbahn unterbrochen. Dank der Unterstützung Helmut Schreyers, eines befreundeten Ingenieurs, kehrte er von der Front zurück, und es gelang ihm, das Blatt zu wenden und zur Verfolgung seiner Ziele an Gelder aus militärischen Quellen heranzukommen. Nicht ohne einige Enttäuschungen: Weder Zuse noch Schreyer konnten die Behörden von der Notwendigkeit überzeugen, den Bau eines elektronischen Hochgeschwindigkeitsrechners in Angriff zu nehmen. Das Heereswaffenamt weigerte sich, ein Vorhaben zu finanzieren, das für die Kriegsanstrengungen nicht unmittelbar von Nutzen schien. Gleichwohl gelang es ihnen, dem Krieg günstige Arbeitsbedingungen abzuringen ... bis zu dem Augenblick, in dem die alliierten Bombardements die Maschinen zerstörten und dem Weltkonflikt plötzlich einen anderen Sinn gaben als den einer günstigen Finanzierungsgelegenheit.

In Frankreich wurde die Idee einer programmierbaren elektromechanischen Rechenmaschine, die Louis Couffignal in Zusammenarbeit mit der Firma Logabax verfolgte, durch den Ausbruch der Feindseligkeiten unterbrochen. In den Vereinigten Staaten setzte die Dienstverpflichtung John Atanasoffs in ein Forschungszentrum der amerikanischen Marine 1942 dem Bau seiner elektronischen Rechenmaschine, der bereits weit fortgeschritten war, ein jähes Ende. Die Armee wußte den Einfallsreichtum des Mathematikers besser anzuzapfen als der Erfinder die Geldquellen des Militärs. Als die Vereinigten Staaten in den Krieg eintraten, unterbrach auch die Firma *International Business Machines* (*IBM*) die Forschungen ihrer Ingenieure Ralph Palmer und Byron Phelps über einen elektronischen Multiplikator. Vorrang erhielten die Regierungsaufträge, die sich an militärischen Nutzungen orientierten.

Der Fall Großbritanniens zeigt die ambivalente Rolle des Zweiten Weltkriegs noch deutlicher. Einer größeren Gruppe von Wissenschaftlern und Technikern, die sich nach ihrer Einberufung in der Chiffrierabteilung des Geheimdienstes zusammengefunden hatte, gelang es, die ersten größeren programmierbaren elektronischen Rechenmaschinen zu bauen. Großbritannien verfügte damit über ein unschätzbares Kapital an Erfahrung und *know how* auf diesem Gebiet. Doch der ultrageheime und rein militärische Charakter dieser Leistung erwies sich als zweischneidig. Er hinderte die Engländer daran, ihren Vorsprung auszubauen. Im Gegensatz zu den Amerikanern hatten sie Mühe, ihre Kenntnisse und Fertigkeiten in den Bereich von Wissenschaft und Industrie zu transferieren, der eine gewisse Öffentlichkeit voraussetzt.

Zwei mit dem militärischen Konflikt verbundene Elemente spielten freilich eine unleugbar positive Rolle für technische Erfindungen im allgemeinen und für die Entwicklung von elektronischen Rechnern im besonderen. Erstens natürlich der beträchtliche Zuwachs der Summen, die für Forschung und Entwicklung bewilligt wurden. Die Gelder aus militärischen Quellen haben auf diese Weise bestimmten Gruppen bedeutende Durchbrüche auf dem Gebiet des elektronischen Rechnens ermöglicht. Zweitens hatte man im Zuge riesiger Forschungsprojekte – etwa für die Entwicklung der Atombombe oder den Bau verbesserter Radarsysteme – zahllose Wissenschaftler räumlich konzentriert. Die ersten elektronischen Großrechner wurden im Rahmen solcher Zusammenballungen entwickelt: in Bletchley Park, wo der britische Chiffrierdienst arbeitete, und im Umkreis des *Ballistic Research Laboratory* (*BRL*) in den Vereinigten Staaten. Diese Konzentrationen erreichten eine »kritische Masse«, die für Erfindungen besonders förderlich war. Tatsächlich schufen sie die Bedingungen, unter denen eine Menge von Ideen, Theorien und technischen Objekten von zahlreichen Akteuren äußerst rasch zu verschiedenen Zwecken umgewidmet, umgedeutet und »gekapert« werden konnte.

Diese Kettenreaktionen im technisch-wissenschaftlichen

Bereich erinnern an jene, die in Reaktoren oder Atombomben ablaufen. Uranatome emittieren und absorbieren nur dann genügend Neutronen zur Freisetzung einer nutzbaren Energie, wenn sie in einer Masse von hinreichender Dichte zusammengebracht werden. Doch mit dieser Metapher enden die Beziehungen zwischen den ersten Elektronenrechnern und der Uranbombe, die über Hiroshima explodierte. Die Atomwaffe wurde ohne die Hilfe irgendeines Rechners konstruiert.

Vorläufer und geniale Begründer

Dem Wissenschafts- und Technikhistoriker, der die Erfindung des Computers darstellen will, stellt sich unmittelbar noch eine zweite, ganz klassische Versuchung: die Idee eines einzelnen genialen Begründers. Hier drängen sich gleich mehrere Kandidaten, die in Frage kämen, darunter Charles Babbage, Alan Turing und John von Neumann, die sich jeweils in unterschiedlicher Eigenschaft um diesen Titel bewerben.

Charles Babbage (1792-1871), ein Gelehrter mit weitgespannten Interessen und Fähigkeiten – Mathematiker, Astronom, Ökonom –, der im gesamten wissenschaftlichen Leben Englands in der ersten Hälfte des neunzehnten Jahrhunderts mitmischt, wäre ein ausgezeichneter Vorläufer. Er verdankt das Privileg, in jeder Geschichte der Informatik aufzutreten, dem Entwurf zweier Rechenmaschinen, der *Difference Engine* und der *Analytical Engine*. Die erste dieser Rechenmaschinen – sogar mit einer Vorrichtung zum Ausdruck der Ergebnisse versehen – war auf bestimmte Operationen spezialisiert, die bei astronomischen Berechnungen und der Erstellung mathematischer Tafeln (Logarithmen, Sinus, Quadratwurzeln usw.) besonders häufig vorkamen. Babbage entwarf sie um 1813. Ihre Komplexität und ihre Leistung übertrafen bei weitem die seinerzeit verfügbaren Additions- und Multiplikationsmaschinen. Er kam nicht dazu, sie zu konstruieren, obwohl der Versuch beträchtliche Summen verschlang, darunter Zuschüsse der englischen Regierung. Sie wurde erst dreizehn Jahre später von dem Schweden P. G. Scheutz verwirklicht und bis zum Beginn des zwanzigsten Jahrhunderts in mehreren Exemplaren nachgebaut. Was die Pläne zu der *Analytical Engine* angeht, die niemals vollständig gebaut wurde, so beschrieben sie einen nicht spezialisierten Rechner, dessen Aufbau den unserer Computer vorwegzu-

Charles Babbage. Ein »großer Vorfahr« der Informatiker? Aus: The Illustrated London News *1871*

nehmen scheint. Tatsächlich trennt Babbage zum ersten Mal die Rechenfunktion und die Speicherfunktion. Vor allem sieht er einen programmgesteuerten, auf Lochkarten codierten Ablauf vor.

Von hier aus ist es nur noch ein Schritt bis zu der Behauptung, der englische Astronom habe das Prinzip des Computers entdeckt, nur die praktische Verwirklichung sei ihm noch nicht gelungen, weil er den Ideen seiner Zeit und den technischen Möglichkeiten seiner Epoche zu weit voraus gewesen sei. Ein Schritt, wie gesagt – vor dem wir uns hüten werden.

Zunächst einmal gehört das Projekt von Babbage offenkundig in eine ganz andere geistige Atmosphäre, als sie in den fünfziger Jahren unseres Jahrhunderts herrschte, der Zeit, in der die ersten Computer auftraten. Für ihn handelt es sich weder darum, ein mechanisches Gehirn zu bauen,

noch um eine Universalmaschine, die fähig wäre, jede beliebige Information automatisch zu verarbeiten. Die analytische Maschine ist für ihn kein *Träger von Programmen*, wie die Computer für uns. Babbage verfolgte in erster Linie das Ziel, exakte nautische, astronomische und mathematische Tafeln zu erstellen, da die seinerzeit verfügbaren von Fehlern übersät waren. Um präzise Zahlentafeln zu erhalten, war es notwendig, das Errechnen und Drucken gleichzeitig zu mechanisieren. Es ging nicht darum, den Traum einer denkenden Maschine zu verwirklichen, sondern um ein industrielles Verfahren zur Abkürzung der Rechenzeit, zur Beseitigung von Rechen- und Setzfehlern und zur Kostensenkung bei der Herausgabe von Zahlentafeln. Die völlige Beseitigung menschlicher Eingriffe in die Rechenoperationen zog er nicht in Betracht. Die analytische Maschine war nur ein riesiges *Instrument* zum Rechnen und Ausdrucken, das von einem spezialisierten Personal bedient werden sollte. Niemals ist in seinen Schriften von Automatisierung die Rede, so wie wir sie heute vor Augen haben. Die *Analytical Engine*, die mit Dampf betrieben werden sollte, gehört in die industrielle Welt des neunzehnten Jahrhunderts.
Man definiert den Computer gewöhnlich als programmierbare elektronische Rechenmaschine mit gespeichertem Programm. Dieser letzte Begriff der Programmspeicherung ist grundlegend, denn wie wir sehen werden, erhält der Computer erst dadurch seine flexible Nutzbarkeit und seinen wahrhaft universalen Charakter. Nun wird die Programmspeicherung aber erst dann zum technischen Vorteil, wenn eine sehr große Rechengeschwindigkeit verfügbar ist, also erst seit dem Auftreten der elektronischen Maschinen. Der Computer im eigentlichen Sinne war also für Babbage strikt undenkbar. Einige marginale Passagen in den Schriften von Lady Lovelace, der wichtigsten Mitarbeiterin von Babbage, sind als Andeutungen der Idee verstanden worden, die Programme der analytischen Maschine zu speichern. Doch solange der interne Speicher der Maschine mechanisch, also sehr langsam arbeitete, konnte dieser Gedanke nicht denselben Sinn haben wie für uns.
Ob man ihn als Erfinder, Begründer oder Vorläufer betrachtet – stets wird das Handeln des großen Mannes auf die Zukunft hin entworfen. Es kündigt an, es geht voraus, es leitet ein. Doch eine Umkehrung der Blickrichtung würde zeigen, daß der Begründer zugleich ein Erbe ist, der

Webstuhl des französischen Mechanikers Falcon, der 1728 das Prinzip der Lochkartensteuerung erfand. Diese Art der Steuerung blieb im Bereich der Computerprogrammierung bis in die siebziger Jahre unseres Jahrhunderts in Gebrauch.

eine Menge von Ideen und Materialien, die zu seiner Zeit bereits verfügbar waren, benutzt, umwidmet und für eigene Zwecke verwendet. Babbage hat den Gedanken einer programmierbaren Maschine und sogar die Idee der Lochkarte als Programmträger offenkundig von den Jacquardmaschinen übernommen, die zu Beginn des neunzehnten Jahrhunderts ihren Siegeszug in der Textilindustrie antraten.[2] Babbage hatte die Arbeitsweise dieser Webstühle in sämtlichen Einzelheiten studiert. Nach einer Anekdote besaß er ein Porträt Jacquards, das mit Hilfe eines 24 000

[2] *Jacquardmaschine*: Vorrichtung an Webstühlen, die es ermöglicht, daß jeder Kettfaden einzeln gehoben oder gesenkt (»regiert«) werden kann, wodurch beliebige Musterungen hergestellt werden können. Das Regieren der Kettfäden erfolgt mit der Jacquardkarte, einer dem Muster entsprechend gelochten Pappkarte.

Lochkarten umfassenden Programms gewebt worden war. Beachten wir übrigens, daß unabhängig davon die Lochkarten ein zweites Mal von ihrer ursprünglichen Verwendung abgelenkt wurden, als Hermann Hollerith (1860-1929), der Gründer der Firma, aus der *IBM* wurde, um 1885 das mechanische Schreiben erfand. Die Lochkarten sollten in der Informatik bis in die siebziger Jahre unseres Jahrhunderts benutzt werden, als sie aus den Fabriken bereits längst verschwunden waren.

Eine weitere Umwidmung: die Idee der »Logarithmenmanufaktur« von Gaspard Marie Riche, Baron de Prony. Dieser hatte, als Direktor des Pariser Katasteramts, um die Wende vom achtzehnten zum neunzehnten Jahrhundert eine regelrechte Fabrik zur Erstellung mathematischer Tafeln organisiert, in der er die strikteste Arbeitsteilung einführte. Nach der Methode der Differenzenrechnung wurde von Mathematikern ein allgemeiner Arbeitsplan entworfen, der von »niederen« Mathematikern bearbeitet und von Personal ausgeführt wurde, das sich auf nichts weiter verstand als Additionen. Babbage hatte sich nach einer Begegnung mit Prony von dieser Rechenfabrik unmittelbar für seine *Difference Engine* und mittelbar für seine *Analytical Engine* anregen lassen. Eine Reihe von »Addierern« vermag die komplexesten Berechnungen auszuführen, sofern sie strengen und richtig konzipierten Plänen folgen. Babbage ersetzte die menschlichen Additionsmaschinen durch mechanische, wie sie damals schon gebräuchlich waren.

Man könnte die Liste der Wiederverwendungen, Entlehnungen und Umwidmungen, die Babbage vornahm, ohne weiteres noch verlängern; er war ein unermüdlicher Beobachter aller Maschinen und Arbeitsmethoden seiner Zeit, sowohl im wissenschaftlichen Bereich wie in der Industrie. Doch wie sehr er auch in der Schuld seiner Epoche und seiner Vorgänger stehen mag – hat Babbage als Schöpfer (der er doch unstreitig war) nichts Originelles hervorgebracht? Gewiß – indem er den heterogenen Materialien und Ideen, die er für die Zwecke seines eigenen Unternehmens genutzt und »gekapert« hat, einen neuen Sinn gab. Ebendarum ist die Idee des Begründers oder Vorläufers ja so anfechtbar. Den Akteuren, die nach ihm kamen, diente das Werk des angeblichen Begründers oder Vorläufers wiederum als neu verwendbares Material. Gerade das, was er selbst an Neuem schuf, der neue Sinn, den er einer Vielzahl verschiedenartiger Materialien aufdrängte, wird später am wenigsten respektiert, denn das innovative Arrangement wird bei seinen Nachfolgern selbst zum Material, das neu interpretierbar ist, zu etwas, dessen originelle Bedeutung man gewaltsam ändern und umbiegen wird, um sie in eine neue Realisation, in neue Vorhaben einzugliedern. Man kann Babbage als ehrwürdigen Vorfahren, als Stammvater der Informatiker darstellen, ebensogut aber auch als Ruine, deren Steine man plündert, um damit den Tempel einer neuen Religion zu errichten.

Im übrigen, wenn wir uns an diese Metapher halten, dienen die fraglichen Steine viel eher dazu, nachträglich die Fassade zu schmücken, als das Dach zu tragen. Wohl gab der englische Astronom im Laufe des neunzehnten Jahrhunderts direkte Anregung zum Bau eines Dutzends von Maschinen, doch ein tatsächlicher Einfluß seiner Arbeiten auf die Erfinder der großen Digitalrechner[3] der dreißiger sowie der Computer der vierziger Jahre hat kaum bestanden.

Dorniger ist die Turing-Affäre. Alan Turing (1912-1954) ist ein englischer Mathematiker und Logiker, dessen ungewöhnlicher und tragischer Tod recht gut dem Stereotyp des geopferten Gelehrten entspricht, wie es in diesem Buch bereits von Archimedes und Lavoisier illustriert wurde.[4] Insofern ist er also für die Rolle des Begründers ein besonders geeigneter Kandidat. Als er 1952 von der britischen Justiz nach einem Prozeß wegen Homosexualität verurteilt wurde, mußte er zwischen einer Gefängnisstrafe und Hormonspritzen wählen, von denen man eine Verbesserung seines Zustands erwartete. Er entschied sich für die Hormone. Zwei Jahre später beging er Selbstmord, indem er in einen mit Zyanid vergifteten Apfel biß. Sein Biograph, Andrew Hodges, gibt zu verstehen, daß der amerikanische und der britische Geheimdienst, für die Turing während des Krieges als Experte gearbeitet hatte, an diesem brutalen Tod nicht unbeteiligt gewesen seien, weil sie befürchteten, die Russen könnten seinen »schwachen Punkt« benutzen, um ihm Informationen zu entlocken oder ihn auf die andere Seite zu ziehen.

Turing tritt in der Geschichte der Informatik zunächst als Theoretiker auf. 1937 veröffentlichte er einen Artikel über ein komplexes Problem der mathematischen Logik. Dieser Artikel enthält die Beschreibung eines abstrakten Automaten – der Universalmaschine –, die fähig ist, jedes denkbare

[3] *Digitalrechner*: Man unterscheidet allgemein Digital- und Analogrechner; digitale Rechenmaschinen arbeiten grundsätzlich in diskreten Schritten und codieren die zu verarbeitenden Größen diskontinuierlich (mit Hilfe von Zahnradfeststellern, Löchern in Lochkarten, offenen oder geschlossenen Stromkreisen, der An- oder Abwesenheit von elektrischen Impulsen).

[4] Vgl. S. 219 ff. und 674 ff.

Kalkül auszuführen. Dank der Präzision seiner Beschreibung kann Turing die Existenz von Problemen beweisen, die für die Universalmaschine unlösbar sind, unlösbar also für jede beliebige Rechenmethode. Einige Jahre später war er in verschiedenen Funktionen an der Konzeption der englischen Elektronenrechner und später, nach dem Kriege, am Bau von einigen der ersten Computer beteiligt.

Rein formal betrachtet und auf die Frage der Rechenleistung beschränkt, ist die in dem Artikel von 1937 beschriebene Universalmaschine das *exakte* logische Äquivalent des Computers, auch wenn sie ihn um ein Dutzend Jahre vorwegnimmt. Es finden sich dort insbesondere die Ideen der Programmspeicherung, programmierter Kalküle und äußerster Allgemeinheit, die man im Werk von Babbage vergebens suchen würde. Es wäre also reizvoll, den Computer als Realisation des logischen Automaten von 1937 zu betrachten, zumal es dasselbe Individuum ist, das nacheinander an der Konzeption beider beteiligt war. Der Computer hätte also zunächst in Idealgestalt existiert, bevor er sich in einer wirklichen Maschine inkarnierte. Man muß dieser Versuchung jedoch widerstehen. Die universale Turingmaschine in dem Artikel von 1937 ist letztlich nur ein sehr ingeniöses Beweisinstrument zur Lösung eines mathematischen Grundlagenproblems. Erst als er während des Krieges elektronische Hochgeschwindigkeitsrechner gesehen hatte (erneut taucht hier der Faktor Geschwindigkeit auf!), kam Turing dazu, seiner Universalmaschine einen ganz anderen Sinn zu verleihen. Und zwar machte er daraus den nicht bloß möglichen, sondern konkret und problemlos konstruierbaren Träger einer künstlichen Intelligenz.

Turings Universalmaschine hat im übrigen keinem Konstrukteur eines konkreten Automaten Anregungen geliefert. Der Bereich, in dem sie auftrat, war zu weit von den Problemen entfernt, denen die Planer von Rechnern aus Glas und Metall begegneten, als daß sie sie für ihre Zwecke hätten umwidmen können. Nachträglich, eben erst nachträglich, konnte eine logizistisch inspirierte Geschichtsschreibung Turing zu einem der *Begründer* der Informatik ernennen: als ob die abstrakte funktionale Isomorphie zwischen den Computern und Turings Universalmaschine es erlaubte, auf eine Beziehung zwischen logischer Bedingung und realer Möglichkeit, zwischen Ursache und Wirkung, auf ein Ableitungsverhältnis zu schließen. Wäre die Universalmaschine niemals erdacht worden, so wären *ceteris paribus* die Computer dennoch konstruiert worden. Die (theoretischen) *Grundlagen* sind von der (genetischen) *Grundlegung* zu unterscheiden.

Während Turing den Typus des unglücklichen, oftmals unverstandenen und zu Lebzeiten sogar verfolgten wissenschaftlichen Helden verkörpert, stellt der Mathematiker John von Neumann (1901-1957) den anerkannten und hervorragenden Gelehrten dar, dem keine Ehrung versagt blieb und der zu den führenden Kreisen der amerikanischen Armee und Verwaltung Zutritt hatte. Von Neumann gilt gewöhnlich als Begründer der Informatik, weil er die Pläne für den *EDVAC* (*Electronic Discrete Variable Automatic Calculator*) verfaßt hat, das erste Dokument, das den inneren Aufbau und die Funktionsprinzipien der modernen Computer beschreibt. Noch heute nennt man die klassische Organisation der Computer, wie sie seit Ende des Zweiten Weltkriegs üblich ist, »Von-Neumann-Architektur«.

Der Fall von Neumanns ist klar, weil er offensichtlich die Geschichte eines Raubzuges, ein Fall von Kaperei ist. Die Pläne für den *EDVAC* faßten in ansprechender Form all die Ideen zusammen, die von einer Arbeitsgruppe der *Moore School of Electrical Engineering* der Universität von Pennsylvania entwickelt worden waren. Diese Gruppe, die soeben den ersten amerikanischen Elektronenrechner entworfen hatte, war auf der Suche nach neuen Organisations- und Funktionsprinzipien für eine zweite Maschine, als von Neumann sich ihr anschloß. Man weiß, daß der Begriff des gespeicherten Programms, ebenso wie andere originelle Gedanken, die in den *EDVAC*-Plänen vorkommen, erstmals von John Eckert und John Presper Mauchly formuliert worden war, den beiden führenden Köpfen der Mannschaft der *Moore School*. Indem er als angesehener Mathematiker die *EDVAC*-Pläne mit seinem Namen zeichnete, verschaffte ihnen von Neumann unerwartete Beachtung und Anerkennung, was sehr nützlich war, um an militärische Gelder heranzukommen; doch damit schrieb er sich auch den ganzen Ruhm der Erfindung des Computers zu. In der Tat war damals schon sehr genau vorauszusehen, welche Bedeutung das automatische Rechnen in der Nachkriegswelt annehmen würde.

Im Gegensatz zu Turing gelang von Neumann also zu Lebzeiten ein Fang, der ihn, ihn und seine Disziplin, durch

Umdefinition von Natur und Funktionsweise der elektronischen Rechenmaschinen an den »wahren« Ursprung der Informatik stellte. Die Computer fallen von nun an unter die *Theorie der Automaten*, die nicht nur logisch-mathematische Objekte und elektronische Maschinen behandelt, sondern auch das Nervensystem lebender Wesen. Darin liegt der ganze Sinn des kybernetischen Abenteuers, an dem der Mathematiker von Princeton beteiligt war. Eckert und Mauchly tauchten nur noch als »Ingenieure« auf, zuständig für die technische Durchführung. Tatsächlich hatte von Neumann die Leistungen der Gruppe der *Moore School* auf seine eigenen Projekte umgelenkt.

Diesmal hat der angebliche Begründer eine glänzende Synthese von Ideen hergestellt, die überwiegend von anderen entwickelt worden waren, von ihm jedoch in die neue Perspektive einer allgemeinen Theorie der Automaten gestellt wurden. Es geht uns nicht darum, den Beitrag von Neumanns oder seine Originalität in der Geschichte der Informatik zu leugnen, sondern darum, den Begriff der Grundlegung oder des Ursprungspunkts selbst in Frage zu stellen, der sich, wann immer man einen bestimmten Fall betrachtet, als ein Umdeuten oder »Kapern« älterer oder zeitgenössischer Arbeiten erweist. Freilich kann der gleiche Vorgang ebensogut den angeblichen Begründer ereilen und ihn aus der Morgenhelle der Anfänge ins undeutliche Grau der Vorgeschichte verjagen.

Der Logizismus: Ingenieure und Mathematiker

In der Geschichte der Informatik kommt zu dem allgemeinen Problem der Grundlegung die spezielle Frage des Logizismus hinzu. Man wird in der Tat bemerkt haben, daß die drei Hauptkandidaten für die Grundlegung der Informatik sämtlich Mathematiker waren. Man rühmt sie, die abstrakten Strukturen entworfen zu haben, die heute die Computer charakterisieren und ihre erstaunlichen Leistungen ermöglichen. Damit aber verbannt man die Mechaniker, Ingenieure und Handwerker in den Hintergrund, deren Beitrag nicht weniger entscheidend war, auch wenn er sich weniger dazu eignet, eine Erfindung in Szene zu setzen. An die Stelle der Galerie von Einzelporträts, wie sie die Wissenschaftsgeschichte traditionell zeichnet, muß in der Geschichte der Informatik eine Serie von Paaren treten, zwischen denen oft stürmische Konflikte herrschen.

Teilrekonstruktion der Analytischen Maschine von Babbage

Neben Babbage also Joseph Clement. Daß Babbage scheiterte, ist nicht auf die Beschränkungen der Technik seiner Zeit zurückzuführen, sondern darauf, daß er sich mit einem der besten Mechaniker Englands überworfen hatte. Unter anderem ging der Streit darum, daß Babbage ein Monopol auf die analytische Maschine behalten wollte, während Clement deren Teile gebaut, einige davon entworfen und sämtliche zu deren Verwirklichung erforderlichen Werkzeuge hergestellt hatte. Die Konflikte häuften sich so sehr, daß der Mechaniker sich von dem Projekt zurückzog. Babbage hatte bereits zuviel von seinem Geld in die Zusammenarbeit mit Clement gesteckt, um mit einem anderen noch einmal zu beginnen, und die englische Regierung weigerte sich enttäuscht, die analytische Maschine zu finanzieren, solange Babbage nicht einmal die Konstruktion der Differenzmaschine erfolgreich zu Ende bringen konnte.

Im England der vierziger Jahre, während des Krieges, findet man diese Polarität zwischen Mathematikern und Ingenieuren wieder, auch wenn offenbar kein erklärter Konflikt herrschte. Man muß dazu sagen, daß die Realisationen der Gruppen von Bletchley Park mehr als dreißig Jahre lang geheim blieben; Streitigkeiten um Priorität oder Zuschreibung schieden also aus. Mit der allgemeinen Entwicklung der Dechiffriermaschinen wurden Turing und Max Newman betraut; dieser, ein Spezialist für Grundlagen der Mathematik und Topologie, war Turings Lehrer in Cambridge gewesen. Tatsächlich konstruiert wurden die ersten Elektronenrechner jedoch von dem Physiker C. E. Wynn-Williams, einem Fachmann für elektronische Zählapparate, sowie den Ingenieuren T. H. Flowers, S. W. Broadhurst und W. W. Chandler. Diese Männer hatten vor dem Krieg auf dem Gebiet des Fernmeldewesens zusammengearbeitet. Die von den Ingenieuren getroffenen Entscheidungen – etwa das binäre Zahlensystem zu verwenden oder sämtliche Operationen der Maschine mit Hilfe einer internen Uhr zu synchronisieren – lassen sich nicht auf belanglose technische Einzelheiten reduzieren. Ohne die Erfahrungen im Bereich der Elektronik, die Flowers und die Techniker um ihn herum besaßen, und den Erfindungsgeist, den sie zeigten, hätte der berühmte englische *Colossus* – mit dem es gelang, die Nachrichtenverbindungen der deutschen Wehrmacht in der Zeit vor der Invasion zu dechiffrieren – niemals das Licht des Tages erblickt.

Auf den offenen Konflikt, der in Amerika von Neumann und den Physiker Mauchly sowie Eckert, einen genialen jungen Bastler, zu Rivalen machte, wurde bereits hingewiesen. Der eine betrachtete den Computer als eine wissenschaftliche Entdeckung (die seinige), die jedermann nutzen könne. Die beiden anderen waren entschieden der Meinung, man habe es hier mit einer Reihe technischer Erfindungen (den ihrigen) zu tun, die durch Patente geschützt werden müßten.

Wenn der Historiker vor der Frage zögert, ob nun Ingenieure oder Mathematiker den Computer erfunden haben, so verrät sich darin eine Uneindeutigkeit im Status der heutigen Informatik (ist sie eine Technik oder eine Wissenschaft?). Wählt man Babbage als Vorläufer und Turing oder von Neumann als Begründer, so optiert man für die Wissenschaft. Doch diese Wahl erklärt möglicherweise nicht die Leistungsfähigkeit der Computer, denn logische Strukturen und interne Architekturen wären praktisch folgenlos geblieben, wenn nicht bestimmte physische Materialien und Vorrichtungen es erlaubt hätten, zur Ausführung einer Multiplikation mit großen Zahlen eine Geschwindigkeit in der Größenordnung von einer Millisekunde zu erreichen.[5] Wie wir zeigen werden, mag die Frage

[5] Vgl. die Tabelle auf S. 932.

der Geschwindigkeit oder der Dauer der Operationen unter logischem Gesichtspunkt irrelevant sein, wird aber entscheidend, wenn es darum geht, tatsächlich eine universal verwendbare programmierbare Rechenmaschine zu konstruieren.

Der Logizismus betrachtet Zeit und Materie als nebensächliche oder zufällige Einzelheiten. In Wirklichkeit können Materialien und Geschwindigkeiten eine grundlegende, entscheidende Rolle spielen, wie es gerade in der Geschichte der Informatik der Fall ist. Nach der logizistischen Version der Geschichte waren die wesentlichen Prinzipien der Informatik bereits in den genialen Intuitionen von Vorläufern wie Gottfried Wilhelm Leibniz (Ende des siebzehnten Jahrhunderts), Babbage oder Turing (1937) enthalten, Wissenschaftlern, die sich gleichwohl nicht im entferntesten hätten vorstellen können, welchen Gebrauch man von ihren Intuitionen mit Hilfe von Vakuumröhren oder Transistoren dereinst machen würde.

Die Geschichte der Informatik als Generationenfolge technischer Realisationen

Aber müssen wir uns deshalb eine Geschichte der Informatik zu eigen machen, die der Abstammungslinie der Technologien des automatischen Rechnens nachgeht, wie man es lange getan hat? Auf diese Weise erhielte man eine Folge von »Generationen«: erst mechanische Maschinen, dann elektromechanische, schließlich elektronische, die das Zeitalter der Computer eigentlich erst eröffnen. Eine ähnliche Abfolge ließe sich innerhalb der Elektronik wiederfinden: die Vakuumröhre, der Transistor und der gedruckte Schaltkreis würden den geradlinigen Fortschritt der Computer zu immer leichteren, schnelleren und verläßlicheren Geräten markieren. Diese einfache Auffassung, die bei den großen Herstellern weit verbreitet ist, unterschätzt freilich bestimmte Dimensionen der Informatik, etwa die Programmiersprachen, die Programme oder die Vorrichtungen für die Kommunikation zwischen den Maschinen und ihren Benutzern, von den sozialen Gebrauchsweisen ganz zu schweigen.

Die abenteuerliche Entwicklung der Mikroinformatik hat dazu beigetragen, das lineare »Generationen«-Schema wieder in Frage zu stellen. War die Entwicklung des Mikroprozessors die eigentliche »Ursache« für den Erfolg des *Personal Computer*? Nein, sie war nur ein Ereignis unter anderen, das seinen Sinn und seine Dynamik erst im Rahmen eines Kampfes gegen die Riesen der Informatikbranche gewann. Nennen wir aus dem Sammelsurium der Faktoren, die sich die Gründer der ersten Mikrocomputer-Firmen zunutze machten: die Programmiersprache *Basic*; Schnittstellen, die auch von Leuten benutzt werden konnten, die keine professionellen Informatiker waren; die Gegenkulturbewegung, die ihren Höhepunkt in den siebziger Jahren in den Vereinigten Staaten erreichte; Risikokapital-Gesellschaften auf der Jagd nach raschen Profiten; und so weiter. Mit den innovativen Unternehmen von Silicon Valley erschienen in der Geschichte der Informatik andere soziale Akteure auf der Bühne als der Staat, die Wissenschaft und die Großkonzerne. 1976 verband *IBM* mit dem Mikroprozessor etwas anderes als *Apple*; es waren in der Tat inkompatible »Welten«, das heißt unterschiedliche Netze von Allianzen, in die er hier und dort eingebunden war. Dieses Beispiel legt den Gedanken nahe, daß »kausale« Erklärungen (in diesem Falle: eine neue Etappe der Miniaturisierung gedruckter Schaltkreise) in der Geschichte der Techniken manchmal ohne Belang sind. Interessanter scheint es, hervorzuheben, in welcher Weise die Akteure Situationen, technische Anordnungen und soziale Kräfte zum eigenen Vorteil deuten, »umwidmen« oder »kapern«. Die materiellen Apparaturen sind gewiß bedeutende Wendepunkte in der Geschichte der Informatik, doch liefern sie keine verläßlichere und eindeutigere Determination als die großen Ereignisse (wie der Zweite Weltkrieg) oder das Genie der Mathematiker.

Im übrigen gibt die Vorstellung von aufeinanderfolgenden Generationen technischer Realisationen kein genaues Bild vom wirklichen Ablauf der Ereignisse. Das gilt etwa für das Verhältnis zwischen elektromechanischen Maschinen mit Relaistechnik und elektronischen Maschinen; jene gelten als Vorgänger von diesen. Doch schon 1935, noch vor den ersten Versuchen des Deutschen Konrad Zuse und des Amerikaners George Robert Stibitz mit Telefonrelais, hatte Atanasoff den Bau von Schaltkreisen auf der Grundlage von Dioden für elektronische Rechner ins Auge gefaßt. Atanasoff kannte die Arbeiten der Engländer W. H. Eccles und F. W. Jordan, die bereits 1919 eine sehr einfache Version eines solchen Schaltkreises beschrieben hatten. Er machte sich ihre Ideen zu eigen, um sie auf höherem Niveau weiterzuentwickeln. 1942 war der elektronische Teil seines Rechners funktionsfähig, doch seine Einberufung unterbrach die Ausführung seines Projekts. Man sieht hier, daß Begriffe wie »Generationen« oder »Etappen« nicht geeignet sind, den normalen Verlauf des technischen Fortschritts zu beschreiben, sondern vielmehr seine vielfachen Überlappungen beziehungsweise seine chaotischen Züge verdecken.

Die künftige Ursache

Bei unserer Betrachtung der verschiedenen Arten, die Geschichte der Informatik zu schreiben, begegnen wir schließlich der teleologischen Darstellung. Nach dieser Auffassung war der Computer, so wie wir ihn heute kennen, bereits das dunkel erstrebte Ziel all derer, die im engeren oder weiteren Sinne an der Verbesserung der Rechenmethoden arbeiteten, von den ältesten Erfindern des Rechenbretts bis zum Erfinder der Logarithmentafel. Die ganze Geschichte lief demnach von Anbeginn auf den gegenwärtigen Stand unserer Techniken und unseres Wissens zu. Folglich hätte es niemals Verzweigungen gegeben, wären niemals Wahlen getroffen oder Uminterpretationen der Vergangenheit zugunsten neuer Pläne vorgenommen worden. Unsere Gegenwart und, mehr noch, unser Verständnis dieser Gegenwart wären somit eine Art Schlußpunkt, der aus der Zukunft den gesamten Ablauf der Geschichte gesteuert hätte. Die vielfachen Umstände und Zufälle, aus denen die Geschichte geknetet wurde, hätten diesem Projekt nur als Hilfsmittel gedient. Den Umständen wird so jeder entscheidende Charakter, jeder lenkende Einfluß bestritten. Eine ausgezeichnete Illustration dieser Tendenz bietet das Werk Robert Ligonnières, das mit den Worten beginnt:

> »Die Erfindung des Computers stellt die Vollendung eines alten Traums dar, der – zunächst unbewußt – zwanzig Jahrhunderte lang reifte. Es war der Traum, geistige Arbeit von einer Maschine ausführen zu lassen. An diesem Abenteuer war die ganze Menschheit beteiligt, von den ältesten Zivilisationen bis in unsere Zeit, die dadurch gekennzeichnet ist, daß sie ein gewaltiges Potential technischer Lösungen angesammelt hat.«

Wie könnte man annehmen, es sei *derselbe* Traum gewesen, von dem sich der Schöpfer eines chinesischen Abakus des zehnten Jahrhunderts, Nicolas Chuquet[6] und Steve Jobs[7] unwissentlich leiten ließen? Objekte und Begriffe ändern mit dem Gebrauch, den verschiedene Akteure von ihnen

[6] Vgl. oben, S. 380 f.

[7] *Steve Jobs*: Gründer der Firma *Apple*.

machen, auch ihren Sinn. Jede einzelne Schöpfung in der Geschichte des Kalküls ist in eine bestimmte Vorstellungswelt, ein bestimmtes soziales und technisches Universum eingelassen. Ja, schon die Begriffe Kalkül und Automatismus haben sich seit den Theaterwunderwerken der Mechaniker von Alexandria oder seit den ersten, in den ägyptischen Sand gezeichneten Rechentafeln vollständig verändert. Die Kritik an Ursachen, die aus der geschichtlichen Zukunft wirken, müßte nahezu die gleichen Argumente benutzen wie die Kritik der Teleologie in der Evolutionstheorie. Wir brauchen uns bei diesem Punkt nicht lange aufzuhalten.

Mit dem Begriff Grundlegung sucht man nach einer Determination aus der Vergangenheit, nach einem Punkt, von dem an die Zukunft ein für allemal festgelegt wäre. Mit der Idee einer Vorahnung der Zukunft, die dunkel das Handeln unserer Vorgänger gelenkt hätte, glaubt man den Fixpunkt, den Magnetpol der Geschichte, in einer Gegenwart gefunden zu haben, auf die alles zuläuft. Im Grunde ist das die Fabel vom Fortschritt. Beidemal wird die der Dauer eigentümliche Unbestimmtheit unterschlagen; beidemal verschwinden die unvorhersehbaren Verzweigungen, in denen unablässig neu über die Zukunft entschieden wird, und die Kontingenz, die diese Entscheidungen lenkt.

Von 1936 bis 1946: Eine Geschichte der Informatik

Der ASCC (Automatic Sequence Controlled Calculator)

Im Jahre 1937 arbeitete Howard Aiken (1900-1973), Assistenzprofessor in Harvard, an seiner physikalischen Doktordissertation. Während der vielen Stunden mühevoller Rechnerei, die er zur Lösung seiner Gleichungen aufwenden mußte, hatte er die Idee einer Rechenmaschine, die speziell für die Lösung wissenschaftlicher Probleme konzipiert wäre. Damals gab es ja nur mechanische Maschinen für die vier Grundrechenarten, elektrische Multiplikatoren, Tabelliermaschinen, die Buchführungsvorgänge sowie einfache statistische Operationen durchführen konnten, und Analogrechner.[8] Keiner dieser Apparate konnte negative Zahlen verarbeiten und schon gar nicht während der Verarbeitung automatisch Tafeln mathematischer Funktionen adressieren oder nach jedem Rechenschritt automatisch die Variablen einer Funktion anzeigen. In einem Artikel, den er in jenem Jahr schrieb, entwickelte Aiken

[8] *Analogrechner* verarbeiten stetig veränderliche Funktionen nach dem Analogieprinzip, indem die einzelnen Rechenschritte durch physikalisch analog verlaufende Prozesse dargestellt werden (mechanisch etwa durch Diffe-

den allgemeinen Plan des Rechners, den er bauen wollte. Obwohl er die *Analytical Engine* von Babbage als Vorläufer erwähnte, spielte sie als Inspirationsquelle für die vorgesehene Steuerungstechnik kaum eine Rolle. Zum Beispiel kommen bedingte Sprunganweisungen[9], wie sie Babbage vorsah, in dem Artikel von Aiken nicht vor. In der Tat kombinieren die Pläne für den *ASCC* eine Vielzahl von Vorrichtungen wie mechanische Speicher, elektromechanische Drehwähler oder Lochkarten- und Lochstreifenleser, die alle schon 1937 benutzt, doch hier für neue Zwecke eingesetzt wurden. Aiken legte übrigens Wert auf sofortige Verfügbarkeit sämtlicher Teile seiner Maschine, um so einen potentiellen Hersteller leichter von der Realisierbarkeit seines Projekts überzeugen zu können.

[9] *Bedingte Sprunganweisungen*: Möglichkeit, die Ausführung eines Befehls von einer Bedingung abhängig zu machen, deren Vorliegen durch einen Test geprüft wird (Beispiel: Wenn $x < 0$, dann $x + 1$, sonst gehe zum nächsten Befehl über).

Dank seiner Beziehungen zu Harvard gelang es Aiken, mit Thomas Watson, dem Generaldirektor von *IBM*, zusammenzukommen und ihn für die Fabrikation des *ASCC* zu gewinnen. *IBM* war damals der bedeutendste Hersteller von Tabelliermaschinen, vor *Remington Rand* und *Bell*. Obwohl Watson nicht glaubte, daß Anlagen für wissenschaftliches Rechnen in größeren Stückzahlen gebaut werden könnten, erhoffte er sich von der Konstruktion des *ASCC* einen Prestigezuwachs für sein Unternehmen sowie den Gewinn neuer technischer Fertigkeiten für seine Ingenieure. Überdies brauchte *IBM* nicht sämtliche Kosten zu tragen, da sich die Möglichkeit bot, einen Vertrag mit der amerikanischen Marine zu schließen, die großen Bedarf an wissenschaftlichen Berechnungen hatte. Man kam überein, daß der Rechner im *IBM*-Werk in Endicot (im Staat New York) unter der Leitung erfahrener Firmeningenieure gebaut werden sollte. Aiken spielte gleichzeitig die Rolle des Auftraggebers (als Vertreter von Harvard) und des Beraters, da er die ursprünglichen Pläne für die Maschine entworfen hatte.

rential-, Kegel- oder Reibradgetriebe; elektrisch etwa durch modulierte Wechselspannungen). Jedes Rechenelement simuliert eine bestimmte Rechenfunktion, zum Beispiel eine Integration; und das Ergebnis erhält man, indem man eine bestimmte physikalische Größe mißt, die die Maschine zeigt (Länge, Winkel, Potentialdifferenz). Analogrechner sind fast immer für spezielle Aufgaben konzipiert worden. Vor dem Aufkommen der Elektronik waren die Analogrechner schneller als Digitalrechner.

Im August 1944 wurde der *ASCC* offiziell eingeweiht, nachdem er bereits einige Monate von der Marine benutzt worden war. In seiner Rede anläßlich der Vorführung erwähnte Aiken mit keinem Wort die Rolle von *IBM* bei der Finanzierung und vor allem beim Bau des Rechners. Diese Unterlassung löste einen heftigen Konflikt zwischen Aiken und Watson aus; beide warfen einander den Diebstahl von Ideen und technischem *know how* vor. Der Vaterschaftsstreit zwischen Aiken und der *IBM*-Führung zog sich über viele Jahre hin. Da *IBM* die Maschine der Harvard-Univer-

Der von IBM *gebaute* Automatic Sequence-Controlled Computer (ASCC), *auch* Harvard-Mark 1 *genannt, wurde im Januar 1943 fertig. Er war 2,60 Meter hoch und 16 Meter lang. Ein 5 PS starker Motor trieb eine Transmissionsachse an, die sich der gesamten Länge nach durch die Maschine zog und eine Hierarchie von Nockenwellen und Zahnradgetrieben in Bewegung setzte, die zu den Registern (Speicher) und zu den Kommutatoren (dem eigentlichen Rechenwerk) führten.*

sität vermacht hatte, wurde sie in *Harvard Mark-1* umgetauft. Der Rechner arbeitete mit einer »hybriden«, teils mechanischen, teils elektromechanischen Technologie, war 16 Meter lang, 2,60 Meter hoch und verbrauchte für die Kühlung täglich mehrere Zentner Eis. Er konnte zwei Dezimalzahlen mit dreiundzwanzig Ziffern in drei Sekunden multiplizieren und gab das Ergebnis auf einer Lochkarte aus.

Nach dem Kriegseintritt der Vereinigten Staaten erhielt Aikens *Computation Laboratory* mehrere Aufträge der amerikanischen Luftwaffe und Marine für neue, zunächst elektromechanische, später elektronische Maschinen. Aiken ließ sich jedoch niemals auf eine Technologie ein, die nicht zuvor von jemand anderem erprobt worden wäre. Keine Maschine der Harvard-Serie diente später als Muster für eine kommerzialisierte Maschine, weil sich nach dem Kriege alle Aufmerksamkeit auf den *ENIAC*, den *EDVAC* und die Maschine des *Institute of Advanced Study* in Princeton richtete, die fast tausendmal schneller waren als der *ASCC*.

Seine unglückliche Erfahrung mit Aiken brachte Watson dazu, einen riesigen, hundertprozentig von *IBM* entwickelten Rechner zu bauen: den *SSEC* (*Selective Sequence Electronic Calculator*). Diese Maschine, die elektronische Bauteile verwandte, war der einzige zivile amerikanische Rechner in den Jahren von 1948 bis 1952. Er wurde im Firmensitz von *IBM* hinter Glas aufgestellt, hatte jedoch – aus den gleichen Gründen wie der *Harvard Mark-1* – keine Nachfolger.

Die Relais-Rechner der Bell Company

Im Gegensatz zu Aiken hatte George Robert Stibitz (geboren 1904) keinerlei Studien über automatisches Rechnen betrieben, als er sich an die Realisation seiner ersten Addiermaschine mit Relaistechnik wagte: einen äußerst bescheidenen Apparat, den er während einiger Wochenenden zu Hause in der Küche zusammenbastelte. Dennoch be-

gann damit eines der wichtigsten Unternehmen zum Bau großer Rechenmaschinen während der vierziger Jahre.
Der Name Stibitz ist mit der ersten umfangreichen und systematischen Verwendung von Telefonrelais für digitale Rechenoperationen verknüpft. Das Telefonrelais ist ein Schaltglied[10], das seit dem Ende des neunzehnten Jahrhunderts in Gebrauch ist. Man bezeichnet diese Technologie als elektromechanisch, weil dabei ein elektrisches Signal die Bewegung eines mechanischen Teils auslöst. Nach den Lochkarten und Lochstreifen liefert uns die elektromechanische Technologie ein weiteres Beispiel für eine »Umwidmung«. Es wäre absurd zu behaupten, man habe fast vierzig Jahre gebraucht, die Verwendungsmöglichkeit der Telefonrelais für das digitale Rechnen zu »verstehen«. Ehe die Computerkonstrukteure versuchten, die Relaisvorrichtung für ihre Zwecke anzuzapfen, gehörte dieses Element in einen ganz anderen Verwendungsbereich. In der Tat liefen Ende der zwanziger Jahre in Europa einige verstreute Projekte und Pläne um, welche die Verwendung von Relais für Rechenmaschinen vorsahen. Doch sie blieben folgenlos. Die einzige bedeutendere Nutzung von Relais für Zwecke außerhalb des Fernmeldewesens fand auf englischen und amerikanischen Rennbahnen statt. Dank der Informationen, die von Hunderten von Wettschein-Verkäufern eingingen, konnten die »Totalisatoren« unmittelbar die Anzahl der Wetten auf jedes Pferd angeben. Zwischen der Funktionsweise des Totalisators und der des Telefons besteht eine auffällige Ähnlichkeit: beidemal geht es um Kommunikation über größere Entfernungen ohne Zeitverzögerung. Die amerikanische Telefongesellschaft *Bell* war vermutlich zu stark von der üblichen Verwendung des Relais geprägt, als daß sie eine Vorreiterrolle bei seiner Nutzung für einen anderen Zweck hätte spielen können. Erst als aus dem Steckenpferd eines ihrer Ingenieure mit einem Mal ein offizielles Projekt wurde, wagte sie den Schritt.
Von seiner Mutter, die Professorin für Mathematik war, hatte Stibitz sehr früh das binäre Zahlensystem gelernt. Dank dieser Vertrautheit erkannte der *Bell*-Ingenieur die Vorteile binärer Vorrichtungen, wie das Relais eine war. Stibitz mußte zunächst einer gewissen Skepsis seiner Vorgesetzten begegnen, denn man sah nicht, wozu Maschinen gut sein sollten, die nach dem binären System rechnen. Nach dem vergeblichen Versuch, eine Maschine zu konzi-

[10] Es bewirkt die Veränderung der Konfiguration eines elektrischen Schaltkreises, durch die bestimmte Kontakte hergestellt oder unterbrochen werden (Kommutation). In einem Computer kann für die Recheneinheit eine andere Technik verwandt werden als für die Speichereinheit.

pieren, die nach dem Dezimalsystem arbeiten sollte, hatte er die Idee, eine einfache kleine Vorrichtung zu bauen, die am Eingang seiner Maschinen Dezimalwerte in binäre und am Ausgang Binärwerte in dezimale umwandeln sollte. Seine Spezialtastatur benutzte einen Code, der im Fernmeldewesen bereits seit Ende der dreißiger Jahre in Gebrauch war: den Dreiexzeßcode. Diese Übersetzung sicherte den Projekten von Stibitz ihren Erfolg. So wurde der *Complex Computer* (oder *Model 1*) im Januar 1940 funktionsfähig; er wurde firmenintern für die Konzeption von Fernmeldenetzen mit vermindertem Rauschen verwendet. Als der Krieg kam, flossen der Firma Aufträge und folglich Gelder von außen zu. Die Gruppe um Stibitz entwickelte auf Rechnung des *National Defense Research Council* vier neue Rechnermodelle, die immer leistungsfähiger waren und sich für immer größere Anwendungsbereiche eigneten. *Model 5*, das letzte der Serie, wurde 1946 von der amerikanischen Luftwaffe in Betrieb genommen; es war ein wirklich »universaler« programmierbarer Rechner mit der Möglichkeit bedingter Sprunganweisungen. Er wog zehn Tonnen, nahm eine Fläche von 300 Quadratmetern ein und enthielt 9000 Relais.

Die Maschinen Zuses

Konrad Zuse (geboren 1910) hatte Maschinenbau an der Technischen Hochschule Berlin studiert. Schon als Student fühlte er sich zermürbt von der Menge der Rechnungen, die er ausführen mußte, und sann darüber nach, wie man sie mechanisieren könnte. Er arbeitete seit 1935 auf diesem Gebiet und meldete zwei Jahre später ein Patent für eine neue Rechenmaschine an. Sie verarbeitete Zahlen auf der Grundlage des Dualsystems, besaß eine Speicherkapazität von 16 Wörtern[11] und wurde von einem Programm gesteuert, das auf Lochstreifen codiert war. Jede Instruktion des Programms bestand aus einem Operationscode, zwei Operandenadressen und einer Ergebnisadresse.[12] Diese Art der Standardisierung von Programminstruktionen ist bei der Programmierung von Computern noch heute gebräuchlich. Zuse entwickelt in seinen Plänen von 1936 ebenfalls das »gleitende Komma«; damit wird die Aufzeichnung von sehr großen oder sehr kleinen Zahlen möglich, ohne deshalb das Format des Standardwortes zu vergrößern.

Nach längeren Bemühungen fand Zuse schließlich einen Fabrikanten von Spezialrechenmaschinen, Kurt Pannke,

[11] *Wort*: Gruppe von Bits (0 oder 1) von Standardlänge; bei einem gegebenen Rechnertyp entspricht ein »Wort« im allgemeinen einer Zahl oder einem Buchstaben des Alphabets.

[12] *Adressen* sind Codes, welche die Lokalisierung der »Wörter« im Speicher oder den Registern der Maschine anzeigen; die Anweisungen, aus denen sich die Programme zusammensetzen, enthalten insbesondere die Adressen der zu verarbeitenden Daten.

der bereit war, seinen Apparat herzustellen. Die *Z1* war 1938 fertig. Sie war fast vollständig mechanisch, sehr unzuverlässig und lief praktisch nie. Ohne den Mut zu verlieren, nahm Zuse mit dem Ingenieur Helmut Schreyer den Bau eines neuen Rechners in Angriff, der *Z2*, diesmal auf der Grundlage der Relaistechnik; sie besorgten sich dazu größere Mengen von Telefonrelais im Altwarenhandel. Die Relais waren nicht das einzige Material, das seiner normalen Verwendung entzogen wurde. Schreyer, der sich nachts als Filmvorführer etwas Geld hinzuverdiente, hatte dabei genügend Muße, über die Ähnlichkeit zwischen dem sequentiellen Ablauf der einzelnen Filmbilder und den Anweisungen auf den Lochstreifen der Maschine seines Freundes nachzudenken. Er brachte Zuse auf die Idee, seine Programme auf 35-Millimeter-Filmreste zu lochen, die billiger und haltbarer waren als Papierstreifen.
Der Krieg unterbrach die Zusammenarbeit der beiden Männer abrupt, da Zuse seine Einberufung erhielt. Schreyer machte Eingaben bei den Militärbehörden, malte alle möglichen Verwendungen der Maschine Zuses in den schönsten Farben aus; als Universalrechner könne sie von Ingenieuren ebenso wie von Labors genutzt werden und selbst in Realzeit rechnen, wenn die Kommutatoren rein elektronisch konzipiert wären. Sie verspreche auch Nutzen bei der Herstellung und Verwendung von Kriegsmaterial. Tatsächlich wurde Zuse bald darauf »unabkömmlich« gestellt, wenngleich nicht als Konstrukteur von Rechengeräten, sondern als Statiker im Flugzeugbau. Nach einer Vorführung der *Z2* erhielt Zuse von der Deutschen Versuchsanstalt für Luftfahrt geringe Subventionen zur Verwirklichung seiner Pläne. Die *Z3* sollte insbesondere Probleme mit den Vibrationen von Flugzeugflügeln lösen; sie war jedoch ein programmierbarer Universalrechner, der erste in Europa. In der Folgezeit konstruierte Zuse für die Luftwaffe zwei Spezialrechner für die Flügelvermessung von ferngesteuerten Bomben. All diese Maschinen wurden bei den Bombardements von 1944 und 1945 zerstört.
Der Versuch Zuses und Schreyers, die deutsche Regierung für den Bau einer vollelektronischen Maschine zu gewinnen, scheiterte. Das Projekt, das 1500 Röhren vorsah (der *ENIAC*, der 1946 in den Vereinigten Staaten fertiggestellt wurde, enthielt 19 000), erschien zu abenteuerlich. Und selbst wenn die Maschine in zwei Jahren tatsächlich funktionieren würde: »ja was glauben Sie denn, wann wir den

Krieg gewonnen haben?« Es war die Zeit vor der Schlacht von Stalingrad.
Die *Z4*, immer noch mit Relaistechnik, von der Luftwaffe finanziert, war der einzige Rechner Zuses, der den Krieg überlebte; er war auch der leistungsfähigste und vollkommenste. 1949 wurde er an die Eidgenössische Technische Hochschule Zürich ausgeliehen und trug zur Ausbildung der ersten Generation Schweizer Informatiker bei.

Die ersten Elektronenrechner; die Colossus

Die ersten größeren Leistungen, die in England auf dem Gebiet des automatischen Rechnens gelangen, blieben eng von dem militärischen Kontext geprägt, in dem sie konzipiert worden waren. 1940 wurde Europa nahezu vollständig von den Achsenmächten beherrscht. Großbritannien hielt sich nur dank der Seeverbindung mit den Vereinigten Staaten. Die Deutschen versuchten, den Verkehr zwischen Amerika und England zu unterbrechen. Die amerikanischen Konvois waren für die Angriffe der deutschen U-Boote besonders verwundbare Ziele. Man hatte noch kein Mittel, Unterseebote zu entdecken, außer dem, ihre Funksprüche abzuhören und zu entschlüsseln.
Seit der Kriegserklärung bemühte sich der britische Chiffrierdienst, alle Informationen auszuwerten, die er über das deutsche Codierungssystem für die Nachrichtenverbindungen der Wehrmacht besaß. Dieses System beruhte zum Teil auf einer Maschine, der *Enigma*, die Millionen verschiedener Schlüssel generieren konnte und die Entschlüsselung mit den üblichen Methoden nahezu unmöglich machte. Es handelte sich für die englischen Geheimdienste nicht bloß darum, einige als entscheidend betrachtete Funksprüche zu entschlüsseln, sondern den gesamten gegnerischen Funkverkehr und das komplette deutsche Chiffriersystem. Eine Gruppe aus Mathematikern, Linguisten, Ingenieuren und Programmiererinnen (mehr als hundert Leute insgesamt) unter der Leitung von Turing stand also vor dem neuen Problem, die Dechiffrierung zu mechanisieren. Im Durchschnitt mußten 6000 Nachrichten täglich entschlüsselt werden. Turing konzipierte eine Maschine, die – gestützt auf Wahrscheinlichkeitsrechnung und bestimmte linguistische Überlegungen – imstande war, die Anfangsposition der Rotoren der *Enigma* zu rekonstruieren. Das erste Exemplar der *Bombe* mit elektromechanischer Technologie war Ende 1940 fertig. Die Programmierung der Ma-

schine wurde beständig verbessert, und ihren verschiedenen Versionen gelang es, immer mehr Nachrichten immer schneller zu entschlüsseln.
Turings Gruppe belegte nur die »Baracke Nr. 8« auf dem Gelände der *Government Code and Cypher School* in Bletchley Park, etwa in der Mitte zwischen Oxford und Cambridge gelegen. Fast 10 000 Personen arbeiteten dort Tag und Nacht, unter ihnen zahlreiche Linguisten, Mathematiker, Physiker und Ingenieure. Eine Gruppe unter der Leitung des Mathematikers Max Newman entwickelte unter strengster Geheimhaltung einen neuen Rechnertyp, der das Codierungssystem des deutschen Heeres »knacken« und die Entschlüsselung des Funkverkehrs der Kriegsmarine beschleunigen sollte. Diese sogenannten *Robinson*-Rechner benutzten ungefähr achtzig Elektronenröhren. Die Konstruktion lag in den Händen von Wynn-Williams, einem Fachmann für Geigerzähler und Funktechnik, der gleichzeitig an der Entwicklung des Radars arbeitete und dabei manche Verbesserungen von den Funkortungssystemen auf die Rechenmaschinen übertrug.
Während der Entwicklung der *Robinson* kam Flowers, ein Postingenieur, auf den Gedanken, die allzu langsame, fehleranfällige und schwer synchronisierbare Lochstreifen-Lesevorrichtung durch eine interne Aufzeichnung des Programms im elektronischen Speicher zu ersetzen. Dies war der Anfang einer neuen Bauartreihe, der *Colossus*, die man als die ersten großen Elektronenrechner betrachten kann, die jemals in Betrieb waren. Flowers hatte vor dem Kriege eine der ersten Telefonschaltungen unter Verwendung von Vakuumröhren entwickelt. Neben Wynn-Williams liefert er ein treffendes Beispiel dafür, welche Bedeutung »seitlichen« Entlehnungen aus Nachbargebieten des eigentlichen maschinellen Rechnens zukommt. Dennoch werden Geigerzähler, Telefonschaltungen und Radarsysteme gewöhnlich nicht als »Wurzeln« des »Stammbaums« der Informatik erwähnt. Die Baummetapher muß Platz für horizontale, rhizomartige Ausbreitungen lassen, die keiner anderen Logik gehorchen als der von Begegnungen und Nachbarschaften. Die frühen Schriften Turings bilden ebensowenig den »Anfang« oder die »Wurzel« der Computerentwicklung wie die Arbeiten der erwähnten Fernmeldespezialisten oder Radarerfinder.
Die von Flowers geleitete Gruppe von Fernmeldetechnikern baute eine Reihe von Maschinen mit bemerkenswer-

Der Electronic Numerical Integrator and Computer (ENIAC) *war der erste amerikanische Elektronenrechner. Er war ursprünglich für die Berechnung von Geschoßbahnen konzipiert worden, diente zunächst zur Lösung hydrodynamischer Fragen, die sich beim Bau der Atombombe in Los Alamos ergaben, und wurde später zur Berechnung verschiedener kernphysikalischer und meteorologischer Probleme eingesetzt. Sein Bedienungs- und Programmierhandbuch umfaßte nicht weniger als fünf Bände à dreihundert Seiten.*

ten Eigenschaften. Sie konnten mehr als hundert Befehle speichern und wurden mit Hilfe von Steckverbindungen programmiert, wie sie den Posttechnikern von der manuellen Telefonvermittlung her vertraut waren. Die Programme enthielten bedingte Sprunganweisungen. Die *Colossi* arbeiteten nach dem Binärsystem. Der Ablauf ihrer sämtlichen Operationen wurde von einer internen Uhr synchronisiert. Um zu vermeiden, daß die Röhren allzuoft durchbrannten, entschieden die pragmatisch denkenden Konstrukteure der ersten Elektronenrechner, die Apparate permanent unter Spannung zu halten. Die erste *Colossus* war 1943 betriebsbereit. Mit über 1500 Elektronenröhren war sie die gewaltigste jemals gebaute Rechenmaschine. Sie arbeitete tausendmal schneller als die elektromechanischen *Bomben*. Bis Kriegsende wurden mehr als ein Dutzend *Colossus*-Maschinen fertiggestellt, jede schneller und vollkommener als die vorhergehende.

Ein guter Teil der ersten Siege der Alliierten an der Westfront ist der raschen Dechiffrierung des deutschen Funkverkehrs zu verdanken, die durch die verschiedenen Versionen der ultraschnellen englischen Rechner möglich wurde. Um ihre elektronische Waffe geheimzuhalten, mußte die britische Armee manchmal enorme Opfer in Kauf nehmen, zum Beispiel Städte bombardieren lassen, ohne das Feuer

zu erwidern, um Überraschung vorzutäuschen. Dreißig Jahre lang lagen die technischen Leistungen von Bletchley Park unter absoluter Geheimhaltung. Seinen Verbündeten im Commonwealth drängte England ein Chiffriersystem auf, das ursprünglich dem der *Enigma* entsprach...
Um ihre Nachrichten anzuzapfen, hinderten die englischen Geheimdienste die eigene Industrie daran, die während des Krieges geschmiedeten elektronischen und logischen Waffen nun ihrerseits »umzuwidmen« und zu »kapern«. Aus diesem Grund wurden daher die ersten zivilen englischen Rechner nach dem Muster der amerikanischen Maschinen gebaut – trotz der von Wissenschaftlern wie Turing unternommenen Anstrengungen, die sich nicht auf die Arbeiten stützen konnten, an denen sie beteiligt gewesen waren.

Der ENIAC
(Electronic Numerical Integrator and Computer)
In Amerika ging die Initiative zum Bau des ersten Elektronenrechners vom *Ballistic Research Laboratory* (*BRL*) aus, dem Forschungslabor der amerikanischen Armee für ballistische Untersuchungen. Eine besonders lästige, weil rechenintensive Aufgabe dieses Labors war die Aufstellung von Schußtafeln. Solche Tafeln dienten im wesentlichen dazu, Fragen zu beantworten wie: In welchen Winkel muß ich mein Geschütz bringen, wenn das Ziel soundso weit entfernt ist? Doch eine Schußtafel rechnet nicht nur eine Entfernung in einen Winkel um, sie muß auch Temperatur, Luftdruck und Windrichtung, Gewicht und Antriebskraft des Projektils und so weiter berücksichtigen. Entsprechende Tafeln gab es für den Abwurf von Bomben. Wann immer ein neuer Bomben-, Geschütz-, Granaten- oder Sprengstofftyp die Arsenale der amerikanischen Armee verließ: einsatzfähig war er erst, wenn die Schußtafeln berechnet worden waren. Eine solche Tafel erforderte im Durchschnitt die Berechnung von 3000 Geschoßbahnen, und die Berechnung einer Geschoßbahn entsprach 750 Multiplikationen zweier zehnstelliger Ziffern. Der damals schnellste (Analog-)Rechner, der Differentialanalysator, berechnete eine Bahn in zwanzig Minuten, brauchte zur Aufstellung einer Schußtafel also volle dreißig Tage, ganz abgesehen von den Pannen und der oft beträchtlichen Zeit zur Neuprogrammierung der Maschine zwischen jeder Berechnung.

Vergleichstabelle für Rechengeschwindigkeiten

	Multiplikations-geschwindigkeit zweier Zahlen mit 10 Ziffern	Berechnung einer Geschoßbahn
manuell oder mit der Babbage-Maschine	5 Minuten	2,6 Tage
mit Tischrechen-maschine	10-15 Sekunden	12 Stunden
Harvard Mark-1 (mechanisch)	3 Sekunden	2 Stunden
Model 5 (elektromechanisch)	2 Sekunden	80 Minuten
Differentialanaly-sator (Analogrechner)	1 Sekunde	40 Minuten
Harvard Mark-2 (elektromechanisch)	0,4 Sekunden	15 Minuten
ENIAC (elektronisch)	0,001 Sekunden = 1 Millisekunde	3 Sekunden

Seit 1935 hatte das *BRL* ein einziges Exemplar des Differentialanalysators erworben und ein weiteres für die *Moore School of Electrical Engineering* hergestellt; in Notfällen, so war vereinbart, sollte dieser Rechner dem *BRL* zur Nutzung überlassen werden. Schon vor Beginn des Krieges hatte Paul Gillon, stellvertretender Direktor des *BRL*, bei *IBM* lochkartengesteuerte Digitalrechner bestellt, die speziell für ballistische Berechnungen konzipiert waren; wie sich zeigte, arbeiteten diese Maschinen perfekt. Nach der Kriegserklärung brachte Gillon in der *Moore School* einen Spezialkurs in ballistischem Rechnen für alle Kriegshelferinnen mit naturwissenschaftlicher Ausbildung zuwege. Diese Kurse fanden im Rahmen des *Engineering Science Management War Training* (*ESMWT*) statt, eines umfangreichen Ausbildungsprogramms, das zeigt, wie in den USA unter Kriegsbedingungen sämtliche Ressourcen des Landes zu riesigen Organisationsstrukturen zusammengefaßt wurden, in denen die Ziele von Verteidigung,

Wissenschaft und Industrie (»Management«) verschmolzen. Obwohl das *BRL* also bereits vorausgesehen hatte, welche enormen Aufgaben auf es zukommen würden, war das Laboratorium von den ersten Kriegsmonaten an stark überlastet. 1942 beauftragte Gillon einen jungen Verbindungsoffizier, Hermann Goldstine, mit der Leitung der Ausbildungstätigkeit des *BRL* an der *Moore School*. Goldstine, ein Spezialist für ballistische Mathematik, reorganisierte mit seiner Frau Adèle das Rechentraining für die Kriegshelferinnen. An der *Moore School* traf Goldstine den Physiker Mauchly und den Ingenieur Eckert, die ihm von ihrem Projekt erzählten, einen Elektronenrechner zu bauen, dessen Schaltelemente Vakuumröhren sein sollten. Die neue Technologie erlaubte es, tausendmal schneller zu rechnen als mit den elektromechanischen oder Analogrechnern. Goldstine erkannte sofort, welche Vorteile eine elektronische Maschine bei der Aufstellung der Schußtafeln, mit der er beauftragt war, böte. Er zögerte nicht, seinerseits die Direktoren des *BRL* von dem neuen Vorhaben zu überzeugen, denen es binnen weniger Monate gelang, enorme Summen dafür zu erhalten.
Warum ist die elektronische Technologie tausendmal schneller als die elektromechanische? Die Grundbestandteile der digitalen Großrechner der vierziger Jahre waren automatische Schalter mit zwei Zuständen (Kippschaltungen, *flip-flop*, Relais und so weiter), deren geistreiche Anordnung zu komplexen Schaltkreisen es den Maschinen möglich machte, verschiedene mathematische und logische Operationen technisch zu realisieren. Als Schaltzeit bezeichnet man die Zeit, die der kleine Automat benötigt, um vom einen in den anderen Schaltzustand überzugehen, um einen Stromkreis zu unterbrechen oder zu schließen. Das mechanische Teil, das die Kommutation in den Telefonrelais vornimmt, brauchte zum Umschalten etwa eine Millisekunde (10^{-3} sec). Dieses Teil wog etwa ein Gramm, setzte also der Bewegung eine gewisse Trägheit entgegen. Überdies war die zu durchlaufende Entfernung, in der Größenordnung eines Millimeters, keineswegs zu vernachlässigen. Sind die Kommutatoren dagegen Schaltungen auf der Basis von Vakuumröhren, finden alle Bewegungen nur noch in mikroskopischem Maßstab statt. Die Masse eines Elektrons beträgt $9 \cdot 10^{-28}$ g; die Trägheit ist so gering, daß die Reaktion auf ein Signal fast instantan erfolgt. Der elektronische Stromkreis schaltet in einer Mikrosekunde (10^{-6} sec).

Nun war der normale Verwendungsbereich von Vakuumröhren in der ersten Hälfte des zwanzigsten Jahrhunderts allerdings das Senden und Empfangen von Radiowellen, ein Gebiet, das mit dem automatischen Rechnen scheinbar in keinerlei Zusammenhang stand. Die mit der Verwendung von Elektronik am besten vertrauten Ingenieure und Firmen beschäftigten sich mit Tonübertragung und nicht mit Multiplikation. Überdies waren Vakuumröhren niemals in größerer Stückzahl eingesetzt worden, wenn man von bestimmten komplizierten elektronischen Apparaten wie den elektronischen Zählern von Wynn-Williams absieht. Denn Vakuumröhren standen in dem Ruf, äußerst anfällig zu sein: im allgemeinen mußte man sie fast täglich ersetzen. Der Bau einer aus Tausenden von Röhren bestehenden Maschine schien also offenkundig wegen mangelnder Zuverlässigkeit und Betriebssicherheit von vornherein zum Scheitern verurteilt. Dagegen hatte sich das Telefonrelais schon in großem Maßstab bewährt, und die technischen Probleme, die bei seiner massenhaften Verwendung aufgetreten waren, hatten bereits zufriedenstellende Lösungen gefunden.
John Atanasoff, Mathematiker am *Iowa State College*, wird gewöhnlich als der Mann betrachtet, der als erster einen Elektronenrechner konzipierte. Nachdem er die Möglichkeiten des automatischen Rechnens, die zu Beginn der dreißiger Jahre bestanden, gründlich untersucht hatte, machte er sich 1935 an den Bau einer elektronischen Maschine. 1939 erhielt er vom Staat Iowa eine kleine Finanzierungshilfe, doch 1941 lief seine Maschine wegen eines Fehlers im Lochkartenleser immer noch nicht. Als er 1942 in das *Naval Ordnance Laboratory* einberufen wurde, gab er sein Projekt auf. Damit wäre die Sache vielleicht für lange Zeit erledigt gewesen, hätte er 1941 nicht über das elektronische Rechnen im allgemeinen und die Pläne zu seiner Maschine im besonderen ausführliche Gespräche mit einem Physiker geführt, Mauchly, der im Jahr darauf an die *Moore School of Electrical Engineering* der Universität von Pennsylvania berufen wurde. Dort traf Mauchly Eckert, einen elektronikbegeisterten Techniker, Anfang Zwanzig, der seine Zeit damit verbrachte, die ersten Fernsehempfänger auseinanderzunehmen oder Radios zu reparieren – und der eine elektronische Orgel besaß, die mit so vielen Röhren bestückt war (170!) wie damals kaum irgendein anderer Apparat.

Noch im selben Jahr sandte Mauchly an Goldstine und Gillon einen Bericht, in dem er die Ideen Atanasoffs, Eckerts und seine eigenen zusammenfaßte. Anfang 1943 unterzeichnete die amerikanische Regierung mit der Universität von Pennsylvania einen Vertrag über den Bau eines Elektronenrechners, trotz der zahlreichen Vorbehalte verschiedener wissenschaftlicher Gremien, die bei dieser Gelegenheit konsultiert worden waren. Der Haupteinwand gegen die Befürworter des Elektronenrechners lautete, daß mit der Fertigstellung der Maschine (wenn überhaupt jemals) erst nach Kriegsende zu rechnen sei und die finanziellen Mittel deshalb für sicherere und kurzfristig nutzbare Projekte verwendet werden sollten. Der Gang der Dinge gab den Kritikern des *ENIAC* recht. Tatsächlich war der *Electronic Numerical Integrator and Computer* erst 1946 einsatzfähig.

Im Laufe der drei Jahre, die für den Bau der Maschine benötigt wurden, veränderte sich das Projekt unter der Leitung von Eckert und Mauchly mehrfach. Man stützte sich bei der Produktion verschiedener Teile (Lochkartenleser, Transcoder, Drucker und so weiter) auf die *Bell Company*, bei der Herstellung der von Eckert entwickelten Röhren auf die *Radio Corporation of America* (*RCA*) sowie auf zahlreiche wissenschaftliche Berater, darunter *IBM*- und *RCA*-Ingenieure. Entscheidend war, genau wie zuvor in England, die große praktische Erfahrung, die einer der Initiatoren des ganzen Unternehmens auf dem Gebiet der Elektronik besaß. Eckert kannte alle Berufsgeheimnisse der Radioingenieure. Er wußte insbesondere, daß er die Röhren seiner elektronischen Orgel ständig unter Spannung halten mußte und niemals mit mehr als 80 Prozent ihrer maximalen Voltzahl belasten durfte, um ihnen eine lange Lebensdauer zu sichern. Außerdem synchronisierte er das Zusammenspiel der einzelnen Bauteile seiner Orgel mit Hilfe einer elektrischen Uhr. Dieselben Prinzipien gewährleisteten die Betriebssicherheit des ersten amerikanischen Elektronenrechners. Einmal mehr wurden technische Prinzipien, die auf einem bestimmten Gebiet (in diesem Falle des Rundfunkempfängers und der elektronischen Orgel) entwickelt worden waren, für ein ganz anderes Projekt »gekapert« und »umgewidmet«. Doch die neue Zweckbestimmung, vor allem aber die veränderte Größenordnung, gab den umfunktionierten Ideen eine andere Bedeutung. Es war der Übergang von handwerklichen »Kniffen« zu syste-

matisierten Konstruktionsregeln riesiger, äußerst perfektionierter Apparaturen.
Die Herstellung jeder Komponente des *ENIAC* wurde mit größter Sorgfalt überwacht, und jede von ihnen wurde nur mit der Hälfte oder einem Viertel ihrer Kapazität belastet, um Pannen auf ein Mindestmaß zu beschränken. Der *ENIAC* enthielt 19 000 Vakuumröhren, die nach einem labyrinthischen Plan vernetzt waren, was den Rechner zu einer der kompliziertesten aller jemals gebauten Maschinen werden ließ. Die Zahlen wurden im Rechner nach dem Dezimalsystem codiert, so daß für jede Dezimalstelle – die Einer, Zehner, Hunderter und so weiter – jeweils ein »Kranz« von zehn Röhren benötigt wurde, die je nach der darzustellenden Ziffer von entsprechend vielen Impulsen auf »an« beziehungsweise »aus« geschaltet wurden. Der *ENIAC* führte mehrere Rechensequenzen parallel aus, besaß verschiedene Schalttafeln, mit denen die Programmierung bestimmter repetitiver Rechnungen vermieden werden konnte, sowie mehrere verdrahtete Unterprogramme. Seine Programmierung war also äußerst kompliziert, da jedes einzelne Problem besondere Prozeduren erforderte. Hier lag auch der Schwachpunkt der Maschine; bei jedem neuen Problem mußten Dutzende von Kabeln wie auf der Stecktafel einer manuellen Fernsprechvermittlung ein- und ausgestöpselt werden. Deshalb war das viel handlichere elektromechanische *Model 5* von *Bell* trotz der neuen elektronischen Technologie keineswegs »überholt«, denn es konnte bestimmte Probleme rascher lösen, sofern man bei der Bearbeitungszeit die Dauer der Programmierung berücksichtigte.
Obwohl er anfangs nur für ballistische Berechnungen, das heißt im wesentlichen für die Lösung von Differentialgleichungen konzipiert war, entwickelte sich der *ENIAC* während seiner Konstruktion zu einer Art Universalrechner, ohne es jemals ganz zu werden. Trotz der Kürze ihrer Erfahrung waren Eckert, Mauchly und Goldstine jedenfalls davon überzeugt, daß das elektronische Rechnen praktikabel sei, und träumten ab 1944 (schon vor der Fertigstellung des *ENIAC*) von einer anderen, wirklich universalen und leicht programmierbaren Maschine. Das wurde der *EDVAC*.

Der EDVAC
(Electronic Discrete Variable Automatic Computer)

Als er Goldstine zufällig auf einem Bahnsteig traf, war der ungarische Mathematiker John von Neumann bereits seit über einem Jahr Berater in Los Alamos, wo er mit Problemen der Flüssigkeitsdynamik, insbesondere mit dem Abklingen von Stoßwellen nach Detonationen, befaßt war. Die Lösung solcher Probleme, die sich beim Bau der Atombombe stellten, erforderte zahllose langwierige und ermüdende Berechnungen. Im übrigen half von Neumann den Physikern von Los Alamos dabei, mathematische Modelle für ihre physikalischen Probleme zu konstruieren, und spielte die Rolle eines Chefmathematikers. Er war am Aufbau des gigantischen Rechenlabors von Los Alamos beteiligt gewesen, das mit Hunderten von Lochkartenrechnern bestückt war. Das erklärt, warum Goldstines Bemerkungen über den *ENIAC*, der tausendmal schneller rechnen sollte als die schnellsten damaligen Maschinen, sofort intensives Interesse bei ihm weckten. Er erfuhr zum ersten Mal etwas über das ultrageheime Projekt eines Elektronenrechners. Einige Tage nach der Begegnung der beiden Mathematiker besuchte von Neumann die Gruppe der *Moore School*. Zwei Wochen später war er Berater beim *BRL* für den Bau des *ENIAC*.

Schon ehe von Neumann hinzustieß, trug sich die Gruppe der *Moore School* mit dem Gedanken an den Bau einer neuen Maschine, die weniger Röhren enthalten, billiger herzustellen und leichter programmierbar sein sollte. Die Gruppe hatte mit größtem Interesse die Funktionsweise des *Model 5* von Stibitz untersucht, dessen Programm binär auf Lochstreifen codiert war. Was die Reduktion der Zahl der Röhren angeht, hatte Eckert für den Bau eines neuen Radarmodells eine elektronische Vorrichtung erfunden, die auf dem piezoelektrischen Effekt beruhte[13]: die Quecksilber-Verzögerungsleitung. Er hatte vor, diese Technik für den Speicher der neuen Maschine zu verwenden. Wenn man es geschickt anstellte, konnte die Quecksilber-Verzögerungsleitung die Anzahl der Röhren, die für die Informationsspeicherung in den Registern der Maschine benötigt wurden, auf ein Hundertstel vermindern. Bei den Speichertechnologien der frühen Computer findet man also erneut jene Neuverwendungen, Umwidmungen und Umdeutungen, die den technischen Erfindungsgeist kennzeichnen. Für den Speicher seiner Maschine am *Institute for Ad-*

[13] *Piezoelektrischer Effekt*: Auftreten elektrischer Ladungen an den Oberflächen von Kristallen als Folge einer Deformation. Oder umgekehrt: Änderung der Form eines Kristalls unter dem Einfluß elektrischer Ladungen.

vanced Study wird von Neumann bei *RCA* die Idee aufschnappen, ein »Ikonoskop« oder »Selektron« zu verwenden, eine Art Kathodenstrahlröhre ähnlich der in den ersten Fernsehempfängern. Später, auf den Macy-Konferenzen[14], schlug er übrigens ein Modell des menschlichen Gedächtnisses nach dem Vorbild des Ikonoskops vor. Richtig funktionieren sollte das »Selektron« freilich nie.

[14] *Macy-Konferenzen*: Interdisziplinäre Veranstaltungen, die von 1944 bis 1954 vor allem von Warren McCulloch, Norbert Wiener und John von Neumann organisiert wurden; sie waren das wichtigste Diskussionsforum der entstehenden Kybernetik.

Die Überlegungen der *Moore-School*-Gruppe kamen rasch voran. Bis dahin stellte sich die Aufgabe, eine neue Rechenmaschine zu konzipieren, etwa so dar: Gegeben sei die Art von Rechnungen, die ausgeführt werden soll; mit welchen technischen Vorrichtungen ist dies am wirkungsvollsten zu leisten? Eckert, Mauchly und von Neumann formulierten eine neue Frage: Wie müßte eine Maschine beschaffen sein, die imstande ist, ein beliebiges Programm zu lesen, zu interpretieren und auszuführen? Hier steht der technische Erfindungsgeist im Dienste des Ziels möglichst universeller Verwendbarkeit und optimaler Codierung beziehungsweise Decodierung. In einem Satz des *First Draft of a Report on the EDVAC* bringt von Neumann diesen neuen Geist prägnant zum Ausdruck:

> »Wenn der Apparat flexibel sein soll, das heißt so allgemein wie möglich, muß man zwischen den besonderen Anweisungen zur Definition und Lösung eines bestimmten Problems und den allgemeinen Steuerungsorganen unterscheiden, die diese Anweisungen lesen und ausführen, wie immer sie lauten mögen. Die ersten müssen auf die eine oder andere Weise aufgezeichnet sein, die zweiten werden von einem Organ in dem Apparat dargestellt. Diese letzte Funktion, und sie allein, bezeichnen wir als ›zentrale Steuerung‹.«

Im Grunde hatten auch Erfinder wie Zuse, Aiken und Stibitz schon versucht, der Idee eines Universalrechners möglichst nahezukommen, doch sie hatten – der Rechengeschwindigkeit oder der Effizienz halber – diese Richtung nicht konsequent verfolgen können. Je universeller die Maschine ist, desto länger dauert die Programmierung eines bestimmten Problems, und desto mehr Rechenschritte werden zu seiner Lösung benötigt, weil keine Verdrahtung, kein technischer Trick es der Maschine erlaubt, »Abkürzungen« zu nehmen. Ein Universalrechner ist bei der Ausführung eines Kalküls unendlich viel langsamer als ein spezialisierter Apparat. Nur ein Sprung von eins zu tausend in der Rechengeschwindigkeit konnte die Idee vernünftig erscheinen lassen, tatsächlich eine Universalmaschine zu bauen, weshalb die theoretische Turingmaschine keinen Konstrukteur eines konkreten Automaten inspiriert hatte. Zwei Grundprinzipien verdeutlichen die Neuorientierung des automatischen Rechnens ab 1945: Sequentialität und Programmspeicherung.

Die Pläne für den *EDVAC* sahen eine ungewöhnlich einfache logische Organisation vor, die sich explizit an einem vereinfachten Modell des menschlichen Nervensystems orientierte. Die Recheneinheit hatte die Aufgabe, die Rechnungen auszuführen, der Speicher enthielt die Programme und die Daten, die Eingangs- und Ausgangsorgane stellten die Verbindung des Computers mit seiner Umwelt her, und die Steuereinheit sorgte für die Ausführung der Programme und für die Kommunikation zwischen den einzelnen Organen der Maschine. Diese Organisation hob sich deutlich von derjenigen ab, welche die digitalen Großrechner zu Beginn der vierziger Jahre besessen hatten. Letztere bestanden aus einer Vielzahl spezialisierter Rechenorgane, die simultan arbeiteten und denen unterschiedliche Register (oder Speicher) zugeordnet waren. Der *EDVAC* dagegen, der nur über ein einziges Rechenorgan verfügte, ging sequentiell vor, mußte also sämtliche Operationen nacheinander ausführen. Er arbeitete also nicht mehr parallel. Die extreme Geschwindigkeit, die durch die elektronische Technik möglich geworden war, machte die vielfache simultane Verarbeitung unnötig. Die materielle Realisation der Recheneinheit konnte so einfach wie möglich sein und brauchte nur aus einem Minimum von Schaltelementen zu bestehen. Die ganze Komplexität war in die Programme gedrängt worden, das heißt in den Speicher. Sowohl technisch wie auch finanziell war die Ersparnis beträchtlich, und die Zuverlässigkeit der Maschine wuchs. Die Pläne für den *EDVAC* belegen eine Umkehrung der bis dahin verfolgten Tendenz, die stets dahin ging, den materiellen Teil der Maschine komplizierter werden zu lassen. Der Speicher, als Träger der Programms, war die einzige materielle Komponente, die größer wurde. Der *EDVAC* besaß die hundertfache interne Speicherkapazität, aber nur ein Zehntel der Schaltelemente des *ENIAC*.

Die Aufzeichnung von Instruktionen im internen Speicher ermöglichte theoretisch die Selbstmodifikation des Programms während seines Ablaufs, insbesondere die automatische Änderung der Adressen der Zahlen, an denen die programmierten Operationen vorgenommen wurden. So konnten dieselben Programmabschnitte dazu benutzt werden, verschiedene Zahlen zu berechnen, die in verschiedenen Teilen des Speichers lokalisiert waren. 1964 bewiesen C. Elgot und A. Robinson, daß Maschinen ohne Programmspeicherung (ohne Selbstmodifikation des Programms) nicht alle berechenbaren Funktionen berechnen können. Doch die Speicherung des Programms verwandelte den digitalen Elektronenrechner nicht nur in eine Universalmaschine, sondern machte aus ihm einen Computer im heutigen Sinne des Wortes, das heißt ein Gerät zur Datenverarbeitung, bei dem das Schwergewicht auf dem Programm liegt. Ist nämlich die Aufzeichnung des Programms einmal erreicht, werden die Informationssysteme im wesentlichen aus einer komplexen Hierarchie von Programmen bestehen, die sich ineinander übersetzen und gegenseitig steuern. Ebendarum brauchen die Benutzer und gewöhnlichen Programmierer vom inneren materiellen Aufbau und von der Verdrahtung ihrer Maschine fast nichts zu verstehen. Damit öffneten sich unbegrenzte Möglichkeiten für die Entwicklung von »Sprachen« – von den simplen Programmcodes der späten vierziger Jahre zu den sogenannten »problemorientierten« Sprachen in den Fünfzigern und der bunten Vielfalt formaler Sprachen seit den sechziger Jahren.

Es scheint, als hätten Eckert und Mauchly die Programmspeicherung erfunden, in dem Sinne, daß sie als erste die Speicherung von Programmen in einer realen Maschine verwirklicht haben. Damals ging es jedoch nur darum, die Geschwindigkeit der Elektronik auszunutzen, nicht etwa den Weg für die Entwicklung von Programmen zu öffnen. In der Tat hätte das Lesen der Instruktionen auf einem unabhängigen Träger (wie dem Lochstreifen) die Rechengeschwindigkeit beträchtlich verlangsamt, und das manuelle Ein- und Ausstöpseln zwischen den einzelnen Rechnungen, wie es beim *ENIAC* praktiziert wurde, hatte sich als zu langwierig und unpraktisch erwiesen.

Der Gedanke, Instruktionen selbst als Daten zu behandeln, schien so bizarr und kontraintuitiv, daß sogar von Neumann darin zunächst kein anderes praktisches Interesse sah, als durch die Aufzeichnung des Programms die Rechengeschwindigkeit zu steigern. Immerhin hatte er beharrlich eine formale Logik Gödelschen Typs benutzt, in der es die Codierung der Zahlen erlaubt, Elemente unterschiedlicher logischer Ebenen interagieren zu lassen. Außerdem hatte er schon früh die Arbeiten Turings rezipiert, in denen die Idee des programmgesteuerten Rechnens explizit vorkommt. Tatsächlich wurde die Codierung der Instruktionen und der Zahlen im internen Speicher des *EDVAC* anfangs so vorgenommen, daß die Rechenoperationen nicht auf Instruktionen anwendbar waren, womit jede Möglichkeit der Selbstmodifikation des Programms ausgeschlossen war! Den vollen Nutzen, den man aus der Programmaufzeichnung ziehen konnte, erkannte von Neumann erst sehr spät – Goldstine zufolge mehrere Jahre nach den *EDVAC*-Plänen, während des Baus der Maschine des *Institute for Advanced Study* in Princeton. Natürlich konnte keiner der damaligen Akteure voraussehen, daß die Aufzeichnung der Instruktionen im selben Format wie die Daten ab Mitte der fünfziger Jahre dazu dienen würde, den Computer aus den in »problemorientierter Sprache« gelieferten Angaben sein eigenes Programm errechnen zu lassen, und daß dies neben anderen Verbesserungen die Menge und Vielfalt der verfügbaren Programme in ungeheurem Maße steigern würde.

So ist der Computer als solcher (das heißt als Träger eines Programms, als konkrete Universalmaschine) im Grunde niemals gezielt ins Auge gefaßt worden. Er erscheint vielmehr erst am Ende einer Kaskade von »Umwidmungen« und Umdeutungen heterogener Materialien und Vorrichtungen, einer zufälligen Folge lokaler Gelegenheiten und Umstände, die jeweils, so gut es eben ging, von einer Vielzahl von Akteuren genutzt wurden.

Nach dem Krieg

Der heftige Konflikt, der Ende 1945 ausbrach und in dem sich Goldstine und von Neumann (die »Wissenschaftler«) gegen Eckert und Mauchly (die »Ingenieure«) stellten, ließ die Gruppe der *Moore School* zerfallen. Zu dem Prioritätenstreit um die Frage, von wem die Pläne für den *EDVAC* wirklich stammten, kamen unterschiedliche strategische Auffassungen. Eckert und Mauchly hielten nun die Zeit für gekommen, Patente anzumelden und die kommerzielle Nutzung des Computers in Angriff zu nehmen. Von Neumann und Goldstine sahen dagegen im Computer weniger eine Erfindung als eine wissenschaftliche Entdeckung, die in den Universitäten und Forschungszentren weiterentwikkelt werden mußte (was beide in Princeton dann auch taten). Statt die Verbreitung dieser Entdeckung juristisch zu behindern, sei sie vielmehr nach Kräften zu fördern. So diente die Maschine des *Institute für Advanced Study*, der von Goldstine und von Neumann konzipierte Prototyp eines Universitätsrechners, einer ganzen Reihe von Maschinen, die in den Handel kamen, als kostenloses Muster. Eckert und Mauchly gründeten daraufhin ihre eigene Firma, die insbesondere den *UNIVAC* (*Universal Automatic Computer*) auf den Markt brachte. Entsprechend ihrer ursprünglichen Einstellung verklagten sie andere Informatikfirmen wegen mißbräuchlicher Verwendung geschützter Erfindungen. Nach einem Prozeß, der sich über mehr als zehn Jahre hinzog, wies das Gericht ihre Klage schließlich ab, da die technischen Vorrichtungen, die Gegenstand des Streits waren, nun nicht mehr geschützt seien. Die Wende in dem Verfahren war die Zeugenaussage Atanasoffs. Gestützt auf Dokumente, enthüllte er den verblüfften Geschworenen, daß er der Urheber einer Reihe von Erfindungen sei, auf die Eckert und Mauchly Anspruch erhoben, und daß sie diese Erfindungen bereits vor dem Bau des *ENIAC* kannten...

Der *ENIAC* wurde erst 1946 fertig. Er trug also zum Sieg der Alliierten nichts bei, weder durch die Berechnung von Schußtafeln noch durch die Beschleunigung der Rechenarbeit, die für den Bau der Atombombe erforderlich war; die ersten beiden Atombomben explodierten am 6. und 9. August 1945 über Hiroshima und Nagasaki. Der *EDVAC* wurde sogar erst 1951 vollendet.

Schon ehe der Krieg zu Ende war, defilierte ein ständiger Besucherstrom aus Europa und aus aller Welt am *ENIAC* in der *Moore School* vorbei. Im Gegensatz zu den Engländern, welche die Existenz ihrer *Colossi* weiter geheimhielten, wollten die amerikanischen Militärbehörden den während des Krieges geleisteten wissenschaftlichen und technischen Neuerungen möglichst weite Verbreitung und Wirkung verschaffen. Die *EDVAC*-Pläne zirkulierten auf zahlreichen Konferenzen, und in den amerikanischen Universitäten wurden Vorlesungsreihen abgehalten, um die Grundprinzipien des Baus und der Programmierung von Computern darzustellen. So konnte der Engländer Maurice Wilkes, einer der Erfinder des Radars, die amerikanische Erfahrung sehr rasch nutzen, indem er 1947 in Cambridge den *EDSAC* (*Electronic Delay Storage Automatic Computer*) herstellte. Es war die erste elektronische Maschine mit Programmspeicherung. Nach den *EDVAC*-

Plänen konstruiert, benutzte er Quecksilber-Verzögerungsleitungen für seinen Speicher und enthielt die ersten Anfänge eines Betriebssystems.

Die Geschichte der Informatik läßt sich (wie vielleicht jede andere Geschichte auch) als unbestimmte Verteilung schöpferischer Momente und Orte betrachten, als eine Art löchriges, zerrissenes, unregelmäßiges Meta-Netz, in dem jeder Knoten, das heißt jeder Akteur, die Topologie seines eigenen Netzes seinen eigenen Zielen entsprechend bestimmt und alles, was von den benachbarten Knoten zu ihm gelangt, nach seiner Weise deutet. Jeder lebendige Knoten dieses Geflechts reinterpretiert die Vergangenheit, die ihm von den anderen überliefert wird, als müßte sie geradewegs auf die eigenen Entscheidungen zu laufen, und entwirft eine Zukunft, in der sich seine Optionen geradlinig fortsetzen. Doch diese Zukunft liegt, ebenso wie das Bild der Vergangenheit, wieder in der Hand der nachfolgenden Knoten, und so *ad infinitum*. Nach dieser Sicht der Dinge sind die Begriffe des Vorläufers oder Begründers – versteht man sie im strengen Sinne – wenig angemessen. Auffällig sind freilich Bestrebungen mancher Akteure, als Begründer aufzutrumpfen oder in der jüngeren oder jüngsten Vergangenheit hochangesehene Vorfahren zu benennen, zu deren Nachkommen sie sich erklären.
Keine eindeutigen sozialen »Ursachen« oder »Faktoren«, sondern Umstände, Gelegenheiten, denen einzelne Personen oder Gruppen unterschiedliche Bedeutungen beilegen. Keine friedlichen »Abstammungslinien«, keine geräuschlose Nachfolge, sondern allenthalben Piraterie, Aneignungsversuche und endlose Erbstreitigkeiten (Aiken versus *IBM*, Eckert versus von Neumann, Mauchly versus Atanasoff). Technische Erfindungen erweisen sich als chaotisches Gewimmel von Basteleien, Neuverwendungen, prekären Verfestigungen operativer Anordnungen. Von all den Agglomerationen zusammengewürfelter Vorrichtungen und disparater Ideen werden einige, oft aus zufälligen Gründen, von der Mehrzahl der Menschen benutzt werden und sich auf Dauer durchsetzen. Sie erscheinen dann als homogene, kohärente technische Gegenstände und besitzen ihre Funktionalität wie eine natürliche Eigenschaft. Der Computer zum Beispiel erscheint heute als das irdische Exempel einer ewigen platonischen Idee. Eine gewisse Kunst der Inszenierung war an diesem Erfolg gewiß nicht unbeteiligt. Es

scheint, als hätte zumal von Neumann die Gabe besessen, bei Präsentationen überzeugend zu wirken. Er setzte seine Idee des Computers durch (und zwar als die seine), noch ehe irgendeine elektronische Maschine gebaut worden war.

Kaperei, Umwidmungen und Umdeutungen stehen in scharfem Gegensatz zu den Ideen des Algorithmus oder des festgelegten Mechanismus, die zu Recht mit der Informatik verbunden werden. Doch die Geschichte der Informatik deckt sich nicht im mindesten mit der Verwirklichung eines Plans, eines Projekts oder gar eines Traums, wäre es auch der Traum eines Leibniz, Babbage oder Turing – einfach weil sie eine Geschichte ist.

ANHANG

MICHEL AUTHIER

ZEITTAFEL

Diese Zeittafel gewinnt ihren Sinn aus dem Buch, dem sie beigegeben ist. Sie soll zeigen, in welchem Umfeld eine wissenschaftliche Entdeckung steht und wo die Kräfte zu suchen sind, die zu dieser Entdeckung geführt haben.

Die Operation, die darin besteht, aus einer Kultur, einer Gesellschaft, einer Geschichte den Teil herauszuschneiden, den man »Wissenschaft« nennt, geht nicht ohne Gewaltsamkeit vor sich: ein Skelett ist kein Körper. Doch da sich die Wissenschaft weder auf die Schöpfungen einiger besonders berühmter Gelehrter beschränkt noch bloß die Sammlung derjenigen Entdeckungen ist, die unsere Epoche für grundlegend hält, wurden (in den Grenzen des von diesem Buch behandelten Feldes, das heißt der abendländischen Naturwissenschaften) möglichst viele Akteure und Entdeckungen verzeichnet.
Diese individuellen oder kollektiven Akteure, Personen oder Institutionen werden in der mittleren Spalte aufgeführt. In der linken erscheinen die »wissenschaftlichen Schöpfungen«, die ihnen entsprechen (oder gerade nicht entsprechen). Um jeder Epoche eine charakteristische Färbung zu verleihen, nennt eine dritte Spalte künstlerische, soziale, politische oder religiöse Ereignisse: als historische »Kulisse« sozusagen.
Im Mittelpunkt einer Chronologie steht natürlich die Datierung, und gerade sie wirft am meisten Probleme auf. Auf dem Gebiet der Wissenschaft ist es oft schwierig und manchmal unmöglich, die genauen Daten festzustellen. Wo soll man eine Entdeckung zeitlich einordnen? Ist der Augenblick der Intuition, der theoretischen oder experimentellen Bestätigung, der mündlichen oder schriftlichen Äußerung entscheidend? Und dann gibt es Extremfälle wie diesen: Zwischen dem dritten vorchristlichen und dem dritten nachchristlichen gibt es buchstäblich kein Jahrhundert, in das nicht irgendein Nachschlagewerk die Lebenszeit des Mechanikers Heron von Alexandria fallen ließe!

Quellen und Danksagung

Eine neue Zeittafel fügt sich in die Reihe derer ein, die sie möglich gemacht haben; jede ergänzt die bisherigen um einen neuen Gesichtspunkt, berichtigt Ungenauigkeiten, unterstreicht bestimmte Aspekte, versucht eine originelle Präsentation. Vieles verdanke ich den wissenschafts- und technikgeschichtlichen Chronologien von F. Russo, M. Daumas, G. Canguilhem, R. Caratini, J. Rosmorduc, B. Gilles sowie der allgemeineren Synopsis von J. Boudet. Hält man sich die labyrinthische Vielfalt der wissenschaftlichen Entdeckungen, ihre Verzahnung mit den kulturellen Tatsachen im weitesten Sinne sowie die Ungewißheiten der Datierung vor Augen, so muß man es als Erleichterung empfinden, wenn man sich auf ein Werk beziehen kann, das als vorbildlich gelten darf. Ich kann nicht verschweigen, daß ich zwei bedeutenden Unternehmungen gegenüber zu großem Dank verpflichtet bin: dem Buch von R. M. Gascoigne, *A Historical Catalogue of Scientists and Scientific Books*, New York: Garland 1984, mit seinem Supplement über wissenschaftliche Zeitschriften; und dem Werk von W. Stein, *Der große Kulturfahrplan. Die wichtigsten Daten der Weltgeschichte bis heute in thematischer Übersicht*, 625. Tausend, München: Herbig 1987. Zahlreiche Hinweise gehen außerdem auf die Fachkenntnis der Autoren des vorliegenden Bandes zurück, die – ebenso wie X. Polanco und P. Doray – jeder auf seine Weise zu dieser Synopsis beigetragen haben.

Gebrauchsanweisung

Da in den ersten Jahrtausenden die Namen der Gelehrten nicht überliefert sind, enthalten die ersten Seiten nur zwei Spalten: »Wissenschaft und Handwerk« sowie »Geschichte, Kultur und Landwirtschaft«.

Ab etwa 750 vor Christus bis 1400 nach Christus erscheinen die »wissenschaftlichen Schöpfungen« (linke Spalte) in der gleichen Zeile wie die Namen ihrer Schöpfer, der »individuellen oder kollektiven Akteure« (mittlere Spalte); die Elemente der »historischen Kulisse« (rechte Spalte) werden innerhalb jedes Jahrhunderts fortlaufend aufgeführt.

Von 1401 bis 1947 – dem Jahr, in dem diese Zeittafel, ebenso wie dieses Buch, endet – werden die Akteure in ihrem Geburtsjahr genannt, und die Spanne zwischen dem Geburtsdatum eines Wissenschaftlers und seiner Schöpfung weist auf Zeitgenossen beziehungsweise zeitgenössische Ereignisse und Entdeckungen hin.

Wissenschaft und Handwerk	Geschichte, Kultur und Landwirtschaft

Vor Christi Geburt

Wissenschaft und Handwerk	Geschichte, Kultur und Landwirtschaft
Vor 3500 Herstellung von Tonwaren (6200 in Thessalien, 5200 in Zypern); Ausbreitung der Töpferei im Nahen Osten (6. Jahrtausend). Keramik (6. Jahrtausend in Anatolien, Persien, Syrien, Thrakien). Spiegel aus Obsidian, später Blei und Kupfer (Anatolien). Leinweberei, Korbflechterei, Glasperlen (in Ägypten).	*Vor 3500* Seßhaftwerdung. Getreidezucht: Weizen, Gerste, Hirse (7. Jahrtausend im Irak und in Palästina). Getreidesilos (7. Jahrtausend). Anfänge des Weinbaus (5. Jahrtausend). Domestikation von Tieren: Schaf (9000), Ziege (7500, Nordirak), Schwein und Rind (Protoneolithikum, Thessalien), Esel, Pferd, Büffel, Zebra, Elefant (vor 3000). *um 5000* 5 Millionen Menschen.
3500 Kupferwerkzeug, Steingewölbe, erste hydraulische Arbeiten. Bronze in Ur. Töpferscheibe in Mesopotamien.	*um 3500* 20 Millionen Menschen. Erste Dolmen. Gründung von Uruk. Urbanisierung; prädynastische Periode in Ägypten. Verwendung der Hacke und des Pflugs. Ackerbau und Viehzucht im Niltal.
um 3300 Anfänge der Schrift und Maßsysteme in Mesopotamien.	
um 3100 Frühe Form der Hieroglyphenschrift und Maßsysteme in Ägypten.	*nach 3200* Einigung Ägyptens; Frühzeit des ägyptischen Reiches. Gründung von Troja, Tyr, Karthago. Auf Kreta entsteht die minoische Kultur.
um 2900 Erste bekannte Karte (von Ägypten). Beginn der systematischen Himmelsbeobachtung (Mesopotamien, Ägypten, Indien, China). *um 2850* Erstes Zeugnis für einen Sonne-Mond-Kalender (Troja). *um 2770* 365tägiger Kalender in Ägypten. *um 2750* Ersetzung der Goldwäscherei durch Goldbergbau (Ägypten).	*nach 2900* Alte Dynastie in Mesopotamien (klassische sumerische Kultur). Erstmals Kupfer- und Silbermünzen. Stufenpyramiden von Şaqqāra.
um 2700 Erstmals Kürzung eines Bruchs belegt (Ägypten).	*um 2700* Gilgamesch-Epos. Große Mauer um Uruk (9,5 km) mit 900 Türmen. *nach 2700* Altes Reich, klassische ägyptische Zivilisation. *um 2650* Sphinx von Gise; erste ägyptische Mumien. *um 2600* Cheops. Bau der Pyramiden.
um 2500 Erste mesopotamische mathematische Texte. Entwicklung der babylonischen Astronomie.	*um 2400* Das Speichenrad ersetzt das Vollrad (Naher Osten). *um 2300* Reich von Akkad unter der Herrschaft von Sargon. *um 2050* Dritte Dynastie von Ur. Älteste Bezeugung des Ärztestands. Erste Gesetzes- und Weissagungskompendien (Ur).

Wissenschaft und Handwerk	Geschichte, Kultur und Landwirtschaft
um 2000 Medizinische Texte (Ur III).	*um 2000* Mittleres Reich in Ägypten. Fruchtbare Zeit von Mâri in Mesopotamien.
um 1850 Medizinische und erste mathematische Texte in Ägypten.	Erfindung des Darlehens auf die Ernte (33%) in Babylonien. Sesostris I. bis III. in Ägypten Könige. Einfluß Ägyptens in Nubien, Kreta, Palästina, am Roten Meer.
um 1750 Megalithische Anlage von Stonehenge. Schrift in China.	*um 1730* Ḫammurapi. Zweirädriger Karren in Assyrien.
um 1700 Mathematische Tafeln und Aufgabensammlungen (Mesopotamien).	
um 1650 Staudamm von 5,4 km Länge in Indien.	*um 1600* Invasion der Hyksos (Ägypten). Zweite Zwischenzeit.
um 1500 Medizinische Texte des Neuen Reiches (Ägypten).	*um 1500* Kassitische Invasion in Babylonien. Neues Reich in Ägypten.
um 1450 Sonnenobelisken. Tragbare Sonnenuhr von Thutmosis III.	*um 1375* Echnaton (erste monotheistische Religion).
um 1300 Hethitische und mittelassyrische medizinische Texte.	*um 1350* Ermordung Tutanchamuns. *um 1315* Ramses II. *um 1250* Flucht der Juden aus Ägypten.
um 1200 Magisches Quadrat (China). Entwicklung des Eisens in Griechenland.	*um 1200* Ägyptische Expedition bis zu den Goldminen von Sumatra. Phönizisches Alphabet.
um 1090 Verwendung des Gnomons; Messung des Winkels der Ekliptik (China).	*um 1100* Zikkurat von Ur.
um 1000 Rechenbrett und Arithmetikkompendium (China).	*um 1000* Das Pferd erscheint in Griechenland. *um 970-um 931* Salomon. *um 900* Erste griechische Kolonie in Kleinasien. *um 860* Zoo und königliche Bibliothek Aššurnasipals II. *um 850* Homer.
um 800 Neuassyrische medizinische Texte.	*um 800* Hufeisen und vierrädriger Wagen mit Speichen (Kelten).
8. Jahrhundert Aufzeichnungen über Astronomie und Kalender in China.	*um 790* Trennung der Ärzte von der Priesterkaste (Indien).

Wissenschaftliche Schöpfungen		Individuelle und kollektive Akteure	Historische Kulisse
	750	100 Millionen Menschen.	*776* Erste Olympiade. *753* Gründung Roms. *733* Gründung von Syrakus. Erste griechische Münzen.
Daidalos erfindet, dem Mythos zufolge, zahleiche Werkzeuge.	*700*		*um 700* Hesiod verfaßt seine Werke. Griechische Theogonie. *um 668-um 626* Aššurbanipal.
Die Natur wird Gegenstand von Wissenschaft. Thales von Milet sagt eine Sonnenfinsternis genau voraus. Das Wasser ist das Grundelement seiner Kosmogonie. Reise nach Ägypten. Geburt der griechischen Geometrie.	*600*	Schule von Milet: Thales (um 625-um 547), Anaximander (um 610-um 545), Anaximenes (um 585-um 526).	*570* Artemis-Tempel in Ephesos. Versuch eines Durchstichs durch den Isthmus von Korinth (7,4 km).
»Alles ist Zahl«. Duplikation des Quadrats. Entdekkung der inkommensurablen Größen.		Schule von Kroton um Pythagoras (um 560-480), Alkmaion, Hippasos von Metapont.	*546* Ionien unterwirft sich dem Perserkönig Kyros II. Die Griechen führen den Weinbau in Gallien ein. Äsop schreibt seine *Fabeln*. *522* Der legendäre Ingenieur Eupalinos von Megara untertunnelt einen Berg auf der Insel Samos (1,5 km). *508* Rom wird Republik.
	500	Heraklit von Ephesos (um 550-480).	*490* Erster Perserkrieg: Aristides (550-469) und Miltiades (540-489) siegen bei Marathon.
Paradoxien der Bewegung und Einheit des Seins.		Schule von Elea: Parmenides (um 544-um 450), Zenon (um 490-um 425), Xenophanes, Melissos von Samos.	*480* Zweiter Perserkrieg: Leonidas stirbt bei den Thermopylen, Themistokles (um 525-um 460) siegt bei Salamis und Pausanias (479) bei Plataiai.

Wissenschaftliche Schöpfungen		Individuelle und kollektive Akteure	Historische Kulisse
		Anaxagoras (um 500-um 428).	
Theorie der vier Elemente.		Empedokles (um 490-435).	Phidias (490-430), Protagoras (485-411), Herodot (484-425). Theaterstücke des Aischylos (525-456). Thukydides (460-395).
Probleme der Quadratur des Kreises und der Verdopplung des Würfels. Dreiteilung des Winkels.		Schule von Chios: Hippokrates von Chios (um 460).	Peloponnesischer Krieg (431-404).
Er soll die Schiefe der Ekliptik entdeckt und einen astronomischen Kalender aufgrund des Erde-Mond-Zyklus (59 Jahre) aufgestellt haben.		Oinopides von Chios.	Bau der großen griechischen Tempel. *451* Zwölftafelgesetz in Rom.
Atomismus. Infinitesimal-Algorithmus (Volumen des Kegels).		Schule von Abdera: Leukippos (460-um 370); Demokritos (460-370).	Theaterstücke des Sophokles (496-406). *443* Perikles (495-429) an der Macht. Parthenon erbaut. Theaterstücke des Euripides (480-406).
Theorie der vier Säfte.		Hippokrates von Kos (460-um 370).	*430* Pest in Athen. Alkibiades (450-404).
Entdeckung der Quadratrix durch Dreiteilung des Winkels.		Sophisten und Megariker: Eukleides von Megara (um 450-um 380); Hippias von Elis (um 400).	*408* Platon folgt der Lehre des Sokrates (470-um 399) bis 399, geht dann nach Sizilien. Theaterstücke des Aristophanes (450-um 387). *404* Sturz der athenischen Demokratie; Rat der dreißig Tyrannen.
Problem der mittleren Proportionale und der Verdoppelung des Würfels (Mesolab).	*400*	Archytas von Tarent (um 430-um 348).	*399* Verurteilung des Sokrates. Dionysios Tyrann von Syrakus. Erste Dialoge Platons.

Wissenschaftliche Schöpfungen		Individuelle und kollektive Akteure	Historische Kulisse
Arbeiten über inkommensurable Größen und über Polyeder.		Schule von Athen: Theodoros von Kyrene (um 470-um 390), Platon (428-348), Theaitetos (417-369), Speusippos (408-339), Menon.	*Um 390* werden drei Bildhauer geboren: Praxiteles, Skopas, Lysippos. *381* Eroberung und Plünderung Roms (Brennus: »Vae victis!«).
Rotation der Erde um sich selbst.		Herakleides von Pontos (388-312). *387* Gründung der Akademie von Athen.	*375* Tempel von Epidauros. *359* Philipp wird König von Makedonien.
Arithmetik; Kegelschnitte; scheinbare Planetenbahnen. Länge des Jahres: $365\frac{1}{4}$ Tage.		Schule von Kyzikos: *Eudoxos von Knidos* (400-347), Kallippos.	*351* Demosthenes' (384-322) erste Philippika. Menander (340-292).
Enzyklopädie der wissenschaftlichen Erkenntnisse.		*335* Gründung des Lykeions (peripatetische Schule): Aristoteles (384-322), Eudemos von Rhodos (um 320). Autolykos von Pitane (um 300). Garten des Epikur (341-270).	*338* Schlacht von Chaironeia. *331* Alexander besetzt Ägypten, besiegt die Perser, wird »König von Asien«, gründet Alexandria. *325* Der Seefahrer Pytheas befährt die Nordsee.
Über die Kegelschnitte.		Menaichmos (374-325).	
Die *Elemente* (Kollektivwerk): Proportion, ebene Geometrie, Optik, Musik...	*300*	Schule von Alexandria: Euklid (322-285). *290* Museum (und Bibliothek) von Alexandria.	Gründung der stoischen Schule des Zenon von Kition (355-264). Theater von Epidauros (15 000 Plätze).
Heliozentrische Theorie.		Aristarch von Samos (310-230).	*280* Leuchtturm von Pharos bei Alexandria.
Studien über komprimierte Luft und Hydraulik.		Ktesibios von Alexandria (296-228).	*264-241* Erster Punischer Krieg.
Mathematik, Astronomie, Mechanik...		Archimedes (287-212).	Die *Argonautika* des Apollonios Rhodios (260-186).
Geometrie und Astronomie.		Konon von Samos (um 245).	Komödien des Plautus (254-184).

Wissenschaftliche Schöpfungen		Individuelle und kollektive Akteure	Historische Kulisse
Arbeiten zur Mechanik.		Philon von Byzanz (um 250).	*219-202* Hannibal (247-183) führt den Zweiten Punischen Krieg.
Berechnet den Erdumfang auf 252 000 Stadien (46 000 km) und verfaßt eine *Geographika*.		Eratosthenes von Kyrene (276-195).	*212* Marcellus (268-208) erobert Syrakus.
Entscheidendes Werk über die Kegelschnitte.		Apollonius von Perge (282-180).	
Mathematische Werke.	*200*	Diokles (um 190).	*186* 7000 Personen in den Skandal um die Bacchanalien in Rom verwickelt.
Erklärung der Gezeiten.		Seleukos von Seleukeia (Babylon).	Komödien des Terenz (194-159).
Wendet die Geometrie auf die Astronomie an (Entfernung Erde/Sonne; Vorhersage von Sonnenfinsternissen).		Hipparchos von Nikaia (um 190-127).	*167* Polybios (205-125) kommt nach Rom. *161* Vertreibung der Philosophen. *149-146* Dritter Punischer Krieg.
De rerum natura.	*100*	Lukrez (um 95-um 55).	*73* Sklavenaufstand unter Spartakus.
Geographika in 17 Büchern (physische und Humangeographie).		Strabon (63-5 n. Chr.).	*58* Caesar (100-44) in Gallien; Vercingetorix kapituliert in Alesia (52). *48* Schlacht bei Pharsalos (Caesar schlägt Pompeius).
31 Veröffentlichung der 10 Bücher *De architectura* (Über Architektur): Mechanik, Hydraulik, Gnomonik.		Vitruv (gest. um 25).	*46* Julianischer Kalender. *31* Schlacht bei Actium: Octavian schlägt Antonius.
Arbeiten über Botanik.		Nikolaos von Damaskus.	*29* *Aeneis* von Vergil (70-19), Freund von Maecenas (69-8 n. Chr.). Dichtungen des Horaz (65-8 v. Chr.) und Ovid (43-17 n. Chr.).

Wissenschaftliche Schöpfungen		Individuelle und kollektive Akteure	Historische Kulisse
	Nach Christi Geburt		Titus Livius (59-17 n. Chr.) und Diodoros Siculus (30-30 n. Chr.) schreiben ihre Weltgeschichte.
Naturalis historia (Naturgeschichte).	*0*	Plinius d. Ä. (23-79).	*1* Jesus Christus ist sieben Jahre alt.
Botanik und Medizin. Entwicklung der Naturwissenschaften.		Dioskurides (wirkt um 50-70).	Pax Romana. Seneca (2 v. Chr.-65). *57* Der hl. Paulus predigt in Ephesos.
Sphärische Geometrie.		Menelaos von Alexandria (um 100).	*79* Zerstörung Pompejis. *80* Einweihung des Kolosseums. Plutarch (50-125) kehrt nach Chaironeia zurück.
Astronomie und Optik: *Megale syntaxis res astronomias* (Großes astronomisches Kompendium), von den Arabern später *Almagest* genannt.	*100*	Ptolemaios (90-170).	*122* Hadrianswall im Norden Englands begonnen (Hadrian: 76-138). Anfänge der christlichen Theologie: Tertullian (160-245), Origines (185-254).
Lehrbücher über angewandte Mathematik: Katoptrik, Automaten, Pneumatik, Meßinstrumente, Kriegsmaschinen.		Heron von Alexandria (um 150).	*129* Redaktion des *Edictum perpetuum* durch Salvius Julianus. *132* Jüdischer Aufstand gegen Rom.
Schrift über die mathematischen Kenntnisse, die für ein Studium der Schriften Platons nützlich sind.		Theon von Smyrna (um 150).	
Anatomie, Medizin, Psychopathologie.		Galenus von Pergamon (130-200).	*160* Montanistische Häresie (nahes Weltende und ethischer Rigorismus).
Erstes hebräisches Buch über Geometrie.		Nehemia.	*175* Die *Selbstbetrachtungen* des Kaisers Marc Aurel.
Von den Mischungen der Körper.	*200*	Alexander von Aphrodisias (um 200).	Entwicklung der christlichen Theologie.

Wissenschaftliche Schöpfungen		Individuelle und kollektive Akteure	Historische Kulisse
Älteste bekannte Abhandlung über Arithmetik: Zahlentheorie; vielfältige Gleichungen; Begriff der Unbekannten, die durch ein Zeichen markiert wird.		Diophantos von Alexandria (um 270).	Kaiser Probus schafft die Beschränkungen der Weinbaukultur in Gallien ab.
Neupythagoräische Zahlentheorie.		Iamblichos (250-333).	Neuplatonismus: Porphyrios (233-282) beschreibt das Leben seines Lehrers Plotin (205-270).
Mathematische Sammlungen fassen das geometrische Wissen der Zeit zusammen.		Pappos von Alexandria (280-340).	Beginn der Völkerwanderung.
Chemeutik, ein alchimistisches Werk in 28 Büchern.		Zosimos von Panoplis.	
Erklärungen der Werke des Ptolemaios; Herausgabe der Werke Euklids.	*300*	Theon von Alexandria (wirkt um 364-377).	*312* »In hoc signo vinces«: Konstantin der Große fördert Christentum.
Verfaßt eine medizinische Enzyklopädie.		Oreibasios von Pergamon (um 325-um 404)	*325* Konzil von Nicaea: Verurteilung der Arianer. *330* Konstantinopel Hauptstadt des Reiches.
Arbeiten über Optik.		Heliodoros von Larissa und sein Sohn Damianus.	*427* Augustinus (354-430), Sohn der hl. Monika (332-387), verfaßt *De civitate Dei.*
Kommentare zu Platon, Aristoteles, Diophantos, Apollonius, Ptolemaios.		Hypatia (370-415).	*393* Letzte Olympische Spiele. *Vulgata* des hl. Hieronymus (347-420).
	400	200 Millionen Menschen.	
Platon-Kommentare.		Proklos (412-485).	*410* Westgoten unter Alarich erobern Rom.
Indien: Verwendung negativer Zahlen, der Null, Kreis, Trigonometrie (Sinusfunktion). Berechnung der Positionen von Mond und Sonne. Erkenntnis der Rotation der Erde.		Āryabhaṭa (476-535).	*415* Hypatia von Christen massakriert. Lateinische Übersetzungen von Aristoteles und Platon.

Wissenschaftliche Schöpfungen		Individuelle und kollektive Akteure	Historische Kulisse
			449 Das Konzil von Ephesos verdammt Ibas wegen Nestorianismus (strenge Trennung der göttlichen und menschlichen Natur Jesu).
Enzyklopädie der griechischen Wissenschaften.		Boethius (480-525).	
Mathematische Kommentare zu Archimedes, Apollonios, Eudemos, Eratosthenes.		Eutokios von Askalon (480-560).	*451* Einfall der Hunnen unter Attila (um 395-453) in Gallien; Schlacht auf den Katalaunischen Feldern. *486* Hl. Genoveva in Paris während der Belagerung Chlodwigs, der 496 vom hl. Remigius getauft wird.
De nuptiis Mercurii et Philologiae (Die Hochzeit des Merkur mit der Philologie): Handbuch der sieben freien Künste.		Martianus Capella.	
Wesentliche Weiterentwicklung der Physik und Kosmologie des Aristoteles.	*500*	Johannes Philoponos.	Theoderich (455-526) zwingt den Barbaren das römische Recht auf.
Architektur und mathematische Berechnungen für den Bau der Hagia Sophia (geweiht 537).		Isidoros von Milet (um 532).	*529* Kaiser Justinianus schließt die Schule von Athen, wo der Neuplatoniker Simplicius um 525-545 lehrt.
Etymologiae: Kompilation des gesamten religiösen und profanen Wissens seiner Zeit.		Isidoros von Sevilla (560-636).	*529* Der hl. Benedikt (480-547) gründet das Kloster auf dem Monte Cassino. *531* Ḫosraw I., König von Persien (bis 578).
Mathematik und Astronomie (Indien).		Brahmagupta (598-n. 665).	*532* Die Kirche führt die christliche Zeitrechnung ein (Dionysius Exiguus).
Astronomie. Geographie in syrischer Sprache.	*600*	Severus Sebocht von Syrien.	*622* Flucht Mohammeds (575-632) von Mekka nach Medina.

Wissenschaftliche Schöpfungen		Individuelle und kollektive Akteure	Historische Kulisse
Medizin und Chirurgie.		Paulus von Aegina (640).	Islamische Eroberungen: Syrien (633-640), Mesopotamien (633-637), Ägypten (639-646).
Chronik der Weltgeschichte auf der Basis der christlichen Zeitrechnung. Abhandlung über Metrik. Astronomische und naturgeschichtliche Gelehrsamkeit.		Beda Venerabilis (672-735).	*661-750* Omaiyaden-Dynastie. *670* Gründung von al-Quayrwān (Kairuan).
Alchimistische Arbeiten.	*700*	Heliodoros und Theophrast.	Eroberungen: Nordafrika (687-702), Spanien (711-716), östliches Persien (714).
Die indische Wissenschaft gelangt zu den Arabern: Astronomie und Astrologie.		al-Fazārī (Vater gest. um 777, Sohn um 800).	*750-1258* Abbasiden-Herrschaft. *762* Gründung Baġdāds.
Alchimie, Esoterik, Numerologie.		Ǧābir b. Ḥaiyān (Geber, um 800).	*768* Karl der Große (bis 814) König der Franken. *786* Hārūn ar-Rašīd (766-809) Kalif.
Erste Euklid-Übersetzung ins Arabische.	*800*	al-Ḥaǧǧaǧ (wirkt um 786-833).	*813* Beginn der Herrschaft al-Ma'mūns (786-833), der eine Wissenschaftspolitik einleitet: Laboratorien, Sammlungen, Bibliothek.
Projekt eines Katalogs der Sterne. Akademie der Übersetzungen wissenschaftlicher Texte.		*832* Gründung eines »Hauses der Weisheit« unter Ḥunain b. Iṣāq (808-873).	Fruchtbare Periode der karolingischen Kunst.
Erster arabischer Philosoph (enzyklopädisches Wissen).		al-Kindī (um 801-um 866).	*845* Die Wikinger belagern Paris.
Indisches Zahlensystem mit Dezimalstellen. Abhandlung *Al-ǧabr wa l-muqābala* (»Algebra«). Planetentafeln (Sinusfunktion).		al-Ḫwārizmī (wirkt um 800-847); Gründung der Schule von Salerno.	Der Theologe Johannes Scotus Eriugena (um 810-um 877) kommt nach Frankreich. *867* Photianisches Schisma (Photios, 820-891) zwischen Rom und Byzanz.

Wissenschaftliche Schöpfungen		Individuelle und kollektive Akteure	Historische Kulisse
Sterne und Himmelsbewegungen. Begriff der Tangente in der Trigonometrie.		al-Farġānī (Afraganus, um 820-nach 861).	*868* Das älteste xylographisch gedruckte Buch, das sich erhalten hat (*Diamant-Sutra*).
Mathematik, Mechanik, Medizin.		Ṯābit b. Qurra (836-901).	*um 880* Eulalia-Sequenz: ältestes erhaltenes französisches Gedicht.
Übersetzt Wissenschaften und Philosophie.		Isḥāq b. Ḥunain (gest. 910).	Zahlreiche Gründungen von Kathedralen und Abteien, Studienzentren und Archiven.
Alchimie, Medizin, Pharmazie.		ar-Rāzī (Rhazes, um 860-um 923).	
Beobachtet die Exzentrizität der Sonnenbahn.		al-Battānī (Albatenus, 856-929).	
Buch der Fixsterne.	*900*	as-Ṣūfī (903-986).	Gründung der Benediktinerabtei von Cluny.
Berechnung einer Tangens- und Kotangenstafel.		Abu'l-Wafā' (940-998).	*Tausendundeine Nacht.*
Erste Einflüsse der arabischen Wissenschaft im Abendland.		Gerbert von Aurillac (950-1003).	*999* Gerbert wird als Silvester II. zum Papst gewählt.
Optik, Theorie des Sehens, Astronomie, Meteore.		Ibn al-Haiṯam (Alhazen, 965-1039).	*962* Otto I. in Rom zum ersten Kaiser des Heiligen Römischen Reiches gekrönt.
Messungen des spezifischen Gewichts verschiedener Substanzen.		al-Bīrūnī (973-nach 1050).	*975* Der Kalif al-ʿAzīz gründet in Ägypten eine Bibliothek, die 1 400 000 Bände zählen wird.
Anatomie und Physiologie des Auges.		ʿAli b. ʿĪsā (940-1010).	*987* Beginn der kapetingischen Dynastie in Frankreich.
Kanon der Medizin; *Buch der Heilung*.		Ibn Sīnā (Avicenna, 980-1037).	
Gruppe der »lauteren Brüder« für eine Summe des gesamten Wissens.		*983* Gründung der »lauteren Brüder« (Iḫwān aṣ-Ṣafā') in al-Baṣrā.	

Wissenschaftliche Schöpfungen		Individuelle und kollektive Akteure	Historische Kulisse
	1000	Bischof Fulbert (960-1028) gründet die Schule von Chartres.	Die Wikinger unter Leif Eriksson landen in Nordamerika (Vinland).
Enzyklopädie der Philosophie und der Wissenschaften.		Michael Psellos (1018-1078).	*1022* Erstes Auftreten der Katharer. *1055* Eroberung Bagdads durch die Türken.
Bedeutender Vermittler des arabischen Wissens ins Abendland: Übersetzungen; Medizin.		Constantinus Africanus (wirkt um 1065-1085).	*1061-1091* Die Normannen erobern Sizilien.
Astronomie; toledische Sterntafeln.		Ibn Saʿīd (1029-1070).	*1066* Schlacht von Hastings: Beginn der normannischen Vorherrschaft in England.
Mathematik und Astronomie.		al-Ḫaiyāmi (1048-1131).	*1077* Canossa: Heinrich IV. unterwirft sich dem Papst. *1079* Zu jedem Dom soll eine Domschule gehören.
Übertragung des griechischen und arabischen Wissens ins Lateinische: Theologie, Logik, Mathematik, Philosophie.		Adelard von Bath (1090-1142).	*1085* Rückeroberung von Toledo. *1099* Erster Kreuzzug: Eroberung Jerusalems.
Gleichungen über die Planetenbahnen.	*1100*	Bhāskara (1114-1185).	*1079-1142* Petrus Abaelard.
Systematische Übersetzungsarbeit (al-Ḫwārizmī, Ptolemaios, Euklid...)		Hermann von Carinthia (wirkt um 1138-1143), Juan von Sevilla (wirkt um 1135-1153), Gerhard von Cremona (1114-1187).	*1148* Das Konzil von Reims verurteilt die Trinitätslehre von Gilbert de la Porrée (1076-1154).
		Ab 1150 Voraussetzungen für die Gründung der Universitäten Paris, Oxford, Bologna... geschaffen.	*1163* Bau von Notre-Dame in Paris beginnt. *1135-1204* Maimonides: *Führer der Unschlüssigen.*
Über Gleichungen zweiten Grades; Brüche.		Abraham bar-Hiya, wirkt um 1133-1136).	*1179* Einführung des Papiers in Europa.

Wissenschaftliche Schöpfungen		Individuelle und kollektive Akteure	Historische Kulisse
			1180-1223 Philipp II. August König von Frankreich.
Übersetzung des *Almagest*.		Ibn Rušd (Averroës, 1126-1198).	
Liber abbaci (Traktat über das Rechenbrett, 1202). Führt die arabischen Ziffern und das algebraische Rechenbrett ein.	*1200*	Leonardo Fibonacci (Leonardo da Pisa, 1170-1240).	*1208* Kreuzzug gegen die Albigenser. Verbreitete Verwendung des Kompasses.
Practica geometriae (1220).			*1212* Die Christen vernichten die Muselmanen bei Las Navas de Tolosa.
Allgemeine und experimentelle Optik.		Robert Grosseteste (1175-1253) gründet die Universität Oxford.	
Mathematik, Kunst, Mineralogie (1230).		aṭ-Ṭūsī (1201-1274).	*um 1220* Palermo, »dreisprachige« Hauptstadt Friedrichs II.
Mathematische Werke.		Johannes von Sacro Bosco (John of Halifax, 1190-1250).	*1231* (Weltliche) Konstitutionen von Melfi. *1244* Bûcher de Montségur.
Geologie, Botanik, Biologie, »Chemie« der Basen und Säuren.		Albertus Magnus (1206-1280).	*1258* Mongolische Invasion, Plünderung Bagdads durch den Enkel Činggis Khans (1160-1227).
Optik, Akustik, Regenbogen...		Roger Bacon (1219-1292).	*1271-1295* Marco Polo (1254-1324) tritt seine (zweite) Reise an.
Zahlreiche Übersetzungen.		Eugen von Palermo (wirkt um 1221-1240). *1224* Universität Neapel. *1229* Universität Toulouse.	*1277* Verurteilung des Werkes des hl. Thomas von Aquin (1226-1274). *1289* Dante Alighieri (1265-1321), Parteigänger der Guelfen, nimmt am Krieg gegen die Ghibellinen teil.
Übersetzung Ibn al-Haiṯams; *Perspectiva*: Studie über Optik (Refraktion).		Witelo (Vitellio, 1220-1275). Gründung der Sorbonne.	*1290* Cimabue (1240-1302) nimmt Giotto (1276-1336) als Schüler an.

Wissenschaftliche Schöpfungen		Individuelle und kollektive Akteure	Historische Kulisse
Carmen de algorismo: Arithmetikbuch in Versen.		Alexander von Villa Dei (gest. 1280).	
De magnete (1269).		Pierre de Maricourt (geb. um 1240).	
Ablehnung der Physik des Aristoteles.		Campanus von Novara (gest. 1296).	
Zahlreiche Übersetzungen (unter anderem vollständige Archimedes-Ausgabe).		Wilhelm von Moerbeke (1215-1286).	
Alchimistische Kompilationen.		Ramón Lull (Raimundus Lullus, 1235-1315).	
Alchimie, Medizin		Arnold von Villanova (1240-1311).	
De iride (Theorie des Regenbogens).		Dietrich von Freiberg (1250-1310).	
Astronomie, Optik, Medizin.		aš-Šīrāzī (1236-1311).	
um 1250 König Alfons X. läßt astronomische Tafeln zusammenstellen (Judas ben Moses, Isaac ibn Sid).		Universitäten Padua, Rom.	
Astronomische Tafeln.	*1300*	Levi ben Gerson (1288-1344). *1308* Universität Krakau.	*1307-1321* Dante schreibt die *Commedia Divina*. *um 1320* Erste mechanische Uhren in Europa, die von einem Gewicht angetrieben werden.
Optische und mathematische Arbeiten.		al-Fārisī (gest. 1320).	*1327* Beginn des Hundertjährigen Krieges. *1346* Schlacht bei Crécy (Sieg der Engländer über die Franzosen).
Bedeutende Überlegungen zur Physik. Impetus-Theorie.		Thomas Bradwardine (1290-1349). Johannes Buridan (1295-1358).	*1348* Die Pest gelangt nach Europa; ein Drittel der Bevölkerung wird daran sterben.

Wissenschaftliche Schöpfungen		Individuelle und kollektive Akteure	Historische Kulisse
Mathematik und (Kreis-) Bewegung.		Nikolaus von Oresme (1302-1382).	*um 1355* Boccaccio (1313-1373) verfaßt *Il Decamerone.*
Ptolemäische Astronomie.		Jean de Lignière (um 1320).	
Berechnung von Sonnenfinsternissen und Theorie der Musik.		Jean de Murs (um 1340).	
Naturphilosophie und Mathematik.		Domenico de Clavaso (wirkt um 1346-1357). Universitäten Heidelberg (1386), Köln (1388), Erfurt (1392).	*1389-1464* Cosimo de' Medici.
	1401		Windmühlen in Holland.
	1405		Tragbare Feuerwaffen.
	1409	Universitäten Aix-en-Provence und Leipzig.	
Prinzip des Schubkurbelgetriebes.	*1410*		Schlacht bei Tannenberg (Niederlage des Deutschen Ordens).
	1415		Schlacht bei Azincourt (Hundertjähriger Krieg). Hinrichtung von Jan Hus (1369-1415). Brunelleschi (1377-1416) baut die Kuppel des Doms von Florenz.
	1418		Portugiesische Karavelle.
Astronomische Uhr von Bourges.	*1420*		
	1423	Georg von Peurbach (gest. 1476).	
	1426	Universität Löwen.	
(Anonymer) Traktat über Mechanik: Wassermühlen, Bohr- und Schleifmaschinen.	*1430*		
	1432		Malatesta (1417-1468) Condottiere in Rimini.

Wissenschaftliche Schöpfungen		Individuelle und kollektive Akteure	Historische Kulisse
Nikolaus von Kues: Die Erde dreht sich um die Sonne.	*1435*		Die Medici kommen in Florenz an die Macht. Polder in der Zuidersee.
	1436	Johann Müller von Königsberg (Regiomontanus, gest. 1476). Universität Caen.	Erfindung der beweglichen Lettern durch Gutenberg (geb. um 1398).
	1439		Sicherung der venezianischen Lagune.
	1445	Luca Pacioli (gest. 1517); Nicolas Chuquet (gest. 1500).	
	1446	Christoph Kolumbus (gest. 1506).	
	1447		Papst Nikolaus V. beginnt umfassende mäzenatische Politik.
De machinis: Beginn der technischen Literatur der Renaissance.	*1449*	Daniello Mariano, gen. Taccola.	Vatikanische Bibliothek.
	1451	(um) Brunschwygk (gest. 1512).	Ende des Hundertjährigen Krieges.
	1452	Leonardo da Vinci (gest. 1519). Universität Valence.	
	1453		Die Türken erobern Konstantinopel.
	1454	Amerigo Vespucci (gest. 1512).	*Italienische Renaissance*: *Malerei*: Fra Angelico (1387-1455), Massaccio (1401-1464), Botticelli (1445-1510), Piero della Francesca (1416-1492), Mantegna (1439-1494), Leonardo da Vinci (1452-1519), Raffael (1483-1520), Michelangelo (1475-1564).
	1455	Gutenberg druckt in Mainz die 42zeilige Bibel. Der Buchdruck vervielfacht die Verbreitung wissenschaftlicher Werke.	

Wissenschaftliche Schöpfungen		Individuelle und kollektive Akteure	Historische Kulisse
	1460	Zerstörung des Observatoriums von Samarkand; Ende der mittelalterlichen arabischen Wissenschaft.	*Architektur, Bildhauerei*: Bramante (1444-1514). *Literatur*: Pico della Mirandola (1463-1494), Machiavelli (1469-1527).
	1462	(um) Johannes Widmann (gest. nach 1498).	*Holländische Renaissance*: *Malerei*: van der Weyden (1400-1464), Memling (1433-1494), Bosch (1450-1516). *Literatur*: Erasmus von Rotterdam (1469-1536).
	1463	Universität Bourges.	*Deutsche Renaissance*: *Malerei*: Dürer (1471-1528). *Literatur*: Nikolaus von Kues (1401-1464). *Französische Renaissance*: *Malerei*: Fouquet (1415-1480), Clouet (1475-1540). *Bildhauerei*: Collombes (1430-1514). *Literatur*: Villon (1431-1490), Philippe de Commynes (1447-1511), Budé (1467-1540), Rabelais (1494-1553), Marot (1496-1544).
Regiomontanus: *De triangulis omnimodis* (wichtige Zusammenfassung der ebenen und sphärischen Trigonometrie).	*1464*		
	1465	Scipione del Ferro (gest. 1526).	
Kultivierung des Gemüsebaus in den italienischen Gärten (Artischocke, Karotte, grüne Bohnen, Blumenkohl).	*1466*		

Wissenschaftliche Schöpfungen		Individuelle und kollektive Akteure	Historische Kulisse
Erstmals Druck eines wissenschaftlichen Werkes (in Venedig): Plinius.	*1469*	Vasco da Gama (gest. 1525).	
	1470	Buchdruck in der Sorbonne. Polydor Vergilius (gest. 1555). Magalhães (Magellan, gest. 1521).	
	1471	(um) Bartolomeo Diaz (gest. 1500). Dürer (gest. 1528).	
Druck der Werke des Aristoteles (in Venedig).	*1472*	Universität München.	
Erste Galen-Ausgabe (bis 1600 erscheinen 700 Auflagen).	*1473*	Koppernigk (Kopernikus, gest. 1543).	
Traktat über Mechanik: Fliehkraftregler, Wasserturbinen, Hebelapparate, automobile Wagen.	*1475*		
	1476	Universität Uppsala.	
	1479	Calcagnini (gest. 1541).	
	1480	Biringuccio (gest. 1539).	
Übersetzung der Euklidschen *Elemente* von Campanus gedruckt (in Venedig).	*1482*		
Chuquet: *Triparty en la science des nombres.*	*1484*	J. C. Scaliger (gest. 1558).	Verbesserung der Bergbautechnik.
Lukrez-Übersetzung (*De rerum natura*) gedruckt (Venedig).	*1486*	Agrippa von Nettesheim (gest. 1535).	Diaz erreicht die Südspitze Afrikas.
Widmann benutzt die Zeichen + und −.	*1489*		

Wissenschaftliche Schöpfungen		Individuelle und kollektive Akteure	Historische Kulisse
Zwischen 1469 und 1575 werden fast alle bekannten (griechisch, arabisch, hebräisch oder lateinisch geschriebenen) wissenschaftlichen Werke gedruckt.	*1491*	Cartier (gest. 1557).	
	1492	Riese (gest. 1559).	Kolumbus »entdeckt« die Insel Guanahani. Eroberung von Granada.
	1493	Paracelsus (gest. 1541).	
	1494	Agricola (gest. 1555), Maurolico (gest. 1575).	Savonarola (1452-1498) an der Spitze der Republik Florenz.
Dürer arbeitet über die Perspektive und die Proportionen.	*1495*	(um) Vicary (gest. 1561).	
	1497		Holbein (gest. 1543).
	1498		Vasco da Gama erreicht Indien auf dem Seeweg.
Vergilius veröffentlicht ein populärwissenschaftliches Werk.	*1499*		Vespucci erreicht »Guayana«. Erstausgabe der *Celentina* von Rojas (um 1473-nach 1538).
Flugmaschinen Leonardos da Vinci.	*1500*	Tartaglia (»der Stotterer«, gest. 1557), Besson (gest. 1576).	Erstmals Schraubpressen aus Holz.
	1501	Cardano (gest. 1576).	
	1502		Peter Henlein baut die erste Taschenuhr.
	1503		Erfindung des venezianischen Spiegels.
	1507	Rondelet (gest. 1566).	
	1508	Piccolomini (gest. 1578).	
Erste Ausgaben wissenschaftlicher und technischer Lehrbücher.	*1509*	Commandino (gest. 1575), Paré (gest. 1590).	
	1510	Palissy (gest. 1590).	
	1511	Servetus (gest. 1553).	
	1514	Vesalius (gest. 1564), Rheticus (gest. 1576).	

Wissenschaftliche Schöpfungen		Individuelle und kollektive Akteure	Historische Kulisse
	1515	Ramus (gest. 1572).	Franz I. (1494-1547) König von Frankreich.
	1516	Gesner (gest. 1565).	Machiavelli (1469-1527): *Il principe*. Erste afrikanische Sklaven in Amerika.
	1517	Belon (gest. 1564).	Luther (1483-1546): 95 Thesen. Auftakt der Reformation.
	1518		Einfuhr von Cochenille (Mexiko).
	1519	Cesalpino (gest. 1603).	Karl V. (1500-1558) Kaiser. Cortés (1485-1547) in Mexiko.
	1520		Untergang des Aztekenreiches.
	1521		Luther exkommuniziert.
	1522	Ferrari (gest. 1565). Aldrovandi (gest. 1605).	J. S. del Cano (um 1460-1526) vollendet die (1519 begonnene) Weltumseglung des Portugiesen Magellan (1470-1521).
Dürer: *Underweysung der Messung*.	*1525*		Einführung der Kartoffel. Geburt Brueghels d. Ä. (gest. 1569), dem seine beiden Söhne folgen: »Höllen-Brueghel« (1564-1638) und »Samt-Brueghel« (1568-1625).
	1526	Bombelli (gest. 1572).	
Paracelsus (Chemie, Alchimie, Magie, Medizin, Chirurgie) läßt sich in Basel nieder.	*1527*	Dee (gest. 1608). Universität Marburg.	Der Goldschmied und Bildhauer Cellini (1500-1571) organisiert die Eroberung und Plünderung Roms. Verwendung von Schießpulver in den Bergwerken.

Wissenschaftliche Schöpfungen		Individuelle und kollektive Akteure	Historische Kulisse
	1529	Collège royal (das spätere Collège de France).	Pizarro (1475-1541) in Peru.
Agrippa: über Okkultismus sowie Reflexionen über die Eitelkeit und Unsicherheit in den Wissenschaften.	*1530*		
	1531		Fall des Inka-Reiches.
Botanischer Garten in Padua.	*1532*	W. Holzmann (Xylander, gest. 1576).	
	1533	H. Fabricius (gest. 1619).	Holbein (1497-1543): *Die Botschafter*.
Tartaglia: Lösung von Gleichungen dritten Grades.	*1534*	Della Porta (gest. 1615).	Ignatius de Loyola (1491-1556): Anfänge des Jesuitenordens. Cartier (1491-1557) erforscht den Sankt-Lorenz-Strom. Anglikanische Kirchenspaltung.
	1535		Calvin (1509-1564) *Institutio christianae Religionis*, eine kurze Zusammenfassung der evangelischen Lehre.
	1537	Clavius (gest. 1612).	
	1538	O. de Serres (gest. 1619).	
Biringuccio: *De la pirotechnica* (Metallurgie).	*1539*		
Rheticus veröffentlicht eine Zusammenfassung der Werke des Kopernikus. Piccolomini: *Delle stelle fisse* (Über die Fixsterne).	*1540*	Viète (Vieta, gest. 1603), Ceulen (gest. 1610). Erste Gründung einer Akademie der Wissenschaften in Padua.	Bestätigung der Jesuiten durch Rom.
Kopernikus: *De revolutionibus orbium coelestium* erscheint posthum. Die Sonne ist der Mittelpunkt der Planetenbahnen. Vesalius: *De humani corporis fabrica* (das erste zuverlässige Werk über menschliche Anatomie).	*1543*		Die Portugiesen landen in Japan.

Wissenschaftliche Schöpfungen		Individuelle und kollektive Akteure	Historische Kulisse
Botanische Gärten in Pisa und in Leipzig.			
Cardano: *Ars magna* (Lösung von Gleichungen dritten Grades). Calcagnini: These eines Impetus der Erde.	*1544*	Gilbert (gest. 1603).	Königliche Ordonnanz über den Waldeinschlag.
Paré: *Méthode pour traiter les plaies* (chirurgisches Werk über Wundbehandlung). Bock: *Description des plantes*.	*1545*	J. Gerard (gest. 1612).	Trienter Konzil (bis 1563): Kampf gegen Reformation.
Tartaglia erforscht die Bahn von Geschossen: Begründung der wissenschaftlichen Ballistik.	*1546*	Tycho Brahe (gest. 1601).	
	1548	Stevin (gest. 1620), Bruno (gest. 1600).	
	1549		Franz-Xaver (1506-1552) beginnt in Japan zu missionieren. Du Bellay (1522-1560): *Défense et illustration de la langue française*.
Ferrari: Lösung der allgemeinen Gleichung vierten Grades. Riese empfiehlt schriftliches Rechnen.	*1550*	Beguin (gest. um 1620), Napier (gest. 1617).	Goujon (1510-1569) meißelt die *Fontaine des Innocents*.
Cardano: Forschungen über den Fall der Körper. Gesner: *Historia animalium* (Beginn der wissenschaftlichen Zoologie). Rheticus: Begriff des Cosinus. Belon: Naturgeschichtliche Bücher über Seefische, später über Vögel (1555) und Pflanzen (1558).	*1551*		Vereinheitlichung der Buchdruck-Lettern. Erstes Handelspatent in Frankreich (Einfuhr von Glaswaren).
	1552	Ricci (gest. 1610), Sarpi (gest. 1623).	Ronsard (1524-1585) schreibt *Les amours de Cassandre* (Sonettzyklus).

Wissenschaftliche Schöpfungen		Individuelle und kollektive Akteure	Historische Kulisse
Servetus: Erste Idee der Blutzirkulation.	*1553*		Servetus (1511-1553) auf Betreiben Calvins in Genf auf dem Scheiterhaufen verbrannt.
Rondelet über Meeresfische.	*1554*		Erster spanischer Schelmenroman: *Lazarillo de Tormes.*
Palissy verfeuert seine Möbel, um seine emaillierten Fayencen zu brennen.	*1555*		Augsburger Religionsfriede. Prophezeiungen (*Sept Centuries*) des Nostradamus (1503-1566). »Endlich kam Malherbe...« (gest. 1628).
Agricola: *De re metallica* (lange Zeit bedeutsames Handbuch der Metallurgie). Tartaglia: *General trattato di numeri e misure* (über Zahlen und Maße).	*1556*		Die Dichterschule der Pléiade entsteht.
	1557		Die Portugiesen landen in Macao.
G. B. Della Porta: *Magia naturalis.*	*1558*	Universität Jena.	Bildersturm: Beginn der Reformation in Schottland von Pearth aus (John Knox, 1505-1572).
	1559		Amyot (1513-1593) übersetzt Plutarch. Nicot führt Tabak ein.
Erstes drehbares Observatorium.	*1561*	Francis Bacon (gest. 1626), Roomen (Romanus, gest. 1615).	Therese von Avila (1515-1582): Reform der Karmeliten. Anfänge des Sklavenhandels.
	1562	Gründung des Collège von Clermont.	Beginn der Religionskriege.
	1563		Mit dem Bau des Escorial wird begonnen.
	1564	Galilei (gest. 1642).	Erfindung des Bleistifts.

Wissenschaftliche Schöpfungen		Individuelle und kollektive Akteure	Historische Kulisse
Commandino: über den Schwerpunkt der Festkörper.	*1565*		Gründung der Londoner Börse.
J. C. Scaliger: *Des plantes* (posthum herausgegeben). Rondelet: erstes anatomisches »Theater« in Montpellier.	*1566*		Beginn des Widerstands in den Niederlanden gegen die Spanier (bis 1574).
	1568	Campanella (gest. 1639).	
Ramus: *Livres de géométrie.*	*1569*		
	1571	Kepler (gest. 1630), Branca (gest. 1640).	Spanier erobern Philippinen. Cervantes (1547-1616) nimmt an der Seeschlacht bei Lepanto teil.
Bombelli: Algebra, Studien zu Diophant.	*1572*		Bartholomäusnacht: Massaker an Hugenotten.
	1573	Scheiner (gest. 1650).	
Clavius: kommentierte Euklid-Ausgabe. H. Fabricius: Grundlagen der Physiologie des Blutkreislaufs.	*1574*		
	1576	S. de Caus (gest. 1626).	Bodin (um 1530-1596): *Six livres de la République.*
	1577	van Helmont (gest. 1644), Guldin (gest. 1643).	Drake (1545-1597): Weltumseglung (bis 1580).
	1578	Harvey (gest. 1657).	
Vieta: *Canon mathematicus* (Trigonometrie).	*1579*		
Palissy: *Discours admirables de l'art de terre* (über die Töpferkunst).	*1580*	Snellius (gest. 1626), De Peiresc (gest. 1637).	Montaigne (1533-1592): *Essais* (bis 1588).
Galilei entdeckt die Gleichheit der Schwingungsdauer eines Pendels unabhängig vom Pendelausschlag.	*1581*	Gunter (gest. 1626), Bachet (gest. 1638).	

Wissenschaftliche Schöpfungen		Individuelle und kollektive Akteure	Historische Kulisse
	1582	J. Rey (gest. 1645). Universität Würzburg.	Gregorianische Kalenderreform (nach Berechnungen von Clavius).
Cesalpino: *De plantis* (erste Klassifikation der Pflanzen).	*1584*	Vernier (gest. 1638).	Raleigh (1554-1618) führt das Tabakrauchen in England ein und schreibt 1614 eine *History of the World*.
Tycho Brahe verwirft die Vorstellung gestirnter Kristallsphären. Benedetti: Andeutung des Trägheitsprinzips. Stevin: *De thiende* (»Der Zehnte«, Anleitung für das Rechnen mit Dezimalbrüchen).	*1585*		Mercator (1512-1594): 107 Karten für Schiffsnavigation (*Atlas*, bis 1590).
Stevin erforscht schiefe Ebene.	*1586*	Zucchi (gest. 1670).	El Greco (1541-1614) malt *Das Begräbnis des Grafen Orgaz*.
Stevin: Prinzipien der Mechanik.	*1587*	Froidmont (gest. 1653), J. Fabricius (gest. 1615).	
	1588	Mersenne (gest. 1648), Beeckman (gest. 1637), Hobbes (gest. 1672).	»Unbezwingliche Armada«: Versuch einer spanischen Invasion Englands scheitert.
Galilei: *De motu* (Studien über den Fall der Körper). Z. Janssen beginnt mit dem Bau eines Mikroskops.	*1590*		
Vieta: *Isagoge in artem analyticam* (Benutzung von Buchstaben und Formeln in der Algebra; Forschung über den Kreis).	*1591*	Desargues (gest. 1661).	
	1592	Gassendi (gest. 1655), Schickard (gest. 1635).	
Roomen berechnet die Zahl π auf 15 Dezimalstellen genau.	*1593*		»Paris ist eine Messe wert«: Heinrich IV. tritt zum Katholizismus über.
Besson: *Théâtre des instruments mathématiques et mécaniques* (posthum).	*1594*		

Wissenschaftliche Schöpfungen		Individuelle und kollektive Akteure	Historische Kulisse
	1595	Girard (gest. 1632), Beaugrand (gest. 1640), Linus (gest. 1675).	
J. Gerard: *Herbal* (Zusammenfassung des botanischen Wissens).	*1596*	Descartes (gest. 1650).	
	1598	Cavalieri (gest. 1649).	Edikt von Nantes: Ende der Hugenottenkriege.
Aldrovandi: erster Band seiner *Naturgeschichte* (zoologisches Vokabular, Klassifikation, Monster ...).	*1599*		Seidenraupenzucht (O. de Serres).
Gilbert: *De magnete* (die Erde ein großer Kugelmagnet). – O. de Serres: *Théâtre de l'agriculture*. H. Fabricius: *De formatu foetu* (erste Abhandlung zur Embryologie).	*1600*	Carcavi (gest. 1684), de Lalouvère (gest. 1664), Montmor (gest. 1679).	Englische Ostindiengesellschaft. Bruno stirbt auf dem Scheiterhaufen.
	1601	Fermat (gest. 1665).	Ricci begegnet dem Kaiser von China.
	1602	Roberval (gest. 1673), von Guericke (gest. 1686), Kircher (gest. 1680), de Billy (1679), Bosse (gest. 1676).	(Private) Manufaktur von Gobelins.
van Helmont greift die Theorie der vier Elemente an; erfindet das Wort »Gas«.	*1603*	Digby (gest. 1665). Gründung der Accademia dei Lincei (»der Luchsäugigen«) in Rom.	Shakespeare (1564-1616): *Hamlet*. Tokugawa-Shogunat (selbstgewählte Isolierung Japans bis 1868); Verlegung der Hauptstadt von Kioto nach Tokio.
Galilei: erste (falsche) Version des Fallgesetzes. Kepler: *Ad Vitellionem paralipomena* (Optik). Bürgi: erste Logarithmenreihen.	*1604*	Glauber (gest. 1668).	
Bacon beginnt mit der Veröffentlichung seiner enormen Enzyklopädie *Advancement of Learning*.	*1605*	Frénicle (gest. 1675).	Bellarmin (1542-1621) vatikanischer Bibliothekar. Pulververschwörung.

Wissenschaftliche Schöpfungen		Individuelle und kollektive Akteure	Historische Kulisse
			Cervantes: *Don Quixote.* Shakespeare: *Macbeth, König Lear.*
	1607	Universität Gießen.	Monteverdi (1567-1643): *Orfeo.* Navarra zurück an Frankreich.
Stevin: Statik, Hydrostatik.	*1608*	Torricelli (gest. 1647).	Französische Siedler gründen Québec. M. Regnier: *Satires.*
Métius: Astronomisches Fernrohr. Kepler: *Astronomia nova.* Der Kreis ist gebrochen: 1. Die Planetenbahnen sind elliptisch; 2. Die Verbindungslinien Sonne–Planet überstreichen in gleichen Zeiten gleiche Flächen.	*1609*		Unabhängigkeit der Niederlande. Reform von Port-Royal. Gründung der Bank von Amsterdam. Anfänge der Jesuitenstaaten in Paraguay (geschlossene Siedlungen missionierter Indianer). Älteste bekannte Wochenzeitungen.
Beguin: *Tyrocinium chymicum* (das erste Lehrbuch der Chemie, nicht mehr Alchimie). Galilei: *Sidereus nuncius* (Entdeckung der Jupitermonde; zusammen mit Scheiner Beobachtung der Sonnenflecken).	*1610*	Bourdelot (gest. 1685).	Ermordung Heinrichs IV. Franz von Sales (1567-1622) stiftet den Orden der Salesianerinnen.
Maurolico: *Photismi de lumine* (posthum; Optik). J. Fabricius: Beobachtung der Sonnenflecken.	*1611*	Hevelius (gest. 1687), Pell (gest. 1685), P. Perrault (gest. 1680).	
	1612	Tacquet (gest. 1660), Gascoigne (gest. 1644).	Bau der Königsmoschee von Iṣfahān.
Beeckman: erste Formulierung eines Trägheitsprinzips.	*1613*	Cl. Perrault (gest. 1688).	

Wissenschaftliche Schöpfungen		Individuelle und kollektive Akteure	Historische Kulisse
Napier: *Mirifici logarithmorum canonis descriptio* (»Erfindung« der Logarithmentafel).	*1614*	Wilkins (gest. 1672), Förderer der englischen Wissenschaft.	Letzte Tagung der Generalstände (bis 1789); Aufstieg der absoluten Monarchie.
Kepler: *Nova stereometria* (Vermessung des Volumens von Weinfässern mit Infinitesimalwerten). S. de Caus: Vorahnung der Dampfmaschine.	*1615*	Glaser (gest. 1672).	Rubens (1577-1640) malt den *Kampf der Amazonen*.
Galilei wird von Kardinal Bellarmin ermahnt.	*1616*	Wallis (gest. 1703), Bartholin (gest. 1680).	Tod von Cervantes und Shakespeare.
Napier: Prinzip der Rechenmaschine (Rechenstäbchen zum Multiplizieren).	*1617*	Ashmole (gest. 1692).	Van Dyck (1599-1641) malt die *Kreuzigung*.
Erstes Mikroskop.	*1618*	Grimaldi (gest. 1663), Blondel (gest. 1686).	Beginn des Dreißigjährigen Krieges (bis 1648).
Kepler: *Harmonia mundi* (enthält das 3. Gesetz). Galilei: *Discorsi* über die Kometen.	*1619*	Wing (gest. 1668).	
Gunter: Sinus- und Tangenstafeln; Prinzip des Rechenschiebers.	*1620*	Brouncker (gest. 1684), um 1620 Mariotte (gest. 1684).	»Mayflower«: Die Pilgerväter landen bei Plymouth Rock.
Snellius stellt das Brechungsgesetz auf. Zonca: Allgemeine Darstellung der Maschinen.	*1621*		Philipp IV. (1616-1665) König von Spanien.
Campanella: Verteidigung Galileis.	*1622*	Varenius (gest. 1650), Viviani (gest. 1703).	
Schickard baut die erste Rechenmaschine (auf der Basis der Napierschen Rechenstäbchen).	*1623*	Pascal (gest. 1662).	Urban VIII. (1588-1644) Papst.
	1624		Anfänge des Patentrechts in England.
Girard: *L'invention nouvelle an algèbre* (Fundamentalsatz der Algebra: eine Gleichung *n*-ten Grades hat genau *n* Lösungen).	*1625*	Cassini (gest. 1712).	Van den Vondel (1587-1679) läßt sein Drama *Palamède* aufführen.

Wissenschaftliche Schöpfungen		Individuelle und kollektive Akteure	Historische Kulisse
	1626	La Quintinie (gest. 1688), Redi (gest. 1697). Schaffung des Jardin du Roy (des späteren Jardin des plantes).	Verbot von Duellen. Campanella (seit 1599 in Kerkerhaft) von Urban VIII. begnadigt.
Froidmont: *Livre des météores.*	*1627*	Boyle (gest. 1691), J. Ray (gest. 1705).	Richelieu (1585-1642) unterwirft die Hugenottenfestung La Rochelle.
Harvey: *Exercitatio anatomica de motu cordis et sanguinis in animalibus* (Entdeckung des Blutkreislaufs). Descartes: Idee der Erhaltung der Bewegung.	*1628*	Malpighi (gest. 1694).	Velazquez malt die *Kreuzigung.*
Branca: beschreibt eine Dampfturbine.	*1629*	Huygens (gest. 1695).	Frieden von Alès mit den Protestanten.
J. Rey: über die Kalzination von Zinn und Blei.	*1630*	Barrow (gest. 1677), Richer (gest. 1696).	Öffentlicher Postdienst in ganz Frankreich.
Erfindung des Nonius.	*1631*	Wilson (gest. 1711). Beginn des Baus von Versailles. Zeitung von Renaudot (1586-1653).	
Galilei: *Dialogo sopra i due massimi sistemi del mundo.* Erfindung des Wasserthermometers.	*1632*	Leeuwenhoeck (gest. 1723).	Rembrandt (1606-1669): *Dr. Tulps Anatomielektion.* Christina Königin von Schweden.
Inquisitionsprozeß gegen Galilei.	*1633*	Boccone (gest. 1704), Vauban (gest. 1707).	Bernini (1598-1680): Tabernakel des Petersdoms in Rom.
Mersenne übersetzt die Mechanik Galileis.	*1634*	Amman (gest. 1691).	Vinzenz von Paul (1581-1660): Confrèrerie des Dames de la Charité (Krankenpflege). Poussin (1594-1665): *Helios und Phaeton.*
Cavalieri: *Geometria indivisibilibus continuorum* (Volumenberechnung mit Hilfe von unendlich kleinen Teilen).	*1635*	Hooke (gest. 1702), Becher (gest. 1685).	Gründung der Académie française. Japan schließt seine Außenhandelshäfen.

Wissenschaftliche Schöpfungen		Individuelle und kollektive Akteure	Historische Kulisse
Mersenne: erste Messung der Schallgeschwindigkeit.			Lope de Vega (1562-1635) stirbt: Autor von 1800 Theaterstücken.
Roberval: Aufstellung seiner Tangentenregel.	*1636*	Glanvill (gest. 1680). Gründung des Harvard College in Massachusetts.	Corneille (1606-1684): *Le Cid*.
Descartes: *Discours de la méthode* mit den Anhängen zur analytischen Geometrie, Dioptrik und über den Regenbogen. Fermat: Methode zur Tangentenbestimmung.	*1637*	Swammerdam (gest. 1680).	Descartes: Deduktive Methode in der Wissenschaft.
Galilei: *Discorsi e dimostrazioni matematiche intorno a due nuove scienze* (über Bewegungs- und Reibungsgesetze).	*1638*	Malebranche (gest. 1715).	Die Holländer vertreiben die Portugiesen aus Ceylon.
Desargues: *Brouillon projet* (Anfänge der projektiven Geometrie).	*1639*	Grundel (gest. um 1670-1680).	Die Engländer setzen sich in Madras (Indien) fest.
Pascal: *Essai sur les coniques* (Über die Kegelschnitte).	*1640*	La Hire (gest. 1718). Akademie von Toulouse; (private) Académie Bourdelot, Paris.	Jansens (1585-1638) Hauptwerk *Augustinus* erscheint posthum. G. de la Tour (1593-1652): *Der hl. Sebastian*.
Guldin: über das Baryzentrum.	*1641*	Grew (gest. 1712).	Corneille: *Polyeucte*. Descartes: *Meditationes*.
Pascal: Rechenmaschine.	*1642*	Newton (gest. 1727).	Rembrandt: *Nachtwache*.
Torricelli: Barometer.	*1643*	Gabrieli (gest. 1705).	Gründung von Neu-Amsterdam (später: New York). Beginn der Regierungszeit Ludwigs XIV. (bis 1715). Molière (1722-1773) gründet die Schauspieltruppe »Illustre-Théâtre«.

Wissenschaftliche Schöpfungen		Individuelle und kollektive Akteure	Historische Kulisse
Torricelli: *De motu gravium* (über das Gewicht der Luft, die Schwerpunkte der Körper und die Bewegung). Digby: über die Natur der Körper (Alchimie).	*1644*	Römer (gest. 1710).	Beginn der Mandschu-Herrschaft in China (bis 1911).
Bartholin: anatomische Arbeiten.	*1645*	N. Lemery (gest. 1715). Erste Zusammenkünfte des Invisible College (Vorläufer der Royal Society of London).	Bosse: Abhandlung über das Kupferstechen. Päpstliches Verbot der »chinesischen Riten« (Riccis Duldung der chinesischen Ahnenverehrung).
Kircher: Erfindung der Laterna magica.	*1646*	Leibniz (gest. 1716), Flamsted (gest. 1719).	Bernini: *Verzückung der hl. Therese.*
Pascal: *Expériences nouvelles touchant le vide* (Versuche mit Vakuen).	*1647*	Papin (gest. 1714).	Lorrain (1600-1692): *Flucht nach Ägypten.*
Pascal: Experiment auf dem Puy de Dôme (die Höhe der Quecksilbersäule in einem Barometer hängt vom Luftdruck ab).	*1648*	Duverney (gest. 1730).	Westfälischer Friede. Beginn der Fronde: Bürgerkrieg in Frankreich (bis 1653).
Redi: Beobachtung von Schlangen.	*1649*	Bidloo (gest. 1713).	Hinrichtung Karls I. von England. Mexiko hat 1,5 Millionen Einwohner; 1521 waren es 11 Millionen!
von Guericke: Versuche mit Luftpumpen. Erste Beobachtung eines Doppelsterns.	*1650*	500 Millionen Menschen. Académie Montmor.	
Mersenne: Optik und Katoptrik.	*1651*	Bion (gest. 1733).	Hobbes (1598-1679): *Leviathan.*
Ashmole: *Theatre of British Chemistry.*	*1652*	Rolle (gest. 1749). Deutsche Akademie der Naturforscher Leopoldina (Schweinfurt, Leipzig, Breslau, Nürnberg, Bonn ...).	Scarron (1610-1660) heiratet Françoise d'Aubigné (1635-1719), Enkelin des Dichters Agrippa d'Aubigné (1562-1630), die spätere Mme. de Maintenon, Gattin Ludwigs XIV. (1638-1715).

Wissenschaftliche Schöpfungen		Individuelle und kollektive Akteure	Historische Kulisse
Pascal: Hydraulik.	*1653*	Hoffmann (gest. 1727).	Cromwell (1599-1658) übernimmt die Macht.
Pascal/Fermat: Briefwechsel über Wahrscheinlichkeits-Gesetze.	*1654*	Jacques (Jakob) Bernoulli (gest. 1705).	Mme. de Scudéry (1607-1701): *Clélia.* Höhepunkt der »preziösen« Literatur.
von Guericke: Experimente mit dem Vakuum (Magdeburger Halbkugeln).	*1655*	Varignon (gest. 1722).	Murillo (1617-1682): *Immaculata.*
Huygens: Verbesserung der optischen Gläser. Entdeckung der Saturnringe und der Flecken im Orionnebel. Wallis: Arithmetik der unendlich kleinen Teile.	*1656*	Halley (gest. 1742), de Maillet (gest. 1738), Tournefort (gest. 1708).	Pascal: *Les provinciales* (Briefe in die Provinz; Streitschrift gegen die Sittenlehre der Jesuiten). N. Fouquet (1615-1680) (Superintendant der Finanzen): Bau des Schlosses von Vau-le-vicomte. Velasquez (1599-1659): *Las meniñas* (Die Hoffräulein).
Huygens: Bau einer Pendeluhr, die auf der Zykloide beruht.	*1657*	Fontenelle (gest. 1757). Gründung der Accademia del Cimento in Florenz.	Scarron: *Le roman comique* (Die Komödianten).
Huygens: geometrische Studien (Entwicklung von Kurven).	*1658*		Hobbes: *De homine* (Vom Menschen). Spinoza (1632-1677) wird aus der Synagoge ausgeschlossen.
Boyle: pneumatische Maschine. – Viviani: über Maxima und Minima.	*1659*	D. Gregory (gest. 1708).	Molière: *Les précieuses ridicules* (Die lächerlichen Preziösen).
Hevelius: sehr exakter Sternkatalog mit 1500 Sternen.	*1660*	Stahl (gest. 1734).	Vermeer (1632-1675): *Die Briefleserin.*
Hobbes: über die Natur der Luft; über die Duplikation des Würfels. Boyle: *The Sceptical Chymist.*	*1661*	De L'Hospital (gest. 1704).	Tod Mazarins (geb. 1601). Hungersnot in Frankreich.
Fermat-Prinzip: über den Strahlenverlauf in der geometrischen Optik.	*1662*	Royal Society of London vom König anerkannt.	Cavalli (1602-1676): *Ercole amante* (Oper).

Wissenschaftliche Schöpfungen		Individuelle und kollektive Akteure	Historische Kulisse
Boylesches Gesetz: Druck mal Volumen = konstant.			
Glaser: Abhandlung über Chemie. Pascal: *De l'équilibre des liqueurs* (posthume Veröffentlichung) (über den Druck in Flüssigkeiten).	*1663*	Newcomen (gest. 1729).	Neu-Frankreich an Kanada.
Newton: Erfindung der Fluxionsrechnung. Varenius: allgemeine Geographie. Glanvill: über die neue Experimental-Wissenschaft.	*1664*		»Fest der verzauberten Insel« in Versailles. Colbert gründet Compagnie des Indes. Krise in Port-Royal.
Grimaldi: *Physico-mathesis de lumine* (Licht ist ein Wellenphänomen). Kircher: *Mundus subterraneus.*	*1665*	Camerarius (gest. 1721). Gründung des *Journal des sçavants* (Paris) und der *Philosophical Transactions* (London).	Große Pestepidemie in London (100 000 Tote). La Rochefoucauld (1613-1680): *Maximen.*
Malpighi: Anfänge der mikroskopischen Biologie. Die Erfindung des Mikrometers (Gascoigne) verbessert die Präzision der astronomischen Fernrohre.	*1666*	Colbert (1619-1683) gründet die Académie royale des sciences.	Leibniz: *De arte combinatoria.* Großer Brand von London.
Swammerdam: mikroskopische Biologie (Insekten).	*1667*	Jean (Johann) Bernoulli (gest. 1748), Moivre (gest. 1754), Saccheri (gest. 1733).	Straßenbeleuchtung in Paris. Racine (1638-1699): *Andromache.*
Wallis: Theorie des Stoßes zwischen Körpern; Hinweis auf Energieerhaltungsgesetz. Redi: widerlegt experimentell die *generatio spontanea* von Insekten.	*1668*	Boerhaave (gest. 1738).	La Fontaine (1621-1695): *Fabeln.*
Wing: *British Astronomy* (posthum). Cassini: *Ephemerides* (Berechnungen der Aspekte der Jupitermonde). Erkenntnis der doppelten Refraktion.	*1669*	Gründung des Pariser Observatoriums.	Akademie der Musik in Paris. Stradivarius (1644-1737): Geigenbauer in Cremona.

Wissenschaftliche Schöpfungen		Individuelle und kollektive Akteure	Historische Kulisse
Newton: Korpuskeltheorie des Lichts. Leibniz: Theorie der Bewegung. Cassini: Messung der Entfernungen der Planeten von der Sonne.	*1670*	*Miscellanea curiosa medico-physica* (Leipzig).	Pascal: *Pensées* (posthum). Spinoza: *Tractatus theologico-politicus.*
Leibniz: Rechenmaschine für alle vier Grundrechenarten. Cl. Perrault: *Histoire naturelle des animaux.*	*1671*	Erste Denkschrift der Pariser Académie des sciences.	Milton (1608-1674): *Paradise Lost.* Marquise de Sévigné (1626-1696): *Lettres.*
Newton: Erstes Teleskop mit Parabolspiegel. von Guericke: Verfahren zur Aufladung einer Schwefelkugel mit statischer Elektrizität.	*1672*	E. F. Geoffrey (gest. 1731).	Holländischer Krieg (bis 1678).
Huygens: *Horologium oscillatorium* (über Isochronie des Pendels, Zykloide, lebendige Kraft, Zentrifugalkraft).	*1673*		
P. Perrault: *Sur l'origine des fontaines.*	*1674*	Pontchartrain (gest. 1747).	Franzosen gründen Pondichéry (Indien).
Leibniz: Regeln der Infinitesimalrechnung. Huygens baut die erste Uhr mit Spiralfederunruhe. N. Lemery: *Cours de Chymie.* Brand: Entdeckung des Phosphors.	*1675*	Clarke (gest. 1729). Gründung des Observatoriums von Greenwich.	Paris hat 540 000 Einwohner. Racine: *Iphigenie auf Aulis.*
Newton: Briefe an Leibniz zur Fluxionsmethode. Römer mißt die Lichtgeschwindigkeit. Mariotte: Studie über die Nahrungsaufnahme der Pflanzen.	*1676*		Giftmischerprozeß.
Leeuwenhoeck: Entdekkung der Spermatozoen.	*1677*	S. Hales (gest. 1761), L. Lemery (gest. 1743).	Spinoza: *Ethica.*

Wissenschaftliche Schöpfungen		Individuelle und kollektive Akteure	Historische Kulisse
Cassini: Entdeckung zweier neuer Saturn-Satelliten.	*1678*	Henckel (gest. 1744).	Mme. de La Fayette (1634-1693): *La princesse de Clèves* (Die Prinzessin von Cleve).
Halley: *Catalogus stellarum australium* (Katalog von 341 Sternen des Himmels südlich des Äquators). Mariotte: *Essai sur la nature de l'air*, enthält Boyles Gesetz. Fermat: *Œuvres* (posthum).	*1679*	Ch. Wolff (gest. 1754).	Bis 1780 werden 2 Millionen Schwarze nach Amerika verschleppt.
Borelli: *De motu animalium* (über Muskelkontraktionen). Grundel: Mikroskopie.	*1680*	Chambers (gest. 1740).	Verbot der protestantischen Synoden; Beginn erneuter Hugenottenverfolgung in Frankreich. Gründung der Comédie-Française. Auftreten der Ausdrücke »Tories« und »Whigs«.
Grew: *The Anatomy of Plants* (identifiziert Geschlechtsorgane der Blütenpflanzen). Leeuwenhoeck beobachtet Bakterien.	*1681*	Akademie der Wissenschaften in Moskau.	Bossuet (1627-1704): *Discours sur l'histoire universelle* (Universalgeschichte). Penn (1644-1718) gründet Pennsylvania.
Halley: Beobachtung des »großen Kometen«. J. Ray: *Methodus plantarum nova* (erste große Klassifikation der Pflanzenarten).	*1682*	Akademie der Naturforscher Leopoldina (Wien). Gründung der Gelehrtenzeitschrift *Acta Eruditorum* (Leipzig).	Hydraulische Hebemaschine von Marly. Erscheinen des »Halleyschen« Kometen.
Blondel: *L'art de jeter les bombes* (Über die Kunst, Bomben zu werfen).	*1683*	Réaumur (gest. 1757), Rameau (gest. 1764).	Fontenelle: *Dialogue avec les morts.*
Amman: *Sur la fructification des plantes* (Über die Befruchtung der Pflanzen).	*1684*		Puget (1620-1694): *Andromeda.* Fertigstellung des Canal du Midi (begonnen 1666).
Bidloo: Anatomie des menschlichen Körpers.	*1685*	Taylor (gest. 1731), Clifford (gest. 1760).	Hungersnot in Frankreich. Ludwig XIV. heiratet heimlich Mme. de Maintenon.

Wissenschaftliche Schöpfungen		Individuelle und kollektive Akteure	Historische Kulisse
			Widerruf des Edikts von Nantes (Konsequenzen für Wirtschaft, Handel).
Beginn des Streits um die »lebendigen Kräfte« (bis 1740). Mariotte: *Traité du mouvement des eaux* (posthum; über die Bewegung des Wassers; Farbenstudien).	*1686*	Fahrenheit (gest. 1736).	Einrichtung der Gobelin-Manufaktur.
Newton: *Philosophiae naturalis principia mathematica* (enthält die drei Bewegungsgesetze und das Gesetz der allgemeinen Gravitation).	*1687*	Simson (gest. 1768).	Fontenelle: *Entretiens sur la pluralité des mondes* (Gespräche über die Vielheit der Welten), macht die Lehren Descartes' populär. Hungersnot. Fénelon (1651-1715) an der Spitze des Quietismus. Tod von Lully (geb. 1632), Oberintendant der königlichen Kammermusik.
Varignon: Zusammensetzung der Kräfte in der Statik. Leeuwenhoeck beobachtet rote Blutkörperchen.	*1688*	Bragelone (gest. 1744).	La Bruyère (1645-1696): *Les caractères* (über die Sitten im Zeitalter Ludwigs XIV.).
Tournefort: Katalog der Pflanzenwelt des Mittelmeers.	*1689*		Purcell (1659-1695): *Dido und Aeneas* (Oper).
Jacques Bernoulli: Differentialkalkül (Differentialgleichung). Huygens: Wellentheorie des Lichts. Papin: Dampfmaschine (Verwendung von Dampfdruck zur Kolbenbewegung). La Quintinie: über Früchte und Gemüse.	*1690*	Goldbach (gest. 1764). Akademie der Wissenschaften in Bologna.	Entwicklung des Pianoforte. Locke (1632-1704): *An Essay Concerning Human Understanding* (Versuch über den menschlichen Verstand). Schaffung der Genietruppen durch Vauban.
Rolle: Theorem über die stetigen Funktionen.	*1691*		Gabrielli gründet die physiokratische Akademie in Siena.

Wissenschaftliche Schöpfungen		Individuelle und kollektive Akteure	Historische Kulisse
	1692	Stirling (gest. 1770), Musschenbroek (gest. 1761).	Hexenprozeß von Salem (19 Hinrichtungen). Gründung von Saint-Gobain.
Leibniz: Theorie der Determinanten.	*1693*	Bradley (gest. 1762), Harrison (gest. 1776).	Hungersnot. A. Scarlatti (1660-1725): *Theodora.*
Camerarius: *De sexu plantarum epistola* (eindeutige Unterscheidung der Fortpflanzungsorgane der Pflanzen). Tournefort: Elemente der Botanik.	*1694*	Quesnay (gest. 1774).	Gründung der Bank von England. *Dictionnaire de l'Académie française.*
Leibniz: Dynamik. Papin: neue Maschinen. Leeuwenhoeck veröffentlicht Ergebnisse mikroskopischer Beobachtungen.	*1695*	Nicolas Bernoulli (gest. 1726).	Dom Perignon erfindet die Methode der Champagner-Gärung.
De L'Hospital: *Analyse des infiniment petits* (das erste Lehrbuch der Differentialrechnung).	*1696*	Christine Kirch (gest. 1782).	
Stahl: Phlogiston-Theorie. Jean und Jacques Bernoulli: Problem der Brachistochrone (Kurve des kürzesten Falls); Variationsrechnung. Boccone: Physikalisches Museum; Museum der Pflanzen.	*1697*	Bélidor (gest. 1761).	Königlicher Erlaß über die öffentliche Beleuchtung in Frankreich. Bayle (1647-1706): *Dictionnaire historique et critique.*
	1698	Maclaurin (gest. 1746), Maupertuis (gest. 1759), Bouguer (gest. 1758).	Savery erfindet eine dampfbetriebene Pumpe (um Wasser aus den Kohlegruben zu pumpen).
Jacques Bernoulli: Wahrscheinlichkeitskalkül.	*1699*	*Mémoires de mathématiques et physique* (Paris). B. de Jussieu (gest. 1777).	Friede von Karlowitz beendet 5. Türkenkrieg; Österreich steigt zur Großmacht auf.
Huygens: Forschungen über den Stoß der Körper.	*1700*	Daniel Bernoulli (gest. 1782),	

Wissenschaftliche Schöpfungen		Individuelle und kollektive Akteure	Historische Kulisse
Tournefort: Reise in den Orient mit Aubriet (1665-1742).		Trembley (gest. 1784). Akademie der Wissenschaften in Lyon. Preußische Akademie der Wissenschaften in Berlin (unter Leibniz). Gesellschaft der Wissenschaften in Prag.	
Cassini beginnt mit Messungen der Erdkrümmung (1718 veröffentlicht). Ralphson: Mathematisches Wörterbuch.	*1701*	La Condamine (gest. 1774), Celsius (gest. 1744). Erste Nummer der *Mémoires de Trévoux*.	Spanischer Erbfolgekrieg (bis 1713/14).
	1702	J. J. Feinhals (gest. 1769). Universität Breslau.	Aufstand der Kamisarden (Hugenotten): Cevennenkrieg (bis 1704).
	1703	Hall (bis 1771), F. Rouelle (gest. 1770).	Gründung St. Petersburgs.
Newton: *Opticks* (Korpuskeltheorie des Lichts); analytische Geometrie.	*1704*	Cramer (gest. 1752), J. de Jussieu (gest. 1779).	Galland (1646-1715) übersetzt *Tausendundeine Nacht* ins Französische.
Vauban: *Traité sur les fortifications* (Abhandlung über Befestigungen). Halley prognostiziert (richtig) die Wiederkehr des Kometen von 1682 für das Jahr 1758.	*1705*		Newcomen: erste funktionsfähige Dampfmaschine mit Kolben und Zylinder.
	1706	Franklin (gest. 1790). Akademie der Wissenschaften in Montpellier.	Hardouin-Mansart (Hofarchitekt Ludwigs XIV., 1646-1708): Invalidendom.
Stahl: *Theoria medica vera* (Theorie der Medizin).	*1707*	Euler (gest. 1783), Buffon (gest. 1788), Linné (gest. 1778).	Bach (1685-1750) Organist in Mühlhausen (Thüringen).
Boerhaave: *Institutiones medicae* (mechanistische Auffassung der Physiologie).	*1708*	von Haller (gest. 1777).	Händel (1685-1759) begegnet D. Scarlatti (1685-1757).
	1709	Vaucanson (gest. 1782).	Erstmals Verwendung von Koks für die Eisenschmelze.

Wissenschaftliche Schöpfungen		Individuelle und kollektive Akteure	Historische Kulisse
	1710	Simpson (gest. 1761). Akademie der Wissenschaften in Uppsala.	Strenger Winter. Hungersnot.
Moivre: Wahrscheinlichkeitskalkül.	*1711*	Wright (gest. 1786), Lomonosov (gest. 1765), Boscovich (gest. 1787).	Schließung von Port-Royal.
Réaumur: Studie über den Stahl.	*1712*	Venel (gest. 1778). Akademie der Wissenschaften in Bordeaux.	Ch. Wolff (1679-1754): Beginn der Aufklärung.
Flamsteed: *Historia celestis Britannica* (Sternkatalog verzeichnet die Position von fast 3000 Sternen). Nicolas Bernoulli: »Petersburger Paradoxon«.	*1713*	Clairault (gest. 1765). Königliche Akademie von Spanien.	Couperin (1666-1733): Cembalo-Stücke. Friede von Utrecht beendet Spanischen Erbfolgekrieg.
Fahrenheit: Quecksilberthermometer.	*1714*	Institut für Wissenschaften und Künste in Bologna.	Vivaldi (1678-1741): 24 Violinkonzerte.
Taylor: *Methodus incrementorum directa* (Infinitesimalrechnung mit endlichen Differenzen).	*1715*	Guettard (gest. 1786).	Idee einer Schreibmaschine.
	1716	Daubenton (gest. 1800).	Law (1671-1729): Gründung der Banque Générale als private Notenbank: Papiergeldinflation.
Jean Bernoulli: Verallgemeinerung des Prinzips der virtuellen Arbeit.	*1717*	d'Alembert (gest. 1783).	Erweiterung von Paris (Faubourgs Saint-Germain, Saint-Honoré).
Halley entdeckt die Eigenbewegung der Fixsterne. Geoffroy: *Table des différents rapports en chimie* (erste Tabelle der chemischen Affinitäten).	*1718*	Macquer (gest. 1784), H. Rouelle (gest. 1799).	London: erste Freimaurerloge. Gründung von Nouvelle-Orléans (Hauptstadt der französischen Kolonie Louisiana).
	1719		Defoe (1660-1731): *Robinson Crusoe*. Hungersnot in Frankreich.
	1720	Bonnet (gest. 1793).	Pest in Marseille (85 000 Tote). – Zusammenbruch der Lawschen Bank.

Wissenschaftliche Schöpfungen		Individuelle und kollektive Akteure	Historische Kulisse
Halley entwickelt eine Taucherglocke.	*1721*	Bichat (gest. 1802).	Anfänge der Freimaurerei in Frankreich.
Réaumur: *L'art de convertir le fer forgé en acier* (Die Kunst, Eisen in Stahl zu verwandeln).	*1722*		Bau des Palais-Bourbon.
Fahrenheit: Der Siedepunkt des Wassers ändert sich mit dem Luftdruck.	*1723*	Mayer (gest. 1762), Smith (gest. 1790), Brisson (gest. 1806).	Bach: *Johannespassion.*
	1724	Akademie der Wissenschaften in St. Petersburg. Kant (gest. 1804).	
Bradley: Aberration des Lichts erklärt die beobachteten Verschiebungen der Sternpositionen.	*1725*	Montucla (gest. 1799), d'Arcy (gest. 1779).	Erster Webstuhl mit Lochkartensteuerung. Vico (1668-1744): *Scienza nuova* (Die Neue Wissenschaft).
	1726	Hutton (gest. 1797).	Swift (1667-1745): *Travels into several remote nations* (Gullivers Reisen).
Hales: *Vegetable staticks* (über Ernährung und Physiologie der Pflanzen).	*1727*	Adanson (gest. 1806), Commerson (gest. 1773). Neugründung der Akademie von Toulouse.	Die Konvulsionäre von Saint-Médard.
Clairault: über Kurven mit doppelter Krümmung.	*1728*	Lambert (gest. 1777), Black (gest. 1799), Baumé (gest. 1804).	Chambers: *Universal Dictionary of Arts and Sciences* (erstes modernes Universallexikon).
J. J. Feinhals: *Javanische Grammatik auf Grund eigener Kenntniss* (Begründung der Orthodidaktik:) *via media* [›Mittel-Strass‹ *constans*). – Gray: über elektrostatische Ladungen. Moivre: trigonometrische Formel.	*1729*	Bezout (gest. 1783). Spallanzani (gest. 1799), Bougainville (gest. 1811), J. R. Forster (gest. 1798).	Verbot des Opiums in China.
Réaumur: Bau eines Alkoholthermometers mit einer Skala von 0 bis 80. Clairault: Studie über die Himmelsmechanik.	*1730*	*Actes de l'Académie d'Upsal.*	Salon der Mme. Marie du Deffand (1697-1780). Boucher (1703-1770) aus Rom zurück.

Wissenschaftliche Schöpfungen		Individuelle und kollektive Akteure	Historische Kulisse
Bélidor: *Traité de balistique.* Reise Linnés nach Lappland. Bald darauf beginnt er mit seiner Klassifikation der Lebewesen.	*1731*	Cavendish (gest. 1810).	Abbé Prévost (1697-1763): *Manon Lescaut.*
Boerhaave: *Éléments chimiques.*	*1732*	Lalande (gest. 1807), Kölreuter (gest. 1806).	Washington (gest. 1799).
Saccheri: *Euclid ab omni naevo vindicatus* (Untersuchung des Parallelenaxioms).	*1733*	Borda (gest. 1799), C. F. Wolff (gest. 1794).	Polnischer Erbfolgekrieg (bis 1735).
Réaumur: *Mémoires pour servir à l'histoire des insectes* (grundlegend zur Entomologie). Aufbruch der Expeditionen nach Peru (La Condamine, Bouquer...) und Lappland (Maupertuis, Clairault, Celsius) zur Messung der Erdkrümmung am Äquator bzw. an den Polen.	*1734*	Priestley (gest. 1804), Mesmer (gest. 1815), Rozier (gest. 1793). Universität Göttingen.	Kanal durch die Picardie.
	1735	Waring (gest. 1798), T. O. Bergmann (gest. 1784), Vandermonde (gest. 1796).	J. Kay: Weberschiffchen. Erste Erforschung des Erdöls. Erster Kokshochofen.
Euler: *Mecanica* (systematisches Lehrbuch der Mechanik auf der Grundlage von Differentialgleichungen).	*1736*	Lagrange (gest. 1813), Coulomb (gest. 1806), Watt (gest. 1819).	Pergolesi (1710-1736): *Stabat mater.* Mandschu-Reich auf dem Höhepunkt der Macht.
Bélidor: *Architecture hydraulique* (Handbuch der Baukunst).	*1737*	Universität Göttingen. Galvani (gest. 1798), Parmentier (gest. 1813), Guyton de Morveau (gest. 1816).	Rameau (1683-1768): *Castor et Pollux.*
Rouelle: *Cours de chimie.* Daniel Bernoulli: *Hydrodynamica* (kinetische Gastheorie: Hydrodynamik).	*1738*	W. Herschel (gest. 1822).	Vaucanson konstruiert seine Ente (Automat).
Buffon leitet den Jardin du Roi (botanischen Garten).	1739	Samuel (gest. 1817). Akademie der Wissenschaften Stockholm.	Hume (1711-1776): *A Treatise of Human Nature*

Wissenschaftliche Schöpfungen		Individuelle und kollektive Akteure	Historische Kulisse
Trembley: Untersuchungen über den Süßwasserpolypen Hydra.		Gründung der *Göttingischen Zeitungen von gelehrten Sachen.*	Friedrich II. (1712-1786) schreibt seinen *Anti-Machiavell.*
	1740	H. B. de Saussure (gest. 1799).	Österreichischer Erbfolgekrieg (bis 1748). Zeichensprache für Taubstumme.
	1741	Pallas (gest. 1811), La Pérouse (gest. 1788).	Erste Kettenbrücke.
Maclaurin: *Treatise on fluxions* (Differentialrechnung). Celsius führt seine Temperaturskala ein.	*1742*	Scheele (gest. 1786), Le Blanc (gest. 1806).	Erfindung des Gewehrs mit gezogenem Lauf.
Clairault: *Théorie de la figure de la terre* (Beweis der Abplattung der Erde an den Polen). d'Alembert: *Traité de dynamique* (Gleichgewicht von Aktionen und Reaktionen).	*1743*	Lavoisier (gest. 1794), Condorcet (gest. 1794), Haüy (gest. 1822), Lamétherie (gest. 1817). Akademie von Kopenhagen.	J. Balsamo (alias Cagliostro) geboren. Goldoni (1707-1793): *Das Kaffeehaus.*
Maupertuis formuliert das Prinzip der kleinsten Aktion. Euler: Variationsrechnung; Planetenbewegungen.	*1744*	Lamarck (gest. 1829), Marat (gest. 1793).	Arbeiteraufstand in Lyon. Berkeley (1684-1755): *Siris.*
Bonnet: *Traité d'insectologie* (Entdeckung der Parthenogenese der Blattläuse). Unregelmäßigkeiten in der Bewegung des Saturn.	*1745*	Volta (gest. 1827). *Mémoires de l'Académie de Berlin.*	J. A. Poisson (die spätere Mme. de Pompadour, 1721-1764) wird Mätresse Ludwigs XV. (1710-1774).
Musschenbroek und Kleist erfinden die Leidener Flasche (erstes Verfahren zur Speicherung statischer Elektrizität). Bradley: Nutation der Erdachse.	*1746*	Monge (gest. 1818), Charles (gest. 1723), Bucquet (gest. 1780).	Werke von Diderot (1713-1804), Condillac (1715-1780), La Mettrie (1709-1751), Vauvenargues (1715-1747) werden verbrannt.
Euler: Neue analytische Geometrie.	*1747*	Gründung der École des ponts et chaussées (Bauingenieurschule).	Industrielle Produktion von Schwefelsäure.

Wissenschaftliche Schöpfungen		Individuelle und kollektive Akteure	Historische Kulisse
Buffon: vermeintlicher Beweis der *generatio spontanea.*	*1748*	Berthollet (gest. 1822), A. L. Antoine L. de Jussieu (gest. 1836), D. Cassini (gest. 1845).	Friede von Aachen. Montesquieu (1689-1755): *De l'esprit des lois* (Vom Geist der Gesetze).
d'Alembert: *Recherches sur la précession des équinoxes* (zur Präzession der Tagundnachtgleiche und zur Nutation der Erde). Buffon: Erster Band der *Histoire naturelle* (44 Bände in 55 Jahren).	*1749*	Laplace (gest. 1827), Jenner (gest. 1823), Goethe (gest. 1832), Delambre (gest. 1822), Sonnerat (gest. 1814), A. G. Werner (gest. 1817).	Kardiermaschine (zum Krempeln von Baumwolle).
Cramer: *Introduction à l'analyse des lignes courbés algébriques* (Regel zur Lösung linearer Gleichungssysteme). Adanson schreibt eine Naturgeschichte des Senegal. Von 1750 bis 1770 zahlreiche Arbeiten Eulers über Maschinen (Archimedische Schraube, Schiffsschraube, Windmühle ...).	*1750*	Mascheroni (gest. 1800), Fortin (gest. 1831), Baudin (gest. 1803).	Rousseau: *Discours sur les arts et les sciences* (Rede über die Künste und Wissenschaften). Erfindung der mechanischen Sämaschine. Anfänge der Kohle- und Stahlindustrie in Creusot. »Chinoiserie«: modischer Dekorationsstil in Frankreich und Europa.
d'Alembert und seine Mitarbeiter arbeiten an der *Encyclopédie.* Maupertuis: *Système de la nature* entwickelt spekulativ die These von der Transformation der Arten. Bau neuer Fernrohre.	*1751*	Loysel (gest. 1813), Geissler (gest. 1824). *Acta Helvetica.* Akademie der Wissenschaften in Göttingen.	Der erste Band der *Encyclopédie* erscheint (bis 1772: 17 Text- und 11 Illustrationsbände). Hungersnot in Südfrankreich.
Berechnung der Entfernung Erde/Mond und der Unregelmäßigkeiten der Mondbewegung. Réaumur entdeckt die Bedeutung der Magensäfte: Verdauung nicht bloß ein mechanischer Vorgang.	*1752*	Blumenbach (gest. 1840).	Franklins Drachenversuch: Erfindung des Blitzableiters. Vaucanson: Flötenspieler (Automat).
Linné: *Species plantarum* (Vollendung der binären Nomenklatur für die Artenklassifikation).	*1753*	L. Carnot (gest. 1823), Jacquard (gest. 1834), Adet (gest. 1834), Achard (gest. 1821). Stiftung des British Museum in London.	Rousseau: *Dictionnaire de musique* (Wörterbuch der Musik).

Wissenschaftliche Schöpfungen		Individuelle und kollektive Akteure	Historische Kulisse
Euler: Prinzipien der Flüssigkeitsmechanik.	*1754*	Proust (gest. 1826), Bonald (gest. 1840), Meusnier (gest. 1793). Akademie der Wissenschaften in Erfurt.	Condillac: *Traité des sensations* (Abhandlung über die Sinne). Gabriel (1698-1782) legt die Place Louis XV an, die spätere Place de la Concorde.
Black: Kohlendioxid als »feste Luft«. Euler: *Institutiones calculi differentialis* (Lehrbuch der Differentialrechnung). Kant: *Allgemeine Naturgeschichte und Theorie des Himmels.*	*1755*	Fourcroy (gest. 1809), La Billardière (gest. 1834), Hassenfratz (gest. 1827).	Anfänge der Physiokraten. Anfänge der Grande Loge de France (Freimaurer). Erfindung einer Nähmaschine.
Black: *Experiments upon magnesia* [...]: das erste Werk über quantitative Chemie.	*1756*	Chaptal (gest. 1832), Lacepède (gest. 1825).	Erfindung des Zements.
von Haller: *Elementa physiologiae corporis humani* (Geburt der modernen Physiologie).	*1757*	Akten der Erfurter Akademie.	Diderot: *Le fils naturel* (Der natürliche Sohn).
Herstellung von achromatischen Objektiven.	*1758*	Bekannte Arten: 1222 Wirbeltiere, 677 Weichtiere, 2119 Gliederfüßer.	*De l'esprit* (Vom Geist) von Helvétius (1715-1771) wird verbrannt.
Montucla: *Histoire des mathématiques.* Wiederkehr des Kometen zu der von Halley vorausberechneten Zeit. C. F. Wolff: *Theoria generationis* (Begründung der Embryologie).	*1759*	Bayerische Akademie der Wissenschaften in München.	Voltaire (1694-1778): *Candide.*
Lambert: Geometrie, Trigonometrie, Reihe. Euler: Untersuchung über rotierende Körper. Black: Arbeiten zur Kalorimetrie.	*1760*		Blackwell veredelt die Schafrasse (bis 1795). Verstärkter Bau von Mautstraßen. Erstmals gußeiserne Schienen (in England).
	1761	Akten der Akademie von Siena.	Rousseau: *La nouvelle Héloïse* (Die neue Heloise).

Wissenschaftliche Schöpfungen		Individuelle und kollektive Akteure	Historische Kulisse
Bradley: Katalog von 60 000 Fixsternen.	*1762*	Richter (gest. 1807).	Hinrichtung von Calas (geb. 1697): hugenottischer Märtyrer. Voltaire erreicht 1764 die Kassation des Urteils.
Euler, Lagrange: Variationsrechnung. Monge: Anfänge der deskriptiven Geometrie.	*1763*	Chappe (gest. 1805).	Der Vertrag von Paris regelt das Schicksal der Kolonien.
Adanson: *Les familles des plantes*.	*1764*		Ausweisung der Jesuiten aus Frankreich. Salon der Mme. de Lespinasse (1732-1776).
Harrison: Preis für sein nautisches Chronometer, das auf eine Zehntelsekunde pro Tag genau geht.	*1765*	Nièpce (gest. 1833).	Lyon: erste Veterinärschule. Rousseau schreibt die *Confessions* (Bekenntnisse, bis 1770). Erste Wattsche Dampfmaschine.
Cavendish isoliert »brennbare Luft« (den späteren Wasserstoff). Bougainville beginnt seine Reise um die Welt. Lambert beweist, daß π eine irrationale Zahl ist.	*1766*	Dalton (gest. 1844), Wollaston (gest. 1828).	Kant: *Träume eines Geistersehers*. Hinrichtung des Chevalier de La Barre (geb. 1747).
Euler: *Vollständige Anleitung zur Algebra*.	*1767*	W. v. Humboldt (gest. 1835), Seguin (gest. 1835), Bouvard (gest. 1843).	Gluck (1714-1787): *Alceste* (Oper).
Kapitän Cook beginnt seine erste Reise; zahlreiche neue Arten. Erforschung Sibiriens; Entdeckung von Mammuts.	*1768*	J. R. Argand (gest. 1822), J. J. Fourier (gest. 1830), Schreiber (gest. 1850).	*Encyclopedia Britannica* erscheint in wöchentlichen Lieferungen. Frankreich kauft Korsika.
	1769	Cuvier (gest. 1832), A. v. Humboldt (gest. 1859), Bonaparte (gest. 1821). *Transactions* der Akademie der Wissenschaften von Philadelphia.	Arkwright (1732-1792): Hydraulische Flügelspinnmaschine. Bau eines dampfgetriebenen Automobils.

Wissenschaftliche Schöpfungen		Individuelle und kollektive Akteure	Historische Kulisse
Euler: Letzter Band der *Institutiones calculi integralis* erscheint.	*1770*	Brogniart (gest. 1847).	d'Holbach (1723-1789): *Système de la nature* (System der Natur).
Vandermonde untersucht die Gleichung fünften Grades.	*1771*	F. Rozier gibt das spätere *Journal de physique, chimie, histoire naturelle* heraus. Gergone (gest. 1839), Bichat (gest. 1802).	Haydn (1732-1809): sechs Streichquartette. Gainsborough (1727-1788): *Bauern auf dem Wege zum Markt am frühen Morgen*.
Lagrange: Algebra (Begriff der Invariante). Cavendish: Studie zur Elektrizität. Lavoisier: Experimente zur Verbrennung. Priestley: *Observations on Different Kinds of Air* (isoliert »dephlogistisierte Luft«, unabhängig von Scheele).	*1772*	Geoffroy Saint-Hilaire (gest. 1844), Gärtner (gest. 1850). Akademie von Brüssel.	Erster Bohrturm. Erste Teilung Polens.
	1773	Young (gest. 1829). Bonpland (gest. 1858), Delessert (gest. 1847), Brown (gest. 1858). Philadelphia Museum.	Papst Klemens XIV. hebt den Jesuitenorden auf.
Werner: *Von den äußerlichen Kennzeichen der Fossilien* (bis 1791; systematische Mineralbeschreibung).	*1774*	Biot (gest. 1862). Erste Fachzeitschrift (für Naturgeschichte).	Ludwig XVI. (1754-1793) wird König von Frankreich.
Bergmann: *Essay of Electrical Attractions* (Tabelle der chemischen Affinitäten).	*1775*	Ampère (gest. 1836), Malus (gest. 1812), T. Thomson (gest. 1852). Bergakademie Clausthal.	Beaumarchais (1732-1799): *Le Barbier de Séville* (Der Barbier von Sevilla). Watt erhält ein Patent auf seinen Dampfmaschinentyp.
Jenner: Erstes Experiment mit der Vakzination.	*1776*	Avogadro (gest. 1856), Sophie Germain (gest. 1831).	Amerikanische Unabhängigkeitserklärung. Erste Eisenbahn (im Bergwerk). Erste Tageszeitung in Paris. Smith: *The Wealth of Nations* (Der Reichtum der Nationen).

Wissenschaftliche Schöpfungen		Individuelle und kollektive Akteure	Historische Kulisse
Spallanzani: Künstliche Befruchtung von Lurchen. Lavoisier: Luft besteht aus zwei verschiedenen Gasen.	*1777*	Gauß (gest. 1855), Poinsot (gest. 1859), Ørsted (gest. 1851), Thénard (gest. 1857).	Priestley: Über Materie und Geist.
Rumford: über die Beziehung zwischen Reibung und Wärme.	*1778*	Gay-Lussac (gest. 1850), Davy (gest. 1829), Herbert (gest. 1847), A.-P. de Candolle (gest. 1841), Raffeneau (gest. 1850). *Journal de chimie* (L. Crell).	Erfindung der Drehbank. Frankreich unterstützt die amerikanischen Aufständischen.
Bezout: Beweisversuch für den Fundamentalsatz der Algebra (siehe *1625*).	*1779*	Berzelius (gest. 1848), Oken (gest. 1851). Königliche Akademie von Neapel. Neugründung der Akademie der Wissenschaften von Padua.	Gluck: *Iphigenie auf Tauris*. Erste Eisenbrücke der Welt.
W. Herschel entdeckt Uranus und untersucht Eigenbewegung der Sonne.	*1780*	American Academy of Arts and Sciences (Boston). Universität Münster. Crelle (gest. 1855), Döbereiner (gest. 1849).	Lessing (1729-1781): *Über die Erziehung des Menschengeschlechts*. Fortin et Mégnié: erste Präzisionsinstrumente.
Coulomb: *Theorie des machines simples* (über Reibung und Elektrizität). Haüy: geometrische Gesetzmäßigkeit der Kristallbildung. Laplace/Lavoisier: *Mémoire sur la chaleur*.	*1781*	Bolzano (gest. 1848), Poisson (gest. 1840), Laënnec (gest. 1826).	Abschaffung der »question préparatoire«. Kant: *Kritik der reinen Vernunft*.
Scheele stellt Blausäure dar. L. Carnot: *Essai sur la puissance des machines*.	*1782*		de Laclos: *Liaisons dangereuses* (Gefährliche Liebschaften). Watt erfindet eine doppelt wirkende Dampfmaschine.
Cavendish: Bei der Verbrennung von Wasserstoff entsteht Wasser. Scheele entdeckt Glyzerin.	*1783*	Royal Society of Edinburgh. Magendie (gest. 1755). Gründung der École des Mines.	Vertrag von Versailles beendet amerikanischen Unabhängigkeitskrieg.
Charles: über die Ausdehnung der Gase.	*1784*	Bessel (gest. 1846), Buckland (gest. 1771).	Beaumarchais: *Le mariage de Figaro* (Die Hochzeit des Figaro).

Wissenschaftliche Schöpfungen		Individuelle und kollektive Akteure	Historische Kulisse
Marat: *Sur le feu, la lumière, l'électricité.*		Gründung gelehrter Gesellschaften in Bengalen (Indien) und in Dublin.	David (1748-1825): *Le serment des Horaces* (Der Schwur der Horatier).
Beginn der Expedition von La Pérouse, die 1788 ein dramatisches Ende findet. Hutton: *Theory of the Earth* (alle geologischen Erscheinungen lassen sich durch heute beobachtbare Veränderungen erklären).	*1785*	Dulong (gest. 1838), Brianchon (gest. 1864), W. Prout (gest. 1850), Grotthuß (gest. 1822), Audubon (gest. 1851). Akten der Akademien von Boston und Manchester.	Gasbeleuchtung. Erster mechanischer Webstuhl.
Herschel: *Catalogue of nebulae* (Katalog der Sternnebel); 711 Doppelsterne. Berthollet: Chlor als chemisches Bleichmittel. Scheele: *Essais de chimie.*	*1786*	Arago (gest. 1853), Fresnel (gest. 1827), Chevreul (gest. 1889). Universität Bonn.	Erstbesteigung des Montblanc.
Lavoisier, Guyton de Morveau, Fourcroy, Berthollet entwickeln eine neue chemische Nomenklatur.	*1787*	Bergerie (gest. 1863), Fraunhofer (gest. 1826).	Binnenzölle auf Getreide in Frankreich abgeschafft. Bau des ersten Eisenschiffs. Goethe: *Iphigenie auf Tauris.* Schiller (1759-1805): *Don Carlos.* Mozart (1756-1791): *Don Giovanni.*
Lagrange: *Mécanique analytique.* Fourcroy: *Éléments d'histoire naturelle et de chimie.*	*1788*	A. C. Becquerel (gest. 1878), Boucher de Perthes (gest. 1868), Poncelet (gest. 1867).	Amerikanische Verfassung. Erfindung des Fallschirms (zwischen 1785 und 1797). Abschaffung der »question préalable«.
Antoine L. Jussieu: *Genera plantarum* (Einteilung der Pflanzen nach Familien). Lavoisier: *Traité élémentaire de chimie.* Herschel stellt ein riesiges Spiegelteleskop fertig.	*1789*	Gmelin (gest. 1853), Ohm (gest. 1854), Cauchy (gest. 1857). *Botanisches Magazin* (Zürich), *Botanical Magazine* (London), *Annales de chimie* (Paris), *Annali di chimica.*	Parmentier: Abhandlung über die Kartoffel. Auftakt der Französischen Revolution. Bentham (1748-1832): Plan für das Panopticon. Erstes Patentgesetz in den USA.

Wissenschaftliche Schöpfungen		Individuelle und kollektive Akteure	Historische Kulisse
Leblanc: Verfahren zur künstlichen Sodaherstellung.	*1790*	Champollion (gest. 1832), Möbius (gest. 1868), Daniell (gest. 1845). *Journal der Physik* (Halle, Leipzig).	Sklavenhandel: 70 000 jährlich.
Galvani: abgetrennte Froschbeine zucken, wenn man elektrischen Strom anlegt.	*1791*	Faraday (gest. 1867), Morse (gest. 1872), Petit (gest. 1820). Société d'histoire naturelle in Paris. *Transactions of the Linnean Society* (London) eingestellt.	Kommission für Maße und Gewichte. Die Expedition, die auf die Suche nach La Pérouse geschickt worden war, scheitert wegen politischer Streitigkeiten. Französisches Patentgesetz.
Richter: Stöchiometrie (Grundsatz der konstanten chemischen Reaktionen).	*1792*	Napp (gest. 1867), Coriolis (gest. 1843), Baer (gest. 1876), Lobačevskij (Lobatschewski, gest. 1856), Babbage (gest. 1871).	Republikanischer Kalender. Chappe erfindet den »Semaphor«: optischer Telegraph.
	1793	Chasles (gest. 1880). Der Jardin du Roi wird zum Muséum d'histoire naturelle. Abschaffung der Académie des sciences und der Universitäten.	L. Carnot wird »Organisator des Sieges«. David malt *L'assassinat de Marat* (Die Ermordung Marats).
Legendre: *Éléments de géometrie* (lange Zeit grundlegendes Geometrielehrbuch in Frankreich). Blumenbach: Studien in vergleichender Anatomie.	*1794*	Lesson (gest. 1848), Boué (gest. 1881), K. M. Marx (gest. 1864), Mitscherlich (gest. 1863). Gründung der Grandes Écoles: Travaux publiques (ab 1795 Polytechnique), Art et métiers, ENS de l'an II. *Journal polytechnique*, *Journal de l'agence des mines de la République.*	Lavoisier wird guillotiniert. Condorcet stirbt im Gefängnis. Fichte (1762-1814): Erste *Wissenschaftslehre.*
Lagrange: *Géometrie analytique.* Mascheroni: *Géométrie du compas.*	*1795*	Lamé (gest. 1870). Gründung des Institut de France (ersetzt die fünf königlichen Akademien). Bureau des Longitudes (Forschungsanstalt für Astronomie).	Einführung des metrischen Systems. Appert (1750-1841): Erfindung der Konserven. Condorcet: *Esquisse des progrès de l'esprit humain* (Versuch über die Fortschritte des menschlichen Geistes).

Wissenschaftliche Schöpfungen		Individuelle und kollektive Akteure	Historische Kulisse
Laplace: *Exposition du système du monde* (Sonnensystem aus einer Gaswolke entstanden).	*1796*	S. Carnot (gest. 1832).	Jenner: Erste öffentliche Pockenschutzimpfung durch Infektion mit Kuhpocken (England). *Conversationslexikon* (6 Bde., bis 1808), der spätere »Brockhaus«.
L. Carnot: *Métaphysique du calcul infinitésimal.* Lagrange: *Théorie des fonctions analytiques.*	*1797*	Lyell (gest. 1875).	Erste Dampflokomotive (auf Straßen).
Monge, Berthollet, Geoffroy Saint-Hilaire, Raffeneau Delile nehmen an Napoleons Ägyptenfeldzug teil. Legendre: *Théorie des nombres.* Wessel: Verfahren zur geometrischen Darstellung komplexer Zahlen.	*1798*	*Allgemeines Journal der Chemie* (Leipzig). *Philosophical Magazine* erscheint erstmals.	Maschine zur Papierherstellung. Malthus: *Essay on the Principle of Population* (Versuch über das Bevölkerungsgesetz).
A. v. Humboldt und Bonpland reisen nach Südamerika: Erforschung der Pflanzengeographie.	*1799*	Clapeyron (gest. 1864), Argelander (gest. 1875). *Annalen der Physik.* In den *Philosophical Transactions* (London) haben 334 Autoren geschrieben. Jede dritte Zeitschrift ist auf eine bestimmte Disziplin spezialisiert.	Bonaparte wird Erster Konsul: Die Revolution ist beendet. Watt liefert über 300 Dampfmaschinen an Kunden in England und auf dem Kontinent. Schelling (1774-1854): Naturphilosophie.
Cuvier: *Leçon d'anatomie comparée.* Bichat: Physiologische Forschungen über Leben und Tod. Voltasche Säule; erste Elektrolyse.	*1800*	J. B. Dumas (gest. 1884), Goodyear (gest. 1860), Pouchet (gest. 1872), Milne-Edwards (gest. 1885), Wöhler (gest. 1882). Hundert wissenschaftliche Periodika.	Gründung der Bank von Frankreich. Erste Druckerpresse aus Metall. Nach Niederschlagung des irischen Aufstands Union England/Irland.
Gauß: *Disquisitiones arithmeticae* (Erweiterung der Zahlentheorie; Begriff der Kongruenzen). Lalande: Katalog mit den Positionen von 47 000 Sternen.	*1801*	Cournot (gest. 1877), Plücker (gest. 1868), Fechner (gest. 1887).	Konkordat zwischen Bonaparte und Pius VII. Schiller: *Die Jungfrau von Orleans.*

Wissenschaftliche Schöpfungen		Individuelle und kollektive Akteure	Historische Kulisse
Lamarck: System der wirbellosen Tiere; Ablehnung des Fixismus der Arten.			
Young: *On the Theory of Light and Colours* (Wellentheorie des Lichts).	*1802*	Bolyai (gest. 1860), Wheatstone (gest. 1875), Abel (gest. 1829), Balard (gest. 1876), Lecoq (gest. 1871). *Annales* des Muséum d'histoire naturelle.	Schaffung von Knabengymnasien in Frankreich. Anfänge der Arbeitsgesetzgebung: Englische Kinder (unter 9 Jahren) dürfen nicht länger als 12 Stunden pro Tag arbeiten.
Poinsot: Elemente der Statik. Berthollet: *Statique chimique* (Reaktionsgeschwindigkeit hängt nicht nur von Affinität, sondern auch von Menge der Substanzen ab). L. Carnot: *Géométrie de position* (Geometrie der Lage).	*1803*	Liebig (gest. 1873), Strum (gest. 1855), Doppler (gest. 1853).	Sade (1740-1814) wird von Sainte-Pélagie nach Bicêtre verlegt. Das erste Dampfschiff (mit Schiffsschraube) auf der Seine. Louisiana wird für 80 Millionen Francs an die USA verkauft.
Richter isoliert das Nickel.	*1804*	Jacobi (gest. 1851), Schleiden (gest. 1881).	Napoleon krönt sich zum Kaiser.
Grotthuß: Elektrolyse-Theorie. A. v. Humboldt: *Essai sur la géographie des plantes* (Versuch über Pflanzengeographie).	*1805*	Hamilton (gest. 1865), Lejeune-Dirichlet (gest. 1859).	Sieg der Engländer bei Trafalgar; Sieg der Franzosen bei Austerlitz.
Proust: Gesetz der bestimmten Proportionen in der Chemie. J. R. Argand: Diagramm zur Darstellung komplexer Zahlen.	*1806*	A. de Candolle (gest. 1893). Geellschaft der Naturforscher von Moskau.	Université impériale: Vereinheitlichung des gesamten Unterrichtswesens unter staatlicher Kontrolle. Kontinentalsperre gegen England (bis 1813).
Chaptal: *Chimie appliquée aux arts* (das erste Buch über industrielle Chemie). Devy entdeckt dank Elektrolyse Kalium und Natrium. Brogniart: *Traité de minéralogie.*	*1807*	Laurent (gest. 1853), Holden (gest. 1897), Alter (gest. 1881). Société d'Arcueil und erste Veröffentlichung ihrer *Mémoire de physique et de chimie.*	Sklavenhandel von den Engländern verboten. Fichte: *Reden an die deutsche Nation.* Hegel (1770-1831): *Phänomenologie des Geistes.*

Wissenschaftliche Schöpfungen		Individuelle und kollektive Akteure	Historische Kulisse
Monge: Infinitesimalgeometrie.		Geological Society in London.	
Malus: Polarisierung des Lichts. Dalton: Gesetz der multiplen Proportionen und Atomhypothese. Gay-Lussac: Gesetz der Gasvolumina.	*1808*	Pritchard (gest. 1893), Klacel (gest. 1882). Physikalische und chemische Gesellschaft (Erlangen).	Murat (1767-1815) König beider Sizilien. Franzosen besetzen Spanien (bis 1812).
Lamarck: *Philosophie zoologique* (Evolution der Arten durch Vererbung erworbener Eigenschaften). Gauß: *Theoria motus corporum coelestium* (Theorie der Bewegung der Himmelskörper).	*1809*	Darwin (gest. 1882), Graßmann (gest. 1877), Forbes (gest. 1868), Liouville (gest. 1882).	Franzosen besetzen Wien; Niederlage Napoleons bei Aspern, Sieg bei Wagram. Metternich (1773-1859) wird österreichischer Staatskanzler. Goethe: *Die Wahlverwandtschaften.*
Goethe: *Farbenlehre.* Davy isoliert Chlor; Theorie der Säuren. J. Fourier: Darstellung von Funktionen durch unendliche trigonometrische Reihen.	*1810*	Gründung der Berliner Universität. Gergonne beginnt die *Annales de mathématiques pures et appliquées*, die erste privat verlegte mathematische Zeitschrift. Regnault (gest. 1878), Kummer (gest. 1893), Walter (gest 1847), Schwann (gest. 1882).	Appert: *Le livre de tous les ménages* beschreibt Hitzesterilisation von Lebensmitteln. A. v. Arnim (1781-1831): *Gräfin Dolores.*
Avogadro formuliert sein Gesetz (Gasvolumen und Zahl der Moleküle). Berzelius isoliert das Silizium.	*1811*	Galois (gest. 1832), Le Verrier (gest. 1877), Bunsen (gest. 1888), Dzierzon (gest. 1906).	Kruppwerke in Essen gegründet. Industrialisierung des Webstuhls. Kontinentalsperre veranlaßt die Erforschung des Rübenzuckers.
Laplace: *Théorie analytique des probabilités* (Gesamtdarstellung der Wahrscheinlichkeitslehre). Arago konstruiert ein Polarisationsfilter. Berzelius: *Versuch über die Theorie der chemischen Proportionen und über die chemische Wirkung der Elektrizität.*	*1812*	Joly (gest. 1895), Galle (gest. 1910), Davoine (gest. 1882). Akademie der Naturwissenschaften in Philadelphia.	Napoleon: Rußlandfeldzug. Grimm: *Schneewittchen.* Hegel: *Wissenschaft der Logik.*

Wissenschaftliche Schöpfungen		Individuelle und kollektive Akteure	Historische Kulisse
Cuvier: *Recherches sur les ossements fossiles* (über fossile Versteinerungen).			
Fresnel: Erste Arbeiten über das Licht.	*1813*	Bernard (gest. 1878), Stas (gest. 1891).	Forschungsexpedition nach Australien.
Fraunhofer: Absorptionslinien im Sonnenspektrum. Laplace: *Essai philosophique sur les probabilités.* Cauchy: *Étude sur les intégrales définies.*	*1814*	J. R. Mayer (gest. 1878), Lermontov (gest. 1841).	Dampflokomotive auf Eisenschienen. Eröffnung des Wiener Kongresses (bis 1815).
Biot: Kreisförmige Polarisation des Lichts; Rotation der Polarisationsebene in Flüssigkeiten. Poinsot: *Sur la rotation des corps autour d'un point fixe.*	*1815*	Weierstraß (gest. 1897), Boole (gest. 1864), Naudin (gest. 1899). Schweizerische Naturforschende Gesellschaft.	Napoleons Herrschaft der Hundert Tage; endgültige Niederlage bei Waterloo. Deutscher Bund. McAdam (1756-1836): »Makadam« (Straßenbelag: Schotterschichten, zunächst ohne Asphalt oder Teer).
Magendie: *Précis de physiologie* (tierphysiologische Experimente). Laënnec erfindet das Stethoskop.	*1816*	Gerhardt (gest. 1856), Vilmorin (gest. 1860). *Annales de chimie et physique* (vgl. 1789). Universitäten Lüttich, Gent. Oken gründet *Isis*.	Schubert (1797-1828): *4. und 5. Symphonie.* Unabhängigkeit Argentiniens. Rückkehr Englands zum Goldstandard.
Cuvier: *Le règne animal* ordnet die gesamte Tierwelt in vier Gruppen. Freycinet: Forschungsexpedition um die Welt.	*1817*	Wurtz (gest. 1884), Wichura (gest. 1866), Naegeli (gest. 1891), Galissard (gest. 1894), Borchardt (gest. 1880). Senckenbergische Naturforschende Gesellschaft in Frankfurt am Main.	Byron (1788-1824): *Manfred.* Banque Rothschild in Paris. Deutsche Burschenschaften organisieren das Wartburgfest. Katholische Reaktion in Frankreich. Drais (1785-1851) erfindet die Draisine (Vorläufer des Fahrrads).
Geoffroy Saint-Hilaire wird Anhänger des Transformismus. Thénard entdeckt das Wasserstoffsuperoxid.	*1818*	Joule (gest. 1889). *American Journal of Science and Arts.* Gründung der Universität Bonn.	M. Shelley (1797-1851): *Frankenstein.*

Wissenschaftliche Schöpfungen		Individuelle und kollektive Akteure	Historische Kulisse
Dulong-Petit-Regel: Gesetz der spezifischen Wärme einfacher Körper. Fresnel: *Mémoire sur la diffraction de la lumière* (Wellentheorie des Lichts).			
Mitscherlich: Isomorphieregel. Laënnec: *Traité de l'auscultation* (Anwendung des Stethoskops).	*1819*	Fizeau (gest. 1896), L. Foucault (gest. 1868), Stokes (gest. 1903). Universität St. Petersburg.	Bolivar (1783-1830): Endgültige Befreiung Venezuelas. Schopenhauer (1788-1860): *Die Welt als Wille und Vorstellung.*
Faraday-Ørsted-Arago-Ampère: zahlreiche Untersuchungen über das Verhältnis Elektrizität und Magnetismus. A.-P. de Candolle entwirft ein Forschungsprogramm für die botanische Geographie.	*1820*	Béguyer (gest. 1886), A. E. Becquerel (gest. 1891), Tyndall (gest. 1893). Herschel, Babbage u. a. gründen Königlich-Astronomische Gesellschaft in London.	10 Millionen Einwohner in den USA. Lamartine (1790-1869): *Méditations poétiques.* Scott: *Ivanhoe.* P. B. Shelley (1792-1822): *Der entfesselte Prometheus.*
Cauchy beginnt seinen *Cours d'analyse* (Lehrbuch für Infinitesimalrechnung für die polytechnische Schule). Katholische Kirche hebt den Bann gegen das kopernikanische Weltsystem auf.	*1821*	Helmholtz (gest. 1894), Boncompagni (gest. 1894), A. Cayley (gest. 1895). Universität Buenos Aires.	Mexiko wird unabhängig. Entstehung des Saint-Simonismus. Weber (1786-1826): *Der Freischütz* (Oper).
J. Fourier: *Théorie analytique de la chaleur* (Analytische Theorie der Wärme). Poncelet: *Propriétés projectives de figures* (Entwicklung einer projektiven Geometrie). Fresnel: *Théorie ondulatoire de la lumière.*	*1822*	Pasteur (gest. 1895), Mendel (gest. 1884), Clausius (gest. 1888), Hermite (gest. 1901). Gesellschaft deutscher Naturforscher und Ärzte, Leipzig.	Champollion (1790-1832) entziffert die ägyptischen Hieroglyphen. Brasilien unabhängig. Nièpce stellt die erste Photographie her. Comte (1798-1857): *Plan des travaux scientifiques pour réorganiser la société* (Plan der wissenschaftlichen Arbeiten zur Reorganisation der Gesellschaft).
Faraday beschreibt Verflüssigung von Chlorgas durch Abkühlung.	*1823*	Kronecker (gest. 1891), Eisenstein (gest. 1852),	Industrielle Herstellung von Seife.

Wissenschaftliche Schöpfungen		Individuelle und kollektive Akteure	Historische Kulisse
Chevreul: Untersuchung von Fettsäuren.		Fabre (gest. 1915), Wallace (gest. 1913), Carreylea (gest. 1897).	Monroe-Doktrin: »Amerika den Amerikanern« (gegen Einmischung der Heiligen Allianz in Unabhängigkeitskriege der spanischen Kolonien). »Besiedelung« Australiens. Beethoven (1770-1827): 9. *Symphonie*. Buckland (geb. 1800) setzt die Sintflut auf einen Zeitpunkt vor 5000 bis 6000 Jahren an.
Dirichlet: erste Arbeiten über Zahlentheorie. S. Carnot: *Réflexions sur la puissance motrice du feu* 2. Hauptsatz der Thermodynamik). Abel: über Gleichungen fünften und höheren Grades. Fraunhofer konstruiert astronomisches Fernrohr, das mit Hilfe eines Uhrwerks nachgeführt wird.	*1824*	Kirchhoff (gest. 1887), Kelvin (W. Thomson, gest. 1907).	Leopardi (1798-1837): *Canzoni*.
Faraday isoliert das Benzol. Ørsted isoliert das Aluminium. Bessel-Funktionen. K. M. Marx: Geschichte der Kristallographie. Cuvier verkündet seine Katastrophen-Theorie.	*1825*	Charcot (gest. 1893), Bates (gest. 1892). Polytechnische Schule Karlsruhe.	Chevreul: Patentierung von Kerzen aus Fettsäuren. Konstruktion der ersten Hängebrücke (176 m Spannweite). Erster regelmäßiger Eisenbahnverkehr in England. Reaktionäre Gesetze in Frankreich; finanzielle Entschädigung für die nach Frankreich zurückgekehrten Adelsemigranten.
Ampère: mathematische Theorie des Elektromagnetismus. Lobačevskij: hyperbolische Geometrie.	*1826*	Riemann (gest. 1866), Gramme (gest. 1901), Julius (H. P.) Thomsen (gest. 1909), Cannizzaro (gest. 1910).	Schubert: *Der Tod und das Mädchen*. Mendelssohn (1809-1847): *Sommernachtstraum*.

Wissenschaftliche Schöpfungen		Individuelle und kollektive Akteure	Historische Kulisse
Gauß untersucht die Wahrscheinlichkeit von Irrtümern.		Crelle beginnt mit der Herausgabe seines *Journals für die reine und angewandte Mathematik*. Sociétés linnéennes in Bordeaux und Calvados.	
Ohm: *Die galvanische Kette* (Ohmsches Gesetz). Möbius: *Der barycentrische Calcul* (homogene Koordinaten; Möbius-Band). Gauß: *Untersuchungen zur Differentialgeometrie*. Baer: *De ovi mammalium et hominis genesi* (Entdekkung der Eizelle bei Säugetieren und Menschen). Legendre: *Traité des fonctions elliptiques*.	*1827*	Berthelot (gest. 1907), Villemin (gest. 1892), Gladstone (gest. 1902), Cook (gest. 1894), Lister (gest. 1912). Universität Helsinki.	England, Frankreich, Rußland intervenieren zugunsten der griechischen Aufständischen; Seeschlacht von Navarino: Vernichtung der türkischen Flotte. Ingres (1780-1867): *Apotheose Homers*. Heine (1797-1856): *Buch der Lieder*.
Wöhler: erste Synthese einer organischen Verbindung (Harnstein).	*1828*	Cohn (gest. 1898). Universität London.	Uruguay (von Brasilien) unabhängig.
A. v. Humboldt: Forschungsreise nach Sibirien. Jacobi: Untersuchung elliptischer Funktionen. Galois legt der Académie erste Fassung seiner Gruppentheorie vor (das Manuskript geht verloren; eine zweite Fassung geht 1830 ebenfalls verloren; eine dritte Fassung wird 1831 zurückgewiesen).	*1829*	Kekulé (gest. 1896), Odling (gest. 1921), Moutier (gest. nach 1894). Seit 1665 sind 300 wissenschaftliche Zeitschriften gegründet worden.	Griechenland wird unabhängig. Ch. Fourier (1772-1837): Utopie der »phalanstères«. Eröffnung der Eisenbahnlinie Manchester–Liverpool.
Kontroverse Geoffroy Saint-Hilaire – Cuvier über die Einteilung der Säugetiere. Der erste Band von Lyells *Principles of Geology* erscheint (die Erde muß einige hundert Millionen Jahre alt sein).	*1830*	Marey (gest. 1904), Royer (gest. 1902), L. Meyer (gest. 1895). Arago läßt bei den Sitzungen der Académie Journalisten zu. Französische geologische Gesellschaft; erster Band ihres *Bulletin*.	Julirevolution in Frankreich. Delacroix (1798-1863): *Die Freiheit führt das Volk*. Polnischer Aufstand wird niedergeschlagen. Hugo (1802-1885): *Hernani* Comte: *Cours de philosophie positive* (Der Positivismus).

Wissenschaftliche Schöpfungen		Individuelle und kollektive Akteure	Historische Kulisse
			Stendhal (1783-1842): *Le rouge et le noir* (Rot und Schwarz).
Gauß: über komplexe Zahlen. Darwin schifft sich auf der »Beagle« ein (fünfjährige Forschungsreise). Brown entdeckt Zellkern. Faraday: elektromagnetische Induktion.	*1831*	Maxwell (gest. 1879), Dedekind (gest. 1916), Sueß (gest. 1914). British Association for the Advancement of Science.	Bellini (1801-1835): *Norma.* Schumann (1810-1856): *Papillons.* Erste Mähmaschine in den USA.
Galois: Brief (Testament unmittelbar vor einem Duell) an einen Freund mit Zusammenfassung seiner Gruppentheorie (1846 publiziert). Coriolis: Beschleunigung eines sich bewegenden Körpers durch Erdrotation. Bolyai: nicht-euklidische Geometrie. Babbage entwirft die Analytical Engine.	*1832*	König (gest. 1901), Crookes (gest. 1919), N. Otto (gest. 1891). *Abstract of Philosophical Transactions* (erstes Periodikum dieser Art). Académie des sciences morales et politiques in Paris. Universität Zürich. Liebig gründet die *Annalen der Pharmazie.*	Hambacher Fest. Choleraepidemie: 18 500 Tote (u. a Hegel). Pixii (1808-1835): erster Stromgenerator. Berlioz (1803-1869): *Symphonie fantastique.*
Gauß/Weber konstruieren einen elektromagnetischen Telegraphen (über 2 km Entfernung). Faraday: Gesetz der Elektrolyse.	*1833*	Nobel (gest. 1896), P. Bert (gest. 1886), Waage (gest. 1900). Erster Wissenschaftlerkongreß in Frankreich. *Journal des académies et sociétés du monde entier.*	Puškin (1799-1837): *Eugen Onegin.* Fabrikgesetze in England: nur noch Achtstundentag für Kinder. Owen (1771-1858): »Trade-unions«.
Milne-Edwards: *Éléments de zoologie.* A. C. Becquerel: *Traité d'électricité et magnétisme* (bis 1840). Clapeyron macht S. Carnots Arbeit von 1824 bekannt (2. Hauptsatz der Thermodynamik). Hamilton formuliert die Lagrange-Formeln in »kanonische Gleichungen« um.	*1834*	Mendeleev (Mendelejew) (gest. 1907), Haeckel (gest. 1919), Weismann (gest. 1914), Volhard (gest. 1910).	Aufstand der Lyoner Seidenweber. Abschaffung der Sklaverei in den englischen Kolonien; Folge: großer Treck der Buren (Sklavenbesitzer) aus der Kapprovinz nach Norden Deutscher Zollverein. Eisenbahn Nürnberg–Fürth. Balzac (1799-1850): *La recherche de l'absolu* (Die Suche nach dem Absoluten). Abschaffung der Inquisition in Spanien.

Wissenschaftliche Schöpfungen		Individuelle und kollektive Akteure	Historische Kulisse
Berzelius: Theorie der chemischen Proportionen; Einführung des Begriffs »Katalyse«. Die zweite vorhergesagte Wiederkehr des Halleyschen Kometen.	*1835*	Baeyer (gest. 1917), Schiaparelli (gest. 1910).	Colt (1814-1862) erfindet den Revolver. *New York Herald* erscheint. Quetelet (1796-1874): *Anthropométrie* (Beginn der Sozialstatistik).
Der Begriff »Vektor« wird erstmals benutzt. Dumas: Theorie der Substitutionen in der Chemie. Daniell: Stromquelle (Daniell-Zelle).	*1836*	Guldberg (gest. 1902), Hinrichs (gest. 1923). Liouville gründet die *Annales de mathématiques pures et appliquées*. *Bulletin* der Akademie der Wissenschaften von St. Petersburg.	Chopin (1810-1849): *Valses et nocturnes*.
Lobačevskij: *Géomêtrie imaginaire*. Jacobi-Spencer: Galvanoplastik. Chasles: Studien über die Methoden der Geometrie.	*1837*	Kühne (gest. 1900), Lenssen (gest. nach 1870). Mehr als 70% der chemischen Periodika beschäftigen sich vorwiegend mit Pharmazie.	Dickens (1812-1870): *Oliver Twist*. Victoria Königin von England. Chartistenbewegung in England. Morse (1791-1872) läßt seinen Telegraphen patentieren. Eisenbahn Paris–Saint-Germain-en-Laye.
Schleiden, Schwann: Zelltheorie der Lebewesen. Poisson: Theorie der Wahrscheinlichkeit. Boucher de Perthes: prähistorische Forschungen. Bessel: erste Messung der Entfernung eines Sterns außerhalb des Sonnensystems.	*1838*	Jordan (gest. 1922), Solvay (gest. 1922), Newland (gest. 1898), Perkin (gest. 1907), Mach (gest. 1916), Morley (gest. 1923). Sitzungsberichte der Geographischen Gesellschaft von Bombay.	Agrarchemie und organische Chemie (Liebig). Atlantiküberquerung ohne Segel.
Boole: analytische Transformation. Liebig: Theorie der Fermentation.	*1839*	Gibbs (gest. 1903). *Cambridge Mathematical Journal*.	Daguerre (1789-1851): Verfahren zur Herstellung von Photographien (Silberbild auf Kupferplatte). Zehnstundentag für Kinder unter 16 Jahren in Deutschland. Goodyear: Vulkanisierung des Gummis.

Wissenschaftliche Schöpfungen		Individuelle und kollektive Akteure	Historische Kulisse
Regnault: spezifische Wärme zusammengesetzter Körper.	*1840*	Dunlop (gest. 1921), Kohlrausch (gest. 1910), Duclaux (gest. 1904), Kongreß der ungarischen Physiker und Naturforscher.	Opiumkrieg in China. Braille (1809-1852) erfindet eine Schrift für Blinde. Erster Maschinenhammer. Erste Briefmarke.
Boole: Theorie der Invarianz und der Kovarianz.	*1841*	Graebe (gest. 1927), J. Murray (gest. 1914).	Industrielle Herstellung von Streichhölzern. Erfindung des Saxophons.
J. R. Mayer/Joule: Prinzip der Energieerhaltung. Doppler entdeckt den nach ihm benannten Effekt.	*1842*	Rayleigh (gest. 1919), Darboux (gest. 1917), Dewar (gest. 1923), Lie (gest. 1899), Horstman (gest. 1929), Breuer (gest. 1925).	Plan: Sieben Eisenbahnlinien von Paris aus. Gogol (1809-1852): *Die toten Seelen.*
Hamilton: Entwicklung der Quaternionen (nicht-kommutatives mathematisches System). Wheatstone-Brücke (Vorrichtung zur Messung des elektrischen Widerstands).	*1843*	Bonnier (gest. 1922), W. Flemming (gest. 1905), Koch (gest. 1910).	Viollet-le-Duc (1814-1879): Beginn der Restauration von Carcassonne. Sue (1804-1857): *Les mystères de Paris* (Die Geheimnisse von Paris).
Graßmann: *Die Wissenschaft der extensiven Größe* (Vektoren im mehrdimensionalen Raum).	*1844*	Branly (gest. 1940), Boltzmann (gest. 1906), Golgi (gest. 1926).	Comte: *Discours sur l'esprit positif* (Rede über den Geist des Positivismus). Erste Telegraphenlinie Washington–Baltimore. Weberaufstand in Schlesien.
Riesenspiegelteleskop (183 cm) ermöglicht Entdeckung von Spiralnebeln. Leverrier und Adams prognostizieren (unabhängig) einen elften Planeten. Faraday bringt Magnetismus mit Licht in Zusammenhang.	*1845*	Cantor (gest. 1918), Mečnikov (Metschnikow, gest. 1916), Röntgen (gest. 1923). Gründung des populärwissenschaftlichen *Scientific American.* Gründung des Royal College of Chemistry.	Dumas d. Ä. (1802-1870): *Der Graf von Monte Christo.* Kartoffelmißernte in Irland führt zur Auswanderung von 2 Millionen Iren in die USA. Ausgrabung der Ruinen von Ninive.
Galle entdeckt den Neptun.	*1846*	Picard (gest. 1941), van Beneden (gest. 1910), Tesla (gest. 1943), Westinghouse (gest. 1914).	USA erstrecken sich vom Atlantik zum Pazifik.

Wissenschaftliche Schöpfungen		Individuelle und kollektive Akteure	Historische Kulisse
			Erste Totalanästhesie (mit Äther). Erste Nähmaschine.
Kummer: Einführung des Begriffs des Idealen in die Zahlentheorie (»ideale komplexe Zahlen«). Boole: mathematische Analyse der Logik. Helmholtz: *Über die Erhaltung der Kraft*. Joule (unabhängig von J. Mayer): Energieerhaltungsgesetz.	*1847*	Le Bel (gest. 1930), Edison (gest. 1931), Bell (gest. 1921). *Die Fortschritte der Physik*. Gründung der American Medical Association und der American Association for the Advancement of Science. Kaiserliche Akademie der Wissenschaften (Wien). Real Academia de Ciencias Exactas, Fisicas y Naturales (Madrid).	Arbeitsgesetzregelung in England: Frauen und Kinder arbeiten weniger als 10 Stunden pro Tag. Endgültige Niederlage Abd el-Kaders (1807-1883): Französische Kolonisation Algeriens. Gründung von Siemens & Halske (Telegraphenbau).
Bates hält sich elf Jahre im Amazonasgebiet auf; Theorie der Insektenmimikry. Fizeau: Rotverschiebung.	*1848*	Eötvös (gest. 1919), de Vries (gest. 1935), V. Henry (gest. 1905), V. Meyer (gest. 1897), Frege (gest. 1925). Société de biologie (Paris); Geologische Gesellschaft (Berlin).	Marx (1818-1883) und Engels (1820-1895): *Manifest der kommunistischen Partei*. Revolution in Europa. Schweiz wird Bundesstaat. Mexiko verliert die Hälfte seines Territoriums an die USA.
Fizeau und L. Foucault: Lichtgeschwindigkeit im Wasser geringer als in der Luft.	*1849*	Pavlov (gest. 1936), J. A. Fleming (gest. 1945), Klein (gest. 1925), Hertwig (gest. 1922). *Naumannia* (erste ornithologische Zeitschrift).	Proklamation einer römischen Republik (1 Jahr; von Frankreich militärisch zerschlagen). Ende eines zweihundertjährigen Handelsmonopols Englands auf den Seehandel zwischen seinen Inseln.
Clausius: *Über die bewegende Kraft der Wärme* (2. Hauptsatz der Thermodynamik). Bolzano: *Paradoxien des Unendlichen*. Fechner: Logarithmisches Verhältnis zwischen Zunahme der Reizstärke und der Sinnesempfindung. Gerhardt: Theorie der chemischen Typen.	*1850*	1,2 Milliarden Menschen. Richet (gest. 1935), Goldstein (gest. 1930), J. Milne (gest. 1913), Le Chatellier (gest. 1936), S. Kovalevskaja (gest. 1891). Ca. 1000 wissenschaftliche Zeitschriften und 200 Universitäten.	Australien: großer Goldrausch. 6000 km Eisenbahnstrecken in England. Erfindung des Prismenfernglases.

Wissenschaftliche Schöpfungen		Individuelle und kollektive Akteure	Historische Kulisse
Kelvin (W. Thomson) schlägt den absoluten Temperatur-Nullpunkt vor. L. Foucault: Pendelexperiment beweist Erdrotation. Riemann: bezieht Funktionstheorie auf n-dimensionale Flächen in komplexem Bereich.	*1851*	W. Reed (gest. 1902), Balfour (gest. 1882).	Australische Bevölkerung vergrößert sich jährlich um 150%. Hugo: Exil auf Jersey. Erster hydraulischer Aufzug. London: Weltausstellung; Kristallpalast.
	1852	H. Becquerel (gest. 1908), Lindemann (gest. 1939), Ramsay (gest. 1916), Michelson (gest. 1931), van 't Hoff (gest. 1911), Flahault (gest. 1935), Kitasato (gest. 1931). *Cosmos, Revue pour le progrès des sciences* (Paris).	Staatsstreich Louis Bonapartes; Zweites Kaiserreich. Beecher-Stowe (1811-1896): *Onkel Toms Hütte.*
Julius (H. P.) Thomsen: Geburt der Thermochemie. Gerhardt: *Lehrbuch der organischen Chemie* (bis 1856).	*1853*	H. A. Lorentz (gest. 1928), Ostwald (gest. 1932), Brillouin (gest. 1948), G. Ricci (gest. 1925), Roux (gest. 1933). *Report* der Philosophischen Gesellschaft Adelaide (Australien).	Haussmann (1809-1891): Beginn der Stadtumgestaltung von Paris. Krimkrieg (bis 1856). Cayleys Spielzeughelikopter steigen 27 m hoch auf.
Boole: *An Investigation of the Laws of Thought* (die erste Form der symbolischen Logik; »Boolesche Algebra«). Helmholtz: Aufheizung der Sonne, weil sie sich durch Gravitation zusammenzieht; »Wärmetod« des Universums. Riemann: *Über die Hypothesen, welche der Geometrie zugrunde liegen* (Verallgemeinerung der Konzeption nicht-euklidischer Geometrien); Konzeption des Integrals.	*1854*	Poincaré (gest. 1912), Ehrlich (gest. 1915), Behring (gest. 1917). Sitzungsberichte der kalifornischen Akademie der Wissenschaften.	Industrielle Fertigung von Aluminium. Mommsen (1817-1903): *Römische Geschichte.*
Büchner: *Kraft und Stoff.* Fabre: erste Veröffentlichung über die Insekten.	*1855*	Mičurin (Mitschurin, gest. 1935), Appel (gest. 1930).	Verdi (1813-1901): *Die sizilianische Vesper.* Weltausstellung in Paris.

Wissenschaftliche Schöpfungen		Individuelle und kollektive Akteure	Historische Kulisse
Bernard: *Leçons de physiologie expérimentale* (Theorie der Homöostase im Körper). Berthelot erforscht die Alkoholsynthese.			
Entdeckung des Neandertalers. Wallace hält sich von 1854 bis 1862 im Malaiischen Archipel auf; entwickelt Theorie der Evolution. Vilmorin: »Genealogische Methode« der Saatzucht. Pasteur: *Recherches sur la putréfaction* (Gärung wird durch Mikroorganismen und nicht durch chemische Stoffe verursacht).	*1856*	J. J. Thomson (gest. 1940), Markov (gest. 1922).	Liszt (1811-1886): *Ungarische Rhapsodien.*
Kirchhoff: Spektrographie der Sterne. Riemann arbeitet an dem, was einmal die Topologie sein wird. Boncompagni gibt die Werke von Fibonacci heraus.	*1857*	Hertz (gest. 1894), Larmor (gest. 1942), W. Johannsen (gest. 1927). Erweiterung des British Museum: runder Lesesaal. Universitäten Madras, Bombay, Kalkutta.	Aufstand indischer Hindu-Soldaten (Sepoys). Baudelaire (1821-1867): *Les fleurs du mal* (Die Blumen des Bösen). Flaubert (1821-1880): *Madame Bovary.*
Kekulé: Theorie der Wertigkeiten in der Chemie. Plücker: Kathodenstrahlen krümmen sich unter dem Einfluß von Magneten. A. Cayley: Begründung der Matrizenrechnung.	*1858*	Planck (gest. 1947), Peano (gest. 1932), Diesel (gest. 1915), E. Dubois (gest. 1940).	Juarez (1806-1876): Präsident von Mexiko (liberale Verfassung). In Lourdes erscheint die Jungfrau. Herstellung von Farbstoff aus Steinkohlenteer (Magenta). Rhind erwirbt den »Papyrus Rhind«, Schlüssel zum Verständnis der ägyptischen Mathematik.
Darwin: *On the Origin of Species* (Prinzip der natürlichen Auslese, Evolution neuer Arten).	*1859*	P. Curie (gest. 1906), Arrhenius (gest. 1927), Loeb (gest. 1924). Zahl der bekannten Arten: 18 660 Wirbeltiere, 11 600 Weichtiere, 5770 Gliederfüßer.	Drake (1819-1880): erste Erdölbohrung. Hugo: *Légende des siècles* (Die Weltlegende). Bau des Suezkanals begonnen.

Wissenschaftliche Schöpfungen		Individuelle und kollektive Akteure	Historische Kulisse
Berthelot: Organische Chemie, auf Synthese gegründet.	*1860*	Volterra (gest. 1940), Lummer (gest. 1925). *Revue de géologie* (Paris). Erster internationaler Kongreß der Chemiker in Karlsruhe.	Garibaldi (1807-1882), Cavour (1810-1861): italienische Einheit.
Pasteur: Mikroorganismen, die in der Atmosphäre leben. Streit um *generatio spontanea* mit Pouchet. Weierstraß entdeckt kontinuierliche, aber an keiner Stelle differenzierbare Funktion.	*1861*	F. Hopkins (gest. 1947), Whitehead (gest. 1947), Wiechert (gest. 1928), Gründung des Massachusetts Institute of Technology.	Dostoevskij (1821-1881): *Erniedrigte und Beleidigte*. Abschaffung der Leibeigenschaft in Rußland. Lincoln (1809-1865) Präsident. Sezessionskrieg.
Argelander: *Bonner Durchmusterung* abgeschlossen (Sternkatalog mit 324 000 Sternen der nördlichen Hemisphäre).	*1862*	Hilbert (gest. 1943).	Bismarck (1815-1898): Preußischer Ministerpräsident. Das erste Maschinengewehr. Hugo: *Les misérables* (Die Elenden).
Solvay: Verfahren zur Soda-Produktion. Lyell: *Geological Evidence of the Antiquity of Man* (Steinwerkzeuge in alten Ablagerungen beweisen die Existenz von Frühmenschen).	*1863*	Painlevé (gest. 1933), Yersin (gest. 1943), Lacroix (gest. 1948). *Revue des cours scientifiques*.	Littré (1801-1881): *Dictionnaire de la langue française*. Renan (1823-1892): *Vie de Jésus* (Leben Jesu).
Maxwell: *A Dynamical Theory of the Electromagnetic Field* (Einführung der Maxwellschen Gleichungen zur Beschreibung des elektromagnetischen Feldes). Spencer: *Principles of Biology*.	*1864*	Minkowski (gest. 1909), Wien (gest. 1928), Nernst (gest. 1941), Correns (gest. 1933). *Annales* der *E.N.S.* (gegründet von Pasteur). Mathematische Gesellschaft von Moskau. Erster internationaler Kongreß der Botanik.	(1.) Internationale Arbeiter-Assoziation unter Marx. Genfer Konvention (Rotes Kreuz). Londoner Metro.
Mendel veröffentlicht seine Vererbungstheorie in der *Zeitschrift des Brünner Naturforschenden Vereines*.	*1865*	Hadamard (gest. 1963), Weiß (gest. 1940), Zeeman (gest. 1943), Steinmetz (gest. 1923).	Wagner (1813-1883): *Tristan und Isolde*. Manet (1832-1883): *Olympia*.

Wissenschaftliche Schöpfungen		Individuelle und kollektive Akteure	Historische Kulisse
Bernard: *Introduction à l'étude de la médicine expérimentale* lehnt eine »Lebenskraft« in Organismen ab. Clausius prägt den Begriff »Entropie«.		Mathematische Gesellschaft in London.	Paraguay-Krieg (bis 1870): schließlich nur noch 1 Mann auf 28 Frauen! Carroll (1832-1898): *Alice in Wonderland* (Alice im Wunderland).
Haeckel: »Ontogenese wiederholt Phylogenese«; prägt den Ausdruck »Ökologie«. Nobel erfindet das Dynamit.	*1866*	T. H. Morgan (gest. 1945), E. W. Brown (gest. 1938), La Vallée-Poussin (gest. 1962).	Larousse (1817-1875): *Grand Dictionnaire universel.* Erstes transatlantisches Telegraphenkabel.
Livingstone entdeckt die Quelle des Kongo. Gramme erfindet den Wechselstromgenerator, Westinghouse die Luftdruckbremse.	*1867*	M. Sklodovska-Curie (gest. 1934).	Marx: *Das Kapital,* Bd. 1 Zola (1840-1902): *Thérèse Raquin.* Rußland verkauft Alaska an die USA. Frankreich möchte den Niederlanden Luxemburg abkaufen. Kaiser Maximilian (Mexiko) nach Abzug der Franzosen erschossen.
Graebe entdeckt Molekülstruktur des Alizarins; synthetische Herstellung ersetzt Krappwurzel als Farbstoff. Kronecker: Zahlentheorie.	*1868*	Landsteiner (gest. 1943), Sommerfeld (gest. 1951), Hausdorff (gest. 1942), Wood (gest. 1955), Millikan (gest. 1953). *Geological Survey of India.* Sitzungsberichte des neuseeländischen Instituts der Wissenschaften.	Sturz der Regierung unter Disraeli (1804-1881); liberales Kabinett unter Gladstone. Ende des Shogunats; Meiji-Reformen in Japan.
Mendeleev: Periodensystem der Elemente.	*1869*	C. T. R. Wilson (gest. 1959), E. Cartan (gest. 1951). Illustrierte Wochenzeitschrift *Nature* gegründet (London). Bulgarische Akademie der Wissenschaften, Sofia.	Herstellung des ersten Kunststoffs (Zelluloid). Suezkanal eröffnet. Tolstoj (1828-1910): *Krieg und Frieden.* Zola entwirft den Plan für den Romanzyklus *Rougon-Macquart.*
Jordan: Theorie der Substitutionen für algebraische Gleichungen.	*1870*	J. B. Perrin (gest. 1942), R. G. Harrison (gest. 1959). Erste Zeitschrift für Bakteriologie (Breslau). TH Aachen.	Erster Minister für Industrialisierung in Japan.

Wissenschaftliche Schöpfungen		Individuelle und kollektive Akteure	Historische Kulisse
			Vatikanisches Konzil: Papst wird unfehlbar. Deutsch-Französischer Krieg.
Maxwell: statistische Wärmetheorie (»Maxwellscher Dämon«). Darwin: *The Descent of Man.*	*1871*	Borel (gest. 1956), Zermelo (gest. 1953), Tschermak (gest. 1962), E. Rutherford (gest. 1937).	Pariser Commune. Schliemann (1823-1890) findet Troja. Kaiserproklamation; Gründung des Deutschen Reiches.
Klein: »Erlanger Programm« einer Geometrie, die auf Transformationsgruppen beruht. Dedekind: *Stetigkeit und irrationale Zahlen.* Haeckel: Hypothese des Pithekanthropus.	*1872*	B. Russell (gest. 1970), Langevin (gest. 1946). *Popular Science Monthly* (New York) Société mathématique de France. – Association pour l'avancement des sciences (Frankreich).	»Gründerjahre« in Deutschland. Kulturkampf: Verbot des Jesuitenordens in Deutschland. Tschaikowski (1840-1893): 2. *Symphonie.*
Hermite: *e* ist eine transzendente Zahl. Golgi: Färbung von Nervenzellen mit Silbersalzen erlaubt Untersuchung einzelner Fasern.	*1873*	Coolidge (gest. 1975), Carrel (gest. 1944), Levi-Cività (gest. 1941), K. Schwarzschild (gest. 1916), Loewi (gest. 1961). Internationales Büro der Maße und Gewichte.	Weltwirtschaftskrise in USA, Deutschland, England. Charcot (1825-1893) an der Salpêtrière. Rimbaud (1854-1891): *Une saison en enfer* (Eine Zeit in der Hölle). Nietzsche (1844-1900): *Unzeitgemäße Betrachtungen.*
Kirchhoff: Spektralanalyse der Elemente. Le Bel und van 't Hoff: Stereochemie.	*1874*	Marconi (gest. 1937), Debierne (gest. 1949). Société française de physique. Sonia Kovalevskaja erhält als erste Frau den Doktortitel einer deutschen Universität (Mathematik: partielle Differentialgleichungen und Abelsche Integrale).	Verne (1828-1905): *L'île mystérieuse* (Die geheimnisvolle Insel). Monet (1840-1926): *Impression, soleil levant.* Narodniki (junge städtische Intellektuelle) versuchen erfolglos politische Aufklärung der russischen Bauern.
W. Flemming entdeckt die Chromosomen. Hertwig: Verbindung zwischen Zellkern und Befruchtung.	*1875*	M. de Broglie (gest. 1960), Lebesgue (gest. 1841). Physikalische Gesellschaft (London).	Bizet (1838-1875): *Carmen.* Dritte Republik in Frankreich.

Wissenschaftliche Schöpfungen		Individuelle und kollektive Akteure	Historische Kulisse
Sueß: über die Bildung der Alpen.			Zivile Eheschließung in Deutschland.
Pasteur: *Étude sur la bière, ses maladies et les causes qui les provoquent* (»Über das Bier, seine Krankheiten und deren Ursachen«) berichtet von anaerobischen Mikroorganismen, die ohne Sauerstoff leben. Kühne prägt den Begriff »Enzym«.	*1876*	Noguchi (gest. 1928), O. Diels (gest. 1954). Gründung der Johns Hopkins University.	Bell erfindet das Telefon. Erster funktionsfähiger Kühlschrank (Ammoniak als Kühlflüssigkeit). Erste Gesamtaufführung des *Rings des Nibelungen* in Bayreuth. Sitting Bull (um 1831-1890) vernichtet die Armee General Custers am Little Bighorn River.
Boltzmann: Kinetische Gastheorie.	*1877*	Aston (gest. 1945), H. N. Russell (gest. 1957), Soddy (gest. 1956). *Comptes rendus* der Südafrikanischen philosophischen Gesellschaft.	Edison erfindet den (Zylinder-)Phonographen. N. Otto entwickelt den Viertakt-Verbrennungsmotor. Erstes deutsches Patentgesetz.
Schiaparelli beobachtet »Kanäle« auf dem Mars. Pasteur: *Les microbes* (Theorie der Keime, Anwendung auf Medizin und Chirurgie).	*1878*	J. Becquerel (gest. 1953), Bertrand (gest. 1953), C. Schlumberger (gest. 1936), Meitner (gest. 1968). Chemische Gesellschaft von Tokio. *American Journal of Mathematics.* *Brain*, britische Zeitschrift für Neurologie.	16 Millionen Besucher auf der Pariser Weltausstellung. Erste kommerzielle Telephonvermittlung in New Haven, Conn. Nihilistische Revolte in Rußland. Weltpostverein in Paris, Heilsarmee in London.
Frege: *Begriffsschrift.* Baeyer: Synthese des Indigos. Crookes: Kathodenstrahlröhre (elektrische Entladung in einem Edelgas). Berthelot: *Essai de mécanique chimique.*	*1879*	Einstein (gest. 1955), Hahn (gest. 1968). *Circulars* der Johns Hopkins University.	Ibsen (1828-1906): *Nora.* Vorführung einer elektrischen Lokomotive (Siemens). Edison: Elektrische Kohlefadenlampe.
Balfour: Vergleichende Embryologie. P. Curie entdeckt Piezoelektrizität des Quarzes. Charcot: über die Krankheiten des Nervensystems. Breuer behandelt Anna O.	*1880*	Wegener (gest. 1936), Dautry (gest. 1951), Freundlich (gest. 1941). *Ciel et Terre*, populärwissenschaftliche astronomische Zeitschrift. Japanische seismologische Gesellschaft.	Bau des Panamakanals. Dostoevskij: *Die Brüder Karamasov.* Elektrischer Aufzug.

Wissenschaftliche Schöpfungen		Individuelle und kollektive Akteure	Historische Kulisse
Pasteur: Impfstoff gegen Milzbrand. Ehrlich färbt Bakterien mit Methylenblau. Internationale Definition der physikalischen Einheiten der Elektrizität. Michelson: »Ätherwind« als Medium des Lichts nicht nachweisbar.	*1881*	A. Fleming (gest. 1955), Teilhard de Chardin (gest. 1955), Staudinger (gest. 1965), Langmuir (gest. 1957). Italienische geologische Gesellschaft.	J. Ferry (1832-1893), Gambetta (1838-1882): Schulpflicht, Presse- und Versammlungsfreiheit in Frankreich. Erste Farbphotographie. Erste elektrische Straßenbahn in Berlin.
Lindemann beweist, daß π eine transzendente Zahl ist. Koch entdeckt den Tuberkulose-Bazillus.	*1882*	Eddington (gest. 1944), Geiger (gest. 1945), Born (gest. 1970), E. Noether (gest. 1935).	Elektrische Straßenbeleuchtung in New York. Berthillon (1853-1914): Anthropometrie. Projekt eines Tunnels unter dem Ärmelkanal wird aus politischen Gründen gestoppt.
Koch entdeckt den Cholera-Bazillus. Cantor: *Grundlagen einer allgemeinen Mannigfaltigkeitslehre* (Mengenlehre). Mach: *Die Mechanik.*	*1883*	V. F. Hess (gest. 1964), Haworth (gest. 1949). *Science* (New York). *Archiv für Hygiene* (München).	Brahms (1833-1897): *3. Symphonie.* Die Flutwelle nach der Explosion des Vulkans auf Krakatau läuft um die ganze Erde: 40 000 Tote. Krankenversicherung in Deutschland.
Tesla erfindet den Wechselstromgenerator. van 't Hoff: *Études de dynamique chimique* (über Reaktionskinetik, chemisches Gleichgewicht). Weismann: Unterscheidung von Keimplasma und Soma; erworbene Eigenschaften sind nicht vererbbar.	*1884*	Funk (gest. 1967), A. Piccard (gest. 1962), Birkhoff (gest. 1944). Mathematische Gesellschaft von Tokio. Erster internationaler Kongreß der Ornithologie.	Herstellung von Kunstseide (aus Zellulose). Nipkow-Scheibe: Vorläufer des Fernsehens. Erfindung des Rollfilms, des Füllfederhalters, der Linotype-Setzmaschine. Gewerkschaften in Frankreich legalisiert.
Pasteur rettet einem Jungen namens J. Meister (1876-1941) durch Tollwut-Impfung das Leben. Charcot: funktionelle Gehirnzentren.	*1885*	N. Bohr (gest. 1962), Weyl (gest. 1955).	Daimler erfindet das erste Motorrad, Benz baut ein dreirädriges Automobil. Eisenbahnen in Afrika und Asien. Freiheitsstatue. Freud (1856-1939) bei Charcot in Paris.

Wissenschaftliche Schöpfungen		Individuelle und kollektive Akteure	Historische Kulisse
Goldstein: Entdeckung der Kanalstrahlen in der Kathodenstrahlröhre. Hertz: Erste Arbeiten über elektromagnetische Wellen.	*1886*	Kendall (gest. 1972), von Frisch (gest. 1982), Trumpler (gest. 1956).	Rodin (1840-1917): *Le baiser* (Der Kuß). Fauré (1845-1924): *Réquiem.* Die weltweite Tonnage der Dampfschiffe übersteigt erstmals die der Segelschiffe. Krafft-Ebing (1840-1902): *Psychopathia sexualis.*
Volterra begründet die Funktionalanalyse. Kronecker: Grundlagen der Arithmetik. Forbes: ökologische Erforschung eines Sees. van Beneden: jede Spezies hat feste Anzahl von Chromosomen. Arrhenius: Ionentheorie der Elektrolyten.	*1887*	Moseley (gest. 1915), Schrödinger (gest. 1961). Société française d'astronomie. *General Guide* des British Museum. *Zeitschrift für Bakteriologie und Parasitologie* (Jena).	Debussy (1862-1918): *Le printemps* (Der Frühling). Bau des Eiffelturms (bis 1889): mit 300,5 m das höchste freistehende Bauwerk der Zeit. Daimler: Erstes Automobil mit Viertakt-Benzinmotor.
Dedekind: *Was sind und was sollen die Zahlen* (Arithmetisierung der Algebra). Lie: Theorie der monotonen Transformationsgruppen. Berthelot ediert die griechischen Alchimisten.	*1888*	Waksman (gest. 1973), Tupolev (gest. 1988), Baird (gest. 1946), Zernike (gest. 1966). Institut Pasteur (Paris). New York Mathematical Society. *National Geographic Magazine* (New York).	van Gogh (1853-1890): *Selbstporträt mit abgeschnittenem Ohr.* Cézanne (1839-1906): *La montagne Sainte-Victoire.* Dunlop erfindet den Reifenschlauch.
Behring: Antitoxine. Peano: *Arithmetices principia, nova methoda exposita* (Axiomatisierung der Arithmetik). Branly erfindet den Kohärer (notwendig für den Empfang von Radiowellen).	*1889*	Hubble (gest. 1953), Ramanujan (gest. 1920), Brillouin (gest. 1969), Zworykin (gest. 1982). Erster internationaler Physiologen-Kongreß. Amerikanische geologische Gesellschaft.	Bergson (1859-1941): *Essai sur les données immédiates de la conscience* (Zeit und Freiheit). Zweite Internationale. Maupassant (1850-1893): *Fort comme la mort.*
Behring, Kitasato: Serum gegen Tetanus und Diphtherie; Idee der passiven Immunisierung. Peano entdeckt eine Kurve, die durch jeden Punkt im Inneren eines Quadrats verläuft.	*1890*	R. A. Fisher (gest. 1962), Holmes (gest. 1965), Nishina (gest. 1962), V. Bush (gest. 1974). *Revue des mathématiques spéciales.*	Adlers (1841-1925) »Eole«: das erste Flugzeug, das vom Boden abhebt. Kochs Tuberkulin führt zu Todesfällen.

Wissenschaftliche Schöpfungen		Individuelle und kollektive Akteure	Historische Kulisse
			Erste Hinrichtung auf dem elektrischen Stuhl. Hollerith (1860-1929): elektrische Lochkartenmaschine. Sozialistengesetz (seit 1878) in Deutschland aufgehoben.
Dubois entdeckt auf Java einen Pithekanthropus. Ehrlich verwendet Methylenblau gegen Malaria.	*1891*	Chadwick (gest. 1974), Banting (gest. 1941).	Bau der Transsibirischen Eisenbahn.
Poincaré: *Nouvelles méthodes de la mécanique céleste* (bis 1895).	*1892*	Banach (gest. 1945), L. de Broglie (gest. 1987), G. P. Thomson (gest. 1975).	
Frege: *Grundgesetze der Arithmetik*. Poincaré: Vorlesungen über Wahrscheinlichkeitstheorie. Breuer/Freud: Vorläufige Mitteilung *Über den psychischen Mechanismus hysterischer Phänomene.*	*1893*	Baade (gest. 1960), Urey (gest. 1981).	Dieselmotor. Durkheim (1858-1919): *De la division du travail social* (Über soziale Arbeitsteilung). Panama-Skandal: Bankrott der Kanalgesellschaft offenbart Korruption französischer Politiker.
E. Cartan: Dissertation über die Algebra von Lie. Kitasato, Yersin: Serum gegen die Beulenpest.	*1894*	Rostand (gest. 1977), Wiener (gest. 1964), Oberth.	Prozeß gegen Dreyfus (1859-1935): Beginn der »Affäre«. Nikolaus II. wird Zar (bis 1917).
Lorentz: elektromagnetische Theorie der Materie. Röntgen entdeckt die X-Strahlen. C. T. R. Wilson entwickelt die Nebelkammer (in der die Bahnen subatomarer Partikel sichtbar werden).	*1895*	Domagk (gest. 1964), Dam (gest. 1976).	Auguste (1862-1954) und Louis (1864-1948) Lumière erfinden den Kinematographen. Kaiser-Wilhelm-Kanal (Nord-Ostsee-Kanal) eröffnet. Nobel stiftet Nobelpreise.
H. Becquerel beobachtet die (natürliche) Radioaktivität des Urans. Hadamard und La Vallée-Poussin: Primzahlen.	*1896*	Carothers (gest. 1937), G. T. Cori (gest. 1957), C. F. Cori (gest. 1984).	Erste Olympische Spiele der Neuzeit. Erster Film von Méliès (1861-1938); Brüder Lumière: erste öffentliche Filmvorführung.

Wissenschaftliche Schöpfungen		Individuelle und kollektive Akteure	Historische Kulisse
Zeeman-Effekt: Einfluß des Magnetfeldes auf Licht.			Herzl (1860-1904): *Der Judenstaat*, Programmschrift des Zionismus. Hollerith gründet die Tabulating Machine Company (ab 1924 IBM).
Hilbert: Theorie der algebraischen Zahlenfelder. J. J. Thomson entdeckt das Elektron: Wiechert, J. J. Thomson (unabhängig): Bestimmung des Verhältnisses zwischen Masse und Ladung des Teilchens. Ehrlich: Seitenkettentheorie. Ross: Stechmücke Anopheles überträgt Malaria.	*1897*	I. Joliot-Curie (gest. 1956), Blackett (gest. 1974). Erster internationaler Kongreß der Mathematik.	Rostand (1868-1918): *Cyrano de Bergerac.* Erste drahtlose Telegraphie über den Ärmelkanal (15 km). Čechov: *Onkel Vanja.*
M. und P. Curie entdecken das Polonium und das Radium. Dewar verflüssigt Wasserstoff.	*1898*	Lyssenko (gest. 1976), Rabi (gest. 1944). *Archives de parasitologie* (Paris).	Faschoda-Krise: englische und französische Truppen stehen sich am Nil gegenüber. USA annektieren Guam, Philippinen, Puerto Rico (und 1897 Hawaii). Zola: *J'accuse!* Goldrausch in Alaska.
Hilbert: *Grundlagen der Geometrie.* Rutherford: zwei Arten Radioaktivität des Urans, Alpha- und Beta-Strahlung. Loeb: Jungfernzeugung (an Eiern von Seeigeln) nachgewiesen.	*1899*	Best (gest. 1978). Internationale Gesellschaft für Geodäsie. American Physical Society. Über 10 000 wissenschaftliche Periodika.	Erstes modernes Unterseeboot Industrielle Herstellung von Aspirin (Bayer). Ravel: *Pavane pour une infante défunte.* Freud: *Die Traumdeutung.*
Planck: »Wirkungsquantum«. De Vries, Correns, Tschermak: »Wiederentdeckung« Mendels und seiner Vererbungsgesetze. Hilbert stellt den Mathematikern des 20. Jahrhunderts 23 Probleme.	*1900*	Pauli (gest. 1958), F. Joliot-Curie (gest. 1958), Aiken (gest. 1973), Uhlenbeck. American Mathematical Society. Die *Comptes rendus* der Académie des sciences werden mehr als 2000mal pro Jahr zitiert.	»Boxeraufstand« in China; »Hunnenrede« Wilhelms II. Burenkrieg: Zwangsumsiedlung der Zivilbevölkerung in »Konzentrationslager«.

Wissenschaftliche Schöpfungen		Individuelle und kollektive Akteure	Historische Kulisse
Landsteiner: Unterscheidung dreier Blutgruppen (die vierte 1902).			Zeppelin (1838-1917): erstes lenkbares Luftschiff. Weltausstellung und erste Metro in Paris.
Levi-Cività, Ricci: Tensorkalkül. Entdeckung des ersten Hormons (Adrenalin). de Vries: *Mutationstheorie* (Veränderungen der Arten vollziehen sich in Sprüngen). Rutherford: Thorium verwandelt sich »von allein« in ein anderes Element (ein Radium-Isotop).	*1901*	Heisenberg (gest. 1976), Fermi (gest. 1954), Schreier (gest. 1929), Pincus (gest. 1967), E. O. Lawrence (gest. 1958), C. B. Huggins (gest. 1966), Pauling. Erste Nobelpreise: an Behring für Physiologie/Medizin, an Röntgen für Physik. British Academy (London).	Königin Victoria gestorben. Der erste Mercedes, die erste elektrische Schreibmaschine, der erste Staubsauger. Die erste transatlantische drahtlose Telegraphie: Marconi empfängt in Neufundland den in England gesendeten Buchstaben S.
Russell: mengentheoretische Antinomie (die Menge aller Mengen, die sich selbst bzw. nicht selbst enthält). Lebesgue: neue Methode der Integration. Rutherford/Soddy: atomare Zerfallstheorie der Radioaktivität.	*1902*	Dirac (gest. 1984), Lwoff, Kastler (gest. 1984), Goudsmit (gest. 1978), Straßmann (gest. 1980), Morgenstern (gest. 1977), McClintock, Néel. *Annalen der Physik*: 200 bis 300mal pro Jahr zitiert.	Ostwald: *Vorlesungen über Naturphilosophie.* Méliès: *La voyage dans la lune* (Die Reise zum Mond). Debussy: *Pelléas und Mélisande.*
J. A. Fleming: Erfindung der Vakuumröhre (Diode). Chromosomen als Träger der Vererbung erkannt. Elektrokardiogramm.	*1903*	Delsartes (gest. 1968), K. Lorenz, G. E. Hutchinson, von Neumann (gest. 1957), Pincus (gest. 1967), Kolmogorov. Bulletin der deutschen chemischen Gesellschaft: 700- bis 800mal pro Jahr zitiert.	Begegnung Schönberg (1874-1951), Mahler (1860-1911), Klimt (1862-1918). J. Conrad (1857-1924): *Im Taifun.* Erste Tour de France. Brüder Wright (W., 1867-1912, O., 1871-1948): erstes Motorflugzeug; längster Flug: 59 Sekunden.
Zermelo: Auswahlaxiom. Lorentz: Lorentz-Transformation. J. J. Thomson: »Rosinenpuddingmodell« des Atoms. Erfindung der ersten brauchbaren Photozelle.	*1904*	H. Cartan, J. R. Oppenheimer (gest. 1967), Cherenkov, Gamov (gest. 1968). *Revue de mathématique et physique*: 50- bis 60mal jährlich zitiert. International Solar Union.	Hesse (1877-1962): *Peter Camenzind.* Max Weber (1864-1920): *Die protestantische Ethik.* Russisch-japanischer Krieg.

Wissenschaftliche Schöpfungen		Individuelle und kollektive Akteure	Historische Kulisse
Drei Aufsätze Einsteins: über die Brownsche Bewegung; *Über die Elektrodynamik sich bewegender Körper* (spezielle Relativitätstheorie. Lichtgeschwindigkeit für alle Bedingungen konstant); *Hängt die Trägheit eines Körpers von seiner Energie ab?* (enthält die Formel $E = mc^2$).	*1905*	C. D. Anderson, Kuiper (gest. 1973), Segré, M. S. Livingstone, H. Fröhlich.	Erste russische Revolution. Picasso (1881-1973): rosa Periode bis 1907. Höhepunkt des Fauvismus in der Malerei. Frankreich: Trennung von Kirche und Staat. Schlieffenplan in Deutschland (für Zweifrontenkrieg).
Hopkins entdeckt das, was man später Vitamine nennt.	*1906*	Majorana (gest. 1938?), Berthe, Parenago, Dieudonné, Gödel (gest. 1978), A. Weil, Tomonaga (gest. 1979), Maria Gopper Mayer. M. Curie erhält als erste Frau einen Lehrstuhl an der Sorbonne.	Lagerlöf (1858-1940): *Nils Holgerson*. Glühfadenlampe mit Wolfram-Faden. Erdbeben in San Francisco. Gigantische Explosion in Sibirien: wahrscheinlich Zusammenstoß mit dem Kern eines Kometen.
Markov: Theorie der bedingten Wahrscheinlichkeiten (Markov-Ketten). R. G. Harrison: Wachstum von lebendem Gewebe im Reagenzglas.	*1907*	Yukawa (gest. 1981), Tinbergen, Jensen (gest. 1973), Kowarski, J. Bernard, Mauchly.	Erfindung der Triode, der Farbspritzpistole, der Farbphotographie. Haager Landkriegsordnung. Kubistische Ausstellung in Paris. Maeterlinck (1862-1949): *L'intelligence des fleurs*.
Geiger entwickelt Zählrohr zum Nachweis von Alpha-Teilchen. Verflüssigung des Heliums. Geiger entwickelt ein Zählrohr zum Nachweis von Alpha-Teilchen (später Geigerzähler).	*1908*	Landau (gest. 1968), Alfven, Ambartsumian.	Pu-yi wird (mit zwei Jahren) chinesischer Kaiser. Österreich-Ungarn annektiert Bosnien-Herzegowina; schwere internationale Krise. Action française.
Baekeland erhält Patent auf Bakelit. Sueß: letzter Band des *Antlitz der Erde* erscheint (seit 1883).	*1909*	Chevalley (gest. 1984). Indisches Institut der Wissenschaften. Heidelberger Akademie der Wissenschaften.	Peary (1856-1920) und Hensen erreichen den Nordpol.

Wissenschaftliche Schöpfungen		Individuelle und kollektive Akteure	Historische Kulisse
W. Johannsen: Einführung der Begriffe Gen, Genotyp, Phänotyp.			Blériot (1872-1936) überfliegt den Ärmelkanal (in 37 Minuten). Balletts russes in Paris.
Russell/Whitehead: *Principia mathematica* (bis 1913) (Fundierung der Mathematik in der Logik). M. Curie und Debierne isolieren das Radium. Ehrlich führt Salvarsan (Heilmittel gegen Syphilis) ein: Beginn der Chemotherapie.	*1910*	Chandrasekhar, Monod (gest. 1976), Shockley, Zuse.	Abstrakte Malerei. Elektrische Waschmaschine. Damenstrümpfe aus Kunstseide. TNT. Gründung der Südafrikanischen Union. Péguy (1873-1914): *Jeanne d'Arc.*
Rutherford: Planetenmodell des Atoms (aus positivem Kern und negativen Elektronen). Funk entdeckt Vitamin B.	*1911*	Leroi-Gourhan (gest. 1986), Alvarez, Kutz, Reber. Bekannte Arten: 34 000 Wirbeltiere, 62 300 Weichtiere, 394 000 Gliederfüßer. Erste Solvay-Konferenz (Atomphysik). Kaiser-Wilhelm-Gesellschaft zur Förderung der Wissenschaften (Berlin).	M. Curie erhält ihren zweiten Nobelpreis. Amundsen (1872-1928) und Scott (1868-1912) am Südpol. Sun Yat-sen (1866-1925): erster Präsident der chinesischen Republik. Kandinsky (1866-1944): *Komposition.*
V. F. Hess entdeckt kosmische Strahlung. Brouwer begründet den mathematischen Intuitionismus.	*1912*	Turing (gest. 1954), von Braun (gest. 1977), C. F. von Weizsäcker. Gründung des Institut Curie.	F. W. Taylor (1856-1915): *Principles of Scientific Management* (Taylorismus). Erste und letzte Fahrt der *Titanic.* C. G. Jung (1875-1961): *Wandlungen und Symbole der Libido.* Erste Passage durch den Panamakanal.
N. Bohr: Elektronen auf festen Umlaufbahnen mit Quantensprüngen. J. Perrin: *Les atomes.* Pavlov: bedingte Reflexe. Moseley: Röntgenspektrum der Elemente. Soddy prägt den Begriff »Isotop«.	*1913*	Duchesme, R. W. Sperry, Lamb, Haro.	Proust (1871-1920) veröffentlicht auf eigene Kosten den ersten Band der *Recherche du temps perdu* (Auf der Suche nach der verlorenen Zeit). Stravinsky (1882-1971): *Le sacre du printemps.* Duhem (1861-1916): *Le système du monde.*

Wissenschaftliche Schöpfungen		Individuelle und kollektive Akteure	Historische Kulisse
			Ford (1863-1947): Fließband verkürzt Montagezeit eines Automobils von 12,5 auf 1,5 Stunden. Ende der Balkankriege. Regierungsjubiläum Wilhelms II. (25 Jahre): Letzte große Fürstenversammlung vor dem Weltkrieg in Berlin.
Hausdorff: *Grundzüge der Mengenlehre* (allgemeine Topologie). Kendall isoliert das Hormon der Schilddrüse (Thyroxin). Rutherford entdeckt das Proton.	*1914*	Abragam, Salk, A. Hodgkin. Universität Frankfurt am Main.	Engländer besetzten al-Baṣrā, die Geburtsstadt Ibn al-Haiṯams. Wilhelm II. kennt keine Parteien mehr, nur noch Deutsche. Union sacrée in Frankreich. Der Fernschreiber wird erfunden, der Büstenhalter patentiert.
Wegener: *Die Entstehung der Kontinente und Ozeane* (Kontinentalverschiebung). Langevin erfindet das Sonar (Schallortungsgerät für Schiffe).	*1915*	Hoyle, L. Schwartz, Townes, Hofstadter. National Research Council (USA). Direction des inventions intéressant la Défense (Frankreich).	Frankreich und England bemächtigen sich der deutschen Kolonien. Deutschland setzt Giftgas ein. Griffith (1875-1948): *The Birth of a Nation* (Die Geburt einer Nation). Erstes transkontinentales Telephongespräch.
Sommerfeld: elliptische Umlaufbahnen der Elektronen. Einstein: Allgemeine Relativitätstheorie. Millikan bestätigt die Plancksche Konstante.	*1916*	M. H. F. Wilkins, R. Lindeman, Prohorov, Shannon.	Der Pazifist Rolland (1866-1944) erhält den Literaturnobelpreis. Erste englische Tanks. Tzara (1896-1963): Beginn der Dada-Bewegung.
Hardy und Ramanujan: Zahlentheorie. Demonstration der Rekombination von Chromosomen. Rutherford: der erste Fall künstlicher Atomspaltung.	*1917*	Rainwater, R. R. Porter, de Duve, Selberg, Prigogine.	Februar- und Oktoberrevolution in Rußland. Zahlreiche Meutereien an allen Fronten. USA treten in den Krieg ein. Balfour-Deklaration: Eintreten für »jüdische Heimstatt« in Palästina.

Wissenschaftliche Schöpfungen		Individuelle und kollektive Akteure	Historische Kulisse
Aston: Bau des ersten Massenspektrographen; Entdeckung der Isotopen. E. Noether: jede Symmetrie in der Physik impliziert ein Erhaltungsgesetz (und umgekehrt).	*1918*	Crick, M. Ryle (gest. 1984), Feynman (gest. 1988), Schwinger. Gründung von Instituten für Physik und Luftfahrt (Moskau), physikalische Technik und Optik (Leningrad). Research Information Service (USA).	Frieden. Spengler (1880-1936): *Der Untergang des Abendlandes.* Grippeepidemie in Spanien: 1 000 000 Tote. Allgemeines Wahlrecht in Großbritannien (auch für Frauen ab 30 Jahren).
Von Frisch entdeckt, daß sich Bienen durch Tänze miteinander verständigen. Eddington: Beobachtung der Krümmung von Lichtstrahlen bei Sonnenfinsternis bestätigt Einsteins Gravitationstheorie. Eccles und Jordan: Aufsatz über Flip-Flop-Schaltungen.	*1919*	Eckert. International Research Council. International Astronomical Union. Bureau international de l'heure.	Naturschutzparks im Ural und in Astrachan. Spartakistenbewegung in Deutschland. Erste Atlantiküberquerung mit dem Flugzeug. Gropius (1883-1969): Bauhaus. Gandhi (1869-1948) proklamiert passiven Widerstand.
Staudinger begründet die Chemie der Makromoleküle. Katalog des Spektrums von 250 000 Sternen.	*1920*	Shatzmann, F. Jacob. Das Throop Polytechnic Institute (gegründet 1891) wird zum California Institute of Technology. Universität Rio de Janeiro.	Das erste offizielle Rundfunkprogramm wird ausgestrahlt. Gründung des Völkerbunds. Valéry (1871-1945): *Le cimetière marin.*
Langmuir: Struktur des Heliums. Loewi: chemische Übertragung von Nervenimpulsen. E. Noether: *Die Theorie von Idealen bei Ringen.*	*1921*	Herbig, G. Wilkinson, Yalow. Institut national de la recherche agronomique.	Rorschach (1884-1922): *Psychodiagnostik* (»Tintenkleckstest«). Neue ökonomische Politik in der Sowjetunion. USA: Einwanderungsquoten. Teilung Irlands.
E. Cartan: Verallgemeinerung der Riemannschen Geometrie (relativistische Räume). Banting und Best entdekken das Insulin.	*1922*	A. D. Saharov (Sacharow), Barnard, A. Bohr, Bassov. Office national des recherches scientifiques et industrielles et des inventions. Internationale geographische und geologische Union.	Ägypten unabhängig. Mussolini (1883-1945): Marsch auf Rom, Sieg des Faschismus in Italien. Rapallo-Vertrag. Pirandello (1867-1936): *Henri IV.* Joyce (1882-1941): *Ulysses.*

Wissenschaftliche Schöpfungen		Individuelle und kollektive Akteure	Historische Kulisse
			Wittgenstein (1889-1951): *Tractatus logico-philosophicus.*
Compton entdeckt den Compton-Effekt (Teilchencharakter von Röntgenstrahlen). L. de Broglie: Teilchen/Welle-Dualismus. Banach: Verallgemeinerung der Idee des Vektorraums (»Banach-Räume«). Blackett: erste Transmutation (Stickstoff/Sauerstoff). Oberth: *Die Rakete zu den Planetenräumen.*	*1923*	M. Schwarzschild, H. Kahn, Ph. Anderson, Thom. Nationaler Forschungsrat (Italien).	Entwicklung des Tuberkulose-Impfstoffs. Kemal Pascha (Atatürk) (1880-1938): Präsident der Türkei; mit Griechenland Bevölkerungsaustausch: Ende von 3000 Jahren griechischer Besiedelung Kleinasiens. Hitler (1889-1945): Putschversuch in München. Währungsreform in Deutschland: 1 Billion Papiermark = 1 Rentenmark.
Zworykin: Ikonoskop (Kathodenstrahlröhre für Fernsehbilder).	*1924*	Hewish, Guillemin, Cormack. AT & T und General Electric gründen Bell Laboratories. Königsberger Gelehrte Gesellschaft.	Hitler: *Mein Kampf* in Festungshaft geschrieben. Breton (1896-1966): *Manifeste surréaliste* (Surrealistisches Manifest). Mauss (1873-1950): *Essai sur le don* (Die Gabe). Puccini (1850-1924): *Turandot.* Berg (1885-1935): *Kammerkonzert.* Einführung von Kleenex-Tüchern, selbstaufziehenden Armbanduhren und Insektiziden.
T. H. Morgan: Einführung der Taufliege (Drosophila) in die Genetik. Goudsmit/Uhlenbeck: Hypothese des Elektronenspins. Schreier: Theorie der allgemeinen topologischen Gruppen.	*1925*	Esaki, Lederberg, van der Meer. Centre international de radioprotection.	Eisenstein (1898-1948): *Panzerkreuzer Potemkin.* Kafka (1883-1924): *Der Prozeß.* Chaplin (1889-1977): *Gold Rush* (Goldrausch).

Wissenschaftliche Schöpfungen		Individuelle und kollektive Akteure	Historische Kulisse
			»Affenprozeß«: J. T. Scopes wird in Dayton (Tennessee) angeklagt, an einer High School Darwinsche Evolutionstheorie gelehrt zu haben.
Erste Rakete mit flüssigem Treibstoff fliegt 56 m hoch. Schrödinger schlägt Synthese von Quanten- und Wellenmechanik vor. Herstellung der ersten Elektronenlinse.	*1926*	Glaser, Tsung Dao Lee, M. Walker, J. P. Serre, Abdus Salam, P. Berg. Erster Kongreß der Panpacific Science Association.	Militärdiktatur und autoritäres Regime unter Salazar (1899-1970) in Portugal (bis 1974). Abel Gance (1889-1981) beendet seinen *Napoléon*-Film. Baird: Fernsehbilder bewegter Gegenstände (mit Nipkow-Scheibe). Lang (1890-1976): *Metropolis.* J. Renoir (1894-1979): *Nana.*
Heisenberg postuliert die Unschärferelation: Unmöglichkeit, Impuls und Position eines Elektrons gleichzeitig zu bestimmen. 5. Solvay-Konferenz.	*1927*	Milstein, Vane, Nirenberg, Eigen. Verein für Raumschiffahrt in Deutschland gegründet.	Heidegger (1889-1976): *Sein und Zeit.* S. Zweig (1881-1942): *Sternstunden der Menschheit.* B. Traven (1890?-1969): *Der Schatz der Sierra Madre.* Erster Tonfilm. Hinrichtung von Sacco und Vanzetti in den USA.
Dirac entwickelt eine Gleichung, die die Quantenmechanik mit der speziellen Relativitätstheorie verbindet. Einstein schlägt einheitliche Feldtheorie vor. A. Fleming entdeckt bei Schimmelpilzen Penicillin. Diels-Alder-Reaktion: Herstellung von synthetischem Gummi. Entdeckung des Vitamin C.	*1928*	Grothendieck, Nathans. Academia sinica (Peking).	Alain (1868-1951): *Propos sur le bonheur* (Die Pflicht, glücklich zu sein). Carnap (1891-1971): *Der logische Aufbau der Welt.* D. H. Lawrence (1885-1937): *Lady Chatterley's Lover.* Lovecraft (1890-1937): *Cthulhu.* M. Mead: *Coming of Age in Samoa.* Frankreich: Einführung der Krankenversicherung.

Wissenschaftliche Schöpfungen		Individuelle und kollektive Akteure	Historische Kulisse
Hubble: Universum dehnt sich aus (je entfernter eine Galaxis, desto schneller entfernt sie sich von der Erde).	*1929*	Watson, Gell-Mann, Giaever, Mößbauer. Allunions-Lenin-Akademie für Agrarwissenschaften (Moskau).	Liquidierung der Kulaken; Zwangskollektivierung in der UdSSR. Börsenkrach in der Wallstreet: Beginn der Weltwirtschaftskrise. Malinowski (1884-1942): *The Sexual Life of Savages* (Das Geschlechtsleben der Wilden).
Lyot baut den Koronagraphen (Spezialteleskop zur Beobachtung der Sonnenkorona). Van der Waerden: *Moderne Algebra.* Entdeckung des Planeten Pluto. Trumpler: über Sternhaufen, interstellaren Staub. V. Bush: Differential Analyzer (Analogrechner) fertig. Pauli postuliert Existenz des Neutrinos (um den Satz der Energieerhaltung beim Beta-Zerfall zu retten).	*1930*	L. N. Cooper, MacArthur (gest. 1972), S. Smale. Princeton Institute for Advanced Study.	Erfindung des PVC. Entwicklung des Tonbandgeräts. Haile Selassie (1892-1975): Kaiser von Äthiopien. Musil (1880-1942): *Der Mann ohne Eigenschaften.* Von Sternberg (1894-1969): *Der Blaue Engel.*
Dirac postuliert Existenz des Positrons (1932 von Anderson entdeckt). Gödel: Unvollständigkeitstheorem.	*1931*	Schieffer, Cronin, Hamilton Smith. Akademie der Wissenschaften (Leningrad).	Broch (1886-1951): *Die Schlafwandler.* Die Japaner erobern die Mandschurei. Proklamation der Spanischen Republik (bis 1936). Gründung des Commonwealth.
Piccard dringt in die Stratosphäre vor (16 201 m im Ballon). Chadwick entdeckt das Neutron. Urey entdeckt das Deuterium. E. O. Lawrence und M. S. Livingstone: erster Teilchenbeschleuniger.	*1932*	Glashow, W. Gilbert. Die Fields-Medaille des International Mathematical Congress wird geschaffen.	Fernsehempfänger mit Kathodenstrahl-Bildröhre. Céline (1894-1961): *Voyage au bout de la nuit* (Reise ans Ende der Nacht). A. L. Huxley: *Brave New World* (Schöne Neue Welt).

Wissenschaftliche Schöpfungen		Individuelle und kollektive Akteure	Historische Kulisse
T. H. Morgan: *The Scientific Basis of Evolution* (erste experimentelle Mutation).			Königreich Saudi-Arabien. Trockenlegung der Zuidersee: erster Abschnitt vollendet. NSDAP bei beiden Reichstagswahlen stärkste Partei.
Kolmogorov: abstrakte Wahrscheinlichkeitstheorie. Bau des ersten Elektronenmikroskops: 12 000fache Vergrößerung. Yukawa postuliert Existenz des Mesons. (1936 bestätigt).	*1933*	S. Weinberg, Penzias. Zwischen 1933 und 1938 werden 1800 deutsche Wissenschaftler von ihren Universitäten vertrieben. Science Advisor Board (USA). Conseil supérieur de la recherche (Frankreich).	Th. Mann (1875-1955): *Joseph und seine Brüder.* Whitehead: *The Adventures of Ideas* (Die Abenteuer der Ideen). Erste astronomische Quarzuhr. Roosevelt (1882-1945) Präsident der USA; Politik des »New Deal«. Hitler Reichskanzler. Faschistische Bewegungen in Norwegen, im Sudentenland, in Österreich ... Japan und Deutschland verlassen den Völkerbund.
F. und I. Joliot-Curie stellen das erste künstliche radioaktive Element her. C. F. und G. T. Cori: Glukogen-Synthese. Dam entdeckt das Vitamin K.	*1934*	P. J. Cohen, Rubbia, »N. Bourbaki«. Akademie für Bauwesen und Architektur der UdSSR (Moskau).	Einstein: *Mein Weltbild.* Citröen (1878-1935) produziert das erste Auto mit Vorderradantrieb. »Langer Marsch« in China. Nicaragua: Sandino (1895-1934) von A. Somoza (1896-1956) geschlagen.
Domagk: Erstes Sulfonamid (Prontosil) gegen Streptokokkeninfektion. Carothers erhält das Patent für Nylon (1938 auf dem Markt). Voltera/d'Anconna: mathematisches Modell für Verhältnis Räuber-/Beutepopulation.	*1935*	Caisse nationale de la recherche scientifique.	N. Hartmann (1882-1950): *Zur Grundlegung der Ontologie.* Nürnberger Gesetze gegen Juden. Stahanov (1906-1977) übertrifft seine Arbeitsnorm um 1300 Prozent. Italienische Invasion in Äthiopien. England: Appeasement-Politik gegenüber Hitler.

Wissenschaftliche Schöpfungen		Individuelle und kollektive Akteure	Historische Kulisse
Zuse beginnt mit dem Bau eines ersten Binärrechners mit elektromagnetischen Relais (*Z1*). Isolierung des Cortisons. Entwicklung des Feldelektronenmikroskops.	*1936*	R. Wilson, K. G. Wilson, S. Chao Chung Ting.	Hitchcock (1899-1980): *Sabotage*. Cassirer (1874-1945): *Determinismus und Indeterminismus in der modernen Physik*. London: erster Fernsehsender. Penguin Books: erste Taschenbücher. Stalinsche »Säuberungen«. Volksfront in Frankreich. Achse Rom–Berlin. Franco putscht gegen Volksfront in Spanien: Bürgerkrieg (bis 1939).
Turing: *On Computable Numbers* (Gedankenmodell eines Universalrechners; zugleich Methode, um zu bestimmen, welche Arten mathematischer Ergebnisse beweisbar sind). Reber: erstes Radioteleskop (9,40 m Durchmesser). Von Braun: Raketenversuche in Peenemünde. Aiken: Plan für den Bau eines Elektronenrechners. Erfindung der Xerographie (erstes Photokopierverfahren). Rabi: magnetische Kernresonanz zur Untersuchung des Atomkerns.	*1937*	Munford, R. Hoffmann.	Katastrophe des Luftschiffs »Hindenburg«. Beginn des japanisch-chinesischen Krieges (bis 1945); Bündnis der Kommunisten mit der Kuomintang.
Bethe: thermonukleare Energiequelle der Sterne (Kernverschmelzung von Wasserstoff zu Helium). Hahn, Meitner, Straßmann: erste Uranspaltung. Shannon: *A Symbolic Analysis of Relay and Switching Circuits* (binäre Logik und elektrische Kontakte).	*1938*	Novikov.	Sartre (1905-1980): *La nausée* (Der Ekel). Porsche (1875-1951) stellt den Prototyp des »Käfers« vor. Patentierung des Kugelschreibers. »Anschluß« Österreichs.

Wissenschaftliche Schöpfungen		Individuelle und kollektive Akteure	Historische Kulisse
Bourbaki: erster Band der *Éléments de mathématique.* Brillouin: Diffraktion des Lichts durch Ultraschall. Pincus: erste Parthenogenese eines Säugetiers. Stibitz: Rechner der Bell Laboratories.	*1939*	Lehn. Centre national de la recherche scientifique (CNRS).	Jünger (geb. 1895): *Auf den Marmorklippen.* Bartók (1881-1945): *Streichquartette.* Hitler-Stalin-Pakt; Überfall auf Polen. Einstein fordert Roosevelt auf, eine Atombombe zu entwickeln; Roosevelt unterzeichnet die entsprechende Anordnung am Tag vor dem Überfall auf Pearl Harbour (1941). Pius XII. Papst (bis 1958). Pan American: erste transatlantische Linienflüge.
Landsteiner entdeckt den Rhesusfaktor. Joliot-Curie, Halban, Kowarski demonstrieren die Möglichkeit einer atomaren Kettenreaktion. Radioaktives Jod dient der Erforschung der Schilddrüse. Entwicklung von Penicillin als Antibiotikum (in England). Der Radar wird einsatzfähig.	*1940*	Josephson, Quillen. Von 1940 bis 1942 werden keine naturwissenschaftlichen Nobelpreise vergeben.	Entdeckung der Höhlenmalereien von Lascaux (17 000 Jahre). USA: Erste Versuchs-Farbfernsehsendung. Kapitulation Frankreichs; Vichy-Staat dekretiert »Arisierung« jüdischen Eigentums.
Landau: Quantenanalyse des flüssigen Heliums. Zuse: *Z2* (verwendet elektromagnetische Relais und Lochstreifen für Dateneingabe).	*1941*		Uneingeschränkter U-Boot-Krieg im Atlantik. Deutsche Invasion der UdSSR. Nach japanischem Überfall auf Pearl Harbour Kriegseintritt der USA.
Grassé: über das Schwärmen der Termiten. Fermi löst in einem Uran-Graphit-Meiler an der Universität Chicago die erste kontrollierte Kettenreaktion aus.	*1942*		Camus (1913-1960): *L'étranger* (Der Fremde). Vercors (geb. 1902): *Le silence de la mer* (Das Schweigen des Meeres). Brecht (1898-1956): *Leben des Galilei.*

Wissenschaftliche Schöpfungen		Individuelle und kollektive Akteure	Historische Kulisse
Quantitative Deutung des Energieaustauschs innerhalb eines Ökosystems.			M. Ernst (1891-1976): *Antipapa*. Intensive Verwendung des Insektenvertilgungsmittels DDT.
Turing: Entwicklung des »Colossus« (elektronischer Rechner zur Entschlüsselung des deutschen Funkverkehrs). Waksman und Schatz entdeckten das Antibiotikum Streptomyzin.	*1943*	Akademie für Pädagogische Wissenschaften der UdSSR (Moskau).	Sartre: *L'être et le néant* (Das Sein und das Nichts). Carné (geb. 1909): *Les enfants du paradis* (Kinder des Olymp). Ferhat Abbas (1889-1985) fordert Autonomie für Algerien.
Aiken stellt den ASCC (Mark-1) fertig (verwendet Elektronenröhren und Lochstreifen für Programmierung). Morgenstern/von Neumann: *Theory of Games* (mathematische Spieltheorie). Ein Team des Rockefeller Institute erkennt die Rolle der DNS im Genotyp. Schwartz: *Théorie des distributions*.	*1944*	Deligne.	Deutsche Luftwaffe bombardiert London mit der V1 bzw. V2. Anouilh (1910-1987): *Antigone*. Tod von Kandinsky (geb. 1866), Maillol (geb. 1861), Mondrian (geb. 1872), Munch (geb. 1863), Giraudoux (geb. 1882), Saint-Exupéry (geb. 1900), Rolland (geb. 1866).
Eckert und Mauchy bauen den ENIAC (einen universellen Dezimalrechner mit 18 000 Röhren). Von Neumann veröffentlicht den *First Draft of a Report on the EDVAC* (einen universellen Binärrechner mit Zentralspeicher und speicherbaren Programmen). Die Entwicklung der Atombombe hat 2 Milliarden Dollar gekostet.	*1945*	Commissariat à l'énergie atomique (Paris).	Atombomben auf Hiroshima und Nagasaki: Ende des Zweiten Weltkriegs. Bresson (geb. 1907): *Les dames du Bois de Boulogne*. Levi (1902-1975): *Cristo si è fermato a Eboli* (Christus kam nur bis Eboli).
Atombombenversuche auf dem Bikini-Atoll. In Berkeley wird das erste Synchrozyklotron gebaut. Frenkel: Kinetische Theorie der Flüssigkeiten.	*1946*	Thurston, Margoulis, G. Köhler.	Erste Vollversammlung der UNO. Gründung der UNESCO.

Wissenschaftliche Schöpfungen		Individuelle und kollektive Akteure	Historische Kulisse
Von Frisch entdeckt, daß Bienen Polarisation des Lichts zur Orientierung verwenden. Der erste sowjetische Kernreaktor geht in Betrieb.			Churchill (1874-1965): »Ein Eiserner Vorhang ist über Europa gefallen«; Beginn des kalten Krieges. Italien wird Republik. Frankreich: Beginn des Kolonialkrieges in Vietnam (bis 1954). Frankreich: Schließung der Bordelle.
Entdeckung der Schriftrollen vom Toten Meer. Konstruktion des *EDVAC*, Bau des *EDSAC*. Entwicklung des Transistors (Germaniumkristalle, die als Gleichrichter funktionieren). Gamov entwickelt die Urknall-Theorie der Entstehung des Universums: Big Bang!	*1947*	A. Connes. Über 10 000 wissenschaftliche Periodika, darunter etwa 200 für Abstracts. UN-Enquête über internationale Forschungsorganisationen. 2 500 000 000 Menschen auf der Erde!	Toynbee (1889-1975): Band 6 von *A Study of History* (1934-1961) erscheint. De Chirico (1888-1978): *Perseus und Andromeda*. H. Moore (1898-1986): *Family Group*. B. Britten (1913-1976): *Albert Herring*. Marshallplan zum Wiederaufbau Europas. Der erste Mikrowellenherd. Das erste Flugzeug, das die Schallmauer durchbricht. Der erste schlauchlose Reifen. Der größte Château-Yquem des Jahrhunderts!

Über die Autorinnen und Autoren

MICHEL SERRES, geboren 1930, absolvierte die École navale, um eine Laufbahn als Marineoffizier zu beginnen. Ab 1952 besuchte er die École normale supérieure (rue d'Ulm) und erhielt 1955 die agrégation in Philosophie. Im folgenden Jahr trat er erneut in die Marine ein und fuhr jahrelang zur See. 1968 erschien seine thèse d'État über Leibniz. Seit 1969 hat er den Lehrstuhl für Geschichte der Naturwissenschaften an der Universität Paris-I (Sorbonne) inne; außerdem war er visiting professor an verschiedenen amerikanischen Universitäten; gegenwärtig lehrt er in Stanford. Seit 1990 ist er einer der vierzig »Unsterblichen« der Académie française.

Veröffentlichungen: *Le système de Leibniz et ses modèles mathématiques*, Bde. 1-2, Paris: PUF 1968; *Hermès*, Bde. 1-5, Paris: Minuit 1969-1980 (deutsch: *Hermes*, übersetzt von Michael Bischoff, Berlin: Merve 1991 ff., bisher vier Bände erschienen); *Jouvences. Sur Jules Verne*, Paris: Minuit 1974; *Feux et signaux de brume. Zola*, Paris: Grasset 1975; *Esthétiques. Sur Carpaccio*, Paris: Hermann 1975 (deutsch: *Carpaccio. Ästhetische Zugänge*, übersetzt von Ulrich Raulff, Reinbek: Rowohlt 1981); *La naissance de la physique dans le texte de Lucrèce*, Paris: Minuit 1977; *Gels*, Paris 1977; *Le parasite*, Paris: Grasset 1980 (deutsch: *Der Parasit*, übersetzt von Michael Bischoff, Frankfurt am Main: Suhrkamp 1981); *Genèse*, Paris: Grasset 1982; *Rome. Le livre des fondations*, Paris: Grasset 1983; *Détachement. Apologue*, Paris: Flammarion 1983 (deutsch: *Ablösung. Eine Lehrfabel*, übersetzt von Klaus Boer, München: Boer 1988; mit einer Bibliographie der Schriften von und über Michel Serres bis 1985); *Les cinq sens. Philosophie des corps mêlés*, Paris: Grasset 1985 (deutsch: *Die fünf Sinne. Eine Philosophie der Gemenge und Mischungen*, übersetzt von Michael Bischoff, Frankfurt am Main: Suhrkamp 1993); *Statues. Le second livre des fondations*, Paris: Bourin 1987; *Hermaphrodite. Sarrasine sculpteur*, Paris: Flammarion 1987 (deutsch: *Der Hermaphrodit*, übersetzt von Reinhard Kaiser, Frankfurt am Main: Suhrkamp 1988); *Le contrat naturel*, Paris: Bourin 1990; *Le tiers-instruit*, Paris: Bourin 1991; *L'origine de la géométrie. Le troisième livre des fondations*, Paris: Bourin 1993; *La légende des anges*, Paris: Flammarion 1993.

Michel Serres hat Auguste Comtes *Leçons de philosophie positive* ediert (Paris: Hermann 1975) und leitet die Herausgebergruppe des »Corpus des œuvres de philosophie en langue française«. Diese auf 400 Bände veranschlagte Edition französischer Philosophie wurde im Jahr 1984 begonnen und soll sich über 30 Jahre erstrecken (Paris: Fayard).

MICHEL AUTHIER ist Professor für Mathematik.

BERNADETTE BENSAUDE-VINCENT ist Philosophin und arbeitete am Centre national de recherches scientifiques (CNRS) sowie am Centre de recherches en histoire des sciences et des techniques (Cité des sciences et de l'industrie). Ihre thèse d'État behandelt die Geschichte der Chemie im neunzehnten Jahrhundert. Neben zahlreichen Artikeln zur Geschichte der Physik und Chemie hat sie veröffentlicht: *Langevin 1872-1946, science et vigilance*, Paris: Belin 1987.

PAUL BENOÎT ist agrégé für Geschichte und maître de conférences für mittelalterliche Geschichte an der Universität Paris-I. Als Technikhistoriker und -archäologe interessiert er sich darüber hinaus für die Beziehungen zwischen Handel und Mathematik im ausgehenden Mittelalter.
Veröffentlichungen: (mit Philippe Braunstein), *Mines, carrières et métallurgie dans la France médiévale*, Paris: CNRS 1983; (mit Odette Chapelot), *Pierre et métal dans le bâtiment au moyen âge*, Paris: EHESS 1985.

GEOF BOWKER promovierte über die »Geschichte der sozialen und wissenschaftlichen Zeitvorstellungen im neunzehnten Jahrhundert« an der Universität Melbourne. Er war Professor in England, Italien und Kamerun, forschte an der École des mines de Paris über die Geschichte der Firma Schlumberger, lehrt gegenwärtig in Kalifornien Wissenschaftsgeschichte und schreibt an einem Werk über die Geschichte der Kybernetik.

JEAN-MARC DROUIN ist Doktor der Philosophie und Spezialist für Geschichte der Ökologie und der Botanik. Zur Zeit arbeitet er am Centre de recherche en histoire des sciences et des techniques (Cité des sciences et de l'industrie).
Wichtige Veröffentlichungen: »Du terrain au laboratoire. Réaumur et l'histoire des fourmis«, in: *Aster*, Nr. 5 (1987); »Botanique et sciences sociales chez Alphonse de Candolle«, in: *Corpus*, Nr. 7 (1988).

CATHERINE GOLDSTEIN ist Mathematikerin, arbeitet am CNRS und im Laboratorium für algebraische Geometrie und Zahlentheorie der Universität Paris-XI. Sie war am Aufbau der Vereinigung »Frauen und Mathematik« beteiligt. Ihre Spezialgebiete sind elliptische Kurven sowie die Geschichte der Zahlentheorie im siebzehnten Jahrhundert.

BRUNO LATOUR ist Professor für Soziologie an der École des mines de Paris. Zusammen mit Steve Woolgar hat er die mikrosoziologische Studie *Laboratory Life. The Construction of Scientific Facts*, Princeton: Princeton University Press 1979, verfaßt. – Weitere Veröffentlichungen: *Science in Action. How to Follow Scientists and Engineers through Society*, Milton Keynes: Open University Press 1987; *The Pasteurization of France*. Herausgeber zahlreicher Werke zur Geschichte und Soziologie von Wissenschaft und Technik.

PIERRE LÉVY ist Professor an der Universität von Québec in Montréal. Er arbeitet gegenwärtig an der Konzeption von Expertensystemen und bereitet ein Buch über Kognitionstechniken vor.
Wichtige Veröffentlichungen: *La machine univers. Création, cognition et culture informatique*, Paris: La Découverte 1986; (mit Jean-Pierre Durand und Jean-Louis Weissberg), *Guide de l'informatisation. Informatique et société*, Paris: Belin 1987.

FRANÇOISE MICHAUX ist maître de conférences für mittelalterliche Geschichte an der Universität Paris-I. Ihre thèse de troisième cycle beschäftigt sich mit den mittelalterlichen Übersetzungen aus dem Arabischen. Sie hat mehrere Artikel über die Beziehungen zwischen Orient und Okzident, über die arabische Wissenschaft und über die mittelalterliche islamische Medizin verfaßt. Sie arbeitet am Institut du monde arabe.

JAMES RITTER ist ausgebildeter Arzt; er lehrt am Fachbereich Mathematik der Universität Paris-VIII, wo er auch für das Curriculum des Studiengangs Geschichte und Philosophie der Naturwissenschaften und Techniken mitverantwortlich ist. Seine Forschungsinteressen konzentrieren sich auf die Relativitätstheorie und ihre Geschichte sowie auf die »Vernunftpraktiken« in der ägyptischen und mesopotamischen Kultur.

ISABELLE STENGERS ist Chemikerin und Wissenschaftsphilosophin; sie lehrt an der Freien Universität Brüssel. In ihren ersten Arbeiten geht sie den Fragen nach, die der Physik aus den Problemen der Irreversibilität und des Werdens erwachsen. Weiterhin gilt ihr Interesse der »Macht« wissenschaftlicher Begriffe und der Herausforderung, die der Begriff transdisziplinärer Forschung stellt.
Veröffentlichungen: (mit Ilya Prigogine), *La nouvelle alliance*, Paris: Gallimard 1979 (deutsch: *Dialog mit der Natur. Neue Wege naturwissenschaftlichen Denkens*, übersetzt von Friedrich Griese, München/Zürich: Piper 1981); (mit Ilya Prigogine), *Entre le temps et l'éternité*, Paris: Fayard 1988 (deutsch: *Das Zeitparadox*, übersetzt von Friedrich Griese, München/Zürich: Piper 1993); *D'une science à l'autre. Les concepts nomades*, Paris: Seuil 1988; *Les concepts scientifiques. Invention et pouvoir*, Paris: La Découverte 1988; (mit Léon Chertok), *Le cœur et la raison. L'hypnose en question de Lavoisier à Lacan*, Paris: Payot 1989.

ALLGEMEINE LITERATUR

Bernal, J. D., *Die Wissenschaft in der Geschichte*, deutsch von L. Boll, Berlin: VEB Deutscher Verlag der Wissenschaften 1961.

Daumas, M. (Hg.), *Histoire générale des techniques*, Bde. 1-5, Paris: PUF 1962-1979.
– Bd. 1: *Les origines de la civilisation technique*;
– Bd. 2: *Les premières étapes du machinisme*;
– Bd. 3: *L'expansion du machinisme*;
– Bd. 4: *Les techniques de la civilisation industrielle. Énergie et matériaux*;
– Bd. 5: *Les techniques de la civilisation industrielle. Transformation, communication, facteur humain.*

Gille, B. (Hg.), *Histoire des techniques*, Paris: Gallimard 1978 [Collection de la Pléïade].

Gillispie, C. C. (Hg.), *Dictionary of Scientific Biography*, Bde. 1-16, New York: Scribner's & Sons 1970-1980 [enthält biographische und bibliographische Notizen zu den meisten Protagonisten dieses Bandes].

Multhauf, H., und E. Wells (Hg.), *Bibliographies of the History of Science and Technology*, New York: Garland 1984 [kommentierte Bibliographie, nach Disziplinen geordnet].

Neu, J. (Hg.), *Isis Cumulative Bibliography 1966-1975*, Mansell Publishing 1982.

Ronan, C. (Hg.), *The Cambridge Illustrated History of the World's Science*, Twickenham, Middlesex: Newnes Books 1983.

Russo, F. (Hg.), *Éléments de bibliographie de l'histoire des sciences et des techniques*, Paris: Hermann 1954, 2. Auflage 1969.

Taton, R. (Hg.), *Histoire générale des sciences*, Bde. 1-3. Bd. 1: *La science antique et médiévale, des origines à 1450*; Bd. 2: *La science moderne, de 1450-1800*; Bd. 3/1: *La science contemporaine, le XIXe siècle*; Bd. 3/2: *La science contemporaine, le XXe siècle*, Paris: PUF 1957-1966, 2. Auflage 1966-1981.

JAMES RITTER BABYLON – 1800

Zitate

Ninive

Parpola, S., *Letters from Assyrian Scholars*, Neukirchen-Vluyn: Butzon & Bercker Kevelaer 1970, Bd. 1, Nr. 2.

Lehmann-Haupt, C. F., *Šamaššumukîn, König von Babylonien*, Leipzig: Hinrichs 1892, Tafel 13, Zeile 10-18.

Die Experten

Oppenheim, A., *Letters from Mesopotamia*, Chicago/London: University of Chicago Press 1967, Nr. 84,; Nr. 23.

Finet, A., »Les médecins au royaume de Mâri«, in: *Annuaire de l'institut de philologie et d'histoire orientales et slaves*, Université libre de Belgique 1954-1957, Bd. 14, S. 133, 135 f.

–, in: G. Dossin und andere (Hg.), *Archives royales de Mâri*, Paris: Geuthner 1964, Bd. 13, Nr. 147.

Jean, C.-F., in: *Archives royales de Mâri*, Paris: Geuthner 1950, Bd. 2, Nr. 14.

Dossin, G., in: *Archives royales de Mâri*, Paris: Geuthner 1978, Bd. 10, Nr. 20; Nr. 94.

Watanabe, K., *Die adê-Vereidigung anläßlich der Thronfolgeregelung Asarhaddons*, Berlin: Mann 1987.

Erziehung

Sjöberg, A., »The Old Babylonian Eduba«, in: *Sumerological Studies in Honor of Thorkild Jacobson*, Chicago/London: University of Chicago Press 1974 [Assyriological Studies, Bd. 20], S. 159.

Civil, M., »Sur les ›livres d'écolier‹ à l'époque paléobabylonienne«, in: J.-M. Durant und J.-R. Kupper (Hg.), *Miscellanea Babylonica. Mélanges Birot*, Paris: Recherches sur les civilisations 1985, S. 71 f.

Wahrsagung

Pettinato, G., *Die Ölwahrsagung bei den Babyloniern*. Bd. 2: *Texte und Kommentar*, Rom: Istituto di Studi del Vicino Oriente, Università di Roma 1966, S. 24-27.

Köcher, F., und A. L. Oppenheim, »The Old Babylonian Omen Text VAT 7525«, in: *Archiv für Orientforschung* 18 (1957/58), S. 65 f.

Medizin

Van Dijk, J., *Tabulae cuneiformae a F. M. Th. de Liagre Bohl collectae*, Leiden: Nederlands Instituut voor het Nabije Oosten 1957, Bd. 2, Nr. 21, Zeile 15-21.

Labat, R., *Traité akkadien de diagnostics et pronostics médicaux*, Leiden: Brill 1951, S. 130-133.

Köcher, F., *Die babylonisch-assyrische Medizin in Texten und Untersuchungen*, Berlin: de Gruyter 1971, Bd. 4, Nr. 393, Zeile 1-26.

Thompson, R. C., »Assyrian prescriptions for treating bruises or swellings«, in: *The American Journal of Semitic Languages and Literatures* 47 (1930), S. 5 f.

Mathematik

Text BM 13901 in: Thureau-Dangin, F., »L'équation de deuxième degré dans la mathématique babylonienne d'après une tablette inédite du British Museum«, in: *Revue d'assyriologie* 33 (1936), S. 29 f.

Multiplikationstabelle AO 10762 in: Genouillac, H. de, *Premières recherches archéologiques à Kich*, Paris: Champion 1925, Bd. 2, Nr. D 3.

Allgemeine Literatur

Bottéro, J., *Mésopotamie: l'écriture, la raison et les dieux*, Paris: Gallimard 1987.

Meissner, B., *Babylonien und Assyrien*, 2 Bde., Heidelberg 1920-1925.

Neugebauer, O., *Vorlesungen über Geschichte der antiken mathematischen Wissenschaften*, Berlin: Julius Springer 1934; 2. Auflage Berlin/Heidelberg/New York: Springer 1969.

Oppenheim, A. L., *Ancient Mesopotamia. Portrait of a Dead Civilization*, Chicago 1964; französisch: *La Mésopotamie*, Paris: Gallimard 1970.

Pires, C., »Le cheminement rationnel en Babylonie: Divination, jurisprudence, mathématiques«, mémoire de maîtrise, Université Paris-VIII, Paris 1988.

Ritter, J., »Les pratiques de la raison en Mésopotamie«, in: J.-F. Mattei (Hg.), *La naissance de la raison en Grèce*, Paris: PUF 1989.

Roux, G., *Ma Mésopotamie*, Paris: Seuil 1985.

Soden, W. von, *Einführung in die Altorientalistik*, Darmstadt: Wissenschaftliche Buchgellschaft 1985.

Waerden, B. L. van der, *Erwachende Wissenschaft*, übersetzt von H Habicht, Basel: Birkhäuser 1956.

Literatur zu speziellen Problemen

Wahrsagung

Bottéro, J., »Symptômes, signes, écritures«, in: J.-P. Vernant (Hg.), *Divination et rationalité*, Paris: Seuil 1974.

C.E.S.S., Université de Strasbourg (Hg.), *La divination en Mésopotamie ancienne*, Paris: PUF 1966.

Medizin

Contenau, G., *La médecine en Assyrie et en Babylonie*, Paris: Maloine 1938.

Goltz, D., *Studien zur altorientalischen und griechischen Heilkunde*, Wiesbaden: Franz Steiner 1974.

Herrero, P., *Thérapeutique mésopotamienne*, hg. von M. Sigrist, Paris: Recherches sur les civilisations 1984.

Mathematik

Bruins, E., und M. Rutten, *Textes mathématiques de Suse*, Paris: Geuthner 1961 [mathematische Keilschrifttexte, die in Susa gefunden wurden].

Friberg, J., »Mathematik«, in: D. O. Edzard (Hg.), *Reallexikon der Assyriologie und Vorderasiatischen Archäologie*, Bd. 7, Berlin 1990, S. 531-585.

Neugebauer, O., *Mathematische Keilschrifttexte*, Bd. 1-2, Berlin: Julius Springer 1935-1937, 2. Auflage Berlin/Heidelberg/New York: Springer 1973.

Neugebauer, O., und A. Sachs, *Mathematical Cuneiform Texts*, New Haven: American Oriental Society 1945 [Texte aus amerikanischen Sammlungen].

Thureau-Dangin, F., *Textes mathématiques babyloniens*, Leiden: Brill 1938 [zahlreiche Texte ohne Photographien und Autographen, jedoch mit französischer Übersetzung].

Vaiman, A., *Shumero-vavilonskaja matematika*, Moskau: IVL 1961 [Texte aus Beständen der Leningrader Ermitage].

Zitate

»Hymne an Šulgi«, in: Sjöberg, A., »The Old Babylonian Eduba«, in: *Sumerological Studies in Honor of Thorkild Jacobson*, Chicago/London: University of Chicago Press 1974 [Assyriological Studies, Bd. 20], S. 172 f.

Fischer-Elfert, H. W., *Die satirische Streitschrift des Papyrus Anastasi I*, Wiesbaden: Otto Harrassowitz 1983 [Ägyptologische Abhandlungen, Bd. 44], S. 106-111.

Alle ägyptischen Mathematikaufgaben auf Papyrus Rhind BM 10057 und 10058 (siehe unten); die beiden Speicherprobleme: Nr. 41 bzw. Nr. 42; die »Regel« zur Berechnung der $^2/_3$ einer Zahl: Nr. 61 b; die Tabelle für $^2/_n$ in: Griffith, F. L., *Hieratic Papyri from Kahun and Gurob*, London: Bernard Quaritch 1898, Tafel 8, Nr. IV-2; die Tabelle der $^2/_3$: Papyrus Rhind, Nr. 61 a.

Die babylonischen Rechenaufgaben: die ersten beiden Probleme auf Tafel Haddad 104, in: F. Al-Rawi und M. Roaf, »Ten Old Babylonian problems from Tell Haddad, Hamrin«, in: *Sumer* 43 (1987), S. 175-218, I, 1-9 und III, 2-9; die »Division« von 1.10 durch 7: Tafel BM 85200 und VAT 6599 in: O. Neugebauer, *Mathematische Keilschrifttexte*, Berlin: Julius Springer 1935-1937, 2. Auflage Berlin/Heidelberg/New York: Springer 1973, Bd. 2, S. 39 f.; letzte Aufgabe: Tafel YBC 6967 in: O. Neugebauer und A. Sachs, *Mathematical Cuneiform Texts*, New Haven: American Oriental Society 1945, Tafel 17; Kopie der Quadratzahltafel HS 224 in: H. Hilprecht, *Mathematical, Metrological and Chronological Tablets from the Temple Library of Nippur*, Philadelphia: University of Pennsylvania Press 1906, Nr. 26; Kopie der Tafel der *igigubbû* IM 53961 in: D. O. Edzard, *Texts in the Iraq Museum*, Wiesbaden: Otto Harrassowitz 1971, Bd. 7, Nr. 236; Kehrwerttabelle MLC 1670 in: A. T. Clay, *Babylonian Records in the Library of J. Pierpont Morgan*, New Haven 1923, Bd. 4, Nr. 37.

Allgemeine Literatur

Ägypten

Drioton, E., und J. Vandier, *L'Égypte*, Paris: PUF 1962.

Erman, A., und H. Ranke, *Die ägyptische Zivilisation*, 1923.

Mesopotamien

Bottéro, J., *Mésopotamie: l'écriture, la raison et les dieux*, Paris: Gallimard 1987.

Meissner, B., *Babylonien und Assyrien*, 2 Bde., Heidelberg 1920-1925.

Neugebauer, O., *Vorlesungen über Geschichte der antiken mathematischen Wissenschaften*, Berlin: Julius Springer 1934, 2. Auflage Berlin/Heidelberg/New York: Springer 1969.

Oppenheim, A. L., *Ancient Mesopotamia. Portrait of a Dead Civilization*, Chicago 1964; französisch: *La Mésopotamie*, Paris: Gallimard 1970.

Pires, C., »Le cheminement rationnel en Babylonie: Divination, jurisprudence, mathématiques«, mémoire de maîtrise, Université Paris-VIII, Paris 1988.

Ritter, J., »Les pratiques de la raison en Mésopotamie«, in: J.-F. Mattei (Hg.), *La naissance de la raison en Grèce*, Paris: PUF 1989.

Roux, G., *Ma Mésopotamie*, Paris: Seuil 1985.

Soden, W. von, *Einführung in die Altorientalistik*, Darmstadt: Wissenschaftliche Buchgesellschaft 1985.

Waerden, B. L. van der, *Erwachende Wissenschaft*, übersetzt von H. Habicht, Basel: Birkhäuser 1956.

Literatur zu speziellen Problemen

Ägypten

Chace, A., und andere, *The Rhind Mathematical Papyrus*, Bde. 1-2, Oberlin: Mathematical Association of America 1927-1929; gekürzte Neuausgabe: Eston (USA): National Council of Teachers of Mathematics 1979.

Couchoud, S., »Recherches sur les connaissances mathématiques de l'Égypte pharaonique«, Thèse du doctorat de 3e cycle, Université de Lyon-II, Lyon 1983.

Gillings, R., *Mathematics in the Time of the*

Pharaohs, Boston: MIT Press 1972; Taschenbuchausgabe 1987.

Parker, R., *Demotic Mathematical Papyri*, London: Lund Humphries 1982 [zu den demotischen Fragmenten].

Peet, T., *The Rhind Mathematical Papyrus*, London: Hodder & Stoughton 1923; Neuausgabe Liechtenstein: Kraus 1970.

Struve, W., *Mathematischer Papyrus des Staatlichen Museums der schönen Künste in Moskau*, Berlin: Julius Springer 1930; Neuausgabe Würzburg: JAL 1973.

Mesopotamien

Bruins, E., und M. Rutten, *Textes mathématiques de Suse*, Paris: Geuthner 1961 [mathematische Keilschrifttexte, die in Susa gefunden wurden].

Neugebauer, O., *Mathematische Keilschrifttexte*, Bde. 1-2, Berlin: Julius Springer 1935-1937, 2. Auflage Berlin/Heidelberg/New York: Springer 1973.

Neugebauer, O., und A. Sachs, *Mathematical Cuneiform Texts*, New Haven: American Oriental Society 1945 [Texte aus amerikanischen Sammlungen].

Thureau-Dangin, F., *Textes mathématiques babyloniens*, Leiden: Brill 1938 [zahlreiche Texte ohne Photographien und Autographen, jedoch mit französischer Übersetzung].

Vaiman, A., *Shumero-vavilonskaja matematika*, Moskau: IVL 1961 [Texte aus Beständen der Leningrader Ermitage].

MICHEL SERRES
GNOMON: DIE ANFÄNGE DER GEOMETRIE IN GRIECHENLAND

Quellen und Zitate

Cohen und Drabkin, *A Source Book in Greek Science*, Cambridge, Mass.: Harvard University Press 1958.

Diels, H., *Die Fragmente der Vorsokratiker*, 6. verbesserte Auflage, hg. von W. Kranz, Berlin: Weidmann 1951.

Archimedes, *Werke*, übersetzt und mit Anmerkungen versehen von A. Czwalina, 4. unveränderter Nachdruck, Darmstadt: Wissenschaftliche Buchgesellschaft 1983.

Euklid, *Die Elemente*, Buch I-XIII, nach Heibergs Text aus dem Griechischen übersetzt und hg. von C. Thaer, 7. unveränderte Auflage, Darmstadt: Wissenschaftliche Buchgesellschaft 1980.

Platon, »Gorgias«, in: *Sämtliche Werke*, in der Übersetzung von F. Schleiermacher hg. von W. F. Otto, E. Grassi und G. Plamböck, Bd. 1, Hamburg: Rowohlt 1957, S. 264 (508a).

–, »Menon«, in: *Sämtliche Werke*, Bd. 2, ebd., S. 22-26 (81e-85b).

Historiker und Kommentatoren

Caveing, M., *La constitution du type mathématique de l'idéalité dans la pensée grecque*, Bde. 1-3, Université Lille-III, Lille 1982.

Fowler, D. H., *The Mathematics of Plato's Academy: A new reconstruction*, Oxford: Clarendon Press 1987.

Knorr, W. R., *The Evolution of the Euclidean Elements*, Dordrecht: Reidel 1975.

Mugler, C., *Platon et la recherche mathématique de son époque*, Straßburg 1948.

–, *Dictionnaire de la terminologie géométrique des Grecs*, Paris: Klincksieck 1964.

Szabó, A., *Anfänge der griechischen Mathematik*, München/Wien: Oldenbourg 1969.

Szabó, A., und E. Maulo, *Enklima. Untersuchungen zur Frühgeschichte der antiken geometrischen Astronomie, Geometrie und der Sehnentafeln*, Wiesbaden: Franz Steiner.

Serres, M., »Der Platonische Dialog und die intersubjektive Genese der Abstraktion«, in: *Hermes I. Kommunikation*, übersetzt von M. Bischoff, Berlin: Merve 1991, S. 47-56.

–, »Was Thales am Fuße der Pyramiden gesehen hat«, in: *Hermes II. Interferenz*, übersetzt von M. Bischoff, Berlin: Merve 1992, S. 212-239.

–, »Origine de la géométrie 3-5«, in: *Hermès V. Le passage de Nord-Ouest*, Paris: Minuit 1980, S. 165-195.

–, *Der Parasit*, übersetzt von M. Bischoff, Frankfurt am Main: Suhrkamp 1981, S. 268-278.

–, *Rome, le livre des fondations*, Paris: Grasset & Fasquelle 1983, S. 254-263.

–, *Ablösung. Eine Lehrfabel*, übersetzt von K. Boer, München: Boer 1988.

–, *Statues*, Paris: Bourin 1987.

MICHEL AUTHIER
ARCHIMEDES: DAS IDEALBILD DES GELEHRTEN

Zitate

Archimedes, *Werke* [»Über Spiralen«; »Kugel und Zylinder«; »Die Quadratur der Parabel«; »Über das Gleichgewicht ebener Flächen oder über den Schwerpunkt ebener Flächen«; »Über Paraboloide, Hyperboloide und Ellipsoide«; »Über schwimmende Körper«; »Die Sandzahl«; »Kreismessung«; »Des Archimedes Methodenlehre von den mechanischen Lehrsätzen, an Eratosthenes«], übersetzt und mit Anmerkungen versehen von A. Czwalina, 4. unveränderter Nachdruck, Darmstadt: Wissenschaftliche Buchgesellschaft 1983.

Cicero, *Gespräche in Tuskulum*, eingeleitet und neu übersetzt von K. Büchner, 2. Auflage, Zürich/Stuttgart: Artemis 1966.

–, *Vom Gemeinwesen*, eingeleitet und neu übertragen von K. Büchner, Zürich: Artemis 1952.

Livius, *Römische Geschichte*, Buch XXIV-XXVI, lateinisch-deutsch ediert von J. Feix, München: Heimeran 1977.

Platon, »Siebter Brief«, in: *Sämtliche Werke*, Bd. 1, in der Übersetzung von F. Schleiermacher hg. von W. F. Otto, E. Grassi und G. Plamböck, Hamburg: Rowohlt 1958.

Plutarch, *Große Griechen und Römer*, Bd. 3, aus dem Griechischen übertragen und erläutert von K. Ziegler, Zürich/München: Artemis 1955.

Polybios, *Geschichte*, Bd. 1, eingeleitet und übertragen von H. Drexler, Zürich/Stuttgart: Artemis 1961.

Allgemeine Literatur

Dijksterhuis, E. J., *Archimedes*, Princeton: Princeton University Press 1987.

Taton, R. (Hg.), *Histoire générale des sciences*, Bd. 1, Paris: PUF 1966.

Dahan-Dalmedico, A., und J. Pfeiffer, *Une histoire des mathématiques*, Paris: Seuil 1986.

Dedron, P., und J. Itard, *Mathématiques et mathématiciens*, Paris: Magnard 1959.

Literatur zu speziellen Problemen

Caramatie, M. C., und B. Delbreil, »Sur les pas d'Archimède«, in: *Rigeur et calcul*, Paris: Édition Cedic 1982.

Clagett, M., »Archimède«, in: C. C. Gillispie (Hg.), *Dictionnary of Scientific Bibliography*, New York: Scribner's & Sons 1973.

Simms, D. L., »Archimedes and the invention of artillery and gunpowder«, in: *Technology and Culture* 28 (1987) 1.

Thuilier, J., »Une énigme: Archimedes et les miroirs ardents«, in: *La Recherche en histoire des sciences*, Paris: Seuil 1983.

Youschkevitch, A. P., »Remarques sur la méthode antique d'exhaustion«, in: *Mélanges Alexandre Koyré*, Bd. 1: *L'Aventure de la science*, Paris: Hermann 1964.

CATHERINE GOLDSTEIN
DER EINE IST DER ANDERE: EINE GESCHICHTE DES KREISES

Quellen und Zitate

Apastamba, *Šulba-Sūtra*, hg. von A. Bürk, ins Französische übersetzt von G. Mazars; III, 2, 3; VIII, 7, 8, 9, 10; IX, 1; XII, 11.

Aristophanes, »Die Vögel«, in: *Griechisches Theater*, deutsch von W. Schadewald, Frankfurt am Main: Insel 1964, S. 360.

Chuquet, N., *La Géométrie*, hg. von H. L'Huillier, Paris: Vrin 1979, S. 101, 102, 104, 105, 108, 328 und 329.

Descartes, R., »La Géométrie«, in: *Œuvres*, hg. von Ch. Adam und P. Tannery, Paris: Vrin 1956, Bd. 6, S. 296 f., 302, 319; deutsch: *Geometrie*, hg. von L. Schlesinger, 2., durchgesehene Auflage Leipzig 1923; unveränderter Nachdruck Darmstadt: Wissenschaftliche Buchgesellschaft 1969, S. 6, 23.

Euklid, *Die Elemente*, Buch I-XIII. Nach Heibergs Text aus dem Griechischen übersetzt und hg. von C. Thaer, 7. unveränderte Auflage, Darmstadt: Wissenschaftliche Buchgesellschaft 1980, S. 1-4, 354 f.

Eutokios, »Sur la mesure du cercle d'Archimède«, in: Archimède, *Œuvres*, griechisch und französisch, hg. von Ch. Mugler, Bd. 4: *Commentaires*, Paris: Les Belles-Lettres 1972, S. 142 ff.

Gauss, C. F., *Disquisitiones arithmeticae*, Leipzig 1801; deutsch: *Untersuchungen über höhere Arithmetik*, hg. und übersetzt von H. Maser, Berlin 1889, unveränderter Nachdruck: Bronx, N. Y.: Chelsea Publishing Company 1965, S. 398.

Hilbert, D., *Grundlagen der Geometrie*, Leipzig und Berlin: B. G. Teubner 1899, 4. Auflage 1913, S. 2 f., 21.

Klein, F., *Das Erlanger Programm. Vergleichende Betrachtungen über neuere geometrische Forschungen*, eingeleitet und mit Anmerkungen versehen von H. Wußing, Leipzig: Akademische Verlagsgesellschaft 1974 [Ostwald's Klassiker der exakten Wissenschaften, Bd. 253], S. 34.

Mascheroni, L., *La géométrie du compas*, Paris: Dupras, An VI; Nachdruck Monom: Coubron 1980.

Monge, G., *Géométrie descriptive*, Paris: Gauthier-Villars 1799.

Montucla, J. É., *Histoire des recherches sur la quadrature du cercle*, Paris 1754.

Sen, S. N., und A. K. Bag (Hg.), *The Sulvasutras of Baudhayane, Apastamba, Katyayana and Manava*, mit Text, englischer Übersetzung und Kommentar, Indische Akademie der Wissenschaften.

Wittgenstein, L., *Philosophische Untersuchungen*, in: ders., *Werkausgabe*, Bd. 1, Frankfurt am Main: Suhrkamp 1989, S. 278 (Nr. 67).

Allgemeine Literatur

Bayer, C. B., *A History of Mathematics*, Princeton: Princeton University Press 1985.

Dahan-Dalmedico, A., und J. Pfeiffer, *Histoire des mathématiques. Routes et dédales*, Paris: Seuil 1986 [eines der besten Werke über die allgemeine Geschichte der Mathematik, die in französischer Sprache erhältlich sind].

Fauvel, J., und J. Gray (Hg.), *The History of Mathematics. A Reader*, London: Macmillan Education, Open University 1987 [enthält Auszüge aus Quellen zur Geschichte der Mathematik mit Kommentaren und Hinweisen auf soziale und kulturelle Zusammenhänge].

La rigueur et le calcul. Documents historiques et épistémologiques, Paris: Édition de Cedic-Nathan 1982 [enthält mehrere interessante Studien über Geometrie, Algebra, Historizität der Mathematik].

Literatur zu speziellen Problemen

Bag, A. K., *Mathematics in Ancient and Medieval India*, Chaukhhambra orientalia.

Lindberg, D. C. (Hg.), *Science in the Middle Ages*, Chicago: Chicago University Press 1978.

Le matin des mathématiques, Paris: Belin-Radio France 1985.

Petit Archimède, Mai 1980 [Sonderheft über die Zahl π; stellt in leicht zugänglicher Weise die verschiedenen Wege dar, die zu dieser Zahl führten; historisch jedoch nicht immer zuverlässig].

Schubring, W., »Der Jinismus«, in: Ch. M. Schröder (Hg.), *Die Religionen der Menschheit*, Bd. 13, Stuttgart: Kohlhammer 1964, S. 217-242.

PAUL BENOÎT UND FRANÇOISE MICHEAU
DIE ARABER ALS VERMITTLER?

Zitate

Ǧābir b. Ḥaiyān, *Le livre des balances*, in: M. Berthelot (Hg.), *La chimie au Moyen Age*, Bd. 3, Paris 1893, S. 141 und S. 147.

Aristoteles, »Vom Werden und Vergehen«, in: *Die Lehrschriften*, hg., übertragen und in ihrer Entstehung erläutert von P. Gohlke, Bd. 6: *Über den Himmel. Vom Werden und Vergehen*, Paderborn: Schöningh 1958, S. 245 f. (II, 3).

as-Suyūṭī, *Livre de la miséricorde dans l'art de guérir les maladies*, Paris 1856, S. 11.

Allgemeine Literatur

Brill, L. J. (Hg.), *Encyclopédie de l'Islam*, Leyden/Paris: Maisonneuve et Larose 1955 ff. [Artikel zu den großen Gelehrten und den wichtigsten Disziplinen].

Crombie, A. C., *Histoire des sciences de saint Augustin à Galilée (400-1650)*, 2 Bde., Paris: PUF 1959.

al-Hassan, A. Y., »L'Islam et la science«, in: *La Recherche*, Nr. 134, Juni 1982.

Micheau, F., »L'âge d'or de la médecine arabe«, in: *Les maladies ont une histoire*. Sonderheft Zeitschrift *L'Histoire*, 1984.

Nasr, S. H., *Science et savoir en Islam*, Paris: Sindbad 1979.

–, *Islamic Science. World of Islam Festival*, Paris: Sindbad 1976 [mit schönen Fotos von R. Michaud].
Rebstock, U., *Rechnen im islamischen Orient. Die literarischen Spuren der praktischen Rechenkunst*, Darmstadt: Wissenschaftliche Buchgesellschaft 1992.
Rosenthal, F., *Das Fortleben der Antike im Islam*, Zürich: Artemis 1965.
Rušdī (Roshdi), R., *Entre arithmétique et algèbre. Recherches sur l'histoire des mathématiques arabes*, Paris: Les Belles-Lettres 1984 [Sammlung »Science et philosophie arabes«].
Sayili, A., *The Observatory in Islam ans Its Place in the General History of the Observatory*, Ankara 1960.
Taton, R. (Hg.), *Histoire générale des sciences*, Bd. 1: *La science antique et médiévale*, Paris: PUF 1966; darin Artikel von R. Arnaldez, A. P. Youschkevitch und L. Massignon, »La science arabe«; G. Beaujouan, »La science dans l'Occident médiéval chrétien«; J. Filliozat, »La science indienne médiévale«.
Ullmann, M., *Islamic Medicine*, Edinburgh 1978 [Sammlung »Islamic Surveys«].
Vernet, J., *Ce que la culture doit aux Arabes d'Espagne*, Paris: Sindbad 1985.
Watt, M. M., *L'influence de l'Islam sur l'Europe médiévale*, Paris: Geuthner 1974.
Wiedemann, E. E., *Gesammelte Schriften zur arabisch-islamischen Wissenschaftsgeschichte*, Bde. 1-3, Frankfurt am Main: Institut für Geschichte der Arabisch-Islamischen Wissenschaften an der Johann Wolfgang Goethe-Universität 1984.

PAUL BENOÎT
DIE THEOLOGIE IM DREIZEHNTEN JAHRHUNDERT: EINE WISSENSCHAFT, DIE ANDERS IST ALS ALLE ANDEREN

Zitate

Thomas von Aquin, *Summa theologica*, vollständige, ungekürzte deutsch-lateinische Ausgabe, übersetzt von Dominikanern und Benediktinern Deutschlands und Österreichs, hg. vom Katholischen Akademikerverband, Bd. 1: *Gottes Dasein und Wesen*, Salzburg: Anton Pustet o. J. [1933], S. 6, 8, 23.
Denifle, H., und E. Chatelain, *Chartularium Universitatis Parisiensis*, Bd. 1, Paris: Delalain 1889, S. 136.
Drouin, J.-M., »La théologie comme science chez saint Thomas d'Aquin et Guillaume d'Occan«. Mémoire de maîtrise, Universität Paris-I, 1970.
Duhem, P., *Études sur Léonard de Vinci*, Paris: Hermann 1913; Neuausgabe Paris: Éditions des Archives contemporaines 1984.
Radelet-de Grave, P., und D. Speiser (Hg. und Übersetzer), »Le *De magnete* de Pierre de Maricourt«, in: *Revue d'histoire des sciences* (1975), S. 193-234.

Allgemeine Literatur

Beaujouan, G., Artikel zum mittelalterlichen Abendland in: R. Taton (Hg.), *Histoire générale des sciences*, Bd. 1: *La science antique et médiévale, des origines à 1450*, Paris: PUF 1957.
Crombie, A. C., *Histoire des sciences de saint Augustin à Galilée*, Paris: PUF 1958.
Le Goff, J., *Die Intellektuellen im Mittelalter*, 2. Auflage, Stuttgart: Klett-Cotta 1987.
Lindberg, D. C., *Science in the Middle Ages*, Chicago: University of Chicago Press 1978.
Paul, J., *Histoire intellectuelle de l'Occident médiéval*, Paris: Armand Colin 1973.
Verger, J., *Les universités au Moyen Age*, Paris: PUF 1973.

Literatur zu speziellen Problemen

Benjamin, F. S., und G. J. Toomer, *Campanus of Novara and Medieval Planetary Theory. Theoria planetarum*, Madison: University of Wisconsin Press 1971.
Bonnassie, P. und G. Pradalie, *La capitulation de Raymond VII et la fondation de l'Université de Toulouse, 1229-1279*, Toulouse: Service des publications de l'Université Toulouse 1979.
Chenu, M. D., *Introduction à l'étude de saint Thomas d'Aquin*, Montréal/Paris: Université de Montréal 1954 [Publication de l'Institut d'études médiévales]; Neuauflage Paris: Vrin 1976.
–, *Saint Thomas d'Aquin et la théologie*, Pa-

ris: Seuil 1959 [collection »Maîtres spirituels«].

Clagett, M., *The Science of Mechanics in the Middle Ages*, Madison: University of Wisconsin Press 1959.

Duhem, P., *Études sur Léonard de Vinci*, Paris: Hermann 1913; Neuausgabe Paris: Éditions des Archives contemporaines 1984.

Poulle, É., »Astronomie théorique et astronomie pratique«, in: *Conférences du Palais de la Découverte* 119 (1967).

Van Steenberghen, F., *La philosophie au Moyen Age*, Louvain: Publications universitaires; Paris: Béatrice-Nauwelaerts 1966.

Vieles verdankt dieser Artikel zwei Texten von Guy Beaujouan: »L'émergence médiéval de l'idée de progrès«, Bericht für den 8. Internationalen Kongreß für mittelalterliche Philosophie, Helsinki 1987; sowie seinem Redebeitrag zum Kolloquium »Sciences et techniques au Moyen Age«, Orléans-La Source, Mai 1988.

PAUL BENOÎT

RECHNEN, ALGEBRA UND WARENHANDEL

Zitate

Bibliothèque nationale, Manuscrits français 1339; um 1460.

–, Manuscrit français 2050; um 1460.

–, Manuscrit français 17346; 1484, fol. 285 v° [= Chuquet].

–, Manuscrit latin 7287; 1449.

Borghi, P., *Nobel opera de arithmetica*, Venedig 1484.

Chuquet, N., *La géométrie*, hg. von H. L'Huillier, Paris: Vrin 1979.

Libri, B., *Histoire des sciences mathématiques en Italie*, Paris 1838-1841.

Marre, A., »Notice sur Nicolas Chuquet et son Triparty en la Science des nombres«, in: *Bolletino di Bibliografia e di Storia delle Scienze Matematiche et Fisiche* 13 (1880), S. 555-804.

Pacioli, L., *Summa de aritmetica, geometria, proportioni et proportionalita*, Venedig 1494.

Pellos, F., *Compendion de l'Abaco*, hg. und eingeleitet von R. Lafont und G. Tournerie, Montpellier: Éditions de la Revue des langues romanes 1967.

Salomone, L., »Me Benedetto da Firenze, *La Reghola de Algebra Amuchabale*«, in: *Quaderni del centro studi della matematica medioevale* [Siena] 2 (1982).

Weitere Algebra-Handbücher aus dem vierzehnten und fünfzehnten Jahrhundert, die bisher nur als Manuskripte existierten, sind vor allem in Italien, aber auch in Deutschland veröffentlicht worden. Seit über zehn Jahren werden solche Texte in den *Quaderni del centro studi della matematica medioevale* der Universität Siena den Forschern zugänglich gemacht.

Weitere Literatur

Arrighi, G., »La matematica in Italia durante il medioevo«, in: *Actes du Congrès international d'histoire des sciences*, Warschau 1965, S. 165-168.

Baxandall, M., *Die Wirklichkeit der Bilder. Malerei und Erfahrung im Italien des 15. Jahrhunderts*, übersetzt von H.-G. Holl, Frankfurt am Main Syndikat 1977, S. 105 ff.

Beaujouan, G., »Les arithmetiques en langue française de la fin du Moyen Age«, in: *Actes du VIIIe Congrès international d'histoire des sciences*, Florenz 1959, S. 84-87.

Bec, C., *Les marchands-écrivains. Affaires et humanisme à Florence, 1375-1434*, Paris: Mouton 1967.

Benoît, P., »La formation mathématique des marchands français à la fin du Moyen Age, l'exemple du *Kadran aux marchans*, les entrées dans la vie«, in: *Actes du XIIe Congrès des médiévistes de l'enseignement supérieur public*, Nancy 1982, S. 209-224.

Djebbar, A., »Enseignement et recherche mathématiques dans le Maghreb des XIIIe et XIVe siècles (étude partielle)«, in: *Publications mathématiques d'Orsay*, Nr. 81-02.

Fanfani, A., »La préparation intellectuelle et professionnelle à l'activité économique en Italie aux XIVe et XVe siècles«, in: *Le Moyen Age* (1951), S. 327-346.

Flegg, G., »Nicolas Chuquet. An Introduction«, in: C. Hay (Hg.), *Mathematics from Manuscript to Print, 1300-1600*, Oxford: Clarendon Press 1988, S 59-72.

Franci, R., und L. Toti Rigatelli, *Introduzione all'aritmetica mercantile del medioevo e del rinascimento*, Siena: Quattro Venti 1982.

Hay, C. (Hg.), *Mathematics from Manuscript to Print, 1300-1600*, Oxford: Clarendon Press 1988, S. 11-29, 59-88, 96-116, 127-144.

Heers, J., »L'enseignement à Gênes et la formation culturelle des hommes d'affaires en méditerranée à la fin du moyen âge«, in: *Revue des études islamiques* 44 (1976), S. 229-244.

Goldtwaite, A., »Schools and teachers of commercial arithmetics in Renaissance Florence«, in: *Journal of European Economic History* 1 (1972/73), S. 418-431.

Le Goff, J., *Marchands et banquiers au Moyen Age*, Paris: PUF 1986 [coll. »Que sais-je?«], S. 31.

L'Huillier, H., »Éléments nouveaux pour la biographie de Nicolas Chuquet«, in: *Revue d'histoire des sciences* (1976), S. 347-350.

Renouard, Y., *Les hommes d'affaires italiens au moyen âge*, Paris: Armand Colin 1968.

Sesiano, J., »Une arithmétique médiévale en langue provençale«, in: *Centaurus* 27 (1984), S. 26-75.

Smith, D. E., *Rara arithmetica*, Boston 1908, S. 459.

–, *History of Mathematics*, New York 1925; Neuausgabe New York: Dover 1958.

Van Egmond, W., *Practical Mathematics in the Italian Renaissance: A Catalogue of Italian Abbacus Manuscripts and Printed Books till 1600*, Florenz: Istituto e Museo di Storia delle Scienze 1980.

–, »New light on Paolo dell'Abbaco«, in: *Annali dell'istituto e museo di storia della scienze di Firenze* (1977), S. 3-21.

ISABELLE STENGERS

DIE GALILEI-AFFÄREN

Quellen und Zitate

Clarke, S., *Der Briefwechsel mit G. W. Leibniz von 1715/1716*, übersetzt und mit einer Einführung, Erläuterungen und einem Anhang herausgegeben von E. Dellian, Hamburg: Meiner 1990, S. 121 ff. [mit zwei Fragmenten von Newton: S. 166-169].

Drake, S., *Galileo at Work. His Scientific Biography*, Chicago: University of Chicago Press, Phoenix Edition 1981, S. 88-90, 97-104, 116.

Duhem, P., *Études sur Léonard de Vinci*, Paris: Hermann 1913; Neuausgabe Paris: Éditions des Archives contemporaines 1984, S. xii-xiv, 398.

Feyerabend, P., *Wider den Methodenzwang. Skizze einer anarchistischen Erkenntnistheorie*, übersetzt von H. Vetter, Frankfurt am Main: Suhrkamp 1976, S. 410.

Galilei, G., »Dialog über die Weltsysteme« (Auswahl), in: ders., *Sidereus Nuncius. Nachricht von neuen Sternen*, hg. und eingeleitet von H. Blumenberg, Frankfurt am Main: Insel 1965 [sammlung insel 1]; Suhrkamp 1980 [stw 337], S. 224.

–, *Unterredungen und mathematische Demonstrationen über zwei neue Wissenszweige, die Mechanik und die Fallgesetze betreffend*. Erster bis sechster Tag. Arcetri, 6. März 1638, hg. von A. von Oettingen, Darmstadt: Wissenschaftliche Buchgesellschaft 1964, S. 146-169.

Koestler, A., *Die Nachtwandler. Die Entstehungsgeschichte unserer Welterkenntnis*, übersetzt von W. M. Treichlinger, Kapitel »Die Last des Beweises«, Bern/München/Wien: Scherz 1959; Frankfurt am Main: Suhrkamp 1980 [st 579], S. 445.

Koyré, A., *Études galiléennes*, Paris: Hermann 1966, Kapitel »La physique de Galilée«, S. 79, 103-105, 154 f.

–, *Galilei. Die Anfänge der neuzeitlichen Wissenschaft*, hg. von U. Raulff, übersetzt von R. Dragstra, Berlin: Wagenbach 1988 [Kleine kulturwissenschaftliche Bibliothek, Bd. 8].

– *Von der geschlossenen Welt zum unendlichen Universum*, übersetzt von R. Dornbacher, Frankfurt am Main: Suhrkamp 1969 [stw 320].

Perrin, J., *Die Atome*, hg. und übersetzt von A. Lottermoser, Dresden/Leipzig: Theodor Steinkopff 1914, S. ix.

Whitehead, A. N., *Wissenschaft und moderne Welt*, übersetzt von H. G. Holl, Frankfurt am Main: Suhrkamp 1984, S. 19.

Allgemeine Literatur

Clagett, M., *The Science of Mechanics in the Middle Ages*, Madison: University of Wisconsin Press 1959, S. 344 f.

Drake, S., *Galileo Studies. Personality, Tradition, and Revolution*, Ann Arbor: University of Michigan Press 1970.

Drake, S., und J. MacLachlan, »Galileo's Discovery of the Parabolic Trajectory«, in: *Scientific American* 232 (1975), S. 102-110.

Geymonat, L., *Galilée*, Paris: Robert Laffont 1968.

Guéroult, M., *Dynamique et métaphysique leibniziennes*, 2. Auflage, Paris: Aubier 1967, S. 63-66, 111-113.

Maury, J. P., *Galilée, le messager des étoiles*, Paris: Gallimard 1986 [collection Découvertes sciences].

Literatur zu speziellen Problemen

Cohen, I. B., *The Newtonian Revolution*, Cambridge: Cambridge University Press 1980.

–, *Revolutionen in der Naturwissenschaft*, übersetzt von W. Kutschmann, Frankfurt am Main: Suhrkamp 1994.

Drake, S., »Galileo's 1604 fragment on falling bodies«, in: *The British Journal for the History of Science* 4 (1969), S. 340-358.

Elkana, Y., *The Discovery of the Conservation of Energy*, London: Hutchinson 1974.

Ferrone, V., und E. A. Gosselin, »Galileo and the spectre of Bruno«, in: *Scientific American* 255 (1986), S. 126-133.

Hankins, T., »The reception of Newton's second law of motion in the eighteenth century«, in: *Archives internationales d'histoire des sciences* 20 (1965), S. 42-65.

Redondi, P., *Galilei, der Ketzer*, aus dem Italienischen übersetzt, München: Beck 1989.

MICHEL AUTHIER

DIE GESCHICHTE DER BRECHUNG UND DESCARTES' »VERGESSENE« QUELLEN

Zitate

Alhazen (Ibn al-Haiṯam), *Abhandlung über das Licht*, übersetzt von J. Baarmann, in: *Zeitschrift der deutschen morgenländischen Gesellschaft* 36 (1882), S. 195-237.

Aristoteles, »Über die Sinneswahrnehmung und ihre Gegenstände«, in: *Die Lehrschriften*, hg., übertragen und in ihrer Entstehung erläutert von P. Gohlke, Bd. 9: *Kleine Schriften zur Seelenkunde*, Paderborn: Schöningh 1953, S. 30 f. (439 a).

Dante Alighieris *Prosaische Schriften. Das Gastmahl*, übersetzt von K. L. Kannegießer, 1. Theil, Leipzig: Brockhaus 1845, S. 125, 127, 142.

Descartes, R., *Discours de la méthode. Von der Methode des richtigen Vernunftgebrauchs*, übersetzt und hg. von L. Gäbe, Hamburg: Meiner 1960, S. 123, 125, 127.

–, *Dioptrik*, übersetzt von G. Leisegang, in: dies., *Descartes' Dioptrik*, Meisenheim am Glan: Westkulturverlag Anton Hain 1954, S. 69-165, hier S. 70, 72, 73, 80, 81 f., 83.

–, *Les Météores*, in: *Œuvres*, hg. von C. Adam und P. Tannery, Paris 1897-1913, Nachdruck Paris: Vrin 1964 ff., Bd. 6.

–, *Geometrie*, deutsch hg. von L. Schlesinger, 2. Auflage Leipzig 1923; Nachdruck Darmstadt: Wissenschaftliche Buchgesellschaft 1969.

–, *Regulae ad directionem ingenii. Regeln zur Ausrichtung der Erkenntniskraft*, kritisch revidiert, übersetzt und hg. von H. Springmeyer, L. Gäbe und H. G. Zekl, Hamburg: Meiner 1973, Regel 9, S. 57, 59, 61.

Dietrich von Freiberg, *De iride et radialibus impressionibus. Über den Regenbogen und die durch Strahlen erzeugten Eindrücke*, hg. von J. Würschmidt, Münster i. W.: Aschendorffsche Verlagsbuchhandlung 1914 [Beiträge zur Geschichte und Philosophie des Mittelalters, Bd. XII, 5-6] [lateinischer Text und deutsche Kapitel-Zusammenfassungen].

Euklid, *Optique et Catoptrique*, Paris: Blanchard 1958.

Homer, *Odyssee*, V, 121.

Kepler, J., *Dioptrik*, übersetzt und hg. von F. Plehn, Leipzig: Wilhelm Engelmann 1904 [Ostwald's Klassiker der exakten Wissenschaften, Bd. 144].

–, *Grundlagen der geometrischen Optik (im Anschluß an die Optik des Witelo)*, übersetzt von F. Plehn, durchgesehen und hg.

von M. von Rohr, Leipzig: Akademische Verlagsgesellschaft 1922 [Ostwald's Klassiker der exakten Wissenschaften, Bd. 198], S. 9, 11 f., 132. [Das erste und das fünfte Kapitel »Über die Natur des Lichtes« und »Die Lehre vom Sehen« sind in dieser Ausgabe nicht enthalten.]

–, *Neue Astronomie*, hg. von M. Caspar, München/Berlin: R. Oldenbourg 1929, Widmung, S. 12; 33. Kapitel, S. 224.

Lukrez, *Von der Natur der Dinge*, übersetzt von K. L. von Kuchel, Frankfurt am Main/Hamburg: Fischer 1960, S. 124 f. (IV. Buch).

Platon, *Timaios*, in: *Sämtliche Werke*, Bd. 5, nach der Übersetzung von F. Schleiermacher und H. Müller hg. von W. F. Otto, E. Grassi und G. Plamböck, Hamburg: Rowohlt 1959, S. 168 f. (45 c-d, 47 a-b).

Allgemeine Literatur

Dugas, R., *Histoire de la méchanique*, Neufchâtel: Éditions du Griffon 1950.

Duhem, P., *Le système du monde*, Bde. 1-10, Paris: Hermann 1913-1959.

Lindberg, D. C., *Auge und Licht im Mittelalter. Die Entwicklung der Optik von Alkindi bis Kepler*, übersetzt von M. Althoff, Frankfurt am Main: Suhrkamp 1987.

Maitte, B., *La lumière*, Paris: Seuil 1981.

Ronchi, V., *Histoire de la lumière*, übersetzt von J. Taton, Paris: Armand Colin 1956.

Taton, R. (Hg.), *Histoire générale des sciences*, Bd. 1: *La science antique et médiévale, des origines à 1450*, Paris: PUF 1966.

Literatur zu speziellen Problemen

Bruhat, G., *Optique*, Paris: Masson 1954.

Feynman, R., *Lumière et Matière*, Paris: Interéditions 1987.

Gillispie, C. C. (Hg.), *Dictionary of Scientific Bibliography*, New York: Scribner's and Sons 1973; Artikel von A. I. Sabra, »Ibn al-Haytham«; J. Murdoch, »Euclide«; O. Gingerich, »Kepler«.

Wiedemann, E. E., *Gesammelte Schriften zur arabisch-islamischen Wissenschaftsgeschichte*, Bde. 1-3, Frankfurt am Main: Institut für Geschichte der Arabisch-Islamischen Wissenschaften an der Johann Wolfgang Goethe-Universität 1984.

CATHERINE GOLDSTEIN
ZAHLEN ALS LIEBHABEREI UND BERUF IM SIEBZEHNTEN UND NEUNZEHNTEN JAHRHUNDERT

Quellen und Zitate

Descartes, R., *Œuvres*, Bde. 1-12, hg. von C. Adam und P. Tannery, Paris 1897-1913; Nachdruck Paris: Vrin 1964 ff.

–, *Correspondance*, Bde. 1-8, hg. von C. Adam und G. Milhaud, Paris: Alcan/PUF 1936-1963; durchgesehene und korrigierte Ausgabe 1969 ff.; deutsch [Auswahl]: *Briefe*, hg. von M. Bense, Köln/Krefeld: Staufen-Verlag 1949.

Fermat, P. de, *Œuvres complètes*, Bde. 1-4, hg. von P. Tannery und C. Henry, Paris: Gauthier-Villars 1891-1922.

–, *Einführung in die ebenen und körperlichen Örter*, hg. von H. Wieleitner, Leipzig: Akademische Verlagsgesellschaft 1923 [Ostwald's Klassiker der exakten Wissenschaften, Bd. 208].

–, *Bemerkungen zu Diophant*, hg. von M. Miller, Leipzig: Akademische Verlagsgesellschaft 1932 [Ostwald's Klassiker der exakten Wissenschaften, Bd. 234].

–, *Abhandlungen über Maxima und Minima*, hg. von M. Miller, Leipzig: Akademische Verlagsgesellschaft 1934 [Ostwald's Klassiker der exakten Wissenschaften, Bd. 238].

Fuss, N. (Hg.), *Correspondance mathématique et physique de quelques célèbres géomètres du XVIIe siècle*, Sankt Petersburg 1843; Nachdruck New York/London: Johnson Reprod. Corp. 1968.

Gauss, C. F., *Disquisitiones arithmeticae*, Leipzig 1801; deutsch: *Untersuchungen über höhere Arithmetik*, hg. und übersetzt von H. Maser, Berlin 1889, unveränderter Nachdruck: Bronx, N. Y.: Chelsea Publishing Company 1965.

Klein, F., *Vorlesungen über die Entwicklung der Mathematik im 19. Jahrhundert*, Bde. 1-2, Berlin 1926/27; Nachdruck Berlin: de Gruyter 1979.

Kummer, E. E., Brief an seine Mutter vom 8. Juli 1828, in: ders., *Collected Papers*, hg. von A. Weil, Bd. 1: *Contributions to Number Theory*, Berlin/Heidelberg/New York: Springer 1975, S. 71.

–, Brief an Leopold Kronecker vom 13. August 1846, in: ebd., S. 100.

–, »Allgemeiner Beweis des Fermatschen Satzes, daß die Gleichung $x^n + y^n = z^n$ durch ganze Zahlen unlösbar ist, für alle diejenigen Potenz-Exponenten *n*, welche ungerade Primzahlen sind und in den Zählern der ersten 1/2 (*n* – 3) Bernoullischen Zahlen als Factoren nicht vorkommen«, in: *Journal für die reine und angewandte Mathematik* 40 (1850), S. 130-138.

–, »Über die Zerlegung der aus Wurzeln der Einheit gebildeten complexen Zahlen in ihre Primfaktoren«, in: *Journal für die reine und angewandte Mathematik* 55 (1857), S. 327-367, hier S. 360.

Montucla, J. É., *Histoire des mathématiques*, Paris 1799-1802; Neuausgabe Paris: Blanchard 1960.

Allgemeine Literatur

Bos, H., H. Mehrtens und I. Schneider (Hg.), *Social History of Nineteenth Century Mathematics*, Boston/Basel/Stuttgart: Birkhäuser 1981.

Dieudonné, J. (Hg.), *Geschichte der Mathematik 1700-1900*, Braunschweig: Vieweg 1985.

Itard, J., *Pierre de Fermat*, Basel: Birkhäuser 1950.

–, *Arithmétique et théorie des nombres*, Paris: PUF 1963 [coll. »Que sais-je?«, Bd. 1093].

Mandrou, R., *Des humanistes aux hommes de science*, Paris: Seuil 1973 [coll. »Points Histoire«, Bd. 8].

Literatur zu speziellen Problemen

Belhoste, B. und J. Lutzen, »Joseph Liouville et le Collège de France«, in: *Revue d'histoire des sciences* 37 (1984) 3/4, S. 253-304.

Ben-David, J., *The Scientist's Role in Society. A Comparative Study*, Englewood Cliffs, N.J.: Prentice Hall 1971.

Dickson, L. E., *History of the Theory of Numbers*, Washington, D. C.: Carnegie Institute 1919-1923; Neuausgabe New York: Chelsea 1971.

Edwards, H., »The background of Kummer's proof of Fermat's last theorem«, in: *Archives of the History of the Exact Sciences* 14 (1975), S. 219-236.

–, *Fermat's Last Theorem G.T.M. 50*, New York/Heidelberg/Berlin: Springer 1977.

Fox, R., und G. Weisz (Hg.), *The Organization of Science and Technology in France in 1808-1914*, Cambridge/Paris: Cambridge University Press/Maison des Sciences de l'Homme 1980.

Hofmann, J. E., »Studien zur Zahlentheorie Fermats«, in: *Abhandlungen der preußischen Akademie der Wissenschaften*, mathematisch-naturwissenschaftliche Klasse 1944, Nr. 7.

–, »Über zahlentheoretische Methoden Fermats und Eulers«, in: *Archives of the History of the Exact Sciences* 1 (1960-1962), S. 122-159.

Merton, R. K., *Science, Technology and Society in Seventeenth Century England*, New York: Howard Fertig 1970.

Paul, R., »German academic science and the mandarin ethos«, in: *British Journal of History of Science* 17 (1984), S. 1-29.

Opolka, H., und W. Scharlau, *Von Fermat bis Minkowski*, Berlin/New York/Heidelberg: Springer 1980.

Schubring, G., »Mathematics and teacher training: plans for a polytechnic in Berlin«, in: *Historical Studies in the Physical Sciences* 12 (1980), S. 61-94.

Schwarz, W., *Einführung in die Zahlentheorie*, 2. Auflage Darmstadt: Wissenschaftliche Buchgesellschaft 1987.

Taylor, E. G. R., *The Mathematical Practitioners of Tudor and Stuart England 1484-1714*, Cambridge: Cambridge University Press 1954.

Weil, A., *Number Theory. An Approach through History*, Boston/Basel/Stuttgart: Birkhäuser 1983.

ISABELLE STENGERS
DIE DOPPELSINNIGE AFFINITÄT:
DER NEWTONSCHE TRAUM DER CHEMIE
IM ACHTZEHNTEN JAHRHUNDERT

Zitate

Bachelard, G., *Le matérialisme rationnel*, Paris: PUF 1953, S. 35.

Berthollet, C. L., *Versuch einer chemischen Statik, das ist einer Theorie der chemischen Naturkräfte*, übersetzt von G. W. Bartholdy, Berlin: Duncker und Humblot 1811, S. 5.

Daumas, M., *L'acte chimique. Essai sur l'histoire de la philosophie chimique*, Brüssel: Éditions du Sablon 1946, S. 61.

Diderot, D., »Gedanken zur Interpretation der Natur«, in: ders., *Philosophische Schriften*, übersetzt von Th. Lücke, Bd. 1, Berlin: Aufbau Verlag 1961, S. 419.

–, »Philosophische Grundsätze über Materie und Bewegung«, ebd., S. 584 f.

Dobbs, B. J., *The Foundations of Newton's Alchemy*, Cambridge: Cambridge University Press 1975, S. 209.

Goethe, J. W., *Die Wahlverwandtschaften*, Frankfurt am Main: Insel 1981, S. 21, 24, 40-42.

Metzger, H., *Newton, Stahl, Boerhaave et la doctrine chimique*, Paris: Blanchard 1930, S. 50.

Thackray, A., *Atoms and Power. An Essay on Newtonian Matter-Theory and the Development of Chemistry*, Cambridge, Mass.: Harvard University Press 1970, Kapitel 5, 8, S. 204.

Venel, G. F., Art. »Chymie«, in: *Encyclopédie*, Bd. 3, Paris 1753, S. 408-437.

Allgemeine Literatur

Bachelard, G., *L'activité rationaliste de la physique contemporaine*, Paris: PUF 1951.

Balzac, H. de, *Der Alchimist*, in: *Die menschliche Komödie*, Bd. 38, Zürich: Diogenes 1977.

Ben-David, J., *The Scientist's Role in Society. A Comparative Study*, Englewood Cliffs, N.J.: Prentice Hall 1971.

McMullin, E., *Newton on Matter and Activity*, Indianapolis, Indiana: University of Notre-Dame Press 1978.

Ostwald, W., *Der Werdegang einer Wissenschaft. Sieben gemeinverständliche Vorträge aus der Geschichte der Chemie*, Leipzig: Akademische Verlagsgesellschaft 1908.

Literatur zu speziellen Problemen

Haber, L. F., *The Chemical Industry during the Nineteenth Century*, Oxford: Clarendon Press 1958.

Holmes, F. L., »From elective affinities to chemical equilibrium: Berthollets's law of mass action«, in: *Chymia* 8 (1962), S. 105-145.

Kapoor, S. C., »Berthollet, Prout, and proportions«, in: *Chymia* 10 (1965), S. 53-110.

Morrel, J.-B., »The chemist breeders: the research school of Liebig and Thomas Thompson«, in: *Ambix* 19 (1972), S. 1-46.

Westfall, R. S., »Newton and the hermetic tradition«, in: A. G. Debus (Hg.), *Science, Medicine, and Society*, London: Heinemann 1972.

–, »The role of alchemy in Newton's career«, in: M.-L. Righini Bonelli und W. R. Shea (Hg.), *Reason, Experiment, and Mysticism*, London: Macmillan 1975.

JEAN-MARC DROUIN

VON LINNÉ ZU DARWIN: DIE FORSCHUNGSREISEN DER NATURHISTORIKER

Quellen und Zitate

Bougainville, L.-A. de, *Reise um die Welt* [1771], hg. von K. G. Popp, Berlin: Rütten & Loening 1972.

Buffon, G. L. Leclerc, comte de, *Allgemeine Historie der Natur, nach allen ihren besonderen Theilen abgehandelt. Nebst einer Beschreibung der Naturalienkammer Sr. Majestät des Königes von Frankreich* [1749], Theil 1-9, Hamburg/Leipzig: G. Ch. Grund und A. H. Holle 1750-1776.

Candolle, A.-P. de, »Géographie botanique«, in: *Dictionnaire des sciences naturelles*, Bd. 18, Paris: Levrault 1820, S. 392, 401, 404, 410, 417, 418.

Cuvier, G. und M. de Saint-Agy, »Voyages scientifiques«, in: *Histoire des sciences naturelles depuis leur origine jusqu'à nos jours, chez tous les peuples connus*, Bde. 1-5, Paris: Masson 1841-1845.

Darwin, Ch., *Reise eines Naturforschers um die Welt* [1845]. *Gesammelte Werke*, Bd. 1, übersetzt von J. V. Carus, Stuttgart: Schweitzerbart 1875; Auswahl: *Reise um die Welt 1831-36*, hg. von G. Giertz, Stuttgart: Thienemann 1993.

–, *Über die Entstehung der Arten durch natürliche Zuchtwahl oder die Erhaltung der begünstigten Rassen im Kampfe um's Da-*

sein [1859]. Nach der letzten englischen Auflage wiederholt durchgesehen von J. V. Carus, 8. Auflage, Stuttgart: Schweitzerbart 1899, S. 423, 426, 434 f., 426, 428, 21, 431, 481, 489; Nachdruck der 9. Auflage von 1920: Darmstadt: Wissenschaftliche Buchgesellschaft 1992.

–, *The Life and Letters of Charles Darwin*, hg. von F. Darwin, Bde. 1-3, 3. Auflage, London: Murray 1887.

Humboldt, A. von, *Ideen zu einer Geographie der Pflanzen nebst einem Naturgemälde der Tropenländer auf Beobachtungen und Messungen gegründet* [...], Tübingen: Cotta 1807; Nachdruck: Darmstadt: Wissenschaftliche Buchgesellschaft 1963.

Lamarck, J.-B., »Discours préliminaire«, in: *Flore française, ou descriptions succinctes de toutes les plantes qui croissent naturellement en France. Disposée selon une nouvelle méthode d'analyse et précédée par un exposé des principes élémentaires de la botanique*, Paris 1778, S. LII [eine pädagogische Einführung und kritische Erörterung der Probleme der botanischen Systematik].

Lesson, R., »Taxidermie«, in: *Dictionnaire des sciences naturelles*, Bd. 52, Paris: Levrault 1828, S. 353-436.

Linné, C., *Species plantarum, exhibentes plantas rite cognitas ad genera relatas* [...] *secundum systema sexuale digestas* , ed. 3, Vidobonae: Trattner 1764, p. 304.

–, *Vollständiges Natursystem*, nach der 12. lateinischen Ausgabe [...] mit einer ausführlichen Erklärung ausgefertiget von Ph. L. S. Müller, Theil 1-6, Supplement und Register, Nürnberg: Raspe 1773-1776.

–, *L'Equilibre de la nature*, übersetzt von B. Jasmin, eingeleitet von C. Limoges, Paris: Vrin 1972, S. 40 [enthält mehrere Denkschriften Linnés und seiner Schüler].

–, *Lappländische Reise*, mit Zeichnungen des Autors, übersetzt von H. C. Artmann, Frankfurt am Main: Insel 1975 [it 102].

Rousseau, J.-J., *Der Botaniker ohne Lehrer. Eine Anweisung zur Pflanzenkunde in Briefen an eine Freundin der Natur nach J. J. Rousseau und H. v. C.*, bearbeitet von J. L. G. Meinecke [...], Halle: Hendels Verlag 1809, S. 153 ff., 150, 147.

Tournefort, J.-P., *Relation d'un voyage au Levant*, Lyon 1717; [gekürzte Fassung:] *Voyage d'un botaniste*, mit einer Einführung von S. Yérasimos, Paris: Maspero/La Découverte 1982.

Allgemeine Literatur

Brosse, P., *Les tours du monde des explorateurs*, Paris: Bordas 1983.

Browne, J., *The Secular Arc. Studies in the History of Biogeography*, New Haven/London: Yale University Press 1983.

Dagognet, F., *Une épistémologie de l'espace concret: néogéographie*, Paris: Vrin 1977.

Daudin, H., *De Linné à Lamarck. Méthodes de la classification et idée de série en botanique et en zoologie (1740-1790)*, Paris: Alcan 1926, Neuausgabe EAC 1983.

–, *Cuvier et Lamarck. Les classes zoologiques et l'idée de série animale (1790-1830)*, Paris: Alcan 1926, Neuausgabe: EAC 1983 [eine monumentale, sehr sorgfältige und häufig zitierte *thèse*].

Duval, M., *La planète des fleurs*, Paris: Laffont 1977, Neuausgabe Paris: Seghers 1980 [eine gut lesbare und recht informative Übersicht ohne Quellenangaben und ohne Literaturverzeichnis].

Limoges, C., *La sélection naturelle*, Paris: PUF 1970.

Taillemite, E., *Sur des mers inconnues*, Paris: Gallimard 1987 [coll. »Découvertes«].

Literatur zu speziellen Problemen

Blunt, W., *The Complete Naturalist. A Life of Linnaeus*, London: Collins 1971; französisch: *Linné, 1707-1778*, Paris: Belin 1986.

Broc, N., »Voyages et géographie au XVIIIe siècle«, in: *Revue d'histoire des sciences* 22 (1969), S. 137-154.

Dagognet, F., *Le catalogue de la vie*, Paris: PUF 1970.

Dean, J., »Controversy over classification: a case study from the history of botany«, in: B. Barnes und S. Shapin (Hg.), *Natural Order. Historical Studies of Scientific Culture*, Beverly Hills: Sage 1979, S. 211-230.

Fournier, R., *Voyages et découvertes scientifiques des missionnaires naturalistes français*, Paris: Lechevalier 1932.

Gaziello, C., *L'expédition de La Pérouse, ré-*

plique au voyage de Cook, Paris: CTHS 1984.

Laissus, Y., »Les voyageurs naturalistes du Jardin du Roi et du Museum d'histoire naturelle: essai de portrait robot«, in: *Revue d'histoire des sciences* 34 (1981) 3-4, S. 259-317.

Richard, H., *Une grande expédition scientifique au temps de la Révolution française: le voyage d'Entrecasteaux à la recherche de La Pérouse*, Paris: CTHS 1986.

MICHEL SERRES
PARIS 1800

Quellen und Zitate

Carnot, L., *Réflexions sur la métaphysique du calcul infinitésimal*, Bde. 1-2, Paris 1797; Paris: Gauthier-Villars 1921.

Carnot, S., *Réflexions sur la puissance motrice du feu et les machines propres à développer cette puissance*, Paris 1824; Neuausgabe Paris: Vrin 1978; deutsch: *Betrachtungen über die bewegende Kraft des Feuers und die zur Entwickelung dieser Kraft geeigneten Maschinen*, übersetzt und hg. von W. Ostwald, Leipzig: Engelmann 1892.

Coulomb, C. A. de, *Recherches sur la meilleure manière de fabriquer des aiguilles aimentées*, Paris 1777-1788.

–, *Construction et usage d'une balance électrique*, Paris 1785.

Debray, R., *Critique de la raison politique*, Paris: Gallimard 1981, S. 255-273.

Fourier, J., *Théorie analytique de la chaleur*, Paris 1822; Paris: Gauthier-Villars 1888; deutsch: *Analytische Theorie der Wärme*, Berlin 1884.

Lacroix, S. F., *Rapport historique sur les progrès des sciences mathématiques depuis 1789 et sur leur état actuel*, Paris 1810.

Lagrange, J. L. de, *Œuvres*, hg. von J. A. Serret und G. Darboux, Bde. 1-14, Paris: Gauthier-Villars 1867-1892; Nachdruck Hildesheim: Olms 1973.

– *Mécanique analytique*, Bde. 1-2, Paris 1788; deutsch: *Analytische Mechanik*, übersetzt von F. W. A. Murhard, Göttingen: Vandenhoeck und Ruprecht 1797.

–, *Théorie des fonctions analytiques*, Paris 1797; deutsch: *Theorie der analytischen Funktionen*, übersetzt von J. A. Grueson, Berlin: Lagarde 1798.

–, *Traité de la résolution des équations numériques de tous les dégrés*, Paris 1798.

–, *Leçons sur le calcul des fonctions* [1799], Paris 1804.

–, *Mathematische Werke*, Bde. 1-3, hg. von A. L. Crelle, Berlin 1823/1824.

–, *Mathematische Vorlesungen*, hg. von H. Niedermüller, Leipzig: Teubner 1880.

Lamarck, J.-B. de, *Recherches sur l'organisation des corps vivants*, Paris 1802; Paris: Fayard 1986 [Corpus des œuvres de philosophie en langue française].

Laplace, P. S., *Œuvres complètes*, Bde. 1-14, Paris: Gauthier-Villars 1878-1912.

–, *Exposition du système du monde*, Bde. 1-2, Paris 1796; deutsch: *Darstellung des Weltsystems* durch Peter Simon La Place, übersetzt von J. K. Hauff, Frankfurt am Mayn: Varrentrapp und Wenner 1797.

–, *Traité de mécanique céleste*, Bde. 1-5, Paris 1798-1825; deutsch: *Mechanik des Himmels*, Bde. 1-2 [mehr nicht erschienen], hg. von J. C. Burckhardt, Berlin 1800-1802.

–, *Essai philosophique sur les probabilités*, Paris 1814; deutsch: *Philosophischer Versuch über die Wahrscheinlichkeit*, hg. von R. von Mises, Leipzig: Akademische Verlagsgesellschaft 1932 [Ostwald's Klassiker der exakten Wissenschaften, Bd. 233].

– und A. L. de Lavoisier, *Mémoire sur la chaleur*, Paris 1780.

Lavoisier, A. L. de, *Traité élémentaire de chimie présenté dans un ordre nouveau et d'après les découvertes modernes*, Bde. 1-2, Paris 1789; in: *Œuvres*, Bd. 1, hg. von J. B. Dumas und E. Grimaux, Paris: Imprimerie nationale 1862; deutsch: *System der antiphlogistischen Chemie*, Bde. 1-2, übersetzt von S. F. Hermbstädt, Berlin/Stettin: Nicolai 1792.

–, *Opuscules physiques et chymiques*, Bd. 1 [mehr nicht erschienen], Paris 1774; deutsch: *Physikalisch-chemische Schriften*, Bd. 1, übersetzt von Ch. E. Weigel, Greifswald: Roese 1783.

Monge, G., *Géométrie descriptive. Leçons données aux Écoles normales*, Paris 1799.

–, *Application de l'analyse à la géométrie*, Paris 1807.

Poinsot, L., *Éléments de statique*, 7. Auflage, Paris: Bachelier 1837; deutsch: *Elemente der Statik*, übersetzt [nach der 5. Auflage] von J. G. Hartmann, Berlin: Rücker 1831.
–, *Théorie et détermination de l'équateur du Système solaire*, S. 385-425.
Serres, M., *Hermes*, Bd. 3: *Die Übersetzung*, übersetzt von M. Bischoff, Berlin: Merve 1993, S. 253-255.

Historiker und Kommentatoren

Comte, A., *Cours de philosophie positive*, Bde. 1-6, Paris: Bachelier 1830-1842; Bde. 1-2, Paris: Hermann 1975; deutsch: *Einleitung in die positive Philosophie* [=Bd. 1], übersetzt von H. Schneider, Leipzig 1880; *Soziologie* [=Bd. 4-6], übersetzt von V. Dorn, Jena: G. Fischer 1907-1911.
–, *Catéchisme positiviste, ou Sommaire exposition de la religion universelle, en onze entretiens systématiques entre une femme et un prêtre de l'humanité*, Paris 1852; Paris: Flammarion 1966; deutsch: *Katechismus der positiven Religion*, übersetzt von E. Roschlau, Leipzig 1891.
Condorcet, M.-J. N. Caritat de, *Esquisse d'un tableau historique des progrès de l'esprit humain*, Paris 1795; Neuausgabe Paris: Flammarion 1988; französisch/deutsch: *Entwurf einer historischen Darstellung der Fortschritte des menschlichen Geistes*, hg. von W. Alff, übersetzt von W. Alff in Zusammenarbeit mit H. Schweppenhäuser, Frankfurt am Main: Europäische Verlagsanstalt 1963; [nur deutsch:] Suhrkamp 1976 [stw 175].
Hegel, G. W. F., *Phänomenologie des Geistes*, Bamberg/Würzburg: Joseph Anton Goebhardt 1807; in: *Werke*, Redaktion E. Moldenhauer und K. M. Michel, Bd. 3, Frankfurt am Main: Suhrkamp 1970.
–, *Wissenschaft der Logik*, Bde. 1-2, Nürnberg 1812/1816; in: *Werke*, Red. E. Moldenhauer und K. M. Michel, Bde. 5-6, Frankfurt am Main: Suhrkamp 1969.
–, *Encyklopädie der philosophischen Wissenschaften im Grundrisse*, Heidelberg 1817; in: *Werke*, Red. E. Moldenhauer und K. M. Michel, Bde. 8-10, Frankfurt am Main: Suhrkamp 1970.

BERNADETTE BENSAUDE-VINCENT
LAVOISIER: EINE WISSENSCHAFTLICHE REVOLUTION

Quellen und Zitate

Berthelot, M., *La révolution chimique. Lavoisier*, Paris: Alcan 1890.
Condillac, É. Bonnot de, *La logique ou les premiers développements de l'art de penser*, Paris 1780; deutsch: *Die Logik oder Die Anfänge der Kunst des Denkens* [...], hg. von G. Klaus, übersetzt von E. Salewski, Berlin/DDR: Akademie Verlag 1959, S. 64 f., 68.
Duhem, P., *La chimie est-elle une science française?*, Paris 1916.
Dumas, J.-B., *Leçons sur la philosophie chimique professées au Collège de France en 1836*, Paris 1837.
Duveen, D. I., und H. S. Klickstein, *A Bibliography of the Works of Antoine Laurent Lavoisier, 1743-1794*, London: Dawson 1954; *Supplement*, London: Dawson 1965.
Fourcroy, A. F. de, *Encyclopédie méthodique. Chimie*, Bd. 3, Paris: Panckouke 1796, S. 303-781.
Guyton de Morveau, L. B., A. L. de Lavoisier, A. F. Fourcroy und C. Berthollet, *Méthode de nomenclature chimique*, Paris 1787; Nachdruck in: *Cahiers d'histoire et de philosophie des sciences*, Nr. 6 (1983), Paris: CNRS.
Lavoisier, A. L., *Œuvres*, Bde. 1-6, hg. von J.-B. Dumas und E. Grimaux, Paris: Imprimerie nationale 1862-1893; Nachdruck: New York/London 1965.
–, *Œuvres*, Bde. 7-9: *Correspondances*, Bde. 1-3, hg. von R. Fric, Paris 1955-1964.
–, *Opuscules physiques et chymiques*, Bd. 1 [mehr nicht erschienen], Paris 1774; deutsch: *Physikalisch-chemische Schriften*, Bd. 1, übersetzt von Ch. E. Weigel, Greifswald: Roese 1783.
–, *Traité élémentaire de chimie*, Bde. 1-2, Paris 1789; deutsch: *System der antiphlogistischen Chemie*, Bde. 1-2, übersetzt von S. F. Hermbstädt, Berlin/Stettin: Nicolai 1792, S. 6, 10 f., 19, 161
–, *Mémoires de chimie*, Bde. 1-2, hg. von Mme. Lavoisier, Paris 1803.

–, Laboraufzeichnungen und verschiedene Manuskripte (Mappen und Mikrofilme) im Archiv der Académie des sciences, Paris.

–, Briefe in der Bibliothèque municipale de Clermont-Ferrand, coll. de Chazelles.

Macquer, P. J., *Dictionnaire de chymie contenant la théorie et la practice de cette science*, Bde. 1-2, Paris 1766/68; 2. Auflage, Bde. 1-4, Paris 1778; deutsch: *Herrn Peter Joseph Macquers* [...] *Chymisches Wörterbuch oder allgemeine Begriffe der Chemie nach alphabetischer Ordnung*, übersetzt von J. G. Leonhardi, Bde. 1-7, Leipzig: in der Weidmannschen Buchhandlung 1788-1791.

Mayow, J., *Tractatus quinque medico-physica*, hg. von F. G. Donnan; deutsch: *Untersuchungen über den Salpeter und den salpetrigen Luftgeist, das Brennen und das Athmen*, Leipzig: Engelmann 1901 [Ostwald's Klassiker der exakten Wissenschaften, Bd. 125].

Ostwald, W., *Der Werdegang einer Wissenschaft. Sieben gemeinverständliche Vorträge aus der Geschichte der Chemie*, Leipzig: Akademische Verlagsgesellschaft 1908, S. 21; französisch: *L'Évolution d'une science: la chimie*, Paris: Flammarion 1910.

Rey, J., *Essays sur la recherche de la cause pour laquelle l'estain et le plomb calcinés augmentent de poids*, 1630; deutsch: *Über die Ursache der Gewichtszunahme von Zinn und Blei beim Verkalken*, hg. und mit Anmerkungen versehen von E. Ichenhäuser und M. Speter, Leipzig: Engelmann 1909 [Ostwald's Klassiker der exakten Wissenschaften, Bd. 172].

Wurtz, A., *Dictionnaire de chimie pure et appliquée*, Bde. 1-5, Paris 1869-1878.

Allgemeine Literatur

Bensaude-Vincent, B., *Lavoisier*, Paris: Flammarion 1993.

Crosland, M. P., »Lavoisier, le mal-aimé«, in: *La recherche* 14 (1983), S. 785-791.

Dagognet, F., *Tableaux et langages de chimie*, Paris: Seuil 1969.

Daumas, M., *Lavoisier, théoricien et expérimentateur*, Paris: PUF 1955.

Donovan, A. (Hg.), *The Chemical Revolution. Essays in Reinterpretation. Osiris*, Zweite Folge, 4 (1988); darin: »Lavoisier and the Origins of Modern Chemistry«.

Fayet, J., *La Révolution française et la science, 1789-1795*, Paris: Rivière 1960.

Fox, R., *The Caloric Theory of Gases. From Lavoisier to Regnault*, Oxford 1971.

Gillispie, C. C., *Science and Polity in France at the End of the Old Regime*, Princeton: Princeton University Press 1980.

Grimaux, E., *Lavoisier, 1743-1794, d'après sa correspondance, ses manuscrits, ses papiers de famille et d'autres documents inédits*, Paris 1888.

Guerlac, H., Art. »Lavoisier«, in: C. C. Gillispie (Hg.), *Dictionary of Scientific Biography*, Bd. 8, New York: Scribner's 1973, S. 66-91.

–, *Antoine Laurent Lavoisier. Chemist and Revolutionary*, New York 1975.

Hahn, R., *The Anatomy of a Scientific Institution. The Paris Academy of Science, 1666-1803*, Berkeley: University of California Press 1971.

Kahane, E., *Lavoisier, pages choisies*, Paris: Éditions sociales 1974.

Kuhn, Th., »Die historische Struktur wissenschaftlicher Entdeckungen«, in ders., *Die Entstehung des Neuen. Studien zur Struktur der Wissenschaftsgeschichte*, hg. von L. Krüger, übersetzt von H. Vetter, Frankfurt am Main: Suhrkamp 1977 [auch als stw 236], S. 239-253.

–, *Die Struktur wissenschaftlicher Revolutionen*, übersetzt von K. Simon, Frankfurt am Main: Suhrkamp 1967 [auch als stw 25].

McKie, D., *Antoine Lavoisier. Scientist, Economist, Social Reformer*, London/New York 1952.

Metzger, H., *Les doctrines chimiques en France du début du XVIIe à la fin du XVIIIe siècle*, Paris: Blanchard 1923, 2. Auflage 1969.

–, *Newton, Stahl, Boerhaave et la doctrine chimique*, Paris: Blanchard 1930, 2. Auflage 1974.

Meyerson, É., *De l'explication dans les sciences*, Paris 1902.

Musgrave, A. E., »Why did oxygen supplant phlogiston? Research programmes in the chemical revolution«, in: C. Howson (Hg.), *Method and Appraisal in the Phys-*

ical Science, Cambridge: Cambridge University Press 1976, S. 181-209.
Pouchet, G., *Les sciences pendant la Terreur*, Paris 1896.
Ströker, E., *Theoriewandel in der Wissenschaftsgeschichte. Chemie im 18. Jahrhundert*, Frankfurt am Main: Klostermann 1981.
Szabadváry, F., *Antoine Laurent Lavoisier. Der Forscher und seine Zeit*, Stuttgart: Wissenschaftliche Verlagsgesellschaft 1973 [Große Naturforscher, Bd. 36].

Literatur zu speziellen Problemen

Anderson, W. C., *Between the Library and the Laboratory. The Language of Chemistry in Eighteenth Century*, Baltimore: Johns Hopkins University Press 1984.
Crosland, M. P., *Historical Studies in the Language of Chemistry*, New York: Dover Publications 1962, 2. Auflage 1978.
–, »Lavoisier's theory of acidity«, in: *Isis* 64 (1973), S. 306-325.
Daumas, M., »Les appareils d'expérimentation de Lavoisier«, in: *Chymia* 3 (1950), S. 45-62.
–, »Justification de l'attitude de Fourcroy pendant la Terreur«, in: *Revue d'histoire des sciences et de leurs applications* 11 (1958), S. 273 f.
Duhem, R., *Le mixte et la combinaison chimique*, Paris 1802; Nachdruck Paris: Fayard 1985.
Duveen, D. I., und H. Klickstein, »Some new facts relating to the arrest of Antoine Laurent Lavoisier«, in: *Isis* 49 (1958), S. 377-384.
Duveen, D. I., und M. Vergnaud, »L'explication de la mort de Lavoisier«, in: *Archives internationales d'histoire des sciences* 9 (1956), S. 43-50.
Girtanner, Ch., *Neue chemische Nomenklatur für die deutsche Sprache*, Berlin 1791.
Guerlac, H., *Lavoisier. The Crucial Year. Background and Origin of his First Experiment on Combustion in 1772*, New York: Cornell University Press 1961.
–, »Chemistry as a branch of physics. Laplace's collaboration with Lavoisier«, in: *Historical Studies in the Physical Sciences* 7 (1976), S. 193-276.
Guillaume, J., »Un mot légendaire: la République n'a pas besoin de savants«, in: *Révolution française* 38 (1900), S. 385-399, sowie in: *Études révolutionnaires*, 1. Folge, Paris 1908, S. 136-155.
Kahlbaum, G. W. A., und A. Hofmann, »Ueber den Anteil Lavoisiers an der Feststellung der das Wasser zusammensetzenden Gase«, in: G. W. A. Kahlbaum, *Die Einführung der Lavoisier'schen Theorie, im besonderen in Deutschland*, Leipzig: Barth 1897 [Monographieen aus der Geschichte der Chemie, Bd. 1].
Kersaint, G., »Fourcroy a-t-il fait des démarches pour sauver Lavoisier?«, in: *Revue générale des sciences pures et appliquées* 65 (1958), S. 151 f.
Melhado, E. N., »Chemistry, physics, and the chemical revolution«, in: *Isis* 76 (1985), S. 195-211.
Metzger, H., »Introduction à l'étude du rôle de Lavoisier dans l'histoire de la chimie«, in: *Archeion* 14 (1932), S. 31-50.
–, *La philosophie de la matiere de Lavoisier*, Paris: Hermann 1935.

GEOF BOWKER

DIE URSPRÜNGE VON LYELLS UNIFORMITARISMUS: FÜR EINE NEUE GEOLOGIE

Quellen und Zitate

Babbage, C., *The Ninth Bridgewater Treatise. A Fragment*, London 1837.
Buckland, W., *Geology and Mineralogy Considered with Reference to Natural Theology*, Bde. 1-2, London 1836; deutsch: *Die Urwelt und ihre Wunder*, aus dem Englischen [...] von F. Werner [Bd. 5 von *Die Natur, ihre Wunder und Geheimnisse, oder die Bridgewater-Bücher*], Stuttgart: Verlag von Paul Neff 1837, S. 11, 13, 83, 259.
Bulletin de la société géologique de France 5 (1833), S. 501.
Dufrénoy, P. A., und L. Élie de Beaumont, *Mémoires pour servir à une description géologique de la France*, Teil 1: Élie de Beaumont, »Observations géologiques sur les différentes formations qui, dans le système des Vosges, séparent la formation houillère de celle du Lias«; Teil 2: Dufrénoy, »Mémoire sur l'existence du gypse et de divers minerais métallifères dans la par-

tie supérieure du Lias du sud-ouest de la France«, Bd. 1, Paris 1830.

Écho du monde savant, Paris, Bd. 1, 10. April 1834, S. 2; ebd., 20. Juni 1834, S. 54.

Élie de Beaumont, L., *Leçons de géologie pratique, professés au Collège de France pendant l'année scolaire 1843-1844*, Bde. 1-2, Paris: Bertrand [Bd. 2: Baillère] 1845-1849.

–, Papiers (boîte 1: Mécanique-chimie; boîte 7: Manuscrits divers, Analyse de Géologie; boîte 9: Collège de France, 1832-1843), Paris, Archives de l'Institut de France.

Laplace, P. S. de, *Essai philosophique sur les probabilités*, Paris 1814, Nachdruck Brüssel 1967; deutsch: *Philosophischer Versuch über die Wahrscheinlichkeit*, hg. von R. von Mises, Leipzig: Akademische Verlagsgesellschaft 1932 [Ostwald's Klassiker der exakten Wissenschaften, Bd. 233], S. 1 f.

Lyell, Charles, Lectures on Geology (King's College, London, Royal Institution, 1833 etc.), Lyell Manuscripts, 7/8, University of Edinburgh.

–, *Principles of Geology, Being an Attempt to Explain the Former Changes of the Earth's Surface, by Reference to Causes now in Operation*, Bde. 1-3, London: John Murray 1830-1833; Reprint: Lehre: J. Cramer 1970; deutsch: *Grundsätze der Geologie oder die neuen Veränderungen der Erde und ihrer Bewohner in Beziehung zu geologischen Erläuterungen*, nach der sechsten Originalauflage aus dem Englischen übersetzt von C. Hartmann, Weimar: B. F. Voigt 1841/42; Bd. 1: *Geschichte der Fortschritte der Geologie und Einleitung in diese Wissenschaft*, S. 18, 118 f., 135, 138, 140, 215, 222, 314, 366 f., 368; Bd. 2: *Die neuen Veränderungen der unorganischen Welt* [...], S. 249, 367, 390, 497 f., 548; Bd. 3: *Die neuen Veränderungen der organischen Welt* [...], S. 173, 218, 276.

–, *Life, Letters and Journals of Sir Charles Lyell*, Bd. 2, London 1881.

Allgemeine Literatur

Über den Begriff der Zeit

Attali, J., *Histoire du temps*, Paris: Fayard 1982.

Sohn-Rethel, A., »Science as alienated consciousness«, in: *Radical Science Journal* (1975).

Thompson, E. P., »Time, work discipline and industrial capitalism«, in: *Past and Present*, Heft 38 (1967), S. 56-97.

Young, R., »The historiographic and ideological contexts of the nineteenth century debate on man's place in nature«, in: M. Teich und R. Young (Hg.), *Changing Perspectives in the History of Science. Essays in Honour of Joseph Needham*, London 1973.

Über die Geologie

Burchfield, J. D., *Lord Kelvin and the Age of the Earth*, London 1975.

Oldroyd, D. R., »Historicism and the rise of historical geology«, in: *History of Science* 17 (1979), S. 191-257.

Porter, R., *The Making of Geology. Earth Science in Britain, 1660-1815*, Cambridge: Cambridge University Press 1977.

Rossi, P., *The Dark Abyss of Time. The History of the Earth and the History of the Nations from Hooke to Vico*, Chicago: University of Chicago Press 1984.

Rudwick, M. J., »The Strategy of Lyell's *Principles of Geology*«, in: *Isis* 61 (1970), S. 5-33.

Wilson, L. G., *Charles Lyell: The Years to 1841. The Revolution in Geology*, New Haven 1972.

JEAN-MARC DROUIN

MENDEL: MIT BLICK ZUM GARTEN

Quellen und Zitate

Gärtner, C. F. von, *Versuche und Beobachtungen über die Bastarderzeugung im Pflanzenreich*, Stuttgart: K. F. Hering & Comp. 1849.

Kölreuter, J. G., *Vorläufige Nachricht von einigen das Geschlecht der Pflanzen betreffenden Versuchen und Beobachtungen, nebst Fortsetzungen 1, 2 und 3*, Leipzig 1761-1766; hg. von W. Pfeffer, Leipzig: Engelmann 1893 [Ostwald's Klassiker der exakten Wissenschaften, Bd. 41].

Lecoq, H., *De la fécondation naturelle et artificielle des végétaux et de l'hybridation*, Paris 1845; S. XII, 66; deutsch: *Von der natürlichen und künstlichen Befruchtung der Pflanzen, und von der Hybridation*, übersetzt von F. Freiherr von Biedenfeld, Weimar: B. F. Voigt 1846.

Mendel, G., »Versuche über Pflanzen-Hybriden«, in: *Verhandlungen des Naturforschenden Vereines in Brünn* 4 (1866), S. 3-47; S. 3-5, 8 f., 12, 17, 19, 22 f., 29, 41 Anm. Als separate Veröffentlichung hg. von E. von Tschermak, Leipzig: Engelmann 1901 [Ostwald's Klassiker der exakten Wissenschaften, Bd. 121]; Neuausgabe, kommentiert von F. Weiling, Braunschweig: Vieweg 1960 [in der Neuen Folge derselben Reihe, Bd. 6].

–, »Ueber einige aus künstlicher Befruchtung gewonnenen *Hieracium*-Bastarde«, in: *Verhandlungen des Naturforschenden Vereines in Brünn* 8 (1870), S. 26-31; S. 28. Wieder in: ders., *Versuche über Pflanzenhybriden*, kommentiert von F. Weiling, Braunschweig: Vieweg 1960, S. 65-71 [Ostwald's Klassiker der exakten Wissenschaften, Neue Folge, Bd. 6].

– »Gregor Mendels Briefe an Carl Nägeli, 1866-1873«, hg. von C. Correns, in: *Abhandlungen der mathematisch-physikalischen Klasse der Königlich Sächsischen Gesellschaft der Wissenschaften* 29 (1905), S. 189-265. – Wieder in: C. Correns, *Gesammelte Abhandlungen zur Vererbungswissenschaft*, Berlin: Borntraeger 1924, S. 1233-1297.

Naudin, C., in: *Revue horticole* (1852).

–, »Sur les plantes hybrides«, in: *Revue horticole* (1861), S. 396-399, S. 397 f.

–, »Nouvelles recherches sur l'hybridité dans les végétaux«, in: *Annales des sciences naturelles. Botanique* 35 (1863), S. 180-203.

Sageret, A., »Considérations sur la production des hybrides, des variantes, et des variétés en général, et sur celle de la famille des Cucurbitacées en particulier«, in: *Annales des sciences naturelles* 8 (1826), S. 302 f., 306.

Vilmorin, L. de, *Notice sur l'amélioration des plantes par semis*, Paris: Librairie agricole 1859, S. 27 f., 44.

Vilmorin, P. de (Hg.), *Comptes rendus et rapports. IVe Conférence internationale de génétique, Paris 1911*, Paris: Masson 1913.

Wichura, M., *Die Bastardbefruchtung im Pflanzenreich, erläutert an den Bastarden der Weiden*, Breslau 1865.

Allgemeine Literatur

Jakubiček, M., und J. Kubiček, *Bibliographia Mendeliana*, Brno [Brünn] 1965.

Křiženecký, J., *Gregor Johann Mendel 1822-1884. Texte und Quellen zu seinem Wirken und Leben*, Leipzig: Joh. Ambrosius Barth 1965.

Krumbiegel, I., *Gregor Mendel und das Schicksal seiner Entdeckung*, Stuttgart: Wiss. Verlagsgesellschaft 1957, 2. erweiterte Auflage 1967 [Große Naturforscher, Bd. 22].

Orel, V., und J. R. Armogathe, *Mendel. Un inconnu célèbre*, Paris: Belin 1965 [coll. »Un savant, une époque«].

Richter, O., »Johann Gregor Mendel, wie er wirklich war. Neue Beiträge zur Biographie des berühmten Biologen aus Brünns Archiven«, in: *Verhandlungen des Naturforschenden Vereines in Brünn* 74 (1943) 2, S. 1-262.

Stubbe, H., *Kurze Geschichte der Genetik bis zur Wiederentdeckung der Vererbungsregeln Gregor Mendels*, Jena: VEB Gustav Fischer 1965.

Literatur zu speziellen Problemen

Blanc, M., »Gregor Mendel: la légende du génie méconnu«, in: *La recherche*, Nr. 151 (1984), S. 46-59.

Brannigan, A., »The reification of Mendel«, in: *Social Studies of Science*, Nr. 9 (1979), S. 423-454; französisch: »L'obscurcissement de Mendel«, in: M. Callon und B. Latour (Hg.), *Les scientifiques et leurs alliés*, Paris: Pandore 1985, S. 53-87 [sehr interessant zur Analyse der Strategien der Genetiker zu Beginn des zwanzigsten Jahrhunderts; freilich enttäuschend zur Frage des Verhältnisses zwischen Mendel und den Züchtern von Pflanzenhybriden].

Callender, L. A., »Gregor Mendel: An opponent of descent with modification«, in: *History of Science* 26 (1988) 1, Nr. 71, S. 41-75.

Dagognet, F., *Des révolutions verts. Histoire et principes de l'agronomie*, Paris: Hermann 1973.

Fischer, J. L., »Contribution à l'histoire de la génétique en France (1900-1915): le monde des practiciens et l'abbé Germain

Vieules (1846-1944)«, in: *Histoire de la génétique. Pratique, techniques et théories. Actes du colloque international, Paris 1987*, Paris [im Erscheinen].
Fisher-Bennett, R. A., *Gregor Mendel: Experiments in Plant Hybridisation*, Edinburgh/London 1965.
Lenay, C., *Le hasard dans les théories biologiques de la seconde moitié du XIXe siècle* [besonders das Kapitel »Le hasard chez Mendel«], Thèse, Université Paris-I, 1988.
L'Héritier, P., und andere, *La grande aventure de la génétique*, Paris: Flammarion 1984 [unentbehrlich zur Frage der Verbindungen zwischen Mendel und der heutigen Genetik].
Olby, R. C., *Origins of Mendelism*, London: Constable 1966.
Orel, V., »Will the story on ›too good‹ results of Mendel's data continue?«, in: *BioScience* 18 (1968), S. 776-778.
Piquemal, J., *Aspects de la pensée de Mendel*, Paris: Palais de la Découverte 1965.
Roberts, H. F., *Plant Hybridization before Mendel*, New York: Hafner 1926; fotomechanischer Nachdruck 1965 [zweifellos das Standardwerk zu diesem Thema; wird von allen übrigen Autoren eingehend benutzt].
Serre, J. L., »La génèse de l'œuvre de Mendel«, in: *La recherche*, Nr. 158 (1984), S. 1072-1080.
Weiling, F., »Die Mendelschen Erbversuche in biometrischer Sicht«, in: *Biometrische Zeitschrift* 7 (1965), S. 230-262.
–, »Hat J. G. Mendel bei seinen Versuchen ›zu genau‹ gearbeitet?«, in: *Der Züchter* 36 (1966), S. 359-365.

BRUNO LATOUR

PASTEUR UND POUCHET: DIE HETEROGENESE DER WISSENSCHAFTSGESCHICHTE

Quellen und Zitate

Pasteur, L., *Œuvres complètes*, Paris: Masson 1922-1939.
–, *Correspondance*, Paris: Grasset 1940; Neuausgabe: Bde. 1-4, Paris: Flammarion 1951.
–, »Die *generatio spontanea*. Vortrag im Rahmen der wissenschaftlichen Abende der Sorbonne am 7. April 1864«, in: *Pasteur und die generatio spontanea*. Aus den Werken von Pasteur ausgewählt, übersetzt und eingeleitet von J. Tomcsik, Bern/Stuttgart: Huber 1964 [Hubers Klassiker der Medizin und der Naturwissenschaft, Bd. 3], S. 142-163.

Allgemeine Literatur

Bullock, W., *The History of Bacteriology*, New York: Dover 1960.
Feyerabend, P., *Wider den Methodenzwang. Skizze einer anarchistischen Erkenntnistheorie*, übersetzt von H. Vetter, Frankfurt am Main: Suhrkamp 1976.
Geison, G., »Pasteur«, in: C. C. Gillispie (Hg.), *Dictionary of Scientific Biography*, Bde. 1-16, New York: Scribner's & Sons 1974.
Kuhn, T. S., *Die Struktur wissenschaftlicher Revolutionen*, übersetzt von K. Simon, Frankfurt am Main: Suhrkamp 1967 [auch als stw 25].

Literatur zu speziellen Problemen

Callon, M., und B. Latour (Hg.), *Les scientifiques et leurs alliés. Anthologie de la sociologie des sciences de langue anglaise*, Paris: Pandore 1985.
Farley, J., und G. Geison, »Le débat entre Pasteur et Pouchet: science, politique et génération spontanée au XIXe siècle en France«, in: M. Callon und B. Latour (Hg.), *La science telle qu'elle se fait*, Paris: Pandore 1982.
Latour, B., *Les microbes, guerre et paix*, Paris: A.-M. Métaillé 1984.
Roll-Hansen, N., »Experimental method and spontaneous generation: the controversy between Pasteur and Pouchet«, in: *Journal of the History of Medicine* 34, S. 273-292.
Salomon-Bayet, C. (Hg.), *La révolution pastorienne*, Paris: Payot 1986.

Quellen und Zitate

Ampère, L. M., »Lettre de M. Ampère à M. le comte Berthollet, sur la détermination des proportions dans lesquelles les corps se combinent d'après le nombre et la disposition respective des molécules dont leurs particules intégrantes sont composées«, in: *Annales de chimie* 90 (1814), S. 43-86; deutsch: »Brief des Herrn Ampère an den Herrn Grafen Berthollet, über die Bestimmung der Verhältnisse, in welchen sich die Körper nach der Zahl und der wechselseitigen Anordnung der Molekeln, aus denen ihre integrirenden Partikeln zusammengesetzt sind, verbinden«, in: A. Avogadro und L. M. Ampère, *Die Grundlagen der Molekulartheorie*, hg. von W. Ostwald, Leipzig: Wilhelm Engelmann 1889 [Ostwald's Klassiker der exakten Wissenschaften, Bd. 8], S. 23-45.

–, in: *Annales de chimie* (1816) 1, S. 195-373; 2, S. 5-105.

Avogadro, A., »Essai d'une manière de déterminer les masses relatives des molécules élémentaires des corps, et les proportions selon lesquelles elles entrent dans les combinaisons«, in: *Journal de physique par Delamétherie* 73 (1811), S. 58-76; deutsch: »Versuch einer Methode, die relativen Massen der Elementarmolekeln der Stoffe, und die relativen Verhältnisse, nach welchen sie in Verbindungen eintreten, zu bestimmen«, in: ders. und L. M. Ampère, *Die Grundlagen der Molekulartheorie*, hg. von W. Ostwald, Leipzig: Wilhelm Engelmann 1889 [Ostwald's Klassiker der exakten Wissenschaften, Bd. 8], S. 3-22.

Berzelius, J. J., *Lärbok i kemien*, Stockholm 1818; deutsch: *Lehrbuch der Chemie*, Bde. 1-4, übersetzt und bearbeitet von K. A. Blöde, K. Palmstedt und F. Wöhler, Reutlingen: Mäcken 1821-1832.

Cannizzaro, S., »Sunto di un corso di filosofia chimica fatto alla Reale Università die Genova«, in: *Nuovo Cimento* 7 (1858); deutsch: *Abriss eines Lehrganges der theoretischen Chemie, vorgetragen an der K. Universität Genua*, hg. von L. Meyer, Leipzig: Wilhelm Engelmann 1891 [Ostwald's Klassiker der exakten Wissenschaften, Bd. 30].

Dalton, J., *A New System of Chemical Philosophy*, Bde. 1-2, London: Bickerstorff 1808-1827; Reprint London: Danson o. J. [ca. 1960]; Auszüge deutsch in: J. Dalton und W. H. Wollaston, *Die Grundlagen der Atomtheorie*, hg. von W. Ostwald, Leipzig: Wilhelm Engelmann 1902 [Ostwald's Klassiker der exakten Wissenschaften, Bd. 3], S. 14-20.

Döbereiner, J. W., »Versuch zu einer Gruppirung der elementaren Stoffe nach ihrer Analogie« (1829), in: ders. und M. Pettenkofer, *Die Anfänge des natürlichen Systems der chemischen Elemente*, hg. von L. Meyer, Leipzig: Wilhelm Engelmann 1895 [Ostwald's Klassiker der exakten Wissenschaften, Bd. 66], S. 3-8.

Dumas, J. B., *Leçons sur la philosophie chimique*, Paris 1837; Nachdruck Brüssel 1972.

–, »Sur les équivalents des corps simples«, in: *Annales de chimie et de physique* 55 (1859), S. 129-210.

Galissard de Marignac, J. C., »Sur les rapports réciproques des poids atomiques«, in: *Bulletin de l'Académie de Belgique* 10 (1860) 8.

Gerhardt, Ch., *Lehrbuch der organischen Chemie*, deutsche Originalausgabe vom Verfasser besorgt unter Mitwirkung von Dr. R. Wagner, Leipzig: Otto Wigand 1854-1857.

Meyer, L., *Die modernen Theorien der Chemie und ihre Bedeutung für die chemische Mechanik*, Breslau 1864; 4. umgearbeitete Auflage, Breslau: Maruschke & Berendt 1893.

–, »Entwurf eines Systems der Elemente« [Wiedergabe nach dem Manuskript 1868], in: ders. und D. Mendelejeff, *Das natürliche System der chemischen Elemente*, hg. von K. Seubert, Leipzig: Wilhelm Engelmann 1895 [Ostwald's Klassiker der exakten Wissenschaften, Bd. 68], S. 6 f.

Werke von Mendeleev

Mendeleev, D. I., *Socinenija* [Werke], Bde. 1-25 und Registerband, Leningrad: Akademija nauk SSSR 1934-1952.

–, *Principes de chimie*, ins Französische übersetzt von M. E. Aschkinasi und M. H. Carrion nach der sechsten russischen Auflage, Bde. 1-2, Paris 1895.

–, »Ueber die Beziehungen der Eigenschaften zu den Atomgewichten der Elemente« [1869], in: L. Meyer und D. Mendelejeff, *Das natürliche System der chemischen Elemente*, hg. von K. Seubert, Leipzig: Wilhelm Engelmann 1895 [Ostwald's Klassiker der exakten Wissenschaften, Bd. 68], S. 18 f.

–, »Die Beziehungen zwischen den Eigenschaften der Elemente und ihren Atomgewichten« [1869], übersetzt von Fehrmann, ebd., S. 20-40.

–, »Die periodische Gesetzmäßigkeit der chemischen Elemente« [1871], übersetzt von F. Wreden, ebd., S. 41-118.

–, »Remarques à propos de la découverte du Gallium«, in: *Comptes rendus de l'Académie des sciences* 81 (1875), S. 969-972.

–, »Loi périodique des éléments chimiques« (Faraday-Vorlesung vom 4. Juni 1889), in: *Le moniteur scientifique* (1889), S. 888-904.

–, »Comment j'ai trouvé le système périodique des éléments«, in: *Revue générale de chimie pure et appliquée* 1 (1899), S. 211-214 und S. 510-512.

–, *Towards a Chemical Conception of Ether*, übersetzt nach der russischen Originalausgabe von 1902, London: Kamensky 1904.

Allgemeine Literatur

Bachelard, G., *Le pluralisme cohérent de la chimie moderne*, Paris: Vrin 1930; 2. Auflage 1973.

Kedrov, B. M., »Mendeleev«, in: C. G. Gillispie (Hg.), *Dictionary of Scientific Biography*, New York: Scribner's & Sons 1973.

Kolodkine, R., *D. I. Mendeleev et la loi périodique*, Paris: Seghers 1963.

Partington, J. R., *A History of Chemistry*, Bd. 4, London: Macmillan 1964.

Van Spronsen, J. W., *The Periodic System of Elements. A History of the First Hundred Years*, Amsterdam und London: Elsevier 1969.

Literatur zu speziellen Problemen

Brock, W. H., *From Protyle to the Proton. William Prout and the Nature of Matter, 1785-1985*, Boston: Adam Hilger 1985.

Brush, S. G., »Should the history of science be rated X?«, in: *Science* 183 (1974), S. 1164-1172.

Butterfield, H., *The Whig Interpretation of History*, London: Bell 1950.

Cardwell, D. S. L., *John Dalton and the Progress of Science*, Manchester: Manchester University Press 1968.

Farrar, W. V., »Nineteenth century speculations on the complexity of chemical elements«, in: *British Journal for the History of Science* 2 (1965), S. 297-323.

Harrison, E., »Whigs, prigs and historians of science«, in: *Nature* 329 (1987), S. 213 f.

Kuhn, T. S., »Die Wissenschaftsgeschichte«, in: ders., *Die Entstehung des Neuen. Studien zur Struktur der Wissenschaftsgeschichte*, hg. von L. Krüger, übersetzt von H. Vetter, Frankfurt am Main: Suhrkamp 1977 [auch als stw 236], S. 169-193.

Leicester, H. M., »Factors which led Mendeleev to the periodic law«, in: *Chymia* 1 (1948), S. 67-74.

Menschutkin, B. N., »Early history of Mendeleev's periodic law«, in: *Nature* 133 (1934), S. 946.

Russel, C., »Whigs and professionals«, in: *Nature* 308 (1984), S. 777 f.

GEOF BOWKER
DER AUFSCHWUNG DER INDUSTRIEFORSCHUNG

Quellen und Zitate

Das gesamte Quellenmaterial dieses Kapitels stammt aus dem Archiv der Firma Schlumberger, das in der Pariser *École des mines* konsultiert werden kann.

Literatur zu speziellen Problemen

Beer, J. J., *The Emergence of the German Dye Industry*, Urbana: University of Illinois Press 1959.

Bijker, W. E. / T. P. Hughes / T. Pinch (Hg.), *The Social Construction of Technological Systems. New Directions in the Sociology and History of Technology*, Cambridge, Mass.: MIT-Press 1985.

Chandler, A. D., *The Visible Hand. The Managerial Revolution in American Business*, Cambridge, Mass.: Belknap 1977.

Deutsche BP (Hg.), *Das Buch vom Erdöl*, 5. Auflage, Hamburg: Reuter und Klöckner 1989.

Hughes, T. P., *Networks of Power. Electrification in Western Society, 1880-1930*, Baltimore: Johns Hopkins University Press 1983.

Landes, D., *Der entfesselte Prometheus. Technischer Wandel und industrielle Entwicklung in Westeuropa von 1750 bis zur Gegenwart*, Köln: Kiepenheuer & Witsch 1973.

Locke, R., *The End of Practical Man. Entrepreneurship and Higher Education in Germany, France and Great Britain, 1880-1940*, London: JQI Press 1984.

McNeill, W. H., *Krieg und Macht. Militär, Wirtschaft und Gesellschaft vom Altertum bis heute*, übersetzt von Ch. Spiel, München: Beck 1964.

Noble, D. F., *America by Design. Science, Technology, and the Rise of Corporate Capitalism*, New York: Knopf 1977.

Partington, J. R., *A History of Chemistry*, Bde. 1-4, London: Macmillan 1961-1970.

Reich, L., *The Making of American Industrial Research. Science and Business at G. E. and Bell, 1876-1926*, Cambridge: Cambridge University Press 1985.

Reindl, S., *Erdöl – Chemie und Technologie*, München: Goldmann 1970.

Smith, M. (Hg.), *Military Enterprise and Technological Change. Perspectives in the American Experience*, Cambridge, Mass.: MIT-Press 1985.

Thomas Jr., D. E., *Diesel. Technology and Society in Industrial Germany*, Tucaloosa: University of Alabama Press 1987.

BRUNO LATOUR

JOLIOT: GESCHICHTE UND PHYSIK IM GEMENGE

Quellen und Zitate

Weart, S., *La grande aventure des atomistes français. Les savants au pouvoir*, Paris: Fayard 1980.

Allgemeine Literatur

Kevles, D., *The Physicists. The History of a Scientific Community in Modern America*, New York: Knopf 1978; französisch: *Les physiciens*, Paris: Economica 1988 [coll. »Anthropos«].

Rouban, L., *L'État et les sciences*, Paris: Éditions du CNRS 1988.

Salomon, J.-L., *Science et politique*, Paris: Seuil 1970.

Delassus, M. (Regisseur), *La course à la bombe*, Fernsehserie, ausgestrahlt 1987 auf TF1.

Literatur zu speziellen Problemen

Callon, M., J. Law und A. Rip, *Mapping the Dynamics of Science and Technology*, London: Macmillan 1986.

Latour, B., *Science in Action. How to Follow Scientists and Engineers through Society*, Milton Keynes: Open University Press 1987; französisch: Paris: La Découverte 1988.

Latour, B., und X. Polanco, *Le régime français des sciences et des techniques. Bibliographie raisonnée de la littérature secondaire de langues anglaise et française sur l'histoire sociale des sciences et des techniques françaises, de 1665 à nos jours*, Paris: Ministère de la Recherche, CPE 1987; als Datenbank: École des mines de Paris, CSI 1988.

Szilard, L., *His Version of the Facts. Selected Recollections and Correspondence*, Cambridge, Mass.: The MIT Press 1978.

PIERRE LÉVY

DIE ERFINDUNG DES COMPUTERS

Quellen und Zitate

Howard, A., »Proposed automatic calculating machine« (1937); erstmals veröffentlicht in: B. Randell (Hg.), *The Origins of Digital Computers. Selected Papers*, Berlin/Heidelberg/New York: Springer 1973, S. 191-198.

Ligonnière, R., *Préhistoire et histoire des ordinateurs*, Paris: Laffont 1987, Zitat S. 7.

Neumann, J. von, *First Draft of a Report on EDVAC*, Contract W 670 ORD 4926, Philadelphia, Moore School of Electrical Engineering, University of Pennsylvania,

30. Juni 1945; wieder in: B. Randell (Hg.), *The Origins of Digital Computers. Selected Papers*, Berlin/Heidelberg/New York: Springer 1973.

Elgot, C., und A. Robinson, »Random Access Stored Program Machines, an approach to programming languages«, in: *Journal of the Association for Computing Machinery* 11 (1964), S. 365-399.

Turing, A. M., »On computable numbers, with an application to the Entscheidungsproblem«, in: *Proceedings of the London Mathematical Society* (2) 42 (1937), S. 230-267; deutsch: »Über berechenbare Zahlen, mit einer Anwendung auf das Entscheidungsproblem«, in: ders., *Intelligence Service. Schriften*, hg. von B. Dotzler und F. Kittler, Berlin: Brinkmann & Bose 1987, S. 19-60.

Allgemeine Literatur

Breton, Ph., *Histoire de l'informatique*, Paris: La Découverte 1987.

Couffignal, L., *Les machines à penser*, Paris: Minuit 1952; deutsch: *Denkmaschinen*, übersetzt von E. Walther und M. Bense, Stuttgart: Kilpper 1955.

Goldstine, H., *The Computer from Pascal to von Neumann*, Princeton, N.J.: Princeton University Press 1972.

Hodges, A., *Alan Turing, the Enigma*, London: Burnett Books 1984; deutsch: *Alan Turing, Enigma*, übersetzt von R. Herken und E. Lack, Berlin: Kammerer und Unverzagt 1989.

Leibniz, G. W. F., »Explication de l'arithmétique binaire« (1703), in: *Histoire de l'Académie royale des sciences*, Paris: Jean Boudot 1705, S. 85-89; faksimilierter Nachdruck mit deutscher Übersetzung in: *Herrn von Leibniz' Rechnung mit Null und Eins*, 3. Auflage, Berlin/München: Siemens AG 1979, S. 48-52.

–, »Zugabe Zweyer von dem seel. Herrn von Leibnitz vor Jahren an den Autorem [...] von der Dyadischen Rechnungs-Art geschriebenen Briefe«, in: *Opera Omnia*, hg. von L. Dutens, Bd. 3: *Opera mathematica*, Genf: Fratres des Tournes 1768, S. 183-190; faksimilierter Nachdruck mit deutscher Übersetzung in: *Herrn von Leibniz' Rechnung mit Null und Eins*, 3. Auflage, Berlin/München: Siemens AG 1979, S. 53-60.

Lévy, P., *La machine univers. Création, cognition et culture informatique*, Paris: La Découverte 1987.

Ligonnière, R., *Préhistoire et histoire des ordinateurs*, Paris: Laffont 1987.

Metropolis, N., J. Howlett und G.-C. Rota (Hg.), *A History of Computing in the Twentieth Century*, New York 1980.

Moreau, R., *Ainsi naquit l'informatique*, Paris: Dunod 1982.

Randell, B. (Hg.), *The Origins of Digital Computers. Selected Papers*, Berlin/Heidelberg/New York: Springer 1973.

Zuse, K., *Der Computer. Mein Lebenswerk*, Berlin/Heidelberg/New York/Tokyo: Springer 1984.

Namenregister

Sachregister

Bildnachweise

S. 10: © Tass. – S. 20 oben: IGN-Straßenkarte Nr. 68, Toulon-Nice 1:100.000 (Ausschnitt); © IGN-Paris 1986. – S. 20 unten: Aus: L. Nilsson und J.-P. Escande, *L'homme de plus près*, Paris: Pauvert 1976; © Lennart Nilsson. – S. 21 oben: © Georg Gerster/Rapho. – S. 21 links unten: Autobahnknoten in Los Angeles; © PPP-IPS/Photeb. – S. 21 rechts unten: © IBM/Arch. Photeb. – S. 34: Foto Luc Joubert; © Arch. Photeb, © by SPADEM 1989. – S. 38: Foto © Lauros-Giraudon/Photeb. – S. 40: Foto M. Chuzeville; © Arch. Photeb. – S. 48, 52, 57: Fotos © Réunion des Musées nationaux/Photeb. – S. 64: Foto © British Museum, London/Arch. Photeb. – S. 68: Foto © University Museum, Philadelphia/Arch. Photeb. – S. 72: Foto © Réunion des Musées nationaux/Photeb. – S. 78 links: Foto © G. Dagli Orti. – S. 78 rechts: Foto © Réunion des Musées nationaux/Photeb. – S. 82: Foto Eileen Tweedy; © Arch. Photeb. – S. 90: Foto © Arch. Photeb. – S. 108: Foto © Étienne Sved. – S. 115: Foto © M. Serrailler/Rapho. – S. 117: Foto © Deutsches Museum, München/Photeb. – S. 134: © Arch. Photeb. – S. 137: Foto G. Vasari; © Photeb. – S. 159: Foto © Anderson-Giraudon/Photeb. – S. 173: Foto © Giraudon/Photeb. – S. 176, 185, 194: Fotos © Bibliothèque nationale, Paris/Photeb. – S. 197: © Arch. Photeb. – S. 205, 210, 214: Fotos © Bibliothèque nationale, Paris/Photeb. – S. 221: Foto Liebieghaus, Frankfurt am Main; © Arch. Photeb. – S. 228: Foto © Lauros/Giraudon/Photeb, © by ADAGP 1989. – S. 230: Foto © Pierre Guérin, Observatoire du pic du Midi/Arch. Photeb. – S. 235: Foto © J.-L. Nou. – S. 243: Foto © Georg Gerster/Rapho. – S. 248: Foto © Österreichische Nationalbibliothek, Wien/Arch. Photeb. – S. 263 links: Foto © Bibliothèque nationale, Paris/Photeb. – S. 263 rechts: Foto © B. Jeannel. – S. 268: Foto © Bibliothèque nationale, Paris/Photeb. – S. 281: Foto © Bibliothèque nationale, Paris/Arch. Photeb. – S. 289: Foto © Giraudon/Photeb. – S. 292: Foto Hubert Josse, © Photeb. – S. 296: Foto © Bibliothèque nationale, Paris/Arch. Photeb. – S. 305: Foto © Bibliothèque nationale, Paris/Photeb. – S. 314: Foto © Jean Roubier. – S. 321: Foto © Archives nationales, Paris/Arch. Photeb. – S. 328: Foto Bibliothèque municipale, Troyes; © Arch. Photeb. – S. 331: Foto © Bibliothèque royale Albert Ier, Brüssel/Arch. Photeb. – S. 337: Foto Hubert Josse; © Photeb. – S. 345: Foto © British Library, London/Photeb. – S. 350: Foto Hubert Josse; © Arch. Photeb. – S. 356: Foto © Alinari/Giraudon/Photeb. – S. 366: Foto © Bibliothèque nationale, Paris/Photeb. – S. 373: Foto British Library, London/Arch. Photeb. – S. 394, 399: Fotos © Bridgeman/Giraudon. – S. 400, 401: Fotos © Bibliothèque nationale, Paris/Photeb. – S. 426/427: Foto © Alinari/Giraudon/Photeb. – S. 433: Foto © Arch. Photeb. – S. 444: Foto © Bibliothèque nationale, Paris/Photeb. – S. 456: Foto © Roland und Sabrina Michaudi/Rapho. – S. 461 oben, 463, 475: Fotos © Bibliothèque nationale, Paris/Photeb. – S. 480/481: Foto Hubert Josse; © Arch. Photeb. – S. 486: Foto © Arch. Photeb. – S. 489: Foto © Yan. – S. 496: Foto © Bibliothèque nationale, Paris/Arch. Photeb. – S. 503: Foto © Bildarchiv Preußischer Kulturbesitz, Berlin. – S. 509 links: Foto © Bibliothèque nationale, Paris/Photeb. – S. 509 rechts: Foto © Arch. Photeb. – S. 514: Foto © Bibliothèque nationale, Paris/Photeb. – S. 519: Foto © Bildarchiv Preußischer Kulturbesitz, Berlin. – S. 526: Foto © Bibliothèque nationale, Paris/Photeb. – S. 535: Foto Jean-Loup Charmet; © Photeb. – S. 542, 548: Fotos © Bibliothèque nationale, Paris/Photeb. – S. 565: Foto © Winterhoff, Gießen/Photeb. – S. 568: Foto © National Maritime Museum, London/Arch. Photeb. – S. 570: Foto © Bibliothèque du Muséum d'histoire naturelle, Paris/Arch. Photeb. – S. 577: Fotos Michel Didier; © Arch. Photeb. – S. 585, 586, 588: Fotos © Bibliothèque nationale, Paris/Photeb. – S. 593: Foto Jeanbor; © Arch. Photeb. – S. 596: Foto © Giraudon/Arch. Photeb. – S. 604 links: Foto Hubert Josse; © Arch. Photeb. – S. 604 Mitte: Foto © Palais de la Découverte, Paris. – S. 604 rechts: Foto Michel Didier; © Arch. Photeb. – S. 605 links: Foto Jeanbor; © Arch. Photeb. – S. 605 Mitte: Foto © Roger Viollet/Arch. Photeb. – S. 605 rechts: Foto Jeanbor; © Arch. Photeb. – S. 612: Foto Hubert Josse; © Arch. Photeb. – S. 622: Foto © Pascal Rougier/Photeb. – S. 634/635: Foto Bibliothèque nationale/Photeb. – S. 644: Foto © Collection C. Bailleux. – S. 647: Foto © Giraudon/Arch. Photeb. – S. 652: Foto © Musée naturel des techniques, CNAM, Paris/Photeb. – S. 654, 670, 680, 686, 690, 693, 697: Fotos © Bibliothèque nationale, Paris/Photeb. – S. 716: Foto Jean-Loup Charmet; © Arch. Photeb. – S. 721, 727: Fotos © Karel Neubert/Dilia, Prag. – S. 730: Fotos © Dilia, Prag. – S. 732, 748: Fotos © Bibliothèque nationale, Paris/Photeb. – S. 755: Foto © Musée Pasteur, Paris. – S. 757: Foto Musée Pasteur, Paris; © Parke-Davis, Division of Warner Lambert Co.. – S. 766: Foto © Musée Pasteur, Paris. – S. 772: Foto © Archives du Musée d'histoire naturelle de Rouen/Photeb. – S. 778: Foto © Roger Viollet/Arch. Photeb. – S. 784: Foto © Musée Pasteur, Paris. – S. 790, 793: Fotos © APN. – S. 808: Foto Léonard de Selva; © Photeb. – S. 823: Foto © APN. – S. 824 oben und Mitte: Aus: L. Meyer/D. Mendelejeff, *Das natürliche System der chemischen Elemente*, Leipzig: Engelmann 1895. – S. 824 unten: Aus: D. Mendeleïev, »La loi périodique des éléments chimiques«, in: *Le moniteur scientifique*, März 1879; Foto Jean-Loup Charmet; © Photeb. – S. 828: Foto © Collection PPP-IPS-NASA/Photeb. – S. 830, 831: Nach Dokumenten der Firma Schlumberger. – S. 844: Foto © Collection PPP-IPS-NASA/Photeb. – S. 847: Foto Jeanbor; © Arch. Photeb. – S. 855, 865: Fotos © Collection Schlumberger. – S. 868, 872: Fotos © Keystone. – S. 875, 879, 891, 898: Fotos © Musée Curie, Paris. – S. 904: Foto © Keystone. – S. 909: Foto © Ann Ronan Picture Library. – S. 911, 917: Fotos © Collection IBM/Arch. Photeb. – S. 924: Foto © Collection IBM/Arch. Photeb. – S. 930: Foto © Collection PPP-IPS-NASA/Arch. Photeb. – Alle Karten und Grafiken: Gilles Alkan.